KB140052

약과 먹거리로 쓰이는

우리나라 자원식물

약과 먹거리로 쓰이는

우리나라 자원식물

고려대학교 명예교수 강병화 지음

KSI 한국학술정보[주]

머리말

생활이 윤택해짐에 따라 자연상태에서 자라는 자원식물을 약이나 기능성식품으로 이용하려는 사람들이 많다. 전통적으로 약이나 먹거리로 이용하는 식물을 농민이나 국민들이 많이 알고 있으나 이름을 지방명으로 알고 있어 전국적인 이용이 어렵고, 이러한 자원식물을 연구하려는 연구자나 학자들도 정확한 한국명과 학명을 알지 못하여 연구소재를 구하기가 어렵다. 필자는 평생을 식물조사와 종자채종에 전념하면서 수집한 자료를 정리하였다.

지구 상에는 약 25~32만 종의 식물이 존재하고 있으며, 이 중 우리나라에 발생하는 종류는 학자마다 조금씩 다르기는 하지만 약 5,000종의 식물이 자생 및 재배되고 있을 것으로 추정된다. 우리나라에 발생하는 고등식물은 우리나라의 자생식물과 특산식물을 비롯하여 재배하는 작물과 귀화식물 및 외래식물 등으로 구성되어 있으며, 이들 중 외래식물은 해마다 늘어나고 있는 추세이다. 농업적인 측면에서 식물에 대한 연구는 작물과 자원으로서 이용 가치가 있는 식물, 즉 자원식물에 주안점을 두고 이루어져 왔다. 그러나 자원식물에 대한 연구는 대상이 되는 식물 종류의 수가 방대하여 지금까지 체계적인 연구결과가 극히 미흡한 실정이다. 자원식물에 대한 연구는 우리나라의 경우 식물생태학과 식물분류학의 발전과 같이 이루어졌다고 볼 수 있는데, 체계적 조사가 식물학적 측면에서 이루어진 것은 1960년대 들어서이다.

명나라의 이시진(1518~1593)은 1596년 『본초강목』에 1,892종의 약물을 수록하였고, 조선의 허준(1546~1615)이 1610년 『동의보감』, 「탕액편」에 수록한 『본초』 1,400여 종 가운데 639종은 식물에서 유래하였다. 『동의보감』에서 참조한 문헌 86종 가운데 83종이 중국의서였으며, 우리나라에서 간행한 문헌 『의방유취』, 『향약집성방』, 『의림촬요』 등에서도 대부분 중국문헌을 인용한 내용이 많았다. 동양의학에서는 중국에서 유래한 용어가 많아 한문을 배우지 않은 세대들에겐 용어의 설명이 필요하였다. 저자가 28년간 여러 가지 참고문헌을 참조하여 각 식물의 특성과 용도를 조사한 식물이 3,626분류군이었으며, 그중에서 약으로 쓰이는 식물은 2,190분류군이었고, 생채나 조리하여 식용하는 식물은 1,527분류군이었다. 이러한 자원식물은 한의학 문헌, 중국문헌, 민간 처방 등에서 다르게 표현하지만 검정된 사실이 아니라도 앞으로 연구해야 할 방향이며 풀어나가야 할 과제이다. 이러한 자원식물들을 이해하고, 이용하기 위해서는 식물을 정확히 파악하고 재배하여야 한다. 따라서 자원식물을 이해하기 위해서는 식물학, 재배학, 동양의학에 대한 용어 해설이 필요하였다. 자연에서 채취하여 이용하는 것은 자연환경을 파괴하고 많은 종류의 식물이 사라져 생물다양성을 감소시킬 위험도 있다. 자연상태의 우리나라 자원식물은 종자를 채취하여 보관하고 필요 시에 자생하는 환경과 비슷한 조건에서 재배하여 이용해야 한다.

참고문헌을 조사하여 ① 약으로 쓰이는 식물(2,190종), ② 먹거리로 쓰이는 식물(1,527종), ③ 식물별 증상 및 효과(2,190종), ④ 증상 및 효과별 식물(1,923 단어), ⑤ 자원식물의 학명(3,626분류군), ⑥ 자원식물 용어해설(6,859 단어) 등을 수록하였다. 학명은 국가표준식물목록을 기준으로 하였고, 용어해설에서는 자원식물을 약이나 먹거리로 이용하는 데에 도움이 되도록 여러 문헌을 참고하여 식물학, 재배학 및 동양의학에 관한 용어 6,859개를 설명하였다.

필자가 1983년 독일에서 박사학위를 취득하고 고려대학교에서 28년간 공부하면서 각각의 참고문헌에서 발췌하여 정리한 자료와 용어의 교정에 많은 도움을 준 수많은 제자들, 동양의학용어해설을 교정하여 주신 반룡인수한의원 한태영 원장님, 편집과 출판을 해주신 한국학술정보(주)의 관계자들께 감사드리며, 본서가 우리나라 자원식물의 개발과 이용에 많은 도움이 되기를 기원한다.

끝으로 정년퇴임 후 자료를 정리할 공간을 마련할 수 없다는 사정을 아신 고려대학교 김병철 총장님께서 자신의 연구실을 잠시 빌려 주시어 자료를 정리하였으므로 감사를 드린다.

2012년 3월
고려대학교에서
강병화 드림

일러두기

정태현은 1965년 『한국의 동식물도감』, 「식물편」을 통해 3,051종을 보고하였고, 이창복은 1969년 우리나라의 관속식물 183과 4,594종에서 식용자원 478종과 약용자원 640종을 보고하였다. 그러나 그 이후에는 우리나라의 자원식물에 대한 연구가 미진하였고 특히 농업적인 측면에서 자원식물의 연구는 더욱 그러하였다. 자원식물은 그 자체의 직접적인 이용 측면에서 보면 현재 재배되는 작물에는 결핍된 여러 종류의 기능성 식품 성분이 존재하는 경우가 많다. 더욱이 식품 수요의 다각화로 식품의 새로운 성분에 대한 요구가 증대될 전망이므로, 우리가 가지고 있는 자원식물의 현황 파악이 중요하다. 자원식물은 직접적인 이용 외에도 작물 육종의 소재로 이용할 수 있다는 점에서 중요하다. 특히 생물다양성(biodiversity)의 확보 차원에서도 자원식물에 대한 체계적인 연구가 이루어져야 한다. 자원식물은 자생하는 식물체를 직접 수집하거나 재배하여 이용할 수 있으며, 육종의 재료와 같이 간접적으로 이용할 수도 있다.

식물은 자원으로서 지구 상에서 중요한 위치를 차지하고 있다. 식물 중 우리가 유용한 자원으로 이용하는 것을 자원식물(資源植物)이라 하며 용도별로 보면 식용(食用), 약용(薬用), 유료용(油料用), 기호용(嗜好用), 당료용(糖料用), 향료용(香料用), 염료용(染料用), 사료용(飼料用), 녹비용(緑肥用), 퇴비용(堆肥用), 밀원용(蜜源用), 방풍용(防風用), 관상용(観賞用), 목재용(木材用), 연료용(燃料用), 공업용(工業用), 사방용(砂防用) 등 많은 부분으로 나누어지기 때문에 거의 모든 식물을 자원식물이라고 볼 수 있다. 자원식물은 여러 용도로 이용이 가능하며 아직까지 정확한 용도 및 이용법이 확실하게 밝혀져 있지 않은 종이 많다. 그러므로 자원식물의 가치는 현재의 이용 가치는 물론, 앞으로의 잠재적인 이용 가치가 더욱 중요하다고 볼 수 있다. 한 가지 예로서 최근 들어 주목받는 자생(自生)하는 야생화(野生花)에 대한 관심과 수요는 얼마 전까지만 해도 예측하기 힘든 것이었으며, 약용으로 쓰이는 자원식물의 개발은 여러 가지 분석법의 발달에 따라 앞으로 점차 가속화될 것으로 보인다. 식물은 수질오염(水質汚染)의 정화(浄化)나 대기오염(大気汚染)을 방지(防止)하는 데 이용

(利用)될 뿐만 아니라, 생태환경(生態環境)의 보존(保存)과 자연환경(自然環境)의 보호(保護)에도 식물의 중요성이 증대되고 있다.

이영노(2006)의 『새로운 한국식물도감』(교학사)에 수록된 우리나라에 발생하는 198과 4,157종류의 식물이 속하는 초종수와 세계발생초종수를 비교하면 다음과 같다.

세계적으로 많이 발생하는 초종의 32개 과를 순서별로 나열하면 다음과 같다.

난초과(730속 20,000종), 콩과(550속 13,000종), 화본과(550속 10,000종), 국화과(1,000속 10,000종), 대극과(280속 8,000종), 꼭두서니과(350속 4,500종), 사초과(70속 3,500종), 백합과(220속 3,500종), 꿀풀과(200속 3,500종), 꽃고비과(18속 3,200종), 산형과(275속 3,000종), 장미과(100속 3,000종), 미나리아재비과(58속 3,000종), 현삼과(220속 3,000종), 마편초과(100속 2,600종), 쥐꼬리망초과(250속 2,500종), 석죽과(80속 2,000종), 십자화과(200속 2,000종), 천남성과(115속 2,000종), 지치과(100속 2,000종), 협죽도과(200속 2,000종), 가지과(90속 2,000종), 박주가리과(200속 2,000종), 선인장과(20속 1,800종), 메꽃과(55속 1,600종), 초롱꽃과(60속 1,500종), 붓꽃과(70속 1,500종), 아욱과(80속 1,500종), 게스네리아과(100속 1,500종), 겨우살이과(30속 1,500종), 녹나무과(40속 1,500종), 명아주과(100속 1,500종) 등이다.

우리나라에서 발생하는 초종이 많이 포함된 31개 과의 순서를 보면 국화과(57속 323종), 화본과(78속 267종), 장미과(33속 245종), 사초과(13속 199종), 콩과(39속 171종), 백합과(32속 147종), 난초과(41속 120종), 미나리아재비과(21속 118종), 꿀풀과(26속 112종), 현삼과(21속 93종), 산형과(31속 79종), 인동과(6속 71종), 제비꽃과(1속 61종), 십자화과(18속 61종), 우드풀과(10속 61종), 석죽과(15속 58종), 여뀌과(9속 58종), 관중과(5속 58종), 범의귀과(16속 56종), 꼭두서니과(9속 52종), 물푸레나무과(6속 48종), 초롱꽃과(9속 46종), 진달래과(9속 44종), 양귀비과(6속 43종), 버드나무과(3속 39종), 돌나물과(6속 33종), 붓꽃과(4속 32종), 앵초과(9속 31종), 단풍나무과(1속 30종), 대극과(10속 28종), 용담과(6속 28종) 등이다.

지금까지 우리나라에서 출판된 식물도감에 수록된 자원식물의 현황을 보면 다음과 같다.

❶ 박만규(1946)는 『우리나라식물명감』에 201科 1,102屬 3,347分類群(50亜種, 1012変種, 168品種)의 식물을 수록하였다.

❷ Nakai(1952)는 『한국식물개요』에서 한국의 식물종은 223科 968屬 4,191分類群(3,176種, 841変種, 174品種)으로 발표하였고, 그중에서 한국의 특산종은 11屬 1,116分類群(642種, 402変種, 72品種)이라고 수록하였다.

❸ 정태현(1965)은 『한국동식물도감』 제5권 '목초본류'(문교부)에 종자식물 201科 2,890種, 양치식물 20科 161種 등의 총 221科 3,051種을 수록하였다.

❹ 이덕봉(1974)은 『한국동식물도감』 제15권 '유용식물'(문교부)에 식용 362種, 기호용 5種, 약용 309種, 공업용 71種, 섬유용 14種, 호료용 1種, 사료용 21種, 녹비용 2種, 유료용 7種, 향료용 77種, 염료용 15種 등을 수록하였다.

❺ 이영노(1978)는 『한국동식물도감』 제18권 '계절식물'(문교부)에서 우리나라 개화식물 2,856種을 월별로 분류하면 12월(1種) = 1월(1種) < 11월(20種) < 2월(26種) < 10월(86種) < 3월(109種) < 4월(391種) < 9월(403種) < 5월(942種) < 6월(1,057種) < 8월(1,171種) < 7월(1,245種)의 순으로 증가한다고 보고하였고, 우리나라 개화식물 2,237種의 花色은 빨강(275種) < 푸른색(613種) < 흰색(640種) < 노랑색(716種)의 순으로 증가한다고 하였다.

❻ 이창복(1979)은 『대한식물도감』(향문사)에 190科 3,161種의 식물을 수록하였다. 양치식물(羊歯植物, Pteridophyta)이 21科 224種이고 종자식물(種子植物, Spermatophyta)은 169科 2,937種이었다. 종자식물 중에서 나자식물(裸子植物, Gymnospermae)이 7科 46種이고 피자식물(被子植物, Angiospermae)은 162科 2,891種이었다. 피자식물 중에서 단자엽식물(單子葉植物, Monocotyledoneae)이 26科 734種이고 쌍자엽식물(雙子葉植物, Dicotyledoneae)은 136科 2,157種이었다. 쌍자엽식물 중에서 이판화식물(離瓣花植物, Choripetalae)이 97科 1,373種이고 합판화식물(合瓣花植物, Sympetalae)이 39科 748種이었다. 아종(亞種)과 변종(變種)을 포함하여 수록된 초종은 총 190科 3,879분류군이었고, 이들을 생태적으로 분류하면 초본류가 2,704種이고 목본류가 1,175種이다. 초본류 중에서 일년생 430種, 이년생 208種, 다년생 2,066種이고, 목본류는 관목 688種과 교목 487種이다.

大韓植物圖鑑(李昌福, 1979, 鄕文社)

종자식물(種子植物) Spermatophyta	169科 2,937種
나자식물(裸子植物) Gymnospermae	7科 46種
피자식물(被子植物) Angiospermae	162科 2,891種
쌍자엽식물(雙子葉植物) Dicotyledoneae	136科 2,157種
이판화식물(離瓣花植物) Choripetalae	97科 1,373種
합판화식물(合瓣花植物) Sympetalae	39科 784種
단자엽식물(單子葉植物) Monocotyledoneae	26科 734種
양치식물(羊齒植物) Pteridophyta	21科 224種
총계	190科 3,161種

❼ 김재길(1984)은 『원색천연약물대사전』(남산당)에서 약용식물 1,138종류와 약용동물 100종류 및 약용광물 70종류 등의 1,308종류의 본초를 수록하였다.

❽ 송주택 등(1989)은 『한국식물대보감』(한국자원식물연구소)에 종자식물 179科 5,083種, 양치식물 14科 293種 등의 총 193科 5,376種을 수록하였고, 각 식물의 용도를 구분하여 식용 2,339種, 약용 3,108種, 사료용 859種, 밀원용 712種, 관상용 3,249種, 공업용 1,135種, 퇴비용 520種, 사방용 216種 등으로 기재하였다.

韓國植物大寶鑑(宋柱澤 外, 1989, 韓國資源植物硏究所)의 자원식물 분류

		초본 3,665			목본 1,711		용도별 자원식물로 이용되는 초종수							
		일년	이년	다년	관목	교목	식용	약용	사료	밀원	관상	공업	퇴비	사방
5,083	종자식물	514	228	2,630	899	812	2,219	2,977	855	712	3,009	1,124	520	207
293	양치식물	1	-	292	-	-	120	131	4	-	240	11	-	9
5,376	총계	515	228	2,922	899	812	2,339	3,108	859	712	3,249	1,135	520	216

❾ 박수현(1995)은 『한국귀화식물원색도감』(일조각)에 30科 176種, 5變種, 1品種 등 182分類群의 귀화식물을 수록하였고, 2001년에는 『한국귀화식물원색도감』, 「보유편」(일조각)에 24科 84種, 1變種 등 85分類群의 귀화식물을 추가

수록하여 267분류군의 기화식물을 정리하였다.

⓾ 김태정(1996)은 『한국의 자원식물』(서울대학교 출판부)에 종자식물 159科 2,296種, 양치식물 14科 76種 등의 총 173科 2,372種을 수록하였다.

⓫ 이우철(1996)은 『한국식물명고』(아카데미서적)에 190科 1,079屬 3,129種 8亞種 627變種 1亞變種 306品種 등 총 4,071分類群을 수록하였는데, 재배식물이 108科 295屬 368種 1亞種 48變種 14品種 등 총 431分類群이 포함되어 있다. 한국특산식물은 73科 231屬 266種 1亞種176變種 1亞變種 132品種 등 총 576分類群이라고 기재하였다.

⓬ 강병화 · 심상인(1997)은 『한국자원식물명총람』(고려대학교 민족문화연구소)에 남북한에서 발간된 식물도감의 학명을 수록하고 남북한 식물 이름을 비교하였다.

⓭ 안덕균(1998)은 『한국본초도감』(교학사)에 1,003種類의 한약명에 168科 1,420種의 식물을 수록하였으며, 약용으로 쓰이는 식물의 과별 분포를 보면 국화과(109種), 장미과(87種), 백합과(77種), 콩과(62種), 미나리아재비과(51種), 산형과(46種), 꿀풀과(44種), 화본과(33種), 마디풀과(26種), 제비꽃과(25種), 인동과(23種), 범의귀과(23種), 현삼과(22種), 물푸레나무과(21種), 십자화과(20種), 석죽과(20種), 운향과(19種), 양귀비과(19種), 두릅나무과(19種), 대극과(17種) 등 20科에 763種과 기타 148科에 657種의 식물을 수록하였다.

⓮ 임록재 등(1999)은 북한에서 발간된 『조선약용식물지』 Ⅰ, Ⅱ, Ⅲ(평양농업출판사)에 180科 847種의 약용식물이 수록되었으며, 大部分이 草本植物이다.

⓯ 고경식 · 전의식(2003)은 『한국의 야생식물』(일진사)에 1,929分類群의 야생식물과 재배식물을 수록하였다.

⓰ 이창복(2003)은 『원색대한식물도감』 2권(향문사)에 양치 및 나자식물 273種, 쌍자엽식물은 이판화 1,397種과 합판화 786種, 단자엽식물 749種 등 총 190科 3,205種을 수록하였다.

⓱ 이영노(2006)는 『새로운 한국식물도감』 2권(교학사)에 양치 및 나자식물 366種, 쌍자엽식물은 이판화 1,827種과 합판화 1,049種, 단자엽식물 915種 등 총 197科 4,157種을 수록하였다.

⑱ 국가식물목록위원회(2007)에서는 『국가표준식물목록』(국립수목원)에 205科 1,142屬 총 4,881分類群의 학명을 정리하였다.

⑲ 박종욱(한국식물지편집위원회, 2007)은 『The Genera of Vascular Plant of Korea』(아카데미서적)에 217科 1,045屬을 영문으로 설명하고, 3,440分類群을 수록하였다.

⑳ 강병화(2008)는 『한국생약자원생태도감』 3권(지오북)에 약초, 산채, 야생화, 산야초, 농작물 등의 2,037分類群의 종자에서 성장단계별 생태사진 16,236장을 수록하고 촬영 연월일과 지역을 표기하였으며, 각 식물의 과명, 학명, 북한명, 지방명, 영어명, 일본명(영어표기), 독일어명, 본초명 및 중국명(중국표준발음 영어표기와 한문은 부록에 수록) 등을 수록하였고, 설명은 각 식물의 형태, 생육특성, 분포, 식별특징, 이용성 등을 간단히 정리하였다. 부록으로 4,644초종의 남북한 식물이름 비교, 2,900개의 식물학재배학 용어 설명, 5,973개의 동양의학식품학 용어 해설, 15,056개의 천연약물명 비교(본초명 순서와 한글명 순서) 등을 첨부하였다.

차 례

약과 먹거리로 쓰이는 우리나라 資源植物

우리나라에서 약으로 쓰이는 식물

1

우리나라에서 약으로 쓰이는 식물

[2,190종]

ㄱ

가는갯는쟁이, 가는금불초, 가는기름나물, 가는기린초, 가는네잎갈퀴, 가는다리장구채, 가는대나물, 가는돌쩌귀, 가는명아주, 가는범꼬리, 가는쑥부쟁이, 가는오이풀, 가는잎개고사리, 가는잎쐐기풀, 가는잎쑥, 가는잎억새, 가는잎왕고들빼기, 가는잎조팝나무, 가는잎한련초, 가는잎할미꽃, 가는잎향유, 가는장구채, 가는참나물, 가는털비름, 가락지나물, 가래, 가래고사리, 가래나무, 가막사리, 가문비나무, 가새쑥부쟁이, 가시까치밥나무, 가시꽈리, 가시나무, 가시딸기, 가시박, 가시복분자딸기, 가시엉겅퀴, 가시연꽃, 가시오갈피, 가야산은분취, 가을강아지풀, 가죽나무, 가지, 가지갈퀴덩굴, 가지고비고사리, 가지금불초, 가지더부살이, 가지복수초, 가회톱, 각시괴불나무, 각시둥굴레, 각시마, 각시붓꽃, 각시서덜취, 각시수련, 각시원추리, 각시제비꽃, 각시취, 각시투구꽃, 간장풀, 갈대, 갈매나무, 갈졸참나무, 갈참나무, 갈퀴, 갈퀴꼭두서니, 갈퀴나물, 갈퀴덩굴, 갈풀, 감국, 감나무, 감자, 감자개발나물, 감자난초, 감초, 감탕나무, 감태나무, 갑산제비꽃, 갓, 갓냉이, 갓대, 강계버들, 강낭콩, 강아지풀, 강활.

개가시나무, 개가지고비고사리, 개감수, 개감채, 개갓냉이, 개고사리, 개곽향, 개구리갓, 개구리미나리, 개구리발톱, 개구리밥, 개구리자리, 개구릿대, 개꽃, 개나리, 개느삼, 개다래, 개대황, 개도둑놈의갈고리, 개똥쑥, 개망초, 개맥문동, 개맨드라미, 개머루, 개머위, 개면마, 개모시풀, 개미자리, 개미취, 개박달나무, 개박하, 개발나물, 개버무리, 개벚나무, 개벚지나무, 개벼룩, 개별꽃, 개부처손, 개불알꽃, 개불알풀, 개비름, 개비자나무, 개사상자, 개사철쑥, 개산초, 개살구나무, 개상사화, 개석잠풀, 개선갈퀴, 개소시랑개비, 개속새, 개솔새, 개쇠뜨기, 개수양버들, 개수염, 개쉽싸리, 개승마, 개시호, 개싸리, 개싹눈바꽃, 개쑥갓, 개쑥부쟁이, 개쓴풀, 개씀배, 개아그배나무, 개아마, 개암나무, 개양귀비, 개여뀌, 개연꽃, 개염주나무, 개오동, 개옻나무, 개잎갈나무, 개자리, 개정향풀, 개족도리풀, 개종용, 개지치, 개질경이, 개차즈기, 개키버들, 개톱날고사리, 개황기, 개회나무, 개회향, 갯강활, 갯개미취, 갯고들빼기, 갯골풀, 갯괴불주머니, 갯금불초, 갯기름나물, 갯까치수염, 갯는쟁이, 갯메꽃, 갯무, 갯방풍, 갯버들, 갯별꽃, 갯사상자, 갯실새삼, 갯쑥부쟁이, 갯씀바귀, 갯완두, 갯율무, 갯장구채, 갯질경, 갯질경이, 갯취, 갯패랭이꽃.

거꾸리개고사리, 거머리말, 거북꼬리, 거위, 거제수나무, 거지덩굴, 거지딸기, 검산초롱꽃, 검양옻나무, 검은개수염, 검은딸기, 검은종덩굴, 검정곡정초, 검팽나무, 겨우살이, 겨울딸기, 겨자, 겨자나무, 결명자, 겹작약, 겹해바라기, 계수나무, 계요등.

고구마, 고깔제비꽃, 고들빼기, 고란초, 고려엉겅퀴, 고로쇠나무, 고마리, 고본, 고비, 고비고사리, 고사리, 고사리삼, 고삼, 고수, 고슴도치풀, 고양싸리, 고욤나무, 고추, 고추나무, 고추나물, 고추냉이, 곡정초, 곤달비, 곤약, 골개고사리, 골담초, 골등골나물, 골무꽃, 골잎원추리, 골풀, 곰딸기, 곰비늘고사리, 곰솔, 곰의말채나무, 곰취, 곱새고사리, 공작고사리, 과꽃, 과남풀, 곽향, 관모박새, 관중, 광귤, 광나무, 광대나물, 광대수염, 광대싸리, 광릉개고사리, 광릉골무꽃, 광릉제비꽃, 광릉쥐오줌풀, 괭이눈, 괭이밥, 괭이싸리, 괴불나무, 괴불주머니.

구기자나무, 구름골풀, 구름떡쑥, 구름범의귀, 구름송이풀, 구름제비꽃, 구름제비란, 구릿대, 구상나무, 구슬개고사리, 구슬골무꽃, 구슬댕댕이, 구슬붕이, 구실바위취, 구실사리, 구실잣밤나무, 구와가막사리, 구와쑥, 구와취, 구절초, 구주물푸레, 구주소나무, 구주피나무, 국화, 국화마, 국화바람꽃, 국화수리취, 국화으아리, 국화쥐손이, 군자란, 굴거리나무, 굴참나무, 굴피나무, 궁궁이, 귀룽나무, 귀리, 귤, 그늘개고사리, 그늘골무꽃, 그늘돌쩌귀, 그늘쑥, 그늘취, 그령, 근대, 글라디올러스, 금감, 금강분취, 금강애기나리, 금강제비꽃, 금강초롱꽃, 금계국, 금꿩의다리, 금낭화, 금떡쑥, 금마타리, 금매화, 금모구척, 금방망이, 금불초, 금붓꽃, 금소리쟁이, 금잔화, 금족제비고사리, 금창초, 금혼초.

기름나물, 기린초, 기장, 긴강남차, 긴갯금불초, 긴꼬리쐐기풀, 긴담배풀, 긴병꽃풀, 긴분취, 긴사상자, 긴산꼬리풀, 긴오이풀, 긴잎갈퀴, 긴잎곰취, 긴잎꿩의다리, 긴잎달맞이꽃, 긴잎별꽃, 긴잎여로, 긴잎제비꽃, 긴잎쥐오줌풀, 긴화살여뀌, 길마가지나무, 깃고사리, 깃반쪽고사리.

까락골, 까마귀머루, 까마귀밥나무, 까마중, 까막까치밥나무, 까막바늘까치밥나무, 까실쑥부쟁이, 까치고들빼기, 까치발, 까치밥나무, 까치수염, 깨꽃, 깨풀, 깽깽이풀, 껄껄이풀, 께묵, 꼬리겨우살이, 꼬리까치밥나무, 꼬리진달래, 꼬리풀, 꼬마부들, 꼭두서니, 꽃개오동, 꽃개회나무, 꽃고비, 꽃다지, 꽃대, 꽃마리, 꽃며느리밥풀, 꽃무릇, 꽃버들, 꽃싸리, 꽃아까시나무, 꽃여뀌, 꽃창포, 꽃치자, 꽃향유, 꽈리, 꾸지나무, 꾸지뽕나무, 꿀풀, 꿩고비, 꿩의다리, 꿩의다리아재비, 꿩의바람꽃, 꿩의밥, 꿩의비름, 끈끈이대나물, 끈끈이장구채, 끈끈이주걱.

ㄴ

나도개감채, 나도개미자리, 나도겨풀, 나도냉이, 나도닭의덩굴, 나도미꾸리낚시, 나도사프란, 나도송이풀, 나도수영, 나도옥잠화, 나도은조롱, 나도하수오, 나도황기, 나래회나무, 나리, 나리잔대, 나무딸기, 나무수국, 나문재, 나비나물, 나사미역고사리, 나팔꽃, 나한백, 낙엽송, 낙지다리, 낚시고사리, 낚시제비꽃, 난장이버들, 난장이붓꽃, 난장이패랭이꽃, 난쟁이바위솔, 난티나무, 날개골풀, 날개하늘나리, 남가새, 남개연, 남산제비꽃, 남산천남성, 남오미자, 남천, 남포분취, 낭독, 낭아초, 내버들, 내장고사리, 냇버들, 냇씀바귀, 냉이, 냉초, 너도개미자리, 넉줄고사리, 넌출비수리, 넓은묏황기, 넓은산꼬리풀, 넓은잎개고사리, 넓은잎개수염, 넓은잎까치밥나무, 넓은잎꼬리풀, 넓은잎딱총나무, 넓은잎옥잠화, 넓은잎외잎쑥, 넓은잎제비꽃, 넓은잎쥐오줌풀, 넓은잎천남성, 넓은잎황벽나무, 넓은잔대, 네가래, 네귀쓴풀, 네잎갈퀴, 노각나무, 노간주나무, 노랑개자리, 노랑꽃창포, 노랑만병초, 노랑물봉선, 노랑부추, 노랑붓꽃, 노랑선씀바귀, 노랑어리연꽃, 노랑원추리, 노랑제비꽃, 노랑투구꽃, 노랑팽나무, 노랑하늘타리, 노루귀, 노루발, 노루삼, 노루오줌, 노루참나물, 노린재나무, 노박덩굴, 녹나무, 녹두, 녹보리똥나무, 논냉이, 논뚝외풀, 놋젓가락나물, 누른종덩굴, 누리장나무, 누린내풀, 누운땅빈대, 누운주름잎, 눈개승마, 눈개쑥부쟁이, 눈갯버들, 눈괴불주머니, 눈까치밥나무, 눈비녀골풀, 눈비름, 눈빛승마, 눈산버들, 눈여뀌바늘, 눈잣나무, 눈측백, 눈향나무, 느릅나무, 느리미고사리, 느타리버섯, 느티나무, 능금나무, 능소화, 능수버들, 능수쇠뜨기.

ㄷ

다닥냉이, 다람쥐꼬리, 다래, 다릅나무, 다북떡쑥, 다시마, 다시마일엽초, 닥나무, 닥총나무, 닥풀, 단삼, 단풍나무, 단풍마, 단풍박쥐나무, 단풍제비꽃, 달구지풀, 달래, 달맞이꽃, 달뿌리풀, 닭의덩굴, 닭의장풀, 담배, 담배취, 담배풀, 담쟁이덩굴, 담팔수, 당광나무, 당귀, 당근, 당느릅나무, 당마가목, 당매자나무, 당멀구슬나무, 당버들, 당분취, 당아욱, 당잔대, 당키버들, 닻꽃, 대,

대극, 대나물, 대반하, 대사초, 대송이풀, 대청, 대추나무, 대팻집나무, 대황, 댑싸리, 댓잎현호색, 댕댕이덩굴, 더덕, 더부살이고사리, 더위지기, 덤불쑥, 덧나무, 덩굴강낭콩, 덩굴개별꽃, 덩굴곽향, 덩굴닭의장풀, 덩굴민백미꽃, 덩굴박주가리, 덩굴별꽃, 덩굴용담, 덩굴장미, 덩굴팥, 도깨비바늘, 도깨비부채, 도깨비쇠고비, 도깨비엉겅퀴, 도꼬로마, 도꼬마리, 도둑놈의갈고리, 도라지, 도라지모시대, 도루박이, 독말풀, 독미나리, 독일가문비, 독활, 돈나무, 돌가시나무, 돌갈매나무, 돌나물, 돌동부, 돌마타리, 돌바늘꽃, 돌방풍, 돌배나무, 돌뽕나무, 돌소리쟁이, 돌앵초, 돌양지꽃, 돌외, 돌참나무, 돌채송화, 돌콩, 동래엉겅퀴, 동백나무, 동백나무겨우살이, 동부, 동의나물, 동자꽃, 된장풀, 두루미꽃, 두루미천남성, 두릅나무, 두메개고사리, 두메고들빼기, 두메고사리, 두메기름나물, 두메닥나무, 두메담배풀, 두메대극, 두메바늘꽃, 두메부추, 두메분취, 두메애기풀, 두메양귀비, 두메오리나무, 두메자운, 두메잔대, 두메취, 두메층층이, 두메투구꽃, 두충, 둥굴레, 둥근마, 둥근매듭풀, 둥근바위솔, 둥근배암차즈기, 둥근이질풀, 둥근잎꿩의비름, 둥근잎나팔꽃, 둥근잎천남성, 둥근잔대, 둥근털제비꽃, 들국화, 들깨, 들깨풀, 들메나무, 들쭉나무, 들현호색, 등, 등골나물, 등대시호, 등대풀, 등심붓꽃, 등칡, 디기탈리스, 딱지꽃, 딱총나무.

딸기, 땃두릅나무, 땃딸기, 땅꽈리, 땅나리, 땅비수리, 땅비싸리, 땅빈대, 땅채송화, 땅콩, 때죽나무, 떡갈나무, 떡갈졸참나무, 떡갈참나무, 떡버들, 떡속소리나무, 떡신갈나무, 떡신갈참나무, 떡신졸참나무, 떡쑥, 뚜껑덩굴, 뚝갈, 뚝새풀, 뚱딴지, 뜰보리수, 띠.

ㄹ

리기다소나무.

ㅁ

마, 마가목, 마늘, 마디풀, 마름, 마삭줄, 마주송이풀, 마타리, 마편초, 마황, 만년석송, 만년청, 만년콩, 만리화, 만병초, 만삼, 만수국, 만주고로쇠, 만주곰솔, 만주자작나무, 많첩해당화, 말굽버섯, 말나리, 말냉이, 말냉이장구채, 말똥비름, 말뱅이나물, 말오줌나무, 말오줌때, 말채나무, 맑은대쑥, 망초, 매듭풀, 매미꽃, 매발톱, 매실나무, 매일초, 매자기, 매자나무, 매자잎버들, 매화노루발, 매화바람꽃, 맥문동, 맥문아재비, 맨드라미, 머귀나무, 머루, 머위, 먼나무, 멀구슬나무, 멀꿀, 멍석딸기, 메꽃, 메밀, 메밀잣밤나무, 메타세콰이아, 며느리밑씻개, 며느리배꼽, 멸가치, 명아자여뀌, 명아주, 명자나무, 명자순, 명천장구채, 모감주나무, 모과나무, 모데미풀, 모란, 모람, 모래지치, 모새나무, 모시대, 모시물통이, 모시풀, 목련, 목서, 목향, 목화, 몽고뽕나무, 뫼제비꽃, 묏대추나무, 묏미나리, 묏황기, 무, 무궁화, 무늬천남성, 무릇, 무산곰취, 무화과나무, 무환자나무, 묵밭소리쟁이, 문모초, 문주란, 물개암나무, 물갬나무, 물고랭이, 물고추나물, 물골풀, 물까치수염, 물꼬리풀, 물꽈리아재비, 물달개비, 물레나물, 물매화, 물박달나무, 물봉선, 물속새, 물솜방망이, 물쇠뜨기, 물쑥, 물앵도나무, 물억새, 물엉겅퀴, 물옥잠, 물잎풀, 물질경이, 물참나무, 물칭개나물, 물푸레나무, 물황철나무.

미국가막사리, 미국담쟁이덩굴, 미국물푸레, 미국산사, 미국실새삼, 미국자리공, 미꾸리낚시, 미나리, 미나리아재비, 미루나무, 미모사, 미역, 미역고사리, 미역줄거리, 미역줄나무, 미역취, 미치광이풀, 민까마중, 민둥뫼제비꽃, 민들레, 민미꾸리낚시, 민백미꽃, 민산초, 민솜대, 밀, 밀나물.

ㅂ

바꽃, 바나나, 바늘까치밥나무, 바늘꽃, 바늘분취, 바늘엉겅퀴, 바늘여뀌, 바디나물, 바람꽃, 바랭이, 바위고사리, 바위구절초, 바위떡풀, 바위버섯, 바위손, 바위솔, 바위송이풀, 바위족제비고사리, 바위채송화, 바위취, 바위틈고사리, 박, 박달나무, 박락회, 박새, 박주가리, 박쥐나무, 박태기나무, 박하, 반디미나리, 반디지치, 반짝버들, 반쪽고사리, 반하, 밤나무, 밤일엽, 밤잎고사리, 방가지똥, 방기, 방아풀, 방울고랭이, 방울비짜루, 방크스소나무, 방풍, 배나무, 배롱나무, 배암차즈기, 배초향, 배추, 배풍등, 백당나무, 백두산떡쑥, 백량금, 백리향, 백목련, 백미꽃, 백부자, 백서향, 백선, 백설취, 백송, 백양꽃, 백운기름나물, 백운쇠물푸레, 백운풀, 백일홍, 백작약, 백합, 뱀고사리, 뱀딸기, 뱀무, 뱀톱, 버드나무, 버드쟁이나물, 버들, 버들까치수염, 버들바늘꽃, 버들분취, 버들일엽, 버들잎엉겅퀴, 버들쥐똥나무, 버들회나무, 번행초, 번음씀바귀, 벌개미취, 벌깨덩굴, 벌노랑이, 벌등골나물, 벌사상자, 벌씀바귀, 범꼬리, 범부채, 범의귀, 벗풀, 벚나무, 벼, 벼룩나물, 벼룩이자리, 벽오동, 별꽃, 별꽃풀, 별날골풀, 병개암나무, 병아리꽃나무, 병아리풀, 병조희풀, 병풀, 보리, 보리밥나무, 보리수나무, 보리자나무, 보리장나무, 보춘화, 보태면마,

보풀, 복령, 복분자딸기, 복사나무, 복수초, 복숭아나무, 복자기, 복주머니란, 봄구슬붕이, 봄맞이, 봉동참나무, 봉래꼬리풀, 봉선화, 봉의꼬리, 부게꽃나무, 부들, 부레옥잠, 부용, 부자, 부전쥐손이, 부지깽이나물, 부채마, 부채붓꽃, 부처꽃, 부처손, 부추, 분꽃, 분버들, 분비나무, 분취, 분홍노루발, 분홍바늘꽃, 분홍선씀바귀, 분홍장구채, 분홍쥐손이, 분홍할미꽃, 붉가시나무, 붉나무, 붉노랑상사화, 붉은강낭콩, 붉은괭이밥, 붉은물푸레, 붉은벌깨덩굴, 붉은씨서양민들레, 붉은조개나물, 붉은참반디, 붉은터리풀, 붉은토끼풀, 붉은톱풀, 붓꽃, 붓순나무, 비녀골풀, 비늘고사리, 비단분취, 비단쑥, 비로용담, 비름, 비목나무, 비비추, 비수리, 비수수, 비술나무, 비쑥, 비자나무, 비짜루, 비파나무, 빈랑나무, 빈카, 빗살서덜취, 빗살현호색.

빼쑥, 뻐꾹채, 뽀리뱅이, 뽕나무, 뽕잎피나무.

ㅅ

사과나무, 사데풀, 사동미나리, 사람주나무, 사리풀, 사마귀풀, 사방오리, 사상자, 사스래나무, 사스레피나무, 사시나무, 사위질빵, 사창분취, 사철나무, 사철베고니아, 사철쑥, 사프란, 산각시취, 산개고사리, 산개나리, 산개벚지나무, 산검양옻나무, 산골무꽃, 산골취, 산괭이눈, 산괴불주머니, 산구절초, 산국, 산꼬리풀, 산꿩의다리, 산닥나무, 산달래, 산당화, 산돌배, 산동쥐똥나무, 산둥굴레, 산들깨, 산딱지꽃, 산딸기, 산딸나무, 산마가목, 산마늘, 산매자나무, 산민들레, 산박하, 산뱀고사리, 산부채, 산부추, 산비늘고사리, 산뽕나무, 산사나무, 산새콩, 산속단, 산솜방망이, 산수국, 산수유, 산쑥, 산씀바귀, 산앵도나무, 산오이풀, 산옥매, 산옥잠화, 산외, 산용담, 산일엽초, 산자고, 산작약, 산조팝나무, 산족제비고사리, 산쥐손이, 산진달래, 산짚신나물, 산철쭉, 산초나무, 산층층이, 산토끼꽃, 산톱풀, 산파, 산할미꽃, 산해박, 산호수, 산흰쑥, 살구나무, 살비아, 삼, 삼나무, 삼백초, 삼색제비꽃, 삼수구릿대, 삼잎방망이, 삼쥐손이, 삼지구엽초, 삼지닥나무, 삽주, 삿갓나물, 상동잎쥐똥나무, 상사화, 상산, 상수리나무, 상추, 상황버섯, 새끼꿩의비름, 새끼노루귀, 새끼노루발, 새덕이, 새머루, 새모래덩굴, 새박, 새삼, 새양버들, 새우난, 새콩, 새팥, 색비름, 생강, 생강나무, 생달나무, 생열귀나무, 생이가래, 서덜취, 서양까지밥나무, 서양민들레, 서양톱풀, 서양측백나무, 서울개발나물, 서울귀룽나무, 서울오갈피, 서울제비꽃, 서흥구절초, 석곡, 석류나무, 석류풀, 석산, 석송, 석위, 석잠풀, 석창포, 선개불알풀, 선괭이밥, 선메꽃, 선밀나물, 선백미꽃, 선버들, 선씀바귀, 선연리초, 선이질풀, 선인장, 선제비꽃, 선피막이, 설령개현삼, 설령골풀, 설령오리나무, 설령쥐오줌풀, 설설고사리, 설앵초, 설탕단풍, 섬개야광나무, 섬개회나무, 섬광대수염, 섬괴불나무, 섬기린초, 섬노루귀, 섬다래, 섬대, 섬딸기, 섬말나리, 섬모시풀, 섬바디, 섬백리향, 섬벚나무, 섬시호, 섬쑥부쟁이, 섬오갈피나무, 섬자리공, 섬잔대, 섬잣나무, 섬제비꽃, 섬조릿대, 섬쥐똥나무, 섬쥐손이, 섬천남성, 섬초롱꽃, 섬피나무, 섬현삼, 섬현호색, 섬황벽나무, 섬회나무, 세모고랭이, 세뿔석위, 세뿔투구꽃, 세잎꿩의비름, 세잎돌쩌귀, 세잎양지꽃, 세잎종덩굴, 세잎쥐손이, 세포큰조롱, 소경불알, 소귀나무, 소나무, 소리쟁이, 소엽, 소엽맥문동, 소철, 소태나무, 속단, 속리기린초, 속새, 속속이풀, 속수자, 손바닥난초, 솔나리, 솔나물, 솔방울고랭이, 솔붓꽃, 솔비나무, 솔송나무, 솔인진, 솔잎란, 솔장다리, 솔체꽃, 솜나물, 솜다리, 솜대, 솜방망이, 솜분취, 솜아마존, 솜양지꽃, 솜흰여뀌, 송악, 송이고랭이, 송이풀, 송장풀, 쇠고비, 쇠뜨기, 쇠무릎, 쇠물푸레나무, 쇠별꽃, 쇠비름, 쇠채, 쇠털이슬, 수국, 수국차, 수련, 수리딸기, 수리취, 수박, 수박풀, 수선화, 수세미외, 수수, 수수꽃다리, 수양버들, 수염가래꽃, 수영, 수정난풀, 수크령, 수호초, 숙은노루오줌, 순무, 순비기나무, 순채, 숟갈일엽, 술패랭이꽃, 숫명다래나무, 숲개별꽃, 쉬나무, 쉬땅나무, 쉽싸리, 스위트피, 승검초, 승마, 시금치, 시닥나무, 시로미, 시무나무, 시베리아살구, 시호, 식나무, 신갈나무, 신갈졸참나무, 신감채, 신경초, 신나무, 신이대, 실거리나무, 실고사리, 실망초, 실버들, 실별꽃, 실새삼, 십자고사리, 싱아.

싸리, 싹눈바꽃, 쐐기풀, 쑥, 쑥방망이, 쑥부쟁이, 쑥참깨, 쓴풀, 씀바귀.

ㅇ

아가리쿠스, 아까시나무, 아마, 아욱, 아욱제비꽃, 아프리카문주란, 앉은부채, 알꽈리, 알로에, 알록제비꽃, 암대극, 애기가래, 애기고추나물, 애기골무꽃, 애기골풀, 애기괭이밥, 애기금매화, 애기기린초, 애기나리, 애기노루발, 애기달맞이꽃, 애기담배풀, 애기도둑놈의갈고리, 애기도라지, 애기땅빈대, 애기똥풀, 애기마름, 애기메꽃, 애기물꽈리아재비, 애기봄맞이, 애기부들, 애기석위, 애기솔나물, 애기수영, 애기쉽싸리, 애기쐐기풀, 애기앉은부채, 애기우산나물, 애기원추리, 애기일엽초, 애기장구채, 애기족제비고사리, 애기중의무릇, 애기참반디, 애기탑꽃, 애기풀, 애기현호색, 앵두나무, 앵초, 야고, 야광나무, 야산고비, 약난초, 약모밀, 약밤나무, 얇은명아주, 양귀비, 양반풀, 양배추, 양버들, 양지꽃, 양파, 양하, 어리곤달비, 어리병풍, 어리연꽃, 어수리, 어저귀, 억새, 얼레지, 엉겅퀴, 여뀌, 여뀌바늘, 여로, 여우구슬, 여우버들, 여우오줌, 여우주머니, 여우콩, 여우팥, 여주, 연꽃, 연령초, 연리초, 연밥갈매나무, 연밥피나무, 연영초, 연잎꿩의다리, 연필향나무, 엷은잎제비꽃, 염주, 염주괴불주머니, 염주나무, 엽란, 영지, 예덕나무.

오가나무, 오갈피나무, 오대산괭이눈, 오동나무, 오랑캐장구채, 오리나무, 오리나무더부살이, 오리방풀, 오미자, 오수유, 오엽딸기, 오이, 오이풀, 오죽, 옥매, 옥수수, 옥잠화, 옥죽, 올괴불나무, 올미, 올방개아재비, 올벚나무, 올챙이고랭이, 옹굿나물, 옹기피나무, 옻나무, 왕가시오갈피, 왕고들빼기, 왕고사리, 왕과, 왕괴불나무, 왕느릅나무, 왕대, 왕둥굴레, 왕머루, 왕모람, 왕모시풀, 왕바꽃, 왕바랭이, 왕배풍등, 왕버들, 왕벚나무, 왕별꽃, 왕볼레나무, 왕솜다리, 왕솜대, 왕씀배, 왕원추리, 왕자귀나무, 왕잔대, 왕제비꽃, 왕쥐똥나무, 왕지네고사리, 왕질경이, 왕팽나무, 왕호장근, 왜개연꽃, 왜당귀, 왜떡쑥, 왜모시풀, 왜미나리아재비, 왜박주가리, 왜솜다리, 왜솜대, 왜승마, 왜우산풀, 왜젓가락나물, 왜제비꽃, 왜졸방제비꽃, 왜천궁, 왜현호색, 외대으아리, 외잎쑥, 요강나물, 용가시나무, 용담, 용둥굴레, 용머리, 용설란, 용설채, 용안, 우단꼭두서니, 우단담배풀, 우단일엽, 우단쥐손이, 우묵사스레피, 우산나물, 우엉, 운지, 운향, 울금, 울릉미역취, 울릉장구채, 원지, 원추리, 월계수, 월귤, 위령선, 위봉배, 위성류, 유동, 유자나무, 유채, 유홍초, 육지꽃버들, 윤판나물, 윤판나물아재비, 율무, 율무쑥, 으름덩굴, 으아리, 은꿩의다리, 은난초, 은단풍, 은방울꽃, 은백양, 은분취, 은행나무, 음나무, 음양고비, 의성개나리, 이고들빼기, 이끼, 이대, 이삭마디풀, 이삭바꽃, 이삭송이풀, 이삭여뀌, 이스라지, 이시도야제비꽃, 이질풀, 이태리포플러, 이팝나무, 익모초, 인도고무나무, 인동덩굴, 인삼, 일본목련, 일본사시나무, 일본전나무, 일엽초, 일월비비추, 잇꽃, 잎갈나무.

ㅈ

자귀나무, 자귀풀, 자금우, 자두나무, 자란, 자란초, 자리공, 자목련, 자운영, 자작나무, 자주가는오이풀, 자주개자리, 자주개황기, 자주괭이밥, 자주괴불주머니, 자주꽃방망이, 자주꿩의다리, 자주꿩의비름, 자주덩굴별꽃, 자주목련, 자주방가지똥, 자주방아풀, 자주섬초롱꽃, 자주솜대, 자주쓴풀, 자주잎제비꽃, 자주조희풀, 자주종덩굴, 자주초롱꽃, 자주황기, 작두콩, 작살나무, 작약,

잔개자리, 잔대, 잔디, 잔잎바디, 잔털오리나무, 잔털인동, 잔털제비꽃, 잣나무, 장구채, 장군풀, 장대여뀌, 장딸기, 장미, 장백제비꽃, 장수만리화, 장수팽나무, 적작약, 전나무, 전동싸리, 전주물꼬리풀, 전호, 절국대, 절굿대, 점박이천남성, 접시꽃, 젓가락나물, 정금나무, 정능참나무, 정영엉겅퀴, 정향나무, 제비고깔, 제비꼬리고사리, 제비꽃, 제비꿀, 제비동자꽃, 제비붓꽃, 제비쑥, 제주산버들, 제주양지꽃, 제주조릿대, 제주진득찰, 제주피막이, 제충국, 조, 조각자나무, 조개나물, 조개풀, 조구나무, 조록싸리, 조름나물, 조릿대, 조릿대풀, 조밥나물, 조뱅이, 조팝나무, 조희풀, 족도리, 족도리풀, 족제비싸리, 졸가시나무, 졸방제비꽃, 졸참나무, 좀가지풀, 좀갈매나무, 좀개갓냉이, 좀개구리밥, 좀개미취, 좀개수염, 좀고추나물, 좀구슬붕이, 좀깨잎나무, 좀꿩의다리, 좀나도히초미, 좀닭의장풀, 좀담배풀, 좀매자기, 좀목형, 좀미역고사리, 좀민들레, 좀바늘꽃, 좀부지깽이, 좀부처꽃, 좀분버들, 좀비비추, 좀사위질빵, 좀설앵초, 좀송이고랭이, 좀싸리, 좀씀바귀, 좀어리연꽃, 좀쥐손이, 좀진고사리, 좀쪽동백나무, 좀참꽃, 좀향유, 좀현호색, 좁쌀풀, 좁은잎가막사리, 좁은잎덩굴용담, 좁은잎배풍등, 좁은잎사위질빵, 좁은잎참빗살나무, 좁은잎해란초, 종가시나무, 종덩굴, 종려나무, 종비나무, 종지나물, 주걱비비추, 주걱일엽, 주름잎, 주목, 주엽나무, 주저리고사리, 죽단화, 죽대, 죽순대, 죽절초, 줄, 줄딸기, 줄맨드라미, 줄바꽃, 줄사철나무, 중국굴피나무, 중국남천, 중국패모, 중나리, 중대가리나무, 중대가리풀, 중의무릇, 쥐깨풀, 쥐꼬리망초, 쥐다래, 쥐똥나무, 쥐방울덩굴, 쥐손이풀, 쥐오줌풀, 쥐참외, 지느러미엉겅퀴, 지렁쿠나무, 지리바꽃, 지리산고사리, 지리산오갈피, 지리터리풀, 지모, 지채, 지치, 지칭개, 지황, 진고사리, 진달래, 진돌쩌귀, 진득찰, 진범, 진주고추나물, 진퍼리까치수염, 진퍼리버들, 진퍼리잔대, 진황정, 질경이, 질경이택사, 짚신나물.

짝자래나무, 쪽, 쪽동백나무, 쪽버들, 쪽파, 찔레꽃.

ㅊ

차나무, 차풀, 찰피나무, 참가시나무, 참개별꽃, 참개암나무, 참골무꽃, 참골풀, 참기름, 참깨, 참꽃나무, 참꽃마리, 참나도히초미, 참나리, 참나무, 참나무겨우살이, 참나물, 참느릅나무, 참당귀, 참동의나물, 참마, 참명아주, 참바위취, 참반디, 참방동사니, 참배, 참배암차즈기, 참비녀골풀, 참비름, 참비비추, 참빗살나무, 참산부추, 참새발고사리, 참소리쟁이, 참쇠고비, 참식나무,

참싸리, 참쑥, 참억새, 참여로, 참오글잎버들, 참오동나무, 참외, 참으아리, 참이질풀, 참작약, 참좁방제비꽃, 참좁쌀풀, 참죽나무, 참줄바꽃, 참취, 참회나무, 창고사리, 창질경이, 창포, 채고추나물, 채송화, 처녀고사리, 처녀바디, 천궁, 천남성, 천마, 천문동, 천선과나무, 천일담배풀, 천일홍, 철쭉, 청가시덩굴, 청각, 청괴불나무, 청나래고사리, 청명아주, 청미래덩굴, 청비름, 청수크령, 청시닥나무, 청알록제비꽃, 청피대나무, 초롱꽃, 초종용, 초피나무, 촛대승마, 추분취, 측백나무, 층꽃나무, 층층고란초, 층층나무, 층층둥굴레, 층층이꽃, 층층장구채, 치자나무, 칠엽수, 칡, 침향.

ㅋ

카밀레, 칼잎용담, 컴프리, 코스모스, 콩, 콩다닥냉이, 콩버들, 콩제비꽃, 콩짜개덩굴, 콩짜개란, 콩팥노루발, 큰각시취, 큰개고사리, 큰개미자리, 큰개별꽃, 큰개불알풀, 큰개수염, 큰개현삼, 큰고란초, 큰고랭이, 큰고추나물, 큰괭이밥, 큰괴불주머니, 큰구슬붕이, 큰구와꼬리풀, 큰까치수염, 큰꼭두서니, 큰꽃으아리, 큰꿩의비름, 큰달맞이꽃, 큰닭의장풀, 큰도둑놈의갈고리, 큰두루미꽃, 큰메꽃, 큰물레나물, 큰물칭개나물, 큰바늘꽃, 큰방가지똥, 큰뱀무, 큰봉의꼬리, 큰비쑥, 큰산꼬리풀, 큰산버들, 큰석류풀, 큰세잎쥐손이, 큰솔나리, 큰수리취, 큰쐐기풀, 큰애기나리, 큰앵초, 큰엉겅퀴, 큰여우콩, 큰연영초, 큰오이풀, 큰옥매듭풀, 큰용담, 큰원추리, 큰잎부들, 큰잎쓴풀, 큰절굿대, 큰제비고깔, 큰조롱, 큰족제비고사리, 큰졸방제비꽃, 큰지네고사리, 큰진고사리, 큰참나물, 큰처녀고사리, 큰천남성, 큰톱풀, 큰피막이, 키다리바꽃, 키버들.

ㅌ

타래난초, 타래붓꽃, 탑꽃, 태백제비꽃, 태산목, 택사, 탱자나무, 터리풀, 털갈매나무, 털개구리미나리, 털개회나무, 털계뇨등, 털괴불나무, 털기름나물, 털냉초, 털노랑제비꽃, 털다래, 털도깨비바늘, 털독말풀, 털동자꽃, 털딱지꽃, 털마삭줄, 털머위, 털머느리밥풀, 털백작약, 털부처꽃, 털분취, 털비름, 털산사, 털산쑥, 털쇠무릎, 털쉽싸리, 털여뀌, 털연리초, 털오갈피나무, 털이슬, 털잔대, 털제비꽃, 털조록싸리, 털조장나무, 털중나리, 털쥐손이, 털진득찰, 털질경이, 털피나무, 털향유, 털황벽나무, 토끼풀, 토대황, 토란, 토마토, 토현삼, 톱바위취, 톱풀, 통보리사초, 통탈목, 투구꽃, 퉁둥굴레, 퉁퉁마디, 튤울립나무, 트리티케일.

ㅍ

파, 파고지, 파대가리, 파드득나물, 파란여로, 파리풀, 파초, 파초일엽, 팔손이, 팥, 팥꽃나무, 팥배나무, 패랭이꽃, 패모, 팬지, 팽나무, 편두, 편백, 포도나무, 포천구절초, 폭나무, 표고, 푸른개고사리, 풀또기, 풀명자나무, 풀솜나물, 풀솜대, 풀싸리, 풍게나무, 풍년화, 풍산가문비, 풍선덩굴, 풍접초, 피나무, 피나물, 피라칸다, 피마자, 피막이풀.

ㅎ

하늘나리, 하늘말나리, 하늘매발톱, 하늘타리, 하수오, 한라개승마, 한라돌쩌귀, 한라부추, 한라장구채, 한란, 한련, 한련초, 할미꽃, 할미밀망, 함경딸기, 함박꽃나무, 함박이, 함북종덩굴, 해국, 해당화, 해란초, 해바라기, 해변싸리, 해변황기, 해장죽, 향나무, 향등골나물, 향모, 향부자, 향유, 헐떡이풀, 헛개나무, 현삼, 현호색, 협죽도, 형개, 호광대수염, 호노루발, 호대황, 호두나무, 호랑가시나무, 호랑버들, 호리병박, 호모초, 호밀, 호밀풀, 호바늘꽃, 호박, 호비수리, 호자나무, 호장근, 호제비꽃, 호프, 혹난초, 혹쐐기풀, 홀꽃노루발, 홀아비꽃대, 홀아비바람꽃, 호프, 홍괴불나무, 홍노도라지, 홍도서덜취, 홍도원추리, 홍만병초, 홍월귤, 홍초, 화백, 화살곰취, 화살나무, 화엄제비꽃, 환삼덩굴, 활나물, 활량나물, 황근, 황금, 황기, 황련, 황매화, 황벽나무, 황새냉이, 황새승마, 황정, 황철나무, 황해쑥, 회나무, 회령바늘꽃, 회리바람꽃, 회목나무, 회양목, 회향, 회화나무, 후박나무, 후추나무, 후추등, 흑난초, 흑삼릉, 흑오미자, 흰개수염, 흰괴불나무, 흰꽃광대나물, 흰꽃나도사프란, 흰대극, 흰더위지기, 흰독말풀, 흰두메양귀비, 흰땃딸기, 흰말채나무, 흰명아주, 흰물봉선, 흰민들레, 흰바위취, 흰상사화, 흰섬초롱꽃, 흰쑥, 흰씀바귀, 흰아프리카문주란, 흰양귀비, 흰여뀌, 흰여로, 흰잎엉겅퀴, 흰전동싸리, 흰젖제비꽃, 흰제비꽃, 흰조개나물, 흰지느러미엉겅퀴, 흰진범, 흰참꽃나무, 흰철쭉, 흰털제비꽃, 히어리.

(버섯포함 총 2,190종)

2

우리나라에서 먹거리로 쓰이는 식물

[1,527종]

가는갈퀴나물, 가는갯능쟁이, 가는금불초, 가는기름나물, 가는기린초, 가는네잎갈퀴, 가는다리장구채, 가는등갈퀴, 가는명아주, 가는쇠고사리, 가는쑥부쟁이, 가는오이풀, 가는잎쐐기풀, 가는잎쑥, 가는잎왕고들빼기, 가는잎조팝나무, 가는잎처녀고사리, 가는잎한련초, 가는장구채, 가는장대, 가는참나물, 가는털비름, 가락지나물, 가래나무, 가막사리, 가막살나무, 가새쑥부쟁이, 가새잎개갓냉이, 가솔송, 가시까치밥나무, 가시나무, 가시도꼬마리, 가시딸기, 가시복분자, 가시비름, 가시상추, 가시연꽃, 가시오갈피, 가야단풍취, 가야산은분취, 가지, 가지괭이눈, 각시고사리, 각시둥굴레, 각시마, 각시비름, 각시서덜취, 각시원추리, 각시제비꽃, 각시취, 간장풀, 갈기조팝나무, 갈졸참나무, 갈참나무, 갈퀴꼭두서니, 갈퀴나물, 갈퀴덩굴, 갈풀, 감나무, 감자개발나물, 갑산제비꽃, 갓, 강낭콩, 강아지풀, 강피, 강활, 개가시나무, 개감채, 개갓냉이, 개고사리, 개곽향, 개구리갓, 개구리미나리, 개구릿대, 개다래, 개대황, 개똥쑥, 개망초, 개머위, 개모시풀, 개물통이, 개미자리, 개미취, 개박하, 개발나물, 개버무리, 개벚나무, 개벚지나무, 개벼룩, 개별꽃, 개보리뺑이, 개비름, 개사상자, 개사철쑥, 개산초, 개선갈퀴, 개소시랑개비, 개쉽사리, 개쑥갓, 개쑥부쟁이, 개씀배, 개아그배나무, 개암나무, 개양귀비, 개억새, 개지치, 개질경이, 개차즈기, 개톱날고사리, 개피, 갯강활, 갯개미취, 갯고들빼기, 갯금불초, 갯기름나물, 갯까치수영, 갯는쟁이, 갯댑싸리, 갯메꽃, 갯무, 갯방풍, 갯별꽃, 갯사상자, 갯쇠보리, 갯실새삼, 갯쑥부쟁이, 갯씀바귀, 갯완두, 갯율무, 갯장구채, 갯장대, 갯지치, 갯질경, 갯질경이, 갯취, 거머리말, 거북꼬리, 거지덩굴, 거지딸기, 검은개선갈퀴, 검은딸기, 검은종덩굴, 검팽나무, 게박쥐나물, 겨울딸기, 겨자, 겨자무, 겹삼잎국화, 겹해바라기, 고광나무, 고구마, 고깔제비꽃, 고들빼기, 고려엉겅퀴, 고로쇠나무, 고마리, 고비, 고사리, 고사리삼, 고산봄맞이, 고욤나무, 고추, 고추나무, 고추나물, 고추냉이, 곤달비, 곤약, 골개고사리, 골담초, 골등골나물, 골무꽃, 골잎원추리, 곰딸기, 곰취, 곱새고사리, 공조팝나무, 과꽃, 곽향, 관중, 광귤, 광대나물, 광대수염, 광대싸리, 광릉갈퀴, 광릉개고사리, 광릉골무꽃, 광릉제비꽃, 괭이눈, 괭이밥, 괴불나무, 구기자나무, 구름꿩의밥, 구름떡쑥, 구름범의귀, 구름송이풀, 구름제비꽃, 구릿대, 구슬갓냉이, 구슬개고사리, 구슬골무꽃, 구슬댕댕이, 구실바위취, 구실잣밤나무, 구와가막사리, 구와쑥, 구와취, 구주갈퀴덩굴, 구주물푸레, 국수나무, 국화, 국화마, 국화방망이, 국화수리취, 국화으아리, 국화잎아욱, 굴참나무, 궁궁이, 귀룽나무, 귀리, 귀박쥐나물, 귤, 그늘개고사리, 그늘골무꽃, 그늘꿩의다리, 그늘보리뺑이, 그늘쑥, 그늘취, 근대, 금감, 금강봄맞이, 금강분취, 금강솜방망이, 금강아지풀, 금강애기나리, 금강제비꽃, 금강초롱꽃, 금낭화, 금떡쑥, 금마타리, 금방망이, 금불초, 금소리쟁이, 금잔화, 금족제비고사리, 금창초, 금혼초, 기름골, 기름나물, 기름새, 기린초, 기생여뀌, 기장, 긴갓냉이, 긴개싱아, 긴갯금불초, 긴결명자, 긴꼬리쐐기풀, 긴꽃고사리삼, 긴담배풀, 긴병꽃풀, 긴분취, 긴산꼬리풀, 긴이삭비름, 긴잎곰취, 긴잎꿩의다리, 긴잎나비나물, 긴잎모시풀, 긴잎별꽃, 긴잎산조팝나무, 긴잎제비꽃, 긴잎쥐오줌풀, 긴털비름, 길마가지나무, 깃고사리.

까마귀머루, 까마귀밥나무, 까마귀쪽나무, 까마중, 까막까치밥나무, 까막바늘까치밥나무, 까실쑥부쟁이, 까치고들빼기, 까치발, 까치밥나무, 까치수영, 깨꽃, 깨풀, 껄껄이풀, 께묵, 꼬리고사리, 꼬리까치밥나무, 꼬리조팝나무, 꼬리풀, 꼭두서니, 꽃꿩의다리, 꽃다지, 꽃마리, 꽃받이, 꽃상추, 꽃싸리, 꽃여뀌, 꽃치자, 꽃황새냉이, 꽈리, 꾸지나무, 꾸지뽕나무, 꿀풀, 꿩고비, 꿩의밥, 꿩의비름, 끈끈이대나물, 끈끈이여뀌, 끈끈이장구채,

ㄴ

나도개감채, 나도개미자리, 나도개피, 나도냉이, 나도닭의덩굴, 나도물통이, 나도미꾸리낚시, 나도송이풀, 나도수영, 나도양지꽃, 나도옥잠화, 나도은조롱, 나도진퍼리고사리, 나도하수오, 나래박쥐나물, 나래완두, 나리잔대, 나무딸기, 나문재, 나비나물, 나한송, 낚시돌풀, 낚시제비꽃, 난쟁이아욱, 난티나무, 날개하늘나리, 남방개, 남산제비꽃, 남오미자, 남포분취, 내장고사리, 냇씀바귀, 냉이, 너도개미자리, 너도밤나무, 너도방동사니, 너도양지꽃, 넌출월귤, 넓은산꼬리풀, 넓은잎갈퀴, 넓은잎까치밥나무, 넓은잎꼬리풀, 넓은잎딱총나무, 넓은잎외잎쑥, 넓은잎제비꽃, 넓은잎쥐오줌풀, 넓은잔대, 네잎갈퀴, 네잎갈퀴나물, 노란장대, 노랑갈퀴, 노랑부추, 노랑선씀바귀, 노랑어리연꽃, 노랑원추리, 노랑제비꽃, 노랑팽나무, 노랑하늘타리, 노루오줌, 노루참나물, 노박덩굴, 노인장대, 녹두, 녹보리똥나무, 논냉이, 누리장나무, 누린내풀, 눈개승마, 눈개쑥부쟁이, 눈까치밥나무, 눈비름, 눈썹고사리, 느러진장대, 느릅나무, 느티나무, 는쟁이냉이, 능금나무, 늦고사리삼.

ㄷ

다닥냉이, 다래, 다북떡쑥, 닥나무, 단삼, 단풍딸기, 단풍마, 단풍박쥐나무, 단풍제비꽃, 단풍취, 달구지풀, 달래, 달맞이꽃, 닭의덩굴, 닭의장풀, 담배취, 담배풀, 당개지치, 당귤나무, 당근, 당느릅나무, 당매자나무, 당분취, 당잔대, 대구돌나물, 대나물, 대동여뀌, 대부도냉이, 대송이풀, 대청, 대추나무, 대황, 댑싸리, 댕강나무, 댕댕이나무, 더덕, 더위지기, 덜꿩나무, 덤불쑥, 덤불조팝나무, 덤불취, 덧나무, 덩굴개별꽃, 덩굴곽향, 덩굴꽃마리, 덩굴닭의장풀, 덩굴별꽃, 덩굴팥, 데이지, 도깨비바늘, 도깨비엉겅퀴, 도꼬로마, 도꼬마리, 도라지, 도라지모시대, 독활, 돌단풍, 돌담고사리,돌동부, 돌마타리, 돌방풍, 돌배나무, 돌부채, 돌부채손, 돌소리쟁이, 돌앵초, 돌양지꽃, 돌외, 돌지치, 돌참나무, 돌콩, 돌피, 동래엉겅퀴, 동부, 동자꽃, 두릅나무, 두메갈퀴, 두메개고사리, 두메고들빼기, 두메고사리, 두메냉이, 두메담배풀, 두메바늘꽃, 두메부추, 두메분취, 두메잔대, 두메취, 두메층층이, 두충, 둥굴레, 둥근마, 둥근배암차즈기, 둥근잎고추풀, 둥근잎꿩의비름, 둥근잔대, 둥근털제비꽃, 드문고사리, 들갓, 들개미자리, 들깨, 들깨풀, 들떡쑥, 들메나무, 들완두, 들지치, 들쭉나무, 등, 등갈퀴나물, 등골나물, 등대시호, 등수국, 딱지꽃, 딱총나무, 딸기, 땃두릅나무, 땃딸기, 땅꽈리, 땅나리, 땅콩, 떡갈나무, 떡갈졸참나무, 떡갈참나무, 떡속소리나무, 떡신갈나무, 떡신갈참나무, 떡신졸참나무, 떡쑥, 뚜껑덩굴, 뚜껑별꽃, 뚝갈, 뚝새풀, 뚱딴지, 뜰보리수.

ㅁ

마, 마가목, 마늘, 마디꽃, 마름, 마주송이풀, 마타리, 만년청, 만삼, 말, 말나리, 말냉이, 말냉이장구채, 말뱅이나물, 말오줌나무, 말오줌때, 맑은대쑥, 망초, 매발톱나무, 매실나무, 매자나무, 매화오리나무, 맥도딸기, 머귀나무, 머루, 머위, 멀꿀, 멍석딸기, 메귀리, 메꽃, 메밀, 메밀잣밤나무, 며느리밑씻개, 며느리배꼽, 멱쇠채, 멸가치, 명아주, 명일초, 명자순, 명천장구채, 모감주나무, 모과나무, 모람, 모새나무, 모새달, 모시대, 모시물통이, 모시풀, 목향, 목화, 몽고뽕나무, 뫼제비꽃, 묏꿩의다리, 묏대추나무, 묏미나리, 묏장대, 무, 무궁화, 무릇, 무산곰취, 무화과나무, 묵밭소리쟁이, 문모초, 물개암나무, 물고사리, 물고추나물, 물골취, 물까치수염, 물꼬리풀, 물냉이, 물달개비, 물레나물, 물마디꽃, 물방동사니, 물별이끼, 물솜방망이, 물싸리, 물쑥, 물앵도나무, 물양지꽃, 물엉겅퀴, 물잎풀, 물지채, 물참나무, 물칭개나물, 물통이, 물피, 미국가막사리, 미국개기장, 미국미역취, 미국산사, 미국실새삼, 미나리, 미나리냉이, 미역줄나무, 미역취, 민까마중, 민눈양지꽃, 민둥갈퀴, 민들레, 민망초, 민박쥐나물, 민솜대, 민솜방망이, 밀나물.

ㅂ

바나나, 바늘까치밥나무, 바늘엉겅퀴, 바디나물, 바보여뀌, 바위댕강나무, 바위떡풀, 바위솜이풀, 바위수국, 바위장대, 바위족제비고사리, 바위취, 바위틈고사리, 박주가리, 박쥐나무, 박쥐나물, 박하, 반디미나리, 발톱꿩의다리, 밤나무, 방가지똥, 방석나물, 방아풀, 방울꽃, 방울비짜루, 방풍, 배암차즈기, 배초향, 배추, 백도라지, 백두산떡쑥, 백설취, 백운기름나물, 백운풀, 백합, 뱀고사리, 뱀딸기, 뱀무, 버드쟁이나물, 버들금불초, 버들까치수염, 버들분취, 버들잎엉겅퀴, 버들회나무, 번행초, 벋음씀바귀, 벌개미취, 벌깨냉이, 벌깨덩굴, 벌등골나물, 벌사상자, 벌씀바귀, 벌완두, 범꼬리, 범의귀, 벗풀, 벚나무, 벳지, 벼룩나물, 벼룩이울타리, 벼룩이자리, 벽오동, 별꽃아재비, 별꽃, 별꿩의밥, 별이끼, 병개암나무, 병꽃나무, 병풀, 병풍삼, 보리, 보리밥나무, 보리수나무, 보리장나무, 보태면마, 보풀, 복분자딸기, 봄구슬붕이, 봄망초, 봄맞이, 봉동참나무, 봉래꼬리풀, 부전바디, 부채마, 부추, 북분취, 북선점나도나물, 분꽃나무, 분취, 분홍선씀바귀, 분홍장구채, 붉가시나무, 붉나무, 붉은강낭콩, 붉은괭이밥, 붉은벌깨덩굴, 붉은서나물, 붉은씨서양민들레, 붉은양배추, 붉은완두, 붉은인가목, 붉은조개나물, 붉은참반디, 붉은토끼풀, 붉은톱풀, 비늘고사리, 비단분취, 비단쑥, 비름, 비비추, 비술나무, 비쑥, 비자나무, 비짜루, 비파나무, 빈추나무, 빗살서덜취, 빵쑥, 뻐꾹나리, 뻐꾹채, 뽀리뱅이, 뽕나무, 뽕모시풀, 뿔냉이.

ㅅ

사과나무, 사데풀, 사동미나리, 사람주나무, 사상자, 사위질빵, 사철나무, 사철쑥, 사향엉겅퀴, 산각시취, 산갈퀴, 산개고사리, 산개벚지나무, 산고사리삼, 산골취, 산괭이눈, 산국, 산기장, 산꼬리풀, 산꽃고사리삼, 산꿩의다리, 산꿩의밥, 산달래, 산당화, 산돌배, 산들깨, 산딸기, 산딸나무, 산마늘, 산매자나무, 산묵새, 산물통이, 산민들레, 산박하, 산뱀고사리, 산벚나무, 산부추, 산분꽃나무, 산비늘고사리, 산비장이, 산뽕나무, 산사나무, 산새콩, 산속단, 산솜다리, 산솜방망이, 산수유, 산쑥, 산씀바귀, 산앵도나무, 산오이풀, 산옥매, 산옥잠화, 산외, 산자고, 산장대, 산지치, 산짚신나물, 산초나무, 산층층이, 산토끼고사리, 산톱풀, 산파, 살갈퀴, 살구나무, 살비아, 삼, 삼백초, 삼잎국화, 삼잎방망이, 삼지구엽초, 삽주, 상동나무, 상산, 상수리나무, 상추, 새끼꿩의비름, 새마디꽃, 새머루, 새박, 새삼, 새완두, 새우말, 새콩, 색비름, 생강나무, 서덜취, 서양개보리뺑이, 서양까치밥나무, 서양등골나물, 서양말냉이, 서양무아재비, 서양민들레, 서양오엽딸기, 서양톱풀, 서울개발나물, 서울오갈피, 서울제비꽃, 석결명, 석류나무, 석류풀, 선개불알풀, 선괭이눈, 선괭이밥, 선메꽃, 선밀나물, 선씀바귀, 선연리초, 선인장, 선제비꽃, 선주름잎, 선피막이, 설설고사리, 설앵초, 섬개벚나무, 섬고사리, 섬광대수염, 섬괴불나무, 섬기린초, 섬꽃마리, 섬나무딸기, 섬노루귀, 섬다래, 섬댕강나무, 섬딸기, 섬말나리, 섬모시풀, 섬바디, 섬벚나무, 섬시호, 섬쑥부쟁이, 섬오갈피나무, 섬잔대, 섬장대, 섬제비꽃, 섬조릿대, 섬초롱꽃, 성긴털제비꽃, 세잎꿩의비름, 세잎양지꽃, 세잎종덩굴, 세포큰조롱, 소경불알, 소귀나무, 소귀나물, 소리쟁이, 소엽, 소엽풀, 속단, 속리기린초, 속속이풀, 솔나물, 솔장다리, 솜나물, 솜다리, 솜방망이, 솜분취, 솜양지꽃, 송이풀, 송장풀, 쇠고사리, 쇠뜨기, 쇠무릎, 쇠별꽃, 쇠보리, 쇠비름, 쇠서나물, 쇠채, 쇠채아재비, 수국차, 수리딸기, 수리취, 수박, 수송나물, 수수, 수수고사리, 수염마름, 수영, 수정난풀, 숙은노루오줌, 순무, 순비기나무, 순채, 숫돌담고사리, 숫명다래나무, 숲개별꽃, 쉬나무, 쉬땅나무, 쉽사리, 스위트피, 스테비아, 시금치, 시로미, 시무나무, 시호, 신갈나무, 신갈졸참나무, 실갈퀴, 실망초, 실별꽃, 실새삼, 실쑥, 실제비쑥, 십자고사리, 싱아, 싸리, 싸리냉이, 쐐기풀, 쑥, 쑥갓, 쑥부쟁이, 쑥부지깽이, 씀바귀.

ㅇ

아광나무, 아구장나무, 아그배나무, 아까시나무, 아스파라가스, 아욱, 아욱제비꽃, 알록제비꽃, 애기거머리말, 애기고추나물, 애기골무꽃, 애기괭이눈, 애기괭이밥, 애기기린초, 애기나리, 애기냉이, 애기담배풀, 애기도라지, 애기마름, 애기메꽃, 애기봄맞이, 애기솔나물, 애기수영, 애기쉽사리, 애기쐐기풀, 애기우산나물, 애기원추리, 애기장구채, 애기장대, 애기족제비고사리, 애기중의무릇, 애기참반디, 앵도나무, 앵초, 야광나무, 야산고비, 약밤나무, 얇은개싱아, 얇은명아주, 양구슬냉이, 양명아주, 양미역취, 양배추, 양벚나무, 양지꽃, 양파, 양하, 어리곤달비, 어리병풍, 어리연꽃, 어수리, 얼레지, 얼치기완두, 엉겅퀴, 여뀌, 여우오줌, 여우콩, 여우팥, 여주, 연꽃, 연리갈퀴, 엷은잎제비꽃, 염부추, 염주, 영아자, 오가나무, 오갈피, 오대산괭이눈, 오랑캐장구채, 오리방풀, 오미자, 오수유, 오엽딸기, 오이, 오이풀, 옥잠화, 올괴불나무, 올방개, 올벚나무, 옹굿나물, 왁살고사리, 완두, 왕가시오갈피, 왕거머리말, 왕고들빼기, 왕고사리, 왕과, 왕괴불나무, 왕느릅나무, 왕대, 왕둥굴레, 왕머루, 왕모람, 왕모시풀, 왕벚나무, 왕별꽃, 왕볼레나무, 왕솜대, 왕씀배, 왕원추리, 왕잔대, 왕제비꽃, 왕지네고사리, 왕질경이, 왕초피나무, 왕팽나무, 왕호장근, 왜갓냉이, 왜개싱아, 왜당귀, 왜떡쑥, 왜모시풀, 왜방풍, 왜솜다리, 왜승마, 왜우산풀, 왜제비꽃, 왜졸방제비꽃, 외대으아리, 외잎승마, 외잎쑥, 용둥굴레, 용머리, 용설채, 우단꼭두서니, 우단석잠풀, 우묵사스레피, 우산나물, 우산물통이, 우엉, 울릉미역취, 울릉장구채, 울산도깨비바늘, 원산딱지꽃, 원추리, 월계수, 월귤, 위봉배나무, 유럽나도냉이, 유럽장대, 유럽점나도나물, 유자나무, 유채, 율무, 율무쑥, 으름, 으아리, 은꿩의다리, 은분취, 은양지꽃, 은행나무, 음나무, 음양고비, 이고들빼기, 이대, 이삭마디풀, 이삭송이풀, 이삭여뀌, 이시도야제비꽃, 이질풀, 익모초, 인가목조팝나무, 인동, 인삼, 일본목련, 일색고사리.

ㅈ

자귀풀, 자란초, 자리공, 자운영, 자주가는오이풀, 자주개자리, 자주광대나물, 자주괭이밥, 자주꽃방망이, 자주꿩의다리, 자주꿩의비름, 자주덩굴별꽃, 자주방가지똥, 자주방아풀, 자주솜대, 자주잎제비꽃, 자주장대나물, 작두콩, 잔대, 잔잎바디, 잔털제비꽃, 잠두, 장구밥나무, 장구채, 장군풀, 장대나물, 장대냉이, 장대여뀌, 장딸기, 장백제비꽃, 장수냉이, 장수팽나무, 장지채, 재쑥, 전동싸리, 전주물꼬리풀, 전호, 절굿대, 점나도나물, 정금나무, 정능참나무, 정영엉겅퀴, 제비꽃, 제비쑥, 제주괭이눈, 제주양지꽃, 제주조릿대, 제주진득찰, 제주큰물통이, 제주피막이, 조, 조각자나무, 조개나물, 조름나물, 조릿대, 조밥나물, 조뱅이, 조아재비, 조팝나무, 졸가시나무, 졸방제비꽃, 졸참나무, 좀가지풀, 좀개갓냉이, 좀개미취, 좀개소시랑개비, 좀고추나물, 좀깨잎나무, 좀꽃마리, 좀꿩의다리, 좀꿩의밥, 좀냉이, 좀네잎갈퀴, 좀다닥냉이, 좀담배풀, 좀딱취, 좀딸기, 좀명아주, 좀민들레, 좀부지깽이, 좀비비추, 좀사다리고사리, 좀사위질빵, 좀설앵초, 좀씀바귀, 좀아마냉이, 좀양지꽃, 좀어리연꽃, 좀진고사리, 좀참빗살나무, 좀풍게나무, 좁쌀냉이, 좁쌀풀, 좁은잎가막사리, 종가시나무, 종다리꽃, 종덩굴, 종지나물, 주걱개망초, 주걱비비추, 주걱장대, 주름잎, 주엽나무, 주저리고사리, 주홍서나물, 죽대, 줄댕강나무, 줄딸기, 줄맨드라미, 중나리, 중대가리풀, 중의무릇, 쥐깨풀, 쥐꼬리망초, 쥐다래, 쥐오줌풀, 지네고사리, 지느러미고사리, 지느러미엉겅퀴, 지렁쿠나무, 지리강활, 지리고들빼기, 지리산고사리, 지리산오갈피, 지채, 지치, 지칭개, 진고사리, 진달래, 진득찰, 진땅고추풀, 진저리고사리, 진주고추나물, 진퍼리까치수염, 진퍼리잔대, 진황정, 질경이, 짚신나물, 쪽잔고사리, 찔레꽃.

ㅊ

차꼬리고사리, 차나무, 참가시나무, 참갈퀴덩굴, 참개별꽃, 참개싱아, 참개암나무, 참고추냉이, 참골무꽃, 참꽃마리, 참나도히초미, 참나래박쥐, 참나리, 참나물, 참느릅나무, 참당귀, 참마, 참명아주, 참바위취, 참반디, 참배, 참배암차즈기, 참비비추, 참빗살나무, 참산부추, 참새피, 참소리쟁이, 참쇠고비, 참싸리, 참쑥, 참외, 참장대나물, 참졸방제비꽃, 참좁쌀풀, 참죽나무, 참취, 창명아주, 창질경이, 채고추나물, 채진목, 처녀고사리, 처녀바디, 천궁, 천마, 천문동, 천선과나무, 천일담배풀, 청가시덩굴, 청경채, 청괴불나무, 청나래고사리, 청명아주, 청미래덩굴, 청비름, 초롱꽃, 초피나무, 추분취, 취명아주, 층꽃나무, 층층둥굴레, 층층이꽃, 층층장구채, 치자나무, 칠면초, 칠엽수, 칡,

ㅋ

컴프리, 콩, 콩다닥냉이, 콩배나무, 콩제비꽃, 큰각시취, 큰개고사리, 큰개미자리, 큰개별꽃, 큰개불알풀, 큰개여뀌, 큰고추나물, 큰고추풀, 큰괭이밥, 큰구와꼬리풀, 큰까치수영, 큰꼭두서니, 큰꽃으아리, 큰다닥냉이, 큰달맞이꽃, 큰닭의덩굴, 큰도꼬마리, 큰등갈퀴, 큰망초, 큰메꽃, 큰물레나물, 큰물칭개나물, 큰물통이, 큰방가지똥, 큰뱀무, 큰보리장나무, 큰비쑥, 큰산꼬리, 큰산꿩의다리, 큰석류풀, 큰솔나리, 큰수리취, 큰쐐기풀, 큰앵초, 큰엉겅퀴, 큰여우콩, 큰옥매듭풀, 큰원추리, 큰잎갈퀴, 큰잎느릅나무, 큰장대, 큰절굿대, 큰점나도나물, 큰조롱, 큰족제비고사리, 큰졸방제비꽃, 큰지네고사리, 큰진고사리, 큰참나물, 큰톱풀, 큰피막이, 큰황새냉이, 키다리처녀고사리.

ㅌ

탐라풀, 탑꽃, 태백제비꽃, 탱자나무, 터리풀, 털개구리미나리, 털괭이눈, 털괴불나무, 털기름나물, 털노랑제비꽃, 털노박덩굴, 털댕강나무, 털도깨비바

늘, 털둥근갈퀴, 털딱지꽃, 털머위, 털별꽃아재비, 털분취, 털비늘고사리, 털비름, 털산쑥, 털새동부, 털쇠무릎, 털쇠서나물, 털쉽사리, 털연리초, 털오갈피, 털잔대, 털장대, 털점나도나물, 털제비꽃, 털조록싸리, 털중나리, 털진득찰, 털질경이, 털향유, 토끼고사리, 토끼풀, 토대황, 토마토, 톱바위취, 톱풀, 퉁둥굴레, 퉁퉁마디,

ㅍ

파, 파드득나물, 파초, 파초일엽, 팥, 팥배나무, 팽나무, 펠리온나무, 편두, 폭나무, 푸른개고사리, 푼지나무, 풀또기, 풀명자, 풀솜나물, 풀솜대, 풍게나무, 피, 피마자,

ㅎ

하늘나리, 하늘말나리, 하늘타리, 하수오, 한라부추, 한라장구채, 한련, 한련초, 할미밀망, 함경딸기, 합다리나무, 해국, 해녀콩, 해당화, 해바라기, 해변싸리, 해홍나물, 향유, 헛개나무, 호광대수염, 호대황, 호두나무, 호모초, 호밀, 호박, 호자덩굴, 호장근, 호제비꽃, 호프, 혹쐐기풀, 홍괴불나무, 홍도까치수영, 홍도서덜취, 홍월귤, 화살곰취, 화살나무, 화엄제비꽃, 환삼덩굴, 활나물, 활량나물, 황고사리, 황금, 황기, 황산차, 황새냉이, 황해쑥, 회나무, 회목나무, 회향, 흑오미자, 흰갈퀴, 흰강낭콩, 흰괴불나무, 흰땃딸기, 흰명아주, 흰민들레, 흰바위취, 흰쑥, 흰씀바귀, 흰여뀌, 흰잎엉겅퀴, 흰장구채, 흰전동싸리, 흰젓제비꽃, 흰조개나물, 흰조뱅이, 흰지느러미엉겅퀴, 흰털괭이눈, 흰털제비꽃.

(총 1,527종류)

약과 먹거리로 쓰이는 우리나라 資源植物

식물별 약으로 이용되는 증상과 효과

3

식물별 약으로 이용되는 증상과 효과

[2,190종]

가는갯는쟁이(4) : 개선, 백전풍, 충독, 한창.

가는금불초(15) : 강기지구, 건위, 구토, 소염행수, 소화불량, 애기, 외상, 이뇨, 지음증, 진토, 타박상, 통리수도, 폐기천식, 천식, 해수.

가는기름나물(5) : 관절통, 두통, 자궁출혈, 지한, 해독.

가는기린초(13) : 강장, 강장보호, 경혈, 단독, 대하증, 선혈, 옹종, 지혈, 진정, 타박상, 토혈각혈, 통리수도, 활혈.

가는네잎갈퀴(2) : 지사, 지혈.

가는다리장구채(1) : 최유.

가는대나물(6) : 강장보호, 경혈, 사병, 소아간질, 일사병열해열, 허로.

가는돌쩌귀(12) : 강심, 강장, 건위, 류마티스, 신경통, 이뇨, 자궁출혈, 진통, 창종, 풍습, 하혈, 황달.

가는명아주(4) : 개선, 백전풍, 충독, 한창.

가는범꼬리(7) : 구내염, 옹종, 이습, 진경, 청열, 통경, 파상풍.

가는쑥부쟁이(4) : 방광염, 보익, 이뇨, 해소.

가는오이풀(7) : 견교독, 대하, 동상, 수감, 양혈지혈, 창종, 해독.

가는잎개고사리(5) : 금창, 두풍, 삼충, 자궁출혈, 해열.

가는잎쐐기풀(11) : 개선, 거풍, 단청, 담마진, 당뇨, 산후풍, 지통, 치질, 풍습동통, 하혈, 활혈.

가는잎쑥(3) : 안질, 이뇨, 해열.

가는잎억새(6) : 백대하, 산혈, 소변불리, 이뇨, 해수, 해열

가는잎왕고들빼기(6) : 건위, 발한, 이뇨, 종창, 진정, 최면.

가는잎조팝나무(7) : 대하, 설사, 수렴, 신경통, 인후종통, 학질, 해열.

가는잎한련초(5) : 종기, 지혈, 진통, 충독, 혈분.

가는잎할미꽃(22) : 건비, 건위, 경혈, 백독, 부인하혈, 선기, 소염, 수렴, 양혈지이, 오한, 오한발열, 이질, 임파선염, 자궁, 지혈, 진통, 청혈해독, 치출혈, 한열왕래, 항균성, 해열, 혈리.

가는잎향유(8) : 발한, 발한해표, 수종, 이뇨, 이수소종, 지혈, 해열, 화중화습.

가는장구채(2) : 정혈, 최유.

가는참나물(12) : 고혈압, 경풍, 대하증, 신경통, 양정, 양혈, 윤폐, 정혈, 중풍, 지혈, 폐렴, 해열.

가는털비름(4) : 안질, 이뇨, 창종, 회충.

가락지나물(10) : 말라리아, 사교상, 소아경풍, 옹종, 인후통, 종독, 청열, 해독, 해수, 해열.

가래(22) : 간염, 건위, 과실식체, 구충, 소종, 식강어체, 식예어체, 양궐사음, 음식체, 이수, 일체안병, 임질, 자궁출혈, 주독, 지방간, 지사, 지혈, 치질, 치핵, 해독, 해열, 황달.

가래고사리(3) : 금창, 자궁출혈, 해열.

가래나무(22) : 강장, 강장보호, 거습, 구충, 동상, 수감, 염발, 요독증, 요통, 위궤양, 일체안병, 자반병, 자양, 자양강장, 장염, 조습, 진해, 척추질환, 폐기, 포태, 피부염, 하리.

가막사리(22) : 건위, 결핵, 고혈압, 광견병, 교상, 기관지염, 단독, 양음익폐, 이질, 인후염, 인후통증, 임파선염, 장염, 진통, 창종, 청열해독, 충독, 편도선염, 폐결핵, 피부병, 하리, 해열.

가문비나무(2) : 임질, 통경.

가새쑥부쟁이(3) : 보익, 이뇨, 해소.

가시까치밥나무(4) : 요통, 위장, 장출혈, 종창.

가시꽈리(3) : 강심익지, 해소, 해열.

가시나무(3) : 수감, 종독, 하혈.

가시딸기(6) : 강장, 안질, 양모, 음왜, 지사, 청량.

가시박(2) : 살충, 청열.

가시복분자딸기(11) : 강심익지, 강장, 강장보호, 강정제, 양모발약, 명안, 양모, 양위, 유정증, 조갈증, 허약체질.

가시엉겅퀴(18) : 강심익지, 경혈, 고혈압, 유두파열, 일사병열사병, 음낭종독, 장염, 장풍, 정창, 종독, 지방간, 지혈, 토혈각혈, 통리수도, 해수, 해열, 혈뇨, 흉협고만.

가시연꽃(30) : 강심익지, 강장, 강장보호, 강정제, 건비위, 건위, 견비통, 곽란, 관절통, 대하, 보비거습, 보정, 소변실금, 오십견, 완화, 요통, 위내정수, 유정, 익신고정, 자양강장, 정기, 정양, 주독, 지혈, 진통, 통풍, 폐기천식, 해수, 해열, 허약체질.

가시오갈피(21) : 각기, 강심, 강심익지, 강장, 고혈압, 관절염, 근골위약, 근염, 보신안신, 요통, 음위, 익기건비, 정력증진, 조루증, 종기, 진통, 타박상, 풍, 풍비, 풍한습비, 활혈.

가야산은분취(8) : 간염, 고혈압, 조경, 지혈, 진해, 토혈, 황달, 혈열.

가을강아지풀(8) : 거습, 버짐, 소종, 악창, 옴, 제열, 종기, 충혈.

가죽나무(11) : 거습, 구충, 살충, 위궤양, 이질, 적백리, 조습, 지사, 지혈, 청열조습, 치핵.

가지(46) : 각기, 간작반, 경중양통, 고혈압, 구내염, 동상, 딸꾹질, 부인하혈, 생선중독, 소종, 수은중독, 식감과체, 식행체, 아감, 약물중독, 열질, 요통, 위경련, 위궤양, 위암, 유두파열, 음식체, 음양음창, 인두염, 자궁하수, 종창, 적면증, 주체, 진통, 청열, 충치, 치통, 치핵, 타박, 통리수도, 파상풍, 표저, 풍치, 피임, 하혈, 해열, 혈림, 화농, 활혈, 활혈지통, 후두염.

가지갈퀴덩굴(1) : 타박상.

가지고비고사리(14) : 거풍제습, 관절염, 안구충혈, 어혈, 월경폐색, 유방염, 유선염, 일체안병, 종독, 풍, 청열해독, 타박상, 해독, 활혈지통.

가지금불초(10) : 강기지구, 건위, 구토, 소염행수, 소화불량, 외상, 이뇨, 천식, 타박상, 해수.

가지더부살이(3) : 강장, 보정, 중풍.

가지복수초(4) : 강심, 이뇨, 진통, 창종.

가회톱(12) : 금창, 나력, 동상, 면포창, 성병, 이뇨, 종기, 종독, 진통, 창종, 치질, 화상.

각시괴불나무(9) : 감기, 구토, 부종, 이뇨, 정혈, 종기, 지혈, 하리, 해독.

각시둥굴레(15) : 강심, 강장, 강장보호, 당뇨, 명목, 안오장, 양음윤조, 완화, 자양, 자양강장, 장생, 지갈제번, 풍습, 폐렴, 폐창.

각시마(25) : 갑상선종, 건위강장, 동상, 몽정, 소아야뇨증, 심장염, 야뇨증, 양모, 열질, 요통, 유정증, 유종, 익신, 자양강장, 자양보로, 정기, 정수고갈, 조갈증, 종독, 지사, 토담, 해독, 해라, 허약체질, 화상.

각시붓꽃(9) : 구충, 백일해, 이뇨, 인후염, 지혈, 청열해독, 폐렴, 해소, 황달.

각시서덜취(10) : 간염, 고혈압, 기관지염, 안염, 조경, 지혈, 진해, 토혈, 혈열, 황달.

각시수련(3) : 강장, 안면, 지혈.

각시원추리(17) : 강장, 강장보호, 경혈, 번열, 소아번열증, 양혈, 월경이상, 유선염, 유옹, 음부부종, 이뇨, 임질, 자음, 지혈, 치림, 황달, 혈변.

각시제비꽃(13) : 간장기능촉진, 감기, 거풍, 기침, 부인병, 유아발육촉진, 정혈, 중풍, 진해, 최토, 태독, 통경, 해독.

각시취(13) : 간염, 고혈압, 관절염, 복통, 설사, 지사, 지통, 지혈, 진해, 토혈, 해열, 혈열, 황달.

각시투구꽃(13) : 강심, 개선, 관절염, 냉풍, 신경통, 이뇨, 정종, 중풍실음, 진경, 진통, 풍질, 한반, 홍탈.

간장풀(21) : 건위, 결핵, 곽란, 구충, 구토, 구풍, 발한, 비염, 선통, 소독, 소화, 위경련, 지사, 지혈, 진양, 진통, 치통, 타박상, 편두통, 풍열, 혈리.

갈대(37) : 건위, 곽란, 구토, 번위, 비체, 설사, 식균용체, 식저육체, 식중독, 심번, 암내, 요독증, 위경련, 위한증, 이급, 자양, 자양강장, 장위카타르, 주독, 중독증, 지구역, 지구제번, 진토, 청열생진, 탈항, 토혈, 폐결핵, 폐옹, 폐위, 폐혈, 하돈중독, 해독, 해산촉진, 해열, 협심증, 홍역, 황달.

갈매나무(11) : 감충, 나력, 복요통, 부종, 열독, 오한, 창종, 창진, 치통, 풍질, 하혈.

갈졸참나무(5) : 강장, 수감, 종독, 주름, 하혈.

갈참나무(5) : 강장, 수감, 종독, 주름살, 지사.

갈퀴(7) : 발진, 소염, 이뇨, 종기, 진정, 피부궤양, 화상.

갈퀴꼭두서니(11) : 강장, 양혈지혈, 요혈, 정혈, 지혈, 토혈, 통경, 풍습, 해열, 활혈거어, 황달.

갈퀴나물(11) : 관절염, 거풍습, 음낭습, 음낭종독, 제습, 종기, 종독, 지통, 진통, 통기, 활혈.

갈퀴덩굴(15) : 고혈압, 산어혈, 소종, 식도암, 요혈, 유방암, 자궁암, 중이염, 진통, 청습열, 타박상, 폐암, 피부암, 해독, 혈뇨.

갈풀(6) : 곽란, 당뇨, 이뇨, 중독, 지혈, 홍역.

감국(50) : 간염, 감기, 강심, 강심제, 거담, 건위, 결막염, 경선결핵, 고혈압, 곽란, 관절냉기, 난청, 냉복통, 두통, 목정통, 비체, 소아두창, 소아중독증, 습진, 신장증, 안오장, 열광, 열독증, 옹종, 위한증, 유옹, 음극사양, 음냉통, 음종, 인후염, 일체안병, 적면증, 제습, 종독, 주체, 지방간, 진정, 진통, 청열해독, 치열, 치통, 탈모증, 풍비, 풍열, 풍한, 해독, 해열, 현기증, 현훈, 흉부냉증.

감나무(46) : 간경변증, 감기, 강기, 고혈압, 구금불언, 구역증, 구토, 근골동통, 기관지염, 기관지천식, 동상, 딸꾹질, 비체, 소아구설창, 소아이질, 식계육체, 식균대채체, 야뇨, 야뇨증, 유즙결핍, 음식체, 인플루엔자, 장염, 종독, 주독, 주부습진, 주체, 중독증, 중풍, 지사, 지혈, 청열윤폐, 충치, 치통, 치핵, 타박상, 토혈, 토혈각혈, 편도선비대, 폐렴, 하리, 한열왕래, 해수, 현훈구토, 혈뇨, 화상.

감자(19) : 건비, 건위, 고혈압, 과민성대장증후군, 구내염, 민감체질, 보기, 볼거리염, 소염, 완화, 위궤양, 인두염, 장위카타르, 절옹, 충치, 타박상, 태독, 피부염, 화상.

감자개발나물(13) : 경풍, 고혈압, 대하, 산풍한습, 신경통, 양정, 양혈, 윤폐, 정혈, 중풍, 지혈, 폐렴, 해열.

감자난초(7) : 살충, 소종, 옹종, 인후통증, 임파선염, 해독, 해수.

감초(74) : 간염, 간질, 감기, 강장보호, 거담, 건망증, 건비위, 건위, 경결, 경련, 과실중독, 광견병, 교미, 근골구급, 근육통, 기관지확장증, 보혈, 비체, 소아감병, 소아경결, 소아소화불량, 소아천식, 소아청변, 식중독, 안면경련, 암내, 약물중독, 열격, 열독증, 열성경련, 염증, 오로보호, 오풍, 오한, 온신, 옹저, 옹종, 완화, 위궤양, 위암, 윤폐, 이급, 인두염, 인후통, 인후통증, 일체안병, 자양강장, 장근골, 장위카타르, 저혈압, 정력증진, 종독, 주중독, 진정, 진해, 질벽염, 청열, 초오중독, 치핵, 칠독, 태독, 통기, 통증, 통풍, 편도선비대, 편도선염, 폐기천식, 피부염, 해독, 해수, 해열, 화농, 활혈, 후두염.

감탕나무(1) : 이뇨.

감태나무(4) : 강심, 건위, 학질, 해열.

갑산제비꽃(11) : 간장기능촉진, 발육촉진, 발한, 부인병, 사하, 설사, 중풍, 최통, 태독, 통경, 해민.

갑오징어(1) : 기력증진.

갓(26) : 감기, 강심, 강심제, 거담, 건위, 기관지염, 소담음, 소생, 실신, 열격, 온중산한, 위한토식, 이뇨, 이변, 인플루엔자, 열격, 최면제, 통경, 폐결핵, 폐렴, 폐한해수, 피부병, 해수, 해소, 혈기심통, 화비위.

갓냉이(1) : 급성간염.

갓대(11) : 경풍, 구역질, 발한, 보약, 실음, 악창, 중풍, 진통, 진해, 토혈, 파상풍.

강계버들(7) : 수감, 이뇨, 종기, 지혈, 치통, 해열, 황달.

강낭콩(11) : 각기, 감기, 단독, 부종, 설사, 열질, 유즙결핍, 이뇨, 자양강장, 종기, 통유.

강아지풀(5) : 민감체질, 옹종, 일체안병, 종독, 해열.

강활(23) : 감기, 거풍승습, 경련, 관절염, 관절통, 구풍, 배절풍, 안면신경마비, 이관절, 제습, 중풍, 지통, 진경, 진통, 치통, 풍, 풍비, 풍열, 한열왕래, 항바이러스, 해열, 해표산한, 현벽.

개가시나무(3) : 수감, 종독, 하혈.

개가지고비고사리(2) : 온풍, 월경이상.

개감수(13) : 당뇨, 발한, 백선, 사독, 사하투수, 악성종양, 이뇨, 임질, 진통, 치통, 통경, 통이변, 풍습.

개감채(4) : 강근, 강장, 강심, 건뇌.

개갓냉이(19) : 각기, 간염, 개선, 건위, 기관지염, 소화, 이뇨, 종독, 청열, 타박상, 통경, 폐렴, 해독, 해소, 해수, 해열, 혈폐, 활혈, 황달.

개고사리(3) : 삼충, 자궁출혈, 해열.

개곽향(6) : 경풍, 식욕, 폐렴, 해소, 활혈, 후통.

개구리갓(5) : 산결소종, 진통, 창종, 청열해독, 충독.

개구리미나리(3) : 진통, 창종, 충독.

개구리발톱(7) : 대하, 소변불리, 소종, 요로결석, 종독, 종창, 해독.

개구리밥(31) : 강장, 난관난소염, 단독, 당뇨, 매독, 발한, 수종, 양모발약, 열광, 열독증, 열병, 열질, 염증, 이뇨, 임질, 종독, 종창, 중풍, 지갈, 창종, 청열, 통리수도, 편두통, 풍비, 풍치, 피부소양, 피부소양증, 해독, 해열, 허약체질, 화상.

개구리자리(17) : 간염, 결핵, 급성간염, 나력, 말라리아, 옹종, 종독, 진통, 창종, 청혈해독, 충독, 충치, 하리궤양, 학질, 해독, 해열, 황달.

개구릿대(20) : 간질, 감기, 거풍산습, 건위, 두통, 목정통, 배농, 부인병, 빈혈, 사기, 생기지통, 역기, 이뇨, 익기, 정혈, 진정, 진통, 진해, 치통, 통경.

개꽃(3) : 구풍, 발한, 이뇨.

개나리(21) : 강심제, 견비통, 결핵, 옴, 월경이상, 이뇨, 임질, 종기, 종창, 중이염, 진통, 축농증, 치질, 치핵, 통경, 통리수도, 통풍, 피부병, 피부염, 해독, 해열.

개느삼(12) : 거풍살충, 건위, 구충, 나창, 설사, 신경통, 이뇨, 진통, 청열조습, 피부병, 학질, 해열.

개다래(21) : 간염, 강장, 강장보호, 건위, 고양이병, 대풍나질, 동비, 만성피로, 식도암, 안면신경마비, 이구불지, 제습, 진통, 척추질환, 추간판치통, 탈출증, 통기, 풍습, 풍열, 허랭, 흉부냉증.

개대황(14) : 각기, 갈충, 건위, 목정통, 변비, 부풍질, 종, 산후통, 살충, 설사, 어혈, 통경, 피부병, 해열, 황달.

개도둑놈의갈고리(7) : 개선, 거풍, 임질, 토혈, 해소, 해열, 황달.

개똥쑥(24) : 감기, 개선, 건위, 경련, 구토, 소아경풍, 안질, 양혈, 열질, 유두파열, 이뇨, 인플루엔자, 일체안병, 제습, 진경, 창종, 청열거풍, 최토제, 퇴허열, 풍습, 학질, 해서, 해열, 황달.

개망초(15) : 간염, 감기, 건위, 뇨혈, 설사, 소화불량, 장염, 장위카타르, 조소화, 지혈, 청열, 하리, 학질, 해독, 해열.

개맥문동(20) : 감기, 강장, 강장보호, 객혈, 괴저, 기관지염, 변비, 소갈, 심장염, 윤폐양음, 이뇨, 익위생진, 인건구조, 진정, 창종, 청심제번, 토혈, 폐농양, 해수, 해열.

개맨드라미(22) : 개선, 거풍열, 고혈압, 나기, 명목, 목정통, 부인음창, 비출혈, 살충, 삼충, 안질, 일체안병, 종통, 지방간, 창종, 청간화, 통경, 풍, 피부소양증, 하혈, 해수, 해열.

개머루(23) : 간염, 관절염, 금창, 급성간염, 나력, 동상, 면포창, 소염, 이뇨, 제습, 종기, 종독, 진통, 창종, 청열, 치질, 치핵, 통기, 표저, 풍, 해열, 해열거풍, 화상.

개머위(12) : 건위, 보비, 보식, 보신, 수종, 식욕, 안정, 이뇨, 종창, 진정, 진해, 풍습.

개면마(8) : 거풍지혈, 구충, 금창, 사지동통, 이뇨, 자궁출혈, 풍습통, 해혈.

개모시풀(8) : 견광, 누태, 당뇨, 단청, 이뇨, 충독, 통경, 하혈.

개미자리(8) : 림프절결핵, 옹종, 인후통증, 임파선염, 종기, 칠창, 타박상, 해독.

개미취(32) : 각혈, 거담, 거풍, 경풍, 기관지염, 담, 보익, 소아경풍, 암, 윤폐, 이뇨, 인후종, 인후통증, 조갈증, 진통, 진해, 창종, 토혈, 토혈각혈, 통리수도, 폐기천식, 폐농양, 폐암, 폐혈, 피부암, 해소, 해수, 해열, 허약체질, 후두염, 흉부답답, A형간염.

개박달나무(2) : 강장, 자양.

개박하(33) : 감기, 거풍, 건위, 결핵, 과민성대장증후군, 과실중독, 곽란, 구충, 구토, 구풍, 목정통, 발한, 비염, 선통, 소독, 소화, 십이지장충증, 위경련, 인후통증, 일사병열사병, 자한, 지사, 지혈, 진양, 진통, 치통, 타박상, 편두통, 풍열, 해열, 혈리, 화분병, 홍분.

개발나물(7) : 고혈압, 대하, 산풍한습, 신경통, 중풍, 지혈, 해열.

개버무리(11) : 각기, 개선, 발한, 복중괴, 수족관절통풍, 악종, 요슬통, 절상, 천식, 파상풍, 풍질.

개벚나무(6) : 과식, 비만, 익비, 진통, 통경, 혈액.

개벚지나무(4) : 과식, 익비, 진통, 통경.

개벼룩(1) : 치질.

개별꽃(16) : 강장보호, 건망증, 건비위, 건위, 보기생진, 보폐, 식욕부진, 신경쇠약, 열질, 위장병, 윤폐, 정신피로, 치질, 치핵, 하리, 해수.

개부처손(7) : 양혈지혈, 어혈, 지혈, 치질, 타박상, 하혈, 활혈산어.

개불알꽃(3) : 온풍, 풍, 활혈.

개불알풀(6) : 고환염, 백대하, 양혈지혈, 이기지통, 지혈, 토혈.

개비름(6) : 안질, 이뇨, 이질, 창종, 청혈해독, 회충.

개비자나무(9) : 소아감적, 심위통, 요충증, 윤장, 종기, 토혈, 통경, 혈허, 해혈.

개사상자(18) : 골통, 관절염, 대하증, 발한, 백적리, 복통, 요통, 음양, 자궁염, 자궁한냉, 지리, 채물중독, 치통, 탈강, 통변, 파상풍, 풍질, 해소.

개사철쑥(19) : 간염, 감기, 강화, 개선, 소아경풍, 안질, 양혈, 위경련, 이뇨, 일체안병, 제습, 창종, 청열, 통리수도, 퇴허열, 풍습, 해서, 해열, 황달.

개산초(18) : 감기, 다뇨, 말라리아, 명안, 복진통, 사독, 산전후통, 설사, 숙식, 이뇨, 중풍, 창종, 치통, 토역, 통경, 편도선염, 풍습, 황달.
개살구나무(11) : 과식, 소아인후통, 암, 윤장, 인후통증, 장염, 진통, 통경, 폐기천식, 폐렴, 해수.
개상사화(4) : 종기, 토혈각혈, 폐기천식, 폐렴.
개석잠풀(20) : 감기, 부인하혈, 소아경풍, 월경과다, 음종, 인후통증, 자궁내막염, 자한, 정혈, 종독, 지혈, 진통, 토혈각혈, 통기, 폐농양, 폐렴, 해수, 해열, 혈뇨, 활혈.
개선갈퀴(2) : 지사, 지혈.
개소시랑개비(5) : 건위, 보음도, 산증, 익중기, 폐결핵.
개속새(17) : 간염, 기관지염, 명목, 부인하혈, 산통, 월경이상, 이뇨, 자궁출혈, 제습, 조경, 청열, 치질, 치핵, 탈강, 탈항, 퇴예, 해열.
개솔새(9) : 감모, 개선, 관절염, 기관지천식, 소종, 정천, 지해, 풍한서습, 흉격팽창.
개쇠뜨기(12) : 명목, 변비, 산통, 이뇨, 임병, 자궁출혈, 조경, 치질, 타박상, 탈강, 하리, 활혈서근.
개수양버들(15) : 각기, 간염, 개선, 급성간염, 생환, 옹종, 이뇨, 제습, 중풍, 지혈, 진통, 치통, 풍, 황달, 해열.
개수염(5) : 안질, 창개, 치풍통, 후비염, 해독.
개쉽싸리(7) : 부종, 생기, 이뇨, 종기, 토혈, 해열, 혈기.
개승마(22) : 감기, 구창, 소아요혈, 양궐사음, 어린이요혈, 오한, 오한발열, 옹종, 인플루엔자, 인후통증, 자궁하수, 자한, 종독, 창달, 탈항, 편두통, 편두염, 피부염, 한열왕래, 해독, 해열, 활혈.
개시호(26) : 감기, 강심, 강심제, 늑막염, 말라리아, 사기, 상한, 소간해울, 승거양기, 암, 열로, 오한, 월경불순, 익기, 자궁하수, 제암, 지해, 진정, 진통, 하리탈항, 한열왕래, 해수, 해열, 화해퇴열, 황달, 흉협고만.
개싸리(4) : 신장염, 안질, 이뇨, 해열.
개싹눈바꽃(14) : 강심, 개선, 관절염, 냉풍, 신경통, 실음, 이뇨, 정종, 중풍, 진경, 진통, 풍질, 한반, 홍탈.
개쑥갓(15) : 번조, 복통, 선통, 소염, 월경통, 인후염, 일사병, 열사병, 진통, 진정, 치질, 치핵, 편도선염, 해독, 해열.
개쑥부쟁이(7) : 거담진해, 보익, 소풍, 이뇨, 청열, 해독, 해소.
개쓴풀(15) : 강심, 강심제, 개선, 건위, 경풍, 고미, 구충, 발모, 선기, 소아경풍, 소화불량, 습진, 식욕촉진, 심장염, 태독.
개씀배(3) : 건위, 고미, 진정.
개아그배나무(5) : 곽란, 구충, 구토, 선혈, 하리.
개아마(2) : 임질, 화상.
개암나무(10) : 강장보호, 강장제, 개위, 건비위, 견비통, 명목, 보익, 오십견, 조중, 허약체질.

개양귀비(16) : 경련, 구토, 위장염, 이질, 장염, 장위카타르, 지사, 지음증, 진경, 진통, 진해, 최면제, 탄산토산, 하리, 해수, 호흡곤란.

개여뀌(16) : 각기, 부종, 온풍, 요종통, 요통, 월경과다, 장염, 장출혈, 장풍, 지혈, 타박상, 통경, 통리수도, 풍, 해독, 해열.

개연꽃(16) : 강장, 강장보호, 강정제, 건비, 건위, 경혈, 만성피로, 산전후상, 소화불량, 월경이상, 조경, 정양, 정혈, 지혈, 타박상, 허약체질.

개염주나무(3) : 발한, 이뇨, 진경.

개오동(31) : 각기, 간염, 감비, 강장, 강장보호, 건위, 고혈압, 구충, 부종, 신장염, 양모발약, 요도염, 요독증, 위궤양, 위암, 이뇨, 종독, 종창, 진통, 창종, 청열, 충치, 치핵, 탈강, 통리수도, 피부소양증, 해독, 해열, 혈뇨, 화상, 황달.

개옻나무(6) : 건위, 경혈, 관절염, 구충, 옹종, 지혈.

개잎갈나무(3) : 임질, 치통, 통경.

개자리(5) : 방광결석, 열독, 위장병, 해열, 흑달.

개정향풀(2) : 강심, 이뇨.

개족도리풀(13) : 감기, 거풍, 건위, 두통, 산한, 온폐, 이뇨, 진정, 진통, 진해, 축농증, 치통, 해표.

개종용(3) : 강장, 보정, 중풍.

개지치(2) : 익기, 피부.

개질경이(34) : 각기, 간염, 강심, 강심제, 금창, 난산, 소아중독증, 소염, 심장염, 안질, 열질, 요혈, 이뇨, 이수, 익정, 일체안병, 임질, 음양, 종독, 지사, 진해, 청간명목, 청습열, 청폐화담, 출혈, 태독, 통리수도, 폐기, 해독, 해수, 해열, 혈뇨, 황달, 후두염.

개차즈기(7) : 감기, 개선, 거풍해표, 고혈압, 나력, 두창, 인후통.

개키버들(8) : 수감, 생환, 이뇨, 종기, 지혈, 치통, 해열, 황달.

개톱날고사리(3) : 삼충, 자궁출혈, 해열.

개황기(8) : 나병, 늑막염, 보익, 적리, 창종, 치질, 폐병, 해열.

개회나무(5) : 건위, 고미, 기관지염, 지해평천, 청폐거담.

개회향(11) : 간질, 강장, 대하, 부인혈증, 보익, 역상, 음왜, 진정, 진통, 치통, 치풍.

갯강활(15) : 간질, 강장, 경통, 구역질, 빈혈, 수태, 신열, 이뇨, 익기, 익정, 정혈, 진정, 진통, 치질, 치통.

갯개미취(9) : 거풍, 경풍, 보익, 이뇨, 인후염, 창종, 토혈, 후두염, 해소.

갯고들빼기(1) : 창종.

갯골풀(6) : 금창, 외상, 이뇨, 지혈, 진통, 편도선염.

갯괴불주머니(4) : 조경, 진경, 진통, 타박상.

갯금불초(2) : 진정, 창종.

갯기름나물(17) : 강정, 거풍해표, 골절산통, 골통, 근골동통, 대하증, 도한, 식중독, 정력, 정력증진, 제습지통, 중독, 중풍, 진통, 풍, 풍사, 해열.

갯까치수염(11) : 구충, 구충제, 옹종, 외음부부종, 월경이상, 인후통증, 임파선염, 진통, 타박상, 통리수도, 활혈.

갯는쟁이(4) : 개선, 백전풍, 충독, 한창.

갯메꽃(14) : 감기, 거담, 관절염, 기관지염, 소종, 이뇨, 인두염, 인후염, 제습, 중풍, 진통, 통리수도, 풍습성관절염, 폐기천식.

갯무(6) : 개선, 건위, 기관지염, 소화, 폐렴, 해소.

갯방풍(34) : 각기, 간질, 감기, 거담, 곽란, 관절염, 구갈, 구토, 구풍, 기관지염, 대하, 부인음, 사독, 생진익위, 신경통, 양음청폐, 오심, 유즙결핍, 음왜, 음위, 음종, 조루증, 종독, 중종, 중풍, 진통, 창종, 최유, 치통, 폐기종, 폐기천식, 피부소양증, 해수, 해열.

갯버들(17) : 간염, 개선, 구풍, 급성간염, 수감, 생환, 이뇨, 제습, 종기, 종독, 지혈, 진통, 치통, 풍, 풍비, 해열, 황달.

갯별꽃(1) : 치질.

갯사상자(8) : 간질, 관절염, 대하, 부인병, 부인음, 음왜, 중독, 치통.

갯실새삼(23) : 각혈, 간염, 경혈, 구창, 기부족, 면창, 미용, 양모발약, 여드름, 옹저, 요통, 요혈, 익기, 장염, 장풍, 치질, 치핵, 토혈각혈, 통리수도, 해독, 허리디스크, 혈뇨, 황달.

갯쑥부쟁이(5) : 경풍, 사독, 소종, 종기, 해독.

갯씀바귀(5) : 건위, 식욕촉진, 종창, 진정, 최면.

갯완두(11) : 감기, 건위, 골절번통, 부종, 산후병, 식중독, 악혈, 이뇨, 적취, 종독, 해독.

갯율무(20) : 간장, 경신익기, 관절염, 구충, 농혈, 늑막염, 백대하증, 보폐, 부종, 사마귀, 수종, 소염, 신경통, 영양강장, 이뇨, 진경, 진통, 진해, 폐결핵, 해열.

갯장구채(11) : 금창, 난산, 악창, 임질, 정혈, 종독, 지혈, 진통, 최유, 통경, 해열.

갯질경(7) : 보혈, 소염, 월경감소, 이명, 자궁출혈, 지통, 지혈산어.

갯질경이(26) : 감기, 강심, 금창, 기관지염, 소염, 심장염, 안질, 이뇨, 이수, 익정, 임질, 종독, 지사, 진해, 청간명목, 청습열, 청폐화담, 출혈, 태독, 통리수도, 해수, 해열, 혈뇨, 황달, 후두염, A형간염.

갯취(4) : 개선, 보익, 진정, 진통.

갯패랭이꽃(13) : 고뇨, 난산, 늑막염, 석림, 소염, 수종, 안질, 이뇨, 인후염, 임질, 자상, 치질, 회충.

거꾸리개고사리(3) : 살충, 자궁출혈, 해열.

거머리말(4) : 동맥경화, 위염, 지혈, 피부병.

거북꼬리(8) : 단독, 독사교상, 산어, 열병대갈, 지혈, 창종, 청혈해독, 토혈.

거위(1) : 납중독.

거제수나무(3) : 강장, 자양, 피부염.

거지덩굴(24) : 간염, 금창, 나력, 동상, 면포창, 성병, 옹종, 이뇨, 인후통증, 제습, 종기,

종독, 종창, 창종, 청열이습, 치질, 치핵, 풍비, 해독, 해독소종, 해열, 혈뇨, 화상, 황달.

거지딸기(7) : 강장, 명안, 양모, 음왜, 지사, 청량, 태생.

검산초롱꽃(7) : 경풍, 보익, 보폐, 인후염, 천식, 편두선염, 한열.

검양옻나무(18) : 건위, 경혈, 관절염, 구충, 당뇨, 방부, 생담, 소염, 어혈, 오줌소태, 주독, 지혈, 진해, 통경, 학질, 해독, 해수, 해열.

검은개수염(7) : 대하, 안질, 온혈, 창개, 치풍통, 해독, 후비염.

검은딸기(6) : 강장, 안질, 양모, 음왜, 지사, 청량.

검은종덩굴(14) : 각기, 개선, 거풍습, 만성풍습성관절염, 발한, 복중괴, 악종, 요통, 이뇨, 절상, 진통, 천식, 파상풍, 풍질.

검정곡정초(3) : 안질, 창개, 치통.

검팽나무(12) : 결핵, 대하증, 두충, 발모, 부종, 불면, 살충, 안태, 이뇨, 통경, 통변, 화상.

겨우살이(21) : 각기, 강장보호, 거풍습, 고혈압, 관절염, 근골위약, 동맥경화, 보간신, 안태, 열질, 요통, 장풍, 제습, 진정, 진통, 최토, 치통, 치한, 태루, 통경, 풍.

겨울딸기(6) : 강장, 명안, 음왜, 지사, 청량, 태생.

겨자(28) : 각기, 강심, 강심제, 건위, 관절염, 구취, 구토, 기관지염, 실신, 온폐거염, 음냉통, 이기산결, 이뇨, 인후통증, 임질, 종독, 중독증, 중풍, 치질출혈, 타박상, 통경, 통리수도, 폐렴, 피부염, 해독, 해소, 해수, 호흡곤란.

겨자나무(1) : 자한.

결명자(71) : 각기, 각막염, 간경변증, 간기능회복, 간염, 감비, 갑상선염, 강장, 강장보호, 건위, 결막염, 경신익지, 고혈압, 과민성대장증후군, 관절염, 구내염, 구창, 근시, 급성간염, 기울증, 명목, 목소양증, 목정통, 민감체질, 사독, 사태, 소아소화불량, 소아변비증, 소아야뇨증, 시력강화, 안적, 안정피로, 야뇨증, 야맹증, 오풍, 완화, 위궤양, 위무력증, 위산과다증, 위장염, 위하수, 위학, 일체안병, 장결핵, 장위카타르, 정력증진, 정수고갈, 주독, 지혈, 청간, 청력보강, 청명, 초조감, 충독, 치통, 탄산토산, 통경, 통리수도, 통변, 폐결핵, 폐기천식, 풍열, 해독, 현훈, 현훈구토, 홍안, 홍채, 환각치료, 활혈, 황달, A형간염.

겹작약(13) : 객혈, 금창, 대하, 두통, 부인병, 복통, 이뇨, 진경, 지혈, 진통, 창종, 하리, 해열.

겹해바라기(8) : 구풍, 류마티스, 보익, 이변불통, 타박상, 투옹농, 해열, 혈리.

계수나무(21) : 감기, 강장보호, 건비위, 건위, 경혈, 관절염, 구토, 안심정지, 오로보호, 외한증, 위한증, 장염, 장위카타르, 제습, 진정, 진통, 타박상, 피부윤택, 해열, 홍분제, 활혈.

계요등(28) : 간염, 감기, 거담, 거풍, 골수염, 관절염, 급성간염, 기관지염, 내풍, 무월경, 비괴, 식적, 신장염, 아통, 이질, 제습, 종독, 지혈, 진통, 충독, 타박상, 풍, 해수, 활혈, 해소, 해독, 황달, 흉협고만.

고구마(8) : 간기능회복, 감기, 건위, 변비, 보중화혈, 위암, 익기생진, 활혈.

고깔제비꽃(17) : 간장기능촉진, 감기, 거풍, 기침, 발육촉진, 부인병, 보익, 설사, 정혈, 종기, 중풍, 진해, 청열해독, 태독, 통경, 해독, 해민.

고들빼기(22) : 건위, 골절증, 구고, 발한, 소아해열, 소종, 유두파열, 음낭습, 음낭종독, 음종, 이뇨, 익신, 자한, 종독, 종창, 진정, 최면, 최면제, 타박상, 폐렴, 해열, A형간염.

고란초(10) : 경풍, 만성간염, 보익, 이뇨, 종기, 종창, 지혈, 통리수도, 편도선염, 해열양혈.

고려엉겅퀴(10) : 감기, 금창, 대하증, 부종, 안태, 음창, 지혈, 창종, 출혈, 토혈.

고로쇠나무(12) : 거풍제습, 골절상, 당뇨, 사지마비, 소화불량, 식감저체, 위장염, 음수체, 음식체, 타박상, 하리, 활혈거어.

고마리(15) : 견비통, 경혈, 류머티즘, 명목, 오십견, 요통, 음종, 이뇨, 이질, 지혈, 치핵, 타박상, 통리수도, 해독, 활혈.

고본(31) : 간작반, 감기, 개선, 거풍지통, 건위, 경련, 경혈, 구충, 두통, 발표산한, 부인병, 빈혈, 승습, 월경과다, 이뇨, 익기, 인플루엔자, 자한, 정혈, 제습, 제충제, 종독, 지혈, 진경, 진정, 진통, 진해, 치통, 토혈각혈, 통경, 해열.

고비(22) : 각기, 감기, 관절통, 구충, 난관난소염, 대하, 수종, 실뇨, 양혈지혈, 요슬산통, 요통, 월경이상, 임질, 좌골신경통, 지혈, 청열해독, 코피, 토혈, 토혈각혈, 해열, 혈변, 혈붕.

고비고사리(15) : 관절염, 거풍제습, 두통, 목적, 신허요통, 유선염, 유옹, 일체안병, 전신통, 종독, 종통, 청열해독, 풍, 해독, 활혈.

고사리(23) : 강근골, 강기, 고치, 고혈압, 부종, 소아탈항, 야뇨증, 열질, 윤장, 음식체, 이뇨, 자양강장, 지혈, 청열, 치핵, 탈항, 통경, 통변, 통리수도, 해열, 화염, 황달, 흥분제.

고사리삼(10) : 간보호, 급성결막염, 두통, 전간, 종창종독, 진해, 토혈, 해수, 해열, 현기증.

고삼(56) : 가래톳, 간기능회복, 간염, 감기, 개선, 거품대변, 거풍살충, 건위, 경선결핵, 구고, 구충, 나창, 만성위염, 만성위장염, 민감체질, 살충, 설사, 소아토유, 신경통, 연주창, 요통, 위경련, 음부소양, 이급, 이뇨, 자한, 장결핵, 장염, 제습, 제충제, 주독, 진통, 청열조습, 최토제, 충치, 치루, 치통, 치핵, 탈항, 태독, 통리수도, 편도선염, 폐렴, 피부병, 피부소양증, 하리, 학질, 한열왕래, 항바이러스, 해열, 현훈, 혈뇨, 홍채, 황달, 흉부냉증, 흉통.

고수(11) : 건비, 건위, 고혈압, 구풍, 발한투진, 소식하기, 지통, 진정, 치풍, 해표, 행기지사.

고슴도치풀(15) : 감기, 거풍, 난산, 두통, 명목, 산풍, 신경통, 이뇨, 이통, 정혈, 종독, 해독, 현기증, 화상, 활혈.

고양싸리(4) : 신장염, 안질, 이뇨, 해열.

고욤나무(17) : 거번열, 경혈, 고혈압, 구갈, 동상, 딸꾹질, 야뇨, 야뇨증, 주독, 중풍, 지사, 지살, 지혈, 토혈, 토혈각혈, 한열, 해수.

고추(20) : 감기, 강심제, 개선, 건위, 견비통, 근육통, 늑막염, 동상, 신경통, 우울증, 위한증, 중풍, 타박상, 탄산토산, 피부병, 학질, 홍색습진, 흉부냉증, 흥분, 흥분제.

고추나무(2) : 건해, 산후어혈.

고추나물(17) : 골절, 구충, 금창, 소종, 연주창, 요통, 유옹종, 월경이상, 외상, 조경통, 종독, 지혈, 타박상, 토혈각혈, 협심증, 활혈, 활혈지혈.

고추냉이(14) : 건비, 건위, 류마티스, 발한, 방부, 살균, 살어독, 소염, 식욕촉진, 신경통, 유방암, 온중진식, 자궁암, 진통.

곡정초(7) : 대하, 안질, 온혈, 창개, 치풍통, 해독, 후비염.

곤달비(4) : 보익, 부인병, 진정, 진통.

곤약(4) : 단독, 무월경, 소종, 화상.

골개고사리(3) : 삼충, 자궁출혈, 해열.

골담초(27) : 각기, 강심, 강심제, 견인통, 고혈압, 골절번통, 골절증, 관상동맥질환, 관절염, 근육통, 신경통, 요통, 유선염, 이뇨, 이명, 익비, 장간막탈출증, 진통, 척추관협착증, 청폐, 타박상, 통경, 통리수도, 통맥, 통풍, 해수, 활혈.

골등골나물(30) : 감기, 거서, 경혈, 고혈압, 당뇨, 맹장염, 배종, 보익, 산후복통, 생기, 소종, 수종, 암, 월경이상, 자한, 전립선암, 중풍, 진통, 치암, 치핵, 토혈, 토혈각혈, 통경, 폐렴, 폐암, 해수, 해열, 화습, 황달.

골무꽃(31) : 간염, 거풍, 경풍, 근골동통, 급성간염, 급성인후염, 옹종, 위장염, 인후통증, 장염, 장위카타르, 전립선암, 정혈, 종독, 지통, 지혈, 진통, 치암, 치통, 타박상, 태독, 토혈각혈, 폐기종, 폐기천식, 폐렴, 하리, 해독, 해소, 해수, 해열, 활혈.

골잎원추리(5) : 소염, 이뇨, 지혈, 치질, 황달.

골풀(17) : 강화, 경련, 금창, 비뇨기염증, 소아감적, 소아경련, 소아경풍, 외상, 이뇨, 지혈, 진경, 진통, 청심, 통림, 편도선염, 해열, 황달.

곰딸기(4) : 강장, 양모, 지갈, 청량.

곰비늘고사리(2) : 자궁출혈, 해열.

곰솔(9) : 강장, 간질, 당뇨병, 발모, 종창, 중풍, 진통, 폐결핵, 화상.

곰의말채나무(1) : 강장.

곰취(16) : 관절통, 동통, 백일해, 보익, 양궐사음, 요통, 이기활혈, 지통, 지해거담, 진정, 진통, 타박상, 폐결핵, 폐기천식, 해수, 활혈.

곱새고사리(5) : 금창, 두풍, 삼충, 자궁출혈, 해열.

공작고사리(10) : 백대하, 소종, 월경불순, 이뇨, 이수, 이질, 제습, 조경, 지통, 혈뇨.

과꽃(3) : 명목, 안구출혈, 청간.

과남풀(13) : 강심, 건위, 경풍, 고미, 과민성대장증후군, 도한, 양모, 요슬산통, 위한증, 종기, 통풍, 폐기천식, 해수.

곽향(21) : 감기, 건위, 경풍, 경혈, 관격, 관절염, 구토, 옹종, 장위카타르, 종독, 중풍, 진토, 치핵, 타박상, 통기, 폐렴, 한열왕래, 해소, 해열, 활혈, 후통.

관모박새(11) : 감기, 강심, 고혈압, 곽란, 구역질, 사독, 어중독, 임질, 최토, 통유, 혈뇨.

관중(18) : 감기, 금창, 대하, 두통, 부인하혈, 살충, 삼충, 이하선염, 자궁수축, 자궁출혈,

장염, 장출혈, 지혈, 청열해독, 토혈각혈, 해열, 홍역, 회충증.

광귤(24) : 강장, 거담, 건위, 고미, 곽란, 교미, 교취, 발한, 소화, 실성, 유방통, 유즙결핍, 자한, 자폐증, 정신분열증, 조갈증, 졸도, 지갈, 진통, 진해, 통유, 화장, 해수.

광나무(12) : 각기, 강근골, 강장, 강장보호, 구창, 만성피로, 보익, 오발, 요슬산통, 종기, 풍혈, 현훈.

광대나물(11) : 거풍통락, 강장, 관절염, 대하증, 소종지통, 월경이상, 종독, 진통, 토혈, 풍, 활혈.

광대수염(23) : 각혈, 감기, 강근골, 강장, 강장보호, 경혈, 근골동통, 금창, 대하증, 만성요통, 백대, 비뇨기질환, 요통, 월경이상, 자궁질환, 종독, 타박상, 토혈각혈, 폐열해혈, 혈뇨, 혈림, 활혈, 황달.

광대싸리(12) : 강근골, 강장보호, 건비익신, 건비위, 반신불수, 사지마비, 요통, 음위, 조루증, 허약체질, 활혈, 활혈서근.

광릉개고사리(5) : 금창, 두풍, 삼충, 자궁출혈, 해열.

광릉골무꽃(5) : 태독, 위장염, 정혈, 폐렴, 해소.

광릉제비꽃(8) : 간장기능촉진, 기침, 부인병, 유아발육촉진, 중풍, 통경, 해독, 해민.

광릉쥐오줌풀(1) : 고혈압.

괭이눈(3) : 배농, 정창, 해독.

괭이밥(24) : 간염, 경혈, 소아탈항, 소종해독, 소화제, 악창, 양혈산어, 옴, 옹종, 인후염, 종창, 청열이습, 충독, 치핵, 타박상, 탈항, 토혈각혈, 피부병, 해독, 해열, 허혈통, 혈림, 화상, 황달.

괭이싸리(4) : 신장염, 안질, 이뇨, 해열.

괴불나무(10) : 감기, 부종, 이뇨, 정혈, 종기, 지혈, 청열해독, 편도선염, 해독, 호흡기감염증.

괴불주머니(4) : 조경, 진경, 진통, 타박상.

구기자나무(71) : 가성근시, 각기, 각혈, 간경변증, 간염, 간작반, 간질, 간허, 강장, 강장보호, 강정제, 강화, 건위, 견비통, 경중양통, 고혈압, 골증열, 구내염, 구순생창, 구창, 근골, 근골구급, 당뇨병, 만성간염, 만성피로, 명목, 목소양증, 비육, 세안, 소아리수, 소염, 실뇨, 아감, 양위, 양혈거풍, 열독증, 온풍, 요슬산통, 위궤양, 위장염, 유정증, 윤폐, 음양, 자신보간, 저혈압, 정력증진, 정혈, 조루증, 지혈, 청열, 청열양혈, 최음제, 춘곤증, 췌장염, 치통, 치핵, 토혈각혈, 투진, 폐결핵, 풍, 피부노화방지, 해수, 해열, 허로, 허약체질, 현훈, 혈색불량, 협심증, 활혈, 황달, 흉부냉증.

구름골풀(2) : 이뇨, 진통.

구름떡쑥(5) : 거담, 건위, 식병, 지혈, 하리.

구름범의귀(1) : 보익.

구름송이풀(1) : 종기.

구름제비꽃(12) : 간장기능촉진, 감기, 거풍, 기침, 부인병, 유아발육촉진, 정혈, 진해, 최토, 태독, 통경, 해독.

구름제비란(14) : 강장, 두통, 반신불수, 변비, 소아경기, 신경쇠약, 언어장애, 요슬통, 익정, 중풍, 진경, 진정, 풍습, 현기증.

구릿대(55) : 간질, 감기, 거풍제습, 건비, 건위, 경련, 경중양통, 경통, 고혈압, 구토, 난청, 난청, 두통, 부인병, 빈혈, 사기, 소종배농, 신허, 안산, 양궐사음, 역기, 오줌소태, 오한, 옹종, 요독증, 유선염, 음종, 이뇨, 익기, 일체안병, 장염, 정혈, 종독, 중풍, 지통, 지혈, 진경, 진정, 진통, 진해, 치루, 치통, 치핵, 통경, 통리수도, 편두통, 풍, 풍한, 피부병, 한열왕래, 해수, 현훈, 혈뇨, 활혈, 흥분제.

구상나무(3) : 임질, 치통, 통경.

구슬개고사리(5) : 금창, 두풍, 삼충, 자궁출혈, 해열.

구슬골무꽃(5) : 위장염, 정혈, 태독, 폐렴, 해소.

구슬댕댕이(4) : 감기, 이뇨, 종기, 해독.

구슬붕이(20) : 간질, 개선, 건비, 건위, 경풍, 도한, 설사, 소아경풍, 습진, 심장염, 옹종, 옹창, 외음부부종, 위장염, 음부부종, 창종, 해독, 해열, 회충, 회충증.

구실바위취(1) : 보익.

구실사리(1) : 항암제.

구실잣밤나무(2) : 강장, 수감.

구와가막사리(7) : 개선, 건위, 견교상, 진통, 창종, 충독, 해열.

구와쑥(5) : 이뇨, 창종, 풍습, 해열, 황달.

구와취(15) : 간염, 고혈압, 기관지염, 수감, 안염, 안질, 인후통, 임질, 조경, 지혈, 진해, 토혈, 폐렴, 해열, 황달.

구절초(33) : 강장, 강장보호, 건위, 냉복통, 보온, 보익, 부인병, 식욕, 신경통, 양궐사음, 온신, 외한증, 월경이상, 위무력증, 위한증, 음극사양, 음냉통, 음부질병, 자궁냉증, 자궁허냉, 적면증, 정혈, 조경, 조루증, 중풍, 치풍, 통경, 풍, 풍한, 허랭, 현훈, 적면증, 흉부냉증.

구주물푸레(6) : 간질, 생기, 안질, 출혈, 풍습, 해열.

구주소나무(18) : 강장, 거풍지습, 건위, 늑막염, 당뇨병, 발모, 살충, 생기지통, 심장염, 악창, 익기, 중풍, 지혈, 진정, 진통, 진해, 치통, 화상.

구주피나무(3) : 발한, 이뇨, 진경.

국화(48) : 간염, 감기, 강장, 강장보호, 강정안정, 거담, 건선, 건위, 고혈압, 난청, 난청, 부인병, 보익, 보장, 비체, 비체, 소풍청열, 식욕, 신경통, 신장증, 외이도염, 외이도절, 위한증, 윤피부, 음극사양, 음낭습, 음양음창, 일체안병, 정혈, 종기, 종독, 중풍, 진정, 진통, 충치, 치조농루, 타박상, 편두통, 평간명목, 풍, 피부병, 한습, 한열왕래, 해독, 해수, 해열, 현훈, 흉부냉증.

국화마(19) : 갑상선종, 거품제습, 건위강장, 동상, 만성기관지염, 몽정, 소화불량, 심장염, 양모, 요통, 유종, 자양보로, 종독, 지사, 지해거담, 토담, 해독, 해라, 화상.

국화바람꽃(6) : 거풍습, 골절통, 사지마비, 소옹종, 요통, 종통.

국화수리취(5) : 부종, 안태, 종창, 지혈, 토혈.

국화으아리(10) : 각기, 개선, 발한, 복중괴, 악종, 요통, 절상, 천식, 풍질, 파상풍.

국화쥐손이(15) : 거풍, 건위, 대하증, 방광염, 변비, 산전후통, 식중독, 월경불순, 위궤양, 위장염, 장염, 적백리, 지사, 청열해독, 활혈.

군자란(9) : 객혈, 거담, 기관지염, 백일해, 적리, 창종, 토혈, 폐결핵, 해열.

굴거리나무(16) : 강정제, 건위, 견비통, 고미, 골절증, 관절통, 구충, 식욕촉진, 양위, 오십견, 요통, 월경이상, 제습, 진통, 청열, 편도선염.

굴참나무(5) : 강장, 수감, 주름, 종독, 하혈.

굴피나무(14) : 강정제, 개선, 거풍, 건습, 근골동통, 살충, 소종, 습창, 종독, 지통, 진통, 창독, 치통, 풍.

궁궁이(29) : 간질, 강장, 거풍산한, 경련, 구역질, 난산, 빈혈, 소아간질, 소아감병, 소아경결, 소아청변, 수태, 신열, 월경이상, 이뇨, 익기, 익정, 정혈, 진경, 진정, 진통, 치질, 치통, 탄산토산, 통경, 편두통, 혈전증, 협통, 활혈.

귀룽나무(11) : 과식, 관절염, 관절통, 요통, 제습, 진통, 진해, 척추질환, 통경, 풍, 풍비.

귀리(1) : 식고량체.

귤(49) : 각기, 간작반, 감기, 강장, 거담, 건위, 경혈, 고미, 고혈압, 곽란, 교미, 교취, 구갈, 구순생창, 구토, 기관지염, 냉복통, 담, 발한, 소아천식, 소화, 식해어체, 실성, 아감, 위궤양, 위산과다증, 유방통, 유선염, 유옹, 유즙결핍, 자한, 장위카타르, 조루증, 주독, 중독증, 지갈, 진정, 진통, 진해, 통유, 학질, 해수, 해열, 현훈구토, 협통, 화장, 활혈, 후두염, 흉부답답.

그늘개고사리(5) : 금창, 두풍, 삼충, 자궁출혈, 해열.

그늘골무꽃(16) : 옹종, 인후통증, 위장염, 장염, 정혈, 지혈, 진통, 치통, 타박상, 태독, 토혈각혈, 폐렴, 풍, 해소, 해열, 활혈.

그늘돌쩌귀(22) : 강심, 강심제, 강장, 강장보호, 건비, 건위, 경련, 냉복통, 류마티스, 부인하혈, 신경통, 이뇨, 임파선염, 자궁출혈, 정종, 진경, 진통, 창종, 풍습, 풍한, 하혈, 황달.

그늘쑥(3) : 보익, 이뇨, 해소.

그늘취(7) : 간염, 고혈압, 조경, 지혈, 진해, 토혈, 황달.

그령(4) : 동통, 타박상, 항암, 활혈산어.

근대(4) : 안산, 정혈, 지혈, 해독.

글라디올러스(8) : 경혈, 옹종, 월경이상, 인후통증, 종독, 타박상, 해열, 혈폐.

금감(7) : 간염, 건위, 성주, 소갈, 이기, 위염, 해울.

금강분취(15) : 간염, 고혈압, 기관지염, 수감, 안염, 인후통, 임질, 조경, 지혈, 진해, 토혈, 폐렴, 해열, 혈열, 황달.

금강애기나리(7) : 강장, 건비소적, 나창, 냉습, 명안, 윤폐지해, 자양.

금강제비꽃(18) : 간장기능촉진, 기침, 부인병, 소아조성장, 소아해열, 옹종, 옹창, 유아발육촉진, 임파선염, 자궁발육부전, 정창, 중풍, 지혈, 통경, 해독, 해민, 해열, 황달.

금강초롱꽃(9) : 경풍, 보익, 보폐, 인후염, 천식, 최생, 편두선염, 한열, 해산촉진.

금계국(3) : 외상, 청열해독, 화어서종.

금꿩의다리(9) : 결막염, 사화해독, 습진, 이질, 장염, 청열조습, 편도선염, 해수, 황달.

금낭화(8) : 산혈, 소창독, 옹종, 제풍, 종독, 타박상, 탈홍증, 해독.

금떡쑥(5) : 거담, 건위, 기관지염, 지혈, 하리.

금마타리(9) : 개선, 단독, 대하증, 부종, 소염, 안질, 정혈, 종창, 화상.

금매화(8) : 구창, 결막염, 소염, 인후염, 중이염, 청열, 편도선염, 해독.

금모구척(4) : 관절통, 요통, 제습, 진통.

금방망이(7) : 간염, 급성간염, 옹종, 일체안병, 종독, 해독, 해열.

금불초(17) : 강기지구, 건위, 곽란, 구토, 소염행수, 소화불량, 외상, 위장염, 유선염, 이뇨, 지구역, 천식, 타박상, 통리수도, 폐기천식, 해수, 흉통.

금붓꽃(11) : 백일해, 안태, 위중열, 인후염, 절상, 주독, 창달, 토혈, 편도선염, 폐렴, 해소.

금소리쟁이(13) : 각기, 갈충, 건위, 변비, 부종, 산후통, 살충, 설사, 어혈, 통경, 피부병, 해열, 황달.

금잔화(12) : 건위, 과식, 구토, 발한, 애기, 유두파열, 이뇨, 지사, 진토, 통경, 폐기천식, 해수.

금족제비고사리(5) : 금창, 두통, 삼충, 자궁출혈, 해열.

금창초(21) : 각혈, 감기, 개선, 거담지해, 경혈, 고혈압, 기관지염, 나력, 두창, 설사, 소종, 양혈지혈, 종독, 중이염, 청열해독, 타박상, 토혈각혈, 폐기천식, 풍, 해수, 해열.

금혼초(3) : 거담, 건위, 이뇨.

기름나물(19) : 감기, 감모해수, 강정, 강장보호, 골통, 기관지염, 대하증, 도한, 월경이상, 자한, 정력, 중독, 중풍, 진정, 타박상, 풍, 풍사, 해수, 해열.

기린초(17) : 각혈, 강장, 강장보호, 단독, 선혈, 신장증, 옹종, 이뇨, 정혈, 종독, 지혈, 진정, 타박상, 토혈각혈, 통리수도, 해독, 활혈.

기장(10) : 구토, 복통, 설사, 아구창, 이질, 익기보중, 조갈증, 폐결핵, 폭식증, 해수.

긴강남차(9) : 강장, 건위, 사독, 시력강화, 야맹증, 윤장통변, 청간명목, 충독, 통경.

긴갯금불초(2) : 진정, 창종.

긴꼬리쐐기풀(7) : 개선, 거풍, 담마진, 산후풍, 지통, 풍습동통, 활혈.

긴담배풀(32) : 간장암, 감기, 구충, 급성장염, 대상포진, 복통설사, 악창, 암, 옹창, 인플루엔자, 인후염, 인후통증, 임파선염, 종창, 진통, 청열, 치핵, 폐결핵, 해독, 해열, 간염, 간질, 개선, 급성간염, 옹종, 지혈, 토혈각혈, 해독, 해수, 해열, 혈뇨, 황달.

긴병꽃풀(8) : 발한, 소종, 수종, 이뇨, 진해, 청열, 해독, 해열.

긴분취(8) : 간염, 고혈압, 조경, 지혈, 진해, 토혈, 혈열, 황달.

긴사상자(6) : 사기, 산한발표, 전신통, 지통, 충독, 해열.

긴산꼬리풀(9) : 거풍지통, 방광염, 소염지사, 외상, 요통, 중풍, 폐기천식, 피부염, 해수.
긴오이풀(20) : 객혈, 경혈, 대하, 동상, 산후복통, 습진, 양혈지혈, 옹종, 완선, 월경과다, 지혈, 창종, 충독, 치루, 치통, 토혈, 토혈각혈, 하리, 해독, 혈리.
긴잎갈퀴(1) : 폐렴.
긴잎곰취(3) : 보익, 진정, 진통.
긴잎꿩의다리(7) : 목적홍종, 이질, 청열제습, 천식, 폐렴, 해독, 황달.
긴잎달맞이꽃(8) : 감기, 고혈압, 기관지염, 당뇨, 신장염, 인후염, 해열, 화종.
긴잎별꽃(4) : 정혈, 창종, 최유, 피임.
긴잎여로(15) : 감기, 강심, 고혈압, 곽란, 구역질, 사독, 살충, 어중독, 임질, 중풍, 최토, 치통, 통유, 혈뇨, 황달.
긴잎제비꽃(9) : 기침, 발육촉진, 보간, 보익, 설사, 중풍, 태독, 해독, 해민.
긴잎쥐오줌풀(10) : 신경과민, 심신불안, 요통, 월경부조, 위약, 진경, 진정, 타박상, 향료, 히스테리.
긴화살여뀌(7) : 각기, 부종, 요종통, 장염, 통경, 해독, 해열.
길마가지나무(8) : 감기, 부종, 이뇨, 정혈, 종기, 지혈, 해독, 해열.
깃고사리(4) : 이뇨, 지혈, 항암제, 혈담.
깃반쪽고사리(22) : 간염, 감모발열, 개창, 경통, 대하, 사혈, 살충, 양혈지혈, 오림, 외상, 위장염, 유선염, 이질, 인후종통, 자궁출혈, 종통, 지혈, 청열이습, 하리, 해독지리, 혈림, 황달.
까락골(3) : 어혈, 진통, 통경.
까마귀머루(5) : 류마티즘, 신경성두통, 외상통, 위장동통, 지통.
까마귀밥나무(3) : 요통, 위장, 장출혈.
까마중(41) : 간기능회복, 감기, 강장, 고혈압, 근시, 기관지염, 대하증, 부종, 식감과체, 식견육체, 식우육체, 식저육체, 식제수육체, 식해삼체, 신경통, 옹종, 유옹, 음식체, 이뇨, 이뇨통림, 일체안병, 장티푸스, 종기, 종독, 좌골신경통, 진통, 청열해독, 치열, 타박상, 탈강, 탈항, 통리수도, 폐기천식, 학질, 해독, 해수, 해열, 화농, 활혈, 활혈소종, 황달.
까막까치밥나무(3) : 요통, 위장, 장출혈.
까막바늘까치밥나무(3) : 요통, 위장, 장출혈, 종창.
까실쑥부쟁이(13) : 감기, 거담, 거담진해, 보익, 소풍, 유선염, 이뇨, 청열, 편도선염, 해독, 해소, 해수, 해열.
까치고들빼기(3) : 구풍, 발한, 이뇨.
까치발(6) : 감기, 견교독, 외상, 정종, 창종, 충독.
까치밥나무(4) : 슬종, 요통, 위장, 장출혈.
까치수염(16) : 각기, 감기, 경혈, 기관지염, 산어, 오줌소태, 월경불순, 월경이상, 월경통, 유선염, 인후종통, 조경, 종독, 청열소종, 타박상, 해열.
깨꽃(8) : 강장, 소종, 양혈, 자궁출혈, 조경, 청열, 통경, 화상.

깨풀(11) : 감기, 살충, 이수, 자궁출혈, 지혈, 청열, 토혈각혈, 피부염, 해수토혈, 해열, 혈변.
깽깽이풀(14) : 건위, 건위지사, 결막염, 구내염, 이뇨, 일체안병, 주독, 청열해독, 태독, 토혈, 편도선염, 하리, 해독, 해열.
껄껄이풀(3) : 거담, 건위, 이뇨.
께묵(7) : 간염, 거담, 건위, 산후출혈, 이뇨, 진정, 황달.
꼬리겨우살이(8) : 고혈압, 동맥경화, 동상, 요통, 진정, 최토, 타박상, 통경.
꼬리까치밥나무(4) : 슬종, 요통, 위장, 장출혈.
꼬리진달래(3) : 강장, 건위, 이뇨.
꼬리풀(7) : 방광염, 외상, 요통, 중풍, 지해화염, 청폐해독.
꼬마부들(10) : 대하, 방광염, 수렴지혈, 유옹, 이뇨, 지혈, 치질, 탈강, 통경, 행혈거어.
꼭두서니(24) : 감기, 강장, 강장보호, 강정제, 구내염, 만성피로, 양혈지혈, 아감, 요혈, 월경이상, 정혈, 제습, 지혈, 토혈, 토혈각혈, 통경, 편도선염, 풍습, 피부소양증, 해열, 허약체질, 혈뇨, 활혈거어, 황달.
꽃개오동(15) : 강장, 건위, 구충, 부종, 신장염, 요도염, 이뇨, 종창, 진통, 창종, 청열, 탈강, 해독, 해열, 화상.
꽃개회나무(1) : 건위.
꽃고비(6) : 거담, 급만성기관지염, 자궁출혈, 지혈, 진정, 토혈.
꽃다지(8) : 기관지염, 당뇨, 완하, 이뇨, 통리수도, 폐기천식, 해수, 호흡곤란.
꽃대(6) : 산어, 이뇨, 창개, 타박상, 통경, 활혈.
꽃마리(7) : 늑막염, 다뇨, 설사, 수족마비, 이질, 종독, 풍.
꽃며느리밥풀(4) : 옹종, 창독, 청열, 해독.
꽃무릇(12) : 각기, 각혈, 결절종, 구토, 목소양증, 소영, 음양음창, 적백리, 토혈각혈, 폐결핵, 표저, 해열.
꽃버들(7) : 각기, 생환, 이뇨, 종기, 치통, 해열, 황달.
꽃싸리(3) : 신장염, 이뇨, 해열.
꽃아까시나무(1) : 외상.
꽃여뀌(6) : 버짐, 살충, 옴, 타박상, 통경, 하기.
꽃창포(10) : 나창, 백일해, 인후염, 주독, 창달, 촌충, 토혈, 편도선염, 폐렴, 해소.
꽃치자(12) : 결막염, 당뇨, 백리, 불면, 소염, 어혈, 이뇨, 임질, 정혈, 지혈, 진통, 황달.
꽃향유(19) : 각기, 감기, 구토, 발한, 발한해표, 수종, 열격, 열질, 오한발열, 음부부종, 이뇨, 이수소종, 자한, 지혈, 탄산토산, 통리수도, 향료, 해열, 화중화습.
꽈리(38) : 간경화, 간염, 감기, 거풍, 견비통, 구충, 금창, 난산, 난소염, 늑막염, 사독, 사태, 안질, 열병, 오로보호, 요충증, 요통, 월경이상, 이뇨, 인후통증, 임질, 임파선염, 자궁염, 조경, 종독, 진통, 청열해독, 치핵, 통경, 통리수도, 편도선염, 폐기천식, 해독, 해수, 해열, 황달, 후통, 흉통.

꾸지나무(11) : 강근, 강장, 거풍, 악창, 완하, 이뇨, 중풍, 진해, 타박상, 피부염, 활혈.
꾸지뽕나무(11) : 강장보호, 경혈, 관절통, 완하, 요통, 이뇨, 진해, 타박상, 해열, 혈결, 활혈.
꿀풀(39) : 간염, 간허, 갑상선염, 갑상선종, 강장, 강장보호, 강혈압, 거담, 건위, 결기, 결핵, 경선결핵, 고혈압, 구안괘사, 나력, 두창, 목소양증, 산울결, 안심정지, 안질, 연주창, 열광, 월경이상, 유선염, 유옹, 이뇨, 일체안병, 임질, 임파선염, 자궁내막염, 자궁염, 적백리, 종독, 청간화, 축농증, 통리수도, 폐결핵, 풍열, 해열.
꿩고비(8) : 각기, 임질, 지혈, 청열해독, 혈변, 혈붕, 혈리, 회충.
꿩의다리(19) : 간염, 감기, 결막염, 관절냉기, 사화해독, 습진, 옹종, 이질, 일체안병, 장염, 장위카타르, 장출혈, 청열조습, 편도선염, 하리, 해수, 해열, 황달, B형간염.
꿩의다리아재비(12) : 거풍, 경련, 관절염, 월경이상, 진경, 진해, 창종, 타박상, 통경, 풍, 해수, 활혈.
꿩의바람꽃(15) : 거풍습, 경련, 골절통, 사지마비, 소옹종, 요통, 제습, 종독, 종통, 진경, 진통, 통기, 풍, 풍비, 풍한.
꿩의밥(5) : 백리, 야제증, 적백리, 적리, 황달.
꿩의비름(15) : 강장, 강장보호, 강정제, 단독, 대하증, 선혈, 온신, 일체안병, 종독, 지혈, 토혈각혈, 피부병, 해열, 화농, 활혈.
끈끈이대나물(2) : 정혈, 최유.
끈끈이장구채(2) : 정혈, 최유.
끈끈이주걱(6) : 거담, 백일해, 소염, 적백리, 진해, 평천.

ㄴ

나도개감채(9) : 강심, 강장, 나력, 사독, 소종산결, 진정, 진통, 청열해독, 후비종통.
나도개미자리(2) : 정혈, 최유.
나도겨풀(3) : 사지마비, 이뇨, 제습이수.
나도냉이(4) : 기관지염, 부종, 이뇨, 해소.
나도닭의덩굴(8) : 관절염, 구풍, 백일해, 수풍, 신경쇠약, 신경통, 진해, 토혈.
나도미꾸리낚시(6) : 각기, 부종, 요종통, 위장염, 이뇨, 창종.
나도사프란(6) : 거담, 구토, 백일해, 종기, 천식, 폐렴.
나도송이풀(10) : 감기, 외음부부종, 음부부종, 인플루엔자, 이습, 조비후증, 청열, 해열, 화분병, 황달.
나도수영(11) : 간염, 개선, 괴혈병, 이습, 조갈증, 청열, 토혈각혈, 통리수도, 해열, 혈리, 흉만.
나도옥잠화(4) : 거풍산독, 노상, 산어지통, 타박상.
나도은조롱(6) : 금창, 이뇨, 익정, 중풍, 출혈, 한열.

나도하수오(40) : 각풍, 감기, 거담, 경련, 관절염, 구풍, 내풍, 두통, 백일해, 보익, 수풍, 순기고혈, 신경쇠약, 안오장, 양혈, 양혈거풍, 양혈지혈, 열질, 옹종, 월경불순, 월경이상, 음낭종독, 음종, 장염, 장위카타르, 제습, 종독, 지혈, 진경, 진통, 진해, 타박상, 토혈, 토혈각혈, 통경, 편도선염, 풍습, 피부염, 항균소염, 활혈.

나도황기(4) : 강장, 나창, 지한, 치질.

나래회나무(3) : 자궁출혈, 진통, 통경.

나리(1) : 개선.

나리잔대(3) : 경기, 익담기, 한열.

나무딸기(5) : 안질, 양모, 음왜, 지사, 청량.

나무수국(2) : 학질, 해열.

나문재(3) : 결핵성, 연견소적, 청열.

나비나물(3) : 노상, 두운, 보허.

나사미역고사리(2) : 보익, 지혈.

나팔꽃(25) : 각기, 갱년기장애, 관절염, 관절통, 금창, 낙태, 부종, 사하, 설사, 소적통변, 수종, 수충, 식마령서체, 야맹증, 완화, 요통, 유옹, 음식체, 이뇨, 종기, 타태, 태독, 통리수도, 통풍, 풍종.

나한백(5) : 강장, 경풍, 곽란, 지한, 진정.

낙엽송(3) : 발모, 치통, 통경.

낙지다리(5) : 강장보호, 월경이상, 타박상, 혈폐, 활혈.

낚시고사리(3) : 금창, 자궁출혈, 해열.

낚시제비꽃(11) : 간장기능촉진, 기침, 발육촉진, 부인병, 소종, 중풍, 청열해독, 태독, 통경, 해독, 해민.

난장이버들(6) : 개선, 이뇨, 종기, 지혈, 치통, 황달.

난장이붓꽃(5) : 백일해, 인후염, 청열해열, 폐렴, 해소.

난장이패랭이꽃(13) : 고뇨, 난산, 늑막염, 석림, 소염, 수종, 안질, 이뇨, 인후염, 임질, 자상, 치질, 회충.

난쟁이바위솔(9) : 간염, 강장, 소종, 습진, 이습지리, 지혈, 청열해독, 통경, 화상.

난티나무(5) : 강장, 부종, 안산, 안태, 이뇨.

날개골풀(7) : 금창, 이뇨, 지혈, 진통, 통림, 편도선염, 청심.

날개하늘나리(4) : 강장, 건위, 자양, 해독.

남가새(13) : 강장, 거풍명목, 매독, 백절풍, 실명, 요통, 정혈, 중풍, 최유, 편두염, 평간, 해울, 회충.

남개연(3) : 강장, 정혈, 지혈.

남산제비꽃(14) : 간기능촉진, 감기, 거풍, 기침, 부인병, 소옹종, 유아발육촉진, 정혈, 진해, 청열해독, 태독, 통경, 최토, 해독.

남산천남성(10) : 거습, 경련, 소아경풍, 안면신경마비, 옹종, 완선, 임파선염, 조습, 진경, 파상풍.

남오미자(22) : 감기, 강심제, 강장, 강장보호, 경련, 고혈압, 복통, 사독, 자양, 자양강장, 자한, 종독, 지사, 진경, 진통, 치통, 타박상, 하리, 하사, 해소, 해수, 해열.

남천(16) : 간장염, 강장, 강장보호, 변비, 산통, 주독, 주취, 지사, 지통, 진통, 진해, 폐기천식, 해수, 화상, 황달, 흉통.

남포분취(15) : 간염, 고혈압, 기관지염, 수감, 안염, 인후통, 임질, 조경, 지혈, 진해, 토혈, 폐렴, 해열, 혈열, 황달.

낭독(15) : 거담, 건선, 당뇨, 발한, 복중괴, 부종, 살충, 선혈, 이뇨, 임질, 치통, 통경, 통변, 풍습, 풍열.

낭아초(16) : 감기, 강장, 강장보호, 기관지염, 나력, 나창, 배가튀어나온증세, 소창, 이수, 인플루엔자, 임파선염, 자한, 지한, 치핵, 통리수도, 해수.

내버들(9) : 개선, 생환, 수감, 이뇨, 종기, 지혈, 치통, 해열, 황달.

내장고사리(3) : 삼충, 자궁출혈, 해열.

냇버들(5) : 개선, 종독, 치통, 해열, 황달.

냇씀바귀(9) : 간경화, 건위, 고미, 구내염, 만성기관지염, 이질, 진정, 청열양혈, 해독.

냉이(52) : 간기능회복, 간질, 거풍, 건비위, 건위, 견비통, 결막염, 고혈압, 구충, 두통, 명목, 부인하혈, 부종, 소아변비증, 소아열병, 소아이질, 안심정지, 열격, 열병, 오한, 위경련, 위열, 위장염, 이뇨, 이비, 이수, 이완출혈, 임질, 일체안병, 자궁수축, 적백리, 중풍, 지혈, 천식, 치통, 토혈, 토혈각혈, 통리수도, 폐결핵, 폐기천식, 폐농양, 폐렴, 폐열, 피부소양증, 하리, 한열왕래, 해독, 해수, 해열, 회충, 흉부답답, 간경변증.

냉초(21) : 감기, 거풍, 건위, 관절염, 근육통, 난청, 방광염, 외상, 이뇨, 정혈, 제습, 종기, 종창, 중풍, 진통, 통경, 통풍, 편두통, 폐결핵, 해독, 해열.

너도개미자리(2) : 정혈, 최유.

넉줄고사리(18) : 강장보호, 견비통, 경혈, 근골동통, 보신강골, 속근골, 오십견, 외상출혈, 요통, 이명, 자양강장, 지통, 지혈, 진통, 청명, 치통, 화상, 활혈.

넌출비수리(4) : 신장염, 안질, 이뇨, 해열.

넓은묏황기(4) : 강장, 나창, 지한, 치질.

넓은산꼬리풀(4) : 방광염, 외상, 요통, 중풍.

넓은잎개고사리(2) : 금창, 자궁출혈.

넓은잎개수염(5) : 안질, 창개, 치풍통, 해독, 후비염.

넓은잎까치밥나무(4) : 습종, 요통, 위장, 장출혈.

넓은잎꼬리풀(4) : 방광염, 외상, 요통, 중풍.

넓은잎딱총나무(13) : 골절, 발한, 사지동통, 생기, 수종, 신경염, 신경통, 이뇨, 종독, 좌상, 치통, 폐렴, 해열.

넓은잎옥잠화(6) : 옹저, 유옹, 인후통증, 임파선염, 토혈각혈, 해독.

넓은잎외잎쑥(7) : 리기혈, 안질, 온경, 이뇨, 지혈, 축한습, 해열.

넓은잎제비꽃(11) : 간장기능촉진, 발육촉진, 발한, 부인병, 사하, 설사, 중풍, 최토, 태독, 통경, 해민.

넓은잎쥐오줌풀(17) : 감기, 경련, 고혈압, 신경과민, 심신불안, 요통, 월경부조, 월경이상, 위약, 위장염, 정혈, 진경, 진정, 진통, 타박상, 향료, 히스테리.

넓은잎천남성(12) : 거습, 구토, 소아경풍, 안면신경마비, 암, 옹종, 임파선염, 조습, 중풍, 진정, 파상풍, 해수.

넓은잎황벽나무(19) : 간경변증, 간염, 구내염, 거습, 건위, 임질, 장염, 장위카타르, 장티푸스, 정기, 정력증진, 정양, 조습, 중독증, 치핵, 토혈각혈, 해독, 해열, 황달.

넓은잔대(7) : 거담, 경풍, 기관지염, 폐렴, 폐보익, 한열, 해독.

네가래(14) : 간염, 나력, 소갈, 신장염, 유방염, 이수, 지혈, 청열, 치질, 코피, 토혈, 풍열목적, 해독, 혈뇨.

네귀쓴풀(2) : 건위, 지혈.

네잎갈퀴(2) : 지사, 지혈.

노각나무(3) : 곽란, 이뇨, 통재.

노간주나무(22) : 간질, 감기, 거풍제습, 경풍, 고혈압, 곽란, 관절염, 소아경풍, 유즙결핍, 이뇨, 제습, 최유, 탄산토산, 통경, 통리수도, 풍, 풍습, 해독, 해수, 해열, 화상, 황달.

노랑개자리(4) : 열독, 위장병, 해열, 흑달.

노랑꽃창포(6) : 복부팽만증, 복통, 소화, 이뇨, 청열, 타박상.

노랑만병초(7) : 강장, 건위, 구토, 류마티스, 발진, 이뇨, 하리.

노랑물봉선(8) : 난산, 사독, 소화, 오식, 요흉통, 청량해독, 타박상, 해독.

노랑부추(15) : 각종, 건뇌, 골절통, 곽란, 면목부종, 명안, 보익, 부종, 안태, 양혈, 이뇨, 적백리, 정혈, 중풍, 지한.

노랑붓꽃(13) : 나창, 백일해, 이뇨, 인후염, 주독, 지혈, 창달, 청열해독, 촌충, 토혈, 편도선염, 폐렴, 해소.

노랑선씀바귀(4) : 건위, 식욕촉진, 진정, 최면.

노랑어리연꽃(11) : 건위, 고미, 발한, 사열, 옹종, 이뇨, 청열, 투진, 한열왕래, 해독, 해열.

노랑원추리(16) : 강장, 강장보호, 경혈, 번열, 양혈, 외음부부종, 월경이상, 유선염, 유옹, 유즙결핍, 이뇨, 지혈, 치림, 통리수도, 혈변, 황달.

노랑제비꽃(8) : 발육촉진, 보간, 부인병, 태독, 통경, 하리, 해독, 해소.

노랑투구꽃(11) : 강심, 냉풍, 살충, 이뇨, 종기, 중풍실음, 진경, 진정, 진통, 충독, 황달.

노랑팽나무(12) : 결핵, 대하증, 두충, 발모, 부종, 불면, 살충, 안태, 이뇨, 통경, 통변, 화상.

노랑하늘타리(19) : 객혈, 결핵, 당뇨, 백적리, 선열, 어혈, 유두염, 이뇨, 장풍, 중풍, 창종, 최유, 치루, 타박상, 폐위해혈, 피부병, 해소, 해열, 황달.

노루귀(17) : 간기능회복, 근골산통, 노통, 만성위장염, 소종, 위장염, 장염, 종독, 지음증, 진통, 진해, 창종, 충독, 치루, 치통, 치풍, 해수.

노루발(32) : 각기, 강장보호, 거풍습, 건근골, 고혈압, 골절, 관절통, 금창, 방부, 백대하,

보폐신, 수감, 요도염, 요통, 월경이상, 음낭습, 이뇨, 지혈, 절상, 진정, 진통, 충독, 타박상, 통리수도, 해독, 감기, 기관지염, 자궁출혈, 자한, 토혈, 해수, 해열.

노루삼(7) : 구풍해표, 기관지염, 두통, 신경통, 일해, 청열진해, 해수.

노루오줌(16) : 거풍, 경혈, 관절통, 근골동통, 소염, 지해, 진통, 청열, 충독, 타박상, 풍, 해동, 해수, 해열, 활혈, 회충증.

노루참나물(12) : 경풍, 고혈압, 대하증, 신경통, 양정, 양혈, 윤폐, 정혈, 중풍, 지혈, 폐렴, 해열.

노린재나무(12) : 감기, 개선, 근골동통, 설사, 이질, 지혈, 지혈생기, 청열이습, 학질, 한열왕래, 해열, 화상.

노박덩굴(14) : 강근골, 거풍습, 근골동통, 복통, 사지마비, 소아경기, 제습, 치통, 치핵, 타박상, 해독, 현훈, 활혈, 활혈맥.

녹나무(20) : 강심, 강심제, 개선, 건뇌, 건위, 진통, 도한, 동상, 류마티스, 신경통, 장뇌유, 진정, 치통, 타박상, 통기, 통풍, 풍비, 해열, 활혈, 흥분제.

녹두(34) : 각기, 구취, 단독, 만성간염, 부종, 산전후통, 설사, 수종, 아감, 암내, 여드름, 옹종, 요독증, 유옹, 유즙결핍, 이뇨, 임질, 종기, 주독, 주비, 주체, 진통, 청서지갈, 청열해독, 치열, 통리수도, 통유, 풍열, 피부미백, 피부윤택, 하리, 해독, 해열, 허랭.

녹보리똥나무(4) : 고장, 과식, 지사, 지혈.

논냉이(8) : 경혈, 명목, 양혈, 월경이상, 조경, 청열, 타박상, 해열.

논뚝외풀(1) : 혈뇨.

놋젓가락나물(21) : 강심, 강심제, 개선, 관절염, 냉풍, 수감, 신경통, 옹종, 이뇨, 정종, 제습, 종기, 종독, 중풍, 진경, 진정, 진통, 충독, 풍습, 흉부냉증, 흥분제.

누른종덩굴(12) : 각기, 개선, 발한, 복중괴, 악종, 요슬통, 이뇨, 절상, 진통, 천식, 파상풍, 풍질.

누리장나무(14) : 감창, 거풍습, 건위, 고혈압, 류머티즘, 식채, 제습, 종기, 종독, 중풍, 풍, 피부병, 피부염, 혈압강하.

누린내풀(14) : 감기, 건위, 기관지염, 발한, 백일해, 소염, 이뇨, 자한, 종독, 지통, 지혈, 피임, 해수, 해열.

누운땅빈대(5) : 설사, 지혈, 청습열, 통유, 황달.

누운주름잎(3) : 옹종, 해독, 화상.

눈개승마(4) : 정력, 지혈, 편두선염, 해독.

눈개쑥부쟁이(7) : 거담진해, 보익, 소풍, 이뇨, 청열, 해독, 해소.

눈갯버들(9) : 개선, 생환, 수감, 이뇨, 종기, 지혈, 치통, 해열, 황달.

눈괴불주머(6) : 이뇨, 조경, 진경, 진통, 청열해독, 타박상.

눈까치밥나무(3) : 요통, 위장, 장출혈.

눈비녀골풀(2) : 이뇨, 진통.

눈비름(4) : 거담, 자궁염, 적백리, 토혈.

눈빛승마(23) : 각기, 소아식탐, 소아요혈, 소아인후통, 소아탈항, 어린이요혈, 오한발열, 온신, 옹종, 음종, 인후통증, 자궁하수, 자한, 종독, 진통, 창달, 탈항, 편도선염, 편두염, 피부염, 한열왕래, 해독, 해열.
눈산버들(6) : 개선, 이뇨, 종기, 지혈, 치통, 황달.
눈여뀌바늘(10) : 고혈압, 방광염, 소염, 수감, 신장염, 요도염, 적리, 정혈, 지혈, 치암.
눈잣나무(17) : 간질, 강장, 당뇨병, 두현, 변비, 식풍, 양음, 윤장, 윤폐, 조해, 종창, 중풍, 진통, 토혈, 풍비, 폐결핵, 화상.
눈측백(5) : 강장, 곽란, 경풍, 지한, 진정.
눈향나무(9) : 감기, 거풍산한, 관절통, 담마진, 소종, 이뇨, 통경, 풍한, 활혈.
느릅나무(21) : 강장, 강장보호, 개선, 고혈압, 관절염, 난산, 부종, 안산, 안태, 옹종, 완화, 이뇨, 장위카타르, 중풍, 치조농루, 치핵, 피부병, 피부윤택, 피임, 해산촉진, 활혈.
느리미고사리(2) : 자궁출혈, 해열.
느타리버섯(2) : 식우육체, 식해어체.
느티나무(6) : 강장, 고혈압, 부종, 안산, 안태, 이뇨.
능금나무(5) : 강장, 이뇨, 지갈, 진해, 청혈.
능소화(23) : 강정안정, 대하증, 산후통, 안정, 양혈, 양혈거풍, 어혈, 월경이상, 이뇨, 이완출혈, 정혈, 주비, 주체, 주황병, 진통, 창종, 타박상, 통경, 통리수도, 풍진, 피부소양, 혈폐, 활혈파어.
능수버들(15) : 개선, 옹종, 이뇨, 일사병열사병, 제습, 종기, 지혈, 진통, 치질출혈, 치창, 치통, 통리수도, 해열, 황달, B형간염.
능수쇠뜨기(6) : 명안, 산통, 자궁출혈, 조경, 치질, 탈강.

ㄷ

다닥냉이(11) : 두풍, 백독, 이뇨, 이수소종, 폐기천식, 하기, 해소, 해수, 행수, 호흡곤란, 회충.
다람쥐꼬리(7) : 거풍, 근육통, 류머티즘, 소염, 외상출혈, 지혈, 타박상.
다래(33) : 간경변증, 간염, 강장, 강장보호, 건위, 고양이병, 관절통, 구토, 기관지염, 대장암, 동비, 소아변비증, 소화불량, 식욕부진, 자궁경부암, 장위카타르, 장출혈, 제습, 종독, 중풍, 지갈, 진통, 태아양육, 통리수도, 통림, 풍습, 풍질, 해독, 해수, 해열, 허냉, 황달.
다릅나무(7) : 고혈압, 난산, 뇌일혈, 자궁출혈, 적백리, 지혈, 충혈.
다북떡쑥(7) : 거담, 건위, 비체, 식병, 지혈, 하리, 해수.
다시마(26) : 감기, 감비, 갑상선염, 견비통, 고혈압, 고환염, 구금불언, 구내염, 구창, 민감체질, 위산과다증, 유방암, 윤피부, 일사상, 임신중독증, 임질, 자궁암, 저혈압, 충치, 치핵, 탈항, 토혈각혈, 편도선비대, 편도선염, 피부암, 후두염.

다시마일엽초(2) : 보익, 지혈.

닥나무(18) : 간열, 강근, 강장, 강장보호, 강정제, 거풍, 악창, 완하, 일체안병, 이뇨, 제습, 중풍, 진해, 타박상, 풍, 피부염, 허약체질, 활혈.

닥총나무(1) : 추간판탈출증.

닥풀(24) : 경혈, 기관지염, 볼거리염, 사태, 산어, 소종, 악창, 안태, 옹종, 외음부부종, 요도염, 유즙결핍, 음부부종, 이수, 이하선염, 임질, 종기, 진통, 치질출혈, 타박상, 통리수도, 통림, 해독, 화상.

단삼(25) : 간염, 강장, 강장보호, 건위, 관절통, 급성간염, 낙태, 부인병, 산전후통, 소아경간, 양혈소옹, 월경이상, 자궁출혈, 종독, 종창, 진정, 진통, 청심제번, 타태, 탈모증, 통경, 혈폐, 협심증, 활혈, 활혈거어.

단풍나무(5) : 거풍습, 골절상, 관정염, 소염, 해독.

단풍마(39) : 갑상선종, 강장보호, 거품제습, 건위, 건위강장, 경선결핵, 기관지염, 동상, 만성기관지염, 만성요통, 몽정, 소영, 소화불량, 심장염, 양모, 양모발약, 연주창, 열질, 예근, 오십견, 옹종, 요통, 유옹, 유종, 자양강장, 자양보로, 종독, 지사, 지해거담, 타박상, 토담, 토혈각혈, 통리수도, 폐기천식, 해독, 해라, 허약체질, 화상, 활혈.

단풍박쥐나무(1) : 선혈.

단풍제비꽃(11) : 간기능촉진, 감기, 거풍, 기침, 부인병, 유아발육촉진, 정혈, 최토, 태독, 통경, 해독.

달구지풀(6) : 결핵, 소종, 진통, 청열, 치질, 해독.

달래(16) : 개선, 몽정, 비암, 살충, 설사, 소곡, 심장염, 온중, 요삽, 종독, 진통, 폐렴, 하기, 하리, 해독, 후종.

달맞이꽃(11) : 감기, 고혈압, 기관지염, 당뇨, 신장염, 인후염, 인후통증, 피부염, 해열, 화농, 화종.

달뿌리풀(8) : 곽란, 당뇨, 소염, 이뇨, 자양, 중독, 진토, 홍역.

닭의덩굴(8) : 관절염, 구풍, 백일해, 수풍, 신경쇠약, 신경통, 진해, 토혈.

닭의장풀(27) : 간염, 감기, 거어, 결막염, 곽란, 당뇨, 옹종, 이질, 인후통증, 적면증, 조갈증, 종기, 종독, 지혈, 청열, 치열, 타박상, 토혈, 통리수도, 폐기천식, 해독, 혈뇨, 협심증, 토혈각혈, 혈뇨, 혈변, 황달.

담배(12) : 개선, 버짐, 악창, 옴, 옹종, 완선, 제충제, 종기, 진통, 통기, 해독살충, 행기지통.

담배취(15) : 간염, 고혈압, 기관지염, 수감, 안염, 인후통, 임질, 조경, 지혈, 진해, 토혈, 폐렴, 해열, 혈열, 황달.

담배풀(17) : 간염, 거담, 구충, 급성간염, 살충, 소아경풍, 악창, 종창, 지혈, 청열, 치핵, 타박상, 피부소양증, 학질, 해독, 해열, 활혈.

담쟁이덩굴(20) : 거풍, 경혈, 구건, 구창, 근골동통, 금창, 이완출혈, 제습, 종기, 종창, 종통, 지구역, 지통, 지혈, 치통, 통경, 편두통, 피부염, 허약체질, 활혈.

담팔수(3) : 산어, 소종, 어혈.

당광나무(4) : 각기, 강장, 진정, 풍혈.

당귀(28) : 구갈, 간기능회복, 강장보호, 강정안정, 강정제, 고혈압, 과민성대장증후군, 근시, 기관지염, 만성피로, 민감체질, 비육, 소아리수, 암내, 야뇨증, 야맹증, 양모발약, 양위, 월경이상, 위장염, 일체안병, 저혈압, 정력증진, 탈항, 폐결핵, 폐기천식, 흉부냉증, B형간염.

당근(10) : 건비, 발한, 백일해, 살충, 소종, 야맹증, 양정신, 양혈, 익정, 항병.

당느릅나무(12) : 강장, 강장보호, 부종, 안산, 안태, 옹종, 완화, 유선염, 음부부종, 이뇨, 임질, 통리수도.

당마가목(15) : 강장, 강장보호, 구충, 거풍, 보비생진, 보혈, 신체허약, 양모, 온풍, 요슬산통, 제습, 중풍, 진해, 청폐지해, 풍.

당매자나무(21) : 간기능회복, 간장염, 건위, 고비, 다식, 변비, 사하, 산진, 안질, 옹종, 음낭습, 일체안병, 임파선염, 장염, 장위카타르, 진해, 폐렴, 하리, 해독, 해열, 황달.

당멀구슬나무(5) : 개선, 거습, 요통, 조습, 회충증.

당버들(8) : 각기, 개선, 생환, 이뇨, 지혈, 치통, 해열, 황달.

당분취(8) : 간염, 고혈압, 조경, 지혈, 진해, 토혈, 혈열, 황달.

당아욱(9) : 대하증, 완화, 유즙결핍, 이기통편, 이뇨, 점활, 제복동통, 청열이습, 통리수도.

당잔대(10) : 강장보호, 거담, 경기, 소아경풍, 옹종, 익담기, 자음, 한열, 한열왕래, 해독.

당키버들(6) : 종기, 지혈, 치통, 해독, 행리, 황달.

닻꽃(10) : 강심, 건위, 경풍, 고미, 도한, 양모, 종기, 지혈, 해독, 해열.

대(9) : 구토, 금창, 정혈, 좌골신경통, 중풍, 지혈, 진정, 통풍, 해열.

대극(18) : 당뇨, 발한, 백선, 사독, 사하축수, 소종산결, 악성종양, 옹종, 이뇨, 임질, 임파선염, 제습, 종독, 진통, 치통, 통경, 풍습, 흉통.

대나물(13) : 강장보호, 거담제, 골증, 골증열, 도한, 소아경간, 소아오감, 절옹, 청감열, 퇴허열, 학질, 해열, 허로.

대반하(7) : 거담, 구토, 이뇨, 종창, 진경, 파상풍, 해수.

대사초(3) : 부인혈기, 생리통, 오로칠상.

대송이풀(1) : 종기.

대청(10) : 간염, 구갈, 급성폐렴, 양혈소반, 유행성감기, 이질, 청열해독, 토혈, 하리, 황달.

대추나무(65) : 감기, 강심제, 강장, 강장보호, 건망증, 건위, 견인통, 경련, 고혈압, 골절, 골절증, 과로, 과민성대장증후군, 과식, 관절냉기, 구취, 급성간염, 기관지염, 기력증진, 기부족, 내분비기능항진, 만성피로, 목소양증, 보중익기, 부자중독, 산후통, 소아불면증, 소아소화불량, 소아천식, 소화제, 신경쇠약, 안오장, 양혈안신, 오로보호, 완화, 요통, 위경련, 위장염, 유즙결핍, 인두염, 인후염, 인후통증, 임파선염, 자양강장, 장위카타르, 종독, 진정, 진통, 초오중독, 축농증, 탄산토산, 통기, 통리수도, 한열왕래, 해독, 해열, 허약체질, 현벽, 현훈, 혈기심통, 호흡기질환, 후굴전굴, 후두염, 흉부냉증, 흉통.

대팻집나무(1) : 이뇨.

대황(24) : 각기, 거담, 건위, 경혈, 급성복막염, 냉풍, 보습제, 어혈, 열병, 요결석, 유즙결핍, 종독, 창종, 청열해독, 청화습열, 타박상, 피부윤택, 해열, 혈뇨, 호흡기질환, 화상, 황달, 활혈거어, 흉부냉증.

댑싸리(26) : 강장, 개선, 과실식체, 과실중독, 난관난소염, 대하, 동통, 명목, 목통, 보약, 수은중독, 악창, 유선염, 음낭습, 음부소양, 음위, 이뇨, 이소변, 임질, 적리, 적백리, 전립선비대증, 종독, 청습열, 통리수도, 흉통.

댓잎현호색(14) : 경련, 경혈, 두통, 부인하혈, 요슬산통, 월경이상, 월경통, 이완출혈, 조경, 진경, 진정, 진통, 타박상, 활혈.

댕댕이덩굴(47) : 각기, 감기, 개선, 거풍지통, 건비위, 건위, 경련, 경변, 고미, 고혈압, 곽란, 관절염, 관절통, 구안괘사, 구창, 구토, 근육통, 난관난소염, 류마티스, 만성요통, 부종, 수종, 설사, 신경통, 안면신경마비, 안질, 옹종, 요도염, 요통, 우울증, 이뇨, 일체안병, 임질, 중통, 중풍, 진통, 충독, 탈강, 탈항, 탈홍, 통리수도, 파상풍, 학질, 한열왕래, 해독, 해열, 현벽.

더덕(51) : 강장보호, 강정제, 거담, 건위, 경련, 경풍, 고혈압, 고환염, 구갈, 구고, 보익, 보폐, 소종배농, 식도암, 안오장, 옹종, 유방암, 유선염, 유즙결핍, 유창통, 음낭습, 음부질병, 음수체, 음양음창, 음종, 인두염, 인후염, 인후통증, 임파선염, 정력증진, 제습, 종독, 천식, 최유, 편도선염, 편두선염, 폐기천식, 폐혈, 풍, 풍사, 풍한, 피부노화방지, 피부소양증, 한열, 한열왕래, 해독, 화농, 화병, 후두염, 건비위, 흉통.

더부살이고사리(3) : 금창, 자궁출혈, 해열.

더위지기(34) : 간염, 개선, 과식, 곽란, 구고, 구창, 구창, 누혈, 만성위염, 비체, 산후하혈, 소아청변, 소염, 안태, 열병, 온신, 위한증, 음부질병, 이뇨, 이습, 자궁냉증, 장위카타르, 지방간, 지혈, 청열, 출혈, 통리수도, 피부노화방지, 하리, 한습, 해열, 황달, 회충, 흉부냉증.

덤불쑥(9) : 개선, 과식, 곽란, 누혈, 산후하혈, 안태, 출혈, 하리, 회충.

덧나무(29) : 각기, 골절, 골절증, 발한, 사지동통, 생기, 수종, 신경염, 신경통, 외음부부종, 음부부종, 음종, 이뇨, 이완출혈, 자한, 제습, 종독, 좌골신경통, 좌상, 지혈, 진통, 치질출혈, 치출혈, 치통, 치풍, 타박상, 폐렴, 해열, 활혈.

덩굴강낭콩(7) : 각기, 단독, 부종, 사리, 이뇨, 종기, 통유.

덩굴개별꽃(8) : 보기생진, 보폐, 식욕부진, 신경쇠약, 위장병, 정신피로, 치질, 하리.

덩굴곽향(5) : 경풍, 폐렴, 해소, 활혈, 후통.

덩굴닭의장풀(7) : 당뇨, 이뇨, 인후염, 종기, 창진, 청열, 해독.

덩굴민백미꽃(8) : 금창, 부인병, 부종, 이뇨, 익정, 중풍, 출혈, 한열.

덩굴박주가리(7) : 강정, 금창, 부인병, 익정, 중풍, 출혈, 한열.

덩굴별꽃(2) : 단독, 종기.

덩굴용담(15) : 강심, 개선, 건위, 경풍, 고미, 구충, 발모, 선기, 소화불량, 식욕부진, 심장염, 습진, 청열, 청폐, 태독.

덩굴장미(5) : 관절염, 이질, 지혈, 청서, 화위.

덩굴팥(21) : 각기, 감기, 단독, 배농해독, 부종, 사리, 산전후통, 수종, 옹종, 이뇨, 이수소종, 임질, 종기, 지방간, 진통, 통유, 해독, 해열, 허냉, 활혈, 황달.

도깨비바늘(20) : 간염, 감기, 견교독, 급성간염, 기관지염, 복통, 삼어, 상처, 설사, 소종, 이질, 정종, 창종, 청열, 충독, 타박상, 학질, 해독, 해열, 황달.

도깨비부채(6) : 거풍습, 관절염, 월경불순, 타박상, 해열, 활혈조경.

도깨비쇠고비(23) : 강장, 거통, 골절, 골중독, 금창, 동통, 보혈, 살충, 아통, 이명, 익기, 자궁출혈, 지혈, 진통, 청열해독, 촌충, 치통, 타박상, 파혈, 풍혈, 해열, 활혈, 회충.

도깨비엉겅퀴(11) : 감기, 금창, 대하증, 부식, 부종, 안태, 음창, 지혈, 창종, 출혈, 토혈.

도꼬로마(16) : 거풍습, 관절통, 단독, 매독, 무릎동통, 분청거탁, 심장염, 습진, 어독, 요통, 유종, 이습, 자양, 창상, 창진, 토혈.

도꼬마리(57) : 간열, 감기, 감창, 강직성척추관절염, 거품대변, 건선, 경련, 고혈압, 관절염, 광견병, 구창, 근골동통, 금창, 나력, 두통, 매독, 명목, 민감체질, 발한, 배농, 사지경련, 산풍습, 산후통, 소아두창, 수종, 습진, 아감, 연주창, 열독증, 음부질병, 이뇨, 자궁냉증, 자한, 장티푸스, 정종, 종독, 좌섬요통, 중풍, 지통, 진정, 진통, 창양, 척추관협착증, 축농증, 충독, 충치, 치조농루, 치질, 치통, 태독, 통리수도, 편도선염, 풍, 풍비, 피부소양증, 해독, 해열.

도둑놈의갈고리(11) : 개선, 거풍, 산어, 임질, 타박상, 토혈, 해독소종, 해소, 해열, 화농성유선염, 황달.

도라지(45) : 감기, 거담, 고혈압, 골절, 기관지염, 늑막염, 담, 배가튀어나온증세, 배농, 보익, 복통, 선폐거담, 소아해열, 실뇨, 옹종, 월경이상, 위산과다증, 이인, 인두염, 인후통증, 임파선염, 종기, 종독, 지혈, 진정, 진통, 척추질환, 척추카리에스, 천식, 추간판탈출층, 치핵, 탄산토산, 토혈각혈, 편도선비대, 편도선염, 편두선염, 폐결핵, 폐기종, 폐기천식, 폐혈, 해소, 해열, 후두염, 후통, 흉통.

도라지모시대(10) : 경풍, 기관지염, 양음, 위염, 천식, 청폐거담, 폐렴, 폐보익, 한열, 해수.

도루박이(5) : 구토, 어혈, 진통, 통경, 학질.

독말풀(20) : 각기, 간염, 간질, 간허, 감기, 경련, 경풍, 나병, 마취, 소아경풍, 월경이상, 장염, 진경, 진정, 진통, 천식, 탈강, 탈항, 폐기천식, 히스테리.

독미나리(6) : 거담, 거어, 구풍, 발독, 월경통, 통경.

독일가문비(2) : 임질, 통경.

독활(30) : 강정, 강장, 거담, 거풍조습, 곽란, 구토, 당뇨, 당뇨병, 대보원기, 동상, 명안, 보비익폐, 보익, 사기, 생진지갈, 설사, 식욕, 신경쇠약, 신진대사촉진, 암세포살균, 위암, 이뇨, 익기, 제암, 천식, 췌장암, 토혈, 파상풍, 해열, 활혈지통.

돈나무(15) : 개선, 결막염, 고혈압, 골절증, 곽란, 관절염, 동맥경화, 소종독, 습진, 이질, 임비, 종독, 치통, 타박상, 피부염.

돌가시나무(11) : 강장, 관절염, 교취, 누뇨, 복진통, 음왜, 자상, 창종, 치통, 풍습, 하리.

돌갈매나무(6) : 감충, 나력, 부종, 완화, 이뇨, 치통.

돌나물(16) : 간장병, 간염, 건선, 기관지염, 대하증, 선혈, 옹종, 인후통증, 종독, 청열소종, 타박상, 해독, 해열, 허혈통, 화상, 황달.

돌동부(8) : 관절동통, 변비, 소종지통, 인후염, 청열해독, 치질, 폐결핵, 풍치.

돌마타리(9) : 개선, 단독, 대하증, 부종, 소염, 안질, 정혈, 종창, 화상.

돌바늘꽃(9) : 각기, 거담, 고혈압, 방광염, 신장염, 양혈, 요도염, 적리, 치암.

돌방풍(3) : 관절염, 대하, 음왜.

돌배나무(10) : 강장, 거어, 금창, 생진, 윤조, 이뇨, 청열, 통변, 풍열, 해열.

돌뽕나무(7) : 강장, 발한, 부종, 오림, 진해, 창종, 충독.

돌소리쟁이(12) : 각기, 건위, 변비, 부종, 산후통, 살충, 설사, 어혈, 통경, 피부병, 해열, 황달.

돌앵초(1) : 거담.

돌양지꽃(5) : 건위, 보음도, 산증, 익중기, 폐결핵.

돌외(7) : 거담, 거담지해, 기관지염, 만성기관지염, 소염해독, 종독, 해독.

돌참나무(2) : 강장, 수감.

돌채송화(5) : 강장, 단종독, 대하증, 선혈, 이뇨.

돌콩(14) : 거담, 건비, 건비위, 건위, 견비통, 근골동통, 상근, 오십견, 요통, 자양강장, 자한, 타박상, 허약체질, 현훈.

동래엉겅퀴(1) : 경혈.

동백나무(18) : 건선, 경혈, 산어소종, 양혈지혈, 어혈, 연골증, 월경이상, 이뇨, 인후통증, 자궁출혈, 장출혈, 종독, 지혈, 타박상, 토혈각혈, 통리수도, 화상, 활혈.

동백나무겨우살이(7) : 고혈압, 기통, 요통, 진정, 타박상, 통경, 최토.

동부(14) : 건비보신, 건비위, 근골동통, 기부족, 백대하, 비위허약, 빈뇨, 사리, 소갈, 요통, 자한, 토역, 하리, 현훈.

동의나물(11) : 거풍, 산한, 염좌, 위내정수, 전신동통, 진통, 치질, 타박상, 풍, 현기증, 현훈.

동자꽃(4) : 감한, 두창, 해독, 해열.

된장풀(12) : 감기, 개선, 거풍, 거풍이습, 산어, 임질, 청열해독, 타박상, 토혈, 해소, 해열, 황달.

두루미꽃(5) : 양혈지혈, 외상출혈, 월경과다, 토혈, 혈뇨.

두루미천남성(23) : 간경변증, 간질, 거담, 거습, 경결, 경련, 구토, 산결지통, 소아경풍, 안면신경마비, 암, 온풍, 옹종, 임파선염, 전간, 조습, 조습화담, 종창, 중풍, 직장암, 진경, 파상풍, 풍.

두릅나무(34) : 간염, 강장, 강정자신, 강정제, 거담, 거풍활혈, 건비위, 건위, 고혈압, 골절번통, 골절증, 골증열, 관절염, 당뇨병, 만성간염, 보기안신, 신경쇠약, 위경련, 위궤양, 위암, 위장염, 음위, 장위카타르, 중풍, 진통, 축농증, 타박상, 통풍, 폐렴, 풍, 해열,

현벽, 활혈, 황달.

두메개고사리(3) : 삼충, 자궁출혈, 해열.

두메고들빼기(8) : 건위, 소염지혈, 악창, 자궁염증, 종기, 진정, 청열해독, 최면.

두메고사리(5) : 금창, 두풍, 삼충, 자궁출혈, 해열.

두메기름나물(1) : 충독.

두메닥나무(19) : 감기후증, 강심, 거담, 구창, 구토, 독창, 백일해, 변독, 사상, 살균, 소독, 어혈, 종독, 종창, 지혈, 타박상, 통경, 폐병, 해독.

두메담배풀(5) : 교상, 구충, 진통, 창종, 충독.

두메대극(13) : 건선, 당뇨, 발한, 복중괴, 부종, 선혈, 이뇨, 임질, 치통, 통경, 통변, 풍습, 풍열.

두메바늘꽃(2) : 수감, 지혈.

두메부추(16) : 강심, 강장, 건뇌, 건위, 곽란, 구충, 소염, 소화, 이뇨, 익신, 진정, 진통, 충독, 풍습, 해독, 항균.

두메분취(15) : 간염, 고혈압, 기관지염, 수감, 안염, 인후통, 임질, 조경, 지혈, 진해, 토혈, 폐렴, 해열, 황달, 혈열.

두메애기풀(9) : 강장, 강정, 귀밝이, 진정, 진통, 천식, 편두선염, 해소, 해열.

두메양귀비(5) : 복사, 복통, 진경, 진통, 해수.

두메오리나무(1) : 목탈.

두메자운(2) : 청열, 해독.

두메잔대(10) : 강장보호, 경기, 소아경풍, 오한, 오한발열, 옹종, 익담기, 폐기천식, 한열, 한열왕래.

두메취(10) : 간염, 고혈압, 기관지염, 안염, 조경, 지혈, 진해, 토혈, 혈열, 황달.

두메층층이(6) : 소화, 신장염, 유정, 중풍, 치근통, 한열.

두메투구꽃(8) : 건위, 방광염, 외상, 이뇨, 정혈, 종기, 중풍, 통경.

두충(29) : 간기능회복, 강근골, 강장, 강장보호, 고혈압, 관절염, 근골동통, 근골위약, 근육통, 기부족, 기억력감퇴, 보간신, 사태, 신경통, 안태, 요통, 음낭습, 음위, 이완출혈, 잔뇨감, 정력증진, 진정, 진통, 척추질환, 척추카리에스, 통리수도, 피부노화방지, 하지근무력증, 현훈.

둥굴레(45) : 간작반, 강심, 강심제, 강장, 강장보호, 강정제, 건해, 근골위약, 당뇨, 만성피로, 명목, 생진양위, 소아천식, 안오장, 오지, 오풍, 완화, 요통, 윤폐, 자양, 자양강장, 장생, 정력증진, 제습, 조갈증, 졸도, 종창, 지음윤폐, 청력보강, 치열, 치한, 타박상, 태독, 통풍, 폐결핵, 폐기천식, 폐렴, 폐창, 풍습, 풍열, 피부윤택, 해열, 허약체질, 협심증, 흉부냉증.

둥근마(38) : 갑상선종, 강장, 강장보호, 강화, 건위, 경선결핵, 구창, 대하, 동상, 몽정, 보비폐신, 빈뇨, 소갈, 소아야뇨증, 소영, 식욕부진, 심장염, 야뇨증, 양모, 양모발약, 예근, 요통, 유옹, 유정, 유정증, 음낭종독, 음종, 익기양음, 자양불로, 정수고갈, 종독, 지사, 토담, 폐결핵, 피부노화방지, 해독, 해라, 화상.

둥근매듭풀(5) : 배농, 이습, 이질, 전염성간염, 청열해독.

둥근바위솔(11) : 강장, 강장보호, 옹종, 지방간, 지혈, 충독, 치창, 학질, 해열, 혈리, 화상.

둥근배암차즈기(5) : 강장, 낙태, 산전후통, 자궁출혈, 통경.

둥근이질풀(20) : 대하증, 방광염, 변비, 역리, 열질, 위궤양, 위장병, 위장염, 장염, 장풍, 적리, 적백리, 종창, 지사, 지혈, 통경, 피부병, 피부염, 해독, 활혈.

둥근잎꿩의비름(2) : 대하증, 선혈.

둥근잎나팔꽃(11) : 감기, 견비통, 만성요통, 야맹증, 오십견, 외음부부종, 요통, 음식체, 중풍, 타태, 하리.

둥근잎천남성(11) : 간경화, 거담, 구토, 산결지통, 상한, 조습화담, 종창, 진경, 파상풍, 풍습, 해소.

둥근잔대(14) : 강장보호, 경풍, 기관지염, 양음, 옹종, 위염, 익위생진, 지음증, 천식, 청폐거담, 폐렴, 폐보익, 한열, 해수.

둥근털제비꽃(13) : 간장기능촉진, 감기, 거풍, 기침, 부인병, 유아발육촉진, 정혈, 종기, 진해, 최토, 태독, 통경, 해독.

들국화(1) : 경신익지.

들깨(24) : 감기, 강장, 강장보호, 건망증, 건위, 고혈압, 기관지천식, 만성위염, 만성피로, 소화, 안오장, 위산과다증, 위장염, 윤폐, 윤피부, 음종, 저혈압, 정력증진, 정수고갈, 조갈증, 충독, 칠독, 피부윤택, 해소.

들깨풀(15) : 감기, 건위, 구충, 기관지염, 살균, 소풍청서, 소화, 습종, 옹종, 이습지통, 자한, 진통, 해독, 해열, 행기이혈.

들메나무(5) : 간질, 생기, 안질, 출혈, 풍습, 해열.

들쭉나무(9) : 건위, 구토, 발진, 방광염, 수감, 식용, 이뇨, 임질, 하리.

들현호색(15) : 경련, 경혈, 두통, 오줌소태, 요슬산통, 월경이상, 월경통, 이완출혈, 자궁수축, 조경, 진경, 진통, 타박상, 허리디스크, 활혈.

등(4) : 구내염, 근골동통, 설사, 자궁근종.

등골나물(28) : 감기, 거서, 고혈압, 관절염, 기관지염, 당뇨, 맹장염, 보익, 산후복통, 생기, 소종, 수종, 월경이상, 자궁암, 중풍, 치암, 토혈, 통경, 편도선염, 폐렴, 폐암, 풍, 피부암, 해독, 해열, 화습, 활혈, 황달.

등대시호(19) : 강심, 늑막염, 말라리아, 사기, 상한, 열로, 오한, 월경불순, 익기, 소간해울, 승거양기, 자궁하수, 제암, 지해, 진통, 하리탈항, 해소, 해열, 화해퇴열.

등대풀(25) : 건선, 경중양통, 골반염, 당뇨, 발한, 복중괴, 사독, 살충, 소담, 수종, 음부부종, 음종, 이뇨, 임질, 임파선염, 제습, 창종, 치통, 통경, 통리수도, 풍독, 풍습, 풍열, 해독, 활혈.

등심붓꽃(10) : 백일해, 위중열, 인후염, 절상, 주독, 창달, 토혈, 편도선염, 폐렴, 해소.

등칡(24) : 강심제, 강화, 거질, 구내염, 복통, 사독, 신경쇠약, 신장쇠약, 요독증, 이뇨, 종독, 주독, 진통, 진해, 창저, 천식, 청혈, 치열, 치질, 통경, 하유, 해독, 해열, 현기증.
디기탈리스(8) : 강심, 강심제, 건위, 만성판막증, 부종, 심장병, 이뇨, 통리수도.
딱지꽃(22) : 골격통, 골절, 근골동통, 근육통, 보익, 부인하혈, 양혈지혈, 옴, 이질, 자궁내막염, 제습, 종독, 지혈, 청열해독, 토혈각혈, 통경, 폐결핵, 폐보, 풍, 하리, 해독, 해열.
딱총나무(27) : 각기, 골절, 골절증, 관절염, 근육통, 발한, 사지동통, 생기, 수종, 신경염, 신경통, 이뇨, 이완출혈, 제습, 종독, 좌상, 지혈, 진통, 치통, 타박상, 통리수도, 통풍, 폐렴, 풍, 풍한, 해열, 활혈.
딸기(4) : 보혈, 선혈, 청량지갈, 토혈각혈.
땃두릅나무(17) : 간경변증, 감기, 강심제, 강장보호, 강정제, 거담, 관절염, 관절통, 유옹, 임신중독증, 제습, 진통, 진해, 치통, 풍, 해열, 현훈.
땃딸기(1) : 보익.
땅꽈리(29) : 간경화, 간염, 감기, 거풍, 구충, 급성간염, 기관지염, 난산, 난소염, 늑막염, 사독, 소종산결, 아감, 안질, 이뇨, 임질, 임파선염, 자궁염, 조경, 종독, 진통, 청열해독, 통경, 편도선염, 피부염, 해독, 해열, 황달, 후통.
땅나리(4) : 강장, 건위, 자양, 종기.
땅비수리(21) : 경혈, 소아감적, 야뇨증, 유옹, 유정증, 일체안병, 탄산토산, 폐기천식, 해열, 구내염, 신장염, 아감, 안질, 이뇨, 인후통증, 종독, 종창, 진통, 치핵, 해독, 해열.
땅비싸리(3) : 강장, 자한, 지한.
땅빈대(29) : 건선, 경혈, 당뇨, 발한, 복중괴, 사독, 열질, 옹종, 유즙결핍, 음종, 이뇨, 임질, 장염, 장풍, 정창, 지혈, 창종, 치질출혈, 치창, 치통, 타박상, 토혈각혈, 통경, 풍습, 해열, 허혈통, 혈림, 황달, 활혈.
땅채송화(3) : 강장, 단종창, 선혈.
땅콩(21) : 각기, 감기, 강장, 강장보호, 거담, 건위, 고혈압, 기관지염, 담, 만성간염, 만성피로, 반위, 암, 위궤양, 유즙결핍, 윤폐, 조해, 치매증, 피부노화방지, 화위, 황달.
때죽나무(10) : 거풍습, 구충, 기관지염, 살충, 인후통, 청화, 풍습관절염, 후두염, 흥분성거담, 흥분제.
떡갈나무(11) : 간기능회복, 강장, 강장보호, 수감, 악창, 이질, 종독, 하혈, 해울결, 활혈, 황달.
떡갈졸참나무(6) : 강장, 수감, 이습, 주름, 청열해독, 하혈.
떡갈참나무(6) : 강장, 수감, 이습, 주름, 청열해독, 하혈.
떡버들(9) : 개선, 생환, 수감, 이뇨, 종기, 지혈, 치통, 해열, 황달.
떡속소리나무(6) : 강장, 수감, 이습, 주름, 청열해독, 하혈.
떡신갈나무(6) : 강장, 수감, 이습, 주름, 청열해독, 하혈.
떡신갈참나무(6) : 강장, 수감, 이습, 주름, 청열해독, 하혈.
떡신졸참나무(4) : 강장, 수감, 주름, 하혈.

떡쑥(23) : 감기, 개선, 거담, 거풍한, 건위, 관절염, 근육통, 기관지염, 담, 백대하, 요통, 제습, 종창, 지혈, 천식, 타박상, 폐기천식, 풍, 하리, 해소, 해열, 근골동통, 화염지해.

뚜껑덩굴(1) : 소아감적.

뚝갈(36) : 간열, 간염, 개선, 거어지통, 경혈, 단독, 대하증, 부종, 산후제증, 소염, 소종배농, 안질, 어혈, 열독증, 열병, 옹종, 위궤양, 이하선염, 일체안병, 자궁내막염, 자궁암, 장위카타르, 정혈, 종기, 종창, 진통, 청혈해독, 치열, 치질, 치핵, 풍독, 풍비, 해독, 해열, 화상, 후두암.

뚝새풀(5) : 복통설사, 소아수두, 이수소종, 전신부종, 해독.

뚱딴지(5) : 골절, 당뇨, 양혈, 열성병, 청열.

뜰보리수(6) : 제습, 종독, 타박상, 통기, 풍비, 활혈.

띠(34) : 각혈, 간염, 강정안정, 강정제, 개선, 결핵, 경혈, 고혈압, 구갈, 구충, 구토, 부종, 소염, 신장염, 양혈지혈, 월경불순, 월경이상, 이뇨, 종창, 주독, 지혈, 청열이뇨, 청폐위열, 칠독, 코피, 토혈, 토혈각혈, 통리수도, 폐병, 피부염, 한열왕래, 해열, 혈폐, 황달.

ㄹ

리기다소나무(9) : 간질, 강장, 당뇨병, 발모, 종창, 중풍, 진통, 폐결핵, 화상.

ㅁ

마(76) : 갑상선염, 갑상선종, 강장, 강장보호, 강정안정, 강정제, 건망증, 건비위, 건위, 경선결핵, 과민성대장증후군, 구창, 구토, 근골, 근골동통, 기억력감퇴, 대하, 동상, 만성위장염, 만성피로, 몽정, 보비폐신, 빈뇨, 소갈, 소아감병, 소아리수, 소아청변, 소아토유, 소아허약체질, 소영, 식욕부진, 심장염, 안오장, 안정피로, 야뇨증, 양모, 양모발약, 양위, 예근, 오심, 오한, 요삽, 요통, 위장염, 원형탈모증, 유옹, 유정, 유정증, 유창통, 음낭종독, 이명, 익기양음, 익신, 자궁외임신, 자양강장, 자양불로, 정기, 정력증진, 정양, 종독, 지사, 진정, 청력보강, 청명, 충치, 치핵, 토담, 폐결핵, 폐기천식, 한열왕래, 해독, 해라, 허로, 허약체질, 화상, 흉통.

마가목(15) : 강장, 강장보호, 거풍, 관상동맥질환, 구충, 기관지염, 보비생진, 보혈, 신체허약, 양모, 장위카타르, 중풍, 진해, 청폐지해, 폐결핵.

마늘(71) : 각기, 간경변증, 간기능회복, 간질, 감기, 강심, 강심제, 강장, 강장보호, 강정제, 건선, 건위, 견비통, 경중양통, 고혈압, 구충, 곽란, 광견병, 구충, 근육통, 급성간염, 기관지염, 기관지천식, 만성위염, 만성피로, 목소양증, 백일해, 살충, 소종, 소화, 식병나체, 아감, 완선, 요도염, 요통, 원형탈모증, 위경련, 위암, 위장염, 음낭습, 음부소양, 음식체, 음양음창, 음종, 이뇨, 이질, 자한, 정력증진, 제습, 종독, 중이염, 지혈, 진정, 진통, 충독, 충치, 치조농루, 치핵, 칠독, 탄산토산, 토혈각혈, 통리수도, 폐기천식, 풍습,

풍치, 피부노화방지, 피부소양증, 해독, 혈기심통, 혈담, 흉부냉증.

마디풀(23) : 개선, 곽란, 구충, 백대하, 살충, 소양증, 습진, 옹저, 외치, 요충증, 음낭습, 음양음창, 이수통림, 장염, 장위카타르, 창종, 치질, 치핵, 통리수도, 피부소양증, 해열, 황달, 회충증.

마름(18) : 강장, 건비위, 건위, 근골위약, 유선염, 자궁암, 주독, 제번지갈, 제암, 창진, 청서해열, 치암, 탈항, 피부암, 해독, 해열, 허약체질, 혈폐.

마삭줄(31) : 간염, 강장, 강장보호, 거풍, 거풍통락, 경혈, 관절염, 관절통, 구열, 근골통, 안태, 양혈소종, 인후염, 인후통증, 임파선염, 제습, 종기, 종독, 지리, 지혈, 진통, 타박상, 토혈각혈, 통경, 통리수도, 편도선염, 풍, 풍비, 풍한, 해열, 활혈.

마주송이풀(7) : 거담, 소변림력, 요결석, 종기, 통리수도, 풍, 피부병.

마타리(25) : 간염, 개선, 거어지통, 급성간염, 대하증, 단독, 부종, 소염, 소종배농, 안질, 어혈, 옹종, 위궤양, 위장염, 일체안병, 정양, 정혈, 종창, 진통, 청혈해독, 피부소양증, 해독, 해열, 화상, 활혈.

마편초(18) : 간염, 수소종, 수종, 이경학질, 이뇨, 이질, 종기, 청열해독, 촉산, 치주염, 태독, 통경, 통증, 피부병, 학질, 해열, 활혈산어, 황달.

마황(9) : 골다공증, 관절염, 비체, 자한, 진통, 폐기천식, 한열왕래, 해열, 현벽.

만년석송(12) : 거풍, 경혈, 골절번통, 골절증, 관절통, 근육통, 기부족, 소염, 제습, 조갈증, 피부염, 활혈.

만년청(17) : 강심, 강심제, 강장, 강장보호, 기관지염, 당뇨병, 양혈지혈, 이뇨, 명목, 자양, 제습, 종독, 종염, 종창, 치핵, 풍습, 해독.

만년콩(1) : 인후팽창.

만리화(9) : 결핵, 나력, 옴, 이뇨, 임질, 종창, 치질, 통경, 해독.

만병초(28) : 강심, 강장, 강장보호, 강정제, 건비, 건위, 관절염, 관절통, 구토, 류마티스, 발진, 발한, 불임증, 수렴, 신허, 양위, 요통, 월경불순, 월경이상, 이뇨, 진통, 최음제, 통리수도, 풍, 풍비, 하리, 항균, 해열.

만삼(33) : 강장보호, 강정제, 거담, 건비위, 건위, 경풍, 고혈압, 관격, 구갈, 기력증진, 기부족, 보익, 보중익기, 보폐, 부인하혈, 생진양혈, 소아감적, 소아경풍, 소아소화불량, 인후염, 인후통증, 정혈, 천식, 탈항, 통경, 통기, 편도선염, 폐결핵, 폐기천식, 한열, 한열왕래, 항바이러스, 허약체질.

만수국(3) : 일사병열사병, 통리수도, 해열.

만주고로쇠(8) : 거풍제습, 골절상, 당뇨, 사지마비, 소화불량, 타박상, 하리, 활혈거어.

만주곰솔(9) : 강장, 간질, 당뇨병, 발모, 종창, 중풍, 진통, 폐결핵, 화상.

만주자작나무(3) : 강장, 자양, 피부병.

많첩해당화(11) : 경혈, 기부족, 월경이상, 유옹, 적백리, 진통, 치통, 타박상, 탄산토산, 토혈각혈, 활혈.

말굽버섯(1) : 암.

말나리(22) : 강장, 강장보호, 건위, 소아경풍, 소아열병, 소아중독증, 식용, 열병, 위열, 윤폐, 윤폐지해, 자양, 자양강장, 자폐증, 정신분열증, 종독, 진정, 청심안신, 통리수도, 폐결핵, 해독, 허약체질.

말냉이(14) : 간염, 급성간염, 늑막염, 명목, 보강, 신경통, 신장염, 이뇨, 익기, 일체안병, 자궁내막염, 종독, 중풍, 현기증.

말냉이장구채(6) : 정혈, 종독, 지혈, 진통, 최유, 해열.

말똥비름(6) : 강장, 단독, 대하증, 산한, 선혈, 이기지통.

말뱅이나물(4) : 도한, 소아감기, 정혈, 최유.

말오줌나무(13) : 골절, 발한, 사지동통, 생기, 수종, 신경염, 신경통, 이뇨, 종독, 좌상, 치통, 폐렴, 해열.

말오줌때(25) : 각기, 건비위, 나창, 자궁하수, 제습, 진통, 탄산토산, 탈항, 통리수도, 풍, 풍사, 풍한, 각기, 감기, 경련, 골절증, 관절염, 자한, 정혈, 제습, 지혈, 진통, 타박상, 통풍, 활혈.

말채나무(1) : 강장.

맑은대쑥(16) : 거습, 경혈, 관절통, 두통, 음왜, 음위, 이뇨, 제습, 타박상, 통경, 풍, 풍비, 해열, 행어, 혈폐, 황달.

망초(24) : 개선, 거풍지양, 결막염, 구강염, 구내염, 구창, 만성피로, 신경통, 일체안병, 제습, 종독, 주독, 주황병, 중이염, 지혈, 청열, 치통, 치풍, 치핵, 풍, 하리, 해독, 해열, 황달.

매듭풀(9) : 건비위, 배농, 이습, 이질, 전염성간염, 청열해독, 통리수도, 해독, 해열.

매미꽃(5) : 옹종, 옹창, 진통, 타박상, 활혈.

매발톱(27) : 간장염, 거습, 건비, 건위, 결막염, 고미, 과민성대장증후군, 다식, 담석, 변비, 사하, 산진, 생리불순, 설사, 안질, 열질, 옹종, 음낭습, 일체안병, 임파선염, 장염, 조습, 진해, 통경활혈, 해열, 황달, A형간염.

매실나무(51) : 각기, 간기능회복, 감기, 강근골, 강장보호, 거담, 건위, 곽란, 구갈, 구내염, 구역질, 구충, 구토, 만성피로, 만성해수, 발한, 부인하혈, 살균, 생진, 소아두창, 수렴, 식하돈체, 아편중독, 역리, 오지, 위경련, 음식체, 인두염, 인후통증, 임신오조, 자음, 자한, 장위카타르, 주독, 중독증, 진토, 진통, 충치, 치통, 타박상, 탄산토산, 편두통, 폐렴, 하리, 해열, 현벽, 현훈구토, 혈뇨, 화상, 후두염, 흥분제.

매일초(9) : 기관지염, 식도암, 옹종, 위장염, 전립선암, 종독, 진통, 편도선염, 폐암.

매자기(23) : 건위, 경혈, 구토, 기창만, 기혈체, 산후복통, 소적, 심복통, 악심, 어혈, 어혈동통, 월경불순, 월경이상, 유즙결핍, 적취, 지통, 진통, 최유, 통경, 파혈, 학질, 혈훈, 행기.

매자나무(20) : 간기능회복, 간장염, 거담, 건위, 고미, 다식, 변비, 사하, 산진, 안질, 옹종, 음낭습, 일체안병, 임파선염, 장위카타르, 진해, 폐렴, 하리, 해열, 황달.

매자잎버들(8) : 각기, 개선, 생환, 이뇨, 지혈, 치통, 해열, 황달.

매화노루발(3) : 방부, 수감, 이뇨.
매화바람꽃(11) : 각기, 개선, 발한, 복괴, 요슬통, 이뇨, 절상, 진통, 천식, 파상풍, 풍질.
맥문동(45) : 각기, 감기, 강심제, 강장, 강장보호, 객혈, 건뇌, 건위, 건해, 구갈, 기관지염, 기울증, 변비, 소갈, 소아번열증, 심장염, 양위, 완화, 유즙결핍, 윤폐양음, 음위, 이뇨, 익위생진, 인건구조, 자궁발육부전, 자양강장, 조갈증, 졸도, 종기, 진정, 창종, 청심제번, 총이명목약, 탈모증, 태아양육, 토혈, 토혈각혈, 통리수도, 폐결핵, 폐혈, 피부노화방지, 해열, 허약체질, 호흡곤란, 흉부답답.
맥문아재비(14) : 감기, 강장, 객혈, 변비, 소갈, 심장염, 윤폐양음, 이뇨, 익위생진, 인건구조, 진정, 청심제번, 토혈, 해열.
맨드라미(35) : 각혈, 개선, 거담, 구토, 대하, 부인하혈, 설사, 요결석, 요혈, 월경이상, 이완출혈, 임신중독증, 임질, 자궁내막염, 자궁암, 자궁염, 적백리, 제출혈, 조경, 지혈, 치누하혈, 치루, 치통, 치풍, 치핵, 타박상, 탈강, 토혈각혈, 풍, 피부병, 피부소양증, 하리, 해수, 해열, 혈뇨.
머귀나무(7) : 건위, 변비, 사독, 이뇨, 중풍, 진해, 치통.
머루(8) : 기관지염, 기부족, 신경성두통, 외상동통, 조갈증, 지통, 폐결핵, 해수.
머위(37) : 각혈, 감기, 건위, 경혈, 기관지염, 보비, 보식, 보신, 수종, 식강어체, 식도암, 식욕, 식해어체, 안심정지, 안정, 옹종, 윤폐하기, 이뇨, 인후통증, 제습, 종독, 종창, 지해화염, 진정, 진해, 천식, 치루, 치핵, 타박상, 토혈각혈, 통리수도, 편도선염, 폐결핵, 풍습, 해독, 해수, 화농.
먼나무(1) : 아감.
멀구슬나무(8) : 개선, 거습, 구충, 이뇨, 조습, 지혈, 치핵, 해열.
멀꿀(19) : 강심제, 건위, 구충, 금창, 소염, 이뇨, 배농, 보정, 부종, 익정위, 인후, 진통, 진해, 창달, 통경, 통혈기, 해산촉진, 해수, 해열.
멍석딸기(32) : 간열, 간염, 감기, 강장, 강장보호, 경혈, 버짐, 산어지통, 살충, 악창, 양모, 양모발약, 옴, 인후통증, 임파선염, 제습, 종독, 지갈, 진통, 청량, 치핵, 타박상, 토혈, 토혈각혈, 통리수도, 풍, 하리, 해독, 해수, 해열, 혈폐, 활혈.
메꽃(29) : 감기, 강장보호, 강정제, 건위, 고혈압, 근골동통, 근육통, 금창, 기억력감퇴, 당뇨, 만성피로, 윤피부, 이뇨, 자양강장, 자음, 정력증진, 주름살, 중풍, 천식, 청열, 춘곤증, 치열, 통기, 통리수도, 폐기천식, 해수, 허약체질, 활혈, 흥분제.
메밀(17) : 각혈, 감기, 고창, 고혈압, 나력, 당뇨, 만성하리, 월경이상, 옹종, 위경련, 종독, 하기소적, 하리, 학질, 해독, 화상, 황달.
메밀잣밤나무(2) : 강장, 수감.
메타세콰이아(6) : 강장, 곽란, 악창, 지통, 진정, 피부종기.
며느리밑씻개(20) : 독사교상, 발육촉진, 소종해독, 소양증, 습진, 식욕촉진, 옴, 옹종, 자궁하수, 종독, 치질, 치핵, 타박상, 태독, 통경, 피부병, 해독, 행혈산어, 활혈, 황달.
며느리배꼽(16) : 간염, 개선, 급성간염, 백일해, 수종, 습진, 옴, 이수소종, 종독, 청열활혈, 편도선염, 피부병, 하리, 해독, 해열, 활혈, 황달.

멸가치(7) : 강장, 건위, 이뇨산어, 지해평천, 지혈, 진정, 진통.

명아자여뀌(3) : 옴, 육체, 피부병.

명아주(26) : 강장보호, 개선, 건위, 근계, 백전풍, 살충, 습창양진, 아감, 이질, 장염, 장위카타르, 종기, 중풍, 청열이습, 충독, 충치, 치조농루, 치통, 탈피기급, 통리수도, 폐기천식, 풍열, 하리, 한창, 해독, 해열.

명자나무(16) : 각기, 강장보호, 건위, 근골위약, 근육통, 만성피로, 요통, 위장염, 장결핵, 장위카타르, 장출혈, 제습, 주독, 풍, 풍비, 해수.

명자순(4) : 슬종, 요통, 위장, 장출혈.

명천장구채(2) : 정혈, 최유.

모감주나무(11) : 간염, 목통유루, 안적, 요도염, 일체안병, 장염, 장위카타르, 종독, 지방간, 통리수도, 하리.

모과나무(33) : 각기, 감기, 강장보호, 거풍, 건비위, 결핵, 곽란, 구토, 근육통, 금창, 기관지염, 보혈, 소담, 소아감적, 소아경풍, 소아두창, 수종, 식행체, 요부염좌, 유즙결핍, 음식체, 장결핵, 중풍, 지구역, 진통, 탄산토산, 통기, 통리수도, 폐결핵, 폐기천식, 하지근무력증, 해수, 활혈.

모데미풀(11) : 강심, 냉풍, 살충, 이뇨, 종기, 중풍실음, 진경, 진수, 진통, 충독, 황달.

모란(47) : 간질, 개선, 객혈, 경결, 경련, 경혈, 고혈압, 골증열, 관상동맥질환, 관절염, 금창, 대하, 두통, 복통, 부인병, 소아경결, 소염, 안오장, 야뇨증, 여드름, 열병, 옹종, 요통, 월경이상, 이뇨, 임질, 자궁내막염, 자궁암, 적취, 정혈, 종기, 지혈, 진경, 진정, 진통, 창종, 치핵, 타박상, 타태, 통경, 통리수도, 편두통, 하리, 해열, 혈림, 혈폐, 활혈.

모람(24) : 각풍, 강장, 거풍, 고비, 당뇨병, 방광무력, 백대하, 살충, 소아발육촉진, 소화, 야뇨, 완하, 요배통, 윤폐, 장풍, 종염, 진해, 편도선, 패신, 풍습, 하혈, 혈해, 해독, 해소.

모래지치(3) : 결핵, 산결, 연견.

모새나무(7) : 강장, 건위, 구토, 발진, 임병, 임질, 하리.

모시대(19) : 간염, 경기, 급성간염, 기관지염, 열광, 열질, 옹종, 익담기, 인후통증, 종독, 청열, 폐결핵, 한열, 한열왕래, 해독, 해수, 해열, 혈림, 화염.

모시물통이(7) : 급성신우염, 당뇨, 소종해독, 안태, 요도염, 이뇨해열, 자궁내막염.

모시풀(20) : 견광, 경혈, 광견병, 안태, 양혈지혈, 옹종, 이뇨, 제충제, 지혈, 청열안태, 치루, 치출혈, 타박상, 태루, 토혈각혈, 통경, 하혈, 해독, 해열, 혈뇨.

목련(20) : 강장보호, 거담, 거풍, 고혈압, 구충, 두통, 양모발약, 요통, 조비후증, 제습, 진정, 진통, 축농증, 치통, 통규, 타박상, 폐결핵, 혈색불량, 화분병, 활혈.

목서(5) : 산어, 이질, 천식, 해수, 화담.

목향(21) : 강장, 강장보호, 개선, 거담, 건비위, 건비화위, 건위, 곽란, 구충, 구토, 기관지염, 발한, 위경련, 이뇨, 이질, 장위카타르, 진통, 통기, 폐결핵, 해수, 행기지통.

목화(19) : 간작반, 기관지염, 보허, 온신, 옹종, 요결석, 요통, 위경련, 저혈압, 종독, 지혈, 진통, 척추질환, 최유, 치루, 칠독, 통경, 피임, 허약체질.

몽고뽕나무(7) : 강장, 발한, 부종, 오림, 진해, 창종, 충독.

뫼제비꽃(6) : 발육촉진, 보간, 보익, 태독, 해독, 해민.

묏대추나무(36) : 강심제, 강장, 강장보호, 건망증, 건위, 경결, 경련, 과실중독, 불안, 사기, 사지면다통, 산후열, 소아경간, 소아리수, 소아인후통, 소화, 신경쇠약, 심복, 오한, 완화, 음위, 이뇨, 인후염, 인후통증, 자폐증, 정력증진, 정수고갈, 진경, 진정, 진통, 최면제, 한열, 한열왕래, 해열, 허한, 현벽.

묏미나리(7) : 구풍, 백절풍, 중풍, 진경, 진통, 치통, 해열.

묏황기(4) : 강장, 나창, 지한, 치질.

무(70) : 가스중독, 각기, 간장암, 감기, 개선, 거담, 건위, 견비통, 고혈압, 골다공증, 관격, 관절염, 구내염, 구충, 금창, 기관지염, 담, 마약중독, 소식제장, 소아감적, 소아경풍, 소아구루, 소적채, 소화, 식계란체, 식교맥체, 식균용체, 식두부체, 식병나체, 신장증, 아편중독, 야맹증, 약물중독, 요독증, 월경이상, 위산과다증, 음낭습, 음식체, 인후통증, 자궁내막염, 자궁암, 장위카타르, 저혈압, 전립선비대증, 종독, 주독, 중이염, 지혈, 축농증, 충치, 치통, 치핵, 타박상, 토혈각혈, 편두통, 폐기천식, 폐렴, 하리, 해독, 해소, 해수, 해수담천, 해열, 현훈, 현훈구토, 홍역, 화상, 황달, 흉부냉증, 흉통.

무궁화(38) : 건비위, 경혈, 구갈증, 구토, 기관지염, 대하증, 살충, 소종, 양혈, 원형탈모증, 위산과다증, 위장염, 이뇨, 이혈, 인두염, 인후통증, 임질, 장염, 장위카타르, 장출혈, 적백리, 점활, 정혈, 지사, 지혈, 청혈, 축농증, 치열, 치핵, 탈항, 폐기천식, 피부병, 피부염, 하리, 하혈, 해독, 해열, 후두염.

무늬천남성(6) : 간경화, 거담, 구토, 종창, 진경, 파상풍.

무릇(30) : 강근, 강심, 강심제, 강장, 강장보호, 강정안정, 건뇌, 건위, 구충, 근골구급, 근골동통, 근육통, 소종지통, 옹종, 요통, 유선염, 유옹, 유창통, 자양강장, 장염, 장옹, 장위카타르, 종독, 진통, 타박상, 해독, 해열, 허약체질, 활혈, 활혈해독.

무산곰취(3) : 보익, 진정, 진통.

무화과나무(35) : 각혈, 간작반, 개선, 건선, 건위, 건위청장, 구충, 살충, 소종해독, 옹종, 완화, 요통, 위암, 위장염, 인두염, 인후통증, 자반병, 자양, 자양강장, 장염, 장위카타르, 종기, 종독, 주독, 지혈, 치질, 치핵, 타박상, 탈피기급, 토혈각혈, 하리, 해독, 협심증, 회충, 흉협통.

무환자나무(3) : 강장, 거담, 정력.

묵밭소리쟁이(20) : 각기, 갈충, 개선, 건위, 부인하혈, 부종, 변비, 산후통, 살충, 설사, 어혈, 옹종, 장염, 지혈, 토혈각혈, 통리수도, 피부병, 해열, 황달, A형간염.

문모초(5) : 방광염, 외상, 요통, 절상, 중풍.

문주란(19) : 객혈, 거담, 관절통, 기관지염, 백일해, 산어소종, 옹종, 적리, 종통, 진통, 창종, 청화해독, 타박상, 토혈, 폐결핵, 해독, 해수, 해열, 후통.

물개암나무(8) : 강장, 강장보호, 견비통, 보익, 안정피로, 오십견, 자양강장, 허약체질.
물갬나무(1) : 목탈.
물고랭이(6) : 구토, 어혈, 진통, 최유, 통경, 학질.
물고추나물(4) : 구충, 수렴, 외상, 지혈.
물골풀(6) : 금창, 외상, 이뇨, 지혈, 진통, 편두선염.
물까치수염(1) : 구충제.
물꼬리풀(1) : 발한.
물꽈리아재비(5) : 백대하, 설사, 수렴, 습열이질, 지사.
물달개비(15) : 각혈, 경혈, 기관지염, 단독, 소종, 이뇨, 이질, 일체안병, 장염, 종독, 청간, 청열, 치주염, 해독, 혈뇨.
물레나물(18) : 간염, 결핵, 구충, 근골동통, 부스럼, 소종, 연주창, 외상, 월경이상, 임파선염, 종독, 지혈, 타박상, 토혈각혈, 평간, 해독, 해열, 활혈.
물매화(5) : 동맥염, 소종해독, 창옹종, 청열양혈, 황달성간염.
물박달나무(3) : 강장, 자양, 피부병.
물봉선(9) : 난산, 사독, 오식, 요흉통, 위궤양, 종독, 청량해독, 타박상, 해독.
물속새(12) : 명목, 변비, 산통, 이뇨, 임병, 자궁출혈, 조경, 치질, 타박상, 탈강, 하리, 활혈서근.
물솜방망이(6) : 감기, 기관지염, 옹종, 인후통증, 해수, 해열.
물쇠뜨기(11) : 각혈, 당뇨, 명안, 변비, 이뇨, 임병, 자궁출혈, 지해, 치질, 탈강, 하리.
물쑥(17) : 간경변증, 간염, 경혈, 급성간염, 안질, 옹종, 이뇨, 일체안병, 종독, 타박상, 통경, 파혈행어, 하기통락, 해열, 혈폐, 활혈, 흉협고만.
물앵도나무(5) : 이뇨, 종기, 지혈, 해독, 해열.
물억새(6) : 빈혈, 조혈, 청열, 출혈현훈, 치통, 활혈.
물엉겅퀴(16) : 감기, 고혈압, 금창, 대하증, 부종, 산어소종, 신경통, 안태, 양혈지혈, 음창, 자궁출혈, 지혈, 창종, 출혈, 토혈, 황달.
물옥잠(9) : 거습, 단독, 종독, 청열, 치질, 폐기천식, 해독, 해수, 해열.
물잎풀(1) : 류마티스.
물질경이(12) : 옹종, 위장염, 유방염, 이뇨, 종기, 지사, 지해화담, 청열이뇨, 탕화창, 해수, 해열, 화상.
물참나무(6) : 강장, 수감, 이습, 주름, 청열해독, 하혈.
물칭개나물(4) : 방광염, 요통, 절상, 중풍.
물푸레나무(29) : 간염, 간질, 건위, 고미, 급성간염, 기관지염, 생기, 소염, 수렴, 실뇨, 안질, 요독증, 요슬산통, 일체안병, 장염, 장위카타르, 제습, 조습, 지혈, 진통, 청간명목, 청열해독, 출혈, 통풍, 평천지해, 풍습, 하리, 해열, 황달.
물황철나무(4) : 수감, 종기, 해열, 황달.
미국가막사리(4) : 견교독, 종창, 정종, 충독.

미국담쟁이덩굴(6) : 거풍, 금창, 종기, 종통, 지통, 활혈.

미국물푸레(6) : 간질, 생기, 안질, 출혈, 풍습, 해열.

미국산사(4) : 건위, 동상, 요통, 장출혈.

미국실새삼(7) : 강장, 강정, 구충, 미용, 요통, 요혈, 치질.

미국자리공(13) : 각기, 구충, 늑막염, 수종, 신장염, 옹종, 이뇨, 인후통증, 제습, 종기, 종독, 피부진균병, 하리.

미꾸리낚시(8) : 개선, 대상포진, 명목, 익기, 소종지통, 습진, 청열해독, 피부염.

미나리(38) : 간염, 감기, 강정제, 결막염, 고혈압, 과민성대장증후군, 구토, 대하, 부인하혈, 산울, 소아이질, 소아토유, 안질, 양위, 양정, 열독증, 열질, 오심, 위장염, 이뇨, 익기, 일체안병, 임파선염, 장위카타르, 정력증진, 정혈, 주독, 지혈, 청열이수, 췌장암, 통리수도, 폐렴, 폐부종, 해독, 해열, 혈뇨, 혼곤, 황달.

미나리아재비(17) : 간염, 개선, 결막염, 관절염, 급성간염, 기관지염, 명목, 살충, 옹저, 이습퇴황, 종독, 진통, 창종, 치통, 편두통, 해열, 황달.

미루나무(8) : 각기, 개선, 생환, 이뇨, 지혈, 치통, 해열, 황달.

미모사(17) : 감기, 기관지염, 대상포진, 불면, 소아감적, 소적, 안신, 월경이상, 장염, 장위카타르, 종독, 진정, 진통, 청열, 폐기천식, 해독, 해열.

미역(23) : 각기, 간작반, 감비, 갑상선염, 건선, 고혈압, 고환염, 골다공증, 관상동맥질환, 민감체질, 식마령서체, 식시비체, 암, 양모발약, 일사상, 임파선염, 적취, 종독, 충치, 편도선염, 폐기천식, 피부암, 활혈.

미역고사리(2) : 보익, 지혈.

미역줄거리(4) : 옹종, 관절염, 임파선염, 폐결핵.

미역줄나무(7) : 거풍제습, 관절염, 서근활혈, 자궁출혈, 진통, 타박상, 통경.

미역취(27) : 간염, 감기, 건위, 급성간염, 백일해, 부종, 비암, 소아경련, 소아경풍, 소종해독, 소풍청열, 이뇨, 인후염, 전립선암, 종독, 청열, 타박상, 편도선염, 폐렴, 폐암, 피부염, 한열왕래, 해독, 해소, 해수, 해열, 황달.

미치광이풀(22) : 감기, 구토, 근육통, 동통, 수한삽장, 옹종, 옹창종독, 외상출혈, 위산과다증, 위장염, 정신광조, 진정, 진통, 치통, 치핵, 탈항, 통리수도, 폐기천식, 해경, 해독, 해열, 흉협고만.

민까마중(10) : 강장, 대하증, 부종, 신경통, 이뇨, 종기, 좌골신경통, 진통, 탈강, 학질.

민둥뫼제비꽃(5) : 발육촉진, 보간, 보익, 태독, 해독.

민들레(69) : 가스중독, 각기, 간기능회복, 간염, 간염, 강장, 간장암, 감기, 강장보호, 강정제, 갱년기장애, 거담, 건선, 건위, 결핵, 고혈압, 금창, 기관지염, 담, 대하증, 만성위염, 만성위장염, 만성피로, 사태, 소아변비증, 식중독, 악창, 열독증, 옹종, 완화, 위궤양, 위무력증, 위산과다증, 위산과소증, 위암, 위장염, 유방염, 유선염, 유즙결핍, 윤장, 음부질병, 이습통림, 인두염, 인후염, 인후통증, 일체안병, 임파선염, 자상, 장위카타르, 정력증진, 정종, 정혈, 종기, 종독, 진정, 창종, 청열해독, 충혈, 치핵, 탄산토산, 통리수도, 폐결핵, 피부병, 해독, 해수, 해열, 허약체질, 황달, 후두염.

민미꾸리낚시(8) : 개선, 대상포진, 명목, 소종지통, 습진, 익기, 청열해독, 피부염.

민백미꽃(16) : 강기, 거담, 건위, 금창, 이뇨, 익정, 부인병, 부종, 중풍, 지해, 출혈, 폐기천식, 한열, 해소, 해수, 해열.

민산초(22) : 가스중독, 강심익지, 거습, 건뇌, 건위, 구토, 생선중독, 암내, 열질, 위내정수, 위하수, 위학, 정창, 제습, 조습, 중풍, 진통, 치통, 폭식증, 풍한, 해수, 회충증.

민솜대(1) : 강장보호.

밀(7) : 간경변증, 식감과체, 옹종, 유옹, 파상풍, 해열, 황달.

밀나물(15) : 결핵, 골반염, 골수염, 과식, 근골동통, 다소변증, 매독, 임질, 제습, 졸도, 타박상, 풍, 하리, 현훈, 활혈.

ㅂ

바꽃(9) : 강심제, 견비통, 경혈, 고혈압, 관절염, 위내정수, 제습, 진통, 흥분제.

바나나(8) : 각기, 감기, 소아조성장, 위장염, 자궁발육부전, 지혈, 탄산토산, 현훈.

바늘까치밥나무(4) : 요통, 위장, 장출혈, 종창.

바늘꽃(19) : 고혈압, 구충, 방광염, 소염, 수감, 신장염, 양혈거풍, 요도염, 일사병열사병, 적리, 적백리, 정혈, 제습, 지갈, 지리, 지혈, 출혈, 치암, 해열.

바늘분취(14) : 간염, 고혈압, 기관지염, 수감, 안염, 인후통, 임질, 조경, 지해, 지혈, 토혈, 폐렴, 해열, 황달.

바늘엉겅퀴(28) : 감기, 경혈, 고혈압, 금창, 대하증, 백혈병, 부종, 산어소종, 신경통, 안태, 양혈지혈, 음창, 인플루엔자, 자궁출혈, 장염, 정창, 종통, 지혈, 창종, 출혈, 토혈, 토혈각혈, 해수, 해열, 혈뇨, 혈압조절, 황달, B형간염.

바늘여뀌(7) : 각기, 부종, 요종통, 장염, 통경, 해독, 해열.

바디나물(31) : 간질, 감기, 건비위, 건위, 곽란, 구안괘사, 기력증진, 기부족, 부인병, 빈혈, 사기, 산풍소담, 야뇨증, 이뇨, 익기, 정혈, 지구역, 진정, 진통, 진해, 청열해독, 치통, 통경, 통리수도, 투통, 폐기천식, 폐농양, 폐렴, 폐혈, 해수, 해열.

바람꽃(6) : 거풍습, 골절통, 사지마비, 소옹종, 요통, 종통.

바랭이(7) : 기와, 소아경풍, 소아해열, 온신, 일사병열사병, 해열, 황달.

바위고사리(6) : 광견병, 독사교상, 이질, 장염, 청열해독, 해독.

바위구절초(20) : 강장, 강장보호, 강정제, 건위, 과실중독, 부인병, 보온, 보익, 식욕, 신경통, 온풍, 월경이상, 위무력증, 위한증, 자궁냉증, 자궁허냉, 정혈, 조경, 중풍, 허랭.

바위떡풀(7) : 단독, 보익, 습진, 중이염, 치질, 폐종, 해수토혈.

바위버섯(1) : 광견병.

바위손(13) : 경혈, 부인하혈, 상피암, 월경이상, 지혈, 탈항, 통리수도, 폐기천식, 폐암, 하혈, 해수, 활혈통경, 황달.

바위솔(17) : 간열, 간염, 강장, 소종, 습진, 옹종, 유방암, 이습지리, 자궁암, 종독, 지혈, 치창, 청열해독, 통경, 학질, 해열, 화상.
바위송이풀(2) : 종기, 피부병.
바위족제비고사리(3) : 두통, 자궁출혈, 해열.
바위채송화(4) : 강장, 단종창, 선혈, 청열해독.
바위취(15) : 동상, 백일해, 보익, 열광, 이명, 종기, 종독, 중이염, 치열, 폐혈, 풍, 해독, 해수, 해열, 화상.
바위틈고사리(3) : 두통, 자궁출혈, 해열.
박(16) : 간염, 간질, 감기, 개선, 소아구루, 악창, 양모발약, 옴, 옹종, 이수소종, 종기, 종독, 치간화농, 치아동통, 통리수도, 황달.
박달나무(3) : 강장, 자양, 피부병.
박락회(3) : 정력증진, 종독, 해독.
박새(29) : 간질, 감기, 강심, 강심제, 개선, 거담, 건선, 고혈압, 골수암, 곽란, 구역질, 구토, 담옹, 사독, 살충, 식해어체, 어중독, 월경이상, 유즙결핍, 임질, 중풍, 최토, 축농증, 치통, 통유, 풍비, 하리, 혈뇨, 황달.
박주가리(21) : 간반, 강장, 강장보호, 강정제, 결핵, 백선, 백전풍, 보익정기, 양위, 옹종, 유즙결핍, 음위, 자반병, 정기, 정력증진, 지혈, 탈피기급, 통유, 해독, 허약체질, 홍조발진.
박쥐나무(9) : 경혈, 관절통, 근육통, 만성요통, 요통, 제습, 진통, 타박상, 해열.
박태기나무(15) : 소종해독, 옹종, 월경이상, 월경통, 어혈, 인후통, 제습, 중풍, 천식, 타박상, 통경, 해독, 혈폐, 활혈, 활혈통경.
박하(42) : 감기, 건위, 결핵, 경련, 곽란, 구충, 구토, 구풍, 기관지염, 발한, 비염, 선통, 소아경풍, 소화, 연주창, 열병, 위경련, 이급, 인후통증, 일체안병, 자한, 제습, 종독, 지혈, 진양, 진통, 치조농루, 치통, 타박상, 편두통, 폐결핵, 폐렴, 풍, 풍열, 풍혈, 하리, 항문주위농양, 해열, 현훈, 혈리, 화분병, 흥분제.
반디미나리(6) : 골통, 대하, 도한, 정력, 중독, 풍사.
반디지치(16) : 강장, 개선, 건위, 동상, 소종지통, 습진, 온중건위, 이뇨, 익기, 임질, 지혈, 창종, 충독, 해독, 화상, 황달.
반짝버들(6) : 개선, 이뇨, 종기, 지혈, 치통, 황달.
반쪽고사리(22) : 간염, 감모발열, 개창, 경통, 대하, 사혈, 살충, 양혈지혈, 오림, 외상, 위장염, 유선염, 이질, 인후종통, 종통, 자궁출혈, 지혈, 청열이습, 하리, 해독지리, 혈림, 황달.
반하(46) : 감기, 거담, 거풍, 건비위, 건위, 결기, 결핵, 경련, 경혈, 구안와사, 구토, 담, 목소양증, 반신불수, 배멀미, 소종, 연주창, 옹종, 위내정수, 위장염, 윤피부, 이뇨, 인후염, 인후통증, 임신오조, 장위카타르, 제습, 조습, 졸도, 종독, 중독증, 중풍, 진경, 진통, 진해, 창종, 통리수도, 편도선염, 편두통, 해수, 해열, 현훈, 현훈구토, 혈담, 화담, 흥분제.
밤나무(40) : 강장, 강장보호, 강신, 건비, 건비위, 건위, 경혈, 골절번통, 구충, 근골동통, 금창, 기관지염, 수감, 아감, 양모, 양모발약, 양위, 오로보호, 오심, 요각쇠약, 이명, 자양강장, 절옹, 정력증진, 종독, 주름살, 지혈, 치출혈, 칠독, 토혈각혈, 표저, 피부윤택, 하리, 하혈, 해독, 허약체질, 현훈구토, 혈변, 화상, 활혈.

밤일엽(2) : 보익, 지혈.

밤잎고사리(2) : 보익, 지혈.

방가지똥(16) : 건위, 경혈, 급성인후염, 대변출혈, 대하증, 소변출혈, 소아감적, 소종화어, 양혈지혈, 이질, 종창, 청열해독, 치루, 해독, 해열, 황달.

방기(27) : 각기, 개선, 거풍습, 건위, 고미, 고혈압, 곽란, 관절염, 류마티스, 부종, 설사, 신경통, 안질, 요도염, 요통, 이뇨, 전립선비대증, 제습, 지통, 진통, 충독, 탈강, 탈홍, 파상풍, 풍, 풍비, 학질.

방아풀(11) : 건위, 고미건위, 구충, 식욕촉진, 옹종, 종독, 진통, 치암, 타박상, 피부암, 해독.

방울고랭이(5) : 구토, 어혈, 진통, 통경, 학질.

방울비짜루(10) : 강장, 거담, 보로, 보신, 윤폐지해, 이뇨, 자양, 진해, 토혈, 폐렴.

방크스소나무(3) : 발모, 악창, 통경.

방풍(31) : 감기, 거담, 거풍해표, 관절염, 도한, 두통, 발한, 백열, 사기, 소아경풍, 식중독, 아편중독, 안면신경마비, 온풍, 유방동통, 인플루엔자, 자한, 제습지통, 중독, 중독증, 중풍, 진통, 통풍, 풍, 풍독, 풍열, 풍질, 피부소양증, 해열, 현훈, 활통.

배나무(44) : 각혈, 감기, 감비, 강장보호, 개선, 거담, 고혈압, 과실중독, 구갈, 구토, 기관지염, 기관지확장증, 냉복통, 담, 보습제, 소아복냉증, 소아천식, 소아토유, 소아피부병, 소아해열, 식두부체, 식우육체, 식하돈체, 신장증, 암, 열질, 오심, 요도염, 위경련, 음극사양, 인플루엔자, 조갈증, 주독, 치통, 통경, 폐결핵, 폐기천식, 풍열, 피부병, 해수, 해열, 호흡곤란, 화상, 흉부냉증.

배롱나무(13) : 감기, 개선, 산후혈붕, 습진, 월경이상, 이질, 장위카타르, 종독, 지혈, 창상출혈, 치통, 태독, 활혈.

배암차즈기(22) : 각기, 강장, 기관지염, 기관지확장증, 살충, 양혈, 이수, 인후통증, 자궁출혈, 조경, 치핵, 타박상, 토혈각혈, 통경, 통리수도, 폐혈, 해독, 해수, 혈뇨, 홍조발진, 화농, 화상.

배초향(19) : 감기, 개선, 거서, 건위, 곽란, 구토, 비위, 장염, 장위카타르, 제습, 종기, 종독, 중풍, 토역, 통기, 풍습, 한열왕래, 해표, 화습.

배추(2) : 치암, 피부암.

배풍등(19) : 간염, 감기, 거풍해독, 관절염, 관절통, 급성간염, 부종, 신경통, 옹종, 요도염, 종기, 종독, 청열, 청열이습, 풍, 학질, 해독, 해열, 황달.

백당나무(14) : 가려움증, 개선, 거풍통락, 관절염, 관절통, 버짐, 악창, 옴, 종독, 진통, 타박상, 통경, 풍, 화혈소종.

백두산떡쑥(5) : 거담, 건위, 식병, 지혈, 하리.

백량금(14) : 구충, 기관지염, 산어지통, 이뇨, 제습, 조경, 종독, 진통, 청열해독, 타박상, 태독, 편도선염, 해독, 해열.

백리향(16) : 거풍지통, 건비, 건위, 경련, 구충, 기관지염, 온중산한, 위장염, 제습, 진경, 진통, 탄산토산, 하혈, 해수, 해열, 활혈.

백목련(5) : 거풍, 두통, 축농증, 치통, 통규.

백미꽃(20) : 강장, 강장보호, 경혈, 금창, 배가튀어나온증세, 부인병, 부종, 이뇨, 이뇨통림, 익정, 제습, 중풍, 청열양혈, 출혈, 폐결핵, 풍비, 한열, 해독, 해수, 흉부냉증.

백부자(14) : 강심, 개선, 관절염, 냉풍, 신경통, 실음, 이뇨, 정종, 중풍, 진경, 진통, 풍질, 한반, 홍탈.

백서향(8) : 류머티즘, 신경통, 인후통, 종기, 창양, 치통, 통풍, 해독.

백선(36) : 간염, 개선, 건선, 낙태, 두통, 산유, 열독증, 오풍, 요통, 위장염, 유즙결핍, 이뇨, 제습, 제습지통, 조비후증, 중풍, 청열해독, 타태, 탈피기급, 통경, 통리수도, 통풍, 폐결핵, 폐기천식, 풍, 풍비, 풍열, 풍질, 피부병, 피부소양증, 해독, 해수, 해열, 화분병, 황달, A형간염.

백설취(8) : 간염, 고혈압, 조경, 지혈, 진해, 토혈, 혈열, 황달.

백송(3) : 발모, 악창, 통경.

백양꽃(5) : 거담, 급만성, 적리, 창종, 토혈.

백운기름나물(6) : 강정, 골통, 대하증, 도한, 중독, 풍사.

백운쇠물푸레(6) : 간질, 생기, 안질, 출혈, 풍습, 해열.

백운풀(9) : 간염, 골반염, 이질, 인후염, 종기, 청열이습, 편도선염, 해독, 해수.

백일홍(4) : 유방염, 이뇨, 이질, 청열.

백작약(33) : 각혈, 객혈, 경련, 근육통, 금창, 대하, 두통, 복통, 부인병, 양혈거풍, 완화, 월경이상, 위경련, 음위, 이뇨, 자한, 저혈압, 지혈, 진경, 진정, 진통, 창종, 치통, 치핵, 토혈각혈, 통경, 폐혈, 하리, 해열, 허약체질, 혈림, 홍역, 흉통.

백합(42) : 각기부종, 각혈, 강장, 강장보호, 강정제, 객혈, 기관지염, 기부족, 동통, 백일해, 소아경풍, 신경쇠약, 안오장, 열병, 위장염, 유방염, 유선염, 윤폐, 윤폐지해, 익기, 익지, 자율신경실조증, 자폐증, 정신분열증, 졸도, 종기, 중이염, 진정, 청심, 청심안신, 치질, 치핵, 토혈, 토혈각혈, 폐결핵, 폐렴, 폐열, 해독, 해소, 해수, 허약체질, 후두염.

뱀고사리(2) : 금창, 자궁출혈.

뱀딸기(33) : 각혈, 감기, 결기, 골수암, 당뇨병, 대열, 상한, 소종해독, 양혈거풍, 열독증, 옹종, 월경이상, 위염, 장위카타르, 제독, 종독, 종창, 중풍, 지해지혈, 진해, 청열양혈, 타박상, 태독, 토혈, 통경, 통혈, 폐기천식, 해독, 해수, 해열, 혈압조절, 화상, 활혈.

뱀무(33) : 각혈, 강심, 강심제, 경련, 고혈압, 골절증, 관절염, 보익, 양위, 옹종, 요통, 월경불순, 위궤양, 익신, 인후통증, 임파선염, 자궁내막염, 적백리, 제습, 종독, 지혈, 진경, 창종, 치창, 타박상, 토혈, 토혈각혈, 풍, 해독, 해소, 해수, 활혈, 활혈해독.

뱀톱(16) : 경혈, 기관지염, 소염, 음낭종독, 정혈, 종독, 지혈, 치출혈, 타박상, 토혈각혈,

통리수도, 폐렴, 폐옹, 해열, 혈변, 혈전증.

버드나무(14) : 각혈, 골절, 골절번통, 골절증, 생환, 이뇨, 종기, 종독, 지혈, 진통, 치통, 풍치, 해열, 황달.

버드쟁이나물(3) : 보익, 이뇨, 해소.

버들(10) : 개선, 생환, 수감, 이뇨, 종기, 지혈, 치통, 해독, 해열, 황달.

버들까치수염(1) : 구충제.

버들바늘꽃(12) : 각기, 거담, 고혈압, 방광염, 수감, 신장염, 양혈, 요도염, 적리, 지혈, 치암, 해열.

버들분취(10) : 간염, 고혈압, 기관지염, 안염, 조경, 지혈, 진해, 토혈, 혈열, 황달.

버들일엽(2) : 보익, 지혈.

버들잎엉겅퀴(6) : 안태, 음종, 음창, 지혈, 창종, 토혈.

버들쥐똥나무(4) : 각기, 강장, 진정, 풍혈.

버들회나무(3) : 자궁출혈, 진통, 통경.

번행초(17) : 거풍소종, 구충, 암, 위암, 위장병, 위장염, 일체안병, 장염, 종기, 종독, 청열해독, 충독, 폐혈병, 풍, 해독, 해열, 홍종.

벋음씀바귀(5) : 건위, 식욕촉진, 종창, 진정, 최면.

벌개미취(3) : 보익, 이뇨, 해소.

벌깨덩굴(4) : 강장, 대하증, 소종지통, 청열해독.

벌노랑이(16) : 감기, 강장, 고혈압, 대장염, 인후염, 인후통증, 이질, 장염, 정혈, 지갈, 지혈, 치통, 치핵, 하기, 해열, 혈변.

벌등골나물(22) : 감기, 거서, 고혈압, 구갈, 당뇨, 맹장염, 보습제, 보익, 산후복통, 생기, 소종, 수종, 월경이상, 중풍, 치암, 토혈, 통경, 폐렴, 한열왕래, 해열, 화습, 황달.

벌사상자(8) : 간질, 관절염, 대하, 부인병, 부인음, 음왜, 중독, 치통.

벌씀바귀(12) : 간경화, 건위, 고미, 구내염, 만성기관지염, 식욕촉진, 이질, 종창, 진정, 청열양혈, 최면, 해독.

범꼬리(24) : 간질, 경련, 구금불언, 구내염, 언어장애, 열병, 옹종, 우울증, 이습, 임파선염, 장위카타르, 정신분열증, 종독, 지사, 지혈, 진경, 진정, 진통, 청열, 통경, 파상풍, 하리, 해독, 해열.

범부채(22) : 각기, 강화, 거염, 구창, 무월경, 소염, 아통, 외이도염, 외이도절, 인후통증, 일체안병, 임파선염, 진경, 진통, 진해, 청열해독, 치통, 편도선염, 폐렴, 해수, 해열, 현훈구토.

범의귀(10) : 거풍, 단독, 보익, 습진, 양혈, 자궁출혈, 토혈, 폐농양, 청열해독, 치질.

벗풀(16) : 경혈, 부종, 옹종, 유즙결핍, 이뇨, 조갈증, 지갈, 지방간, 창종, 최유, 통유, 폐부종, 항문주위농양, 해독, 해수담열, 황달.

벚나무(26) : 각기, 견비통, 경풍, 경혈, 과실식체, 과실중독, 대하, 소아경풍, 수종, 식해어체, 심장염, 완화, 유옹, 유종, 음식체, 주독, 진통, 치통, 통경, 통변, 피부소양증, 피로회복, 해독, 해소, 해수, 현훈구토.

벼(32) : 간경변증, 건비개위, 건비위, 건위, 경혈, 고치, 구안괘사, 난청, 사태, 소식화중, 소아중독증, 소아토유, 식견육체, 식우유체, 식해삼체, 안태, 위궤양, 유정증, 윤피부, 음식체, 익위생진, 일사상, 자한, 지도한, 치핵, 토혈각혈, 통기, 퇴허열, 피부노화방지, 피부미백, 현훈, 홍역.

벼룩나물(10) : 간염, 감기, 급성간염, 상풍감모, 이질, 종독, 치루, 타박상, 해독, 해열.

벼룩이자리(6) : 급성결막염, 명목, 인후통, 청혈, 치주염, 해독.

벽오동(23) : 감기, 거풍제습, 건위, 고혈압, 골절, 과식, 구내염, 기력증진, 기부족, 백발, 사지마비, 설사, 순기, 원형탈모증, 장출혈, 졸도, 종기, 지혈, 청열해독, 타박상, 해수, 현훈, 화위.

별꽃(15) : 산후복통, 악창종, 장위카타르, 정양, 정혈, 종독, 청열해독, 최유, 충치, 치통, 타박상, 피임, 해열, 화어지통, 활혈.

별꽃풀(13) : 강심, 개선, 건위, 경풍, 고미, 구충, 발모, 선기, 소화불량, 습진, 식욕촉진, 심장염, 태독.

별날개골풀(6) : 금창, 외상, 이뇨, 지혈, 진통, 편두선염.

병개암나무(2) : 강장, 보익.

병아리꽃나무(3) : 보신, 보혈, 혈허.

병아리풀(9) : 강장, 강정, 귀밝이, 진정, 진통, 천식, 편두선염, 해소, 해열.

병조희풀(11) : 각기, 거풍습, 건비, 건위, 골절, 복중괴, 소염, 요슬통, 절상, 천식, 풍질.

병풀(20) : 간염, 개선, 관절염, 대하, 복통, 소변림력, 소종해독, 옹종, 완선, 요결석, 음왜, 이질, 인후통증, 지혈, 청열이습, 토혈각혈, 해독, 해열, 현훈, 황달.

보리(29) : 각기, 간기능회복, 감기, 강장보호, 건비, 건선, 건위, 구토, 부인하혈, 식감저체, 식병나체, 식우유체, 식우육체, 요독증, 위궤양, 위무력증, 위산과소증, 유선염, 유즙결핍, 윤장, 음식체, 임질, 자양강장, 진통, 칠독, 타박상, 폐기천식, 현훈, 황달.

보리밥나무(3) : 고장, 지사, 지혈.

보리수나무(10) : 고장, 과식, 대하, 이질, 자궁출혈, 지갈, 지사, 지혈, 청열이습, 해수.

보리자나무(3) : 발한, 이뇨, 진경.

보리장나무(3) : 고장, 보익, 지사, 지혈.

보춘화(4) : 이뇨, 중독, 지혈, 피부.

보태면마(3) : 두통, 자궁출혈, 해열.

보풀(13) : 강장, 강장보호, 독사교상, 부종, 옹종, 이뇨, 종독, 지갈, 창종, 최유, 통유, 피부노화방지, 해독.

복령(34) : 간기능회복, 간작반, 강심제, 강장보호, 강정제, 건망증, 건비위, 건위, 경련, 경혈, 고혈압, 구갈, 구토, 금창, 만성피로, 소아경풍, 안태, 요통, 우울증, 위내정수, 위산과다증, 위장염, 유정증, 일사상, 주비, 진정, 총이명목약, 췌장염, 피부미백, 해독, 해열, 허약체질, 현훈, 활혈.

복분자딸기(25) : 강장, 강장보호, 강정제, 명안, 부인하혈, 보간신, 빈뇨, 양모, 양모발약, 양위, 유정, 유정증, 음왜, 음위, 익신고정, 자양강장, 정력감퇴, 정력증진, 정수고갈, 조루증, 지사, 청량, 태생, 통기, 허약체질.

복사나무(15) : 각기, 감기, 발모, 살충, 심복통, 심장염, 양모, 어혈, 유종, 윤장통변, 진통, 통경, 통변, 해소, 활혈거어.

복수초(9) : 강심, 강심제, 수종, 심력쇠갈, 심장기능부전, 이뇨, 진통, 창종, 통리수도.

복숭아나무(69) : 각기, 간작반, 감기, 개선, 거담, 건선, 경중양통, 경혈, 골절증, 곽란, 구순생창, 구충, 구토, 기관지염, 담, 부인하혈, 소변림력, 소아경간, 소아구설창, 소아두창, 소아해열, 식저육체, 식해어체, 아감, 양모, 양모발약, 여드름, 열병, 완화, 요결석, 요통, 월경이상, 위경련, 유옹, 윤부택용, 윤피부, 음양음창, 자궁근종, 장염, 장위카타르, 절옹, 정신분열증, 정혈, 종독, 주독, 주부습진, 주비, 진통, 치루, 치통, 치핵, 타박상, 통경, 통리수도, 편도선염, 폐기천식, 풍비, 피부노화방지, 피부미백, 피부소양증, 해수, 해열, 현벽, 혈폐, 홍조발진, 환각치료, 황달, 흉부냉증, 흉협통.

복자기(4) : 안질, 청열해독, 천식, 해수.

복주머니란(4) : 거풍습, 이뇨소종, 진통, 활혈거어.

봄구슬붕이(7) : 강심, 건위, 경풍, 고미, 도한, 양모, 종기.

봄맞이(7) : 거풍, 소종, 인후통, 적안, 청열, 편두통, 해독.

봉동참나무(6) : 강장, 수감, 이습, 주름, 청열해독, 하혈.

봉래꼬리풀(4) : 방광염, 요통, 절상, 중풍.

봉선화(24) : 간질, 거풍활혈, 관절염, 난산, 민감체질, 사독, 소종지통, 소화, 식해어체, 여드름, 오식, 요흉통, 월경이상, 임파선염, 종독, 종창, 진통, 타박상, 통경, 편도선염, 폐혈, 해독, 혈색불량, 활혈.

봉의꼬리(13) : 간염, 감모발열, 대하, 양혈지혈, 외상, 위장염, 유선염, 이질, 인후종통, 자궁출혈, 청열이습, 해독지리, 황달.

부게꽃나무(1) : 안질.

부들(33) : 경혈, 고치, 구창, 난산, 대하, 방광염, 부인하혈, 소아탈항, 수렴지혈, 열질, 요도염, 월경이상, 유옹, 음낭습, 음양음창, 이뇨, 이완출혈, 지혈, 치질, 치핵, 타박상, 탈강, 탈항, 토혈, 토혈각혈, 통경, 통리수도, 폐기천식, 하리, 한열왕래, 혈뇨, 행혈거어, 활혈.

부레옥잠(3) : 이뇨, 정열, 해독.

부용(16) : 강화, 관절염, 늑막염, 소종지통, 아통, 양혈해독, 옹종, 완화, 점활, 종독, 치통, 해독, 해수, 해열, 화상, 활혈.

부자(1) : 요통.

부전쥐손이(20) : 건비, 건위, 대하증, 방광염, 백적리, 변비, 산전후통, 식중독, 온풍, 월경불순, 월경이상, 위궤양, 위장염, 장염, 적백리, 제습, 지사, 풍, 해독, 활혈.

부지깽이나물(6) : 강심이뇨, 건비화위, 당뇨, 소화불량, 완하, 이뇨.

부채마(26) : 갑상선종, 거품제습, 건위강장, 관절염, 기관지염, 동상, 만성기관지염, 몽정, 소화불량, 심장염, 양모, 옹종, 요통, 유종, 자양보로, 종독, 지사, 지해거담, 타박상, 토담, 폐기천식, 해독, 해라, 해수, 화상, 활혈.

부채붓꽃(11) : 백일해, 안태, 인후염, 위중열, 절상, 주독, 창달, 토혈, 편도선염, 폐렴, 해소.

부처꽃(21) : 각기, 경혈, 뇌암, 방광염, 수감, 수종, 암, 역리, 음종, 이뇨, 이질, 자궁출혈, 적백리, 전립선암, 제암, 종독, 지사, 청열양혈, 피부궤양, 피부암, 해열.

부처손(15) : 복통, 월경이상, 지혈, 타박상, 탈항, 토혈, 토혈각혈, 통경, 폐기천식, 폐암, 하혈, 혈뇨, 혈변, 혈폐, 활혈.

부추(44) : 간경변증, 강장보호, 강정제, 건뇌, 건위, 경련, 관격, 구토, 금창, 몽정, 소갈, 산혈, 심장염, 야뇨증, 양위, 온중, 요결석, 요도염, 요슬산통, 월경이상, 유정증, 음위, 자양강장, 정장, 조루증, 중풍, 지혈, 진통, 췌장염, 치핵, 칠독, 탈항, 토혈, 통리수도, 폐기천식, 하리, 해독, 해수, 혈뇨, 홍역, 화상, 후종, 흉비, 흥분제.

분꽃(25) : 각혈, 간작반, 감창, 개선, 건선, 경혈, 골절, 관절염, 버짐, 식마령서체, 악창, 여드름, 옴, 월경이상, 유옹, 음식체, 종독, 주독, 종기, 충독, 토혈각혈, 풍, 해열, 활혈, 황달.

분버들(7) : 수감, 이뇨, 종기, 지혈, 출혈, 해열, 화상.

분비나무(3) : 임질, 치통, 통경.

분취(7) : 간염, 고혈압, 조경, 지혈, 진해, 토혈, 황달.

분홍노루발(6) : 각기, 방부, 수감, 이뇨, 절상, 충독.

분홍바늘꽃(8) : 복부팽만, 소종, 윤장, 음낭종대, 접골, 지통, 하리, 하유.

분홍선씀바귀(4) : 건위, 식욕촉진, 진정, 최면.

분홍장구채(11) : 금창, 난산, 악창, 임질, 정혈, 종독, 지혈, 진통, 최유, 통경, 해열.

분홍쥐손이(11) : 대하증, 방광염, 변비, 역리, 위궤양, 위장병, 적리, 종창, 지사, 통경, 피부병.

분홍할미꽃(9) : 건위, 백독, 선기, 소염, 수렴, 익혈, 지혈, 진통, 풍양.

붉가시나무(3) : 수감, 종독, 하혈.

붉나무(24) : 고환염, 구내염, 산어지혈, 수렴, 설사, 악창, 옹종, 유정증, 음낭습, 인후통증, 종독, 지혈, 창개, 청열해독, 출혈, 충혈, 치통, 탈항, 풍, 하리, 해독, 해수, 혈뇨, 황달.

붉노랑상사화(9) : 객혈, 거담, 기관지염, 백일해, 적리, 창종, 토혈, 폐결핵, 해열.

붉은강낭콩(7) : 각기, 단독, 부종, 설사, 이뇨, 종기, 통유.

붉은괭이밥(11) : 소종해독, 소화제, 악창, 양혈산어, 옴, 인후염, 청열이습, 충독, 타박상, 피부병, 해독,

붉은물푸레(6) : 간질, 생기, 안질, 출혈, 풍습, 해열.

붉은벌깨덩굴(2) : 강장, 대하증.

붉은씨서양민들레(15) : 강장, 건위, 대하증, 악창, 옹종, 완화, 유방염, 이습통림, 인후염,

자상, 진정, 창종, 청열해독, 충혈, 황달.

붉은조개나물(14) : 간염, 감기, 개선, 기관지염, 나력, 두창, 매독, 식욕, 연주창, 이뇨, 이질, 청열해독, 편도선염, 활혈소종.

붉은참반디(12) : 경풍, 고혈압, 대하, 양정, 양혈, 윤폐, 정경통, 정혈, 중풍, 지혈, 폐렴, 해열.

붉은터리풀(4) : 거풍습, 전간, 지경, 풍습

붉은토끼풀(6) : 경련, 기관지염, 진경, 천식, 해수, 활혈.

붉은톱풀(6) : 월경통, 인후통증, 제습, 진경, 진통, 타박상.

붓꽃(18) : 개선, 경혈, 나창, 백일해, 옹종, 인후염, 적취, 종독, 주독, 창달, 촌충, 치핵, 타박상, 토혈, 편도선염, 폐렴, 피부병, 해소.

붓순나무(3) : 건위, 구충, 중풍.

비녀골풀(2) : 진통, 이뇨.

비늘고사리(16) : 경혈, 관절염, 금창, 두통, 부인하혈, 삼충, 옹종, 요도염, 자궁출혈, 타박상, 풍, 풍비, 피부소양증, 해열, 화상, 회충증.

비단분취(7) : 간염, 고혈압, 조경, 지혈, 진해, 토혈, 황달.

비단쑥(3) : 보익, 이뇨, 해소.

비로용담(4) : 건위, 담낭염, 신경쇠약, 위염.

비름(20) : 간허, 감기, 대소변불통, 보익, 소아해열, 안질, 유두파열, 이규, 이뇨, 이질, 일체안병, 적백리, 창종, 청혈, 통리수도, 하리, 해독, 해열, 회충, 회충증.

비목나무(4) : 강심, 건위, 학질, 해열.

비비추(12) : 소변불통, 옹종, 인후종통, 인후통증, 임파선염, 종독, 진통, 창독, 치통, 타박상, 화상, 활혈.

비수리(18) : 보간신, 소아감적, 시력감퇴, 신장염, 안질, 야뇨증, 위통, 유옹, 유정, 유정증, 이뇨, 일사병열사병, 일체안병, 폐기천식, 폐음, 해수, 해열, 활혈.

비수수(7) : 삽장위, 안신, 온중, 이뇨, 지곽란, 지혈, 평천.

비술나무(5) : 결핵, 부종, 안태, 이뇨, 통경.

비쑥(9) : 개선, 과식, 곽란, 누혈, 산후하혈, 안태, 출혈, 하리, 회충.

비자나무(16) : 건위, 구충, 기생충, 발모, 변비, 살충, 소아감적, 수종, 야뇨증, 월경이상, 윤폐지해, 장출혈, 제충제, 조경, 조해, 치질.

비짜루(9) : 강장, 보로, 양기, 윤폐진해, 이뇨, 지혈, 진정, 진해, 천식.

비파나무(52) : 각기, 간기능회복, 간염, 간장암, 감기, 개선, 거담, 건비위, 견비통, 고혈압, 골수암, 골절증, 구충, 기관지염, 담, 만성피로, 목소양증, 식도암, 암, 어깨결림, 여드름, 염증, 오십견, 외이도염, 외이도절, 위궤양, 위암, 유방동통, 윤폐, 자율신경실조증, 전립선비대증, 전립선암, 종독, 지갈, 직장암, 진통, 질벽염, 타박상, 탄산토산, 토혈, 통증, 편도선염, 폐결핵, 폐기천식, 폐암, 피부윤택, 해독, 해수, 화담지해, 화상, 후두암, 흉협통.

빈랑나무(7) : 각기, 건위, 구충, 옹종, 유방암, 전립선암, 피부암.
빈카(9) : 경혈, 식도암, 암, 옹종, 자궁근종, 직장암, 치암, 폐암, 피부암.
빗살서덜취(8) : 간염, 고혈압, 조경, 지혈, 진해, 토혈, 혈열, 황달.
빗살현호색(15) : 경련, 경혈, 기부족, 두통, 요슬산통, 월경이상, 월경통, 자궁수축, 조경, 진경, 진통, 타박상, 해수, 화병, 활혈.
뺑쑥(7) : 개선, 두통, 이뇨, 창종, 풍습, 해열, 황달.
뻐꾹채(19) : 건위, 고미, 관절염, 근골동통, 소염, 소통하유, 옹저, 유선염, 유즙결핍, 임파선염, 제습, 종기, 진정, 청열해독, 치질, 치핵, 해독, 해열, 혈뇨.
뽀리뱅이(18) : 감기, 결막염, 관절염, 백대하, 소종, 옹종, 요도염, 요로감염, 유선염, 인후통, 일체안병, 종독, 지통, 진통, 청열, 편도선염, 해독, 해열.
뽕나무(110) : 각기, 간작반, 감기, 강장보호, 갱년기장애, 거담, 거풍습, 건망증, 경련, 경중양통, 경풍, 경혈, 고혈압, 곽란, 관절염, 관절통, 구갈, 기관지염, 기관지천식, 기억력감퇴, 담, 만성피로, 몽정, 발한, 배가튀어나온증세, 부종, 사독, 소아감적, 소아경간, 소아경풍, 소아번열증, 소아변비증, 소아불면증, 소아열병, 소아천식, 소아피부병, 소아해열, 수종, 식견육체, 식예어체, 식하돈체, 신경통, 실뇨, 안면경련, 안오장, 안정피로, 안태, 야뇨증, 양모, 양모발약, 양위, 여드름, 열질, 오로보호, 오림, 오한, 온풍, 외이도염, 외이도절, 요통, 원형탈모증, 월경이상, 유두파열, 유방왜소증, 유선염, 유정증, 유창통, 윤피부, 음부소양, 음식체, 음위, 이급, 이뇨, 이명, 일체안병, 자양강장, 자한, 적취, 정력증진, 제습, 조루증, 주부습진, 중풍, 진정, 진해, 창종, 청열, 촌충, 촌충증, 최음제, 축농증, 충독, 타박상, 토혈각혈, 편두통, 폐결핵, 폐기천식, 폐렴, 풍, 피부노화방지, 피부병, 피부소양증, 피부윤택, 한열왕래, 해수, 해열, 현훈, 환각치료, 활혈, 황달.
뽕잎피나무(3) : 발한, 이뇨, 진경.

ㅅ

사과나무(28) : 가래톳, 감기, 강장보호, 개위, 곽란, 관격, 구충, 구토, 대장암, 만성피로, 선혈, 성주, 소아경풍, 소아소화불량, 소아이질, 식감저체, 요충증, 위궤양, 위산과다증, 윤폐, 음식체, 장위카타르, 저혈압, 종두, 치매증, 하리, 해서, 해수.
사데풀(6) : 소아감적, 일사병, 열사병, 해독, 해수, 해열.
사동미나리(8) : 간질, 관절염, 대하, 부인병, 부인음, 음왜, 중독, 치통.
사람주나무(1) : 이뇨.
사리풀(16) : 경련, 백일해, 신경통, 옹종, 이뇨, 종독, 진경, 진정, 진통, 진해, 천식, 치통, 탈강, 편두통, 폐기천식, 해수.
사마귀풀(14) : 간염, 경혈, 고혈압, 소종, 옹종, 위열, 이뇨, 인후통증, 종기, 청열, 해독, 해수, 해열, A형간염.
사방오리(2) : 강장, 목탈.

사상자(35) : 강정안정, 강정제, 거담, 골통, 관절염, 구충, 대하증, 발한, 백적리, 복통, 수렴살충, 양위, 요통, 음낭습, 음양, 음양음창, 음위, 자궁내막염, 자궁염, 자궁한냉, 지리, 채물중독, 치통, 탈강, 탈항, 통변, 파상풍, 풍비, 풍질, 피부소양증, 해소, 해수, 활혈소종, 흉부냉증, 흥분제.

사스래나무(3) : 강장, 자양, 피부염.

사스레피나무(1) : 이뇨.

사시나무(22) : 각기, 개선, 경혈, 구내염, 근력, 수감, 이뇨, 이완출혈, 제습, 종기, 지혈, 출혈, 치통, 타박상, 태독, 통리수도, 풍, 풍비, 하리, 해열, 화상, 황달.

사위질빵(24) : 각기, 간질, 개선, 경련, 골절, 곽란설사, 근골동통, 발한, 복중괴, 사리, 소아경간, 악종, 요삽, 요슬통, 이뇨, 자한, 절상, 진경, 진통, 천식, 탈항, 파상풍, 폐기천식, 풍질.

사창분취(13) : 간염, 고혈압, 기관지염, 수감, 안염, 인후통, 임질, 지해, 지혈, 토혈, 폐렴, 해열, 황달.

사철나무(16) : 강장, 강장보호, 견비통, 관절염, 관절통, 오십견, 요통, 월경이상, 이완출혈, 자궁출혈, 자한, 진정, 진통, 치열, 통경, 활혈.

사철베고니아(7) : 건위, 기생충, 부종, 종창, 피부병, 해독, 화상.

사철쑥(35) : 간경변증, 간암, 간열, 간염, 간장암, 개선, 관절염, 급성간염, 두통, 만성간염, 명목소염, 발한, 비체, 소염, 아감, 안질, 위장염, 유방암, 이뇨, 일체안병, 자한, 제습, 지방간, 창질, 청열, 청열이습, 췌장염, 타박상, 풍습, 피부소양증, 피부암, 학질, 해열, 황달, B형간염.

사프란(12) : 갱년기장애, 건위, 무월경, 산울개결, 우울증, 월경이상, 진정, 진통, 토혈, 통경, 활혈, 활혈화어.

산각시취(7) : 간염, 고혈압, 조경, 지혈, 진해, 토혈, 황달.

산개고사리(3) : 삼충, 자궁출혈, 해열.

산개나리(9) : 결핵, 나력, 옴, 이뇨, 임질, 종창, 치질, 통경, 해독.

산개벚지나무(4) : 과식, 익비, 진통, 통경.

산검양옻나무(13) : 건위, 관절염, 구충, 당뇨, 방부, 생담, 소염, 어혈, 주독, 진해, 통경, 학질, 해열.

산골무꽃(2) : 소염, 해열.

산골취(7) : 간염, 고혈압, 조경, 지혈, 진해, 토혈, 황달.

산괭이눈(4) : 동상, 백일해, 보익, 화상.

산괴불주머니(8) : 살충, 이뇨, 조경, 진경, 진통, 청열, 타박상, 해독.

산구절초(19) : 강장, 강장보호, 건위, 보온, 보익, 부인병, 식욕촉진, 신경통, 월경이상, 위장염, 정양, 정혈, 중풍, 타박상, 통경, 풍, 해독, 흉부냉증, 흥분제.

산국(27) : 감기, 강심, 강심제, 강장보호, 거담, 고혈압, 구내염, 기관지염, 두통, 비체, 습진, 온신, 옹종, 음냉통, 인후염, 임파선염, 장염, 장위카타르, 정창, 진정, 청열해독,

폐렴, 해독, 해열, 허랭, 현기증, 현훈.
산꼬리풀(7) : 기관지염, 방광염, 외상, 요통, 중풍, 폐기천식, 해수.
산꿩의다리(9) : 결막염, 사화해독, 습진, 이질, 장염, 청열조습, 편도선염, 해수, 황달.
산닥나무(19) : 감기후증, 강심, 거담, 구토, 나력, 독창, 면독, 백일해, 변독, 사상, 살균, 소독, 어혈, 종독, 지혈, 타박상, 통경, 폐병, 해독.
산달래(19) : 강장보호, 강정제, 건뇌, 건위, 결기, 골절통, 곽란, 만성피로, 보익, 부종, 이뇨, 인후통증, 정장, 정혈, 지한, 진통, 학질, 해독, 화상.
산당화(4) : 곽란, 설사, 주독, 해소.
산돌배(6) : 강장, 금창, 이뇨, 통변, 풍열, 해열.
산동쥐똥나무(6) : 각기, 강장, 경풍, 보익, 종기, 풍혈.
산둥굴레(3) : 강심제, 강장보호, 건해.
산들깨(11) : 각기, 감기, 건위, 건폐위, 구충, 기관지염, 살균, 소화, 안태, 진통, 토혈.
산딱지꽃(4) : 보익, 지혈, 통경, 해열.
산딸기(14) : 강장, 강장보호, 강정제, 구갈, 만성간염, 명목, 발기불능, 보간신, 빈뇨, 양모, 위궤양, 유정, 지사, 청량.
산딸나무(3) : 골절상, 수렴지혈, 이질.
산마가목(3) : 구충, 보혈, 중풍.
산마늘(18) : 강심, 강장, 강장보호, 건위, 곽란, 구충, 소화불량, 심복통, 옹종, 자양, 제습, 진정, 진통, 창독, 포징, 풍, 해독, 해수.
산매자나무(2) : 건위, 창종.
산민들레(17) : 감기, 강장, 건위, 대하증, 악창, 옹종, 완화, 유방염, 이습통림, 인후염, 자상, 정종, 진정, 창종, 청열해독, 충혈, 황달.
산박하(4) : 고미건위, 구충, 담낭염, 식욕촉진.
산뱀고사리(5) : 금창, 두풍, 삼충, 자궁출혈, 해열.
산부채(7) : 거담, 구토, 이뇨, 종창, 진경, 파상풍, 해수.
산부추(22) : 강심제, 강장, 강장보호, 건뇌, 건위, 곽란, 구충, 기부족, 소화, 야뇨증, 양위, 온풍, 요슬산통, 유정증, 이뇨, 제습, 진정, 진통, 충독, 풍습, 해독, 홍분제.
산비늘고사리(3) : 두통, 자궁출혈, 해열.
산뽕나무(29) : 각기, 감기, 강심제, 거풍습, 경풍, 고혈압, 곽란, 몽정, 발한, 부종, 사독, 소아감적, 소아경풍, 수종, 신경통, 오림, 이뇨, 중풍, 진정, 진해, 창종, 촌충, 충독, 토혈각혈, 폐결핵, 폐기천식, 폐렴, 해열, 활혈.
산사나무(24) : 간경변증, 감비, 강심제, 강장보호, 건위, 경혈, 고지방혈증, 고지혈증, 고혈압, 곽란, 동상, 소식화적, 소화불량, 요통, 월경이상, 유즙결핍, 장염, 장위카타르, 장출혈, 정혈, 주독, 진통, 활혈, 활혈산어.
산새콩(2) : 부종, 악혈.
산속단(16) : 감기, 강장, 강장보호, 금창, 대하증, 부인병, 임질, 자궁내막염, 자궁염, 지혈, 치질출혈, 치창, 치풍, 타박상, 통경, 해열.

산솜방망이(1) : 청열해독.

산수국(6) : 건위, 당뇨, 방광염, 정혈, 학질, 해열.

산수유나무(36) : 간기능회복, 간허, 감기, 강장보호, 강정제, 건위, 난청, 내이염, 다뇨, 두풍, 보익, 보익간신, 부인하혈, 수감, 신경쇠약, 실뇨, 양위, 요삽, 요슬산통, 월경이상, 유정증, 음왜, 음위, 이명, 조경, 자양강장, 정력증진, 조루증, 졸도, 진통, 탈모증, 통리수도, 한열왕래, 해수, 현훈, 활혈.

산쑥(24) : 강장, 개선, 고혈압, 구충, 당뇨, 두풍, 만성위장염, 복수, 산한지통, 신경통, 안질, 온경지혈, 이뇨, 이질, 자양, 제습지양, 중풍, 창종, 치질, 토혈, 통경, 풍습, 해열, 황달.

산씀바귀(11) : 거풍, 건선, 건위, 발한, 이뇨, 종창, 진정, 청열해독, 최면, 폐결핵, 화담지해.

산앵도나무(7) : 강장, 건위, 구토, 발진, 임병, 임질, 하리.

산앵두나무(8) : 각기, 구충, 완화, 임질, 진통, 치통, 통경, 통리수도.

산오이풀(26) : 객혈, 견교독, 경혈, 누혈, 대하, 동상, 산후복통, 수감, 습진, 양혈지혈, 옹종, 월경과다, 지혈, 창종, 충독, 치루, 치질출혈, 치창, 치출혈, 치통, 치풍, 토혈, 토혈각혈, 하리, 해독, 혈리.

산옥매(6) : 각기, 완화, 윤장, 이뇨, 폐부종, 해열.

산옥잠화(6) : 경혈, 옹종, 종독, 진통, 치통, 타박상.

산외(3) : 거담, 맹장염, 해열.

산용담(4) : 건위, 담낭염, 신경쇠약, 위염.

산일엽초(16) : 경혈, 관절염, 구강염, 백일해, 보익, 열질, 월경부조, 이뇨, 인후염, 소종, 제습, 지해, 지혈, 청열해독, 토혈각혈, 풍습동통.

산자고(13) : 강심제, 강장보호, 광견병, 옹종, 요결석, 유방암, 전립선암, 종독, 진정, 진통, 통기, 폐결핵, 활혈.

산작약(19) : 각혈, 객혈, 경련, 대하, 두통, 복통, 부인병, 양혈거풍, 완화, 월경이상, 이뇨, 지혈, 진경, 진통, 창종, 탄산토산, 하리, 해열, 허약체질.

산조팝나무(6) : 건위, 종독, 진통, 타박상, 통리수도, 활혈.

산족제비고사리(7) : 감기, 부종, 어혈, 이수통림, 자궁출혈, 활혈거어, 회충.

산쥐손이(24) : 거풍제습, 건비, 건위, 대하증, 방광염, 백적리, 변비, 산전후통, 식중독, 역리, 월경이상, 위궤양, 위장염, 장염, 적백리, 정장, 종창, 지사, 지혈, 통경, 풍, 피부병, 해독, 활혈.

산진달래(7) : 강장, 건위, 구토, 류마티스, 발진, 이뇨, 하리.

산짚신나물(39) : 강심, 강장, 객혈, 거풍, 건위, 고혈압, 구충, 노상, 누혈, 대하, 라증, 백대하, 복통, 산전후제통, 살충, 수감, 안질, 옹종, 요통, 요혈, 위궤양, 자궁출혈, 장염, 장출혈, 장풍, 적백리, 지혈, 창독, 치근출혈, 치혈, 탈력, 토혈, 폐결핵, 풍염, 하리, 하혈, 해독, 해소, 해열.

산철쭉(5) : 강장, 건위, 사지마비, 악창, 이뇨.

산초나무(30) : 감기, 건위, 구충, 구토, 말라리아, 명안, 복통, 사독, 산전후통, 생선중독, 설사, 신장증, 위내정수, 이뇨, 일체안병, 제습, 중풍, 진통, 창종, 충치, 치통, 토역, 통경, 편도선염, 풍비, 풍습, 학질, 해수, 황달, 흉부냉증.

산층층이(18) : 개선, 결막염, 소풍해표, 신장염, 위장염, 유선염, 인후통증, 장염, 종창, 중풍, 지방간, 청열해독, 치통, 항균소염, 해독, 해열, 활혈지현, 황달.

산토끼꽃(15) : 강근골, 골절, 골절증, 안태, 옹종, 완선, 요배통, 유정증, 자궁냉증, 진통, 치핵, 타박상, 태루, 하지근무력증, 활혈.

산톱풀(18) : 경련, 관절염, 류머티즘, 복강염, 소염, 옹종, 월경통, 음식체, 음종, 제습, 종독, 지통해독, 진경, 진통, 타박상, 편도선염, 활혈, 활혈거풍.

산파(11) : 강심, 강장, 건뇌, 건위, 곽란, 구충, 소화, 이뇨, 진통, 풍습, 해독.

산할미꽃(16) : 건위, 경혈, 백독, 선기, 소염, 수렴, 월경이상, 익혈, 임파선염, 지혈, 진통, 치핵, 풍양, 학질, 해열, 혈리.

산해박(26) : 강장, 강장보호, 거풍지통, 금창, 기관지염, 부종, 월경이상, 위장염, 이뇨, 익정, 장위카타르, 제습, 종독, 중풍, 진통, 출혈, 치통, 치풍, 풍, 풍비, 피부병, 한열, 해독, 해수, 해열, 활혈.

산호수(5) : 구충, 이뇨, 조경, 태독, 해독.

산흰쑥(3) : 안질, 이뇨, 해열.

살구나무(74) : 각기, 감기, 견독, 결막염, 경련, 경중양통, 골수암, 광견병, 구내염, 구순생창, 기관지염, 기관지천식, 난관난소염, 뇌암, 두통, 목소양증, 방광암, 보익, 소아구설창, 소아두창, 소아천식, 식우육체, 식행체, 안면창백, 암내, 요결석, 요삽, 위경련, 윤부택용, 윤장통변, 음낭습, 음부소양, 음종, 인두염, 인후통증, 자궁근종, 전립선비대증, 전립선염, 종독, 중이염, 중풍, 지음증, 지해평천, 진경, 진정, 진해, 척추질환, 충치, 치창, 치출혈, 치통, 치핵, 토혈각혈, 편도선염, 폐결핵, 폐기천식, 폐렴, 폐부종, 폐암, 피부노화방지, 피부윤택, 항문주위농양, 해독, 해수, 해열, 혈담, 혈압조절, 호흡곤란, 호흡기질환, 홍조발진, 환각치료, 후두암, 후두염, 흉협통.

살비아(5) : 건위, 위장염, 인후염, 인후통증, 해수.

삼(대마)(45) : 강장보호, 강정제, 강화, 개선, 건망증, 건위, 고미, 광견병, 구충, 구토, 기억력감퇴, 난산, 내분비기능항진, 당뇨, 대하증, 변비, 사태, 살충, 설사, 안산, 안오장, 안태, 양모발약, 오충, 완화, 요통, 월경이상, 위장염, 유즙결핍, 윤장, 이뇨, 종독, 주부습진, 진정, 진통, 최면, 최면제, 타박상, 타복, 탈피기급, 통리수도, 통유, 해수, 허리디스크, 활혈.

삼나무(3) : 발모, 임질, 치통.

삼백초(44) : 각기, 간염, 감기, 개선, 갱년기장애, 건위, 견비통, 고혈압, 골수염, 과식, 대하, 변독, 보습제, 선창, 소종해독, 수종, 아감, 암, 옹종, 완화, 요통, 유선염, 이뇨, 임질, 종독, 중이염, 중풍, 지방간, 청열이습, 충치, 치루, 치조농루, 치통, 치핵, 편도선비대, 폐농양, 폐렴, 풍독, 피부윤택, 해독, 해열, 협심증, 황달, 흉부냉증.

삼색제비꽃(2) : 이뇨제, 정혈.

삼수구릿대(15) : 간질, 강장, 경통, 구역질, 빈혈, 수태, 신열, 이뇨, 익기, 익정, 정혈, 진정, 진통, 치질, 치통.

삼잎방망이(1) : 지혈.

삼쥐손이(11) : 대하증, 방광염, 변비, 역리, 위궤양, 위장병, 적리, 종창, 지리, 통경, 피부병.

삼지구엽초(38) : 강장, 강장보호, 강정, 강정제, 갱년기장애, 거풍제습, 건망증, 관절냉기, 근골위약, 발기불능, 보신장양, 생목, 야뇨증, 양위, 오로보호, 요슬산통, 우울증, 월경불순, 유정증, 음왜, 음위, 이뇨, 자궁내막염, 자양강장, 장근골, 저혈압, 정력증진, 정양, 제습, 중풍, 창종, 치조농루, 탈모증, 통리수도, 풍, 풍비, 허랭, 흉부냉증.

삼지닥나무(6) : 거풍, 사지마비, 이뇨, 타박상, 피부염, 활혈.

삽주(80) : 간경변증, 감기, 강장보호, 거담, 거습, 거풍청열, 건망증, 건비위, 건위, 고혈압, 과민성대장증후군, 과식, 곽란, 관격, 관절냉기, 구토, 권태증, 기부족, 기화습, 나력, 냉복통, 담, 만성위염, 만성피로, 목소양증, 발한거풍습, 배가튀어나온증세, 사태, 소아복냉증, 소아소화불량, 소아토유, 소아해열, 식예어체, 안심정지, 안태, 야맹증, 열질, 오심, 온신, 온풍, 옹저, 요통, 월경이상, 위내정수, 위무력증, 위장염, 위한증, 음극사양, 음냉통, 음부질병, 음식체, 음위, 이뇨, 인플루엔자, 자한, 장위카타르, 장티푸스, 정력증진, 제습, 조갈증, 조루증, 조습, 조습건비, 졸도, 중풍, 진통, 척추질환, 탈항, 통리수도, 풍, 풍한, 하초습열, 해독, 해열, 허로, 현벽, 현훈, 활혈, 황달, 흉부냉증.

삿갓나물(16) : 기관지염, 만성기관지염, 소아경기, 소종지통, 옹종, 위장병, 청열해독, 최토, 토혈각혈, 편도선염, 평천지해, 폐기천식, 해독, 해수, 해열, 후두염.

상동잎쥐똥나무(4) : 각기, 강장, 진정, 풍혈.

상사화(14) : 각혈, 객혈, 거담, 기관지염, 백일해, 적리, 적백리, 종독, 진통, 창종, 토혈, 폐결핵, 해독, 해열.

상산(13) : 감기, 거담, 관절염, 옹저, 종독, 진통, 치통, 통기, 풍, 학질, 학질, 해수, 해열.

상수리나무(17) : 감기, 강장보호, 구창, 구토, 나력, 사리, 악창, 암, 장위카타르, 종독, 주름살, 지혈, 탈항, 편도선염, 피부소양증, 해독, 화상.

상추(19) : 건위, 경련, 고혈압, 뇨혈, 만성위염, 발한, 소변불리, 소아감적, 소아경풍, 유즙결핍, 유즙불통, 이뇨, 종창, 진정, 최면제, 탈피기급, 통리수도, 피부미백, 홍조발진.

상황버섯(10) : 건위, 경혈, 대장암, 암, 옹종, 위암, 지혈, 직장암, 폐렴, 혈뇨.

새끼꿩의비름(3) : 강장, 단종, 선혈.

새끼노루귀(8) : 근골산통, 노통, 소종, 장염, 진통, 진해, 창종, 충독.

새끼노루발(6) : 각기, 방부, 수감, 이뇨, 절상, 충독.

새덕이(1) : 건위.

새머루(24) : 간활혈, 근장골, 대하, 두통, 두풍, 보혈, 소기, 실기, 안질, 양혈, 열안색, 요통, 유종, 이뇨, 자신양간, 종독, 주독풍, 지갈, 치창, 폐결핵, 폐렴, 폐질, 풍습, 해독.
새모래덩굴(19) : 각기, 거풍청열, 기관지염, 나력, 요통, 위암, 위장염, 이기화습, 이뇨, 제습, 종독, 중풍, 진통, 타박상, 편도선염, 풍, 풍비, 해독, 해열.
새박(12) : 관절염, 당뇨, 사지마비, 산결소종, 습진, 이뇨, 이습, 인후염, 종기, 청열화염, 통유, 황달.
새삼(47) : 간기능회복, 간염, 간작반, 간질, 강장보호, 강정제, 골절, 구갈, 구고, 구창, 근골위약, 기력증진, 기부족, 면창, 명목, 미용, 보양익음, 사태, 식우육체, 식중독, 실뇨, 안태, 야뇨증, 양모발약, 양위, 여드름, 오로보호, 오줌소태, 요슬산통, 요통, 요혈, 월경이상, 위장염, 유정증, 윤폐, 음위, 익기, 자양강장, 정기, 정력증진, 정양, 조루증, 지갈, 척추질환, 최음제, 치질, 허랭.
새양버들(7) : 수감, 이뇨, 종기, 지혈, 출혈, 해열, 화상.
새우난(8) : 음종, 임파선염, 종독, 치핵, 타박상, 편도선염, 해독, 활혈.
새콩(2) : 사지동통, 지통.
새팥(7) : 각기, 단독, 부종, 설사, 이뇨, 종기, 통유.
색비름(5) : 보익, 안질, 이뇨, 창종, 회충.
생강(75) : 간질, 감기, 개선, 거담, 건비위, 건위, 고혈압, 곽란, 관절염, 광견병, 구금불언, 구충, 구토, 기관지염, 기관지천식, 냉복통, 발한, 변비, 소아간질, 소아경풍, 소영, 식강어체, 식계육체, 식제수육체, 식중독, 식해어체, 심복냉통, 암내, 액취, 열성경련, 오발, 오심, 온중거한, 원형탈모증, 월경이상, 위한증, 유선염, 음극사양, 음부소양, 음식체, 음양음창, 일사병열사병, 임신오조, 임신중독증, 저혈압, 적백리, 절옹, 정력증진, 제습, 주름살, 주부습진, 중독증, 중풍, 지구역, 지혈, 진통, 치루, 치핵, 타박상, 통기, 편도선비대, 폐기천식, 풍비, 풍사, 풍한, 하리, 한습, 한열왕래, 해수, 현훈구토, 혈기심통, 홍역, 화분병, 후굴전굴, 흉통.
생강나무(14) : 강근골, 강심제, 건위, 경혈, 산어소종, 유방동통, 조갈증, 중독증, 타박상, 통증, 학질, 한열왕래, 해열, 활혈서근.
생달나무(4) : 건뇌, 건위, 장뇌유, 진정.
생열귀나무(5) : 건비소화, 교취, 보위, 월경부조, 위통.
생이가래(8) : 부종, 소종, 습진, 제습, 해독, 해열, 화상, 활혈.
서덜취(10) : 간염, 고혈압, 기관지염, 안염, 조경, 지혈, 진해, 토혈, 혈열, 황달.
서양까치밥나무(5) : 요통, 위장, 장출혈, 종창, 종창.
서양민들레(16) : 강장, 건위, 대하증, 부종, 악창, 옹종, 완화, 유방염, 이습통림, 인후염, 자상, 정종, 진정, 창종, 청열해독, 충혈, 황달.
서양측백나무(5) : 강장, 경풍, 곽란, 지한, 진정.
서양톱풀(3) : 경통, 진경, 진통.
서울개발나물(7) : 강장, 골통, 대하, 도한, 정력, 중독, 해열제.

서울귀룽나무(9) : 견비통, 관절통, 오십견, 요통, 제습, 진통, 통경, 해수, 해열.

서울오갈피(21) : 각기, 강근골, 강심, 강장, 강정, 거어, 거풍습, 관절염, 단독, 만성맹장염, 사독, 소수종, 요슬통, 음위, 익기, 중풍, 진경, 진정, 진통, 타박상, 풍습.

서울제비꽃(38) : 간장기능촉진, 감기, 강심, 거담, 거풍, 구창, 구토, 독창, 류머티즘, 발육촉진, 백일해, 변독, 보간, 보익, 부인병, 사상, 살균, 서향, 소독, 어혈, 인후통, 정혈, 종기, 종독, 종창, 지혈, 진해, 창양, 청열해독, 치통, 타박상, 태독, 통경, 통풍, 폐병, 해독, 해민.

서흥구절초(11) : 강장, 건위, 보온, 보익, 부인병, 식욕, 신경통, 자궁허냉, 정혈, 조경, 중풍.

석곡(12) : 강요, 강장, 건위, 도한, 명목, 소염, 수종, 식욕부진, 요통, 음위, 자음제열, 활신.

석류나무(33) : 곽란, 구금불언, 구내염, 구창, 부인하혈, 살충, 수감, 식면체, 식제수육체, 십이지장충증, 완선, 월경과다, 월경이상, 유산, 유정증, 음식체, 인두염, 인후통증, 자궁내막염, 장출혈, 지사, 지혈, 촌충증, 치통, 탈항, 토혈각혈, 편도선비대, 편도선염, 폐기천식, 피임, 화상, 회충증, 후두염.

석류풀(5) : 급성결막염, 청열, 피부열진, 하리, 해독.

석산(19) : 객혈, 거담, 곽란, 구토, 기관지염, 백일해, 옹종, 이뇨, 인후통, 적리, 종독, 창종, 최토, 토혈, 폐결핵, 풍, 해독, 해수, 해열.

석송(13) : 거풍, 관절통, 근골무력증, 근육통, 소염, 요슬산통, 좌골신경통, 진통, 타박상, 통리수도, 풍, 피부염, 활혈.

석위(16) : 기관지염, 보익, 신염, 옹저, 요결석, 이수통림, 임질, 자궁출혈, 종독, 지혈, 창상출혈, 토혈, 해수, 혈뇨, 화염지해, 흉격기창.

석잠풀(26) : 감기, 경풍, 기관지염, 맹장염, 복통, 소아경풍, 월경이상, 자한, 정혈, 종독, 종염, 지혈, 진통, 청열, 청열이뇨, 태독, 토혈각혈, 폐농양, 폐렴, 하혈, 해소, 해수, 해열, 혈뇨, 활혈, 후통.

석창포(24) : 개선, 거습, 건망증, 건위, 고미, 고창, 관절통, 구충, 복통, 안질, 옹저, 일체안병, 제습, 종창, 진정, 진통, 총이명목약, 치통, 타박상, 풍비, 피부병, 피부윤택, 화농성종양, 활혈.

선개불알풀(6) : 골절, 방광염, 요통, 절상, 중풍, 학질.

선괭이밥(11) : 소종해독, 소화제, 악창, 양혈산어, 옴, 인후염, 청열이습, 충독, 타박상, 피부병, 해독.

선메꽃(8) : 감기, 건위, 당뇨, 이뇨, 자음, 중풍, 천식, 청열.

선밀나물(10) : 과식, 관절염, 다소변증, 매독, 요통, 임질, 진통, 하리, 혈폐, 활혈.

선백미꽃(6) : 금창, 부인병, 익정, 중풍, 출혈, 한열.

선버들(8) : 각기, 생환, 이뇨, 종기, 지혈, 치통, 해열, 황달.

선씀바귀(4) : 건위, 식욕촉진, 진정, 최면.

선연리초(2) : 부종, 악혈.
선이질풀(21) : 거풍제습, 대하증, 방광염, 변비, 역리, 열질, 위궤양, 위장염, 장염, 적리, 적백리, 제습, 종창, 지리, 지사, 지혈, 통경, 풍, 피부병, 해독, 활혈.
선인장(34) : 각기, 건위, 골절, 골절증, 관절염, 급성이질, 기관지천식, 당뇨, 부종, 옹종, 위궤양, 유방염, 유선염, 이하선염, 인후통증, 장위카타르, 종독, 지구역, 청열해독, 추간판탈출증, 축농증, 치질, 치핵, 타박상, 통기, 폐결핵, 폐기천식, 폐렴, 풍, 해수, 해열, 행기활혈, 화상, 활혈.
선제비꽃(6) : 발육촉진, 보간, 보익, 태독, 해독, 해민.
선피막이(21) : 거풍, 경혈, 곽란, 구토, 소아인후통, 소종해독, 안적, 안질, 야맹증, 열독증, 옹저, 위장염, 인후통증, 일체안병, 적백리, 제습, 지방간, 지혈, 청열이뇨, 토사곽란, 황달.
설령개현삼(8) : 나력, 성병, 소염, 종독, 진통, 편도선염, 해열, 후두염.
설령골풀(2) : 이뇨, 진통.
설령오리나무(1) : 목탈.
설령쥐오줌풀(9) : 경련, 고혈압, 기와, 요통, 월경이상, 진경, 진정, 진통, 탄산토산.
설설고사리(3) : 금창, 자궁출혈, 해열.
설앵초(3) : 거담, 지해, 해수.
설탕단풍(1) : 당뇨.
섬개야광나무(2) : 진경, 진해.
섬개회나무(2) : 건위, 고미.
섬광대수염(4) : 수종, 이뇨, 임비, 해열.
섬괴불나무(7) : 감기, 부종, 이뇨, 정혈, 종기, 지혈, 해독.
섬기린초(3) : 강장, 단종창, 선혈.
섬노루귀(12) : 근골산통, 노통, 소종, 장염, 진통, 진해, 창종, 충독, 치통, 탄산토산, 하리, 해수.
섬다래(7) : 강장, 고양이병, 동비, 진통, 풍습, 풍질, 허냉.
섬대(8) : 구갈, 구토, 소아경풍, 정신분열증, 췌장암, 통리수도, 해독, 해수.
섬딸기(4) : 강장, 명안, 지갈, 청량.
섬말나리(6) : 강장, 건위, 윤폐지해, 자양, 청심안신, 해독.
섬모시풀(23) : 견광, 누태, 단독, 당뇨, 부인하혈, 사태, 안태, 양혈지혈, 옹종, 이뇨, 임질, 지혈, 청열, 청열안태, 충독, 태루, 토혈각혈, 통경, 하혈, 해독, 해열, 혈뇨, 황달.
섬바디(6) : 대장암, 양정신, 위암, 익정, 자궁암, 청열소종.
섬백리향(6) : 거풍지통, 기관지염, 온중산한, 하혈, 해열, 활혈.
섬벚나무(3) : 과식, 진통, 통경.
섬시호(12) : 늑막염, 말라리아, 소간해울, 승거양기, 오한, 월경불순, 자궁하수, 제암, 하리탈항, 해소, 해열, 화해퇴열.

섬쑥부쟁이(7) : 거담진해, 보익, 소풍, 이뇨, 청열, 해독, 해소.

섬오갈피나무(28) : 각기, 강근골, 강심, 강장, 강장보호, 강정, 거어, 거풍습, 관절염, 근골위약, 단독, 만성맹장염, 사독, 소수종, 요슬통, 요통, 음위, 익기, 제습, 중풍, 진경, 진정, 진통, 타박상, 풍, 풍비, 풍습, 활혈.

섬자리공(9) : 각기, 다망증, 수종, 신장염, 이뇨, 이뇨투수, 인후종통, 종산결, 하리.

섬잔대(9) : 강장보호, 경기, 소아경풍, 오한발열, 옹종, 익담기, 한열, 한열왕래, 해수.

섬잣나무(5) : 간질, 강장, 당뇨병, 폐결핵, 화상.

섬제비꽃(11) : 간장기능촉진, 감기, 거풍, 부인병, 정혈, 종기, 진해, 청열해독, 태독, 통경, 해독.

섬조릿대(11) : 경풍, 구역질, 발한, 보약, 실음, 악창, 중풍, 진통, 진해, 토혈, 파상풍.

섬쥐똥나무(6) : 각기, 강장, 경풍, 보익, 종기, 풍혈.

섬쥐손이(15) : 대하증, 방광염, 변비, 소아변비증, 역리, 위궤양, 위장염, 장위카타르, 적리, 적백리, 종창, 지리, 지혈, 통경, 피부병.

섬천남성(7) : 거습, 구토, 유두파열, 제습, 진정, 파상풍, 해수.

섬초롱꽃(9) : 경풍, 보익, 보폐, 인후염, 천식, 최생, 편두선염, 한열, 해산촉진.

섬피나무(3) : 발한, 이뇨, 진경.

섬현삼(8) : 나력, 성병, 소염, 종독, 진통, 편도선염, 해열, 후두염.

섬현호색(5) : 경혈, 조경, 진경, 진통, 타박상.

섬황벽나무(2) : 건위, A형간염.

섬회나무(1) : 통경.

세모고랭이(5) : 구토, 어혈, 진경, 통경, 학질.

세뿔석위(12) : 만성기관지염, 보익, 신염, 이수통림, 임질, 자궁출혈, 지혈, 창상출혈, 토혈, 혈뇨, 화염지해, 흉격기창.

세뿔투구꽃(11) : 강심, 개선, 관절염, 냉풍, 신경통, 이뇨, 종기, 진경, 진통, 충독, 풍습.

세잎꿩의비름(6) : 강장, 단종창, 독사교상, 선혈, 지혈, 해독.

세잎돌쩌귀(24) : 강심제, 강장, 건위, 경련, 관절염, 냉리, 냉복통, 류마티스, 부인하혈, 소아복냉증, 신경통, 옹창, 음종, 이뇨, 임파선염, 자궁출혈, 정종, 종독, 진경, 진통, 창종, 풍습, 하혈, 황달.

세잎양지꽃(13) : 경혈, 골반염, 골수염, 구내염, 옹종, 음축, 임파선염, 종독, 지혈, 치핵, 타박상, 해독, 해열.

세잎종덩굴(12) : 각기, 발한, 복중괴, 소종, 악종, 요슬통, 이뇨, 절상, 천식, 청열해독, 파상풍, 풍질.

세잎쥐손이(11) : 대하증, 방광염, 변비, 열질, 위장염, 장염, 적백리, 제습, 지사, 지혈, 통경.

세포큰조롱(6) : 금창, 이뇨, 익정, 중풍, 출혈, 한열.

소경불알(17) : 감기, 강장보호, 경풍, 보비, 보익, 보폐, 생진지갈, 소아경풍, 익기, 인후통증, 천식, 편도선염, 폐결핵, 폐기천식, 한열, 해수, 허약체질.

소귀나무(29) : 개선, 경혈, 고혈압, 곽란, 구내염, 구토, 독사교상, 부종, 생진해갈, 설사, 수감, 옹종, 외용살충, 이뇨, 인후염, 종독, 지갈, 지통, 지혈, 진통, 창종, 최유, 치통, 타박상, 통유, 하리, 현훈구토, 혈압하강, 황달.

소나무(85) : 간경변증, 간기능회복, 간염, 감기, 강장보호, 강정제, 강직성척추관절염, 개선, 거풍지습, 건비, 건위, 경련, 고치, 고혈압, 골절, 골절번통, 골절증, 골증열, 관절염, 구내염, 구안괘사, 구창, 구충, 구토, 근골동통, 근육통, 늑막염, 당뇨병, 만성위염, 만성피로, 발모, 살충, 생기지통, 소아변비증, 신장증, 심장염, 아감, 악창, 안면경련, 안오장, 야맹증, 양모, 양모발약, 연골증, 열성경련, 염증, 오로보호, 오발, 요통, 위경련, 위장염, 이급, 익기, 장위카타르, 정력증진, 제습, 졸도, 종기, 좌섬요통, 주체, 중풍, 지혈, 진정, 진통, 진해, 척추질환, 척추카리에스, 충치, 치매증, 치창, 치통, 칠독, 타박상, 폐결핵, 폐기천식, 풍, 풍비, 피부병, 피부윤택, 해수, 허약체질, 현훈, 현훈구토, 혈담, 화상.

소리쟁이(69) : 각기, 간염, 갈충, 갑상선염, 개선, 거품대변, 건선, 건위, 경혈, 관격, 관절염, 관절통, 구창, 구창, 근골동통, 근염, 난소종양, 만성위염, 백혈병, 변비, 보습제, 부인하혈, 부종, 산후통, 살충, 설사, 소아두창, 십이지장충증, 어혈, 연주창, 열질, 완선, 외이도절, 요부염좌, 요슬산통, 월경이상, 유선염, 윤피부, 음부소양, 음부질병, 음양음창, 임질, 장염, 장위카타르, 적백리, 적취, 종독, 좌섬요통, 지혈, 창독, 척추관협착증, 청열양혈, 타태, 토혈각혈, 통경, 통리수도, 통변살충, 풍, 피부병, 피부소양증, 피부윤택, 해수, 해열, 혈리, 호흡기질환, 화상, 화염지해, 황달, 후굴전굴.

소엽(45) : 감기, 강장보호, 갱년기장애, 거담, 건비위, 건위, 경신익지, 고혈압, 관절냉기, 구토, 기관지천식, 기관지확장증, 담, 몽정, 발한, 사태, 식강어체, 안태, 염증, 오심, 우울증, 유방염, 유선염, 윤폐, 이뇨, 자한, 정신분열증, 주독, 지혈, 진정, 진통, 진해, 질벽염, 칠독, 통기, 통리수도, 폐기종, 폭식증, 풍질, 풍한, 해독, 해수, 해열, 홍조발진, 활혈, 흉부냉증.

소엽맥문동(27) : 감기, 강장보호, 객혈, 기관지염, 변비, 소갈, 소아허약체질, 심장염, 양위, 유두파열, 유즙결핍, 윤폐, 윤폐양음, 이뇨, 익위생진, 인건구조, 자양강장, 조갈증, 진정, 창종, 청심, 청심제번, 토혈, 폐결핵, 해수, 해열, 허약체질.

소철(20) : 강장보호, 거담, 거풍, 난산, 담다해수, 대하, 목소양증, 보익, 수렴, 월경폐지, 위산과다증, 유정, 이기, 장위카타르, 종기, 진해, 토혈, 통경, 해수, 활혈.

소태나무(16) : 개선, 거습, 건위, 고미, 구충, 구충, 살충, 수감, 옹종, 위장염, 장위카타르, 조습, 종독, 폐결핵, 학질, 해열.

속단(21) : 강장보호, 골절증, 근골위약, 금창, 대하, 부인병, 소종, 안태, 옹종, 요슬산통, 요통, 유정증, 임질, 자궁내막염, 진통, 척추질환, 청열, 치핵, 타박상, 태루, 흉부냉증.

속리기린초(3) : 강장, 단종독, 선혈.

속새(20) : 명목퇴예, 명안, 부인하혈, 산통, 소산풍열, 옹종, 인후통, 인후통증, 자궁출혈, 장염, 장출혈, 조경, 종기, 치질, 치핵, 탈강, 탈항, 통리수도, 해열, 혈변.
속속이풀(10) : 개선, 건위, 기관지염, 소화, 전신부종, 종기, 청열이뇨, 폐렴, 해독소종, 해소.
속수자(2) : 개선, 혈폐.
손바닥난초(17) : 기부족, 기와, 기침, 만성간염, 보기혈, 설사, 신경쇠약, 유즙결핍, 자율신경실조증, 조갈증, 지갈, 지방간, 타박상, 폐결핵, 해수, 허로, 허약체질.
솔나리(17) : 강장보호, 건위, 소아경풍, 열병, 위열, 윤폐, 윤폐지해, 자양강장, 자음, 정신분열증, 종기, 진정, 청심, 청심안신, 폐결핵, 해수, 허약체질.
솔나물(16) : 간염, 감기, 독사교상, 월경이상, 인후통증, 종독, 지양, 청열해독, 타박상, 편도선염, 피부염, 해독, 해열, 행혈, 활혈, 황달.
솔방울고랭이(6) : 구토, 어혈, 진통, 최유, 통경, 학질.
솔붓꽃(11) : 백일해, 안태, 위중열, 인후염, 절상, 주독, 창달, 토혈, 편도선염, 폐렴, 해소.
솔비나무(7) : 고혈압, 난산, 뇌일혈, 자궁출혈, 적백리, 지혈, 충혈.
솔송나무(2) : 이뇨, 통경.
솔인진(9) : 강장, 건위, 보온, 보익, 부인병, 식욕, 신경통, 정혈, 중풍.
솔잎란(8) : 거풍, 관절염, 구토, 사지마비통, 월경불순, 타박상, 통경, 활혈.
솔장다리(2) : 고혈압, 두통.
솔체꽃(6) : 강화, 두통, 발열, 사화, 해수, 황달.
솜나물(5) : 거풍습, 사지마비, 천식, 해독, 해수.
솜다리(4) : 소염지통, 인후염, 청열해독, 편도선.
솜대(23) : 각혈, 간질, 객토혈, 경련, 구금불언, 구토, 금창, 발한, 소염, 유산, 익기, 자한, 정신분열증, 주독, 중풍, 지혈, 진정, 진통, 치통, 파상풍, 해수, 해열, 황달.
솜방망이(14) : 감기, 거담, 구내염, 기관지염, 신우신염, 옹종, 이뇨, 인후통증, 종독, 청열해독, 타박상, 통리수도, 해열, 활혈소종.
솜분취(10) : 간염, 고혈압, 기관지염, 안염, 조경, 지혈, 진해, 토혈, 혈열, 황달.
솜아마존(9) : 강장, 금창, 부인병, 부종, 이뇨, 익정, 중풍, 출혈, 한열.
솜양지꽃(13) : 각혈, 기관지염, 보익, 소종, 양혈지혈, 옹종, 임파선염, 자궁출혈, 지혈, 청열해독, 토혈각혈, 폐농양, 해열.
솜흰여뀌(6) : 각기, 부종, 요종통, 위장염, 이뇨, 창종.
송악(14) : 간염, 거풍이습, 고혈압, 관절염, 급성간염, 요통, 일체안병, 제습, 종기, 지혈, 평간해독, 풍, 풍비, 황달.
송이고랭이(12) : 구토, 발열, 백대하, 악심, 어혈, 오한, 진통, 청열해표, 최유, 치통, 통경, 해수.
송이풀(16) : 강장보호, 거풍습, 관절염, 백대하, 소변림력, 요결석, 요로결석, 이뇨, 이수, 일사병열사병, 제습, 종기, 중풍, 통리수도, 피부병, 해열.
송장풀(5) : 강정, 이뇨, 이뇨소종, 중풍, 활혈조경.

쇠고비(23) : 간염, 감기, 강장, 거통, 경혈, 골절, 급성간염, 동통, 보혈, 산어지혈, 살충, 양혈식풍, 유옹, 자궁출혈, 종독, 지혈, 진통, 청열해독, 타박상, 토혈각혈, 파혈, 풍혈, 해열.

쇠뜨기(26) : 각혈, 간염, 골절번통, 관절염, 근염, 당뇨, 명안, 변비, 이뇨, 이완출혈, 임병, 자궁출혈, 장출혈, 지해, 치질, 치핵, 칠독, 탈강, 탈항, 토혈각혈, 통리수도, 폐기천식, 하리, 해수, 현벽, 활혈.

쇠무릎(79) : 각기, 간헐파행증, 강근골, 강장보호, 강정제, 강직성척추관절염, 견비통, 경결, 경혈, 골다공증, 골반염, 골절번통, 골절증, 관절염, 관절통, 근골동통, 근염, 담혈, 민감체질, 보익, 부인하혈, 사태, 소아경결, 소아야뇨증, 신경통, 야뇨증, 양위, 연골증, 오줌소태, 외이도염, 요결석, 요부염좌, 요삽, 월경불순, 월경이상, 유선염, 음부소양, 음위, 이뇨, 이뇨통림, 임신중요통, 자궁수축, 장간막탈출증, 적취, 전립선비대증, 정력증진, 정수고갈, 정혈, 종독, 좌섬요통, 중추신경장애, 중풍, 진통, 척추질환, 치조농루, 타박상, 타태, 통경, 통리수도, 통풍, 편도선염, 피부궤양, 하리, 학질, 해독, 허리디스크, 현벽, 현훈구토, 혈기심통, 혈뇨, 혈담, 혈압조절, 혈우병, 홍안, 활혈, 활혈거어, 후굴전굴, 흉부냉증, 흉협통.

쇠물푸레나무(2) : 강장, 해열.

쇠별꽃(19) : 경혈, 외음부부종, 월경불순, 위장병, 유두파열, 유즙결핍, 이질, 자궁근종, 장위카타르, 정혈, 창종, 최유, 타박상, 폐렴, 피임, 해독, 해열, 활혈, 활혈소종.

쇠비름(48) : 각기, 관절염, 구충, 나력, 마교, 명목, 사독, 생목, 소아감적, 소아경풍, 시력감퇴, 양혈, 열독증, 옹종, 요도염, 월경이상, 윤피부, 음극사양, 음양음창, 이뇨, 이완출혈, 이질, 임파선염, 장위카타르, 저혈압, 적백리, 적취, 종창, 지갈, 지혈, 청열해독, 촌충증, 충독, 치핵, 칠독, 통리수도, 통림, 투진, 편도선염, 폐열, 풍열, 피부병, 하리, 해독, 해열, 혈뇨, 혈림, 활혈, 흉부냉증.

쇠채(28) : 각기, 감기, 관절염, 나력, 마교, 명목, 사독, 생목, 시력감퇴, 양혈, 이뇨, 이질, 제습, 종창, 지갈, 지혈, 청열해독, 촌충, 충독, 타박상, 통림, 편도선염, 폐기천식, 풍, 하리, 해독, 해열, 활혈.

쇠털이슬(2) : 해독, 화농.

수국(14) : 강심제, 건위, 경련, 당뇨, 방광염, 번조, 신낭풍, 심열량계, 정혈, 진경, 학질, 한열왕래, 해수, 해열.

수국차(7) : 건위, 당뇨병, 방광염, 위장염, 정혈, 학질, 해열.

수련(10) : 강장, 경련, 소아경풍, 안면, 지경, 지혈, 진경, 진정, 청서, 해성.

수리딸기(15) : 강장보호, 구갈, 명안, 양모발약, 양위, 유정증, 음왜, 음위, 적면증, 조갈증, 지사, 청량, 태생, 해독, 해수.

수리취(5) : 부종, 안태, 종창, 지혈, 토혈.

수박(29) : 감기, 강장, 거담, 건위, 고혈압, 곽란, 구내염, 구창, 기관지염, 담, 딸꾹질, 방광염, 보혈, 소아식탐, 요독증, 위경련, 이뇨, 일사상, 전립선비대증, 정력증진, 주독,

지갈, 청서해열, 청열해독, 통리수도, 편도선염, 폐결핵, 해수, 혈뇨.

수박풀(3) : 일사병열사병, 해수, 해열.

수선화(19) : 거담, 견비통, 경혈, 구토, 배농, 백일해, 소종, 옹종, 일체안병, 종기, 종독, 천식, 충치, 타박상, 토혈각혈, 폐기천식, 폐렴, 풍, 활혈.

수세미오이(61) : 각기, 간작반, 거담, 건비, 건위, 견비통, 경혈, 고환염, 곽란, 기관지염, 담, 동상, 보습제, 부인하혈, 부종, 살충, 소아천식, 열병, 오심, 옹종, 외치, 요통, 월경이상, 유즙결핍, 윤피부, 이뇨, 이수, 이완출혈, 일사상, 임파선염, 자궁출혈, 장염, 적백리, 지음증, 지혈, 진통, 충치, 치통, 치핵, 태독, 통경, 통락거풍, 통리수도, 통유, 편도선염, 편두통, 폐기천식, 풍질, 풍치, 피부미백, 피부윤택, 피부청결, 해독, 해독화염, 해수, 해열, 혈허복병, 호흡기질환, 화상, 활혈, 후두염.

수수(16) : 담, 기관지염, 담, 삽장위, 식군대채체, 식시비체, 식우육체, 안신, 온중, 이뇨, 적취, 지곽란, 지혈, 평천, 해수, 흉부냉증.

수수꽃다리(6) : 건위, 고미, 소염, 이질, 피부염, 항균.

수양버들(31) : 각기, 간염, 감기, 갑상선염, 거담, 고혈압, 골절증, 옹종, 유선염, 자궁내막염, 자궁외임신, 적백리, 제습, 종기, 종독, 지혈, 진통, 추간판탈출증, 치통, 타박상, 통리수도, 폐결핵, 풍, 풍비, 피부병, 항문주위농양, 해독, 해열, 현훈구토, 홍역, 황달.

수염가래꽃(24) : 간경변증, 간염, 간장암, 개선, 관장, 급성간염, 백일해, 습진, 신장암, 옹종, 위암, 이뇨소종, 전립선염, 종독, 지혈, 직장암, 천식, 청열해독, 충독, 호흡곤란, 폐기천식, 해독, 황달, 흉분.

수영(17) : 개선, 건선, 비즙, 소변불통, 악창, 양혈, 양혈거풍, 옴, 완선, 종독, 청열, 통경, 통리수도, 피부병, 해열, 혈뇨, 활혈.

수정난풀(2) : 이뇨, 익정.

수크령(3) : 명목, 산혈, 충혈.

수호초(4) : 거풍제습, 월경부조, 조경활혈, 풍습근골통.

숙은노루오줌(1) : 충독.

순무(3) : 경신익기, 소식, 이오장.

순비기나무(29) : 각기, 감기, 거담, 거풍, 관절염, 관절염, 대하, 소산풍열, 소염, 신경통, 월경이상, 이뇨, 이명, 일체안병, 임질, 제습, 조경, 조루증, 졸도, 진정, 진통, 청리두목, 타박상, 통리수도, 풍, 해수, 해열, 현기증, 현훈.

순채(12) : 건위, 곽란, 보정, 소갈, 소종해독, 주독, 지혈, 진통, 진통, 청열이뇨, 해열, 황달.

숟갈일엽(2) : 보익, 지혈.

술패랭이꽃(25) : 고뇨, 구충, 난산, 늑막염, 무월경, 석림, 소염, 수종, 안질, 옹종, 이뇨, 이수통림, 인후염, 일체안병, 임질, 자상, 자침, 치질, 치핵, 타박상, 통경, 해독, 해열, 활혈통경, 회충.

숫명다래나무(8) : 감기, 부종, 이뇨, 정혈, 종기, 지혈, 해독, 해열.

숲개별꽃(1) : 치질.

쉬나무(10) : 건위, 곽란, 구풍, 백선, 살충, 선기, 소화, 수종, 이뇨, 치질.

쉬땅나무(10) : 골절상, 구충, 보혈, 소종지통, 양모, 종독, 진통, 치풍, 타박상, 활혈.

싑싸리(20) : 각혈, 두풍, 부종, 생기, 양위, 월경이상, 요통, 이뇨, 익정, 종기, 종독, 타박상, 토혈, 토혈각혈, 통경, 피부염, 해산촉진, 해열, 활혈, 흉부냉증.

스위트피(2) : 부종, 악혈.

승검초(59) : 간경변증, 간질, 강장보호, 건비, 건위, 경련, 경혈, 고혈압, 골반염, 골수염, 골절번통, 골절증, 관절냉기, 관절염, 관절통, 근골동통, 기부족, 기울증, 신허, 안오장, 안태, 양위, 양혈거풍, 열성경련, 오로보호, 오한, 오한발열, 월경이상, 위장염, 위축신, 음양음창, 이급, 절옹, 제습, 중풍, 지혈, 진정, 진통, 총이명목약, 춘곤증, 치통, 치핵, 타박상, 탈모증, 태아양육, 통경, 통리수도, 풍, 한열왕래, 해산촉진, 허로, 허약체질, 허혈통, 현훈, 혈색불량, 혈허복병, 협심증, 활혈, 흉부냉증.

승마(20) : 감기, 건위, 구창, 소아요혈, 자한, 종독, 지혈, 창달, 치한, 치핵, 탈항, 투진, 편도선염, 편두염, 피부염, 한열왕래, 해독, 해열, 혈뇨, 홍역.

시금치(15) : 건위, 고혈압, 변비, 양혈, 윤조, 익정, 자반병, 정력증진, 주독, 주황병, 중풍, 지혈, 진정, 폐결핵, 홍색습진.

시닥나무(1) : 안질.

시로미(15) : 강장보호, 경혈, 구토, 방광염, 소화불량, 식욕부진, 신우염, 신체허약, 임질, 정혈, 조갈증, 지갈생진, 최토제, 폭식증, 허약체질.

시무나무(4) : 결핵, 부종, 안태, 이뇨.

시베리아살구(3) : 과식, 진통, 통경.

시호(31) : 강장보호, 거담, 경련, 고혈압, 골수암, 골절번통, 구안괘사, 난청, 난청, 늑막염, 말라리아, 소간해울, 승거양기, 암내, 오한, 월경불순, 자궁하수, 제암, 중풍, 진경, 진통, 치통, 탈항, 하리탈항, 학질, 해독, 해소, 해열, 화해퇴열, 황달, 흉통.

식나무(5) : 상, 사독, 신경통, 종기, 화상.

신갈나무(8) : 강장, 수감, 이습, 주름, 청열해독, 치핵, 하혈, 해독.

신갈졸참나무(6) : 강장, 수감, 이습, 주름, 청열해독, 하혈.

신감채(7) : 구풍, 백절풍, 중풍, 진경, 진통, 치통, 해열.

신경초(37) : 각혈, 간염, 강장보호, 강정제, 강직성척추관절염, 견비통, 경혈, 구내염, 근계, 기관지염, 만성피로, 부인하혈, 양혈거풍, 옹종, 요배통, 월경이상, 음부소양, 정기, 정혈, 제습, 좌골신경통, 중추신경장애, 지혈, 척추관협착증, 척추질환, 태양병, 토혈각혈, 통경, 통리수도, 편도선염, 한열왕래, 해수, 현벽, 혈담, 활혈, 황달, 흉협통.

신나무(1) : 안질.

신이대(7) : 구토, 발한, 주독, 중풍, 진통, 토혈, 파상풍.

실거리나무(8) : 근육통, 두통, 발한, 살충, 이질, 지사, 해열, 해표.

실고사리(15) : 간염, 급성간염, 배석, 외상, 요결석, 요도염, 위장염, 이수소종, 이수통림, 임병, 임질, 지혈, 진정, 해독, 해열.

실망초(7) : 개선, 거풍지양, 구강염, 신경통, 중이염, 청열, 해독.

실버들(8) : 각기, 개선, 생환, 이뇨, 지혈, 치통, 해열, 황달.

실별꽃(4) : 정혈, 창종, 최유, 피임.

실새삼(26) : 강장, 강정, 경혈, 구창, 구충, 기부족, 만성요통, 면창, 명목, 미용, 보양익음, 사태, 양모, 요슬산통, 요통, 요혈, 유정증, 음위, 익기, 익신, 지갈, 치질, 치핵, 피부미백, 해독, 허약체질.

십자고사리(5) : 금창, 내열복통, 두풍, 자궁출혈, 해열.

싱아(11) : 개선, 건위, 구충, 음양음창, 일사병열사병, 적백리, 창양, 치핵, 토혈각혈, 해열, 황달.

싸리(8) : 고혈압, 목소양증, 신장염, 안질, 이뇨, 해수, 해열, 현훈.

싹눈바꽃(14) : 강심, 개선, 관절염, 냉풍, 신경통, 실음, 이뇨, 정종, 중풍, 진경, 진통, 풍질, 한반, 흉탈.

쐐기풀(8) : 충, 개선, 거풍, 담마진, 산후풍, 지통, 풍습동통, 활혈.

쑥(100) : 강장보호, 강정제, 개선, 견비통, 고혈압, 과식, 곽란, 관절염, 구창, 구창, 구충, 구토, 금창, 기관지염, 누혈, 만성요통, 만성위염, 만성피로, 목소양증, 민감체질, 배가튀어나온증세, 부인하혈, 비체, 비체, 산한지통, 산후하혈, 소아감적, 소아청변, 소아피부병, 식시비체, 신장증, 안질, 안태, 오심, 온경지혈, 온신, 외이도절, 외한증, 요충증, 요통, 월경과다, 월경이상, 위궤양, 위무력증, 위장염, 위한증, 음극사양, 음낭습, 음부부종, 음부질병, 음양음창, 음종, 이뇨, 이명, 이완출혈, 인두염, 일사상, 자궁냉증, 장위카타르, 적면증, 적백리, 정혈, 제습지양, 제충제, 종독, 종창, 주부습진, 중풍, 증세, 지혈, 진통, 창종, 청명, 출혈, 치출혈, 치통, 치핵, 타박상, 태루, 토혈각혈, 통경, 튀어나온편도선염, 편두통, 폐기천식, 풍습, 풍한, 피부소양증, 피부윤택, 하리, 한습, 한열왕래, 해독, 해열, 허랭, 활혈, 황달, 회충, 후두염, 흉부냉증.

쑥방망이(15) : 기, 결막염, 습진, 옹종, 완선, 음낭종독, 이질, 인후염, 임파선염, 종기, 종독, 청열해독, 피부염, 해독, 해열.

쑥부쟁이(7) : 거담진해, 보익, 소풍, 이뇨, 청열, 해독, 해소.

쑥참깨(1) : 회충증.

쓴풀(21) : 감기, 강심, 개선, 건위, 결막염, 경풍, 골수염, 과식, 관절염, 구충, 발모, 소아경풍, 소화불량, 습진, 윤피부, 청열, 태독, 폐기천식, 하리, 해독, 현훈구토.

씀바귀(31) : 간경화, 강장보호, 강정안정, 건위, 고미, 골절, 골절증, 구고, 구내염, 구창, 만성간염, 만성기관지염, 비체, 식욕촉진, 안오장, 열병, 오심, 음낭습, 이질, 장위카타르, 종창, 진정, 진통, 청열양혈, 최면제, 축농증, 타박상, 탈피기급, 폐열, 해독, 해열.

아가리쿠스(4) : 위궤양, 전립선염, 폐기천식, 혼곤.
아까시나무(3) : 자궁출혈, 지혈, 폐결핵.
아마(9) : 거풍, 변비, 보허, 윤조, 임질, 평간, 폐결핵, 화상, 활혈.
아욱(26) : 강화, 구토, 난산, 변비, 소갈, 소아토유, 식예어체, 오림, 완화, 유선염, 유즙결핍, 음식체, 이뇨, 이수통림, 이질, 임질, 주황병, 청열해독, 최유, 통리수도, 폐렴, 피부윤택, 해산촉진, 해수, 해열, 황달.
아욱제비꽃(18) : 간장기능촉진, 감기, 거풍, 발육촉진, 발한, 부인병, 사하, 설사, 정혈, 종기, 중풍, 진해, 청열해독, 최토, 태독, 통경, 해독, 해민.
아프리카문주란(9) : 객혈, 거담, 기관지염, 백일해, 적리, 창종, 토혈, 폐결핵, 해열.
앉은부채(14) : 강심, 거담, 경련, 구토, 실면증, 위장염, 유두파열, 이뇨, 자한, 종창, 진경, 진정, 파상풍, 해수.
알꽈리(4) : 강장, 신경통, 종기, 해열.
알로에(34) : 간염, 간작반, 강정제, 건위, 골절증, 구창, 구충, 금창, 민감체질, 발한, 변비, 신경통, 암, 월경이상, 위장염, 윤조활장, 임파선염, 자음강화, 장위카타르, 저혈압, 제번소갈, 주부습진, 지방간, 진통, 치통, 치핵, 타박상, 통경, 피부미백, 피부윤택, 해독, 해열, 현훈구토, 화상.
알록제비꽃(12) : 발육촉진, 보간, 보익, 보혈, 부인병, 살충, 청열해독, 태독, 통경, 하리, 해민, 해소.
암대극(15) : 건선, 당뇨, 발한, 복중괴, 사독, 살균, 윤폐지해, 음종, 이뇨, 임질, 창종, 청열양혈, 치통, 통경, 풍습.
애기가래(2) : 지사, 해열.
애기고추나물(31) : 건위, 경기, 경선결핵, 구창, 나력, 복중괴, 사상, 성한, 소아경풍, 소아발육촉진, 소아조성장, 소아후통, 소염, 악창, 자궁발육부전, 종유, 주독, 창구, 청열, 청열해독, 초황, 타박상, 태독, 편도선염, 하감, 해독, 해열, 화독, 화상, 활혈소종.
애기골무꽃(7) : 경풍, 위장염, 정혈, 태독, 폐렴, 해소, 해열.
애기골풀(6) : 금창, 외상, 이뇨, 지혈, 진통, 편두선염.
애기괭이밥(4) : 소화제, 충독, 피부병, 해독.
애기금매화(9) : 결막염, 구창, 소염, 인후염, 중이염, 청열, 편도선염, 해독, 해열.
애기기린초(4) : 강장, 단종독, 선혈, 이뇨.
애기나리(7) : 강장, 건비소적, 나창, 냉습, 명안, 윤폐지해, 자양.
애기노루발(6) : 각기, 방부, 수감, 이뇨, 절상, 충독.
애기달맞이꽃(8) : 감기, 고혈압, 기관지염, 당뇨, 신장염, 인후염, 해열, 화종.
애기담배풀(5) : 교상, 구충, 진통, 창종, 충독.
애기도둑놈의갈고리(6) : 개선, 거풍, 임질, 토혈, 해소, 해열, 황달.
애기도라지(10) : 거담, 늑막염, 보익, 복통, 식용, 지혈, 천식, 편두선염, 해소, 후통.
애기땅빈대(14) : 설사, 옹종, 유즙결핍, 장염, 정창, 지혈, 청습열, 타박상, 토혈각혈, 통유, 해독, 혈림, 활혈, 황달.

애기똥풀(29) : 간경변증, 간기능회복, 간반, 간염, 강장보호, 개선, 건선, 경련, 기관지염, 독사교상, 완선, 월경불순, 월경통, 위궤양, 위암, 위장염, 이뇨해독, 자반병, 종독, 종창, 진경, 진정, 진통, 진해, 칠독, 통리수도, 해독, 해수, 황달.

애기마름(16) : 강장, 강장보호, 건비위, 기부족, 암, 자양강장, 제번지갈, 제암, 조갈증, 직장암, 창진, 청서해열, 탈항, 해열, 허약체질, 후두암.

애기메꽃(12) : 감기, 건위, 당뇨, 소아감적, 월경이상, 이뇨, 자양강장, 중풍, 천식, 통경, 폐기천식, 활혈.

애기물꽈리아재비(5) : 백대하, 설사, 수렴, 습열이질, 지사.

애기봄맞이(9) : 구내염, 급성결막염, 두통, 소염, 인후염, 진통, 청열, 치통, 해독.

애기부들(24) : 경선결핵, 경혈, 대하, 방광염, 소아탈항, 수렴지혈, 옹종, 월경이상, 유옹, 음낭습, 이뇨, 지혈, 치질, 치핵, 타박상, 탈강, 탈항, 토혈, 토혈각혈, 통경, 한열왕래, 행혈거어, 혈뇨, 활혈.

애기석위(12) : 만성기관지염, 보익, 신염, 이뇨, 임질, 자궁출혈, 지혈, 창상출혈, 토혈, 혈뇨, 흉격, 기창.

애기솔나물(2) : 지사, 지혈.

애기수영(13) : 개선, 경혈, 비증, 소변불통, 악창, 양혈, 옴, 종독, 청열, 토혈각혈, 통경, 피부병, 해열.

애기쉽싸리(9) : 두풍, 부종, 생기, 요통, 이뇨, 익정, 종기, 토혈, 해열.

애기쐐기풀(6) : 선, 단청, 당뇨, 치질, 하혈, 해열.

애기앉은부채(10) : 강심, 거담, 구토, 실면증, 이뇨, 종창, 진경, 진정, 파상풍, 해소.

애기우산나물(14) : 거풍제습, 관절동통, 관절염, 대하증, 소종지통, 옹저, 옹종, 유두파열, 제습, 종창, 진통, 타박상, 해독활혈, 활혈.

애기원추리(15) : 강장, 경혈, 번열, 양혈, 외음부부종, 월경이상, 유선염, 유옹, 유즙결핍, 이뇨, 자음, 치림, 통리수도, 혈변, 황달.

애기일엽초(12) : 관절염, 구강염, 백일해, 보익, 소종, 월경부조, 이뇨, 인후염, 지해, 지혈, 청열해독, 풍습동통.

애기장구채(14) : 금창, 난산, 악창, 이염, 이질, 임질, 정혈, 종독, 지혈, 진통, 최유, 통경, 풍습, 해열.

애기족제비고사리(2) : 두통, 해열.

애기중의무릇(5) : 강심, 강장, 자양, 진정, 진통.

애기참반디(12) : 경풍, 고혈압, 대하, 양정, 양혈, 윤폐, 정경통, 정혈, 중풍, 지혈, 폐렴, 해열.

애기탑꽃(8) : 거풍청열, 산어소종, 소화, 신장염, 유정, 중풍, 치근통, 한열.

애기풀(23) : 강장, 강정, 거담, 건망증, 골수염, 구토, 귀밝이, 기관지염, 소아경풍, 안산, 안신, 종독, 지혈, 진정, 진통, 진해, 천식, 편도선염, 편두선염, 해독, 해소, 해열, 활혈지혈.

애기현호색(13) : 경련, 고혈압, 관절염, 기부족, 두통, 월경이상, 월경통, 조경, 진경, 진통, 타박상, 통기, 활혈.

앵두나무(10) : 과식, 비만, 사교독, 삼충, 유정증, 익비, 통경, 통리수도, 환각치료, 황달.

앵초(6) : 담, 기관지염, 종독, 지해, 폐기천식, 해수.

야고(4) : 골수염, 종독, 해수, 해열.

야광나무(5) : 곽란, 구충, 구토, 선혈, 하리.

야산고비(4) : 금창, 이뇨, 자궁출혈, 해열.

약난초(17) : 개선, 소종산결, 악창, 옹종, 위장염, 이뇨, 인후통증, 임파선염, 장위카타르, 종창, 창양, 청열해독, 충독, 치질, 치핵, 해수, 후두염.

약모밀(43) : 간염, 강심제, 개선, 거담, 고혈압, 관상동맥질환, 관절염, 기관지염, 동맥경화, 매독, 방광염, 배농, 수종, 식도암, 완화, 요도염, 유옹, 유종, 윤피부, 이뇨, 이뇨통림, 인후통증, 임질, 자궁내막염, 종독, 종창, 중이염, 중풍, 청열해독, 축농증, 치루, 치질, 치창, 탈항, 통리수도, 폐농양, 폐렴, 피부염, 하리, 해독, 해열, 화농, 흉부냉증.

약밤나무(7) : 강신, 강장, 건위, 수감, 종독, 주름, 하혈.

얇은명아주(9) : 개선, 객혈, 백전풍, 요혈, 월경부조, 종기, 지혈, 충독, 활혈.

양귀비(25) : 거품대변, 경련, 구토, 뇌염, 다발성경화증, 마비, 무도병, 소아청변, 열질, 위장병, 장염, 장위카타르, 적백리, 진경, 진통, 진해, 최면, 최토, 피하주사, 하리, 해독, 해수, 혈리, 호흡곤란, 호흡진정.

양반풀(8) : 금창, 부종, 이뇨, 익정, 중풍, 출혈, 한열, 해열.

양배추(8) : 강장, 난소종양, 부종, 역리, 장위카타르, 저혈압, 전립선암, 정혈.

양버들(8) : 각기, 개선, 생환, 이뇨, 지혈, 치통, 해열, 황달.

양지꽃(12) : 건위, 구창, 보음도, 산증, 영양장애, 월경이상, 익중기, 지혈, 토혈각혈, 폐결핵, 해수, 허약체질.

양파(30) : 간기능회복, 감비, 강장보호, 갱년기장애, 건뇌, 고혈압, 골절통, 곽란, 구충, 당뇨, 만성피로, 명안, 보익, 부인병, 부종, 안태, 양혈, 유방암, 이뇨, 자한, 적백리, 전립선암, 정력증진, 정혈, 지한, 창상, 폐암, 해독, 해수, 활혈, 흥분제.

양하(13) : 거담, 건위, 경혈, 소종해독, 월경불순, 월경이상, 위통, 종독, 진통, 진해, 통리수도, 해수, 활혈.

어리곤달비(3) : 보익, 진정, 진통.

어리병풍(3) : 구풍, 발한, 이뇨.

어리연꽃(5) : 건위, 고미, 사열, 생진, 양위.

어수리(12) : 감기, 누출, 목현, 미용, 배농, 생기, 숙혈, 요통, 중풍, 진통, 치루, 풍.

어저귀(14) : 감기, 난산, 난청, 옹종, 임파선염, 장염, 장위카타르, 졸도, 종독, 통리수도, 하리, 현훈, 화상, 활혈.

억새(9) : 감기, 백대하, 산혈, 소변불리, 이뇨, 통리수도, 해독, 해수, 해열.

얼레지(16) : 강장보호, 건뇌, 건위, 경혈, 구토, 연골증, 완하, 위장염, 장염, 장위카타르, 지사, 진토, 진통, 창종, 하리, 화상.

엉겅퀴(62) : 각기, 각혈, 간헐파행증, 감기, 강직성척추관절염, 개선, 견비통, 경결, 경혈, 고혈압, 관상동맥질환, 관절염, 구토, 근계, 근골동통, 금창, 난청, 난청, 대하증, 부인하혈, 부종, 산어소종, 소아경결, 신경통, 안태, 양혈거풍, 양혈지혈, 옹종, 유방암, 유창통, 음창, 이완출혈, 임신중요통, 자궁출혈, 장간막탈출증, 장위카타르, 정력증진, 좌섬요통, 중추신경장애, 지혈, 창종, 척추관협착증, 출혈, 태독, 태양병, 토혈, 토혈각혈, 통리수도, 투진, 피부궤양, 피부염, 해독, 허혈통, 현벽, 혈기심통, 혈담, 혈압조절, 혈우병, 활혈, 황달, 후굴전굴, 흉협통.

여뀌(26) : 각기, 감기, 강심제, 개선, 고혈압, 만성피로, 부종, 월경이상, 이뇨, 장염, 장위카타르, 제충제, 종독, 중풍, 지구역, 지혈, 창종, 치통, 타박상, 통경, 포징, 풍, 해열, 현벽, 혈뇨, 황달.

여뀌바늘(10) : 고혈압, 방광염, 소염, 요도염, 위장염, 이습소종, 적리, 정혈, 청열해독, 치통.

여로(12) : 감기, 강심, 개선, 고혈압, 두통, 사독, 살충, 악창, 어중독, 임질, 중풍, 황달.

여우구슬(12) : 간염, 소간, 요로감염, 이수, 이질, 인후통증, 임파선염, 장염, 청열, 통리수도, 해독, 해열.

여우버들(9) : 개선, 생환, 수감, 이뇨, 종기, 지혈, 치통, 해열, 황달.

여우오줌(9) : 거어, 교상, 구충, 지혈, 진통, 창종, 충독, 타박상, 활혈지혈.

여우주머니(8) : 간염, 소간, 요로감염, 이수, 이질, 장염, 청열, 해독.

여우콩(14) : 강근골, 거담, 골다공증, 근골위약, 기관지염, 약물중독, 제습, 종독, 천식, 청열, 폐렴, 풍비, 허약체질, 황달.

여우팥(2) : 백대하, 종독.

여주(16) : 거담, 경신익지, 맹장염, 명목, 열병, 옹종, 위경련, 위한증, 이질, 일체안병, 종독, 청서조열, 치핵, 해독, 해열, 혈기심통.

연꽃(89) : 각혈, 강심제, 강장, 강장보호, 강정안정, 강정제, 건망증, 건위, 경신익지, 경혈, 고혈압, 구내염, 구토, 근골위약, 기관지염, 민감체질, 배가튀어나온증세, 변비, 보비지사, 보익, 부인하혈, 비육, 소아리수, 소아소화불량, 소아탈항, 식균용체, 식시비체, 신경쇠약, 신장염, 실뇨, 안산, 안태, 야뇨증, 양혈거풍, 어혈, 열독증, 오심, 요통, 우울증, 월경이상, 위궤양, 위장염, 유옹, 유정증, 이완출혈, 익신, 익신고정, 임질, 장출혈, 정력증진, 조루증, 조비후증, 종창, 주독, 주독, 중독증, 증세, 지갈, 지사, 지혈, 진통, 청서이습, 청열, 초조감, 최토, 충치, 치통, 치핵, 탈강, 탈항, 토혈각혈, 통리수도, 튀어나온편도선비대, 편도선염, 폐결핵, 폐기천식, 폐렴, 폐혈, 피부노화방지, 학질, 해독, 해열, 허약체질, 혈뇨, 협심증, 화농, 황달, 흉통.

연령초(7) : 경혈, 옹종, 요통, 임파선염, 장염, 장풍, 진통.

연리초(3) : 부종, 신장염, 악혈.

연밥갈매나무(6) : 감충, 나력, 부종, 완화, 이뇨, 치통.

연밥피나무(3) : 발한, 이뇨, 진경.

연영초(10) : 거풍, 고혈압, 두통, 서간, 외상출혈, 요통, 위장장애, 최토, 타박상, 활혈지혈.

연잎꿩의다리(8) : 감기, 거습, 결막염, 옹종, 장염, 조습, 청열, B형간염.

연필향나무(7) : 간질, 곽란, 이뇨, 통경, 풍습, 항탈, 화상.

엷은잎제비꽃(13) : 간장기능촉진, 감기, 거풍, 기침, 부인병, 유아발육촉진, 정혈, 중풍, 진해, 최토, 태독, 통경, 해독.

염주(28) : 각기, 강장, 건비위, 경련, 관절염, 관절염, 구충, 기부족, 농혈, 부종, 사마귀, 설사, 소염, 수종, 오풍, 이뇨, 이습건비, 장옹, 진경, 진통, 진해, 청열, 청열배농, 통리수도, 폐결핵, 해수, 해열, 혼곤.

염주괴불주머니(8) : 백선, 소종지통, 수렴, 조경, 진경, 진통, 창진, 타박상.

염주나무(3) : 발한, 이뇨, 진경.

엽란(2) : 위장병, 최토.

영지(42) : 간기능회복, 강심제, 강장보호, 갱년기장애, 경신익지, 경혈, 고지방혈증, 고혈압, 관상동맥질환, 구토, 기관지염, 대장암, 만성요통, 만성피로, 소아불면증, 식도암, 염증, 요통, 위궤양, 자궁암, 자양강장, 자폐증, 저혈압, 정, 정력증진, 정혈, 지음증, 지혈, 직장암, 진토, 진통, 초조감, 치핵, 편도선비대, 폐암, 항바이러스, 해독, 해수, 허리디스크, 혈전증, 호흡곤란, A형간염.

예덕나무(24) : 거위, 거풍, 골통, 관절염, 살균, 성홍열, 양혈근력, 위궤양, 장위카타르, 제습, 종기, 종독, 좌골신경통, 진통, 충독, 치통, 태풍, 통경, 풍, 풍습, 항문염, 해독, 해열, 활혈.

오가나무(21) : 각기, 강근골, 강심, 강장, 강정, 거어, 거풍습, 관절염, 단독, 만성맹장염, 사독, 소수종, 요슬통, 음위, 익기, 중풍, 진경, 진정, 진통, 타박상, 풍습.

오갈피나무(41) : 각기, 강근골, 강심제, 강장보호, 강정제, 거어, 거풍습, 건망증, 경혈, 골증열, 관절염, 구안괘사, 근골구급, 근골동통, 단독, 만성맹장염, 만성피로, 사독, 소수종, 소아구루, 양위, 요슬통, 요통, 위암, 위장염, 유정증, 음위, 익기, 제습, 조루증, 중풍, 진경, 진정, 진통, 치통, 타박상, 풍, 풍습, 해수, 활혈, 흉부냉증.

오대산괭이눈(4) : 동상, 백일해, 보익, 화상.

오동나무(20) : 각기, 감비, 경혈, 고혈압, 구충, 두풍, 식균대채체, 식마령서체, 오림, 오한, 음낭습, 음창, 음축, 임질, 장위카타르, 종기, 종독, 종창, 지혈, 해열.

오랑캐장구채(4) : 도한, 소아감기, 정혈, 최유.

오리나무(6) : 간염, 강장, 목탈, 설사, 외상출혈, 청열강화.

오리나무더부살이(3) : 강장, 보정, 중풍.

오리방풀(3) : 강장, 건위, 구충.

오미자(56) : 간기능회복, 간염, 감기, 강근골, 강장보호, 강정제, 경신익지, 구갈, 구토, 권태증, 급성간염, 기관지염, 기부족, 단독, 만성피로, 소아번열증, 소아천식, 수감, 식우유체, 양위, 양혈거풍, 열격, 열질, 오심, 월경이상, 유정증, 유체, 윤피부, 음경, 음극사양, 음위, 이명, 일사병열사병, 자양, 자한, 정력증진, 정수고갈, 조루증, 주독, 초조감, 축농증, 탈모증, 폐기천식, 폐렴, 풍, 하리, 해독, 해소, 해수, 해열, 허로, 허혈통, 혈압, 흉부냉증, 흉부담, 흥분제.

오수유(25) : 각기, 건위, 경혈, 곽란, 구내염, 구충, 구토, 구풍, 백선, 살충, 선기, 소화, 수종, 위궤양, 이뇨, 장위카타르, 저혈압, 중독증, 진통, 치질, 치통, 치핵, 풍, 해독, 흉부냉증.

오엽딸기(5) : 강장, 안질, 음왜, 지갈, 청량.

오이(34) : 간작반, 고혈압, 골절, 골절증, 구갈, 구토, 기관지염, 사태, 식해삼체, 여드름, 연골증, 외상, 요부염좌, 윤피부, 음식체, 이뇨, 이수, 임질, 제열, 조갈증, 종독, 주독, 축농증, 태독, 폐기천식, 피부미백, 피부윤택, 해독, 해수, 현훈, 화상, 황달, 흉부답답, 흉통.

오이풀(44) : 각혈, 객혈, 견교독, 골절, 누혈, 대하, 동상, 민감체질, 산후복통, 수감, 습진, 양혈거풍, 양혈지혈, 연주창, 열질, 오줌소태, 옹저, 완선, 월경과다, 월경이상, 위궤양, 음부소양, 장염, 장출혈, 적백리, 종기, 종독, 지혈, 진통, 창종, 충독, 치출혈, 치핵, 타박상, 토혈, 토혈각혈, 피부궤양, 피부소양증, 하리, 해독, 혈담, 혈우병, 화상, 활혈.

오죽(15) : 거풍, 구토, 금창, 사지마비, 소염, 신경통, 요통, 유산, 주독, 중풍, 진통, 토혈, 파상풍, 파어, 해독.

옥매(10) : 각기, 만성변비, 완화, 윤장, 윤조활장, 이뇨, 전신부종, 하기행수, 하지근무력증, 해열.

옥수수(41) : 각기, 간염, 거어, 고혈압, 고협압, 담석증, 당뇨병, 방광암, 방광염, 부종, 사림, 소변림력, 신염수종, 야뇨증, 요결석, 요도염, 요독증, 원형탈모증, 월경이상, 유정증, 유즙결핍, 이뇨, 이수소종, 장위카타르, 전립선비대증, 전립선염, 종독, 청간담습열, 타박상, 토혈, 토혈, 통경, 통경, 통리수도, 통림, 폐기천식, 혈뇨, 협심증, 협통, 황달, 황달간염.

옥잠화(12) : 소변불통, 옹저, 유옹, 윤폐, 인후통증, 임파선염, 지혈, 창독, 토혈각혈, 통리수도, 해독, 화상.

옥죽(1) : 조갈증.

올괴불나무(5) : 이뇨, 종기, 지혈, 해독, 해열.

올미(9) : 독사교상, 부종, 이뇨, 지갈, 창종, 청열해독, 최유, 통유, 행혈.

올방개아재비(3) : 어혈, 진경, 통경.

올벚나무(3) : 과식, 진통, 통경.

올챙이고랭이(7) : 구토, 악심, 어혈, 진통, 최유, 통경, 학질.

옹굿나물(6) : 기관지염, 보익, 이뇨, 폐기천식, 해소, 해수.

옹기피나무(3) : 발한, 이뇨, 진경.

옻나무(34) : 강장보호, 건위, 견비통, 과실중독, 관절염, 구충, 근골동통, 당뇨, 방부, 생담, 소염, 안오장, 어깨결림, 어혈, 염증, 오십견, 요통, 위장염, 자궁근종, 전립선암, 정혈, 주독, 지혈, 직장암, 진해, 탄산토산, 통경, 통리수도, 풍한, 피부암, 학질, 해독, 해수, 해열.

왕가시오갈피(15) : 각기, 강근골, 강심제, 강장, 강장보호, 근골위약, 보신안신, 양위, 요통, 음위, 익기건비, 제습, 타박상, 풍한, 풍한습비.

왕고들빼기(13) : 건위, 경혈, 발한, 소종, 옹종, 이뇨, 자한, 종독, 종창, 진정, 최면제, 편도선염, 해열,

왕고사리(3) : 삼충, 자궁출혈, 해열.

왕과(10) : 간염, 간염, 강역이습, 위산과다, 유방염, 이질, 폐결핵, 하혈, 화어, 황달.

왕괴불나무(4) : 감기, 이뇨, 종기, 해독.

왕느릅나무(7) : 강장, 개선, 부종, 소아감적, 안산, 안태, 이뇨.

왕대(24) : 각혈, 객토혈, 거담, 경련, 구갈, 구토, 금창, 기부족, 발한, 사태, 소아경풍, 소염, 심량, 유산, 이규, 익기, 자한, 조갈증, 주독, 중풍, 진통, 청열, 파상풍, 화담.

왕둥굴레(9) : 강심, 건해, 당뇨, 생진양위, 자양, 지음윤폐, 폐렴, 폐창, 풍습.

왕머루(8) : 거풍지통, 금창, 동상, 식욕촉진, 창종, 청열이뇨, 허약증, 화상.

왕모람(24) : 각풍, 강장, 거풍, 고비, 당뇨병, 방광무력, 백대하, 살충, 소아발육촉진, 소화, 야뇨, 완하, 요배통, 윤폐, 장풍, 종염, 진해, 패신, 편도선, 풍습, 하혈, 해독, 해소, 혈해.

왕모시풀(11) : 견광, 누태, 단청, 당뇨, 양혈지혈, 이뇨, 청열안태, 충독, 통경, 하혈, 해독.

왕바꽃(20) : 강심제, 개선, 관절염, 냉리, 냉복통, 냉풍, 수감, 신경통, 옹창, 외음부부종, 이뇨, 임파선염, 정종, 종기, 진경, 진통, 충독, 풍습, 풍한, 한반.

왕바랭이(7) : 간염, 급성간염, 소아경간, 요결석, 제습, 해열, 황달.

왕배풍등(3) : 감기, 관절염, 관절통.

왕버들(9) : 개선, 생환, 수감, 이뇨, 종기, 지혈, 치통, 해열, 황달.

왕벚나무(7) : 변비, 완화, 진통, 통경, 피부염, 해독, 해수.

왕별꽃(3) : 산후복통, 악창종, 피임.

왕볼레나무(4) : 고장, 과식, 지사, 지혈.

왕솜다리(1) : 월경이상.

왕솜대(14) : 강장보호, 거풍지통, 노상, 두통, 보기, 양위, 월경이상, 유선염, 유옹, 익신, 제습, 타박상, 허약체질, 활혈.

왕씀배(9) : 간경화, 건위, 고미, 구내염, 만성기관지염, 이질, 진정, 청열양혈, 해독.

왕원추리(15) : 강장보호, 경혈, 번열, 소영, 양혈, 유선염, 유옹, 유즙결핍, 이뇨, 자궁음허, 치루, 치림, 통리수도, 혈변, 황달.

왕자귀나무(10) : 늑막염, 살충, 안신해울, 안오장, 이기개위, 이뇨, 창종, 충독, 타박상, 활혈소종.

왕잔대(5) : 강정제, 경기, 소아경풍, 익담기, 한열.

왕제비꽃(11) : 간장기능촉진, 보간, 보익, 부인병, 유아발육촉진, 태독, 통경, 하리, 해독, 해민, 해소.

왕쥐똥나무(9) : 각기, 강정안정, 유정증, 자한, 지혈, 진정, 토혈각혈, 풍혈, 허약체질.

왕지네고사리(5) : 금창, 두통, 삼충, 자궁출혈, 해열.

왕질경이(23) : 강심제, 금창, 난산, 소염, 심장염, 안질, 요혈, 음양, 이뇨, 이수, 익정, 임질, 종독, 지사, 지사, 진해, 청간명목, 청습열, 청폐화담, 출혈, 태독, 폐기, 해열.

왕팽나무(5) : 결핵, 부종, 안태, 이뇨, 통경.

왕호장근(14) : 보익, 암, 완화, 월경이상, 이뇨, 청열이습, 치핵, 타박상, 통경, 해독, 화염지해, 활혈정통, 황달, A형간염.

왜개연꽃(11) : 강장보호, 건위, 경중양통, 만성피로, 월경이상, 장염, 장풍, 정혈, 지혈, 타박상, 허약체질.

왜당귀(25) : 간질, 감기, 강장보호, 거풍, 건비, 건위, 기부족, 변비, 보혈, 부인병, 신허, 오줌소태, 요슬산통, 월경이상, 정혈, 조경, 진정, 진통, 치통, 통경, 해수, 허리디스크, 허약체질, 화혈, 활혈.

왜떡쑥(6) : 거담, 건위, 기관지염, 식병, 지혈, 하리.

왜모시풀(8) : 견광, 누태, 단청, 당뇨, 이뇨, 충독, 통경, 하혈.

왜미나리아재비(1) : 창종.

왜박주가리(2) : 금창, 익정.

왜솜다리(5) : 감기, 근골동통, 기관지염, 폐기천식, 해수.

왜솜대(1) : 인플루엔자.

왜승마(5) : 소아요혈, 종독, 편두염, 해독, 해열.

왜우산풀(8) : 강정, 골통, 대하증, 도한, 오한, 정력, 중독, 풍사.

왜젓가락나물(3) : 진통, 창종, 충독.

왜제비꽃(8) : 강장, 기침, 발육촉진, 보익, 설사, 중풍, 태독, 해독.

왜졸방제비꽃(6) : 발육촉진, 보간, 보익, 태독, 해독, 해민.

왜천궁(15) : 간질, 강장, 구역질, 빈혈, 수태, 신열, 이뇨, 익기, 익정, 정혈, 진정, 진통, 치질, 치통, 통경.

왜현호색(12) : 경련, 두통, 복통, 요슬산통, 월경이상, 월경통, 조경, 진경, 진통, 타박상, 통기, 활혈.

외대으아리(11) : 각기, 개선, 발한, 복괴, 요슬통, 이뇨, 절상, 진통, 천식, 파상풍, 풍질.

외잎쑥(7) : 강장, 고혈압, 구충, 당뇨, 신경통, 통경, 해열.

요강나물(13) : 각기, 개선, 거풍습, 발한, 복중괴, 악종, 요슬통, 이뇨, 절상, 조경, 진통, 천식, 파상풍, 풍질.

용가시나무(10) : 강장, 관절염, 교취, 누뇨, 복진통, 음왜, 자상, 창종, 치통, 풍습, 하리.

용담(41) : 각기, 간기능회복, 간열, 간염, 간질, 강장보호, 강화, 개선, 건위, 경련, 경풍, 과민성대장증후군, 관절염, 구충, 도한, 만성위염, 백혈병, 설사, 소아감적, 소아경풍,

습진, 심장염, 암, 연주창, 오한, 요도염, 위산과다증, 위산과소증, 유방암, 음낭습, 일체안병, 장위카타르, 종기, 창종, 통리수도, 풍, 피부암, 하초습열, 해열, 황달, 회충.
용둥굴레(18) : 강심제, 강장, 강장보호, 나창, 당뇨, 명목, 보비윤폐, 안오장, 익기양음, 자양, 장생, 제습, 폐결핵, 폐렴, 폐창, 풍습, 허약체질, 협심증.
용머리(7) : 발한, 소염, 수종, 이뇨, 장결핵, 진통, 폐결핵.
용설란(7) : 늑막염, 복막염, 소염, 수종, 지혈, 창종, 항균.
용설채(6) : 건위, 발한, 이뇨, 종창, 진정, 최면.
용안(5) : 강정제, 건망증, 소아경간, 진정, 허약체질.
우단꼭두서니(9) : 강장, 요혈, 정혈, 지혈, 토혈, 통경, 풍습, 해열, 황달.
우단담배풀(5) : 외상, 지혈, 청열, 폐렴, 해독.
우단일엽(4) : 외상, 이뇨, 지혈, 진경.
우단취손이(7) : 대하증, 방광염, 변비, 위장염, 적백리, 지사, 통경.
우묵사스레피(2) : 거담, 이뇨.
우산나물(16) : 거풍제습, 관절동통, 관절염, 관절통, 대하증, 소종지통, 옹저, 옹종, 제습, 종독, 종창, 진통, 타박상, 풍, 해독활혈, 활혈.
우엉(52) : 각기, 간장암, 감기, 강장보호, 강정제, 개선, 거담, 경선결핵, 관절염, 구열, 금창, 담, 대장암, 소풍청열, 식도암, 연주창, 열광, 옹종, 외이도염, 외이도절, 통, 월경이상, 위경련, 유방암, 유즙결핍, 음낭습, 음양음창, 이뇨, 인후염, 인후통증, 절옹, 종기, 종독, 중풍, 충독, 충치, 치열, 치통, 통리수도, 편도선염, 폐암, 풍, 풍비, 풍열, 피부병, 피부소양증, 해독, 해독투진, 해수, 해열, 현벽, 홍역, 화농.
운지(6) : 강장보호, 고혈압, 기관지염, 방광암, 진정, 해수.
운향(22) : 감기, 거담, 거풍, 경련, 담즙촉진, 소아경간, 소아경풍, 소종, 습진, 월경이상, 월경촉진, 진경, 치통, 타박상, 탈장, 통경, 퇴열, 풍, 하리, 해독, 해열, 활혈.
울금(4) : 간기능회복, 월경이상, 토혈각혈, 혈뇨.
울릉미역취(11) : 건위, 백일해, 부종, 소아경련, 소종해독, 소풍청열, 이뇨, 인후염, 타박상, 해소, 황달.
울릉장구채(2) : 정혈, 최유.
원지(10) : 강장, 강정, 거담, 귀밝이, 진정, 진통, 천식, 편두선염, 해소, 해열.
원추리(25) : 간질, 강장, 강장보호, 번열, 소아번열증, 소영, 안오장, 양혈, 월경이상, 위장염, 유선염, 유옹, 유즙결핍, 유창통, 이뇨, 자궁외임신, 자양강장, 지혈, 총이명목약, 혈각혈, 치림, 통리수도, 해독, 혈변, 황달.
월계수(3) : 교미, 교취, 보위.
월귤(16) : 건비, 건위, 구토, 발질, 방광염, 배가튀어나온증세, 수감, 신우염, 오심, 이뇨, 이뇨해독, 임질, 자궁탈수, 장염, 탄산토산, 하리.
위령선(28) : 각기, 간염, 개선, 골절, 관절염, 근육통, 급성간염, 각기, 발한, 복중괴, 악종, 요슬통, 이뇨, 자한, 절상, 제습, 종독, 진통, 천식, 통경, 통풍, 파상풍, 편도선염, 폐기천식, 풍질, 하리, 해독, 황달.

위봉배(6) : 강장, 금창, 이뇨, 통변, 풍열, 해열.

위성류(12) : 감기, 고혈압, 기관지염, 발한투진, 사지마비동통, 제습, 종독, 통리수도, 피부염, 해독, 해수, 홍역.

유동(5) : 건위, 이뇨, 종기, 충독, 해열.

유자나무(41) : 감기, 강장, 거담, 건위, 고미, 고혈압, 곽란, 교미, 교취, 구토, 만성피로, 발한, 소영, 소화, 식계란체, 식계육체, 식고량체, 식면체, 식해어체, 실성, 오심, 요통, 월경이상, 유방통, 유옹, 유즙결핍, 음식체, 장위카타르, 주독, 지갈, 진통, 진해, 치통, 통유, 편도선염, 해독, 해수, 화장, 활혈, 황달, 흉부냉증.

유채(16) : 단독, 산혈, 소종, 악창, 어혈복통, 옹종, 유방염, 이질, 종기, 종독, 치루, 치창, 통기, 편두통, 풍, 활혈.

유홍초(4) : 소아변비증, 탄산토산, 통리수도, 학질.

육지꽃버들(5) : 선, 이뇨, 종기, 지혈, 치통, 황달.

윤판나물(20) : 강장보호, 건비소종, 건비위, 나창, 냉습, 대장출혈, 명안, 윤폐지해, 자양강장, 장염, 장위카타르, 장출혈, 적취, 치질, 치핵, 폐결핵, 폐기종, 폐혈, 해수, 흉부냉증.

윤판나물아재비(12) : 강장, 건비소종, 나창, 냉습, 대장출혈, 명안, 윤폐지해, 자양, 장염, 치질, 폐결핵, 폐기종.

율무(68) : 각기, 간경변증, 간염, 간작반, 감기, 강장보호, 강정제, 거담, 건비위, 건위, 견비통, 경련, 고혈압, 관절염, 구충, 구취, 급성간염, 기관지염, 난청, 농혈, 담, 목소양증, 부종, 비육, 사마귀, 설사, 소아구루, 소아리수, 소염, 수종, 식도암, 식중독, 야뇨증, 오로보호, 오발, 위무력증, 위암, 위장염, 윤피부, 이뇨, 이습건비, 장옹, 장위카타르, 종독, 주비, 진경, 진통, 진해, 청열배농, 축농증, 치통, 타태, 탄산토산, 토혈각혈, 통리수도, 폐결핵, 폐렴, 피부노화방지, 피부미백, 피부염, 피부윤택, 피부청결, 해수, 해열, 허약체질, 혈뇨, 활혈, 황달.

율무쑥(13) : 개선, 과식, 곽란, 산후하혈, 안태, 이뇨, 창종, 출혈, 풍습, 하리, 해열, 황달, 회충.

으름덩굴(39) : 강심제, 개선, 관상동맥질환, 관절염, 구금불언, 구충, 금창, 배농, 보정, 부종, 사태, 소염, 소영, 오심, 월경이상, 유즙결핍, 음낭종독, 음양음창, 이뇨, 이명, 익정위, 인후, 인후통증, 임질, 장위카타르, 정력증진, 종독, 진통, 진해, 창달, 타태, 통경, 통리수도, 통풍, 통혈기, 해수, 해열, 활혈, 흉부답답.

으아리(30) : 각기, 간염, 간질, 거풍습, 골절, 관절염, 관절통, 근육통, 발한, 복중괴, 악종, 안면신경마비, 언어장애, 요슬통, 요통, 절상, 제습, 진통, 천식, 통경, 통풍, 파상풍, 편도선염, 폐기천식, 풍, 풍질, 하리, 한열왕래, 항바이러스, 황달.

은꿩의다리(15) : 간염, 감기, 결막염, 사화해독, 습진, 이질, 장염, 장풍, 진통, 창종, 청열조습, 충독, 편도선염, 해수, 황달.

은난초(1) : 청열이뇨.

은단풍(1) : 당뇨.

은방울꽃(12) : 강심, 강심제, 노상, 단독, 부종, 심장쇠약, 온양이수, 이뇨, 타박상, 통리수도, 활혈, 활혈거풍.

은백양(11) : 개선, 근력, 수감, 이뇨, 종기, 지혈, 출혈, 치통, 해열, 화상, 황달.

은분취(10) : 간염, 고혈압, 기관지염, 안염, 조경, 지혈, 진해, 토혈, 혈열, 황달.

은행나무(59) : 감기, 감창, 강장보호, 거담, 경련, 고혈압, 관상동맥질환, 담, 당뇨병, 만성피로, 목소양증, 백대백탁, 보익, 소아감병, 소아야뇨증, 소아천식, 수삽지대, 수양성하리, 식두부체, 심계정충, 아감, 안오장, 야뇨증, 염폐평천, 요도염, 위경련, 위산과다증, 유정증, 유즙결핍, 익기, 익심, 자율신경실조증, 자폐증, 장염, 장위카타르, 종기, 종독, 주독, 중풍, 지사, 지음증, 진경, 진해, 축농증, 치매증, 치통, 치풍, 통경, 파키스병, 폐결핵, 폐기천식, 해독, 해수, 현훈, 협심증, 호흡곤란, 화병, 화습, 흉민심통, 흉통.

음나무(35) : 간헐파행증, 강장보호, 강직성척추관절염, 거담, 거풍습, 견비통, 관절염, 구충, 근육통, 만성요통, 살충, 습진, 옴, 요배통, 요부염좌, 요통, 위궤양, 위암, 위장염, 임신중요통, 장간막탈출증, 장위카타르, 제습, 좌골신경통, 좌섬요통, 중추신경장애, 진통, 척추관협착증, 척추질환, 통리수도, 풍치, 해수, 현벽, 활혈, 흉협통.

음양고비(2) : 각기, 임질.

의성개나리(2) : 결핵, 경선결핵.

이고들빼기(11) : 건위, 발한, 소종, 이뇨, 이질, 장염, 종창, 진정, 최면, 충수염, 흉통.

이끼(7) : 간염, 구열, 열독증, 열병, 위산과다증, 화상, 황달.

이대(11) : 경풍, 구역질, 발한, 보약, 실음, 악창, 중풍, 진통, 진해, 토혈, 파상풍.

이삭마디풀(5) : 곽란, 외치, 창종, 치질, 황달.

이삭바꽃(13) : 강심, 개선, 관절염, 냉풍, 신경통, 이뇨, 정종, 중풍, 진경, 진통, 풍질, 한반, 홍탈.

이삭송이풀(1) : 종기.

이삭여뀌(20) : 각기, 거풍제습, 견비통, 경혈, 관절통, 만성요통, 오십견, 요통, 월경과다, 월경통, 위통, 이기지통, 장출혈, 제습, 지혈, 지혈산어, 타박상, 탄산토산, 혈변, 활혈.

이스라지(12) : 각기, 변비, 부종, 완화, 윤조활장, 이뇨, 이수, 진통, 치통, 하기, 해열, 황달.

이시도야제비꽃(8) : 간장기능촉진, 기침, 부인병, 유아발육촉진, 중풍, 통경, 해독, 해민.

이질풀(42) : 각기, 감기, 강장보호, 갱년기장애, 거풍제습, 건위, 과민성대장증후군, 과식, 구순생창, 구창, 금창, 대하증, 방광염, 백적리, 변비, 산전후통, 소아변비증, 식중독, 역리, 열광, 열질, 궤양, 월경불순, 위궤양, 위산과다증, 위장염, 위하수, 자궁내막염, 장염, 장위카타르, 적백리, 제습, 종독, 종창, 지사, 지혈, 통경, 폐결핵, 풍, 피부병, 하리, 해독, 활혈.

이태리포플러(11) : 개선, 근력, 수감, 이뇨, 종기, 지혈, 출혈, 치통, 해열, 화상, 황달.

이팝나무(3) : 건위, 중풍, 지사.

익모초(73) : 가성근시, 간작반, 갑상선염, 강장보호, 건위, 결핵, 관절냉기, 구고, 구토, 냉복통, 단독, 대하증, 만성맹장염, 보정, 부인하혈, 부종, 사독, 소아복냉증, 식고량체, 식교맥체, 안적, 암내, 야맹증, 양궐사음, 완선, 외이도절, 외한증, 월경이상, 위무력증, 위장염, 위한증, 유방염, 유옹, 음극사양, 음냉통, 음식체, 이뇨소종, 이완출혈, 일사병 열사병, 일체안병, 임신중독증, 자궁내막염, 자궁냉증, 자궁수축, 자궁암, 자궁출혈, 장결핵, 적면증, 정혈, 조갈증, 종기, 중독증, 지혈, 창종, 청열해독, 최토제, 타박상, 태양병, 토혈각혈, 통리수도, 통풍, 피부윤택, 학질, 한습, 해독, 허랭, 현훈, 혈뇨, 혈압조절, 홍채, 활혈, 활혈거어, 흉부냉증.

인도고무나무(5) : 살충, 완하, 자양, 치질, 회충.

인동덩굴(68) : 각기, 간염, 감기, 개선, 건위, 결막염, 관절염, 관절통, 괴저, 구토, 근골동통, 늑막염, 만성요통, 부종, 소아탈항, 소염, 소염배농, 아감, 연주창, 열광, 열독증, 열병, 열질, 요독증, 요통, 위궤양, 위암, 위열, 유창통, 윤피부, 음부소양, 음양음창, 이뇨, 이하선염, 인두염, 임질, 자궁경부암, 자궁내막염, 장염, 장풍, 정혈, 종기, 종독, 지방간, 지혈, 진통, 청열해독, 초조감, 추간판탈출증, 치조농루, 치핵, 타박상, 탈항, 통경, 통락, 통리수도, 통풍, 편도선염, 풍, 하리, 한열왕래, 항바이러스, 해독, 해열, 혈리, 화농, 화상, 황달.

인삼(70) : 각혈, 강심제, 강장보호, 강정안정, 갱년기장애, 거담, 건망증, 건비위, 과민성대장증후군, 관절냉기, 구갈, 구토, 권태증, 금창, 기력증진, 기부족, 기억력감퇴, 냉복통, 담, 만성피로, 배가튀어나온증세, 소아변비증, 소아복냉증, 소아천식, 소아허약체질, 식도암, 안면창백, 야뇨증, 양위, 열격, 오심, 위궤양, 유방암, 음극사양, 음위, 이완출혈, 자궁내막염, 자궁암, 장위카타르저혈압, 정기, 정력증진, 정신분열증, 조루증, 종독, 주체, 중독증, 지구역, 청력보강, 탄산토산, 탈모증, 토혈각혈, 통기, 통리수도, 파상풍, 편도선염, 폐기천식, 피부미백, 피부윤택, 해독, 해수, 허로, 허약체질, 현훈, 현훈구토, 호흡곤란, 활혈, 흉부냉증, 흉통, 흥분제.

일본목련(8) : 건위, 명목, 소염평천, 수렴, 식체, 이뇨, 익기, 정장.

일본사시나무(11) : 개선, 근력, 수감, 이뇨, 종기, 지혈, 출혈, 치통, 해열, 화상, 황달.

일본전나무(3) : 임질, 치통, 통경.

일엽초(8) : 독사교상, 소아변비증, 이뇨, 지혈, 토혈, 토혈각혈, 해수, 활혈.

일월비비추(4) : 소변불통, 인후종통, 창독, 화상.

잇꽃(30) : 간경변증, 결절종, 경혈, 골절상, 구토, 난산, 부인병, 사태, 안산, 어혈, 월경이상, 위장염, 이급, 자궁수축, 지통, 지혈, 진정, 진통, 척추질환, 타박상, 통경, 편도선염, 폐결핵, 해산촉진, 혈압조절, 협심증, 홍역, 활혈, 활혈거어, 흉부냉증.

잎갈나무(3) : 발모, 치통, 통경.

ㅈ

자귀나무(27) : 강장보호, 건망증, 골절, 골절증, 관절염, 구충, 늑막염, 살충, 안신해울, 안오장, 옹종, 요슬산통, 이기개위, 이뇨, 인후통증, 일체안병, 임파선염, 종기, 진정, 진통, 창종, 충독, 타박상, 폐결핵, 해수, 활혈소종, 흥분제.

자귀풀(17) : 간염, 감기, 거풍, 급성간염, 복부팽만, 소종, 습진, 옹종, 위염, 이습, 이질, 장위카타르, 종독, 청열, 해독, 해열, 황달.

자금우(20) : 각혈, 간염, 건위, 고혈압, 구충, 근골동통, 근골무력증, 급성간염, 기관지염, 옹종, 이뇨, 조경, 지해거담, 태독, 토혈각혈, 해독, 해수, 해열, 활혈, 활혈거어.

자두나무(22) : 각기, 간작반, 강화, 건위, 구내염, 만성피로, 소아경풍, 정혈, 종독, 종통, 주체, 중풍, 충치, 치통, 통경, 편도선염, 폐렴, 풍치, 피부소양증, 해독, 해수, 해열.

자란(15) : 배농, 보폐, 비출혈, 소염, 소종, 수감, 수렴지혈, 옹종, 종독, 지혈, 토혈, 토혈각혈, 폐결핵, 폐농양, 피부궤양.

자란초(5) : 감기, 개선, 고혈압, 나력, 두창.

자리공(16) : 각기, 다망증, 소종산결, 수종, 신장염, 옹종, 이뇨, 이뇨투수, 인후종통, 인후통증, 전립선비대증, 포징, 표저, 하리, 항문주위농양, 해열.

자목련(11) : 거풍, 구충, 두통, 소아두창, 양모발약, 제습, 조비후증, 축농증, 치통, 통규, 화분병.

자운영(9) : 대상포진, 인후통증, 일체안병, 정혈, 청열, 통리수도, 해독, 해수, 해열.

자작나무(18) : 간염, 강장, 구충, 기관지염, 아감, 자양강장, 종독, 통풍, 편도선염, 폐농양, 폐렴, 폐부종, 피부병, 하리, 해독, 해수, 해열, 황달.

자주가는오이풀(5) : 견교독, 대하, 동상, 지혈, 창종.

자주개자리(5) : 방광결석, 열독, 위장병, 해열, 흑달.

자주개황기(9) : 강장, 나병, 늑막염, 보익, 적리, 종창, 치질, 폐병, 해열.

자주괭이밥(14) : 설사, 소종해독, 양혈산어, 옴, 옹종, 이질, 인후, 청열이습, 치질, 토혈, 폐혈, 해독, 해열, 황달.

자주괴불주머니(7) : 개선, 경련, 완선, 진경, 진통, 타박상, 해독.

자주꽃방망이(7) : 경풍, 보익, 보폐, 인후염, 천식, 편두선염, 한열.

자주꿩의다리(9) : 결막염, 사화해독, 습진, 이질, 장염, 청열조습, 편도선염, 해수, 황달.

자주꿩의비름(3) : 강장, 단종창, 선혈.

자주덩굴별꽃(2) : 독, 종기.

자주목련(8) : 거풍, 구충, 두통, 두풍, 양모, 축농증, 치통, 통규.

자주방가지똥(6) : 건위, 발한, 이뇨, 종창, 진정, 최면.

자주방아풀(6) : 고미건위, 구충, 소염, 식용촉진, 이습, 해독.

자주섬초롱꽃(8) : 경풍, 보익, 인후염, 천식, 최생, 편두선염, 한열, 해산촉진.

자주솜대(10) : 거풍지통, 노상, 두통, 보기, 양위, 월경불순, 유옹, 익신, 타박상, 활혈.

자주쓴풀(29) : 감기, 강심, 강심제, 개선, 건위, 경풍, 고미, 과식, 구충, 구토, 발모, 선기, 소아경풍, 소화불량, 습진, 식욕촉진, 심장염, 양모, 오심, 오풍, 월경이상, 유방동통, 일체안병, 임질, 장위카타르, 청열해독, 탄산토산, 태독, 통풍.

자주잎제비꽃(10) : 발육촉진, 보간, 보익, 부인병, 태독, 통경, 하리, 해독, 해민, 해소.

자주조희풀(22) : 각기, 개선, 골절, 관절염, 발한, 복중괴, 악창, 요슬산통, 요슬통, 위한증, 이뇨, 자궁근종, 자한, 절상, 제습, 진통, 천식, 통풍, 파상풍, 폐기천식, 풍질, 해수.

자주종덩굴(10) : 각기, 개선, 발한, 복중괴, 악종, 요슬통, 절상, 천식, 파상풍, 풍질.

자주초롱꽃(8) : 경풍, 보익, 인후염, 천식, 최생, 편두선염, 한열, 해산촉진.

자주황기(4) : 도한, 이뇨, 지한, 허완.

작두콩(19) : 강장보호, 강화, 곽란, 구역증, 구토, 복부창만, 소감우독, 약물중독, 열질, 온중하기, 온풍, 이질, 익신장원, 장위카타르, 주중독, 중이염, 축농증, 치핵, 하지근무력증.

작살나무(5) : 어혈, 자궁출혈, 장출혈, 편도선염, 호흡기감염증.

작약(17) : 감기, 객혈, 금창, 대하, 두통, 복통, 부인병, 유방동통, 이뇨, 이완출혈, 지혈, 진경, 진통, 창종, 하리, 해열, 혈림.

잔개자리(4) : 열독, 위장병, 해열, 흑달.

잔대(29) : 강장보호, 거담지해, 경기, 경련, 경풍, 관장, 기관지염, 백일해, 소아감적, 소아경풍, 양음, 옹종, 위염, 익담기, 익위생진, 자양강장, 종독, 지음증, 천식, 청열해독, 청폐거담, 편도선염, 폐결핵, 폐기천식, 해독, 해수, 해열, 호흡곤란, 흥분제.

잔잎바디(16) : 간질, 감기, 건위, 두통, 부인병, 빈혈, 사기, 역기, 이뇨, 익기, 정혈, 진정, 진통, 진해, 치통, 통경.

잔털오리나무(2) : 강장, 목탈.

잔털인동(27) : 간염, 감기, 건위, 구토, 근골동통, 늑막염, 부종, 소염, 소염배농, 오줌소태, 옹저, 이뇨, 장염, 장풍, 정혈, 종기, 지혈, 청열, 청열해독, 치질출혈, 치창, 치풍, 통락, 하리, 해독, 해열, 황달.

잔털제비꽃(18) : 간장기능촉진, 감기, 거풍, 발육촉진, 발한, 부인병, 사하, 설사, 정혈, 종기, 중풍, 진해, 청열해독, 최토, 태독, 통경, 해독, 해민.

잣나무(35) : 간질, 감기, 강장, 강장보호, 건비, 고혈압, 골절번통, 관절통, 기관지염, 당뇨병, 두현, 변비, 식풍, 신허, 양음, 오로보호, 윤장, 윤폐, 이명, 임신중독증, 자양강장, 정력증진, 조해, 종독, 종창, 중풍, 진통, 청명, 토혈, 폐결핵, 폐기천식, 풍비, 해수, 허약체질, 화상.

장구채(32) : 건비위, 경혈, 금창, 난산, 무월경, 연주창, 옹종, 요도염, 월경이상, 유옹, 유즙결핍, 이질, 인후통증, 정혈, 제습, 조루증, 종독, 중이염, 지혈, 진통, 최유, 치열, 통경, 통리수도, 풍독, 풍습, 하리, 해열, 혈림, 홍안, 활혈, 활혈통경.

장군풀(15) : 각기, 건비, 건위, 경혈, 소아식탐, 어혈, 열질, 위경련, 음식체, 음종, 정창, 종독, 통경, 해수, 황달.

장대여뀌(3) : 옴, 육체, 피부병.

장딸기(6) : 강장, 안질, 양모, 음왜, 지사, 청량.

장미(16) : 각기, 경풍, 대하, 복수, 부종, 소갈, 수종, 심장염, 유종, 진통, 치통, 타박상, 통경, 통변, 피로회복, 해소.

장백제비꽃(12) : 간장기능촉진, 감기, 거풍, 기침, 부인병, 유아발육촉진, 정혈, 진해, 최토, 태독, 통경, 해독.

장수만리화(9) : 결핵, 나력, 옴, 이뇨, 임질, 종창, 치질, 통경, 해독.

장수팽나무(12) : 결핵, 대하증, 두충, 발모, 부종, 불면, 살충, 안태, 이뇨, 통경, 통변, 화상.

적작약(40) : 각혈, 감기, 강근골, 객혈, 견비통, 경결, 경련, 골절번통, 금창, 대하, 두통, 만성요통, 복통, 부인병, 안태, 야뇨증, 오십견, 요삽, 요통, 월경이상, 위축신, 유정증, 이뇨, 중이염, 지혈, 진경, 진통, 창종, 통증, 폐결핵, 하리, 하초습열, 해열, 현훈, 혈림, 혈비, 협통, 홍역, 화농, 활혈.

전나무(3) : 임질, 치통, 통경.

전동싸리(14) : 기관지염, 살충, 신장염, 안질, 이뇨, 이질, 일사병, 열사병, 일체안병, 임질, 임파선염, 청열, 해독, 해열.

전주물꼬리풀(3) : 발한, 수종, 이뇨.

전호(14) : 감기, 강기거염, 보중익기, 야뇨, 야뇨증, 지구역, 진정, 진통, 천식, 타박상, 통경, 폐기천식, 해수, 해열.

절국대(11) : 나력, 성병, 소염, 종독, 지통해독, 진통, 파혈통경, 편도선염, 해열, 해열, 후두염.

절굿대(40) : 각혈, 간경변증, 간염, 간장암, 고혈압, 근골동통, 기관지염, 기관지염, 발모, 배농, 보혈, 생기, 소통하유, 수감, 양모발약, 염증, 유선염, 유옹, 유즙결핍, 인후염, 인후통증, 임질, 임파선염, 제습, 조경, 종독, 지방간, 지혈, 진해, 창종, 청열해독, 치핵, 토혈, 토혈각혈, 통유, 폐렴, 해독, 해열, 황달, 회충.

점박이천남성(22) : 간경, 간질, 거담, 거습, 경련, 구토, 상한, 소아경풍, 안면신경마비, 암, 옹종, 임파선염, 전간, 제습, 조습, 종창, 중풍, 진경, 진정, 파상풍, 해소, 해수.

접시꽃(20) : 각혈, 간염, 개선, 관절염, 금창, 백대하, 완화, 요혈, 이뇨배농, 종독, 청열양혈, 토혈, 토혈각혈, 통경, 통리수도, 풍, 해열, 홍안, 화상, 활혈.

젓가락나물(14) : 간경변증, 간경화증, 간염, 고혈압, 급성간염, 살충, 소염, 옹종, 진통, 창종, 천식, 피부병, 학질, 황달.

정금나무(9) : 건위, 구토, 발진, 방광염, 수감, 신우염, 이뇨, 임질, 하리.

정능참나무(4) : 강장, 수감, 종독, 주름살.

정영엉겅퀴(4) : 감기, 금창, 대하증, 지혈.

정향나무(1) : 황달.

제비고깔(2) : 구풍, 냉풍.

제비꼬리고사리(3) : 금창, 자궁출혈, 해열.

제비꽃(61) : 간경변증, 간열, 간열, 간염, 간장기능촉진, 감기, 강장보호, 개선, 거풍, 경련, 경선결핵, 골절증, 곽란, 관절염, 구내염, 구내염, 구창, 목정통, 발육촉진, 발한, 부인병, 사하, 설사, 소아감적, 소아경간, 소아경풍, 소아청변, 신장증, 오로보호, 옹저, 옹종, 완선, 월경이상, 음양음창, 음축, 일체안병, 임파선염, 정혈, 종기, 종독, 주독, 중풍, 지방간, 지혈, 진해, 청열해독, 최토, 치열, 타박상, 태독, 통경, 편도선염, 폐결핵, 학질, 한열왕래, 해독, 해민, 해수, 해열, 화농, 황달.

제비꿀(11) : 각기, 두창, 보신삽정, 신허요통, 연주창, 이뇨, 청열해독, 편도선염, 폐농양, 폐렴, 한열.

제비동자꽃(4) : 감한, 두창, 해독, 해열.

제비붓꽃(10) : 나창, 백일해, 인후염, 주독, 창달, 촌충, 토혈, 편도선염, 폐렴, 해소.

제비쑥(10) : 간열, 개선, 구창, 살충, 습진, 이뇨, 주독, 청열, 하혈, 해표.

제주산버들(8) : 각기, 개선, 생환, 이뇨, 지혈, 치통, 해독, 황달.

제주양지꽃(9) : 구내염, 구충, 복통, 설사, 이질, 지혈, 창독, 항균, 해독.

제주조릿대(23) : 경풍, 구갈, 구역증, 구역질, 발한, 보약, 소아경풍, 실음, 악창, 자폐증, 자한, 정신분열증, 조갈증, 주독, 중풍, 진통, 진해, 청열, 토혈, 토혈각혈, 통리수도, 파상풍, 해수.

제주진득찰(21) : 강근골, 강장, 거풍습, 건위, 고혈압, 관절염, 금창, 사지마비, 신경통, 악창, 요슬산통, 제습, 종창, 중독, 중풍, 진통, 청열해독, 통경, 통경락, 황달, B형간염.

제주피막이(5) : 곽란, 구토, 야맹증, 지혈, 해열.

제충국(2) : 구충제, 살충제.

조(11) : 구토, 소화불량, 위암, 이질, 익신, 저혈압, 제열해독, 지구역, 해독, 해열, 화중.

조각자나무(14) : 개선, 거담, 곽란, 관절염, 낙태, 난산, 두통, 산결소종, 신탄, 옴, 윤조통변, 이뇨, 종기, 중풍.

조개나물(22) : 간염, 감기, 개선, 고혈압, 근골동통, 기관지염, 나력, 두창, 매독, 연주창, 옹종, 이뇨, 이질, 임파선염, 진정, 청열해독, 치창, 치핵, 통리수도, 편도선염, 폐기천식, 활혈소종.

조개풀(9) : 개선, 살충, 소종, 악창, 정천, 종독, 지해, 천식, 해수.

조구나무(1) : 이뇨.

조록싸리(3) : 신장염, 이뇨, 해열.

조름나물(5) : 건위, 고미, 구충, 사열, 정신불안.

조릿대(25) : 경풍, 구갈, 구내염, 구역질, 구토, 발한, 보약, 소아경풍, 소아번열증, 실음, 악창, 자한, 정신분열증, 주독, 중풍, 지구역, 진정, 진통, 진해, 청열, 토혈, 토혈각혈, 파상풍, 해수, 해열.

조릿대풀(9) : 구갈, 설창, 소변적삽, 심번, 이뇨, 임탁, 제번열, 청심화, 치간종통.

조밥나물(10) : 거담, 건위, 복통, 요로감염증, 이뇨, 이습소적, 이질, 종기, 창진, 청열해독.

조뱅이(24) : 간염, 감기, 강장, 경혈, 고혈압, 금창, 급성간염, 대하증, 부종, 신우신염,

안태, 양혈지혈, 옹종, 음창, 이뇨, 지혈, 창종, 출혈, 토혈, 토혈각혈, 해독소옹, 해열, 혈뇨, 황달.

조팝나무(10) : 감기, 경혈, 대하, 설사, 수렴, 신경통, 인후종통, 치열, 학질, 해열.

조희풀(12) : 각기, 거담, 건위, 골절, 관절염, 열질, 요슬산통, 위한증, 통풍, 폐기천식, 풍, 해수.

족도리(11) : 위내정수, 자한, 정신분열증, 제습, 진통, 치통, 통기, 풍, 풍독, 풍비, 해수.

족도리풀(15) : 감기, 거풍, 골습, 관절염, 두통, 류머티즘, 산한, 온폐, 이뇨, 진정, 진통, 진해, 축농증, 치통, 해표.

족제비싸리(2) : 습진, 종기.

졸가시나무(4) : 강장, 수감, 종독, 하혈.

졸방제비꽃(15) : 간장기능촉진, 감기, 거풍, 기침, 발육촉진, 부인병, 정혈, 종독, 진해, 최토, 태독, 통경, 해독, 해수, 해열.

졸참나무(6) : 강장, 수감, 이습, 주름, 청열해독, 하혈.

좀가지풀(4) : 거어, 소종, 타박상, 혈열.

좀갈매나무(6) : 감충, 나력, 부종, 완화, 이뇨, 치통.

좀개갓냉이(6) : 개선, 건위, 기관지염, 소화, 폐렴, 해소.

좀개구리밥(11) : 강장, 단독, 당뇨, 발한, 수종, 이뇨, 임질, 청열, 피부소양, 해독, 화상.

좀개미취(3) : 보익, 이뇨, 해소.

좀개수염(4) : 안질, 창개, 치풍통, 해독.

좀고추나물(20) : 건위, 경기, 나력, 복중괴, 사상, 소아발육촉진, 소아후통, 소염, 소종, 악창, 종유, 주독, 창구, 초황, 타박상, 태독, 편도선염, 하감, 해열, 화독.

좀구슬붕이(10) : 간질, 개선, 건위, 경풍, 설사, 습진, 심장염, 오한, 창종, 회충.

좀깨잎나무(9) : 거어, 단독, 독사교상, 이습, 지혈, 창종, 청혈, 토혈, 해독.

좀꿩의다리(7) : 급성피부염, 복통하리, 습진, 청열, 치통, 폐렴, 해독.

좀나도히초미(3) : 금창, 자궁출혈, 해열.

좀닭의장풀(10) : 거어, 당뇨, 이질, 종기, 지혈, 청열, 타박상, 토혈, 혈뇨, 혈변.

좀담배풀(4) : 구충, 소아경풍, 악창, 종창.

좀매자기(7) : 구토, 악심, 어혈, 진통, 최유, 통경, 학질.

좀목형(17) : 각기, 감기, 거풍, 거풍화담, 대하, 소염, 신경통, 유방염, 이뇨, 임질, 제습, 제습살충, 조경, 진통, 폐기천식, 풍, 해수, 해표.

좀미역고사리(2) : 보익, 지혈.

좀민들레(17) : 강장, 건위, 대하증, 부종, 악창, 옹종, 완화, 유방염, 이습통림, 인후염, 자상, 정종, 진정, 창종, 청열해독, 충혈, 황달.

좀바늘꽃(10) : 고혈압, 방광염, 소염, 수감, 신장염, 요도염, 적리, 정혈, 지혈, 치암.

좀부지깽이(2) : 완하, 이뇨.

좀부처꽃(9) : 각기, 방광염, 수감, 수종, 역리, 이뇨, 제암, 종독, 지사.

좀분버들(6) : 종기, 지혈, 치통, 해열, 행리, 황달.
좀비비추(4) : 소변불통, 인후종통, 창독, 화상.
좀사위질빵(12) : 각기, 개선, 발한, 복중괴, 요슬통, 이뇨, 절상, 진통, 진통, 천식, 파상풍, 풍질.
좀설앵초(1) : 거담.
좀송이고랭이(6) : 구토, 어혈, 진통, 최유, 통경, 학질.
좀싸리(4) : 신장염, 안질, 이뇨, 해열.
좀씀바귀(13) : 간경화, 건위, 고미, 구내염, 만성기관지염, 발한, 이뇨, 이질, 종창, 진정, 청열양혈, 최면, 해독.
좀어리연꽃(3) : 건위, 고미, 사열.
좀쥐손이(7) : 대하증, 방광염, 변비, 위장염, 적백리, 지사, 통경.
좀진고사리(5) : 금창, 두풍, 살충, 자궁출혈, 해열.
좀쪽동백나무(5) : 구충, 기관지염, 살충, 후두염, 흉분성거담.
좀참꽃(3) : 강장, 건위, 이뇨.
좀향유(9) : 발한, 발한해표, 수종, 이뇨, 이수소종, 지혈, 해열, 향료, 화중화습.
좀현호색(7) : 두통, 복통, 월경통, 조경, 진경, 진통, 타박상.
좁쌀풀(7) : 강화, 고혈압, 두통, 불면증, 저혈압, 진정, 혈압강하.
좁은잎가막사리(4) : 견교독, 정종, 종창, 충독.
좁은잎덩굴용담(4) : 강심, 건위, 종기, 지리.
좁은잎배풍등(15) : 거풍해독, 구토, 백일해, 부종, 신경통, 이뇨, 종기, 진정, 천식, 청열이습, 치질, 치통, 탈강, 학질, 해열.
좁은잎사위질빵(9) : 개선, 거풍습, 발한, 복중괴, 악종, 요통, 천식, 파상풍, 풍질.
좁은잎참빗살나무(1) : 통경.
좁은잎해란초(7) : 부병, 소종, 수종, 이뇨, 청열, 해독, 황달.
종가시나무(3) : 수감, 종독, 하혈.
종덩굴(12) : 각기, 거풍습, 만성풍습성관절염, 발한, 복중괴, 악종, 요슬통, 이뇨, 절상, 천식, 파상풍, 풍질.
종려나무(10) : 감기, 개선, 경중양통, 고혈압, 골절, 임질, 지혈, 토혈각혈, 통풍, 활혈.
종비나무(4) : 발모, 생기, 악창, 통경.
종지나물(11) : 간장기능촉진, 감기, 거풍, 부인병, 정혈, 종기, 진해, 청열해독, 태독, 통경, 해독.
주걱비비추(4) : 소변불통, 인후종통, 창독, 화상.
주걱일엽(2) : 보익, 지혈.
주름잎(8) : 소종, 옹종, 종기, 종독, 지통, 편두통, 해독, 화상.
주목(16) : 당뇨병, 대장암, 방광암, 생리통, 식도암, 신장병, 위암, 유방암, 유옹, 이뇨, 자궁암, 전립선암, 통경, 통리수도, 폐암, 피부암.

주엽나무(14) : 거담, 곽란, 관절염, 낙태, 난산, 두통, 산결소종, 옴, 옹종, 윤조통변, 이뇨, 종창, 중풍, 피부소양증.

주저리고사리(5) : 금창, 두통, 삼충, 자궁출혈, 해열.

죽단화(5) : 거풍윤장, 류머티즘, 소화불량, 지해화담, 창독.

죽대(48) : 감기, 강근골, 강심, 강심제, 강장, 강장보호, 거담, 구갈, 구토, 근골무력증, 근골위약, 기관지염, 기부족, 담, 당뇨, 명목, 생진양위, 소아경간, 안면창백, 안오장, 열격, 오한발열, 완화, 외한증, 유방암, 일사병열사병, 자양강장, 자율신경실조증, 장생, 장위카타르, 정력증진, 정수고갈, 정신분열증, 제습, 지음윤폐, 통풍, 폐결핵, 폐렴, 폐창, 풍습, 피부노화방지, 한열왕래, 해독, 해수, 해열, 허약체질, 협심증, 황달.

죽순대(16) : 간장암, 구토, 금창, 기부족, 사태, 암, 오심, 요독증, 자한, 조갈증, 주독, 중풍, 직장암, 청열, 파상풍, 편도선비대.

죽절초(7) : 거풍제습, 급만성충수염, 이뇨, 타박상, 통경, 폐렴, 활혈지통.

줄(17) : 간경변증, 간염, 감기, 강장보호, 고혈압, 위장염, 장위카타르, 주독, 지혈, 진통, 폐기천식, 피부병, 해독, 해열, 현훈, 화상, 활혈.

줄딸기(4) : 강장, 명안, 지갈, 청량.

줄맨드라미(4) : 거담, 자궁염, 적백리에, 토혈.

줄바꽃(3) : 종기, 진통, 충독.

줄사철나무(5) : 산어지혈, 서근활락, 진통, 통경, 통유.

중국굴피나무(5) : 개선, 진통, 치통, 해독, 화상.

중국남천(3) : 건위, 안질, 진해.

중국패모(11) : 거담, 나력, 산결, 악창, 유방염, 진정, 진해, 창양종독, 청열, 통유, 혈압강하.

중나리(37) : 각혈, 강심, 강심제, 강장, 강장보호, 객혈, 기관지염, 동통, 백일해, 소아경풍, 소아허약체질, 신경쇠약, 안오장, 안정피로, 역질, 유방염, 유방왜소증, 유선염, 윤폐, 윤폐지해, 익기, 익지, 정기, 정신분열증, 종기, 진정, 청심, 청심안신, 토혈, 토혈각혈, 폐결핵, 폐렴, 해독, 해소, 해수, 허약체질, 후두염.

중대가리나무(1) : 개선.

중대가리풀(20) : 감기, 거풍, 당뇨, 두통, 명목, 백일해, 백태, 비새, 사독, 산한, 종독, 진통, 창종, 천식, 치질, 타박상, 토풍질, 학질, 해독, 해열.

중의무릇(5) : 강심, 강장, 자양, 진정, 진통.

쥐깨풀(7) : 건위, 구충, 방부, 소화, 십이지장충, 장염, 진통.

쥐꼬리망초(25) : 감기, 건비, 건위, 구토, 류마티스, 사태, 생선중독, 설사, 신염부종, 안태, 열병, 온신, 이습소체, 자한, 지혈, 진통, 청열해독, 타박상, 통기, 해독, 해수, 해열, 활혈, 활혈지통, 황달.

쥐다래(8) : 강장, 고양이병, 동비, 자양강장, 진통, 풍습, 풍질, 허냉.

쥐똥나무(12) : 각기, 강장, 강장보호, 대변출혈, 지한, 지혈, 진정, 토혈, 토혈각혈, 풍혈,

한열왕래, 허약체질.

쥐방울덩굴(15) : 각혈, 고혈압, 기관지염, 소아천식, 옹종, 제습, 종독, 지통, 치핵, 폐기천식, 폐혈, 해독소종, 해수, 행기, 화습.

쥐손이풀(20) : 대하증, 방광염, 방광염, 변비, 역리, 위궤양, 위장병, 위장염, 장염, 장위카타르, 적리, 적백리, 제습, 종창, 지사, 통경, 풍, 피부병, 하리, 해독.

쥐오줌풀(16) : 간질, 경련, 고혈압, 신경과민, 심신불안, 요통, 월경부조, 월경이상, 위약, 정신분열증, 진경, 진정, 진통, 타박상, 탈항, 히스테리.

쥐참외(19) : 간기능회복, 간염, 건위, 경선결핵, 경혈, 근골구급, 야뇨증, 열질, 옹종, 완화, 월경이상, 유즙결핍, 주황병, 타태, 통리수도, 해수, 화상, 활혈, 황달.

지느러미엉겅퀴(27) : 간염, 감기, 강장, 거풍, 경혈, 관절염, 뇨혈, 복중괴, 양혈산어, 열광, 옹종, 요도염, 유방암, 이뇨, 제습, 종기, 종독, 지혈, 청열이습, 치질, 타박상, 파상풍, 풍, 풍비, 피부소양증, 해열, 화상.

지렁쿠나무(19) : 골절, 골절번통, 발한, 사지동통, 생기, 수종, 신경염, 신경통, 이뇨, 자한, 제습, 종독, 좌골신경통, 좌상, 치통, 타박상, 폐렴, 해열, 활혈.

지리바꽃(38) : 강심, 강심제, 강정제, 개선, 거습, 견비통, 경련, 고혈압, 관절염, 관절통, 냉리, 냉풍, 수감, 신경통, 오십견, 온풍, 옹창, 요통, 위경련, 위내정수, 음극사양, 음낭습, 이뇨, 임파선염, 자한, 정종, 조습, 종기, 중풍, 진경, 진통, 충독, 폐렴, 풍습, 풍한, 한반, 흉부냉증, 흥분제.

지리산고사리(5) : 금창, 두풍, 삼충, 자궁출혈, 해열.

지리산오갈피(23) : 각기, 강근골, 강심, 강심제, 강장, 강정, 강정제, 거어, 거풍습, 관절염, 단독, 만성맹장염, 사독, 소수종, 요슬통, 음위, 익기, 중풍, 진경, 진정, 진통, 타박상, 풍습.

지리터리풀(5) : 거풍습, 관절염, 전간, 지경, 풍습.

지모(11) : 간기능회복, 강화, 갱년기장애, 거담, 야뇨증, 진통, 통리수도, 해수, 해열, 호흡곤란, 황달.

지채(8) : 구충, 생진액, 자보, 지갈, 지사, 지통, 청열양음, 폐결핵.

지치(35) : 간열, 간염, 강심제, 강장, 강장보호, 개선, 건위, 결막염, 습진, 양혈, 오로보호, 오풍, 이뇨, 임질, 정신분열증, 제창해독, 종독, 진통, 추간판탈출층, 충독, 치핵, 토혈각혈, 통리수도, 표저, 피부병, 피임, 하리, 해독, 해열, 혈뇨, 홍역, 화농, 화상, 활혈, 황달.

지칭개(20) : 간염, 강심, 건위, 골절상, 급성간염, 보익, 보폐, 소종거어, 악창, 옹종, 외상출혈, 이뇨, 종기, 종독, 지혈, 진정, 청열해독, 치루, 해수, 활혈.

지황(61) : 각혈, 강근골, 강심제, 강장, 강장보호, 강정제, 결핵, 결핵성쇠약, 경혈, 골절증, 구순생창, 구토, 보수, 보혈, 부인하혈, 빈혈, 소아야뇨증, 아감, 안오장, 안태, 야뇨증, 양위, 양음생진, 양혈자음, 염증, 오발, 옹종, 완화, 월경이상, 유정증, 음위, 자궁출혈, 자양강장, 자음, 전립선비대증, 절옹, 정력증진, 조루증, 지혈, 진정, 진통, 질벽염,

창양, 청열양혈, 치조농루, 타박상, 태루, 토혈, 토혈각혈, 통경, 통리수도, 편도선염, 폐결핵, 폐기천식, 해독, 해수, 해열, 현훈, 혈뇨, 혈색불량, 활혈.

진고사리(5) : 금창, 두풍, 삼충, 자궁출혈, 해열.

진달래(20) : 각혈, 강장, 강장보호, 건위, 고혈압, 월경이상, 이뇨, 이질, 조루증, 청폐지해, 치출혈, 타박상, 토혈, 토혈각혈, 통경, 폐기천식, 하리, 해독, 해수, 활혈.

진돌쩌귀(14) : 강심, 강장, 건위, 류마티스, 신경통, 이뇨, 자궁출혈, 진통, 창종, 충독, 풍습, 하종, 하혈, 황달.

진득찰(30) : 강근골, 강장, 거풍습, 건위, 경선결핵, 고혈압, 관절염, 구안괘사, 근골위약, 금창, 부종, 사지마비, 수종, 신경통, 악창, 제습, 종독, 중독, 중풍, 진통, 창종, 청열해독, 충독, 토역, 통경, 통경락, 풍, 풍비, 한열, 황달.

진범(16) : 강심, 경련, 관절염, 근골동통, 냉풍, 살충, 소아복냉증, 이뇨, 제습, 중풍, 진경, 진정, 진통, 풍, 풍비, 황달.

진주고추나물(20) : 건위, 경기, 나력, 복중괴, 사상, 소아발육촉진, 소아후통, 소염, 소종, 악창, 종유, 주독, 창구, 초황, 타박상, 태독, 편도선염, 하감, 해열, 화독.

진퍼리까치수염(1) : 구충제.

진퍼리버들(6) : 개선, 이뇨, 종기, 지혈, 치통, 황달.

진퍼리잔대(4) : 경기, 천식, 폐보익, 한열.

진황정(19) : 강심, 강장, 강장보호, 건비위, 구갈, 근골위약, 당뇨, 명목, 보비익기, 안오장, 자양, 자음윤폐, 장생, 폐결핵, 폐렴, 폐창, 풍습, 해수, 해열.

질경이(93) : 각기, 간경변증, 간염, 감기, 강심, 강심제, 경중양통, 경혈, 고혈압, 곽란, 관절염, 관절통, 구열, 구충, 구토, 금창, 기관지염, 난산, 목소양증, 목소양증, 방광암, 부인하혈, 소변림력, 소아구루, 소아변비증, 소아이질, 소아천식, 소아해열, 소염, 심장염, 안오장, 안질, 암내, 양위, 열질, 요결석, 요도염, 요독증, 요통, 월경이상, 위궤양, 위산과다증, 위산과소증, 위장염, 유방암, 음낭습, 음양음창, 이뇨, 이수, 익정, 인두염, 일체안병, 임질, 자궁내막염, 장염, 장위카타르, 전립선비대증, 정력증진, 조루증, 종독, 지사, 지혈, 진해, 척추질환, 청간명목, 청습열, 청폐화담, 출혈, 충치, 치조농루, 탄산토산, 태독, 토혈각혈, 통리수도, 통풍, 편도선비대, 폐결핵, 폐기, 폐기천식, 풍독, 풍열, 피부소양증, 피부윤택, 피부청결, 해독, 해수, 해열, 혈뇨, 혈림, 협심증, 화병, 후두염, 흉부답답.

질경이택사(13) : 각기, 구갈, 기관지염, 나병, 빈뇨, 수종, 수종, 위내정수, 이뇨, 이수거습, 임질, 지갈, 현훈.

짚신나물(37) : 간장암, 강장보호, 개선, 거담, 건위, 경선결핵, 관절염, 구충, 뇌암, 누혈, 대장암, 대하, 방광암, 백혈병, 부인하혈, 비암, 살충, 식도암, 신장암, 옹종, 위궤양, 위암, 자궁암, 자궁탈수, 장염, 장위카타르, 적백리, 전립선암, 지혈, 직장암, 치암, 치핵, 토혈각혈, 폐암, 하리, 해독, 후두암.

짝자래나무(6) : 감충, 나력, 부종, 완화, 이뇨, 치통.

쪽(17) : 간열, 감기, 강장보호, 경혈, 구내염, 기관지염, 옹종, 장위카타르, 종독, 지혈, 충독, 토혈각혈, 폐렴, 해독, 해열, 황달, 후두염.

쪽동백나무(7) : 구충, 기관지염, 살충, 풍습관절염, 후두염, 흥분성거담, 흥분제.

쪽버들(6) : 개선, 이뇨, 종기, 지혈, 치통, 황달.

쪽파(14) : 거염, 곽란, 구충, 명목, 발한, 발한해표, 부종, 산한, 온위, 이뇨, 정혈, 지한, 해독, 흥분.

찔레꽃(29) : 각기, 강장, 강장보호, 개선, 결절종, 관절염, 교취, 복통, 야뇨, 옹종, 요통, 월경이상, 음왜, 음위, 이수제열, 자상, 제습, 조갈증, 조루증, 창종, 치통, 통경, 통리수도, 풍, 풍습, 하리, 해독, 활혈, 활혈해독.

ㅊ

차나무(31) : 간염, 감비, 강심, 강심제, 결막염, 고혈압, 구내염, 권태증, 급성간염, 기관지염, 만성피로, 부종, 소식, 수종, 암내, 양혈, 위장염, 이뇨, 일체안병, 제번열, 지방간, 천식, 치핵, 폐기천식, 피부청결, 해독, 해수, 현훈, 화담, 흉협통, 흥분제.

차풀(13) : 각기, 건비위, 건위, 산어화적, 수종, 야맹증, 이뇨, 일체안병, 지사, 청간이습, 통리수도, 해열, 황달.

찰피나무(3) : 발한, 이뇨, 진경.

참가시나무(3) : 수감, 종독, 하혈.

참개별꽃(1) : 치질.

참개암나무(2) : 강장, 보익.

참골무꽃(5) : 위장염, 정혈, 태독, 폐렴, 해소.

참골풀(5) : 금창, 외상, 이뇨, 지혈, 편도선염.

참기름(1) : 양모발약.

참깨(72) : 간작반, 간허, 강장, 강장보호, 건망증, 견골, 경신익지, 고혈압, 관절염, 광견병, 구취, 금창, 난산, 당뇨병, 동맥경화증, 목소양증, 보익정혈, 부인하혈, 사리산통, 소아구설창, 소아변비증, 소아허약체질, 식계란체, 식병나체, 식해어체, 신경쇠약, 안정피로, 양모, 염증, 오발, 외이도염, 외이도절, 원형탈모증, 월경이상, 위궤양, 위산과다증, 위암, 유즙결핍, 윤조활장, 음식체, 음위, 일체안병, 임신오조, 자양, 자양강장, 자한, 장위카타르, 저혈압, 정력증진, 제암, 종창, 중이염, 진통, 창종, 최산, 치창, 치통, 타박상, 탄산토산, 탈모증, 탈항, 태독, 편도선염, 폐결핵, 피부윤택, 하리, 학질, 해독, 해수, 허약체질, 화상, 황달.

참꽃나무(1) : 이뇨.

참꽃마리(6) : 늑막염, 다뇨, 설사, 수족마비, 이질, 종독.

참나도히초미(4) : 금창, 두풍, 자궁출혈, 해열.

참나리(45) : 각기, 각혈, 강장, 강장보호, 강정안정, 강정제, 갱년기장애, 건위, 건해, 금창, 기관지염, 비체, 소아경풍, 소아해열, 안정피로, 양궐사음, 오심, 유옹, 윤폐, 윤폐지해, 인후통증, 일사병열사병, 자양, 자양강장, 자율신경실조증, 자폐증, 정신분열증, 종독, 진해, 청력보강, 청심안신, 편도선비대, 폐결핵, 폐기천식, 폐혈, 표저, 한열왕래, 해독, 해수, 해열, 허로, 허약체질, 혈담, 홍역, 흉부담.

참나무(1) : 해울결.

참나무겨우살이(16) : 강정제, 거담, 건위, 경련, 고혈압, 골절증, 기관지염, 요통, 제습, 진경, 진정, 최토, 최토제, 통경, 현훈, 활혈.

참나물(13) : 거풍산한, 경풍, 고혈압, 대하, 신경통, 양정, 양혈, 이기지통, 정혈, 중풍, 지혈, 폐렴, 해열.

참느릅나무(10) : 부종, 소옹, 안태, 오로보호, 옹종, 완화, 이뇨, 이수통림, 자궁경부암, 통리수도.

참당귀(34) : 간질, 강장, 강장보호, 거풍화혈, 경련, 경통, 경혈, 관절통, 구어혈, 구역질, 기부족, 부인하혈, 빈혈, 수태, 신열, 암내, 월경이상, 위암, 이뇨, 익기, 익정, 정기, 정혈, 진경, 진정, 진통, 치질, 치통, 타박상, 탄산토산, 해열, 허약체질, 현훈, 활혈.

참동의나물(7) : 거풍, 산한, 염좌, 전신동통, 치질, 타박상, 현기증.

참마(17) : 갑상선종, 강장, 건위, 동상, 몽정, 보비폐신, 심장염, 양모, 요통, 유종, 익기양음, 종독, 지사, 토담, 해독, 해라, 화상.

참명아주(4) : 개선, 백전풍, 종기, 충독.

참바위취(4) : 동상, 백일해, 보익, 화상.

참반디(11) : 강정, 골통, 대하, 도한, 산풍청폐, 이뇨, 정력, 중독, 풍사, 해열, 화염행혈.

참방동사니(2) : 류머티스성, 풍습비.

참배(6) : 강장, 금창, 이뇨, 통변, 풍열, 해열.

참배암차즈기(5) : 강장, 낙태, 산전후통, 자궁출혈, 통경.

참비녀골풀(2) : 이뇨, 진통.

참비름(2) : 절옹, 해열.

참비비추(4) : 소변불통, 인후종통, 창독, 화상.

참빗살나무(20) : 거풍습, 경혈, 관절염, 구충, 뇌암, 암, 요독증, 요슬산통, 요통, 월경이상, 유즙결핍, 자궁출혈, 제습, 진통, 췌장암, 통경, 허리디스크, 혈전증, 활혈맥, 후두암.

참산부추(16) : 강심, 강장, 건뇌, 건위, 곽란, 구충, 소염, 소화, 이뇨, 익신, 진정, 진통, 충독, 풍습, 항균, 해독.

참새발고사리(5) : 금창, 두풍, 삼충, 자궁출혈, 해열.

참소리쟁이(28) : 각기, 간염, 갈충, 개선, 건위, 건위, 경혈, 급성간염, 변비, 부종, 산후통, 살충, 설사, 어혈, 완화, 윤피부, 종독, 지혈, 창독, 청열양혈, 토혈각혈, 통경, 통변살충, 피부병, 해수, 해열, 화염지해, 황달.

참쇠고비(15) : 감기, 강장, 거통, 골절, 골절증, 동통, 보혈, 살충, 자궁출혈, 지혈, 진통, 타박상, 파혈, 풍혈, 해열.

참식나무(1) : 지혈.

참싸리(6) : 신장염, 안질, 윤폐청열, 이뇨, 통림, 해열.

참쑥(17) : 강장, 고혈압, 구충, 당뇨, 두풍, 만성위장염, 복수, 산한제습, 신경통, 온경지혈, 이질, 자양, 중풍, 치질, 토혈, 통경, 해열.

참억새(10) : 백대하, 산혈, 소변불리, 이뇨, 조갈증, 청열, 통리수도, 해독, 해수, 해열.

참여로(17) : 간질, 개선, 고혈압, 곽란, 구토, 소아피부병, 옴, 유즙결핍, 임질, 전간, 중풍, 최토제, 치질, 치통, 통유, 혈뇨, 황달.

참오글잎버들(6) : 생환, 종기, 지혈, 치통, 해독, 황달.

참오동나무(4) : 구충, 두풍, 오림, 종창.

참외(15) : 골수염, 구토, 부종, 소결산어, 식면체, 양모발약, 월경과다, 윤장, 중독증, 청서열, 청폐화염, 최토, 축농증, 충독, 황달.

참으아리(25) : 각기, 감기, 개선, 골절, 관절염, 근육통, 만성간염, 발한, 복중괴, 악종, 언어장애, 요슬산통, 요슬통, 유방동통, 자한, 절상, 제습, 진통, 천식, 통풍, 파상풍, 편도선염, 폐기천식, 풍질, 황달.

참이질풀(12) : 대하증, 방광염, 변비, 변비, 역리, 위궤양, 위장병, 적리, 종창, 지리, 통경, 피부병.

참작약(13) : 객혈, 금창, 대하, 두통, 복통, 부인병, 이뇨, 지혈, 진경, 진통, 창종, 하리, 해열.

참졸방제비꽃(11) : 간장기능촉진, 발육촉진, 발한, 부인병, 사하, 설사, 중풍, 최토, 태독, 통경, 해민.

참좁쌀풀(4) : 구충제, 두통, 불면증, 혈압강하.

참죽나무(18) : 개선, 거습, 버짐, 살충, 소아감적, 수감, 수렴, 악창, 옴, 자궁출혈, 적대하, 제열조습, 제충제, 조습, 지사, 지혈, 지혈, 하리.

참줄바꽃(12) : 강심, 개선, 관절염, 냉풍, 이뇨, 정종, 중풍, 진경, 진통, 풍질, 한반, 홍탈.

참취(18) : 골다공증, 골절번통, 두통, 방광염, 보익, 사상, 요통, 이뇨, 인후통증, 장염, 장위카타르, 진통, 타박상, 통기, 통리수도, 해수, 현기증, 활혈.

참회나무(3) : 자궁출혈, 진통, 통경.

창고사리(2) : 보익, 지혈.

창질경이(18) : 강심, 금창, 난산, 소염, 심장염, 안질, 요혈, 음양, 이뇨, 익정, 임질, 종독, 지사, 진해, 출혈, 태독, 폐기, 해열.

창포(47) : 가성근시, 각기, 간작반, 감창, 개선, 개창, 거담, 건망증, 건위, 경련, 고미, 고혈압, 구충, 구토, 기관지염, 난청, 담, 산후하혈, 설사, 소아감적, 소아경풍, 소아피부병, 안태, 양위, 옹종, 우울증, 위축신, 음식체, 이완출혈, 일체안병, 장위카타르, 정신분열증, 제습, 제충제, 종창, 중이염, 진경, 진정, 진통, 치통, 치풍, 통풍, 풍비, 풍한, 해수, 혈담, 흉부냉증.

채고추나물(4) : 구충, 연주창, 외상, 지혈.

채송화(20) : 각기, 나력, 마교, 살충, 생목, 습창, 이병, 이질, 인후종통, 종독, 종창, 지갈, 창종, 청열해독, 촌충, 타박상, 해독, 해열, 혈리, 화상.

처녀고사리(3) : 금창, 자궁출혈, 해열.

처녀바디(15) : 간질, 감기, 건위, 두통, 부인병, 빈혈, 역기, 이뇨, 익기, 정혈, 진정, 진통, 진해, 치통, 통경.

천궁(44) : 간질, 강장보호, 강화, 건망증, 건비, 건선, 경련, 구취, 난산, 대하, 보익, 부인하혈, 부인혈증, 비체, 신허, 역상, 우울증, 월경이상, 음왜, 음위, 음축, 자양강장, 전립선비대증, 정혈, 조루증, 졸도, 지통, 진경, 진정, 진통, 총이명목약, 치매증, 치통, 치풍, 통경, 통기, 편두통, 풍, 현훈, 혈허복병, 협통, 활혈, 활혈행기, 흉부냉증.

천남성(21) : 간경변증, 간질, 거담, 건위, 경련, 관절염, 구안와사, 구토, 반신불수, 상한, 소아경풍, 요통, 전간, 중풍, 진경, 창종, 척추질환, 파상풍, 한경, 해수, 혈담.

천마(30) : 간질, 감기, 강장보호, 강정제, 견비통, 경련, 고혈압, 소아감병, 소아경결, 소아경풍, 소아청변, 어깨결림, 언어장애, 열성경련, 윤장, 자율신경실조증, 자음, 장위카타르, 정신분열증, 제습, 중풍, 진경, 진정, 진통, 척추질환, 척추카리에스, 풍, 풍열, 현훈, 활혈.

천문동(53) : 각혈, 간질, 강장보호, 강화, 거담, 건해, 경련, 골반염, 골수염, 골증열, 근골무력증, 근골위약, 난청, 변비, 보골수, 보로, 보신, 소갈, 아편중독, 안오장, 양기, 양정, 오로보호, 음위, 이뇨, 인두염, 인후통증, 자양강장, 자음윤조, 절옹, 종독, 중독증, 진경, 진정, 진해, 청폐강화, 토혈, 토혈각혈, 파상풍, 폐결핵, 폐기, 폐기종, 폐렴, 폐옹, 폐혈, 풍, 풍한, 해수, 해수토혈, 해열, 허약체질, 후두염, 흉부답답.

천선과나무(5) : 살충, 완하, 자양, 치질, 회충.

천일담배풀(5) : 교상, 구충, 진통, 창종, 충독.

천일홍(4) : 금창, 기관지염, 소아경간, 해수.

철쭉(5) : 강장, 건위, 사지마비, 악창, 이뇨.

청가시덩굴(16) : 과식, 관절염, 다소변증, 매독, 요통, 임질, 제습, 종독, 진통, 치출혈, 치통, 치풍, 치한, 풍, 하리, 활혈.

청각(3) : 구충, 생선중독, 태독.

청괴불나무(4) : 감기, 이뇨, 종기, 해독.

청나래고사리(11) : 금창, 기생충, 양혈지혈, 자궁출혈, 진경, 진정, 청열해독, 토혈, 해소, 해열, 혈리.

청명아주(3) : 개선, 종기, 충독.

청미래덩굴(58) : 거풍, 고치, 관절동통, 관절염, 관절통, 근골구급, 근육마비, 뇌암, 다소변, 대장암, 매독, 비암, 설사, 소감우독, 소종독, 소화, 수은중독, 수종, 식도암, 신장암, 아감, 암, 야뇨증, 약물중독, 요독증, 위암, 유방암, 이뇨, 이질, 임질, 임파선염, 자궁경부암, 자궁암, 장염, 장위카타르, 전립선비대증, 전립선암, 전립선염, 종독, 종창, 지혈, 직장암, 청열, 치암, 치창, 치출혈, 치통, 치풍, 치한, 타박상, 태양병, 통리수도,

통풍, 풍, 하리, 해독, 해열, 후굴전굴.
청비름(6) : 감기, 일체안병, 종독, 치핵, 해독, 해열.
청수크령(3) : 명목, 산혈, 충혈.
청시닥나무(3) : 곽란, 나창, 하리.
청알록제비꽃(7) : 발육촉진, 보혈, 부인병, 태독, 통경, 하리, 해독.
청피대나무(7) : 구토, 소아경간, 정신분열증, 진토, 해수, 해열, 황달.
초롱꽃(9) : 경풍, 보익, 보폐, 인후염, 천식, 최생, 편두선염, 한열, 해산촉진.
초종용(9) : 강장, 대하, 보신익정, 보정, 불임, 신장염, 양위, 윤조활장, 중풍.
초피나무(17) : 감기, 건위, 구충, 복통, 사독, 설사, 위내정수, 이뇨, 제습, 중풍, 진통, 치통, 통경, 편두염, 하초습열, 해수, 황달.
촛대승마(11) : 소아요혈, 요혈, 제습, 종독, 창달, 투진, 편도선염, 편두염, 해독, 해열.
추분취(3) : 건위, 고미, 진정.
측백나무(39) : 각혈, 간질, 강장보호, 개선, 거담지해, 건비위, 고혈압, 곽란, 동상, 부인하혈, 소아경풍, 양모발약, 양혈거풍, 양혈지혈, 요슬통, 위축신, 위하수, 이완출혈, 이하선염, 임신중요통, 자궁출혈, 자양강장, 장염, 정양, 정혈, 제습, 지사, 지혈, 진정, 토혈, 토혈각혈, 풍비, 피부노화방지, 하리, 해수, 혈뇨, 협통, 화상, 활혈.
층꽃나무(38) : 간염, 감기, 강장보호, 거담지해, 결막염, 경혈, 곽란, 관절염, 관절염, 기관지염, 두통, 백일해, 부종, 산어지해, 소풍해표, 신경통, 옹종, 월경이상, 위장염, 유옹, 인후통증, 자양강장, 제습, 종기, 중풍, 지사, 진통, 청열, 치통, 타박상, 태독, 통경, 편도선염, 피부소양증, 해독, 해수, 해열, 황달.
층층고란초(2) : 보익, 지혈.
층층나무(6) : 강장, 관절염, 소종지통, 신경통, 악창, 종기.
층층둥굴레(20) : 감기, 강근골, 강심제, 강장보호, 강정제, 기억력감퇴, 당뇨, 명목, 보중익기, 윤심폐, 자양강장, 정력증진, 종염, 종창, 폐렴, 풍습, 해열, 허손한열허약체질, 황달.
층층이꽃(19) : 감기, 개선, 결막염, 소아경풍, 소풍해표, 신장염, 위장염, 유선염, 인후통증, 중풍, 청열, 청열해독, 치통, 편도선염, 항균소염, 해독, 활혈지혈, 황달, B형간염.
층층장구채(1) : 정혈.
치자나무(37) : 각혈, 간염, 감기, 강장보호, 갱년기장애, 결막염, 경혈, 골절증, 구내염, 당뇨, 목소양증, 백리, 불면, 소염, 양혈, 어혈, 오지, 위경련, 위장염, 이뇨, 일체안병, 임질, 적백리, 정혈, 지혈, 진정, 진통, 추간판탈출증, 타박상, 토혈, 토혈각혈, 편도선염, 해열, 혈뇨, 활혈, 황달, 흉통.
칠엽수(10) : 각혈, 강장보호, 살충, 여드름, 위암, 위학, 위한통증, 이기, 토혈각혈, 하리.
칡(65) : 감기, 강장보호, 견교, 견비통, 경련, 경중양통, 고혈압, 과실중독, 관격, 관절통, 광견병, 구토, 근육통, 금창, 난청, 당뇨, 발한, 소아토유, 숙취, 식중독, 식해어체, 아편중독, 암내, 약물중독, 온신, 위암, 음식체, 이완출혈, 인플루엔자, 일사병, 열사병,

자한, 장염, 장위카타르, 장출혈, 장풍, 적면증, 조갈증, 종창, 주독, 주중독, 주체, 주황병, 중독증, 중풍, 지갈, 지구역, 지혈, 진경, 진정, 진통, 치열, 태양병, 편도선염, 풍독, 풍한, 피부소양증, 해독, 해수, 해열, 현벽, 현훈, 협심증, 홍역, 활혈, 흉부답답.
침향(6) : 위한증, 진정, 진통, 통기, 폐기천식, 해독.

ㅋ

카밀레(10) : 감기, 강장, 과민성위장염, 구풍, 구풍해표, 기관지천식, 발한, 소염, 이뇨, 해경.
칼잎용담(18) : 간경변증, 강심제, 건위, 경련, 경풍, 고미, 도한, 소아경결, 소아경풍, 양모발약, 요도염, 음낭종독, 종기, 진경, 청열, 하초습열, 해열, 황달.
컴프리(16) : 간염, 강장보호, 건비위, 고혈압, 급성간염, 보혈허, 설사, 소화불량, 신체허약, 익정, 장위카타르, 지혈, 진정, 토혈각혈, 폐기천식, 황달.
코스모스(5) : 명목, 소종, 종기, 청열해독, 충혈.
콩(51) : 각기, 감기, 강장보호, 거풍, 건위, 결막염, 고혈압, 골다공증, 골수염, 광견병, 난청, 만성위장염, 부종, 사태, 설사, 약물중독, 연주창, 옹종, 요통, 월경이상, 위궤양, 위무력증, 위산과다증, 위장염, 위축신, 이뇨, 인두염, 임신중독증, 저혈압, 제습, 주중독, 중이염, 중풍, 충치, 치조농루, 칠독, 편도선비대, 편도선염, 폐결핵, 풍, 풍비, 풍열, 해독, 해수, 허약체질, 현벽, 혈뇨, 화상, 활혈, 황달, 후두염.
콩다닥냉이(5) : 두풍, 백독, 이뇨, 해소, 회충.
콩버들(5) : 종기, 지혈, 치통, 해열, 황달.
콩제비꽃(9) : 발육촉진, 보간, 보익, 부인병, 태독, 통경, 하리, 해독, 해소.
콩짜개덩굴(13) : 개선, 경혈, 악창, 양혈해독, 지혈, 청폐지해, 치통, 코피, 타박상, 폐옹, 풍진, 해수, 혈뇨.
콩짜개란(6) : 강장, 보신, 수종, 악창, 음위, 출혈.
콩팥노루발(4) : 각기, 수감, 이뇨, 충독.
큰각시취(7) : 간염, 고혈압, 지혈, 진해, 토혈, 혈열, 황달.
큰개고사리(5) : 금창, 두풍, 삼충, 자궁출혈, 해열.
큰개미자리(4) : 림프절결핵, 옹종, 칠창, 타박상.
큰개별꽃(4) : 경혈, 골절, 치질, 해열.
큰개불알풀(4) : 방광염, 외상, 요통, 중풍.
큰개수염(5) : 안질, 창개, 치풍통, 해독, 후비염.
큰개현삼(14) : 강화, 경선결핵, 골증열, 나력, 산결해독, 성병, 소염, 인후염, 종독, 진통, 청열양음, 편도선염, 해열, 후두염.
큰고란초(2) : 보익, 지혈.
큰고랭이(8) : 구토, 어혈, 전신부종, 제습이뇨, 진통, 최유, 통경, 학질.

큰고추나물(3) : 연주창, 외상, 지혈.

큰괭이밥(11) : 소종해독, 소화제, 악창, 양혈산어, 옴, 인후염, 청열이습, 충독, 타박상, 피부병, 해독.

큰괴불주머니(4) : 조경, 진경, 진통, 타박상.

큰구슬붕이(8) : 강심, 건위, 경풍, 고미, 도한, 양모, 종기, 청열해독.

큰구와꼬리풀(4) : 방광염, 외상, 요통, 중풍.

큰까치수염(12) : 구충, 백대하, 생리불순, 신경통, 월경이상, 유방염, 이수소종, 이질, 인후염, 타박상, 활혈, 활혈조경.

큰꼭두서니(11) : 강장, 양혈지혈, 요혈, 정혈, 지혈, 토혈, 통경, 풍습, 해열, 활혈거어, 황달.

큰꽃으아리(18) : 간염, 개선, 거풍습, 급성간염, 발한, 복중괴, 악종, 요슬통, 중풍, 진통, 천식, 치통, 통풍, 파상풍, 풍, 풍질, 해독, 황달.

큰꿩의비름(12) : 강장, 강장보호, 단종창, 선혈, 일체안병, 지혈, 청열, 치질출혈, 치출혈, 토혈각혈, 해독, 해열.

큰달맞이꽃(8) : 감기, 고혈압, 기관지염, 당뇨, 신장염, 인후염, 해열, 화종.

큰닭의장풀(8) : 관절염, 구풍, 백일해, 수풍, 신경쇠약, 신경통, 진해, 토혈.

큰도둑놈의갈고리(12) : 개선, 거풍, 거풍, 산어, 임질, 타박상, 토혈, 해독소종, 해소, 해열, 화농성유선염, 황달.

큰두루미꽃(5) : 양혈지혈, 외상출혈, 월경과다, 토혈, 혈뇨.

큰메꽃(11) : 감기, 고혈압, 기부족, 소아천식, 이뇨, 자음, 중풍, 천식, 통리수도, 폐기천식, 허약체질.

큰물레나물(16) : 구충, 부스럼, 소종, 연주창, 외상, 월경과다, 음양음창, 임파선염, 지방간, 지혈, 치질출혈, 치출혈, 치통, 타박상, 토혈각혈, 평간.

큰물칭개나물(4) : 방광염, 요통, 절상, 중풍.

큰바늘꽃(15) : 감기, 거담, 거부생기, 고혈압, 방광염, 소염지통, 수감, 신장염, 양혈, 요도염, 적리, 지혈, 치암, 해열, 활혈지혈.

큰방가지똥(11) : 급성인후염, 대변출혈, 대하증, 소변출혈, 소종화어, 양혈지혈, 이질, 종창, 청열해독, 치루, 황달.

큰뱀무(19) : 강심, 거풍제습, 경련, 고혈압, 관절통, 옹저, 위궤양, 인통, 적백리, 제습, 종독, 진경, 치혈, 타박상, 토혈, 풍, 해소, 활혈, 활혈소종.

큰봉의꼬리(22) : 간염, 감모발열, 개창, 경통, 대하, 사혈, 살충, 양혈지혈, 오림, 외상, 위장염, 유선염, 이질, 인후종통, 자궁출혈, 종통, 지혈, 청열이습, 하리, 해독지리, 혈림, 황달.

큰비쑥(7) : 개선, 두통, 이뇨, 창종, 풍습, 해열, 황달.

큰산꼬리풀(4) : 방광염, 외상, 요통, 중풍.

큰산버들(5) : 종기, 지혈, 치통, 해열, 황달.

큰석류풀(5) : 급성결막염, 청열, 피부열진, 하리, 해독.

큰세잎쥐손이(13) : 대하증, 방광염, 방광염, 변비, 변비, 역리, 위궤양, 위장병, 적리, 종창, 지리, 통경, 피부병.

큰솔나리(23) : 강장, 객혈, 건위, 기관지염, 동통, 백일해, 신경쇠약, 안오장, 유방암, 윤폐지해, 익기, 익지, 익폐, 자양, 종기, 진정, 청심안신, 치질, 토혈, 폐렴, 해독, 해소, 후두염.

큰수리취(5) : 부종, 안태, 종창, 지혈, 토혈.

큰쐐기풀(2) : 단청, 당뇨병.

큰애기나리(15) : 강장, 건비소적, 건비위, 나창, 냉습, 명안, 윤폐, 윤폐지해, 자양, 장염, 지혈, 치핵, 폐결핵, 폐기종, 해수.

큰앵초(3) : 거담, 지해, 해수.

큰엉겅퀴(24) : 각혈, 간염, 감기, 고혈압, 금창, 대하증, 부종, 산어소종, 신경통, 안태, 양혈지혈, 음창, 자궁출혈, 정력증진, 종독, 지혈, 창종, 출혈, 토혈, 토혈각혈, 해열, 혈뇨, 활혈, 황달.

큰여우콩(4) : 거담, 기관지염, 천식, 폐렴.

큰연영초(10) : 거풍, 고혈압, 두통, 서간, 외상출혈, 요통, 위장장애, 최토, 타박상, 활혈지혈.

큰오이풀(11) : 객혈, 대하, 동상, 산후복통, 습진, 양혈지혈, 월경과다, 창종, 충독, 토혈, 하리.

큰옥매듭풀(5) : 곽란, 외치, 창종, 치질, 황달.

큰용담(18) : 간질, 개선, 건위, 경풍, 도한, 설사, 소아경결, 소아경풍, 습진, 심장병, 요도염, 요독증, 음낭종독, 창종, 청열, 황달, 회충, 회충증.

큰원추리(12) : 강장보호, 번열, 소염, 월경이상, 유선염, 유즙결핍, 이뇨, 임질, 진통, 통리수도, 혈리, 황달.

큰잎부들(10) : 대하, 방광염, 수렴지혈, 유옹, 이뇨, 지혈, 치질, 탈강, 통경, 행혈거어.

큰잎쓴풀(14) : 강심, 개선, 건위, 경풍, 고미, 구충, 발모, 선기, 소화불량, 습진, 식욕촉진, 심장염, 지사, 태독.

큰절굿대(21) : 간염, 고혈압, 기관지염, 발모, 배농, 보혈, 생기, 수감, 인후염, 임질, 조경, 지혈, 진해, 창종, 토혈, 통유, 폐렴, 하리, 해열, 황달, 회충.

큰제비고깔(1) : 구풍.

큰조롱(23) : 강근골, 강장보호, 경선결핵, 금창, 냉복통, 보혈, 소아복냉증, 양위, 옹종, 요슬산통, 유정증, 이뇨, 익정, 자양강장, 장출혈, 정력증진, 종독, 중풍, 출혈, 치핵, 태아양육, 한열, 해독.

큰족제비고사리(3) : 두통, 자궁출혈, 해열.

큰졸방제비꽃(11) : 간장기능촉진, 발육촉진, 발한, 부인병, 사하, 설사, 중풍, 최토, 태독, 통경, 해민.

큰지네고사리(5) : 금창, 두통, 삼충, 자궁출혈, 해열.

큰진고사리(5) : 금창, 두풍, 삼충, 자궁출혈, 해열.

큰참나물(7) : 구풍, 백절풍, 중풍, 진경, 진통, 치통, 해열.

큰처녀고사리(3) : 금창, 자궁출혈, 해열.

큰천남성(21) : 간경화, 간질, 거담, 거습, 경련, 구토, 산결지통, 소아경풍, 안면신경마비, 암, 옹종, 이뇨, 조습, 조습화담, 종창, 중풍, 진경, 진정, 파상풍, 풍, 해소.

큰톱풀(3) : 월경통, 진경, 진통.

큰피막이(8) : 거풍, 구토, 안질, 야맹증, 열독, 위장염, 지혈, 토사곽란.

키다리바꽃(14) : 강심, 개선, 관절염, 냉풍, 수감, 신경통, 이뇨, 정종, 종기, 진경, 진통, 충독, 풍습, 한반.

키버들(10) : 구풍, 생환, 수감, 이뇨, 제습, 종기, 지혈, 치통, 해열, 황달.

ㅌ

타래난초(18) : 구갈, 보음, 소아인후통, 소종해독, 옹종, 유정증, 인후통증, 자음, 진해, 청열, 토혈, 편도선염, 해독, 해수, 해열, 해혈, 허약체질, 현훈.

타래붓꽃(24) : 간염, 골수염, 급성간염, 백일해, 안태, 옹종, 위중열, 이뇨, 인후염, 장위카타르, 절상, 종독, 주독, 지혈, 창달, 청열해독, 토혈, 토혈각혈, 편도선염, 폐렴, 해독, 해소, 해열, 황달.

탑꽃(8) : 거풍청열, 산어소종, 소화, 신장염, 유정, 중풍, 치근통, 한열.

태백제비꽃(14) : 간장기능촉진, 감기, 거풍, 기침, 부인병, 유아발육촉진, 정혈, 종기, 진해, 청열해독, 최토, 태독, 통경, 해독.

태산목(3) : 구충, 두풍, 양모.

택사(28) : 각기, 간경변증, 감기, 강장보호, 고혈압, 골절번통, 구갈, 기관지염, 나병, 부종, 빈뇨, 수종, 위내정수, 위하수, 유즙결핍, 이뇨, 이수거습, 임질, 전립선비대증, 전립선염, 종창, 지갈, 최유, 통리수도, 항종, 해수, 해열, 현훈.

탱자나무(26) : 각기, 건위, 기관지염, 내장무력증, 복부창만, 소화불량, 위축신, 위학, 자궁수축, 자궁하수, 지구역, 지혈, 진통, 축농증, 탈모증, 탈항, 토혈, 통기, 통리수도, 편도선염, 하리, 해소, 해수, 해열, 황달, 흉통.

터리풀(5) : 거풍습, 관절염, 전간, 지경, 풍.

털갈매나무(6) : 감충, 나력, 부종, 완화, 이뇨, 치통.

털개구리미나리(3) : 진통, 창종, 충독.

털개회나무(2) : 건위, 고미.

털계뇨등(15) : 관절염, 기관지염, 기와, 임파선염, 자율신경실조증, 장염, 장풍, 제습, 진통, 타박상, 해독, 해수, 화농, 활혈, A형간염.

털괴불나무(4) : 감기, 이뇨, 종기, 해독.

털기름나물(9) : 관절염, 도한, 백열, 사기, 중독, 진통, 풍질, 해열, 활통.
털냉초(15) : 감기, 근육통, 음낭종독, 인플루엔자, 정혈, 제습, 종독, 중풍, 진통, 청열, 통경, 통리수도, 해독, 해열, 혈전증.
털노랑제비꽃(6) : 기침, 발육촉진, 보간, 태독, 해독, 해소.
털다래(5) : 장염, 조갈증, 청열, 해독, 활혈.
털도깨비바늘(3) : 교독, 창종, 충독.
털독말풀(10) : 각기, 간질, 경풍, 나병, 마취, 진정, 진통, 천식, 탈강, 히스테리.
털동자꽃(4) : 감한, 두창, 해독, 해열.
털딱지꽃(11) : 근골동통, 보익, 자궁내막염, 지혈, 토혈각혈, 통경, 폐결핵, 폐보, 해독, 해열, 혈리.
털마삭줄(8) : 간염, 강장, 거풍, 안태, 종기, 지리, 진통, 통경.
털머위(22) : 감기, 개선, 기관지염, 보익, 어독, 윤피부, 인후종통, 종창, 진정, 진통, 척추질환, 척추카리에스, 청열해독, 충치, 치통, 타박상, 토혈각혈, 풍열감기, 해수, 해열, 화상, 활혈.
털며느리밥풀(4) : 옹종, 창독, 청열, 해독.
털백작약(13) : 객혈, 금창, 대하, 두통, 복통, 부인병, 이뇨, 지혈, 진경, 진통, 창종, 하리, 해열.
털부처꽃(17) : 각기, 경혈, 방광염, 수감, 수종, 암, 역리, 이뇨, 이질, 자궁출혈, 적백리, 제암, 종독, 지사, 청열양혈, 피부궤양, 해열.
털분취(8) : 간염, 고혈압, 조경, 지혈, 진해, 토혈, 혈열, 황달.
털비름(7) : 보익, 복사, 안질, 이뇨, 이질, 창종, 회충.
털산사(1) : 건위.
털산쑥(9) : 개선, 과식, 곽란, 누혈, 산후하혈, 안태, 출혈, 하리, 회충.
털쇠무릎(12) : 각기, 강정, 관절염, 담혈, 신경통, 월경불순, 이뇨통림, 정혈, 통경, 통풍, 혈뇨, 활혈거어.
털쉽싸리(9) : 두풍, 부종, 생기, 요통, 이뇨, 익정, 종기, 토혈, 해열.
털여뀌(13) : 각기, 거풍제습, 관절염, 류머티스관절염, 산기, 위장염, 제습, 종독, 창종, 통기, 학질, 해열, 혈뇨.
털연리초(2) : 부종, 악혈.
털오갈피나무(21) : 각기, 강근골, 강심, 강장, 강정, 거어, 거풍습, 관절염, 단독, 만성맹장염, 사독, 소수종, 요슬통, 음위, 익기, 중풍, 진경, 진정, 진통, 타박상, 풍습.
털이슬(4) : 개창, 농포진, 창상, 청열해독.
털잔대(18) : 강장보호, 경기, 경풍, 기관지염, 소아경풍, 양음, 열성경련, 옹종, 위염, 익담기, 익위생진, 자음, 천식, 청폐거담, 폐렴, 한열, 한열왕래, 해수.
털제비꽃(9) : 강장, 기침, 발육촉진, 보익, 설사, 중풍, 태독, 해독, 해민.
털조록싸리(2) : 신장염, 이뇨.

털조장나무(4) : 강심, 건위, 학질, 해열.

털중나리(13) : 강장보호, 건위, 소아경풍, 열병, 윤폐, 자궁음허, 자양강장, 정신분열증, 종기, 청심, 폐결핵, 해수, 허약체질.

털쥐손이(1) : 지사제.

털진득찰(28) : 강장보호, 강장, 거풍습, 건위, 고혈압, 관절염, 구안와사, 근골동통, 금창, 부종, 사지마비, 수종, 신경통, 악창, 제습, 중독, 중풍, 지구역, 진통, 창종, 청열해독, 충독, 토역, 통경, 통경락, 한열, 한열왕래, 황달.

털질경이(18) : 강심, 금창, 난산, 소염, 심장염, 안질, 요혈, 음양, 이뇨, 익정, 임질, 종독, 지사, 진해, 출혈, 태독, 폐기, 해열.

털피나무(3) : 발한, 이뇨, 진경.

털향유(3) : 발한, 수종, 이뇨.

털황벽나무(1) : 건위.

토끼풀(4) : 신경이상, 양혈, 청열, 치질.

토대황(16) : 개선, 건위, 관절염, 버짐, 부인하혈, 소아피부병, 종, 옹창, 장염, 장풍, 청열, 토혈각혈, 통경, 통리수도, 피부병, 황달.

토란(25) : 강장, 개선, 견비통, 마풍, 소영, 요통, 우울증, 유선염, 유옹, 인후통증, 종독, 중이염, 지사, 충치, 치핵, 타박상, 태독, 편도선염, 폐렴, 피부윤택, 해독, 혈리, 홍역, 화상, 흉통.

토마토(19) : 간경변증, 강장보호, 건뇌, 건위소식, 경련, 고혈압, 당뇨병, 만성간염, 보익, 생진지갈, 생혈, 소화, 야맹증, 정력증진, 정신분열증, 진경, 치매증, 피부윤택, 활혈.

토현삼(11) : 나력, 산결해독, 성병, 소염, 인후염, 종독, 진통, 청열양음, 편도선염, 해열, 후두염.

톱바위취(5) : 보익, 정창, 종독, 청열, 해독.

톱풀(19) : 관절염, 류머티즘, 복강염, 소염, 옹종, 요통, 월경이상, 월경통, 종독, 지통해독, 진경, 진통, 타박상, 편도선염, 풍, 해열, 혈허복병, 활혈, 활혈거풍.

통보리사초(7) : 결핵, 구역, 무력, 빈혈증, 온위장, 체력쇠약, 허약.

통탈목(6) : 거담, 당뇨, 위암, 이뇨, 통경, 해독.

투구꽃(21) : 강심제, 개선, 경련, 관절염, 냉풍, 수감, 신경통, 옹종, 이뇨, 정종, 제습, 종기, 종독, 중풍, 진경, 진통, 충독, 풍비, 풍습, 한반, 흉부냉증.

퉁둥굴레(19) : 강심제, 강장, 건해, 나창, 당뇨, 명목, 생진양위, 안오장, 윤폐, 자양강장, 자음, 장생, 조갈증, 지음윤폐, 폐결핵, 폐렴, 폐창, 풍습, 허약체질.

퉁퉁마디(17) : 간작반, 감비, 갑상선염, 고혈압, 관절염, 근육통, 만성피로, 요통, 월경이상, 저혈압, 조루증, 지혈, 치핵, 폐기천식, 피부윤택, 해독, 활혈.

튜울립나무(6) : 구갈, 부종, 제습지해, 천식, 해수, 호흡곤란.

트리티케일(3) : 도한, 익기제열, 지한.

ㅍ

파(42) : 감기, 거염, 건위, 골절증, 곽란, 구충, 기관지염, 기관지확장증, 만성피로, 민감체질, 발한, 부종, 사태, 소아감적, 소아경풍, 안태, 양혈거풍, 오로보호, 옹종, 요삽, 요충증, 월경이상, 이뇨, 자한, 장위카타르, 적백리, 정혈, 지한, 축농증, 충치, 치통, 타박상, 편도선비대, 편도선염, 폐기천식, 피부소양증, 한열왕래, 해독, 해수, 혈기심통, 화상, 흥분.

파고지(6) : 정양, 척추질환, 해수, 허약체질, 흉부냉증, 흥분제.

파대가리(13) : 간염, 감기, 근골동통, 급성간염, 말라리아, 이질, 종독, 풍한감모, 한열두통, 한열왕래, 해수, 해열, 황달.

파드득나물(15) : 경풍, 고혈압, 기관지염, 대하, 신경통, 아감, 옹종, 음종, 익기, 종독, 중풍, 폐농양, 폐렴, 해독, 활혈.

파란여로(15) : 간질, 감기, 강심, 개선, 고혈압, 두통, 사독, 살충, 악창, 어중독, 열질, 임질, 전간, 중풍, 황달.

파리풀(12) : 개선, 건위, 경풍, 발한, 버짐, 악창, 옴, 제충제, 창독, 치창, 해독, 해독살충.

파초(6) : 각기, 감기, 위장염, 지혈, 해열, 황달.

파초일엽(4) : 이뇨, 지혈, 항암제, 혈담.

팔손이(6) : 거담, 관절염, 어혈, 추간판탈출층, 타박상, 해수.

팥(33) : 각기, 간경변증, 간작반, 감기, 강심제, 건위, 고창, 고혈압, 난관난소염, 단독, 배농해독, 부종, 사리, 산전후통, 소아구루, 수종, 암내, 야뇨증, 여드름, 유즙결핍, 이뇨, 이수소종, 이하선염, 임질, 종기, 종독, 주체, 진통, 치핵, 통유, 해독, 해열, 허냉.

팥꽃나무(28) : 감기, 강심제, 경혈, 구창, 구토, 기관지염, 설사, 수종, 신장염오풍, 옹종, 완선, 이뇨, 종독, 지혈, 진통, 천해, 축수, 치질, 타박상, 통경, 폐결핵, 폐기천식, 폭식증, 해독, 해소, 협통, 흉협통.

팥배나무(4) : 개선, 곽란, 토사, 해열.

패랭이꽃(32) : 경혈, 고뇨, 난산, 늑막염, 무월경, 석림, 소염, 수종, 안질, 옹종, 요도염, 유정증, 음양음창, 음축, 이뇨, 이수통림, 인후염, 인후통증, 일체안병, 임질, 자상, 치질, 치핵, 타박상, 타태, 통경, 통리수도, 풍치, 피임, 하리, 활혈통경, 회충.

패모(33) : 거담, 결기, 고혈압, 기관지염, 나력, 산결, 소아경풍, 악창, 유방염, 유선염, 유즙결핍, 유창통, 인후통증, 임파선염, 지혈, 진정, 진통, 진해, 창양종독, 청열, 토혈각혈, 통유, 편도선염, 폐결핵, 폐기종, 폐기천식, 폐혈, 해수, 해열, 혈압강하.

팬지(7) : 경혈, 고혈압, 완화, 이뇨, 자한, 정혈, 통리수도.

팽나무(21) : 결핵, 관절염, 대하증, 두충, 발모, 부종, 불면, 살충, 안태, 옹종, 요통, 유옹, 이뇨, 종독, 진통, 통경, 통리수도, 통변, 포징, 화상, 활혈.

편두(26) : 가스중독, 건비, 건비위, 건위, 곽란, 구역증, 구토, 근계, 소감우독, 소서, 식강어체, 식욕감소, 약물중독, 적백대하, 조갈증, 주독, 주중독, 지구역, 척추질환, 하돈중독, 하리, 해독, 해열, 화농, 화습, 화중.

편백(4) : 간질, 곽란, 동상, 화상.

포도나무(18) : 간기능회복, 강근골, 권태증, 근골구급, 만성피로, 보기혈, 사태, 식욕촉진, 안산, 요통, 이뇨, 통리수도, 피부소양증, 해수, 허약체질, 혈뇨, 홍역, 흥분제.

포천구절초(11) : 강장, 건위, 보온, 보익, 부인병, 식욕, 신경통, 자궁허냉, 정혈, 조경, 중풍.

폭나무(12) : 결핵, 대하증, 두충, 발모, 부종, 불면, 살충, 안태, 이뇨, 통경, 통변, 화상.

표고(31) : 간경변증, 간작반, 감기, 감비, 강장보호, 건위, 고혈압, 구토, 대장암, 만성간염, 소아허약체질, 암, 오로보호, 오발, 옹종, 위경련, 위장염, 윤피부, 종독, 중독증, 중풍, 편도선비대, 편도선염, 폐암, 피부윤택, 해수, 허약체질, 협심증, 활혈, 흉부답답, 흉통.

푸른개고사리(2) : 금창, 자궁출혈.

풀또기(3) : 변비, 진통, 통경.

풀명자나무(16) : 각기, 강장보호, 건위, 곽란, 근육통, 기해, 만성피로, 장위카타르, 제습, 주독, 주독, 풍, 풍비, 하사, 하지근무력증, 해수.

풀솜나물(6) : 거담, 건위, 기관지염, 식병, 지혈, 하리.

풀솜대(18) : 강장보호, 거풍지통, 노상, 두통, 보기, 양위, 월경불순, 월경이상, 유선염, 유옹, 음위, 익신, 조루증, 종독, 타박상, 풍, 허약체질, 활혈.

풀싸리(4) : 신장염, 안질, 이뇨, 해열.

풍게나무(5) : 결핵, 부종, 안태, 이뇨, 통경.

풍년화(9) : 객혈, 설사, 수감, 지해, 지혈, 청서해열, 치질, 해수, 화상.

풍산가문비(4) : 발모, 생기, 악창, 통경.

풍선덩굴(12) : 개선, 경혈, 독사교상, 양혈, 이수, 임병, 정혈, 청열, 타박상, 해독, 해수, 황달.

풍접초(3) : 사지마비, 타박상, 활혈.

피나무(3) : 발한, 이뇨, 진경.

피나물(16) : 개선, 거풍습, 관절염, 류머티스성, 상어소종, 서근활락, 옹종, 제습, 종독, 지통지혈, 지혈, 진통, 창양, 타박상, 항문주위농양, 활혈.

피라칸다(7) : 건비소적, 설사, 어혈, 이질, 자궁출혈, 지혈, 활혈.

피마자(42) : 각기, 개선, 건선, 관격, 구금, 구금불언, 난산, 두통, 맹장염, 목소양증, 민감체질, 변독, 부종, 설사, 설창, 소아소화불량, 실음, 아감, 악창, 오한, 외이도염, 외질, 적체, 적취, 제습, 종독, 중풍, 지혈, 진통, 치핵, 타박상, 타태, 탕화상, 태의불하, 통경, 통변, 편도선염, 풍습, 피부병, 한열, 한열왕래, 화상.

피막이풀(15) : 곽란, 구토, 만성간염, 소아경풍, 소아인후통, 안적, 야맹증, 열독증, 옹저, 위장염, 인후통증, 일체안병, 지혈, 해독, 황달.

ㅎ

하늘나리(14) : 강장보호, 건위, 소아경풍, 소아열병, 열병, 자양강장, 자음, 자폐증, 정신분열증, 종기, 지음증, 폐열, 해수, 허약체질.

하늘말나리(27) : 각혈, 강심제, 강장보호, 객혈, 구역증, 기관지염, 기부족, 동통, 백일해, 보폐, 신경쇠약, 안오장, 역질, 유방염, 유방왜소증, 유선염, 윤폐지해, 익지, 종기, 진정, 청심안신, 토혈, 토혈각혈, 폐렴, 해독, 해수, 후두염.

하늘매발톱(2) : 생리불순, 통경활혈.

하늘타리(52) : 각혈, 간기능회복, 강장보호, 객혈, 거담, 결핵, 경혈, 기울증, 담, 당뇨, 백적리, 선열, 식도암, 안오장, 야뇨증, 어혈, 열광, 오풍, 요도염, 월경이상, 유두염, 유선염, 유옹, 유즙결핍, 윤피부, 이뇨, 자궁경부암, 자양강장, 장풍, 적백리, 종창, 중풍, 진정, 진통, 창종, 최유, 치루, 치창, 치핵, 타박상, 토혈각혈, 통경, 통리수도, 폐결핵, 폐기천식, 폐위해혈, 피부병, 피부윤택, 해수, 해열, 화상, 황달.

하수오(43) : 각풍, 간기능회복, 간염, 간허, 감기, 감비, 강심제, 강장보호, 강정제, 갱년기장애, 거담, 건망증, 과로, 관절염, 구풍, 권태증, 근골위약, 내풍, 두통, 백일해, 보익, 수풍, 신경쇠약, 양위, 양혈, 오발, 완화, 요슬산통, 임파선염, 장위카타르, 정기, 정력증진, 종독, 진통, 진해, 척추질환, 토혈, 통경, 통기, 풍습, 해독, 혈색불량, 활혈.

한라개승마(4) : 정력, 지혈, 편두선염, 해독.

한라돌쩌귀(13) : 강심, 개선, 관절염, 냉풍, 신경통, 이뇨, 정종, 중풍, 진경, 진통, 풍질, 한반, 홍탈.

한라부추(17) : 강심, 강장, 건뇌, 건위, 곽란, 구충, 소염, 소화, 식용, 이뇨, 익신, 진정, 진통, 충독, 풍습, 항균, 해독.

한라장구채(2) : 정혈, 최유.

한란(4) : 이뇨, 중독, 지혈, 피부염.

한련(7) : 동통, 안구충혈, 양형, 종기, 지혈, 청열, 해독.

한련초(17) : 강장보호, 경혈, 근골동통, 악독대창, 양혈지혈, 오발, 음낭종독, 자음익신, 종기, 종독, 종창, 지혈, 진통, 충독, 토혈각혈, 해독, 혈분.

할미꽃(48) : 건위, 경중양통, 경혈, 과민성대장증후군, 뇌암, 두창, 만성위염, 백독, 부종, 비암, 비출혈, 선기, 소영, 수렴, 심장통, 암, 양혈, 요슬풍통, 월경이상, 위장염, 음부소양, 익혈, 임파선염, 자궁경부암, 장염, 장위카타르, 장출혈, 적백리, 적취, 정혈, 지혈, 진통, 청혈해독, 치암, 치출혈, 타박상, 폐암, 풍양, 피부암, 하리, 학질, 한열왕래, 해독, 해열, 혈림, 혈전증, 활혈, 흉부냉증.

할미밀망(6) : 각기, 복중괴, 요슬통, 절상, 천식, 풍질.

함경딸기(1) : 강장.

함박꽃나무(14) : 배가튀어나온증세, 소종, 열질, 윤폐지해, 이뇨종기, 지혈, 진정, 진통, 토혈각혈, 폐렴, 하리, 해수, 해열.

함박이(16) : 감기, 거풍, 건위, 관절염, 복통, 옹종, 이뇨, 제습, 종독, 지사, 진통, 청열, 풍, 학질, 해독, 해열.

함북종덩굴(10) : 감기, 개선, 발한, 복중괴, 악종, 요슬통, 절상, 천식, 파상풍, 풍질.

해국(4) : 방광염, 보익, 이뇨, 해소.

해당화(27) : 각혈, 객혈, 건위, 견인통, 경혈, 관절염, 금창, 양혈거풍, 월경이상, 유뇨, 유선염, 이기, 장간막탈출증, 제습, 종독, 지혈, 진통, 치통, 타박상, 토혈각혈, 통경, 통기, 폐혈, 해울, 협통, 화혈산어, 활혈.

해란초(7) : 부병, 소종, 수종, 이뇨, 청열, 해독, 황달.

해바라기(19) : 강장보호, 고혈압, 골다공증, 구충, 구풍, 금창, 류마티스, 보익, 사태, 식견육체, 요도염, 월경이상, 일사상, 지혈, 진통, 치통, 통리수도, 해수, 해열.

해변싸리(3) : 신장염, 이뇨, 해열.

해변황기(9) : 강장, 나창, 늑막염, 완화, 종창, 지한, 치질, 폐병, 해열.

해장죽(7) : 구토, 발한, 주독, 중풍, 진통, 토혈, 파상풍.

향나무(19) : 감기, 거풍산한, 고혈압, 곽란, 관절염, 관절통, 담마진, 이뇨, 제습, 종기, 종독, 지혈, 통경, 통리수도, 풍, 풍한, 해독, 활혈, 활혈소종.

향등골나물(28) : 감기, 거서, 고혈압, 관절염, 기관지염, 당뇨, 맹장염, 백혈병, 보익, 산후통, 수종, 암, 온신, 월경이상, 인후통증, 제습, 종독, 중풍, 청열, 토혈각혈, 통경, 통리수도, 편도선염, 폐렴, 해독, 해열, 화습, 황달.

향모(6) : 거풍활락, 반신불수, 사지마비, 지혈생기, 인후건조, 해열.

향부자(39) : 감기, 개울, 객혈, 거풍, 건위, 경련, 경풍, 관격, 구토, 기관지염, 만성피로, 목정통, 부인병, 사태, 소간이기, 소아경풍, 신경통, 옹종, 우울증, 월경이상, 위축신, 임신오조, 자궁진통, 장위카타르, 장출혈, 조경지통, 진경, 진통, 진해, 토혈각혈, 통경, 통기, 편도선염, 풍, 풍양, 하리, 행기, 흉만, 흉부답답.

향유(21) : 각기, 감기, 건위, 곽란, 구토, 기관지염, 발한, 발한해표, 소아경풍, 수종, 암내, 오한발열, 위축신, 이뇨, 이수소종, 지혈, 통리수도, 풍, 해열, 해열, 화중화습.

헐떡이풀(14) : 거어, 경혈, 보익, 산한, 자한, 천식, 청력보강, 청력장애, 타박상, 파상풍, 폐기천식, 폐농양, 해수, 활혈.

헛개나무(2) : 주독, 진토.

현삼(30) : 감기, 강심제, 강화, 결핵, 경선결핵, 고혈압, 골증열, 기관지염, 나력, 산결해독, 성병, 소염, 연주창, 옹종, 인두염, 인후통증, 임파선염, 자양강장, 종독, 진통, 청열양음, 토혈각혈, 통풍, 편도선염, 폐결핵, 폐렴, 해독, 해열, 혈비, 후두염.

현호색(27) : 견비통, 경련, 경혈, 골절, 골절증, 두통, 오십견, 오줌소태, 요슬산통, 요통, 월경이상, 월경통, 유창통, 이완출혈, 임신중독증, 자궁수축, 정혈, 조경, 진경, 진정, 진통, 질벽염, 타박상, 통기, 포징, 풍비, 활혈.

협죽도(9) : 간질, 강심제, 경련, 고혈압, 이뇨, 진경, 타박상, 폐기천식, 해수.

형개(33) : 각기, 감기, 갱년기장애, 거풍해표, 경련, 곽란, 구풍, 근육통, 발한, 부인하혈, 옹종, 요부염좌, 음창, 인후통증, 임파선염, 자궁출혈, 자궁탈수, 정혈, 지혈, 진경, 진통, 청이, 치열, 토혈각혈, 편도선비대, 편도선염, 풍, 한열왕래, 항문주위농양, 해독, 해열, 혈변, 혈우병.

호광대수염(4) : 수종, 이뇨, 임비, 해열.

호노루발(6) : 각기, 방부, 수감, 이뇨, 절상, 충독.

호대황(13) : 각기, 갈충, 건위, 변비, 부종, 산후통, 살충, 설사, 어혈, 통경, 피부병, 해열, 황달.

호두나무(34) : 각기, 간기능회복, 강장보호, 강정제, 개선, 구충, 구토, 기관지염, 동상, 소변림력, 소아조성장, 수감, 암내, 염발, 옴, 요결석, 요통, 유정증, 윤폐, 임신구토, 자반병, 자양강장, 중독증, 진해, 타박상, 통기, 폐기천식, 포태, 피부염, 해수.

호랑가시나무(16) : 강장보호, 거풍습, 관절염, 두통, 보간신, 양기혈, 요슬산통, 익정, 제습, 청풍열, 타박상, 폐결핵, 풍, 풍비, 해수, 활혈.

호랑버들(8) : 생환, 수감, 이뇨, 종기, 지혈, 치통, 해독, 황달.

호리병박(9) : 개선, 경중양통, 고창, 배가튀어나온증세, 옹저, 정기, 증세, 치루, 치통, 통리수도.

호모초(4) : 개선, 백전풍, 충독, 한창.

호밀(3) : 후출혈, 자궁수축, 자궁출혈.

호밀풀(1) : 구충.

호바늘꽃(2) : 수감, 지혈.

호박(49) : 각혈, 간경변증, 감기, 강장보호, 결막염, 경풍, 고혈압, 골다공증, 골절, 구창, 구충, 기관지염, 난산, 배가튀어나온증세, 사태, 살충, 소아리수, 아편중독, 암내, 야뇨증, 야맹증, 옹창, 요도염, 월경이상, 위암, 유즙결핍, 이뇨, 이질, 일체안병, 임신오조, 장위카타르, 저혈압, 전립선비대증, 중풍, 청폐, 촌충증, 치통, 치핵, 탈항, 통락, 편도선비대, 편도선염, 하리, 해수, 홍역, 화병, 황달, 회충증, 흉통.

호비수리(5) : 신장염, 이뇨, 해수, 해열, 해표산한.

호자나무(14) : 장보호, 관절염, 소아감적, 안태, 음위, 제습, 종독, 타박상, 통경, 폐농양, 풍, 풍비, 해수, 활혈.

호장근(21) : 간염, 감기, 건위, 골수염, 급성간염, 보익, 야뇨증, 완화, 위장염, 이뇨, 제습, 종독, 청열이습, 치핵, 타박상, 통경, 풍, 해독, 해수, 화염지해, 활혈정.

호제비꽃(11) : 발육촉진, 보간, 보익, 부인병, 태독, 통경, 하리, 해독, 해민, 해소, 해열.

호프(14) : 건위, 경련, 방광염, 복창, 불면증, 소화불량, 위장염, 이뇨, 정신분열증, 진경, 진정, 최면, 통리수도, 하초습열.

혹난초(6) : 강장, 보신, 수종, 악창, 음위, 출혈.

혹쐐기풀(6) : 거풍습, 단독, 당뇨, 소아경기, 통변, 해독.

홀꽃노루발(3) : 방부, 수감, 이뇨.

홀아비꽃대(17) : 거풍, 건습화염, 경혈, 기관지염, 소종지통, 옹종, 월경이상, 이뇨, 인후통증, 제습, 타박상, 통경, 풍한해수, 해독, 해수, 활혈, 흉협통.
홀아비바람꽃(6) : 거풍습, 골절통, 사지마비, 소옹종, 요통, 종통.
홍괴불나무(5) : 이뇨, 종기, 지혈, 해독, 해열.
홍노도라지(4) : 백일해, 천식, 호흡곤란, 흥분.
홍도서덜취(8) : 간염, 고혈압, 조경, 지혈, 진해, 토혈, 혈열, 황달.
홍도원추리(8) : 강장, 번열, 양혈, 유옹, 이뇨, 치림, 혈변, 황달.
홍만병초(14) : 강장보호, 강정제, 건위, 견비통, 관절염, 구토, 오십견, 요슬산통, 요통, 익신, 제습, 진통, 하리, 허리디스크.
홍월귤(1) : 건위.
홍초(4) : 간염, 구리, 소종, 지혈.
화백(4) : 간질, 곽란, 동상, 화상.
화살곰취(3) : 보익, 진정, 진통.
화살나무(17) : 구충, 대장암, 복진통, 산후어혈, 살충, 신장암, 암, 요슬통, 월경이상, 유방암, 자궁출혈, 제습, 촌충, 통경, 통유, 파혈통경, 풍습.
화엄제비꽃(8) : 간기능촉진, 기침, 부인병, 유아발달촉진, 중풍, 통경, 해독, 해민.
환삼덩굴(20) : 감기, 건위, 관격, 나창, 오림, 옹종, 위암, 이뇨, 임파선염, 진정, 청혈해독, 치질, 치핵, 퇴허열, 파상풍, 폐결핵, 폐렴, 폐혈, 하리, 학질.
활나물(14) : 간장암, 강심, 기관지염, 소아감적, 식도암, 야뇨증, 이뇨, 자궁경부암, 진통, 통경, 피부상피암, 항암, 해독, 해열.
활량나물(2) : 강장, 이뇨.
황근(1) : 완화제.
황금(25) : 감기, 고혈압, 구토, 금창, 기관지염, 농혈, 단독, 복통, 소염, 악창, 안태, 오림, 이질, 장염, 장위카타르, 종독, 지사, 지혈, 청열조습, 토혈각혈, 풍, 하리, 해독, 해열, 황달.
황기(76) : 간작반, 감기, 강심제, 강장보호, 경선결핵, 경중양통, 고혈압, 과실중독, 관절염, 근육경련, 기력증진, 기부족, 나창, 난청, 늑막염, 만성피로, 민감체질, 보중익기, 비육, 비허설사, 사태, 안면창백, 양궐사음, 양위, 열독증, 열질, 오한, 오한발열, 옹종, 옹창, 완화, 월경이상, 위하수, 위한증, 유방동통, 유옹, 음극사양, 이수소종, 익기고표, 자궁수축, 자한, 적리, 적백리, 정력증진, 조갈증, 종독, 종창, 중풍, 지갈, 지한, 창양, 치질, 치핵, 탈모증, 탈항, 통기, 통리수도, 통증, 투진, 폐결핵, 폐병, 폐열, 피부노화방지, 피부윤택, 하지근무력증, 한열왕래, 해수, 해열, 허로, 허약체질, 허혈통, 혈비, 혈허복병, 화농, 활혈, 흉부냉증.
황련(21) : 거습, 건위, 결막염, 구토, 당뇨, 동맥경화, 안질, 위산과다증, 위장염, 일체안병, 임질, 장위카타르, 적백리, 정신분열증, 조습, 지구역, 지혈, 진정, 진통, 토혈각혈, 해열.
황매화(11) : 거풍윤장, 관절염, 류머티즘, 소아감적, 소화불량, 지해화담, 창독, 토혈각혈, 폐기천식, 풍, 해수.

황벽나무(45) : 가성근시, 각막염, 간경변증, 간염, 건위, 결막염, 고미, 과민성대장증후군, 구내염, 근시, 급성간염, 당뇨, 동상, 방부, 소아야뇨증, 소아이질, 수감, 아감, 야뇨증, 열병, 오풍, 요통, 위장염, 일체안병, 임질, 장위카타르, 장티푸스, 전립선비대증, 정력증진, 정장, 종독, 종창, 중독, 치조농루, 치질, 치통, 콜레라, 타박상, 토혈, 폐결핵, 폐렴, 항문주위농양, 해독, 홍채, 황달.

황새냉이(4) : 명목, 양혈, 조경, 청열.

황새승마(15) : 감기, 소아요혈, 옹종, 요혈, 인후통증, 자궁하수, 자한, 종독, 창달, 탈항, 편두통, 한열왕래, 해독, 해열, 화분병.

황정(1) : 조갈증.

황철나무(4) : 수감, 종기, 해열, 황달.

황해쑥(10) : 개선, 건위, 산한지통, 안질, 온경지혈, 이뇨, 제습지양, 창종, 풍습, 황달.

회나무(3) : 자궁출혈, 진통, 통경.

회령바늘꽃(12) : 각기, 거담, 고혈압, 방광염, 수감, 신장염, 양혈, 요도염, 적리, 지혈, 치암, 해열.

회리바람꽃(4) : 개규화염, 거담, 건위, 성비안신.

회목나무(3) : 자궁출혈, 진통, 통경.

회양목(13) : 거풍습, 근골동통, 목적동통, 산통, 이기, 적백리, 제습, 지통, 치통, 타박상, 통풍, 풍습두통, 해수.

회향(37) : 각기, 간질, 거담, 건위, 경혈, 곽란, 관절염, 구충, 구토, 구풍, 대하, 부인음, 사독, 산한, 식우육체, 신경통, 양위, 오심, 온신, 요통, 유즙결핍, 음동, 음왜, 음위, 이기개위, 장위카타르, 중종, 지구역, 지통, 진통, 창종, 최유, 치통, 토혈각혈, 통기, 풍, 흉부냉증.

회화나무(28) : 각혈, 고혈압, 뇌일혈, 만성피로, 소염, 수감, 식도암, 암, 양혈거풍, 유방암, 인후염, 일체안병, 임파선염, 장위카타르, 장출혈, 전립선암, 종독, 지혈, 청열, 출혈증, 치조농루, 치출혈, 치핵, 토혈각혈, 피부암, 해열, 활혈, 회충.

후박나무(29) : 강장보호, 거담, 건위, 경련, 경신익지, 골절번통, 관절냉기, 구창, 구토, 근골동통, 만성피로, 양위, 오로보호, 오풍, 위장병, 위학, 자양강장, 장위카타르, 전근족종, 정양, 좌상근, 중풍, 진정, 토사부지, 통리수도, 해수, 해열, 허약체질, 활혈.

후추나무(9) : 건위, 광견병, 구토, 열질, 위학, 위한증, 자한, 적백리, 하리.

후추등(14) : 거풍습, 건위, 관절통, 구충, 구풍, 근골동통, 만성해수, 위한증, 이기, 제습, 천식, 통경, 풍, 해독.

흑난초(7) : 건위, 구갈, 소아경간, 종독, 폐혈, 해수, 해열.

흑삼릉(13) : 기혈응체, 소적, 월경이상, 종독, 진경, 타박상, 통경, 통기, 파혈거어, 학질, 행기지통, 협하창통, 활혈.

흑오미자(6) : 단독, 수감, 수체, 음경, 자양, 해소.

흰개수염(5) : 안질, 창개, 치풍통, 해독, 후비염.

흰괴불나무(4) : 감기, 이뇨, 종기, 해독.

흰꽃광대나물(2) : 강장, 대하증.

흰꽃나도사프란(6) : 거담, 구토, 백일해, 종기, 천식, 폐렴.

흰대극(14) : 건선, 당뇨, 발한, 복중괴, 사수축음, 선형, 소종산결, 음종, 이뇨, 임질, 치통, 통경, 풍습, 풍열.

흰더위지기(12) : 간질, 거담, 구고, 비체, 소아열병, 안심정지, 열병, 위열, 위한증, 자궁냉증, 청열, 통리수도.

흰독말풀(25) : 각기, 간질, 강화, 거풍지통, 경련, 경풍, 나병, 마취, 소아경결, 소아경풍, 안심정지, 오줌소태, 제습, 지해평천, 진경, 진정, 진통, 천식, 탄산토산, 탈강, 탈항, 폐기천식, 하리, 해수, 히스테리.

흰두메양귀비(9) : 뇌염, 마비, 위장병, 진통, 진해, 최면, 최토, 하리, 호흡진정.

흰땃딸기(1) : 보익.

흰말채나무(4) : 강장, 수렴지혈, 신우신염, 흉막염.

흰명아주(7) : 개선, 백전풍, 살충, 습창양진, 이질, 청열이습, 충독.

흰물봉선(4) : 난산, 사독, 요통, 타박상.

흰민들레(42) : 각기, 강장보호, 건위, 경중양통, 기관지염, 대하증, 만성간염, 부종, 소감우독, 소아해열, 식중독, 악창, 오풍, 온신, 옹종, 완화, 요독증, 위궤양, 위무력증, 위산과소증, 위장염, 유방염, 유방왜소증, 유선염, 유즙결핍, 이습통림, 인후염, 인후통증, 일체안병, 임파선염, 자궁내막염, 자상, 정종, 정창, 진정, 창종, 청열해독, 충혈, 탈피기급, 해독, 해열, 황달.

흰바위취(1) : 보익.

흰상사화(5) : 거담, 기관지염, 적리, 창종, 토혈.

흰섬초롱꽃(8) : 경풍, 보익, 인후염, 천식, 최생, 편두선염, 한열, 해산촉진.

흰쑥(3) : 안질, 이뇨, 해열.

흰씀바귀(9) : 간경화, 건위, 고미, 구내염, 만성기관지염, 이질, 진정, 청열양혈, 해독.

흰아프리카문주란(9) : 객혈, 거담, 기관지염, 백일해, 적리, 창종, 토혈, 폐결핵, 해열.

흰양귀비(14) : 뇌염, 다발성경화증, 마비, 무도병, 위장병, 진경, 진통, 진해, 최면, 최토, 토제, 피하주사, 하리, 호흡진정.

흰여뀌(6) : 각기, 부종, 요종통, 위장염, 이뇨, 창종.

흰여로(14) : 고혈압, 간질, 개선, 고혈압, 곽란, 유즙결핍, 임질, 전간, 중풍, 최토, 치통, 통유, 혈뇨, 황달.

흰잎엉겅퀴(4) : 음종, 지혈, 창종, 토혈.

흰전동싸리(4) : 장염, 안질, 이뇨, 해열.

흰젖제비꽃(11) : 가장기능촉진, 발육촉진, 발한, 부인병, 사하, 설사, 중풍, 최토, 태독, 통경, 해민.

흰제비꽃(14) : 감기, 급성간염, 기침, 발육촉진, 보익, 보혈, 산어소종, 설사, 중풍, 청열해독, 태독, 해독, 해민, 해열.

흰조개나물(14) : 간염, 감기, 개선, 기관지염, 나력, 두창, 매독, 식욕, 연주창, 이뇨, 이질, 청열해독, 편도선염, 활혈소종.

흰지느러미엉겅퀴(4) : 강장, 복중괴, 이뇨, 지혈.

흰진범(14) : 강심제, 관절염, 근골구급, 냉풍, 살충, 이뇨, 종기, 진경, 진정, 진정, 진통, 충독, 통리수도, 황달.

흰참꽃나무(1) : 이뇨.

흰철쭉(3) : 강장, 건위, 이뇨.

흰털제비꽃(8) : 간장기능촉진, 기침, 발육촉진, 부인병, 중풍, 통경, 해독, 해민.

히어리(3) : 구역, 번란혼미, 오한발열.

(총 2,190종)

증상과 효과별로 이용되는 자원식물의 종류

4

증상과 효과별로 이용되는 자원식물의 종류

[1,923단어]

가래톳(3) : 고삼, 가래톳, 사과나무.

가성근시(假性近視)(4) : 구기자나무, 익모초, 창포, 황벽나무.

가스중독(4) : 무, 민들레, 민산초, 편두.

각기(脚氣)(190) : 가시오갈피, 가지, 강낭콩, 개갓냉이, 개대황, 개버무리, 개수양버들, 개여뀌, 개오동나무, 개질경이, 갯방풍, 검은종덩굴, 겨우살이, 겨자, 결명차, 고비, 골담초, 광나무, 구기자나무, 국화으아리, 귤나무, 금소리쟁이, 긴화살여뀌, 까치수염, 꽃무릇, 꽃버들, 꽃향유, 꿩고비, 나도미꾸리낚시, 나팔꽃, 노루발, 녹두, 누른종덩굴, 눈빛승마, 당광나무, 당버들, 대황, 댕댕이덩굴, 덧나무, 덩굴강낭콩, 덩굴팥, 독말풀, 돌바늘꽃, 돌소리쟁이, 딱총나무, 땅콩, 마늘, 말오줌때, 매실나무, 매자잎버들, 매화바람꽃, 맥문동, 명자나무, 모과나무, 무, 묵밭소리쟁이, 미국자리공, 미루나무, 미역, 민들레, 바나나, 바늘여뀌, 방기, 배암차즈기, 버들바늘꽃, 버들쥐똥나무, 범부채, 벚나무, 병조희풀, 보리, 복숭아나무, 부처꽃, 분홍노루발, 붉은강낭콩, 비파나무, 빈랑나무, 뽕나무, 사시나무, 사위질빵, 신동쥐똥나무, 산들깨, 산뽕나무, 산앵두나무, 산옥매, 살구나무, 삼백초, 상동잎쥐똥나무, 새끼노루발, 새모래덩굴, 새팥, 서울오갈피, 선버들, 선인장, 섬오갈피, 섬자리공, 섬쥐똥나무, 세잎종덩굴, 소리쟁이, 솜흰여뀌, 쇠무릎, 쇠비름, 수세미외, 수양버들, 순비기나무, 쌍실버들, 애기노루발, 양버들여뀌, 엉겅퀴, 여뀌, 염주, 오가나무, 오갈피나무, 오동나무, 오수유, 옥매, 옥수수, 왕가시오갈피, 왕쥐똥나무, 외대으아리, 요강나물, 용담, 우엉, 위령선, 율무, 으아리, 음양고비, 이삭여뀌, 이스라지, 이질풀, 인동, 자두나무, 자리공, 자주조희풀, 자주종덩굴, 장군풀, 제비꿀, 제주산버들, 조희풀, 좀목형, 좀부처꽃, 좀사위질빵, 종덩굴, 쥐똥나무, 지리산오갈피, 질경이, 질경이택사, 찔레나무, 차풀, 참나리, 참소리쟁이, 참으아리, 창포, 채송화, 콩, 콩팥노루발, 큰바늘꽃, 택사, 탱자나무, 털독말풀, 털부처꽃, 털여뀌, 털오갈피, 파초, 팥, 풀명자나무, 피마자, 할미밀망, 함북종덩굴, 향유, 형개, 호두나무, 호노루발, 호대황, 회령바늘꽃, 회향, 흰독말풀, 흰민들레, 흰여뀌.

각기부종(脚氣浮腫)(1) : 백합.

각막염(角膜炎)(2) : 결명차, 황벽나무.

각종(角腫)(1) : 노랑부추.

각풍(脚風)(4) : 나도하수오, 모람, 왕모람, 하수오.

각혈(咯血)(52) : 개미취, 갯실새삼, 광대수염, 구기자나무, 금창초, 기린초, 꽃무릇, 띠, 맨드라미, 머위, 메밀, 무화과나무, 물달개비, 물쇠뜨기, 배나무, 백작약, 백합, 뱀딸기, 뱀무, 버드나무, 분꽃, 산작약, 상사화, 솜대, 솜양지꽃, 쇠뜨기, 쉽사리, 신경초, 엉겅퀴, 연꽃, 오이풀, 왕대, 인삼, 자금우, 적작약, 절굿대, 접시꽃, 중나리, 쥐방울덩굴, 지황, 진달래, 참나리, 천문동, 측백나무, 치자나무, 칠엽수, 큰엉겅퀴, 하늘말나리, 하늘타리, 해당화, 호박, 회화나무.

간경(間經)(1) : 점박이천남성.

간경변증(肝硬變症)(36) : 질경이, 감나무, 결명차, 구기자나무, 냉이, 넓은잎황벽나무, 다래나무, 두루미천남성, 땃두릅나무, 마늘, 물쑥, 밀, 벼, 부추, 사철쑥, 산사나무, 삽주, 석결명, 소나무, 수염가래꽃, 승검초, 애기똥풀, 율무, 잇꽃, 절굿대, 젓가락나물, 제비쑥, 줄, 천남성, 칼잎용담, 택사, 토마토, 팥, 표고, 호박, 황벽나무.

간경화(肝硬化)(12) : 꽈리, 냇씀바귀, 두루미천남성, 둥근잎천남성, 땅꽈리, 무늬천남성, 처녀바디, 벌씀바귀, 씀바귀, 왕씀배, 좀씀바귀, 큰천남성, 흰씀바귀.

간경화증(肝硬化症)(1) : 젓가락나물.

간기능촉진(肝機能促進)(3) : 남산제비꽃, 단풍제비꽃, 화엄제비꽃.

간기능회복(肝機能回復)(32) : 결명차, 고구마, 고삼, 까마중, 냉이, 노루귀, 당근, 당매자나무, 두충, 떡갈나무, 마늘, 매실나무, 매자나무, 민들레, 보리, 복령, 비파나무, 산수유나무, 새삼, 소나무, 애기똥풀, 양파, 영지, 오미자, 용담, 울금, 쥐참외, 지모, 포도나무, 하늘타리, 하수오, 호두나무.

간반(肝斑)(2) : 박주가리, 애기똥풀.

간보호(肝保護)(1) : 고사리삼.

간암(肝癌)(1) : 사철쑥.

간열(肝熱)(11) : 도꼬마리, 닥나무, 뚝갈, 멍석딸기, 바위솔, 사철쑥, 용담, 제비꽃, 제비쑥, 지치, 쪽.

간염(肝炎)(168) : 가래, 가야산은분취, 각시서덜취, 각시취, 감국, 감초, 개갓냉이, 개구리자리, 개다래나무, 개망초, 개머루, 개사철쑥, 개수양버들, 개속새, 개오동나무, 개질경이, 갯버들, 갯실새삼, 거지덩굴, 결명차, 계뇨등, 고삼, 골무꽃, 괭이밥, 구기자나무, 구와취, 국화, 그늘취, 금감, 금강분취, 금방망이, 긴병꽃풀, 긴분취, 깃반쪽고사리, 께묵, 꽈리, 꿀풀, 꿩의다리, 나도수영, 난쟁이바위솔, 남포분취, 냉이, 넓은잎황벽나무, 네가래, 다래나무, 단삼, 닭의장풀, 담뱁취, 담배풀, 당분취, 대청, 더위지기, 도깨비바늘, 독말풀, 돌나물, 두릅나무, 두메분취, 두메취, 땅꽈리, 뚝갈, 띠, 마삭줄, 마타리, 마편초, 말냉이, 멍석딸기, 며느리배꼽, 모감주나무, 모시대, 물레나물, 물쑥, 물푸레나무, 미나리, 미나리아재비, 미역취, 민들레, 민들레, 바늘분취, 바위솔, 박, 반쪽고사리, 배풍등, 백선, 백설취, 백운풀, 버들분취, 벼룩나물, 병풀, 봉의꼬리, 분취, 붉은조개나물, 비단분취, 비파나무, 빗살서덜취, 사마귀풀, 사창분취, 사철쑥, 산각시취, 산골취, 삼백초, 새삼, 서덜취, 소나무, 소리쟁이, 솔나물, 솜분취, 송악, 쇠고비, 쇠뜨기, 수양버들, 수염가래꽃, 신경초, 실고사리, 알로에, 애기똥풀, 약모밀, 여우구슬, 여우주머니, 오리나무, 오미자, 옥수수, 왕과, 왕바랭이, 용담, 위령선, 율무, 으아리, 은꿩의다리, 은분취, 이끼, 인동, 자귀풀, 자금우, 자작나무, 잔털인동, 절굿대, 접시꽃, 젓가락나물, 제비꽃, 조개나물, 조뱅이, 줄, 쥐참외, 지느러미엉겅퀴, 지치, 지칭개, 질경이, 차나무, 참소리쟁이, 층꽃나무, 치자나무, 컴프리, 큰각시취, 큰꽃으아리, 큰봉의꼬리, 큰엉겅퀴, 큰절굿대, 타래붓꽃, 털마삭줄, 털분취, 파대가리, 하수오, 호장근, 홍도서덜취, 홍초, 황벽나무, 흰조개나물.

간작반(皯雀斑)(27) : 가지, 고본, 구기자나무, 귤나무, 귤나무, 둥굴레, 목화, 무화과나무, 미역, 복령, 복숭아나무, 분꽃, 뽕나무, 새삼, 수세미외, 알로에, 오이, 율무, 율무, 익모초, 자두나무, 참깨, 창포, 퉁퉁마디, 팥, 표고, 황기.

간장(肝臟)(1) : 갯율무.

간장기능촉진(肝臟機能促進)(25) : 각시제비꽃, 갑산제비꽃, 고깔제비꽃, 광릉제비꽃, 구름제비꽃, 금강제비꽃, 낚시제비꽃, 넓은잎제비꽃, 둥근털제비꽃, 서울제비꽃, 섬제비꽃, 아욱제비꽃, 엷은잎제비꽃, 왕제비꽃, 이시도야제비꽃, 잔털제비꽃, 장백제비꽃, 제비꽃, 졸방제비꽃, 종지나물, 참졸방제비꽃, 큰졸방제비꽃, 태백제비꽃, 흰젖제비꽃, 흰털제비꽃.

간장병(肝臟病)(1) : 돌나물.

간장암(肝臟癌)(11) : 긴담배풀, 무, 민들레, 비파나무, 사철쑥, 수염가래꽃, 우엉, 절굿대, 죽순대, 짚신나물, 활나물.

간장염(肝臟炎)(4) : 남천, 당매자나무, 매발톱나무, 매자나무.

간질(癎疾)(70) : 감초, 개구릿대, 개회향, 갯강활, 갯방풍, 갯사상자, 곰솔, 구기자나무, 구릿대, 구슬붕이, 구주물푸레, 궁궁이, 긴병꽃풀, 냉이, 노간주나무, 눈잣나무, 독말풀, 두루미천남성, 들메나무, 리기다소나무, 마늘, 만주곰솔, 모란, 물푸레나무, 미국물푸레, 바디나물, 박, 박새, 백운쇠물푸레, 벌사상자, 범꼬리, 봉선화, 붉은물푸레, 사동미나리, 사위질빵, 삼수구릿대, 새삼, 생강, 섬잣나무, 솜대, 승검초, 연필향나무, 왜당귀, 왜천궁, 용담, 원추리, 으아리, 잔잎바디, 잣나무, 점박이천남성, 좀구슬붕이, 쥐오줌풀, 참당귀, 참여로, 천궁, 천남성, 천마, 천문동, 측백나무, 큰용담, 큰천남성, 털독말풀, 파란여로, 편백, 협죽도, 화백, 회향, 흰더위지기, 흰독말풀, 흰여로.

간허(肝虛)(7) : 꿀풀, 독말풀, 비름, 산수유나무, 참깨, 하수오, 구기자나무.

간헐파행증(間歇跛行症)(3) : 쇠무릎, 엉겅퀴, 음나무.

간활혈(肝活血)(1) : 새머루.

갈충(蝎蟲)(7) : 개대황, 금소리쟁이, 묵밭소리쟁이, 소리쟁이, 쐐기풀, 참소리쟁이, 호대황.

감기(感氣)(273) : 각시괴불나무, 각시제비꽃, 감국, 감나무, 감초, 강낭콩, 강활, 개구릿대, 개똥쑥, 개망초, 개맥문동, 개박하, 개사철쑥, 개산초, 개석잠풀, 개승마, 개시호, 개족도리풀, 개차즈기, 갯메꽃, 갯방풍, 갯완두, 갯질경이, 계수나무, 계요등, 고구마, 고깔제비꽃, 고려엉겅퀴, 고본, 고비, 고삼, 고수, 고추, 골등골나물, 곽향, 관모박새, 관중, 광대수염, 괴불나무, 구름제비꽃, 구릿대, 구슬댕댕이, 국화, 귤나무, 금창초, 기름나물, 긴담배풀, 긴잎달맞이꽃, 긴잎여로, 길마가지나무, 까마중, 까실쑥부쟁이, 까치발, 까치수염, 깨풀, 꼭두서니, 꽃향유, 꽈리, 꿩의다리, 나도송이풀, 나도하수오, 남산제비꽃, 남오미자, 낭아초, 냉초, 넓은잎쥐오줌풀, 노간주나무, 노루삼, 노린재나무, 누린내풀, 눈향나무, 다시마, 단풍제비꽃, 달맞이꽃, 닭의장풀, 대추나무, 댕댕이덩굴, 덩굴팥, 도깨비바늘, 도깨비엉겅퀴, 도꼬마리, 도라지, 독말풀, 된장풀, 둥근잎나팔꽃, 둥근털제비꽃, 들깨, 들깨풀, 등골나물, 땃두릅나무, 땅꽈리, 땅콩, 떡쑥, 마늘, 말오줌때, 매실나무, 맥문동, 맥문아재비, 머위, 멍석딸기, 메꽃, 메밀, 모과나무, 무, 물솜방망이, 물엉겅퀴, 미나리, 미모사, 미역취, 미치광이풀, 민들레, 바나나, 바늘엉겅퀴, 바디나물, 박, 박새, 박하, 반하, 방풍, 배나무, 배롱나무, 배초향, 배풍등, 뱀딸기, 벌노랑이, 벌등골나물, 벼룩나물, 벽오동, 보리, 복숭아나무, 붉은조개나물, 비름, 비파나무, 뽀리뱅이, 뽕나무, 사과나무, 산국, 산들깨, 산민들레, 산뽕나무, 산속단, 산수유나무, 산족제비고사리, 산초나무, 살구나무, 삼백초, 삽주, 상산, 상수리나무, 생강, 서울제비꽃, 서향, 석잠풀, 선메꽃, 섬괴불나무, 섬제비꽃, 소경불알, 소나무, 소엽, 소엽맥문동, 솔나물, 솜방망이, 쇠고비, 쇠채, 수박, 수양버들, 순비기나무, 숫명다래나무, 승마, 쑥갓, 쑥방망이, 쓴풀, 아욱제비꽃, 애기달맞이꽃, 애기메꽃, 어수리, 어저귀, 억새, 엉겅퀴, 여로, 연잎꿩의다리, 엷은잎제비꽃, 오미자, 왕괴불나무, 왕배풍등, 왕초피나무, 왜당귀, 왜솜다리, 왜천궁, 우엉, 운향, 위성류, 유자나무, 율무, 은꿩의다리, 은행나무, 이질풀, 인동, 자귀풀, 자란초, 자주쓴풀, 작약, 잔잎바디, 잔털인동, 잔털제비꽃, 잣나무, 장백제비꽃, 적작약, 전호, 정영엉겅퀴, 제비꽃, 제비쑥, 조개나물, 조뱅이, 조팝나무, 족도리풀, 졸방제비꽃, 좀목형, 종려나무, 종지나물, 죽대, 줄, 중대가리풀, 쥐꼬리망초, 지느러미엉겅퀴, 질경이, 쪽, 참쇠고비, 참으아리, 처녀바디, 천마, 청괴불나무, 청비름, 초피나무, 층꽃나무, 층층둥굴레, 층층이꽃, 치자나무, 칡, 카밀레, 콩, 큰달맞이꽃, 큰메꽃, 큰엉겅퀴, 태백제비꽃, 택사, 털괴불나무, 털냉초, 털머위, 파, 파대가리, 파란여로, 파초, 팥, 팥꽃나무, 표고, 하수오, 함박이, 향나무, 향등골나물, 향부자, 향유, 현삼, 형개, 호박, 호장근, 환삼덩굴, 황금, 황기, 황새승마, 흰괴물나무, 흰제비꽃, 흰조개나물.

감기후증(感氣後症)(2) : 두메닥나무, 산닥나무.

감모(感冒)(1) : 개솔새.

감모발열(感冒發熱)(4) : 깃반쪽고사리, 반쪽고사리, 봉의꼬리, 큰봉의꼬리.

감모해수(感冒咳嗽)(1) : 기름나물.

감비(減肥)(12) : 결명차, 개오동나무, 다시마, 미역, 배나무, 산사나무, 양파, 오동나무, 차나무, 퉁퉁마디, 표고, 하수오.

감창(疳瘡)(5) : 누리장나무, 도꼬마리, 분꽃, 은행나무, 창포.

감충(疳蟲)(6) : 갈매나무, 돌갈매나무, 연밥갈매나무, 좀갈매나무, 짝자래나무, 털갈매나무.

감한(甘寒)(3) : 동자꽃, 제비동자꽃, 털동자꽃.

갑상선염(甲狀腺炎)(9) : 결명차, 꿀풀, 다시마, 마, 미역, 소리쟁이, 수양버들, 익모초, 퉁퉁마디.

갑상선종(甲狀腺腫)(7) : 각시마, 국화마, 단풍마, 둥근마, 마, 부채마, 참마.

강근(强筋)(5) : 개감채, 꾸지나무, 나도개감채, 닥나무, 무릇.

강근골(强筋骨)(28) : 고사리, 광나무, 광대수염, 광대싸리, 노박덩굴, 두충, 마, 매실나무, 산토끼꽃, 생강나무, 서울오갈피, 섬오갈피나무, 쇠무릎, 여우콩, 오가나무, 오갈피나무, 오미자, 왕가시오갈피, 적작약, 제주진득찰, 죽대, 지리산오갈피, 지황, 진득찰, 층층둥글레, 큰조롱, 털오갈피, 포도.

강기(降氣)(3) : 감나무, 고사리, 민백미꽃.

강기거염(降氣祛痰)(3) : 전호, 가는금불초, 금불초.

강신(强腎)(2) : 밤나무, 약밤나무.

강심(强心)(107) : 가는돌쩌귀, 가시오갈피, 가지복수초, 각시둥굴레, 각시투구꽃, 감국, 감태나무, 갓, 개감채, 개싹눈바꽃, 개쓴풀, 개정향풀, 개질경이, 갯질경이, 겨자, 골담초, 과남풀, 관모박새, 그늘돌쩌귀, 긴잎여로, 나도개감채, 노랑투구꽃, 녹나무, 놋젓가락나물, 닻꽃, 덩굴용담, 두메닥나무, 두메부추, 둥굴레, 등대시호, 디기탈리스, 마늘, 만년청, 만병초, 모데미풀, 무릇, 박새, 백부자, 뱀무, 별꽃풀, 복수초, 봄구슬붕이, 비목나무, 산국, 산닥나무, 산마늘, 산자고, 산짚신나물, 산파, 생강나무, 생달나무, 서울오갈피, 서향, 섬오갈피나무, 세뿔투구꽃, 세잎돌쩌귀, 시호, 싹눈바꽃, 쓴풀, 앉은부채, 애기앉은부채, 애기중의무릇, 약모밀, 여로, 오가나무, 오갈피, 왕가시오갈피, 왕둥굴레, 왕바꽃, 왕질경이, 용둥굴레, 은방울꽃, 이삭바꽃, 자주쓴풀, 좁은잎덩굴용담, 죽대, 중나리, 중의무릇, 지리바꽃, 지리산오갈피, 지칭개, 진돌쩌귀, 진범, 진황정, 질경이, 차나무, 참산부추, 참줄바꽃, 창질경이, 층층둥굴레, 칼잎용담, 큰구슬붕이, 큰뱀무, 큰잎쓴풀, 키다리바꽃, 털오갈피, 털조장나무, 털질경이, 투구꽃, 퉁둥굴레, 파란여로, 하늘말나리, 한라돌쩌귀, 한라부추, 협죽도, 활나물, 흰진범.

강심이뇨(强心利尿)(1) : 부지깽이나물.

강심익지(强心益志)(6) : 가시꽈리, 가시복분자, 가시엉겅퀴, 가시연꽃, 가시오갈피, 민산초.

강심제(强心劑)(71) : 감국, 갓, 개나리, 개시호, 개쓴풀, 개질경이, 겨자, 고추, 골담초, 그늘돌쩌귀, 남오미자, 녹나무, 놋젓가락나물, 대추나무, 둥굴레, 등칡, 디기탈리스, 땃두릅나무, 마늘, 만년청, 맥문동, 멀꿀, 묏대추나무, 무릇, 바꽃, 박새, 뱀무, 복령, 복수초, 산국, 산둥굴레, 산부추, 산뽕나무, 산사나무, 산자고, 생강나무, 세잎돌쩌귀, 수국, 약모밀, 여로, 연꽃, 영지, 오갈피나무, 왕가시오갈피, 왕바꽃, 왕질경이, 으름덩굴, 은방울꽃, 인삼, 자주쓴풀, 죽대, 중나리, 지리바꽃, 지리산오갈피, 지치, 지황, 질경이, 차나무, 층층둥굴레, 칼잎용담, 투구꽃, 퉁둥굴레, 팥, 팥꽃나무, 하늘말나리, 하수오, 현삼, 협죽도, 황기, 흰진범, 용둥굴레.

강역이습(降逆利濕)(1) : 왕과.

강요(强要)(1) : 석곡.

강장(强壯)(346) : 가는기린초, 가는돌쩌귀, 가래나무, 가시딸기, 가시복분자, 가시연꽃, 가시오갈피, 가지더부살이, 각시둥굴레, 각시수련, 각시원추리, 갈졸참나무, 갈참나무, 갈퀴꼭두서니, 개감채, 개구리밥, 개다래, 개맥문동, 개연꽃, 개오동, 개종용, 개회향, 갯강활, 거제수나무, 거지딸기, 검은딸기, 겨울딸기, 곰딸기, 곰솔, 곰의말채나무, 광귤, 광나무, 광대나물, 광대수염, 구기자나무, 구실잣밤나무, 구절초, 구주소나무, 국화, 굴참나무, 궁궁이, 귤, 그늘돌쩌귀, 금강애기나리, 기린초, 긴결명자, 까마중, 깨꽃, 꼬리진달래, 꼭두서니, 꽃개오동, 꾸지나무, 꿩의비름, 나도개감채, 나도황기, 나한백, 낙지다리, 난쟁이, 위솔, 난티나무, 난티잎개암나무, 날개하늘나리, 남가새, 남개연, 남오미자, 남천, 낭아초, 넓은묏황기, 노랑만병초, 노랑원추리, 눈잣나무, 눈측백, 느티나무, 능금나무, 다래, 닥나무, 단삼, 당광나무, 당느릅나무, 당마가목, 대구돌나물, 대추나무, 댑싸리, 도깨비쇠고비, 독활, 돌배나무, 돌뽕나무, 돌참나무, 돌채송화, 두릅나무, 두메부추, 두메애기풀, 두충, 둥굴레, 둥근마, 둥근바위솔, 둥근배암차즈기, 들깨, 땅나리, 땅비싸리, 땅채송화, 땅콩, 떡갈나무, 떡갈졸참나무, 떡갈참나무, 떡속소리나무, 떡신갈나무, 떡신갈참나무, 떡신졸참나무, 리기다소나무, 마, 마가목, 마늘, 마름, 마삭줄, 만년청, 만병초, 만주곰솔, 만주자작나무, 말나리, 말똥비름, 말채나무, 맥도딸기, 맥문동, 맥문아재비, 멍석딸기, 메밀잣밤나무, 메타세콰이아, 멸가치, 모람, 모새나무, 목향, 몽고뽕나무, 묏대추나무, 묏황기, 무릇, 무환자나무, 물개, 나무, 물박달나무, 물참나무, 미국실새삼, 민까마중, 민들레, 바위구절초, 바위솔, 바위채송화, 박달나무, 박달나무, 박주가리, 반디지치, 밤나무, 방울비짜루, 배암차즈기, 백미꽃, 백합, 버들쥐똥나무, 벌깨덩굴, 벌노랑이, 병아리풀, 보풀, 복분자딸기, 봉동참나무, 붉은벌깨덩굴, 붉은씨서양민들레, 비짜루, 사방오리, 사스래나무, 사철나무, 산구절초, 산돌배, 산동쥐똥나무, 산딸기, 산마늘, 산민들레, 산부추, 산속단, 산쑥, 산앵도나무, 산자고, 산진달래, 산짚신나물, 산철쭉, 산파, 산해박, 삼수구릿대, 삼지구엽초, 상동잎쥐똥나무, 상수리나무, 새끼꿩의비름, 새삼, 서양민들레, 서양측백나무, 서울개발나물, 서울오갈피, 서흥구절초, 석결명, 석곡, 섬기린초, 섬다래, 섬딸기, 섬말나리, 섬오갈피나무, 섬잣나무, 섬쥐똥나무, 세잎꿩의비름, 세잎돌쩌귀, 소나무, 소엽맥문동, 소철, 속단, 속리기린초, 솔나리, 솔인진, 솜아마존, 쇠고비, 쇠물푸레나무, 수련, 수박, 신갈나무, 신갈졸참나무, 실새삼, 아스파라가스, 알꽈리, 애기기린초, 애기나리, 애기마름, 애기원추리, 애기중의무릇, 애기풀, 약밤나무, 양배추, 얼레지, 연꽃, 염주, 오가나무, 오갈피, 오리나무, 오리나무더부살이, 오리방풀, 오엽딸기, 왕가시오갈피, 왕느릅나무, 왕모람, 왕원추리, 왕쥐똥나무, 왜개연꽃, 왜제비꽃, 왜천궁, 외잎쑥, 용가시나무, 용둥굴레, 우단꼭두서니, 원지, 원추리, 위봉배나무, 유자나무, 윤판나물, 윤판나물아재비, 율무, 으름난초, 은행나무, 인삼, 자작나무, 자주개황기, 자주꿩의비름, 잣나무, 장딸기, 정능참나무, 제주진득찰, 조뱅이, 졸가시나무, 졸참나무, 좀개구리밥, 좀민들레, 좀자작나무, 좀참꽃, 죽대, 줄딸기, 중나리, 중의무릇, 쥐다래, 쥐똥나무, 지느러미엉겅퀴, 지리산오갈피, 지치, 지황, 진달래, 진돌쩌귀, 진득찰, 진황정, 찔레꽃, 참개암나무, 참깨, 참나리, 참당귀, 참마, 참배, 참배암차즈기, 참산부추, 참쇠고비, 참쑥, 천궁, 천마, 천문동, 철쭉, 초종용, 측백나무, 층층나무, 층층둥굴레, 칠엽수, 카밀레, 콩짜개란, 큰꼭두서니, 큰꿩의비름, 큰솔나리, 큰애기나리, 큰원추리, 큰잎느릅나무, 큰조롱, 택사, 털마삭줄, 털오갈피, 털제비꽃, 털중나리, 털진득찰, 토란, 토마토, 퉁둥굴레, 포천구절초, 하늘나리, 하늘말나리, 하수오, 한라부추, 함경딸기, 해변황기, 호두나무, 호박, 혹난초, 홍도원추리, 활량나물, 황기, 흰꽃광대나물, 흰말채나무, 흰민들레, 흰지느러미엉겅, 흰철쭉, 병개암나무.

강장보호(腔腸保護)(212) : 가는기린초, 가는대나물, 가래나무, 가시복분자, 가시연꽃, 각시둥굴레, 각시원추리, 감초, 개다래나무, 개맥문동, 개별꽃, 개암나무, 개연꽃, 개오동나무, 겨우살이, 결명차, 계수나무, 광나무, 광대수염, 광대싸리, 구기자나무, 구절초, 국화, 그늘돌쩌귀, 기름나물, 기린초, 꼭두서니, 꾸지뽕나무, 꿀풀, 꿩의비름, 낙지다리, 남오미자, 남천, 낭아초, 넉줄고사리, 노랑원추리, 노루발, 느릅나무, 다래나무, 닥나무, 단삼, 단풍마, 당근, 당느릅나무, 당마가목, 당잔대, 대나물, 대추나무, 더덕, 두메잔대, 두충, 둥굴레, 둥근마, 둥근바위솔, 둥근잔대, 들깨, 땃두릅나무, 땅콩, 떡갈나무, 마, 마가목, 마늘, 마삭줄, 만년청, 만병초, 만삼, 말나리, 매실나무, 맥문동, 멍석딸기, 메꽃, 명아주, 명자나무, 모과나무, 목련, 목향, 묏대추나무, 무릇, 물개암나무, 민들레, 민솜대, 바위구절초, 박주가리, 밤나무, 배나무, 백미꽃, 백합, 보리, 보풀, 복령, 복분자딸기, 부추, 뽕나무, 사과나무, 사철나무, 산구절초, 산국, 산달래, 산둥굴레, 산딸기나무, 산마늘, 산부추, 산사나무, 산속단, 산수유나무, 산자고, 산해박, 삼(대마), 삼지구엽초, 삽주, 상수리나무, 새삼, 석곡, 섬오갈피, 섬잔대, 소경불알, 소나무, 소엽, 소엽맥문동, 소철, 속단, 솔나리, 송장풀, 쇠무릎, 수리딸기, 승검초, 시로미, 시호, 신경초, 쑥, 씀바귀, 애기똥풀, 애기마름, 양파, 얼레지, 연꽃, 영지, 오갈피나무, 오미자, 옻나무, 왕가시오갈피, 왕솜대, 왕원추리, 왜개연꽃, 왜당귀, 용담, 용둥굴레, 우엉, 운지, 원추리, 윤판나물, 율무, 은행나무, 음나무, 이질풀, 익모초, 인삼, 자귀나무, 작두콩, 잔대, 잣나무, 제비꽃, 죽대, 줄, 중나리, 쥐똥나무, 지치, 지황, 진달래, 진황정, 짚신나물, 쪽, 찔레나무, 참깨, 참나리, 참당귀, 천궁, 천마, 천문동, 측백나무, 층꽃나무, 층층둥굴레, 치자나무, 칠엽수, 칡, 컴프리, 콩, 큰꿩의비름, 큰원추리, 큰조롱, 택사, 털잔대, 털중나리, 털진득찰, 토마토, 표고, 풀명자나무, 풀솜대, 하늘나리, 하늘말나리, 하늘타리, 하수오, 한련초, 해바라기, 호두나무, 호랑가시나무, 호박, 호자나무, 홍만병초, 황기, 후박나무, 흰민들레.

강장제(强壯劑, tonic)(3) : 개암나무, 명아주, 흰명아주.

강정(强精)(28) : 갯기름나물, 기름나물, 덩굴박주가리, 덩굴박주가리, 두메애기풀, 미국실새삼, 백운기름나물, 병아리풀, 산수유, 삼지구엽초, 새삼, 서울오갈피, 섬오갈피나무, 송장풀, 쇠무릎, 실새삼, 애기풀, 오가나무, 오갈피, 왜우산풀, 원지, 으름난초, 인삼, 지리산오갈피, 참반디, 털쇠무릎, 털오갈피, 하수오.

강정안정(强精安靜)(12) : 국화, 능소화, 당근, 띠, 마, 무릇, 사상자, 씀바귀, 연꽃, 왕쥐똥나무, 인삼, 참나리.

강정자신(强精滋腎)(1) : 두릅나무.

강정제(强精劑)(57) : 꼭두서니, 가시복분자, 가시연꽃, 개연꽃, 구기자나무, 굴거리, 굴피나무, 꿩의비름, 닥나무, 당근, 더덕, 두릅나무, 둥굴레, 땃두릅나무, 띠, 마, 마늘, 만병초, 만삼, 메꽃, 미나리, 민들레, 바위구절초, 박주가리, 백합, 복령, 복분자딸기, 부추, 사상자, 산달래, 산딸기나무, 산수유나무, 삼(대마), 삼지구엽초, 새삼, 소나무, 쇠무릎,

신경초, 쑥, 알로에, 연꽃, 오갈피나무, 오미자, 왕잔대, 용안, 우엉, 율무, 지리바꽃, 지리산오갈피, 지황, 참나리, 참나무겨우살이, 천마, 층층둥굴레, 하수오, 호두나무, 홍만병초.

강직성척추염(强直性脊椎關節炎)(6) : 도꼬마리, 소나무, 쇠무릎, 신경초, 엉겅퀴, 음나무.

강화(降火)(19) : 개사철쑥, 골풀, 구기자나무, 둥근마, 등칡, 범부채, 부용, 삼(대마), 아욱, 용담, 자두나무, 작두콩, 좁쌀풀, 지모, 천궁, 천문동, 큰개현삼, 현삼, 흰독말풀.

개규화담(開竅化痰)(1) : 회리바람꽃.

개선(疥癬)(217) : 가는갯능쟁이, 가는명아주, 가는잎쐐기풀, 각시투구꽃, 개갓냉이, 개도둑놈의갈고리, 개똥쑥, 개맨드라미, 개버무리, 개사철쑥, 개솔새, 개수양버들, 개싹눈바꽃, 개쓴풀, 개차즈기, 갯는쟁이, 갯무, 갯버들, 갯취, 검은종덩굴, 고본, 고삼, 고추, 괴불주머니, 구슬갓냉이, 구슬붕이, 구와가막사리, 국화으아리, 굴피나무, 금마타리, 금창초, 긴꼬리쐐기풀, 긴병꽃풀, 나도수영, 나리, 난장이버들, 냇버들, 노린재나무, 녹나무, 놋젓가락나물, 누른종덩굴, 눈갯버들, 느릅나무, 능수버들, 달래, 담배, 당멀구슬나무, 당버들, 댑싸리, 댕댕이덩굴, 더위지기, 덤불쑥, 덩굴용담, 도둑놈의갈고리, 돈나무, 돌마타리, 된장풀, 떡버들, 떡쑥, 뚝갈, 띠, 마디풀, 마타리, 망초, 매자잎버들, 매화바람꽃, 맨드라미, 멀구슬나무, 며느리배꼽, 명아주, 모란, 목향, 무, 무화과나무, 묵밭소리쟁이, 미꾸리낚시, 미나리아재비, 미루나무, 민미꾸리낚시, 박, 박새, 반디지치, 반짝버들, 방기, 배나무, 배롱나무, 배초향, 백당나무, 백부자, 백선, 별꽃풀, 병풀, 복숭아나무, 분꽃, 붉은조개나물, 붓꽃, 비쑥, 비파나무, 뺑쑥, 사시나무, 사위질빵, 사철쑥, 산쑥, 산층층이, 삼(대마), 삼백초, 생강, 석창포, 세뿔투구꽃, 소귀나무, 소나무, 소리쟁이, 소태나무, 속속이풀, 속수자, 수염가래꽃, 수영, 실망초, 싱아, 싹눈바꽃, 쌍실버들, 쐐기풀, 쑥, 쓴풀, 아스파라거스, 애기도둑놈의갈고리, 애기똥풀, 애기수영, 애기쐐기풀, 약난초, 약모밀, 얇은명아주, 양버들, 엉겅퀴, 여로, 여우버들, 왕느릅나무, 왕바꽃, 왕버들, 외대으아리, 요강나물, 용담, 용버들, 우엉, 위령선, 육지꽃버들, 율무쑥, 으름덩굴, 은백양, 이삭바꽃, 이태리포푸라, 인동, 일본사시나무, 자란초, 자주괴불주머니, 자주쓴풀, 자주조희풀, 자주종덩굴, 접시꽃, 제비쑥, 제주산버들, 조각자나무, 조개나물, 조개풀, 좀개갓냉이, 좀구슬붕이, 좀사위질빵, 좁은잎사위질빵, 종려나무, 중국굴피나무, 중대가리나무, 지리바꽃, 지치, 진퍼리버들, 짚신나물, 쪽버들, 찔레나무, 참명아주, 참소리쟁이, 참여로, 참으아리, 참죽나무, 참줄바꽃, 창포, 취명아주, 측백나무, 층층이꽃, 콩짜개덩굴, 큰꽃으아리, 큰다닥냉이, 큰도둑놈의갈고리, 큰비쑥, 큰용담, 큰잎쓴풀, 키다리바꽃, 털머위, 털산쑥, 토대황, 토란, 투구꽃, 파란여로, 파리풀, 팥배나무, 풍선덩굴, 피나물, 피마자, 한라돌쩌귀, 함북종덩굴, 호두나무, 호리병박, 호모초, 황해쑥, 흰명아주, 흰여로, 흰조개나물.

개울(開鬱)(1) : 향부자.

개위(開胃)(2) : 개암나무, 사과나무.

개창(疥瘡)(5) : 깃반쪽고사리, 반쪽고사리, 창포, 큰봉의꼬리, 털이슬.

객토혈(喀吐血)(2) : 솜대구, 왕대.

객혈(喀血)(36) : 개맥문동, 겹작약, 군자란, 긴오이풀, 노랑하늘타리, 맥문동, 맥문아재비, 모란, 문주란, 백양꽃, 백작약, 백합, 붉노랑상사화, 산오이풀, 산작약, 산짊신나물, 상사화, 석산, 소엽맥문동, 아프리카문주란, 얇은명아주, 오이풀봄, 작약, 적작약, 중나리, 쥐방울덩굴, 참작약, 큰솔나리, 큰오이풀, 털백작약, 풍년화, 하늘말나리, 하늘타리, 해당화, 향부자, 흰아프리카문주란.

갱년기장애(更年期障碍)(16) : 나팔꽃, 민들레, 뽕나무, 사프란, 삼백초, 삼지구엽초, 소엽, 양파, 영지, 이질풀, 인삼, 지모, 참나리, 치자나무, 하수오, 형개.

거담(祛痰)(148) : 감국, 감초, 개미취, 갯메꽃, 갯방풍, 계요등, 광귤, 구름떡쑥, 국화, 군자란, 귤나무, 금떡쑥, 금혼초, 까실쑥부쟁이, 껄껄이풀, 께묵, 꽃고비, 꿀풀, 끈끈이주걱, 나도사프란, 나도하수오, 낭독, 넓은잔대, 눈비름, 다북떡쑥, 담배풀, 당잔대, 대황, 더덕, 도라지, 독미나리, 독활, 돌바늘꽃, 돌앵초, 돌외, 돌콩, 두루미천남성, 두릅나무, 두메닥나무, 둥근잎천남성, 땃두릅나무, 땅콩, 떡쑥, 마주송이풀, 만삼, 매실나무, 매자나무, 맨드라미, 목련, 목향, 무, 무늬천남성, 무환자나무, 문주란, 민들레, 민백미꽃, 박새, 반하, 방울비짜루, 방풍, 배나무, 백두산떡쑥, 백목련, 백양꽃, 버들바늘꽃, 복숭아나무, 붉은노랑상사화, 비파나무, 뽕나무, 사상자, 산국, 산닥나무, 산부채, 산외, 삽주, 상사화, 상산, 생강, 서향, 석산, 설앵초, 섬천남성, 소엽, 소철, 솜밤망이, 수박, 수선화, 수세미외, 수수, 수양버들, 순비기나무, 시호, 쑥갓, 아스파라거스, 아프리카문주란, 앉은부채, 애기도라지, 애기앉은부채, 애기풀, 앵초, 약모밀, 양하, 여우콩, 여주, 왕대, 왜떡쑥, 우묵사스레피, 우엉, 운향, 원지, 율무, 유자나무, 은행나무, 음나무, 인삼, 점박이천남성, 조각자나무, 조밥나물, 조희풀, 좀설앵초, 주엽나무, 죽대, 줄맨드라미, 중국패모, 지모, 짚신나물, 참나무겨우살이, 창포, 천남성, 천문동, 큰바늘꽃, 큰앵초, 큰여우콩, 큰천남성, 통탈목, 팔손이나무, 패모, 풀솜나물, 하늘타리, 하수오, 회령바늘꽃, 회리바람꽃, 회향, 흰꽃나도사프란, 후박나무, 흰더위지기, 흰상사화, 흰아프리카문주란.

거담제(祛痰劑)(1) : 대나물.

거담지해(去痰止咳)(5) : 금창초, 돌외, 숫잔대, 측백나무, 층꽃나무.

거담진해(5) : 개쑥부쟁이, 까실쑥부쟁이, 눈개쑥부쟁이, 섬쑥부쟁이, 쑥부쟁이.

거번열(祛煩熱)(1) : 고욤나무.

거부생기(祛腐生肌)(1) : 큰바늘꽃.

거서(祛暑)(5) : 골등골나물, 등골나물, 배초향, 벌등골나물, 향등골나물.

거습(祛濕)(23) : 가래나무, 가을강아지풀, 가죽나무, 남산천남성, 넓은잎천남성, 넓은잎황벽나무, 당멀구슬나무, 두루미천남성, 맑은대쑥, 매발톱나무, 멀구슬나무, 물옥잠, 민산초, 삽주, 석창포, 섬천남성, 소태나무, 연잎꿩의다리, 점박이천남성, 지리바꽃, 참죽나무, 큰천남성, 황련.

거어(祛瘀)(15) : 닭의장풀, 독미나리, 돌배나무, 서울오갈피, 섬오갈피나무, 여우오줌, 오가나무, 오갈피, 옥수수, 좀가지풀, 좀깨잎나무, 좀닭의장풀, 지리산오갈피, 털오갈피, 헐떡이풀.

거어지통(祛瘀止痛)(3) : 낙지다리, 뚝갈, 마타리.

거담(祛痰)(3) : 범부채, 쪽파, 파.

거위 = 회충(蛔蟲)(1) : 예덕나무.

거치(擧痔)(1) : 등칡.

거통(擧痛)(3) : 도깨비쇠고비, 쇠고비, 참쇠고비.

거품대변(4) : 고삼, 도꼬마리, 소리쟁이, 양귀비.

거품제습(3) : 국화마, 단풍마, 부채마.

거풍(祛風) = 거풍(祛風)(89) : 가는잎쐐기풀, 각시제비꽃, 개도독놈의갈고, 개미취, 개박하, 개족도리풀, 갯개미취, 계요등, 고깔제비꽃, 골무꽃, 구름제비꽃, 국화쥐손이, 굴피나무, 긴꼬리쐐기풀, 꽈리, 꾸지나무, 꿩의다리아재비, 남산제비꽃, 냉이, 넓은산꼬리풀, 노루오줌, 다람쥐꼬리, 닥나무, 단풍제비꽃, 담쟁이덩굴, 당마가목, 도둑놈의갈고리, 동의나물, 된장풀, 둥근털제비꽃, 땅꽈리, 마가목, 마삭줄, 만년석송, 모과나무, 모람, 목련, 미국담쟁이덩굴, 반하, 백목련, 범의귀, 봄맞이, 산씀바귀, 산짚신나물, 삼지닥나무, 서울제비꽃, 석송, 선피막이, 섬제비꽃, 소철, 솔잎란, 순비기나무, 쐐기풀, 아마, 아욱제비꽃, 애기도둑놈의갈고리, 어저귀, 연영초, 엷은잎제비꽃, 예덕나무, 오죽, 왕모람, 왜당귀, 운향, 자귀풀, 자목련, 자주목련, 잔털제비꽃, 장백제비꽃, 제비꽃, 족도리풀, 졸방제비꽃, 좀목형, 종지나물, 중대가리풀, 지느러미엉겅퀴, 참동의나물, 청미래덩굴, 콩, 큰도둑놈의갈고리, 큰도둑놈의갈고리, 큰연영초, 큰피막이, 태백제비꽃, 털마삭줄, 함박이, 향부자, 홀아비꽃대.

거풍명목(祛風明目)(1) : 남가새.

거풍산독(祛風散毒)(1) : 나도옥잠화.

거풍산습(祛風散濕)(1) : 개구릿대.

거풍산한(祛風散寒)(4) : 궁궁이, 눈향나무, 참나물, 향나무.

거풍살충(祛風殺蟲)(2) : 개느삼, 고삼.

거풍소종(祛風消腫)(1) : 번행초.

거풍습(祛風濕)(46) : 갈퀴나물, 검은종덩굴, 겨우살이, 국화바람꽃, 꿩의바람꽃, 노루발, 노박덩굴, 누리장나무, 단풍나무, 단풍터리풀, 도깨비부채, 도꼬로마, 때죽나무, 바람꽃, 방기, 병조희풀, 복주머니란, 붉은터리풀, 뽕나무, 산뽕나무, 삽주, 서울오갈피, 섬오갈피나무, 솜나물, 송이풀, 오가나무, 오갈피, 요강나물, 으아리, 음나무, 제주진득찰, 좁은잎사위질빵, 종덩굴, 지리산오갈피, 진득찰, 참빗살나무, 큰꽃으아리, 터리풀, 털오갈피, 털진득찰, 피나물, 호랑가시나무, 혹쐐기풀, 홀아비바람꽃, 회양목, 후추등.

거풍승습(祛風勝濕)(1) : 강활.

거풍열(祛風熱)(1) : 개맨드라미.

거풍윤장(祛風潤腸)(2) : 죽단화, 황매화.

거풍이습(祛風利濕)(2) : 된장풀, 송악.

거풍제습(祛風除濕)(19) : 가지고비고사리, 고로쇠나무, 고비고사리, 노간주나무, 미역줄나무, 벽오동, 산쥐손이, 삼지구엽초, 선이질풀, 쇠채, 수호초, 애기우산나물, 왜천궁, 우산나물, 이삭여뀌, 이질풀, 죽절초, 큰뱀무, 털여뀌.

거풍조습(祛風燥濕)(1) : 독활.

거풍지습(2) : 구주소나무, 소나무.

거풍지양(祛風止痒)(2) : 망초, 실망초.

거풍지통(祛風止痛)(11) : 고본, 긴산꼬리풀, 댕댕이덩굴, 백리향, 산해박, 섬백리향, 왕머루, 왕솜대, 자주솜대, 풀솜대, 흰독말풀.

거풍지혈(1) : 개면마.

거풍청열(祛風淸熱)(3) : 새모래덩굴, 애기탑꽃, 탑꽃.

거풍통락(祛風通絡)(3) : 광대나물, 마삭줄, 백당나무.

거풍한(祛風寒)(1) : 떡쑥.

거풍해독(祛風解毒)(2) : 배풍등, 좁은잎배풍등.

거풍해표(祛風解表)(4) : 개차즈기, 갯기름나물, 방풍, 형개.

거풍화담(祛風化痰)(1) : 좀목형.

거풍화혈(祛風和血)(1) : 참당귀.

거풍활락(祛風活絡)(1) : 우산잔디.

거풍활혈(祛風活血)(2) : 두릅나무, 봉선화.

건근골(健筋骨)(1) : 노루발.

건뇌(健腦)(18) : 개감채, 나도개감채, 너랑부추, 녹나무, 두메부추, 맥문동, 무릇, 민산초, 부추, 산달래, 산부추산파, 생달나무, 양파, 얼레지, 참산부추, 토마토, 한라부추.

건망증(健忘症)(22) : 감초, 개별꽃, 대추나무, 들깨, 마, 묏대추나무, 복령, 뽕나무, 삼(대마), 삼지구엽초, 삽주, 석창포, 애기풀, 연꽃, 오갈피나무, 용안, 인삼, 자귀나무, 참깨, 창포, 천궁, 하수오.

건비(健脾)(29) : 가는잎할미꽃, 감자, 개연꽃, 고수, 고추냉이, 구릿대, 구슬붕이, 그늘돌쩌귀, 당근, 돌콩, 만병초, 매발톱나무, 밤나무, 백리향, 병조희풀, 보리, 부전쥐소니, 산쥐손이, 석고, 소나무, 수세미오이, 승검초, 왜당귀, 월귤, 잣나무, 장군풀, 쥐꼬리망초, 천궁, 편두.

건비개위(健脾開胃)(1) : 벼.

건비보신(健脾補身)(1) : 동부.

건비소적(健脾消積)(4) : 금강애기나리, 애기나리, 큰애기나리, 피라칸다.

건비소종(健脾消腫)(2) : 윤판나물, 윤판나물아재비.

건비소화(健脾消化)(1) : 생열귀나무.

건비위(健脾胃)(40) : 가시연꽃, 감초, 개별꽃, 개암나무, 계수나무, 광대싸리, 냉이, 댕댕이덩굴, 더덕, 돌콩, 동부, 두릅나무, 마, 마름, 만삼, 말오줌때, 매듭풀, 모과나무, 목향, 무궁화, 바디나물, 반하, 밤나무, 벼, 복령, 비파나무, 삽주, 생강, 소엽, 애기마름,

염주, 윤판나물, 율무, 인삼, 장구채, 진황정, 차풀, 측백나무, 컴프리, 큰애기나리, 편두.

건비익신(健脾益腎)(1) : 광대싸리.

건비화위(健脾和胃)(2) : 목향, 부지깽이나물.

건선(乾癬)(25) : 국화, 낭독, 도꼬마리, 돌나물, 동백나무, 두메대극, 등대풀, 땅빈대, 마늘, 무화과나무, 미역, 민들레, 박새, 백선, 보리, 복숭아나무, 분꽃, 산씀바귀, 소리쟁이, 수영, 암대극, 애기똥풀, 천궁, 피마자, 흰대극.

건습(乾濕)(1) : 굴피나무.

건습화염(腱濕化炎)(1) : 홀아비꽃대.

건위(健胃)(384) : 가는금불초, 가는돌쩌귀, 가는잎왕고들빼기, 가는잎할미꽃, 가래, 가막사리, 가시연꽃, 간장풀, 갈대, 감국, 감자, 감초, 감태나무, 갓, 개갓냉이, 개구릿대, 개느삼, 개다래나무, 개대황, 개똥쑥, 개망초, 개머위, 개박하, 개별꽃, 개소시랑개비, 개쓴풀, 개씀배, 개연꽃, 개오동나무, 개옻나무, 개족도리풀, 개회나무, 갯무, 갯완두, 갯씀바귀, 검양옻나무, 겨자, 결명차, 계수나무, 고구마, 고들빼기, 고본, 고삼, 고수, 고추, 고추냉이, 과남풀, 곽향, 광귤나무, 구기자나무, 구름떡쑥, 구슬갓냉이, 구릿대, 구슬붕이, 구와가막사리, 구절초, 구주소나무, 국화, 국화쥐손이, 굴거리, 귤나무, 그늘돌쩌귀, 금감, 금떡쑥, 금불초, 금소리쟁이, 금잔화, 금혼초, 긴결명자, 깽깽이풀, 껄껄이풀, 께묵, 꼬리진달래, 꽃개오동, 꽃개회나무, 꿀풀, 나사말, 날개하늘나리, 냇씀바귀, 냉이, 냉초, 넓은산꼬리풀, 넓은잎황벽나무, 네귀쓴풀, 노랑만병초, 노랑선씀바귀, 노랑어리연꽃, 녹나무, 누리장나무, 누린내풀, 다래나무, 다북떡쑥, 단삼, 단풍마, 당매자나무, 닻꽃, 대추나무, 대황, 더덕, 댕댕이덩굴, 덩굴용담, 돌소리쟁이, 돌양지꽃, 돌콩, 두릅나무, 두메고들빼기, 두메부추, 두메투구꽃, 둥근마, 들깨, 들깨풀, 들쑥나물, 들쭉나무, 디기탈리스, 땅나리, 땅콩, 떡쑥, 마, 마늘, 마름, 만병초, 만삼, 말나리, 매발톱나무, 매실나무, 매자기, 매자나무, 맥문동, 머귀나무, 머위, 멀꿀, 메꽃, 멸가치, 명아주, 명자나무, 모새나무, 목향, 묏대추나무, 무, 무릇, 무화과나무, 묵밭소리쟁이, 물푸레나무, 미국산사, 미역취, 민들레, 민백미꽃, 민산초, 바디나물, 바위구절초, 박하, 반디지치, 반하, 밤나무, 방가지똥, 방기, 방아풀, 배초향, 백두산떡쑥, 백리향, 버들금불초, 번음씀바귀, 벌씀바귀, 벼, 벽오동, 별꽃풀, 병조희풀, 보리, 복령, 봄구슬붕이, 부전쥐소니, 부추, 분홍선씀바귀, 분홍할미꽃, 붉은씨서양민들레, 붓순나무, 비로용담, 비목나무, 비자나무, 빈랑나무, 뻐꾹채, 사철베고니아, 사프란, 산검양옻나무, 산구절초, 산달래, 산들깨, 산마늘, 산매자나무, 산민들레, 산부추, 산사나무, 산수국, 산수유나무, 산씀바귀, 산앵도나무, 산용담, 산조팝나무, 산쥐손이, 산진달래, 산짚신나물, 산철쭉, 산초나무, 산파, 산할미꽃, 살비아, 삼(대마), 삼백초, 삽주, 상추, 상황버섯, 새덕이, 생강, 생강나무, 생달나무, 서양민들레, 서흥구절초, 석결명, 석곡, 석창포, 선메꽃, 선씀바귀, 선인장, 섬개회나무, 섬말나리, 섬황벽나무, 세잎돌쩌귀, 소나무, 소리쟁이, 소엽, 소태나무, 속속이풀, 솔나리, 솔인진, 수국, 수국차, 수박, 수세미외, 수수꽃다리, 순채, 쉬나무, 쑥갓, 승검초, 승마, 시금치, 싱아, 쓴풀, 씀바귀, 알로에, 애기고추나물, 애기메꽃, 약밤나무, 양지꽃, 양하, 어리연꽃, 얼레지, 연꽃, 영주치자, 오리방풀, 오수유, 옻나무, 왕고들빼기, 왕씀배, 왜개연꽃, 왜당귀, 왜떡쑥, 왜천궁, 용담, 용설채, 울릉미역취, 월귤, 유동, 유자나무, 율무, 이고들빼기, 이질풀, 이팝나무, 익모초, 인동, 일본목련, 자금우, 자두나무, 자주방가지똥, 자주쓴풀, 잔잎바디, 잔털인동, 장군풀, 정금나무, 제주진득찰, 조름나물, 조밥나물, 조희풀, 좀개갓냉이, 좀고추나물, 좀구슬붕이, 좀민들레, 좀씀바귀, 좀어리연꽃, 좀참꽃, 좁은잎덩굴용담, 중국남천, 쥐깨풀, 쥐꼬리망초, 쥐참외, 지치, 지칭개, 진달래, 진돌쩌귀, 진득찰, 진주고추나물, 짚신나물, 차풀, 참나리, 참나무겨우살이, 참마, 참산부추, 참소리쟁이, 창포, 처녀바디, 천남성, 철쭉, 초피나무, 추분취, 칼잎용담, 콩, 큰구슬붕이, 큰솔나리, 큰용담, 큰잎쓴풀, 탱자나무, 털개회나무, 털산사, 털조장나무, 털중나리, 털진득찰, 털황벽나무, 토대황, 파, 파리풀, 팥, 편두, 포천구절초, 표고, 풀명자나무, 풀솜나물, 하늘나리, 하늘부추, 할미꽃, 함박이, 해당화, 향부자, 향유, 호대황, 호장근, 호프, 홉, 홍만병초, 홍월귤, 환삼덩굴, 황련, 황벽나무, 황산차, 황해쑥, 회리바람꽃, 회향, 후박나무, 후추나무, 후추등, 흑난초흰명아주, 흰민들레, 흰씀바귀, 흰철쭉.

건위강장(健胃强壯)(4) : 각시마, 국화마, 단풍마, 부채마.

건위소식(健胃消食)(1) : 토마토.

건위지사(健胃止瀉)(1) : 깽깽이풀.

건위청장(健胃淸腸)(1) : 무화과나무열매.

건폐위(健肺胃)(1) : 산들깨.

건해(乾咳)(8) : 고추나무, 둥굴레, 맥문동, 산둥굴레, 왕둥굴레, 참나리, 퉁둥굴레, 천문동.

견골(肩骨)(1) : 참깨.

견광(猏狂)(5) : 개모시풀, 모시풀, 섬모시풀, 왕모시풀, 왜모시풀.

견교(犬咬)(1) : 칡.

견교독(犬咬毒)(8) : 가는오이풀, 까치발, 도깨비바늘, 미국가막사리, 산오이풀, 오이풀봄, 자주가는오이풀, 좁은잎가막사리.

견교상(犬咬傷)(1) : 구와가막사리.

견독(肩毒)(1) : 살구나무.

견비통(肩臂痛)(39) : 가시연꽃, 개나리, 개암나무, 고마리, 고추, 구기자나무, 굴거리, 꽈리, 냉이, 넉줄고사리, 다시마, 돌콩, 둥근잎나팔꽃, 마늘, 무, 물개암나무, 바꽃, 벚나무, 비파나무, 사철나무, 삼백초, 서울귀룽나무, 쇠무릎, 수선화, 수세미외, 신경초, 쑥, 엉겅퀴, 옻나무, 율무, 음나무, 이삭여뀌, 적작약, 지리바꽃, 천마, 칡, 토란, 현호색, 홍만병초.

견인통(牽引痛)(3) : 골담초, 대추나무, 해당화.

결기(決氣)(5) : 꿀풀, 반하, 뱀딸기, 산달래, 패모.

결막염(結膜炎)(36) : 감국, 결명차, 금꿩의다리, 금매화, 깽깽이풀, 꽃치자, 꿩의다리, 냉이, 닭의장풀, 돈나무, 망초, 매발톱나무, 미나리, 미나리아재비, 뽀리뱅이, 산꿩의다리, 산층층이풀, 살구나무, 삽주, 석결명, 쑥방망이, 쓴풀, 애기금매화, 연잎꿩의다리, 은꿩의다리, 인동, 자주꿩의다리, 지치, 차나무, 층꽃나무, 층층이꽃, 치자나무, 콩, 호박, 황련, 황벽나무.

결절종(結節腫)(3) : 꽃무릇, 잇꽃, 찔레나무.

결핵(結核)(34) : 가막사리, 간장풀, 개구리자리, 개나리, 개박하, 검팽나무, 꿀풀, 띠, 노랑팽나무, 노랑하늘타리, 달구지풀, 만리화, 모과나무, 모래지치, 물레나물, 민들레, 밀나물, 박주가리, 박하, 반하, 비술나무, 산개나리, 시무나무, 왕팽나무, 의성개나리, 익모초, 장수팽나무, 지황, 통보리사초, 팽나무, 폭나무, 풍게나무, 하늘타리, 현삼.

결핵성 림프염(結核性lymph炎, tuberculous lymphadenitis)(2) : 나문재, 칠면초.

결핵성쇠약(結核性衰弱)(1) : 지황.

경결(硬結)(7) : 감초, 두루미천남성, 모란, 묏대추나무, 쇠무릎, 엉겅퀴, 적작약.

경기(經氣)(13) : 나리잔대, 당잔대, 두메잔대, 모시대, 섬잔대, 애기고추나물, 왕잔대, 잔대, 좀고추나물, 진주고추나물, 진퍼리잔대, 털잔대.

경련(痙攣)(90) : 감초, 강활, 개똥쑥, 개양귀비, 고본, 골풀, 구릿대, 궁궁이, 그늘돌쩌귀, 꿩의다리아재비, 꿩의바람꽃, 나도하수오, 남산천남성, 남오미자, 넓은잎쥐오줌풀, 대추나무, 댓잎현호색, 댕댕이덩굴, 더덕, 도꼬마리, 독말풀, 두루미천남성, 들현호색, 말오줌때, 모란, 묏대추나무, 박하, 반하, 백리향, 백작약, 뱀무, 범꼬리, 복령, 부추, 붉은토끼풀, 빗살현호색, 뽕나무, 사리풀, 사위질빵, 산작약, 산톱풀, 살구나무, 상추, 설령쥐오줌풀, 세잎돌쩌귀, 소나무, 솜대, 수국, 수련, 승검초, 시호, 앉은부채, 애기똥풀, 애기현호색, 양귀비, 염주, 왕대, 왜현호색, 용담, 운향, 율무, 은행나무, 자주괴불주머니, 잔대, 적작약, 점박이천남성, 제비꽃, 쥐오줌풀, 지리바꽃, 진범, 참나무겨우살이, 참당귀, 창포, 천궁, 천남성, 천마, 천문동, 칡, 칼잎용담, 큰뱀무, 큰천남성, 토마토, 투구꽃, 향부자, 현호색, 협죽도, 형개, 홉, 후박나무, 흰독말풀.

경변(硬便)(1) : 댕댕이덩굴

경선결핵(經腺結核)(18) : 감국, 고삼, 꿀풀, 단풍마, 둥근마, 마, 애기고추나물, 애기부들, 우엉, 의성개나리, 제비꽃, 쥐참외, 진득찰, 짚신나물, 큰개현삼, 큰조롱, 현삼, 황기.

경신익기(輕身益氣)(2) : 갯율무, 순무.

경신익지(輕身益志)(9) : 결명차, 들국화, 소엽, 여주, 연꽃, 영지, 오미자, 참깨, 후박나무.

경중양통(莖中痒痛)(16) : 가지, 구기자나무, 구릿대, 등대풀, 마늘, 복숭아나무, 뽕나무, 살구나무, 왜개연꽃, 종려나무, 질경이, 칡, 할미꽃, 호리병박, 황기, 흰민들레.

경충(頸衝)(5) : 검팽나무, 노랑팽나무, 장수팽나무, 팽나무, 폭나무.

경통(莖痛)(7) : 갯강활, 깃반쪽고사리, 반쪽고사리, 삼수구릿대, 왜천궁, 참당귀, 큰봉의꼬리.

경풍(痙風)(70) : 가는참나물, 감자개발나물, 갓대, 개곽향, 개미취, 개쓴풀, 갯개미취, 갯쑥부쟁이, 검산초롱꽃, 고란초, 골무꽃, 과남풀, 곽향, 구슬붕이, 금강초롱꽃, 나한백, 넓은잔대, 노간주나무, 노루참나물, 눈측백, 닻꽃, 더덕, 덩굴곽향, 덩굴용담, 도라지모시대, 독말풀, 둥근잔대, 만삼, 벚나무, 별꽃풀, 봄구슬붕이, 붉은참반디, 뽕나무, 산동쥐똥나무, 산뽕나무, 서양측백나무, 석잠풀, 섬조릿대, 섬쥐똥나무, 섬초롱꽃, 소경불알, 쓴풀, 애기골무꽃, 애기참반디, 용담, 우단석잠풀, 이대, 자두나무, 자주꽃방망이, 자주섬초롱꽃, 자주쓴풀, 자주초롱꽃, 잔대, 제주조릿대, 조릿대, 좀구슬붕이, 참나물, 초롱꽃, 칼잎용담, 큰구슬붕이, 큰용담, 큰잎쓴풀, 털독말풀, 털잔대, 파드득나물, 파리풀, 향부자, 호박, 흰독말풀, 흰섬초롱꽃.

경학질(輕瘧疾)(1) : 마편초.

경혈(驚血)(140) : 가는대나물, 가는기린초, 가는잎할미꽃, 가시엉겅퀴, 각시원추리, 개연꽃, 개옻나무, 갯실새삼, 검양옻나무, 계수나무, 고마리, 고본, 고욤나무, 골등골나물, 곽향, 광대수염, 괭이밥, 귤나무, 글라디올러스, 금창초, 긴오이풀, 까치수염, 꾸지뽕나무, 넉줄고사리, 노랑원추리, 노루오줌, 논냉이, 닥풀, 담쟁이덩굴, 대황, 댓잎현호색, 동래엉겅퀴, 동백나무, 들현호색, 땅비수리, 땅빈대, 뚝갈, 띠, 마삭줄, 만년석송, 많첩해당화, 맑은대쑥, 매자기, 머위, 멍석딸기, 모란, 모시풀, 무궁화, 물달개비, 물쑥, 바꽃, 바늘엉겅퀴, 바위손, 박쥐나무, 반하, 밤나무, 방가지똥, 백미꽃, 뱀톱, 벗풀, 벚나무, 벼, 복령, 복숭아나무, 부들, 부처꽃, 분꽃, 붓꽃, 비늘고사리, 빈카, 빗살현호색, 뽕나무, 사마귀풀, 사시나무, 산사나무, 산오이풀, 산옥잠화, 산일엽초, 산할미꽃, 상황버섯, 생강나무, 선피막이, 섬현호색, 세잎양지꽃, 소귀나무, 소리쟁이, 쇠고비, 쇠무릎, 쇠별꽃, 수선화, 수세미외, 승검초, 시로미, 신경초, 실새삼, 애기부들, 애기수영, 애기원추리, 양하, 얼레지, 엉겅퀴, 연꽃, 연령초, 영지, 오갈피나무, 오동나무, 오수유, 왕고들빼기, 왕원추리, 이삭여뀌, 잇꽃, 장구채, 장군풀, 조뱅이, 조팝나무, 쥐참외, 지느러미엉겅퀴, 지황, 질경이, 쪽, 참당귀, 참빗살나무, 참소리쟁이, 층꽃나무, 치자나무, 콩짜개덩굴, 큰개별꽃, 털부처꽃, 팥꽃나무, 패랭이꽃, 팬지, 풍선덩굴, 하늘타리, 한련초, 할미꽃, 해당화, 혈떡이풀, 현호색, 홀아비꽃대, 회향.

고뇨(4) : 갯패랭이꽃, 난장이패랭이꽃, 술패랭이꽃, 패랭이꽃.

고미(尻尾)(41) : 개쓴풀, 개씀배, 개회나무, 과남풀, 광귤, 굴거리나무, 귤, 냇씀바귀, 노랑어리연꽃, 닻꽃, 댕댕이덩굴, 덩굴용담, 매발톱나무, 매자나무, 물푸레나무, 방기, 벌씀바귀, 별꽃풀, 봄구슬붕이, 뻐꾹채, 삼, 석창포, 섬개회나무, 소태나무, 수수꽃다리, 씀바귀, 어리연꽃, 왕씀배, 유자나무, 자주쓴풀, 조름나물, 좀씀바귀, 좀어리연꽃, 창포, 추분취, 칼잎용담, 큰구슬붕이, 큰잎쓴풀, 털개회나무, 황벽나무, 흰씀바귀.

고미건위(苦味健胃)(3) : 방아풀, 산박하, 자주방아풀.

고비(痼痺)(3) : 당매자나무, 모람, 왕모람.

고양이병(4) : 개다래, 다래, 섬다래, 쥐다래.

고장(高章)(6) : 녹보리똥나무, 뜰보리수, 보리밥나무, 보리수나무, 보리장나무, 왕볼레나무.

고지방혈증(高脂肪血症)(2) : 산사나무, 영지.

고지혈증(高脂血症)(1) : 산사나무.

고창(鼓脹)(6) : 고사리, 메밀, 석창포, 소나무, 팥, 호리병박.

고치(固齒)(3) : 벼, 부들, 청미래덩굴.

고혈압(高血壓)(216) : 가는참나물, 가막사리, 가시엉겅퀴, 가시오갈피, 가야산은분취, 가지, 각시서덜취, 각시취, 갈퀴덩굴, 감국, 감나무, 감자, 감자개발나물, 개맨드라미, 개발나물, 개오동나무, 개차즈기, 겨우살이, 결명차, 고사리, 고수, 고욤나무, 골담초, 골등골나물, 관모박새, 광릉쥐오줌풀, 구기자나무, 구릿대, 구와취, 국화, 귤나무, 그늘취, 금강분취, 금창초, 긴분취, 긴잎달맞이꽃, 긴잎여로, 까마중, 꼬리겨우살이, 꿀풀, 남오미자, 남포분취, 냉이, 넓은잎쥐오줌풀, 노간주나무, 노루발, 노루참나물, 누리장나무, 눈여뀌바늘, 느릅나무, 느티나무, 다릅나무, 다시마, 달맞이꽃, 담배취, 당근, 당분취, 대추나무, 댕댕이덩굴, 더덕, 도꼬마리, 도라지, 돈나무, 돌바늘꽃, 동백나무겨우살이, 두릅나무, 두메분취, 두메취, 두충, 들깨, 등골나물, 땅콩, 띠, 마늘, 만삼, 메꽃, 메밀, 모란, 목련, 무, 물엉겅퀴, 미나리, 미역, 민들레, 바꽃, 바늘꽃, 바늘분취, 바늘엉겅퀴, 박새, 방기, 배나무, 백설취, 뱀무, 버들바늘꽃, 버들분취, 벌노랑이, 벌등골나물, 벽오동, 복령, 분취, 붉은참반디, 비단분취, 비파나무, 빗살서덜취, 뽕나무, 사마귀풀, 사창분취, 산각시취, 산골취, 산국, 산뽕나무, 산사나무, 산쑥, 산짚신나물, 삼백초, 삽주, 상추, 생강, 서덜취, 석결명, 설령쥐오줌풀, 소귀나무, 소나무, 소엽, 솔비나무, 솔장다리, 솜분취, 송악, 수박, 수양버들, 승검초, 시금치, 시호, 싸리, 쑥, 애기달맞이꽃, 애기참반디, 애기현호색, 약모밀, 양파, 엉겅퀴, 여뀌바늘, 여로, 연영초, 연꽃, 영지, 오동나무, 오이, 옥수수, 외잎쑥, 운지, 위성류, 유자나무, 율무, 은분취, 은행나무, 자금우, 자란초, 잣나무, 절굿대, 젓가락나물, 제주진득찰, 조개나물, 조뱅이, 좀바늘꽃, 좁쌀풀, 종려나무, 줄, 쥐방울덩굴, 쥐오줌풀, 지리바꽃, 진달래, 진득찰, 질경이, 차나무, 참깨, 참나무겨우살이, 참나물, 참쑥, 참여로, 창포, 천마, 측백나무, 칡, 컴프리, 콩, 큰각시취, 큰달맞이꽃, 큰메꽃, 큰바늘꽃, 큰뱀무, 큰엉겅퀴, 큰연영초, 큰절굿대, 택사, 털분취, 털진득찰, 토마토, 퉁퉁마디, 파드득나물, 파란여로, 팥, 패모, 팬지, 표고, 해바라기, 향나무, 향등골나물, 현삼, 협죽도, 호박, 홍도서덜취, 황금, 황기, 회령바늘꽃, 회화나무, 흰여로.

고환염(睾丸炎)(6) : 개불알풀, 다시마, 더덕, 미역, 붉나무, 수세미외.

골격통(骨格痛)(1) : 딱지꽃.

골다공증(骨多孔症)(9) : 마황, 무, 미역, 쇠무릎, 여우콩, 참취, 콩, 해바라기, 호박.

골반염(骨盤炎)(7) : 등대풀, 밀나물, 백운풀, 세잎양지꽃, 쇠무릎, 승검초, 천문동.

골수암(骨髓癌)(5) : 박새, 뱀딸기, 비파나무, 살구나무, 시호.

골수염(骨髓炎)(12) : 계뇨등, 밀나물, 삼백초, 세잎양지꽃, 승검초, 쓴풀, 애기풀, 야고, 참외, 천문동, 콩, 타래붓꽃, 호장근.

골습(骨濕)(1) : 족도리풀.

골절(骨折)(37) : 고추나물, 넓은잎딱총나무, 노루발, 도깨비쇠고비, 대추나무, 덧나무, 도라지, 딱지꽃, 딱총나무, 뚱딴지, 말오줌나무, 버드나무, 벽오동, 병조희풀, 분꽃, 사위질빵, 산토끼꽃, 새삼, 선개불알풀, 선인장, 소나무, 쇠고비, 씀바귀, 오이, 오이풀, 위령선, 으아리, 자귀나무, 자주조희풀, 조희풀, 종려나무, 지렁쿠나무, 참쇠고비, 참으아리, 큰개별꽃, 현호색, 호박.

골절번통(骨節煩痛)(17) : 갯완두, 골담초, 두릅나무, 만년석송, 밤나무, 버드나무, 소나무, 쇠뜨기, 쇠무릎, 승검초, 시호, 잣나무, 적작약, 지렁쿠나무, 참취, 택사, 후박나무.

골절산통(骨節痠痛)(1) : 갯기름나물.

골절상(骨折傷)(6) : 고로쇠나무, 단풍나무, 산딸나무, 쉬땅나무, 잇꽃, 지칭개.

골절증(骨絕症)(32) : 고들빼기, 골담초, 굴거리, 대추나무, 덧나무, 돈나무, 두릅나무, 딱총나무, 만년석송, 말오줌때, 뱀무, 버드나무, 복숭아나무, 비파나무, 산토끼꽃, 선인장, 소나무, 속단, 쇠무릎, 수양버들, 승검초, 씀바귀, 알로에, 오이, 자귀나무, 제비꽃, 지황, 참나무겨우살이, 참쇠고비, 치자나무, 파, 현호색.

골절통(骨節痛)(7) : 국화바람꽃, 꿩의바람꽃, 노랑부추, 바람꽃, 산달래, 양파, 홀아비바람꽃.

골중독(骨中毒)(1) : 도깨비쇠고비.

골증(骨蒸)(1) : 대나물.

골증열(骨蒸熱)(9) : 구기자나무, 대나물, 두릅나무, 모란, 소나무, 오갈피나무, 천문동, 큰개현삼, 현삼.

골통(骨痛)(10) : 개사상자, 갯기름나물, 기름나물, 반디미나리, 백운기름나물, 사상자, 서울개발나물, 예덕나무, 왜우산풀, 참반디.

과로(過勞)(2) : 대추나무, 하수오.

과민성대장증후군(過敏性大腸症候群)(15) : 감자, 개박하, 결명차, 당근, 대추나무, 마, 매발톱나무, 미나리, 병조희풀, 삽주, 용담, 이질풀, 인삼, 황벽나무, 할미꽃.

과민성위장염(過敏性胃腸炎)(1) : 카밀레.

과식(過食)(29) : 개벚나무, 개벚지나무, 개살구나무, 귀룽나무, 금잔화, 녹보리똥나무, 대추나무, 더위지기, 덤불쑥, 밀나물, 벽오동, 보리수나무, 비쑥, 산개벚지나무, 삼백초, 삽주, 선밀나물, 섬벚나무, 시베리아살구, 쑥, 쓴풀, 앵도나무, 올벚나무, 왕볼레나무, 율무쑥, 이질풀, 자주쓴풀청가시덩굴, 털산쑥.

과실식체(果實食滯)(3) : 가래, 댑싸리, 벚나무.

과실중독(果實中毒)(10) : 감초, 개박하, 댑싸리, 묏대추나무, 바위구절초, 배나무, 벚나무, 옻나무, 칡, 황기.

곽란(73) : 가시연꽃, 간장풀, 갈풀, 개박하, 개아그배나무, 갯방풍, 관모박새, 광귤, 귤, 긴잎여로, 나한백, 노각나무, 노간주나무, 노랑부추, 눈측백, 달뿌리풀, 댕댕이덩굴, 더위지기, 덤불쑥, 돈나무, 두메부추, 마늘, 마디풀, 매실나무, 메타세콰이아, 모과나무, 목향, 박새, 박하, 방기, 배초향, 비쑥, 뽕나무, 사과나무, 산달래, 산당화, 산부추, 산뽕나무, 산파, 생강, 서양측백나무, 수세미오이, 순채, 쉬나무, 쑥, 야광나무, 양파, 연필향나무, 오수유, 유자나무, 율무쑥, 이삭마디풀, 인삼, 제주피막이, 조각자나무, 주엽나무,

쪽파, 참산부추, 참여로, 청시닥나무, 측백나무, 층꽃나무, 큰옥매듭풀, 털산쑥, 파, 팥배나무, 편백, 풀명자, 한라부추, 형개, 화백, 회향, 흰여로.

곽란(癨亂)(94) : 가시연꽃, 간장풀, 갈대, 갈풀, 감국, 개박하, 개아그배나무, 갯방풍, 관모박새, 광귤, 귤나무, 금불초, 긴잎여로, 나한백, 노각나무, 노간주나무, 노랑부추, 눈측백, 달뿌리풀, 닭의장풀, 댕댕이덩굴, 더위지기, 덤불쑥, 돈나무, 두메부추, 마늘, 마디풀, 매실나무, 메타세콰이아, 모과나무, 목향, 바디나물, 박새, 박하, 방기, 배초향, 복숭아나무, 비쑥, 뽕나무, 사과나무, 산달래, 산당화, 산마늘, 산부추, 산뽕나무, 산사나무, 산파, 삽주, 생강, 서양측백나무, 석류나무, 석산, 선피막이, 소귀나무, 수박, 수세미외, 순채, 쉬나무, 쑥, 야광나무, 양파, 연필향나무, 오수유, 유자나무, 율무쑥, 이삭마디풀, 인삼, 작두콩, 제비꽃, 제주피막이, 조각자나무, 주엽나무, 질경이, 쪽파, 참산부추, 참여로, 청시닥나무, 측백나무, 층꽃나무, 큰옥매듭풀, 털산쑥, 파, 팥배나무, 편두, 편백, 풀명자, 피막이풀, 한라부추, 향나무, 향유, 형개, 화백, 회향, 흰여로.

곽란설사(霍亂泄瀉)(1) : 사위질빵.

관격(關格)(11) : 곽향, 만삼, 무, 부추, 사과나무, 삽주, 소리쟁이, 칡, 피마자, 향부자, 환삼덩굴.

관상동맥질환(冠狀動脈疾患)(9) : 골담초, 마가목, 모란, 미역, 약모밀, 엉겅퀴, 영지, 으름덩굴, 은행나무.

관장(灌漿)(2) : 수염가래꽃, 솟잔대.

관절냉기(關節冷氣)(10) : 감국, 꿩의다리, 대추나무, 삼지구엽초, 삽주, 소엽, 승검초, 익모초, 인삼, 후박나무.

관절동통(關節疼痛)(5) : 돌동부, 애기우산나물, 우산나물, 청미래덩굴, 후추등.

관절염(關節炎)(184) : 가시오갈피, 가지고비고사리고사리, 각시취, 각시투구꽃, 갈퀴나물, 강활, 개머루, 개사상자, 개솔새, 개싹눈바꽃, 개옻나무, 갯메꽃, 갯방풍, 갯사상자, 갯율무, 검양옻나무, 겨우살이, 겨자, 결명차, 계뇨등, 계수나무, 고비고사리, 골담초, 곽향, 광대나물, 귀룽나무, 꿩의다리아재비, 나도닭의덩굴, 나도하수오, 나팔꽃, 냉초, 넓은산꼬리풀, 노간주나무, 놋젓가락나물, 느릅나무, 닭의덩굴, 덩굴장미, 댕댕이덩굴, 도깨비부채, 도꼬마리, 돈나무, 돌방풍, 두릅나무, 두충, 등골나물, 딱총나무, 땃두릅나무, 떡쑥, 마삭줄, 마황, 만병초, 말오줌때, 모란, 무, 미나리아재비, 미역줄나무, 바꽃, 방기, 방풍, 배풍등, 백당나무, 백부자, 뱀무, 벌사상자, 병풀, 봉선화, 부용, 부채마, 분꽃, 붉은터리풀, 비늘고사리, 빼꾹채, 뽀리뱅이, 뽕나무, 사동미나리, 사상자, 사철나무, 사철쑥, 산검양옻나무, 산일엽초, 산톱풀, 상산, 새박, 생강, 서울오갈피, 석곡, 선밀나물, 선인장, 섬오갈피나무, 세뿔투구꽃, 세잎돌쩌귀, 소나무, 소리쟁이, 솔잎란, 송악, 송이풀, 쇠뜨기, 쇠무릎, 쇠비름, 쇠채, 순비기나무, 승검초, 싹눈바꽃, 쑥, 쓴풀, 애기우산나물, 애기일엽초, 애기현호색, 약모밀, 엉겅퀴, 염주, 예덕나무, 오가나무, 오갈피나무, 옻나무, 왕바꽃, 왕배풍등, 용가시나무, 용담, 우산나물, 우엉, 위령선, 율무, 으름덩굴, 으아리, 음나무, 이삭바꽃, 인동, 자귀나무, 자주조희풀, 접시꽃, 제비꽃, 제주진득찰, 조각자나무, 조희풀, 조도리풀, 주엽나무, 지느러미엉겅퀴, 지리바꽃, 지리산오갈피, 진득찰, 진범, 질경이, 짚신나물, 찔레나무, 참깨, 참빗살나무, 참으아리, 참줄바꽃, 천남성, 청가시덩굴, 청미래덩굴, 층꽃나무, 층층나무, 큰닭의덩굴, 키다리바꽃, 터리풀, 털계뇨등, 털기름나물, 털쇠무릎, 털여뀌, 털오갈피, 털진득찰, 토대황, 톱풀, 투구꽃, 퉁퉁마디, 팔손이, 팽나무, 피나물, 하수오, 한라돌쩌귀, 함박이, 해당화, 향나무, 향등골나물, 호랑가시나무, 호자나무, 홍만병초, 황기, 황매화, 회향, 흰진범.

관절통(關節痛)(49) : 가는기름나물, 가시연꽃, 강활, 고비, 곰취, 굴거리, 귀룽나무, 금모구척, 꾸지뽕나무, 나팔꽃, 노루발, 노루오줌, 눈향나무, 다래나무, 단삼, 단풍나무, 댕댕이덩굴, 도꼬로마, 땃두릅나무, 마삭줄, 만년석송, 만병초, 맑은대쑥, 문주란, 박쥐나무, 배풍등, 백당나무, 뽕나무, 사철나무, 서울귀룽나무, 석송, 석창포, 소리쟁이, 쇠무릎, 승검초, 왕배풍등, 우산나물, 으아리, 이삭여뀌, 인동, 잣나무, 지리바꽃, 질경이, 참당귀, 청미래덩굴, 칡, 큰뱀무, 향나무, 후추등.

광견병(狂犬病)(15) : 가막사리, 감초, 도꼬마리, 마늘, 모시풀, 바위고사리, 바위버섯, 산자고, 살구나무, 삼(대마), 생강, 참깨, 칡, 콩, 후추나무.

괴저(壞疽)(2) : 개맥문동, 인동.

괴혈병(壞血病)(1) : 나도수영.

교독(矯毒)(1) : 털도깨비바늘.

교미(矯味)(5) : 감초, 광귤, 귤, 월계화, 유자나무.

교상(咬傷)(4) : 두메담배풀, 애기담배풀, 여우오줌, 천일담배풀.

교취(矯臭)(7) : 광귤, 귤, 생열귀나무, 용가시나무, 월계화, 유자나무, 찔레꽃.

구갈(口渴)(32) : 갯방풍, 고욤나무, 귤나무, 당귀, 대청, 더덕, 띠, 만삼, 매실나무, 맥문동, 배나무, 벌등골나물, 복령, 뽕나무, 산딸기나무, 새삼, 석곡, 섬대, 수리딸기, 오미자, 오이, 왕대, 인삼, 제주조릿대, 조릿대, 죽대, 진황정, 질경이택사, 타래난초, 택사, 튤립나무, 흑난초.

구갈증(口渴症)(1) : 무궁화.

구강염(口腔炎)(4) : 망초, 산일엽초, 실망초, 애기일엽초.

구건(口乾)(1) : 담쟁이덩굴.

구고(口苦)(8) : 고들빼기, 고삼, 더덕, 더위지기, 새삼, 씀바귀, 익모초, 흰더위지기.

구금(口噤)(1) : 피마자.

구금불언(口噤不言)(8) : 감나무, 다시마, 범꼬리, 생강, 석류나무, 솜대, 으름덩굴, 피마자.

구내염(口內炎)(46) : 가는범꼬리, 가지, 감자, 결명차, 구기자나무, 깽깽이풀, 꼭두서니, 냇씀바귀, 넓은잎황벽나무, 다시마, 등, 등칡, 땅비싸리, 망초, 매실나무, 무, 물양지꽃, 벌씀바귀, 범꼬리, 벽오동, 붉나무, 사시나무, 산국, 살구나무, 석류나무, 세잎양지꽃, 소귀나무, 소나무, 솜방망이, 수박, 신경초, 씀바귀, 애기봄맞이, 연꽃, 오수유, 왕씀배, 자두나무, 제비꽃, 제비쑥, 조릿대, 좀씀바귀, 쪽, 차나무, 치자나무, 황벽나무, 흰씀바귀.

구리(久痢)(1) : 홍초.

구순생창(口脣生瘡)(6) : 구기자나무, 귤나무, 복숭아나무, 살구나무, 이질풀, 지황.
구안와사(口眼蝸斜)(11) : 꿀풀, 댕댕이덩굴, 바디나물, 반하, 벼, 소나무, 시호, 오갈피나무, 진득찰, 천남성, 털진득찰.
구어혈(驅瘀血)(1) : 참당귀.
구역(嘔逆)(2) : 통보리사초, 히어리.
구역증(嘔逆症)(5) : 감나무, 작두콩, 제주조릿대, 편두, 하늘말나리.
구역질(嘔逆疾)(14) : 갓대, 갯강활, 관모박새, 궁궁이, 긴잎여로, 매실나무, 박새, 삼수구릿대, 섬조릿대, 왜천궁, 이대, 제주조릿대, 조릿대, 참당귀.
구열(口熱)(4) : 마삭줄, 우엉, 이끼, 질경이.
구창(口瘡)(38) : 개승마, 갯실새삼, 결명차, 광나무, 구기자나무, 금매화, 다시마, 담쟁이덩굴, 댕댕이덩굴, 더위지기, 더위지기, 도꼬마리, 두메닥나무, 둥근마, 마, 망초, 범부채, 부들, 상수리나무, 새삼, 서향, 석류나무, 소나무, 소리쟁이, 수박, 승마, 실새삼, 쑥, 씀바귀, 알로에, 애기고추나물, 애기금매화, 양지꽃, 이질풀, 제비쑥, 팥꽃나무, 호박, 후박나무.
구충(驅蟲)(141) : 가래, 가래나무, 가죽나무, 각시붓꽃, 간장풀, 개느삼, 개면마, 개박하, 개쓴풀, 개아그배나무, 개오동나무, 개옻나무, 갯까치수염, 검양옻나무, 갯율무, 고본, 고비, 고삼, 고추나물, 굴거리, 긴담배풀, 꽃개오동, 꽈리, 냉이, 담배풀, 당마가목, 덩굴용담, 두메담배풀, 두메부추, 들깨풀, 땅꽈리, 때죽나무, 띠, 마가목, 마늘, 마디풀, 매실나무, 멀구슬나무, 멀꿀, 목련, 목향, 무, 무릇, 무화과나무, 물고추나물, 물레나물, 물양지꽃, 미국실새삼, 미국자리공, 바늘꽃, 박하, 밤나무, 방아풀, 백량금, 백리향, 백목련, 번행초, 별꽃풀, 복숭아나무, 붓순나무, 비자나무, 비파나무, 빈랑나무, 사과나무, 사상자, 산검양옻나무, 산들깨, 산마가목, 산마늘, 산박하, 산부추, 산쑥, 산앵두나무, 산짚신나물, 산초나무, 산파, 산호수, 삼(대마), 생강, 석창포, 소나무, 소태나무, 쇠비름, 술패랭이꽃, 쉬땅나무, 실새삼, 싱아, 쑥, 쓴풀, 알로에, 애기담배풀, 야광나무, 양파, 여우오줌, 염주, 오동나무, 오리방풀, 오수유, 옻나무, 외잎쑥, 용담, 율무, 으름덩굴, 음나무, 자귀나무, 자금우, 자목련, 자주목련, 자주방아풀, 자작나무, 자주쓴풀, 조름나물, 좀담배풀, 좀족동백나무, 쥐깨풀, 지채, 질경이, 짚신나물, 쪽동백나무, 쪽파, 참빗살나무, 참산부추, 참쑥, 참오동나무, 창포, 채고추나물, 천일담배풀, 청각, 초피나무, 큰까치수염, 큰물레나물, 큰잎쓴풀, 태산목, 파, 한라부추, 해바라기, 호두나무, 호박, 화살나무, 회향, 후추등.
구충제(驅蟲劑)(9) : 갯까치수영, 까치수영, 물까치수염, 버들까치수염, 좀가지풀, 좁쌀풀, 진퍼리까치수염, 참좁쌀풀, 큰까치수영.
구취(口臭)(6) : 겨자, 녹두, 대추나무, 율무, 참깨, 천궁.
구토(嘔吐)(146) : 가는금불초, 각시괴불나무, 간장풀, 갈대, 감나무, 개똥쑥, 개박하, 개아그배나무, 개양귀비, 갯방풍, 겨자, 계수나무, 곽향, 구릿대, 귤나무, 금불초, 금잔화, 기장, 꽃무릇, 꽃향유, 나도사프란, 넓은잎천남성, 노랑만병초, 다래나무, 대, 댕댕이덩굴, 도루박이, 두루미천남성, 두메닥나무, 둥근잎천남성, 들쭉나무, 띠, 마, 만병초, 매실나무, 매자기, 맨드라미, 모과나무, 모새나무, 목향, 무궁화, 무늬천남성, 물고랭이, 미나리, 미치광이풀, 민산초, 박새, 박하, 반하, 방울고랭이, 배나무, 배초향, 보리, 복령, 복숭아나무, 부추, 사과나무, 산닥나무, 산부채, 산앵도나무, 산진달래, 산초나무, 삼(대마), 삽주, 상수리나무, 생강, 서향, 석곡, 석산, 선피막이, 섬대, 섬천남성, 세모고랭이, 소귀나무, 소나무, 소엽, 솔방울고랭이, 솔잎란, 솜대구, 송이고랭이, 수선화, 시로미, 신이대, 쑥, 아욱, 앉은부채, 애기앉은부채, 애기풀, 야광나무, 양귀비, 얼레지, 엉겅퀴, 연꽃, 영지, 오미자, 오수유, 오이, 오죽, 올챙이고랭이, 왕대, 월귤, 유자나무, 익모초, 인동, 인삼, 잇꽃, 자주쓴풀, 작두콩, 잔털인동, 점박이천남성, 정금나무, 제주피막이, 조, 조릿대, 좀매자기, 좀송이고랭이, 좁은잎배풍등, 죽대, 죽순대, 쥐꼬리망초, 지황, 질경이, 참여로, 참외, 창포, 천남성, 청피대나무, 칡, 큰고랭이, 큰천남성, 큰피막이, 팥꽃나무, 편두, 표고, 피막이풀, 해장죽, 향부자, 향유, 호두나무, 홍만병초, 황금, 황련, 회향, 후박나무, 후추나무, 흰꽃나도사프란.

구풍(驅風)(30) : 간장풀, 강활, 개꽃, 개박하, 갯방풍, 갯버들, 겹해바라기, 고수, 까치고들빼기, 나도닭의덩굴, 나도하수오, 닭의덩굴, 독미나리, 뫼미나리, 박하, 쉬나무, 신감채, 어리병풍, 오수유, 제비고깔, 카밀레, 큰닭의덩굴, 큰제비고깔, 큰참, 물, 키버들, 하수오, 해바라기, 형개, 회향, 후추등.

구풍해표(驅風解表)(2) : 노루삼, 카밀레.

권태감(倦怠感)(2) : 피[무망], 피[유망].

권태증(倦怠症)(6) : 삽주, 오미자, 인삼, 차나무, 포도나무, 하수오.

귀밝이(4) : 두메애기풀, 병아리풀, 애기풀, 원지.

근계(筋瘈)(4) : 명아주, 신경초, 엉겅퀴, 편두.

근골(跟骨)(1) : 구기자나무.

근골구급(筋骨拘急)(8) : 감초, 구기자나무, 무릇, 오갈피나무, 쥐참외, 청미래덩굴, 포도나무, 흰진범.

근골동통(筋骨疼痛)(46) : 감나무, 갯기름나물, 골무꽃, 광대수염, 굴피나무, 넉줄고사리, 노루오줌, 노린재나무, 노박덩굴, 담쟁이덩굴, 도꼬마리, 돌콩, 동부, 두충, 등, 딱지꽃, 떡쑥, 마, 메꽃, 무릇, 물레나물, 밀나물, 밤나무, 뻐꾹채, 사위질빵, 소나무, 소리쟁이, 쇠무릎, 승검초, 엉겅퀴, 오갈피나무, 옻나무, 왜솜다리, 인동, 자금우, 잔털인동, 절굿대, 조개나물, 진범, 털딱지꽃, 털진득찰, 파대가리, 한련초, 회양목, 후박나무, 후추등.

근골무력증(筋骨無力症)(4) : 석송. 자금우, 죽대, 천문동.

근골산통(筋骨痠痛)(3) : 노루귀, 새끼노루귀, 섬노루귀.

근골위약(筋骨萎弱)(18) : 가시오갈피, 겨우살이, 두충, 둥굴레, 마름, 명자나무, 삼지구엽초, 새삼, 섬오갈피, 속단, 여우콩, 연꽃, 왕가시오갈피, 죽대, 진득찰, 진황정, 천문동, 하수오.

근골통(筋骨痛)(1) : 마삭줄.

근력(筋癧)(4) : 사시나무, 은백양, 이태리포푸라, 일본사시나무.

근시(近視)(5) : 결명차, 까마중, 당근, 석결명, 황벽나무.

근염(筋炎)(4) : 가시오갈피, 소리쟁이, 쇠뜨기, 쇠무릎.

근육경련(筋肉痙攣)(1) : 황기.

근육마비(筋肉麻痺)(1) : 청미래덩굴.

근육손상(筋肉損傷)(1) : 우드풀.

근육통(筋肉痛)(24) : 감초, 고추, 골담초, 냉초, 넓은산꼬리풀, 다람쥐꼬리, 댕댕이덩굴, 두충, 딱지꽃, 딱총나무, 떡쑥, 마늘, 만년석송, 메꽃, 명자나무, 모과나무, 무릇, 미치광이풀, 박쥐나무, 백작약, 석송, 소나무, 실거리나무, 위령선, 으아리, 음나무, 참으아리, 칡, 털냉초, 퉁퉁마디, 풀명자나무, 형개.

금창(金瘡)(132) : 가는잎개고사리, 가래고사리, 가회톱, 개머루, 개면마, 개질경이, 갯골풀, 갯장구채, 갯질경이, 거지덩굴, 겹작약, 고려엉겅퀴, 고사리, 고추나물, 골풀, 곱새고사리, 관중, 광릉, 광대수염, 구슬개고사리, 그늘개고사리, 금족제비고사리, 꽈리, 나도은조롱, 나팔꽃, 낚시고사리, 날개골풀, 넓은잎개고사리, 노루발, 담쟁이덩굴, 대, 더부살이고사리, 덩굴민백미꽃, 덩굴박주가리, 도깨비쇠고비, 도깨비엉겅퀴, 도꼬마리, 돌배나무, 두메고사리, 말냉이장구채, 멀꿀, 메꽃, 모과나무, 모란, 무, 물골풀, 물엉겅퀴, 미국담쟁이덩굴, 민들레, 민백미꽃, 바늘엉겅퀴, 밤나무, 백미꽃, 백작약, 뱀고사리, 별날개골풀, 복령, 부추, 분홍장구채, 비늘고사리, 산돌배, 산뱀고사리, 산속단, 산해박, 선백미꽃, 설설고사리, 세포큰조롱, 속단, 솜대구, 솜아마존, 십자고사리, 쑥, 알로에, 애기골풀, 애기장구채, 야산고비, 양반풀, 엉겅퀴, 오죽, 왕대, 왕머루, 왕지네고사리, 왕질경이, 왜박주가리, 우엉, 위봉배나무, 으름덩굴, 이질풀, 인삼, 작약, 장구채, 적작약, 접시꽃, 정영엉겅퀴, 제비꼬리고사리, 제주진득찰, 조뱅이, 좀나도히초미, 좀진고사리, 주저리고사리, 죽순대, 지리산고사리, 진고사리, 진득찰, 진퍼리고사리, 질경이, 참골풀, 참깨, 참나도히초미, 참나리, 참배, 참새발고사리, 참작약, 창질경이, 처녀고사리, 천일홍, 청나래고사리, 칡, 큰개고사리, 큰엉겅퀴, 큰조롱, 큰지네고사리, 큰진고사리, 큰처녀고사리, 털백작약, 털진득찰, 털질경이, 푸른개고사리, 해당화, 해바라기, 홍지네고사리, 황금.

급만성기관지염(急慢性氣管支炎)(2) : 꽃고비, 백양꽃.

급만성충수염(急慢性蟲垂炎)(1) : 죽절초.

급성간염(急性肝炎)(49) : 갓냉이, 개구리자리, 개머루, 개수양버들, 갯버들, 결명차, 계뇨등, 골무꽃, 금방망이, 긴병꽃풀, 단삼, 담배풀, 대추나무, 도깨비바늘, 땅꽈리, 마늘, 마타리, 말냉이, 며느리배꼽, 모시대, 물쑥, 물푸레나무, 미나리아재비, 미역취, 배풍등, 벼룩나물, 사철쑥, 송악, 쇠고비, 수염가래꽃, 실고사리, 오미자, 왕바랭이, 위령선, 율무, 자귀풀, 자금우, 젓가락나물, 조뱅이, 지칭개, 차나무, 참소리쟁이, 컴프리, 큰꽃으아리, 타래붓꽃, 파대가리, 호장근, 황벽나무, 흰제비꽃.

급성결막염(急性結膜炎)(5) : 고사리삼, 벼룩이자리, 석류풀, 애기봄맞이, 큰석류풀.

급성복막염(急性腹膜炎)(1) : 대황.

급성신우염(急性腎盂炎)(1) : 모시물통이.

급성이질(急性痢疾)(1) : 선인장.

급성인후염(急性咽喉炎)(3) : 골무꽃, 방가지똥, 큰방가지똥.

급성장염(急性腸炎)(1) : 긴담배풀.

급성폐렴(急性肺炎)(1) : 대청.

급성피부염(急性皮膚炎)(1) : 좀꿩의다리.

기관지염(氣管支炎)(185) : 가막사리, 각시서덜취, 감나무, 갓, 개갓냉이, 개맥문동, 개미취, 개속새, 개회나무, 갯메꽃, 갯무, 갯방풍, 갯질경이, 겨자, 계뇨등, 구슬갓냉이, 구와취, 군자란, 귤나무, 금강분취, 금떡쑥, 금창초, 기름나물, 긴잎달맞이꽃, 까마중, 까치수염, 꽃다지, 나도냉이, 남포분취, 낭아초, 넓은잔대, 노루삼, 누린내풀, 다래나무, 닥풀, 단풍마, 달맞이꽃, 담배취, 당근, 대추나무, 도깨비바늘, 도라지, 도라지모시대, 돌나물, 돌외, 두메분취, 두메취, 둥근잔대, 들깨풀, 등골나물, 땅꽈리, 땅콩, 때죽나무, 떡쑥, 마가목, 마늘, 만년청, 매일초, 맥문동, 머루, 머위, 모과나무, 모시대, 목향, 목화, 무, 무궁화, 문주란, 물달개비, 물솜방망이, 물푸레나무, 미나리아재비, 미모사, 민들레, 바늘분취, 박하, 밤나무, 배나무, 배암차즈기, 백량금, 백리향, 백합, 뱀톱, 버들분취, 복숭아나무, 부채마, 붉노랑상사화, 붉은조개나물, 붉은토끼풀, 비파나무, 뽕나무, 사창분취, 산국, 산꼬리풀, 산들깨, 산해박, 살구나무, 삿갓나물, 상사화, 새모래덩굴, 생강, 서덜취, 석산, 석위, 석잠풀, 섬백리향, 소엽맥문동, 속속이풀, 솜방망이, 솜분취, 솜양지꽃, 수박, 수세미외, 수수, 숫잔대, 신경초, 쑥, 아프리카문주란, 애기달맞이꽃, 애기똥풀, 애기풀, 앵초, 약모밀, 여우콩, 연꽃, 영지, 오미자, 오이, 옹굿나물, 왜떡쑥, 왜솜다리, 운지, 위성류, 율무, 은분취, 자금우, 자작나무, 잔대, 잣나무, 전동싸리, 절굿대, 조개나물, 좀개갓냉이, 좀쪽동백나무, 죽대, 중나리, 쥐방울덩굴, 질경이, 질경이택사, 쪽, 쪽동백나무, 차나무, 참나리, 참나무겨우살이, 창포, 천일홍, 층꽃나무, 큰달맞이꽃, 큰솔나리, 큰여우콩, 큰절굿대, 택사, 탱자나무, 털계뇨등, 털머위, 털잔대, 파, 파드득나물, 팥꽃나무, 패모, 풀솜나물, 하늘말나리, 향등골나물, 향부자, 향유, 현삼, 호두나무, 호박, 홀아비꽃대, 활나물, 황금, 흰민들레, 흰상사화, 흰아프리카문주란, 흰조개나물.

기관지천식(氣管支喘息)(10) : 감나무, 개솔새, 들깨, 마늘, 뽕나무, 살구나무, 생강, 선인장, 소엽, 카밀레.

기관지확장증(氣管支擴張症)(5) : 감초, 배나무, 배암차즈기, 소엽, 파.

기력증진(氣力增進)(8) : 갑오징어, 대추나무, 만삼, 바디나물, 벽오동, 새삼, 인삼, 황기.

기부족(氣不足)(31) : 갯실새삼, 대추나무, 동부, 두충, 만년석송, 만삼, 많첩해당화, 머루, 바디나물, 백합, 벽오동, 빗살현호색, 산부추, 삽주, 새삼, 손바닥난초, 승검초, 실새삼, 애기마름, 애기현호색, 염주, 오미자, 왕대, 왜당귀, 인삼, 죽대, 죽순대, 참당귀, 큰메꽃, 하늘말나리, 황기.

기생충(寄生蟲)(3) : 비자나무, 사철베고니아, 청나래고사리.

기억력감퇴(記憶力減退)(7) : 두충, 마, 메꽃, 뽕나무, 삼(대마), 인삼, 층층둥굴레.
기와(嗜臥)(4) : 바랭이, 설령쥐오줌풀, 손바닥난초, 털계뇨등.
기울증(氣鬱症)(5) : 승검초, 결명차, 맥문동, 석결명, 하늘타리.
기창만(氣脹滿)(1) : 매자기.
기침(起鍼)(23) : 각시제비꽃, 고깔제비꽃, 광릉제비꽃, 구름제비꽃, 금강제비꽃, 긴잎제비꽃, 낚시제비꽃, 남산제비꽃, 단풍제비꽃, 둥근털제비꽃, 손바닥난초, 엷은잎제비꽃, 올방개, 왜제비꽃, 이시도야제비꽃, 장백제비꽃, 졸방제비꽃, 태백제비꽃, 털노랑제비꽃, 털제비꽃, 화엄제비꽃, 흰제비꽃, 흰털제비꽃.
기통(氣痛)(1) : 동백나무겨우살이.
기해(氣海)(1) : 풀명자.
기혈응체(氣血凝滯)(1) : 흑삼릉.
기혈체(氣血體)(1) : 매자기.

ㄴ

나력(瘰癧)(39) : 가회톱, 갈매나무, 개구리자리, 개머루, 개차즈기, 거지덩굴, 금창초, 낭아초, 네가래, 도꼬마리, 돌갈매나무, 만리화, 메밀, 붉은조개나물, 산개나리, 산닥나무, 산자고, 새모래덩굴, 설령개현삼, 섬현삼, 쇠비름, 애기고추나물, 연밥갈매나무, 자란초, 절국대, 조개나물, 좀갈매나무, 좀고추나물, 중국패모, 진주고추나물, 짝자래나무, 채송화, 큰개현삼, 털갈매나무, 토현삼, 패모, 현삼, 흰조개나물, 상수리나무.
나병(癩病)(7) : 개황기, 독말풀, 자주개황기, 질경이택사, 택사, 털독말풀, 흰독말풀.
나창(癩瘡)(22) : 개느삼, 고삼, 금강애기나리, 꽃창포, 나도황기, 낭아초, 넓은묏황기, 노랑붓꽃, 말오줌때, 묏황기, 붓꽃, 애기나리, 용둥굴레, 윤판나물, 윤판나물아재비, 제비붓꽃, 청시닥나무, 큰애기나리, 퉁둥굴레, 해변황기, 환삼덩굴, 황기.
낙태(落胎)(7) : 나팔꽃, 단삼, 둥근배암차즈기, 백선, 조각자나무, 주엽나무, 참배암차즈기.
난관난소염(卵管卵巢炎)(6) : 개구리밥, 고비, 댑싸리, 댕댕이덩굴, 살구나무, 팥.
난산(難産)(36) : 개질경이, 갯장구채, 갯패랭이꽃, 궁궁이, 꽈리, 난장이패랭이꽃, 노랑물봉선, 느릅나무, 다릅나무, 땅꽈리, 말냉이장구채, 물봉선, 봉선화, 분홍장구채, 부들, 삼(대마), 소철, 솔비나무, 술패랭이꽃, 아욱, 애기장구채, 어저귀, 왕질경이, 잇꽃, 장구채, 조각자나무, 주엽나무, 질경이, 참깨, 창질경이, 천궁, 털질경이, 패랭이꽃, 피마자, 호박, 흰물봉선.
난소염(卵巢炎)(2) : 꽈리, 땅꽈리.
난소종양(卵巢腫瘍)(2) : 소리쟁이, 양배추.
난청(難聽)(15) : 감국, 구릿대, 국화, 냉초, 벼, 산수유나무, 시호, 어저귀, 엉겅퀴, 율무, 창포, 천문동, 칡, 콩, 황기.
납중독(鑞中毒)(1) : 거위.

내분비기능항진(內分泌機能亢進)(2) : 대추나무, 삼(대마).
내열복통(內熱腹痛)(1) : 십자고사리.
내이염(內耳炎)(1) : 산수유나무.
내장무력증(內臟無力症)(1) : 탱자나무.
내풍(內風)(3) : 계요등, 나도하수오, 하수오.
냉리(冷痢)(3) : 세잎돌쩌귀, 왕바꽃, 지리바꽃.
냉복통(冷腹痛)(12) : 감국, 구절초, 귤나무, 그늘돌쩌귀, 배나무, 삽주, 생강, 세잎돌쩌귀, 왕바꽃, 익모초, 인삼, 큰조롱.
냉습(冷濕)(5) : 금강애기나리, 애기나리, 윤판나물, 윤판나물아재비, 큰애기나리.
냉풍(冷風)(20) : 각시투구꽃, 개싹눈바꽃, 노랑투구꽃, 놋젓가락나물, 대황, 모데미풀, 백부자, 세뿔투구꽃, 싹눈바꽃, 왕바꽃, 이삭바꽃, 제비고깔, 지리바꽃, 진범, 참줄바꽃, 큰제비고깔, 키다리바꽃, 투구꽃, 한라돌쩌귀, 흰진범.
노상(老商)(8) : 나도옥잠화, 나비나물, 산짚신나물, 왕솜대, 은방울꽃, 자주솜대, 풀솜대, 피나물.
노통(勞痛)(3) : 노루귀, 새끼노루귀, 섬노루귀.
농포진(膿疱疹)(1) : 털이슬.
농혈(膿血)(4) : 갯율무, 염주, 율무, 황금.
뇌암(腦癌)(6) : 부처꽃, 살구나무, 짚신나물, 참빗살나무, 청미래덩굴, 할미꽃.
뇌염(腦炎)(3) : 양귀비, 흰두메양귀비, 흰양귀비.
뇌일혈(腦溢血)(3) : 다릅나무, 솔비나무, 회화나무.
뇨혈(尿血)(3) : 개망초, 상추, 지느러미엉겅퀴.
누뇨(漏尿)(1) : 용가시나무.
누출(淚出)(1) : 어수리.
누태(漏胎)(5) : 개모시풀, 모시풀, 섬모시풀, 왕모시풀, 왜모시풀.
누혈(漏血)(9) : 더위지기, 덤불쑥, 비쑥, 산오이풀, 산짚신나물, 쑥, 오이풀봄, 짚신나물, 털산쑥.
늑막염(肋膜炎)(29) : 개황기, 갯율무, 갯패랭이꽃, 고추, 구주소나무, 꽃마리, 꽈리, 난장이패랭이꽃, 도라지, 등대시호, 땅꽈리, 말냉이, 미국자리공, 부용, 섬시호, 소나무, 술패랭이꽃, 시호, 애기도라지, 왕자귀나무, 용설란, 인동, 자귀나무, 자주개황기, 잔털인동, 참꽃마리, 패랭이꽃, 해변황기, 황기.

ㄷ

다뇨(多溺)(4) : 개산초, 꽃마리, 산수유, 참꽃마리.
다망증(多忘症)(2) : 섬자리공, 자리공.
다발성경화증(多發性硬化症)(2) : 양귀비, 흰양귀비.

다소변(小便多)(1) : 청미래덩굴.

다소변증(小便多症)(3) : 밀나물, 선밀나물, 청가시덩굴.

다식(3) : 당매자나무, 매발톱나무, 매자나무.

단독(丹毒)(43) : 가는기린초, 가막사리, 강낭콩, 개구리밥, 거북꼬리, 곤약, 금마타리, 기린초, 꿩의비름, 녹두, 덩굴강낭콩, 덩굴별꽃, 덩굴팥, 도꼬로마, 돌마타리, 뚝갈, 마타리, 말똥비름, 모시풀, 물달개비, 물옥잠, 바위떡풀, 범의귀, 붉은강낭콩, 새팥, 서울오갈피, 섬모시풀, 섬오갈피나무, 오가나무, 오갈피, 오미자, 유채, 은방울꽃, 익모초, 자주덩굴별꽃, 좀개구리밥, 좀깨잎나무, 지리산오갈피, 털오갈피, 팥, 혹쐐기풀, 황금, 흑오미자.

단종(丹腫)(1) : 새끼꿩의비름.

단종독(丹腫毒)(3) : 돌채송화, 속리기린초, 애기기린초.

단종창(丹腫瘡)(6) : 땅채송화, 바위채송화, 섬기린초, 세잎꿩의비름, 자주꿩의비름, 큰꿩의비름.

단청(蛋淸)(6) : 가는잎쐐기풀, 개모시풀, 애기쐐기풀, 왕모시풀, 왜모시풀, 큰쐐기풀.

담(痰)(24) : 개미취, 귤나무, 도라지, 땅콩, 떡쑥, 무, 민들레, 반하, 배나무, 복숭아나무, 비파나무, 뽕나무, 삽주, 소엽, 수박, 수세미외, 수수, 우엉, 율무, 은행나무, 인삼, 죽대, 창포, 하늘타리.

담낭염(膽囊炎)(3) : 비로용담, 산박하, 산용담.

담다해수(痰多咳嗽)(1) : 소철.

담마진(膽麻疹)(5) : 가는잎쐐기풀, 긴꼬리쐐기풀, 눈향나무, 쐐기풀, 향나무.

담석(膽石)(1) : 매발톱나무.

담석증(膽石症)(1) : 옥수수.

담옹(痰壅)(1) : 박새.

담즙촉진(膽汁促進)(1) : 운향.

담혈(痰血)(2) : 쇠무릎, 털쇠무릎.

당뇨(糖尿)(74) : 가는잎쐐기풀, 각시둥굴레, 갈풀, 개감수, 개구리밥, 개모시풀, 검양옻나무, 고로쇠나무, 골등골나물, 긴잎달맞이꽃, 꽃다지, 꽃치자, 낭독, 노랑하늘타리, 달맞이꽃, 달뿌리풀, 닭의장풀, 대극, 덩굴닭의장풀, 두메대극, 둥굴레, 등골나물, 등대풀, 땅빈대, 뚱딴지, 메꽃, 메밀, 모시물통이, 모시풀, 물쇠뜨기, 벌등골나물, 부지깽이나물, 산검양옻나무, 산수국, 산쑥, 삼, 새박, 선메꽃, 선인장, 설탕단풍, 섬모시풀, 쇠뜨기, 수국, 암대극, 애기달맞이꽃, 애기메꽃, 애기쐐기풀, 양파, 옻나무, 왕둥굴레, 왕모시풀, 왜모시풀, 외잎쑥, 용둥굴레, 은단풍, 인삼, 좀개구리밥, 좀닭의장풀, 죽대, 중대가리풀, 진황정, 참쑥, 층층둥굴레, 치자나무, 칡, 큰달맞이꽃, 통탈목, 퉁둥굴레, 하늘타리, 향등골나물, 혹쐐기풀, 황련, 황벽나무, 흰대극.

당뇨병(糖尿病, diabetes mellitus)(22) : 곰솔, 구기자나무, 구주소나무, 눈잣나무, 독활, 두릅나무, 리기다소나무, 만년청, 만주곰솔, 모람, 뱀딸기, 섬잣나무, 소나무, 수국차,

옥수수, 왕모람, 은행나무, 잣나무, 주목, 참깨, 큰쐐기풀, 토마토.

대변출혈(大便出血)(3) : 방가지똥, 쥐똥나무, 큰방가지똥.

대보원기(大補元氣)(1) : 인삼.

대상포진(帶狀疱疹)(5) : 긴담배풀, 미꾸리낚시, 미모사, 민미꾸리낚시, 자운영.

대소변불통(大小便不通)(1) : 비름.

대열(大熱)(1) : 뱀딸기.

대장암(大腸癌)(11) : 다래나무, 사과나무, 상황버섯, 섬바디, 영지, 우엉, 주목, 짚신나물, 청미래덩굴, 표고, 화살나무.

대장염(大腸炎)(1) : 벌노랑이.

대장출혈(大腸出血)(2) : 윤판나물, 윤판나물아재비.

대풍나질(大風癩疾)(1) : 개다래.

대하(帶下)(64) : 가는오이풀, 가시연꽃, 감자개발나물, 개구리발톱, 개발나물, 개회향, 갯방풍, 갯사상자, 검은개수염, 겹작약, 고비, 곡정초, 관중, 긴오이풀, 깃반쪽고사리, 꼬마부들, 댑싸리, 돌방풍, 둥근마, 마, 맨드라미, 모란, 미나리, 반디미나리, 반쪽고사리, 백작약, 벌사상자, 벚나무, 병풀, 보리수나무, 봉의꼬리, 부들, 붉은참반디, 사동미나리, 산오이풀, 산작약, 산짚신나물, 삼백초, 새머루, 서울개발나물, 소철, 속단, 순비기나무, 애기부들, 애기참반디, 오이풀봄, 자두나무, 자주가는오이풀, 작약, 적작약, 조팝나무, 좀목형, 짚신나물, 참나물, 참반디, 참작약, 천궁, 초종용, 큰봉의꼬리, 큰오이풀, 큰잎부들, 털백작약, 파드득나물, 회향.

대하증(帶下症)(69) : 가는기린초, 가는참나물, 개사상자, 갯기름나물, 검팽나무, 고려엉겅퀴, 광대나물, 광대수염, 국화쥐손이, 금마타리, 기름나물, 까마중, 꿩의비름, 노랑팽나무, 노루참나물, 능소화, 당아욱, 도깨비엉겅퀴, 돌나물, 돌마타리, 돌채송화, 둥근이질풀, 둥근잎꿩의비름, 뚝갈, 마타리, 말똥비름, 무궁화, 물엉겅퀴, 민까마중, 민들레, 바늘엉겅퀴, 방가지똥, 백운기름나물, 벌깨덩굴, 부전쥐손이, 분홍쥐손이, 붉은벌깨덩굴, 붉은씨서양민들레, 사상자, 산민들레, 산속단, 산쥐손이, 삼, 삼쥐손이, 서양민들레, 선이질풀, 섬쥐손이, 세잎쥐손이, 애기우산나물, 엉겅퀴, 왜우산풀, 우단쥐손이, 우산나물, 이질풀, 익모초, 장수팽나무, 정영엉겅퀴, 조뱅이, 좀민들레, 좀쥐손이, 쥐손이풀, 참이질풀, 큰방가지똥, 큰세잎쥐손이, 큰엉겅퀴, 팽나무, 폭나무, 흰꽃광대나물, 흰민들레.

도한(盜汗)(25) : 갯기름나물, 과남풀, 구슬붕이, 기름나물, 녹나무, 닻꽃, 대나물, 말뱅이나물, 밀, 반디미나리, 방풍, 백운기름나물, 봄구슬붕이, 생달나무, 서울개발나물, 석곡, 오랑캐장구채, 왜우산풀, 용담, 자주황기, 참반디, 칼잎용담, 큰구슬붕이, 큰용담, 털기름나물.

독사교상(毒蛇咬傷)(12) : 거북꼬리, 며느리밑씻개, 바위고사리, 보풀, 세잎꿩의비름, 소귀나물, 솔나물, 애기똥풀, 올미, 일엽초, 좀깨잎나무, 풍선덩굴.

독창(禿瘡)(3) : 두메닥나무, 산닥나무, 서향.

독충(毒蟲)(2) : 애기노루발, 호노루발.

동맥경화(動脈硬化)(6) : 거머리말, 겨우살이, 꼬리겨우살이, 돈나무, 약모밀, 황련.

동맥경화증(動脈硬化症, arteriosclerosis)(1) : 참깨.

동맥염(動脈炎)(1) : 물매화.

동상(凍傷)(41) : 가는오이풀, 가래나무, 가지, 가회톱, 각시마, 감나무, 개머루, 거지덩굴, 고욤나무, 고추, 국화마, 긴오이풀, 꼬리겨우살이, 녹나무, 단풍마, 둥근마, 마, 미국산사, 바위취, 반디지치, 부채마, 산괭이눈, 산사나무, 산오이풀, 생달나무, 수세미오이, 식나무, 오대산괭이눈, 오이풀봄, 왕머루, 인삼, 자주가는오이풀, 지치, 참마, 참바위취, 측백나무, 큰오이풀, 편백, 호두나무, 화백, 황벽나무.

동통(疼痛)(12) : 곰취, 그령, 댑싸리, 도깨비쇠고비, 미치광이풀, 백합, 쇠고비, 중나리, 참쇠고비, 큰솔나리, 하늘말나리, 한련.

두운(頭運)(1) : 나비나물.

두창(頭瘡)(11) : 개차즈기, 금창초, 동자꽃, 붉은조개나물, 자란초, 제비꿀, 제비동자꽃, 조개나물, 털동자꽃, 할미꽃, 흰조개나물.

두통(頭痛)(79) : 가는기름나물, 감국, 개구릿대, 개족도리풀, 겹작약, 고본, 고비고사리, 고사리삼, 관중, 금족제비고사리, 나도하수오, 냉이, 노루삼, 댓잎현호색, 도꼬마리, 들현호색, 맑은대쑥, 모란, 목련, 바위족제비고사리, 바위틈고사리, 방풍, 백목련, 백선, 백작약, 보태면마, 비늘고사리, 빗살현호색, 뺑쑥, 사철쑥, 산국, 산비늘고사리, 산작약, 살구나무, 새머루, 솔장다리, 쇠채, 실거리나무, 애기봄맞이, 애기족제비고사리, 애기현호색, 어저귀, 여로, 연영초, 왕솜대, 왕지네고사리, 왜천궁, 왜현호색, 자목련, 자주목련, 자주솜대, 작약, 잔잎바디, 적작약, 조각자나무, 족도리풀, 좀현호색, 좁쌀풀, 주엽나무, 주저리고사리, 중대가리풀, 참작약, 참좁쌀풀, 참취, 처녀바디, 천마, 층꽃나무, 큰비쑥, 큰연영초, 큰족제비고사리, 큰지네고사리, 털백작약, 파란여로, 풀솜, 피마자, 하수오, 현호색, 호랑가시나무, 홍지네고사리.

두풍(頭風)(31) : 가는잎개고사리, 곱새고사리, 광릉개고사리, 구슬개고사리, 그늘개고사리, 다닥냉이, 두메고사리, 목련, 백목련, 산뱀고사리, 산수유, 산쑥, 새머루, 쉽사리, 십자고사리, 애기쉽사리, 오동나무, 자목련, 자주목련, 좀진고사리, 지리산고사리, 진고사리, 참나도히초미, 참새발고사리, 참쑥, 참오동나무, 콩다닥냉이, 큰개고사리, 큰진고사리, 태산목, 털쉽사리.

두현(頭眩)(2) : 눈잣나무, 잣나무.

딸꾹질(4) : 가지, 감나무, 고욤나무, 수박.

ㄹ

라증(1) : 산짚신나물.

류마티스(15) : 가는돌쩌귀, 겹해바라기, 고추냉이, 그늘돌쩌귀, 노랑만병초, 녹나무, 댕댕이덩굴, 만병초, 물잎풀, 방기, 산진달래, 세잎돌쩌귀, 쥐꼬리망초, 진돌쩌귀, 해바라기.

류머티스관절염(~性關節炎, rheumatoid arthritis)(2) : 털여뀌, 피나물.

류머티스성근육통(1) : 참방동사니.

류머티즘(10) : 고마리, 까마귀머루, 누리장나무, 다람쥐꼬리, 백서향, 산톱풀, 서향, 족도리풀, 죽단화, 톱풀, 황매화.

류미티스(1) : 생달나무.

리기혈(理氣血)(1) : 넓은잎외잎쑥.

리이변(利二便)(1) : 쑥갓.

림프절결핵(2) : 개미자리, 큰개미자리.

ㅁ

마교(馬咬)(2) : 쇠비름, 채송화.

마비(馬痹)(3) : 양귀비, 흰두메양귀비, 흰양귀비.

마약중독(麻藥中毒)(1) : 무.

마취(痲醉)(3) : 독말풀, 털독말풀, 흰독말풀.

마풍(麻風, 痲瘋)(1) : 토란.

만성간염(慢性肝炎)(13) : 고란초, 두릅나무, 땅콩, 구기자나무, 녹두, 사철쑥, 산딸기나무, 손바닥난초, 씀바귀, 참으아리, 토마토, 표고, 피막이풀, 흰민들레.

만성기관지염(慢性氣管支炎)(14) : 국화마, 냇씀바귀, 단풍마, 돌외, 벌씀바귀, 부채마, 삿갓나물, 석위, 세뿔석위, 씀바귀, 애기석위, 왕씀배, 좀씀바귀, 흰씀바귀.

만성맹장염(慢性盲腸炎)(7) : 서울오갈피, 섬오갈피나무, 오가나무, 오갈피, 익모초, 지리산오갈피, 털오갈피.

만성변비(慢性便秘)(1) : 옥매.

만성요통(慢性腰痛)(12) : 광대수염, 단풍마, 댕댕이덩굴, 둥근잎나팔꽃, 박쥐나무, 실새삼, 쑥, 영지, 음나무, 이삭여뀌, 인동, 적작약.

만성위염(慢性胃炎)(12) : 고삼, 더위지기, 들깨, 마늘, 민들레, 삽주, 상추, 소나무, 소리쟁이, 쑥, 용담, 할미꽃.

만성위장염(慢性胃腸炎)(7) : 고삼, 노루귀, 마, 민들레, 산쑥, 참쑥, 콩.

만성판막증(慢性瓣膜症)(1) : 디기탈리스.

만성풍습성관절염(慢性風濕性關節炎)(2) : 검은종덩굴, 종덩굴.

만성피로(慢性疲勞)(45) : 개다래나무, 개연꽃, 광나무, 구기자나무, 꼭두서니, 당근, 대추나무, 둥굴레, 들깨, 땅콩, 마, 마늘, 망초, 매실나무, 메꽃, 명자나무, 민들레, 복령, 비파나무, 뽕나무, 사과나무, 산달래, 삽주, 소나무, 신경초, 쑥, 양파, 여뀌, 영지, 오갈피나무, 오미자, 왜개연꽃, 유자나무, 은행나무, 인삼, 자두나무, 차나무, 퉁퉁마디, 파, 포도나무, 풀명자나무, 향부자, 황기, 회화나무, 후박나무.

만성하리(慢性下利, chronic diarrhea)(1) : 메밀.

만성해수(慢性咳嗽)(2) : 매실나무, 후추등.

말라리아(7) : 가락지나물, 개구리자리, 개산초, 등대시호, 산초나무, 섬시호, 시호.

매독(梅毒)(12) : 개구리밥, 남가새, 도꼬로마, 도꼬마리, 밀나물, 붉은조개나물, 선밀나물, 약모밀, 조개나물, 청가시덩굴, 청미래덩굴, 흰조개나물.

맹장염(盲腸炎, inflammation of the caecum)(8) : 골등골나물, 등골나물, 벌등골나물, 산외, 석잠풀, 여주, 우단석잠풀, 피마자.

면독(面毒)(1) : 산닥나무.

면목부종(面目浮腫)(1) : 노랑부추.

면창(面瘡)(3) : 갯실새삼, 새삼, 실새삼.

면포창(面皰瘡)(3) : 가회톱, 개머루, 거지덩굴.

명목(瞑目)(42) : 각시둥굴레, 개맨드라미, 개속새, 개쇠뜨기, 개암나무, 고마리, 과꽃, 구기자나무, 냉이, 논냉이, 댑싸리, 도꼬마리, 둥굴레, 만년청, 말냉이, 물속새, 미꾸리낚시, 미나리아재비, 민미꾸리낚시, 바랭이, 벼룩이자리, 산딸기, 삽주, 새삼, 석결명, 석곡, 쇠비름, 수크령, 실새삼, 어저귀, 여주, 용둥굴레, 일본목련, 죽대, 중대가리풀, 진황정, 쪽파, 청수크령, 층층둥굴레, 코스모스, 통둥굴레, 황새냉이.

명목소염(明目消炎)(1) : 사철쑥.

명목퇴예(明目退翳)(1) : 속새.

명안(明眼)(21) : 가시복분자, 개산초, 거지딸기, 겨울딸기, 금강애기나리, 노랑부추, 능수쇠뜨기, 물쇠뜨기, 복분자딸기, 산초나무, 섬딸기, 속새, 쇠뜨기, 수리딸기, 애기나리, 양파, 윤판나물, 윤판나물아재비, 인삼, 줄딸기, 큰애기나리.

목소양증(目瘙痒證)(20) : 결명차, 구기자나무, 꽃무릇, 꿀풀, 대추나무, 마늘, 반하, 비파나무, 살구나무, 삽주, 소철, 싸리, 쑥, 율무, 은행나무, 질경이, 질경이, 참깨, 치자나무, 피마자.

목적(目赤)(1) : 고비고사리.

목적동통(目赤疼痛)(1) : 회양목.

목적홍종(目赤紅腫)(1) : 긴잎꿩의다리.

목정통(目睛痛)(8) : 개대황, 제비꽃, 감국, 개구릿대, 개맨드라미, 개박하, 결명차, 향부자.

목탈(目脫)(6) : 두메오리나무, 물갬나무, 물오리나무, 사방오리, 설령오리나무, 오리나무.

목통(目痛)(1) : 댑싸리.

목통유루(目痛流淚)(1) : 모감주나무.

목현(目眩)(1) : 어수리.

몽정(夢精)(12) : 각시마, 국화마, 단풍마, 달래, 둥근마, 마, 부채마, 부추, 뽕나무, 산뽕나무, 소엽, 참마.

무도병(舞蹈病, chorea)(2) : 양귀비, 흰양귀비.

무력(無力)(1) : 통보리사초.

무릎동통(1) : 도꼬로마.

무월경(無月經)(7) : 계요등, 곤약, 범부채, 사프란, 술패랭이꽃, 장구채, 패랭이꽃.
무좀(1) : 삼.
미용(美容)(5) : 갯실새삼, 미국실새삼, 새삼, 실새삼, 어수리.
민감체질(敏感體質)(17) : 감자, 강아지풀, 결명차, 고삼, 다시마, 당근, 도꼬마리, 미역, 봉선화, 쇠무릎, 쑥, 알로에, 연꽃, 오이풀, 파, 피마자, 황기.

ㅂ

반신불수(半身不隨, 半身不遂)(5) : 광대싸리, 반하, 우산잔디, 천남성, 천마.
반위(反胃)(1) : 땅콩.
발기불능(勃起不能)(2) : 산딸기, 삼지구엽초.
발독(撥毒)(1) : 독미나리.
발모(發毛)(26) : 개쓴풀, 검팽나무, 곰솔, 구주소나무, 낙엽송, 노랑팽나무, 덩굴용담, 리기다소나무, 만주곰솔, 백송, 별꽃풀, 복사나무, 비자나무, 삼나무, 소나무, 쓴풀, 잎갈나무, 자주쓴풀, 장수팽나무, 절굿대, 종비나무, 큰잎쓴풀, 큰절굿대, 팽나무, 폭나무, 풍산가문비.
발열(發熱)(1) : 송이고랭이.
발육촉진(發育促進)(29) : 갑산제비꽃, 고깔제비꽃, 긴잎제비꽃, 낚시제비꽃, 넓은잎제비꽃, 노랑제비꽃, 며느리밑씻개, 뫼제비꽃, 민둥뫼제비꽃, 서울제비꽃, 선제비꽃, 아욱제비꽃, 알록제비꽃, 왜제비꽃, 왜졸방제비꽃, 자주잎제비꽃, 잔털제비꽃, 제비꽃, 졸방제비꽃, 참졸방제비꽃, 청알록제비꽃, 콩제비꽃, 큰졸방제비꽃, 털노랑제비꽃, 털제비꽃, 호제비꽃, 흰젖제비꽃, 흰제비꽃, 흰털제비꽃.
발진(發陳)(8) : 노랑만병초, 들쭉나무, 만병초, 모새나무, 산앵도나무, 산진달래, 선갈퀴, 정금나무, 월귤.
발표산한(發表散寒)(1) : 고본.
발한(發汗)(117) : 가는잎왕고들빼기, 가는잎향유, 간장풀, 갑산제비꽃, 갓대, 개감수, 개구리밥, 개꽃, 개박하, 개버무리, 개사상자, 개염주나무, 검은종덩굴, 고들빼기, 고추냉이, 광귤, 구주피나무, 국화으아리, 귤, 금잔화, 긴병꽃풀, 까치고들빼기, 꽃향유, 낭독, 넓은잎딱총나무, 넓은잎제비꽃, 노랑어리연꽃, 누른종덩굴, 누린내풀, 당근, 대극, 덧나무, 도꼬마리, 돌뽕나무, 두메대극, 등대풀, 딱총나무, 땅빈대, 만병초, 말오줌나무, 매실나무, 매화바람꽃, 목향, 몽고뽕나무, 물꼬리풀, 박하, 방풍, 보리자나무, 뽕나무, 뽕잎피나무, 사상자, 사위질빵, 사철쑥, 산뽕나무, 산씀바귀, 삽주, 상추, 생강, 섬조릿대, 섬피나무, 세잎종덩굴, 소엽, 솜대구, 신이대, 실거리나무, 아욱제비꽃, 암대극, 어리병풍, 연밥피나무, 염주나무, 옹기피나무, 왕고들빼기, 왕대, 외대으아리, 요강나물, 용머리, 용설채, 위령선, 유자나무, 으아리, 이고들빼기, 이대, 자주방가지똥, 자주조희풀, 자주종덩굴, 잔털제비꽃, 전주물꼬리풀, 제비꽃, 제주조릿대, 조릿대, 좀개구리밥, 좀사위질빵, 좀씀바귀, 좀향유, 좁은잎사위질빵, 종덩굴, 지렁쿠나무, 지모, 쪽파, 찰피나무, 참으아리, 참졸방제비꽃, 칡, 카밀레, 큰꽃으아리, 큰졸방제비꽃, 털피나무, 털향유, 파, 파리풀, 피나무, 함북종덩굴, 해장죽, 향유, 형개, 흰대극, 흰젖제비꽃.

발한투진(發汗透疹)(2) : 고수, 위성류.

발한해표(發汗解表)(5) : 가는잎향유, 꽃향유, 좀향유, 쪽파, 향유.

방광결석(膀胱結石)(2) : 개자리, 자주개자리.

방광무력(膀胱無力)(2) : 모람, 왕모람.

방광암(膀胱癌)(6) : 살구나무, 옥수수, 운지, 주목, 질경이, 짚신나물.

방광염(膀胱炎)(58) : 가는쑥부쟁이, 국화쥐손이, 긴산꼬리풀, 꼬리풀, 꼬마부들, 넓은산꼬리풀, 넓은잎꼬리풀, 눈여뀌바늘, 돌바늘꽃, 두메투구꽃, 둥근이질풀, 들쭉나무, 문모초, 물칭개나물, 바늘꽃, 버들바늘꽃, 봉래꼬리풀, 부들, 부전쥐손이, 부처꽃, 분홍쥐손이, 산꼬리풀, 산수국, 산쥐손이, 삼쥐손이, 선개불알풀, 선이질풀, 섬쥐손이, 세잎쥐손이, 수국, 수국차, 수박, 시로미, 애기부들, 약모밀, 여뀌바늘, 옥수수, 우단쥐손이, 월귤, 이질풀, 정금나무, 좀바늘꽃, 좀부처꽃, 좀쥐손이, 쥐손이풀, 참이질풀, 참취, 큰개불알풀, 큰구와꼬리풀, 큰물칭개나물, 큰바늘꽃, 큰산꼬리풀, 큰세잎쥐손이, 큰잎부들, 털부처꽃, 해국, 호프, 회령바늘꽃.

방부(防腐)(13) : 검양옻나무, 고추냉이, 노루발, 매화노루발, 분홍노루발, 산검양옻나무, 새끼노루발, 애기노루발, 옻나무, 쥐깨풀, 호노루발, 홀꽃노루발, 황벽나무.

배가 튀어나온 증세(12) : 낭아초, 도라지, 백미꽃, 뽕나무, 삽주, 쑥, 연꽃, 월귤, 인삼, 함박꽃나무, 호리병박, 호박.

배농(排膿)(14) : 개구릿대, 괭이눈, 도꼬마리, 도라지, 둥근매듭풀, 매듭풀, 멀꿀, 수선화, 약모밀, 어수리, 으름, 자란, 절굿대, 큰절굿대.

배농해독(排膿解毒)(2) : 덩굴팥, 팥.

배멀미(1) : 반하.

배석(排石)(1) : 실고사리.

배절풍(背癤風)(1) : 강활.

배종(背腫)(1) : 골등골나물.

백대(白帶)(1) : 광대수염.

백대백탁(白帶白濁)(1) : 은행나무.

백대하(白帶下)(20) : 가는잎억새, 개불알풀, 공작고사리, 노루발, 동부, 떡쑥, 마디풀, 모람, 물꽈리아재비, 뽀리뱅이, 산짚신나물, 송이고랭이, 송이풀, 억새, 여우팥, 왕모람, 접시꽃, 참억새, 큰까치수영, 호두나무.

백대하증(白帶下症)(1) : 갯율무.

백독(白禿)(6) : 가는잎할미꽃, 다닥냉이, 분홍할미꽃, 산할미꽃, 콩다닥냉이, 할미꽃.

백리(白痢)(3) : 꽃치자, 찔의밥, 치자나무.

백발(白髮)(1) : 벽오동.

백선(白癬)(6) : 개감수, 대극, 박주가리, 쉬나무, 염주괴불주머니, 오수유.

백선(白癬)(10) : 가을강아지풀, 귀박쥐나물, 꽃여뀌, 담배, 멍석딸기, 백당나무, 분꽃, 참죽나무, 토대황, 파리풀.

백열(白熱)(2) : 방풍, 털기름나물.

백일해(百日咳)(56) : 각시붓꽃, 곰취, 군자란, 금붓꽃, 꽃창포, 끈끈이주걱, 나도닭의덩굴, 나도사프란, 나도하수오, 난장이붓꽃, 노랑붓꽃, 누린내풀, 닭의덩굴, 당근, 두메닥나무, 등심붓꽃, 마늘, 며느리배꼽, 문주란, 미나리냉이, 미역취, 바위취, 백양꽃, 백합, 부채붓꽃, 붉노랑상사화, 붓꽃, 사리풀, 산괭이눈, 산닥나무, 산일엽초, 상사화, 서향, 석산, 솔붓꽃, 수선화, 수염가래꽃, 숫잔대, 아프리카문주란, 애기일엽초, 오대산괭이눈, 울릉미역취, 제비붓꽃, 좁은잎배풍등, 중나리, 중대가리풀, 참바위취, 층꽃나무, 큰닭의덩굴, 큰솔나리, 타래붓꽃, 하늘말나리, 하수오, 홍노도라지, 흰꽃나도사프란, 흰아프리카문주란.

백적리(白赤痢)(7) : 개사상자, 노랑하늘타리, 부전쥐손이, 사상자, 산쥐손이, 이질풀, 하늘타리.

백전풍(白癜風)(10) : 가는갯능쟁이, 가는명아주, 갯는쟁이, 명아주, 박주가리, 얇은명아주, 참명아주, 취명아주, 호모초, 흰명아주.

백절풍(百節風)(4) : 남가새, 묏미나리, 신감채, 큰참나물.

백태(白苔)(1) : 중대가리풀.

백혈병(白血病)(5) : 바늘엉겅퀴, 소리쟁이, 용담, 짚신나물, 향등골나물.

번란혼미(煩亂昏迷)(1) : 히어리.

번열(煩熱)(7) : 각시원추리, 노랑원추리, 애기원추리, 왕원추리, 원추리, 큰원추리, 홍도원추리.

번위(翻胃)(1) : 갈대.

번조(煩躁)(2) : 개쑥갓, 수국.

변독(便毒)(5) : 두메닥나무, 산닥나무, 삼백초, 서향, 피마자.

변비(便秘)(53) : 개대황, 개맥문동, 개쇠뜨기, 고구마, 국화쥐손이, 금소리쟁이, 남천, 눈잣나무, 당매자나무, 돌동부, 돌소리쟁이, 둥근이질풀, 매발톱나무, 매자나무, 맥문동, 맥문아재비, 머귀나무, 묵밭소리쟁이, 물속새, 물쇠뜨기, 부전쥐손이, 분홍쥐손이, 비자나무, 산쥐손이, 삼, 삼쥐손이, 생강, 선이질풀, 섬쥐손이, 세잎쥐손이, 소리쟁이, 소엽맥문동, 쇠뜨기, 시금치, 아마, 아욱, 연꽃, 왕벚나무, 왜당귀, 우단쥐손이, 이스라지, 이질풀, 잣나무, 좀쥐손이, 쥐손이풀, 지모, 참소리쟁이, 참이질풀, 천마, 천문동, 큰세잎쥐손이, 풀또기, 호대황.

보간(補肝)(13) : 긴잎제비꽃, 노랑제비꽃, 뫼제비꽃, 민둥뫼제비꽃, 서울제비꽃, 선제비꽃, 알록제비꽃, 왕제비꽃, 왜졸방제비꽃, 자주잎제비꽃, 콩제비꽃, 털노랑제비꽃, 호제비꽃.

보간신(補肝腎)(6) : 겨우살이, 두충, 복분자딸기, 비수리, 산딸기, 호랑가시나무.

보강(補强)(1) : 말냉이.

보골수(補骨髓)(2) : 아스파라가스, 천문동.

보기(補氣)(4) : 감자, 왕솜대, 자주솜대, 풀솜대.

보기생진(補氣生津)(2) : 개별꽃, 덩굴개별꽃.

보기안신(補氣安神)(1) : 두릅나무.

보기혈(補氣血)(2) : 손바닥난초, 포도.

보로(補勞)(4) : 방울비짜루, 비짜루, 아스파라가스, 천문동.

보비(補脾)(3) : 개머위, 머위, 소경불알.

보비거습(補脾祛濕)(1) : 가시연꽃.

보비생진(補脾生津)(2) : 당마가목, 마가목.

보비윤폐(補脾潤肺)(1) : 용둥굴레.

보비익기(補脾益氣)(1) : 진황정.

보비익폐(補脾益肺)(1) : 인삼.

보비지사(補脾止瀉)(1) : 연꽃.

보비폐신(補脾肺腎)(3) : 둥근마, 마, 참마.

보습제(補濕劑)(6) : 대황, 배나무, 벌등골나물, 삼백초, 소리쟁이, 수세미외.

보신(補腎)(8) : 개머위, 머위, 방울비짜루, 병아리꽃나무, 아스파라가스, 천문동, 콩짜개란, 혹난초.

보신강골(補腎强骨)(1) : 넉줄고사리.

보신삽정(補腎澁精)(1) : 제비꿀.

보신안신(補腎安神)(2) : 가시오갈피, 왕가시오갈피.

보신익정(補腎益精)(1) : 초종용.

보신장양(補腎壯陽)(1) : 삼지구엽초.

보약(補藥)(6) : 갓대, 댑싸리, 섬조릿대, 이대, 제주조릿대, 조릿대.

보양익음(補陽益陰)(2) : 새삼, 실새삼.

보온(保溫)(6) : 구절초, 바위구절초, 산구절초, 서흥구절초, 솔인진, 포천구절초.

보위(補胃)(2) : 생열귀나무, 월계화.

보음(補陰)(1) : 타래난초.

보음도(補陰道)(3) : 개소시랑개비, 돌양지꽃, 양지꽃.

보익(補益)(153) : 가는쑥부쟁이, 가새쑥부쟁이, 개미취, 개쑥부쟁이, 개암나무, 개황기, 개회향, 갯개미취, 갯취, 검산초롱꽃, 겹해바라기, 고깔제비꽃, 고란초, 곤달비, 골등골나물, 곰취, 광나무, 구름범의귀, 구실바위취, 구절초, 국화, 그늘쑥, 근대, 금강초롱꽃, 긴잎곰취, 긴잎제비꽃, 까실쑥부쟁이, 나도하수오, 나사미역고사리, 난티잎개암나무, 노랑부추, 눈개쑥부쟁이, 다시마일엽초, 더덕, 도라지, 등골나물, 딱지꽃, 땃딸기, 만삼, 뫼제비꽃, 무산곰취, 물개암나무, 민둥뫼제비꽃, 바위구절초, 바위떡풀, 바위취, 밤잎고사리, 뱀무, 버드쟁이나물, 버들일엽, 벌개미취, 벌등골나물, 범의귀, 병개암나무, 비단쑥, 비름, 산괭이눈, 산구절초, 산달래, 산동쥐똥나무, 산수유, 산일엽초, 살구나무, 색비름, 서울제비꽃, 서흥구절초, 석위, 선제비꽃, 섬쑥부쟁이, 섬쥐똥나무, 섬초롱꽃, 세뿔석위, 소경불알, 소철, 손고비, 솔인진, 솜양지꽃, 쇠무릎, 순갈일엽, 쑥부쟁이, 알록제비꽃, 애기도라지, 애기석위, 애기일엽초, 양파, 어리곤달비, 연꽃, 오대산괭이눈, 옹굿나물, 왕제비꽃, 왕호장근, 왜제비꽃, 왜졸방제비꽃, 원산딱지꽃, 은행나무, 인삼, 자주개황기, 자주꽃방망이, 자주섬초롱꽃, 자주잎제비꽃, 자주초롱꽃, 좀개미취, 좀미역고사리, 주걱일엽, 지칭개, 참개암나무, 참바위취, 참취, 창고사리, 천궁, 초롱꽃, 층층고란초, 콩제비꽃, 큰고란초, 털딱지꽃, 털머위, 털비름, 털제비꽃, 토마토, 톱바위취, 포천구절초, 하수오, 해국, 해바라기, 향등골나물, 혈떡이풀, 호장근, 호제비꽃, 화살곰취, 흰땃딸기, 흰바위취, 흰섬초롱꽃, 흰제비꽃.

보익간신(補益肝腎)(1) : 산수유.

보익정기(補益精氣)(1) : 박주가리.

보익정혈(補益精血)(1) : 참깨.

보익제(補益劑)(1) : 위성류.

보정(補精)(10) : 가시연꽃, 가지더부살이, 개종용, 국화, 멀꿀, 순채, 오리나무더부살이, 으름, 익모초, 초종용.

보정익수(補精益髓)(1) : 지황.

보중익기(補中益氣)(5) : 대추나무, 만삼, 전호, 층층둥굴레, 황기.

보중화혈(補中和血)(1) : 고구마.

보폐(補肺)(14) : 개별꽃, 갯율무, 검산초롱꽃, 금강초롱꽃, 더덕, 덩굴개별꽃, 만삼, 섬초롱꽃, 소경불알, 자란, 자주꽃방망이, 지칭개, 초롱꽃, 하늘말나리.

보폐신(補肺腎)(1) : 노루발.

보허(補虛)(3) : 나비나물, 목화, 아마.

보혈(補血)(22) : 감초, 갯질경, 당마가목, 도깨비쇠고비, 딸기, 마가목, 모과나무, 병아리꽃나무, 산마가목, 새머루, 쇠고비, 수박, 쉬땅나무, 알록제비꽃, 왜당귀, 절굿대, 지황, 참쇠고비, 청알록제비꽃, 큰절굿대, 큰조롱, 흰제비꽃.

보혈허(補血虛)(1) : 컴프리.

복강염(腹腔炎)(2) : 산톱풀, 톱풀.

복괴(腹塊)(2) : 매화바람꽃, 외대으아리.

복막염(腹膜炎)(1) : 용설란.

복부창만(腹部脹滿)(2) : 작두콩, 탱자나무.

복부팽만(腹部膨滿)(2) : 분홍바늘꽃, 자귀풀.

복부팽만증(腹部膨滿症)(1) : 노랑꽃창포.

복사(伏邪)(2) : 두메양귀비, 털비름.

복수(腹水)(3) : 산쑥, 자두나무, 참쑥.

복요통(腹腰痛)(1) : 갈매나무.

복중괴(腹中塊)(26) : 개버무리, 검은종덩굴, 국화으아리, 낭독, 누른종덩굴, 두메대극, 등대풀, 땅빈대, 병조희풀, 사위질빵, 세잎종덩굴, 암대극, 요강나물, 위령선, 으아리, 자주조희풀, 자주종덩굴, 좀사위질빵, 좁은잎사위질빵, 종덩굴, 지느러미엉겅퀴, 참으아리, 큰꽃으아리, 할미밀망, 함북종덩굴, 흰대극, 흰지느러미엉겅퀴.

복진통(腹鎭痛)(3) : 개산초, 용가시나무, 화살나무.

복창(腹脹)(1) : 호프.

복통(腹痛)(37) : 각시취, 개사상자, 개쑥갓, 겹작약, 기장, 남오미자, 노랑꽃창포, 노박덩굴, 도깨비바늘, 도라지, 두메양귀비, 등칡, 모란, 물양지꽃, 백작약, 병풀, 부처손, 사상자, 산작약, 산짚신나물, 산초나무, 석잠풀, 석창포, 애기도라지, 왕초피나무, 왜현호색, 우단석잠풀, 작약, 적작약, 조밥나물, 좀현호색, 찔레꽃, 참작약, 초피나무, 털백작약, 함박이, 황금.

복통설사(腹痛泄瀉)(2) : 뚝새풀, 긴담배풀.

복통하리(腹痛下痢)(1) : 좀꿩의다리.

볼거리염(2) : 감자, 닥풀.

부병(腑病)(2) : 좁은잎해란초, 해란초.

부스럼(2) : 물레나물, 큰물레나물.

부식(腐蝕)(1) : 도깨비엉겅퀴.

부인병(婦人病)(72) : 각시제비꽃, 갑산제비꽃, 개구릿대, 갯사상자, 겹작약, 고깔제비꽃, 고본, 곤달비, 광릉제비꽃, 구름제비꽃, 구절초, 국화, 금강제비꽃, 낚시제비꽃, 남산제비꽃, 넓은잎제비꽃, 노랑제비꽃, 단삼, 단풍제비꽃, 덩굴민백미꽃, 덩굴박주가리, 둥근털제비꽃, 모란, 민백미꽃, 바디나물, 바위구절초, 백미꽃, 백작약, 벌사상자, 사동미나리, 산구절초, 산속단, 산작약, 서울제비꽃, 서홍구절초, 선백미꽃, 섬제비꽃, 속단, 솔인진, 솜아마존, 아욱제비꽃, 알록제비꽃, 양파, 엷은잎제비꽃, 왕제비꽃, 왜당귀, 왜천궁, 이시도야제비꽃, 잇꽃, 자주잎제비꽃, 작약, 잔잎바디, 잔털제비꽃, 장백제비꽃, 적작약, 제비꽃, 졸방제비꽃, 종지나물, 참작약, 참졸방제비꽃, 처녀바디, 청알록제비꽃, 콩제비꽃, 큰졸방제비꽃, 태백제비꽃, 털백작약, 포천구절초, 향부자, 호제비꽃, 화엄제비꽃, 흰젖제비꽃, 흰털제비꽃.

부인음(婦人陰)(5) : 갯방풍, 갯사상자, 벌사상자, 사동미나리, 회향.

부인음창(婦人陰瘡)(1) : 개맨드라미.

부인하혈(婦人下血)(42) : 가는잎할미꽃, 가지, 개석잠풀, 개속새, 관중, 그늘돌쩌귀, 냉이, 댓잎현호색, 딱지꽃, 만삼, 매실나무, 맨드라미, 묵밭소리쟁이, 미나리, 바위손, 보리, 복분자딸기, 복숭아나무, 부들, 비늘고사리, 산수유나무, 석류나무, 섬모시풀, 세잎돌쩌귀, 소리쟁이, 속새, 쇠무릎, 수세미외, 신경초, 쑥, 엉겅퀴, 연꽃, 익모초, 지황, 질경이, 짚신나물, 참깨, 참당귀, 천궁, 측백나무, 토대황, 형개.

부인혈기(婦人血氣)(1) : 대사초.

부인혈증(婦人血證)(2) : 개회향, 천궁.

부자중독(附子中毒)(1) : 대추나무.

부종(浮腫)(139) : 각시괴불나무, 갈매나무, 강낭콩, 개대황, 개쉽사리, 개여뀌, 개오동, 갯완두, 갯율무, 검팽나무, 고려엉겅퀴, 고사리, 괴불나무, 국화수리취, 금마타리, 금소리쟁이, 긴화살여뀌, 길마가지나무, 까마중, 꽃개오동, 나도냉이, 나도미꾸리낚시, 나팔꽃, 난티나무, 낭독, 냉이, 노랑부추, 노랑팽나무, 녹두, 느티나무, 당느릅나무, 댕댕이덩굴, 덩굴강낭콩, 덩굴민백미꽃, 덩굴팥, 도깨비엉겅퀴, 돌갈매나무, 돌마타리, 돌뽕나무, 돌소리쟁이, 두메대극, 디기탈리스, 뚝갈, 띠, 마타리, 멀꿀, 몽고뽕나무, 묵밭소리쟁이, 물엉겅퀴, 미역취, 민까마중, 민백미꽃, 바늘엉겅퀴, 바늘여뀌, 방기, 배풍등, 백미꽃, 벗풀, 보풀, 붉은강낭콩, 비술나무, 뽕나무, 사철베고니아, 산달래, 산뽕나무, 산새콩, 산족제비고사리, 산해박, 새팥, 생이가래, 서양민들레, 선연리초, 선인장, 섬괴불나무, 소귀나물, 소리쟁이, 솜아마존, 솜흰여뀌, 수리취, 수세미오이, 숫명다래나무, 쉽사리, 스위트피, 시무나무, 애기쉽사리, 양반풀, 양배추, 양파, 엉겅퀴, 여뀌, 연리초, 연밥갈매나무, 염주, 옥수수, 올미, 왕느릅나무, 왕팽나무, 울릉미역취, 율무, 으름, 은방울꽃, 이스라지, 익모초, 인동, 자두나무, 잔털인동, 장수팽나무, 조뱅이, 좀갈매나무, 좀민들레, 좁은잎배, 등, 진득찰, 짝자래나무, 쪽파, 차나무, 참느릅나무, 참소리쟁이, 참외, 층꽃나무, 콩, 큰수리취, 큰엉겅퀴, 큰잎느릅나무, 택사, 털갈매나무, 털쉽사리, 털연리초, 털진득찰, 튜울립나무, 파, 팥, 팽나무, 폭나무, 풍게나무, 피마자, 할미꽃, 호대황, 흰민들레, 흰여뀌.

분청거탁(分淸祛濁)(1) : 도꼬로마.

불면(不眠)(8) : 검팽나무, 꽃치자, 노랑팽나무, 미모사, 장수팽나무, 치자나무, 팽나무, 폭나무.

불면증(不眠症)(3) : 좁쌀풀, 참좁쌀풀, 호프.

불안(不安)(1) : 묏대추나무.

불임(不姙)(1) : 초종용.

불임증(不姙症, sterility)(1) : 만병초.

비괴(痞塊)(1) : 계요등.

비뇨기염증(泌尿器炎症)(1) : 골풀.

비뇨기질환(泌尿器疾患)(1) : 광대수염.

비만(肥滿)(2) : 개벚나무, 앵도나무.

비색(鼻塞)(1) : 중대가리풀.

비암(鼻癌)(5) : 달래, 미역취, 짚신나물, 청미래덩굴, 할미꽃.

비염(鼻厭)(3) : 간장풀, 개박하, 박하.

비위(脾痿)(1) : 배초향.

비위허약(脾胃虛弱)(1) : 동부.

비육(肥肉)(5) : 구기자나무, 당근, 연꽃, 율무, 황기.

비즘(2) : 수영, 애기수영.

비체(鼻嚔)(15) : 갈대, 감국, 감나무, 감초, 국화, 다북떡쑥, 더위지기, 마황, 사철쑥, 산국, 쑥, 씀바귀, 참나리, 천궁, 흰더위지기.

비출혈(鼻出血)(3) : 개맨드라미, 자란, 할미꽃.

비허설사(脾虛泄瀉)(1) : 황기.

빈뇨(頻尿)(7) : 동부, 둥근마, 마, 복분자딸기, 산딸기, 질경이택사, 택사.

빈혈(貧血, anemia)(12) : 개구릿대, 갯강활, 고본, 궁궁이, 물억새, 바디나물, 삼수구릿대, 왜천궁, 잔잎바디, 지황, 참당귀, 처녀바디.

빈혈증(貧血症)(1) : 통보리사초.

ㅅ

사교독(蛇咬毒)(1) : 앵도나무.

사교상(蛇咬傷)(1) : 가락지나물.

사기(四氣)(11) : 개구릿대, 긴사상자, 등대시호, 묏대추나무, 바디나물, 방풍, 시호, 왜천궁, 인삼, 잔잎바디, 털기름나물.

사독(痧毒)(41) : 개감수, 개산초, 갯방풍, 갯쑥부쟁이, 관모박새, 긴결명자, 긴잎여로, 꽈리, 남오미자, 노랑물봉선, 대극, 등대풀, 등칡, 땅꽈리, 땅빈대, 머귀나무, 물봉선, 박새, 봉선화, 뽕나무, 산뽕나무, 산자고, 산초나무, 서울오갈피, 석결명, 섬오갈피나무, 쇠비름, 식나무, 암대극, 여로, 오가나무, 오갈피, 왕초피나무, 익모초, 중대가리풀, 지리산오갈피, 초피나무, 털오갈피, 파란여로, 회향, 흰물봉선.

사리(瀉利)(6) : 덩굴강낭콩, 덩굴팥, 동부, 사위질빵, 상수리나무, 팥.

사리산통(瀉利疝痛)(1) : 참깨.

사림(沙痳)(1) : 옥수수.

사마귀(3) : 갯율무, 염주, 율무.

사상(四象)(7) : 두메닥나무, 산닥나무, 서향, 애기고추나물, 좀고추나물, 진주고추나물, 참취.

사수축음(瀉水逐飮)(1) : 흰대극.

사열(邪熱)(4) : 노랑어리연꽃, 어리연꽃, 조름나물, 좀어리연꽃.

사지경련(四肢痙攣)(1) : 도꼬마리.

사지동통(四肢凍痛)(7) : 개면마, 넓은잎딱총나무, 덧나무, 딱총나무, 말오줌나무, 새콩, 지렁쿠나무.

사지마비(四肢麻痺)(20) : 고로쇠나무, 광대싸리, 국화바람꽃, 꿩의바람꽃, 나도겨풀, 노박덩굴, 바람꽃, 벽오동, 산철쭉, 삼지닥나무, 새박, 솜나물, 오죽, 우산잔디, 제주진득찰, 진득찰, 철쭉, 털진득찰, 풍접초, 홀아비바람꽃.

사지마비동통(四肢麻痺疼痛)(1) : 위성류.

사지마비통(四肢麻痺痛)(1) : 솔잎란.

사지면다통(四肢面多通)(1) : 묏대추나무.

사태(死胎)(27) : 결명차, 꽈리, 닥풀, 두충, 민들레, 벼, 삼(대마), 삽주, 새삼, 석결명, 섬모시풀, 소엽, 쇠무릎, 실새삼, 오이, 왕대, 으름덩굴, 잇꽃, 죽순대, 쥐꼬리망초, 콩, 파, 포도나무, 해바라기, 향부자, 호박, 황기.

사하(瀉下)(12) : 갑산제비꽃, 나팔꽃, 넓은잎제비꽃, 당매자나무, 매발톱나무, 매자나무, 아욱제비꽃, 잔털제비꽃, 제비꽃, 참졸방제비꽃, 큰졸방제비꽃, 흰젖제비꽃.

사하축수(瀉下逐水)(1) : 대극.

사하투수(瀉下透水)(1) : 개감수.

사혈(瀉血)(3) : 깃반쪽고사리, 반쪽고사리, 큰봉의꼬리.

사화해독(瀉火解毒)(5) : 금꿩의다리, 꿩의다리, 산꿩의다리, 은꿩의다리, 자주꿩의다리.

산결(散結)(3) : 모래지치, 중국패모, 패모.

산결소종(散結消腫)(4) : 개구리갓, 새박, 조각자나무, 주엽나무.

산결지통(散結止痛)(3) : 두루미천남성, 둥근잎천남성, 큰천남성.

산결해독(散結解毒)(3) : 큰개현삼, 토현삼, 현삼.

산기(疝氣)(1) : 털여뀌.

산어(散瘀)(10) : 거북꼬리, 귀박쥐나물, 까치수영, 꽃대, 닥풀, 담팔수, 도둑놈의갈고리, 된장풀, 목서, 큰도둑놈의갈고리.

산어소종(散瘀消腫)(10) : 동백나무, 문주란, 물엉겅퀴, 바늘엉겅퀴, 생강나무, 애기탑꽃, 엉겅퀴, 큰엉겅퀴, 탑꽃, 흰제비꽃, 나도옥잠화, 멍석딸기, 백량금.

산어지해(散瘀止咳)(1) : 층꽃나무.

산어지혈(散瘀止血)(3) : 붉나무, 쇠고비, 줄사철나무.

산어혈(散瘀血)(1) : 갈퀴덩굴.

산어화적(散瘀化積)(1) : 차풀.

산울(散鬱)(1) : 미나리.

산울개결(散鬱開結)(1) : 사프란.

산유(産乳)(1) : 백선.

산전후상(産前後傷)(1) : 개연꽃.

산전후제통(産前後諸痛)(1) : 산짚신나물.

산전후통(産前後痛)(12) : 개산초, 국화쥐손이, 녹두, 단삼, 덩굴팥, 둥근배암차즈기, 부전쥐손이, 산쥐손이, 산초나무, 이질풀, 참배암차즈기, 팥.

산증(疝症)(3) : 개소시랑개비, 돌양지꽃, 양지꽃.

산진(産疹)(3) : 당매자나무, 매발톱나무, 매자나무.

산통(産痛)(7) : 개속새, 개쇠뜨기, 남천, 능수쇠뜨기, 물속새, 속새, 회양목.

산풍(産風)(1) : 어저귀.

산풍소담(散風消痰)(1) : 바디나물.

산풍습(散風濕)(1) : 도꼬마리.

산풍청폐(散清肺)(1) : 참반디.

산풍한습(散風寒濕)(2) : 감자개발나물, 개발나물.

산한(散寒)(9) : 개족도리풀, 동의나물, 말똥비름, 족도리풀, 중대가리풀, 쪽파, 참동의나물, 헐떡이풀, 회향.

산한발표(散寒發表)(1) : 긴사상자.

산한제습(散寒除濕)(1) : 참쑥.

산한지통(散寒止痛)(3) : 산쑥, 쑥, 황해쑥.

산혈(散血)(8) : 가는잎억새, 금낭화, 부추, 수크령, 억새, 유채, 참억새, 청수크령.

산후병(產後病)(1) : 갯완두.

산후복통(產後腹痛)(10) : 골등골나물, 긴오이풀, 등골나물, 매자기, 벌등골나물, 별꽃, 산오이풀, 오이풀봄, 왕별꽃, 큰오이풀.

산후어혈(產後瘀血)(2) : 고추나무, 화살나무.

산후열(產後熱)(1) : 묏대추나무.

산후제증(產後諸症)(1) : 뚝갈.

산후출혈(產後出血)(2) : 께묵, 호밀.

산후통(產後痛)(11) : 개대황, 금소리쟁이, 능소화, 대추나무, 도꼬마리, 돌소리쟁이, 묵밭소리쟁이, 소리쟁이, 참소리쟁이, 향등골나물, 호대황.

산후풍(產後風)(3) : 가는잎쐐기풀, 긴꼬리쐐기풀, 쐐기풀.

산후하혈(產後下血)(7) : 더위지기, 덤불쑥, 비쑥, 쑥, 율무쑥, 창포, 털산쑥.

산후혈민(產後血悶)(1) : 벗풀.

산후혈붕(產後血崩)(1) : 배롱나무.

살균(殺菌)(9) : 고추냉이, 두메닥나무, 들깨풀, 매실나무, 산닥나무, 산들깨, 서향, 암대극, 예덕나무.

살균제(殺菌劑, germicide)(1) : 담배.

살어독(殺魚毒)(1) : 고추냉이.

살충(殺蟲)(87) : 가시박, 가죽나무, 감자난초, 개대황, 개맨드라미, 검팽나무, 고삼, 관중, 구주소나무, 굴피나무, 귀박쥐나물, 금소리쟁이, 긴잎여로, 깃반쪽고사리, 깨풀, 꽃여뀌, 낭독, 노랑투구꽃, 노랑팽나무, 달래, 담배풀, 당근, 도깨비쇠고비, 돌소리쟁이, 등대풀, 때죽나무, 마늘, 마디풀, 멍석딸기, 명아주, 모데미풀, 모람, 무궁화, 무화과나무열매, 묵밭소리쟁이, 미나리아재비, 박새, 반쪽고사리, 배암차즈기, 복사나무, 비자나무, 산괴불주머니, 산짚신나물, 삼, 석류나무, 소나무, 소리쟁이, 소태나무, 쇠고비, 수세미오이, 쉬나무, 실거리나무, 아스파라가스, 알록제비꽃, 여로, 오수유, 왕모람, 왕자귀나무, 음나무, 인도고무나무, 자귀나무, 자주괴불주머니, 장수팽나무, 전동싸리, 젓가락나물, 제비쑥, 조개풀, 좀쪽동백나무, 진범, 짚신나물, 쪽동백나무, 참소리쟁이, 참쇠고비, 참죽나무, 채송화, 천선과나무, 칠엽수, 큰봉의꼬리, 파란여로, 팽나무, 폭나무, 호대황, 호두나무, 호박, 화살나무, 흰명아주, 흰진범.

살충제(殺蟲劑, insecticide)(1) : 담배.

삼어(三漁) (1) : 도깨비바늘.

삼충(三蟲)(30) : 가는잎개고사리, 개고사리, 개맨드라미, 개톱날고사리, 거꾸리개고사리, 골개고사리, 곱새고사리, 관중, 광릉개고사리, 구슬개고사리, 그늘개고사리, 금족제비고사리, 내장고사리, 두메개고사리, 두메고사리, 비늘고사리, 산개고사리, 산뱀고사리, 앵도나무, 왕고사리, 왕지네고사리, 좀진고사리, 주저리고사리, 지리산고사리, 진고사리, 참새발고사리, 큰개고사리, 큰지네고사리, 큰진고사리, 홍지네고사리.

삼투제(滲透劑)(1) : 담배.

삽장위(澁腸胃)(2) : 비수수, 수수.

상근(傷筋)(1) : 돌콩.

상어소종(傷瘀消腫)(1) : 피나물.

상처(傷處)(1) : 도깨비바늘.

상풍감모(傷風感冒)(1) : 벼룩나물.

상피암(上皮癌)(1) : 바위손.

상한(上寒)(6) : 둥근잎천남성, 등대시호, 뱀딸기, 시호, 점박이천남성, 천남성.

생기(生氣)(23) : 개쉽사리, 골등골나물, 구주물푸레, 넓은잎딱총나무, 덧나무, 들메나무, 등골나물, 딱총나무, 말오줌나무, 물푸레나무, 미국물푸레, 백운쇠물푸레, 벌등골나물, 붉은물푸레, 쉽사리, 애기쉽사리, 어수리, 절굿대, 종비나무, 지렁쿠나무, 큰절굿대, 털쉽사리, 풍산가문비.

생기지통(生肌止痛)(3) : 개구릿대, 구주소나무, 소나무.

생담(生痰)(3) : 검양옻나무, 산검양옻나무, 옻나무.

생리불순(生理不順)(3) : 매발톱꽃, 큰까치수영, 하늘매발톱.

생리통(生理痛)(1) : 주목.

생목(生目)(3) : 삼지구엽초, 쇠비름, 채송화.

생선중독(5) : 가지, 민산초, 산초나무, 쥐꼬리망초, 청각.

생진(生津)(3) : 돌배나무, 매실나무, 어리연꽃.

생진액(生津液)(1) : 지채.

생진양위(生津養胃)(4) : 둥굴레, 왕둥굴레, 죽대, 퉁둥굴레.

생진양혈(生津凉血)(1) : 만삼.

생진익위(生津益胃)(1) : 갯방풍.

생진지갈(生津止渴)(4) : 소경불알, 인삼, 줄, 토마토.

생진해갈(生津解渴)(1) : 소귀나무.

생혈(生血)(1) : 토마토.

생환(生還)(21) : 개수양버들, 개키버들, 갯버들, 꽃버들, 내버들, 눈갯버들, 당버들, 떡버들, 매자잎버들, 미루나무, 버드나무, 선버들, 섬버들, 쌍실버들, 양버들, 여우버들, 왕버들, 제주산버들, 참오글잎버들, 키버들, 호랑버들.

서간(舒肝)(2) : 연영초, 큰연영초.

서근활락(舒筋活絡)(2) : 줄사철나무, 피나물.

서근활혈(舒筋活血)(1) : 미역줄나무.

석림(石淋)(4) : 갯패랭이꽃, 난장이패랭이꽃, 술패랭이꽃, 패랭이꽃.

선기(善飢)(11) : 가는잎할미꽃, 개쓴풀, 덩굴용담, 별꽃풀, 분홍할미꽃, 산할미꽃, 쉬나무, 오수유, 자주쓴풀, 큰잎쓴풀, 할미꽃.

선열(腺熱, glandular fever)(2) : 노랑하늘타리, 하늘타리.

선창(癬瘡)(2) : 괴불주머니, 삼백초.

선통(宣通)(4) : 간장풀, 개박하, 개쑥갓, 박하.

선폐거담(宣肺去痰)(1) : 도라지.

선혈(鮮血)(24) : 가는기린초, 개아그배나무, 기린초, 꿩의비름, 낭독, 단풍박쥐나무, 돌나물, 돌채송화, 두메대극, 둥근잎꿩의비름, 딸기, 땅채송화, 말똥비름, 바위채송화, 박쥐나무, 사과나무, 새끼꿩의비름, 섬기린초, 세잎꿩의비름, 속리기린초, 애기기린초, 야광나무, 자주꿩의비름, 큰꿩의비름.

선형(線形)(1) : 흰대극.

설사(泄瀉)(75) : 각시취, 갈대, 갑산제비꽃, 강낭콩, 개느삼, 개대황, 개망초, 개산초, 고깔제비꽃, 고삼, 구슬붕이, 금소리쟁이, 금창초, 기장, 긴잎제비꽃, 꽃마리, 나팔꽃, 넓, 잎제비꽃, 노린재나무, 녹두, 달래, 댕댕이덩굴, 덩굴장미, 도깨비바늘, 돌소리쟁이, 등, 매발톱나무, 맨드라미, 묵밭소리쟁이, 물꽈리아재비, 물양지꽃, 방기, 벽오동, 붉나무, 붉은강낭콩, 산당화, 산초나무, 삼, 새팥, 소귀나무, 소리쟁이, 손바닥난초, 아욱제비꽃, 애기땅빈대, 염주, 오리나무, 왕초피나무, 왜제비꽃, 용담, 율무, 인삼, 자주괭이밥, 잔털제비꽃, 제비꽃, 조팝나무, 좀구슬붕이, 쥐꼬리망초, 참꽃마리, 참소리쟁이, 참졸방제비꽃, 창포, 청미래덩굴, 초피나무, 컴프리, 콩, 큰용담, 큰졸방제비꽃, 털제비꽃, 팥꽃나무, 풍년화, 피라칸다, 피마자, 호대황, 흰젖제비꽃, 흰제비꽃.

설사약(泄瀉藥)(1) : 피마자.

설창(舌瘡)(2) : 조릿대풀, 피마자.

성병(性病, venereal disease)(8) : 가회톱, 거지덩굴, 설령개현삼, 섬현삼, 절국대, 큰개현삼, 토현삼, 현삼.

성비안신(醒脾安神)(1) : 회리바람꽃.

성주(醒酒)(2) : 금감, 사과나무.

성한(盛寒)(1) : 애기고추나물.

성홍열(猩紅熱)(1) : 예덕나무.

세안(洗眼)(1) : 구기자나무.

소간(疏肝)(2) : 여우구슬, 여우주머니.

소간이기(疎肝理氣)(1) : 향부자.

소간해울(疏肝解鬱)(3) : 등대시호, 섬시호, 시호.

소갈(消渴)(14) : 개맥문동, 금감, 네가래, 동부, 둥근마, 마, 맥문동, 맥문아재비, 부추, 소엽맥문동, 순채, 아욱, 자두나무, 천문동.

소감우독(燒鹼宇毒)(4) : 작두콩, 청미래덩굴, 편두, 흰민들레.

소결산어(消結散瘀)(1) : 참외.

소곡(消穀)(1) : 달래.

소기(少氣)(1) : 새머루.

소담(消痰)(2) : 등대풀, 모과나무.

소담음(消痰飮)(1) : 쑥갓.

소독(小毒)(5) : 간장풀, 개박하, 두메닥나무, 산닥나무, 서향.

소변림력(小便淋瀝)(7) : 마주송이풀, 병풀, 복숭아나무, 송이풀, 옥수수, 질경이, 호두나무.

소변불리(小便不利)(5) : 가는잎억새, 개구리발톱, 상추, 억새, 참억새.

소변불통(小便不通)(8) : 비비추, 수영, 애기수영, 옥잠화, 일월비비추, 좀비비추, 주걱비비추, 참비비추.

소변실금(小便失禁)(1) : 가시연꽃.

소변적삽(小便赤澁)(1) : 조릿대풀.

소변출혈(小便出血)(2) : 방가지똥, 큰방가지똥.

소산풍열(疎散風熱)(2) : 속새, 순비기나무.

소생(蘇生)(1) : 갓.

소서(消暑)(1) : 편두.

소수종(消水腫)(6) : 서울오갈피, 섬오갈피나무, 오가나무, 오갈피, 지리산오갈피, 털오갈피.

소식(消食)(2) : 순무, 차나무.

소식제창(消食諸脹)(1) : 무.

소식하기(消食下氣)(1) : 고수.

소식화적(消食化積)(1) : 산사나무.

소식화중(消食和中)(1) : 벼.

소아간질(小兒癎疾)(3) : 가는대나물, 궁궁이, 생강.

소아감기(小兒感氣)(2) : 말뱅이나물, 오랑캐장구채.

소아감병(小兒疳病)(5) : 감초, 궁궁이, 마, 은행나무, 천마.

소아감적(小兒疳積)(28) : 용담, 개비자나무, 골풀, 땅비수리, 뚜껑덩굴, 만삼, 모과나무, 무, 미모사, 방가지똥, 비수리, 비자나무, 뽕나무, 사데풀, 산뽕나무, 상추, 쇠비름, 쑥, 애기메꽃, 왕느릅나무, 잔대, 제비꽃, 참죽나무, 창포, 파, 호자나무, 활나물, 황매화.

소아경간(小兒驚癎)(14) : 단삼, 대나물, 묏대추나무, 복숭아나무, 뽕나무, 사위질빵, 왕바랭이, 용안, 운향, 제비꽃, 죽대, 천일홍, 청피대나무, 흑난초.

소아경결(小兒驚結)(10) : 감초, 궁궁이, 모란, 쇠무릎, 엉겅퀴, 중나리, 천마, 칼잎용담, 큰용담, 흰독말풀.

소아경기(小兒驚氣)(4) : 노박덩굴, 삿갓나물, 천마, 혹쐐기풀.

소아경련(小兒痙攣, convulsion in childhood)(3) : 골풀, 미역취, 울릉미역취.

소아경풍(小兒驚風)(72) : 가락지나물, 개똥쑥, 개미취, 개사철쑥, 개석잠풀, 개쓴풀, 골풀, 구슬붕이, 남산천남성, 넓은잎천남성, 노간주나무, 담배풀, 당잔대, 독말풀, 두루미천남성, 두메잔대, 만삼, 말나리, 모과나무, 무, 미역취, 바랭이, 박하, 방풍, 백합, 벚나무, 복령, 뽕나무, 사과나무, 산뽕나무, 상추, 생강, 석잠풀, 섬대, 섬잔대, 소경불알, 솔나리, 쇠비름, 수련, 쓴풀, 애기고추나물, 애기풀, 왕대, 왕잔대, 용담, 운향, 자두나무, 자주쓴풀, 잔대, 점박이천남성, 제비꽃, 제주조릿대, 조릿대, 좀담배풀, 참나리, 창포, 천남성, 천마, 측백나무, 층층이꽃, 칼잎용담, 큰용담, 큰천남성, 털잔대, 털중나리, 파, 패모, 피막이풀, 하늘나리, 향부자, 향유, 흰독말풀.

소아구루(小兒佝僂)(6) : 질경이, 무, 박, 오갈피나무, 율무, 팥.

소아구설창(小兒舌生芒刺)(4) : 감나무.

소아두창(小兒痘瘡)(8) : 감국, 도꼬마리, 매실나무, 모과나무, 복숭아나무, 살구나무, 소리쟁이, 자목련.

소아리수(小兒羸瘦)(7) : 구기자나무, 당근, 마, 묏대추나무, 연꽃, 율무, 호박.

소아발육촉진(小兒發育促進)(5) : 모람, 애기고추나물, 왕모람, 좀고추나물, 진주고추나물.

소아번열증(小兒煩熱蒸)(6) : 각시원추리, 맥문동, 뽕나무, 오미자, 원추리, 조릿대.

소아변비증(小兒便秘症)(13) : 냉이, 다래나무, 민들레, 뽕나무, 석결명, 섬쥐손이, 소나무, 유홍초, 이질풀, 인삼, 일엽초, 질경이, 참깨.

소아복냉증(小兒腹冷症)(7) : 배나무, 삽주, 세잎돌쩌귀, 익모초, 인삼, 진범, 큰조롱.

소아불면증(小兒不眠症)(3) : 대추나무, 뽕나무, 영지.

소아소화불량(小兒消化不良)(8) : 감초, 결명차, 대추나무, 만삼, 사과나무, 삽주, 연꽃, 피마자.

소아수두(小兒水痘)(1) : 뚝새풀.

소아식탐(小兒食貪)(3) : 눈빛승마, 수박, 장군풀.

소아야뇨증(小兒夜尿症)(7) : 각시마, 결명차, 둥근마, 쇠무릎, 은행나무, 지황, 황벽나무.

소아열병(小兒熱病)(5) : 냉이, 말나리, 뽕나무, 하늘나리, 흰더위지기.

소아오감(小兒五疳)(1) : 대나물.

소아요혈(小兒溺血)(6) : 개승마, 눈빛승마, 승마, 왜승마, 촛대승마, 황새승마.

소아이질(小兒痢疾)(6) : 감나무, 냉이, 미나리, 사과나무, 질경이, 황벽나무.

소아인후통(小兒咽喉痛)(6) : 개살구나무, 눈빛승마, 묏대추나무, 선피막이, 타래난초, 피막이풀.

소아조성장(小兒助成長)(4) : 금강제비꽃, 바나나, 애기고추나물, 호두나무.

소아중독증(小兒中毒症)(4) : 감국, 개질경이, 말나리, 벼.

소아천식(小兒喘息)(14) : 감초, 귤나무, 대추나무, 둥굴레, 배나무, 뽕나무, 살구나무, 수세미외, 오미자, 은행나무, 인삼, 쥐방울덩굴, 질경이, 큰메꽃.

소아청변(小兒靑便)(8) : 감초, 궁궁이, 더위지기, 마, 쑥, 양귀비, 제비쑥, 천마.

소아탈항(小兒脫肛)(7) : 고사리, 괭이밥, 눈빛승마, 부들, 애기부들, 연꽃, 인동.

소아토유(小兒吐乳)(8) : 고삼, 마, 미나리, 배나무, 벼, 삽주, 아욱, 칡.

소아피부병(小兒皮膚病)(6) : 배나무, 뽕나무, 쑥, 참여로, 창포, 토대황.

소아해열(小兒解熱)(12) : 복숭아나무, 고들빼기, 금강제비꽃, 도라지, 바랭이, 배나무, 비름, 뽕나무, 삽주, 질경이, 참나리, 흰민들레.

소아허약체질(小兒虛弱體質)(6) : 마, 소엽맥문동, 인삼, 중나리, 참깨, 표고.

소아후통(小兒喉痛)(3) : 애기고추나물, 좀고추나물, 진주고추나물.

소양증(搔痒症)(3) : 마디풀, 며느리밑씻개, 백당나무.

소염(消炎)(95) : 가는잎할미꽃, 감자, 개머루, 개쑥갓, 개질경이, 갯율무, 갯질경, 갯질경이, 갯패랭이꽃, 거미고사리, 검양옻나무, 고추냉이, 골잎원추리, 구기자나무, 금마타리, 금매화, 꽃치자, 꾸지뽕나무, 끈끈이주걱, 난장이패랭이꽃, 노루오줌, 누린내풀, 눈여뀌바늘, 다람쥐꼬리, 단풍나무, 달뿌리풀, 더위지기, 돌마타리, 두메부추, 뚝갈, 띠, 마타리, 만년석송, 멀꿀, 모란, 물푸레나무, 바늘꽃, 뱀톱, 범부채, 병조희풀, 분홍할미꽃, 뻐꾹채, 사철쑥, 산검양옻나무, 산골무꽃, 산톱풀, 산할미꽃, 석곡, 석송, 선갈퀴, 설령개현삼, 섬현삼, 솜대구, 수수꽃다리, 순비기나무, 술패랭이꽃, 애기고추나물, 애기금매화, 애기봄맞이, 여뀌바늘, 염주, 오죽, 옻나무, 왕대, 왕질경이, 용머리, 용설란, 율무, 으름, 인동, 자란, 자주방아풀, 잔털인동, 절국대, 젓가락나물, 좀고추나물, 좀목형, 좀바늘꽃, 진주고추나물, 질경이, 참산부추, 창질경이, 치자나무, 카밀레, 큰개현삼, 큰원추리, 털질경이, 토현삼, 톱풀, 패랭이꽃, 한라부추, 할미꽃, 현삼, 황금, 회화나무.

소염배농(消炎排膿)(2) : 인동, 잔털인동.

소염지사(消炎止瀉)(1) : 긴산꼬리풀.

소염지통(消炎止痛)(2) : 솜다리, 큰바늘꽃.

소염지혈(消炎止血)(1) : 두메고들빼기.

소염평천(消炎平喘)(1) : 일본목련.

소염해독(消炎解毒)(1) : 돌외.

소염행수(消炎行水)(2) : 가는금불초, 금불초.

소영(消癭)(11) : 꽃무릇, 단풍마, 둥근마, 마, 생강, 왕원추리, 원추리, 유자나무, 으름덩굴, 토란, 할미꽃.

소옹(消癰)(1) : 참느릅나무.

소옹종(消癰腫)(5) : 국화바람꽃, 꿩의바람꽃, 남산제비꽃, 바람꽃, 홀아비바람꽃.

소적(消積)(3) : 매자기, 미모사, 흑삼릉.

소적채(消積滯)(1) : 무.

소적통변(消積通便)(1) : 나팔꽃.

소종(消腫)(64) : 가래, 가을강아지풀, 가지, 갈퀴덩굴, 감자난초, 개구리발톱, 개솔새, 갯메꽃, 갯쑥부쟁이, 고들빼기, 고추나물, 곤약, 골등골나물, 공작고사리, 괴불주머니,

굴피나무, 금창초, 긴병꽃풀, 깨꽃, 낚시제비꽃, 난쟁이바위솔, 노루귀, 닥풀, 달구지풀, 담팔수, 당근, 도깨비바늘, 등골나물, 마늘, 무궁화, 물달개비, 물레나물, 바위솔, 반하, 벌등골나물, 봄맞이, 분홍바늘꽃, 뽀리뱅이, 사마귀풀, 산일엽초, 새끼노루귀, 생이가래, 섬노루귀, 세잎종덩굴, 속단, 솜양지꽃, 수선화, 애기일엽초, 왕고들빼기, 운향, 유채, 이고들빼기, 자귀풀, 자란, 조개풀, 좀가지풀, 좀고추나물, 좁은잎해란초, 주름잎, 진주고추나물, 코스모스, 큰물레나물, 해란초, 홍초.

소종거어(消腫去瘀)(1) : 지칭개.

소종독(消腫毒)(2) : 돈나무, 청미래덩굴.

소종배농(消腫排膿)(4) : 더덕, 뚝갈, 마타리, 왜천궁.

소종산결(消腫散結)(7) : 대극, 땅꽈리, 산자고, 섬자리공, 약난초, 자리공, 흰대극.

소종지통(消腫止痛)(16) : 광대나물, 돌동부, 무릇, 미꾸리낚시, 민미꾸리낚시, 반디지치, 벌깨덩굴, 봉선화, 부용, 삿갓나물, 쉬땅나무, 애기우산나물, 염주괴불주머니, 우산나물, 층층나무, 홀아비꽃대.

소종해독(消腫解毒)(19) : 괭이밥, 며느리밑씻개, 모시물통이, 무화과나무열매, 물매화, 미역취, 박태기나무, 뱀딸기, 병풀, 붉은괭이밥, 삼백초, 선괭이밥, 선피막이, 순채, 양하, 울릉미역취, 자주괭이밥, 큰괭이밥, 타래난초.

소종화어(消腫化瘀)(2) : 방가지똥, 큰방가지똥.

소창(小瘡)(1) : 낭아초.

소창독(消脹毒)(1) : 금낭화.

소통하유(疎通下乳)(2) : 뻐꾹채, 절굿대.

소풍(疏風)(5) : 개쑥부쟁이, 까실쑥부쟁이, 눈개쑥부쟁이, 섬쑥부쟁이, 쑥부쟁이.

소풍청서(疎風淸暑)(1) : 들깨풀.

소풍청열(疎風淸熱)(4) : 국화, 미역취, 우엉, 울릉미역취.

소풍해표(疎風解表)(3) : 산층층이, 층꽃나무, 층층이꽃.

소화(消化)(35) : 간장풀, 개갓냉이, 개박하, 갯무, 광귤, 구슬갓냉이, 귤, 노랑꽃창포, 노랑물봉선, 두메부추, 두메층층이, 들깨, 들깨풀, 마늘, 모람, 묏대추나무, 무, 박하, 봉선화, 산들깨, 산부추, 산파, 속속이풀, 쉬나무, 애기탑꽃, 오수유, 왕모람, 유자나무, 좀개갓냉이, 쥐깨풀, 참산부추, 청미래덩굴, 탑꽃, 토마토, 한라부추.

소화불량(消化不良)(26) : 가는금불초, 개망초, 개쓴풀, 개연꽃, 고로쇠나무, 국화마, 금불초, 다래, 단풍마, 덩굴용담, 바랭이, 별꽃풀, 부지깽이나물, 부채마, 산마늘, 산사나무, 시로미, 쓴풀, 자주쓴풀, 조, 죽단화, 컴프리, 큰잎쓴풀, 탱자나무, 호프, 황매화.

소화제(消化劑)(6) : 괭이밥, 대추나무, 붉은괭이밥, 선괭이밥, 애기괭이밥, 큰괭이밥.

속근골(續筋骨)(1) : 넉줄고사리.

수감(水疳)(100) : 가는오이풀, 가래나무, 가시나무, 갈졸참나무, 갈참나무, 강계버들, 개가시나무, 개키버들, 갯버들, 구실잣밤나무, 구와취, 굴참나무, 금강분취, 남포분취, 내버들, 노루발, 놋젓가락나물, 눈갯버들, 눈여뀌바늘, 담배취, 돌참나무, 두메바늘꽃,

두메분취, 들쭉나무, 떡갈나무, 떡갈졸참나무, 떡갈참나무, 떡버들, 떡속소리나무, 떡신갈나무, 떡신갈참나무, 떡신졸참나무, 매화노루발, 메밀잣밤나무, 물참나무, 물황철나무, 바늘꽃, 바늘분취, 밤나무, 버들바늘꽃, 봉동참나무, 부처꽃, 분버들, 분홍노루발, 붉가시나무, 사시나무, 사창분취, 산수유, 산오이풀, 산짚신나물, 상수리나무, 새끼노루발, 새양버들, 석류나무, 섬버들, 소귀나무, 소태나무, 신갈나무, 신갈졸참나무, 애기노루발, 약밤나무, 여우버들, 오미자, 오이풀봄, 왕바꽃, 왕버들, 월귤, 은백양, 이태리포푸라, 일본사시나무, 자란, 절굿대, 정금나무, 정능참나무, 졸가시나무, 졸참나무, 좀바늘꽃, 좀부처꽃, 종가시나무, 지리바꽃, 참가시나무, 참죽나무, 콩팥노루발, 큰바늘꽃, 큰절굿대, 키다리바꽃, 키버들, 털부처꽃, 투구꽃, 풍년화, 호노루발, 호두나무, 호랑버들, 호바늘꽃, 홀꽃노루발, 황벽나무, 황철나무, 회령바늘꽃, 회화나무, 흑오미자.

수렴(收斂)(15) : 가는잎할미꽃, 만병초, 매실나무, 물고추나물, 물꽈리아재비, 물푸레나무, 붉나무, 산할미꽃, 상수리나무, 소철, 염주괴불주머니, 일본목련, 조팝나무, 참죽나무, 할미꽃.

수렴살충(收斂殺蟲)(1) : 사상자.

수렴지혈(收斂止血)(7) : 꼬마부들, 부들, 산딸나무, 애기부들, 자란, 큰잎부들, 흰말채나무.

수삽지대(收澁止帶)(1) : 은행나무.

수양성하리(水樣性下痢)(1) : 은행나무.

수은중독(水銀中毒)(3) : 가지, 댑싸리, 청미래덩굴.

수족관절통풍(手足關節痛風)(1) : 개버무리.

수족마비(手足麻痹)(2) : 꽃마리, 참꽃마리.

수종(水腫)(72) : 가는잎향유, 개구리밥, 개머위, 갯율무, 갯패랭이꽃, 고비, 골등골나물, 긴병꽃풀, 꽃향유, 나팔꽃, 난장이패랭이꽃, 넓은잎딱총나무, 녹두, 댕댕이덩굴, 덧나무, 덩굴팥, 도꼬마리, 등골나물, 등대풀, 딱총나무, 마편초, 말오줌나무, 머위, 며느리배꼽, 모과나무, 물꼬리풀, 미국자리공, 벌등골나물, 벚나무, 복수초, 부처꽃, 비자나무, 뽕나무, 산뽕나무, 삼백초, 석곡, 섬광대수염, 섬자리공, 술패랭이꽃, 쉬나무, 약모밀, 염주, 오수유, 용머리, 용설란, 율무, 자두나무, 자리공, 전주물꼬리풀, 좀개구리밥, 좀부처꽃, 좀향유, 좁은잎해란초, 지렁쿠나무, 진득찰, 질경이택사, 차나무, 차풀, 청미래덩굴, 콩짜개란, 택사, 털부처꽃, 털진득찰, 털향유, 팥, 팥꽃나무, 패랭이꽃, 해란초, 향등골나물, 향유, 호광대수염, 혹난초.

수체(髓涕)(1) : 흑오미자.

수충(水蟲)(1) : 나팔꽃.

수태(受胎)(5) : 갯강활, 궁궁이, 삼수구릿대, 왜천궁, 참당귀.

수포(水疱)(1) : 지치.

수풍(手風)(5) : 나도닭의덩굴, 나도하수오, 닭의덩굴, 큰닭의덩굴, 하수오.

수한삽장(收汗澁腸)(1) : 미치광이풀.

숙식(宿食)(1) : 개산초.

숙취(宿醉)(1) : 칡.
숙혈(宿血)(1) : 어수리.
순기(順氣)(1) : 벽오동.
순기고혈(順氣固血)(1) : 나도하수오.
슬종(膝腫)(4) : 까치밥나무, 꼬리까치밥나무, 넓은잎까치밥나, 명자순.
습열이질(濕熱痢疾)(1) : 물꽈리아재비.
습종(濕腫)(1) : 들깨풀.
습진(濕疹)(47) : 감국, 개쓴풀, 구슬붕이, 금꿩의다리, 긴오이풀, 꾸지뽕나무, 꿩의다리, 난쟁이바위솔, 덩굴용담, 도꼬로마, 도꼬마리, 돈나무, 마디풀, 며느리밑씻개, 며느리배꼽, 미꾸리낚시, 민미꾸리낚시, 바위떡풀, 바위솔, 반디지치, 배롱나무, 범의귀, 별꽃풀, 산국, 산꿩의다리, 산오이풀, 새박, 생이가래, 수염가래꽃, 쑥방망이, 쓴풀, 오이풀봄, 용담, 운향, 은꿩의다리, 음나무, 자귀풀, 자주꿩의다리, 자주쓴풀, 제비쑥, 족제비싸리, 좀구슬붕이, 좀꿩의다리, 지치, 큰오이풀, 큰용담, 큰잎쓴풀.
습창(濕瘡)(2) : 굴피나무, 채송화.
습창양진(濕瘡痒疹)(2) : 명아주, 흰명아주.
승거양기(昇擧陽氣)(3) : 등대시호, 섬시호, 시호.
승습(勝濕)(1) : 고본.
시력감퇴(視力減退)(2) : 비수리, 쇠비름.
시력강화(視力强化)(2) : 긴결명자, 석결명.
식감과체(食甘瓜滯)(3) : 가지, 까마중, 밀.
식감저체(食甘藷滯)(4) : 고로쇠나무, 보리, 사과나무, 가래.
식강어체(食江魚滯)(4) : 머위, 생강, 소엽, 편두.
식견육체(食犬肉滯)(5) : 까마중, 벼, 뽕나무, 해바라기, 무.
식계란체(食鷄卵滯)(2) : 유자나무, 참깨.
식계육체(食鷄肉滯)(3) : 감나무, 생강, 유자나무.
식고량체(食高粱滯)(3) : 귀리, 유자나무, 익모초.
식교맥체(食蕎麥滯)(2) : 무, 익모초.
식군대채체(食裙帶菜滯)(3) : 감나무, 수수, 오동나무.
식균용체(食菌茸滯)(3) : 갈대, 무, 연꽃.
식도암(食道癌)(18) : 갈퀴덩굴, 개다래나무, 더덕, 매일초, 머위, 비파나무, 빈카, 약모밀, 영지, 우엉, 율무, 인삼, 주목, 짚신나물, 청미래덩굴, 하늘타리, 활나물, 회화나무.
식두부체(食豆腐滯)(3) : 무, 배나무, 은행나무.
식마령서체(食馬鈴薯滯)(3) : 나팔꽃, 미역, 분꽃.
식면체(食麵滯)(4) : 석류나무, 오동나무, 유자나무, 참외.
식병(識病)(5) : 구름떡쑥, 다북떡쑥, 백두산떡쑥, 왜떡쑥, 풀솜나물.
식병나체(食餅糯滯)(4) : 마늘, 무, 보리, 참깨.

식시비체(食柿泌滯)(4) : 미역, 수수, 쑥, 연꽃.

식예어체(食鱧魚滯)(4) : 가래, 뽕나무, 삽주, 아욱.

식욕(食慾, appetite)(12) : 개곽향, 개머위, 구절초, 국화, 머위, 바위구절초, 붉은조개나물, 서흥구절초, 솔인진, 인삼, 포천구절초, 흰조개나물.

식욕감소(食慾減少)(1) : 편두.

식욕부진(食慾不振)(7) : 개별꽃, 다래, 덩굴개별꽃, 덩굴용담, 둥근마, 석곡, 시로미.

식욕촉진(食慾促進)(20) : 개쓴풀, 갯씀바귀, 고추냉이, 굴거리나무, 노랑선씀바귀, 며느리밑씻개, 방아풀, 번음씀바귀, 벌씀바귀, 별꽃풀, 분홍선씀바귀, 산구절초, 산박하, 선씀바귀, 씀바귀, 왕머루, 자주방아풀, 자주쓴풀, 큰잎쓴풀, 포도.

식용해열(食用解熱)(1) : 왕지네고사리.

식우유체(食牛乳滯)(4) : 벼, 보리, 오미자, 느타리버섯.

식우육체(食牛肉滯)(7) : 까마중, 배나무, 보리, 살구나무, 새삼, 수수, 회향.

식저육체(食猪肉滯)(3) : 갈대, 까마중, 복숭아나무.

식적(息積)(1) : 계요등.

식제수육체(食諸獸肉滯)(3) : 까마중, 생강, 석류나무.

식중독(食中毒)(15) : 갈대, 감초, 갯기름나물, 갯완두, 국화쥐손이, 민들레, 방풍, 부전쥐소니, 산쥐손이, 새삼, 생강, 율무, 이질풀, 칡, 흰민들레.

식체(食滯)(2) : 누리장나무, 일본목련.

식풍(熄風)(2) : 눈잣나무, 잣나무.

식하돈체(食河豚滯)(3) : 매실나무, 배나무, 뽕나무.

식해삼체(食海參滯)(3) : 까마중, 벼, 오이.

식해어체(食海魚滯)(11) : 머위, 귤나무, 느타리버섯, 박새, 벚나무, 복숭아나무, 봉선화, 생강, 유자나무, 참깨, 칡.

식행체(食杏滯)(3) : 가지, 모과나무, 살구나무.

신경과민(神經過敏, overdelicate)(3) : 긴잎쥐오줌풀, 넓은잎쥐오줌풀, 쥐오줌풀.

신경성두통(神經性頭痛)(2) : 까마귀머루, 머루.

신경쇠약(神經衰弱)(23) : 개별꽃, 나도닭의덩굴, 나도하수오, 닭의덩굴, 대추나무, 덩굴개별꽃, 두릅나무, 등칡, 묏대추나무, 백합, 비로용담, 산수유, 산용담, 손바닥난초, 연꽃, 인삼, 중나리, 참깨, 천마, 큰닭의덩굴, 큰솔나리, 하늘말나리, 하수오.

신경염(神經炎, neuritis)(5) : 넓은잎딱총나무, 덧나무, 딱총나무, 말오줌나무, 지렁쿠나무.

신경이상(神經異常)(1) : 토끼풀.

신경통(神經痛)(86) : 가는돌쩌귀, 가는참나물, 각시투구꽃, 감자개발나물, 개느삼, 개발나물, 개싹눈바꽃, 갯방풍, 갯율무, 고삼, 고추, 고추냉이, 골담초, 구절초, 국화, 그늘돌쩌귀, 까마중, 나도닭의덩굴, 넓은잎딱총나무, 노루삼, 노루참나물, 녹나무, 놋젓가락나물, 닭의덩굴, 댕댕이덩굴, 덧나무, 두충, 딱총나무, 말냉이, 말오줌나무, 망초, 물엉겅퀴, 민까마중, 바늘엉겅퀴, 바위구절초, 방기, 배풍등, 백부자, 백서향, 뽕나무, 사리풀,

산구절초, 산뽕나무, 산쑥, 생달나무, 서흥구절초, 세뿔투구꽃, 세잎돌쩌귀, 솔인진, 쇠무릎, 순비기나무, 식나무, 실망초, 싹눈바꽃, 알꽈리, 어저귀, 엉겅퀴, 오죽, 왕바꽃, 외잎쑥, 이삭바꽃, 제주진득찰, 조팝나무, 좀목형, 좁은잎배풍등, 지렁쿠나무, 지리바꽃, 지모, 진돌쩌귀, 진득찰, 참나물, 참쑥, 층꽃나무, 층층나무, 큰까치수영, 큰닭의덩굴, 큰엉겅퀴, 키다리바꽃, 털쇠무릎, 털진득찰, 투구꽃, 파드득나물, 포천구절초, 한라돌쩌귀, 향부자, 회향.

신낭풍(腎囊風)(1) : 수국.

신열(腎熱)(5) : 갯강활, 궁궁이, 삼수구릿대, 왜천궁, 참당귀.

신염(腎炎)(3) : 석위, 세뿔석위, 애기석위.

신염부종(腎炎浮腫)(1) : 쥐꼬리망초.

신염수종(腎炎水腫)(1) : 옥수수.

신우신염(腎盂腎炎)(3) : 솜방망이, 조뱅이, 흰말채나무.

신우염(腎盂炎)(3) : 시로미, 월귤, 정금나무.

신장병(腎臟病)(1) : 주목.

신장쇠약(腎臟衰弱)(1) : 등칡.

신장암(腎臟癌)(4) : 수염가래꽃, 짚신나물, 청미래덩굴, 화살나무.

신장염(腎臟炎)(46) : 개싸리, 개오동, 계요등, 고양싸리, 괭이싸리, 긴잎달맞이꽃, 꽃개오동, 꽃싸리, 넌출비수리, 네가래, 눈여뀌바늘, 달맞이꽃, 돌바늘꽃, 두메층층이, 땅비수리, 띠, 말냉이, 미국자리공, 바늘꽃, 버들바늘꽃, 비수리, 산층층이, 섬자리공, 싸리, 애기달맞이꽃, 애기탑꽃, 연꽃, 연리초, 자리공, 전동싸리, 조록싸리, 좀바늘꽃, 좀싸리, 참싸리, 초종용, 층층이꽃, 큰달맞이꽃, 큰바늘꽃, 탑꽃, 털조록싸리, 팥꽃나무, 풀싸리, 해변싸리, 호비수리, 회령바늘꽃, 흰전동싸리.

신장증(腎臟症)(9) : 감국, 국화, 기린초, 무, 배나무, 산초나무, 소나무, 쑥, 제비쑥.

신진대사촉진(新陳代謝促進)(1) : 인삼.

신체허약(身體虛弱)(4) : 당마가목, 마가목, 시로미, 컴프리.

신탄(哂歎)(1) : 조각자나무.

신허(腎虛)(6) : 구릿대, 만병초, 승검초, 왜당귀, 잣나무, 천궁.

신허요통(腎虛腰痛)(2) : 고비고사리, 제비꿀.

실기(失氣)(1) : 새머루.

실뇨(失尿)(8) : 고비, 구기자나무, 도라지, 물푸레나무, 뽕나무, 산수유나무, 새삼, 연꽃.

실면증(失眠症)(2) : 앉은부채, 애기앉은부채.

실명(失明)(1) : 남가새.

실성(失聲)(3) : 광귤, 귤, 유자나무.

실신(失神)(2) : 갓, 겨자.

실음(失音)(10) : 갓대, 개싹눈바꽃, 백부자, 섬조릿대, 싹눈바꽃, 이대, 제주조릿대, 조릿대, 쥐방울덩굴, 피마자.

심계정충(心悸怔忡)(1) : 은행나무.

심량(心凉)(1) : 왕대.

심력쇠갈(心力衰竭)(1) : 복수초.

심번(心煩)(2) : 갈대, 조릿대풀.

심복(心腹)(1) : 묏대추나무.

심복냉통(心腹冷痛)(1) : 생강.

심복통(心腹痛)(3) : 매자기, 복사나무, 산마늘.

심신불안(心神不安)(3) : 긴잎쥐오줌풀, 넓은잎쥐오줌풀, 쥐오줌풀.

심열량계(心熱惊悸) (1) : 수국.

심위통(心胃痛)(1) : 나한송.

심장기능부전(心臟機能不全)(1) : 복수초.

심장병(心臟病)(2) : 디기탈리스, 큰용담.

심장쇠약(心腸衰弱)(1) : 은방울꽃.

심장염(心臟炎)(33) : 각시마, 개맥문동, 개쓴풀, 개질경이, 갯질경이, 구슬붕이, 구주소나무, 국화마, 단풍마, 달래, 덩굴용담, 도꼬로마, 둥근마, 마, 맥문동, 맥문아재비, 벚나무, 별꽃풀, 복사나무, 부채마, 부추, 소나무, 소엽맥문동, 왕질경이, 용담, 자두나무, 자주쓴풀, 좀구슬붕이, 질경이, 참마, 창질경이, 큰잎쓴풀, 털질경이.

심장통(心臟痛)(1) : 할미꽃.

십이지장충(十二指腸蟲)(1) : 쥐깨풀.

십이지장충증(十二指腸蟲症)(3) : 개박하, 석류나무, 소리쟁이.

ㅇ

아감(牙疳)(24) : 가지, 구기자나무, 귤나무, 꼭두서니, 녹두, 도꼬마리, 땅꽈리, 땅비싸리, 마늘, 먼나무, 명아주, 밤나무, 복숭아나무, 사철쑥, 삼백초, 소나무, 은행나무, 인동, 자작나무, 지황, 청미래덩굴, 파드득나물, 피마자, 황벽나무.

아구창(牙口瘡)(1) : 기장.

아통(牙痛)(4) : 계요등, 도깨비쇠고비, 범부채, 부용.

아편중독(阿片中毒)(6) : 매실나무, 무, 방풍, 천문동, 칡, 호박.

악독대창(惡毒大瘡)(3) : 한련초, 개감수, 대극.

악심(惡心)(4) : 매자기, 송이고랭이, 올챙이고랭이, 좀매자기.

악종(惡腫)(15) : 개버무리, 검은종덩굴, 국화으아리, 누른종덩굴, 사위질빵, 세잎종덩굴, 요강나물, 위령선, 으아리, 자주종덩굴, 좁은잎사위질빵, 종덩굴, 참으아리, 큰꽃으아리, 함북종덩.

악창(惡瘡)(69) : 가을강아지풀, 갓대, 갯장구채, 괭이밥, 구주소나무, 긴담배풀, 꾸지나무, 닥나무, 닥풀, 담배, 담배풀, 댑싸리, 두메고들빼기, 떡갈나무, 말냉이장구채, 멍석딸기, 메타세콰이아, 민들레, 박, 백당나무, 백송, 분꽃, 분홍장구채, 붉나무, 붉은괭이밥, 붉은씨서양민들레, 산민들레, 산철쭉, 상수리나무, 서양민들레, 선괭이밥, 섬조릿대, 소나무, 수영, 애기고추나물, 애기수영, 애기장구채, 약난초, 여로, 유채, 이대, 자주조희풀, 제주조릿대, 제주진득찰, 조개풀, 조릿대, 좀고추나물, 좀담배풀, 좀민들레, 종비나무, 중국패모, 지칭개, 진득찰, 진주고추나물, 참죽나무, 철쭉, 층층나무, 콩짜개덩굴, 콩짜개란, 큰괭이밥, 털진득찰, 파란여로, 파리풀, 패모, 풍산가문비, 피마자, 혹난초, 황금, 흰민들레.

악창종(惡瘡腫)(2) : 별꽃, 왕별꽃.

악혈(惡血)(6) : 갯완두, 산새콩, 선연리초, 스위트피, 연리초, 털연리초.

안구출혈(眼球充血)(3) : 과꽃, 가지고비고사리, 한련.

안면(安眠)(2) : 각시수련, 수련.

안면경련(顔面痙攣)(3) : 감초, 뽕나무, 소나무.

안면신경마비(顔面神經麻痺)(10) : 강활, 개다래나무, 남산천남성, 넓은잎천남성, 댕댕이덩굴, 두루미천남성, 방풍, 으아리, 점박이천남성, 큰천남성.

안면창백(顔面蒼白)(4) : 살구나무, 인삼, 죽대, 황기.

안산(安産)(12) : 구릿대, 근대, 난티나무, 느티나무, 당느릅나무, 삼, 애기풀, 연꽃, 왕느릅나무, 잇꽃, 큰잎느릅나무, 포도나무.

안신(安身)(4) : 미모사, 비수수, 수수, 애기풀.

안신해울(安神解鬱)(2) : 왕자귀나무, 자귀나무.

안심정지(安心定志)(7) : 계수나무, 꿀풀, 냉이, 머위, 삽주, 흰더위지기, 흰독말풀.

안염(眼炎, ophthalmia, ophthalmitis)(13) : 각시서덜취, 구와취, 금강분취, 남포분취, 담배취, 두메분취, 두메취, 바늘분취, 버들분취, 사창분취, 서덜취, 솜분취, 은분취.

안오장(安五臟)(32) : 각시둥굴레, 감국, 나도하수오, 대추나무, 더덕, 둥굴레, 들깨, 마, 모란, 백합, 뽕나무, 삼(대마), 소나무, 승검초, 씀바귀, 아스파라거스, 옻나무, 왕자귀나무, 용둥굴레, 원추리, 은행나무, 자귀나무, 죽대, 중나리, 지황, 진황정, 질경이, 천문동, 큰솔나리, 퉁둥굴레, 하늘말나리, 하늘타리.

안적(顔赤)(6) : 결명차, 모감주나무, 석결명, 선피막이, 익모초, 피막이풀.

안정(眼睛)(3) : 개머위, 능소화, 머위.

안정피로(眼睛疲勞)(7) : 결명차, 마, 물개암나무, 뽕나무, 중나리, 참깨, 참나리.

안질(眼疾)(83) : 가는잎쑥, 가는털비름, 가시딸기, 개똥쑥, 개맨드라미, 개비름, 개사철쑥, 개수염, 개싸리, 개질경이, 갯질경이, 갯패랭이꽃, 검은개수염, 검은곡정초, 검은딸기, 고양싸리, 곡정초, 괭이싸리, 구와취, 구주물푸레, 금마타리, 꽈리, 나무딸기, 난장이패랭이꽃, 넌출비수리, 넓은잎개수염, 넓은잎외잎쑥, 당매자나무, 댕댕이덩굴, 돌마타리, 들메나무, 땅꽈리, 땅비수리, 뚝갈, 마타리, 매발톱나무, 매자나무, 맥도딸기, 물쑥, 물푸레나무, 미국물푸레, 미나리, 방기, 백운쇠물푸레, 복자기, 부게꽃나무, 붉은물푸레, 비름, 비수리, 사철쑥, 산쑥, 산짚신나물, 산흰쑥, 새머루, 색비름, 석창포, 선피막이, 술패랭이꽃, 시닥나무, 신나무, 싸리, 쑥, 오엽딸기, 왕질경이, 장딸기, 전동싸리, 좀개수염, 좀싸리, 중국남천, 질경이, 참싸리, 창질경이, 청비름, 큰개수염, 큰피막이, 털비름, 털질경이, 패랭이꽃, 풀싸리, 황해쑥, 흰개수염, 흰쑥, 흰전동싸리.

안질염증(眼疾炎症)(1) : 황련.

안태(安胎)(66) : 검팽나무, 겨우살이, 고려엉겅퀴, 국화수리취, 금붓꽃, 난티나무, 노랑부추, 노랑팽나무, 느릅나무, 느티나무, 닥풀, 당느릅나무, 더위지기, 덤불쑥, 도깨비엉겅퀴, 두충, 마삭줄, 모시물통이, 모시풀, 물엉겅퀴, 바늘엉겅퀴, 버들잎엉겅퀴, 벼, 복령, 부채붓꽃, 비술나무, 비쑥, 뽕나무, 산들깨, 산토끼꽃, 삼(대마), 삽주, 새삼, 섬모시풀, 소엽, 속단, 솔붓꽃, 수리취, 승검초, 시무나무, 쑥, 양파, 엉겅퀴, 연꽃, 왕느릅나무, 왕팽나무, 율무쑥, 장수팽나무, 적작약, 조뱅이, 쥐꼬리망초, 지황, 참느릅나무, 창포, 큰수리취, 큰엉겅퀴, 큰잎느릅나무, 타래붓꽃, 털마삭줄, 털산쑥, 파, 팽나무, 폭나무, 풍게나무, 호자나무, 황금.

암(癌)(33) : 개미취, 개살구나무, 개시호, 골등골나물, 긴담배풀, 넓은잎천남성, 두루미천남성, 땅콩, 말굽버섯, 미역, 배나무, 번행초, 부처꽃, 비파나무, 빈카, 삼백초, 상수리나무, 상황버섯, 알로에, 애기마름, 왕호장근, 용담, 점박이천남성, 죽순대, 참빗살나무, 청미래덩굴, 큰천남성, 털부처꽃, 표고, 할미꽃, 향등골나물, 화살나무, 회화나무.

암내(17) : 갈대, 감초, 녹두, 당근, 민산초, 살구나무, 생강, 시호, 익모초, 질경이, 차나무, 참당귀, 칡, 팥, 향유, 호두나무, 호박.

암세포살균(癌細胞殺菌)(1) : 인삼.

애기(噯氣)(2) : 가는금불초, 금잔화.

액취(腋臭)(1) : 생강.

야뇨증(夜尿症)(39) : 각시마, 감나무, 결명차, 고사리, 고욤나무, 당근, 둥근마, 땅비수리, 마, 모란, 모람, 무, 바디나물, 부추, 비수리, 비자나무, 뽕나무, 산부추, 삼지구엽초, 새삼, 쇠무릎, 연꽃, 왕모람, 옥수수, 율무, 은행나무, 인삼, 적작약, 전호, 쥐참외, 지모, 지황, 찔레꽃, 청미레덩굴, 팥, 하늘타리, 호박, 호장근, 활나물, 황벽나무.

야맹증(夜盲症)(17) : 결명차, 긴결명자, 나팔꽃, 당근, 둥근잎나팔꽃, 무, 삽주, 석결명, 선피막이, 소나무, 익모초, 제주피막이, 차풀, 큰피막이, 토마토, 피막이풀, 호박.

야제증(夜啼症)(1) : 꿩의밥.

약물중독(藥物中毒)(9) : 가지, 감초, 무, 여우콩, 작두콩, 청미래덩굴, 칡, 콩, 편두.

약용(藥用)(117) : 가는잎산들깨, 가시비름, 강아지풀, 개갈퀴, 개미탑, 개벼룩, 개옻나무, 개피, 검은낭아초, 그늘사초, 금강아지풀, 금방망이, 금어초, 금영화, 기름골, 기생여뀌, 기생초, 꼬리조팝나무, 꽃꿩의다리, 꽃받이, 꿩고사리, 나도바람꽃, 나도바랭이, 남방개, 넓은잎갈퀴, 넓은잎말, 노랑코스모스, 누운주름잎, 늦고사리삼, 달리아, 대반하, 대상화, 댕댕이나무, 덩굴옻나무, 돌단풍, 돌피, 들떡쑥, 들버들, 등갈퀴나물, 만수국, 말즘, 말털이슬, 먹쇠채, 메귀리, 물대, 물머위, 물부추, 물싸리풀, 물여뀌, 물통이, 물피, 민망초, 바늘명아주, 바람고사리, 발풀고사리, 배추, 별꽃아재비, 봄여뀌, 부들레아, 불암초, 뽈남천, 사철란, 산지치, 산쪽풀, 새완두, 세잎양지꽃, 소엽풀, 쇠서나물, 수레국화, 수박풀, 수송나물, 수원잔대, 스피아민트, 실제비쑥, 싸리냉이, 쑥부지깽이, 양명아주, 오크라, 아구장나무, 아마릴리스, 아욱메풀, 야고, 왕바랭이, 왜개싱아, 외잎물쑥, 웅기솜나물, 월계수, 자라풀, 자주닭개비, 점나도나물, 제라늄, 족제비쑥, 좀명아주, 좀양지꽃, 좀풍게나무, 좀회양목, 죽순대, 줄고사리, 줄바늘꽃, 진퍼리까치수염, 천수국, 천일홍, 큰금계국, 큰땅빈대, 키다리난초, 털괭이눈, 털사철란, 퉁퉁마디, 파초, 페튜니아, 포인세티아, 푸른갯골풀, 한계령풀, 한들고사리, 호자나무, 황마, 분단나무.

양궐사음(陽厥似陰)(8) : 가래, 개승마, 곰취, 구릿대, 구절초, 익모초, 참나리, 황기.

양기(養氣)(3) : 비짜루, 아스파라가스, 천문동.

양기혈(養氣血)(1) : 호랑가시나무.

양모(羊毛, wool)(39) : 가시딸기, 가시복분자, 각시마, 거지딸기, 검은딸기, 곰딸기, 과남풀, 국화마, 나무딸기, 단풍마, 당마가목, 닻꽃, 둥근마, 마, 마가목, 맥도딸기, 멍석딸기, 목련, 밤나무, 백목련, 복분자딸기, 복사나무, 봄구슬붕이, 부채마, 뽕나무, 산딸기, 소나무, 쉬땅나무, 실새삼, 자목련, 자주목련, 자주쓴풀, 장딸기, 참깨, 참마, 참외, 칼잎용담, 큰구슬붕이, 태산목.

양모발약(養毛髮藥)(26) : 가시복분자, 개구리밥, 개오동나무, 갯실새삼, 단풍마, 당근, 둥근마, 마, 멍석딸기, 목련, 미역, 박, 밤나무, 복분자딸기, 복숭아나무, 뽕나무, 삼(대마), 새삼, 소나무, 수리딸기, 자목련, 절굿대, 참기름, 참외, 측백나무, 칼잎용담.

양위(陽萎)(41) : 가시복분자, 구기자나무, 굴거리, 당근, 마, 만병초, 맥문동, 미나리, 박주가리, 밤나무, 뱀무, 복분자딸기, 부추, 뽕나무, 사상자, 산부추, 산수유나무, 삼지구엽초, 새삼, 소엽맥문동, 쇠무릎, 수리딸기, 쉽사리, 승검초, 어리연꽃, 오갈피나무, 오미자, 왕가시오갈피, 왕솜대, 인삼, 자주솜대, 지황, 질경이, 창포, 초종용, 큰조롱, 풀솜대, 하수오, 황기, 회향, 후박나무.

양음(陽陰)(6) : 눈잣나무, 도라지모시대, 둥근잔대, 잔대, 잣나무, 털잔대.

양음생진(養陰生津)(1) : 지황.

양음윤조(養陰潤燥)(1) : 각시둥굴레.

양음익폐(養陰益肺)(1) : 가막사리.

양음청폐(養陰淸肺)(1) : 갯방풍.

양정(陽挺)(9) : 가는참나물, 감자개발나물, 노루참나물, 미나리, 붉은참반디, 아스파라가스, 애기참반디, 참나물, 천문동.

양정신(養精神)(2) : 당근, 섬바디.

양혈(養血)(43) : 가는참나물, 각시원추리, 감자개발나물, 개똥쑥, 개사철쑥, 깨꽃, 나도하수오, 노랑부추, 노랑원추리, 노루참나물, 논냉이, 능소화, 당근, 돌바늘꽃, 뚱딴지, 무궁화, 배암차즈기, 버들바늘, 범의귀, 붉은참반디, 새머루, 쇠비름, 수영, 시금치, 애기수영, 애기원추리, 애기참반디, 양파, 왕원추리, 원추리, 지치, 차나무, 참나물, 치자나무, 큰바늘꽃, 토끼풀, 풍선덩굴, 하수오, 할미꽃, 홍도원추리, 황새냉이, 회령바늘꽃,

회화나무.

양혈거풍(養血祛風)(18) : 구기자나무, 나도하수오, 능소화, 바늘꽃, 백작약, 뱀딸기, 산작약, 수영, 승검초, 신경초, 엉겅퀴, 연꽃, 오미자, 오이풀, 측백나무, 파, 해당화, 회화나무.

양혈근력(養血筋力)(1) : 예덕나무.

양혈산어(凉血散瘀)(6) : 괭이밥, 붉은괭이밥, 선괭이밥, 자주괭이밥, 지느러미엉겅퀴, 큰괭이밥.

양혈소반(凉血消斑)(1) : 대청.

양혈소옹(凉血消癰)(1) : 단삼.

양혈소종(凉血消腫)(1) : 마삭줄.

양혈식풍(凉血熄風)(1) : 쇠고비.

양혈안신(養血安神)(1) : 대추나무.

양혈자음(養血滋陰)(1) : 지황.

양혈지이(凉血止痢)(1) : 가는잎할미꽃.

양혈지혈(凉血止血)(37) : 가는오이풀, 갈퀴꼭두서니, 개부처손, 개불알풀, 고비, 금창초, 긴오이풀, 깃반쪽고사리, 꼭두서니, 나도하수오, 동백나무, 두루미꽃, 딱지꽃, 띠, 만년청, 모시풀, 물엉겅퀴, 바늘엉겅퀴, 반쪽고사리, 방가지똥, 봉의꼬리, 산오이풀, 섬모시풀, 솜양지꽃, 엉겅퀴, 오이풀봄, 왕모시풀, 조뱅이, 청나래고사리, 측백나무, 큰꼭두서니, 큰두루미꽃, 큰방가지똥, 큰봉의꼬리, 큰엉겅퀴, 큰오이풀, 한련초.

양혈해독(凉血解毒)(2) : 부용, 콩짜개덩굴.

양형(養形)(1) : 한련.

어깨결림(3) : 비파나무, 옻나무, 천마.

어독(魚毒)(2) : 도꼬로마, 털머위.

어린이 요혈(尿血)(4) : 개승마, 눈빛승마, 촛대승마, 황새승마.

어중독(魚中毒)(5) : 관모박새, 긴잎여로, 박새, 여로, 파란여로.

어혈(瘀血)(48) : 가지고비고사리, 개대황, 개부처손, 검양옻나무, 금소리쟁이, 까락골, 꽃치자, 노랑하늘타리, 능소화, 담팔수, 대황, 도루박이, 돌소리쟁이, 동백나무, 두메닥나무, 뚝갈, 마타리, 매자기, 묵밭소리쟁이, 물고랭이, 박태기나무, 방울고랭이, 복사나무, 산검양옻나무, 산닥나무, 산족제비고사리, 서향, 세모고랭이, 소리쟁이, 솔방울고랭이, 송이고랭이, 연꽃, 올방개, 올방개아재비, 올챙이고랭이, 옻나무, 잇꽃, 작살나무, 장군풀, 좀매자기, 좀송이고랭이, 참소리쟁이, 치자나무, 큰고랭이, 팔손이나무, 피라칸다, 하늘타리, 호대황.

어혈동통(瘀血疼痛)(1) : 매자기.

어혈복통(瘀血腹痛)(1) : 유채.

언어장애(言語障碍)(4) : 범꼬리, 으아리, 참으아리, 천마.

여드름(12) : 갯실새삼, 녹두, 모란, 복숭아나무, 봉선화, 분꽃, 비파나무, 뽕나무, 새삼,

오이, 칠엽수, 팥.

역기(逆氣)(4) : 개구릿대, 왜천궁, 잔잎바디, 처녀바디.

역리(疫痢)(15) : 둥근이질풀, 매실나무, 부처꽃, 분홍쥐손이, 산쥐손이, 삼쥐손이, 선이질풀, 섬쥐손이, 양배추, 이질풀, 좀부처꽃, 쥐손이풀, 참이질풀, 큰세잎쥐손이, 털부처꽃.

역상(逆上)(2) : 개회향, 천궁.

역질(疫疾)(2) : 중나리, 하늘말나리.

연견(軟堅)(1) : 모래지치.

연견소적(軟堅消積)(2) : 나문재, 칠면초.

연골증(軟骨症)(5) : 동백나무, 소나무, 쇠무릎, 얼레지, 오이.

연주창(連珠瘡)(22) : 고삼, 고추나물, 단풍마, 도꼬마리, 물레나물, 박하, 반하, 붉은조개나물, 소리쟁이, 오이풀, 용담, 우엉, 인동, 장구채, 제비꿀, 조개나물, 채고추나물, 콩, 큰고추나물, 큰물레나물, 털부처꽃, 현삼.

열격(8) : 감초, 갓, 꽃향유, 냉이, 쑥갓, 오미자, 인삼, 죽대.

열광(熱狂)(10) : 감국, 개구리밥, 꿀풀, 모시대, 바위취, 우엉, 이질풀, 인동, 지느러미엉겅퀴, 하늘타리.

열독(熱毒)(7) : 갈매나무, 개자리, 노랑개자리, 선피막이, 자주개자리, 잔개자리, 큰피막이.

열독증(熱毒症)(17) : 감국, 감초, 개구리밥, 구기자나무, 도꼬마리, 뚝갈, 미나리, 민들레, 백선, 뱀딸기, 선피막이, 쇠비름, 연꽃, 이끼, 인동, 피막이풀, 황기.

열로(熱勞)(2) : 등대시호, 시호.

열병(熱病)(23) : 개구리밥, 꽈리, 냉이, 대황, 더위지기, 뚝갈, 말나리, 모란, 박하, 백합, 범꼬리, 복숭아나무, 솔나리, 수세미외, 씀바귀, 여주, 이끼, 인동, 쥐꼬리망초, 털중나리, 하늘나리, 황벽나무, 흰더위지기.

열병대갈(熱病大渴)(1) : 거북꼬리.

열성경련(熱性痙攣)(6) : 감초, 생강, 소나무, 승검초, 천마, 털잔대.

열성병(熱性病)(1) : 뚱딴지.

열안색(悅顏色)(1) : 새머루.

열질(熱疾)(40) : 가지, 각시마, 강낭콩, 개구리밥, 개똥쑥, 개별꽃, 개질경이, 겨우살이, 고사리, 꽃향유, 나도하수오, 단풍마, 둥근이질풀, 땅빈대, 매발톱나무, 모시대, 미나리, 민산초, 배나무, 부들, 뽕나무, 산일엽초, 삽주, 선이질풀, 세잎쥐손이, 소리쟁이, 양귀비, 오미자, 오이풀, 이질풀, 인동, 작두콩, 장군풀, 조희풀, 쥐참외, 질경이, 파란여로, 함박꽃나무, 황기, 후추나무.

염발(染髮)(2) : 가래나무, 호두나무.

염좌(捻挫)(2) : 동의나물, 참동의나물.

염증(炎症)(10) : 감초, 개구리밥, 비파나무, 소나무, 소엽, 영지, 옻나무, 절굿대, 지황, 참깨.

염폐평천(斂肺平喘)(1) : 은행나무.

영양강장(營養强壯)(1) : 갯율무.

영양장애(營養障礙, nutritional disorders)(1) : 양지꽃.

예근(翳筋)(3) : 단풍마, 둥근마, 마.

오로보호(五勞保護)(19) : 감초, 계수나무, 꽈리, 대추나무, 밤나무, 뽕나무, 삼지구엽초, 새삼, 소나무, 승검초, 율무, 잣나무, 제비쑥, 지치, 참느릅나무, 천문동, 파, 표고, 후박나무.

오로칠상(五勞七傷)(1) : 대사초.

오림(五淋)(13) : 깃반쪽고사리, 돌뽕나무, 몽고뽕나무, 반쪽고사리, 뽕나무, 산뽕나무, 아욱, 오동나무, 참느릅나무, 참오동나무, 큰봉의꼬리, 환삼덩굴, 황금.

오발(烏髮)(9) : 광나무, 생강, 소나무, 율무, 지황, 참깨, 표고, 하수오, 한련초.

오식(惡食)(3) : 노랑물봉선, 물봉선, 봉선화.

오심(惡心)(19) : 갯방풍, 마, 미나리, 밤나무, 배나무, 삽주, 생강, 소엽, 수세미외, 쑥, 씀바귀, 연꽃, 오미자, 월귤, 유자나무, 으름덩굴, 인삼, 자주쓴풀, 죽순대, 참나리, 회향.

오십견(五十肩)(18) : 가시연꽃, 개암나무, 고마리, 굴거리, 넉줄고사리, 단풍마, 돌콩, 둥근잎나팔꽃, 물개암나무, 비파나무, 사철나무, 서울귀룽나무, 옻나무, 이삭여뀌, 적작약, 지리바꽃, 현호색, 홍만병초.

오줌소태(11) : 검양옻나무, 구릿대, 까치수염, 들현호색, 새삼, 쇠무릎, 오이풀, 왜당귀, 잔털인동, 현호색, 흰독말풀.

오지(汚池)(3) : 둥굴레, 매실나무, 치자나무.

오충(五充)(1) : 삼.

오풍(惡風)(12) : 감초, 결명차, 둥굴레, 백선, 염주, 자주쓴풀, 지치, 팥꽃나무, 하늘타리, 황벽나무, 후박나무, 흰민들레.

오한(惡寒)(21) : 가는잎할미꽃, 갈매나무, 감초, 개승마, 구릿대, 냉이, 두메잔대, 등대시호, 마, 묏대추나무, 뽕나무, 섬시호, 송이고랭이, 승검초, 시호, 오동나무, 왜우산풀, 용담, 좀구슬붕이, 피마자, 황기.

오한발열(惡寒發熱)(11) : 가는잎할미꽃, 개승마, 꽃향유, 눈빛승마, 두메잔대, 섬잔대, 승검초, 죽대, 향유, 황기, 히어리.

온경(溫經)(1) : 넓은잎외잎쑥.

온경지혈(溫經止血)(4) : 산쑥, 쑥, 참쑥, 황해쑥.

온신(溫身)(13) : 감초, 구절초, 꿩의비름, 눈빛승마, 더위지기, 목화, 바랭이, 산국, 삽주, 쑥, 쥐꼬리망초, 칡, 향등골나물, 회향, 흰민들레.

온양이수(溫陽利水)(1) : 은방울꽃.

온위(溫胃)(1) : 쪽파.

온위장(溫胃腸)(1) : 통보리사초.

온중(溫中)(4) : 달래, 부추, 비수수, 수수.

온중거한(溫中祛寒)(1) : 생강.

온중건위(溫中健胃)(1) : 반디지치.

온중산한(溫中散寒)(3) : 갓, 백리향, 섬백리향.

온중진식(溫中進食)(1) : 고추냉이.

온중하기(溫中下氣)(1) : 작두콩.

온폐(溫肺)(2) : 개족도리풀, 족도리풀.

온폐거염(溫肺祛痰)(1) : 겨자.

온풍(溫風)(14) : 개가지고비고사리고사리, 개불알꽃, 개여뀌, 구기자나무, 당마가목, 두루미천남성, 바위구절초, 방풍, 부전쥐소니, 뽕나무, 산부추, 삽주, 작두콩, 지리바꽃.

온혈(溫血)(2) : 검은개수염, 곡정초.

옴(31) : 가을강아지풀, 개나리, 괭이밥, 귀박쥐나물, 꽃여뀌, 담배, 딱지꽃, 만리화, 멍석딸기, 며느리밑씻개, 며느리배꼽, 박, 백당나무, 분꽃, 붉은괭이밥, 산개나리, 선괭이밥, 수영, 애기수영, 음나무, 자주괭이밥, 장대여뀌, 조각자나무, 주엽나무, 참여로, 참죽나무, 큰개여뀌, 큰괭이밥, 토대황, 파리풀, 호두나무.

옹저(癰疽)(20) : 감초, 갯실새삼, 넓은잎옥잠화, 마디풀, 미나리아재비, 뻐꾹채, 삽주, 상산, 석위, 석창포, 선피막이, 애기우산나물, 오이풀, 옥잠화, 우산나물, 잔털인동, 제비꽃, 큰뱀무, 피막이풀, 호리병박.

옹종(擁腫)(209) : 가는기린초, 가는범꼬리, 가락지나물, 감국, 감자난, 감초, 강아지풀, 개구리자리, 개미자, 개수양버들, 개승마, 개옻나무, 갯까치수염, 거지덩굴, 고추나물, 골무꽃, 곽향, 괭이밥, 구릿대, 구슬붕이, 그늘골무꽃, 글라디올러스, 금강제비꽃, 금낭화, 금방망이, 기린초, 긴병꽃풀, 긴오이풀, 까마중, 꽃며느리밥풀, 꿩의다리, 나도하수오, 남산천남성, 넓은잎천남성, 노랑어리연꽃, 녹두, 놋젓가락나물, 누운주름잎, 눈빛승마, 느릅나무, 능수버들, 닥풀, 단풍마, 닭의장풀, 담배, 당느릅나무, 당매자나무, 당잔대, 대극, 댕댕이덩굴, 더덕, 덩굴팥, 도라지, 돌나물, 두루미천남성, 두메잔대, 둥근바위솔, 둥근잔대, 들깨풀, 땅빈대, 뚝갈, 마타리, 매미꽃, 매발톱나무, 매일초, 매자나무, 머위, 메밀, 며느리밑씻개, 모란, 모시대, 모시풀, 목화, 무릇, 무화과나무, 묵밭소리쟁이, 문주란, 물솜방망이, 물쑥, 물질경이, 미국자리공, 미역줄거리, 미치광이풀, 민들레, 밀, 바위솔, 박, 박주가리, 박태기나무, 반하, 방아풀, 배풍등, 뱀딸기, 뱀무, 범꼬리, 벗풀, 병풀, 보풀, 부용, 부채마, 붉나무, 붉은씨서양민들레, 붓꽃, 비늘고사리, 비비추, 빈랑나무, 빈카, 뽀리뱅이, 사리풀, 사마귀풀, 산국, 산마늘, 산민들레, 산오이풀, 산옥잠화, 산자고, 산짚신나물, 산토끼꽃, 산톱풀, 삼백초, 삿갓나물, 상황버섯, 서양민들레, 석산, 선인장, 섬모시풀, 섬잔대, 세잎양지꽃, 소귀나무, 소태나무, 속단, 속새, 솜방망이, 솜양지꽃, 쇠비름, 수선화, 수세미외, 수양버들, 수염가래꽃, 술패랭이꽃, 신경초, 쑥방망이, 애기땅빈대, 애기부들, 애기우산나물, 약난초, 어저귀, 엉겅퀴, 여주, 연령초, 연잎꿩의다리, 왕고들빼기, 우산나물, 우엉, 유채, 자귀나무, 자귀풀, 자금우, 자란, 자리공, 자주괭이밥, 잔대, 장구채, 점박이천남성, 젓가락나물, 제비꽃, 조개나물, 조뱅이, 좀민들레, 주름잎, 주엽나무, 쥐방울덩굴, 쥐참외, 지느러미엉겅퀴, 지칭개, 지황, 짚신나물, 쪽, 찔레나무, 참느릅나무, 창포, 층꽃나무, 콩, 큰개미자리, 큰조롱, 큰천남성, 타래난초, 타래붓꽃, 털머느리밥풀, 털잔대, 토대황, 톱풀, 투구꽃, 파, 파드득나물, 팥꽃나무, 패랭이꽃, 팽나무, 표고, 피나물, 함박이, 향부자, 현삼, 형개, 홀아비꽃대, 환삼덩굴, 황기, 황새승마, 흰민들레.

옹창(癰瘡)(10) : 구슬붕이, 금강제비꽃, 긴담배풀, 매미꽃, 세잎돌쩌귀, 왕바꽃, 지리바꽃, 토대황, 호박, 황기.

옹창종독(癰瘡腫毒)(1) : 미치광이풀.

완선(頑癬)(16) : 긴오이풀, 남산천남성, 담배, 마늘, 병풀, 산토끼꽃, 석류나무, 소리쟁이, 수영, 쑥방망이, 애기똥풀, 오이풀, 익모초, 자주괴불주머니, 제비꽃, 팥꽃나무.

완하(緩下)(13) : 꽃다지, 꾸지나무, 꾸지뽕나무, 닥나무, 모람, 무화과나무열매, 부지깽이나물, 삼, 얼레지, 왕모람, 인도고무나무, 좀부지깽, 천선과나무.

완화(緩和)(52) : 가시연꽃, 각시둥굴레, 감자, 감초, 결명차, 나팔꽃, 느릅나무, 당느릅나무, 당아욱, 대추나무, 돌갈매나무, 둥굴레, 맥문동, 묏대추나무, 무화과나무, 민들레, 백작약, 벚나무, 복숭아나무, 부용, 붉은씨서양민들레, 산민들레, 산앵두나무, 산옥매, 산작약, 삼(대마), 삼백초, 서양민들레, 석결명, 아욱, 약모밀, 연밥갈매나무, 옥매, 왕벚나무, 왕호장근, 이스라지, 접시꽃, 좀갈매나무, 좀민들레, 죽대, 쥐참외, 지황, 짝자래나무, 참느릅나무, 참소리쟁이, 털갈매나무, 팬지, 하수오, 해변황기, 호장근, 황기, 흰민들레.

완화제(緩和劑)(1) : 황근.

외상(外傷)(36) : 가는금불초, 갯골풀, 거미고사리, 고추나물, 골풀, 금계국, 금불초, 긴산꼬리풀, 깃반쪽고사리, 까치발, 꼬리풀, 꽃아까시나무, 넓은산꼬리풀, 넓은잎꼬리풀, 두메투구꽃, 문모초, 물고추나물, 물골풀, 물레나물, 반쪽고사리, 별날개골풀, 봉의꼬리, 산꼬리풀, 실고사리, 애기골풀, 오이, 우단담배풀, 우단일엽, 참골풀, 채고추나물, 큰개불알풀, 큰고추나물, 큰구와꼬리풀, 큰물레나물, 큰봉의꼬리, 큰산꼬리풀.

외상동통(外傷疼痛)(1) : 머루.

외상출혈(外傷出血)(9) : 넉줄고사리, 다람쥐꼬리, 두루미꽃, 미치광이풀, 연영초, 오리나무, 지칭개, 큰두루미꽃, 큰연영초.

외상통(外傷痛)(1) : 까마귀머루.

외용살충(外用殺蟲)(1) : 소귀나무.

외음부부종(外陰部浮腫)(10) : 갯까치수염, 구슬붕이, 나도송이풀, 노랑원추리, 닥풀, 덧나무, 둥근잎나팔꽃, 쇠별꽃, 애기원추리, 왕바꽃.

외이도염(外耳道炎)(8) : 국화, 범부채, 비파나무, 뽕나무, 쇠무릎, 우엉, 참깨, 피마자.

외이도절(外耳道癤)(9) : 국화, 범부채, 비파나무, 뽕나무, 소리쟁이, 쑥, 우엉, 익모초, 참깨.

외질(瘣疾)(1) : 피마자.

외치(外痔)(4) : 마디풀, 수세미오이, 이삭마디풀, 큰옥매듭풀.

외한증(畏寒證)(5) : 계수나무, 구절초, 쑥, 익모초, 죽대.

요각쇠약(腰脚衰弱)(1) : 밤나무.

요결석(尿結石)(17) : 대황, 마주송이풀, 맨드라미, 목화, 병풀, 복숭아나무, 부추, 산자고, 살구나무, 석위, 송이풀, 쇠무릎, 실고사리, 옥수수, 왕바랭이, 질경이, 호두나무.

요도염(尿道炎)(38) : 개오동나무, 꽃개오동, 노루발, 눈여뀌바늘, 닥풀, 댕댕이덩굴, 돌바늘꽃, 마늘, 모감주나무, 모시물통이, 바늘꽃, 방기, 배나무, 배풍등, 버들바늘꽃, 부들, 부추, 비늘고사리, 뽀리뱅이, 쇠비름, 실고사리, 약모밀, 여뀌바늘, 옥수수, 용담, 은행나무, 장구채, 좀바늘꽃, 지느러미엉겅퀴, 질경이, 칼잎용담, 큰바늘꽃, 큰용담, 패랭이꽃, 하늘타리, 해바라기, 호박, 회령바늘꽃.

요독증(尿毒症)(19) : 가래나무, 갈대, 개오동나무, 구릿대, 녹두, 등칡, 무, 물푸레나무, 보리, 석곡, 수박, 옥수수, 인동, 죽순대, 질경이, 참빗살나무, 청미래덩굴, 큰용담, 흰민들레.

요로감염(尿路感染)(3) : 뽀리뱅이, 여우구슬, 여우주머니.

요로감염증(尿路感染症)(1) : 조밥나물.

요로결석(尿路結石)(2) : 개구리발톱, 송이풀.

요배산통(尿排疝痛)(1) : 참느릅나무.

요배통(腰背痛)(5) : 모람, 산토끼꽃, 신경초, 왕모람, 음나무.

요부염좌(腰部捻挫)(6) : 모과나무, 소리쟁이, 쇠무릎, 오이, 음나무, 형개.

요삽(尿澁)(8) : 달래, 마, 사위질빵, 산수유나무, 살구나무, 쇠무릎, 적작약, 파.

요슬산통(腰膝酸痛)(31) : 고비, 광나무, 구기자나무, 당마가목, 댓잎현호색, 들현호색, 물푸레나무, 병조희풀, 부추, 빗살현호색, 산부추, 산수유나무, 삼지구엽초, 새삼, 석송, 소리쟁이, 속단, 실새삼, 왜당귀, 왜현호색, 자귀나무, 자주조희풀, 제주진득찰, 조희풀, 참빗살나무, 참으아리, 큰조롱, 하수오, 현호색, 호랑가시나무, 홍만병초.

요슬통(腰膝痛)(26) : 누른종덩굴, 매화바람꽃, 병조희풀, 사위질빵, 서울오갈피, 섬오갈피나무, 세잎종덩굴, 오가나무, 오갈피, 외대으아리, 요강나물, 위령선, 으아리, 자주조희풀, 자주종덩굴, 좀사위질빵, 종덩굴, 지리산오갈피, 참으아리, 천마, 측백나무, 큰꽃으아리, 털오갈피, 할미밀망, 함북종덩굴, 화살나무.

요슬통천식(腰膝痛喘息)(1) : 개버무리.

요슬풍통(腰膝風痛)(1) : 할미꽃.

요종통(腰腫痛)(6) : 개여뀌, 긴화살여뀌, 나도미꾸리낚시, 바늘여뀌, 솜흰여뀌, 흰여뀌.

요충증(蟯蟲症)(6) : 개비자나무, 꽈리, 마디풀, 사과나무, 쑥, 파.

요통(腰痛)(154) : 가래나무, 가시까치밥나무, 가시연꽃, 가시오갈피, 가지, 각시마, 개사상자, 개여뀌, 갯실새삼, 검은종덩굴, 겨우살이, 고마리, 고비, 고삼, 고추나물, 골담초, 곰취, 광대수염, 광대싸리, 국화마, 국화바람꽃, 국화으아리, 굴거리, 귀룽나무, 금모구척, 긴산꼬리풀, 긴잎쥐오줌풀, 까마귀밥나무, 까막까치밥나무, 까막바늘까치밥나무, 까치밥나무, 꼬리겨우살이, 꼬리까치밥나무, 꼬리풀, 꽈리, 꾸지뽕나무, 꿩의바람꽃, 나팔꽃, 남가새, 넉줄고사리, 넓은잎까치밥나무, 넓은잎꼬리풀, 넓은잎쥐오줌풀, 노루발, 눈까치밥나무, 단풍마, 당멀구슬나무, 대추나무, 댕댕이덩굴, 도꼬로마, 돌콩, 동백나무겨우살이, 동부, 두충, 둥굴레, 둥근마, 둥근잎나팔꽃, 떡쑥, 마, 마늘, 만병초, 명자나무, 모란, 목련, 목화, 무릇, 무화과나무, 문모초, 물칭개나물, 미국산사, 미국실새삼, 바늘까치밥나무, 바람꽃, 박쥐나무, 방기, 백선, 뱀무, 복령, 복숭아나무, 봉래꼬리풀, 부자, 부채마, 뽕나무, 사상자, 사철나무, 산꼬리풀, 산사나무, 산여뀌, 산짚신나물, 삼(대마), 삼백초, 새머루, 새모래덩굴, 새삼, 서양까치밥나무, 서울귀룽나무, 석곡, 선개불알풀, 선밀나물, 설령쥐오줌풀, 섬오갈피, 소나무, 속단, 송악, 수세미외, 쉽사리, 실새삼, 쑥, 애기쉽사리, 어수리, 연꽃, 연령초, 영지, 오갈피나무, 오죽, 옻나무, 왕가시오갈피, 우엉, 유자나무, 으아리, 음나무, 이삭여뀌, 인동, 적작약, 좁은잎사위질빵, 쥐오줌풀, 지리바꽃, 질경이, 찔레나무, 참나무겨우살이, 참마, 참빗살나무, 참취, 천남성, 청가시덩굴, 콩, 큰개불알풀, 큰구와꼬리풀, 큰물칭개나물, 큰산꼬리풀, 큰연영초, 털쉽사리, 토란, 톱풀, 퉁퉁마디, 팽나무, 포도, 현호색, 호두나무, 홀아비바람꽃, 홍만병초, 황벽나무, 회향나무, 흰물봉선.

요혈(要穴)(17) : 갈퀴꼭두서니, 갈퀴덩굴, 개질경이, 갯실새삼, 꼭두서니, 맨드라미, 미국실새삼, 산짚신나물, 새삼, 실새삼, 얇은명아주, 왕질경이, 우단꼭두서니, 접시꽃, 창질경이, 큰꼭두서니, 털질경이.

요흉통(腰胸痛)(3) : 노랑물봉선, 물봉선, 봉선화.

우울증(憂鬱症)(12) : 고추, 댕댕이덩굴, 범꼬리, 복령, 사프란, 삼지구엽초, 소엽, 연꽃, 창포, 천궁, 토란, 향부자.

원형탈모증(圓形脫毛症)(8) : 마, 마늘, 무궁화, 벽오동, 뽕나무, 생강, 옥수수, 참깨.

월경감소(月經過減少)(1) : 갯질경.

월경과다(月經過多)(15) : 개석잠풀, 개여뀌, 고본, 긴오이풀, 두루미꽃, 산수유, 산오이풀, 석류나무, 쑥, 오이풀봄, 이삭여뀌, 참외, 큰두루미꽃, 큰물레나물, 큰오이풀.

월경부조(月經不調)(8) : 긴잎쥐오줌풀, 넓은잎쥐오줌풀, 산일엽초, 생열귀나무, 수호초, 애기일엽초, 얇은명아주, 쥐오줌풀.

월경불순(月經不順)(24) : 공작고사리, 국화쥐손이, 까치수영, 나도하수오, 도깨비부채, 등대시호, 띠, 만병초, 매자기, 뱀무, 부전쥐손, 삼지구엽초, 섬시호, 솔잎란, 쇠무릎, 쇠별, 시호, 애기똥풀, 양하, 왕솜대, 이질풀, 자주솜대, 털쇠무릎, 풀솜대.

월경이상(月經異常)(150) : 각시원추리, 개가지고비고사리고사리고사리, 개나리, 개속새, 개연꽃, 갯까치수염, 고비, 고추나물, 골등골나물, 광대나물, 광대수염, 구절초, 굴거리, 궁궁이, 글라디올러스, 기름나물, 까치수염, 꼭두서니, 꽈리, 꿀풀, 꿩의다리아재비, 나도하수오, 낙지다리, 넓은잎쥐오줌풀, 노랑원추리, 노루발, 논냉이, 능소화, 단삼, 당근, 댓잎현호색, 도라지, 독말풀, 동백나무, 들현호색, 등골나물, 띠, 만병초, 많첩해당화, 매자기, 맨드라미, 메밀, 모란, 무, 물레나물, 미모사, 바위구절초, 바위손, 박새, 박태기나무, 배롱나무, 백작약, 뱀딸기, 벌등골나물, 복숭아나무, 봉선화, 부들, 부전쥐소니, 부처손, 부추, 분꽃, 비자나무, 빗살현호색, 뽕나무, 사철나무, 사프란, 산구절초, 산사나무, 산수유나무, 산작약, 산쥐손이, 산할미꽃, 산해박, 삼(대마), 삽주, 새삼, 생강, 석류나무, 석잠풀, 설령쥐오줌풀, 소리쟁이, 솔나물, 쇠무릎, 쇠비름, 수세미외, 순비기나무, 쉽사리, 승검초, 신경초, 쑥, 알로에, 애기메꽃, 애기부들, 애기원추리, 애기현호색, 양지꽃, 양하, 여뀌, 연꽃, 오미자, 오이풀, 옥수수, 왕솜다리, 왕솜대, 왕호장근, 왜개연꽃, 왜당귀, 왜현호색, 우엉, 운향, 울금, 원추리, 유자나무, 으름덩굴, 익모초, 잇꽃, 자주쓴풀, 장구채, 적작약, 제비꽃, 쥐오줌풀, 쥐참외, 지황, 진달래, 질경이, 찔레나무, 참깨, 참당귀, 참빗살나무, 천궁, 층꽃나무, 콩, 큰까치수염, 큰원추리, 톱풀, 퉁퉁마디, 파, 풀솜대, 하늘타리, 할미꽃, 해당화, 해바라기, 향등골나물, 향부자, 현호색, 호박, 홀아비꽃대, 화살나무, 황기, 흑삼릉.

월경촉진(月經促進)(1) : 운향.

월경통(月經痛)(18) : 개쑥갓, 까치수영, 댓잎현호색, 독미나리, 들현호색, 박태기나무, 붉은톱풀, 빗살현호색, 산톱풀, 서양톱풀, 애기똥풀, 애기현호색, 왜현호색, 이삭여뀌, 좀현호색, 큰톱풀, 톱풀, 현호색.

월경폐색(月經閉塞)(1) : 가지고비고사리.

월경폐지(月經閉止)(2) : 소철, 흑삼릉.

위경련(胃痙攣)(28) : 가지, 간장풀, 갈대, 개박하, 개사철쑥, 고삼, 냉이, 대추나무, 두릅나무, 마늘, 매실나무, 메밀, 목향, 목화, 박하, 배나무, 백작약, 복숭아나무, 살구나무, 소나무, 수박, 여주, 우엉, 은행나무, 장군풀, 지리바꽃, 치자나무, 표고.

위궤양(胃潰瘍)(52) : 가래나무, 가죽나무, 가지, 감자, 감초, 개오동나무, 결명차, 구기자나무, 국화쥐손이, 귤나무, 두릅나무, 둥근이질풀, 땅콩, 뚝갈, 마타리, 물봉선화, 민들레, 뱀무, 벼, 보리, 부전쥐소니, 분홍쥐손이, 비파나무, 사과나무, 산딸기나무, 산쥐손이, 산짚신나물, 삼쥐손이, 선이질풀, 선인장, 섬쥐손이, 쑥, 아가리쿠스, 애기똥풀, 연꽃, 영지, 예덕나무, 오수유, 오이풀, 음나무, 이질풀, 인동, 인삼, 쥐소니풀, 질경이, 짚신나물, 참깨, 참이질풀, 콩, 큰뱀무, 큰세잎쥐손이, 흰민들레.

위내정수(胃內停水)(11) : 가시연꽃, 동의나물, 민산초, 바꽃, 반하, 복령, 산초나무, 삽주, 족도리, 지리바꽃, 질경이택사, 초피나무, 택사.

위무력증(胃無力症)(12) : 결명차, 구절초, 민들레, 바위구절초, 보리, 삽주, 석결명, 쑥, 율무, 익모초, 콩, 흰민들레.

위산과다증(胃酸過多症)(20) : 결명차, 귤나무, 다시마, 도라지, 들깨, 무, 무궁화, 미치광이풀, 민들레, 복령, 사과나무, 소철, 왕과, 용담, 은행나무, 이끼, 이질풀, 질경이, 참깨, 콩, 황련.

위산과소증(胃酸過小症)(5) : 민들레, 보리, 용담, 질경이, 흰민들레.

위암(胃癌)(31) : 가지, 감초, 개오동나무, 고구마, 독활, 두릅나무, 마늘, 무화과나무, 민들레, 번행초, 비파나무, 상황버섯, 새모래덩굴, 섬바디, 수염가래꽃, 애기똥풀, 오갈피나무, 율무, 음나무, 인동, 조, 주목, 짚신나물, 참깨, 참당귀, 청미래덩굴, 칠엽수, 칡,

통탈목, 호박, 환삼덩굴.

위약(胃弱)(3) : 긴잎쥐오줌풀, 넓은잎쥐오줌풀, 쥐오줌풀.

위열(胃熱)(6) : 냉이, 말나리, 사마귀풀, 솔나리, 인동, 흰더위지기.

위염(胃炎)(10) : 거머리말, 금감, 도라지모시대, 둥근잔대, 뱀딸기, 비로용담, 산용담, 자귀풀, 잔대, 털잔대.

위장(胃臟)(11) : 가시까치밥나무, 까마귀밥나무, 까막까치밥나무, 까막바늘까치밥나무, 까치밥나무, 꼬리까치밥나무, 넓은잎까치밥나무, 눈까치밥나무, 명자순, 바늘까치밥나무, 서양까치밥나무.

위장동통(胃腸疼痛)(1) : 까마귀머루.

위장병(胃腸病)(23) : 개별꽃, 개자리, 노랑개자리, 덩굴개별꽃, 둥근이질풀, 번행초, 분홍쥐손이, 산쥐손이, 삼쥐손이, 삿갓나물, 선이질풀, 섬쥐손이, 쇠별꽃, 양귀비, 자주개자리, 잔개자리, 쥐손이풀, 참이질풀, 큰세잎쥐손이, 황련, 후박나무, 흰두메양귀비, 흰양귀비.

위장염(胃腸炎)(103) : 개양귀비, 결명차, 고로쇠나무, 골무꽃, 광릉골무꽃, 구기자나무, 구슬골무꽃, 구슬붕이, 국화쥐손이, 그늘골무꽃, 금불초, 깃반쪽고사리, 나도미꾸리낚시, 냉이, 넓은잎쥐오줌풀, 노루귀, 당근, 대추나무, 두릅나무, 둥근이질풀, 들깨, 마, 마늘, 마타리, 매일초, 명자나무, 무궁화, 무화과나무, 물질경이, 미나리, 미치광이풀, 민들레, 바나나, 반쪽고사리, 반하, 백리향, 백선, 백합, 번행초, 복령, 봉의꼬리, 부전쥐소니, 사철쑥, 산구절초, 산쥐손이, 산층층이풀, 산해박, 살비아, 삼(대마), 삽주, 새모래덩굴, 새삼, 선이질풀, 선피막이, 섬쥐손이, 세잎쥐손이, 소나무, 소태나무, 솜흰여뀌, 수국차, 승검초, 실고사리, 쑥, 앉은부채, 알로에, 애기골무꽃, 애기똥풀, 약난초, 얼레지, 여뀌바늘, 연꽃, 오갈피나무, 옻나무, 우단쥐손이, 원추리, 율무, 음나무, 이질풀, 익모초, 잇꽃, 좀쥐손이, 줄, 쥐소니풀, 질경이, 차나무, 참골무꽃, 층꽃나무, 층층이꽃, 치자나무, 콩, 큰봉의꼬리, 큰피막이, 털여뀌, 파초, 표고, 피막이풀, 할미꽃, 호장근, 홉, 황련, 황벽나무, 흰민들레, 흰여뀌.

위장장애(胃腸障碍)(2) : 연영초, 큰연영.

위중열(胃中熱)(5) : 금붓꽃, 등심붓꽃, 부채붓꽃, 솔붓꽃, 타래붓꽃.

위축신(萎縮腎)(8) : 승검초, 적작약, 창포, 측백나무, 콩, 탱자나무, 향부자, 향유.

위통(胃痛)(4) : 비수리, 생열귀나, 양하, 이삭여뀌.

위하수(胃下垂)(7) : 결명차, 민산초, 석결명, 이질풀, 측백나무, 택사, 황기.

위학(胃瘧)(6) : 결명차, 민산초, 칠엽수, 탱자나무, 후박나무, 후추나무.

위한증(胃寒症)(21) : 갈대, 감국, 계수나무, 고추, 구절초, 국화, 더위지기, 바위구절초, 병조희풀, 삽주, 생강, 쑥, 여주, 익모초, 자주조희풀, 조희풀, 침향, 황기, 후추나무, 후추등, 흰더위지기.

위한토식(胃寒吐食)(1) : 갓.

위한통증(胃寒痛症)(1) : 칠엽수.

유뇨(遺尿)(1) : 해당화.

유두염(乳頭炎)(2) : 노랑하늘타리, 하늘타.

유두파열(乳頭破裂)(12) : 가시엉겅퀴, 가지, 개똥쑥, 고들빼기, 금잔화, 비름, 뽕나무, 섬천남성, 소엽맥문동, 쇠별꽃, 앉은부채, 애기우산나물.

유방동통(乳房疼痛)(8) : 광귤나무, 방풍, 비파나무, 생강나무, 자주쓴풀, 작약, 참으아리, 황기.

유방암(乳房癌)(21) : 갈퀴덩굴, 고추냉이, 다시마, 더덕, 바위솔, 빈랑나무, 사철쑥, 산자고, 양파, 엉겅퀴, 용담, 우엉, 인삼, 주목, 죽대, 지느러미엉겅퀴, 질경이, 청미래덩굴, 큰솔나리, 화살나무, 회화나무.

유방염(乳房炎)(22) : 가지고비고사리, 네가래, 물질경이, 민들레, 백일홍, 백합, 붉은씨서양민들레, 산민들레, 서양민들레, 선인장, 소엽, 왕과, 유채, 익모초, 좀목형, 좀민들레, 중국패모, 중나리, 큰까치수영, 패모, 하늘말나리, 흰민들레.

유방왜소증(乳房矮小症)(4) : 뽕나무, 중나리, 하늘말나리, 흰민들레.

유방통(乳房痛, mastodynia)(3) : 광귤, 귤, 유자나무.

유산(流産)(4) : 석류나무, 솜대구, 오죽, 왕대.

유선염(乳腺炎)(50) : 가지고비고사리고사리, 각시원추리, 고비고사리, 골담초, 구릿대, 귤나무, 금불초, 깃반쪽고사리, 까실쑥부쟁이, 까치수염, 꿀풀, 노랑원추리, 당느릅나무, 댑싸리, 더덕, 마름, 무릇, 민들레, 반쪽고사리, 백합, 보리, 봉의꼬리, 뻐꾹채, 뽀리뱅이, 뽕나무, 산층층이풀, 삼백초, 생강, 선인장, 소리쟁이, 소엽, 쇠무릎, 수양버들, 아욱, 애기원추리, 왕솜대, 왕원추리, 원추리, 절굿대, 중나리, 층층이꽃, 큰봉의꼬리, 큰원추리, 토란, 패모, 풀솜대, 하늘말나리, 하늘타리, 해당화, 흰민들레.

유아발달촉진(幼兒發達促進)(13) : 화엄제비꽃, 각시제비꽃, 광릉제비꽃, 구름제비꽃, 금강제비꽃, 남산제비꽃, 단풍제비꽃, 둥근털제비꽃, 엷은잎제비꽃, 왕제비꽃, 이시도야제비꽃, 장백제비꽃, 태백제비꽃.

유옹(乳癰)(48) : 각시원추리, 감국, 고비고사리, 귤나무, 까마중, 꼬마부들, 꿀풀, 나팔꽃, 넓은잎옥잠화, 노랑원추리, 녹두, 단풍마, 둥근마, 땃두릅나무, 땅비수리, 마, 많첩해당화, 무릇, 밀, 벚나무, 복숭아나무, 부들, 분꽃, 비수리, 쇠고비, 애기부들, 애기원추리, 약모밀, 연꽃, 옥잠화, 왕솜대, 왕원추리, 원추리, 유자나무, 익모초, 자주솜대, 장구채, 절굿대, 주목, 참나리, 층꽃나무, 큰잎부들, 토란, 팽나무, 풀솜대, 하늘타리, 홍도원추리, 황기.

유정증(遺精症)(41) : 가시복분자, 가시연꽃, 각시마, 구기자나무, 두메층층이, 둥근마, 땅비수리, 마, 벼, 복령, 복분자딸기, 부추, 붉나무, 비수리, 뽕나무, 산딸기, 산부추, 산수유나무, 산토끼꽃, 삼지구엽초, 새삼, 석류나무, 소철, 속단, 수리딸기, 실새삼, 애기탑꽃, 앵두나무, 연꽃, 오갈피나무, 오미자, 옥수수, 왕쥐똥나무, 은행나무, 적작약, 지황, 큰조롱, 타래난초, 탑꽃, 패랭이꽃, 호두나무.

유종(乳腫)(11) : 각시마, 국화마, 단풍마, 도꼬로마, 벚나무, 복사나무, 부채마, 새머루,

약모밀, 자두나무, 참마.

유즙결핍(乳汁缺乏)(57) : 감나무, 강낭콩, 갯방풍, 광귤나무, 귤나무, 노간주나무, 노랑원추리, 녹두, 닥풀, 당아욱, 대추나무, 대황, 더덕, 땅빈대, 땅콩, 매자기, 맥문동, 모과나무, 민들레, 박새, 박주가리, 백선, 벗풀, 보리, 뻐꾹채, 산사나무, 삼(대마), 상추, 소엽맥문동, 손바닥난초, 쇠별꽃, 수세미외, 아욱, 애기땅빈대, 애기원추리, 옥수수, 왕원추리, 우엉, 원추리, 유자나무, 으름덩굴, 은행나무, 장구채, 절굿대, 쥐참외, 참깨, 참빗살나무, 참여로, 큰원추리, 택사, 팥, 패모, 하늘타리, 호박, 회향, 흰민들레, 흰여로.

유즙불통(乳汁不通)(1) : 상추.

유창통(乳脹痛)(9) : 더덕, 마, 무릇, 뽕나무, 엉겅퀴, 원추리, 인동, 패모, 현호색.

유체(溜滯)(1) : 오미자.

유행성감기(流行性感氣)(1) : 대청.

육체(肉滯)(2) : 장대여뀌, 큰개여뀌.

윤부택용(潤膚澤容)(2) : 복숭아나무, 살구나무.

윤심폐(潤心肺)(1) : 층층둥굴레.

윤장(潤腸)(13) : 개비자나무, 개살구나무, 고사리, 눈잣나무, 민들레, 보리, 분홍바늘꽃, 산옥매, 삼, 옥매, 잣나무, 참외, 천마.

윤장통변(潤腸通便)(3) : 긴결명자, 복사나무, 살구나무.

윤조(潤燥)(3) : 돌배나무, 시금치, 아마.

윤조통변(潤燥通便)(2) : 조각자나무, 주엽나무.

윤조활장(潤燥活腸)(5) : 옥매, 이스라지, 지모, 참깨, 초종용.

윤폐(潤肺)(33) : 가는참나물, 감자개발나물, 감초, 개미취, 개별꽃, 구기자나무, 노루참나물, 눈잣나무, 둥굴레, 들깨, 땅콩, 말나리, 모람, 백합, 붉은참반디, 비파나무, 사과나무, 새삼, 소엽, 소엽맥문동, 솔나리, 아스파라거스, 애기참반디, 옥잠화, 왕모람, 잣나무, 중나리, 참나리, 큰애기나리, 털중나리, 퉁둥굴레, 호두나무.

윤폐양음(潤肺養陰)(4) : 개맥문동, 맥문동, 맥문아재비, 소엽맥문동.

윤폐지해(潤肺止咳)(17) : 금강애기나리, 말나리, 방울비짜루, 백합, 비자나무, 섬말나리, 솔나리, 암대극, 애기나리, 윤판나물, 윤판나물아재비, 중나리, 참나리, 큰솔나리, 큰애기나리, 하늘말나리, 함박꽃나무.

윤폐진해(潤肺鎭咳)(1) : 비짜루.

윤폐청열(潤肺淸熱)(1) : 참싸리.

윤폐하기(潤肺下氣)(1) : 머위.

윤피부(潤皮膚)(21) : 국화, 다시마, 들깨, 메꽃, 반하, 벼, 복숭아나무, 뽕나무, 소리쟁이, 쇠비름, 수세미외, 쓴풀, 약모밀, 오미자, 오이, 율무, 인동, 참소리쟁이, 털머위, 표고, 하늘타리.

음경(陰痙)(2) : 오미자, 흑오미자.

음극사양(陰極似陽)(13) : 감국, 구절초, 국화, 배나무, 삽주, 생강, 쇠비름, 쑥, 오미자,

익모초, 인삼, 지리바꽃, 황기.

음낭습(陰囊濕)(25) : 갈퀴나물, 고들빼기, 국화, 노루발, 당매자나무, 댑싸리, 더덕, 두충, 마늘, 마디풀, 매발톱나무, 매자나무, 무, 부들, 붉나무, 사상자, 살구나무, 쑥, 씀바귀, 애기부들, 오동나무, 용담, 우엉, 지리바꽃, 질경이.

음낭종대(陰囊腫大)(1) : 분홍바늘꽃.

음낭종독(陰囊腫毒)(13) : 가시엉겅퀴, 갈퀴나물, 고들빼기, 나도하수오, 둥근마, 마, 뱀톱, 쑥방망이, 으름덩굴, 칼잎용담, 큰용담, 털냉초, 한련초.

음냉통(陰冷痛)(6) : 감국, 겨자, 구절초, 산국, 삽주, 익모초.

음동(陰冬)(1) : 회향.

음부부종(陰部浮腫)(9) : 각시원추리, 구슬붕이, 꽃향유, 나도송이풀, 닥풀, 당느릅나무, 덧나무, 등대풀, 쑥.

음부소양(陰部搔癢)(11) : 고삼, 댑싸리, 마늘, 뽕나무, 살구나무, 생강, 소리쟁이, 쇠무릎, 신경초, 오이풀, 인동, 할미꽃.

음부질병(陰部疾病)(8) : 구절초, 더덕, 더위지기, 도꼬마리, 민들레, 삽주, 소리쟁이, 쑥.

음수체(飮水滯)(2) : 고로쇠나무, 더덕.

음식체(飮食滯)(30) : 가래, 가지, 감나무, 고로쇠나무, 고사리, 까마중, 나팔꽃, 둥근잎나팔꽃, 마늘, 매실나무, 모과나무, 무, 벚나무, 벼, 보리, 분꽃, 뽕나무, 사과나무, 산톱풀, 삽주, 생강, 석류나무, 아욱, 오이, 유자나무, 익모초, 장군풀, 참깨, 창포, 칡.

음양(陰陽)(7) : 개사상자, 개질경이, 구기자나무, 사상자, 왕질경이, 창질경이, 털질경이.

음양음창(陰痒陰瘡)(22) : 가지, 국화, 꽃무릇, 더덕, 마늘, 마디풀, 복숭아나무, 부들, 사상자, 생강, 소리쟁이, 쇠비름, 승검초, 싱아, 쑥, 우엉, 으름덩굴, 인동, 제비꽃, 질경이, 큰물레나물, 패랭이꽃.

음왜(淫娃)(24) : 가시딸기, 개회향, 갯방풍, 갯사상자, 거지딸기, 검은딸기, 겨울딸기, 나무딸기, 돌방풍, 맑은대쑥, 맥도딸기, 벌사상자, 병풀, 복분자딸기, 사동미나리, 산수유, 삼지구엽초, 수리딸기, 오엽딸기, 용가시나무, 장딸기, 찔레꽃, 천궁, 회향.

음위(陰痿)(42) : 가시오갈피, 갯방풍, 광대싸리, 댑싸리, 두릅나무, 두충, 맑은대쑥, 맥문동, 묏대추나무, 박주가리, 백작약, 복분자딸기, 부추, 뽕나무, 사상자, 산수유나무, 삼지구엽초, 삽주, 새삼, 서울오갈피, 석곡, 섬오갈피나무, 쇠무릎, 수리딸기, 실새삼, 오가나무, 오갈피나무, 오미자, 왕가시오갈피, 인삼, 지리산오갈피, 지황, 찔레나무, 참깨, 천궁, 천문동, 콩짜개란, 털오갈피, 풀솜대, 호자나무, 회향, 흑난초.

음종(陰腫)(20) : 감국, 개석잠풀, 고들빼기, 나도하수오, 눈빛승마, 덧나무, 둥근마, 들깨, 등대풀, 땅빈대, 부처꽃, 버들잎엉겅퀴, 산톱풀, 새우난, 세잎돌쩌귀, 암대극, 장군풀. 파드득나물, 흰대극, 흰잎엉겅퀴.

음종(陰縱)(9) : 감국, 고마리, 구릿대, 갯방풍, 더덕, 들깨, 마늘, 살구나무, 쑥.

음창(淫瘡)(10) : 고려엉겅퀴, 도깨비엉겅퀴, 물엉겅퀴, 바늘엉겅퀴, 버들잎엉겅퀴, 엉겅퀴, 오동나무, 조뱅이, 큰엉겅퀴, 형개.

음축(陰縮)(5) : 세잎양지꽃, 오동나무, 제비꽃, 천궁, 패랭이꽃.

이관절(利關節)(1) : 강활.

이구불지(痢久不止)(1) : 개다래.

이규(耳竅)(2) : 비름, 왕대.

이급(裏急)(8) : 갈대, 감초, 고삼, 박하, 뽕나무, 소나무, 승검초, 잇꽃.

이기(理氣)(6) : 금감, 소철, 칠엽수, 해당화, 회양목, 후추등.

이기개위(理氣開胃)(3) : 왕자귀나무, 자귀나무, 회향.

이기산결(利氣散結)(1) : 겨자.

이기지통(理氣止痛)(4) : 개불알풀, 말똥비름, 이삭여뀌, 참나물.

이기통편(理氣通便)(1) : 당아욱.

이기화습(理氣化濕)(1) : 새모래덩굴.

이기활혈(理氣活血)(2) : 곰취, 쇠채.

이뇨(利尿)(592) : 가는금불초, 가는돌쩌귀, 가는쑥부쟁이, 가는잎쑥, 가는잎억새, 가는잎왕고들빼기, 가는잎향유, 가는털비름, 가새쑥부쟁이, 가지복수초, 가회톱, 각시괴불나무, 각시붓꽃, 각시원추, 각시투구꽃, 갈풀, 감탕나무, 갓, 강계버들, 강낭콩, 개감수, 개갓냉이, 개구리밥, 개구릿대, 개꽃, 개나리, 개느삼, 개똥쑥, 개맥문동, 개머루, 개머위, 개면마, 개모시풀, 개미취, 개비름, 개사철쑥, 개산초, 개속새, 개쇠뜨기, 개수양버들, 개쉽사리, 개싸리, 개싹눈바꽃, 개쑥부쟁이, 개염주나무, 개오동, 개정향풀, 개족도리풀, 개질경이, 개키버들, 갯강활, 갯개미취, 갯골풀, 갯메꽃, 갯버들, 갯완두, 갯율무, 갯질경이, 갯패랭이꽃, 거지덩굴, 검은종덩굴, 검팽나무, 겨자, 겹작약, 고들빼기, 고란초, 고마리, 고본, 고사리, 고삼, 고양싸리, 골담초, 골잎원추리, 골풀, 공작고사리, 괭이싸리, 괴불나무, 구름골, 구슬댕댕이, 구와쑥, 구주피나무, 궁궁이, 그늘돌쩌귀, 그늘쑥, 금불초, 금잔화, 금혼초, 기린초, 긴병꽃풀, 길마가지나무, 깃고사리, 까마중, 까실쑥부쟁이, 까치고들빼기, 깽깽이풀, 껄껄이풀, 께묵, 꼬리진달래, 꼬마부들, 꽃개오동, 꽃다지, 꽃대, 꽃버들, 꽃싸리, 꽃치자, 꽃향유, 꽈리, 꽈리, 꾸지나무, 꾸지뽕나무, 나도겨풀, 나도냉이, 나도미꾸리낚시, 나도은조롱, 나팔꽃, 난장이버들, 난장이버들, 난장이패랭이꽃, 난티나무, 날개골풀, 낭독, 내버들, 냉이, 넌출비수리, 넓은산꼬리풀, 넓은잎딱총나무, 넓은잎외잎쑥, 노각나무, 노간주나무, 노랑꽃창포, 노랑만병초, 노랑부추, 노랑붓꽃, 노랑어리연꽃, 노랑원추리, 노랑투구꽃, 노랑팽나무, 노랑하늘타리, 노루발, 녹두, 놋젓가락나물, 누른종덩굴, 누린내풀, 눈개쑥부쟁이, 눈갯버들, 눈괴불주머니, 눈비녀골풀, 눈향나무, 느티나무, 능금나무, 능소화, 능수버들, 다닥냉이, 닥나무, 달뿌리풀, 당느릅나무, 당버들, 당아욱, 대극, 대팻집나무, 댑싸리, 댕댕이덩굴, 더위지기, 덧나무, 덩굴강낭콩, 덩굴닭의장풀, 덩굴민백미꽃, 덩굴팥, 도꼬마리, 돌갈매나무, 돌배나무, 돌채송화, 동백나무, 두메대극, 두메부추, 두메투구꽃, 들쭉나무, 등대풀, 등칡, 디기탈리스, 딱총나무, 땅꽈리, 땅비수리, 땅빈대, 떡버들, 띠, 마늘, 마편초, 만년청, 만리화, 만병초, 말냉이, 말오줌나무, 맑은대쑥, 매자잎버들, 매화노루발, 매화바람, 맥문동, 맥문아재비, 머귀나무, 머위, 먼나무, 멀구슬나무, 멀꿀, 메꽃, 모데미풀, 모란, 모시풀, 목향, 뫼대추나무, 무궁화, 물골풀, 물꼬리풀, 물달개비, 물속새, 물쇠뜨기, 물쑥, 물앵도나무, 물질경이, 미국자리공, 미나리, 미루나무, 미역취, 민까마중, 민백미꽃, 바디나물, 반디지치, 반짝버들, 반하, 방기, 방울비짜루, 백량금, 백미꽃, 백부자, 백선, 백일홍, 백작약, 버드나무, 버드쟁이나물, 버들금불초, 벌개미취, 벗풀, 별날개골풀, 보리자나무, 보춘화, 보풀, 복수초, 부들, 부레옥잠, 부지깽이나물, 부처꽃, 분버들, 분홍노루발, 붉은강낭콩, 붉은조개나물, 비녀골풀, 비단쑥, 비름, 비수리, 비수수, 비술나무, 비짜루, 빵쑥, 뽕나무, 뽕잎피나무, 사람주나무, 사리풀, 사마귀풀, 사스레피나무, 사시나무, 사위질빵, 사철쑥, 산개나리, 산괴불주머니, 산달래, 산돌배, 산부채, 산부추, 산뽕나무, 산쑥, 산씀바귀, 산옥매, 산일엽초, 산작약, 산진달래, 산철쭉, 산초나무, 산파, 산해박, 산호수, 산흰쑥, 삼, 삼백초, 삼수구릿대, 삼지구엽초, 삼지닥나무, 삽주, 상추, 새끼노루발, 새머루, 새모래덩굴, 새박, 새양버들, 새팥, 색비름, 석산, 선갈퀴, 선메꽃, 선버들, 설령골풀, 섬광대수염, 섬괴불나무, 섬모시풀, 섬버들, 섬쑥부쟁이, 섬자리공, 섬천남성, 섬피나무, 세뿔투구꽃, 세잎돌쩌귀, 세잎종덩굴, 세포큰조롱, 소귀나물, 소귀나물, 소엽, 소엽맥문동, 솔송나무, 솜방망이, 솜아마존, 솜흰여뀌, 송이풀, 송장풀, 쇠뜨기, 쇠무릎, 쇠비름, 수박, 수세미오이, 수수, 수정난풀, 순비기나무, 술패랭이꽃, 숫명다래나무, 쉬나무, 쉽사리, 시무나무, 싸리, 싹눈바꽃, 쌍실버들, 쑥, 쑥부쟁이, 아스파라가스, 아욱, 앉은부채, 암대극, 애기골풀, 애기기린초, 애기노루발, 애기메꽃, 애기부들, 애기석위, 애기쉽사리, 애기앉은부채, 애기원추리, 애기일엽초, 야산고비, 약난초, 약모밀, 양반풀, 양버들, 양파, 어리병풍, 어저귀, 억새, 여뀌, 여우버들, 연밥갈매나무, 연밥피나무, 연필향나무, 염주, 염주나무, 오수유, 오이, 옥매, 옥수수, 올괴불나무, 올미, 옹굿나물, 옹기피나무, 왕고들빼기, 왕괴불나무, 왕느릅나무, 왕모시풀, 왕바꽃, 왕버들, 왕원추리, 왕자귀나무, 왕질경이, 왕초피나무, 왕팽나무, 왕호, 장근, 왜모시풀, 왜천궁, 외대으아리, 요강나물, 용머리, 용버들, 용설채, 우단일엽, 우묵사스레피, 우엉, 울릉미역취, 원추리, 월귤, 위령선, 위봉배나무, 유동, 육지꽃버들, 율무, 율무쑥, 으름, 은방울꽃, 은백양, 이고들빼기, 이삭바꽃, 이스라지, 이태리포푸라, 인동, 인삼, 일본목련, 일본사시나무, 일엽초, 자귀나무, 자금우, 자리공, 자주방가지똥, 자주조희풀, 자주황기, 작약, 잔잎바디, 잔털인동, 장수팽나무, 적작약, 전동싸리, 전주물꼬리풀, 정금나무, 제비꿀, 제비쑥, 제주산버들, 조각자나무, 조개나물, 조구나무, 조록싸리, 조릿대풀, 조밥나물, 조뱅이, 족도리풀, 좀갈매나무, 좀개구리밥, 좀개미취, 좀목형, 좀부지깽이, 좀부처꽃, 좀사위질빵, 좀싸리, 좀씀바귀, 좀참꽃, 좀향유, 좁은잎배풍등, 좁은잎해란초, 종덩굴, 주목, 주엽나무, 죽절초, 줄, 지느러미엉겅퀴, 지렁쿠나무, 지리바꽃, 지모, 지모, 지치, 지칭개, 진달래, 진돌쩌귀, 진범, 진퍼리버들, 질경이, 질경이택사, 짝자래나무, 쪽버들, 쪽파, 차나무, 차풀, 찰피나무, 참골풀, 참꽃나무, 참느릅나무, 참당귀, 참반디, 참배, 참비녀골풀, 참산부추, 참싸리, 참억새, 참작약, 참줄바꽃, 참취, 창질경이, 처녀바디, 천문동, 철쭉, 청괴불나무, 청미래덩굴, 청비녀골풀, 청비름, 초피나무, 치자나무, 카밀레,

콩, 콩다닥냉이, 콩팥노루발, 큰메꽃, 큰비쑥, 큰원추리, 큰잎느릅나무, 큰잎부들, 큰조롱, 큰천남성, 키다리바꽃, 키버들, 타래붓꽃, 택사, 털갈매나무, 털괴불나무, 털백작약, 털부처꽃, 털비름, 털쉽사리, 털조록싸리, 털질경이, 털피나무, 털향유, 통탈목, 투구꽃, 파, 파초일엽, 팥, 팥꽃나무, 패랭이꽃, 팬지, 팽나무, 포도, 폭나무, 풀싸리, 풍게나무, 피나무, 하늘타리, 한라돌쩌귀, 한라부추, 한란, 함박이, 해국, 해란초, 해변싸리, 향나무, 향유, 협죽도, 호광대수염, 호랑버들, 호박, 호비수리, 호장근, 호프, 홀꽃노루발, 홀아비꽃대, 홍괴불나무, 홍도원추리, 환삼덩굴, 활나물, 활량나물, 황산차, 황해쑥, 흰괴불나, 흰대극, 흰쑥, 흰여뀌, 흰전동싸리, 흰조개나물, 흰지느러미엉겅퀴, 흰진범, 흰참꽃나무, 흰철쭉.

이뇨배농(利尿排膿)(1) : 접시꽃.

이뇨산어(利尿散瘀)(1) : 멸가치.

이뇨소종(利尿消腫)(5) : 복주머니란, 송장풀, 수염가래꽃, 익모초, 함박꽃나무.

이뇨제(利尿劑)(2) : 삼색제비꽃, 호노루발.

이뇨통림(利尿通淋)(5) : 까마중, 백미꽃, 쇠무릎, 약모밀, 털쇠무릎.

이뇨투수(利尿透水)(2) : 섬자리공, 자리공.

이뇨해독(利尿解毒)(2) : 애기똥풀, 월귤.

이뇨해열(利尿解熱)(1) : 모시물통이.

이명(耳鳴)(12) : 갯질경, 골담초, 넉줄고사리, 도깨비쇠고비, 마, 바위취, 밤나무, 뽕나무, 산수유나무, 순비기나무, 쑥, 오미자, 으름덩굴, 잣나무.

이변불통(二便不通)(1) : 겹해바라기.

이병(耳屛)(1) : 채송화.

이비(耳泌)(1) : 냉이.

이소변(利小便)(1) : 댑싸리.

이수(羸瘦)(19) : 가래, 개질경이, 갯질경이, 공작고사리, 깨풀, 낭아초, 냉이, 네가래, 닥풀, 배암차즈기, 송이풀, 수세미오이, 여우구슬, 여우주머니, 오이, 왕질경이, 이스라지, 질경이, 풍선덩굴.

이수거습(利水祛濕)(2) : 질경이택사, 택사.

이수소종(利水消腫)(15) : 가는잎향유, 꽃향유, 다닥냉이, 덩굴팥, 뚝새풀, 마편초, 며느리배꼽, 박, 실고사리, 옥수수, 좀향유, 큰까치수영, 팥, 향유, 황기.

이수제습(利水除濕)(1) : 낙지다리.

이수제열(利水除熱)(1) : 찔레꽃.

이수통림(利水通淋)(9) : 마디풀, 산족제비고사리, 석위, 세뿔석위, 술패랭이꽃, 실고사리, 아욱, 참느릅나무, 패랭이꽃.

이습(利濕)(22) : 가는범꼬리, 나도송이풀, 나도수영, 더위지기, 도꼬로마, 둥근매듭풀, 떡갈졸참나무, 떡갈참나무, 떡속소리나무, 떡신갈나무, 떡신갈참나무, 매듭풀, 물참나무, 범꼬리, 봉동참나무, 새박, 신갈나무, 신갈졸참나무, 자귀풀, 자주방아풀, 졸참나무,

좀깨잎나무.

이습건비(利濕健脾)(2) : 염주, 율무.

이습소적(利濕消積)(1) : 조밥나물.

이습소종(利濕消腫)(1) : 여뀌바늘.

이습소체(利濕消滯)(1) : 쥐꼬리망초.

이습지리(利濕止痢)(2) : 난쟁이바위솔, 바위솔.

이습지통(利濕止痛)(1) : 들깨풀.

이습통림(利濕通淋)(6) : 민들레, 붉은씨서양민들레, 산민들레, 서양민들레, 좀민들레, 흰민들레.

이습퇴황(利濕退黃)(1) : 미나리아재비.

이염(耳炎; otitis)(1) : 애기장구채.

이오장(利五臟)(1) : 순무.

이완출혈(弛緩出血)(25) : 냉이, 능소화, 담쟁이덩굴, 댓잎현호색, 덧나무, 두충, 들현호색, 딱총나무, 맨드라미, 부들, 사시나무, 사철나무, 쇠뜨기, 쇠비름, 수세미외, 쑥, 엉겅퀴, 연꽃, 익모초, 인삼, 작약, 창포, 측백나무, 칡, 현호색.

이인(利咽)(1) : 도라지.

이질(痢疾)(93) : 가는잎할미꽃, 가막사리, 가죽나무, 개비름, 개양귀비, 계요등, 고마리, 공작고사리, 금꿩의다리, 기장, 긴잎꿩의다리, 깃반쪽고사리, 꽃마리, 꿩의다리, 냇씀바귀, 노린재나무, 닭의장풀, 대청, 덩굴장미, 도깨비바늘, 돈나무, 둥근매듭풀, 딱지꽃, 떡갈나무, 마늘, 마편초, 매듭풀, 명아주, 목서, 목향, 물달개비, 물양지꽃, 바위고사리, 반쪽고사리, 방가지똥, 배롱나무, 백운풀, 백일홍, 벌노랑이, 벌씀바귀, 벼룩나물, 병풀, 보리수나무, 봉의꼬리, 부처꽃, 붉은조개나물, 비름, 산꿩의다리, 산딸나무, 산쑥, 쇠별꽃, 쇠비름, 수수꽃다리, 실거리나무, 쑥방망이, 씀바귀, 아욱, 애기장구채, 여우구슬, 여우주머니, 여주, 왕과, 왕씀배, 유채, 은꿩의다리, 이고들빼기, 자귀풀, 자주괭이밥, 자주꿩의다리, 작두콩, 장구채, 전동싸리, 조, 조개나물, 조밥나물, 좀닭의장풀, 좀씀바귀, 진달래, 참꽃마리, 참쑥, 채송화, 청미래덩굴, 큰까치수영, 큰방가지똥, 큰봉의꼬리, 털부처꽃, 털비름, 피라칸다, 호박, 황금, 흰명아주, 흰씀바귀, 흰조개나물.

이통(耳痛)(1) : 어저귀.

이하선염(耳下腺炎)(5) : 관중, 꾸지뽕나무, 닥풀, 뚝갈, 선인장, 인동, 측백나무, 팥.

이혈(理血)(1) : 무궁화.

익기(益氣)(41) : 개구릿대, 개지치, 갯강활, 갯실새삼, 고본, 구주소나무, 궁궁이, 도깨비쇠고비, 등대시호, 말냉이, 미꾸리낚시, 미나리, 민미꾸리낚시, 바디나물, 반디지치, 백합, 삼수구릿대, 새삼, 서울오갈피, 섬오갈피나무, 소경불알, 소나무, 솜대구, 시호, 실새삼, 오가나무, 오갈피, 왕대, 왜천궁, 은행나무, 인삼, 일본목련, 잔잎바디, 중나리, 지리산오갈피, 참당귀, 처녀바디, 큰솔나리, 털오갈피, 파드득나, 하늘말나리.

익기건비(益氣健脾)(4) : 가시오갈피, 왕가시오갈피, 피[무망], 피[유망].

익기고표(益氣固表)(1) : 황기.
익기보중(益氣補中)(1) : 기장.
익기생진(益氣生津)(1) : 고구마.
익기양음(益氣養陰)(4) : 둥근마, 마, 용둥굴레, 참마.
익기제열(益氣除熱)(1) : 밀.
익담기(益膽氣)(8) : 나리잔대, 당잔대, 두메잔대, 모시대, 섬잔대, 왕잔대, 잔대, 털잔대.
익비(益脾)(5) : 개벚나무, 개벚지나무, 골담초, 산개벚지나무, 앵도나무.
익신(益腎)(14) : 각시마, 고들빼기, 두메부추, 마, 뱀무, 실새삼, 연꽃, 왕솜대, 자주솜대, 조, 참산부추, 풀솜대, 한라부추, 홍만병초.
익신고정(益腎固精)(3) : 가시연꽃, 복분자딸기, 연꽃.
익신장원(益腎壯元)(1) : 작두콩.
익심(益心)(1) : 은행나무.
익위생진(益胃生津)(8) : 개맥문동, 둥근잔대, 맥문동, 맥문아재비, 벼, 소엽맥문동, 잔대, 털잔대.
익정(益精)(33) : 개질경이, 갯강활, 갯질경이, 궁궁이, 나도은조롱, 당근, 덩굴민백미꽃, 덩굴박주가리, 민백미꽃, 백미꽃, 산해박, 삼수구릿대, 선백미꽃, 섬바디, 세포큰조롱, 솜아마존, 수정난풀, 쉽사리, 시금치, 애기쉽사리, 양반풀, 왕질경이, 왜박주가리, 왜천궁, 질경이, 참당귀, 창질경이, 천마, 컴프리, 큰조롱, 털쉽사리, 털질경이, 호랑가시나무.
익정위(益正胃)(2) : 멀꿀, 으름.
익중기(益中氣)(3) : 개소시랑개비, 돌양지꽃, 양지꽃.
익지(益智)(4) : 백합, 중나리, 큰솔나리, 하늘말나리.
익폐(益肺)(1) : 큰솔나리.
익혈(溺血)(3) : 분홍할미꽃, 산할미꽃, 할미꽃.
인건구조(咽乾口燥)(4) : 개맥문동, 맥문동, 맥문아재비, 소엽맥문동.
인두염(咽頭炎)(19) : 가지, 감자, 감초, 갯메꽃, 대추, 더덕, 도라지, 매실, 무궁화, 무화과나무, 민들레, 살구나무, 석류나무, 쑥, 인동, 질경이, 천문동, 콩, 현삼.
인통(忍痛)(1) : 큰뱀무.
인플루엔자(15) : 감나무, 개똥쑥, 개승마, 고본, 긴담배풀, 나도송이풀, 낭아초, 바늘엉겅퀴, 방풍, 배나무, 삽주, 쑥갓, 왜솜대, 칡, 털냉초.
인후(咽喉)(3) : 멀꿀, 으름, 자주괭이밥.
인후건조(咽喉乾燥)(1) : 우산잔디.
인후염(咽喉炎)(68) : 가막사리, 각시붓꽃, 감국, 개쑥갓, 갯개미취, 갯메꽃, 갯패랭이꽃, 검산초롱꽃, 괭이밥, 금강초롱, 금매화, 금붓꽃, 긴담배풀, 긴잎달맞이꽃, 꽃창포, 난장이붓꽃, 난장이패랭이꽃, 노랑붓꽃, 달맞이꽃, 대추나무, 더덕, 덩굴닭의장풀, 돌동부, 등심붓꽃, 마삭줄, 만삼, 묏대추나무, 미역취, 민들레, 반하, 백운풀, 벌노랑이, 부채붓꽃, 붉은괭이밥, 붉은씨서양민들레, 붓꽃, 산국, 산민들레, 산일엽초, 새박, 선괭이밥,

서양민들레, 섬초롱꽃, 소경불알, 소귀나무, 솔붓꽃, 솜다리, 술패랭이꽃, 쑥방망이, 애기금매화, 애기달맞이꽃, 애기봄맞이, 애기일엽초, 우엉, 울릉미역취, 자주꽃방망이, 자주섬초롱꽃, 자주초롱꽃, 절굿대, 제비붓꽃, 좀민들레, 초롱꽃, 큰개현삼, 큰괭이밥, 큰까치수영, 큰달맞이꽃, 큰절굿대, 타래붓꽃, 토현삼, 패랭이꽃, 현삼, 회화나무, 흰섬초롱꽃, 흰민들레.

인후정통(咽喉定痛)(1) : 참조팝나무.

인후종(咽喉腫)(1) : 개미취.

인후종통(咽喉腫痛)(18) : 깃반쪽고사리, 까치수영, 돌나물, 반쪽고사리, 봉의꼬리, 비비추, 섬자리공, 옥잠화, 일월비비추, 자리공, 조팝나무, 좀비비추, 주걱비비추, 참비비추, 채송화, 천문동, 큰봉의꼬리, 털머위.

인후통증(咽喉痛症)(107) : 가락지나물, 가막사리, 감자난, 감초, 개미자리, 개미취, 개박하, 개살구나무, 개석잠풀, 개승마, 개차즈기, 갯까치수염, 거지덩굴, 겨자, 겨자, 골무꽃, 구와취, 그늘골무꽃, 글라디올러스, 금강분취, 긴담배풀, 꽈리, 남포분취, 넓은잎옥잠화, 눈빛승마, 달맞이꽃, 담배취, 닭의장풀, 대추나무, 더덕, 도라지, 돌나물, 동백나무, 두메분취, 땅비싸리, 때죽나무, 마삭줄, 만삼, 매실나무, 머위, 멍석딸기, 모시대, 묏대추나무, 무, 무궁화, 무화과나무, 물솜방망이, 미국자리공, 민들레, 바늘분취, 박태기나무, 박하, 반하, 배암차즈기, 백서향, 뱀무, 벌노랑이, 범부채, 벼룩이자리, 병풀, 봄맞이, 붉나무, 붉은톱풀, 비비추, 뽀리뱅이, 사마귀풀, 사창분취, 산달래, 산층층이풀, 살구나무, 살비아, 서향, 석류나무, 석산, 선인장, 선피막이, 소경불알, 속새, 솔나물, 솜방망이, 약난초, 약모밀, 여우구슬, 옥잠화, 우엉, 으름덩굴, 자귀나무, 자리공, 자운영, 장구채, 절굿대, 참나리, 참취, 천문동, 층꽃나무, 층층이꽃, 타래난초, 토란, 패랭이꽃, 패모, 피막이풀, 향등골나물, 현삼, 형개, 홀아비꽃대, 황새승마, 흰민들레.

인후팽창(咽喉膨脹)(1) : 만년콩.

일사병・열사병(日射病・熱射病)(30) : 가는대나물, 가시엉겅퀴, 개박하, 개쑥갓, 능수버들, 만수국, 바늘꽃, 바랭이, 비수리, 사데풀, 생강, 송장풀, 수박풀, 싱아, 오미자, 익모초, 전동싸리, 죽대, 참나리, 칡.

일사상(日射傷)(8) : 다시마, 미역, 벼, 복령, 수박, 수세미외, 쑥, 해바라기.

일체안병(一切眼病)(77) : 가래, 가래나무, 가지고비고사리고사리, 감국, 감초, 강아지풀, 개똥쑥, 개맨드라미, 개사철쑥, 개질경이, 결명차, 고비고사리, 구릿대, 국화, 금방망이, 까마중, 깽깽이풀, 꿀풀, 꿩의다리, 꿩의비름, 냉이, 닥나무, 당근, 당매자나무, 댕댕이덩굴, 땅비수리, 뚝갈, 마타리, 말냉이, 망초, 매발톱나무, 매자나무, 모감주나무, 물달개비, 물쑥, 물푸레나무, 미나리, 민들레, 박하, 번행초, 범부채, 비름, 비수리, 뽀리뱅이, 뽕나무, 사철쑥, 산초나무, 석결명, 석창포, 선피막이, 송악, 수선화, 순비기나무, 술패랭이꽃, 여주, 용담, 익모초, 자귀나무, 자운영, 자주쓴풀, 전동싸리, 제비꽃, 질경이, 차나무, 차풀, 참깨, 창포, 청비름, 치자나무, 큰꿩의비름, 패랭이꽃, 피막이풀, 호박, 황련, 황벽나무, 회화나무, 흰민들레.

일해(日害)(1) : 노루삼.

임병(淋病)(9) : 개쇠뜨기, 모새나무, 물속새, 물쇠뜨기, 벗풀, 산앵도나무, 쇠뜨기, 실고사리, 풍선덩굴.

임비(淋秘)(3) : 돈나무, 섬광대수염, 호광대수염.

임신구토(姙娠嘔吐)(1) : 호두나무.

임신오조(姙娠惡阻)(6) : 매실나무, 반하, 생강, 참깨, 향부자, 호박.

임신중독증(姙娠中毒症)(8) : 다시마, 땃두릅나무, 맨드라미, 생강, 익모초, 잣나무, 콩, 현호색.

임신중요통(姙娠中腰痛)(4) : 쇠무릎, 엉겅퀴, 음나무, 측백나무.

임질(淋疾)(120) : 가래, 가문비나무, 각시원추리, 개감수, 개구리밥, 개나리, 개도독놈의갈고리, 개아마, 개잎갈나무, 개질경이, 갯장구채, 갯질경이, 갯패랭이꽃, 겨자, 고비, 관모박새, 구상나무, 구와취, 금강분취, 긴잎여로, 꽃치자, 꽈리, 꿩고비, 난장이패랭이꽃, 남포분취, 낭독, 냉이, 넓은잎황벽나무, 녹두, 다시마, 닥풀, 담배취, 당느릅나무, 대극, 댑싸리, 댕댕이덩굴, 덩굴팥, 도둑놈의갈고리, 독일가문비, 된장풀, 두메대극, 두메분취, 들쭉나무, 등대풀, 땅꽈리, 땅빈대, 만리화, 말냉이장구채, 맨드라미, 모란, 모새나무, 무궁화, 밀나물, 바늘분취, 박새, 반디지치, 보리, 분비나무, 분홍장구채, 사창분취, 산개나리, 산속단, 산앵도나무, 삼나무, 삼백초, 석위, 선밀나물, 섬모시풀, 세뿔석위, 소리쟁이, 속단, 순비기나무, 술패랭이꽃, 시로미, 실고사리, 아마, 아욱, 암대극, 애기도둑놈의갈고리, 애기석위, 애기장구채, 약모밀, 여로, 연꽃, 오동나무, 오이, 왕질경이, 월귤, 으름덩굴, 음양고비, 인동, 일본전나무, 자주쓴풀, 전나무, 전동싸리, 절굿대, 정금나무, 좀개구리밥, 좀목형, 종려나무, 지치, 질경이, 질경이택사, 참여로, 창질경이, 청가시덩굴, 청미래덩굴, 치자나무, 큰도둑놈의갈고리, 큰원추리, 큰절굿대, 택사, 털질경이, 파란여로, 팥, 패랭이꽃, 황련, 황벽나무, 흰대극, 흰여로.

임탁(淋濁)(1) : 조릿대풀.

임파선염(淋巴腺炎)(51) : 가는잎할미꽃, 가막사리, 감자난, 개미자리, 갯까치수염, 그늘돌쩌귀, 금강제비꽃, 긴담배풀, 꽈리, 꿀풀, 남산천남성, 낭아초, 넓은잎옥잠화, 넓은잎천남성, 당매자나무, 대극, 대추나무, 더덕, 도라지, 두루미천남성, 등대풀, 땅꽈리, 마삭줄, 매발톱나무, 매자나무, 멍석딸기, 물레나물, 미나리, 미역, 미역줄나무, 민들레, 뱀무, 범꼬리, 범부채, 봉선화, 비비추, 뻐꾹채, 산국, 산할미꽃, 새우난, 세잎돌쩌귀, 세잎양지꽃, 솜양지꽃, 쇠비름, 수세미외, 쑥방망이, 알로에, 약난초, 어저귀, 여우구슬, 연령초, 옥잠화, 왕바꽃, 자귀나무, 전동싸리, 절굿대, 점박이천남성, 제비꽃, 조개나물, 지리바꽃, 청미래덩굴, 큰물레나물, 털계뇨등, 패모, 하수오, 할미꽃, 현삼, 형개, 환삼덩굴, 회화나무, 흰민들레.

ㅈ

자궁(子宮)(1) : 가는잎할미꽃.

자궁경부암(子宮頸部癌)(7) : 다래나무, 인동, 참느릅나무, 청미래덩굴, 하늘타리, 할미꽃, 활나물.

자궁근종(子宮筋腫)(7) : 등, 복숭아나무, 빈카, 살구나무, 쇠별꽃, 옻나무, 자주조희풀.

자궁내막염(子宮內膜炎)(24) : 개석잠풀, 꿀풀, 딱지꽃, 뚝갈, 말냉이, 맨드라미, 모란, 무, 모시물통이, 뱀무, 사상자, 산속단, 삼지구엽초, 석류나무, 속단, 수양버들, 약모밀, 이질풀, 익모초, 인동, 인삼, 질경이, 털딱지꽃, 흰민들레.

자궁냉증(子宮冷症)(8) : 구절초, 더위지기, 도꼬마리, 바위구절초, 산토끼꽃, 쑥, 익모초, 흰더위지기.

자궁발육부전(子宮發育不全)(4) : 금강제비꽃, 맥문동, 바나나, 애기고추나물.

자궁수축(子宮收縮)(11) : 관중, 냉이, 들현호색, 빗살현호색, 쇠무릎, 익모초, 잇꽃, 탱자나무, 현호색, 호밀, 황기.

자궁암(子宮癌)(17) : 갈퀴덩굴, 고추냉이, 다시마, 등골나물, 뚝갈, 마름, 맨드라미, 모란, 무, 바위솔, 섬바디, 영지, 익모초, 인삼, 주목, 짚신나물, 청미래덩굴.

자궁염(子宮炎)(10) : 개사상자, 꽈리, 눈비름, 땅꽈미, 사상자, 산속단, 속단, 약모밀, 줄맨드라미.

자궁염증(子宮炎症)(1) : 두메고들빼기.

자궁외임신(子宮外姙娠)(3) : 마, 수양버들, 원추리.

자궁음허(子宮陰虛)(3) : 석곡, 왕원추리, 털중나리.

자궁진통(子宮陣痛)(1) : 향부자.

자궁질환(子宮疾患)(1) : 광대수염.

자궁출혈(子宮出血)(117) : 가는기름나물, 가는돌쩌귀, 가는잎개고사리, 가래, 가래고사리, 개고사리, 개면마, 개속새, 개쇠뜨기, 개톱날고사리, 갯질경, 거꾸리개고사리, 골개고사리, 곰비늘고사리, 곱새고사리, 관중, 광릉개고사리, 구슬개고사리, 그늘개고사리, 그늘돌쩌귀, 금족제비고사리, 깃반쪽고사리, 깨꽃, 깨풀, 꽃고비, 나래회나무, 낚시고사리, 내장고사리, 넓은잎개고사리, 노루발, 느리미고사리, 능수쇠뜨기, 다릅나무, 단삼, 더부살이고사리, 도깨비쇠고비, 동백나무, 두메개고사리, 두메고사리, 둥근배암차즈기, 물속새, 물쇠뜨기, 물엉겅퀴, 미역줄나무, 바늘엉겅퀴, 바위족제비고사리, 바위틈고사리, 반쪽고사리, 배암차즈기, 뱀고사리, 버들회나무, 범의귀, 보리수나무, 보태면마, 봉의꼬리, 부처꽃, 비늘고사리, 사철나무, 산개고사리, 산뱀고사리, 산비늘고사리, 산족제비고사리, 산짚신나물, 석위, 설설고사리, 세뿔석위, 세잎돌쩌귀, 속새, 솔비나무, 솜양지꽃, 쇠고비, 쇠뜨기, 수세미오이, 십자고사리, 아까시나무, 애기석위, 야산고비, 엉겅퀴, 왕고사리, 왕지네고사리, 익모초, 작살나무, 제비꼬리고사리, 좀나도히초미, 좀진고사리, 주저리고사리, 지리산고사리, 지황, 진고사리, 진돌쩌귀, 진퍼리고사리, 참나도히초미, 참배암차즈기, 참빗살나무, 참새발고사리, 참쇠고비, 참죽나무, 참회나무, 처녀고사리, 청나래고사리, 측백나무, 큰개고사리, 큰봉의꼬리, 큰엉겅퀴, 큰족제비고사리, 큰지네고사리, 큰진고사리, 큰처녀고사리, 털부처꽃, 푸른개고사리, 피라칸다, 형개, 호밀, 홍지네고사리, 화살나무, 회나무, 회목나무.

자궁탈수(子宮脫垂)(3) : 월귤, 짚신나물, 형개.

자궁하수(子宮下垂)(10) : 가지, 개승마, 눈빛승마, 등대시호, 말오줌때, 며느리밑씻개, 섬시호, 시호, 탱자나무, 황새승마.

자궁한냉(子宮寒冷)(2) : 개사상자, 사상자.

자궁허냉(子宮虛冷)(4) : 구절초, 바위구절초, 서흥구절초, 포천구절초.

자반병(紫斑病)(6) : 가래나무, 무화과나무, 박주가리, 시금치, 애기똥풀, 호두나무.

자보(滋補)(1) : 지채.

자상(刺傷)(12) : 갯패랭이꽃, 난장이패랭이, 민들레, 붉은씨서양민들레, 산민들레, 서양민들레, 술패랭이꽃, 용가시나무, 좀민들레, 찔레꽃, 패랭이꽃, 흰민들레.

자신보간(滋腎補肝)(1) : 구기자나무.

자신양간(滋腎養肝)(1) : 새머루.

자양(眥瘍)(52) : 가래나무, 각시둥굴레, 갈대, 거제수나무, 금강애기나리, 날개하늘나리, 남오미자, 달뿌리풀, 도꼬로마, 둥굴레, 땅나리, 만년청, 만주자작나무, 말나리, 무화과나무열매, 물박달나무, 박달나무, 박달나무, 방울비짜루, 사스래나무, 산마늘, 산쑥, 섬말나리, 솔나리, 아스파라가스, 애기나리, 애기중의무릇, 오미자, 왕둥굴레, 용둥굴레, 윤판나물, 윤판나물아재비, 인도고무나무, 자작나무, 좀자작나무, 죽대, 중의무릇, 진황정, 참깨, 참나리, 참쑥, 천문동, 천선과나무, 층층둥굴레, 큰솔나리, 큰애기나리, 큰조롱, 털중나리, 퉁둥굴레, 하늘나리, 호두나무, 흑오미자.

자양강장(滋養强壯)(58) : 가래나무, 가시연꽃, 각시둥굴레, 각시마, 갈대, 감초, 강낭콩, 고사리, 남오미자, 넉줄고사리, 단풍마, 대추나무, 돌콩, 둥굴레, 둥굴레, 마, 말나리, 맥문동, 메꽃, 무릇, 무화과나무, 물개암나무, 밤나무, 보리, 복분자딸기, 부추, 뽕나무, 산수유나무, 삼지구엽초, 새삼, 소엽맥문동, 솔나리, 애기마름, 애기메꽃, 영지, 원추리, 윤판나물, 자작나무, 잔대, 잣나무, 죽대, 쥐다래, 지황, 참깨, 참나리, 천궁, 천문동, 측백나무, 층꽃나무, 층층둥굴레, 큰조롱, 털중나리, 퉁둥굴레, 하늘나리, 하늘타리, 현삼, 호두나무, 후박나무.

자양보로(滋養保老)(4) : 각시마, 국화마, 단풍마, 부채마.

자양불로(滋養不老)(2) : 둥근마, 마.

자율신경실조증(自律神經失調症)(8) : 백합, 비파나무, 손바닥난초, 은행나무, 죽대, 참나리, 천마, 털계뇨등.

자음(滋陰)(11) : 각시원추리, 당잔대, 매실나무, 메꽃, 선메꽃, 솔나리, 애기원추리, 지황, 천마, 큰메꽃, 타래난초, 털잔대, 퉁둥굴레, 하늘나리.

자음강화(滋陰降火)(1) : 지모.

자음윤조(滋陰潤燥)(1) : 천문동.

자음윤폐(滋陰潤肺)(1) : 진황정.

자음익신(滋陰益腎)(1) : 한련초.

자음제열(滋陰除熱)(1) : 석곡.

자침(刺針)(1) : 술패랭이꽃.

자폐증(自閉症)(9) : 광귤나무, 말나리, 묏대추나무, 백합, 영지, 은행나무, 제주조릿대, 참나리, 하늘나리.

자한(自汗)(63) : 개박하, 개석잠풀, 개승마, 겨자나무, 고들빼기, 고본, 고수, 골등골나물, 광귤나무, 귤나무, 기름나물, 꽃향유, 남오미자, 낭아초, 노루삼, 누린내풀, 눈빛승마, 덧나무, 도꼬마리, 돌콩, 동부, 들깨풀, 땅비싸리, 마늘, 마황, 말오줌때, 매실나무, 박하, 방풍, 백작약, 벼, 뽕나무, 사위질빵, 사철나무, 사철쑥, 삽주, 석잠풀, 소엽, 솜대, 승마, 앉은부채, 양파, 오미자, 왕고들빼기, 왕대, 왕쥐똥나무, 위령선, 자주조희풀, 제주조릿대, 조릿대, 족도리, 죽순대, 쥐꼬리망초, 지렁쿠나무, 지리바꽃, 참깨, 참으아리, 칡, 파, 팬지, 헐떡이풀, 황기, 황새승마, 후추나무.

잔뇨감(殘尿感)(1) : 두충.

장간막탈출증(腸間膜脫出症)(5) : 골담초, 쇠무릎, 엉겅퀴, 음나무, 해당화.

장결핵(腸結核)(6) : 결명차, 고삼, 명자나무, 모과나무, 석결명, 용머리, 익모초.

장근골(壯筋骨)(3) : 감초, 삼지구엽초, 새머루.

장뇌유(樟腦油)(2) : 녹나무, 생달나무.

장생(長生)(6) : 각시둥굴레, 둥굴레, 용둥굴레, 죽대, 진황정, 퉁둥굴레.

장염(腸炎)(94) : 가래나무, 가막사리, 가시엉겅퀴, 감나무, 개망초, 개살구나무, 개양귀비, 개여뀌, 갯실새삼, 계수나무, 고삼, 골무꽃, 관중, 구릿대, 국화쥐손이, 그늘골무꽃, 금꿩의다리, 긴화살여뀌, 꿩의다리, 나도하수오, 넓은잎황벽나무, 노루귀, 당매자나무, 독말풀, 둥근이질풀, 땅빈대, 마디풀, 매발톱나무, 명아주, 모감주나무, 무궁화, 무릇, 무화과나무, 묵밭소리쟁이, 물달개비, 물푸레나무, 미모사, 바늘엉겅퀴, 바늘여뀌, 바위고사리, 배초향, 번행초, 벌노랑이, 복숭아나무, 부전쥐소니, 산국, 산꿩의다리, 산사나무, 산쥐손이, 산짚신나물, 산층층이풀, 새끼노루귀, 선이질풀, 섬노루귀, 세잎쥐손이, 소리쟁이, 속새, 수세미외, 애기땅빈대, 양귀비, 어저귀, 얼레지, 여뀌, 여우구슬, 여우주머니, 연령초, 연잎꿩의다리, 오이풀, 왜개연꽃, 월귤, 윤판나물, 윤판나물아재비, 은꿩의다리, 은행나무, 이고들빼기, 이질풀, 인동, 자주꿩의다리, 잔털인동, 쥐깨풀, 쥐소니풀, 질경이, 짚신나물, 참취, 청미래덩굴, 측백나무, 칡, 큰애기나리, 털계뇨등, 털다래, 토대황, 할미꽃, 황금.

장옹(腸癰)(3) : 무릇, 염주, 율무.

장위(腸胃, catarrh)(109) : 갈대, 감자, 감초, 개망초, 개양귀비, 결명차, 계수나무, 골무꽃, 곽향, 귤나무, 꿩의다리, 나도하수오, 넓은잎황벽나무, 느릅나무, 다래나무, 당매자나무, 대추나무, 더위지기, 두릅나무, 뚝갈, 마가목, 마디풀, 매실나무, 매자나무, 명아주, 명자나무, 모감주나무, 목향, 무, 무궁화, 무릇, 무화과나무, 물푸레나무, 미나리, 미모사, 민들레, 반하, 배롱나무, 배초향, 뱀딸기, 범꼬리, 별꽃, 복숭아나무, 사과나무, 산국, 산사나무, 산해박, 삽주, 상수리나무, 선인장, 섬쥐손이, 소나무, 소리쟁이, 소철, 소태나무, 쇠별꽃, 쇠비름, 쑥, 씀바귀, 알로에, 약난초, 양귀비, 양배추, 어저귀, 얼레지, 엉겅퀴, 여뀌, 예덕나무, 오동나무, 오수유, 옥수수, 용담, 유자나무, 윤판나물, 율무, 으름덩굴, 은행나무, 음나무, 이질풀, 인삼, 자귀풀, 자주쓴풀, 작두콩, 죽대, 줄, 쥐소니풀, 질경이, 짚신나물, 쪽, 참깨, 참취, 창포, 천마, 청미래덩굴, 칡, 컴프리, 타래붓꽃, 파, 풀명자나무, 하수오, 할미꽃, 향부자, 호박, 황금, 황련, 황벽나무, 회향, 회화나무, 후박나무.

장진경(1) : 애기똥풀.

장출혈(腸出血)(35) : 가시까치밥나무, 개여뀌, 관중, 까마귀밥나무, 까막까치밥나무, 까막바늘까치밥나무, 까치밥나무, 꼬리까치밥나무, 꿩의다리, 넓은잎까치밥나무, 눈까치밥나무, 다래나무, 동백나무, 명자나무, 무궁화, 미국산사, 바늘까치밥나무, 벽오동, 비자나무, 산사나무, 산짚신나물, 서양까치밥나무, 석류나무, 속새, 쇠뜨기, 연꽃, 오이풀, 윤판나물, 이삭여뀌, 작살나무, 칡, 큰조롱, 할미꽃, 향부자, 회화나무.

장티푸스(5) : 까마중, 넓은잎황벽나무, 도꼬마리, 삽주, 황벽나무.

장풍(腸風)(19) : 가시엉겅퀴, 개여뀌, 갯실새삼, 겨우살이, 노랑하늘타리, 둥근이질풀, 땅빈대, 모람, 산짚신나물, 연령초, 왕모람, 왜개연꽃, 은꿩의다리, 인동, 잔털인동, 칡, 털계뇨등, 토대황, 하늘타리.

저혈압(低血壓)(24) : 감초, 구기자나무, 다시마, 당근, 들깨, 목화, 무, 백작약, 사과나무, 삼지구엽초, 생강, 쇠비름, 알로에, 양배추, 영지, 오미자, 오수유, 인삼, 조, 좁쌀풀, 참깨, 콩, 퉁퉁마디, 호박.

적대하(赤帶下)(1) : 참죽나무.

적리(積痢)(30) : 개황기, 군자란, 꿩의밥, 눈여뀌바늘, 댑싸리, 돌바늘꽃, 둥근이질풀, 문주란, 바늘꽃, 백양꽃, 버들바늘꽃, 분홍쥐손이, 붉노랑상사화, 삼쥐손이, 상사화, 석산, 선이질풀, 섬쥐손이, 아프리카문주란, 여뀌바늘, 자주개황기, 좀바늘꽃, 쥐손이풀, 참이질풀, 큰바늘꽃, 큰세잎쥐손이, 황기, 회령바늘꽃, 흰상사화, 흰아프리카문주란.

적면증(赤面症)(11) : 가지, 감국, 구절초, 구절초, 닭의장풀, 수리딸기, 쑥, 익모초, 익모초, 칡, 칡.

적백대하(赤白帶下)(1) : 편두.

적백리(赤白痢)(54) : 가죽나무, 국화쥐손이, 꽃무릇, 꿀풀, 꿩의밥, 끈끈이주걱, 냉이, 노랑부추, 눈비름, 다릅나무, 댑싸리, 둥근이질풀, 많첩해당화, 맨드라미, 무궁화, 바늘꽃, 뱀무, 부전쥐소니, 부처꽃, 비름, 산쥐손이, 산짚신나물, 상사화, 생강, 선이질풀, 선피막이, 섬쥐손이, 세잎쥐손이, 소리쟁이, 솔비나무, 쇠비름, 수세미외, 수양버들, 싱아, 쑥, 양귀비, 양파, 오이풀, 우단쥐손이, 이질풀, 좀쥐손이, 줄맨드라미, 쥐소니풀, 짚신나물, 치자나무, 큰뱀무, 털부처꽃, 파, 하늘타리, 할미꽃, 황기, 황련, 회양목, 추나무.

적안(赤眼)(1) : 봄맞이.

적체(積滯)(1) : 피마자.

적취(積聚)(13) : 갯완두, 매자기, 모란, 미역, 붓꽃, 뽕나무, 소리쟁이, 쇠무릎, 쇠비름, 수수, 윤판나물, 피마자, 할미꽃.

전간(癲癎)(10) : 고사리삼, 단풍터리풀, 두루미천남성, 붉은터리, 점박이천남성, 참여로, 천남성, 터리풀, 파란여로, 흰여로.

전근족종(轉筋足腫)(1) : 후박나무.

전립선비대증(前立腺肥大症)(16) : 댑싸리, 무, 방기, 비파나무, 살구나무, 쇠무릎, 수박, 옥수수, 자리공, 지황, 질경이, 천궁, 청미래덩굴, 택사, 호박, 황벽나무.

전립선암(前立腺癌)(15) : 골등골나물, 골무꽃, 매일초, 미역취, 부처꽃, 비파나무, 빈랑나무, 산자고, 양배추, 양파, 옻나무, 주목, 짚신나물, 청미래덩굴, 회화나무.

전립선염(前立腺炎)(6) : 살구나무, 수염가래꽃, 아가리쿠스, 옥수수, 청미래덩굴, 택사.

전신동통(全身疼痛)(2) : 동의나물, 참동의나물.

전신부종(全身浮腫)(4) : 뚝새풀, 속속이풀, 옥매, 큰고랭이.

전신불수(全身不隨)(1) : 참방동사니.

전신통(全身痛)(2) : 고비고사리, 긴사상자.

전염성간염(傳染性肝炎, infectious hepatitis)(2) : 둥근매듭풀, 매듭풀.

전초(全草)(1) : 쪽파.

절상(折傷)(34) : 개버무리, 검은종덩굴, 국화으아리, 금붓꽃, 노루발, 누른종덩굴, 등심붓꽃, 매화바람꽃, 문모초, 물칭개나물, 병조희풀, 봉래꼬리풀, 부채붓꽃, 분홍노루발, 사위질빵, 새끼노루발, 선개불알풀, 세잎종덩굴, 솔붓꽃, 애기노루발, 외대으아리, 요강나물, 위령선, 으아리, 자주조희풀, 자주종덩굴, 좀사위질빵, 종덩굴, 참으아리, 큰물칭개나물, 타래붓꽃, 할미밀망, 함북종덩굴, 호노루발.

절옹(折癰)(10) : 감자, 대나물, 밤나무, 복숭아나무, 생강, 승검초, 우엉, 지황, 참비름, 천문동.

점활(粘滑)(3) : 당아욱, 무궁화, 부용.

점활약(粘滑藥)(1) : 황근.

접골(接骨)(1) : 분홍바늘꽃.

정경통(定痙痛)(2) : 붉은참반디, 애기참반디.

정기(精氣)(12) : 가시연꽃, 각시마, 넓은잎황벽나무, 마, 박주가리, 새삼, 신경초, 인삼, 중나리, 참당귀, 하수오, 호리병박.

정력(精力)(10) : 갯기름나물, 기름나물, 눈개승마, 무환자나무, 반디미나리, 서울개발나물, 왜우산풀, 참반디, 한라개승마, 황벽나무.

정력감퇴(精力減退)(1) : 복분자딸기.

정력증진(精力增進)(50) : 가시오갈피, 감초, 갯기름나물, 결명차, 구기자나무, 넓은잎황벽나무, 당근, 더덕, 두충, 둥굴레, 들깨, 마, 마늘, 메꽃, 묏대추나무, 미나리, 민들레,

박락회, 박주가리, 밤나무, 복분자딸기, 뽕나무, 산수유나무, 삼지구엽초, 삽주, 새삼, 생강, 소나무, 쇠무릎, 수박, 시금치, 양파, 엉겅퀴, 연꽃, 영지, 오미자, 으름덩굴, 인삼, 잣나무, 죽대, 지황, 질경이, 참깨, 층층둥굴레, 큰엉겅퀴, 큰조롱, 토마토, 하수오, 황기, 황벽나무.

정수고갈(精水枯渴)(9) : 각시마, 결명차, 둥근마, 들깨, 묏대추나무, 복분자딸기, 쇠무릎, 오미자, 죽대.

정신광조(精神狂躁)(1) : 미치광이풀.

정신분열증(精神分裂症)(26) : 광귤나무, 말나리, 백합, 범꼬리, 복숭아나무, 섬대, 소엽, 솔나리, 솜대, 인삼, 제주조릿대, 조릿대, 족도리, 죽대, 중나리, 쥐오줌풀, 지치, 참나리, 창포, 천마, 청피대나무, 털중나리, 토마토, 하늘나리, 홉, 황련.

정신불안(情緒不安)(1) : 조름나물.

정신피로(精神疲勞)(2) : 개별꽃, 덩굴개별꽃.

정양(靜養)(12) : 가시연꽃, 개연꽃, 넓은잎황벽나무, 마, 마타리, 별꽃, 산구절초, 삼지구엽초, 새삼, 측백나무, 파고지, 후박나무.

정열(精熱)(1) : 부레옥잠.

정장(挺長)(5) : 부추, 산달래, 산쥐손이, 일본목련, 황벽나무.

정종(疔腫)(24) : 각시투구꽃, 개싹눈바꽃, 그늘돌쩌귀, 까치발, 놋젓가락나물, 도깨비바늘, 도꼬마리, 미국가막사리, 민들레, 백부자, 산민들레, 서양민들레, 세잎돌쩌귀, 싹눈바꽃, 왕바꽃, 이삭바꽃, 좀민들레, 좁은잎가막사리, 지리바꽃, 참줄바꽃, 키다리바꽃, 투구꽃, 한라돌쩌귀, 흰민들레.

정창(疔瘡)(11) : 가시엉겅퀴, 괭이눈, 금강제비꽃, 땅빈대, 민산초, 바늘엉겅퀴, 산국, 애기땅빈대, 장군풀, 톱바위취, 흰민들레.

정천(定喘)(2) : 개솔새, 조개풀.

정혈(精血)(146) : 가는다리장구채, 가는장구채, 가는참나물, 각시괴불나무, 각시제비꽃, 갈퀴꼭두서니, 감자개발나물, 개구릿대, 개석잠풀, 개연꽃, 갯강활, 갯장구채, 고깔제비꽃, 고본, 골무꽃, 광릉골무꽃, 괴불나무, 구기자나무, 구름제비꽃, 구릿대, 구슬골무꽃, 구절초, 국화, 궁궁이, 그늘골무꽃, 근대, 금마타리, 기린초, 긴잎별꽃, 길마가지나무, 꼭두서니, 꽃치자, 끈끈이대나물, 끈끈이장구채, 나도개미자리, 남가새, 남개연, 남산제비꽃, 냉초, 너도개미자리, 넓은산꼬리풀, 넓은잎쥐오줌풀, 노랑부추, 노루참나물, 눈여뀌바늘, 능소화, 단풍제비꽃, 대, 돌마타리, 두메투구꽃, 둥근털제비꽃, 뚝갈, 마타리, 말냉이장구채, 말뱅이나물, 명천장구채, 모란, 바늘꽃, 바디나물, 바위구절초, 뱀톱, 벌노랑이, 별꽃, 복숭아나무, 분홍장구채, 붉은참반디, 산구절초, 산달래, 산사나무, 산수국, 삼색제비꽃, 삼수구릿대, 서울제비꽃, 서흥구절초, 석잠풀, 섬괴불나무, 섬제비꽃, 솔인진, 쇠무릎, 쇠별꽃, 수국, 수국차, 숫명다래나무, 시로미, 신경초, 실별꽃, 쑥, 아욱제비꽃, 애기골무꽃, 애기장구채, 애기참반디, 양배추, 양파, 어저귀, 여뀌바늘, 엷은잎제비꽃, 영지, 오랑캐장구채, 옻나무, 왜개연꽃, 왜당귀, 왜천궁, 왜천궁, 우단꼭두서니,

우단석잠풀, 울릉장구채, 익모초, 인동, 자두나무, 자운영, 잔잎바디, 잔털인동, 잔털제비꽃, 장구채, 장백제비꽃, 제비꽃, 졸방제비꽃, 좀바늘꽃, 종지나물, 쪽파, 참골무꽃, 참나물, 참당귀, 처녀바디, 천궁, 측백나무, 층층장구채, 치자나무, 큰꼭두서니, 태백제비꽃, 털냉초, 털쇠무릎, 파, 팬지, 포천구절초, 풍선덩굴, 한라장구채, 할미꽃, 형개, 흰장구채, 현오색.

제독(諸毒)(1) : 뱀딸기.

제번소갈(除煩消渴)(1) : 지모.

제번열(除煩熱)(2) : 조릿대풀, 차나무.

제번지갈(除煩止渴)(2) : 마름, 애기마름.

제복동통(臍腹疼痛)(1) : 당아욱.

제습(除濕)(170) : 갈퀴나물, 감국, 강활, 개다래나무, 개똥쑥, 개머루, 개사철쑥, 개속새, 개수양버들, 갯메꽃, 갯버들, 거지덩굴, 겨우살이, 계뇨등, 계수나무, 고본, 고삼, 공작고사리, 굴거리, 귀룽나무, 금모구척, 꼭두서니, 꿩의바람꽃, 나도하수오, 냉초, 노간주나무, 노박덩굴, 놋젓가락나물, 누리장나무, 능수버들, 다래나무, 닥나무, 담쟁이덩굴, 당마가목, 대극, 더덕, 덧나무, 둥굴레, 등대풀, 딱지꽃, 딱총나무, 땃두릅나무, 떡쑥, 뜰보리수, 마늘, 마삭줄, 만년석송, 만년청, 말오줌때, 말오줌때, 맑은대쑥, 망초, 머위, 멍석딸기, 명자나무, 물푸레나무, 미국자리공, 민산초, 밀나물, 바꽃, 바늘꽃, 박쥐나무, 박태기나무, 박하, 반하, 방기, 배초향, 백량금, 백리향, 백목련, 백미꽃, 백선, 뱀무, 부전쥐소니, 붉은톱풀, 빼꾹채, 뽕나무, 사시나무, 사철쑥, 산마늘, 산부추, 산일엽초, 산초나무, 산톱풀, 산해박, 삼지구엽초, 삽주, 새모래덩굴, 생강, 생이가래, 서울귀룽나무, 석창포, 선이질풀, 선피막이, 섬오갈피, 섬천남성, 세잎쥐손이, 소나무, 송악, 송이풀, 쇠채, 수양버들, 순비기나무, 승검초, 신경초, 애기우산나물, 여우콩, 예덕나무, 오갈피나무, 왕가시오갈피, 왕바랭이, 왕솜대, 용둥굴레, 우산나물, 위령선, 위성류, 으아리, 음나무, 이삭여뀌, 이질풀, 자목련, 자주조희풀, 장구채, 절굿대, 점박이천남성, 제주진득찰, 족도리, 좀모형, 죽대, 쥐방울덩굴, 쥐소니풀, 지느러미엉겅퀴, 지렁쿠나무, 진득찰, 진범, 찔레나무, 참나무겨우살이, 참빗살나무, 참으아리, 창포, 천마, 청가시덩굴, 초피나무, 촛대승마, 측백나무, 층꽃나무, 콩, 큰뱀무, 키버들, 털계뇨등, 털냉초, 털여뀌, 털진득찰, 투구꽃, 풀명자나무, 피나물, 피마자, 함박이, 해당화, 향나무, 향등골나물, 호랑가시나무, 호자나무, 호장근, 홀아비꽃대, 홍만병초, 화살나무, 회양목, 후추등, 흰독말풀.

제습살충(除濕殺蟲)(1) : 좀목형.

제습이뇨(除濕利尿)(1) : 큰고랭이.

제습이수(除濕利水)(1) : 나도겨풀.

제습지양(除濕止痒)(3) : 산쑥, 쑥, 황해쑥.

제습지통(除濕止痛)(3) : 갯기름나물, 방풍, 백선.

제습지해(除濕止咳)(1) : 튜울립나무.

제암(制癌, anticarcino)(10) : 등대시호, 마름, 부처꽃, 섬시호, 시호, 애기마름, 인삼, 좀부처꽃, 참깨, 털부처꽃.

제열(除熱)(2) : 가을강아지풀, 오이.

제열조습(除熱燥濕)(1) : 참죽나무.

제열해독(除熱解毒)(2) : 조, 지치.

제출혈(諸出血)(1) : 맨드라미.

제충제(除蟲劑)(10) : 고본, 고삼, 담배, 모시풀, 비자나무, 쑥, 여뀌, 참죽나무, 창포, 파리풀.

제풍(臍風)(1) : 금낭화.

조갈증(燥喝症)(35) : 가시복분자, 각시마, 개미취, 광귤나무, 기장, 나도수영, 닭의장풀, 둥굴레, 들깨, 만년석송, 맥문동, 머루, 배나무, 벗풀, 삽주, 생강나무, 소엽맥문동, 손바닥난초, 수리딸기, 시로미, 애기마름, 오이, 옥죽, 왕대, 익모초, 제주조릿대, 죽순대, 찔레나무, 참억새, 칡, 털다래, 통둥굴레, 편두, 황기, 황정.

조경(燥痙)(69) : 가야산은분취, 각시서덜취, 개속새, 개쇠뜨기, 개연꽃, 갯괴불주머니, 공작고사리, 괴불주머니, 구와취, 구절초, 그늘취, 금강분취, 긴분취, 까치수영, 깨꽃, 꽈리, 남포분취, 논냉이, 눈괴불주머니, 능수쇠뜨기, 담배취, 당분취, 댓잎현호색, 두메분취, 두메취, 들현호색, 땅꽈리, 맨드라미, 물속새, 바늘분취, 바위구절초, 배암차즈기, 백량금, 백설취, 버들분취, 분취, 비단분취, 비자나무, 빗살서덜취, 빗살현호색, 산각시취, 산골취, 산괴불주머니, 산수유, 산호수, 서덜취, 서흥구절초, 섬현호색, 속새, 솜분취, 순비기나무, 애기현호색, 염주괴불주머니, 왜당귀, 왜현호색, 요강나물, 은분취, 자금우, 자주괴불주머니, 절굿대, 좀목형, 좀현호색, 큰괴불주머니, 큰절굿대, 털분취, 포천구절초, 현호색, 홍도서덜취, 황새냉이.

조경지통(調經止痛)(1) : 향부자.

조경통유(調經通乳)(1) : 고추나물.

조경활혈(調經活血)(1) : 수호초.

조루증(早漏症)(25) : 가시오갈피, 갯방풍, 광대싸리, 구기자나무, 구절초, 귤나무, 복분자딸기, 부추, 뽕나무, 산수유나무, 삽주, 새삼, 순비기나무, 연꽃, 오갈피나무, 오미자, 인삼, 장구채, 지황, 진달래, 질경이, 찔레나무, 천궁, 퉁퉁마디, 풀솜대.

조비후증(爪肥厚症)(5) : 나도송이풀, 백목련, 백선, 연꽃, 자목련.

조소화(助消化)(1) : 개망초.

조습(燥濕)(21) : 가래나무, 가죽나무, 개느삼, 남산천남성, 넓은잎천남성, 넓은잎황벽나무, 당멀구슬나무, 두루미천남성, 매발톱나무, 멀구슬나무, 물푸레나무, 민산초, 반하, 삽주, 소태나무, 연잎꿩의다리, 점박이천남성, 지리바꽃, 참죽나무, 큰천남성, 황련.

조습건비(燥濕健脾)(1) : 삽주.

조습화담(燥濕化痰)(3) : 두루미천남성, 둥근잎천남성, 큰천남성.

조식(調息)(2) : 개머위, 머위.

조중(調中)(2) : 개암나무, 바랭이.

조해(燥咳)(4) : 눈잣나무, 땅콩, 비자나무, 잣나무.

조혈(造血)(1) : 물억새.

졸도(卒倒)(14) : 광귤나무, 둥굴레, 맥문동, 밀나물, 반하, 백합, 벽오동, 산수유나무, 삽주, 소나기, 순비기나무, 어저귀, 천궁.

종(腫)(1) : 고비고사리.

종기(腫氣)(203) : 가는잎한련초, 가시오갈피, 가을강아지풀, 가회톱, 각시괴불나무, 갈퀴나물, 강계버들, 강낭콩, 개나리, 개머루, 개미자리, 개상사화, 개쉽사리, 개키버들, 갯버들, 갯쑥부쟁이, 거지덩굴, 고깔제비꽃, 고란초, 과남풀, 광나무, 괴불나무, 구름송이풀, 구슬댕댕이, 국화, 귀박쥐나물, 길마가지나무, 까마중, 꽃버들, 나도사프란, 나팔꽃, 나한송, 난장이버들, 내버들, 넓은산꼬리풀, 노랑투구꽃, 녹두, 놋젓가락나물, 누리장나무, 눈갯버들, 능수버들, 닥풀, 닭의장풀, 담배, 담쟁이덩굴, 당키버들, 닻꽃, 대송이풀, 덩굴강낭콩, 덩굴닭의장풀, 덩굴별꽃, 덩굴팥, 도라지, 두메고들빼기, 두메투구꽃, 둥근털제비꽃, 땅나리, 떡버들, 뚝갈, 마삭줄, 마주송이풀, 마편초, 맥문동, 모데미풀, 모란, 무화과나무, 물앵도나무, 물질경이, 물황철나무, 미국담쟁이덩굴, 미국자리공, 민까마중, 민들레, 바위송이풀, 바위취, 박, 반짝버들, 배초향, 배풍등, 백서향, 백운풀, 백합, 버드나무, 번행초, 벽오동, 봄구슬붕이, 분꽃, 분버들, 붉은강낭콩, 뻐꾹채, 사마귀풀, 사시나무, 산동쥐똥나무, 새박, 새양버들, 새팥, 서울제비꽃, 서향, 선갈퀴, 선버들, 섬괴불나무, 섬버들, 섬제비꽃, 섬쥐똥나무, 세뿔투구꽃, 소나무, 소철, 속새, 속속이풀, 솔나리, 송악, 송이풀, 수선화, 수양버들, 숫명다래나무, 쉽사리, 식나무, 쑥방망이, 아욱제비꽃, 알꽈리, 애기쉽사리, 얇은명아주, 여우버들, 예덕나무, 오동나무, 오이풀, 올괴불나무, 왕괴불나무, 왕바꽃, 왕버들, 용담, 용버들, 우엉, 유동, 유채, 육지꽃버들, 은백양, 은행나무, 이삭송이풀, 이태리포푸라, 익모초, 인동, 일본사시나무, 자귀나무, 자주덩굴별꽃, 잔털인동, 잔털제비꽃, 제비꽃, 조각자나무, 조밥나물, 족제비싸리, 좀닭의장풀, 좀분버들, 좁은잎덩굴용담, 좁은잎배풍등, 종지나물, 주름잎, 줄바꽃, 중나리, 지느러미엉겅퀴, 지리바꽃, 지칭개, 진퍼리버들, 쪽버들, 참명아주, 참오글잎버들, 청괴불나무, 청명아주, 취명아주, 층꽃나무, 층층나무, 칼잎용담, 코스모스, 콩버들, 큰구슬붕이, 큰산버들, 큰솔나리, 키다리바꽃, 키버들, 태백제비꽃, 털괴불나무, 털마삭줄, 털쉽사리, 털중나리, 투구꽃, 팥, 하늘나리, 하늘말나리, 한련, 한련초, 함박꽃나무, 향나무, 호랑버들, 홍괴불나무, 황철나무, 흰괴불나무, 흰꽃나도사프란, 흰진범.

종독(腫毒)(311) : 가락지나물, 가시나무, 가시엉겅퀴, 가지고비고사리고사리, 가회톱, 각시마, 갈졸참나무, 갈참나무, 갈퀴나물, 감국, 감나무, 감초, 강아지풀, 개가시나무, 개갓냉이, 개구리밥, 개구리자리, 개구리발톱, 개머루, 개석잠풀, 개승마, 개오동나무, 개질경이, 갯방풍, 갯버들, 갯완두, 갯장구채, 갯질경이, 거지덩굴, 겨자, 계뇨등, 고들빼기, 고본, 고비고사리, 고추나물, 골무꽃, 곽향, 광대나물, 광대수염, 괴불주머니, 구릿대, 국화, 국화마, 굴참나무, 굴피나무, 글라디올러스, 금낭화, 금방망이, 금창초, 기린초, 까마중, 까치수염, 꽃마리, 꽈리, 꿀풀, 꿩의바람꽃, 꿩의비름, 나도하수오, 남오미자, 냇버들, 넓은잎딱총나무, 노루귀, 놋젓가락나물, 누리장나무, 누린내풀, 눈빛승마, 다래나무, 단삼, 단풍마, 달래, 닭의장풀, 대극, 대추나무, 대황, 댑싸리, 더덕, 덧나무, 도꼬마리, 도라지, 돈나무, 돌나물, 돌외, 동백나무, 두메닥나무, 둥근마, 등칡, 딱지꽃, 딱총나무, 땅꽈리, 땅비싸리, 떡갈나무, 뜰보리수, 마, 마늘, 마삭줄, 만년청, 말나리, 말냉이, 말냉이장구채, 말오줌나무, 망초, 매일초, 머위, 멍석딸기, 메밀, 며느리밑씻개, 며느리배꼽, 모감주나무, 모시대, 목화, 무, 무릇, 무화과나무, 물달개비, 물레나물, 물봉선화, 물쑥, 물옥잠, 미국자리공, 미나리아재비, 미모사, 미역, 미역취, 민들레, 바위솔, 바위취, 박, 박락회, 박하, 반하, 밤나무, 방아풀, 배롱나무, 배초향, 배풍등, 백당나무, 백량금, 뱀딸기, 뱀무, 뱀톱, 버드나무, 번행초, 범꼬리, 벼룩나물, 별꽃, 보풀, 복숭아나무, 봉선화, 부용, 부채마, 부처꽃, 분꽃, 분홍장구채, 붉가시나무, 붉나무, 붓꽃, 비비추, 비파나무, 뽀리뱅이, 사리풀, 산닥나무, 산옥잠화, 산자고, 산조팝나무, 산톱풀, 산해박, 살구나무, 삼(대마), 삼백초, 상사화, 상산, 상수리나무, 새머루, 새모래덩굴, 새우난, 서향, 석산, 석위, 석잠풀, 선인장, 설령개현삼, 섬현삼, 세잎돌쩌귀, 세잎양지꽃, 소귀나무, 소리쟁이, 소태나무, 솔나물, 솜방망이, 쇠고비, 쇠무릎, 수선화, 수양버들, 수염가래꽃, 수영, 쉬땅나무, 쉽사리, 승마, 쑥, 쑥방망이, 애기똥풀, 애기수영, 애기장구채, 애기풀, 앵초, 야고, 약모밀, 약밤나무, 양하, 어저귀, 여뀌, 여우팥, 여주, 예덕나무, 오동나무, 오이, 오이풀, 옥수수, 왕고들빼기, 왕질경이, 왜승마, 우산나물, 우엉, 위령선, 위성류, 유채, 율무, 으름덩굴, 은행나무, 이질풀, 인동, 인삼, 자귀풀, 자두나무, 자란, 자작나무, 잔대, 잣나무, 장구채, 장군풀, 절굿대, 접시꽃, 정능참나무, 제비꽃, 제비쑥, 조개풀, 졸가시나무, 졸방제비꽃, 좀부처꽃, 종가시나무, 주름잎, 중대가리풀, 쥐방울덩굴, 지느러미엉겅퀴, 지렁쿠나무, 지치, 지칭개, 진득찰, 질경이, 쪽, 참가시나무, 참꽃마리, 참나리, 참마, 참소리쟁이, 창질경이, 채송화, 천문동, 청가시덩굴, 청미래덩굴, 청비름, 촛대승마, 큰개현삼, 큰뱀무, 큰엉겅퀴, 큰조롱, 타래붓꽃, 털냉초, 털부처꽃, 털여뀌, 털질경이, 토란, 토현삼, 톱바위취, 톱풀, 투구꽃, 파대가리, 파드득나물, 팥, 팥꽃나무, 팽나무, 표고, 풀솜대, 피나물, 피마자, 하수오, 한련초, 함박이, 해당화, 향나무, 향등골나물, 현삼, 호자나무, 호장근, 황금, 황기, 황벽나무, 황새승마, 회화나무, 흑난초, 흑삼릉.

종두(種痘)(1) : 사과나무.

종염(踵炎)(6) : 만년청, 모람, 석잠풀, 왕모람, 우단석잠풀, 층층둥굴레.

종유(種油)(3) : 애기고추나물, 좀고추나물, 진주고추나물.

종창(腫脹)(110) : 가는잎왕고들빼기, 가시까치밥나무, 가지, 개구리발톱, 개구리밥, 개나리, 개머위, 개오동, 갯씀바귀, 거지덩굴, 고들빼기, 고란초, 곰솔, 괭이밥, 국화수리취, 금마타리, 긴담배풀, 까막바늘까치밥나무, 꽃개오동, 냉초, 눈잣나무, 단삼, 담배풀, 담쟁이덩굴, 돌마타리, 두루미천남성, 두메닥나무, 둥굴레, 둥근이질풀, 둥근잎천남성, 땅비싸리, 떡쑥, 뚝갈, 띠, 리기다소나무, 마타리, 만년청, 만리화, 만주곰솔, 머위, 무늬천남성, 미국가막사리, 바늘까치밥나무, 방가지똥, 뱀딸기, 번음씀바귀, 벌씀바귀, 봉선화, 분홍쥐손이, 사철베고니아, 산개나리, 산부채, 산씀바귀, 산쥐손이, 산층층이풀, 삼쥐손이, 상추, 서양까치밥나무, 서양까치밥나무, 서향, 석창포, 선이질풀, 섬쥐손이, 섬천남성, 쇠비름, 수리취, 쑥, 씀바귀, 앉은부채, 애기똥풀, 애기앉은부채, 애기우산나물, 약난초, 약모밀, 연꽃, 오동나무, 왕고들빼기, 용설채, 우산나물, 이고들빼기, 이질풀, 자주개황기, 자주방가지똥, 잣나무, 점박이천남성, 제주진득찰, 좀담배풀, 좀씀바귀, 좁은잎가막사리, 주엽나무, 쥐손이풀, 참깨, 참오동나무, 참이질풀, 창포, 채송화, 청미래덩굴, 층층둥굴레, 칡, 큰방가지똥, 큰세잎쥐손이, 큰수리취, 큰천남성, 택사, 털머위, 하늘타리, 한련초, 해변황기, 황기, 황벽나무.

종창종독(腫瘡腫毒)(1) : 고사리삼.

종통(腫痛)(13) : 개맨드라미, 국화바람꽃, 깃반쪽고사리, 꿩의바람꽃, 담쟁이덩굴, 문주란, 미국담쟁이덩굴, 바늘엉겅퀴, 바람꽃, 반쪽고사리, 자두나무, 큰봉의꼬리, 홀아비바람꽃.

좌골신경통(坐骨神經痛)(10) : 고비, 까마중, 대, 덧나무, 민까마중, 석송, 신경초, 예덕나무, 음나무, 지렁쿠나무.

좌상(挫傷)(5) : 넓은잎딱총나무, 덧나무, 딱총나무, 말오줌나무, 지렁쿠나무.

좌상근(挫傷筋)(1) : 후박나무.

좌섬요통(挫閃腰痛)(6) : 도꼬마리, 소나무, 소리쟁이, 쇠무릎, 엉겅퀴, 음나무.

주독(酒毒)(48) : 가래, 가시연꽃, 갈대, 감나무, 검양옻나무, 결명차, 고삼, 고욤나무, 귤나무, 금붓꽃, 깽깽이풀, 꽃창포, 남천, 노랑붓꽃, 녹두, 등심붓꽃, 등칡, 띠, 마름, 망초, 매실나무, 명자나무, 무, 무화과나무, 미나리, 배나무, 벚나무, 복숭아나무, 부채붓꽃, 분꽃, 붓꽃, 산검양옻나무, 산당화, 산사나무, 소엽, 솔붓꽃, 솜대, 솜대구, 수박, 순채, 시금치, 신이대, 애기고추나물, 연꽃, 오미자, 오이, 오죽, 옻나무, 왕대, 유자나무, 은행나무, 제비붓꽃, 제비쑥, 제주조릿대, 조릿대, 좀고추나물, 진주고추나물, 죽순대, 줄, 칡, 타래붓꽃, 편두, 풀명자나무, 해장중, 헛개나무.

주독풍(酒毒風)(1) : 새머루.

주름(14) : 갈졸참나무, 떡갈졸참나무, 떡갈참나무, 떡속소리나무, 떡신갈나무, 떡신갈참나무, 떡신졸참나무, 물참나무, 봉동참나무, 신갈나무, 신갈졸참나무, 약밤나무, 졸참나무, 굴참나무.

주름살(6) : 갈참나무, 메꽃, 밤나무, 상수리나무, 생강, 정능참나무.

주부습진(主婦濕疹)(7) : 감나무, 복숭아나무, 뽕나무, 삼(대마), 생강, 쑥, 알로에.

주비(周痺)(5) : 녹두, 능소화, 복령, 복숭아나무, 율무.

주중독(酒中毒)(5) : 감초, 작두콩, 칡, 콩, 편두.

주체(酒滯)(10) : 가지, 감국, 감나무, 녹두, 능소화, 소나무, 인삼, 자두나무, 칡, 팥.

주취(舟醉)(1) : 남천.

주황병(酒荒病)(7) : 능소화, 망초, 시금치, 아욱, 쥐참외, 칡, 인삼.

중독(中毒)(20) : 갈풀, 갯기름나물, 갯사상자, 기름나물, 달뿌리풀, 반디미나리, 방풍, 백운기름나물, 벌사상자, 보춘화, 사동미나리, 서울개발나물, 왜우산풀, 제주진득찰, 진득찰, 참반디, 털기름나물, 털진득찰, 한란, 황벽나무.

중독증(中毒症)(18) : 갈대, 감나무, 겨자, 귤나무, 넓은잎황벽나무, 매실나무, 반하, 방풍, 생강, 생강나무, 연꽃, 오수유, 익모초, 참외, 천문동, 칡, 표고, 호두나무.

중이염(中耳炎)(22) : 갈퀴덩굴, 개나리, 금매화, 금창초, 마늘, 망초, 무, 바위떡풀, 바위취, 백합, 살구나무, 삼백초, 실망초, 애기금매화, 약모밀, 작두콩, 장구채, 적작약, 참깨, 창포, 콩, 토란.

중종(重腫)(2) : 갯방풍, 회향.

중추신경장애(中樞神經障碍)(4) : 쇠무릎, 신경초, 엉겅퀴, 음나무.

중통(重痛)(1) : 댕댕이덩굴.

중풍(中風)(103) : 가는참나물, 가지더부살이, 각시제비꽃, 감나무, 감자개발나물, 갑산제비꽃, 갓대, 강활, 개구리밥, 개발나물, 개산초, 개수양버들, 개싹눈바꽃, 개종용, 갯기름나물, 갯메꽃, 갯방풍, 겨자, 고깔제비꽃, 고욤나무, 고추, 골등골나물, 곰솔, 곽향, 광릉제비꽃, 구릿대, 구주소나무, 구절초, 국화, 금강제비꽃, 기름나물, 긴산꼬리풀, 긴잎여로, 긴잎제비꽃, 꼬리풀, 꾸지나무, 나도은조롱, 낚시제비꽃, 남가새, 냉이, 냉초, 넓은산꼬리풀, 넓은잎꼬리풀, 넓은잎제비꽃, 넓은잎천남성, 노랑부추, 노랑하늘타리, 노루참나물, 놋젓가락나물, 누리장나무, 눈잣나무, 느릅나무, 다래나무, 닥나무, 당마가목, 대, 댕댕이덩굴, 덩굴민백미꽃, 덩굴박주가리, 도꼬마리, 두루미천남성, 두릅나무, 두메층층이, 두메투구꽃, 둥근잎나팔꽃, 등골나물, 리기다소나무, 마가목, 만주곰솔, 말냉이, 머귀나무, 메꽃, 명아주, 모과나무, 묏미나리, 문모초, 물칭개나물, 민백미꽃, 민산초, 바위구절초, 박새, 박태기나무, 반하, 방풍, 배초향, 백미꽃, 백부자, 백선, 뱀딸기, 벌등골나물, 봉래꼬리풀, 부추, 붉은참반디, 붓순나무, 뽕나무, 산구절초, 산꼬리풀, 산마가목, 산뽕나무, 산쑥, 산초나무, 산층층이풀, 산해박, 살구나무, 삼백초, 삼지구엽초, 삽주, 새모래덩굴, 생강, 서울오갈피, 서흥구절초, 선개불알풀, 선메꽃, 선백미꽃, 섬오갈피, 섬조릿대, 세포큰조롱, 소나무, 솔인진, 솜대, 솜아마존, 송장풀, 쇠무릎, 승검초, 시금치, 시호, 신감채, 신이대, 싹눈바꽃, 쑥, 아욱제비꽃, 애기메꽃, 애기참반디, 애기탑꽃, 약모밀, 양반풀, 어수리, 여로, 엷은잎제비꽃, 오가나무, 오갈피나무, 오리나무더부살, 오죽, 왕대, 왕초피나무, 왜제비꽃, 우엉, 은행나무, 이대, 이삭바꽃, 이시도야제비꽃, 이팝나무, 자두나무, 잔털제비꽃, 잣나무, 점박이천남성, 제비꽃, 제주조릿대, 제주진득찰, 조각자나무, 조릿대, 주엽나무, 죽순대, 지리바꽃, 지리산오갈피, 진득찰, 진범, 참나물, 참쑥, 참여로, 참졸방제비꽃, 참줄바꽃, 천남성, 천마, 초종용, 초피나무, 층꽃나무, 층층이꽃, 칡, 콩, 큰개불알풀, 큰구와꼬리풀, 큰꽃으아리, 큰메꽃, 큰물칭개나물, 큰산꼬리풀, 큰조롱, 큰졸방제비꽃, 큰참나물, 큰천남성, 탑꽃, 털냉초, 털오갈피, 털제비꽃, 털진득찰, 투구꽃, 표고, 파드득나물, 파란여로, 포천구절초, 피마자, 하늘타리, 한라돌쩌귀, 해장죽, 향등골나물, 호박, 화엄제비꽃, 황기, 후박나무, 흰여로, 흰젓제비꽃, 흰제비꽃, 흰털제비꽃.

중풍실음(中風失音)(3) : 각시투구꽃, 노랑투구꽃, 모데미풀.

지갈(止渴)(32) : 개구리밥, 곰딸기, 광귤, 귤, 능금나무, 다래, 멍석딸기, 바늘꽃, 벌노랑이, 벗풀, 보리수나무, 보풀, 비파나무, 새머루, 새삼, 섬딸기, 소귀나물, 손바닥난초, 쇠비름, 수박, 실새삼, 연꽃, 오엽딸기, 올미, 유자나무, 줄딸기, 지채, 질경이, 사, 채송화, 칡, 택사, 황기.

지갈생진(止渴生津)(1) : 시로미.

지갈제번(止渴除煩)(1) : 각시둥굴레.

지경(止痙)(4) : 단풍터리풀, 붉은터리풀, 수련, 터리풀.

지곽란(止癨亂)(2) : 비수수, 수수.

지구역(持嘔逆)(18) : 갈대, 금불초, 담쟁이덩굴, 모과나무, 바디나물, 생강, 선인장, 여로, 인삼, 전호, 조, 조릿대, 칡, 탱자나무, 털진득찰, 편두, 황련, 회향.

지구제번(止嘔除煩)(1) : 갈대.

지도한(止盜汗)(1) : 벼.

지리(止痢)(11) : 개사상자, 마삭줄, 바늘꽃, 사상자, 삼쥐손이, 선이질풀, 섬쥐손이, 좁은잎덩굴용담, 참이질풀, 큰세잎쥐손이, 털마삭줄.

지방간(脂肪肝)(20) : 가래, 가시엉겅퀴, 감국, 개맨드라미, 더위지기, 덩굴팥, 둥근바위솔, 모감주나무, 벗풀, 사철쑥, 산층층이풀, 삼백초, 선피막이, 손바닥난초, 알로에, 인동, 절굿대, 제비꽃, 차나무, 큰물레나물.

지사(止瀉)(80) : 가는네잎갈퀴, 가래, 가시딸기, 가죽나무, 각시마, 각시취, 간장풀, 갈참나무, 감나무, 개박하, 개선갈퀴, 개양귀비, 개질경이, 갯질경이, 거지딸기, 검은딸기, 겨울딸기, 고욤나무, 고욤나무, 국화마, 국화쥐손이, 금잔화, 나무딸기, 남오미자, 남천, 네잎갈퀴, 녹보리똥나무, 단풍마, 둥근마, 둥근이질풀, 뜰보리수, 마, 맥도딸기, 무궁화, 물꽈리아재비, 물질경이, 범꼬리, 보리밥나무, 보리수나무, 보리장나무, 복분자딸기, 부전쥐손이, 부채마, 부처꽃, 분홍쥐손이, 산딸기, 산쥐손이, 석류나무, 선이질풀, 세잎쥐손이, 수리딸기, 실거리나무, 애기가래, 애기솔나물, 얼레지, 연꽃, 왕볼레나무, 왕질경이, 우단쥐손이, 은행나무, 이질풀, 이팝나무, 장딸기, 좀부처꽃, 좀쥐손이, 쥐손이풀, 지채, 질경이, 차풀, 참마, 참죽나무, 창질경이, 측백나무, 층꽃나무, 큰잎쓴풀, 털부처꽃, 털질경이, 토란, 함박이, 황금.

지사제(止瀉劑)(3) : 꽃쥐손이, 참이질풀, 흰범꼬리.

지살(地煞)(1) : 고욤나무.

지양(至陽)(1) : 솔나물.

지음윤폐(支飮潤肺)(4) : 둥굴레, 왕둥굴레, 죽대, 통둥굴레.

지음증(支飮症)(10) : 가는금불초, 개양귀비, 노루귀, 둥근잔대, 살구나무, 수세미외, 영지, 은행나무, 잔대, 하늘나리.

지통(支痛)(36) : 가는잎쐐기풀, 각시취, 갈퀴나물, 강활, 갯질경, 고수, 골무꽃, 곰취, 공작고사리, 굴피나무, 긴꼬리쐐기풀, 긴사상자, 까마귀머루, 남천, 넉줄고사리, 누린내풀, 담쟁이덩굴, 도꼬마리, 매자기, 머루, 메타세콰이아, 미국담쟁이덩굴, 방기, 분홍바늘꽃, 뽀리뱅이, 새콩, 소귀나무, 쐐기풀, 왜천궁, 잇꽃, 주름잎, 쥐방울덩굴, 지채, 천궁, 회양목, 회향.

지통지혈(止痛止血)(1) : 피나물.

지통해독(止痛解毒)(3) : 산톱풀, 절굿대, 톱풀.

지한(止汗)(20) : 가는기름나물, 나도황기, 나한백, 낭아초, 넓은묏황기, 노랑부추, 눈측백, 땅비싸리, 묏황기, 밀, 산달래, 삽주, 서양측백나무, 양파, 자주황기, 쥐똥나무, 쪽파, 파, 해변황기, 황기.

지해(止咳)(16) : 개솔새, 노루오줌, 등대시호, 물쇠뜨기, 민백미꽃, 바늘분취, 사창분취, 산일엽초, 설앵초, 쇠뜨기, 시호, 애기일엽초, 앵초, 조개풀, 큰앵초, 풍년화.

지해거담(止咳祛痰)(5) : 곰취, 국화마, 단풍마, 부채마, 자금우.

지해지혈(止咳止血)(1) : 뱀딸기.

지해평천(止咳平喘)(5) : 개회나무, 멸가치, 살구나무, 쥐방울덩굴, 흰독말풀.

지해화담(止咳化痰)(3) : 물질경이, 죽단화, 황매화.

지해화염(止咳化炎)(2) : 꼬리풀, 머위.

지혈(止血)(432) : 가는기린초, 가는네잎갈퀴, 가는잎한련초, 가는잎할미꽃, 가는잎향유, 가는참나물, 가래, 가시엉겅퀴, 가시연꽃, 가야산은분취, 가죽나무, 각시괴불나무, 각시붓꽃, 각시서덜취, 각시수련, 각시원추리, 각시취, 간장풀, 갈퀴꼭두서니, 갈풀, 감나무, 감자개발나물, 강계버들, 개망초, 개박하, 개발나물, 개부처손, 개불알풀, 개석잠풀, 개선갈퀴, 개수양버들, 개여뀌, 개연꽃, 개옻나무, 개키버들, 갯골풀, 갯버들, 갯장구채, 거머리말, 거미고사리, 거북꼬리, 검양옻나무, 결명차, 겹작약, 계뇨등, 고란초, 고려엉겅퀴, 고마리, 고본, 고비, 고사리, 고욤나무, 고추나물, 골무꽃, 골잎원추리, 골풀, 관중, 괴불나무, 구기자나무, 구름떡쑥, 구릿대, 구와취, 구주소나무, 국화수리취, 그늘골무꽃, 그늘취, 근대, 금강분취, 금강제비꽃, 금떡숙, 기린초, 긴병꽃풀, 긴분취, 긴오이풀, 길마가지나무, 깃고사리, 깃반쪽고사리, 깨풀, 꼬마부들, 꼭두서니, 꽃고비, 꽃치자, 꽃향유, 꿩고비, 꿩의비름, 나도하수오, 나사미역고사리, 난장이버들, 난장이바위솔, 날개골풀, 남개연, 남포분취, 내버들, 냉이, 넉줄고사리, 넓은잎외잎숙, 네가래, 네귀쓴풀, 네잎갈퀴, 노랑붓꽃, 노랑원추리, 노루발, 노루참나물, 노린재나무, 녹보리똥나무, 누린내풀, 눈개승마, 눈갯버들, 눈여뀌바늘, 능수버들, 다람쥐꼬리, 다릅나무, 다북떡쑥, 다시마일엽초, 닭의장풀, 담배취, 담배풀, 담쟁이덩굴, 당버들, 당분취, 당키버들, 닻꽃, 대, 더위지기, 덧나무, 덩굴장미, 도깨비쇠고비, 도깨비엉겅퀴, 도라지, 동백나무, 두메닥나무, 두메바늘꽃, 두메분취, 두메취, 둥근바위솔, 둥근이질풀, 딱지꽃, 딱총나무, 땅빈대, 떡버들, 떡쑥, 뜰보리수, 띠, 마늘, 마삭줄, 말냉이장구채, 말오줌때, 망초, 매자잎버들, 맨드라미, 멀구슬나무, 멸가치, 모란, 모시풀, 목화, 무, 무궁화, 무화과나무, 묵밭소리쟁이, 물고추나물, 물골풀, 물레나물, 물앵두나무, 물양지꽃, 물엉겅퀴,

물푸레나무, 미나리, 미루나무, 바나나, 바늘꽃, 바늘엉겅퀴, 바늘분취, 바위손, 바위솔, 박주가리, 박하, 반디지치, 반짝버들, 반쪽고사리, 밤나무, 배롱나무, 백두산떡쑥, 백설취, 백작약, 뱀무, 뱀톱, 버드나무, 버들바늘꽃, 버들분취, 버들일엽, 버들잎엉겅퀴, 벌노랑이, 범꼬리, 벽오동, 별날개골풀, 병풀, 보리밥나무, 보리수나무, 보리장나무, 보춘화, 부들, 부처손, 부추, 분버들, 분취, 분홍장구채, 분홍할미꽃, 붉나무, 붉은참반디, 비단분취, 비수수, 비짜루, 빗살서덜취, 사시나무, 사창분취, 산각시취, 산골취, 산닥나무, 산속단, 산오이풀, 산일엽초, 산작약, 산쥐손이, 산짚신나물, 산할미꽃, 삼잎방망이, 상수리나무, 상황버섯, 생강, 새양버들, 서덜취, 서향, 석결명, 석류나무, 석위, 석잠풀, 선버들, 선이질풀, 선피막이, 섬괴불나무, 섬모시풀, 섬버들, 섬쥐손이, 세뿔석위, 세잎꿩의미름, 세잎양지꽃, 세잎쥐손이, 소귀나무, 소나무, 소리쟁이, 소엽, 손고비, 솔비나무, 솜대, 솜분취, 솜양지꽃, 송악, 쇠고비, 쇠비름, 수세미외, 수련, 수리취, 수수, 수양버들, 수염가래꽃, 순채, 숟갈일엽, 숫명다래나무, 승검초, 승마, 시금치, 신경초, 실고사리, 쌍실버들, 쑥, 아까시나무, 애기골풀, 애기도라지, 애기땅빈대, 애기부들, 애기석위, 애기솔나물, 애기일엽초, 애기장구채, 애기참반디, 애기풀, 얇은명아주, 양버들, 양지꽃, 엉겅퀴, 여뀌, 여우버들, 여우오줌, 연꽃, 영지, 오리나무, 오이풀, 옥잠화, 올괴불나무, 옻나무, 왕버들, 왕볼레나무, 왕쥐똥나무, 왜개연꽃, 왜구실사리, 왜떡쑥, 용버들, 용설란, 우단꼭두서니, 우단담배풀, 우단일엽, 원산딱지꽃, 원추리, 육지꽃버들, 은백양, 은분취, 이삭여뀌, 이질풀, 이채리포푸라, 익모초, 인동, 일본사시나무, 일엽초, 잇꽃, 자란, 자주가는오이풀, 작약, 잔털인동, 장구채, 적작약, 절굿대, 정영엉겅퀴, 제비쑥, 제주산버들, 제주피막이, 조뱅이, 좀깨잎나무, 좀닭의장풀, 좀미역고사리, 좀바늘꽃, 좀분버들, 좀향유, 종려나무, 주걱일엽, 줄, 쥐꼬리망초, 쥐똥나무, 지느러미엉겅퀴, 지칭개, 지황, 진퍼리버들, 질경이, 짚신나물, 쪽, 쪽버들, 참골풀, 참나물, 참소리쟁이, 참쇠고비, 참식나무, 참오글잎버들, 참작약, 참죽나무, 창고사리, 채고추나물, 청미래덩굴, 측백나무, 층층고란초, 치자나무, 칡, 컴프리, 콩버들, 콩짜개덩굴, 큰각시취, 큰고란초, 큰고추나물, 큰꼭두서니, 큰꿩의비름, 큰물레나물, 큰바늘꽃, 큰산버들, 큰수리취, 큰애기나리, 큰엉겅퀴, 큰잎버들, 큰절굿대, 큰피막이, 키버들, 타래붓꽃, 탱자나무, 털딱지꽃, 컬백작약, 컬분취, 퉁퉁마디, 파초, 파초일엽, 팥꽃나무, 패모, 풀솜나물, 풍년화, 피나물, 피라칸다, 피마자, 피막이풀, 한라개승마, 한란, 한련, 한련초, 할미꽃, 함박꽃나무, 향유, 해당화, 해바라기, 향나무, 형개, 호랑버들, 호바늘꽃, 홍괴불나무, 홍도서덜취, 홍초, 황금, 황련, 회령바늘꽃, 회화나무, 흰잎엉겅퀴, 흰지느러미엉겅퀴.

지혈산어(止血散瘀)(2) : 갯질경, 이삭여뀌.

지혈생기(止血生肌)(2) : 노린재나무, 우산잔디.

지혈제(止血劑)(1) : 흰범꼬리.

직장암(直腸癌)(11) : 두루미천남성, 비파나무, 빈카, 상황버섯, 수염가래꽃, 애기마름, 영지, 옻나무, 죽순대, 짚신나물, 청미래덩굴.

진경(鎭痙)(137) : 가는범꼬리, 각시투구꽃, 강활, 개똥쑥, 개싹눈바꽃, 개양귀비, 개염주나무, 갯괴불주머니, 갯율무, 겹작약, 고본, 골풀, 괴불주머니, 구릿대, 구주피나무, 궁궁이, 그늘돌쩌귀, 긴잎쥐오줌풀, 꿩의다리아재비, 꿩의바람꽃, 나도하수오, 남산천남성, 남오미자, 넓은잎쥐오줌풀, 노랑투구꽃, 놋젓가락나물, 눈괴불주머니, 댓잎현호색, 독말풀, 두루미천남성, 두메양귀비, 둥근잎천남성, 들현호색, 모데미풀, 모란, 묏대추나무, 묏미나리, 무늬천남성, 반하, 백리향, 백부자, 백작약, 뱀무, 범꼬리, 범부채, 보리자나무, 붉은토끼풀, 붉은톱풀, 빗살현호색, 뽕잎피나무, 사리풀, 사위질빵, 산괴불주머니, 산부채, 산작약, 산톱풀, 살구나무, 서양톱풀, 서울오갈피, 설령쥐오줌풀, 섬개야광나무, 섬오갈피, 선천남성, 섬피나무, 섬현호색, 세모고랭이, 세뿔투구꽃, 세잎돌쩌귀, 수국, 수련, 시호, 신감채, 싹눈바꽃, 앉은부채, 애기똥풀, 애기앉은부채, 애기현호색, 양귀비, 연밥피나무, 염주, 염주괴불주머니, 오가나무, 오갈피, 웅기피나무, 왕바꽃, 왜현호색, 우단일엽, 운향, 율무, 은행나무, 이삭바꽃, 자주괴불주머니, 작약, 적작약, 점박이천남성, 좀현호색, 쥐오줌풀, 지리바꽃, 지리산오갈피, 진범, 찰피나무, 참나무겨우살이, 참당귀, 참작약, 참줄바꽃, 창포, 천궁, 천남성, 천마, 천문동, 청나래고사리, 칡, 칼잎용담, 큰개불주머니, 큰뱀무, 큰참나물, 큰천남성, 큰톱풀, 키다리바꽃, 털백작약, 털오갈피, 털피나무, 토마토, 톱풀, 투구꽃, 피나무, 한라돌쩌귀, 향부자, 현호색, 협죽도, 형개, 홉, 흑삼릉, 흰독말풀, 흰양귀비, 흰진범.

진수(眞水)(1) : 모데미풀.

진양(鎭痒)(3) : 간장풀, 개박하, 박하.

진정(鎭靜)(204) : 가는기린초, 가는잎왕고들빼기, 감국, 감초, 개구릿대, 개맥문동, 개머위, 개시호, 개쑥갓, 개씀배, 개족도리풀, 개회향, 갯강활, 갯씀바귀, 갯취, 겨우살이, 계수나무, 고들빼기, 고본, 고수, 곤달비, 곰취, 구릿대, 구주소나무, 국화, 궁궁이, 귤나무, 기름나물, 기린초, 긴갯금불초, 긴잎곰취, 긴잎쥐오줌풀, 께묵, 꼬리겨우살이, 꽃고비, 나한백, 냇씀바귀, 넓은잎쥐오줌풀, 넓은잎천남성, 노랑선씀바귀, 노루발, 놋젓가락나물, 단삼, 대, 대추나무, 댓잎현호색, 도꼬마리, 도라지, 동백나무겨우살이, 두메고들빼기, 두메부추, 두메애기풀, 두충, 마, 마늘, 말나리, 맥문동, 맥문아재비, 머위, 메타세콰이아, 멸가치, 모란, 목련, 묏대추나무, 무산곰취, 미모사, 미치광이풀, 민들레, 바디나물, 백작약, 백합, 버들쥐똥나무, 번음씀바귀, 벌씀바귀, 범꼬리, 병아리풀, 복령, 분홍선씀바귀, 붉은씨서양민들레, 비짜루, 뻐꾹채, 뽕나무, 사리풀, 사철나무, 사프란, 산국, 산마늘, 산민들레, 산부추, 산뽕나무, 산씀바귀, 산자고, 살구나무, 삼(대마), 삼수구릿대, 상동잎쥐똥나무, 상추, 생달나무, 서양민들레, 서양측백나무, 서울오갈피, 석창포, 선갈퀴, 선씀바귀, 설령쥐오줌풀, 섬오갈피나무, 섬천남성, 소나무, 소엽, 소엽맥문동, 솔나리, 솜대, 수련, 순비기나무, 승검초, 시금치, 실고사리, 씀바귀, 아스파라거스, 앉은부채, 애기똥풀, 애기앉은부채, 애기중의무릇, 애기풀, 어리곤달비, 영지, 오가나무, 오갈피, 왕고들빼기, 왕씀배, 왕쥐똥나무, 왜당귀, 왜천궁, 용설채, 용안, 우단석잠풀, 운지, 원지, 이고들빼기, 잇꽃, 자귀나무, 자주방가지똥, 잔잎바디, 전호, 점박이천남성, 조개나물, 조릿대, 족도리풀, 좀민들레, 좀씀바귀, 좁쌀풀, 좁은잎배풍등, 중국패모, 중나리, 중의무릇, 쥐똥나무, 쥐오줌풀, 지리산오갈피, 지칭개, 지황, 진범, 참나무겨우살이, 참당귀, 참산부추, 창포, 처녀바디, 천궁, 천마, 천문동, 청나래고사리, 추분취, 측백나무, 치자나무, 칡, 침향, 컴프리, 큰솔나리, 큰천남성, 털독말풀, 털머위, 털오갈피, 패모, 하늘말나리, 하늘타리, 한라부추, 함박꽃나무, 현호색, 홉, 화살곰취, 환삼덩굴, 황련, 후박나무, 흰독말풀, 흰민들레, 흰씀바귀, 흰진범.

진토(鎭吐)(11) : 가는금불초, 갈대, 곽향, 금잔화, 달뿌리풀, 매실나무, 석곡, 얼레지, 영지, 청피대나무, 헛개나무.

진통(陣痛)(473) : 가는돌쩌귀, 가는잎한련초, 가는잎할미꽃, 가막사리, 가시연꽃, 가시오갈피, 가지, 가지복수초, 가회톱, 각시투구꽃, 간장풀, 갈퀴나물, 갈퀴덩굴, 감국, 갓대, 강활, 개감수, 개구리갓, 개구리미나리, 개구리자리, 개구릿대, 개나리, 개느삼, 개다래나무, 개머루, 개미취, 개박하, 개벚지나무, 개살구나무, 개석잠풀, 개수양버들, 개시호, 개싹눈바꽃, 개쑥갓, 개양귀비, 개오동, 개족도리풀, 개회향, 갯강활, 갯골풀, 갯괴불주머니, 갯기름나물, 갯까치수염, 갯메꽃, 갯방풍, 갯버들, 갯율무, 갯장구채, 갯취, 검은종덩굴, 겨우살이, 겹작약, 계뇨등, 계수나무, 고본, 고삼, 고수, 고추냉이, 곤달비, 골담초, 골등골나물, 골무꽃, 골풀, 곰솔, 곰취, 광귤나무, 광대나물, 괴불주머니, 구름골풀, 구릿대, 구와가막사리, 구주소나무, 국화, 굴거리, 굴피나무, 궁궁이, 귀룽나무, 귤나무, 그늘골무꽃, 그늘돌쩌귀, 금모구척, 긴담배풀, 긴잎곰취, 까락골, 까마중, 꽃개오동, 꽃치자, 꽈리, 꿩의바람꽃, 나도하수오, 나래회나무, 날개골풀, 남오미자, 남천, 냉초, 넉줄고사리, 넓은잎쥐오줌풀, 노랑투구꽃, 노루귀, 노루발, 노루오줌, 녹나무, 녹두, 놋젓가락나물, 누른종덩굴, 눈괴불주머니, 눈비녀골풀, 눈빛승마, 눈잣나무, 능소화, 능수버들, 다래나무, 닥풀, 단삼, 달구지풀, 달래, 담배, 대극, 대추나무, 댓잎현호색, 댕댕이덩굴, 덧나무, 덩굴팥, 도깨비쇠고비, 도꼬마리, 도라지, 도루박이, 독말풀, 동의나물, 두릅나무, 두메담배풀, 두메부추, 두메애기풀, 두메양귀비, 두충, 들깨풀, 들현호색, 등대시호, 등칡, 딱총나무, 땃두릅나무, 땅꽈리, 땅비싸리, 뚝갈, 리기다소나무, 마늘, 마삭줄, 마타리, 마황, 만병초, 만주곰솔, 많첩해당화, 말냉이장구채, 말오줌때, 말오줌때, 매미꽃, 매실나무, 매일초, 매자기, 매화바람꽃, 멀꿀, 멍석딸기, 멸가치, 모과나무, 모데미풀, 모란, 목련, 목향, 목화, 묏대추나무, 묏미나리, 무릇, 무산곰취, 문주란, 물고랭이, 물골풀, 물푸레나무, 미나리아재비, 미모사, 미역줄나무, 미치광이풀, 민까마중, 민산초, 바꽃, 바디나물, 박쥐나무, 박하, 반하, 방기, 방아풀, 방울고랭이, 방풍, 백당나무, 백량금, 백리향, 백목련, 백부자, 백작약, 버드나무, 버들회나무, 범꼬리, 범부채, 벚나무, 별날개골풀, 병아리풀, 보리, 복수초, 복숭아나무, 복주머니란, 봉선화, 부추, 분홍장구채, 분홍할미꽃, 붉은톱풀, 비녀골풀, 비비추, 비파나무, 빗살현호색, 뽀리뱅이, 사리풀, 사위질빵, 사철나무, 사프란, 산개벚지나무, 산괴불주머니, 산달래, 산들깨, 산마늘, 산부추, 산사나무, 산수유나무, 산앵두나무, 산옥잠화, 산자고, 산작약, 산조팝나무, 산초나무, 산토끼꽃, 산톱풀, 산파, 산할미꽃, 산해박, 삼(대마), 삼수구릿대, 삽주, 상사화, 상산, 새끼노루귀, 새모래덩굴, 생강, 서양톱풀, 서울귀룽나무, 서울오갈피, 석송, 석잠풀, 석창포, 선밀나물, 설령개현삼, 설령골풀, 설령쥐오줌풀, 섬노루귀, 섬다래, 섬벚나무, 섬오갈피, 섬조릿대, 섬현삼, 섬현호색, 세뿔투구꽃, 세잎돌쩌귀, 소귀나무, 소나무, 소엽, 속단, 솔방울고랭이, 솜대, 송이고랭이, 쇠고비, 쇠무릎, 수세미외, 수양버들, 순비기나무, 순채, 쉬땅나무, 승검초, 시베리아살구, 시호, 신감채, 신이대, 싹눈바꽃, 쑥, 씀바귀, 알로에, 애기골풀, 애기담배풀, 애기똥풀, 애기봄맞이, 애기우산나물, 애기장구채, 애기중의무릇, 애기풀, 애기현호색, 양귀비, 양하, 어리곤달비, 어수리, 얼레지, 여우오줌, 연꽃, 연령초, 염주, 염주개불주머니, 영지, 예덕나무, 오가나무, 오갈피나무, 오수유, 오이풀, 오죽, 올방개아재비, 올벚나무, 올챙이고랭이, 왕대, 왕바꽃, 왕벚나무, 왕초피나무, 왜당귀, 왜젓가락나물, 왜천궁, 왜현호색, 외대으아리, 요강나물, 용머리, 우산나물, 원지, 위령선, 유자나무, 율무, 으름덩굴, 으아리, 은꿩의다리, 음나무, 이대, 이삭바꽃, 이스라지, 인동, 잇꽃, 자귀나무, 자두나무, 자주괴불주머니, 자주조희풀, 작약, 잔잎바디, 잣나무, 장구채, 적작약, 전호, 절국대, 젓가락나물, 제주조릿대, 제주진득찰, 조릿대, 족도리, 좀매자기, 좀모형, 좀사위질빵, 좀송이고랭이, 좀현호색, 줄, 줄바꽃, 줄사철나무, 중국굴피나무, 중대가리풀, 중의무릇, 쥐깨풀, 쥐꼬리망초, 쥐다래, 쥐오줌풀, 지리바꽃, 지리산오갈피, 지모, 지치, 지황, 진돌쩌귀, 진득찰, 진범, 참깨, 참당귀, 참비녀골풀, 참빗살나무, 참산부추, 참쇠고비, 참으아리, 참작약, 참줄바꽃, 참취, 참회나무, 창포, 처녀바디, 천궁, 천마, 천일담배풀, 청가시덩굴, 청비녀골풀, 초피나무, 층꽃나무, 치자나무, 칡, 침향, 큰꽃으아리, 큰개현삼, 큰고랭이, 큰괴불주머니, 큰원추리, 큰참나물, 큰톱풀, 키다리바꽃, 탱자나무, 털개구리미나리, 털계뇨등, 털기름나물, 털냉초, 털톡말풀, 털마삭줄, 털머위, 털백작약, 털오갈피, 털진득찰, 토현삼, 톱풀, 투구꽃, 팥, 팥꽃나무, 패모, 팽나무, 풀또기, 피나물, 피마자, 하늘타리, 하수오, 한라돌쩌귀, 한라부추, 한련초, 할미꽃, 함박이, 함박꽃나무, 해당화, 해바라기, 해장죽, 향부자, 현삼, 현호색, 형개, 홍만병초, 화살곰취, 활나물, 황련, 회나무, 회목나무, 회향, 흰독말풀, 흰두메양귀비, 흰양귀비, 흰진범.

진해(鎭咳)(138) : 가래나무, 가야산은분취, 각시서덜취, 각시제비꽃, 각시취, 감초, 개구릿대, 개머위, 개미취, 개양귀비, 개족도리풀, 개질경이, 갯율무, 갯질경이, 검양옻나무, 고깔제비꽃, 고본, 고사리삼, 광귤, 구름제비꽃, 구와취, 구주소나무, 귀룽나무, 귤, 그늘취, 금강분취, 긴병꽃풀, 긴분취, 꾸지나무, 꾸지뽕나무, 꿩의다리아재비, 끈끈이주걱, 나도닭의덩굴, 나도하수오, 남산제비꽃, 남천, 남포분취, 노루귀, 능금나무, 닥나무, 닭의덩굴, 담배취, 당마가목, 당매자나무, 당분취, 돌뽕나무, 두메분취, 두메취, 둥근털제비꽃, 등칡, 땃두릅나무, 마가목, 매발톱나무, 매자나무, 머귀나무, 머위, 멀꿀, 모람, 몽고뽕나무, 바디나물, 반하, 방울비짜루, 백설취, 뱀딸기, 버들분취, 범부채, 분취, 비단분취, 비짜루, 빗살서덜취, 뽕나무, 사리풀, 산각시취, 산검양옻나무, 산골취, 산뽕나무, 살구나무, 새끼노루귀, 서덜취, 서울제비꽃, 섬개야광나무, 섬노루귀, 섬제비꽃, 섬조릿대, 소나무, 소엽, 소철, 솜분취, 아스파라가스, 아욱제비꽃, 애기똥풀, 애기풀, 양귀비, 양하, 엷은잎제비꽃, 염주, 옻나무, 왕모람, 왕질경이, 왜천궁, 유자나무, 율무, 으름, 은분취, 은행나무, 이대, 잔잎바디, 잔털제비꽃, 장백제비꽃, 절굿대, 제비꽃, 제주조릿대, 조릿대, 족도리풀, 졸방제비꽃, 종지나물, 중국남천, 중국패모, 질경이, 참나리, 창질경이, 처녀바디, 천문동, 큰각시취, 큰닭의덩굴, 큰절굿대, 타래난초, 태백제비꽃, 털분취, 털질경이, 패모, 하수오, 향부자, 호두나무, 홍도서덜취, 흰두메양귀비, 흰양귀비, 갓대.

질염(膣炎)(5) : 감초, 비파나무, 소엽, 지황, 현호색.

ㅊ

창개(瘡疥)(10) : 개수염, 검은개수염, 검은곡정초, 곡정초, 꽃대, 넓은잎개수염, 붉나무, 좀개수염, 큰개수염, 흰개수염.

창구(瘡口)(3) : 애기고추나물, 좀고추나물, 진주고추나물.

창달(瘡疸)(16) : 개승마, 금붓꽃, 꽃창포, 노랑붓꽃, 눈빛승마, 등심붓꽃, 멀꿀, 부채붓꽃, 붓꽃, 솔붓꽃, 승마, 으름, 제비붓꽃, 촛대승마, 타래붓꽃, 황새승마.

창독(瘡毒)(17) : 굴피나무, 꽃며느리밥풀, 물양지꽃, 비비추, 산마늘, 산짚신나물, 소리쟁이, 옥잠화, 일월비비추, 좀비비추, 주걱비비추, 죽단화, 참비비추, 참소리쟁이, 털며느리밥풀, 파리풀, 황매화.

창상(創傷)(3) : 도꼬로마, 양파, 털이슬.

창상출혈(創傷出血)(4) : 배롱나무, 석위, 세뿔석위, 애기석위.

창양(瘡瘍)(8) : 도꼬마리, 백서향, 싱아, 서향, 약난초, 지황, 피나물, 황기.

창양종독(瘡瘍腫毒)(2) : 중국패모, 패모.

창옹종(瘡癰腫)(1) : 물매화.

창저(滄疽)(1) : 등칡.

창종(瘡腫)(155) : 가는돌쩌귀, 가는오이풀, 가는털비름, 가막사리, 가지복수초, 갈매나무, 가회톱, 개구리갓, 개구리미나리, 개구리밥, 개구리자리, 개담배, 개똥쑥, 개맥문동, 개맨드라미, 개머루, 개미취, 개비름, 개사철쑥, 개산초, 개오동, 개황기, 갯개미취, 갯방풍, 거북꼬리, 거지덩굴, 겹작약, 고려엉겅퀴, 구슬붕이, 구와가막사리, 구와쑥, 군자란, 그늘돌쩌귀, 긴갯금불초, 긴오이풀, 긴잎별꽃, 까치발, 꽃개오동, 꿩의다리아재비, 나도미꾸리낚시, 노랑하늘타리, 노루귀, 능소화, 대황, 도깨비바늘, 도깨비엉겅퀴, 돌뽕나무, 두메담배풀, 등대풀, 땅빈대, 마디풀, 맥문동, 모란, 몽고뽕나무, 문주란, 물엉겅퀴, 미나리아재비, 민들레, 바늘엉겅퀴, 반디지치, 반하, 백양꽃, 백작약, 뱀무, 버들잎엉겅퀴, 벗풀, 보풀, 복수초, 붉노랑상사화, 붉은씨서양민들레, 비름, 뺑쑥, 뽕나무, 산매자나무, 산민들레, 산뽕나무, 산쑥, 산오이풀, 산작약, 산초나무, 삼지구엽초, 상사화, 새끼노루귀, 색비름, 서양민들레, 석산, 섬노루귀, 세잎돌쩌귀, 소귀나물, 소엽맥문동, 솜흰여뀌, 쇠별꽃, 실별꽃, 쑥, 아프리카문주란, 암대극, 애기담배풀, 얼레지, 엉겅퀴, 여뀌, 여우오줌, 오이풀봄, 올미, 왕머루, 왕자귀나무, 왜미나리아재비, 왜젓가락나물,

용가시나무, 용담, 용설란, 율무쑥, 은꿩의다리, 이삭마디풀, 익모초, 자귀나무, 자주가는오이풀, 작약, 적작약, 절굿대, 젓가락나물, 조뱅이, 좀구슬붕이, 좀깨잎나무, 좀민들레, 중대가리풀, 진돌쩌귀, 진득찰, 찔레꽃, 참깨, 참느릅나무, 참작약, 채송화, 천남성, 천일담배풀, 청비름, 큰비쑥, 큰엉겅퀴, 큰오이풀, 큰옥매듭풀, 큰용담, 큰절굿대, 털개구리미나리, 털도깨비바늘, 털백작약, 털비름, 털여뀌, 털진득찰, 하늘타리, 황해쑥, 회향, 흰민들레, 흰상사화, 흰아프리카문주란, 흰여뀌, 흰잎엉겅퀴.

창진(瘡疹)(7) : 갈매나무, 덩굴닭의장풀, 도꼬로마, 마름, 애기마름, 염주괴불주머니, 조밥나물.

창질(瘡疾)(1) : 사철쑥.

채물중독(菜物中毒)(2) : 개사상자, 사상자.

척추관협착증(脊椎管狹窄症)(6) : 골담초, 도꼬마리, 소리쟁이, 신경초, 엉겅퀴, 음나무.

척추질환(脊椎疾患)(22) : 가래나무, 개다래나무, 귀룽나무, 도라지, 두충, 목화, 살구나무, 삽주, 새삼, 소나무, 속단, 쇠무릎, 신경초, 음나무, 잇꽃, 질경이, 천남성, 천마, 털머위, 파고지, 편두, 하수오.

척추카리에스(脊椎, caries)(5) : 도라지, 두충, 소나무, 천마, 털머위.

천식(喘息)(82) : 가는금불초, 검산초롱꽃, 검은종덩굴, 국화으아리, 금강초롱꽃, 금불초, 긴잎꿩의다리, 나도사프란, 냉이, 누른종덩굴, 더덕, 도라지, 도라지모시대, 독말풀, 두메애기풀, 둥근잔대, 등칡, 떡쑥, 만삼, 매화바람꽃, 머위, 메꽃, 목서, 박태기나무, 병아리풀, 병조희풀, 복자기, 붉은토끼풀, 비짜루, 사리풀, 사위질빵, 선메꽃, 섬초롱꽃, 세잎종덩굴, 소경불알, 솜나물, 쇠채, 수선화, 수염가래꽃, 숫잔대, 애기도라지, 애기메꽃, 애기풀, 여우콩, 외대으아리, 요강나물, 원지, 위령선, 으아리, 인삼, 자주꽃방망이, 자주섬초롱꽃, 자주조희풀, 자주종덩굴, 자주초롱꽃, 잔대, 전호, 젓가락나물, 조개풀, 좀사위질빵, 좁은잎배풍등, 좁은잎사위질빵, 종덩굴, 중대가리풀, 진퍼리잔대, 차나무, 참으아리, 초롱꽃, 큰꽃으아리, 큰메꽃, 큰여우콩, 털독말풀, 털잔대, 튜울립나무, 할미밀망, 함북종덩굴, 혈떡이풀, 홍노도라지, 후추등, 흰꽃나도사프란, 흰독말풀, 흰섬초롱꽃.

천해(喘咳)(1) : 팥꽃나무.

청간(淸肝)(3) : 과꽃, 물달개비, 석결명.

청간담습열(淸肝膽濕熱)(1) : 옥수수.

청간명목(淸肝明目)(6) : 개질경이, 갯질경이, 긴결명자, 물푸레나무, 왕질경이, 질경이.

청간이습(淸肝利濕)(1) : 차풀.

청간화(淸肝火)(1) : 개맨드라미.

청감열(淸疳熱)(1) : 대나물.

청량(淸凉)(15) : 가시딸기, 거지딸기, 검은딸기, 겨울딸기, 곰딸기, 나무딸기, 맥도딸기, 멍석딸기, 복분자딸기, 산딸기, 섬딸기, 수리딸기, 오엽딸기, 장딸기, 줄딸기.

청량지갈(淸凉止渴)(1) : 딸기.

청량해독(淸凉解毒)(2) : 노랑물봉선, 물봉선.

청력보강(聽力補强)(6) : 결명차, 둥굴레, 마, 인삼, 참나리, 헐떡이풀.
청력장애((聽力障碍)(1) : 헐떡이풀.
청리두목(淸利頭目)(1) : 순비기나무.
청명(淸明)(5) : 넉줄고사리, 마, 석결명, 쑥, 잣나무.
청서(淸暑)(2) : 덩굴장미, 수련.
청서열(淸暑熱)(1) : 참외.
청서이습(淸暑利濕)(1) : 연꽃.
청서조열(淸暑燥熱)(1) : 여주.
청서지갈(淸暑止渴)(1) : 녹두.
청서해열(淸暑解熱)(4) : 마름, 수박, 애기마름, 풍년화.
청습열(淸濕熱)(7) : 갈퀴덩굴, 개질경이, 갯질경이, 댑싸리, 애기땅빈대, 왕질경이, 질경이.
청심(淸心)(7) : 골풀, 날개골풀, 백합, 소엽맥문동, 솔나리, 중나리, 털중나리.
청심안신(淸心安神)(8) : 말나리, 백합, 섬말나리, 솔나리, 중나리, 참나리, 큰솔나리, 하늘말나리.
청심제번(淸心除煩)(5) : 개맥문동, 단삼, 맥문동, 맥문아재비, 소엽맥문동.
청심화(淸心火)(1) : 조릿대풀.
청열(淸熱)(122) : 가는범꼬리, 가락지나물, 가시박, 가지, 감초, 개갓냉이, 개구리밥, 개느삼, 개망초, 개머루, 개사철쑥, 개속새, 개쑥부쟁이, 개오동, 고사리, 괴불주머니, 구기자나무, 굴거리나무, 금매화, 긴담배풀, 긴병꽃풀, 까실쑥부쟁이, 깨꽃, 깨풀, 꽃개오동, 꽃며느리밥풀, 나도송이풀, 나도수영, 나문재, 네가래, 노랑꽃창포, 노랑어리연꽃, 노루오줌, 논냉이, 눈개쑥부쟁이, 달구지풀, 닭의장풀, 담배풀, 더위지기, 덩굴닭의장풀, 덩굴용담, 도깨비바늘, 돌배나무, 두메자운, 뚱딴지, 망초, 메꽃, 모시대, 물달개비, 물억새, 물옥잠, 미모사, 미역취, 배풍등, 백일홍, 범꼬리, 봄맞이, 뽀리뱅이, 뽕나무, 사마귀풀, 사철쑥, 산괴불주머니, 석류풀, 석잠풀, 선메꽃, 섬모시풀, 섬쑥부쟁이, 속단, 수영, 실망초, 쑥부쟁이, 쓴풀, 애기고추나물, 애기금매화, 애기봄맞이, 애기수영, 여우구슬, 여우주머니, 여우팥, 연꽃, 연잎꿩의다리, 염주, 왕대, 우단담배풀, 자귀풀, 자운영, 잔털인동, 전동싸리, 제비쑥, 제주조릿대, 조릿대, 좀개구리밥, 좀꿩의다리, 좀닭의장풀, 좁은잎해란초, 죽순대, 중국패모, 참억새, 청미래덩굴, 층꽃덩굴, 층층이꽃, 칠면초, 칼잎용담, 큰꿩의비름, 큰석류풀, 큰용담, 타래난초, 털냉초, 털다래, 털며느리밥풀, 토끼풀, 토대황, 톱바위취, 패모, 풍선덩굴, 한련, 함박이, 해란초, 향들골나물, 황새냉이, 회화나무, 흰더위지기.
청열강화(淸熱降火)(1) : 오리나무.
청열거풍(淸熱祛風)(1) : 개똥쑥.
청열배농(淸熱排膿)(2) : 염주, 율무.
청열생진(淸熱生津)(1) : 갈대.
청열소종(淸熱消腫)(3) : 까치수영, 돌나물, 섬바디.

청열안태(清熱安胎)(3) : 모시풀, 섬모시풀, 왕모시풀.

청열양음(清熱養陰)(4) : 지채, 큰개현삼, 토현삼, 현삼.

청열양혈(清熱凉血)(17) : 구기자나무, 냇씀바귀, 물매화, 백미꽃, 뱀딸기, 벌씀바귀, 부처꽃, 소리쟁이, 씀바귀, 암대극, 왕씀배, 접시꽃, 좀씀바귀, 지황, 참소리쟁이, 털부처꽃, 흰씀바귀.

청열윤폐(清熱潤肺)(1) : 감나무.

청열이뇨(清熱利尿)(8) : 띠, 물질경이, 석잠풀, 선피막이, 속속이풀, 순채, 왕머루, 은난초.

청열이수(清熱利水)(1) : 미나리.

청열이습(清熱利濕)(24) : 거지덩굴, 괭이밥, 깃반쪽고사리, 노린재나무, 당아욱, 명아주, 반쪽고사리, 배풍등, 백운풀, 병풀, 보리수나무, 봉의꼬리, 붉은괭이밥, 사철쑥, 삼백초, 선괭이밥, 왕호장근, 자주괭이밥, 좁은잎배풍등, 지느러미엉겅퀴, 큰괭이밥, 큰봉의꼬리, 호장근, 흰명아주.

청열제번(清熱除煩)(1) : 줄.

청열제습(清熱除濕)(1) : 긴잎꿩의다리.

청열조습(清熱燥濕)(8) : 가죽나무, 고삼, 금꿩의다리, 꿩의다리, 산꿩의다리, 은꿩의다리, 자주꿩의다리, 황금.

청열진해(清熱鎭咳)(1) : 노루삼.

청열해독(清熱解毒)(128) : 가막사리, 가지고비고사리, 각시붓꽃, 감국, 개구리갓, 고깔제비꽃, 고비, 고비고사리, 관중, 괴불나무, 국화쥐손이, 금계국, 금창초, 까마중, 깽깽이풀, 꽈리, 꿩고비, 낚시제비꽃, 난쟁이바위솔, 남산제비꽃, 노랑붓꽃, 녹두, 눈괴불주머니, 대청, 대황, 도깨비쇠고비, 돌동부, 된장풀, 두메고들빼기, 둥근매듭풀, 딱지꽃, 땅꽈리, 떡갈졸참나무, 떡갈참나무, 떡속소리나무, 떡신갈나무, 떡신갈참나무, 마편초, 매듭풀, 물참나무, 물푸레나무, 미꾸리낚시, 민들레, 민미꾸리낚시, 바디나물, 바위고사리, 바위솔, 바위채송화, 방가지똥, 백량금, 백선, 번행초, 벌깨덩굴, 범부채, 범의귀, 벽오동, 별꽃, 복자기, 봉동참나무, 붉나무, 붉은씨서양민들레, 붉은조개나물, 뻐꾹채, 산국, 산민들레, 산솜방망이, 산씀바귀, 산일엽초, 산자고, 산층층이, 삿갓나물, 서양민들레, 서울제비꽃, 선인장, 섬제비꽃, 세잎종덩굴, 솔나물, 솜다리, 솜방망이, 솜양지꽃, 쇠고비, 쇠비름, 수박, 수염가래꽃, 숫잔대, 신갈나무, 신갈졸참나무, 쑥방망이, 아욱, 아욱제비꽃, 알록제비꽃, 애기고추나물, 애기일엽초, 약난초, 약모밀, 여뀌바늘, 올미, 익모초, 인동, 자주쓴풀, 잔털인동, 잔털제비꽃, 절굿대, 제비꽃, 제비꿀, 제주진득찰, 조개나물, 조밥나물, 졸참나무, 좀민들레, 종지나물, 쥐꼬리망초, 지칭개, 진득찰, 채송화, 청나래고사리, 층층이꽃, 코스모스, 큰구슬붕이, 큰방가지똥, 타래붓꽃, 태백제비꽃, 털머위, 털이슬, 털진득찰, 흰민들레, 흰제비꽃, 흰조개나물.

청열해열(清熱解熱)(1) : 난장이붓꽃.

청열해표(清熱解表)(1) : 송이고랭이.

청열화염(清熱化炎)(1) : 새박.

청열활혈(淸熱活血)(1) : 며느리배꼽.

청이(淸耳)(1) : 형개.

청폐(淸肺)(3) : 골담초, 덩굴용담, 호박.

청폐강화(淸肺降火)(1) : 천문동.

청폐거담(淸肺祛痰)(5) : 개회나무, 도라지모시대, 둥근잔대, 잔대, 털잔대.

청폐위열(淸肺胃熱)(1) : 띠.

청폐지해(淸肺止咳)(4) : 당마가목, 마가목, 진달래, 콩짜개덩굴.

청폐해독(淸肺解毒)(1) : 꼬리풀.

청폐화담(淸肺化痰)(4) : 개질경이, 갯질경이, 왕질경이, 쥐방울덩굴, 질경이, 참외.

청풍열(淸風熱)(1) : 호랑가시나무.

청혈(淸血)(6) : 능금나무, 등칡, 무궁화, 벼룩이자리, 비름, 좀깨잎나무.

청혈해독(淸血解毒)(8) : 가는잎할미꽃, 개구리자리, 개비름, 거북꼬리, 뚝갈, 마타리, 할미꽃, 환삼덩굴.

청화(淸化)(1) : 때죽나무.

청화습열(淸化濕熱)(1) : 대황.

청화해독(淸火解毒)(1) : 문주란.

체력쇠약(體力衰弱)(1) : 통보리사초.

초오중독(草烏中毒)(2) : 감초, 대추나무.

초조감(焦燥感)(5) : 결명차, 연꽃, 영지, 오미자, 인동.

초황(炒黃(3) : 애기고추나물, 좀고추나물, 진주고추나물.

촉산(促産)(1) : 마편초.

촌충(寸蟲, tapeworm)(10) : 꽃창포, 노랑붓꽃, 도깨비쇠고비, 붓꽃, 뽕나무, 산뽕나무, 쇠비름, 제비붓꽃, 채송화, 화살나무.

촌충증(4) : 뽕나무, 석류나무, 쇠비름, 호박.

총이명목약(總耳明目藥)(6) : 맥문동, 복령, 석창포, 승검초, 원추리, 천궁.

최면(催眠)(25) : 가는잎왕고들빼기, 개양귀비, 갯씀바귀, 고들빼기, 노랑선씀바귀, 두메고들빼기, 묏대추나무, 번음씀바귀, 벌씀바귀, 분홍선씀바귀, 산씀바귀, 삼(대마), 상추, 선씀바귀, 쑥갓, 씀바귀, 양귀비, 왕고들빼기, 용설채, 이고들빼기, 자주방가지똥, 좀씀바귀, 호프, 흰두메양귀비, 흰양귀비.

최산(催産)(1) : 참깨.

최생(催生)(6) : 금강초롱꽃, 섬초롱꽃, 자주섬초롱꽃, 자주초롱꽃, 초롱꽃, 흰섬초롱꽃.

최유(催乳)(44) : 가는다리장구채, 가는장구채, 갯방풍, 갯장구채, 긴잎별꽃, 끈끈이대나물, 끈끈이장구채, 나도개미자리, 남가새, 너도개미자리, 노간주나무, 노랑하늘타리, 더덕, 말냉이장구채, 말뱅이나물, 매자기, 명천장구채, 목화, 물고랭이, 벗풀, 별꽃, 보풀, 분홍장구채, 소귀나물, 솔방울고랭이, 송이고랭이, 쇠별꽃, 실별꽃, 아욱, 애기장구채, 오랑캐장구채, 올미, 올챙이고랭이, 울릉장구채, 장구채, 좀매자기, 좀송이고랭이, 층층장구채, 큰고랭이, 택사, 하늘타리, 한라장구채, 회향, 흰장구채.

최음제(催淫劑)(4) : 구기자나무, 만병초, 뽕나무, 새삼.

최토(催吐劑)(39) : 각시제비꽃, 개똥쑥, 겨우살이, 고삼, 관모박새, 구름제비꽃, 긴잎여로, 꼬리겨우살이, 남산제비꽃, 넓은잎제비꽃, 단풍제비꽃, 동백나무겨우살이, 둥근털제비꽃, 박새, 삿갓나물, 석산, 시로미, 아욱제비꽃, 양귀비, 연꽃, 연영초, 엷은잎제비꽃, 익모초, 잔털제비꽃, 장백제비꽃, 제비꽃, 졸방제비꽃, 참나무겨우살이, 참여로, 참외, 참졸방제비꽃, 큰연영초, 큰졸방제비꽃, 태백제비꽃, 흰두메양귀비, 흰양귀비, 흰여로, 흰젖제비꽃, 갑산제비꽃.

추간판탈출증(椎間板脫出症)(9) : 개다래나무, 닥총나무, 도라지, 선인장, 수양버들, 인동, 지치, 치자나무, 팔손이.

축농증(蓄膿症)(26) : 개나리, 개족도리풀, 꿀풀, 대추나무, 도꼬마리, 두릅나무, 목련, 무, 무궁화, 박새, 백목련, 뽕나무, 선인장, 씀바귀, 약모밀, 오미자, 오이, 율무, 은행나무, 자목련, 자주목련, 작두콩, 족도리풀, 참외, 탱자나무, 파.

축수(縮水)(1) : 팥꽃나무.

축한습(逐寒濕)(1) : 넓은잎외잎쑥.

춘곤증(春困症)(3) : 구기자나무, 메꽃, 승검초.

출혈(出血)(46) : 개질경이, 갯질경이, 고려엉겅퀴, 구주물푸레, 나도은조롱, 더위지기, 덤불쑥, 덩굴민백미꽃, 덩굴박주가리, 도깨비엉겅퀴, 들메나무, 물엉겅퀴, 물푸레나무, 미국물푸레, 민백미꽃, 바늘꽃, 바늘엉겅퀴, 백미꽃, 백운쇠물푸레, 분버들, 붉나무, 붉은물푸레, 비쑥, 사시나무, 산해박, 새양버들, 선백미꽃, 세포큰조롱, 솜아마존, 쑥, 양반풀, 엉겅퀴, 왕질경이, 율무쑥, 은백양, 이태리포푸라, 일본사시나무, 조뱅이, 질경이, 창질경이, 콩짜개란, 큰엉겅퀴, 큰조롱, 털산쑥, 털질경이, 혹난초.

출혈증(出血症)(1) : 회화나무.

출혈현훈(出血眩暈)(1) : 물억새.

충독(蟲毒)(100) : 가는갯능쟁이, 가는명아주, 가는잎한련초, 가막사리, 개구리갓, 개구리미나리, 개구리자리, 개모시풀, 갯는쟁이, 계요등, 괭이밥, 구와가막사리, 긴결명자, 긴사상자, 긴오이풀, 까치발, 노랑투구꽃, 노루귀, 노루발, 노루오줌, 놋젓가락나물, 댕댕이덩굴, 도깨비바늘, 도꼬마리, 두메기름나물, 두메담배풀, 두메부추, 둥근바위솔, 들깨, 마늘, 명아주, 모데미풀, 모시풀, 미국가막사리, 반디지치, 방기, 번행초, 분꽃, 분홍노루발, 붉은괭이밥, 뽕나무, 산부추, 산뽕나무, 산오이풀, 새끼노루귀, 새끼노루발, 석결명, 선괭이밥, 섬노루귀, 섬모시풀, 세뿔투구꽃, 쇠비름, 수염가래꽃, 숙은노루오줌, 애기괭이밥, 애기노루발, 애기담배풀, 약난초, 얇은명아주, 여우오줌, 예덕나무, 오이풀봄, 왕모시풀, 왕바꽃, 왕자귀나무, 왜모시풀, 왜젓가락나물, 우엉, 유동, 은꿩의다리, 자귀나무, 좁은잎가막사리, 줄바꽃, 지리바꽃, 지치, 진돌쩌귀, 진득찰, 쪽, 참명아주, 참산부추, 참외, 천일담배풀, 청명아주, 취명아주, 콩팥노루발, 큰괭이밥, 큰오이풀, 키다리바꽃, 털개구리미나리, 털도깨비바늘, 털진득찰, 투구꽃, 한라부추, 한련초, 호노루발, 호모초, 흰명아주, 흰진범, 돌뽕나무, 몽고뽕나무.

충수염(蟲垂炎)(1) : 이고들빼기.

충치(蟲齒)(30) : 가지, 감나무, 감자, 개구리자리, 개오동나무, 고삼, 국화, 다시마, 도꼬마리, 마, 마늘, 매실나무, 명아주, 무, 미역, 별꽃, 산초나무, 살구나무, 삼백초, 소나무, 수선화, 수세미외, 연꽃, 우엉, 자두나무, 질경이, 콩, 털머위, 토란, 파.

충혈(充血)(13) : 가을강아지풀, 다릅나무, 민들레, 붉나무, 붉은씨서양민들레, 산민들레, 서양민들레, 솔비나무, 수크령, 좀민들레, 청수크령, 코스모스, 흰민들레.

췌장암(膵臟癌)(4) : 미나리, 섬대, 인삼, 참빗살나무.

췌장염(膵臟炎)(4) : 구기자나무, 복령, 부추, 사철쑥.

치근출혈(齒根出血)(1) : 산짚신나물.

치근통(齒根痛)(3) : 두메층층이, 애기탑꽃, 탑꽃.

치누하혈(痔漏下血)(1) : 맨드라미.

치루(痔漏)(23) : 고삼, 구릿대, 긴오이풀, 노랑하늘타리, 노루귀, 맨드라미, 머위, 모시풀, 목화, 방가지똥, 벼룩나물, 복숭아나무, 산오이풀, 삼백초, 생강, 약모밀, 어수리, 왕원추리, 유채, 지칭개, 큰방가지똥, 하늘타리, 호리병박.

치루종통痔漏腫痛)(1) : 쥐방울덩굴.

치림(治淋)(6) : 각시원추리, 노랑원추리, 애기원추리, 왕원추리, 원추리, 홍도원추리.

치매증(癡呆症)(6) : 땅콩, 사과나무, 소나무, 은행나무, 천궁, 토마토.

치아동통(齒牙疼痛)(1) : 박.

치암(齒癌)(18) : 골등골나물, 골무꽃, 눈여뀌바늘, 돌바늘꽃, 등골나물, 마름, 바늘꽃, 방아풀, 배추, 버들바늘꽃, 벌등골나물, 빈카, 좀바늘꽃, 짚신나물, 청미래덩굴, 큰바늘꽃, 할미꽃, 회령바늘꽃.

치열(熾熱)(18) : 감국, 까마중, 녹두, 닭의장풀, 둥굴레, 등칡, 디, 뚝갈, 메꽃, 무궁화, 바위취, 사철나무, 우엉, 장구채, 제비쑥, 조팝나무, 칡, 형개.

치열내풍(治熱耐風)(3) : 나도닭의덩굴, 닭의덩굴, 큰닭의덩굴.

치은종통(齒齦腫痛)(1) : 조릿대풀.

치은화농(齒齦化膿)(1) : 박.

치조농루(齒槽膿漏)(15) : 국화, 느릅나무, 도꼬마리, 마늘, 명아주, 박하, 삼백초, 삼지구엽초, 쇠무릎, 인동, 지황, 질경이, 콩, 황벽나무, 회화나무.

치주염(齒周炎)(3) : 마편초, 물달개비, 벼룩이자리.

치질(痔疾)(92) : 가는잎쐐기풀, 가래, 가회톱, 개나리, 개머루, 개별꽃, 개부처손, 개속새, 개쇠뜨기, 개쑥갓, 개황기, 갯강활, 갯별꽃, 갯실새삼, 갯패랭이꽃, 거지덩굴, 골잎원추리, 궁궁이, 꼬마부들, 나도황기, 난장이패랭이꽃, 넓은묏황기, 네가래, 능수쇠뜨기, 달구지풀, 덩굴개별꽃, 도꼬마리, 돌동부, 동의나물, 등칡, 뚝갈, 마디풀, 만리화, 며느리밑씻개, 묏황기, 무화과나무열매, 물속새, 물쇠뜨기, 물옥잠, 미국실새삼, 바위떡풀, 백합, 범의귀, 부들, 비자나무, 뻐꾹채, 산개나리, 산쑥, 삼수구릿대, 상수리나무, 새삼, 선인장, 속새, 속새, 쇠뜨기, 술패랭이꽃, 숲개별꽃, 쉬나무, 실새삼, 애기부들, 애기쐐기풀, 약난초, 약모밀, 오수유, 왜천궁, 윤판나물, 윤판나물아재비, 이삭마디풀, 인도고무나무, 자주개황기, 자주괭이밥, 좁은잎배풍등, 중대가리풀, 지느러미엉, 쥐, 참개별꽃, 참당귀, 참동의나물, 참쑥, 참여로, 천선과나무, 큰솔나리, 큰옥매듭풀, 큰잎부들, 토끼풀, 팥꽃나무, 패랭이꽃, 풍년화, 해변황기, 환삼덩굴, 황기, 황벽나무, 회화나무.

치질출혈(痔疾出血)(10) : 겨자, 능수버들, 닥풀, 덧나무, 땅빈대, 산속단, 산오이풀, 잔털인동, 큰꿩의비름, 큰물레나물.

치창(齒瘡)(18) : 능수버들, 둥근바위솔, 땅빈대, 바위솔, 뱀무, 산속단, 산오이풀, 살구나무, 새머루, 소나무, 약모밀, 유채, 잔털인동, 조개나물, 참깨, 청미래덩굴, 파리풀, 하늘타리.

치출혈(齒出血)(16) : 가는잎할미꽃, 덧나무, 모시풀, 밤나무, 뱀톱, 산오이풀, 살구나무, 쑥, 오이풀, 진달래, 청가시덩굴, 청미래덩굴, 큰꿩의비름, 큰물레나물, 할미꽃, 회화나무.

치통(齒痛)(212) : 가지, 간장풀, 갈매나무, 감국, 감나무, 강계버들, 강활, 개감수, 개구릿대, 개다래, 개박하, 개사상자, 개수양버들, 개잎갈나무, 개족도리풀, 개키버들, 개회향, 갯강활, 갯방풍, 갯버들, 갯사상사, 검은곡정초, 겨우살이, 결명차, 고본, 고삼, 골무꽃, 구기자나무, 구릿대, 구상나무, 구주소나무, 굴피나무, 궁궁이, 그늘골무꽃, 긴오이풀, 긴잎여로, 꽃버들, 낙엽송, 난장이버들, 남오미자, 낭독, 냇버들, 냉이, 넉줄고사리, 넓은잎딱총나무, 노루귀, 노박덩굴, 녹나무, 눈갯버들, 능수버들, 담쟁이덩굴, 장버들, 당키버들 대극, 덧나무, 도깨비쇠고비, 도꼬마리, 돈나무, 돌갈매나무, 두메대극, 등대풀, 딱총나무, 땃두릅나무, 땅빈대, 떡버들, 많첩해당화, 말오줌나무, 망초, 매실나무, 매자잎버들, 맨드라미, 머귀나무, 명아주, 목련, 묏미나리, 무, 물억새, 미나리아재비, 미루나무, 미치광이풀, 민산초, 바디나물, 박새, 박하, 반짝버들, 배나무, 배롱나무, 백목련, 백서향, 백작약, 버드나무, 벌노랑이, 벌사상자, 범부채, 벚나무, 별꽃, 복숭아나무, 부용, 분비나무, 붉나무, 비비추, 사동미나리, 사리풀, 사상자, 사시나무, 산앵두나무, 산오이풀, 산옥잠화, 산초나무, 산층층이풀, 산해박, 살구나무, 삼나무, 삼수구릿대, 삼백초, 상산, 서향, 석창포, 석류나무, 선버들, 섬노루귀, 섬버들, 소귀나무, 소나무, 솜대, 송이고랭이, 수세미외, 수양버들, 승검초, 시호, 신감채, 쌍실버들, 쑥, 알로에, 암대극, 애기봄맞이, 양버들, 여뀌바늘, 여로, 여우버들, 연꽃, 연밥갈매나무, 예덕나무, 오갈피나무, 오수유, 왕버들, 왜당귀, 왜천궁, 용가시나무, 용버들, 우엉, 운향, 유자나무, 육지꽃버들, 율무, 은백양, 은행나무, 이스라지, 이태리포푸라, 일본사시나무, 일본전나무, 잎갈나무, 자두나무, 자목련, 자주목련, 잔잎바디, 전나무, 제주산버들, 족도리, 좀갈매나무, 좀꿩의다리, 좀분버들, 좁은잎배풍등, 중국굴피나무, 지렁쿠나무, 진퍼리버들, 짝자래나무, 쪽버들, 찔레나무, 참깨, 참당귀, 참오글잎버들, 참여로, 창포, 처녀바디, 천궁, 청가시덩굴, 청미래덩굴, 초피나무, 층꽃나무, 층층이꽃, 콩버들, 콩짜개덩굴, 큰꽃으아리, 큰물레나물, 큰산버들, 큰참나물, 키버들, 털갈매나무, 털머위, 파, 해당화, 해바라기, 호랑버들, 호리병박, 호박, 황벽나무, 회양목, 회향, 흰대극, 흰여로.

치풍(齒風)(17) : 개회향, 고수, 구절초, 노루귀, 덧나무, 망초, 맨드라미, 산속단, 산오이풀, 산해박, 쉬땅나무, 은행나무, 잔털인동, 창포, 천궁, 청가시덩굴, 청미래덩굴.

치풍통(齒風痛)(7) : 개수염, 검은개수염, 곡정초, 넓은잎개수염, 좀개수염, 큰개수염, 흰개수염.

치한(齒寒)(5) : 겨우살이, 둥굴레, 승마, 청가시덩굴, 청미래덩굴.

치핵(痔核)(110) : 골등골나물, 가래, 가죽나무, 가지, 감나무, 감초, 개나리, 개머루, 개별꽃, 개속새, 개쑥갓, 개오동나무, 갯실새삼, 거지덩굴, 고마리, 고사리, 고삼, 곽향, 괭이밥, 구기자나무, 구릿대, 긴담배풀, 꽈리, 낭아초, 넓은잎황벽나무, 노박덩굴, 느릅나무, 다시마, 담배풀, 도라지, 땅비싸리, 뚝갈, 마, 마늘, 마디풀, 만년청, 망초, 맨드라미, 머위, 멀구슬나무, 멍석딸기, 며느리밑씻개, 모란, 무, 무궁화, 무화과나무, 미치광이풀, 민들레, 배암차즈기, 백작약, 백합, 벌노랑이, 벼, 복숭아나무, 부들, 부추, 붓꽃, 뻐꾹채, 산토끼꽃, 산할미꽃, 살구나무, 삼백초, 새우난, 생강, 선인장, 세잎양지꽃, 속단, 속새, 쇠뜨기, 쇠비름, 수세미외, 술패랭이꽃, 승검초, 승마, 신갈나무, 실새삼, 싱아, 쑥, 알로에, 애기부들, 약난초, 여주, 연꽃, 영지, 오수유, 오이풀, 왕호장근, 윤판나물, 인동, 작두콩, 절굿대, 조개나물, 쥐방울덩굴, 지치, 짚신나물, 차나무, 청비름, 큰애기나리, 큰조롱, 토란, 퉁퉁마디, 팥, 패랭이꽃, 피마자, 하늘타리, 호박, 호장근, 환삼덩굴, 황기, 회화나무.

치혈(痔血)(2) : 산짚신나물, 큰뱀무.

칠독(漆毒)(14) : 감초, 들깨, 띠, 마늘, 목화, 밤나무, 보리, 부추, 소나무, 소엽, 쇠뜨기, 쇠비름, 애기똥풀, 콩.

칠창(漆瘡)(2) : 개미자리, 큰개미자리.

ㅋ

코피(4) : 네가래, 띠, 콩짜개덩굴, 고비.

콜레라(1) : 황벽나무.

ㅌ

타박(打撲)(1) : 가지.

타박상(打撲傷)(288) : 가는금불초, 가는기린초, 가시오갈피, 가지갈퀴덩굴, 가지고비고사리, 간장풀, 갈퀴덩굴, 감나무, 감자, 개갓냉이, 개미자리, 개박하, 개부처손, 개쇠뜨기, 개여뀌, 개연꽃, 갯괴불주머니, 갯까치수염, 겨자, 겹해바라기, 계뇨등, 계수나무, 고들빼기, 고로쇠나무, 고마리, 고추, 고추나물, 골담초, 골무꽃, 곰취, 곽향, 광대수염, 괭이밥, 괴불주머니, 국화, 그늘골무꽃, 그령, 글라디올러스, 금낭화, 금불초, 금창초, 기름나물, 기린초, 긴잎쥐오줌풀, 까마중, 까치수염, 꼬리겨우살이, 꽃대, 꽃여뀌, 꾸지뽕나무, 꿩의다리아재비, 나도옥잠화, 나도하수오, 낙지다리, 남오미자, 넓은잎쥐오줌풀, 노랑꽃창포, 노랑물봉선, 노랑하늘타리, 노루발, 노루오줌, 노박덩굴, 녹나무, 논냉이, 눈괴불주머니, 능소화, 다람쥐꼬리, 닥나무, 닥풀, 단풍마, 닭의장풀, 담배풀, 대황, 댓잎현호색, 덧나무, 도깨비바늘, 도깨비부채, 도깨비쇠고비, 도둑놈의갈고리, 돈나무, 돌나물, 돌콩, 동백나무, 동백나무겨우살이, 동의나물, 된장풀, 두릅나무, 두메닥나무, 둥굴레, 들현호색, 딱총나무, 땅빈대, 떡쑥, 뜰보리수, 마삭줄, 많첩해당화, 말오줌때, 맑은대쑥, 매미꽃, 매실나무, 맨드라미, 머위, 멍석딸기, 며느리밑씻개, 모란, 모시풀, 목련, 무, 무릇, 무화과나무, 문주란, 물레나물, 물봉선, 물속새, 물쑥, 미역줄나무, 미역취, 밀나물, 박쥐나무, 박태기나무, 박하, 방아풀, 배암차즈기, 백당나무, 백량금, 뱀딸기, 뱀무, 뱀톱, 벼룩나물, 벽오동, 별꽃, 보리, 복숭아나무, 봉선화, 부들, 부채마, 부처손, 붉은괭이밥, 붉은톱풀, 붓꽃, 비늘고사리, 비비추, 비파나무, 빗살현호색, 뽕나무, 사시나무, 사철쑥, 산괴불주머니, 산구절초, 산닥나무, 산속단, 삼지닥나무, 산옥잠화, 산조팝나무, 산토끼꽃, 산톱풀, 삼(대마), 새모래덩굴, 새우난, 생강, 생강나무, 생달나무, 서울오갈피, 서향, 석송, 석창포, 선괭이밥, 선인장, 섬오갈피, 섬현호색, 세잎양지꽃, 소귀나무, 소나무, 속단, 손바닥난초, 솔나물, 솔잎란, 솜바리, 솜방망이, 쇠고비, 쇠무릎, 쇠별꽃, 쇠채, 수선화, 수양버들, 순비기나무, 술패랭이꽃, 쉬땅나무, 쉽사리, 승검초, 쑥, 씀바귀, 알로에, 애기고추나물, 애기땅빈대, 애기부들, 애기우산나물, 애기현호색, 여뀌, 여우오줌, 연영초, 염주괴불주머니, 오가나무, 오갈피나무, 오이풀, 옥수수, 왕가시오갈피, 왕솜대, 왕자귀나무, 왕호장근, 왜개연꽃, 왜현호색, 우산나물, 운향, 울릉도미역취, 은방울꽃, 이삭여뀌, 익모초, 인동, 잇꽃, 자귀나무, 자두나무, 자주괴불주머니, 자주솜대, 전호, 제비꽃, 좀가지풀, 좀고추나물, 좀닭의장풀, 좀현호색, 죽절초, 중대가리풀, 쥐꼬리망초, 쥐오줌풀, 지리산오갈피, 지느러미엉겅퀴, 지렁쿠나무, 지황, 진달래, 진주고추나물, 참깨, 참깨, 참당귀, 참동의나물, 참쇠고비, 참취, 채송화, 청미래덩굴, 층꽃나무, 치자나무, 콩짜개덩굴, 큰개미자리, 큰괭이밥, 큰괴물부머니, 큰까치수염, 큰까치수영, 큰도둑놈의갈고리, 큰물레나물, 큰뱀무, 큰연영초, 털계뇨등, 털머위, 털오갈피, 토란, 톱풀, 파, 팔손이나무, 팥꽃나무, 패랭이꽃, 풀솜대, 풍선덩굴, 풍접초, 피나물, 피마자, 하늘타리, 할미꽃, 해당화, 헐떡이풀, 현호색, 협죽도, 호두나무, 호랑가시나무, 호자나무, 호장근, 홀아비꽃대, 황벽나무, 회양목, 흑삼릉, 흰물봉선.

타박손상(打撲損傷)(1) : 참취.

타복(打扑)(1) : 삼.

타태(墮胎)(12) : 둥근잎나팔꽃, 나팔꽃, 단삼, 모란, 백선, 소리쟁이, 무릎, 율무, 으름덩굴, 쥐참외, 패랭이꽃, 피마자.

탄산토산(呑酸吐酸)(32) : 개양귀비, 결명차, 고추, 궁궁이, 꽃향유, 노간주나무, 대추나무, 도라지, 땅비수리, 마늘, 많첩해당화, 말오줌때, 매실나무, 모과나무, 민들레, 바나나, 백리향, 비파나무, 산작약, 설령쥐오줌풀, 섬노루귀, 옻나무, 월귤, 유홍초, 율무, 이삭여뀌, 인삼, 자주쓴풀, 질경이, 참깨, 참당귀, 흰독말풀.

탈강(26) : 개사상자, 개속새, 개쇠뜨기, 개오동, 까마중, 꼬마부들, 꽃개오동, 능수쇠뜨기, 댕댕이덩굴, 독말풀, 맨드라미, 물속새, 물쇠뜨기, 민까마중, 방기, 부들, 사리풀, 사상자, 속새, 쇠뜨기, 애기부들, 연꽃, 좁은잎배풍등, 큰잎부들, 털독말풀, 흰독말풀.
탈력(脫力)(1) : 산짚신나물.
탈모증(脫毛症)(11) : 감국, 단삼, 맥문동, 산수유나무, 삼지구엽초, 승검초, 오미자, 인삼, 참깨, 탱자나무, 황기.
탈장(脫腸)(1) : 운향.
탈피기급(脫皮肌急)(8) : 명아주, 무화과나무, 박주가리, 백선, 삼(대마), 상추, 씀바귀, 흰민들레.
탈항(脫肛)(43) : 갈대, 개속새, 개승마, 고사리, 고삼, 괭이밥, 까마중, 눈빛승마, 다시마, 당근, 댕댕이덩굴, 독말풀, 마름, 만삼, 말오줌때, 무궁화, 미치광이풀, 바위손, 부들, 부처손, 부추, 붉나무, 사상자, 사위질빵, 삽주, 상수리나무, 석류나무, 속새, 쇠뜨기, 승마, 시호, 애기마름, 애기부들, 약모밀, 연꽃, 인동, 쥐오줌풀, 참깨, 탱자나무, 호박, 황기, 황새승마, 흰독말풀.
탈홍(脫肛)(3) : 댕댕이덩굴, 방기, 자주괴불주머니.
탈홍증(脫肛症)(1) : 금낭화.
탕창(湯瘡)(3) : 가회톱, 개머루, 거지덩굴.
탕화상(湯火瘡)(2) : 피마자, 물질경이.
태독(胎毒)(80) : 각시제비꽃, 감자, 감초, 갑산제비꽃, 개쓴풀, 개질경이, 갯질경이, 고깔제비꽃, 고삼, 골무꽃, 광릉골무꽃, 구름제비꽃, 구슬골무꽃, 그늘골무꽃, 긴잎제비꽃, 깽깽이풀, 나팔꽃, 낚시제비꽃, 남산제비꽃, 넓은잎제비꽃, 노랑제비꽃, 단풍제비꽃, 덩굴용담, 도꼬마리, 둥굴레, 둥근털제비꽃, 마편초, 며느리밑씻개, 뫼제비꽃, 민둥뫼제비꽃, 배롱나무, 백량금, 뱀딸기, 별꽃풀, 사시나무, 산호수, 서울제비꽃, 석잠풀, 선제비꽃, 섬제비꽃, 수세미외, 쓴풀, 아욱제비꽃, 알록제비꽃, 애기고추나물, 애기골무꽃, 엉겅퀴, 엷은잎제비꽃, 오이, 왕제비꽃, 왕질경이, 왜제비꽃, 왜졸방제비꽃, 우단석잠풀, 자금우, 자주쓴풀, 자주잎제비꽃, 잔털제비꽃, 장백제비꽃, 제비꽃, 졸방제비꽃, 좀고추나물, 종지나물, 진주고추나물, 질경이, 참골무꽃, 참깨, 참졸방제비꽃, 창질경이, 청각, 청알록제비꽃, 층꽃나무, 콩제비꽃, 큰잎쓴풀, 큰졸방제비꽃, 태백제비꽃, 털노랑제비꽃, 털제비꽃, 털질경이, 토란, 호제비꽃, 흰젖제비꽃, 흰제비꽃.
태루(胎漏)(7) : 겨우살이, 모시풀, 산토끼꽃, 섬모시풀, 속단, 쑥, 지황.
태생(胎生)(4) : 거지딸기, 겨울딸기, 복분자딸기, 수리딸기.
태아양육(胎兒養育)(4) : 다래나무, 맥문동, 승검초, 큰조롱.
태양병(太陽病)(5) : 신경초, 엉겅퀴, 익모초, 청미래덩굴, 칡.
태의불하(胎衣不下)(2) : 벗풀, 피마자.
태풍(胎風)(1) : 예덕나무.
토담(吐痰)(7) : 각시마, 국화마, 단풍마, 둥근마, 마, 부채마, 참마.

토사(吐瀉)(1) : 팥배나무.

토사곽란(吐瀉癨亂)(2) : 선피막이, 큰피막이.

토사부지(吐瀉不止)(1) : 후박나무.

토역(吐逆)(6) : 개산초, 동부, 배초향, 산초나무, 진득찰, 털진득찰.

토제(吐劑)(1) : 흰양귀비.

토풍질(土風疾)(1) : 중대가리풀.

토혈(吐血)(170) : 가야산은분취, 각시서덜취, 각시취, 갈대, 갈퀴꼭두서니, 감나무, 갓대, 개도독놈의갈고리, 개맥문동, 개미취, 개불알풀, 개쉽사리, 갯개미취, 거북꼬리, 고려엉겅퀴, 고비, 고사리삼, 고욤나무, 골등골나물, 광대나물, 구와취, 국화수리취, 군자란, 그늘취, 금강분취, 금붓꽃, 긴분취, 긴오이풀, 깽깽이풀, 꼭두서니, 꽃고비, 꽃창포, 나도닭의덩굴, 나도하수오, 나한송, 남포분취, 냉이, 네가래, 노랑붓꽃, 노루발, 눈비름, 눈잣나무, 닭의덩굴, 닭의장풀, 담배취, 당분취, 대청, 도깨비엉겅퀴, 도꼬로마, 도둑놈의갈고리, 동백나무, 된장풀, 두루미꽃, 두메분취, 두메취, 등골나물, 등심붓꽃, 띠, 맥문동, 맥문아재비, 멍석딸기, 문주란, 물엉겅퀴, 바늘분취, 바늘엉겅퀴, 방울비짜루, 백설취, 백양꽃, 백합, 뱀딸기, 뱀무, 버들분취, 버들잎엉겅퀴, 벌등골나물, 범의귀, 부들, 부채붓꽃, 부처손, 부추, 분취, 붉노랑상사화, 붓꽃, 비단분취, 비파나무, 빗살서덜취, 사창분취, 사프란, 산각시취, 산골취, 산들깨, 산쑥, 산오이풀, 산짚신나물, 상사화, 서덜취, 석산, 석위, 섬조릿대, 세뿔석위, 소엽맥문동, 소철, 솔붓꽃, 솜분취, 솜양지꽃, 수리취, 쉽사리, 신이대, 아스파라가스, 아프리카문주란, 애기도둑놈의갈고리, 애기부들, 애기석위, 애기쉽사리, 엉겅퀴, 오이풀봄, 오죽, 옥수수, 옥수수, 우단꼭두서니, 은분취, 이대, 인삼, 일엽초, 자란, 자주괭이밥, 잣나무, 절굿대, 접시꽃, 제비붓꽃, 제주조릿대, 조릿대, 조뱅이, 좀깨잎나무, 좀닭의장풀, 줄맨드라미, 중나리, 쥐똥나무, 지황, 진달래, 참쑥, 천문동, 청나래고사리, 측백나무, 치자나무, 큰각시취, 큰꼭두서니, 큰닭의덩굴, 큰도둑놈의갈고리, 큰두루미꽃, 큰뱀무, 큰솔나리, 큰수리취, 큰엉겅퀴, 큰오이풀, 큰절굿대, 타래난초, 타래붓꽃, 탱자나무, 털분취, 털쉽사리, 하늘말나리, 하수오, 해당화, 해장죽, 홍도서덜취, 황벽나무, 회화나무, 흰상사화, 흰아프리카문주란, 흰잎엉겅퀴.

토혈각혈(吐血咯血)(141) : 꽃무릇, 가는기린초, 가시엉겅퀴, 감나무, 개미취, 개상사화, 개석잠풀, 갯실새삼, 고본, 고비, 고욤나무, 고추나물, 골등골나물, 골무꽃, 관중, 광대수염, 괭이밥, 구기자나무, 그늘골무꽃, 금창초, 기린초, 긴병꽃풀, 긴오이풀, 깨풀, 꼭두서니, 꿩의비름, 나도수영, 나도하수오, 냉이, 넓은잎옥잠화, 넓은잎황벽나무, 다시마, 단풍마, 닭의장풀, 도라지, 동백나무, 딱지꽃, 딸기, 땅빈대, 띠, 마늘, 마삭줄, 많첩해당화, 맥문동, 맨드라미, 머위, 멍석딸기, 모시풀, 무, 무화과나무, 묵밭소리쟁이, 물레나물, 바늘엉겅퀴, 밤나무, 배암차즈기, 백작약, 백합, 뱀무, 뱀톱, 벼, 병풀, 부들, 부처손, 분꽃, 뽕나무, 산뽕나무, 산오이풀, 산일엽초, 살구나무, 삿갓나물, 석류나무, 석잠풀, 섬모시풀, 소리쟁이, 솜양지꽃, 쇠고비, 쇠뜨기, 수선화, 쉽사리, 신경초, 싱아, 쑥, 애기땅빈대, 애기부들, 애기수영, 양지꽃, 엉겅퀴, 연꽃, 오이풀, 옥잠화, 왕쥐똥나무,

울금, 원추리, 율무, 익모초, 인삼, 일엽초, 자금우, 자란, 절굿대, 접시꽃, 제주조릿대, 조릿대, 조뱅이, 종려나무, 중나리, 쥐똥나무, 지치, 지황, 진달래, 질경이, 짚신나물, 쪽, 참소리쟁이, 천문동, 측백나무, 치자나무, 칠엽수, 컴프리, 큰꿩의비름, 큰물레나물, 큰엉겅퀴, 타래붓꽃, 털딱지꽃, 털머위, 토대황, 패모, 하늘말나리, 하늘타리, 한련초, 함박꽃나무, 해당화, 향등골나물, 향부자, 현삼, 형개, 황금, 황련, 황매화, 회향, 회화나무.

통경(通經)(297) : 가는범꼬리, 가문비나무, 각시제비꽃, 갈퀴꼭두서니, 갑산제비꽃, 갓, 개감수, 개갓냉이, 개구릿대, 개나리, 개대황, 개맨드라미, 개모시풀, 개벚나무, 개벚지나무, 개비자나무, 개산초, 개살구나무, 개여뀌, 개잎갈나무, 갯장구채, 검양옻나무, 검팽나무, 겨우살이, 겨자, 결명차, 고깔제비꽃, 고본, 고사리, 골담초, 골등골나물, 광릉제비꽃, 구름제비꽃, 구릿대, 구상나무, 구절초, 궁궁이, 귀룽나무, 금강제비꽃, 금소리쟁이, 금잔화, 긴결명자, 긴화살여뀌, 까락골, 깨꽃, 꼬리겨우살이, 꼬마부들, 꼭두서니, 꽃대, 꽃여뀌, 꽈리, 꿩의다리아재비, 나도하수오, 나래회나무, 낙엽송, 낚시제비꽃, 난쟁이바위솔, 남산제비꽃, 낭독, 냉초, 넓은산꼬리풀, 넓은잎제비꽃, 노간주나무, 노랑제비꽃, 노랑팽나무, 눈향나무, 능소화, 단삼, 단풍제비꽃, 담쟁이덩굴, 대극, 대동여뀌, 도루박이, 독미나리, 독일가문비, 돌소리쟁이, 동백나무겨우살이, 두메닥나무, 두메대극, 두메투구꽃, 둥근배암차즈기, 둥근이질풀, 둥근털제비꽃, 등골나물, 등대풀, 등칡, 딱지꽃, 땅꽈리, 땅빈대, 마삭줄, 마편초, 만리화, 만삼, 말냉이장구채, 맑은대쑥, 매자기, 멀꿀, 며느리밑씻개, 모란, 모시풀, 목화, 묵밭소리쟁이, 물고랭이, 물쑥, 미역줄나무, 바늘여뀌, 바디나물, 바위솔, 박태기나무, 방울고랭이, 배나무, 배암차즈기, 백당나무, 백선, 백송, 백작약, 뱀딸기, 버들회나무, 벌등골나물, 범꼬리, 벚나무, 복숭아나무, 봉선화, 부들, 부처손, 분비나무, 분홍장구채, 분홍쥐손이, 비술나무, 사철나무, 사프란, 산개나리, 산개벚지나무, 산검양옻나무, 산구절초, 산닥나무, 산속단, 산쑥, 산앵두나무, 산쥐손이, 산초나무, 삼쥐손이, 서울귀룽나무, 서울제비꽃, 서향, 석결명, 선이질풀, 섬모시풀, 섬벚나무, 섬제비꽃, 섬쥐손이, 섬회나무, 세모고랭이, 세잎쥐손이, 소리쟁이, 소철, 솔방울고랭이, 솔송나무, 솔잎란, 송이고랭이, 쇠무릎, 수세미외, 수영, 술패랭이꽃, 쉽사리, 승검초, 시베리아살구, 신경초, 쑥, 아욱제비꽃, 알로에, 알록제비꽃, 암대극, 애기메꽃, 애기부들, 애기수영, 애기장구채, 앵두나무, 여뀌, 연필향나무, 엷은잎제비꽃, 예덕나무, 옥수수, 올방개, 올방개아재비, 올벚나무, 올챙이고랭이, 옻나무, 왕모시풀, 왕벚나무, 왕제비꽃, 왕초피나무, 왕팽나무, 왕호장근, 왜당귀, 왜모시풀, 왜천궁, 외잎쑥, 우단꼭두서니, 우단쥐손이, 운향, 원산딱지꽃, 위령선, 으름덩굴, 으아리, 은행나무, 이시도야제피꽃, 이질풀, 인동, 일본전나무, 잇꽃, 잎갈나무, 자두나무, 자주잎제비꽃, 잔잎바디, 잔털제비꽃, 장구채, 장군풀, 장백제비꽃, 장수팽나무, 전나무, 전호, 접시꽃, 제비꽃, 제주진득찰, 졸방제비꽃, 좀매자기, 좀송이고랭이, 좀쥐손이, 좀참빗살나무, 좁은잎참빗살나무, 종비나무, 종지나물, 주목, 죽절초, 줄사철나무, 쥐소니풀, 지황, 진달래, 진득찰, 찔레나무, 참나무겨우살이, 참배암차즈기, 참빗살나무, 참소리쟁이, 참쑥, 참이질풀, 참졸방제비꽃, 참회나무, 처녀바디, 천궁, 청알록제비꽃, 초피나무, 층꽃나무, 콩제비꽃, 큰고랭이, 큰꼭두서니, 큰세잎쥐손이, 큰잎부들, 큰졸방제비꽃, 태백제비꽃, 털냉초, 털딱지꽃, 털마삭줄, 털쇠무릎, 털진득찰, 토대황, 통탈목, 팥꽃나무, 패랭이꽃, 팽나무, 폭나무, 풀또기, 풍게나무, 풍산가문비, 피마자, 하늘타리, 하수오, 해당화, 향나무, 향등골나물, 향부자, 호대황, 호자나무, 호장근, 호제비꽃, 홀아비꽃대, 화살나무, 화엄제비꽃, 활나물, 회나무, 회목나무, 후추등, 흑삼릉, 흰대극, 흰젖제비꽃, 흰털제비꽃.

통경락(通經絡)(3) : 제주진득찰, 진득찰, 털진득찰.

통경활혈(通經活血)(2) : 매발톱꽃, 하늘매발톱.

통규(通竅)(4) : 목련, 백목련, 자목련, 자주목련.

통기(通氣)(42) : 갈퀴나물, 감초, 개다래나무, 개머루, 개석잠풀, 곽향, 꿩의바람꽃, 녹나무, 담배, 대추나무, 뜰보리수, 만삼, 메꽃, 모과나무, 목향, 배초향, 벼, 복분자딸기, 산자고, 상산, 생강, 선인장, 소엽, 애기현호색, 왜현호색, 유채, 인삼, 족도리, 쥐꼬리망초, 참취, 천궁, 침향, 탱자나무, 털여뀌, 하수오, 해당화, 향부자, 현호색, 호두나무, 황기, 회향, 흑삼릉.

통락(通絡)(3) : 인동, 잔털인동, 호박.

통락거풍(通絡祛風)(1) : 수세미오이.

통리수도(通利水道)(181) : 가는금불초, 가는기린초, 가시엉겅퀴, 가지, 개구리밥, 개나리, 개미취, 개사철쑥, 개여뀌, 개오동나무, 개질경이, 갯까치수염, 갯메꽃, 갯실새삼, 갯질경이, 겨자, 결명차, 고란초, 고마리, 고사리, 고삼, 골담초, 구릿대, 금불초, 기린초, 까마중, 꽃다지, 꽃향유, 꽈리, 꿀풀, 나도수영, 나팔꽃, 낭아초, 냉이, 노간주나무, 노랑원추리, 노루발, 녹두, 능소화, 능수버들, 다래나무, 닥풀, 단풍마, 닭의장풀, 당느릅나무, 당아욱, 대추나무, 댑싸리, 댕댕이덩굴, 더위지기, 도꼬마리, 동백나무, 두충, 등대풀, 디기탈리스, 딱총나무, 띠, 마늘, 마디풀, 마삭줄, 마주송이풀, 만병초, 만수국, 말나리, 말오줌때, 매듭풀, 맥문동, 머위, 멍석딸기, 메꽃, 명아주, 모감주나무, 모과나무, 모란, 묵밭소리쟁이, 미나리, 미치광이풀, 민들레, 바디나물, 바위손, 박, 반하, 배암차즈기, 백선, 뱀톱, 복수초, 복숭아나무, 부들, 부추, 비름, 사시나무, 산수유나무, 산앵두나무, 산조팝나무, 삼(대마), 삼지구엽초, 삽주, 상추, 석송, 섬대, 소리쟁이, 소엽, 속새, 솜방망이, 송이풀, 쇠뜨기, 쇠무릎, 쇠비름, 수박, 수세미외, 수양버들, 수영, 순비기나무, 승검초, 신경초, 아욱, 애기똥풀, 애기원추리, 앵두나무, 약모밀, 양하, 어저귀, 억새, 엉겅퀴, 여우구슬, 연꽃, 염주, 옥수수, 옥잠화, 옻나무, 왕원추리, 용담, 우엉, 원추리, 위성류, 유홍초, 율무, 으름덩굴, 은방울꽃, 음나무, 익모초, 인동, 인삼, 자운영, 장구채, 접시꽃, 제주조릿대, 조개나물, 주목, 쥐참외, 지모, 지치, 지황, 질경이, 찔레나무, 차풀, 참느릅나무, 참억새, 참취, 청미래덩굴, 큰메꽃, 큰원추리, 택사, 탱자나무, 털냉초, 토대황, 패랭이꽃, 팬지, 팽나무, 포도나무, 하늘타리, 해바라기, 향나무, 향등골나물, 향유, 호리병박, 홉, 황기, 후박나무, 흰더위지기, 흰진범.

통림(通淋)(7) : 골풀, 날개골풀, 다래, 닥풀, 쇠비름, 옥수수, 참싸리.

통맥(通脈)(1) : 골담초.

통변(通便)(21) : 개사상자, 검팽나무, 고사리, 낭독, 노랑팽나무, 돌배나무, 두메대극, 벚나무, 복사나무, 사상자, 산돌배, 석결명, 위봉배나무, 자두나무, 장수팽나무, 줄, 참배, 팽나무, 폭나무, 피마자, 혹쐐기풀.

통변살충(通便殺蟲)(2) : 소리쟁이, 참소리쟁이.

통유(通乳)(30) : 강낭콩, 관모박새, 광귤, 귤, 긴잎여로, 녹두, 덩굴강낭콩, 덩굴팥, 박새, 박주가리, 벳풀, 보풀, 붉은강낭콩, 삼, 새박, 새팥, 소귀나물, 수세미오이, 애기땅빈대, 올미, 유자나무, 절굿대, 줄사철나무, 중국패모, 참여로, 큰절굿대, 팥, 패모, 화살나무, 흰여로.

통이변(通二便)(1) : 개감수.

통재(痛哉)(1) : 각나무.

통증(痛症)(6) : 감초, 마편초, 비파나무, 생강나무, 적작약, 황기.

통풍(痛風)(38) : 가시연꽃, 감초, 개나리, 골담초, 나팔꽃, 냉초, 녹나무, 대, 두릅나무, 등굴레, 딱총나무, 말오줌때, 물푸레나무, 방풍, 백서향, 백선, 병조희풀, 위령선, 으름덩굴, 으아리, 익모초, 인동, 서향, 쇠무릎, 자작나무, 자주쓴풀, 자주조희풀, 조희풀, 종려나무, 죽대, 질경이, 참으아리, 창포, 청미래덩굴, 큰꽃으아리, 털쇠무릎, 현삼, 회양목.

통혈(統血)(1) : 뱀딸기.

통혈기(通血氣)(2) : 멀꿀, 으름.

퇴열(退熱)(1) : 운향.

퇴예(退翳)(1) : 개속새.

퇴허열(退虛熱)(5) : 개똥쑥, 개사철쑥, 대나물, 벼, 환삼덩굴.

투옹농(透癰膿)(1) : 겹해바라기.

투진(透疹)(7) : 구기자나무, 노랑어리연꽃, 쇠비름, 승마, 엉겅퀴, 촛대승마, 황기.

투통(透通)(1) : 바디나물.

ㅍ

파상풍(破傷風)(55) : 가는범꼬리, 가지, 갓대, 개버무리, 개사상자, 검은종덩굴, 국화으아리, 남산천남성, 넓은잎천남성, 누른종덩굴, 댕댕이덩굴, 두루미천남성, 둥근잎천남성, 매화바람꽃, 무늬천남성, 밀, 방기, 범꼬리, 사상자, 사위질빵, 산부채, 섬조릿대, 섬천남성, 세잎종덩굴, 솜대, 신이대, 앉은부채, 애기앉은부채, 오죽, 왕대, 외대으아리, 요강나물, 위령선, 으아리, 이대, 인삼, 자주조희풀, 자주종덩굴, 점박이천남성, 제주조릿대, 조릿대, 좀사위질빵, 좁은잎사위질빵, 종덩굴, 죽순대, 지느러미엉겅퀴, 참으아리, 천남성, 천문동, 큰꽃으아리, 큰천남성, 함북종덩굴, 해장죽, 혈떡이풀, 환삼덩굴.

파어(破瘀)(1) : 오죽.

파키슨병(1) : 은행나무.

파혈(破血)(4) : 도깨비쇠고비, 매자기, 쇠고비, 참쇠고비.

파혈거어(破血祛瘀)(1) : 흑삼릉.

파혈통경(破血通經)(2) : 절국대, 화살나무.

파혈행어(破血行瘀)(1) : 물쑥.

패신(敗腎)(2) : 모람, 왕모람.

편도선(扁桃腺)(3) : 모람, 솜다리, 왕모람.

편도선비대(扁桃腺肥大)(17) : 감나무, 감초, 다시마, 도라지, 삼백초, 생강, 석류나무, 연꽃, 영지, 죽순대, 질경이, 참나리, 콩, 파, 표고, 형개, 호박.

편도선염(扁桃腺炎)(121) : 가막사리, 감초, 개산초, 개쑥갓, 갯골풀, 고란초, 고삼, 골풀, 괴불나무, 굴거리나무, 금꿩의다리, 금매화, 금붓꽃, 까실쑥부쟁이, 깽깽이풀, 꼭두서니, 꽃창포, 꽈리, 꿩의다리, 나도하수오, 날개골풀, 노랑붓꽃, 눈빛승마, 다시마, 더덕, 도꼬마리, 도라지, 등골나물, 등심붓꽃, 땅꽈리, 마삭줄, 만삼, 매일초, 머위, 며느리배꼽, 미역, 미역취, 반하, 백량금, 백운풀, 범부채, 복숭아나무, 봉선화, 부채붓꽃, 붉은조개나물, 붓꽃, 비파나무, 뽀리뱅이, 산꿩의다리, 산초나무, 산톱풀, 살구나무, 삿갓나물, 상수리나무, 새모래덩굴, 새우난, 석류나무, 설령개현삼, 섬현삼, 소경불알, 솔나물, 솔붓꽃, 쇠무릎, 쇠비름, 수박, 수세미외, 숫잔대, 승마, 신경초, 쑥, 애기고추나물, 애기금매화, 애기풀, 연꽃, 왕고들빼기, 우엉, 위령선, 유자나무, 으아리, 은꿩의다리, 인동, 인삼, 잇꽃, 자두나무, 자작나무, 자주꿩의다리, 작살나무, 절국대, 제비꿀, 제비붓꽃, 제비쑥, 조개나물, 좀고추나물, 지황, 진주고추나물, 참골풀, 참깨, 참으아리, 촛대승마, 층꽃나무, 층층이꽃, 치자나무, 칡, 콩, 큰개현삼, 타래난초, 타래붓꽃, 탱자나무, 토란, 토현삼, 톱풀, 파, 패모, 표고, 피마자, 향등골나물, 향부자, 현삼, 형개, 호박, 흰조개나물.

편두선염(偏頭線炎)(21) : 검산초롱꽃, 금강초롱꽃, 눈개승마, 더덕, 도라지, 두메애기풀, 물골풀, 별날개골풀, 병아리풀, 섬초롱꽃, 소경불알, 애기골풀, 애기도라지, 애기풀, 원지, 자주꽃방망이, 자주섬초롱꽃, 자주초롱꽃, 초롱꽃, 한라개승마, 흰섬초롱꽃.

편두염(偏頭炎)(9) : 개승마, 남가새, 눈빛승마, 승마, 왕초피나무, 왜승마, 초피나무, 촛대승마, 황새승마.

편두통(偏頭痛)(23) : 간장풀, 개구리밥, 개박하, 개승마, 구릿대, 국화, 궁궁이, 냉초, 담쟁이덩굴, 매실나무, 모란, 무, 미나리아재비, 박하, 반하, 봄맞이, 뽕나무, 사리풀, 수세미외, 쑥, 유채, 천궁, 황새승마.

평간(平肝)(4) : 남가새, 물레나물, 아마, 큰물레나물.

평간명목(平肝明目)(1) : 국화.

평간해독(平肝解毒)(1) : 송악.

평천(平喘)(3) : 끈끈이주걱, 비수수, 수수.

평천지해(平喘止咳)(2) : 물푸레나무, 삿갓나물.

폐결핵(肺結核)(113) : 가막사리, 갈대, 갓, 개소시랑개비, 갯율무, 결명차, 곰솔, 곰취, 구기자나무, 군자란, 기장, 긴담배풀, 꽃무릇, 꾸지뽕나무, 꿀풀, 냉이, 넓은산꼬리풀, 눈잣나무, 당근, 도라지, 돌동부, 돌양지꽃, 둥굴레, 둥근마, 딱지꽃, 리기다소나무, 마, 마가목, 만삼, 만주곰솔, 말나리, 맥문동, 머루, 머위, 모과나무, 모시대, 목련, 목향, 문주란, 미역줄나무, 민들레, 박하, 배나무, 백미꽃, 백선, 백양꽃, 백합, 붉노랑상사화, 비파나무, 뽕나무, 산뽕나무, 산씀바귀, 산자고, 산짚신나물, 살구나무, 상사화, 새머루, 석산, 선인장, 섬잣나무, 소경불알, 소나무, 소엽맥문동, 소태나무, 손바닥난초, 솔나리, 수박, 수양버들, 시금치, 아까시나무, 아마, 아프리카문주란, 양지꽃, 연꽃, 염주, 왕과, 용둥굴레, 용머리, 윤판나물, 윤판나물아재비, 율무, 은행나무, 이질풀, 잇꽃, 자귀나무, 자란, 잔대, 잣나무, 적작약, 제비쑥, 죽대, 중나리, 지체, 지황, 진황정, 질경이, 참깨, 참나리, 천문동, 콩, 큰애기나리, 털딱지꽃, 털중나리, 통둥굴레, 팥꽃나무, 패모, 하늘타리, 현삼, 호랑가시나무, 환삼덩굴, 황기, 황벽나무, 흰아프리카문주란.

폐기(肺氣)(9) : 가래나무, 개질경이, 아스파라가스, 왕질경이, 질경이, 창질경이, 천문동, 털질경이, 호두나무.

폐기종(肺氣腫)(9) : 갯방풍, 골무꽃, 도라지, 소엽, 윤판나물, 윤판나물아재비, 천문동, 큰애기나리, 패모.

폐기천식(肺氣喘息)(119) : 가는금불초, 가시연꽃, 감초, 개미취, 개살구나무, 개상사화, 갯메꽃, 갯방풍, 결명차, 골무꽃, 곰취, 금불초, 금잔화, 금창초, 긴산꼬리풀, 까마중, 꽃다지, 꽈리, 남천, 냉이, 다닥냉이, 단풍마, 닭의장풀, 당근, 더덕, 도라지, 독말풀, 두메잔대, 둥굴레, 땅비수리, 떡쑥, 마, 마늘, 마황, 만삼, 메꽃, 명아주, 모과나무, 무, 무궁화, 물옥잠, 미모사, 미역, 미치광이풀, 민백미꽃, 바디나물, 바위손, 배나무, 백선, 뱀딸기, 병조희풀, 보리, 복숭아나무, 부들, 부채마, 부처손, 부추, 비수리, 비파나무, 뽕나무, 사리풀, 사위질빵, 산꼬리풀, 산뽕나무, 살구나무, 삿갓나물, 생강, 석류나무, 선인장, 소경불알, 소나무, 쇠뜨기, 쇠채, 수선화, 수세미외, 수염가래꽃, 숫잔대, 쑥, 쓴풀, 아가리쿠스, 애기메꽃, 앵초, 연꽃, 오미자, 오이, 옥수수, 옹굿나물, 왜솜다리, 위령선, 으아리, 은행나무, 인삼, 자주조희풀, 잣나무, 전호, 조개나물, 조희풀, 좀모형, 줄, 쥐방울덩굴, 지황, 진달래, 질경이, 차나무, 참나리, 참으아리, 침향, 컴프리, 큰메꽃, 퉁퉁마디, 파, 팥꽃나무, 패모, 하늘타리, 헐떡이풀, 협죽도, 호두나무, 황매화, 흰독말풀.

폐농(肺濃)(1) : 약모밀.

폐농양(肺膿瘍)(16) : 개맥문동, 개미취, 개석잠풀, 냉이, 바디나물, 범의귀, 삼백초, 석잠풀, 솜양지꽃, 약모밀, 자란, 자작나무, 제비꿀, 파드득나물, 헐떡이풀, 호자나무.

폐렴(肺炎)(127) : 가는참나물, 각시둥굴레, 각시붓꽃, 감나무, 감자개발나물, 갓, 개살구나무, 개상사화, 개석잠풀, 갯강냉이, 개곽향, 갯무, 겨자, 고들빼기, 고삼, 골등골나물, 골무꽃, 곽향, 광릉골무꽃, 구슬갓냉이, 구슬골무꽃, 구와취, 그늘골무꽃, 금강분취, 금붓꽃, 긴잎갈퀴, 긴잎꿩의다리, 꽃창포, 나도사프란, 난장이붓꽃, 남포분취, 냉이, 넓은잎딱총나무, 넓은잔대, 노랑붓꽃, 노루참나물, 달래, 담배취, 당매자나무, 덧나무, 덩굴곽향, 도라지모시대, 두릅나무, 두메분취, 둥굴레, 둥근잔대, 등골나물, 등심붓꽃, 딱총나무, 말오줌나무, 매실나무, 매자나무, 무, 미나리, 미역취, 바늘분취, 바디나물, 박하,

방울비짜루, 백합, 뱀톱, 벌등골나물, 범부채, 부채분꽃, 붉은참반디, 붓꽃, 뽕나무, 사창분취, 산국, 산뽕나무, 살구나무, 삼백초, 상황버섯, 새머루, 석잠풀, 선인장, 속속이풀, 솔붓꽃, 쇠별꽃, 수선화, 아스파라거스, 아욱, 애기골무꽃, 애기참반디, 약모밀, 여우콩, 연꽃, 오미자, 왕둥굴레, 용둥굴레, 우단담배풀, 우단석잠풀, 율무, 자두나무, 자작나무, 잔대, 절굿대, 제비꿀, 제비붓꽃, 좀개갓냉이, 좀꿩의다리, 죽대, 죽절초, 중나리, 지렁쿠나무, 지리바꽃, 진황정, 쪽, 참골무꽃, 참나물, 천문동, 층층둥굴레, 큰솔나리, 큰여우콩, 큰절굿대, 타래붓꽃, 털잔대, 토란, 퉁둥굴레, 파드득나물, 하늘말나리, 함박꽃나무, 향등골나물, 현삼, 환삼덩굴, 황벽나무, 흰꽃나도사프란.

폐병(肺病)(8) : 개황기, 두메닥나무, 띠, 산닥나무, 서향, 자주개황기, 해변황기, 황기.

폐보(肺補)(2) : 딱지꽃, 털딱지꽃.

폐보익(肺補益)(4) : 넓은잔대, 도라지모시대, 둥근잔대, 진퍼리잔대.

폐부종(肺浮腫)(6) : 미나리, 벗풀, 산옥매, 살구나무, 자작나무, 잔대.

폐암(肺癌)(18) : 갈퀴덩굴, 개미취, 골등골나물, 등골나물, 매일초, 미역취, 바위손, 부처손, 비파나무, 빈카, 살구나무, 양파, 영지, 우엉, 주목, 짚신나물, 표고, 할미꽃.

폐열(肺熱)(6) : 냉이, 백합, 쇠비름, 씀바귀, 하늘나리, 황기.

폐열해혈(肺熱咳血)(1) : 광대수염.

폐옹(肺癰)(4) : 갈대, 뱀톱, 천문동, 콩짜개덩굴.

폐위(肺痿)(1) : 갈대.

폐위해혈(肺痿咳血)(2) : 노랑하늘타리, 하늘타리.

폐음(肺陰)(1) : 비수리.

폐종(肺腫)(1) : 바위떡풀.

폐질(廢疾)(1) : 새머루.

폐창(肺脹)(7) : 각시둥굴레, 둥굴레, 왕둥굴레, 용둥굴레, 죽대, 진황정, 퉁둥굴레.

폐한해수(肺寒咳嗽)(1) : 갓.

폐혈(肺血)(20) : 갈대, 개미취, 더덕, 도라지, 맥문동, 바디나물, 바위취, 배암차즈기, 백작약, 봉선화, 연꽃, 윤판나물, 자주괭이밥, 쥐방울덩굴, 참나리, 천문동, 패모, 해당화, 환삼덩굴, 흑난초.

폐혈병(肺血病)(1) : 번행초.

포징(暴徵)(5) : 산마늘, 여로, 자리공, 팽나무, 현호색.

포태(胞胎)(2) : 가래나무, 호두나무.

폭식증(暴食症)(5) : 기장, 민산초, 소엽, 시로미, 팥꽃나무.

표저(瘭疽)(7) : 가지, 개머루, 꽃무릇, 밤나무, 자리공, 지치, 참나리.

풍(風)(134) : 가시오갈피, 가지고비고사리고사리, 강활, 개맨드라미, 개머루, 개불알꽃, 개수양버들, 개여뀌, 갯기름나물, 갯버들, 겨우살이, 계뇨등, 고비고사리, 광대나물, 구기자나무, 구릿대, 구절초, 국화, 굴피나무, 귀룽나무, 그늘골무꽃, 금창초, 기름나물, 꽃마리, 꿩의다리아재비, 꿩의바람꽃, 노간주나무, 노루오줌, 누리장나무, 닥나무, 당마가목, 더덕, 도꼬마리, 동의나물, 두루미천남성, 두릅나무, 등골나물, 딱지꽃, 딱총나무, 땃두릅나무, 떡쑥, 마삭줄, 마주송이풀, 만병초, 말오줌때, 맑은대쑥, 망초, 맨드라미, 멍석딸기, 명자나무, 밀나물, 바위취, 박하, 방기, 방풍, 배풍등, 백당나무, 백선, 뱀무, 번행초, 부전쥐소니, 분꽃, 붉나무, 비늘고사리, 뽕나무, 사시나무, 산구절초, 산마늘, 산쥐손이, 산해박, 삼지구엽초, 삽주, 상산, 새모래덩굴, 석산, 석송, 선이질풀, 선인장, 섬오갈피, 소나무, 소리쟁이, 송악, 쇠채, 수선화, 수양버들, 순비기나무, 승검초, 어수리, 여뀌, 예덕나무, 오갈피나무, 오미자, 오수유, 용담, 우산나물, 우엉, 운향, 유채, 으아리, 이질풀, 인동, 접시꽃, 조희풀, 족도리, 좀모형, 쥐소니풀, 지느러미엉겅퀴, 진득찰, 진범, 찔레나무, 천궁, 천마, 천문동, 청가시덩굴, 청미래더굴, 콩, 큰꽃으아리, 큰뱀무, 큰천남성, 톱풀, 풀명자나무, 풀솜대, 함박이, 향나무, 향부자, 향유, 형개, 호랑가시나무, 호자나무, 호장근, 황금, 황매화, 회향, 후추등.

풍독(風毒)(8) : 등대풀, 뚝갈, 방풍, 삼백초, 장구채, 족도리, 질경이, 칡.

풍비(風痹)(51) : 가시오갈피, 감국, 강활, 개구리밥, 갯버들, 거지덩굴, 귀룽나무, 꿩의바람꽃, 녹나무, 눈잣나무, 도꼬마리, 뚝갈, 뜰보리수, 마삭줄, 만병초, 맑은대쑥, 명자나무, 박새, 방기, 백미꽃, 백선, 복숭아나무, 비늘고사리, 사상자, 사시나무, 산초나무, 산해박, 삼지구엽초, 새모래덩굴, 생강, 석창포, 섬오갈피, 소나무, 송악, 수양버들, 여우콩, 우엉, 잣나무, 족누리장나무, 족도리, 지느러미엉겅퀴, 진득찰, 진범, 창포, 측백나무, 콩, 투구꽃, 풀명자나무, 현호색, 호랑가시나무, 호자나무.

풍사(風邪)(9) : 갯기름나물, 기름나물, 더덕, 말오줌때, 반디미나리, 백운기름나물, 생강, 왜우산풀, 참반디.

풍습(風濕)(86) : 가는돌쩌귀, 각시둥굴레, 갈퀴꼭두서니, 개감수, 개다래, 개똥쑥, 개머위, 개사철쑥, 개산초, 구와쑥, 구주물푸레, 그늘돌쩌귀, 꼭두서니, 나도하수오, 낭독, 노간주나무, 놋젓가락나물, 다래, 대극, 두메대극, 두메부추, 둥굴레, 둥근잎천남성, 들메나무, 등대풀, 땅빈대, 마늘, 만년청, 머위, 모람, 물푸레나무, 미국물푸레, 배초향, 백운쇠물푸레, 붉은물푸레, 붉은터리풀, 뺑쑥, 사철쑥, 산부추, 산쑥, 산초나무, 산파, 새머루, 서울오갈피, 섬다래, 섬오갈피나무, 세뿔투구꽃, 세잎돌쩌귀, 쑥, 암대극, 애기장구채, 연필향나무, 예덕나무, 오가나무, 오갈피, 왕둥굴레, 왕모람, 왕바꽃, 용가시나무, 용둥굴레, 우단꼭두서니, 율무쑥, 장구채, 죽대, 쥐다래, 지리바꽃, 지리산오갈피, 진돌쩌귀, 진황정, 찔레꽃, 참산부추, 천마, 층층둥굴레, 큰꼭두서니, 큰비쑥, 키다리바꽃, 터리풀, 털오갈피, 투구꽃, 퉁둥굴레, 피마자, 하수오, 한라부추, 화살나무, 황해쑥, 흰대극.

풍습관절염(風濕關節炎)(2) : 단풍터리풀, 때죽나무, 쪽동백나무.

풍습근골통(風濕筋骨痛)(1) : 수호초.

풍습동통(風濕疼痛)(6) : 가는잎쐐기풀, 긴꼬리쐐기풀, 산일엽초, 쐐기풀, 애기일엽초, 회양목.

풍습비(風濕痺)(1) : 참방동사니.

풍습성관절염(風濕性關節炎)(1) : 갯메꽃.

풍습통(風濕痛)(1) : 개면마.

풍양(風痒)(4) : 분홍할미꽃, 산할미꽃, 할미꽃, 향부자.

풍열(風熱)(27) : 간장풀, 감국, 강활, 개다래나무, 개박하, 결명차, 꿀풀, 낭독, 녹두, 돌배나무, 두메대극, 둥굴레, 등대풀, 명아주, 박하, 방풍, 배나무, 백선, 산돌배, 쇠비름, 우엉, 위봉배나무, 질경이, 참배, 천마, 콩, 흰대극.

풍열감기(風熱感氣)(1) : 털머위.

풍열목적(風熱目赤)(1) : 네가래.

풍염(風炎)(1) : 산짚신나물.

풍종(風腫)(1) : 나팔꽃.

풍진(風疹)(2) : 능소화, 콩짜개덩굴.

풍질(風疾)(40) : 각시투구꽃, 갈매나무, 개다래, 개버무리, 개사상자, 개싹눈바꽃, 검은종덩굴, 국화으아리, 누른종덩굴, 다래, 매화바람꽃, 방풍, 백부자, 백선, 병조희풀, 사상자, 사위질빵, 섬다래, 세잎종덩굴, 소엽, 수세미오이, 싹눈바꽃, 외대으아리, 요강나물, 위령선, 으아리, 이삭바꽃, 자주조희풀, 자주종덩굴, 좀사위질빵, 좁은잎사위질빵, 종덩굴, 쥐다래, 참으아리, 참줄바꽃, 큰꽃으아리, 털기름나물, 한라돌쩌귀, 할미밀망, 함북종덩굴.

풍치(風齒)(9) : 가지, 개구리밥, 돌동부, 마늘, 버드나무, 수세미외, 음나무, 자두나무, 패랭이꽃.

풍한(風寒)(23) : 감국, 구릿대, 구절초, 그늘돌쩌귀, 꿩의바람꽃, 눈향나무, 더덕, 딱총나무, 마삭줄, 말오줌때, 민산초, 삽주, 생강, 소엽, 쑥, 옻나무, 왕가시오갈피, 왕바꽃, 지리바꽃, 창포, 천문동, 칡, 향나무.

풍한감모(風寒感冒)(1) : 파대가리.

풍한서습(風寒暑濕)(1) : 개솔새.

풍한습비(風寒濕痺)(2) : 가시오갈피, 왕가시오갈피.

풍한해수(風寒咳嗽)(1) : 홀아비꽃대.

풍혈(風血)(12) : 광나무, 당광나무, 도깨비쇠고비, 박하, 버들쥐똥나무, 산동쥐똥나무, 상동잎쥐똥나무, 섬쥐똥나무, 쇠고비, 왕쥐똥나무, 쥐똥나무, 참쇠고비.

피로회복(疲勞回復, fatigue recovery)(2) : 벚나무, 자두나무.

피부(皮膚)(2) : 개지치, 보춘화.

피부궤양(皮膚潰瘍)(7) : 부처꽃, 쇠무릎, 선갈퀴, 엉겅퀴, 오이풀, 자란, 털부처꽃.

피부노화방지(皮膚老化防止)(18) : 구기자나무, 더덕, 더위지기, 두충, 둥근마, 땅콩, 마늘, 맥문동, 벼, 보풀, 복숭아나무, 뽕나무, 살구나무, 연꽃, 율무, 죽대, 측백나무, 황기.

피부미백(皮膚美白)(11) : 녹두, 벼, 복령, 복숭아나무, 상추, 수세미외, 실새삼, 알로에, 오이, 율무, 인삼.

피부병(皮膚病)(71): 가막사리, 갓, 개나리, 개느삼, 개대황, 거머리말, 겨자, 고삼, 고추,

괭이밥, 구릿대, 국화, 금소리쟁이, 꿩의비름, 노랑하늘타리, 누리장나무, 느릅나무, 돌소리쟁이, 둥근이질풀, 마주송이풀, 마편초, 만주자작나무, 맨드라미, 며느리밑씻개, 며느리배꼽, 무궁화, 묵밭소리쟁이, 물박달나무, 민들레, 박달나무, 배나무, 백선, 분홍쥐손이, 붉은괭이밥, 붓꽃, 뽕나무, 사철베고니아, 산쥐손이, 산해박, 삼쥐손이, 석창포, 선괭이밥, 선이질풀, 섬쥐손이, 소나무, 소리쟁이, 송이풀, 쇠비름, 수양버들, 수영, 우엉, 애기괭이밥, 애기수영, 약모밀, 이질풀, 자작나무, 장대여뀌, 젓가락나물, 좀자작나무, 줄, 쥐손이풀, 지치, 참소리쟁이, 참이질풀, 큰개여뀌, 큰괭이밥, 큰세잎쥐손이, 토대황, 피마자, 하늘타리, 호대황.

피부상피암(皮膚上皮癌)(1) : 활나물.

피부소양(皮膚瘙痒)(4) : 개구리밥, 능소화, 도꼬마리, 좀개구리밥.

피부소양증(皮膚瘙痒症)(35) : 개구리밥, 개맨드라미, 개오동나무, 갯방풍, 고삼, 꼭두서니, 냉이, 담배풀, 더덕, 도꼬마리, 마늘, 마디풀, 마타리, 맨드라미, 방풍, 백선, 벚나무, 복숭아나무, 비늘고사리, 뽕나무, 사상자, 사철쑥, 상수리나무, 소리쟁이, 쑥, 오이풀, 우엉, 자두나무, 주엽나무, 지느러미엉겅퀴, 질경이, 층꽃나무, 칡, 파, 포도나무.

피부암(皮膚癌)(17) : 갈퀴덩굴, 개미취, 다시마, 등골나물, 마름, 미역, 방아풀, 배추, 부처꽃, 빈랑나무, 빈카, 사철쑥, 옻나무, 용담, 주목, 할미꽃, 회화나무.

피부열진(皮膚熱疹)(2) : 석류풀, 큰석류풀.

피부염(皮膚炎)(40) : 가래나무, 감자, 감초, 개나리, 개승마, 거제수나무, 겨자, 긴산꼬리풀, 깨풀, 꾸지나무, 나도하수오, 누리장나무, 눈빛승마, 닥나무, 달맞이꽃, 담쟁이덩굴, 돈나무, 둥근이질풀, 땅꽈리, 띠, 만년석송, 무궁화, 미꾸리낚시, 미역취, 민미꾸리낚시, 사스레나무, 삼지닥나무, 석송, 솔나물, 수수꽃다리, 쉽사리, 승마, 쑥방망이, 약모밀, 엉겅퀴, 왕벚나무, 위성류, 율무, 한란, 호두나무.

피부윤택(皮膚潤澤)(30) : 계수나무, 녹두, 느릅나무, 대황, 둥굴레, 들깨, 밤나무, 비파나무, 뽕나무, 살구나무, 삼백초, 석창포, 소나무, 소리쟁이, 수세미외, 쑥, 아욱, 알로에, 오이, 율무, 익모초, 인삼, 질경이, 참깨, 토란, 토마토, 퉁퉁마디, 표고, 하늘타리, 황기.

피부종기(皮膚腫氣)(1) : 메타세콰이아.

피부진균병(皮膚眞菌病, dermatomycoses)(1) : 미국자리공.

피부청결(皮膚淸潔)(4) : 수세미외, 율무, 질경이, 차나무.

피임(避姙)(12) : 가지, 긴잎별꽃, 누린내풀, 느릅나무, 목화, 별꽃, 석류나무, 쇠별꽃, 실별꽃, 왕별꽃, 지치, 패랭이꽃.

피하주사(皮下注射)(2) : 양귀비, 흰양귀비.

ㅎ

하감(下疳)(3) : 애기고추나물, 좀고추나물, 진주고추나물.

하강혈압(下降血壓)(1) : 댕댕이덩굴.

하기(下氣)(4) : 다닥냉이, 달래, 벌노랑이, 이스라지.

하기소적(下氣消積)(1) : 메밀.

하기통락(下氣通絡)(1) : 물쑥.

하기행수(下氣行水)(1) : 옥매.

하돈중독(河豚中毒)(2) : 갈대, 편두.

하리(下痢)(144) : 가래나무, 가막사리, 각시괴불나무, 감나무, 개망초, 개별꽃, 개쇠뜨기, 개아그배나무, 개양귀비, 겹작약, 고로쇠나무, 고삼, 골무꽃, 구름떡쑥, 금떡쑥, 긴오이풀, 깃반쪽고사리, 깽깽이풀, 꿩의다리, 남오미자, 냉이, 노랑만병초, 노랑제비꽃, 녹두, 다북떡쑥, 달래, 당매자나무, 대청, 더위지기, 덤불쑥, 덩굴개별꽃, 동부, 둥근잎나팔꽃, 들쭉나무, 딱지꽃, 떡쑥, 만병초, 망초, 매실나무, 매자나무, 맨드라미, 멍석딸기, 메밀, 며느리배꼽, 명아주, 모감주나무, 모란, 모새나무, 무, 무궁화, 무화과나무, 물속새, 물쇠뜨기, 물푸레나무, 미국자리공, 밀나물, 박새, 박하, 반쪽고사리, 밤나무, 백두산떡쑥, 백작약, 백작약, 범꼬리, 부들, 부추, 분홍바늘꽃, 붉나무, 비름, 비쑥, 사과나무, 사시나무, 산앵도나무, 산오이풀, 산작약, 산진달래, 산짚신나물, 삽주, 생강, 석류풀, 선밀나물, 섬노루귀, 섬자리공, 소귀나무, 쇠뜨기, 쇠무릎, 쇠비름, 쑥, 쓴풀, 알록제비꽃, 야광나무, 약모밀, 양귀비, 어저귀, 얼레지, 오미자, 오이풀, 왕제비꽃, 왜떡쑥, 용가시나무, 운향, 월귤, 율무쑥, 위령선, 으아리, 이질풀, 인동, 자리공, 자작나무, 자주잎제비꽃, 작약, 잔털인동, 장구채, 적작약, 절굿대, 정금나무, 쥐소니풀, 지치, 진달래, 짚신나물, 찔레꽃, 참깨, 참작약, 참죽나무, 청가시덩굴, 청미래덩굴, 청시닥나무, 청알록제비꽃, 측백나무, 칠엽수, 콩제비꽃, 큰봉의꼬리, 큰석류풀, 큰오이풀, 큰절굿대, 탱자나무, 털백작약, 털산쑥, 패랭이꽃, 편두, 풀솜나물, 할미꽃, 함박꽃나무, 향부자, 호두나무, 호박, 호제비꽃, 홍만병초, 환삼덩굴, 황금, 후추나무, 흰독말풀, 흰두메양귀비, 흰양귀비.

하리궤양(下痢潰瘍)(1) : 개구리자리.

하리탈항(下痢脫肛)(3) : 등대시호, 섬시호, 시호.

하사(瘕瀉)(2) : 남오미자, 풀명자.

하유(下乳)(2) : 등칡, 분홍바늘꽃.

하종(下種)(1) : 진돌쩌귀.

하지근무력증(下肢筋無力症)(7) : 두충, 모과나무, 산토끼꽃, 옥매, 작두콩, 풀명자나무, 황기.

하초습열(下焦濕熱)(6) : 삽주, 용담, 적작약, 초피나무, 칼잎용담, 홉.

하혈(下血)(50) : 가는돌쩌귀, 가는잎쐐기풀, 가시나무, 가지, 갈매나무, 갈졸참나무, 개맨드라미, 개모시풀, 개부처손, 굴참나무, 그늘돌쩌귀, 떡갈나무, 떡갈졸참나무, 떡갈참나무, 떡신갈나무, 떡신갈참나무, 떡신졸참나무, 모람, 모시풀, 무궁화, 물참나무, 바위손, 밤나무, 백리향, 봉동참나무, 부처손, 산짚신나물, 석잠풀, 섬모시풀, 섬백리향, 세잎돌쩌귀, 신갈나무, 신갈졸참나무, 애기쐐기풀, 약밤나무, 왕과, 왕모람, 왕모시풀, 왜구실사리, 왜모시풀, 우단석잠풀, 제비쑥, 졸가시나무, 졸참나무, 종가시나무, 진돌쩌귀, 참가시나무, 개가시나무, 떡속소리나무, 붉가시나무.

학질(瘧疾)(64) : 감태나무, 개구리자리, 개느삼, 개똥쑥, 개망초, 검양옻나무, 고삼, 고추, 귤나무, 까마중, 나무수국, 노린재나무, 담배풀, 대나물, 댕댕이덩굴, 도깨비바늘, 도루박이, 둥근바위솔, 마편초, 매자기, 메밀, 물고랭이, 민까마중, 바위솔, 방기, 방울고랭이, 배풍등, 비목나무, 사철쑥, 산검양옻나무, 산달래, 산수국, 산초나무, 산할미꽃, 상산, 생강나무, 선개불알풀, 세모고랭이, 소태나무, 솔방울고랭이, 쇠무릎, 수국, 수국차, 시호, 연꽃, 올챙이고랭이, 옻나무, 유홍초, 익모초, 젓가락나물, 제비쑥, 조팝나무, 좀매자기, 좀송이고랭이, 좁은잎배풍등, 중대가리풀, 참깨, 큰고랭이, 털여뀌, 털조장나무, 할미꽃, 함박이, 환삼덩굴, 흑삼릉.

한경(寒炅)(1) : 천남성.

한반(汗斑)(11) : 각시투구꽃, 개싹눈바꽃, 백부자, 싹눈바꽃, 왕바꽃, 이삭바꽃, 지리바꽃, 참줄바꽃, 키다리바꽃, 투구꽃, 한라돌쩌귀.

한습(寒濕)(5) : 국화, 더위지기, 생강, 쑥, 익모초.

한열(悍熱)(43) : 검산초롱꽃, 고욤나무, 금강초롱꽃, 나도은조롱, 나리잔대, 넓은잔대, 당잔대, 더덕, 덩굴민백미꽃, 덩굴박주가리, 도라지모시대, 두메잔대, 두메층층이, 둥근잔대, 만삼, 모시대, 묏대추나무, 민백미꽃, 백미꽃, 산해박, 선백미꽃, 섬잔대, 섬초롱꽃, 세포큰조롱, 소경불알, 솜아마존, 애기탑꽃, 양반풀, 왕잔대, 자주꽃방망이, 자주섬초롱꽃, 자주초롱꽃, 잔대, 제비꿀, 진득찰, 진퍼리잔대, 초롱꽃, 큰조롱, 탑꽃, 털잔대, 털진득찰, 피마자, 흰섬초롱꽃.

한열두통(寒熱頭痛)(1) : 파대가리.

한열왕래(寒熱往來)(54) : 가는잎할미꽃, 감나무, 강활, 개승마, 개시호, 고삼, 곽향, 구릿대, 국화, 냉이, 노랑어리연꽃, 노린재나무, 눈빛승마, 당잔대, 대추나무, 댕댕이덩굴, 더덕, 두메잔대, 띠, 마, 마황, 만삼, 모시대, 묏대추나무, 미역취, 배초향, 벌등골나물, 부들, 뽕나무, 산수유나무, 생강, 생강나무, 섬잔대, 수국, 승검초, 승마, 신경초, 쑥, 애기부들, 으아리, 인동, 잔대, 제비꽃, 죽대, 쥐똥나무, 참나리, 털잔대, 털진득찰, 파, 파대가리, 피마자, 할미꽃, 형개, 황기, 황새승마.

한창(寒脹)(5) : 가는갯능쟁이, 가는명아주, 갯는쟁이, 명아주, 호모초.

항(抗)바이러스(6) : 강활, 고삼, 만삼, 영지, 으아리, 인동.

항균(抗菌)(7) : 두메부추, 만병초, 물양지꽃, 수수꽃다리, 참산부추, 한라부추, 용설란.

항균성(抗菌性)(1) : 가는잎할미꽃.

항균소염(抗菌消炎)(3) : 나도하수오, 산층층이, 층층이꽃.

항문염(肛門炎)(1) : 예덕나무.

항문주위농양(肛門周圍膿瘍)(8) : 박하, 벗풀, 살구나무, 수양버들, 자리공, 피나물, 형개, 황벽나무.

항병(抗病)(1) : 당근.

항암(抗癌)(2) : 그령, 활나물.

항암제(抗癌劑)(3) : 구실사리, 깃고사리, 파초일엽.

항종(項腫)(1) : 택사.

항탈(肛脫)(4) : 백부자, 연필향나무, 이삭바꽃, 참줄바꽃, 한라돌쩌귀.

해경(解痙)(2) : 미치광이풀, 카밀레.

해독(解毒)(455) : 가는기름나물, 가는오이풀, 가락지나물, 가래, 가지고비고사리, 각시괴불나무, 각시마, 각시제비꽃, 갈대, 갈퀴덩굴, 감국, 감자난, 감초, 개갓냉이, 개구리발톱, 개구리밥, 개구리자리, 개나리, 개망초, 개미자리, 개수염, 개승마, 개쑥갓, 개쑥부쟁이, 개여뀌, 개오동나무, 개질경이, 갯실새삼, 갯쑥부쟁이, 갯완두, 거지덩굴, 검양옻나무, 검은개수염, 겨자, 결명차, 계뇨등, 고깔제비꽃, 고마리, 고비고사리, 곡정초, 곤약, 골무꽃, 광릉제비꽃, 괭이눈, 괭이밥, 괴불나무, 괴불주머니, 구름제비꽃, 구슬댕댕이, 구슬붕이, 국화, 국화마, 근대, 금강제비꽃, 금낭화, 금매화, 금방망이, 기린초, 긴담배풀, 긴병꽃풀, 긴오이풀, 긴잎꿩의다리, 긴잎제비꽃, 긴화살여뀌, 길마가지나무, 까마중, 까실쑥부쟁이, 깽깽이풀, 꽃개오동, 꽃며느리밥풀, 꽈리, 낚시제비꽃, 날개하늘나리, 남산제비꽃, 냇씀바귀, 냉이, 냉초, 넓은잎개수염, 넓은잎옥잠화, 넓은잎황벽나무, 넓은잔대, 네가래, 노간주나무, 노랑물봉선, 노랑어리연꽃, 노랑제비꽃, 노루발, 노박덩굴, 녹두, 누운주름잎, 눈개승마, 눈개쑥부쟁이, 눈빛승마, 다래나무, 닥풀, 단풍나무, 단풍마, 단풍제비꽃, 달구지풀, 달래, 닭의장풀, 담배풀, 당매자나무, 당잔대, 당키버들, 닻꽃, 대추나무, 댕댕이덩굴, 더덕, 덩굴닭의장풀, 덩굴팥, 도깨비바늘, 도꼬마리, 돌나물, 돌외, 동자꽃, 두메닥나무, 두메부추, 두메자운, 둥근마, 둥근이질풀, 둥근털제비꽃, 들깨풀, 등골나물, 등대풀, 등칡, 딱지꽃, 땅꽈리, 땅비싸리, 뚝갈, 뚝새풀, 마, 마늘, 마름, 마타리, 만년청, 만리화, 말나리, 망초, 매듭풀, 머위, 멍석딸기, 메밀, 며느리밑씻개, 며느리배꼽, 명아주, 모람, 모시대, 모시풀, 뫼제비꽃, 무, 무궁화, 무릇, 무화과나무, 문주란, 물달개비, 물레나물, 물봉선화, 물앵도나무, 물양지꽃, 물옥잠, 미나리, 미모사, 미역취, 미치광이풀, 민둥뫼제비꽃, 민들레, 바늘여뀌, 바위고사리, 바위취, 박락회, 박주가리, 박태기나무, 반디지치, 밤나무, 방가지똥, 방아풀, 배암차즈기, 배풍등, 백량금, 백미꽃, 백서향, 백선, 백운풀, 백합, 뱀딸기, 뱀무, 번행초, 벌씀바귀, 범꼬리, 벗풀, 벚나무, 벼룩나물, 벼룩이자리, 병풀, 보풀, 복령, 봄맞이, 봉선화, 부레옥잠, 부용, 부전쥐소니, 부채마, 부추, 붉나무, 붉은괭이밥, 비름, 비파나무, 뻐꾹채, 뽀리뱅이, 사데풀, 산구절초, 사마귀풀, 사철베고니아, 산개나리, 간괴불주머니, 산국, 산닥나무, 산달래, 산마늘, 산부추, 산오이풀, 산쥐손이, 산짚신나물, 산층층이풀, 산파, 산해박, 산호수, 살구나무, 삼백초, 삽주, 삿갓나물, 상사화, 상수리나무, 새머루, 새모래덩굴, 새우난, 생이가래, 서울제비꽃, 서향, 석류풀, 석산, 선괭이밥, 선이질풀, 선제비꽃, 섬괴불나무, 섬대, 섬말나리, 섬모시풀, 섬버들, 섬쑥부쟁이, 섬제비꽃, 세잎꿩의비름, 세잎양지꽃, 소엽, 솔나물, 솜나물, 쇠무릎, 쇠별꽃, 쇠비름, 쇠털이슬, 수리딸기, 수세미외, 수양버들, 수염가래꽃, 술패랭이꽃, 숫명다래나무, 숫잔대, 승마, 시호, 신갈나무, 실고사리,

실망초, 실새삼, 쑥, 쑥방망이, 쑥부쟁이, 쓴풀, 씀바귀, 아욱제비꽃, 알로에, 애기고추나물, 애기괭이밥, 애기금매화, 애기땅빈대, 애기똥풀, 애기봄맞이, 애기풀, 약모밀, 양난초, 양파, 어저귀, 억새, 엉겅퀴, 여우구슬, 여우주머니, 여주, 연꽃, 엷은잎제비꽃, 영지, 예덕나무, 오미자, 오수유, 오이풀, 오죽, 옥잠화, 올괴불나무, 옻나무, 왕괴불나무, 왕모람, 왕모시풀, 왕벚나무, 왕씀배, 왕제비꽃, 왕호장근, 왜승마, 왜제비꽃, 왜졸방제비꽃, 우단담배풀, 우엉, 운향, 원추리, 위령선, 위성류, 유자나무, 은행나무, 이시도야제비꽃, 이질풀, 익모초, 인동, 인삼, 자귀풀, 자금우, 자두나무, 자운영, 자작나무, 자주괭이밥, 자주괴불주머니, 자주방아풀, 자주잎제비꽃, 잔털인동, 잔털제비꽃, 장백제비꽃, 전동싸리, 절굿대, 제비꽃, 제비동자꽃, 제주산버들, 조, 졸방제비꽃, 좀개구리밥, 좀개수염, 좀깨잎나무, 좀꿩의다리, 좀씀바귀, 좁은잎해란초, 종지나물, 주름잎, 죽대, 줄, 중국굴피나무, 중나리, 중대가리풀, 쥐꼬리망초, 쥐소니풀, 지치, 지황, 진달래, 질경이, 짚신나물, 쪽, 쪽파, 찔레나무, 차나무, 참깨, 참나리, 참마, 참산부추, 참억새, 참오글잎버들, 채송화, 청괴불나무, 청알록제비꽃, 청미래덩굴, 청비름, 촛대승마, 층꽃나무, 층층이꽃, 칡, 침향, 콩, 콩제비꽃, 큰개수염, 큰괭이밥, 큰꽃으아리, 큰꿩의비름, 큰석류풀, 큰솔나리, 큰조롱, 타래난초, 타래붓꽃, 태백제비꽃, 털계뇨등, 털괴불나무, 털냉초, 털노랑제비꽃, 털다래, 털동자꽃, 털딱지꽃, 털며느리밥풀, 털제비꽃, 토란, 톱바위취, 통탈목, 퉁퉁마디, 파, 파드득나물, 파리풀, 팥, 팥꽃나무, 편두, 풍선덩굴, 피막이풀, 하늘말나리, 하수오, 한라개승마, 한라부추, 한련초, 할미꽃, 함박이, 해란초, 향나무, 향등골나물, 현삼, 형개, 호두나무, 호랑버들, 호장근, 호제비꽃, 혹쐐기풀, 홀아비꽃대, 홍괴불나무, 화엄제비꽃, 활나물, 황금, 황벽나무, 황새승마, 후추등, 흰개수염, 흰괴불나무, 흰민들레, 흰씀바귀, 흰제비꽃, 흰털제비꽃.

해독살충(解毒殺蟲)(2) : 담배, 파리풀.

해독소옹(解毒消癰)(6) : 조뱅이, 거지덩굴, 도둑놈의갈고리, 속속이풀, 쥐방울덩굴, 큰도둑놈의갈고리.

해독지리(解毒止痢)(4) : 깃반쪽고사리, 반쪽고사리, 봉의꼬리, 큰봉의꼬리.

해독촉진(解毒促進)(1) : 잇꽃.

해독투진(解毒透疹)(1) : 우엉.

해독화염(解毒化炎)(1) : 수세미오이.

해독활혈(解毒活血)(2) : 애기우산나물, 우산나물.

해동(解東, thawing)(1) : 노루오줌.

해라(海螺)(7) : 각시마, 국화마, 단풍마, 둥근마, 마, 부채마, 참마.

해민(解悶)(26) : 갑산제비꽃, 고깔제비꽃, 광릉제비꽃, 금강제비꽃, 긴잎제비꽃, 낚시제비꽃, 넓은잎제비꽃, 뫼제비꽃, 서울제비꽃, 선제비꽃, 아욱제비꽃, 알록제비꽃, 왕제비꽃, 왜졸방제비꽃, 이시도야제비꽃, 자주잎제비꽃, 잔털제비꽃, 제비꽃, 참졸방제비꽃, 큰졸방제비꽃, 털제비꽃, 호제비꽃, 화엄제비꽃, 흰젖제비꽃, 흰제비꽃, 흰털제비꽃.

해산촉진(解産促進)(13) : 갈대, 금강초롱꽃, 느릅나무, 멀꿀, 섬초롱꽃, 쉽사리, 승검초,

아욱, 잇꽃, 자주섬초롱꽃, 자주초롱꽃, 초롱꽃, 흰섬초롱꽃.

해서(解暑)(3) : 개똥쑥, 개사철쑥, 사과나무.

해성(解醒)(1) : 수련.

해소(咳嗽)(108) : 가는쑥부쟁이, 가새쑥부쟁이, 가시꽈리, 각시붓꽃, 갓, 개갓냉이, 개곽향, 개도독놈의갈고리, 개미취, 개사상자, 개쑥부쟁이, 갯개미취, 갯무, 겨자, 계요등, 골무꽃, 곽향, 광릉골무꽃, 구슬갓냉이, 구슬골무꽃, 그늘골무꽃, 그늘쑥, 금붓꽃, 까실쑥부쟁이, 꽃창포, 나도냉이, 난장이붓꽃, 남오미자, 노랑붓꽃, 노랑제비꽃, 노랑하늘타리, 눈개쑥부쟁이, 다닥냉이, 덩굴곽향, 도둑놈의갈고리, 도라지, 된장풀, 두메애기풀, 둥근잎천남성, 들깨, 등대시호, 등심붓꽃, 떡쑥, 모람, 무, 미역취, 민백미꽃, 백합, 뱀무, 버드쟁이나물, 벌개미취, 벚나무, 병아리풀, 복사나무, 부채붓꽃, 붓꽃, 비단쑥, 사상자, 산당화, 산짚신나물, 석잠풀, 섬시호, 섬쑥부쟁이, 속속이풀, 솔붓꽃, 시호, 시호, 쑥부쟁이, 앉은부채, 알록제비꽃, 애기골무꽃, 애기도둑놈의갈고리, 애기도라지, 애기앉은부채, 애기풀, 오미자, 옹굿나물, 왕모람, 왕제비꽃, 우단석잠풀, 울릉미역취, 원지, 자두나무, 자주잎제비꽃, 점박이천남성, 제비붓꽃, 좀개갓냉이, 좀개미취, 중나리, 참골무꽃, 참취, 천남성, 청나래고사리, 콩다닥냉이, 콩제비꽃, 큰도둑놈의갈고리, 큰뱀무, 큰솔나리, 큰천남성, 타래붓꽃, 탱자나무, 털노랑제비꽃, 팥꽃나무, 하늘말나리, 하늘타리, 해국, 호제비꽃, 흑오미자.

해수(咳嗽)(286) : 가는금불초, 가는잎억새, 가락지나물, 가시엉겅퀴, 가시연꽃, 감나무, 감자난, 감초, 갓, 개갓냉이, 개맨드라미, 개맥문동, 개미취, 개별꽃, 개살구나무, 개석잠풀, 개시호, 개양귀비, 개질경이, 갯방풍, 갯질경이, 검양옻나무, 겨자, 계뇨등, 고사리삼, 고욤나무, 골담초, 골등골나물, 골무꽃, 곰취, 광귤나무, 구기자나무, 구릿대, 국화, 귤나무, 금꿩의다리, 금불초, 금잔화, 금창초, 기름나물, 기장, 긴병꽃풀, 긴산꼬리풀, 까마중, 까실쑥부쟁이, 꽃다지, 꽈리, 꿩의다리, 꿩의다리아재비, 남오미자, 남천, 낭아초, 냉이, 넓은잎천남성, 노간주나무, 노루귀, 노루삼, 노루오줌, 누린내풀, 다닥냉이, 다래나무, 다북떡쑥, 도라지모시대, 두메양귀비, 둥근잔대, 맨드라미, 머루, 머위, 멀꿀, 멍석딸기, 메꽃, 명자나무, 모과나무, 모시대, 목서, 목향, 무, 문주란, 물솜방망이, 물옥잠, 물질경이, 미역취, 민들레, 민백미꽃, 민산초, 바늘엉겅퀴, 바디나물, 바위손, 바위취, 반하, 배나무, 배암차즈기, 백운풀, 백리향, 백미꽃, 백선, 백합, 뱀딸기, 뱀무, 범부채, 벚나무, 벽오동, 병조희풀, 보리수나무, 복숭아나무, 복자기, 부용, 부채마, 부추, 붉나무, 붉은토끼풀, 비수리, 비파나무, 빗살현호색, 뽕나무, 사과나무, 사데풀, 사리풀, 사마귀풀, 사상자, 산꼬리풀, 산꿩의다리, 산마늘, 산부채, 산수유나무, 산초나무, 산해박, 살구나무, 살비아, 삼(대마), 삿갓나물, 상산, 생강, 서울귀룽나무, 석산, 석위, 석잠풀, 선인장, 설앵초, 섬노루귀, 섬대, 섬잔대, 섬천남성, 소경불알, 소나무, 소리쟁이, 소엽, 소엽맥문동, 소철, 손바닥난초, 솔나리, 솜나물, 솜대, 송이고랭이, 쇠뜨기, 쇠채, 수국, 수리딸기, 수박, 수박풀, 수세미외, 수수, 순비기나무, 숫잔대, 신경초, 싸리, 아욱, 앉은부채, 애기똥풀, 앵초, 야고, 약난초, 양귀비, 양지꽃, 양파, 양하, 억새, 염주,

영지, 오갈피나무, 오미자, 오이, 옹굿나물, 옻나무, 왕벚나무, 왜당귀, 왜솜다리, 우엉, 운지, 위성류, 유자나무, 윤판나물, 율무, 으름덩굴, 은꿩의다리, 은행나무, 음나무, 인삼, 일엽초, 자귀나무, 자금우, 자두나무, 자운영, 자작나무, 자주꿩의다리, 자주조희풀, 잔대, 잣나무, 장군풀, 전호, 점박이천남성, 제비쑥, 제주조릿대, 조개풀, 조릿대, 조희풀, 족도리, 졸방제비꽃, 좀모형, 죽대, 중나리, 쥐꼬리망초, 쥐방울덩굴, 쥐참외, 지모, 지칭개, 지황, 진달래, 진황정, 질경이, 차나무, 참깨, 참나리, 참소리쟁이, 참억새, 참취, 창포, 천남성, 천문동, 천일홍, 청피대나무, 초피나무, 측백나무, 층꽃나무, 칡, 콩, 콩짜개덩굴, 큰애기나리, 큰앵초, 타래난초, 택사, 탱자나무, 털계뇨등, 털머위, 털잔대, 털중나리, 튜울립나무, 파, 파고지, 파대가리, 팔손이, 패모, 포도, 표고, 풀명자나무, 풍년화, 풍선덩굴, 하늘나리, 하늘말나리, 하늘타리, 함박꽃나무, 해바라기, 헐떡이풀, 협죽도, 호두나무, 호랑가시나무, 호박, 호비수리, 호자나무, 호장근, 홀아비꽃대, 황기, 황매화, 회양목, 후박나무, 흑난초, 흰독말풀.

해수담열(咳嗽痰熱)(1) : 벗풀.

해수담천(咳嗽痰喘)(1) : 무.

해수토혈(咳嗽吐血)(3) : 깨풀, 바위떡풀, 천문동.

해열(解熱)(638) : 가는대나물, 가는잎개고사리, 가는잎쑥, 가는잎억새, 가는잎할미꽃, 가는잎향유, 가는참나물, 가락지나물, 가래, 가래고살, 가막사리, 가시꽈리, 가시엉겅퀴, 가시연꽃, 가지, 각시취, 갈퀴꼭두서니, 갈대, 감국, 감자개발나물, 감초, 감태나무, 강계버들, 강아지풀, 강활, 개갓냉이, 개구리밥, 개구리자리, 개고사리, 개나리, 개느삼, 개대황, 개도둑놈의갈고리, 개똥쑥, 개망초, 개맥문동, 개맨드라미, 개머루, 개미취, 개박하, 개발나물, 개사철쑥, 개석잠풀, 개속새, 개수양버들, 개쉽사리, 개승마, 개시호, 개싸리, 개쑥갓, 개여뀌, 개오동나무, 개자리, 개질경이, 개키버들, 개톱날고사리, 개황기, 갯기름나물, 갯방풍, 갯버들, 갯율무, 갯장구채, 갯질경이, 거꾸리개고사리, 거지덩굴, 검양옻나무, 겹작약, 겹해바라기, 계수나무, 고들빼기, 고본, 고비, 고사리, 고사리삼, 고삼, 고양싸리, 골개고사리, 골등골나물, 골무꽃, 골풀, 곰비늘고사리, 곱새고사리, 곽향, 관중, 광릉개고사리, 괭이밥, 괭이싸리, 구기자나무, 구슬개고사리, 구슬붕이, 구와가막사리, 구와쑥, 구와취, 구주물푸레, 국화, 군자란, 귤나무, 그늘개고사리, 그늘골무꽃, 글라디올러스, 금강분취, 금강제비꽃, 금방망이, 금소리쟁이, 금족제비고사리, 금창초, 기름나물, 긴담배풀, 긴병꽃풀, 긴사상자, 긴잎달맞이꽃, 긴화살여뀌, 길마가지나무, 까마중, 까실쑥부쟁이, 까치수염, 깨풀, 깽깽이풀, 꼭두서니, 꽃개오동, 꽃무, 꽃무릇, 꽃버들, 꽃싸리, 꽃향유, 꽈리, 꾸지뽕나무, 꿩의다리, 꿩의비름, 나도송이풀, 나도수영, 나무수국, 나사말, 낚시고사리, 남오미자, 남포분취, 내장고사리, 냇버들, 냉이, 냉초, 넌출비수리, 넓은잎딱총나무, 넓은일외잎쑥, 넓은잎황벽나무, 노간주나무, 노랑개자리, 노랑어리연꽃, 노랑하늘타리, 노루삼, 노루오줌, 노루참나물, 노린재나무, 녹나무, 녹두, 논냉이, 누린내풀, 눈갯버들, 눈빛승마, 느리미고사리, 능수버들, 다래나무, 달맞이꽃, 담배취, 담배풀, 당버들, 당매자나무, 닻꽃, 대, 대나물, 대추나무, 대황, 댕댕이덩굴, 더부살이고사리, 더위지기, 덧나무, 덩굴팥, 도깨비바늘, 도깨비부채, 도깨비쇠고비, 도꼬마리, 도둑놈의갈고리, 도라지, 독활, 돌나물, 돌배나무, 돌소리쟁이, 동자꽃, 된장풀, 두릅나무, 두메개고사리, 두메고사리, 두메분취, 두메애기풀, 둥굴레, 둥근바위솔, 들깨풀, 들메나무, 등골나물, 등대시호, 등칡, 딱지꽃, 딱총나무, 땃두릅나무, 땅꽈리, 땅비수리, 땅빈대, 떡갈나무, 떡버들, 떡쑥, 뚝갈, 띠, 마디풀, 마름, 마삭줄, 마타리, 마편초, 마황, 만병초, 만수국, 말냉이장구채, 말오줌나무, 맑은대쑥, 망초, 매듭풀, 매발톱나무, 매실나무, 매자나무, 매자잎버들, 맥문동, 맥문아재비, 맨드라미, 멀구슬나무, 멀꿀, 멍석딸기, 며느리배꼽, 명아주, 모란, 모시대, 모시풀, 묏대추나무, 묏미나리, 무, 무궁화, 무릇, 묵밭소리쟁이, 문주란, 물레나물, 물솜방망이, 물쑥, 물앵도나무, 물옥잠, 물질경이, 물푸레나무, 물황철나무, 미국물푸레, 미나리, 미나리아재비, 미루나무, 미모사, 미역취, 미치광이풀, 민들레, 민백미꽃, 밀, 바늘꽃, 바늘분취, 바늘엉겅퀴, 바늘여뀌, 바디나물, 바랭이, 바위솔, 바위족제비고사리, 바위취, 바위틈고사리, 박쥐나무, 박하, 반하, 방가지똥, 방풍, 배나무, 배풍등, 백량금, 백리향, 백선, 백양꽃, 백운쇠물푸레, 백작약, 뱀딸기, 뱀톱, 버드나무, 버들바늘꽃, 번행초, 벌노랑이, 벌등골나물, 범꼬리, 범부채, 벼룩나물, 별꽃, 병아리풀, 병풀, 보태면마, 복령, 복숭아나무, 부용, 부처꽃, 분꽃, 분버들, 분홍장구채, 붉노랑상사화, 붉은물푸레, 붉은참반디, 비늘고사리, 비름, 비목나무, 비수리, 빼쑥, 뻐꾹채, 뽀리뱅이, 뽕나무, 사데풀, 사마귀풀, 사시나무, 사창분취, 사철쑥, 산개고사리, 산검양옻나무, 산골무꽃, 산국, 산돌배, 산뱀고사리, 산비늘고사리, 산뽕나무, 산수국, 산속단, 산쑥, 산옥매, 산외, 산작약, 산짚신나물, 산층층이풀, 산할미꽃, 산해박, 산흰쑥, 살구나무, 삼백초, 삽주, 삿갓나물, 상사화, 상산, 새모래덩굴, 새양버들, 생강나무, 생이가래, 서울귀룽나무, 석곡, 석산, 석잠풀, 선버들, 선인장, 설령개현삼, 설설고사리, 섬광대수염, 섬모시풀, 섬백리향, 섬시호, 섬현삼, 세잎양지꽃, 소리쟁이, 소엽, 소엽맥문동, 소태나무, 속새, 솔나물, 솜대, 솜방망이, 솜양지꽃, 송장풀, 쇠고비, 쇠물푸레나무, 쇠별꽃, 쇠비름, 쇠채, 수국, 수국차, 수박풀, 수세미외, 수양버들, 수영, 순비기나무, 순채, 술패랭이꽃, 숫명다래나무, 숫잔대, 십사리, 승마, 시호, 신감채, 실고사리, 실거리나무, 십자고사리, 싱아, 싸리, 쌍실버들, 쑥, 쑥방망이, 씀바귀, 아욱, 아프리카문주란, 알꽈리, 알로에, 애기가래, 애기고추나물, 애기골무꽃, 애기금매화, 애기달맞이꽃, 애기도둑놈의갈고리, 애기마름, 애기수영, 애기쉽사리, 애기쐐기풀, 애기장구채, 애기족제비고사리, 애기참반디, 애기풀, 야고, 야산고비, 약모밀, 양반풀, 양버들, 억새, 여뀌, 여우구슬, 여우버들, 여주, 연꽃, 염주, 예덕나무, 오리나무, 오미자, 옥매, 올괴불나무, 옻나무, 왕고들빼기, 왕고사리, 왕바랭이, 왕버들, 왕질경이, 왜승마, 외잎쑥, 용담, 용버들, 우단꼭두서니, 우단석잠풀, 우산잔디, 우엉, 운향, 원산딱지꽃, 원지, 위봉배나무, 유동, 율무, 울무쑥, 으름덩굴, 은백양, 이스라지, 이태리포푸라, 인동, 일본사시나무, 자귀풀, 자금우, 자두나무, 자리공, 자운영, 자작나무, 자주개황기, 자주괭이밥, 작약, 잔개자리, 잔털인동, 장구채, 적작약, 전동싸리, 전호, 절굿대, 접시꽃, 제비꼬리고사리, 제비동자꽃, 제비쑥, 제주피막이, 조, 조록싸리,

조릿대, 조뱅이, 조팝나무, 졸방제비꽃, 좀고추나물, 좀나도히초미, 좀분버들, 좀싸리, 좀진고사리, 좀향유, 좁은잎배풍등, 주저리고사리, 죽대, 줄, 중대가리풀, 쥐꼬리망초, 지느러미엉겅퀴, 지렁쿠나무, 지리산고사리, 지모, 지치, 지황, 진고사리, 진주고추나물, 진퍼리고사리, 진황정, 질경이, 쪽, 차풀, 참나도히초미, 참나리, 참나물, 참당귀, 참나무, 참반디, 참배, 참비름, 참새발고사리, 참소리쟁이, 참쇠고비, 참싸리, 참쑥, 참억새, 참작약, 창질경이, 채송화, 처녀고사리, 천문동, 청나래고사리, 청미래덩굴, 청비름, 청피대나무, 촛대승마, 층꽃나무, 층층둥굴레, 치자나무, 칡, 칼잎용담, 콩버들, 큰개고사리, 큰개별꽃, 큰개현삼, 큰꼭두서니, 큰꿩의비름, 큰달맞이꽃, 큰도둑놈의갈고리, 큰바늘꽃, 큰비쑥, 큰산버들, 큰엉겅퀴, 큰절굿대, 큰족제비고사리, 큰지네고사리, 큰진고사리, 큰참나물, 큰처녀고사리, 키버들, 타래난초, 타래붓꽃, 택사, 탱자나무, 털기름나물, 털냉초, 털동자꽃, 털딱지꽃, 털머위, 털백작약, 털부처꽃, 털쉽사리, 털여뀌, 털조장나무, 털질경이, 토현삼, 톱풀, 파대가리, 파초, 팥, 팥배나무, 패모, 편두, 풀싸리, 하늘타리, 할미꽃, 함박꽃나무, 함박이, 해바라기, 해변싸리, 해변황기, 향등골나물, 향유, 현삼, 형개, 호광대수염, 호대황, 호비수리, 호제비꽃, 홍괴불나무, 홍지네고사리, 활나물, 황금, 황기, 황련, 황새승마, 황철나무, 회령바늘꽃, 회화나무, 후박나무, 흑난초, 흰민들레, 흰쑥, 흰아프리카문주란, 흰전동싸리, 흰제비꽃.

해열거풍(解熱祛風)(1) : 개머루.

해열양혈(解熱凉血)(1) : 고란초.

해열제(解熱劑)(1) : 서울개발나물.

해울(解鬱)(3) : 금감, 남가새, 해당화.

해표(解表)(7) : 개족도리풀, 고수, 배초향, 실거리나무, 제비쑥, 족도리풀, 좀목형.

해표산한(解表散寒)(2) : 강활, 호비수리.

해혈(解血)(3) : 개면마, 나한송, 타래난초.

행기(行氣)(3) : 매자기, 쥐방울덩굴, 향부자.

행기이혈(行氣理血)(1) : 들깨풀.

행기지사(行氣止瀉)(1) : 고수.

행기지통(行氣止痛)(3) : 담배, 목향, 흑삼릉.

행기활혈(行氣活血)(1) : 선인장.

행리(行履)(2) : 당키버들, 좀분버들.

행수(行水)(1) : 다닥냉이.

행어(行瘀)(1) : 맑은대쑥.

행혈(行血)(2) : 솔나물, 올미.

행혈거어(行血祛瘀)(5) : 꼬마부들, 부들, 애기부들, 큰잎부들, 며느리밑씻개.

행혈통림(行血通淋)(1) : 벗풀.

향료(香料)(5) : 긴잎쥐오줌풀, 꽃향유, 넓은잎쥐오줌풀, 좀향유, 쥐오줌풀.

허랭(虛冷)(14) : 개다래나무, 구절초, 녹두, 다래, 덩굴팥, 바위구절초, 산국, 삼지구엽초, 새삼, 섬다래, 쑥, 쥐다래, 익모초, 팥.

허로(虛勞)(11) : 가는대나물, 구기자나무, 대나물, 마, 삽주, 손바닥난초, 승검초, 오미자, 인삼, 참나리, 황기.

허리디스크(8) : 갯실새삼, 들현호색, 삼(대마), 쇠무릎, 영지, 왜당귀, 참빗살나무, 홍만병초.

허손한열(虛損寒熱)(1) : 층층둥굴레.

허약(虛弱)(1) : 통보리사초.

허약증(虛弱症)(1) : 왕머루.

허약체질(虛弱體質)(74) : 가시복분자, 가시연꽃, 각시마, 개구리밥, 개미취, 개암나무, 개연꽃, 광대싸리, 구기자나무, 꼭두서니, 닥나무, 단풍마, 담쟁이덩굴, 대추나무, 돌콩, 둥굴레, 마, 마름, 만삼, 말나리, 맥문동, 메꽃, 목화, 무릇, 물개암나무, 민들레, 박주가리, 밤나무, 백작약, 백합, 복령, 복분자딸기, 산작약, 소경불알, 소나무, 소엽맥문동, 손바닥난초, 솔나리, 승검초, 시로미, 실새삼, 애기마름, 양지꽃, 여우콩, 연꽃, 왕솜대, 왕쥐똥나무, 왜개연꽃, 왜당귀, 용둥굴레, 용안, 율무, 인삼, 잣나무, 죽대, 중나리, 쥐똥나무, 참깨, 참나리, 참당귀, 천문동, 층층둥굴레, 콩, 큰메꽃, 타래난초, 털중나리, 퉁둥굴레, 파고지, 포도나무, 표고, 풀솜대, 하늘나리, 황기, 후박나무.

허완(虛緩)(2) : 자주황기, 묏대추나무.

허혈통(虛血痛)(7) : 괭이밥, 돌나물, 땅빈대, 승검초, 엉겅퀴, 오미자, 황기.

현기증(眩氣症)(12) : 감국, 고사리삼, 동의나물, 등칡, 말냉이, 산국, 삽주, 순비기나무, 어저귀, 참동의나물, 참취, 천마.

현벽(眩躄)(18) : 강활, 대추나무, 댕댕이덩굴, 두릅나무, 마황, 매실나무, 묏대추나무, 복숭아나무, 삽주, 쇠뜨기, 쇠무릎, 신경초, 엉겅퀴, 여뀌, 우엉, 음나무, 칡, 콩.

현훈(眩暈)(52) : 감국, 결명차, 고삼, 광나무, 구기자나무, 구릿대, 구절초, 국화, 노박덩굴, 대추나무, 돌콩, 동부, 동의나물, 두충, 땃두릅나무, 무, 밀나물, 바나나, 박하, 반하, 방풍, 벼, 벽오동, 병풀, 보리, 복령, 뽕나무, 산국, 산수유나무, 삽주, 석결명, 소나무, 순비기나무, 승검초, 싸리, 어저귀, 오이, 은행나무, 익모초, 인삼, 적작약, 줄, 지황, 질경이택사, 차나무, 참나무겨우살이, 참당귀, 천궁, 천마, 칡, 타래난초, 택사.

현훈구토(眩暈嘔吐)(17) : 감나무, 결명차, 귤나무, 매실나무, 무, 반하, 밤나무, 범부채, 벚나무, 생강, 소귀나무, 소나무, 쇠무릎, 수양버들, 쓴풀, 알로에, 인삼.

혈결(血結)(1) : 꾸지뽕나무.

혈기(血氣)(1) : 개쉽사리.

혈기심통(血氣心通)(8) : 갓, 대추나무, 마늘, 생강, 쇠무릎, 엉겅퀴, 여주, 파.

혈뇨(血尿)(69) : 가시엉겅퀴, 갈퀴덩굴, 감나무, 개석잠풀, 개오동나무, 개질경이, 갯실새삼, 갯질경이, 거지덩굴, 고삼, 공작고사리, 관모박새, 광대수염, 구릿대, 긴병꽃풀, 긴잎여로, 꼭두서니, 네가래, 닭의장풀, 대황, 두루미꽃, 매실나무, 맨드라미, 모시풀, 물달개비, 미나리, 바늘엉겅퀴, 박새, 배암차즈기, 부들, 부추, 부처손, 붉나무, 뻐꾹새,

상황버섯, 석위, 석잠풀, 섬모시풀, 세뿔석위, 쇠무릎, 쇠비름, 수박, 수영, 승마, 애기부들, 애기석위, 여뀌, 여로, 연꽃, 옥수수, 울금, 율무, 익모초, 조뱅이, 좀닭의장풀, 지치, 지황, 질경이, 참여로, 측백나무, 치자나무, 콩, 콩짜개덩굴, 큰두루미꽃, 큰엉겅퀴, 털쇠무릎, 털여뀌, 포도나무, 흰여로.

혈담(血痰)(13) : 깃고사리, 마늘, 반하, 살구나무, 소나무, 쇠무릎, 신경초, 엉겅퀴, 오이풀, 참나리, 창포, 천남성, 파초일엽.

혈리(血痢)(19) : 가는잎할미꽃, 간장풀, 개박하, 겹해바라기, 긴오이풀, 꿩고비, 나도수영, 둥근바위솔, 박하, 산오이풀, 산할미꽃, 소리쟁이, 양귀비, 인동, 채송화, 청나래고사리, 큰원추리, 털딱지꽃, 토란.

혈림(血淋)(17) : 가지, 광대수염, 괭이밥, 깃반쪽고사리, 땅빈대, 모란, 모시대, 반쪽고사리, 백작약, 쇠비름, 애기땅빈대, 작약, 장구채, 적작약, 질경이, 큰봉의꼬리, 할미꽃.

혈변(血變)(18) : 각시원추리, 고비, 깨풀, 꿩고비, 노랑원추리, 닭의장풀, 밤나무, 뱀톱, 벌노랑이, 부처손, 속새, 애기원추리, 왕원추리, 원추리, 이삭여뀌, 좀닭의장풀, 형개, 홍도원추리.

혈분(血分)(2) : 가는잎한련초, 한련초.

혈붕(血崩)(2) : 고비, 꿩고비.

혈비(血痺)(3) : 적작약, 현삼, 황기.

혈색불량(血色不良)(6) : 구기자나무, 목련, 봉선화, 승검초, 지황, 하수오.

혈압강하(血壓降下)(5) : 누리장나무, 좁쌀풀, 중국패모, 참좁쌀풀, 패모.

혈압조절(血壓調節)(7) : 바늘엉겅퀴, 뱀딸기, 살구나무, 쇠무릎, 엉겅퀴, 익모초, 잇꽃.

혈압하강(血壓下降)(1) : 소귀나무.

혈액(血液, blood)(1) : 개벚나무.

혈열(血熱)(20) : 가야산은분취, 각시서덜취, 각시취, 금강분취, 긴분취, 남포분취, 담배취, 당분취, 두메분취, 두메취, 백설취, 버들분취, 빗살서덜취, 서덜취, 솜분취, 은분취, 좀가지풀, 큰각시취, 털분취, 홍도서덜취.

혈우병(血友病)(4) : 쇠무릎, 엉겅퀴, 오이풀, 형개.

혈전증(血栓症)(7) : 갯지렁이, 궁궁이, 뱀톱, 영지, 참빗살나무, 털냉초, 할미꽃.

혈폐(血閉)(16) : 개갓냉이, 글라디올러스, 낙지다리, 능소화, 단삼, 띠, 마름, 맑은대쑥, 멍석딸기, 모란, 물쑥, 박태기나무, 복숭아나무, 부처손, 선밀나물, 속수자.

혈해(血海)(2) : 모람, 왕모람.

혈허(血虛)(2) : 나한송, 병아리꽃나무.

혈허복병(血虛腹病)(5) : 수세미외, 승검초, 천궁, 톱풀, 황기.

혈훈(血暈)(1) : 매자기.

협심증(狹心症)(18) : 갈대, 고추나물, 구기자나무, 단삼, 닭의장풀, 둥굴레, 무화과나무, 삼백초, 승검초, 연꽃, 옥수수, 용둥굴레, 은행나무, 잇꽃, 죽대, 질경이, 칡, 표고.

협통(脇痛)(8) : 궁궁이, 귤나무, 옥수수, 적작약, 천궁, 측백나무, 팥꽃나무, 해당화.

협하창통(脇下脹痛)(1) : 흑삼릉.

호흡곤란(呼吸困難)(16) : 개양귀비, 겨자, 꽃다지, 다닥냉이, 맥문동, 배나무, 살구나무, 수염가래꽃, 숫잔대, 양귀비, 영지, 은행나무, 인삼, 지모, 튜울립나무, 홍노도라지.

호흡기감염증(呼吸器感染症)(2) : 괴불나무, 작살나무.

호흡기질환(呼吸器疾患)(5) : 대추나무, 대황, 살구나무, 소리쟁이, 수세미외.

호흡진정(呼吸鎭靜)(3) : 양귀비, 흰두메양귀비, 흰양귀비.

혼곤(昏困)(3) : 미나리, 염주, 아가리쿠스.

홍색습진(紅色濕疹)(2) : 고추, 시금치.

홍안(紅顔)(5) : 결명차, 석결명, 쇠무릎, 장구채, 접시꽃.

홍역(紅疫)(21) : 갈대, 갈풀, 관중, 달뿌리풀, 무, 백작약, 벼, 부추, 생강, 수양버들, 승마, 우엉, 위성류, 잇꽃, 적작약, 지치, 참나리, 칡, 토란, 포도나무, 호박.

홍조발진(紅潮發疹)(6) : 박주가리, 배암차즈기, 복숭아나무, 살구나무, 상추, 소엽.

홍종(紅腫)(1) : 번행초.

홍채(虹彩)(5) : 결명차, 고삼, 석결명, 익모초, 황벽나무.

화농(化膿)(19) : 가지, 감초, 까마중, 꿩의비름, 달맞이꽃, 더덕, 머위, 배암차즈기, 쇠털이슬, 약모밀, 연꽃, 우엉, 인동, 적작약, 제비꽃, 지치, 털계뇨등, 편두, 황기.

화농성유선염(化膿性乳腺炎)(2) : 도둑놈의갈고리, 큰도둑놈의갈고리.

화농성종양(化膿性腫瘍)(1) : 석창포.

화담(化痰)(4) : 목서, 반하, 왕대, 차나무.

화담지해(化痰止咳)(2) : 비파나무, 산쑥바귀.

화독(火毒)(3) : 애기고추나물, 좀고추나물, 진주고추나물.

화병(火病)(5) : 더덕, 빗살현호색, 은행나무, 질경이, 호박..

화분병(花粉病)(8) : 개박하, 나도송이풀, 박하, 백목련, 백선, 생강, 자목련, 황새승마.

화비위(和脾胃)(1) : 쑥갓.

화상(火傷)(118) : 가회톱, 각시마, 감나무, 감자, 개구리밥, 개머루, 개아마, 개오동나무, 거지덩굴, 검팽나무, 곤약, 곰솔, 괭이밥, 구주소나무, 국화마, 금마타리, 깨꽃, 꽃개오동, 난쟁이바위솔, 남천, 넉줄고사리, 노간주나무, 노랑팽나무, 노린재나무, 누운주름잎, 눈잣나무, 닥풀, 단풍마, 대황, 돌나물, 돌마타리, 동백나무, 둥근마, 둥근바위솔, 뚝갈, 리기다소나무, 마, 마타리, 만주곰솔, 매실나무, 메밀, 무, 물질경이, 바위솔, 바위취, 반디지치, 밤나무, 배나무, 배암차즈기, 뱀딸기, 부용, 부채마, 부추, 분버들, 비늘고사리, 비비추, 비파나무, 사시나무, 사철베고니아, 산괭이눈, 산달래, 상수리나무, 새양버들, 생이가래, 석류나무, 선갈퀴, 선인장, 섬잣나무, 소나무, 소리쟁이, 수세미외, 식나무, 아마, 알로에, 애기고추나물, 어저귀, 얼레지, 연필향나무, 오대산괭이눈, 오이, 오이풀, 옥잠화, 왕머루, 은백양, 이끼, 이태리포푸라, 인동, 일본사시나무, 일월비비추, 잣나무, 장수팽나무, 접시꽃, 좀개구리밥, 좀비비추, 주걱비비추, 주름잎, 줄, 중국굴피나무, 쥐참외, 지느러미엉겅퀴, 지치, 참깨, 참마, 참바위취, 참비비추, 채송화, 측백나무, 콩, 털머위, 토란, 파, 팽나무, 편백, 폭나무, 풍년화, 피마자, 하늘타리, 화백.
화습(化濕)(8) : 골등골나물, 등골나물, 배초향, 벌등골나물, 은행나무, 쥐방울덩굴, 편두, 향등골나물.
화어(化瘀)(1) : 왕과.
화어서종(化瘀暑腫)(1) : 금계국.
화어지통(化瘀止痛)(1) : 별꽃.
화염(火炎)(2) : 고사리, 모시대.
화염지해(化炎止咳)(7) : 떡쑥, 석위, 세뿔석위, 소리쟁이, 왕호장근, 참소리쟁이, 호장근.
화염행혈(火炎行血)(1) : 참반디.
화위(和胃)(3) : 덩굴장미, 땅콩, 벽오동.
화장(化粧)(3) : 광귤, 귤, 유자나무.
화종(火腫)(6) : 긴잎달맞이꽃, 달맞이꽃, 애기달맞이꽃, 큰달맞이꽃, 조, 편두.
화중화습(和中化濕)(4) : 가는잎향유, 꽃향유, 좀향유, 향유.
화해퇴열(和解退熱)(3) : 등대시호, 섬시호, 시호.
화혈(和血)(1) : 왜당귀.
화혈산어(和血散瘀)(1) : 해당화.
화혈소종(和血消腫)(1) : 백당나무.
환각치료(幻覺治療)(5) : 복숭아나무, 뽕나무, 살구나무, 석결명, 앵두나무.
활신(活身)(1) : 석곡.
활통(活通)(2) : 방풍, 털기름나물.
활혈(活血)(236) : 가는기린초, 가는잎쐐기풀, 가시오갈피, 가지, 갈퀴나물, 감초, 개갓냉이, 개곽향, 개불알꽃, 개석잠풀, 개승마, 갯까치수염, 결명차, 계뇨등, 계수나무, 고구마, 고마리, 고비고사리, 고추나물, 골담초, 골무꽃, 곰취, 곽향, 광대나물, 광대수염, 광대싸리, 구기자나무, 구릿대, 국화쥐손이, 궁궁이, 귤나무, 그늘골무꽃, 기린초, 긴꼬리쐐기풀, 까마중, 꽃대, 꾸지나무, 꾸지뽕나무, 꿩의다리아재비, 꿩의비름, 나도하수오, 낙지다리, 넉줄고사리, 노루오줌, 노박덩굴, 녹나무, 느릅나무, 닥나무, 단삼, 단풍마, 담배풀, 담쟁이덩굴, 댓잎현호색, 덧나무, 덩굴곽향, 덩굴팥, 도깨비쇠고비, 동백나무, 두릅나무, 둥근이질풀, 들현호색, 등골나물, 등대풀, 딱총나무, 땅빈대, 떡갈나무, 뜰보리수, 마삭줄, 마타리, 만년석송, 많첩해당화, 말오줌때, 매미꽃, 멍석딸기, 메꽃, 며느리밑씻개, 며느리배꼽, 모과나무, 모란, 목련, 무릇, 물레나물, 물쑥, 물억새, 미국담쟁이덩굴, 미역, 밀나물, 박태기나무, 밤나무, 배롱나무, 백리향, 뱀딸기, 뱀무, 별꽃, 복령, 봉선화, 부들, 부용, 부전쥐소니, 부채마, 부처손, 분꽃, 붉은토끼풀, 비비추, 비수리, 빗살현호색, 뽕나무, 사철나무, 사프란, 산뽕나무, 산사나무, 산수유나무, 산자고, 산조팝나무, 산쥐손이, 산토끼꽃, 산톱풀, 산해박, 삼(대마), 삼지닥나무, 삽주, 새우난, 생이가래, 석곡, 석송, 석잠풀, 석창포, 선밀나물, 선이질풀, 선인장, 섬백리향, 섬오갈피, 소엽, 소철, 솔나물, 솔잎란, 쇠뜨기, 쇠무릎, 쇠별꽃, 쇠비름, 쇠채, 수선화, 수세미외, 수영, 쉬땅나무, 쉽사리, 승검초, 신경초, 쐐기풀, 쑥, 아마, 애기땅빈대, 애기메꽃, 애기부들, 애기우산나물, 애기현호색, 얇은명아주, 양파, 양하, 어저귀, 엉겅퀴, 예덕나무, 오갈피나무, 오이풀, 왕솜대, 왜당귀, 왜현호색, 우산나물, 운향, 유자나무, 유채, 율무, 으름덩굴, 은방울꽃, 음나무, 이삭여뀌, 이질풀, 익모초, 인삼, 일엽초, 잇꽃, 자금우, 장구채, 자주솜대, 적작약, 접시꽃, 종려나무, 줄, 쥐꼬리망초, 쥐참외, 지렁쿠나무, 지치, 지칭개, 지황, 진달래, 찔레나무, 참나무겨우살이, 참당귀, 참취, 천궁, 천마, 청가시덩굴, 측백나무, 치자나무, 칡, 콩, 큰까치수염, 큰뱀무, 큰엉겅퀴, 털계뇨등, 털다래, 털머위, 토마토, 톱풀, 퉁퉁마디, 파드득나물, 팽나무, 표고, 풀솜대, 풍접초, 피나물, 피라칸다, 하수오, 할미꽃, 해당화, 향나무, 헐떡이풀, 현호색, 호랑가시나무, 호자나무, 홀아비꽃대, 황기, 회화나무, 후박나무, 흑삼릉.

활혈거어(活血祛瘀)(15) : 갈퀴꼭두서니, 고로쇠나무, 꼭두서니, 단삼, 대황, 복사나무, 복주머니란, 산족제비고사리, 쇠무릎, 쉬땅나무, 익모초, 잇꽃, 자금우, 큰꼭두서니, 털쇠무릎.

활혈거풍(活血祛風)(3) : 산톱풀, 은방울꽃, 톱풀.

활혈맥(活血脈)(2) : 노박덩굴, 참빗살나무.

활혈산어(活血散瘀)(4) : 개부처손, 그령, 마편초, 산사나무.

활혈서근(活血舒筋)(4) : 개쇠뜨기, 광대싸리, 물속새, 생강나무.

활혈소종(活血消腫)(13) : 까마중, 눈향나무, 붉은조개나물, 사상자, 솜방망이, 쇠별꽃, 애기고추나물, 왕자귀나무, 자귀나무, 조개나물, 큰뱀무, 향나무, 흰조개나물.

활혈정통(活血定痛)(2) : 왕호장근, 호장근.

활혈조경(活血調經)(4) : 도깨비부채, 송장풀, 양하, 큰까치수영.

활혈지통(活血止痛)(5) : 가지, 가지고비고사리, 독활, 죽절초, 쥐꼬리망초.

활혈지혈(活血止血)(8) : 고추나물, 산층층이, 애기풀, 여우오줌, 연영초, 층층이꽃, 큰바늘꽃, 큰연영초.

활혈통경(活血通經)(5) : 바위손, 박태기나무, 술패랭이꽃, 장구채, 패랭이꽃.

활혈파어(活血破瘀)(1) : 능소화.

활혈해독(活血解毒)(3) : 무릇, 뱀무, 찔레꽃.

활혈행기(活血行氣)(1) : 천궁.

활혈화어(活血化瘀)(1) : 사프란.

황달(黃疸)(305) : 가는돌쩌귀, 가래, 가야산은분취, 각시붓꽃, 각시서덜취, 각시원추리, 각시취, 갈대, 갈퀴꼭두서니, 강계버들, 개갓냉이, 개구리자리, 개대황, 개도둑놈의갈고리, 개똥쑥, 개사철쑥, 개산초, 개수양버들, 개시호, 개오동나무, 개질경이, 개키버들, 갯버들, 갯실새삼, 갯질경이, 거지덩굴, 결명차, 계요등, 고사리, 고삼, 골등골나물, 골잎원추리, 골풀, 광대수염, 괭이밥, 구기자나무, 구와쑥, 구와취, 그늘돌쩌귀, 그늘취, 금강분취, 금강제비꽃, 금꿩의다리, 금소리쟁이, 긴병꽃풀, 긴분취, 긴잎꿩의다리, 긴잎여로, 깃반쪽고사리, 까마중, 께묵, 꼭두서니, 꽃버들, 꽃치자, 꽈리, 꿩의다리, 꿩의밥,

나도송이풀, 난장이버들, 남천, 남포분취, 냇버들, 넓은잎황벽나무, 노간주나무, 노랑원추리, 노랑투구꽃, 노랑하늘타리, 눈갯버들, 능수버들, 다래나무, 닭의장풀, 담배취, 당매자나무, 당버들, 당분취, 당키버들, 대청, 대황, 더위지기, 덩굴팥, 도깨비바늘, 도둑놈의갈고리, 돌나물, 돌소리쟁이, 두릅나무, 된장풀, 두메분취, 두메취, 등골나물, 땅꽈리, 땅빈대, 땅콩, 떡갈나무, 떡버들, 띠, 마디풀, 마편초, 맑은대쑥, 망초, 매발톱나무, 매자나무, 매자잎버들, 메밀, 며느리밑씻개, 며느리배꼽, 모데미풀, 무, 묵밭소리쟁이, 물엉겅퀴, 물푸레나무, 물황철나무, 미나리, 미나리아재비, 미루나무, 미역취, 민들레, 밀, 바늘분취, 바늘엉겅퀴, 바랭이, 바위손, 박, 박새, 반디지치, 반짝버들, 반쪽고사리, 방가지똥, 배풍등, 백선, 백설취, 버드나무, 버들분취, 벌등골나물, 벗풀, 병풀, 보리, 복숭아나무, 봉의꼬리, 분꽃, 분취, 붉나무, 붉은씨서양민들레, 비단분취, 빗살서덜취, 뺑쑥, 뽕나무, 사시나무, 사창분취, 사철쑥, 산각시취, 산골취, 산꿩의다리, 산민들레, 산쑥, 산초나무, 산층층이풀, 삼백초, 삽주, 새박, 서덜취, 서양민들레, 선버들, 선피막이, 섬모시풀, 섬버들, 세잎돌쩌귀, 소귀나물, 소리쟁이, 솔나물, 솜대, 솜분취, 송악, 수양버들, 수염가래꽃, 순채, 시호, 신경초, 싱아, 쌍실버들, 쑥, 아욱, 애기도둑놈의갈고리, 애기땅빈대, 애기똥풀, 애기원추리, 앵두나무, 양버들, 엉겅퀴, 여로, 여우콩, 여우버들, 연꽃, 오이, 옥수수, 왕과, 왕버들, 왕바랭이, 왕원추리, 왕초피나무, 왕호장근, 용담, 용버들, 우단꼭두서니, 울릉미역취, 원추리, 위령선, 유자나무, 육지꽃버들, 율무, 율무쑥, 으아리, 은꿩의다리, 은백양, 은분취, 이끼, 이삭마디풀, 이스라지, 이태리포푸라, 인동, 일본사시나무, 자귀풀, 자작나무, 자주괭이밥, 자주꿩의다리, 잔털인동, 장군풀, 절굿대, 젓가락나물, 정향나무, 제비꽃, 제주산버들, 제주진득찰, 조뱅이, 좀민들레, 좀분버들, 좁은잎해란초, 죽대, 쥐꼬리망초, 쥐참외, 지모, 지치, 진돌쩌귀, 진득찰, 진범, 진퍼리버들, 쪽, 쪽버들, 차풀, 참깨, 참소리쟁이, 참여로, 참오글잎버들, 참외, 참으아리, 청피대나무, 초피나무, 층꽃나무, 층층둥굴레, 층층이꽃, 치자나무, 칼잎용담, 컴프리, 콩, 콩버들, 큰각시취, 큰꼭두서니, 큰꽃으아리, 큰도둑놈의갈고리, 큰방가지똥, 큰봉의꼬리, 큰비쑥, 큰산버들, 큰엉겅퀴, 큰옥매듭풀, 큰용담, 큰원추리, 큰절굿대, 키버들, 타래붓꽃, 탱자나무, 털분취, 털진득찰, 토대황, 파대가리, 파란여로, 파초, 풍선덩굴, 피막이풀, 하늘타리, 해란초, 향등골나물, 호대황, 호랑버들, 호박, 홍도서덜취, 홍도원추리, 황금, 황벽나무, 황철나무, 황해쑥, 흰민들레, 흰여로, 흰진범.

황달간염(黃疸肝炎)(1) : 옥수수.

황달성간염(黃疸性肝炎)(1) : 물매화.

회충(蛔蟲)(34) : 가는털비름, 개비름, 갯패랭이꽃, 구슬붕이, 꿩고비, 난장이패랭이꽃, 남가새, 냉이, 다닥냉이, 더위지기, 덤불쑥, 도깨비쇠고비, 무화과나무열매, 비름, 비쑥, 산족제비고사리, 색비름, 술패랭이꽃, 쑥, 용담, 율무쑥, 인도고무나무, 절굿대, 좀구슬붕이, 천선과나무, 청비름, 콩다닥냉이, 큰용담, 큰절굿대, 털비름, 털산쑥, 패랭이꽃, 회화나무.

회충증(12) : 관중, 구슬붕이, 노루오줌, 당멀구슬나무, 마디풀, 민산초, 비늘고사리, 비름, 석류나무, 쑥참깨, 큰용담, 호박.

후굴전굴(後屈前屈)(6) : 대추나무, 생강, 소리쟁이, 쇠무릎, 엉겅퀴, 청미래덩굴.

후두암(喉頭癌)(6) : 뚝갈, 비파나무, 살구나무, 애기마름, 짚신나물, 참빗살나무.

후두염(喉頭炎)(37) : 가지, 감초, 개미취, 개질경이, 갯개미취, 갯질경이, 귤나무, 다시마, 대추나무, 더덕, 도라지, 때죽나무, 매실나무, 무궁화, 민들레, 백합, 살구나무, 삿갓나물, 석류나무, 설령개현삼, 섬현삼, 수세미외, 쑥, 약난초, 절국대, 좀쪽동백나무, 중나리, 질경이, 쪽, 쪽동백나무, 천문동, 콩, 큰개현삼, 큰솔나리, 토현삼, 하늘말나리, 현삼.

후비염(喉痺炎)(6) : 개수염, 검은개수염, 곡정초, 넓은잎개수염, 큰개수염, 흰개수염.

후비종통(喉痺腫痛)(1) : 산자고.

후종(喉腫)(2) : 달래, 부추.

후통(喉痛)(9) : 개곽향, 곽향, 꽈리, 덩굴곽향, 도라지, 땅꽈리, 문주란, 석잠풀, 애기도라지.

흉격기창(胸膈氣脹)(3) : 석위, 세뿔석위, 애기석위.

흉격팽창(胸膈膨脹)(1) : 개솔새.

흉막염(胸膜炎)(1) : 흰말채나무.

흉만(胸滿)(2) : 나도수영, 향부자.

흉민심통(胸悶心痛)(1) : 은행나무.

흉부냉증(胸部冷症)(47) : 감국, 개다래나무, 고삼, 고추, 구기자나무, 구절초, 국화, 놋젓가락나물, 당근, 대추나무, 대황, 더위지기, 둥굴레, 마늘, 무, 배나무, 백미꽃, 복숭아나무, 사상자, 산구절초, 산초나무, 삼백초, 삼지구엽초, 삽주, 소엽, 속단, 쇠무릎, 쇠비름, 수수, 쉽사리, 승검초, 쑥, 약모밀, 오갈피나무, 오미자, 오수유, 유자나무, 윤판나물, 익모초, 인삼, 잇꽃, 지리바꽃, 창포, 천궁, 투구꽃, 파고지, 할미꽃, 황기, 회향.

흉부담(胸部痰)(2) : 오미자, 참나리.

흉부답답(胸部沓沓)(11) : 개미취, 귤나무, 냉이, 맥문동, 오이, 으름덩굴, 질경이, 천문동, 칡, 표고, 향부자.

흉비(胸痞)(1) : 부추.

흉통(胸痛)(24) : 고삼, 금불초, 꽈리, 남천, 대극, 대추나무, 댑싸리, 더덕, 도라지, 마, 무, 백작약, 생강, 시호, 연꽃, 오이, 은행나무, 이고들빼기, 인삼, 치자나무, 탱자나무, 토란, 표고, 호박.

흉협고만(胸脇苦滿)(5) : 가시엉겅퀴, 개시호, 계뇨등, 물쑥, 미치광이풀.

흉협통(胸脇痛)(11) : 무화과나무, 복숭아나무, 비파나무, 살구나무, 쇠무릎, 신경초, 엉겅퀴, 음나무, 차나무, 팥꽃나무, 홀아비꽃대.

흑달(黑疸)(5) : 덩굴성 식물, 개자리, 노랑개자리, 자주개자리, 잔개자리.

흥분(興奮)(7) : 개박하, 고추, 수염가래꽃, 숫잔대, 쪽파, 파, 홍노도라지.

흥분성거담(興奮性去痰)(3) : 때죽나무, 좀쪽동백나무, 쪽동백나무.

흥분제(興奮劑)(26) : 계수나무, 고사리, 고추, 구릿대, 녹나무, 놋젓가락나물, 때죽나무,

매실나무, 메꽃, 바꽃, 박하, 반하, 부추, 사상자, 산구절초, 산부추, 숫잔대, 양파, 오미자, 인삼, 자귀나무, 지리바꽃, 쪽동백나무, 차나무, 파고지, 포도나무.
흥탈(興奪)(3) : 각시투구꽃, 개싹눈바꽃, 싹눈바꽃.
히스테리(6) : 긴잎쥐오줌풀, 넓은잎쥐오줌풀, 독말풀, 쥐오줌풀, 털독말풀, 흰독말풀.

A

A형간염(12) : 개미취, 갯질경이, 고들빼기, 매발톱나무, 묵밭소리쟁이, 백선, 사마귀풀, 석결명, 섬황벽나무, 영지. 왕호장근, 털계뇨등.

B

B형간염(8) : 꿩의다리, 능수버들, 당근, 바늘엉겅퀴, 사철쑥, 연잎꿩의다리, 제주진득찰, 층층이꽃.

(총 1,923단어)

약과 먹거리로 쓰이는 우리나라 資源植物

자원식물 3,626분류군의 학명

5

자원식물 3,626분류군의 학명

[3,626종]

우리명 영어표기	학명 국가표준식물목록	과명 라틴과명
가는가래(ga-neun-ga-rae)	*Potamogeton cristatus* Regel et Maack	가래과(Potamogetonaceae)
가는각시취(ga-neun-gak-si-chwi)	*Saussurea pulchella* (Fisch.) Fisch. for. *lineariloba* Nakai	국화과(Asteraceae)
가는갈퀴(ga-neun-gal-kwi)	*Vicia angustifolia* L. var. *minor* (Bertol.) Ohwi	콩과(Fabaceae)
가는갈퀴나물(ga-neun-gal-kwi-na-mul)	Vicia anguste-pinnata Nakai	콩과(Fabaceae)
가는개여뀌(ga-neun-gae-yeo-kkwi)	*Persicaria trigonocarpa* (Makino) Nakai	마디풀과(Polygonaceae)
가는갯는쟁이(ga-neun-gaet-neun-jaeng-i)	*Atriplex gmelinii* C.A. Meyer	명아주과(Chenopodiaceae)
가는금불초(ga-neun-geum-bul-cho)	*Inula britannica* L. var. *linariaefolia* (Turcz.) Regel	국화과(Asteraceae)
가는기름나물(ga-neun-gi-reum-na-mul)	*Peucedanum elegans* Kom.	산형과(Apiaceae)
가는기린초(ga-neun-gi-rin-cho)	*Sedum aizoon* L.	돌나물과(Crassulaceae)
가는네잎갈퀴(ga-neun-ne-ip-gal-kwi)	*Galium trifidum* L. var. *brevipedunculatum* Regel	꼭두서니과(Rubiaceae)
가는다리장구채(ga-neun-da-ri-jang-gu-chae)	*Silene jenisseensis* Willd.	석죽과(Caryophyllaceae)
가는돌쩌귀(ga-neun-dol-jjeo-gwi)	*Aconitum macrohynchum* Turcz.	미나리아재비과(Ranunculaceae)
가는동자꽃(ga-neun-dong-ja-kkot)	*Lychnis kiusiana* Makino	석죽과(Caryophyllaceae)
가는등갈퀴(ga-neun-deung-gal-kwi)	*Vicia tenuifolia* Roth	콩과(Fabaceae)
가는마디꽃(ga-neun-ma-di-kkot)	*Rotala pusilla* Tul.	부처꽃과(Lythraceae)
가는명아주ga-neun-myeong-a-ju)	*Chenopodium album* L. var. *stenophyllum* Makino	명아주과(Chenopodiaceae)
가는미국외풀(ga-neun-mi-guk-oe-pul)	*Lindernia anagallidea* Pennell	현삼과(Scrophulariaceae)
가는바디(ga-neun-ba-di)	*Ostericum maximowiczii* (F. Schmidt) Kitag. ex Maxim.	산형과(Apiaceae)
가는범꼬리(ga-neun-beom-kko-ri)	*Bistorta alopecuroides* (Turcz. ex Besser) Kom.	마디풀과(Polygonaceae)
가는보풀(ga-neun-bo-pul)	*Sagittaria triflia* Linne for. *longioba* Makino	택사과(Alismataceae)
가는사초(ga-neun-sa-cho)	*Carex disperma* Dewey	사초과(Cyperaceae)
가는쇠고사리(ga-neun-soe-go-sa-ri)	*Arachniodes aristata* (G.Forst.) Tindale	면마과(Dryopteridaceae)
가는쑥부쟁이(ga-neun-ssuk-bu-jaeng-i)	*Aster pekinensis* (Hance) Chen	국화과(Asteraceae)
가는여뀌(ga-neun-yeo-kkwi)	Persicaria *hydropiper* var. *fastigiatum* Nakai	마디풀과(Polygonaceae)
가는오이풀(ga-neun-o-i-pul)	*Sanguisorba tenuifolia* Fisch. ex Link. var. *tenuifolia*	장미과(Rosaceae)
가는잎개고사리(ga-neun-ip-gae-go-sa-ri)	*Athyrium iseanum* Rosenst.	우드풀과(Woodsiaceae)
가는잎그늘사초(ga-neun-ip-geu-neul-sa-cho)	*Carex humilis* Leyss. var. *nana* (H Lev. et Vaniot) Ohwi	사초과(Cyperaceae)
가는잎모새달(ga-neun-ip-mo-sae-dal)	*Phacelurus latifolius* (Steud.) Ohwi for. *angustifolius* (Debeaux) Kitag.	벼과(Poaceae)
가는잎물억새(ga-neun-ip-mul-eok-sae)	*Miscanthus sacchariflorus* var. *gracilis* Y.N.Lee	벼과(Poaceae)
가는잎미선콩(ga-neun-ip-mi-seon-kong)	*Lupinus angustifolius* L.	콩과(Fabaceae)
가는잎산들깨(ga-neun-ip-san-deul-kkae)	*Mosla chinensis* Maxim.	꿀풀과(Lamiaceae)
가는잎쐐기풀(ga-neun-ip-sswae-gi-pul)	*Urtica angustifolia* Fisch. ex Hornem.	쐐기풀과(Urticaceae)
가는잎쑥(ga-neun-ip-ssuk)	*Artemisia integrifolia* for. *subulata* (Nakai) Kitag.	국화과(Asteraceae)
가는잎억새(ga-neun-ip-eok-sae)	*Miscanthus sinensis* for. *gracillimus* (Hitchc.) Ohwi	벼과(Poaceae)
가는잎왕고들빼기 (ga-neun-ip-wang-go-deul-ppae-gi)	*Lactuca indica* for. *indivisa* (Makino) Hara	국화과(Asteraceae)
가는잎조팝나무(ga-neun-ip-jo-pap-na-mu)	*Spiraea thunbergii* Sieb. ex Blume	장미과(Rosaceae)
가는잎족제비고사리 (ga-neun-ip-jok-je-bi-go-sa-ri)	*Dryopteris chinensis* (Baker) Koidz.	면마과(Dryopteridaceae)
가는잎처녀고사리 (ga-neun-ip-cheo-nyeo-go-sa-ri)	*Thelypteris beddomei* (Baker) Ching	처녀고사리과(Thelypteridaceae)
가는잎털냉이(ga-neun-ip-teol-naeng-i)	*Sisymbrium altissimum* L.	십자화과(Brassicaceae)
가는잎한련초(ga-neun-ip-han-ryeon-cho)	*Eclipta alba* (L.) Hass.	국화과(Asteraceae)
가는잎할미꽃(ga-neun-ip-hal-mi-kkot)	*Pulsatilla cernua* (Thunb.) Bercht. & J. Presl	미나리아재비과(Ranunculaceae)
가는잎향유(ga-neun-ip-hyang-yu)	*Elsholtzia angustifolia* (Loes.) Kitag.	꿀풀과(Lamiaceae)
가는장구채(ga-neun-jang-gu-chae)	*Silene seoulensis* Nakai	석죽과(Caryophyllaceae)
가는장대(ga-neun-jang-dae)	*Dontostemon dentatus* (Bunge) Ledeb.	십자화과(Brassicaceae)
가는줄돌쩌귀(ga-neun-jul-dol-jjeo-gwi)	*Aconitum volubile* Pall.	미나리아재비과(Ranunculaceae)
가는참나물(ga-neun-cham-na-mul)	*Pimpinella koreana* (Yabe) Nakai	산형과(Apiaceae)

우리명 영어표기	학명 국가표준식물목록	과명 라틴과명
가는털비름(ga-neun-teol-bi-reum)	*Amaranthus patulus* Bertol.	비름과(Amaranthaceae)
가는포아풀(ga-neun-po-a-pul)	*Poa matsumurae* Hack.	벼과(Poaceae)
가락지나물(ga-rak-ji-na-mul)	*Potentilla anemonefolia* Lehm.	장미과(Rosaceae)
가래(ga-rae)	*Potamogeton distincuts* A.Benn.	가래과(Potamogetonaceae)
가래고사리(ga-rae-go-sa-ri)	*Thelypteris phegopteris* (L.) Sloss.	처녀고사리과(Thelypteridaceae)
가래나무(ga-rae-na-mu)	*Juglans mandshurica* Maxim. var. *mandshurica* for. *mandshurica*	가래나무과(Juglandaceae)
가래바람꽃(ga-rae-ba-ram-kkot)	*Anemone dichotoma* L.	미나리아재비과(Ranunculaceae)
가막사리(ga-mak-sa-ri)	*Bidens tripartita* L.	국화과(Asteraceae)
가막살나무(ga-mak-sal-na-mu)	*Viburnum dilatatum* Thunb. ex Murray	인동과(Caprifoliaceae)
가문비나무(ga-mun-bi-na-mu)	*Picea jezoensis* (Siebold et Zucc.) Carriere	소나무과(Pinaceae)
가새쑥부쟁이(ga-sae-ssuk-bu-jaeng-i)	*Aster incisus* Fisch.	국화과(Asteraceae)
가새잎개갓냉이(ga-sae-ip-gae-gat-naeng-i)	*Rorippa sylvestris* (L.) Bess.	십자화과(Brassicaceae)
가솔송(ga-sol-song)	*Phyllodoce caerulea* (L.) Bab.	진달래과(Ericaceae)
가시가지(ga-si-ga-ji)	*Solanum rostratum* Dunal.	가지과(Solanaceae)
가시개올미(ga-si-gae-ol-mi)	*Scleria rugosa* R. Br.	사초과(Cyperaceae)
가시까치밥나무(ga-si-kka-chi-bap-na-mu)	*Ribes diacantha* Pall.	범의귀과(Saxifragaceae)
가시꽈리(ga-si-kkwa-ri)	*Physaliastrum japonicum* (Franch. et Sav.) Honda	가지과(Solanaceae)
가시나무(ga-si-na-mu)	*Quercus myrsinaefolia* Blume	참나무과(Fagaceae)
가시도꼬마리(ga-si-do-kko-ma-ri)	*Xanthium italicum* Moore	국화과(Asteraceae)
가시딸기(ga-si-ttal-gi)	*Rubus hongnoensis* Nakai	장미과(Rosaceae)
가시모시풀(ga-si-mo-si-pul)	*Boehmeria biloba* Wedd.	쐐기풀과(Urticaceae)
가시박(ga-si-bak)	*Sicyos angulatus* L.	박과(Cucurbiaceae)
가시복분자딸기(ga-si-bok-bun-ja-ttal-gi)	*Rubus schizostylus* H.Lev.	장미과(Rosaceae)
가시비름(ga-si-bi-reum)	*Amaranthus spinosus* L.	비름과(Amaranthaceae)
가시상추(ga-si-sang-chu)	*Lactuca scariola* L.	국화과(Asteraceae)
가시엉겅퀴(ga-si-eong-geong-kwi)	*Cirsium japonicum* var. *spinossimum* Kitam.	국화과(Asteraceae)
가시여뀌(ga-si-yeo-kkwi)	*Persicaria dissitiflora* (Hemsl.) H. Gross ex Mori	마디풀과(Polygonaceae)
가시연꽃(ga-si-yeon-kkot)	*uryale ferox* Salisb.	수련과(Nymphaeaceae)
가시오갈피(ga-si-o-gal-pi)	*Eleutherococcus senticosus* (Rupr. et Maxim.) Maxim.	두릅나무과(Araliaceae)
가야단풍취(ga-ya-dan-pung-chwi)	*Ainsliaea acerifolia* var. *subapoda* Nakai	국화과(Asteraceae)
가야산은분취(ga-ya-san-eun-bun-chwi)	*Saussurea pseudogracilis* Kitam.	국화과(Asteraceae)
가을강아지풀(ga-eul-gang-a-ji-pul)	*Setaria faberii* Herrm.	벼과(Poaceae)
가죽나무(ga-juk-na-mu)	*Ailanthus altissima* (Mill.) Swingle for. *altissima*	소태나무과(Simaroubaceae)
가지(ga-ji)	*Solanum melongena* L.	가지과(Solanaceae)
가지고비고사리(ga-ji-go-bi-go-sa-ri)	*Coniogramme japonica* (Thunb.) Diels	공작고사리과(Parkeriaceae)
가지곡정초(ga-ji-gok-jeong-cho)	*Eriocaulon cauliferum* Makino	곡정초과(Eriocaulaceae)
가지괭이눈(ga-ji-gwaeng-i-nun)	*Chrysosplenium ramosum* Max.	범의귀과(Saxifragaceae)
가지금불초(ga-ji-geum-bul-cho)	*Inula britannica* var. *ramosa* Kom.	국화과(Asteraceae)
가지꼭두서니(ga-ji-kkok-du-seo-ni)	*Rubia hexaphylla* (Makino) Makino	꼭두서니과(Rubiaceae)
가지더부살이(ga-ji-deo-bu-sal-i)	*Phacellanthus tubiflorus* Siebold et Zucc.·	열당과(Orobanchaceae)
가지돌꽃(ga-ji-dol-kkot)	*Rhodiola ramosa* Nakai	돌나물과(Crassulaceae)
가지복수초(ga-ji-bok-su-cho)	*Adonis ramosa* Franchet	미나리아재비과(Ranunculaceae)
가지청사초(ga-ji-cheong-sa-cho)	*Carex polyschoena* H.Lev. et Vaniot	사초과(Cyperaceae)
가침박달(ga-chim-bak-dal)	*Exochorda serratifolia* S. Moore var. *serratifolia*	장미과(Rosaceae)
가회톱(ga-hoe-top)	*Ampelopsis japonica* (Thunb.) Makino	포도과(Vitaceae)
각시갈퀴나물(gak-si-gal-kwi-na-mul)	*Vicia dasycarpa* Ten.	콩과(Fabaceae)
각시고사리(gak-si-go-sa-ri)	*Thelypteris torresiana* var. *calvata* (Baker) K.Iwats.	처녀고사리과(Thelypteridaceae)

우리명 영어표기	학명 국가표준식물목록	과명 라틴과명
각시괴불나무(gak-si-goe-bul-na-mu)	*Lonicera chrysantha* Turcz.	인동과(Caprifoliaceae)
각시그령(gak-si-geu-ryeong)	*Eragrostis japonica* (Thunb.) Trin.	벼과(Poaceae)
각시둥굴레(gak-si-dung-gul-re)	*Polygonatum humile* Fischer. ex Maxim.	백합과(Liliaceae)
각시마(gak-si-ma)	*Dioscorea tenuipes* Franch. et Sav.	마과(Dioscoreaceae)
각시미꾸리광이(gak-si-mi-kku-ri-gwang-i)	*Puccinellia chinampoensis* (Hack. ex Nakai) Ohwi	벼과(Poaceae)
각시붓꽃(gak-si-but-kkot)	*Iris rossii* Baker var. *rossii*	붓꽃과(Iridaceae)
각시비름(gak-si-bi-reum)	*Amaranthus arenicola* Johnst.	비름과(Amaranthaceae)
각시서덜취(gak-si-seo-deol-chwi)	*Saussurea macrolepis* (Nakai) Kitam.	국화과(Asteraceae)
각시수련(gak-si-su-ryeon)	*Nymphaea tetragona* var. *minima* (Nakai) W.T.Lee	수련과(Nymphaeaceae)
각시원추리(gak-si-won-chu-ri)	*Hemerocallis dumortieri* Morren	백합과(Liliaceae)
각시제비꽃(gak-si-je-bi-kkot)	*Viola boissieuana* Makino	제비꽃과(Violaceae)
각시취(gak-si-chwi)	*Saussurea pulchella* (Fisch.) Fisch.	국화과(Asteraceae)
각시투구꽃(gak-si-tu-gu-kkot)	*Aconitum monanthum* Nakai	미나리아재비과(Ranunculaceae)
간장풀(gan-jang-pul)	*Nepeta stewartiana* Diels	꿀풀과(Lamiaceae)
갈기조팝나무(gal-gi-jo-pap-na-mu)	*Spiraea trichocarpa* Nakai	장미과(Rosaceae)
갈대(gal-dae)	*Phragmites communis* Trin.	벼과(Poaceae)
갈매기난초(gal-mae-gi-nan-cho)	*Platanthera japonica* (Thunb. ex Murray) Lindl	난초과(Orchidaceae)
갈매나무(gal-mae-na-mu)	*Rhamnus davurica* Pall.	갈매나무과(Rhamnaceae)
갈미사초(gal-mi-sa-cho)	*Carex bigelowii* Torr.	사초과(Cyperaceae)
갈사초(gal-sa-cho)	*Carex ligulata* Nees	사초과(Cyperaceae)
갈색사초(gal-saek-sa-cho)	*Carex caryophyllea* var. *microtricha* Kükenth.	사초과(Cyperaceae)
갈졸참나무(gal-jol-cham-na-mu)	*Quercus x urticaefolia* Blume	참나무과(Fagaceae)
갈참나무(gal-cham-na-mu)	*Quercus aliena* Blume	참나무과(Fagaceae)
갈퀴꼭두서니(gal-kwi-kkok-du-seo-ni)	*Rubia cordifolia* var. *pratensis* Maxim.	꼭두서니과(Rubiaceae)
갈퀴나물(gal-kwi-na-mul)	*Vicia amoena* Fisch. ex DC.	콩과(Fabaceae)
갈퀴덩굴(gal-kwi-deong-gul)	*Galium spurium* var. *echinospermon* (Wallr.) Hayek	꼭두서니과(Rubiaceae)
갈퀴망종화(gal-kwi-mang-jong-hwa)	*Hypericum galioides* Lam.	물레나물과(Hypericaceae)
갈퀴아재비(gal-kwi-a-jae-bi)	*Asperula lasiantha* Nakai	꼭두서니과(Rubiaceae)
갈퀴현호색(gal-kwi-hyeon-ho-saek)	*Corydalis grandicalyx* B. U. Oh & Y. S. Kim	현호색과(Fumariaceae)
갈포령서덜취(gal-po-ryeong-seo-deol-chwi)	*Saussurea grandifolia* Maxim. var. *microcephala* Nakai.	국화과(Asteraceae)
갈풀(gal-pul)	*Phalaris arundinacea* L.	벼과(Poaceae)
감국(gam-guk)	*Dendranthema indicum* (L.) Des Moul.	국화과(Asteraceae)
감나무(gam-na-mu)	*Diospyros kaki* Thunb.	감나무과(Ebenaceae)
감둥사초(gam-dung-sa-cho)	*Carex atrata* var. *japonalpina* T.Koyama	사초과(Cyperaceae)
감자(gam-ja)	*Solanum tuberosum* L.	가지과(Solanaceae)
감자개발나물(gam-ja-gae-bal-na-mul)	*Sium ninsi* L.	산형과(Apiaceae)
감자난초(gam-ja-nan-cho)	*Oreorchis patens* (Lindl.) Lindl.	난초과(Orchidaceae)
감초(gam-cho)	*Glycyrrhiza uralensis* Fisch.	콩과(Fabaceae)
감탕나무(gam-tang-na-mu)	*Ilex integra* Thunb.	감탕나무과(Aquifoliaceae)
감태나무(gam-tae-na-mu)	*Lindera glauca* (Siebold et Zucc.) Blume var. *glauca*	녹나무과(Lauraceae)
갑산제비꽃(gap-san-je-bi-kkot)	*Viola kapsanensis* Nakai	제비꽃과(Violaceae)
갑산포아풀(gap-san-po-a-pul)	*Poa ussuriensis* Roshev.	벼과(Poaceae)
갓(gat)	*Brassica juncea* (L.) Czern. var. *juncea*	십자화과(Brassicaceae)
갓대(gat-dae)	*Sasa chiisanensis* (Nakai) Y.N.Lee	벼과(Poaceae)
강계버들(gang-gye-beo-deul)	*Salix kangensis* Nakai	버드나무과(Salicaceae)
강계큰물통이(gang-gye-keun-mul-tong-i)	*Pilea oligantha* Nakai	쐐기풀과(Urticaceae)
강계터리풀(gang-gye-teo-ri-pul)	*Filipendula palmata* var. *rufinervis* (Nak.) T. Lee	장미과(Rosaceae)

우리명 영어표기	학명 국가표준식물목록	과명 라틴과명
강낭콩(gang-nang-kong)	*Phaseolus vulgaris* var. *humilis* Alef.	콩과(Fabaceae)
강아지풀(gang-a-ji-pul)	*Setaria viridis* (L.) Beauv. var. *viridis*	벼과(Poaceae)
강원고사리(gang-won-go-sa-ri)	*Athyrium nakaii* Tagawa	우드풀과(Woodsiaceae)
강피(gang-pi)	*Echinochloa oryzoides* (Ard.) Fritsch	벼과(Poaceae)
강화이고들빼기(gang-hwa-i-go-deul-ppae-gi)	*Youngia denticulata* (Houtt.) Kitam for. *pinnatipartita* (Makino) Kitam	국화과(Asteraceae)
강활(gang-hwal)	*Ostericum praeteritum* Kitag.	산형과(Apiaceae)
개가시나무(gae-ga-si-na-mu)	*Quercus gilva* Blume	참나무과(Fagaceae)
개갈퀴(gae-gal-kwi)	*Asperula maximowiczii* Kom.	꼭두서니과(Rubiaceae)
개감수(gae-gam-su)	*Euphorbia sieboldiana* Morren et Decne.	대극과(Euphorbiaceae)
개감채(gae-gam-chae)	*Lloydia serotina* (L.) Rchb.	백합과(Liliaceae)
개갓냉이(gae-gat-naeng-i)	*Rorippa indica* (L.) Hiern	십자화과(Brassicaceae)
개고사리(gae-go-sa-ri)	*Athyrium niponicum* (Mett.) Hance	우드풀과(Woodsiaceae)
개곽향(gae-gwak-hyang)	*Teucrium japonicum* Houtt.	꿀풀과(Lamiaceae)
개구리갓(gae-gu-ri-gat)	*Ranunculus ternatus* Thunb.	미나리아재비과(Ranunculaceae)
개구리미나리(gae-gu-ri-mi-na-ri)	*Ranunculus tachiroei* Franch. & Sav.	미나리아재비과(Ranunculaceae)
개구리발톱(gae-gu-ri-bal-top)	*Semiaquilegia adoxoides* (DC.) Makino	미나리아재비과(Ranunculaceae)
개구리밥(gae-gu-ri-bap)	*Spirodela polyrhiza* (L.) Sch.	개구리밥과(Lemnaceae)
개구리자리(gae-gu-ri-ja-ri)	*Ranunculus sceleratus* L.	미나리아재비과(Ranunculaceae)
개구릿대(gae-gu-rit-dae)	*Angelica anomala* Ave-Lall.	산형과(Apiaceae)
개기장(gae-gi-jang)	*Panicum bisulcatum* Thunb.	벼과(Poaceae)
개꽃(gae-kkot)	*Tripleurospermum limosum* (Maxim.) Pobed.	국화과(Asteraceae)
개꽃아재비(gae-kkot-a-jae-bi)	*Anthemis cotula* L.	국화과(Asteraceae)
개나래새(gae-na-rae-sae)	*Arrhenatherum elatius* (L.) P.Beauv. ex J.Presl et C.Presl	벼과(Poaceae)
개나리(gae-na-ri)	*Forsythia koreana* (Rehder) Nakai	물푸레나무과(Oleaceae)
개느삼(gae-neu-sam)	*Echinosophora koreensis* (Nakai) Nakai	콩과(Fabaceae)
개다래(gae-da-rae)	*Actinidia polygama* (Siebold et Zucc.) Planch. ex Maxim.	다래나무과(Actinidiaceae)
개담배(gae-dam-bae)	*Ligularia schmidtii* (Maxim.) Makino	국화과(Asteraceae)
개대황(gae-dae-hwang)	*Rumex longifolius* DC.	마디풀과(Polygonaceae)
개도둑놈의갈고리(gae-do-duk-nom-ui-gal-go-ri)	*Desmodium podocarpum* DC.	콩과(Fabaceae)
개똥쑥(gae-ttong-ssuk)	*Artemisia annua* L.	국화과(Asteraceae)
개마디풀(gae-ma-di-pul)	*Polygonum equisetiforme* Sibth. & Sm.	마디풀과(Polygonaceae)
개망초(gae-mang-cho)	*Erigeron annuus* (L.) Pers.	국화과(Asteraceae)
개맥문동(gae-maek-mun-dong)	*Liriope spicata* (Thunb.) Lour.	백합과(Liliaceae)
개맨드라미(gae-maen-deu-ra-mi)	*Celosia argentea* L.	비름과(Amaranthaceae)
개머루(gae-meo-ru)	*Ampelopsis brevipedunculata* (Maxim.) Trautv.	포도과(Vitaceae)
개머위(gae-meo-wi)	*Petasites rubellus* (J. F. Gmelin) Toman	국화과(Asteraceae)
개면마(gae-myeon-ma)	*Onoclea orientalis* (Hook.) Hook.	우드풀과(Woodsiaceae)
개모시풀(gae-mo-si-pul)	*Boehmeria platanifolia* Franch. & Sav.	쐐기풀과(Urticaceae)
개묵새(gae-muk-sae)	*Festuca takedana* Ohwi	벼과(Poaceae)
개물통이(gae-mul-tong-i)	*Parietaria micrantha* Ledeb.	쐐기풀과(Urticaceae)
개미난초(gae-mi-nan-cho)	*Myrmechis japonica* (Rchb.f.) Rolfe	난초과(Orchidaceae)
개미자리(gae-mi-ja-ri)	*Sagina japonica* (Sw.) Ohwi	석죽과(Caryophyllaceae)
개미취(gae-mi-chwi)	*Aster tataricus* L. f.	국화과(Asteraceae)
개미탑(gae-mi-tap)	*Halorrhagis micrantha* (Thunb.) R. Br. ex Siebold et Zucc.	개미탑과(Halorrhagaceae)
개밀(gae-mil)	*Agropyron tsukushiense* var. *transiens* (Hack.) Ohwi	벼과(Poaceae)
개밀아재비(gae-mil-a-jae-bi)	*Agropyron chinensis* (Trin. et Bunge) Ohwi	벼과(Poaceae)
개바늘사초(gae-ba-neul-sa-cho)	*Carex uda* Maxim.	사초과(Cyperaceae)

우리명 영어표기	학명 국가표준식물목록	과명 라틴과명
개박달나무(gae-bak-dal-na-mu)	*Betula chinensis* Max.	자작나무과(Betulaceae)
개박하(gae-bak-ha)	*Nepeta cataria* L.	꿀풀과(Lamiaceae)
개발나물(gae-bal-na-mul)	*Sium suave* Walter	산형과(Apiaceae)
개방동사니(gae-bang-dong-sa-ni)	*Cyperus compressus* L.	사초과(Cyperaceae)
개버무리(gae-beo-mu-ri)	*Clematis serratifolia* Rehder	미나리아재비과(Ranunculaceae)
개벚나무(gae-beot-na-mu)	*Prunus verecunda* (Koidz.) Koehne var. *verecunda*	장미과(Rosaceae)
개벚지나무(gae-beot-ji-na-mu)	*Prunus maackii* Rupr.	장미과(Rosaceae)
개벼룩(gae-byeo-ruk)	*Moehringia lateriflora* (L.) Fenzl	석죽과(Caryophyllaceae)
개별꽃(gae-byeol-kkot)	*Pseudostellaria heterophylla* (Miq.) Pax ex Pax & Hoffm.	석죽과(Caryophyllaceae)
개병풍(gae-byeong-pung)	*Astilboides tabularis* (Hemsl.) Engl.	범의귀과(Saxifragaceae)
개보리(gae-bo-ri)	*Elymus sibiricus* L.	벼과(Poaceae)
개보리뺑이(gae-bo-ri-ppaeng-i)	*Lapsanastrum apogonoides* (Maxim.) J.H.Pak et K.Bremer	국화과(Asteraceae)
개부싯깃고사리(gae-bu-sit-git-go-sa-ri)	*Cheilanthes fordii* Baker	공작고사리과(Parkeriaceae)
개부처손(gae-bu-cheo-son)	*Selaginella stauntoniana* Spring	부처손과(Selaginellaceae)
개불알풀(gae-bul-al-pul)	*Veronica didyma* var. *lilacina* (H.Hara) T.Yamaz.	현삼과(Scrophulariaceae)
개비름(gae-bi-reum)	*Amaranthus lividus* L.	비름과(Amaranthaceae)
개비자나무(gae-bi-ja-na-mu)	Cephalotaxus koreana Nakai	개비자나무과(Cephalotaxaceae)
개사상자(gae-sa-sang-ja)	*Torilis scabra* (Thunb.) DC.	산형과(Apiaceae)
개사철쑥(gae-sa-cheol-ssuk)	*Artemisia apiacea* Hance ex Walp.	국화과(Asteraceae)
개산초(gae-san-cho)	*Zanthoxylum planispinum* S. et Z.	운향과(Rutaceae)
개살구나무(gae-sal-gu-na-mu)	*Prunus mandshurica* (Maxim.) Koehne	장미과(Rosaceae)
개서어나무(gae-seo-eo-na-mu)	*Carpinus tschonoskii* Maxim. var. tschonoskii	자작나무과(Betulaceae)
개석송(gae-seok-song)	*Lycopodium annotinum* L.	석송과(Lycopodiaceae)
개석잠풀(gae-seok-jam-pul)	*Stachys japonica* var. *hispidula* (Hara) Y.M.Lee et H.J.Choi	꿀풀과(Lamiaceae)
개선갈퀴(gae-seon-gal-kwi)	*Galium trifloriforme* Kom.	꼭두서니과(Rubiaceae)
개소시랑개비(gae-so-si-rang-gae-bi)	*Potentilla supina* L.	장미과(Rosaceae)
개속새(gae-sok-sae)	*Equisetum ramosissimum* Desf.	속새과(Equisetaceae)
개솔나물(gae-sol-na-mul)	*Galium verum* var. *trachycarpum* for. *intermedium* Nakai	꼭두서니과(Rubiaceae)
개솔새(gae-sol-sae)	*Cymbopogon tortilis* var. *goeringii* (Steud.) Hand.-Mazz.	벼과(Poaceae)
개쇠뜨기(gae-soe-tteu-gi)	*Equisetum palustre* L.	속새과(Equisetaceae)
개수양버들(gae-su-yang-beo-deul)	*Salix dependens* Nakai	버드나무과(Salicaceae)
개수염(gae-su-yeom)	*Eriocaulon miquelianum* Koern.	곡정초과(Eriocaulaceae)
개쉽싸리(gae-swip-ssa-ri)	*Lycopus ramosissimus* (Makino) Makino	꿀풀과(Lamiaceae)
개승마(gae-seung-ma)	*Cimicifuga biternata* (Siebold & Zucc.) Miq.	미나리아재비과(Ranunculaceae)
개시호(gae-si-ho)	*Bupleurum longeradiatum* Turcz.	산형과(Apiaceae)
개싸리(gae-ssa-ri)	*Lespedeza tomentosa* (Thunb.) Siebold ex Maxim.	콩과(Fabaceae)
개싹눈바꽃(gae-ssak-nun-ba-kkot)	*Aconitum pseudo-proliferum* Nakai	미나리아재비과(Ranunculaceae)
개쑥갓(gae-ssuk-gat)	*Senecio vulgaris* L.	국화과(Asteraceae)
개쑥부쟁이(gae-ssuk-bu-jaeng-i)	*Aster meyendorfii* (Regel et Maack) Voss	국화과(Asteraceae)
개쓴풀(gae-sseun-pul)	*Swertia diluta* var. *tosaensis* (Makino) H.Hara	용담과(Gentianaceae)
개씀배(gae-sseum-bae)	*Prenanthes tatarinowii* Maxim.	국화과(Asteraceae)
개아그배나무(gae-a-geu-bae-na-mu)	*Malus micromalus* Makino	장미과(Rosaceae)
개아마(gae-a-ma)	*Linum stelleroides* Planch.	아마과(Linaceae)
개암나무(gae-am-na-mu)	*Corylus heterophylla* Fisch. ex Trautv. var *heterophylla*	자작나무과(Betulaceae)
개양귀비(gae-yang-gwi-bi)	*Papaver rhoeas* L.	양귀비과(Papaveraceae)
개억새(gae-eok-sae)	*Eulalia speciosa* (Debeaux) Kuntze	벼과(Poaceae)
개여뀌(gae-yeo-kkwi)	*Persicaria longiseta* (Bruijn) Kitag.	마디풀과(Polygonaceae)

우리명 영어표기	학명 국가표준식물목록	과명 라틴과명
개연꽃(gae-yeon-kkot)	*Nuphar japonicum* DC.	수련과(Nymphaeaceae)
개염주나무(gae-yeom-ju-na-mu)	*Tilia semicostata* Nakai	피나무과(Tiliaceae)
개오동(gae-o-dong)	*Catalpa ovata* G. Don	능소화과(Bignoniaceae)
개옻나무(gae-ot-na-mu)	*Rhus trichocarpa* Miq.	옻나무과(Anacardiaceae)
개잎갈나무(gae-ip-gal-na-mu)	*Cedrus deodara* (Roxb.) Loudon	소나무과(Pinaceae)
개자리(gae-ja-ri)	*Medicago polymorpha* L.	콩과(Fabaceae)
개정향풀(gae-jeong-hyang-pul)	*Trachomitum lancifolium* (Russanov) Pobed.	협죽도과(Apocynaceae)
개제비란(gae-je-bi-ran)	*Coeloglossum viride* (L.) Hartman var. *bracteatum* (Willd.) Richter	난초과(Orchidaceae)
개족도리풀(gae-jok-do-ri-pul)	*Asarum maculatum* Nakai	쥐방울덩굴과(Aristolochiaceae)
개종용(gae-jong-yong)	*Lathraea japonica* Miq.	열당과(Orobanchaceae)
개지치(gae-ji-chi)	*Lithospermum arvense* L.	지치과(Borraginaceae)
개질경이(gae-jil-gyeong-i)	*Plantago camtschatica* Cham. ex Link	질경이과(Plantaginaceae)
개찌버리사초(gae-jji-beo-ri-sa-cho)	*Carex japonica* Thunb.	사초과(Cyperaceae)
개차고사리(gae-cha-go-sa-ri)	*Asplenium oligophlebium* Baker	꼬리고사리과(Aspleniaceae)
개차즈기(gae-cha-jeu-gi)	*Amethystea caerulea* L.	꿀풀과(Lamiaceae)
개키버들(gae-ki-beo-deul)	*Salix integra* Thunb.	버드나무과(Salicaceae)
개톱날고사리(gae-top-nal-go-sa-ri)	*Athyrium sheareri* (Baker) Ching	우드풀과(Woodsiaceae)
개통발(gae-tong-bal)	*Utricularia intermedia* Hayne	통발과(Lentibulariaceae)
개피(gae-pi)	*Beckmannia syzigachne* (Steud.) Fernald	벼과(Poaceae)
개황기(gae-hwang-gi)	*Astragalus uliginosus* L.	콩과(Fabaceae)
개회나무(gae-hoe-na-mu)	*Syringa reticulata* var. *mandshurica* (Maxim.) H.Hara	물푸레나무과(Oleaceae)
개회향(gae-hoe-hyang)	*Ligusticum tachiroei* (Franch. et Sav.) M. Hiroe et Constance	산형과(Apiaceae)
갯강아지풀(gaet-gang-a-ji-pul)	Setaria viridis var. pachystachys (Franch. et Sav.) Makino et Nemoto	벼과(Poaceae)
갯강활(gaet-gang-hwal)	*Angelica japonica* A. Gray.	산형과(Apiaceae)
갯개미자리(gaet-gae-mi-ja-ri)	*Spergularia marina* (L.) Griseb.	석죽과(Caryophyllaceae)
갯개미취(gaet-gae-mi-chwi)	*Aster tripolium* L.	국화과(Asteraceae)
갯겨이삭(gaet-gyeo-i-sak)	*Puccinellia coreensis* Honda	벼과(Poaceae)
갯고들빼기(gaet-go-deul-ppae-gi)	*Crepidiastrum lanceolatum* (Houtt.) Nakai	국화과(Asteraceae)
갯골풀(gaet-gol-pul)	*Juncus haenkei* E. Mey.	골풀과(Juncaceae)
갯괴불주머니(gaet-goe-bul-ju-meo-ni)	*Corydalis platycarpa* (Maxim.) Makino	현호색과(Fumariaceae)
갯그령(gaet-geu-ryeong)	*Elymus mollis* Trin.	벼과(Poaceae)
갯금불초(gaet-geum-bul-cho)	*Wedelia prostrata* Hemsl.	국화과(Asteraceae)
갯기름나물(gaet-gi-reum-na-mul)	*Peucedanum japonicum* Thunb.	산형과(Apiaceae)
갯까치수염(gaet-kka-chi-su-yeom)	*Lysimachia mauritiana* Lam.	앵초과(Primulaceae)
갯꾸러미풀(gaet-kku-reo-mi-pul)	*Puccinellia nipponica* Ohwi	벼과(Poaceae)
갯는쟁이(gaet-neun-jaeng-i)	*Atriplex subcordata* Kitag.	명아주과(Chenopodiaceae)
갯대추나무(gaet-dae-chu-na-mu)	*Paliurus ramosissimus* (Lour.) Poir.	갈매나무과(Rhamnaceae)
갯댑싸리(gaet-daep-ssa-ri)	*Kochia scoparia* var. *littorea* Makino	명아주과(Chenopodiaceae)
갯드렁새(gaet-deu-reong-sae)	*Leptochloa fusca* Kunth	벼과(Poaceae)
갯메꽃(gaet-me-kkot)	*Calystegia soldanella* (L.) Roem. et Schult.	메꽃과(Convolvulaceae)
갯무(gaet-mu)	*Raphanus sativus* var. *hortensis* for. *raphanistroides* Makino	십자화과(Brassicaceae)
갯방동사니(gaet-bang-dong-sa-ni)	*Cyperus polystachyos* Rottb.	사초과(Cyperaceae)
갯방풍(gaet-bang-pung)	*Glehnia littoralis* F. Schmidt ex Miq.	산형과(Apiaceae)
갯버들(gaet-beo-deul)	*Salix gracilistyla* Miq.	버드나무과(Salicaceae)
갯별꽃(gaet-byeol-kkot)	*Honkenya peploides* var. *major* Hook. ex Ohwi	석죽과(Caryophyllaceae)
갯보리(gaet-bo-ri)	*Elymus dahuricus* Turcz. ex Griseb.	벼과(Poaceae)
갯보리사초(gaet-bo-ri-sa-cho)	*Carex laticeps* C. B. Clarke ex Franch.	사초과(Cyperaceae)

우리명 영어표기	학명 국가표준식물목록	과명 라틴과명
갯봄맞이(gaet-bom-mat-i)	*Glaux maritima* var. *obtusifolia* Fernald	앵초과(Primulaceae)
갯사상자(gaet-sa-sang-ja)	*Cnidium japonicum* Miq.	산형과(Apiaceae)
갯쇠돌피(gaet-soe-dol-pi)	*Polypogon monspeliensis* (L.) Desf.	벼과(Poaceae)
갯쇠보리(gaet-soe-bo-ri)	*Ischaemum anthephoroides* (Steud.) Miq.	벼과(Poaceae)
갯실새삼(gaet-sil-sae-sam)	*Cuscuta chinensis* Lam.	메꽃과(Convolvulaceae)
갯쑥부쟁이(gaet-ssuk-bu-jaeng-i)	*Aster hispidus* Thunb.	국화과(Asteraceae)
갯씀바귀(gaet-sseum-ba-gwi)	*Ixeris repens* (L.) A. Gray	국화과(Asteraceae)
갯완두(gaet-wan-du)	*Lathyrus japonicus* Willd.	콩과(Fabaceae)
갯율무(gaet-yul-mu)	*Crypsis aculeata* (L.) Aiton	벼과(Poaceae)
갯잔디(gaet-jan-di)	*Zoysia sinica* Hance	벼과(Poaceae)
갯잠자리피(gaet-jam-ja-ri-pi)	*Tripogon chinensis* (Franch.) Hack.	벼과(Poaceae)
갯장구채(gaet-jang-gu-chae)	*Silene aprica* var. *oldhamiana* (Miq.) C.Y.Wu	석죽과(Caryophyllaceae)
갯장대(gaet-jang-dae)	*Arabis stelleri* DC.	십자화과(Brassicaceae)
갯조풀(gaet-jo-pul)	*Calamagrostis pseudo-phragmites* (Haller f.) Koeler	벼과(Poaceae)
갯지치(gaet-ji-chi)	*Mertensia asiatica* (Takeda) J. F. Macbr.	지치과(Borraginaceae)
갯질경(gaet-jil-gyeong)	*Limonium tetragonum* (Thunb.) Bullock	갯질경이과(Plumbaginaceae)
갯질경이(gaet-jil-gyeong-i)	*Plantago major* for. *yezomaritima* (Koidz.) Ohwi	질경이과(Plantaginaceae)
갯취(gaet-chwi)	*Ligularia taquetii* (H. Lév. et Vaniot.) Nakai	국화과(Asteraceae)
갯패랭이꽃(gaet-pae-raeng-i-kkot)	*Dianthus japonicus* Thunb. ex Murray	석죽과(Caryophyllaceae)
갯하늘지기(gaet-ha-neul-ji-gi)	*Fimbristylis ferruginea* var. *sieboldii* (Miq.) Ohwi	사초과(Cyperaceae)
갯활량나물(gaet-hwal-ryang-na-mul)	*Thermopsis lupinoides* (L.) Link	콩과(Fabaceae)
거꾸리개고사리(geo-kku-ri-gae-go-sa-ri)	*Athyrium reflexipinnum* Hayata	우드풀과(Woodsiaceae)
거머리말(geo-meo-ri-mal)	*Zostera marina* L.	거머리말과(Zosteraceae)
거미고사리(geo-mi-go-sa-ri)	*Asplenium ruprechtii* Sa.Kurata	꼬리고사리과(Aspleniaceae)
거미란(geo-mi-ran)	*Taeniophyllum glandulosum* Blume	난초과(Orchidaceae)
거북꼬리(geo-buk-kko-ri)	*Boehmeria tricuspis* (Hance) Makino	쐐기풀과(Urticaceae)
거센털꽃마리(geo-sen-teol-kkot-ma-ri)	*Trigonotis radicans* (Turcz.) Stev.	지치과(Borraginaceae)
거제수나무(geo-je-su-na-mu)	*Betula costata* Trautv.	자작나무과(Betulaceae)
거지덩굴(geo-ji-deong-gul)	*Cayratia japonica* (Thunb.) Gagnep.	포도과(Vitaceae)
거지딸기(geo-ji-ttal-gi)	*Rubus sorbifolius* Max.	장미과(Rosaceae)
검노린재나무(geom-no-rin-jae-na-mu)	*Symplocos tanakana* Nakai	노린재나무과(Symplocaceae)
검산초롱꽃(geom-san-cho-rong-kkot)	*Hanabusaya latisepala* Nakai	초롱꽃과(Campanulaceae)
검양옻나무(geom-yang-ot-na-mu)	*Rhus succedanea* L.	옻나무과(Anacardiaceae)
검은개선갈퀴(geom-eun-gae-seon-gal-kwi)	*Galium japonicum* (Maxim.) Makino et Nakai	꼭두서니과(Rubiaceae)
검은개수염(geom-eun-gae-su-yeom)	*Eriocaulon parvum* Koern.	곡정초과(Eriocaulaceae)
검은겨이삭(geom-eun-gyeo-i-sak)	*Agrostis canina* L.	벼과(Poaceae)
검은낭아초(geom-eun-nang-a-cho)	*Potentilla palustris* (L.) Scop.	장미과(Rosaceae)
검은도루박이(geom-eun-do-ru-bak-i)	*Scirpus sylvaticus* var. *maximowiczii* Regel	사초과(Cyperaceae)
검은딸기(geom-eun-ttal-gi)	*Rubus croceacanthus* H. Lév.	장미과(Rosaceae)
검은재나무(geom-eun-jae-na-mu)	*Symplocos prunifolia* Siebold et Zucc.	노린재나무과(Symplocaceae)
검은종덩굴(geom-eun-jong-deong-gul)	*Clematis fusca* Turcz.	미나리아재비과(Ranunculaceae)
검정개관중(geom-jeong-gae-gwan-jung)	*Polystichum tsussimense* (Hook.) J.Sm.	면마과(Dryopteridaceae)
검정겨이삭(geom-jeong-gyeo-i-sak)	*Agrostis flaccida* var. *trinii* (Turcz. ex Litv.) Ohwi	벼과(Poaceae)
검정곡정초(geom-jeong-gok-jeong-cho)	*Eriocaulon atrum* Nakai	곡정초과(Eriocaulaceae)
검정말(geom-jeong-mal)	*Hydrilla verticillata* (L.f.) Royle	자라풀과(Hydrocharitaceae)
검정비늘고사리(geom-jeong-bi-neul-go-sa-ri)	*Diplazium virescens* Kunze	우드풀과(Woodsiaceae)
검정진들피(geom-jeong-jin-deul-pi)	*Glyceria debilior* (Trin.) Kudô	벼과(Poaceae)

우리명 영어표기	학명 국가표준식물목록	과명 라틴과명
검정하늘지기(geom-jeong-ha-neul-ji-gi)	*Fimbristylis diphylloides* Makino	사초과(Cyperaceae)
검팽나무(geom-paeng-na-mu)	*Celtis choseniana* Nakai	느릅나무과(Ulmaceae)
게박쥐나물(ge-bak-jwi-na-mul)	*Parasenecio adenostyloides* (Franch. et Sav. ex Maxim.) H.Koyama	국화과(Asteraceae)
겨사초(gyeo-sa-cho)	*Carex mitrata* Franch. var. *mitrata*	사초과(Cyperaceae)
겨우살이(gyeo-u-sal-i)	*Viscum album* var. *coloratum* (Kom.) Ohwi	겨우살이과(Loranthaceae)
겨울딸기(gyeo-ul-ttal-gi)	*Rubus buergeri* Miq.	장미과(Rosaceae)
겨이삭(gyeo-i-sak)	*Agrostis clavata* var. *nukabo* Ohwi	벼과(Poaceae)
겨이삭여뀌(gyeo-i-sak-yeo-kkwi)	*Persicaria taquetii* (H. Lév.) Koidz.	마디풀과(Polygonaceae)
겨자(gyeo-ja)	*Brassica juncea* var. *crispifolia* L.H.Bailey	십자화과(Brassicaceae)
겨자무(gyeo-ja-mu)	*Armoracia rusticana* P.G.Gaertner	십자화과(Brassicaceae)
겨풀(gyeo-pul)	*Leersia sayanuka* Ohwi	벼과(Poaceae)
겹돌잔고사리(gyeop-dol-jan-go-sa-ri)	*Microlepia pseudostrigosa* Makino	잔고사리과(Dennstaedtiaceae)
겹삼잎국화(gyeop-sam-ip-guk-hwa)	*Rudbeckia laciniata* var. *hortensis* Bailey	국화과(Asteraceae)
겹작약(gyeop-jak-yak)	*Paeonia lactiflora* Pall. var. *hortensis* Mak.	미나리아재비과(Ranunculaceae)
겹해바라기(gyeop-hae-ba-ra-gi)	*Helianthus annuus* L.	국화과(Asteraceae)
경성사초(gyeong-seong-sa-cho)	*Carex pallida* C. A. Mey.	사초과(Cyperaceae)
계수나무(gye-su-na-mu)	*Cercidiphyllum japonicum* Siebold & Zucc.	계수나무과(Cercidiphyllaceae)
계요등(gye-yo-deung)	*Paederia scandens* (Lour.) Merr. var. *scandens*	꼭두서니과(Rubiaceae)
고광나무(go-gwang-na-mu)	*Philadelphus schrenkii* Rupr. var. *schrenkii*	범의귀과(Saxifragaceae)
고구마(go-gu-ma)	*Ipomoea batatas* (L.) Lam.	메꽃과(Convolvulaceae)
고깔제비꽃(go-kkal-je-bi-kkot)	*Viola rossii* Hemsl.	제비꽃과(Violaceae)
고들빼기(go-deul-ppae-gi)	*Crepidiastrum sonchifolium* (Bunge) Pak et Kawano	국화과(Asteraceae)
고란초(go-ran-cho)	*Crypsinus hastatus* (Thunb.) Copel.	고란초과(Polypodiaceae)
고려엉겅퀴(go-ryeo-eong-geong-kwi)	*Cirsium setidens* (Dunn) Nakai	국화과(Asteraceae)
고로쇠나무(go-ro-soe-na-mu)	*Acer pictum* subsp. *mono* (Maxim.) Ohashi	단풍나무과(Aceraceae)
고마리(go-ma-ri)	*Persicaria thunbergii* (Siebold & Zucc.) H. Gross ex Nakai	마디풀과(Polygonaceae)
고본(go-bon)	*Angelica tenuissima* Nakai	산형과(Apiaceae)
고비(go-bi)	*Osmunda japonica* Thunb.	고비과(Osmundaceae)
고비고사리(go-bi-go-sa-ri)	*Coniogramme intermedia* Hieron.	공작고사리과(Parkeriaceae)
고사리(go-sa-ri)	*Pteridium aquilinum* var. *latiusculum* (Desv.) Underw. ex Hell.	잔고사리과(Dennstaedtiaceae)
고사리삼(go-sa-ri-sam)	*Sceptridium ternatum* (Thunb.) Lyon	고사리삼과(Ophioglossaceae)
고사리새(go-sa-ri-sae)	*Catapodium rigidum* (L.) C. E. Hubb.	벼과(Poaceae)
고산봄맞이(go-san-bom-mat-i)	*Androsace lehmanniana* Spreng.	앵초과(Primulaceae)
고삼(go-sam)	*Sophora flavescens* Solander ex Aiton	콩과(Fabaceae)
고수(go-su)	*Coriandrum sativum* L.	산형과(Apiaceae)
고슴도치풀(go-seum-do-chi-pul)	*Triumfetta japonica* Makino	피나무과(Tiliaceae)
고양싸리(go-yang-ssa-ri)	*Lespedeza* × *robusta* Nakai	콩과(Fabaceae)
고양이수염(go-yang-i-su-yeom)	*Rhynchospora chinensis* Nees et Mey. ex Nees	사초과(Cyperaceae)
고욤나무(go-yom-na-mu)	*Diospyros lotus* L.	감나무과(Ebenaceae)
고추(go-chu)	*Capsicum annuum* L.	가지과(Solanaceae)
고추나무(go-chu-na-mu)	*Staphylea bumalda* DC.	고추나무과(Staphyleaceae)
고추나물(go-chu-na-mul)	*Hypericum erectum* Thunb.	물레나물과(Hypericaceae)
고추냉이(go-chu-naeng-i)	*Wasabia japonica* (Miq.) Matsum.	십자화과(Brassicaceae)
곡정초(gok-jeong-cho)	*Eriocaulon sieboldianum* Siebold. et Zucc.	곡정초과(Eriocaulaceae)
곤달비(gon-dal-bi)	*Ligularia stenocephala* (Maxim.) Matsum. et Koidz.	국화과(Asteraceae)
곤약(gon-yak)	*Amorphophallus konjac* K. Koch	천남성과(Araceae)
골개고사리(gol-gae-go-sa-ri)	*Athyrium otophorum* (Miq.) Koidz.	우드풀과(Woodsiaceae)

우리명 영어표기	학명 국가표준식물목록	과명 라틴과명
골고사리(gol-go-sa-ri)	*Asplenium scolopendrium* L.	꼬리고사리과(Aspleniaceae)
골담초(gol-dam-cho)	*Caragana sinica* (Buchoz) Rehder	콩과(Fabaceae)
골등골나물(gol-deung-gol-na-mul)	*Eupatorium lindleyanum* DC.	국화과(Asteraceae)
골무꽃(gol-mu-kkot)	*Scutellaria indica* L.	꿀풀과(Lamiaceae)
골병꽃나무(gol-byeong-kkot-na-mu)	*Weigela hortensis* (Siebold et Zucc.) K.Koch	인동과(Caprifoliaceae)
골사초(gol-sa-cho)	*Carex aphanolepis* Franch. et Sav.	사초과(Cyperaceae)
골잎원추리(gol-ip-won-chu-ri)	*Hemerocallis coreana* Nakai	백합과(Liliaceae)
골풀(gol-pul)	*Juncus effusus* var. *decipiens* Buchenau	골풀과(Juncaceae)
골풀아재비(gol-pul-a-jae-bi)	*Rhynchospora faberi* C. B. Clarke	사초과(Cyperaceae)
곰딸기(gom-ttal-gi)	*Rubus phoenicolasius* Maxim. for. *phoenicolasius*	장미과(Rosaceae)
곰비늘고사리(gom-bi-neul-go-sa-ri)	*Dryopteris uniformis* (Makino) Makino	면마과(Dryopteridaceae)
곰솔(gom-sol)	*Pinus thunbergii* Parl.	소나무과(Pinaceae)
곰의말채나무(gom-ui-mal-chae-na-mu)	*Cornus macrophylla* Wall.	층층나무과(Cornaceae)
곰취(gom-chwi)	*Ligularia fischeri* (Ledeb.) Turcz.	국화과(Asteraceae)
곱새고사리(gop-sae-go-sa-ri)	*Deparia coreana* (H.Christ) M.Kato	우드풀과(Woodsiaceae)
곱슬사초(gop-seul-sa-cho)	*Carex glabrescens* Ohwi	사초과(Cyperaceae)
곱향나무(gop-hyang-na-mu)	*Juniperus sibirica* Burgsd.	측백나무과(Cupressaceae)
공단풀(gong-dan-pul)	*Sida spinosa* L.	아욱과(Malvaceae)
공작고사리(gong-jak-go-sa-ri)	*Adiantum pedatum* L.	공작고사리과(Parkeriaceae)
공조팝나무(gong-jo-pap-na-mu)	*Spiraea cantoniensis* Lour.	장미과(Rosaceae)
과꽃(gwa-kkot)	*Callistephus chinensis* (L.) Nees	국화과(Asteraceae)
과남풀(gwa-nam-pul)	*Gentiana triflora* var. *japonica* (Kusn.) H.Hara	용담과(Gentianaceae)
곽향(gwak-hyang)	*Teucrium veronicoides* Maxim.	꿀풀과(Lamiaceae)
관모개미자리(gwan-mo-gae-mi-ja-ri)	*Arenaria capillaris* Poir.	석죽과(Caryophyllaceae)
관모박새(gwan-mo-bak-sae)	*Veratrum alpestre* Nakai	백합과(Liliaceae)
관중(gwan-jung)	*Dryopteris crassirhizoma* Nakai	면마과(Dryopteridaceae)
광귤(gwang-gyul)	*Citrus aurantium* L.	운향과(Rutaceae)
광나무(gwang-na-mu)	*Ligustrum japonicum* Thunb. var. *japonicum*	물푸레나무과(Oleaceae)
광능골(gwang-neung-gol)	*Scirpus komarovii* Roshev.	사초과(Cyperaceae)
광대나물(gwang-dae-na-mul)	*Lamium amplexicaule* L.	꿀풀과(Lamiaceae)
광대수염(gwang-dae-su-yeom)	*Lamium album* var. *barbatum* (Siebold et Zucc.) Franch. et Sav.	꿀풀과(Lamiaceae)
광대싸리(gwang-dae-ssa-ri)	*Securinega suffruticosa* (Pall.) Rehder	대극과(Euphorbiaceae)
광릉갈퀴(gwang-reung-gal-kwi)	*Vicia venosa* var. *cuspidata* Maxim.	콩과(Fabaceae)
광릉개고사리(gwang-reung-gae-go-sa-ri)	*Athyrium concinnum* Nakai	우드풀과(Woodsiaceae)
광릉개밀(gwang-reung-gae-mil)	*Agropyron yezoense* var. *koryoense* (Honda) Ohwi	벼과(Poaceae)
광릉골무꽃(gwang-reung-gol-mu-kkot)	*Scutellaria insignis* Nakai	꿀풀과(Lamiaceae)
광릉요강꽃(gwang-reung-yo-gang-kkot)	*Cypripedium japonicum* Thunb. ex Murray	난초과(Orchidaceae)
광릉용수염(gwang-reung-yong-su-yeom)	*Diarrhena fauriei* (Hack.) Ohwi	벼과(Poaceae)
광릉제비꽃(gwang-reung-je-bi-kkot)	*Viola kamibayashii* Nakai	제비꽃과(Violaceae)
괭이눈(gwaeng-i-nun)	*Chrysosplenium grayanum* Maxim.	범의귀과(Saxifragaceae)
괭이밥(gwaeng-i-bap)	*Oxalis corniculata* L.	괭이밥과(Oxalidaceae)
괭이사초(gwaeng-i-sa-cho)	*Carex neurocarpa* Maxim.	사초과(Cyperaceae)
괭이싸리(gwaeng-i-ssa-ri)	*Lespedeza pilosa* (Thunb.) Siebold et Zucc.	콩과(Fabaceae)
괴불나무(goe-bul-na-mu)	*Lonicera maackii* (Rupr.) Maxim.	인동과(Caprifoliaceae)
괴불이끼(goe-bul-i-kki)	*Crepidomanes insigne* (Bosch) Fu.	처녀이끼과(Hymenophyllaceae)
괴불주머니(goe-bul-ju-meo-ni)	*Corydalis pallida* (Thunb.) Pers.	현호색(Fumariaceae)
교래잠자리피(gyo-rae-jam-ja-ri-pi)	*Tripogon longearistatus* var. *japonicus* Honda	벼과(Poaceae)

우리명 영어표기	학명 국가표준식물목록	과명 라틴과명
구골나무(gu-gol-na-mu)	*Osmanthus heterophyllus* (G. Don) P. S. Green	물푸레나무과(Oleaceae)
구기자나무(gu-gi-ja-na-mu)	*Lycium chinense* Mill.	가지과(Solanaceae)
구내풀(gu-nae-pul)	*Poa hisauchii* Honda	벼과(Poaceae)
구름골풀(gu-reum-gol-pul)	*Juncus triglumis* L.	골풀과(Juncaceae)
구름국화(gu-reum-guk-hwa)	*Erigeron thunbergii* subsp. *glabratus* (A.Gray) Hara var. *glabratus*	국화과(Asteraceae)
구름꽃다지(gu-reum-kkot-da-ji)	*Draba daurica* var. *ramosa* Pohl & Bush	십자화과(Brassicaceae)
구름꿩의밥(gu-reum-kkwong-ui-bap)	*Luzula oligantha* G. Samuels.	골풀과(Juncaceae)
구름떡쑥(gu-reum-tteok-ssuk)	*Anaphalis sinica* var. *morii* (Nakai) Ohwi	국화과(Asteraceae)
구름범의귀(gu-reum-beom-ui-gwi)	*Saxifraga laciniata* Nakai & Takeda	범의귀과(Saxifragaceae)
구름병아리난초(gu-reum-byeong-a-ri-nan-cho)	*Gymnadenia cucullata* (L.) Rich. = *Neottianthe cucullata* (L.) Schlechter	난초과(Orchidaceae)
구름송이풀(gu-reum-song-i-pul)	*Pedicularis verticillata* L.	현삼과(Scrophulariaceae)
구름제비꽃(gu-reum-je-bi-kkot)	*Viola crassa* Makino	제비꽃과(Violaceae)
구름제비란(gu-reum-je-bi-ran)	*Platanthera ophrydioides* Fr. Schm.	난초과(Orchidaceae)
구름체꽃(gu-reum-che-kkot)	*Scabiosa tschiliensis* for. *alpina* (Nakai) W.T.Lee	산토끼꽃과(Dipsacaceae)
구름패랭이꽃(gu-reum-pae-raeng-i-kkot)	*Dianthus superbus* var. *alpestris* Kablik. ex Celak.	석죽과(Caryophyllaceae)
구릿대(gu-rit-dae)	*Angelica dahurica* (Fisch. ex Hoffm.) Benth. et Hook.f. ex Franch. et Sav.	산형과(Apiaceae)
구상나무(gu-sang-na-mu)	*Abies koreana* Wilson	소나무과(Pinaceae)
구상난풀(gu-sang-nan-pul)	*Monotropa hypopithys* L.	노루발과(Pyrolaceae)
구슬갓냉이(gu-seul-gat-naeng-i)	*Rorippa globosa* (Turcz.) Hayek	십자화과(Brassicaceae)
구슬개고사리(gu-seul-gae-go-sa-ri)	*Athyrium deltoidofrons* Makino	우드풀과(Woodsiaceae)
구슬골무꽃(gu-seul-gol-mu-kkot)	*Scutellaria moniliorrhiza* Kom.	꿀풀과(Lamiaceae)
구슬다닥냉이(gu-seul-da-dak-naeng-i)	*Neslia paniculata* (L.) Desv.	십자화과(Brassicaceae)
구슬댕댕이(gu-seul-daeng-daeng-i)	*Lonicera vesicaria* Kom.	인동과(Caprifoliaceae)
구슬붕이(gu-seul-bung-i)	Gentiana squarrosa Ledeb. var. squarrosa	용담과(Gentianaceae)
구슬사초(gu-seul-sa-cho)	*Carex orbicularis* var. *brachylepis* Kük.	사초과(Cyperaceae)
구실바위취(gu-sil-ba-wi-chwi)	*Saxifraga octopetala* Nakai	범의귀과(Saxifragaceae)
구실사리(gu-sil-sa-ri)	*Selaginella rossii* (Baker) Warb	부처손과(Selaginellaceae)
구실잣밤나무(gu-sil-jat-bam-na-mu)	*Castanopsis sieboldii* (Makino) Hatus.	참나무과(Fagaceae)
구와가막사리(gu-wa-ga-mak-sa-ri)	*Bidens radiata* var. *pinnatifida* (Turcz. ex DC.) Kitam.	국화과(Asteraceae)
구와꼬리풀(gu-wa-kko-ri-pul)	*Veronica dahurica* Steven	현삼과(Scrophulariaceae)
구와말(gu-wa-mal)	*Limnophila sessiliflora* (Vahl) Blume	현삼과(Scrophulariaceae)
구와쑥(gu-wa-ssuk)	*Artemisia laciniata* Willd.	국화과(Asteraceae)
구와취(gu-wa-chwi)	*Saussurea ussuriensis* Maxim.	국화과(Asteraceae)
구절초(gu-jeol-cho)	*Dendranthema zawadskii* var. *latilobum* (Maxim.) Kitam.	국화과(Asteraceae)
구주갈퀴덩굴(gu-ju-gal-kwi-deong-gul)	*Vicia sepium* L.	콩과(Fabaceae)
구주개밀(gu-ju-gae-mil)	*Agropyron repens* (L.) Beauv.	벼과(Poaceae)
구주물푸레(gu-ju-mul-pu-re)	*Fraxinus excelsior* L.	물푸레나무과(Oleaceae)
구주소나무(gu-ju-so-na-mu)	*Pinus sylvestris* L.	소나무과(Pinaceae)
구주피나무(gu-ju-pi-na-mu)	*Tilia kiusiana* Makino et Shiras.	피나무과(Tiliaceae)
국수나무(guk-su-na-mu)	*Stephanandra incisa* (Thunb.) Zabel var. *incisa*	장미과(Rosaceae)
국화(guk-hwa)	*Chrysanthemum morifolium* Kitam.	국화과(Asteraceae)
국화마(guk-hwa-ma)	*Dioscorea septemloba* Thunb.	마과(Dioscoreaceae)
국화바람꽃(guk-hwa-ba-ram-kkot)	*Anemone psedoaltaica* H. Hara	미나리아재비과(Ranunculaceae)
국화방망이(guk-hwa-bang-mang-i)	*Sinosenecio koreanus* (Kom.) B. Nord.	국화과(Asteraceae)
국화수리취(guk-hwa-su-ri-chwi)	*Synurus palmatopinnatifidus* (Makino) Kitam. var. *palmatopinnatifidus*	국화과(Asteraceae)
국화으아리(guk-hwa-eu-a-ri)	*Clematis terniflora* DC. var. *denticulata* (Nakai) T. B. Lee	미나리아재비과(Ranunculaceae)
국화잎다닥냉이(guk-hwa-ip-da-dak-naeng-i)	*Lepidium bonariense* L.	십자화과(Brassicaceae)

우리명 영어표기	학명 국가표준식물목록	과명 라틴과명
국화잎아욱(guk-hwa-ip-a-uk)	*Modiola caroliniana* (L.) G. Don	아욱과(Malvaceae)
국화쥐손이(guk-hwa-jwi-son-i)	*Erodium stephanianum* Willd.	쥐손이풀과(Geraniaceae)
군자란(gun-ja-ran)	*Clivia miniata* Regel	수선화과(Amarylidaceae)
굴거리나무(gul-geo-ri-na-mu)	*Daphniphyllum macropodum* Miq.	대극과(Euphorbiaceae)
굴참나무(gul-cham-na-mu)	*Quercus variabilis* Blume	참나무과(Fagaceae)
굴피나무(gul-pi-na-mu)	*Platycarya strobilacea* Siebold et Zucc. var. *strobilacea* for. *strobilacea*	가래나무과(Juglandales)
궁궁이(gung-gung-i)	*Angelica polymorpha* Maxim.	산형과(Apiaceae)
귀룽나무(gwi-rung-na-mu)	*Prunus padus* L. for. *padus*	장미과(Rosaceae)
귀리(gwi-ri)	*Avena sativa* L.	벼과(Poaceae)
귀박쥐나물(gwi-bak-jwi-na-mul)	*Parasenecio auriculata* (DC.) H.Koyama	국화과(Asteraceae)
귤(gyul)	*Citrus unshiu* S.Marcov.	운향과(Rutaceae))
그늘개고사리(geu-neul-gae-go-sa-ri)	*Athyrium koryoense* Tagawa	우드풀과(Woodsiaceae)
그늘골무꽃(geu-neul-gol-mu-kkot)	*Scutellaria fauriei* H. Lév. et Vaniot	꿀풀과(Lamiaceae)
그늘꿩의다리(geu-neul-kkwong-ui-da-ri)	*Thalictrum osmorhizoides* Nakai	미나리아재비과(Ranunculaceae)
그늘돌쩌귀(geu-neul-dol-jjeo-gwi)	*Aconitum uchiyamai* Nakai	미나리아재비과(Ranunculaceae)
그늘보리뺑이(geu-neul-bo-ri-ppaeng-i)	*Lapsanastrum humile* (Thunb.) J.H.Pak et K.Bremer	국화과(Asteraceae)
그늘사초(geu-neul-sa-cho)	*Carex lanceolata* Boott	사초과(Cyperaceae)
그늘쑥(geu-neul-ssuk)	*Artemisia sylvatica* Maxim.	국화과(Asteraceae)
그늘취(geu-neul-chwi)	*Saussurea uchiyamana* Nakai	국화과(Asteraceae)
그늘흰사초(geu-neul-huin-sa-cho)	*Carex planiculmis* Kom.	사초과(Cyperaceae)
그령(geu-ryeong)	*Eragrostis ferruginea* (Thunb.) P. Beauv.	벼과(Poaceae)
근대(geun-dae)	*Beta vulgaris* L. var. *cicla* L.	명아주과(Chenopodiaceae)
글라디올러스(geul-ra-di-ol-reo-seu)	*Gladiolus grandavensis* Van Houtte	붓꽃과(Iridaceae)
금감(geum-gam)	*Fortunella japonica* var. *margarita* (Swingle) Makino	운향과(Rutaceae)
금강봄맞이(geum-gang-bom-mat-i)	*Androsace cortusaefolia* Nakai	앵초과(Primulaceae)
금강분취(geum-gang-bun-chwi)	*Saussurea diamantica* Nakai	국화과(Asteraceae)
금강솜방망이(geum-gang-som-bang-mang-i)	*Senecio birubonensis* Kitam.	국화과(Asteraceae)
금강쑥(geum-gang-ssuk)	*Artemisia brachyphylla* Kitam.	국화과(Asteraceae)
금강아지풀(geum-gang-a-ji-pul)	*Setaria glauca* (L.) P. Beauv.	벼과(Poaceae)
금강애기나리(geum-gang-ae-gi-na-ri)	*Streptopus ovalis* (Ohwi) F. T. Wang et Y. C. Tang var. *ovalis*	백합과(Liliaceae)
금강인가목(geum-gang-in-ga-mok)	*Pentactina rupicola* Nakai	장미과(Rosaceae)
금강제비꽃(geum-gang-je-bi-kkot)	*Viola diamantiaca* Nakai	제비꽃과(Violaceae)
금강포아풀(geum-gang-po-a-pul)	*Poa kumkangsani* Ohwi	벼과(Poaceae)
금계국(geum-gye-guk)	*Coreopsis drumondii* Torr. et Gray	국화과(Asteraceae)
금꿩의다리(geum-kkwong-ui-da-ri)	*Thalictrum rochebrunianum* var. *grandisepalum* (H.Lev.) Nakai	미나리아재비과(Ranunculaceae)
금난초(geum-nan-cho)	*Cephalanthera falcata* (Thunb. ex A. Murray) Blume	난초과(Orchidaceae)
금낭화(geum-nang-hwa)	*Dicentra spectabilis* (L.) Lem.	현호색과(Fumariaceae)
금떡쑥(geum-tteok-ssuk)	*Gnaphalium hypoleucum* DC.	국화과(Asteraceae)
금마타리(geum-ma-ta-ri)	*Patrinia saniculaefolia* Hemsl.	마타리과(Valerianaceae)
금매화(geum-mae-hwa)	*Trollius ledebourii* Reichb.	미나리아재비과(Ranunculaceae)
금목서(geum-mok-seo)	*Osmanthus fragrans* var. *aurantiacus* Makino	물푸레나무과(Oleaceae)
금방동사니(geum-bang-dong-sa-ni)	*Cyperus microiria* Steud.	사초과(Cyperaceae)
금방망이(geum-bang-mang-i)	*Senecio nemorensis* L.	국화과(Asteraceae)
금불초(geum-bul-cho)	*Inula britannica* var. *japonica* (Thunb.) Franch. et Sav	국화과(Asteraceae)
금붓꽃(geum-but-kkot)	*Iris minutoaurea* Makino	붓꽃과(Iridaceae)
금새우난초(geum-sae-u-nan-cho)	*Calanthe discolor* for. *sieboldii* (Decne.) Ohwi	난초과(Orchidaceae)
금소리쟁이(geum-so-ri-jaeng-i)	*Rumex maritimus* L.	마디풀과(Polygonaceae)

우리명 영어표기	학명 국가표준식물목록	과명 라틴과명
금송(geum-song)	*Sciadopitys verticillata* (Thunb.) Siebold et Zucc.	낙우송과(Taxodiaceae)
금어초(geum-eo-cho)	*Antirrhinum majus* L.	현삼과(Scrophulariaceae)
금영화(geum-yeong-hwa)	*Eschscholzia californica* Cham.	양귀비과(Papaveraceae)
금자란(geum-ja-ran)	*Saccolabium matsuran* Makino	난초과(Orchidaceae)
금잔디(geum-jan-di)	*Zoysia tenuifolia* Willd. ex Trin.	벼과(Poaceae)
금잔화(geum-jan-hwa)	*Calendula arvensis* L.	국화과(Asteraceae)
금족제비고사리(geum-jok-je-bi-go-sa-ri)	*Dryopteris gymophylla* (Baker) C.Chr.	면마과(Dryopteridaceae)
금창초(geum-chang-cho)	*Ajuga decumbens* Thunb.	꿀풀과(Lamiaceae)
금털고사리(geum-teol-go-sa-ri)	*Hypodematium glandulosopilosum* (Tagawa) Ohwi	우드풀과(Woodsiaceae)
금혼초(geum-hon-cho)	*Hypochaeris ciliata* (Thunb.) Makino	국화과(asteraceae)
기는미나리아재비(gi-neun-mi-na-ri-a-jae-bi)	*Ranunculus repens* L.	미나리아재비과(Ranunculaceae)
기름골(gi-reum-gol)	*Cyperus esculentus* L.	사초과(Cyperaceae)
기름나물(gi-reum-na-mul)	*Peucedanum terebinthaceum* (Fisch.) Fisch. ex DC.	산형과(Apiaceae)
기름당귀(gi-reum-dang-gwi)	*Ligusticum hultenii* Fernald	산형과(Apiaceae)
기름새(gi-reum-sae)	*Spodiopogon cotulifer* (Thunb.) Hack.	벼과(Poaceae)
기린초(gi-rin-cho)	*Sedum kamtschaticum* Fisch. & Mey.	돌나물과(Crassulaceae)
기생꽃(gi-saeng-kkot)	*Trientalis europaea* var. *arctica* (Fisch.) Ledeb.	앵초과(Primulaceae)
기생여뀌(gi-saeng-yeo-kkwi)	*Persicaria viscosa* (Hamilt. ex D.Don) H.Gross ex Nakai	마디풀과(Polygonaceae)
기생초(gi-saeng-cho)	*Coreopsis tinctoria* Nutt.	국화과(Asteraceae)
기장(gi-jang)	*Panicum miliaceum* L.	벼과(Poaceae)
기장대풀(gi-jang-dae-pul)	*Isachne globosa* (Thunb.) Kuntze	벼과(Poaceae)
긴갓냉이(gin-gat-naeng-i)	*Sisymbrium orientale* L.	십자화과(Brassicaceae)
긴강남차(gin-gang-nam-cha)	*Senna tora* (L.) Roxb.	콩과(Fabaceae)
긴개별꽃(gin-gae-byeol-kkot)	*Pseudostellaria japonica* Pax	석죽과(Caryophyllaceae)
긴개싱아(gin-gae-sing-a)	*Aconogonum ajanense* (Regel & Tiling) H. Hara	마디풀과(Polygonaceae)
긴갯금불초(gin-gaet-geum-bul-cho)	*Wedelia chinensis* (Osbeck) Merr.	국화과(Asteraceae)
긴겨이삭(gin-gyeo-i-sak)	*Agrostis scabra* Willd.	벼과(Poaceae)
긴까락보리풀(gin-kka-rak-bo-ri-pul)	*Hordeum jubatum* L.	벼과(Poaceae)
긴까락빕새귀리(gin-kka-rak-bip-sae-gwi-ri)	*Bromus rigidus* Roth.	벼과(Poaceae)
긴꼬리쐐기풀(gin-kko-ri-sswae-gi-pul)	*Urtica angustifolia* var. *sikokiana* (Makino) Ohwi	쐐기풀과(Urticaceae)
긴꽃고사리삼(gin-kkot-go-sa-ri-sam)	*Botrychium strictum* Underw.	고사리삼과(Ophioglossaceae)
긴담배풀(gin-dam-bae-pul)	*Carpesium divaricatum* Siebold et Zucc.	국화과(Asteraceae)
긴목포사초(gin-mok-po-sa-cho)	*Carex formosensis* Lév. et Vnt.	사초과(Cyperaceae)
긴미꾸리낚시(gin-mi-kku-ri-nak-si)	*Persicaria hastatosagittata* (Makino) Nakai ex Mori	마디풀과(Polygonaceae)
긴병꽃풀(gin-byeong-kkot-pul)	*Glechoma grandis* (A.Gray) Kuprian.	꿀풀과(Lamiaceae)
긴분취(gin-bun-chwi)	*Saussurea recurvata* (Maxim.) Lipsch.	국화과(Asteraceae)
긴사상자(gin-sa-sang-ja)	*Osmorhiza aristata* (Thunb.) Makino et Yabe	산형과(Apiaceae)
긴산꼬리풀(gin-san-kko-ri-pul)	*Veronica longifolia* L.	현삼과(Scrophulariaceae)
긴오이풀(gin-o-i-pul)	*Sanguisorba longifolia* Bertol.	장미과(Rosaceae)
긴이삭비름(gin-i-sak-bi-reum)	*Amaranthus palmeri* S. Watson.	비름과(Amaranthaceae)
긴잎갈퀴(gin-ip-gal-kwi)	*Galium boreale* L. var. *boreale*	꼭두서니과(Rubiaceae)
긴잎곰취(gin-ip-gom-chwi)	*Ligularia jaluensis* Kom.	국화과(Asteraceae)
긴잎꿩의다리(gin-ip-kkwong-ui-da-ri)	*Thalictrum simlex* var. *brevipes* Hara	미나리아재비과(Ranunculaceae)
긴잎끈끈이주걱(gin-ip-kkeun-kkeun-i-ju-geok)	*Drosera anglica* Huds.	끈끈이귀개과(Droseraceae)
긴잎나비나물(gin-ip-na-bi-na-mul)	*Vicia unijuga* for. *angustifolia* Makino ex Ohwi	콩과(Fabaceae)
긴잎달맞이꽃(gin-ip-dal-mat-i-kkot)	*Oenothera striata* Ledeb.	바늘꽃과(Onagraceae)
긴잎떡버들(gin-ip-tteok-beo-deul)	*Salix hallaisanensis* f. *longifolia* Nakai	버드나무과(Salicaceae)

우리명 영어표기	학명 국가표준식물목록	과명 라틴과명
긴잎모시풀(gin-ip-mo-si-pul)	*Boehmeria sieboldiana* Blume	쐐기풀과(Urticaceae)
긴잎별꽃(gin-ip-byeol-kkot)	*Stellaria longifolia* Muhl. ex Willd.	석죽과(Caryophyllaceae)
긴잎산조팝나무(gin-ip-san-jo-pap-na-mu)	*Spiraea pseudocrenata* Nakai	장미과(Rosaceae)
긴잎여로(gin-ip-yeo-ro)	*Veratrum maackii* Regel var. *maackii*	백합과(Liliaceae)
긴잎제비꽃(gin-ip-je-bi-kkot)	*Viola ovato-oblonga* (Miq.) Makino	제비꽃과(Violaceae)
긴잎조팝나무(gin-ip-jo-pap-na-mu)	*Spiraea media* Schm. var. *media*	장미과(Rosaceae)
긴잎쥐오줌풀(gin-ip-jwi-o-jum-pul)	*Valeriana dageletiana* var. *integra* (Nakai) Nakai ex F.Maek.	마타리과(Valerianaceae)
긴잎회양목(gin-ip-hoe-yang-mok)	*Buxus koreana* for. *elongata* (Nakai) Kim et Kim	회양목과(Buxaceae)
긴털비름(gin-teol-bi-reum)	*Amaranthus hybridus* L.	비름과(Amaranthaceae)
긴포꽃질경이(gin-po-kkot-jil-gyeong-i)	*Plantago aristata* Michx.	질경이과(Plantaginaceae)
긴화살여뀌(gin-hwa-sal-yeo-kkwi)	*Persicaria breviochreata* (Makino) Ohwi	마디풀과(Polygonaceae)
긴흑삼릉(gin-heuk-sam-reung)	*Sparganium japonicum* Rothert Fedschenko	흑삼릉과(Sparganiaceae)
길골풀(gil-gol-pul)	*Juncus tenuis* Willd.	골풀과(Juncaceae)
길뚝개꽃(gil-ttuk-gae-kkot)	*Anthemis arvensis* L.	국화과(Asteraceae)
길뚝사초(gil-ttuk-sa-cho)	*Carex bostrychostigma* Maxim.	사초과(Cyperaceae)
길마가지나무(gil-ma-ga-ji-na-mu)	*Lonicera harai* Makino	인동과(Caprifoliaceae)
김의털(gim-ui-teol)	*Festuca ovina* L. var. *ovina*	벼과(Poaceae)
김의털아재비(gim-ui-teol-a-jae-bi)	*Festuca parvigluma* Steud.	벼과(Poaceae))
깃고사리(git-go-sa-ri)	*Asplenium normale* D. Don	꼬리고사리과(Aspleniaceae)
깃반쪽고사리(git-ban-jjok-go-sa-ri)	*Pteris excelsa* Gaudich.	봉의꼬리과(Pteridaceae)
까락골(kka-rak-gol)	*Eleocharis equisetiformis* (Meinsh.) B. Fedtsch.	사초과(Cyperaceae)
까락구주개밀(kka-rak-gu-ju-gae-mil)	*Agropyron repens* for. *aristatum* Holmb.	벼과(Poaceae)
까락빕새귀리(kka-rak-bip-sae-gwi-ri)	*Bromus sterilis* L.	벼과(Poaceae)
까마귀머루(kka-ma-gwi-meo-ru)	*Vitis ficifolia* var. *sinuata* (Regel) H.Hara	포도과(Vitaceae)
까마귀밥나무(kka-ma-gwi-bap-na-mu)	*Ribes fasciculatum* var. *chinense* Maxim.	범의귀과(Saxifragaceae)
까마귀베개(kka-ma-gwi-be-gae)	*Rhamnella franguloides* (Maxim.) Weberb.	갈매나무과(Rhamnaceae)
까마귀쪽나무(kka-ma-gwi-jjok-na-mu)	*Litsea japonica* (Thunb.) Juss.	녹나무과(Lauraceae)
까마중(kka-ma-jung)	Solanum *nigrum* L. var. *nigrum*	가지과(Solanaceae)
까막까치밥나무(kka-mak-kka-chi-bap-na-mu)	*Ribes ussuriense* Jancz.	범의귀과(Saxifragaceae)
까막바늘까치밥나무(kka-mak-ba-neul-kka-chi-bap-na-mu)	*Ribes horridum* Rupr. ex Maxim.	범의귀과(Saxifragaceae)
까실쑥부쟁이(kka-sil-ssuk-bu-jaeng-i)	*Aster ageratoides* Turcz. var. *ageratoides*	국화과(Asteraceae)
까치고들빼기(kka-chi-go-deul-ppae-gi)	*Crepidiastrum chelidoniifolium* (Makino) J. H. Pak et Kawano	국화과(Asteraceae)
까치깨(kka-chi-kkae)	*Corchoropsis psilocarpa* Harms et Loes.	벽오동과(Sterculiaceae)
까치박달(kka-chi-bak-dal)	*Carpinus cordata* Blume	자작나무과(Betulaceae)
까치발(kka-chi-bal)	*Bidens parviflora* Willd.	국화과(Asteraceae)
까치밥나무(kka-chi-bap-na-mu)	*Ribes mandshuricum* (Maxim) Kom for. *mandshuricum*	범의귀과(Saxifragaceae)
까치수염(kka-chi-su-yeom)	*Lysimachia barystachys* Bunge	앵초과(Primulaceae)
깔끔좁쌀풀(kkal-kkeum-jop-ssal-pul)	*Euphrasia coreana* W. Becker	현삼과(Scrophulariaceae)
깨꽃(kkae-kkot)	*Salvia splendens* Ker-Gawl.	꿀풀과(Lamiaceae)
깨나물(kkae-na-mul)	*Isodon inflexus* var. *macrophyllus* (Maxim.) Kitag.	꿀풀과(Lamiaceae)
깨풀(kkae-pul)	*Acalypha australis* L.	대극과(Euphorbiaceae)
깽깽이풀(kkaeng-kkaeng-i-pul)	*Jeffersonia dubia* (Maxim.) Benth. & Hook. f. ex Baker & S. Moore	매자나무과(Berberidaceae)
껄껄이풀(kkeol-kkeol-i-pul)	*Hieracium coreanum* Nakai	국화과(Asteraceae)
껍질용수염(kkeop-jil-yong-su-yeom)	*Diarrhena mandshurica* Max.	벼과(Poaceae)
께묵(kke-muk)	*Hololeion maximowiczii* Kitam.	국화과(Asteraceae)
꼬랑사초(kko-rang-sa-cho)	*Carex mira* Kükenth.	사초과(Cyperaceae)
꼬리겨우살이(kko-ri-gyeo-u-sal-i)	*Loranthus tanakae* Franch. & Sav.	겨우살이과(Loranthaceae)

우리명 영어표기	학명 국가표준식물목록	과명 라틴과명
꼬리고사리(kko-ri-go-sa-ri)	*Asplenium incisum* Thunb.	꼬리고사리과(Aspleniaceae)
꼬리까치밥나무(kko-ri-kka-chi-bap-na-mu)	*Ribes komarovii* A. Pojark. var. *komarovii*	범의귀과(Saxifragaceae)
꼬리말발도리(kko-ri-mal-bal-do-ri)	*Deutzia paniculata* Nakai	범의귀과(Saxifragaceae)
꼬리새(kko-ri-sae)	*Bromus pauciflorus* (Thunb.) Hack.	벼과(Poaceae)
꼬리조팝나무(kko-ri-jo-pap-na-mu)	*Spiraea salicifolia* L.	장미과(Rosaceae)
꼬리진달래(kko-ri-jin-dal-rae)	*Rhododendron micranthum* Turcz.	진달래과(Ericaceae)
꼬리풀(kko-ri-pul)	*Veronica linariifolia* Pall. ex Link for. *linariifolia*	현삼과(Scrophulariaceae)
꼬마부들(kko-ma-bu-deul)	*Typha laxmanni* Lepech.	부들과(Typhaceae)
꼭두서니(kkok-du-seo-ni)	*Rubia akane* Nakai	꼭두서니과(Rubiaceae)
꼴하늘지기(kkol-ha-neul-ji-gi)	*Fimbristylis tristachya* var. *subbispicata* (Nees et Meyen) T.Koyama	사초과(Cyperaceae)
꽃갈퀴덩굴(kkot-gal-kwi-deong-gul)	*Sherardia arvensis* L.	꼭두서니과(Rubiaceae)
꽃개오동(kkot-gae-o-dong)	*Catalpa bignonioides* Walter	능소화과(Bignoniaceae)
꽃개회나무(kkot-gae-hoe-na-mu)	*Syringa wolfii* C.K.Schneid.	물푸레나무과(Oleaceae)
꽃고비(kkot-go-bi)	*Polemonium caeruleum* (Regel) Kitam.	꽃고비과(Polemoniaceae)
꽃꿩의다리(kkot-kkwong-ui-da-ri)	*Thalictrum petaloideum* L.	미나리아재비과(Ranunculaceae)
꽃다지(kkot-da-ji)	*Draba nemorosa* L. for. *nemorosa*	십자화과(Brassicaceae)
꽃단풍(kkot-dan-pung)	*Acer pycnanthum* Koch	단풍나무과(Aceraceae)
꽃담배(kkot-dam-bae)	*Nicotiana sanderae* Sander	가지과(Solanaceae)
꽃대(kkot-dae)	*Chloranthus serratus* (Thunb.) Roem. & Schult.	홀아비꽃대과(Chloranthaceae)
꽃댕강나무(kkot-daeng-gang-na-mu)	*Abelia grandiflora* (Andre) Rehd	인동과(Caprifoliaceae)
꽃마리(kkot-ma-ri)	*Trigonotis peduncularis* (Trevir.) Benth. ex Hemsl.	지치과(Borraginaceae)
꽃며느리밥풀(kkot-myeo-neu-ri-bap-pul)	*Melampyrum roseum* Maxim.	현삼과(Scrophulariaceae)
꽃무(kkot-mu)	*Cheiranthus cheiri* L.	십자화과(Brassicaceae)
꽃받이(kkot-bat-i)	*Bothriospermum tenellum* (Hornem.) Fisch. et C. A. Mey.	지치과(Borraginaceae)
꽃버들(kkot-beo-deul)	*Salix stipularis* Smith	버드나무과(Salicaceae)
꽃벚나무(kkot-beot-na-mu)	*Prunus serrulata* var. *sontagiae* Nakai	장미과(Rosaceae)
꽃사과(kkot-sa-gwa)	*Malus prumifolia* (Willd.) Borkh.	장미과(Rosaceae)
꽃상추(kkot-sang-chu)	*Cichorium endivia* L.	국화과(Asteraceae)
꽃싸리(kkot-ssa-ri)	*Campylotropis macrocarpa* (Bunge) Rehder	콩과(Fabaceae)
꽃아까시나무(kkot-a-kka-si-na-mu)	*Robinia hispida* L.	콩과(Fabaceae)
꽃여뀌(kkot-yeo-kkwi)	*Persicaria conspicua* (Nakai) Nakai ex Mori	마디풀과(Polygonaceae)
꽃장포(kkot-jang-po)	*Tofieldia nuda* Maxim.	백합과(Liliaceae)
꽃족제비쑥(kkot-jok-je-bi-ssuk)	*Matricaria inodora* L.	국화과(Asteraceae)
꽃쥐손이(kkot-jwi-son-i)	*Geranium eriostemon* Fisher ex DC.	쥐손이풀과(Geraniaceae)
꽃참싸리(kkot-cham-ssa-ri)	*Lespedeza* × *nakaii* T.B. Lee	콩과(Fabaceae)
꽃창포(kkot-chang-po)	*Iris ensata* var. *spontanea* (Makino) Nakai	붓꽃과(Iridaceae)
꽃치자(kkot-chi-ja)	*Gardenia jasminoides* var. *radicans* (Thunb.) Makino	꼭두서니과(Rubiaceae)
꽃하늘지기(kkot-ha-neul-ji-gi)	*Bulbostylis densa* (Wall.) Hand.-Mazz.	사초과(Cyperaceae)
꽃향유(kkot-hyang-yu)	*Elsholtzia splendens* Nakai	꿀풀과(Lamiaceae)
꽃황새냉이(kkot-hwang-sae-naeng-i)	*Cardamine amaraeformis* Nakai	십자화과(Brassicaceae)
꽈리(kkwa-ri)	*Physalis alkekengi* var. *francheti* (Mast.) Hort	가지과(Solanaceae)
꽝꽝나무(kkwang-kkwang-na-mu)	*Ilex crenata* Thunb. var. *crenata*	감탕나무과(Aquifoliaceae)
꾸지나무(kku-ji-na-mu)	*Broussonetia papyrifera* (L.) L'Hér. ex Vent.	뽕나무과(Moraceae)
꾸지뽕나무(kku-ji-ppong-na-mu)	*Cudrania tricuspidata* (Carr.) Bureau ex Lavallée	뽕나무과(Moraceae)
꿀풀(kkul-pul)	*Prunella vulgaris* var. *lilacina* Nakai	꿀풀과(Lamiaceae)
꿩고비(kkwong-go-bi)	*Osmunda cinnamomea* var. *forkiensis* Copel.	고비과(Osmundaceae)
꿩고사리(kkwong-go-sa-ri)	*Plagiogyria euphlebia* (Kunze) Mett.	꿩고사리과(Plagiogyriaceae)

우리명 영어표기	학명 국가표준식물목록	과명 라틴과명
꿩의다리(kkwong-ui-da-ri)	*Thalictrum aquilegifolium* var. *sibiricum* Regel et Tiling	미나리아재비과(Ranunculaceae)
꿩의다리아재비(kkwong-ui-da-ri-a-jae-bi)	*Caulophyllum robustum* Maxim.	매자나무과(Berberidaceae)
꿩의바람꽃(kkwong-ui-ba-ram-kkot)	*Anemone raddeana* Regel	미나리아재비과(Ranunculaceae)
꿩의밥(kkwong-ui-bap)	*Luzula capitata* (Miq.) Miq.	골풀과(Juncaceae)
꿩의비름(kkwong-ui-bi-reum)	*Hylotelephium erythrostictum* (Miq.) H. Ohba	돌나물과(Crassulaceae)
끈끈이귀개(kkeun-kkeun-i-gwi-gae)	*Drosera peltata* var. *nipponica* (Masam.) Ohwi	끈끈이귀개과(Droseraceae)
끈끈이대나물(kkeun-kkeun-i-dae-na-mul)	*Silene armeria* L.	석죽과(Caryophyllaceae)
끈끈이딱지(kkeun-kkeun-i-ttak-ji)	*Potentilla viscosa* J. Don	장미과(Rosaceae)
끈끈이여뀌(kkeun-kkeun-i-yeo-kkwi)	*Persicaria viscofera* (Makino) Nakai var. *viscofera*	마디풀과(Polygonaceae)
끈끈이장구채(kkeun-kkeun-i-jang-gu-chae)	*Silene koreana* Kom.	석죽과(Caryophyllaceae)
끈끈이주걱(kkeun-kkeun-i-ju-geok)	*Drosera rotundifolia* L.	끈끈이귀개과(Droseraceae)

ㄴ

나나벌이난초(na-na-beol-i-nan-cho)	*Liparis krameri* Franch. et Sav.	난초과(Orchidaceae)
나도개감채(na-do-gae-gam-chae)	*Lloydia triflora* (Ledeb.) Baker	백합과(Liliaceae)
나도개미자리(na-do-gae-mi-ja-ri)	*Minuartia arctica* (Steven ex Seringe) Graebn.	석죽과(Caryophyllaceae)
나도개피(na-do-gae-pi)	*Eriochloa villosa* (Thunb.) Kunth	벼과(Poaceae)
나도겨이삭(na-do-gyeo-i-sak)	*Milium effusum* L.	벼과(Poaceae)
나도겨풀(na-do-gyeo-pul)	*Leersia japonica* Makino	벼과(Poaceae)
나도고사리삼(na-do-go-sa-ri-sam)	*Ophioglossum vulgatum* L.	고사리삼과(Ophioglossaceae)
나도공단풀(na-do-gong-dan-pul)	*Sida rhombifolia* L.	아욱과(Malvaceae)
나도국수나무(na-do-guk-su-na-mu)	*Neillia uyekii* Nakai for. *uyekii*	장미과(Rosaceae)
나도그늘사초(na-do-geu-neul-sa-cho)	*Carex tenuiformis* H. Lév. et Vaniot	사초과(Cyperaceae)
나도기름새(na-do-gi-reum-sae)	*Capillipedium parviflora* (R. Br.) Stapf.	벼과(Poaceae)
나도냉이(na-do-naeng-i)	*Barbarea orthoceras* Ledeb.	십자화과(Brassicaceae)
나도닭의덩굴(na-do-dak-ui-deong-gul)	*Fallopia convolvulus* (L.) A. Löve	마디풀과(Polygonaceae)
나도독미나리(na-do-dok-mi-na-ri)	*Conium maculatum* L	산형과(Apiaceae)
나도딸기광이(na-do-ttal-gi-gwang-i)	*Cinna latifolia* (Trev. ex Gopp.) Griseb.	벼과(Poaceae)
나도물통이(na-do-mul-tong-i)	*Nanocnide japonica* Blume	쐐기풀과(Urticaceae)
나도미꾸리낚시(na-do-mi-kku-ri-nak-si)	*Persicaria maackiana* (Regel) Nakai ex Mori	마디풀과(Polygonaceae)
나도민들레(na-do-min-deul-re)	*Crepis tectorum* L.	국화과(Asteraceae)
나도바람꽃(na-do-ba-ram-kkot)	*Enemion raddeanum* Regel	미나리아재비과(Ranunculaceae)
나도바랭이(na-do-ba-raeng-i)	*Chloris virgata* Sw.	벼과(Poaceae)
나도바랭이새(na-do-ba-raeng-i-sae)	*Microstegium vimineum* (Trin.) A.Camus var. *vimineum*	벼과(Poaceae)
나도밤나무(na-do-bam-na-mu)	*Meliosma myriantha* Siebold et Zucc.	나도밤나무과(Sabiaceae)
나도범의귀(na-do-beom-ui-gwi)	*Mitella nuda* L.	범의귀과(Saxifragaceae)
나도별사초(na-do-byeol-sa-cho)	*Carex gibba* Wahlenb.	사초과(Cyperaceae)
나도사프란(na-do-sa-peu-ran)	*Zephyranthes carinata* Herb.	수선화과(Amarylidaceae)
나도생강(na-do-saeng-gang)	*Pollia japonica* Thunb. ex Murray	닭의장풀과(Commelinaceae)
나도솔새(na-do-sol-sae)	*Andropogon virginicus* L.	벼과(Poaceae)
나도송이풀(na-do-song-i-pul)	*Phtheirospermum japonicum* (Thunb.) Kanitz	현삼과(Scrophulariaceae)
나도수영(na-do-su-yeong)	*Oxyria digyna* (L.) Hill	마디풀과(Polygonaceae)
나도승마(na-do-seung-ma)	*Kirengeshoma koreana* Nakai	범의귀과(Saxifragaceae)
나도씨눈란(na-do-ssi-nun-ran)	*Herminium monorchis* (L.) R. Br.	난초과(Orchidaceae)
나도양지꽃(na-do-yang-ji-kkot)	*Waldsteinia ternata* (Stephan) Fritsch	장미과(Rosaceae)
나도여로(na-do-yeo-ro)	*Zygadenus sibiricus* (L.) A. Gray	백합과(Liliaceae)
나도옥잠화(na-do-ok-jam-hwa)	*Clintonia udensis* Trautv. et C. A. Mey.	백합과(Liliaceae)

우리명 영어표기	학명 국가표준식물목록	과명 라틴과명
나도은조롱(na-do-eun-jo-rong)	*Marsdenia tomentosa* Morren et Decne.	박주가리과(Asclepiadaceae)
나도잔디(na-do-jan-di)	*Sporobolus japonicus* (Steud.) Maxim. ex Rendle	벼과(Poaceae)
나도잠자리란(na-do-jam-ja-ri-ran)	*Tulotis ussuriensis* (Regel et Maack) H. Hara	난초과(Orchidaceae)
나도재쑥(na-do-jae-ssuk)	*Descurainia pinnata* Britton	십자화과(Brassicaceae)
나도제비란(na-do-je-bi-ran)	*Orchis cyclochila* (Franch. et Sav.) Maxim.	난초과(Orchidaceae)
나도진퍼리고사리(na-do-jin-peo-ri-go-sa-ri)	*Thelypteris omeiensis* (Baker) Ching	처녀고사리과(Thelypteridaceae)
나도풍란(na-do-pung-ran)	*Aerides japonicum* Rchb. f.	난초과(Orchidaceae)
나도하수오(na-do-ha-su-o)	*Fallopia ciliinervis* (Nakai) Hammer	마디풀과(Polygonaceae)
나도황기(na-do-hwang-gi)	*Hedysarum vicioides* var. *japonicum* (Fedtsch.) B.H.Choi et Ohashi	콩과(Fabaceae)
나도히초미(na-do-hi-cho-mi)	*Polystichum polyblepharum* (Roem. ex Kunze) C.Presl var. *polyblepharum*	면마과(Dryopteridaceae)
나래가막사리(na-rae-ga-mak-sa-ri)	*Verbesina alternifolia* Britton	국화과(Asteraceae)
나래박쥐나물(na-rae-bak-jwi-na-mul)	*Parasenecio auriculata* var. *kamtschatica* (Maxim.) H.Koyama	국화과(Asteraceae)
나래새(na-rae-sae)	*Stipa pekinensis* Hance	벼과(Poaceae)
나래완두(na-rae-wan-du)	*Vicia hirticalycina* Nakai	콩과(Fabaceae)
나래쪽동백(na-rae-jjok-dong-baek)	*Pterostyrax hispida* Siebold et Zucc.	때죽나무과(Styracaceae)
나래회나무(na-rae-hoe-na-mu)	*Euonymus macropterus* Rupr.	노박덩굴과(Celastraceae)
나리난초(na-ri-nan-cho)	*Liparis makinoana* Schlecht.	난초과(Orchidaceae)
나리잔대(na-ri-jan-dae)	*Adenophora liliifolia* (L.) Besser	초롱꽃과(Campanulaceae)
나무딸기(na-mu-ttal-gi)	*Rubus matsumuranus* var. *concolor* (Kom.) Kitag.	장미과(Rosaceae)
나무수국(na-mu-su-guk)	*Hydrangea paniculata* Siebold for. *paniculata*	범의귀과(Saxifragaceae)
나문재(na-mun-jae)	*Suaeda glauca* (Bunge) Bunge	명아주과(Chenopodiaceae)
나비나물(na-bi-na-mul)	*Vicia unijuga* A.Braun	콩과(Fabaceae)
나비난초(na-bi-nan-cho)	*Orchis graminifolia* (Rchb. f.) T. Tang. et F. T. Wang	난초과(Orchidaceae)
나사말(na-sa-mal)	*Vallisneria natans* (Lour.) H.Hara	자라풀과(Hydrocharitaceae)
나사미역고사리(na-sa-mi-yeok-go-sa-ri)	*Polypodium fauriei* H.Christ	고란초과(Polypodiaceae)
나자스말(na-ja-seu-mal)	*Najas graminea* Delile	나자스말과(Najadaceae)
나팔꽃(na-pal-kkot)	*Pharbitis nil* (L.) Choisy	메꽃과(Convolvulaceae)
나한백(na-han-baek)	*Thujopsis dolabrata* (L.f.) Siebold et Zucc.	측백나무과(Cupressaceae)
나한송(na-han-song)	*Podocarpus macrophyllus* (Thunb.) D.Don	나한송과(Podocarpaceae)
낙상홍(nak-sang-hong)	*Ilex serrata* Thunb..	감탕나무과(Aquifoliaceae)
낙엽송(nak-yeop-song)	*Larix leptolepis* (S. et Z.) Gordon	소나무과(Pinaceae)
낙우송(nak-u-song)	*Taxodium distichum* (L.) Rich.	낙우송과(Taxodiaceae)
낙지다리(nak-ji-da-ri)	*Penthorum chinense* Pursh	돌나물과(Crassulaceae)
낚시고사리(nak-si-go-sa-ri)	*Polystichum craspedosorum* (Maxim.) Diels	면마과(Dryopteridaceae)
낚시돌풀(nak-si-dol-pul)	*Hedyotis biflora* var. *parvifolia* Hook. et Arn.	꼭두서니과(Rubiaceae)
낚시사초(nak-si-sa-cho)	*Carex filipes* Franch. et Sav.	사초과(Cyperaceae)
낚시제비꽃(nak-si-je-bi-kkot)	*Viola grypoceras* A. Gray	제비꽃과(Violaceae)
난사초(nan-sa-cho)	*Carex lasiolepis* Fr.	사초과(Cyperaceae)
난장이버들(nan-jang-i-beo-deul)	*Salix divaricata* var. *orthostemma* (Nakai) Kitag.	버드나무과(Salicaceae)
난장이붓꽃(nan-jang-i-but-kkot)	Iris *uniflora* var. *caricina* Kitag.	붓꽃과(Iridaceae)
난장이이끼(nan-jang-i-i-kki)	*Crepidomanes amabile* (Nakai) K.Iwats	처녀이끼과(Hymenophyllaceae)
난장이패랭이꽃(nan-jang-i-pae-raeng-i-kkot)	*Dianthus chinensis* L. var. *morii* (Nakai) Y. C. Chu	석죽과(Caryophyllaceae)
난쟁이바위솔(nan-jaeng-i-ba-wi-sol)	*Metrostachys sikokianus* (Makino) Nakai	돌나물과(Crassulaceae)
난쟁이아욱(nan-jaeng-i-a-uk)	*Malva neglecta* Wallr.	아욱과(Malvaceae)
난티나무(nan-ti-na-mu)	*Ulmus laciniata* (Trautv.) Mayr	느릅나무과(Ulmaceae)
난티잎개암나무(nan-ti-ip-gae-am-na-mu)	*Corylus heterophylla* Fisch.	자작나무과(Betulaceae)
날개골풀(nal-gae-gol-pul)	*Juncus alatus* Franch. et Sav.	골풀과(Juncaceae)

우리명 영어표기	학명 국가표준식물목록	과명 라틴과명
날개하늘나리(nal-gae-ha-neul-na-ri)	*Lilium dauricum* Ker-Gawl.	백합과(Liliaceae)
남가새(nam-ga-sae)	*Tribulus terrestris* L.	남가새과(Zygophyllaceae)
남개연(nam-gae-yeon)	*Nuphar pumilum* var. *ozeense* (Miki) Hara	수련과(Nymphaeaceae)
남방개(nam-bang-gae)	*Eleocharis dulcis* (Burm. f.) Trin. ex Hensch.	사초과(Cyperaceae)
남산둥근잎천남성(nam-san-dung-geun-ip-cheon-nam-seong)	*Arisaema amurense* Maxim. var. *violaceum* Engl.	천남성과(Araceae)
남산제비꽃(nam-san-je-bi-kkot)	*Viola albida var. chaerophylloides* (Regel) F. Maek. ex Hara	제비꽃과(Violaceae)
남오미자(nam-o-mi-ja)	*Kadsura japonica* (L.) Dunal	목련과(Magnoliaceae)
남천(nam-cheon)	*Nandina domestica* Thunb.	매자나무과(Berberidaceae)
남포분취(nam-po-bun-chwi)	*Saussurea chinnampoensis* H. Lév. et Vaniot	국화과(Asteraceae)
낭독(nang-dok)	*Euphorbia pallasii* Turcz.	대극과(Euphorbiaceae)
낭림새풀(nang-rim-sae-pul)	*Calamagrostis subacrochaeta* Nakai	벼과(Poaceae)
낭아초(nang-a-cho)	*Indigofera pseudotinctoria* Matsum.	콩과(Fabaceae)
낮달맞이꽃ⓝ(nat-dal-mat-i-kkot)	*Oenothera speciosa* Nutt.	바늘꽃과(Onagraceae)
내버들(nae-beo-deul)	*Salix gilgiana* Seem.	버드나무과(Salicaceae)
내장고사리(nae-jang-go-sa-ri)	*Diplazium squamigerum* (Mett.) Matsum.	우드풀과(Woodsiaceae)
냄새냉이(naem-sae-naeng-i)	*Coronopus didymus* (L.) Sm.	십자화과(Brassicaceae)
냄새명아주(naem-sae-myeong-a-ju)	*Chenopodium pumilio* R. Br.	명아주과(Chenopodiaceae)
냇씀바귀(naet-sseum-ba-gwi)	*Ixeris tamagawaensis* (Makino) Kitam.	국화과(Asteraceae)
냉이(naeng-i)	*Capsella bursa-pastoris* (L.) L. W. Medicus	십자화과(Brassicaceae)
냉초(naeng-cho)	*Veronicastrum sibiricum* (L.) Pennell	현삼과(Scrophulariaceae)
너도개미자리(neo-do-gae-mi-ja-ri)	*Minuartia laricina* (L.) Mattf.	석죽과(Caryophyllaceae)
너도고랭이(neo-do-go-raeng-i)	*Scleria parvula* Steud.	사초과(Cyperaceae)
너도바람꽃(neo-do-ba-ram-kkot)	*Eranthis stellata* Maxim.	미나리아재비과(Ranunculaceae)
너도밤나무(neo-do-bam-na-mu)	*Fagus engleriana* Seemen ex Diels	참나무과(Fagaceae)
너도방동사니(neo-do-bang-dong-sa-ni)	*Cyperus serotinus* Rottb.	사초과(Cyperaceae)
너도양지꽃(neo-do-yang-ji-kkot)	*Sibbaldia procumbens* L.	장미과(Rosaceae)
너도제비란(neo-do-je-bi-ran)	*Orchis joo-iokiana* Makino	난초과(Orchidaceae)
넉줄고사리(neok-jul-go-sa-ri)	*Davallia mariesii* T.Moore ex Baker	넉줄고사리과(Davalliaceae)
넌출비수리(neon-chul-bi-su-ri)	*Lespedeza intermixta* Makino	콩과(Fabaceae)
넌출월귤(neon-chul-wol-gyul)	*Vaccinium oxycoccus* L.	진달래과(Ericaceae)
넓은묏황기(neol-eun-moet-hwang-gi)	*Hedysarum hedysaroides* Schinz et Thell.	콩과(Fabaceae)
넓은산꼬리풀(neol-eun-san-kko-ri-pul)	*Veronica ovata* Nakai	현삼과(Scrophulariaceae)
넓은잎갈퀴(neol-eun-ip-gal-kwi)	*Vicia japonica* A. Gray	콩과(Fabaceae)
넓은잎개고사리(neol-eun-ip-gae-go-sa-ri)	*Athyrium wardii* (Hook.) Makino	우드풀과(Woodsiaceae)
넓은잎개수염(neol-eun-ip-gae-su-yeom)	*Eriocaulon robustius* (Maxim.) Makino	곡정초과(Eriocaulaceae)
넓은잎그늘사초(neol-eun-ip-geu-neul-sa-cho)	*Carex pediformis* C.A. Meyer	사초과(Cyperaceae)
넓은잎까치밥나무(neol-eun-ip-kka-chi-bap-na-mu)	*Ribes latifolium* Jancz.	범의귀과(Saxifragaceae)
넓은잎꼬리풀(neol-eun-ip-kko-ri-pul)	*Veronica kiusiana* Furumi	현삼과(Scrophulariaceae)
넓은잎딱총나무(neol-eun-ip-ttak-chong-na-mu)	*Sambucus latipinna* Nakai	인동과(Caprifoliaceae)
넓은잎말(neol-eun-ip-mal)	*Potamogeton perfoliatus* L.	가래과(Potamogetonaceae)
넓은잎물억새(neol-eun-ip-mul-eok-sae)	*Miscanthus sacchariflorus* for. *latifolius* Adati	벼과(Poaceae)
넓은잎미꾸리낚시(neol-eun-ip-mi-kku-ri-nak-si)	*Persicaria muricata* (Meisn.) Nemoto	마디풀과(Polygonaceae)
넓은잎삼나무(neol-eun-ip-sam-na-mu)	*Cunninghamia lanceolata* (Lamb.) Hook.	낙우송과(Taxodiaceae)
넓은잎외잎쑥(neol-eun-ip-oe-ip-ssuk)	*Artemisia stolonifera* (Maxim.) Kom. for. *stolonifera*	국화과(Asteraceae)
넓은잎잠자리란(neol-eun-ip-jam-ja-ri-ran)	*Tulotis asiatica* H. Hara	난초과(Orchidaceae)
넓은잎제비꽃(neol-eun-ip-je-bi-kkot)	*Viola mirabilis* L.	제비꽃과(Violaceae)
넓은잎쥐오줌풀(neol-eun-ip-jwi-o-jum-pul)	*Valeriana dageletiana* Nakai ex F.Maek.	마타리과(Valerianaceae)

우리명 영어표기	학명 국가표준식물목록	과명 라틴과명
넓은잎피사초(neol-eun-ip-pi-sa-cho)	*Carex xiphium* Meinsh.	사초과(Cyperaceae)
넓은잔대(neol-eun-jan-dae)	*Adenophora divaricata* Franch. et Sav.	초롱꽃과(Campanulaceae)
네가래(ne-ga-rae)	*Marsilea quadrifolia* L.	네가래과(Marsileaceae)
네군도단풍(ne-gun-do-dan-pung)	*Acer negundo* L.	단풍나무과(Aceraceae)
네귀쓴풀(ne-gwi-sseun-pul)	*Swertia tetrapetala* (Pall.) Grossh.	용담과(Gentianaceae)
네모골(ne-mo-gol)	*Eleocharis tetraquetra* Nees ex Wight	사초과(Cyperaceae)
네잎갈퀴(ne-ip-gal-kwi)	*Galium trachyspermum* A. Gray	꼭두서니과(Rubiaceae)
네잎갈퀴나물(ne-ip-gal-kwi-na-mul)	*Vicia nipponica* Matsum.	콩과(fabaceae)
노각나무(no-gak-na-mu)	*Stewartia pseudocamellina* Maxim.	차나무과(Theaceae)
노간주나무(no-gan-ju-na-mu)	*Juniperus rigida* Siebold et Zucc.	측백나무과(Cupressaceae)
노란꽃땅꽈리(no-ran-kkot-ttang-kkwa-ri)	*Physalis wrightii* Gray	가지과(Solanaceae)
노란장대(no-ran-jang-dae)	*Sisymbrium luteum* (Maxim.) O. E. Schulz	십자화과(Brassicaceae)
노랑갈퀴(no-rang-gal-kwi)	*Vicia chosenensis* Ohwi	콩과(Fabaceae)
노랑개아마(no-rang-gae-a-ma)	*Linum virginianum* L.	아마과(Linaceae)
노랑개자리(no-rang-gae-ja-ri)	*Medicago ruthenica* (L.) Ledeb.	콩과(Fabaceae)
노랑까마중(no-rang-kka-ma-jung)	*Solanum nigrum* var. *humile* Wu et Huang	가지과(Solanaceae)
노랑꽃창포(no-rang-kkot-chang-po)	*Iris pseudoacorus* L.	붓꽃과(Iridaceae)
노랑만병초(no-rang-man-byeong-cho)	*Rhododendron aureum* Georgi	진달래과(Ericaceae)
노랑매발톱(no-rang-mae-bal-top)	*Aquilegia buergeriana* var. *oxysepala* for. *pallidiflora* (Nakai) M.K.Park	미나리아재비과(Ranunculaceae)
노랑무늬붓꽃(no-rang-mu-nui-but-kkot)	*Iris odaesanensis* Y.N.Lee	붓꽃과(Iridaceae)
노랑물봉선(no-rang-mul-bong-seon)	*Impatiens noli-tangere* L. var. *noli-tangere*	봉선화과(Balsaminaceae)
노랑복주머니란(no-rang-bok-ju-meo-ni-ran)	*Cypripedium calceolus* L.	난초과(Orchidaceae)
노랑부추(no-rang-bu-chu)	*Allium condensatum* Turcz.	백합과(Liliaceae)
노랑붓꽃(no-rang-but-kkot)	*Iris koreana* Nakai	붓꽃과(Iridaceae)
노랑선씀바귀(no-rang-seon-sseum-ba-gwi)	*Ixeris chinensis* (Thunb.) Nakai	국화과(Asteraceae)
노랑어리연꽃(no-rang-eo-ri-yeon-kkot)	*Nymphoides peltata* (J. G. Gmelin) Kuntze	용담과(Gentianaceae)
노랑원추리(no-rang-won-chu-ri)	*Hemerocallis thunbergii* Baker	백합과(Liliaceae)
노랑제비꽃(no-rang-je-bi-kkot)	*Viola orientalis* (Maxim) W. Becker	제비꽃과(Violaceae)
노랑코스모스(no-rang-ko-seu-mo-seu)	*Cosmos sulphureus* Cav.	국화과(Asteraceae)
노랑토끼풀(no-rang-to-kki-pul)	*Trifolium campestre* Schreb.	콩과(Fabaceae)
노랑투구꽃(no-rang-tu-gu-kkot)	*Aconitum sibiricum* Poir.	미나리아재비과(Ranunculaceae)
노랑팽나무(no-rang-paeng-na-mu)	*Celtis edulis* Nakai	느릅나무과(Ulmaceae)
노랑하늘타리(no-rang-ha-neul-ta-ri)	*Trichosanthes kirilowii* var. *japonica* Kitam.	박과(Cucurbiaceae)
노랑해당화(no-rang-hae-dang-hwa)	*Rosa xanthina* Lindl.	장미과(Rosaceae)
노루귀(no-ru-gwi)	*Hepatica asiatica* Nakai	미나리아재비과(Ranunculaceae)
노루발(no-ru-bal)	*Pyrola japonica* Klenze ex Alef.	노루발과(Pyrolaceae)
노루삼(no-ru-sam)	*Actaea asiatica* H. Hara	미나리아재비과(Ranunculaceae)
노루오줌(no-ru-o-jum)	*Astilbe rubra* Hook.f. et Thomson var. *rubra*	범의귀과(Saxifragaceae)
노루참나물(no-ru-cham-na-mul)	*Pimpinella gustavohegiana* Koidz.	산형과(Apiaceae)
노린재나무(no-rin-jae-na-mu)	*Symplocos chinensis* for. *pilosa* (Nakai) Ohwi	노린재나무과(Symplocaceae)
노박덩굴(no-bak-deong-gul)	*Celastrus orbiculatus* Thunb.	노박덩굴과(Celastraceae)
노인장대(no-in-jang-dae)	*Persicaria orientalis* (L.) Spach	마디풀과(Polygonaceae)
녹나무(nok-na-mu)	*Cinnamomum camphora* (L.) J. Presl	녹나무과(Lauraceae)
녹두(nok-du)	*Vigna radiata* (L.) Wilcz.	콩과(Fabaceae)
녹보리똥나무(nok-bo-ri-ttong-na-mu)	*Elaeagnus maritima* Koidz.	보리수나무과(Elaeagnaceae)
녹빛사초(nok-bit-sa-cho)	*Carex quadriflora* (Kük.) Ohwi	사초과(Cyperaceae)
녹빛실사초(nok-bit-sil-sa-cho)	*Carex sachalinensis* var. *sikokiana* (Fr. et Sav.) Ohwi	사초과(Cyperaceae)

우리명 영어표기	학명 국가표준식물목록	과명 라틴과명
논냉이(non-naeng-i)	*Cardamine lyrata* Bunge	십자화과(Brassicaceae)
논뚝외풀(non-ttuk-oe-pul)	*Lindernia micrantha* D.Don	현삼과(Scrophulariaceae)
놋젓가락나물(not-jeot-ga-rak-na-mul)	*Aconitum ciliare* DC.	미나리아재비과(Ranunculaceae)
뇌성목(noe-seong-mok)	*Lindera glauca* var. *salicifolia* (Nakai) T.B.Lee	녹나무과(Lauraceae)
누른종덩굴(nu-reun-jong-deong-gul)	*Clematis chiisanensis* Nakai	미나리아재비과(Ranunculaceae)
누리장나무(nu-ri-jang-na-mu)	*Clerodendrum trichotomum* Thunb. ex Murray	마편초과(Verbenaceae)
누린내풀(nu-rin-nae-pul)	*Caryopteris divaricata* (Siebold. et Zucc.) Maxim.	마편초과(Verbenaceae)
누운괴불이끼(nu-un-goe-bul-i-kki)	*Crepidomanes birmanicum* (Bedd.) K.Iwats.	처녀이끼과(Hymenophyllaceae)
누운기장대풀(nu-un-gi-jang-dae-pul)	*Isachne nipponensis* Ohwi	벼과(Poaceae)
누운땅빈대(nu-un-ttang-bin-dae)	*Euphorbia prostrata* Ait.	대극과(Euphorbiaceae)
누운주름잎(nu-un-ju-reum-ip)	*Mazus miquelii* Makino	현삼과(Scrophulariaceae)
눈개불알풀(nun-gae-bul-al-pul)	*Veronica hederaefolia* L.	현삼과(Scrophulariaceae)
눈개승마(nun-gae-seung-ma)	*Aruncus dioicus* var. *kamtschaticus* (Maxim.) H.Hara	장미과(Rosaceae)
눈개쑥부쟁이(nun-gae-ssuk-bu-jaeng-i)	*Aster hayatae* H.Lev. et Vaniot	국화과(Asteraceae)
눈갯버들(nun-gaet-beo-deul)	*Salix graciliglans* Nakai	버드나무과(Salicaceae)
눈괴불주머니(nun-goe-bul-ju-meo-ni)	*Corydalis ochotensis* Turcz.	현호색과(Fumariaceae)
눈까치밥나무(nun-kka-chi-bap-na-mu)	*Ribes triste* Pall.	범의귀과(Saxifragaceae)
눈범꼬리(nun-beom-kko-ri)	*Bistorta suffulta* (Maxim.) Greene ex H. Gross	마디풀과(Polygonaceae)
눈비녀골풀(nun-bi-nyeo-gol-pul)	*Juncus wallichianus* Laharpe	골풀과(Juncaceae)
눈비름(nun-bi-reum)	*Amaranthus deflexus* L.	비름과(Amaranthaceae)
눈빛승마(nun-bit-seung-ma)	*Cimicifuga dahurica* (Turcz. ex Fisch. & C. A. Mey.) Maxim.	미나리아재비과(Ranunculaceae)
눈사초(nun-sa-cho)	*Carex rupestris* Bellardi et All.	사초과(Cyperaceae)
눈산버들(nun-san-beo-deul)	*Salix divaricata* var. *metaformosa* (Nakai) Kitag.	버드나무과(Salicaceae)
눈썹고사리(nun-sseop-go-sa-ri)	*Asplenium wrightii* D.C.Eaton ex Hook.	꼬리고사리과(Aspleniaceae)
눈양지꽃(nun-yang-ji-kkot)	*Potentilla egedei* var. *groenlandica* (Tratt.) Poluin	장미과(Rosaceae)
눈여뀌바늘(nun-yeo-kkwi-ba-neul)	*Ludwigia ovalis* Miq.	바늘꽃과(Onagraceae)
눈잣나무(nun-jat-na-mu)	*Pinus pumila* (Pall.) Regel	소나무과(Pinaceae)
눈측백(nun-cheuk-baek)	*Thuja koraiensis* Nakai	측백나무과(Cupressaceae)
눈포아풀(nun-po-a-pul)	*Poa palustris* L.	벼과(Poaceae)
눈해변싸리(nun-hae-byeon-ssa-ri)	*Lespedeza macrovirgata* Kitagawa	콩과(Fabaceae)
눈향나무(nun-hyang-na-mu)	*Juniperus chinensis* var. *sargentii* Henry	측백나무과(Cupressaceae)
느러진장대(neu-reo-jin-jang-dae)	*Arabis pendula* L.	십자화과(Brassicaceae)
느릅나무(neu-reup-na-mu)	*Ulmus davidiana* var. *japonica* (Rehder) Nakai	느릅나무과(Ulmaceae)
느리미고사리(neu-ri-mi-go-sa-ri)	*Dryopteris tokyoensis* (Matsum. ex Makino) C.Chr.	면마과(Dryopteridaceae)
느티나무(neu-ti-na-mu)	*Zelkova serrata* (Thunb.) Makino	느릅나무과(Ulmaceae)
는쟁이냉이(neun-jaeng-i-naeng-i)	*Cardamine komarovi* Nakai for. *komarovi*	십자화과(Brassicaceae)
능금나무(neung-geum-na-mu)	*Malus asiatica* Nakai	장미과(Rosaceae)
능소화(neung-so-hwa)	*Campsis grandifolia* (Thunb.) K.Schum.	능소화과(Bignoniaceae)
능수버들(neung-su-beo-deul)	*Salix pseudo-lasiogyne* H. Lév.	버드나무과(Salicaceae)
능수쇠뜨기(neung-su-soe-tteu-gi)	*Equisetum sylvaticum* L	속새과(Equisetaceae)
능수참새그령(neung-su-cham-sae-geu-ryeong)	*Eragrostis curvula* Nees	벼과(Poaceae)
늦고사리삼(neut-go-sa-ri-sam)	*Botrychium virginianum* (L.) Sw.	고사리삼과(Ophioglossaceae)

ㄷ

우리명 영어표기	학명 국가표준식물목록	과명 라틴과명
다닥냉이(da-dak-naeng-i)	*Lepidium apetalum* Willd.	십자화과(Brassicaceae)
다람쥐꼬리(da-ram-jwi-kko-ri)	*Lycopodium chinense* H.Christ	석송과(Lycopodiaceae)
다래(da-rae)	*Actinidia arguta* (Siebold et Zucc.) Planch. ex Miq. var. *arguta*	다래나무과(Actinidiaceae)

우리명 영어표기	학명 국가표준식물목록	과명 라틴과명
다릅나무(da-reup-na-mu)	*Maackia amurensis* Rupr. et Max. var. *amurensis*	콩과(Fabaceae)
다발골무꽃(da-bal-gol-mu-kkot)	*Scutellaria asperiflora* Nakai	꿀풀과(Lamiaceae)
다북개미자리(da-buk-gae-mi-ja-ri)	*Scleranthus annuus* L.	석죽과(Caryophyllaceae)
다북떡쑥(da-buk-tteok-ssuk)	*Anaphalis sinica* Hance	국화과(Asteraceae)
다시마고사리삼(da-si-ma-go-sa-ri-sam)	*Ophioglossum pendulum* L.	고사리삼과(Ophioglossaceae)
다시마일엽초(da-si-ma-il-yeop-cho)	*Lepisorus annuifrons* (Makino) Ching	고란초과(Polypodiaceae)
다정큼나무(da-jeong-keum-na-mu)	*Rhaphiolepis indica* var. *umbellata* (Thunb.) Ohashi	장미과(Rosaceae)
닥나무(dak-na-mu)	*Broussonetia kazinoki* Siebold	뽕나무과(Moraceae)
닥장버들(dak-jang-beo-deul)	*Salix brachypoda* (Trautv. & C.A.Mey.) Kom.	버드나무과(Salicaceae)
닥풀(dak-pul)	*Hibiscus manihot* L.	아욱과(Mavaceae)
단삼(dan-sam)	*Salvia miltiorrhiza* Bunge	꿀풀과(Lamiaceae)
단수수(dan-su-su)	*Sorghum bicolor* var. *dulciusculum* Ohwi	벼과(Poaceae)
단양쑥부쟁이(dan-yang-ssuk-bu-jaeng-i)	*Aster altaicus* var. *uchiyamae* Kitam.	국화과(Asteraceae)
단풍나무(dan-pung-na-mu)	*Acer palmatum* Thunb. ex Murray	단풍나무과(Aceraceae)
단풍딸기(dan-pung-ttal-gi)	*Rubus palmatus* Thunb.	장미과(Rosaceae)
단풍마(dan-pung-ma)	*Dioscorea quinqueloba* Thunb.	마과(Dioscoreaceae)
단풍박쥐나무(dan-pung-bak-jwi-na-mu)	*Alangium platanifolium* (Siebold et Zucc.) Harms	박쥐나무과(Alangiaceae)
단풍버즘나무(dan-pung-beo-jeum-na-mu)	*Platanus×hispanica* Münchh.	버즘나무과(Platanaceae)
단풍잎돼지풀(dan-pung-ip-dwae-ji-pul)	*Ambrosia trifida* L. var. *trifida*	국화과(Asteraceae)
단풍제비꽃(dan-pung-je-bi-kkot)	*Viola albida* for. *takahashii* (Makino) W.T.Lee	제비꽃과(Violaceae)
단풍취(dan-pung-chwi)	*Ainsliaea acerifolia* Sch. Bip.	국화과(Asteraceae)
단풍터리풀(dan-pung-teo-ri-pul)	*Filipendula palmata* (Pall.) Maxim.	장미과(Rosaceae)
달구지풀(dal-gu-ji-pul)	*Trifolium lupinaster* L.	콩과(Fabaceae)
달래(dal-rae)	*Allium monanthum* Maxim.	백합과(Liliaceae)
달리아(dal-ri-a)	*Dahlia pinnata* Cav.	국화과(Asteraceae)
달맞이꽃(dal-mat-i-kkot)	*Oenothera biennis* L.	바늘꽃과(Onagraceae)
달맞이장구채(dal-mat-i-jang-gu-chae)	*Melandrium album* (Mill.) Garcke	석죽과(Caryophyllaceae)
달뿌리풀(dal-ppu-ri-pul)	*Phragmites japonica* Steud.	벼과(Poaceae)
닭의난초(dak-ui-nan-cho)	*Epipactis thunbergii* A. Gray	난초과(Orchidaceae)
닭의덩굴(dak-ui-deong-gul)	*Fallopia dumetorum* (L.) Holub	마디풀과(Polygonaceae)
닭의장풀(dak-ui-jang-pul)	*Commelina communis* L.	닭의장풀과(Commelinaceae)
담배(dam-bae)	*Nicotiana tabacum* L.	가지과(Solanaceae)
담배취(dam-bae-chwi)	*Saussurea conandrifolia* Nakai	국화과(Asteraceae)
담배풀(dam-bae-pul)	*Carpesium abrotanoides* L.	국화과(Asteraceae)
담상이삭풀(dam-sang-i-sak-pul)	*Brachyelytrum erectum* var. *japonicum* Hack.	벼과(Poaceae)
담자리꽃나무(dam-ja-ri-kkot-na-mu)	*Dryas octopetala* var. *asiatica* (Nakai) Nakai	장미과(Rosaceae)
담쟁이덩굴(dam-jaeng-i-deong-gul)	*Parthenocissus tricuspidata* (Siebold et Zucc.) Planch.	포도과(Vitaceae)
담팔수(dam-pal-su)	*Elaeocarpus sylvestris* var. *ellipticus* (Thunb.) H.Hara	담팔수과(Eleocarpaceae)
당개지치(dang-gae-ji-chi)	*Brachybotrys paridiformis* Maxim. ex Oliv.	지치과(Borraginaceae)
당광나무(dang-gwang-na-mu)	*Ligustrum lucidum* Ait.	물푸레나무과(Oleaceae)
당귤나무(dang-gyul-na-mu)	*Citrus sinensis* (L.) Osbeck	운향과(Rutaceae)
당근(dang-geun)	*Daucus carota* subsp. *sativa* (Hoffm.) Arcang.	산형과(Apiaceae)
당느릅나무(dang-neu-reup-na-mu)	*Ulmus davidiana* Planch.	느릅나무과(Ulmaceae)
당단풍나무(dang-dan-pung-na-mu)	*Acer pseudosieboldianum* (Pax.) Kom.	단풍나무과(Aceraceae)
당마가목(dang-ma-ga-mok)	*Sorbus amurensis* Koehne	장미과(Rosaceae)
당매자나무(dang-mae-ja-na-mu)	*Berberis poiretii* C. K. Schneid.	매자나무과(Berberidaceae)
당버들(dang-beo-deul)	*Populus simonii* Carriere	버드나무과(Salicaceae)

우리명 영어표기	학명 국가표준식물목록	과명 라틴과명
당분취(dang-bun-chwi)	*Saussurea tanakae* Franch. et Sav. ex Maxim.	국화과(Asteraceae)
당삽주(dang-sap-ju)	*Atractylodes koreana* (Nakai) Kitam.	국화과(Asteraceae)
당아욱(dang-a-uk)	*Malva sylvestris* var. *mauritiana* Boiss.	아욱과(malvaceae)
당잔대(dang-jan-dae)	*Adenophora stricta* Miq.	초롱꽃과(Campanulaceae)
당조팝나무(dang-jo-pap-na-mu)	*Spiraea chinensis* Max.	장미과(Rosaceae)
당키버들(dang-ki-beo-deul)	*Salix purpurea* var. *smithiana* Trautv.	버드나무과(Salicaceae)
닻꽃(dat-kkot)	*Halenia corniculata* (L.) Cornaz	용담과(Gentianaceae)
대가래(dae-ga-rae)	*Potamogeton malaianus* Miq.	가래과(Potamogetonaceae)
대구돌나물(dae-gu-dol-na-mul)	*Tillaea aquatica* L.	돌나물과(Crassulaceae)
대구사초(dae-gu-sa-cho)	*Carex paxii* Kuk.	사초과(Cyperaceae)
대극(dae-geuk)	*Euphorbia pekinensis* Rupr.	대극과(Euphorbiaceae)
대나물(dae-na-mul)	*Gypsophila oldhamiana* Miq.	석죽과(Caryophyllaceae)
대동여뀌(dae-dong-yeo-kkwi)	*Persicaria erectominus* var. *koreensis* (Nakai) I. Ito	마디풀과(Polygonaceae)
대만피(dae-man-pi)	*Echinochloa glabrescens* Munro ex Hook. f.	벼과(Poaceae)
대반하(dae-ban-ha)	*Pinellia tripartita* (Blume) Schott	천남성과(Araceae)
대부도냉이(dae-bu-do-naeng-i)	*Lepidium perfoliatum* L.	십자화과(Brassicaceae)
대사초(dae-sa-cho)	*Carex siderosticta* Hance	사초과(Cyperaceae)
대상화(dae-sang-hwa)	*Anemone hupehensis* var. *japonica* (Thunb.) Bowles et Stearn	미나리아재비과(Ranunculaceae)
대새풀 (dae-sae-pul)	*Cleistogenes hackelii* (Honda) Honda	벼과(Poaceae)
대송이풀(dae-song-i-pul)	*Pedicularis sceptrum-carolinum* L.	현삼과(Scrophulariaceae)
대암사초(dae-am-sa-cho)	*Carex chordorhiza* Ehrh.	사초과(Cyperaceae)
대청(dae-cheong)	*Isatis tinctoria* L.	십자화과(Brassicaceae)
대청가시풀(dae-cheong-ga-si-pul)	*Cenchrus longispinus* (Hack.) Fern.	벼과(Poaceae)
대청부채(dae-cheong-bu-chae)	*Iris dichotoma* Pall.	붓꽃과(Iridaceae)
대추나무(dae-chu-na-mu)	*Zizyphus jujuba* var. *inermis* (Bunge) Rehder	갈매나무과(Rhamnaceae)
대택광이(dae-taek-gwang-i)	*Glyceria spiculosa* (F.Schmidt) Roshev.	벼과(Poaceae)
대택사초(dae-taek-sa-cho)	*Carex limosa* L.	사초과(Cyperaceae)
대팻집나무(dae-paet-jip-na-mu)	*Ilex macropoda* Miq. var. *macropoda*	감탕나무과(Aquifoliaceae)
대황(dae-hwang)	*Rheum rhabarbarum* L.	마디풀과(Polygonaceae)
대흥란(dae-heung-ran)	*Cymbidium macrorrhizum* Lindl.	난초과(Orchidaceae)
댑싸리(daep-ssa-ri)	*Kochia scoparia* (L.) Schrad. var. *scoparia*	명아주과(Chenopodiaceae)
댓잎현호색(daet-ip-hyeon-ho-saek)	*Corydalis turtschaninovii* Bess. var. *linearis* (Regel) Nakai	현호색과(Fumariaceae)
댕강나무(daeng-gang-na-mu)	*Abelia mosanensis* T. H. Chung ex Nakai	인동과(Caprifoliaceae)
댕댕이나무(daeng-daeng-i-na-mu)	*Lonicera caerulea* var. *edulis* Turcz. ex Herder	인동과(Caprifoliaceae)
댕댕이덩굴(daeng-daeng-i-deong-gul)	*Cocculus trilobus* (Thunb.) DC.	방기과(Memispermaceae)
더덕(deo-deok)	*Codonopsis lanceolata* (Siebold et Zucc.) Trautv.	초롱꽃과(Campanulaceae)
더부살이고사리(deo-bu-sal-i-go-sa-ri)	*Polystichum lepidocaulon* (Hook.) J.Sm.	면마과(Dryopteridaceae)
더위지기(deo-wi-ji-gi)	*Artemisia gmelini* Weber ex Stechm.	국화과(Asteraceae)
덕진사초(deok-jin-sa-cho)	*Carex gmelini* Hook. et Arn.	사초과(Cyperaceae)
덜꿩나무(deol-kkwong-na-mu)	*Viburnum erosum* Thunb.	인동과(Caprifoliaceae)
덤불쑥(deom-bul-ssuk)	*Artemisia rubripes* Nakai	국화과(Asteraceae)
덤불오리나무(deom-bul-o-ri-na-mu)	*Alnus mandshurica* (Callier) Hand.-Mazz.	자작나무과(Betulaceae)
덤불조팝나무(deom-bul-jo-pap-na-mu)	*Spiraea miyabei* Koidz.	장미과(Rosaceae)
덤불취(deom-bul-chwi)	*Saussurea manshurica* Kom.	국화과(Asteraceae)
덧나무(deot-na-mu)	*Sambucus sieboldiana* (Miq.) Blume ex Graebn.	인동과(Caprifoliaceae)
덩굴강낭콩(deong-gul-gang-nang-kong)	*Phaseolus vulgaris* L.	콩과(Fabaceae)
덩굴개별꽃(deong-gul-gae-byeol-kkot)	*Pseudostellaria davidii* (Franch.) Pax ex Pax et Hoffm.	석죽과(Caryophyllaceae)

우리명 영어표기	학명 국가표준식물목록	과명 라틴과명
덩굴곽향(deong-gul-gwak-hyang)	*Teucrium viscidum* var. *miquelianum* (Maxim.) Hara	꿀풀과(Lamiaceae)
덩굴꽃마리(deong-gul-kkot-ma-ri)	*Trigonotis icumae* (Maxim.) Makino	지치과(Borraginaceae)
덩굴닭의장풀(deong-gul-dak-ui-jang-pul)	*Streptolirion volubile* Edgew.	닭의장풀과(Commelinaceae)
덩굴민백미꽃(deong-gul-min-baek-mi-kkot)	*Cynanchum japonicum* Morr. et Decne.	박주가리과(Asclepiadaceae)
덩굴박주가리(deong-gul-bak-ju-ga-ri)	*Cynanchum nipponicum* Matsum.	박주가리과(Asclepiadaceae)
덩굴별꽃(deong-gul-byeol-kkot)	*Cucubalus baccifer* var. *japonicus* Miq.	석죽과(Caryophyllaceae)
덩굴사초(deong-gul-sa-cho)	*Carex pseudo-curaica* Fr. Schm.	사초과(Cyperaceae)
덩굴옻나무(deong-gul-ot-na-mu)	*Rhus ambigua* H. Lev.	옻나무과(Anacardiaceae)
덩굴용담(deong-gul-yong-dam)	*Tripterospermum japonicum* (Siebold et Zucc.) Maxim.	용담과(Gentianaceae)
덩굴장미(deong-gul-jang-mi)	*Rosa multiflora* var. *platyphylla* Thory	장미과(Rosaceae)
덩굴팥(deong-gul-pat)	*Vigna umbellata* (Thunb.) Ohwi et H. Ohashi	콩과(Fabaceae)
덩이괭이밥(deong-i-gwaeng-i-bap)	*Oxalis articulata* Savigny	괭이밥과(Oxalidaceae)
데이지(de-i-ji)	*Bellis perennis* L.	국화과(Asteraceae)
도깨비가지(do-kkae-bi-ga-ji)	*Solanum carolinense* L.	가지과(Solanaceae)
도깨비바늘(do-kkae-bi-ba-neul)	*Bidens bipinnata* L.	국화과(Asteraceae)
도깨비부채(do-kkae-bi-bu-chae)	*Rodgersia podophylla* A. Gray	범의귀과(Saxifragaceae)
도깨비사초(do-kkae-bi-sa-cho)	*Carex dickinsii* Franch. et Sav.	사초과(Cyperaceae)
도깨비쇠고비(do-kkae-bi-soe-go-bi)	*Cyrtomium falcatum* (L.f.) C.Presl	면마과(Dryopteridaceae)
도깨비엉겅퀴(do-kkae-bi-eong-geong-kwi)	*Cirsium schantarense* Trautv. et Mey.	국화과(Asteraceae)
도꼬로마(do-kko-ro-ma)	*Dioscorea tokoro* Makino	마과(Dioscoreaceae)
도꼬마리(do-kko-ma-ri)	*Xanthium strumarium* L.	국화과(Asteraceae)
도둑놈의갈고리(do-duk-nom-ui-gal-go-ri)	*Desmodium podocarpum* var. *oxyphyllum* (DC.) H.Ohashi	콩과(Fabaceae)
도라지(do-ra-ji)	*Platycodon grandiflorum* (Jacq.) A. DC.	초롱꽃과(Campanulaceae)
도라지모시대(do-ra-ji-mo-si-dae)	*Adenophora grandiflora* Nakai	초롱꽃과(Campanulaceae)
도랭이사초(do-raeng-i-sa-cho)	Carex *nubigena* var. *albata* (Boott) Kuk. ex Matsum.	사초과(Cyperaceae)
도랭이피(do-raeng-i-pi)	*Koeleria cristata* (L.) Pers.	벼과(Poaceae)
도루박이(do-ru-bak-i)	*Scirpus radicans* Schkuhr	사초과(Cyperaceae)
독말풀(dok-mal-pul)	*Datura stramonium* var. *chalybea* Koch	가지과(Solanaceae)
독미나리(dok-mi-na-ri)	*Cicuta virosa* L.	산형과(Apiaceae)
독보리(dok-bo-ri)	*Lolium temulentum* L.	벼과(Poaceae)
독일가문비(dok-il-ga-mun-bi)	*Picea abies* (L.) H. Karst.	소나무과(Pinaceae)
독활(dok-hwal)	*Aralia cordata* var. *continentalis* (Kitag.) Y.C.Chu	두릅나무과(Araliaceae)
돈나무(don-na-mu)	*Pittosporum tobira* (Thunb.) W.T.Aiton	돈나무과(Pittosporaceae)
돌가시나무(dol-ga-si-na-mu)	*Rosa wichuraiana* Crép. ex Franch. et Sav.	장미과(Rosaceae)
돌갈매나무(dol-gal-mae-na-mu)	*Rhamnus parvifolia* Bunge	갈매나무과(Rhamnaceae)
돌꽃(dol-kkot)	*Rhodiola elongata* (Ledeb.) Fisch. & Meyer	돌나물과(Crassulaceae)
돌나물(dol-na-mul)	*Sedum sarmentosum* Bunge	돌나물과(Crassulaceae)
돌단풍(dol-dan-pung)	*Mukdenia rossii* (Oliv.) Koidz.	범의귀과(Saxifragaceae)
돌담고사리(dol-dam-go-sa-ri)	*Asplenium sarelii* Hook.	꼬리고사리과(Aspleniaceae)
돌동부(dol-dong-bu)	*Vigna vexillata* var. *tsusimensis* Matsum.	콩과(Fabaceae)
돌마타리(dol-ma-ta-ri)	*Patrinia rupestris* (Pall.) Juss.	마타리과(Valerianaceae)
돌바늘꽃(dol-ba-neul-kkot)	*Epilobium cephalostigma* Hausskn.	바늘꽃과(Onagraceae)
돌방풍(dol-bang-pung)	*Carlesia sinensis* Dunn	산형과(Apiaceae)
돌배나무(dol-bae-na-mu)	*Pyrus pyrifolia* (Burm f.) Nakai	장미과(Rosaceae)
돌부채(dol-bu-chae)	*Bergenia coreana* Nakai	범의귀과(Saxifragaceae)
돌부채손(dol-bu-chae-son)	*Mukdenia acanthifolia* Nakai	범의귀과(Saxifragaceae)
돌뽕나무(dol-ppong-na-mu)	*Morus cathayana* Hemsl.	뽕나무과(Moraceae)

우리명 영어표기	학명 국가표준식물목록	과명 라틴과명
돌소리쟁이(dol-so-ri-jaeng-i)	*Rumex obtusifolius* L.	마디풀과(Polygonaceae)
돌앵초(dol-aeng-cho)	*Primula saxatilis* Kom.	앵초과(Primulaceae)
돌양지꽃(dol-yang-ji-kkot)	*Potentilla dickinsii* Franch. et Sav. var. *dickinsii*	장미과(Rosaceae)
돌외(dol-oe)	*Gynostemma pentaphyllum* (Thunb.) Makino	박과(Cucurbiaceae)
돌잔고사리(dol-jan-go-sa-ri)	*Microlepia marginata* (Panz.) C. Chr.	잔고사리과(Dennstaedtiaceae)
돌지치(dol-ji-chi)	*Lappula heteracantha* (Ledeb.) Gürke	지치과(Borraginaceae)
돌참나무(dol-cham-na-mu)	*Lithocarpus edulis* Nakai	참나무과(Fagaceae)
돌채송화(dol-chae-song-hwa)	*Sedum japonicum* Sieb. & Miq.	돌나물과(Crassulaceae)
돌콩(dol-kong)	*Glycine soja* Siebold et Zucc.	콩과(Fabaceae)
돌토끼고사리(dol-to-kki-go-sa-ri)	*Microlepia strigosa* (Thunb.) C.Presl	잔고사리과(Dennstaedtiaceae)
돌피(dol-pi)	*Echinochloa crus-galli* (L.) P. Beauv. var. *crus-galli*	벼과(Poaceae)
동래엉겅퀴(dong-rae-eong-geong-kwi)	*Cirsium toraiense* Nakai ex Kitam.	국화과(Asteraceae)
동백나무(dong-baek-na-mu)	*Camellia japonica* L.	차나무과(Theaceae)
동백나무겨우살이(dong-baek-na-mu-gyeo-u-sal-i)	*Korthalsella japonica* (Thunb.) Engl.	겨우살이과(Loranthaceae)
동부(dong-bu)	*Vigna unguiculata* (L.) Walp.	콩과(Fabaceae)
동의나물(dong-ui-na-mul)	*Caltha palustris* L. var. *palustris*	미나리아재비과(Ranunculaceae)
동자꽃(dong-ja-kkot)	*Lychnis cognata* Maxim.	석죽과(Caryophyllaceae)
돼지풀(dwae-ji-pul)	*Ambrosia artemisiifolia* L.	국화과(Asteraceae)
돼지풀아재비(dwae-ji-pul-a-jae-bi)	*Parthenium hysterophorus* L.	국화과(Asteraceae)
된장풀(doen-jang-pul)	*Desmodium caudatum* (Thunb.) DC.	콩과(Fabaceae)
두루미꽃(du-ru-mi-kkot)	*Maianthemum bifolium* (L.) F. W. Schmidt	백합과(Liliaceae)
두루미천남성(du-ru-mi-cheon-nam-seong)	*Arisaema heterophyllum* Blume	천남성과(Araceae)
두릅나무(du-reup-na-mu)	*Aralia elata* (Miq.) Seem.	두릅나무과(Araliaceae)
두메갈퀴(du-me-gal-kwi)	*Galium paradoxum* Maxim.	꼭두서니과(Rubiaceae)
두메개고사리(du-me-gae-go-sa-ri)	*Athyrium spinulosum* (Maxim.) Milde	우드풀과(Woodsiaceae)
두메고들빼기(du-me-go-deul-ppae-gi)	*Lactuca triangulata* Maxim.	국화과(Asteraceae)
두메고사리(du-me-go-sa-ri)	*Diplazium sibiricum* (Turcz. ex Kunze) Sa.Kurata	우드풀과(Woodsiaceae)
두메기름나물(du-me-gi-reum-na-mul)	*Peucedanum coreanum* Nakai	산형과(Apiaceae)
두메냉이(du-me-naeng-i)	*Cardamine changbaiana* Al-Shehbaz	십자화과(Brassicaceae)
두메닥나무(du-me-dak-na-mu)	*Daphne pseudomezereum* var. *koreana* (Nakai) Hamaya	팥꽃나무과(Thymeleaceae)
두메담배풀(du-me-dam-bae-pul)	*Carpesium triste* Maxim.	국화과(Asteraceae)
두메대극(du-me-dae-geuk)	*Euphorbia fauriei* H. Lév. et Vaiont ex H. Lév.	대극과(Euphorbiaceae)
두메미꾸리광이(du-me-mi-kku-ri-gwang-i)	*Glyceria alnasteratum* Kom.	벼과(Poaceae)
두메바늘꽃(du-me-ba-neul-kkot)	*Epilobium angulatum* Kitag.	바늘꽃과(Onagraceae)
두메부추(du-me-bu-chu)	*Allium senescens* L. var. *senescens*	백합과(Liliaceae)
두메분취(du-me-bun-chwi)	*Saussurea tomentosa* Kom.	국화과(Asteraceae)
두메애기풀(du-me-ae-gi-pul)	*Polygala sibirica* L.	원지과(Polygalaceae)
두메양귀비(du-me-yang-gwi-bi)	*Papaver radicatum* var. *pseudoradicatum* (Kitag.) Kitag.	양귀비과(Papaveraceae)
두메오리나무(du-me-o-ri-na-mu)	*Alnus maximowiczii* Callier	자작나무과(Betulaceae)
두메우드풀(du-me-u-deu-pul)	*Woodsia ilvensis* (L.) R.Br.	우드풀과(Woodsiaceae)
두메자운(du-me-ja-un)	*Oxytropis anertii* Nakai ex Kitag.	콩과(Fabaceae)
두메잔대(du-me-jan-dae)	*Adenophora lamarckii* Fisch.	초롱꽃과(Campanulaceae)
두메취(du-me-chwi)	*Saussurea triangulata* Trautv. et Mey.	국화과(Asteraceae)
두메층층이(du-me-cheung-cheung-i)	*Clinopodium micranthum* (Regel) H. Hara	꿀풀과(Lamiaceae)
두메투구꽃(du-me-tu-gu-kkot)	*Veronica stelleri* var. *longistyla* Kitag.	현삼과(Scrophulariaceae)
두메포아풀(du-me-po-a-pul)	*Poa malacantha* var. *shinanoana* (Ohwi) Ohwi	벼과(Poaceae)
두잎약난초(du-ip-yak-nan-cho)	*Cremastra unguiculata* (Finet) Finet	난초과(Orchidaceae)

우리명 영어표기	학명 국가표준식물목록	과명 라틴과명
두충(du-chung)	*Eucommia ulmoides* Oliv.	두충과(Eucommiaceae)
둥굴레(dung-gul-re)	*Polygonatum odoratum* var. *pluriflorum* (Miq.) Ohwi	백합과(Liliaceae)
둥근가시가지(dung-geun-ga-si-ga-ji)	*Solanum sisymbriifolium* Lam.	가지과(Solanaceae)
둥근마(dung-geun-ma)	*Dioscorea bulbifera* L.	마과(Dioscoreaceae)
둥근말발도리(dung-geun-mal-bal-do-ri)	*Deutzia scabra* Thunb.	범의귀과(Saxifragaceae)
둥근매듭풀(dung-geun-mae-deup-pul)	*Kummerowia stipulacea* (Maxim.) Makino	콩과(Fabaceae)
둥근바위솔(dung-geun-ba-wi-sol)	*Orostachys malacophylla* (Pall.) Fisch.	돌나물과(Crassulaceae)
둥근배암차즈기(dung-geun-bae-am-cha-jeu-gi)	*Salvia japonica* Thunb.	꿀풀과(Lamiaceae)
둥근범꼬리(dung-geun-beom-kko-ri)	*Bistorta globispica* Nakai	마디풀과(Polygonaceae)
둥근빗살현호색(dung-geun-bit-sal-hyeon-ho-saek)	*Fumaria officinalis* L..	현호색과(Fumariaceae)
둥근이질풀(dung-geun-i-jil-pul)	*Geranium koreanum* Kom.	쥐손이풀과(Geraniaceae)
둥근인가목(dung-geun-in-ga-mok)	*Rosa pimpinellifolia* L.	장미과(Rosaceae)
둥근잎고추풀(dung-geun-ip-go-chu-pul)	*Deinostema adenocaulum* (Maxim.) T. Yamaz.	현삼과(Scrophulariaceae)
둥근잎꿩의비름(dung-geun-ip-kkwong-ui-bi-reum)	*Hylotelephium ussuriense* (Kom.) H. Ohba	돌나물과(crassulaceae)
둥근잎나팔꽃(dung-geun-ip-na-pal-kkot)	*Ipomoea purpurea* Roth	메꽃과(Convolvulaceae)
둥근잎돼지풀(dung-geun-ip-dwae-ji-pul)	*Ambrosia trifida* for. *integrifolia* (Muhl.) Fernald	국화과(Asteraceae)
둥근잎미국나팔꽃 (dung-geun-ip-mi-guk-na-pal-kkot)	*Ipomoea hederacea* var. *integriuscula* A.Gray	메꽃과(Convolvulaceae)
둥근잎아욱(dung-geun-ip-a-uk)	*Malva pusilla* Smith	아욱과(Malvaceae)
둥근잎유홍초(dung-geun-ip-yu-hong-cho)	*Quamoclit coccinea* Moench	메꽃과(Convolvulaceae)
둥근잎조팝나무(dung-geun-ip-jo-pap-na-mu)	*Spiraea betulifolia* Pall.	장미과(Rosaceae)
둥근잎천남성(dung-geun-ip-cheon-nam-seong)	*Arisaema amurense* Maxim.	천남성과(Araceae)
둥근잎택사(dung-geun-ip-taek-sa)	*Caldesia parnassifolia* (Bassi ex L.) Parl.	택사과(Alismataceae)
둥근잔대(dung-geun-jan-dae)	*Adenophora coronopifolia* Fisch.	초롱꽃과(Campanulaceae)
둥근털제비꽃(dung-geun-teol-je-bi-kkot)	*Viola collina* Besser	제비꽃과(Violaceae)
둥근하늘지기(dung-geun-ha-neul-ji-gi)	*Fimbristylis globosa* var. *austro-japonica* Ohwi	사초과(Cyperaceae)
드람불꽃(deu-ram-bul-kkot)	*Phlox drummondii* Hook.	꽃고비과(Polemoniaceae)
드렁방동사니(deu-reong-bang-dong-sa-ni)	*Cyperus globosus* All.	사초과(Cyperaceae)
드렁새(deu-reong-sae)	*Leptochloa chinensis* (L.) Nees	벼과(Poaceae)
드문고사리(deu-mun-go-sa-ri)	*Thelypteris laxa* (Franch. et Sav.) Ching	처녀고사리과(Thelypteridaceae)
들갓(deul-gat)	*Sinapis arvensis* L. var. *arvensis*	십자화과(Brassicaceae)
들개미자리(deul-gae-mi-ja-ri)	*Spergula arvensis* L.	석죽과(Caryophyllaceae)
들깨(deul-kkae)	*Perilla frutescens* var. *japonica* (Hassk.) Hara	꿀풀과(Lamiaceae)
들깨풀(deul-kkae-pul)	*Mosla punctulata* (J. F. Gmel.) Nakai	꿀풀과(Lamiaceae)
들다닥냉이(deul-da-dak-naeng-i)	*Lepidium campestre* R. Br.	십자화과(Brassicaceae)
들떡쑥(deul-tteok-ssuk)	*Leontopodium leontopodioides* (Willd.) Beauverd	국화과(Asteraceae)
들메나무(deul-me-na-mu)	*Fraxinus mandshurica* Rupr.	물푸레나무과(Oleaceae)
들묵새(deul-muk-sae)	*Festuca myuros* L.	벼과(Poaceae)
들바람꽃(deul-ba-ram-kkot)	*Anemone amurensis* (Korsh.) Kom.	미나리아재비과(Ranunculaceae)
들버들(deul-beo-deul)	*Salix subopposita* Miq.	버드나무과(Salicaceae)
들벌노랑이(deul-beol-no-rang-i)	*Lotus uliginosus* Schkuhr	콩과(Fabaceae)
들완두(deul-wan-du)	*Vicia bungei* Ohwi	콩과(Fabaceae)
들지치(deul-ji-chi)	*Lappula echinata* (L.) Gilib.	지치과(Borraginaceae)
들쭉나무(deul-jjuk-na-mu)	*Vaccinium uliginosum* L.	진달래과(Ericaceae)
들통발(deul-tong-bal)	*Utricularia pilosa* Makino	통발과(Lentibulariaceae)
들하늘지기(deul-ha-neul-ji-gi)	*Fimbristylis complanata* for. *exalata* T.Koyama	사초과(Cyperaceae)
들현호색(deul-hyeon-ho-saek)	*Corydalis ternata* Nakai	현호색과(Fumariaceae)
등(deung)	*Wisteria floribunda* (Willd.) DC. for. *floribunda*	콩과(Fabaceae)

우리명 영어표기	학명 국가표준식물목록	과명 라틴과명
등갈퀴나물(deung-gal-kwi-na-mul)	*Vicia cracca* L.	콩과(Fabaceae)
등골나물(deung-gol-na-mul)	*Eupatorium japonicum* Thunb. ex Murray	국화과(Asteraceae)
등골나물아재비(deung-gol-na-mul-a-jae-bi)	*Ageratum conyzoides* L.	국화과(Asteraceae)
등대꽃(deung-dae-kkot)	*Enkianthus campanulatus* Nicholson	진달래과(Ericaceae)
등대시호(deung-dae-si-ho)	*Bupleurum euphorbioides* Nakai	산형과(Apiaceae)
등대풀(deung-dae-pul)	*Euphorbia helioscopia* L.	대극과(Euphorbiaceae)
등수국(deung-su-guk)	*Hydrangea petiolaris* Siebold & Zucc.	범의귀과(Saxifragaceae)
등심붓꽃(deung-sim-but-kkot)	*Sisyrinchium angustifolium* Mill.	붓꽃과(Iridaceae)
등에풀(deung-e-pul)	*Dopatrium junceum* (Roxb.) Ham. ex Benth.	현삼과(Scrophulariaceae)
등칡(deung-chik)	*Aristolochia manshuriensis* Kom.	쥐방울덩굴과(Aristolochiaceae)
등포풀(deung-po-pul)	*Limosella aquatica* L.	현삼과(Scrophulariaceae)
디기탈리스(di-gi-tal-ri-seu)	*Digitalis purpurea* L.	현삼과(Scrophulariaceae)
딱지꽃(ttak-ji-kkot)	*Potentilla chinensis* Ser. var. *chinensis*	장미과(Rosaceae)
딱총나무(ttak-chong-na-mu)	*Sambucus williamsii* var. *coreana* (Nakai) Nakai	인동과(Caprifoliaceae)
딸기(ttal-gi)	*Fragaria ananassa* Duch.	장미과(Rosaceae)
땃두릅나무(ttat-du-reup-na-mu)	*Oplopanax elatus* (Nakai) Nakai	두릅나무과(Araliaceae)
땃딸기(ttat-ttal-gi)	*Fragaria yezoensis* H. Hara	장미과(Rosaceae)
땅귀개(ttang-gwi-gae)	*Utricularia bifida* L.	통발과(Lentibulariaceae)
땅꽈리(ttang-kkwa-ri)	*Physalis angulata* L.	가지과(Solanaceae)
땅나리(ttang-na-ri)	*Lilium callosum* Siebold et Zucc.	백합과(Liliaceae)
땅비수리(ttang-bi-su-ri)	*Lespedeza juncea* (L. f.) Pers.	콩과(Fabaceae)
땅비싸리(ttang-bi-ssa-ri)	*Indigofera kirilowii* Maxim. ex Palib.	콩과(Fabaceae)
땅빈대(ttang-bin-dae)	*Euphorbia humifusa* Willd. ex Schltdl.	대극과(Euphorbiaceae)
땅채송화(ttang-chae-song-hwa)	*Sedum oryzifolium* Makino	돌나물과(Crassulaceae)
땅콩(ttang-kong)	*Arachis hypogaea* L.	콩과(Fabaceae)
때죽나무(ttae-juk-na-mu)	*Styrax japonicus* Siebold et Zucc.	때죽나무과(Styracaceae)
떡갈나무(tteok-gal-na-mu)	*Quercus dentata* Thunb. ex Murray	참나무과(Fagaceae)
떡갈졸참나무(tteok-gal-jol-cham-na-mu)	*Quercus mccormickoserrata* T.B.Lee	참나무과(Fagaceae)
떡갈참나무(tteok-gal-cham-na-mu)	*Quercus mccormickii* Carruth.	참나무과(Fagaceae)
떡버들(tteok-beo-deul)	*Salix hallaisanensis* H.Lev. for. *hallaisanensis*	버드나무과(Salicaceae)
떡속소리나무(tteok-sok-so-ri-na-mu)	*Quercus fabrei* Hance	참나무과(Fagaceae)
떡신갈나무(tteok-sin-gal-na-mu)	Quercus dentatomongolica Nakai	참나무과(Fagaceae)
떡신갈참나무(tteok-sin-gal-cham-na-mu)	*Quercus mccormickomongolica* T.B.Lee	참나무과(Fagaceae)
떡신졸참나무(tteok-sin-jol-cham-na-mu)	*Quercus x dentatoserratoides* T.B.Lee	참나무과(Fagaceae)
떡쑥(tteok-ssuk)	*Gnaphalium affine* D. Don	국화과(Asteraceae)
떡조팝나무(tteok-jo-pap-na-mu)	*Spiraea chartacea* Nakai	장미과(Rosaceae)
뚜껑덩굴(ttu-kkeong-deong-gul)	*Actinostemma lobatum* Maxim.	박과(Cucurbitaceae)
뚜껑별꽃(ttu-kkeong-byeol-kkot)	*Anagallis arvensis* L.	앵초과(Primulaceae)
뚝갈(ttuk-gal)	*Patrinia villosa* (Thunb.) Juss.	마타리과(Valerianaceae)
뚝마타리(ttuk-ma-ta-ri)	*Patrinia ABCDEFGH*	마타리과(Valerianaceae)
뚝사초(ttuk-sa-cho)	*Carex thunbergii* var. *appendiculata* Trautv.	사초과(Cyperaceae)
뚝새풀(ttuk-sae-pul)	*Alopecurus aequalis* Sobol.	벼과(Poaceae)
뚝지치(ttuk-ji-chi)	*Hackelia deflexa* (Wahl.) Opiz	지치과(Borraginaceae)
뚱딴지(ttung-ttan-ji)	*Helianthus tuberosus* L.	국화과(Asteraceae)
뜰보리수(tteul-bo-ri-su)	*Elaeagnus multiflora* Thunb.	보리수나무과(Elaeagnaceae)
띠(tti)	*Imperata cylindrica* var. *koenigii* (Retz.) Pilg.	벼과(Poaceae)

우리명 영어표기	학명 국가표준식물목록	과명 라틴과명
ㄹ		
루드베키아(ru-deu-be-ki-a)	*Rudbeckia hirta* L.	국화과(Asteraceae)
리기다소나무(ri-gi-da-so-na-mu)	*Pinus rigida* Mill.	소나무과(Pinaceae)
린네풀(rin-ne-pul)	*Linnaea borealis* L.	인동과(Caprifoliaceae)
ㅁ		
마(ma)	*Dioscorea batatas* Decne.	마과(Dioscoreaceae)
마가목(ma-ga-mok)	*Sorbus commixta* Hedl.	장미과(Rosaceae)
마늘(ma-neul)	*Allium scorodorprasum* var. *viviparum* Regel	백합과(Liliaceae)
마디꽃(ma-di-kkot)	*Rotala indica* (Willd.) Koehne	부처꽃과(Lythraceae)
마디풀(ma-di-pul)	*Polygonum aviculare* L.	마디풀과(Polygonaceae)
마름(ma-reum)	*Trapa japonica* Flerow.	마름과(Hydrocaryaceae)
마삭줄(ma-sak-jul)	*Trachelospermum asiaticum* (Siebold et Zucc.) Nakai var. asiaticum	협죽도과(Apocynaceae)
마주송이풀(ma-ju-song-i-pul)	*Pedicularis resupinata* L. var. *oppositifolia* Miq.	현삼과(Scrophulariaceae)
마취목(ma-chwi-mok)	*Pieris japonica* (Thunb.) D. Don.	진달래과(Ericaceae)
마타리(ma-ta-ri)	*Patrinia scabiosaefolia* Fisch. ex Trevir.	마타리과(Valerianaceae)
마편초(ma-pyeon-cho)	*Verbena officinalis* L.	마편초과(Verbenaceae)
만년석송(man-nyeon-seok-song)	*Lycopodium obscurum* L.	석송과(Lycopodiaceae)
만년청(man-nyeon-cheong)	*Rohdea japonica* (Thunb.) Roth	백합과(Liliaceae)
만년콩(man-nyeon-kong)	*Euchresta japonica* Hook. f. ex Regel	콩과(Fabaceae)
만리화(man-ri-hwa)	*Forsythia ovata* Nakai	물푸레나무과(Oleaceae)
만병초(man-byeong-cho)	*Rhododendron brachycarpum* D. Don ex G. Don	진달래과(Ericaceae)
만삼(man-sam)	*Codonopsis pilosula* (Franch.) Nannf.	초롱꽃과(Campanulaceae)
만수국(man-su-guk)	*Tagetes patula* L.	국화과(Asteraceae)
만수국아재비(man-su-guk-a-jae-bi)	*Tagetes minuta* L.	국화과(Asteraceae)
만주겨이삭여뀌(man-ju-gyeo-i-sak-yeo-kkwi)	*Persicaria foliosa* (H.Lindb.) Kitag. var. *foliosa*	마디풀과(Polygonaceae)
만주고로쇠(man-ju-go-ro-soe)	*cer pictum* var. *truncatum* (Bunge) C.S.Chang	단풍나무과(Aceraceae)
만주곰솔(man-ju-gom-sol)	*Pinus tabulaeformis* var. *mukdensis* Uyeki	소나무과(Pinaceae)
만주바람꽃(man-ju-ba-ram-kkot)	*Isopyrum mandshuricum* (Kom.) Kom.	미나리아재비과(Ranunculaceae)
만주송이풀(man-ju-song-i-pul)	*Pedicularis mandshurica* Maxim.	현삼과(Scrophulariaceae)
만주우드풀(man-ju-u-deu-pul)	*Woodsia manchuriensis* Hook.	우드풀과(Woodsiaceae)
만주자작나무(man-ju-ja-jak-na-mu)	*Betula platyphylla* Sukatschev	자작나무과(Betulaceae)
만첩홍도(man-cheop-hong-do)	*Prunus persica* for. *rubroplena* C.K.Schneid.	장미과(Rosaceae)
말(mal)	*Potamogeton oxyphyllus* Miq.	가래과(Potamogetonaceae)
말나리(mal-na-ri)	*Lilium distichum* Nakai ex Kamib.	백합과(Liliaceae)
말냉이(mal-naeng-i)	*Thlaspi arvense* L.	십자화과(Brassicaceae)
말냉이장구채(mal-naeng-i-jang-gu-chae)	*Silene noctiflora* L.	석죽과(Caryphyllaceae)
말똥비름(mal-ttong-bi-reum)	*Sedum bulbiferum* Makino	돌나물과(Crassulaceae)
말발도리(mal-bal-do-ri)	*Deutzia parviflora* Bunge	범의귀과(Saxifragaceae)
말뱅이나물(mal-baeng-i-na-mul)	*Vaccaria vulgaris* Host	석죽과(Caryophyllaceae)
말오줌나무(mal-o-jum-na-mu)	*Sambucus sieboldiana* var. *pendula* (Nakai) T.B.Lee	인동과(Caprifoliaceae)
말오줌때(mal-o-jum-ttae)	*Euscaphis japonica* (Thunb.) Kanitz	고추나무과(Staphyleaceae)
말즘(mal-jeum)	*Potamogeton crispus* L.	가래과(Potamogetonaceae)
말채나무(mal-chae-na-mu)	*Cornus walteri* F.T. Wangerin	층층나무과(Cornaceae)
말털이슬(mal-teol-i-seul)	*Circaea quadrisulcata* (Maxim.) Franch. et Sav.	바늘꽃과(Onagraceae)
맑은대쑥(mak-eun-dae-ssuk)	*Artemisia keiskeana* Miq.	국화과(Asteraceae)

우리명 영어표기	학명 국가표준식물목록	과명 라틴과명
망개나무(mang-gae-na-mu)	*Berchemia berchemiaefolia* (Makino) Koidz.	갈매나무과(Rhamnaceae)
망초(mang-cho)	*Conyza canadensis* (L.) Cronquist	국화과(Asteraceae)
매듭풀(mae-deup-pul)	*Kummerowia striata* (Thunb. ex Murray) Schindl.	콩과(Fabaceae)
매미꽃(mae-mi-kkot)	*Coreanomecon hylomeconoides* Nakai	양귀비과(Papaveraceae)
매발톱(mae-bal-top)	*Aquilegia buergeriana* var. *oxysepala* (Trautv. et Meyer) Kitam.	미나리아재비과(Ranunculaceae)
매화노루발(mae-hwa-no-ru-bal)	*Chimaphila japonica* Miq.	노루발과(Pyrolaceae)
매발톱나무(mae-bal-top-na-mu)	*Berberis amurensis* Rupr. var. *amurensis*	매자나무과(Berberidaceae)
매실나무(mae-sil-na-mu)	*Prunus mume* Siebold ett Zucc. for. *mume*	장미과(Rosaceae)
매자기(mae-ja-gi)	*Scirpus maritimus* L.	사초과(Cyperaceae)
매자나무(mae-ja-na-mu)	*Berberis koreana* Palib.	매자나무과(Berberidaceae)
매자잎버들(mae-ja-ip-beo-deul)	*Salix berberifolia* Pall. var. *berberifolia*	버드나무과(Salicaceae)
매화마름(mae-hwa-ma-reum)	*Ranunculus kazusensis* Makino	미나리아재비과(Ranunculaceae)
매화말발도리(mae-hwa-mal-bal-do-ri)	*Deutzia uniflora* Shirai	범의귀과(Saxifragaceae)
매화바람꽃(mae-hwa-ba-ram-kkot)	*Callianthemum insigne* (Nakai) Nakai	미나리아재비과(Ranunculaceae)
매화오리나무(mae-hwa-o-ri-na-mu)	*Clethra barbinervis* Siebold et Zucc.	매화오리나무과(Clethraceae)
맥도딸기(maek-do-ttal-gi)	*Rubus longisepalus* Nakai var. *longisepalus*	장미과(Rosaceae)
맥문동(maek-mun-dong)	*Liriope platyphylla* F. T. Wang et T. Tang	백합과(Liliaceae)
맥문아재비(maek-mun-a-jae-bi)	*Ophiopogon jaburan* (Kunth) Lodd.	백합과(Liliaceae)
맨드라미(maen-deu-ra-mi)	*Celosia cristata* L.	비름과(Amaranthaceae)
머귀나무(meo-gwi-na-mu)	*Zanthoxylum ailanthoides* Siebold et Zucc.	운향과(Rutaceae)
머루(meo-ru)	*Vitis coignetiae* Pulliat ex Planch.	포도과(Vitaceae)
머위(meo-wi)	*Petasites japonicus* (Siebold et Zucc.) Maxim.	국화과(Asteraceae)
먹넌출(meok-neon-chul)	*Berchemia racemosa* var. *magna* Makino	갈매나무과(Rhamnaceae)
먼나무(meon-na-mu)	*Ilex rotunda* Thunb.	감탕나무과(Aquifoliaceae)
멀구슬나무(meol-gu-seul-na-mu)	*Melia azedarach* L.	멀구슬나무과(Meliaceae)
멀꿀(meol-kkul)	*Stauntonia hexaphylla* (Thunb.) Decne.	으름덩굴과(Lardizabalaceae)
멍석딸기(meong-seok-ttal-gi)	*Rubus parvifolius* L. for. *parvifolius*	장미과(Rosaceae)
메귀리(me-gwi-ri)	*Avena fatua* L.	벼과(Poaceae)
메꽃(me-kkot)	*Calystegia sepium* var. *japonicum* (Choisy) Makino	메꽃과(Convolvulaceae)
메밀(me-mil)	*Fagopyrum esculentum* Moench	마디풀과(Polygonaceae)
메밀여뀌(me-mil-yeo-kkwi)	*Polygonum capitatum* Hamilt.	마디풀과(Polygonaceae)
메밀잣밤나무(mo-mil-jat-bam-na-mu)	*Castanopsis cuspidata* (Thunb. ex Murray) Schottky var. *cuspidata*	참나무과(Fagaceae)
메타세콰이아(me-ta-se-kwa-i-a)	*Metasequoia glyptostroboides* Hu et Cheng	낙우송과(Taxodiaceae)
멕시코돌나물(mek-si-ko-dol-na-mul)	*Sedum mexicanum* Britton	돌나물과(Crassulaceae)
멜론(mel-ron)	*Cucumis melo* L. var. *reticulatus* Naud.	박과(Cucurbiaceae)
며느리밑씻개(myeo-neu-ri-mit-ssit-gae)	*Persicaria senticosa* (Meisn.) H. Gross ex Nakai var. *senticosa*	마디풀과(Polygonaceae)
며느리배꼽(myeo-neu-ri-bae-kkop)	*Persicaria perfoliata* (L.) H.Gross	마디풀과(Polygonaceae)
멱쇠채(myeok-soe-chae)	*Scorzonera austriaca* subsp. *glabra* (Rupr.) Lipsch. et Krasch. ex Lipsch.	국화과(Asteraceae)
멸가치(myeol-ga-chi)	*Adenocaulon himalaicum* Edgew.	국화과(Asteraceae)
명아자여뀌(myeong-a-ja-yeo-kkwi)	*Persicaria nodosa* (Pers.) Opiz	마디풀과(Polygonaceae)
명아주(myeong-a-ju)	*Chenopodium album* var. *centrorubrum* Makino	명아주과(Chenopodiaceae)
명일초(myeong-il-cho)	*Angelica keiskei* (Miq.) Koidz.	산형과(Apiaceae)
명자순(myeong-ja-sun)	*Ribes maximowiczianum* Kom.	범의귀과(Saxifragaceae)
명천봄맞이(myeong-cheon-bom-mat-i)	*Androsace septentrionalis* L.	앵초과(Primulaceae)
명천장구채(myeong-cheon-jang-gu-chae)	*Silene myongcheonensis* S. P. Hong & H. K. Moon	석죽과(Caryophyllaceae)
모감주나무(mo-gam-ju-na-mu)	*Koelreuteria paniculata* Laxmann	무환자나무과(Sapindaceae)
모과나무(mo-gwa-na-mu)	*Chaenomeles sinensis* (Thouin) Koehne	장미과(Rosaceae)

우리명 영어표기	학명 국가표준식물목록	과명 라틴과명
모기골(mo-gi-gol)	*Bulbostylis barbata* (Rottb.) Kunth	사초과(Cyperaceae)
모기방동사니(mo-gi-bang-dong-sa-ni)	*Cyperus haspan* L.	사초과(Cyperaceae)
모데미풀(mo-de-mi-pul)	*Megaleranthis saniculifolia* Ohwi	미나리아재비과(Ranunculaceae)
모란(mo-ran)	*Paeonia suffruticosa* Andr.	미나리아재비과(Ranunculaceae)
모람(mo-ram)	*Ficus oxyphylla* Miq. ex Zoll.	뽕나무과(Moraceae)
모래냉이(mo-rae-naeng-i)	*Diplotaxis muralis* DC.	십자화과(Brassicaceae)
모래지치(mo-rae-ji-chi)	*Arguzia sibirica* (L.) Dandy	지치과(Borraginaceae)
모새나무(mo-sae-na-mu)	*Vaccinium bracteatum* Thunb.	진달래과(Ericaceae)
모새달(mo-sae-dal)	*Phacelurus latifolius* (Steud.) Ohwi	벼과(Poaceae)
모시대(mo-si-dae)	*Adenophora remotiflora* (Siebold et Zucc.) Miq.	초롱꽃과(Campanulaceae)
모시물통이(mo-si-mul-tong-i)	*Pilea mongolica* Wedd.	쐐기풀과(Urticaceae)
모시풀(mo-si-pul)	*Boehmeria nivea* (L.) Gaudich.	쐐기풀과(Urticaceae)
목련(mok-ryeon)	*Magnolia kobus* DC.	목련과(Magnoliaceae)
목서(mok-seo)	*Osmanthus fragrans* (Thunb.) Lour.	물푸레나무과(Oleaceae)
목향(mok-hyang)	*Inula helenium* L.	국화과(Asteraceae)
목화(mok-hwa)	*Gossypium indicum* Lam.	아욱과(Malvaceae)
몬트부레치아(mon-teu-bu-re-chi-a)	*Tritonia crocosmaeflora* Lemoine	붓꽃과(Iridaceae)
몽고뽕나무(mong-go-ppong-na-mu)	*Morus mongolica* (Bureau) C.K. Schneid.	뽕나무과(Moraceae)
몽울풀(mong-ul-pul)	*Elatostema densiflorum* Franch. et Sav.	쐐기풀과(Urticaceae)
뫼제비꽃(moe-je-bi-kkot)	*Viola selkirkii* Pursh ex Goldie for. *selkirkii*	제비꽃과(Violaceae)
뫼꿩의다리(moet-kkwong-ui-da-ri)	*Thalictrum sachalinense* Lecoy.	미나리아재비과(Ranunculaceae)
묏대추나무(moet-dae-chu-na-mu)	*Zizyphus jujuba* Mill. var. *jujuba*	갈매나무과(Rhamnaceae)
묏미나리(moet-mi-na-ri)	*Ostericum sieboldii* (Miq.) Nakai	산형과(Apiaceae)
묏장대(moet-jang-dae)	*Arabis lyrata* L.	십자화과(Brassicaceae)
묏풀사초(moet-pul-sa-cho)	*Carex capillaris* L.	사초과(Cyperaceae)
묏황기(moet-hwang-gi)	*Hedysarum alpinum* L.	콩과(Fabaceae)
무(mu)	*Raphanus sativus* L.	십자화과(Brassicaceae)
무궁화(mu-gung-hwa)	*Hibiscus syriacus* L.	아욱과(Malvaceae)
무늬사초(mu-nui-sa-cho)	*Carex maculata* Boott	사초과(Cyperaceae)
무늬사초(mu-nui-sa-cho)	*Carex maculata* Boott.	사초과(Cyperaceae)
무늬제라늄(mu-nui-je-ra-nyum)	*Pelargonium zonale* Aiton	쥐손이풀과(Geraniaceae)
무늬천남성(mu-nui-cheon-nam-seong)	*Arisaema thunbergii* Blume	천남성과(Araceae)
무등풀(mu-deung-pul)	*Scleria mutoensis* Nakai	사초과(Cyperaceae)
무릇(mu-reut)	*Scilla scilloides* (Lindl.) Druce	백합과(Liliaceae)
무산곰취(mu-san-gom-chwi)	*Ligularia japonica* (Thunb.) Less. = *Ligularia japonica* Lessing	국화과(Asteraceae)
무산사초(mu-san-sa-cho)	*Carex arnellii* Christ. ex Scheutz	사초과(Cyperaceae)
무산상자(mu-san-sang-ja)	*Sphallerocarpus gracilis* (Besser) Koso-Poljansky	산형과(Apiaceae)
무엽란(mu-yeop-ran)	*Lecanorchis japonica* Blume	난초과(Orchidaceae)
무주나무(mu-ju-na-mu)	*Lasianthus japonicus* Miq.	꼭두서니과(Rubiaceae)
무화과나무(mu-hwa-gwa-na-mu)	*Ficus carica* L.	뽕나무과(Moraceae)
무환자나무(mu-hwan-ja-na-mu)	*Sapindus mukorossi* Gaertner	무환자나무과(Sapindaceae)
묵밭소리쟁이(muk-bat-so-ri-jaeng-i)	*Rumex conglomeratus* Murray	마디풀과(Polygonaceae)
문모초(mun-mo-cho)	*Veronica peregrina* L.	현삼과(Scrophulariaceae)
문배(mun-bae)	*Pyrus ussuriensis* var. *seoulensis* (Nakai) T. B. Lee	장미과(Rosaceae)
문주란(mun-ju-ran)	*Crinum asiaticum* var. *japonicum* Baker	수선화과(Amarylidaceae)
물개구리밥(mul-gae-gu-ri-bap)	*Azolla imbricata* (Roxb.) Nakai	물개구리밥과(Azollaceae)
물개암나무(mul-gae-am-na-mu)	*Corylus sieboldiana* var. *mandshurica* (Max. & Rupr.) C.K. Schneid.	자작나무과(Betulaceae)

우리명 영어표기	학명 국가표준식물목록	과명 라틴과명
물갬나무(mul-gaem-na-mu)	*Alnus hirsuta*(Spach) Rupr. var. *sibirica* (Spach) Schneid.	자작나무과(Betulaceae)
물고랭이(mul-go-raeng-i)	*Scirpus nipponicus* Makino	사초과(Cyperaceae)
물고사리(mul-go-sa-ri)	*Ceratopteris thalictroides* (L.) Brongn.	공작고사리과(Parkeriaceae)
물고추나물(mul-go-chu-na-mul)	*Triadenum japonicum* (Blume) Makino	물레나물과(Hypericaceae)
물곰취(mul-gol-chwi)	*Saussurea stenolepis* Nakai	국화과(Asteraceae)
물골풀(mul-gol-pul)	*Juncus gracillimus* (Buchen.) Krecz. et Gontsch.	골풀과(Juncaceae)
물까치수염(mul-kka-chi-su-yeom)	*Lysimachia leucantha* Miq.	앵초과(Primulaceae)
물꼬리풀(mul-kko-ri-pul)	*Dysophylla stellate* (Lour.) Benth.	꿀풀과(Lamiaceae)
물꼬챙이골(mul-kko-chaeng-i-gol)	*Eleocharis mamillata* var. *cyclocarpa* Kitag.	사초과(Cyperaceae)
물꽈리아재비(mul-kkwa-ri-a-jae-bi)	*Mimulus nepalensis* Benth.	현삼과(Scrophulariaceae)
물냉이(mul-naeng-i)	*Nasturtium officinale* R. Br.	십자화과(Brassicaceae)
물달개비(mul-dal-gae-bi)	*Monochoria vaginalis* var. *plantaginea* (Roxb.) Solmsb	물옥잠과(Pontederiaceae)
물대(mul-dae)	*Arundo donax* L.	벼과(Poaceae)
물뚝새(mul-ttuk-sae)	*Sacciolepis indica* var. *oryzetorum* (Makino) Ohwi	벼과(Poaceae)
물레나물(mul-re-na-mul)	*Hypericum ascyron* L.	물레나물과(Hypericaceae)
물마디꽃(mul-ma-di-kkot)	*Rotala leptopetala* var. *littorea* (Miq.) Koehne	부처꽃과(Lythraceae)
물매화(mul-mae-hwa)	*Parnassia palustris* L.	범의귀과(Saxifragaceae)
물머위(mul-meo-wi)	*Adenostemma lavenia* (L.) Kuntze	국화과(Asteraceae)
물바늘골(mul-ba-neul-gol)	*Eleocharis afflata* Steud.	사초과(Cyperaceae)
물박달나무(mul-bak-dal-na-mu)	*Betula davurica* Pall.	자작나무과(Betulaceae)
물방동사니(mul-bang-dong-sa-ni)	*Cyperus glomeratus* L.	사초과(Cyperaceae)
물뱀고사리(mul-baem-go-sa-ri)	*Athyrium fallaciosum* Milde	우드풀과(Woodsiaceae)
물별(mul-byeol)	*Elatine triandra* var. *pedicellata* Krylov	물별과(Elatinaceae)
물별이끼(mul-byeol-i-kki)	*Callitriche palustris* L.	별이끼과(Callitrichaceae)
물봉선(mul-bong-seon)	*Impatiens textori* Miq. var. *textori*	봉선화과(Balsaminaceae)
물부추(mul-bu-chu)	*Isoetes japonica* A. Braun	물부추과(Isoetaceae)
물사초(mul-sa-cho)	*Carex oligosperma* Michx.	사초과(Cyperaceae)
물속새(mul-sok-sae)	*Equisetum fluviatile* L.	속새과(Equisetaceae)
물솜방망이(mul-som-bang-mang-i)	*Tephroseris pseudosonchus* (Vaniot) C.Jeffrey et Y.L.Chen	국화과(Asteraceae)
물쇠뜨기(mul-soe-tteu-gi	*Equisetum pratense* Ehrh.	속새과(Equisetaceae)
물수세미(mul-su-se-mi)	*Myriophyllum verticillatum* L.	개미탑과(Halorrhagaceae)
물싸리(mul-ssa-ri)	*Potentilla fruticosa* var. *rigida* (Wall.) Th.Wolf	장미과(Rosaceae)
물싸리풀(mul-ssa-ri-pul)	*Potentilla bifurca* var. *glabrata* Lehm.	장미과(Rosaceae)
물쑥(mul-ssuk)	*Artemisia selengensis* Turcz. ex Besser	국화과(Asteraceae)
물앵도나무(mul-aeng-do-na-mu)	*Lonicera ruprechtiana* Regel	인동과(Caprifoliaceae)
물양지꽃(mul-yang-ji-kkot)	*Potentilla cryptotaeniae* Maxim.	장미과(Rosaceae)
물억새(mul-eok-sae)	*Miscanthus sacchariflorus* (Maxim.) Benth.	벼과(Poaceae)
물엉겅퀴(mul-eong-geong-kwi)	*Cirsium nipponicum* (Maxim.) Makino	국화과(Asteraceae)
물여뀌(mul-yeo-kkwi)	*Persicaria amphibia* (L.) S. F. Gray	마디풀과(Polygonaceae)
물오리나무(mul-o-ri-na-mu)	*Alnus sibirica* Fisch. ex Turcz.	자작나무과(Betulaceae)
물옥잠(mul-ok-jam)	*Monochoria korsakowii* Regel et Maack	물옥잠과(Pontederiaceae)
물잎풀(mul-ip-pul)	*Hygrophila salicifolia* (Vahl) Nees	쥐꼬리망초과(Acanthaceae)
물잔디(mul-jan-di)	*Pseudoraphis ukishiba* Ohwi	벼과(Poaceae)
물지채(mul-ji-chae)	*Triglochin palustre* L.	지채과(Juncaginaceae)
물질경이(mul-jil-gyeong-i)	*Ottelia alismoides* (L.) Pers.	자라풀과(Hydrocharitaceae)
물참나무(mul-cham-na-mu)	*Quercus mongolica* var. *crispula* (Blume) H. Ohashi	참나무과(Fagaceae)
물참대(mul-cham-dae)	*Deutzia glabrata* Kom.	범의귀과(Saxifragaceae)

우리명 영어표기	학명 국가표준식물목록	과명 라틴과명
물참새피(mul-cham-sae-pi)	*Paspalum distichum* L.	벼과(Poaceae)
물칭개나물(mul-ching-gae-na-mul)	*Veronica undulata* Wall.	현삼과(Scrophulariaceae)
물통이(mul-tong-i)	*Pilea peploides* (Gaudich.) Hook. & Arn.	쐐기풀과(Urticaceae)
물푸레나무(mul-pu-re-na-mu)	*Fraxinus rhynchophylla* Hance	물푸레나무과(Oleaceae)
물피(mul-pi)	*Echinochloa crus-galli* (L.) P. Beauv. var. *echinata* Honda	벼과(Poaceae)
물황철나무(mul-hwang-cheol-na-mu)	*Populus koreana* Rehder	버드나무과(Salicaceae)
미국가막사리(mi-guk-ga-mak-sa-ri)	*Bidens frondosa* L.	국화과(Asteraceae)
미국개기장(mi-guk-gae-gi-jang)	*Panicum dichotomiflorum* Michx.	벼과(Poaceae)
미국개나리(mi-guk-gae-na-ri)	*Forsythia intermedia* Zab.	물푸레나무과(Oleaceae)
미국까마중(mi-guk-kka-ma-jung)	*Solanum americanum* Mill.	가지과(Solanaceae)
미국꽃말이(mi-guk-kkot-mal-i)	*Amsinckia lycopsoides* Lehm.	지치과(Borraginaceae)
미국나팔꽃(mi-guk-na-pal-kkot)	*Ipomoea hederacea* Jacq. var. *hederacea*	메꽃과(Convolvulaceae)
미국담쟁이덩굴(mi-guk-dam-jaeng-i-deong-gul)	*Parthenocissus quinquefolia* (L.) Planch.	포도과(Vitaceae)
미국물칭개(mi-guk-mul-ching-gae)	*Veronica americana* Schwein.	현삼과(Scrophulariaceae)
미국물푸레(mi-guk-mul-pu-re)	*Fraxinus americana* L.	물푸레나무과(Oleaceae)
미국미역취(mi-guk-mi-yeok-chwi)	*Solidago serotina* Aiton	국화과(Asteraceae)
미국비름(mi-guk-bi-reum)	*Amaranthus albus* L.	비름과(Amaranthaceae)
미국산사(mi-guk-san-sa)	*Crataegus scabrida* Sarg.	장미과(Rosaceae)
미국수국(mi-guk-su-guk)	*Hydrangea arborescens* L.	범의귀과(Saxifragaceae)
미국실새삼(mi-guk-sil-sae-sam)	*Cuscuta pentagona* Engelm.	메꽃과(Convolvulaceae)
미국쑥부쟁이(mi-guk-ssuk-bu-jaeng-i)	*Aster pilosus* Willd.	국화과(Asteraceae)
미국외풀(mi-guk-oe-pul)	*Lindernia dubia* (L.) Pennell	현삼과(Scrophulariaceae)
미국자리공(mi-guk-ja-ri-gong)	*Phytolacca americana* L.	자리공과(Phytolaccaceae)
미국좀부처꽃(mi-guk-jom-bu-cheo-kkot)	*Ammannia coccinea* Rottb.	부처꽃과(Lythraceae)
미국쥐손이(mi-guk-jwi-son-i)	*Geranium carolinianum* L.	쥐손이풀과(Geraniaceae)
미국질경이(mi-guk-jil-gyeong-i)	*Plantago virginica*L.	질경이과(Plantaginaceae)
미꾸리낚시(mi-kku-ri-nak-si)	*Persicaria sagittata* (L.) H. Gross ex Nakai	마디풀과(Polygonaceae)
미나리(mi-na-ri)	*Oenanthe javanica* (Blume) DC.	산형과(Apiaceae)
미나리냉이(mi-na-ri-naeng-i)	*Cardamine leucantha* (Tausch) O. E. Schulz var. *leucantha*	십자화과(Brassicaceae)
미나리아재비(mi-na-ri-a-jae-bi)	*Ranunculus japonicus* Thunb.	미나리아재비과(Ranunculaceae)
미루나무(mi-ryu-na-mu)	*Populus deltoides* Marsh.	버드나무과(Salicaceae)
미모사(mi-mo-sa)	*Mimosa pudica* L.	콩과(Fabaceae)
미선나무(mi-seon-na-mu)	*Abeliophyllum distichum* Nakai	물푸레나무과(Oleaceae)
미역고사리(mi-yeok-go-sa-ri)	*Polypodium vulgare* L.	고란초과(Polypodiaceae)
미역줄나무(mi-yeok-jul-na-mu)	*Tripterygium regelii* Sprague et Takeda	노박덩굴과(Celastraceae)
미역취(mi-yeok-chwi)	*Solidago virgaurea* subsp. *asiatica* Kitam. ex Hara var. *asiatica*	국화과(Asteraceae)
미치광이풀(mi-chi-gwang-i-pul)	*Scopolia japonica* Maxim.	가지과(Solanaceae)
민구와말(min-gu-wa-mal)	*Limnophila indica* (L.) Druce	현삼과(Scrophulariaceae)
민까마중(min-kka-ma-jung)	*Solanum photeinocarpum* Nakamura et Odashima	가지과(Solanaceae)
민나자스말(min-na-ja-seu-mal)	*Najas marina* L.	나자스말과(Najadaceae)
민눈양지꽃(min-nun-yang-ji-kkot)	*Potentilla yokusaiana* Makino	장미과(Rosaceae)
민둥갈퀴(min-dung-gal-kwi)	*Galium kinuta* Nakai et Hara	꼭두서니과(Rubiaceae)
민둥뫼제비꽃(min-dung-moe-je-bi-kkot)	*Viola tokubuchiana* var. *takedana* (Makino) F.Maek.	제비꽃과(Violaceae)
민둥빕새귀리(min-dung-bip-sae-gwi-ri)	*Bromus tectorum* L. var. *glabratus* Spenner	벼과(Poaceae)
민들레(min-deul-re)	*Taraxacum platycarpum* Dahlst.	국화과(Asteraceae)
민땅비싸리(min-ttang-bi-ssa-ri)	*Indigofera koreana* Ohwi	콩과(Fabaceae)
민망초(min-mang-cho)	*Erigeron acris* L.	국화과(Asteraceae)

우리명 영어표기	학명 국가표준식물목록	과명 라틴과명
민미꾸리낚시(min-mi-kku-ri-nak-si)	*Persicaria sieboldii* var. *aestiva* Ohki ex T.B.Lee	마디풀과(Polygonaceae)
민바랭이(min-ba-raeng-i)	*Digitaria violascens* Link	벼과(Poaceae)
민바랭이새(min-ba-raeng-i-sae)	*Microstegium japonicum* (Miq.) Koidz.	벼과(Poaceae)
민박쥐나물(min-bak-jwi-na-mul)	*Parasenecio hastata* subsp. *orientalis* (Kitam.) H.Koyama	국화과(Asteraceae)
민백미꽃(min-baek-mi-kkot)	*Cynanchum ascyrifolium* (Franch. et Sav.) Matsum.	박주가리과(Asclepiadaceae)
민솜대(min-som-dae)	*Smilacina dahurica* Turcz. ex Fisch. et C.A.Mey.	백합과(Liliaceae)
민솜방망이(min-som-bang-mang-i)	*Tephroseris flammea* var. *glabrifolius* Cufod.	국화과(Asteraceae)
민쑥부쟁이(min-ssuk-bu-jaeng-i)	*Aster associatus* Kitagawa	국화과(Asteraceae)
민유럽장대(min-yu-reop-jang-dae)	*Sisymbrium officinale* var. *leiocarpum* DC.	십자화과(Brassicaceae)
민하늘지기(min-ha-neul-ji-gi)	*Fimbristylis squarrosa* Vahl	사초과(Cyperaceae)
밀(mil)	*Triticum aestivum* L.	벼과(Poaceae)
밀나물(mil-na-mul)	*Smilax riparia* var. *ussuriensis* (Regel) Hara et T.Koyama	백합과(Liliaceae)
밀사초(mil-sa-cho)	*Carex boottiana* Hook. et Arn.	사초과(Cyperaceae)
밀집꽃(mil-jip-kkot)	*Bracteantha bracteata* (Vent.) Anderb. et Haegi	국화과(Asteraceae)

ㅂ

우리명 영어표기	학명 국가표준식물목록	과명 라틴과명
바나나(ba-na-na)	*Musa paradisiaca* L.	파초과(Musaceae)
바늘골(ba-neul-gol)	*Eleocharis congesta* D. Don	사초과(Cyperaceae)
바늘까치밥나무(ba-neul-kka-chi-bap-na-mu)	*Ribes burejense* Fr. Schm.	범의귀과(Saxifragaceae)
바늘꽃(ba-neul-kkot)	*Epilobium pyrricholophum* Franch. et Sav.	바늘꽃과(Onagraceae)
바늘명아주(ba-neul-myeong-a-ju)	*Chenopodium aristatum* L.	명아주과(Chenopodiaceae)
바늘분취(ba-neul-bun-chwi)	*Saussurea amurensis* Turcz. ex DC.	국화과(Asteraceae)
바늘사초(ba-neul-sa-cho)	*Carex onoei* Franch. et Sav.	사초과(Cyperaceae)
바늘양귀비(ba-neul-yang-gwi-bi)	*Papaver hybridum* L.	양귀비과(Papaveraceae)
바늘엉겅퀴(ba-neul-eong-geong-kwi)	*Cirsium rhinoceros* (H. Lév. et Vaniot) Nakai	국화과(Asteraceae)
바늘여뀌(ba-neul-yeo-kkwi)	*Persicaria bungeana* (Turcz.) Nakai ex Mori	마디풀과(Polygonaceae)
바다지기(ba-da-ji-gi)	*Fimbristylis cymosa* R.Br.	사초과(Cyperaceae)
바디나물(ba-di-na-mul)	*Angelica decursiva* (Miq.) Franch. et Sav.	산형과(Apiaceae)
바람고사리(ba-ram-go-sa-ri)	*Cystopteris sudetica* A.Braun et Milde	우드풀과(Woodsiaceae)
바람꽃(ba-ram-kkot)	*Anemone narcissiflora* L.	미나리아재비과(Ranunculaceae)
바람하늘지기(ba-ram-ha-neul-ji-gi)	*Fimbristylis miliacea* (L.) Vahl	사초과(Cyperaceae)
바랭이(ba-raeng-i)	*Digitaria ciliaris* (Retz.) Koel.	벼과(Poaceae)
바랭이사초(ba-raeng-i-sa-cho)	*Carex incisa* Boott ex A.Gray	사초과(Cyperaceae)
바랭이새(ba-raeng-i-sae)	*Bothriochloa ischaemum* (L.) Keng	벼과(Poaceae)
바보여뀌(ba-bo-yeo-kkwi)	*Persicaria pubescens* (Blume) H. Hara	마디풀과(Polygonaceae)
바위고사리(ba-wi-go-sa-ri)	*Sphenomeris chinensis* (L.) Maxon	비고사리과(Lindsaeaceae)
바위괭이눈(ba-wi-gwaeng-i-nun)	*Chrysosplenium macrostemon* Maxim. ex (Franch. & Sav).	범의귀과(Saxifragaceae)
바위구절초(ba-wi-gu-jeol-cho)	*Dendranthema sichotense* Tzvelev	국화과(Asteraceae)
바위댕강나무(ba-wi-daeng-gang-na-mu)	*Abelia integrifolia* Koidz.	인동과(Caprifoliaceae)
바위돌꽃(ba-wi-dol-kkot)	*Rhodiola rosea* L.	돌나물과(Crassulaceae)
바위떡풀(ba-wi-tteok-pul)	*Saxifraga fortunei* var. *incisolobata* (Engl. et Irmsch.) Nakai	범의귀과(Saxifragaceae)
바위말발도리(ba-wi-mal-bal-do-ri)	*Deutzia grandiflora* var. *baroniana* Diels	범의귀과(Saxifragaceae)
바위사초(ba-wi-sa-cho)	*Carex lithophila* Turcz.	사초과(Cyperaceae)
바위손(ba-wi-son)	*Selaginella involvens* (Sw.) Spring	부처손과(Selaginellaceae)
바위솔(ba-wi-sol)	*Orostachys japonicus* (Maxim.) A. Berger	돌나물과(Crassulaceae)
바위송이풀(ba-wi-song-i-pul)	*Pedicularis nigrescens* Nakai	현삼과(Scrophulariaceae)
바위수국(ba-wi-su-guk)	*Schizophragma hydrangeoides* Siebold et Zucc.	범의귀과(Saxifragaceae)

우리명 영어표기	학명 국가표준식물목록	과명 라틴과명
바위장대(ba-wi-jang-dae)	*Arabis serrata* Franch. & Sav.	십자화과(Brassicaceae)
바위족제비고사리(ba-wi-jok-je-bi-go-sa-ri)	*Dryopteris saxifraga* H.Ito	면마과(Dryopteridaceae)
바위채송화(ba-wi-chae-song-hwa)	*Sedum polytrichoides* Hemsl.	돌나물과(Crassulaceae)
바위취(ba-wi-chwi)	*Saxifraga stolonifera* Meerb.	범의귀과(Saxifragaceae)
바위틈고사리(ba-wi-teum-go-sa-ri)	*Dryopteris laeta* (Kom.) C.Chr.	면마과(Dryopteridaceae)
바이칼꿩의다리(ba-i-kal-kkwong-ui-da-ri)	*Thalictrum baicalense* Turcz.	미나리아재비과(Ranunculaceae)
바이칼바람꽃(ba-i-kal-ba-ram-kkot)	*Anemone glabrata* (Max.) Juzepc.	미나리아재비과(Ranunculaceae)
박(bak)	*Lagenaria leucantha* Rusby	박과(Cucurbiaceae)
박달나무(bak-dal-na-mu)	*Betula schmidtii* Regel	자작나무과(Betulaceae)
박달목서(bak-dal-mok-seo)	*Osmanthus insularis* Koidz.	물푸레나무과(Oleaceae)
박새(bak-sae)	*Veratrum oxysepalum* Turcz.	백합과(Liliaceae)
박주가리(bak-ju-ga-ri)	*Metaplexis japonica* (Thunb.) Makino*Metaplexis japonica* (Thunb.) Makino	박주가리과(Asclepiadaceae)
박쥐나무(bak-jwi-na-mu)	*Alangium platanifolium* var. *trilobum* (Miq.) Ohwi	박쥐나무과(Alangiaceae)
박쥐나물(bak-jwi-na-mul)	*Parasenecio auriculata* var. *matsumurana* Nakai	국화과(Asteraceae)
박태기나무(bak-tae-gi-na-mu)	*Cercis chinensis* Bunge	콩과(Fabaceae)
박하(bak-ha)	*Mentha piperascens* (Malinv.) Holmes	꿀풀과(Lamiaceae)
반들사초(ban-deul-sa-cho)	*Carex tristachya* Thunb. var. *tristachya*	사초과(Cyperaceae)
반디미나리(ban-di-mi-na-ri)	*Pternopetalum tanakae* (Franch. et Sav.) Hand.-Mazz.	산형과(Apiaceae)
반디지치(ban-di-ji-chi)	*Lithospermum zollingeri* A. DC.	지치과(Borraginaceae)
반짝버들(ban-jjak-beo-deul)	*Salix pentandra* L.	버드나무과(Salicaceae)
반쪽고사리(ban-jjok-go-sa-ri)	*Pteris dispar* Kunze	봉의꼬리과(Pteridaceae)
반하(ban-ha)	*Pinellia ternata* (Thunb.) Breitenb.	천남성과(Araceae)
발톱꿩의다리(bal-top-kkwong-ui-da-ri)	*Thalictrum sparsiflorum* Turcz. ex Fisch. & C. A. Mey.	미나리아재비과(Ranunculaceae)
발풀고사리(bal-pul-go-sa-ri)	*Dicranopteris pedata* (Houtt.) Nakaike	풀고사리과(Gleicheniaceae)
밤나무(bam-na-mu)	*Castanea crenata* Siebold & Zucc.	참나무과(Fagaceae)
밤일엽(bam-il-yeop)	Neocheiropteris ensata (Thunb.) Ching	고란초과(Polypodiaceae)
밤잎고사리(bam-ip-go-sa-ri)	*Colysis wrightii* (Hook.) Ching	고란초과(Polypodiaceae)
방가지똥(bang-ga-ji-ttong)	*Sonchus oleraceus* L.	국화과(Asteraceae)
방기(bang-gi)	*Sinomenium acutum* (Thunb.) Rehder & E.H. Wilson	방기과(Memispermaceae)
방동사니(bang-dong-sa-ni)	*Cyperus amuricus* Maxim.	사초과(Cyperaceae)
방동사니대가리(bang-dong-san-i-dae-ga-ri)	*Cyperus sanguinolentus* Vahl	사초과(Cyperaceae)
방동사니아재비(bang-dong-sa-ni-a-jae-bi)	*Cyperus cyperoides* (L.) Kuntze	사초과(Cyperaceae)
방석나물(bang-seok-na-mul)	*Suaeda australis* (R. Br.) Moq.	명아주과(Chenopodiaceae)
방아풀(bang-a-pul)	*Isodon japonicus* (Burm.) H. Hara	꿀풀과(Lamiaceae)
방울고랭이(bang-ul-go-raeng-i)	*Scirpus wichurae* var. *asiaticus* (Beetle) T.Koyama	사초과(Cyperaceae)
방울꽃(bang-ul-kkot)	*Strobilanthes oliganthus* Miq.	쥐꼬리망초과(Acanthaceae)
방울난초(bang-ul-nan-cho)	*Habenaria flagellifera* (Maxim.) Makino	난초과(Orchidaceae)
방울비짜루(bang-ul-bi-jja-ru)	*Asparagus oligoclonos* Maxim.	백합과(Liliaceae)
방울새란(bang-ul-sae-ran)	*Pogonia minor* (Makino) Makino	난초과(Orchidaceae)
방울새풀(bang-ul-sae-pul)	*Briza minor* L.	벼과(Poaceae)
방크스소나무(bang-keu-seu-so-na-mu)	*Pinus banksiana* Lambert	소나무과(Pinaceae)
방패꽃(bang-pae-kkot)	*Veronica tenella* All.	현삼과(Scrophulariaceae)
방풍(bang-pung)	*Ledebouriella seseloides* (Hoffm.) H. Wolff	산형과(Apiaceae)
밭뚝외풀(bat-ttuk-oe-pul)	*Lindernia procumbens* (Krock.) Borbás	현삼과(Scrophulariaceae)
밭하늘지기(bat-ha-neul-ji-gi)	*Fimbristylis stauntonii* Debeaux et Franch. ex Debeaux	사초과(Cyperaceae)
배나무(bae-na-mu)	*Pyrus pyrifolia* var. *culta* (Makino) Nakai	장미과(Rosaceae)
배롱나무(bae-rong-na-mu)	*Lagerstroemia indica* L.	부처꽃과(Lythraceae)

우리명 영어표기	학명 국가표준식물목록	과명 라틴과명
배암나무(bae-am-na-mu)	*Viburnum koreanum* Nakai	인동과(Caprifoliaceae)
배암차즈기(bae-am-cha-jeu-gi)	*Salvia plebeia* R. Br.	꿀풀과(Lamiaceae)
배초향(bae-cho-hyang)	*Agastache rugosa* (Fisch. et Mey.) Kuntze	꿀풀과(Lamiaceae)
배추(bae-chu)	*Brassica rapa* var. *glabra* Regel	십자화과(Brassicaceae)
배풍등(bae-pung-deung)	*Solanum lyratum* Thunb. ex Murray	가지과(Solanaceae)
백당나무(baek-dang-na-mu)	*Viburnum opulus* var. *calvescens* (Rehder) Hara	인동과(Caprifoliaceae)
백도라지(baek-do-ra-ji)	*Platycodon grandiflorum* for. *albiflorum* (Honda) H.Hara	초롱꽃과(Campanulaceae)
백두사초(baek-du-sa-cho)	*Carex peiktusani* Kom.	사초과(Cyperaceae)
백두산고사리삼(baek-du-san-go-sa-ri-sam)	*Botrychium lunaria* (L.) Sw.	고사리삼과(Ophioglossaceae)
백두산떡쑥(baek-du-san-tteok-ssuk)	*Antennaria dioica* (L.) Gaertn.	국화과(Asteraceae)
백두실골풀(baek-du-sil-gol-pul)	*Juncus potaninii* Buchen.	골풀과(Juncaceae)
백량금(baek-ryang-geum)	*Ardisia crenata* Sims	자금우과(Ardisiaceae)
백령풀(baek-ryeong-pul)	*Diodia teres* Walter var. *teres*	꼭두서니과(Rubiaceae)
백리향(baek-ri-hyang)	*Thymus quinquecostatus* Celak.	꿀풀과(Lamiaceae)
백목련(baek-mok-ryeon)	*Magnolia denudata* Desr.	목련과(Magnoliaceae)
백미꽃(baek-mi-kkot)	*Cynanchum atratum* Bunge	박주가리과(Asclepiadaceae)
백부자(baek-bu-ja)	*Aconitum koreanum* R. Raymond	미나리아재비과(Ranunculaceae)
백산새풀(baek-san-sae-pul)	*Calamagrostis angustifolia* Kom.	벼과(Poaceae)
백산차(baek-san-cha)	*Ledum palustre* var. *diversipilosum* Nakai	진달래과(Ericaceae)
백서향(baek-seo-hyang)	*Daphne kiusiana* Miq.	팥꽃나무과(Thymeleaceae)
백선(baek-seon)	*Dictamnus dasycarpus* Turcz.	운향과(Rutaceae)
백설취(baek-seol-chwi)	*Saussurea rectinervis* Nakai	국화과(Asteraceae)
백송(baek-song)	*Pinus bungeana* Zucc. ex Endl.	소나무과(Pinaceae)
백양꽃(baek-yang-kkot)	*Lycoris sanguinea* var. *koreana* (Nakai) T.Koyama	수선화과(Amarylidaceae)
백운기름나물(baek-un-gi-reum-na-mul)	*Peucedanum hakuunense* Nakai	산형과(Apiaceae)
백운란(baek-un-ran)	*Vexillabium yakushimensis* (Yamam.) F.Maek.	난초과(Orchidaceae)
백운배나무(baek-un-bae-na-mu)	*Pyrus ussuriensis* var. *hakunensis* (Nak.) T. Lee	장미과(Rosaceae)
백운쇠물푸레(baek-un-soe-mul-pu-re)	*Fraxinus sieboldiana* var. *quadrijuga* (Nakai) T.B.Lee	물푸레나무과(Oleaceae)
백운풀(baek-un-pul)	*Hedyotis diffusa* Willd.	꼭두서니과(Rubiaceae)
백일홍(baek-il-hong)	*Zinnia violacea* Cav.	국화과(Asteraceae)
백작약(baek-jak-yak)	*Paeonia japonica* (Makino) Miyabe & Takeda	미나리아재비과(Ranunculaceae)
백정화(baek-jeong-hwa)	*Serissa japonica* (Thunb.) Thunb.	꼭두서니과(Rubiaceae)
백합(baek-hap)	*Lilium longiflorum* Thunb.	백합과(Liliaceae)
백화등(baek-hwa-deung)	*Trachelospermum asiaticum* var. *majus* (Nakai) Ohwi	협죽도과(Apocynaceae)
뱀고사리(baem-go-sa-ri)	*Athyrium yokoscense* (Franch. et Sav.) H. Christ	우드풀과(Woodsiaceae)
뱀딸기(baem-ttal-gi)	*Duchesnea indica* (Andr.) Focke	장미과(Rosaceae)
뱀무(baem-mu)	*Geum japonicum* Thunb.	장미과(Rosaceae)
뱀톱(baem-top)	*Lycopodium serratum* Thunb.	석송과(Lycopodiaceae)
버드나무(beo-deu-na-mu)	*Salix koreensis* Andersson	버드나무과(Salicaceae)
버드쟁이나물(beo-deu-jaeng-i-na-mul)	*Kalimeris pinnatifida* (Maxim) Kitam.	국화과(Asteraceae)
버들겨이삭(beo-deul-gyeo-i-sak)	*Agrostis divaricatissima* Mez.	벼과(Poaceae)
버들금불초(beo-deul-geum-bul-cho)	*Inula salicina* var. *asiatica* Kitam.	국화과(Asteraceae)
버들까치수염(beo-deul-kka-chi-su-yeom)	*Lysimachia thyrsiflora* L.	앵초과(Primulaceae)
버들마편초(beo-deul-ma-pyeon-cho)	*Verbena bonariensis* L.	마편초과(Verbenaceae)
버들바늘꽃(beo-deul-ba-neul-kkot)	*Epilobium palustre* L. var. *palustre*	바늘꽃과(Onagraceae)
버들분취(beo-deul-bun-chwi)	*Saussurea maximowiczii* Herd.	국화과(Asteraceae)
버들일엽(beo-deul-il-yeop)	*Loxogramme salicifolia* (Makino) Makino	고란초과(Polypodiaceae)

우리명 영어표기	학명 국가표준식물목록	과명 라틴과명
버들잎엉겅퀴(beo-deul-ip-eong-geong-kwi)	*Cirsium lineare* (Thunb.) Sch. Bip.	국화과(Asteraceae)
버들쥐똥나무(beo-deul-jwi-ttong-na-mu)	*Ligustrum salicinum* Nakai	물푸레나무과(Oleaceae)
버들참빗(beo-deul-cham-bit)	*Diplazium subsinuatum* (Wall. ex Hook. et Grev.) Tagawa	우드풀과(Woodsiaceae)
버들회나무(beo-deul-hoe-na-mu)	*Euonymus trapococcus* Nakai	노박덩굴과(Celastraceae)
버즘나무(beo-jeum-na-mu)	*Platanus orientalis* L.	버즘나무과(Platanaceae)
번행초(beon-haeng-cho)	*Tetragonia tetragonoides* (Pall.) Kuntze	번행초과(Aizoaceae)
벋음씀바귀(beot-eum-sseum-ba-gwi)	*Ixeris debilis* (Thunb.) A.Gray	국화과(Asteraceae)
벌개미취(beol-gae-mi-chwi)	*Aster koraiensis* Nakai	국화과(Asteraceae)
벌깨냉이(beol-kkae-naeng-i)	*Cardamine glechomifolia* H. Lév.	십자화과(Brassicaceae)
벌깨덩굴(beol-kkae-deong-gul)	*Meehania urticifolia* (Miq.) Makino	꿀풀과(Lamiaceae)
벌깨풀(beol-kkae-pul)	*Dracocephalum rupestre* Hance	꿀풀과(Lamiaceae)
벌노랑이(beol-no-rang-i)	*Lotus corniculatus* var. *japonica* Regel	콩과(Fabaceae)
벌등골나물(beol-deung-gol-na-mul)	*Eupatorium makinoi* var. *oppisitifolium* (Koidz.) Kawahara et Yahara	국화과(Asteraceae)
벌레먹이말(beol-re-meok-i-mal)	*Aldrovanda vesiculosa* L.	벌레잡이풀과(Nepenthaceae)
벌레잡이제비꽃(beol-re-jap-i-je-bi-kkot)	*Pinguicula vulgaris* var. *macroceras* (Link) Herder	통발과(Lentibulariaceae)
벌사상자(beol-sa-sang-ja)	*Cnidium monnieri* (L.) Cusson	산형과(Apiaceae)
벌사초(beol-sa-cho)	*Carex lasiocarpa* var. *occultans* Kükenth.	사초과(Cyperaceae)
벌씀바귀(beol-sseum-ba-gwi)	*Ixeris polycephala* Cass.	국화과(Asteraceae)
벌완두(beol-wan-du)	*Vicia amurensis* Oettingen.	콩과(Fabaceae)
범꼬리(beom-kko-ri)	*Bistorta manshuriensis* (Petrov ex Kom.) Kom.	마디풀과(Polygonaceae)
범부채(beom-bu-chae)	*Belamcanda chinensis* (L.) DC.	붓꽃과(Iridaceae)
범의귀(beom-ui-gwi)	*Saxifraga furumii* Nakai	범의귀과(Saxifragaceae)
벗풀(beot-pul)	*Sagittaria sagittifola* subsp. *leucopetala* (Mig.) Hartog	택사과(Alismataceae)
벚나무(beot-na-mu)	*Prunus serrulata* var. *spontanea* (Maxim.) E.H.Wilson	장미과(Rosaceae)
베고니아(be-go-ni-a)	*Begonia evansiana* Andrews	베고니아과(Begoniaceae)
벳지(bet-ji)	*Vicia villosa* Roth	콩과(Fabaceae)
벼(byeo)	*Oryza sativa* L. var. *sativa*	벼과(Poaceae)
벼룩나물(byeo-ruk-na-mul)	*Stellaria alsine* var. *undulata* (Thunb.) Ohwi	석죽과(Caryophyllaceae)
벼룩아재비(byeo-ruk-a-jae-bi)	*Mitrasacme alsinoides* R. Br.	마전과(Loganiaceae)
벼룩이울타리(byeo-ruk-i-ul-ta-ri)	*Arenaria juncea* M. Bieb.	석죽과(Caryophyllaceae)
벼룩이자리(byeo-ruk-i-ja-ri)	*Arenaria serpyllifolia* L.	석죽과(Caryophyllaceae)
벽오동(byeok-o-dong)	*Firmiana simplex* (L.) W. F. Wight	벽오동과(Sterculiaceae)
변산바람꽃(byeon-san-ba-ram-kkot)	*Eranthis byunsanensis* B. Y. Sun	미나리아재비과(Ranunculaceae)
별고사리(byeol-go-sa-ri)	*Thelypteris acuminata* (Houtt.) C.V.Morton	처녀고사리과(Thelypteridaceae)
별꽃(byeol-kkot)	*Stellaria media* (L.) Vill.	석죽과(Caryophyllaceae)
별꽃아재비(byeol-kkot-a-jae-bi)	*Galinsoga parviflora* Cav.	국화과(Asteraceae)
별꽃풀(byeol-kkot-pul)	*Swertia varatroides* Maxim. ex Kom.	용담과(Gentianaceae)
별꿩의밥(byeol-kkwong-ui-bap)	*Luzula plumosa* E. Mey.	골풀과(Juncaceae)
별나팔꽃(byeol-na-pal-kkot)	*Ipomoea triloba* L.	메꽃과(Convolvulaceae)
별날개골풀(byeol-nal-gae-gol-pul)	*Juncus diastrophanthus* Buchenau	골풀과(Juncaceae)
별목련(byeol-mok-ryeon)	*Magnolia stellata* (Sieb. et Zucc.) Maxim.	목련과(Magnoliaceae)
별사초(byeol-sa-cho)	*Carex tenuiflora* Wahl.	사초과(Cyperaceae)
별이끼(byeol-i-kki)	*Callitriche japonica* Engelm. ex Hegelm.	별이끼과(Callitrichaceae)
병개암나무(byeong-gae-am-na-mu)	*Corylus hallaisanensis* Nakai	자작나무과(Betulaceae)
병꽃나무(byeong-kkot-na-mu)	*Weigela subsessilis* L. H. Bailey	인동과(Caprifoliaceae)
병아리꽃나무(byeong-a-ri-kkot-na-mu)	*Rhodotypos scandens* (Thunb.) Makino	장미과(Rosaceae)
병아리난초(byeong-a-ri-nan-cho)	*Amitostigma gracile* (Blume) Schltr.	난초과(Orchidaceae)

우리명 영어표기	학명 국가표준식물목록	과명 라틴과명
병아리다리(byeong-a-ri-da-ri)	Salomonia oblongifolia DC.	원지과(Polygalaceae)
병아리방동사니(byeong-a-ri-bang-dong-sa-ni)	Cyperus hakonensis Franch. et Sav.	사초과(Cyperaceae)
병아리풀(byeong-a-ri-pul)	Polygala tatarinowii Regel	원지과(Polygalaceae)
병조희풀(byeong-jo-hui-pul)	Clematis heracleifolia DC.	미나리아재비과(Ranunculaceae)
병풀(byeong-pul)	Centella asiatica (L.) Urb.	산형과(Apiaceae)
병풍쌈(byeong-pung-ssam)	Parasenecio firmus (Kom.) Y.L.Chen	국화과(Asteraceae)
보리(bo-ri)	Hordeum vulgare L.	벼과(Poaceae)
보리밥나무(bo-ri-bap-na-mu)	Elaeagnus macrophylla Thunb.	보리수나무과(Elaeagnaceae)
보리수나무(bo-ri-su-na-mu)	Elaeagnus umbellata Thunb.	보리수나무과(Elaeagnaceae)
보리자나무(bo-ri-ja-na-mu)	Tilia miqueliana Max.	피나무과(Tiliaceae)
보리장나무(bo-ri-jang-na-mu)	Elaeagnus glabra Thunb.	보리수나무과(Elaeagnaceae)
보리풀(bo-ri-pul)	Hordeum murinum L.	벼과(Poaceae)
보춘화(bo-chun-hwa)	Cymbidium goeringii (Rchb. f.) Rchb. f.	난초과(Orchidaceae)
보태면마(bo-tae-myeon-ma)	Dryopteris coreano-montana Nakai	면마과(Dryopteridaceae)
보풀(bo-pul)	Sagittaria aginashi Makino	택사과(Alismataceae)
복분자딸기(bok-bun-ja-ttal-gi)	Rubus coreanus Miq.	장미과(Rosaceae)
복사나무(bok-sa-na-mu)	Prunus persica (L.) Batsch for. persica	장미과(Rosaceae)
복사앵도나무(bok-sa-aeng-do-na-mu)	Prunus choreiana Nakai ex Handb.	장미과(Rosaceae)
복수초(bok-su-cho)	Adonis amurensis Regel & Radde	미나리아재비과(Ranunculaceae)
복자기(bok-ja-gi)	Acer triflorum Kom.	단풍나무과(Aceraceae)
복장나무(bok-jang-na-mu)	Acer mandshuricum Maxim.	단풍나무과(Aceraceae)
복주머니란(bok-ju-meo-ni-ran)	Cypripedium macranthum Sw.	난초과(Orchidaceae)
볼레괴불나무(bol-re-goe-bul-na-mu)	Lonicera monantha Nakai	인동과(Caprifoliaceae)
봄구슬붕이(bom-gu-seul-bung-i)	Gentiana thunbergii (G. Don) Griseb.	용담과(Gentianaceae)
봄망초(bom-mang-cho)	Erigeron philadelphicus L.	국화과(Asteraceae)
봄맞이(bom-mat-i)	Androsace umbellata (Lour.) Merr.	앵초과(Primulaceae)
봄여뀌(bom-yeo-kkwi)	Persicaria vulgaris Webb & Moq.	마디풀과(Polygonaceae)
봉동참나무(bong-dong-cham-na-mu)	Quercus × pontungensis Uyeki	참나무과(Fagaceae)
봉래꼬리풀(bong-rae-kko-ri-pul)	Veronica kiusiana var. diamantiaca (Nakai) T.Yamaz.	현삼과(Scrophulariaceae)
봉선화(bong-seon-hwa)	Impatiens balsamina L.	봉선화과(Balsaminaceae)
봉의꼬리(bong-ui-kko-ri)	Pteris multifida Poir.	봉의꼬리과(Pteridaceae)
봉작고사리(bong-jak-go-sa-ri)	Adiantum capillusveneris L.	공작고사리과(Parkeriaceae)
부게꽃나무(bu-ge-kkot-na-mu)	Acer ukurunduense Trautv. et C.A.Mey.	단풍나무과(Aceraceae)
부들(bu-deul)	Typha orientalis C.Presl	부들과(Typhaceae)
부들레아(bu-deul-re-a)	Buddleja variabilis Hemsl. var. veitchiana Hort.	마전과(Loganiaceae)
부레옥잠(bu-re-ok-jam)	Eichhornia crassipes (Mart.) Solms	물옥잠과(Pontederiaceae)
부싯깃고사리(bu-sit-git-go-sa-ri)	Cheilanthes argentea (Gmel.) G.Kunze	공작고사리과(Parkeriaceae)
부용(bu-yong)	Hibiscus mutabilis L.	아욱과(Malvaceae)
부전바디(bu-jeon-ba-di)	Coelopleurum nakaianum (Kitag.) Kitag.	산형과(Apiaceae)
부전송이풀(bu-jeon-song-i-pul)	Pedicularis adunca M.Bieb. ex Steven	현삼과(Scrophulariaceae)
부전쥐손이(bu-jeon-jwi-son-i)	Geranium eriostemon var. glabrescens Nakai ex Hara	쥐손이풀과(Geraniaceae)
부지깽이나물(bu-ji-kkaeng-i-na-mul)	Erysimum aurantiacum (Bunge) Maxim.	십자화과(Brassicaceae)
부채괴불이끼(bu-chae-goe-bul-i-kki)	Crepidomanes minutum (Blume) K. Iwats.	처녀이끼과(Hymenophyllaceae)
부채마(bu-chae-ma)	Dioscorea nipponica Makino	마과(Dioscoreaceae)
부채붓꽃(bu-chae-but-kkot)	Iris setosa Pall. ex Link	붓꽃과(Iridaceae)
부처꽃(bu-cheo-kkot)	Lythrum anceps (Koehne) Makino	부처꽃과(Lythraceae)
부처손(bu-cheo-son)	Selaginella tamariscina (P.Beauv.) Spring	부처손과(Selaginellaceae)

우리명 영어표기	학명 국가표준식물목록	과명 라틴과명
부추(bu-chu)	*Allium tuberosum* Rottler ex Spreng.	백합과(Liliaceae)
북분취(buk-bun-chwi)	*Saussurea mongolica* (Franch.) Franch.	국화과(Asteraceae)
북사초(buk-sa-cho)	*Carex augustinowiczii* Meinsh. ex Korsh.	사초과(Cyperaceae)
북선점나도나물(buk-seon-jeom-na-do-na-mul)	*Cerastium rubescens* var. *koreanum* (Nakai) Miki	석죽과(Caryophyllaceae)
분꽃(bun-kkot)	*Mirabilis jalapa* L.	분꽃과(Nyctaginaceae)
분꽃나무(bun-kkot-na-mu)	*Viburnum carlesii* Hemsl.	인동과(Caprifoliaceae)
분단나무(bun-dan-na-mu)	*Viburum furcatum* Bl.	인동과(Caprifoliaceae)
분버들(bun-beo-deul)	*Salix rorida* Laksch. var. *rorida*	버드나무과(Salicaceae)
분비나무(bun-bi-na-mu)	*Abies nephrolepis* (Trautv.) Maxim.	소나무과(Pinaceae)
분취(bun-chwi)	*Saussurea seoulensis* Nakai	국화과(Asteraceae)
분홍괴불나무(bun-hong-goe-bul-na-mu)	*Lonicera tatarica* L.	인동과(Caprifoliaceae)
분홍노루발(bun-hong-no-ru-bal)	*Pyrola asarifolia* subsp. *incarnata* (DC.) E. Haber et H. Takahashi	노루발과(Pyrolaceae)
분홍바늘꽃(bun-hong-ba-neul-kkot)	*Epilobium angustifolium* L.	바늘꽃과(Onagraceae)
분홍선씀바귀(bun-hong-seon-sseum-ba-gwi)	*Ixeris chinensis* (Thunb.) Nakai var. *strigosa* (H. Lev. et Vaniot) Ohwi	국화과(Asteraceae)
분홍장구채(bun-hong-jang-gu-chae)	*Silene capitata* Kom.	석죽과(Caryophyllaceae)
분홍쥐손이(bun-hong-jwi-son-i)	*Geranium maximowiczii* Regel	쥐손이풀과(Geraniaceae)
분홍할미꽃(bun-hong-hal-mi-kkot)	*Pulsatilla dahurica* (Fisch. ex DC) Spreng.	미나리아재비과(Ranunculaceae)
불꽃씀바귀(bul-kkot-sseum-ba-gwi)	*Emilia flammea* Cass.	국화과(Asteraceae)
불두화(bul-du-hwa)	*Viburnum opulus* for. *hydrangeoides* (Nakai) Hara	인동과(Caprifoliaceae)
불란서국화(bul-ran-seo-guk-hwa)	*Chrysanthemum leucanthemum* L.	국화과(Asteraceae)
불로화(bul-ro-hwa)	*Ageratum houstonianum* Mill.	국화과(Asteraceae)
불암초(bul-am-cho)	*Melochia corchorifolia* L.	벽오동과(Sterculiaceae)
붉가시나무(buk-ga-si-na-mu)	*Quercus acuta* Thunb. ex Murray for. *acuta*	참나무과(Fagaceae)
붉나무(buk-na-mu)	*Rhus javanica* L.	옻나무과(Anacardiaceae)
붉노랑상사화(buk-no-rang-sang-sa-hwa)	*Lycoris flavescens* M. Y. Kim et S. T. Lee	수선화과(Amarylidaceae)
붉은가는털비름(buk-eun-ga-neun-teol-bi-reum)	*Amaranthus patulus* Bertol.	비름과(Amaranthaceae)
붉은강낭콩(buk-eun-gang-nang-kong)	*Phaseolus multiflorus* Willd.	콩과(Fabaceae)
붉은개여뀌(buk-eun-gae-yeo-kkwi)	*Persicaria lapathifolia* S. F. Gray var. *lanceolata* Nakai for. *coccinea* Nakai	마디풀과(Polygonaceae)
붉은골풀아재비(buk-eun-gol-pul-a-jae-bi)	*Rhynchospora rubra* (Lour.) Makino	사초과(Cyperaceae)
붉은괭이밥(buk-eun-gwaeng-i-bap)	*Oxalis corniculata* L. for. *rubrifolia* (Makino) H. Hara	괭이밥과(Oxalidaceae)
붉은대극(buk-eun-dae-geuk)	*Euphorbia ebracteolata* Hayata	대극과(Euphorbiaceae)
붉은명아주(buk-eun-myeong-a-ju)	*Chenopodium rubrum* L.	명아주과(Chenopodiaceae)
붉은물푸레(buk-eun-mul-pu-re)	*Fraxinus pennsylvanica* Marsh.	물푸레나무과(Oleaceae)
붉은벌깨덩굴(buk-eun-beol-kkae-deong-gul)	*Meehania urticifolia* for. *rubra* T.B.Lee	꿀풀과(Lamiaceae)
붉은병꽃나무(buk-eun-byeong-kkot-na-mu)	*Weigela florida* (Bunge) A. DC.	인동과(Caprifoliaceae)
붉은사철란(buk-eun-sa-cheol-ran)	*Goodyera macrantha* Maxim.	난초과(Orchidaceae)
붉은서나물(buk-eun-seo-na-mul)	*Erechtites hieracifolia* Raf.	국화과(Asteraceae)
붉은수크령(buk-eun-su-keu-ryeong)	*Pennisetum alopecuroides* var. *erythrochaetum* Ohwi	벼과(Poaceae)
붉은씨서양민들레 (buk-eun-ssi-seo-yang-min-deul-re)	*Taraxacum laevigatum* DC.	과(Asteraceae)
붉은양배추(buk-eun-yang-bae-chu)	*Brassica oleracea* L. var. *capitata* L. for. *rubra*	십자화과(Brassicaceae)
붉은완두(buk-eun-wan-du)	*Pisum sativum* var. *arvense* (L.) Trautv.	콩과(Fabaceae)
붉은인가목(buk-eun-in-ga-mok)	*Rosa marretii* H. Lév.	장미과(Rosaceae)
붉은조개나물(buk-eun-jo-gae-na-mul)	*Ajuga multiflora* for. *rosea* Y.N.Lee	꿀풀과(Lamiaceae)
붉은참반디(buk-eun-cham-ban-di)	*Sanicula rubriflora* F. Schmidt ex Maxim.	산형과(Apiaceae)
붉은터리풀(buk-eun-teo-ri-pul)	*Filipendula koreana* (Nakai) Nakai for. *koreana*	장미과(Rosaceae)
붉은토끼풀(buk-eun-to-kki-pul)	*Trifolium pratense* L.	콩과(Fabaceae)
붉은톱풀(buk-eun-top-pul)	*Achillea alpina* subsp. *rhodoptarmica* (Nakai) Kitam.	국화과(Asteraceae)

우리명 영어표기	학명 국가표준식물목록	과명 라틴과명
붓꽃(but-kkot)	*Iris sanguinea* Donn ex Horn	붓꽃과(Iridaceae)
붓순나무(but-sun-na-mu)	*Illicium anisatum* L.	붓순나무과(Illiciaceae)
붕어마름(bung-eo-ma-reum)	*Ceratophyllum demersum* L. var. *demersum*	붕어마름과(Ceratophyllaceae)
브라질마편초(beu-ra-jil-ma-pyeon-cho)	*Verbena brasiliensis* Vell.	마편초과(Verbenaceae)
비고사리(bi-go-sa-ri)	*Lindsaea japonica* (Baker) Diels	비고사리과(Lindsaeaceae)
비녀골풀(bi-nyeo-gol-pul)	*Juncus krameri* Franch. et Sav.	골풀과(Juncaceae)
비노리(bi-no-ri)	*Eragrostis multicaulis* Steud.	벼과(Poaceae)
비늘고사리(bi-neul-go-sa-ri)	*Dryopteris lacera* (Thunb.) Kuntze	면마과(Dryopteridaceae)
비늘사초(bi-neul-sa-cho)	*Carex phacota* Spreng.	사초과(Cyperaceae)
비늘석송(bi-neul-seok-song)	*Lycopodium complanatum* L.	석송과(Lycopodiaceae)
비단분취(bi-dan-bun-chwi)	*Saussurea komaroviana* Lipsch. var. *komaroviana*	국화과(Asteraceae)
비단쑥(bi-dan-ssuk)	*Artemisia lagocephala* for. *triloba* (Ledeb.) Pamp.	국화과(Asteraceae)
비로용담(bi-ro-yong-dam)	*Gentiana jamesii* Hemsl. for. *jamesii*	용담과(Gentianaceae)
비름(bi-reum)	*Amaranthus mangostanus* L.	비름과(Amaranthaceae)
비목나무(bi-mok-na-mu)	*Lindera erythrocarpa* Makino	녹나무과(Lauraceae)
비비추(bi-bi-chu)	*Hosta longipes* (Franch. et Sav.) Matsum.	백합과(Liliaceae)
비비추난초(bi-bi-chu-nan-cho)	*Tipularia japonica* Matsumura	난초과(Orchidaceae)
비수리(bi-su-ri)	*Lespedeza cuneata* G. Don	콩과(Fabaceae)
비수수(bi-su-su)	*Sorghum bicolor* var. *hoki* Ohwi	벼과(Poaceae)
비술나무(bi-sul-na-mu)	*Ulmus pumila* L.	느릅나무과(Ulmaceae)
비쑥(bi-ssuk)	*Artemisia scoparia* Waldst. et Kitam.	국화과(Asteraceae)
비자나무(bi-ja-na-mu)	*Torreya nucifera* (L.) Siebold et Zucc.	주목과(Taxaceae)
비진도콩(bi-jin-do-kong)	*Dumasia truncata* Siebold et Zucc.	콩과(Fabaceae)
비짜루(bi-jja-ru)	*Asparagus schoberioides* Kunth	백합과(Liliaceae)
비짜루국화(bi-jja-ru-guk-hwa)	*Aster subulatus* Michx.	국화과(Asteraceae)
비쭈기나무(bi-jju-gi-na-mu)	*Cleyera japonica* Thunb.	차나무과(Theaceae)
비파나무(bi-pa-na-mu)	*Eriobotrya japonica* (Thunb.) Lindl.	장미과(Rosaceae)
빈도리(bin-do-ri)	*eutzia crenata* Siebold et Zucc.	범의귀과(Saxifragaceae)
빈추나무(bin-chu-na-mu)	*Prinsepia sinensis* (Oliver) Oliver ex. Bean	장미과(Rosaceae)
빕새귀리(bip-sae-gwi-ri)	*Bromus canadensis* subsp. *yezoensis* (Ohwi) V. N. Voroshilov	벼과(Poaceae)
빗살서덜취(bit-sal-seo-deol-chwi)	*Saussurea odontolepis* Sch. Bip. ex Herd	국화과(Asteraceae)
빗살현호색(bit-sal-hyeon-ho-saek)	*Corydalis turtschaninovii* Bess. var. *pectinata* (Maxim.) Nakai	현호색과(Fumariaceae)
뺑쑥(ppaeng-ssuk)	*Artemisia feddei* H. Lév. et Vaniot	국화과(Asteraceae)
뻐꾹나리(ppeo-kkuk-na-ri)	*Tricyrtis macropoda* Miq.	백합과(Liliaceae)
뻐꾹채(ppeo-kkuk-chae)	*Rhaponticum uniflorum* (L.) DC.	국화과(Asteraceae)
뽀리뱅이(ppo-ri-baeng-i)	*Youngia japonica* (L.) DC.	국화과(Asteraceae)
뽕나무(ppong-na-mu)	*Morus alba* L.	뽕나무과(Moraceae)
뽕모시풀(ppong-mo-si-pul)	*Fatoua villosa* (Thunb.) Nakai	뽕나무과(Moraceae)
뽕잎피나무(ppong-ip-pi-na-mu)	*Tilia taquetii* C.K. Schneid.	피나무과(Tiliaceae)
뿔고사리(ppul-go-sa-ri)	*Cornopteris decurrentialata* (Hook.) Nakai	우드풀과(Woodsiaceae)
뿔남천(ppul-nam-cheon)	*Mahonia japonica* (Thunb.) DC	매자나무과(Berberidaceae)
뿔냉이(ppul-naeng-i)	*Chorispora tenella* DC.	십자화과(Brassicaceae)
뿔말(ppul-mal)	*Zannichellia pedunculata* Rchb.	가래과(Potamogetonaceae)
뿔이삭풀(ppul-i-sak-pul)	*Parapholis incurva* (L.) C. E. Hubb.	벼과(Poaceae)

ㅅ

우리명 영어표기	학명 국가표준식물목록	과명 라틴과명
사과나무(sa-gwa-na-mu)	*Malus pumila* Mill.	장미과(Rosaceae)

우리명 영어표기	학명 국가표준식물목록	과명 라틴과명
사다리고사리(sa-da-ri-go-sa-ri)	*Thelypteris glanduligera* (Kunze) Ching var. *glanduligera*	처녀고사리과(Thelypteridaceae)
사데풀(sa-de-pul)	*Sonchus brachyotus* DC.	국화과(Asteraceae)
사동미나리(sa-dong-mi-na-ri)	*Cnidium dahuricum* (Jacq.) Turcz. ex Fisch. et Meyer	산형과(Apiaceae)
사람주나무(sa-ram-ju-na-mu)	*Sapium japonicum* (Siebold et Zucc.) Pax et Hoffm.	대극과(Euphorbiaceae)
사리풀(sa-ri-pul)	*Hyoscyamus niger* L.	가지과(Solanaceae)
사마귀풀(sa-ma-gwi-pul)	*Aneilema keisak* Hassk.	닭의장풀과(Commelinaceae)
사방오리(sa-bang-o-ri)	*Alnus firma* Siebold et Zucc.	자작나무과(Betulaceae)
사상자(sa-sang-ja)	*Torilis japonica* (Houtt.) DC.	산형과(Apiaceae)
사스래나무(sa-seu-rae-na-mu)	*Betula ermanii* Cham.	자작나무과(Betulaceae)
사스레피나무(sa-seu-re-pi-na-mu)	*Eurya japonica* Thunb.	차나무과(Theaceae)
사시나무(sa-si-na-mu)	*Populus davidiana* Dode	버드나무과(Salicaceae)
사위질빵(sa-wi-jil-ppang)	*Clematis apiifolia* DC.	미나리아재비과(Ranunculaceae)
사이스밀크벳지(sa-i-seu-mil-keu-bet-ji)	*Astragalus cicer* L.	콩과(Fabaceae)
사창분취(sa-chang-bun-chwi)	*Saussurea calcicola* Nakai	국화과(Asteraceae)
사철나무(sa-cheol-na-mu)	*Euonymus japonicus* Thunb.	노박덩굴과(Celastraceae)
사철란(sa-cheol-ran)	*Goodyera schlechtendaliana* Rchb. f.	난초과(Orchidaceae)
사철베고니아(sa-cheol-be-go-ni-a)	*Begonia semperflorens* Link et Otto	베고니아과(Begoniaceae)
사철쑥(sa-cheol-ssuk)	*Artemisia capillaris* Thunb.	국화과(Asteraceae)
사프란(sa-peu-ran)	*Crocus sativus* L.	붓꽃과(Iridaceae)
사향엉겅퀴(sa-hyang-eong-geong-kwi)	*Carduus nutans* L.	국화과(Asteraceae)
산가막살나무(san-ga-mak-sal-na-mu)	*Viburnum wrightii* Miq.	인동과(Caprifoliaceae)
산각시취(san-gak-si-chwi)	*Saussurea umbrosa* Kom.	국화과(Asteraceae)
산갈매나무(san-gal-mae-na-mu)	*Rhamnus diamantiaca* Nakai	갈매나무과(Rhamnaceae)
산갈퀴(san-gal-kwi)	*Galium pogonanthum* Franch. et Sav.	꼭두서니과(Rubiaceae)
산개고사리(san-gae-go-sa-ri)	*Asplenium vidalii* (Franch. et Sav.) Nakai	우드풀과(Woodsiaceae)
산개나리(san-gae-na-ri)	*Forsythia saxatilis* (Nakai) Nakai	물푸레나무과(Oleaceae)
산개벚지나무(san-gae-beot-ji-na-mu)	*Prunus maximowiczii* Rupr.	장미과(Rosaceae)
산검양옻나무(san-geom-yang-ot-na-mu)	*Rhus sylvestris* Siebold et Zucc.	옻나무과(Anacardiaceae)
산겨릅나무(san-gyeo-reup-na-mu)	*Acer tegmentosum* Max.	단풍나무과(Aceraceae)
산겨이삭(san-gyeo-i-sak)	*Agrostis clavata* Trin. var. *clavata*	벼과(Poaceae)
산고사리(san-go-sa-ri)	*Athyrium distentifolium* Tausch ex Opiz	우드풀과(Woodsiaceae)
산고사리삼(san-go-sa-ri-sam)	*Sceptridium multifidum* var. *robustum* (Rupr.) M.Nishida	고사리삼과(Ophioglossaceae)
산골무꽃(san-gol-mu-kkot)	*Scutellaria pekinensis* var. *transitra* (Makino) Hara	꿀풀과(Lamiaceae)
산골취(san-gol-chwi)	*Saussurea neoserrata* Nakai	국화과(Asteraceae)
산괭이눈(san-gwaeng-i-nun)	*Chrysosplenium japonicum* (Maxim.) Makino	범의귀과(Saxifragaceae)
산괭이사초(san-gwaeng-i-sa-cho)	*Carex leiorhyncha* C.A. Meyer	사초과(Cyperaceae)
산괴불주머니(san-goe-bul-ju-meo-ni)	*Corydalis speciosa* Maxim.	현호색 (Fumariaceae)
산구절초(san-gu-jeol-cho)	*Dendranthema zawadskii* (Herb.) Tzvelev var. *zawadskii*	국화과(Asteraceae)
산국(san-guk)	*Dendranthema boreale* (Makino) Ling ex Kitam.	국화과(Asteraceae)
산국수나무(san-guk-su-na-mu)	*Physocarpus amurensis* (Maxim.) Maxim.	장미과(Rosaceae)
산기장(san-gi-jang)	*Phaenosperma globosa* Munro ex Benth.	벼과(Poaceae)
산꼬리사초(san-kko-ri-sa-cho)	*Carex shimidzuensis* Franch.	사초과(Cyperaceae)
산꼬리풀(san-kko-ri-pul)	*Veronica rotunda* var. *subintegra* (Nakai) T.Yamaz.	현삼과(Scrophulariaceae)
산꽃고사리삼(san-kkot-go-sa-ri-sam)	*Sceptridium japonicum* (Prantl) Lyon.	고사리삼과(Ophioglossaceae)
산꽃다지(san-kkot-da-ji)	*Draba glabella* Pursh	십자화과(Brassicaceae)
산꿩의다리(san-kkwong-ui-da-ri)	*Thalictrum filamentosum* var. *tenerum* (Huth) Ohwi	미나리아재비과(Ranunculaceae)
산꿩의밥(san-kkwong-ui-bap)	*Luzula multiflora* Lej.	골풀과(Juncaceae)

우리명 영어표기	학명 국가표준식물목록	과명 라틴과명
산닥나무(san-dak-na-mu)	*Wikstroemia trichotoma* (Thunb.) Makino	팥꽃나무과(Thymeleaceae)
산달래(san-dal-rae)	*Allium macrostemon* Bunge	백합과(Liliaceae)
산당화(san-dang-hwa)	*Chaenomeles speciosa* (Sweet) Nakai	장미과(Rosaceae)
산돌배(san-dol-bae)	*Pyrus ussuriensis* Max. var. *ussuriensis*	장미과(Rosaceae)
산동쥐똥나무(san-dong-jwi-ttong-na-mu)	*Ligustrum acutissimum* Koehne	물푸레나무과(Oleaceae)
산들깨(san-deul-kkae)	*Mosla japonica* (Benth.) Maxim.	꿀풀과(Lamiaceae)
산딸기(san-ttal-gi)	*Rubus crataegifolius* Bunge	장미과(Rosaceae)
산딸나무(san-ttal-na-mu)	*Cornus kousa* F. Buerger ex Miq.	층층나무과(Cornaceae)
산뚝사초(san-ttuk-sa-cho)	*Carex forficula* Franch. et Sav. var. *forficula*	사초과(Cyperaceae)
산마가목(san-ma-ga-mok)	*Sorbus sambucifolia* var. *pseudogracilis* C.K. Schneid.	장미과(Rosaceae)
산마늘(san-ma-neul)	*Allium microdictyon* Prokh.	백합과(Liliaceae)
산매자나무(san-mae-ja-na-mu)	*Vaccinium japonicum* Miq.	진달래과(Ericaceae)
산묵새(san-muk-sae)	*Festuca japonica* Makino	벼과(Poaceae)
산물통이(san-mul-tong-i)	*Pilea japonica* (Maxim.) Hand.-Mazz.	쐐기풀과(Urticaceae)
산민들레(san-min-deul-re)	*Taraxacum ohwianum* Kitam.	국화과(Asteraceae)
산바늘사초(san-ba-neul-sa-cho)	*Carex pauciflora* Lightf.	사초과(Cyperaceae)
산박하(san-bak-ha)	*Isodon inflexus* (Thunb.) Kudô	꿀풀과(Lamiaceae)
산뱀고사리(san-baem-go-sa-ri)	*Athyrium fauriei* Makino	우드풀과(Woodsiaceae)
산벚나무(san-beot-na-mu)	*Prunus sargentii* Rehder	장미과(Rosaceae)
산복사나무(san-bok-sa-na-mu)	*Prunus davidiana* (Carrière) Fr.	장미과(Rosaceae)
산부싯깃고사리(san-bu-sit-git-go-sa-ri)	*Cheilanthes kuhnii Milde*	공작고사리과(Parkeriaceae)
산부채(san-bu-chae)	*Calla palustris* L.	천남성과(Araceae)
산부추(san-bu-chu)	*Allium thunbergii* G. Don	백합과(Liliaceae)
산분꽃나무(san-bun-kkot-na-mu)	*Viburnum burejaeticum* Regel et Herd.	인동과(Caprifoliaceae)
산비늘고사리(san-bi-neul-go-sa-ri)	*Dryopteris polylepis* (Franch. et Sav.) C.Chr.	면마과(Dryopteridaceae)
산비늘사초(san-bi-neul-sa-cho)	*Carex heterolepis* Bunge	사초과(Cyperaceae)
산비장이(san-bi-jang-i)	*Serratula coronata* var. *insularis* (Iljin) Kitam. for. *insularis*	국화과(Asteraceae)
산뽕나무(san-ppong-na-mu)	*Morus bombycis* Koidz. var. *bombycis*	뽕나무과(Moraceae)
산사나무(san-sa-na-mu)	*Crataegus pinnatifida* Bunge for. *pinnatifida*	장미과(Rosaceae)
산사초(san-sa-cho)	*Carex curta* Gooden.	사초과(Cyperaceae)
산새밥(san-sae-bap)	*Luzula pallescens* (Wahlenb.) Besser	골풀과(Juncaceae)
산새콩(san-sae-kong)	*Lathyrus vaniotii* H. Lév.	콩과(Fabaceae)
산새풀(san-sae-pul)	*Calamagrostis langsdorffii* (Link) Trin.	벼과(Poaceae)
산서어나무(san-seo-eo-na-mu)	*Carpinus turczaninowii* Hance	자작나무과(Betulaceae)
산석송(san-seok-song)	*Lycopodium alpinum* L.	석송과(Lycopodiaceae)
산속단(san-sok-dan)	*Phlomis koraiensis* Nakai	꿀풀과(Lamiaceae)
산솜다리(san-som-da-ri)	*Leontopodium leiolepis* Nakai	국화과(Asteraceae)
산솜방망이(san-som-bang-mang-i)	*Tephroseris flammea* (Turcz. ex DC.) Holub	국화과(Asteraceae)
산수국(san-su-guk)	*Hydrangea serrata* for. *acuminata* (Siebold et Zucc.) Wilson	범의귀과(Saxifragaceae)
산수유(san-su-yu)	*Cornus officinalis* Siebold et Zucc.	층층나무과(Cornaceae)
산쑥(san-ssuk)	*Artemisia montana* (Nakai) Pamp.	국화과(Asteraceae)
산씀바귀(san-sseum-ba-gwi)	*Lactuca raddeana* Maxim.	국화과(Asteraceae)
산앵도나무(san-aeng-do-na-mu)	*Vaccinium hirtum* var. *koreanum* (Nakai) Kitam.	진달래과(Ericaceae)
산여뀌(san-yeo-kkwi)	*Persicaria nepalensis* (Meisn.) H. Gross	마디풀과(Polygonaceae)
산오이풀(san-o-i-pul)	*Sanguisorba hakusanensis* Makino	장미과(Rosaceae)
산옥매(san-ok-mae)	*Prunus glandulosa* Thunb. for. *glandulosa*	장미과(Rosaceae)

우리명 영어표기	학명 국가표준식물목록	과명 라틴과명
산옥잠화(san-ok-jam-hwa)	*Hosta longissima* Honda	백합과(Liliaceae)
산외(san-oe)	*Schizopepon bryoniaefolius* Maxim.	박과(Cucurbitaceae)
산용담(san-yong-dam)	*Gentiana algida* Pall.	용담과(Gentianaceae)
산우드풀(san-u-deu-pul)	*Woodsia subcordata* Turcz.	우드풀과(Woodsiaceae)
산유자나무(san-yu-ja-na-mu)	*Xylosma congesta* (Lour.) Merr.	이나무과(Flacourtiaceae)
산이삭사초(san-i-sak-sa-cho)	*Carex lyngbyei* Hornem.	사초과(Cyperaceae)
산일엽초(san-il-yeop-cho)	*Lepisorus ussuriensis* (Regel et Maack) Ching	고란초과(Polypodiaceae)
산자고(san-ja-go)	*Tulipa edulis* (Miq.) Baker	백합과(Liliaceae)
산작약(san-jak-yak)	*Paeonia obovata* Maxim.	미나리아재비과(Ranunculaceae)
산잠자리피(san-jam-ja-ri-pi)	*Trisetum spicatum* (L.) K.Richt.	벼과(Poaceae)
산장대(san-jang-dae)	*Arabis gemmifera* (Matsum.) Makino	십자화과(Brassicaceae)
산제비란(san-je-bi-ran)	*Platanthera mandarinorum* var. *brachycentron* (Franch. et Sav.) Koidz. ex Ohwi	난초과(Orchidaceae)
산조아재비(san-jo-a-jae-bi)	*Phleum alpinum* L.	벼과(Poaceae)
산조팝나무(san-jo-pap-na-mu)	*Spiraea blumei* G. Don	장미과(Rosaceae)
산조풀(san-jo-pul)	*Calamagrostis epigeios* (L.) Roth	벼과(Poaceae)
산족제비고사리(san-jok-je-bi-go-sa-ri)	*Dryopteris bissetiana* (Baker) C.Chr.	면마과(Dryopteridaceae)
산좁쌀풀(san-jop-ssal-pul)	*Euphrasia mucronulata* Nakai	현삼과(Scrophulariaceae)
산쥐손이(san-jwi-son-i)	*Geranium dahuricum* DC.	쥐손이풀과(Geraniaceae)
산지치(san-ji-chi)	*Eritrichium sichotense* M. Popov.	지치과(Borraginaceae)
산진달래(san-jin-dal-rae)	*Rhododendron dauricum* L.	진달래과(Ericaceae)
산짚신나물(san-jip-sin-na-mul)	*Agrimonia coreana* Nakai	장미과(Rosaceae)
산쪽풀(san-jjok-pul)	*Mercurialis leiocarpa* Siebold et Zucc.	대극과(Euphorbiaceae)
산천궁(san-cheon-gung)	*Conioselinum kamtschaticum* Rupr.	산형과(Apiaceae)
산철쭉(san-cheol-jjuk)	*Rhododendron yedoense* for. *poukhanense* (H.Lev.) Sugim.	진달래과(Ericaceae)
산초나무(san-cho-na-mu)	*Zanthoxylum schinifolium* Siebold et Zucc.	운향과(Rutaceae)
산층층이(san-cheung-cheung-i)	*Clinopodium chinense* var. *shibetchense* (H.Lev.) Koidz.	꿀풀과(Lamiaceae)
산타래사초(san-ta-rae-sa-cho)	*Carex lachenalii* Schkuhr	사초과(Cyperaceae)
산토끼고사리(san-to-kki-go-sa-ri)	*Gymnocarpium robertianum* (Hoffm.) Newman	우드풀과(Woodsiaceae)
산토끼꽃(san-to-kki-kkot)	*Dipsacus japonicus* Miq.	산토끼꽃과(Dipsacaceae)
산톱풀(san-top-pul)	*Achillea alpina* var. *discoidea* (Regel) Kitam.	국화과(Asteraceae)
산파(san-pa)	*Allium maximowiczii* Regel	백합과(Liliaceae)
산팽나무(san-paeng-na-mu)	*Celtis aurantiaca* Nakai	느릅나무과(Ulmaceae)
산할미꽃(san-hal-mi-kkot)	*Pulsatilla nivalis* Nakai	미나리아재비과(Ranunculaceae)
산해박(san-hae-bak)	*Cynanchum paniculatum* (Bunge) Kitag.	박주가리과(Asclepiadaceae)
산향모(san-hyang-mo)	*Hierochloe alpina* (Sw. ex Willd.) Roem. et Schult.	벼과(Poaceae)
산호수(san-ho-su)	*Ardisia pusilla* A. DC.	자금우과(Ardisiaceae)
산황나무(san-hwang-na-mu)	*Rhamnus crenata* Siebold et Zucc.	갈매나무과(Rhamnaceae)
산흰쑥(san-huin-ssuk)	*Artemisia sieversiana* Ehrh. ex Willd.	국화과(Asteraceae)
살갈퀴(sal-gal-kwi)	*Vicia angustifolia* var. *segetilis* (Thuill.) K.Koch.	콩과(Fabaceae)
살구나무(sal-gu-na-mu)	*Prunus armeniaca* var. *ansu* Maxim.	장미과(Rosaceae)
살비아(sal-bi-a)	*Salvia officinalis* L.	꿀풀과(Lamiaceae)
삼(sam)	*Cannabis sativa* L.	삼과(Cannabaceae)
삼나무(sam-na-mu)	*Cryptomeria japonica* (L.f.) D.Don	낙우송과(Taxodiaceae)
삼백초(sam-baek-cho)	*Saururus chinensis* (Lour.) Baill.	삼백초과(Saururaceae)
삼색병꽃나무(sam-saek-byeong-kkot-na-mu)	*Weigela florida* for. *subtricolor* Nakai	인동과(Caprifoliaceae)
삼색제비꽃(sam-saek-je-bi-kkot)	*Viola tricolor* L.	제비꽃과(Violaceae)
삼수개미자리(sam-su-gae-mi-ja-ri)	*Minuartia verna* var. *coreana* (Nakai) H. Hara	석죽과(Caryophyllaceae)

우리명 영어표기	학명 국가표준식물목록	과명 라틴과명
삼수구릿대(sam-su-gu-rit-dae)	*Angelica jaluana* Nakai	산형과(Apiaceae)
삼수여로(sam-su-yeo-ro)	*Veratrum bohnhofii* var. *latifolium* Nakai	백합과(Liliaceae)
삼잎국화(sam-ip-guk-hwa)	*Rudbeckia laciniata* L.	국화과(Asteraceae)
삼잎방망이(sam-ip-bang-mang-i)	*Senecio cannabifolius* Less.	국화과(Asteraceae)
삼쥐손이(sam-jwi-son-i)	*Geranium soboliferum* Kom.	쥐손이풀과(Geraniaceae)
삼지구엽초(sam-ji-gu-yeop-cho)	*Epimedium koreanum* Nakai	매자나무과(Berberidaceae)
삼지닥나무(sam-ji-dak-na-mu)	*Edgeworthia chrysantha* Lindl.	팥꽃나무과(Thymeleaceae)
삽주(sap-ju)	*Atractylodes ovata* (Thunb.) DC.	국화과(Asteraceae)
삿갓나물(sat-gat-na-mul)	*Paris verticillata* M. Bieb.	백합과(Liliaceae)
삿갓사초(sat-gat-sa-cho)	*Carex dispalata* Boott var. *dispalata*	사초과(Cyperaceae)
상동나무(sang-dong-na-mu)	*Sageretia theezans* (L.) Brongn.	갈매나무과(Rhamnaceae)
상동잎쥐똥나무(sang-dong-ip-jwi-ttong-na-mu)	*Ligustrum quihoui* var. *latifolium* Nakai	물푸레나무과(Oleaceae)
상사화(sang-sa-hwa)	*Lycoris squamigera* Maxim.	수선화과(Amarylidaceae)
상산(sang-san)	*Orixa japonica* Thunb.	운향과(Rutaceae)
상수리나무(sang-su-ri-na-mu)	*Quercus acutissima* Carruth.	참나무과(Fagaceae)
상추(sang-chu)	*Lactuca sativa* L.	국화과(Asteraceae)
상치아재비(sang-chi-a-jae-bi)	*Valerianella olitoria* (L.) Pollich.	마타리과(Valerianaceae)
새(sae)	*Arundinella hirta* (Thunb.) Koidz.	벼과(Poaceae)
새깃아재비(sae-git-a-jae-bi)	*Woodwardia japonica* (L.f.) Sm.	새깃아재비과(Blechnaceae)
새끼꿩의비름(sae-kki-kkwong-ui-bi-reum)	*Hylotelephium viviparum* (Maxim.) H. Ohba	돌나물과(Crassulaceae)
새끼노루귀(sae-kki-no-ru-gwi)	*Hepatica insularis* Nakai	미나리아재비과(Ranunculaceae)
새끼노루발(sae-kki-no-ru-bal)	*Pyrola secunda* L.	노루발과(Pyrolaceae)
새덕이(sae-deok-i)	*Neolitsea aciculata* (Blume) Koidz.	녹나무과(Lauraceae)
새둥지란(sae-dung-ji-ran)	*Neottia nidus-avis* var. *manshurica* Kom.	난초과(Orchidaceae)
새마디꽃(sae-ma-di-kkot)	*Rotala koreana* Nakai	부처꽃과(Lythraceae)
새머루(sae-meo-ru)	*Vitis flexuosa* Thunb.	포도과(Vitaceae)
새며느리밥풀(sae-myeo-neu-ri-bap-pul)	*Melampyrum setaceum* var. *nakaianum* (Tuyama) T.Yamaz.	현삼과(Scrophulariaceae)
새모래덩굴(sae-mo-rae-deong-gul)	*Menispermum dauricum* DC.	방기과(Memispermaceae)
새박(sae-bak)	*Melothria japonica* Maxim.	박과(Cucurbitaceae)
새방울사초(sae-bang-ul-sa-cho)	*Carex vesicaria* L.	사초과(Cyperaceae)
새비나무(sae-bi-na-mu)	*Callicarpa mollis* Siebold et Zucc.	마편초과(Verbenaceae)
새삼(sae-sam)	*Cuscuta japonica* Choisy	메꽃과(Convolvulaceae)
새양버들(sae-yang-beo-deul)	*Chosenia arbutifolia* (Pall.) A.K.Skvortsov	버드나무과(Salicaceae)
새완두(sae-wan-du)	*Vicia hirsuta* (L.) Gray	콩과(Fabaceae)
새우가래(sae-u-ga-rae)	*Potamogeton maackianus* A. Benn.	가래과(Potamogetonaceae)
새우나무(sae-u-na-mu)	*Ostrya japonica* Sarg. var. *japonica*	자작나무과(Betulaceae)
새우난초(sae-u-nan-cho)	*Calanthe discolor* Lindl.	난초과(Orchidaceae)
새우말(sae-u-mal)	*Phyllospadix iwatensis* Makino	거머리말과(Zosteraceae)
새콩(sae-kong)	*Amphicarpaea bracteata* subsp. *edgeworthii* (Benth.) H. Ohashi	콩과(Fabaceae)
새팥(sae-pat)	*Vigna angularis* var. *nipponensis* (Ohwi) Ohwi et H.Ohashi	콩과(Fabaceae)
새포아풀(sae-po-a-pul)	*Poa annua* L.	벼과(Poaceae)
색병꽃나무(saek-byeong-kkot-na-mu)	*Weigela florida* for. *alba* Rehder	인동과(Caprifoliaceae)
색비름(saek-bi-reum)	*Amaranthus tricolor* L.	비름과(Amaranthaceae)
생강(saeng-gang)	*Zingiber officinale* Roscoe	생강과(Zingiberaceae)
생강나무(saeng-gang-na-mu)	*Lindera obtusiloba* Blume var. *obtusiloba*	녹나무과(Lauraceae)
생달나무(saeng-dal-na-mu)	*Cinnamomum japonicum* Siebold ex Nees	녹나무과(Lauraceae)
생열귀나무(saeng-yeol-gwi-na-mu)	*Rosa davurica* Pall.	장미과(Rosaceae)

우리명 영어표기	학명 국가표준식물목록	과명 라틴과명
생이가래(saeng-i-ga-rae)	*Salvinia natans* (L.) All.	생이가래과(Salviniaceae)
서덜취(seo-deol-chwi)	*Saussurea grandifolia* Maxim.	국화과(Asteraceae)
서양가시엉겅퀴(seo-yang-ga-si-eong-geong-kwi)	*Cirsium vulgare* (Savi) Ten.	국화과(Asteraceae)
서양개보리뺑이(seo-yang-gae-bo-ri-ppaeng-i)	*Lapsana communis* L.	국화과(Asteraceae)
서양고추나물(seo-yang-go-chu-na-mul)	*Hypericum perforatum* L.	물레나물과(Hypericaceae)
서양금혼초(seo-yang-geum-hon-cho)	*Hypochoeris radicata* L.	국화과(Asteraceae)
서양까치밥나무(seo-yang-kka-chi-bap-na-mu)	*Ribes grossularia* L.	범의귀과(Saxifragaceae)
서양등골나물(seo-yang-deung-gol-na-mul)	*Eupatorium rugosum* Houtt.	국화과(Asteraceae)
서양말냉이(seo-yang-mal-naeng-i)	*Iberis amara* L.	십자화과(Brassicaceae)
서양메꽃(seo-yang-me-kkot)	*Convolvulus arvensis* L.	메꽃과(Convolvulaceae)
서양무아재비(seo-yang-mu-a-jae-bi)	*Raphanus raphanistrum* L.	십자화과(Brassicaceae)
서양민들레(seo-yang-min-deul-re)	*Taraxacum officinale* Weber	국화과(Asteraceae)
서양벌노랑이(seo-yang-beol-no-rang-i)	*Lotus corniculatus* L. var. *corniculatus*	콩과(Fabaceae)
서양오엽딸기(seo-yang-o-yeop-ttal-gi)	*Rubus fruticosus* L.	장미과(Rosaceae)
서양측백나무(seo-yang-cheuk-baek-na-mu)	*Thuja occidentalis* L.	측백나무과(Cupressaceae)
서양톱풀(seo-yang-top-pul)	*Achillea millefolium* L.	국화과(Asteraceae)
서어나무(seo-eo-na-mu)	*Carpinus laxiflora* (Siebold et Zucc.) Blume var. *laxiflora*	자작나무과(Betulaceae)
서울개발나물(seo-ul-gae-bal-na-mul)	*Pterygopleurum neurophyllum* (Maxim.) Kitag.	산형과(Apiaceae)
서울오갈피(seo-ul-o-gal-pi)	*Acanthopanax seoulense* Nakai	두릅나무과(Araliaceae)
서울제비꽃(seo-ul-je-bi-kkot)	*Viola seoulensis* Nakai	제비꽃과(Violaceae)
서향(seo-hyang)	*Daphne odora* Thunb.	팥꽃나무과(Thymeleaceae)
서흥구절초(seo-heung-gu-jeol-cho)	*Chrysanthemum leiphyllum* Nakai	국화과(Asteraceae)
석결명(seok-gyeol-myeong)	*Senna occidentalis* (L.) Link.	콩과(Fabaceae)
석곡(seok-gok)	*Dendrobium moniliforme* (L.) Sw.	난초과(Orchidaceae)
석류나무(seok-ryu-na-mu)	*Punica granatum* L.	석류과(Punicaceae)
석류풀(seok-ryu-pul)	*Mollugo pentaphylla* L.	석류풀과(Molluginaceae)
석산(seok-san)	*Lycoris radiata* (L'Hérit.) Herb.	수선화과(Amarylidaceae)
석송(seok-song)	*Lycopodium clavatum* L.	석송과(Lycopodiaceae)
석위(seok-wi)	*Pyrrosia lingua* (Thunb.) Farw.	고란초과(Polypodiaceae)
석잠풀(seok-jam-pul)	*Stachys japonica* Miq.	꿀풀(Lamiaceae)
석창포(seok-chang-po)	*Acorus gramineus* Sol.	천남성과(Araceae)
선가래(seon-ga-rae)	*Potamogeton fryeri* A. Benn.	가래과(Potamogetonaceae)
선갈퀴(seon-gal-kwi)	*Asperula odorata* L.	꼭두서니과(Rubiaceae)
선개불알풀(seon-gae-bul-al-pul)	*Veronica arvensis* L.	현삼과(Scrophulariaceae)
선괭이눈(seon-gwaeng-i-nun)	*Chrysosplenium pseudofauriei* H. Lév.	범의귀과(Saxifragaceae)
선괭이밥(seon-gwaeng-i-bap)	*Oxalis stricta* L.	괭이밥과(Oxalidaceae)
선나팔꽃(seon-na-pal-kkot)	*Jacquemontia taminifolia* Gris	메꽃과(Convolvulaceae)
선녀고사리(seon-nyeo-go-sa-ri)	*Asplenium tenerum* G.Forst.	꼬리고사리과(Aspleniaceae)
선메꽃(seon-me-kkot)	*Calystegia dahuricus* (Herb.) Choisy	메꽃과(Convolvulaceae)
선물수세미(seon-mul-su-se-mi)	*Myriophyllum ussuriense* (Regel) Maxim.	개미탑과(Halorrhagaceae)
선밀나물(seon-mil-na-mul)	*Smilax nipponica* Miq.	백합과(Liliaceae)
선바위고사리(seon-ba-wi-go-sa-ri)	*Onychium japonicum* (Thunb.) Kunze	공작고사리과(Parkeriaceae)
선백미꽃(seon-baek-mi-kkot)	*Cynanchum inamoenum* (Maxim.) Loes.	박주가리과(Asclepiadaceae)
선버들(seon-beo-deul)	*Salix subfragilis* Andersson	버드나무과(Salicaceae)
선사초(seon-sa-cho)	*Carex alterniflora* Franch.	사초과(Cyperaceae)
선씀바귀(seon-sseum-ba-gwi)	*Ixeris strigosa* (H.Lev. et Vaniot) J.H.Pak et Kawano	국화과(Asteraceae)
선옹초(seon-ong-cho)	*Agrostemma githago* L.	석죽과(Caryophyllaceae)

우리명 영어표기	학명 국가표준식물목록	과명 라틴과명
선이질풀(seon-i-jil-pul)	*Geranium krameri* Franch. et Sav.	쥐손이풀과(Geraniaceae)
선인장(seon-in-jang)	*Opuntia ficus-indica* Mill.	선인장과(Opuntiaceae)
선제비꽃(seon-je-bi-kkot)	*Viola raddeana* Regel	제비꽃과(Violaceae)
선주름잎(seon-ju-reum-ip)	*Mazus stachydifolius* (Turcz.) Maxim.	현삼과(Scrophulariaceae)
선쥐꼬리새(seon-jwi-kko-ri-sae)	*Muhlenbergia hakonensis* (Hack.) Makino	벼과(Poaceae)
선토끼풀(seon-to-kki-pul)	*Trifolium hybridum* L.	콩과(Fabaceae)
선투구꽃(seon-tu-gu-kkot)	*Aconitum umbrosum* (Korsh.) Kom.	미나리아재비과(Ranunculaceae)
선포아풀(seon-po-a-pul)	*Poa nemoralis* L.	벼과(Poaceae)
선풀솜나물(seon-pul-som-na-mul)	*Gnaphalium calviceps* Fernald	국화과(Asteraceae)
선피막이(seon-pi-mak-i)	*Hydrocotyle maritima* Honda	산형과(Apiaceae)
설령개현삼(seol-ryeong-gae-hyeon-sam)	*Scrophularia borealikoreana* Nakai	현삼과(Scrophulariaceae)
설령골풀(seol-ryeong-gol-pul)	*Juncus triceps* Rostk.	골풀과(Juncaceae)
설령사초(seol-ryeong-sa-cho)	*Carex subumbellata* Meinsh. var. *koreana* Ohwi	사초과(Cyperaceae)
설령오리나무(seol-ryeong-o-ri-na-mu)	*Alnus vermicularis* Nakai	자작나무과(Betulaceae)
설령쥐오줌풀(seol-ryeong-jwi-o-jum-pul)	*Valeriana amurensis* P.A.Smirn. ex Kom.	마타리과(Valerianaceae)
설설고사리(seol-seol-go-sa-ri)	*Thelypteris decursivepinnata* (H.C.Hall) Ching	처녀고사리과(Thelypteridaceae)
설앵초(seol-aeng-cho)	*Primula modesta* var. *fauriae* (Franch.) Takeda	앵초과(Primulaceae)
설탕단풍(seol-tang-dan-pung)	*Acer saccharum* Marsh.	단풍나무과(Aceraceae)
섬개벚나무(seom-gae-beot-na-mu)	*Prunus buergeriana* Miq.	장미과(Rosaceae)
섬개야광나무(seom-gae-ya-gwang-na-mu)	*Cotoneaster wilsonii* Nakai	장미과(Rosaceae)
섬개회나무(seom-gae-hoe-na-mu)	*Syringa patula* var. *venosa* (Nakai) K.Kim	물푸레나무과(Oleaceae)
섬고사리(seom-go-sa-ri)	*Athyrium acutipinnulum* Kadama ex Nakai	우드풀과(Woodsiaceae)
섬공작고사리(seom-gong-jak-go-sa-ri)	*Adiantum monochlamys* D.C.Eaton var. *monochlamys*	공작고사리과(Parkeriaceae)
섬광대수염(seom-gwang-dae-su-yeom)	*Lamium takesimense* Nakai	꿀풀과(Lamiaceae)
섬괴불나무(seom-goe-bul-na-mu)	*Lonicera insularis* Nakai	인동과(Caprifoliaceae)
섬국수나무(seom-guk-su-na-mu)	*Physocarpus insularis* (Nakai) Nakai	장미과(Rosaceae)
섬기린초(seom-gi-rin-cho)	*Sedum takesimense* Nakai	돌나물과(Crassulaceae)
섬까치수염(seom-kka-chi-su-yeom)	*Lysimachia acroadenia* Maxim.	앵초과(Primulaceae)
섬꼬리풀(seom-kko-ri-pul)	*Veronica insularis* Nakai	현삼과(Scrophulariaceae)
섬꽃마리(seom-kkot-ma-ri)	*Cynoglossum zeylanicum* (Vahl ex Hornem.) Thunb. ex Lehm.	지치과(Borraginaceae)
섬꿩고사리(seom-kkwong-go-sa-ri)	*Plagiogyria japonica* Nakai	꿩고사리과(Plagiogyriaceae)
섬나무딸기(seom-na-mu-ttal-gi)	*Rubus takesimensis* Nakai	장미과(Rosaceae)
섬남성(seom-nam-seong)	*Arisaema takesimense* Nakai	천남성과(Araceae)
섬노루귀(seom-no-ru-gwi)	*Hepatica maxima* Nakai	미나리아재비과(Ranunculaceae)
섬노린재나무(seom-no-rin-jae-na-mu)	*Symplocos coreana* (H.Lev.) Ohwi	노린재나무과(Symplocaceae)
섬다래(seom-da-rae)	*Actinidia rufa* (Siebold et Zucc.) Planch. ex Miq.	다래나무과(Actinidiaceae)
섬단풍나무(seom-dan-pung-na-mu)	*Acer takesimense* Nakai	단풍나무과(Aceraceae)
섬대(seom-dae)	*Sasa borealis* var. *gracilis* (Nakai) T.B.Lee	벼과(Poaceae)
섬댕강나무(seom-daeng-gang-na-mu)	*Abelia coreana* var. *insularis* (Nakai) W.T.Lee et W.K.Paik	인동과(Caprifoliaceae)
섬딸기(seom-ttal-gi)	*Rubus ribisoideus* Matsum.	장미과(Rosaceae)
섬말나리(seom-mal-na-ri)	*Lilium hansonii* Leichtlin ex Baker	백합과(Liliaceae)
섬모시풀(seom-mo-si-pul)	*Boehmeria nivea* var. *nipononivea* (Koidz.) W.T.Wang	쐐기풀과(Urticaceae)
섬바디(seom-ba-di)	*Dystaenia takeshimana* (Nakai) Kitag.	산형과(Apiaceae)
섬백리향(seom-baek-ri-hyang)	*Thymus quinquecostatus* var. *japonica* Hara	꿀풀과(Lamiaceae)
섬버들(seom-beo-deul)	*Salix ishidoyana* Nakai	버드나무과(Salicaceae)
섬벚나무(seom-beot-na-mu)	*Prunus takesimensis* Nakai	장미과(Rosaceae)
섬사철란(seom-sa-cheol-ran)	*Goodyera maximowicziana* Makino	난초과(Orchidaceae)

우리명 영어표기	학명 국가표준식물목록	과명 라틴과명
섬시호(seom-si-ho)	*Bupleurum latissimum* Nakai	산형과(Apiaceae)
섬쑥부쟁이(seom-ssuk-bu-jaeng-i)	*Aster glehni* F.Schmidt	국화과(Asteraceae)
섬오갈피나무(seom-o-gal-pi-na-mu)	*Eleutherococcus gracilistylus* (W. W. Sm.) S. Y. Hu	두릅나무과(Araliaceae)
섬자리공(seom-ja-ri-gong)	*Phytolacca insularis* Nakai	자리공과(Phytolaccaceae)
섬잔고사리(seom-jan-go-sa-ri)	*Diplazium hachijoense* Nakai	우드풀과(Woodsiaceae)
섬잔대(seom-jan-dae)	*Adenophora taquetii* H. Lév.	초롱꽃과(Campanulaceae)
섬잣나무(seom-jat-na-mu)	*Pinus parviflora* Siebold et Zucc.	소나무과(Pinaceae)
섬장대(seom-jang-dae)	*Arabis takesimana* Nakai	십자화과(Brassicaceae)
섬제비꽃(seom-je-bi-kkot)	*Viola takesimana* Nakai	제비꽃과(Violaceae)
섬조릿대(seom-jo-rit-dae)	*Sasa kurilensis* (Rupr.) Makino et Shibata	벼과(Poaceae)
섬쥐깨풀(seom-jwi-kkae-pul)	*Mosla japonica* var. *thymolifera* (Makino) Kitam.	꿀풀과(Lamiaceae)
섬쥐똥나무(seom-jwi-ttong-na-mu)	*Ligustrum foliosum* Nakai for. *foliosum*	물푸레나무과(Oleaceae)
섬쥐손이(seom-jwi-son-i)	*Geranium shikokianum* var. *quelpartense* Nakai	쥐손이풀과(Geraniaceae)
섬천남성(seom-cheon-nam-seong)	*Arisaema negishii* Makino	천남성과(Araceae)
섬초롱꽃(seom-cho-rong-kkot)	*Campanula takesimana* Nakai	초롱꽃과(Campanulaceae)
섬포아풀(seom-po-a-pul)	*Poa takeshimana* Honda	벼과(Poaceae)
섬피나무(seom-pi-na-mu)	*Tilia insularis* Nakai	피나무과(Tiliaceae)
섬향나무(seom-hyang-na-mu)	*Juniperus chinensis* var. *procumbens* (Siebold) Endl.	측백나무과(Cupressaceae)
섬현삼(seom-hyeon-sam)	*Scrophularia takesimensis* Nakai	현삼과(Scrophulariaceae)
섬현호색(seom-hyeon-ho-saek)	*Corydalis filistipes* Nakai	현호색과(Fumariaceae)
섬회나무(seom-hoe-na-mu)	*Euonymus chibai* Makino	노박덩굴과(Celastraceae)
성긴털제비꽃(seong-gin-teol-je-bi-kkot)	*Viola scabrida* Nakai	제비꽃과(Violaceae)
성주풀(seong-ju-pul)	*Centranthera cochinchinensis* var. *lutea* (Hara) Hara	현삼과(Scrophulariaceae)
세대가리(se-dae-ga-ri)	*Lipocarpha microcephala* (R. Br.) Kunth	사초과(Cyperaceae)
세모고랭이(se-mo-go-raeng-i)	*Scirpus triqueter* L.	사초과(Cyperaceae)
세바람꽃(se-ba-ram-kkot)	*Anemone stolonifera* Maxim.	미나리아재비과(Ranunculaceae)
세뿔석위(se-ppul-seok-wi)	*Pyrrosia hastata* (Thunb. ex Houtt.) Ching	고란초과(Polypodiaceae)
세뿔여뀌(se-ppul-yeo-kkwi)	*Persicaria debilis* (Meisn.) H. Gross ex Mori	마디풀과(Polygonaceae)
세뿔투구꽃(se-ppul-tu-gu-kkot)	*Aconitum austro-koreense* Koidz.	미나리아재비과(Ranunculaceae)
세손이(se-son-i)	*Parabenzoin trilobum* (Siebold et Zucc.) Nakai	녹나무과(Lauraceae)
세스바니아(se-seu-ba-ni-a)	*Sesbania sesban* (L.) Merr.	콩과(Fabaceae)
세열유럽쥐손이(se-yeol-yu-reop-jwi-son-i)	*Erodium cicutarium* (L.) L' Hér.	쥐손이풀과(Geraniaceae)
세잎꿩의비름(se-ip-kkwong-ui-bi-reum)	*Hylotelephium verticillatum* (L.) H. Ohba	돌나물과(Crassulaceae)
세잎돌쩌귀(se-ip-dol-jjeo-gwi)	*Aconitum triphyllum* Nakai	미나리아재비과(Ranunculaceae)
세잎솜대(se-ip-som-dae)	*Smilacina trifolia* (L.) Desf.	백합과(Liliaceae)
세잎양지꽃(se-ip-yang-ji-kkot)	*Potentilla freyniana* Bornm.	장미과(Rosaceae)
세잎종덩굴(se-ip-jong-deong-gul)	*Clematis koreana* Kom.	미나리아재비과(Ranunculaceae)
세잎쥐손이(se-ip-jwi-son-i)	*Geranium wilfordii* Maxim.	쥐손이풀과(Geraniaceae)
세포큰조롱(se-po-keun-jo-rong)	*Cynanchum volubile* (Maxim.) Hemsl.	박주가리과(Asclepiadaceae)
센달나무(sen-dal-na-mu)	*Machilus japonica* Siebold et Zucc.	녹나무과(Lauraceae)
소경불알(so-gyeong-bul-al)	*Codonopsis ussuriensis* (Rupr. et Maxim.) Hemsl.	초롱꽃과(Campanulaceae)
소귀나무(so-gwi-na-mu)	*Myrica rubra* (Lour.) Siebold & Zucc.	소귀나무과(Myricaceae)
소귀나물(so-gwi-na-mul)	*Sagittaria sagittifola* subsp. *leucopetala* var. *edulis* (Schltr.) Rataj	택사과(Alismataceae)
소나무(so-na-mu)	*Pinus densiflora* Siebold et Zucc.	소나무과(Pinaceae)
소리쟁이(so-ri-jaeng-i)	*Rumex crispus* L.	마디풀과(Polygonaceae)
소사나무(so-sa-na-mu)	*Carpinus turczaninovii* Hance	자작나무과(Betulaceae)
소엽(so-yeop)	*Perilla frutescens* var. *acuta* Kudo	꿀풀과(Lamiaceae)

우리명 영어표기	학명 국가표준식물목록	과명 라틴과명
소엽맥문동(so-yeop-maek-mun-dong)	*Ophiopogon japonicus* (Linne f.) Ker-Gawler	백합과(Liliaceae)
소엽풀(so-yeop-pul)	*Limnophila aromatica* (Lam.) Merr.	현삼과(Scrophulariaceae)
소영도리나무(so-yeong-do-ri-na-mu)	*Weigela praecox* (Lemoine) L.H. Bailey	인동과(Caprifoliaceae)
소철(so-cheol)	*Cycas revoluta* Thunb.	소철과(Cycadaceae)
소태나무(so-tae-na-mu)	*Picrasma quassioides* (D. Don.) Bennett	소태나무과(Simaroubaceae)
속단(sok-dan)	*Phlomis umbrosa* Turcz.	꿀풀과(Lamiaceae)
속리기린초(sok-ri-gi-rin-cho)	*Sedum zokuriense* Nakai	돌나물과(Crassulaceae)
속새(sok-sae)	*Equisetum hyemale* L.	속새과(Equisetaceae)
속속이풀(sok-sok-i-pul)	*Rorippa palustris* (Leyss.) Besser	십자화과(Brassicaceae)
속털개밀(sok-teol-gae-mil)	*Agropyron ciliare* (Trin.) Franch.	벼과(Poaceae)
손고비(son-go-bi)	*Colysis elliptica* (Thunb.) Ching	고란초과(Polypodiaceae)
손바닥난초(son-ba-dak-nan-cho)	*Gymnadenia conopsea* (L.) R. A. Br.	난초과(Orchidaceae)
솔나리(sol-na-ri)	*Lilium cernuum* Kom.	백합과(Liliaceae)
솔나물(sol-na-mul)	*Galium verum* var. *asiaticum* Nakai	꼭두서니과(Rubiaceae)
솔방울고랭이(sol-bang-ul-go-raeng-i)	*Scirpus karuizawensis* Makino	사초과(Cyperaceae)
솔붓꽃(sol-but-kkot)	*Iris ruthenica* Ker-Gawl.	붓꽃과(Iridaceae)
솔비나무(sol-bi-na-mu)	*Maackia fauriei* (H. Lév.) Takeda	콩과(Fabaceae)
솔새(sol-sae)	*Themeda triandra* var. *japonica* (Willd.) Makino	벼과(Poaceae)
솔송나무(sol-song-na-mu)	*Tsuga sieboldii* Carriere	소나무과(Pinaceae)
솔인진(sol-in-jin)	*Chrysanthemum pallasianum* Kom	국화과(Asteraceae)
솔잎가래(sol-ip-ga-rae)	*Potamogeton pectinatus* L.	가래과(Potamogetonaceae)
솔잎란(sol-ip-ran)	*Psilotum nudum* (L.) P.Beauv.	솔잎란과(Psilotaceae)
솔잎미나리(sol-ip-mi-na-ri)	*Apium leptophyllum* F. Muell. ex Benth.	산형과(Apiaceae)
솔잎사초(sol-ip-sa-cho)	*Carex biwensis* Franch.	사초과(Cyperaceae)
솔장다리(sol-jang-da-ri)	*Salsola collina* Pall.	명아주과(Chenopodiaceae)
솔체꽃(sol-che-kkot)	*Scabiosa tschiliensis* Gruning	산토끼꽃과(Dipsacaceae)
솜나물(som-na-mul)	*Leibnitzia anandria* (L.) Turcz.	국화과(Asteraceae)
솜다리(som-da-ri)	*Leontopodium coreanum* Nakai	국화과(Asteraceae)
솜대(som-dae)	*Phyllostachys nigra* var. *henonis* (Bean) Stapf ex Rendle	벼과(Poaceae)
솜방망이(som-bang-mang-i)	*Tephroseris kirilowii* (Turcz. ex DC.) Holub	국화과(Asteraceae)
솜분취(som-bun-chwi)	*Saussurea eriophylla* Nakai	국화과(Asteraceae)
솜아마존(som-a-ma-jon)	*Cynanchum amplexicaule* (Siebold. et Zucc.) Hemsl.	박주가리과(Asclepiadaceae)
솜양지꽃(som-yang-ji-kkot)	*Potentilla discolor* Bunge	장미과(Rosaceae)
솜흰여뀌(som-huin-yeo-kkwi)	Persicaria lapathifolia var. salicifolia Miyabe	마디풀과(Polygonaceae)
송악(song-ak)	*Hedera rhombea* (Miq.) Bean	두릅나무과(Araliaceae)
송양나무(song-yang-na-mu)	*Ehretia acuminata* var. *obovata* (Lindl.) I.M.Johnst.	지치과(Borraginaceae)
송이고랭이(song-i-go-raeng-i)	*Scirpus triangulatus* Roxb.	사초과(Cyperaceae)
송이풀(song-i-pul)	*Pedicularis resupinata* L.	현삼과(Scrophulariaceae)
송장풀(song-jang-pul)	*Leonurus macranthus* Maxim.	꿀풀과(Lamiaceae)
쇠고비(soe-go-bi)	*Cyrtomium fortunei* J.Sm.	면마과(Dryopteridaceae)
쇠고사리(soe-go-sa-ri)	*Arachniodes rhomboidea* (Wall.) Ching ex Mett.	면마과(Dryopteridaceae)
쇠낚시사초(soe-nak-si-sa-cho)	*Carex papulosa* Boott	사초과(Cyperaceae)
쇠돌피(soe-dol-pi)	*Polypogon fugax* Nees ex Steud.	벼과(Poaceae)
쇠뜨기(soe-tteu-gi)	*Equisetum arvense* L.	속새과(Equisetaceae)
쇠뜨기말풀(soe-tteu-gi-mal-pul)	*Hippuris vulgaris* L.	쇠뜨기말풀과(Hippocrateaceae)
쇠무릎(soe-mu-reup)	*Achyranthes japonica* (Miq.) Nakai	비름과(Amaranthaceae)
쇠물푸레나무(soe-mul-pu-re-na-mu)	*Fraxinus sieboldiana* Blume	물푸레나무과(Oleaceae)

우리명 영어표기	학명 국가표준식물목록	과명 라틴과명
쇠방동사니(soe-bang-dong-sa-ni)	*Cyperus orthostachyus* Franch. et Sav.	사초과(Cyperaceae)
쇠별꽃(soe-byeol-kkot)	*Stellaria aquatica* (L.) Scop.	석죽과(Caryophyllaceae)
쇠보리(soe-bo-ri)	*Ischaemum crassipes* (Steud.) Thell.	벼과(Poaceae)
쇠비름(soe-bi-reum)	*Portulaca oleracea* L.	쇠비름과(Portulacaceae)
쇠서나물(soe-seo-na-mul)	*Picris hieracioides* var. *koreana* Kitam.	국화과(Asteraceae)
쇠채(soe-chae)	*Scorzonera albicaulis* Bunge	국화과(Asteraceae)
쇠채아재비(soe-chae-a-jae-bi)	*Tragopogon dubius* Scop.	국화과(Asteraceae)
쇠치기풀(soe-chi-gi-pul)	*Hemarthria sibirica* (Gand.) Ohwi	벼과(Poaceae)
쇠털골(soe-teol-gol)	*Eleocharis acicularis* for. *longiseta* (Svenson) T.Koyama	사초과(Cyperaceae)
쇠털이슬(soe-teol-i-seul)	*Circaea cordata* Royle	바늘꽃과(Onagraceae)
쇠풀(soe-pul)	*Andropogon brevifolius* Sw.	벼과(Poaceae)
쇠하늘지기(soe-ha-neul-ji-gi)	*Fimbristylis monostachyos* (L.) Hassk.	사초과(Cyperaceae)
수강아지풀(su-gang-a-ji-pul)	*Setaria pycnocoma* (Steud.) Henrard ex Nakai	벼과(Poaceae)
수국(su-guk)	*Hydrangea macrophylla* (Thunb.) Ser.	범의귀과(Saxifragaceae)
수국차(su-guk-cha)	*Hydrangea serrata* (Thunb.) Ser. var. *thunbergii* Sugimoto	범의귀과(Saxifragaceae)
수궁초(su-gung-cho)	*Apocynum cannabinum* L.	협죽도과(Apocynaceae)
수까치깨(su-kka-chi-kkae)	*Corchoropsis tomentosa* (Thunb.) Makino	벽오동과(Sterculiaceae)
수단그라스(su-dan-geu-ra-seu)	*Sorghum sudanease* Staff.	벼과(Poaceae)
수레국화(su-re-guk-hwa)	*Centaurea cyanus* L.	국화과(Asteraceae)
수련(su-ryeon)	*Nymphaea tetragona* Georgi	수련과(Nymphaeaceae)
수리딸기(su-ri-ttal-gi)	*Rubus corchorifolius* L. f.	장미과(Rosaceae)
수리취(su-ri-chwi)	*Synurus deltoides* (Aiton) Nakai	국화과(Asteraceae)
수박(su-bak)	*Citrullus vulgaris* Schrad.	박과(Cucurbiaceae)
수박풀(su-bak-pul)	*Hibiscus trionum* L.	아욱과(Malvaceae)
수선화(su-seon-hwa)	*Narcissus tazetta* var. *chinensis* Roem.	수선화과(Amarylidaceae)
수세미오이(su-se-mi-o-i)	*Luffa cylindrica* Roem.	박과(Cucurbiaceae)
수송나물(su-song-na-mul)	*Salsola komarovii* Iljin	명아주과(Chenopodiaceae)
수수(su-su)	*Sorghum bicolor* (L.) Moench.	벼과(Poaceae)
수수고사리(su-su-go-sa-ri)	*Asplenium wilfordii* Mett. ex Kuhn	꼬리고사리과(Aspleniaceae)
수수꽃다리(su-su-kkot-da-ri)	*Syringa oblata* var. *dilatata* (Nakai) Rehder	물푸레나무과(Oleaceae)
수수새(su-su-sae)	*Sorghum nitidum* (Vahl) Pers. var. *nitidum*	벼과(Poaceae)
수염가래꽃(su-yeom-ga-rae-kkot)	*Lobelia chinensis* Lour.	숫잔대과(Lobeliaceae)
수염개밀(su-yeom-gae-mil)	*Hystrix longearistata* (Hack.) Honda	벼과(Poaceae)
수염마름(su-yeom-ma-reum)	*Trapella sinensis* var. *antenifera* (H.Lev.) H.Hara	참깨과(Pedalidaceae)
수염며느리밥풀(su-yeom-myeo-neu-ri-bap-pul)	*Melampyrum roseum* var. *japonicum* Franch. et Sav.	현삼과(Scrophulariaceae)
수염이끼(su-yeom-i-kki)	*Hymenophyllum barbatum* (Bosch) Baker	처녀이끼과(Hymenophyllaceae)
수염패랭이꽃(su-yeom-pae-raeng-i-kkot)	*Dianthus barbatus* var. *asiaticus* Nakai	석죽과(Caryophyllaceae)
수염풀(su-yeom-pul)	*Stipa mongolica* Turcz. ex Trin	벼과(Poaceae)
수영(su-yeong)	*Rumex acetosa* L.	마디풀과(Polygonaceae)
수원고랭이(su-won-go-raeng-i)	*Scirpus wallichii* Nees	사초과(Cyperaceae)
수원잔대(su-won-jan-dae)	*Adenophora polyantha* Nakai	초롱꽃과(Campanulaceae)
수정난풀(su-jeong-nan-pul)	*Monotropa uniflora* L.	노루발과(Pyrolaceae)
수정목(su-jeong-mok)	*Damnacanthus major* Siebold et Zucc.	꼭두서니과(Rubiaceae)
수크령(su-keu-ryeong)	*Pennisetum alopecuroides* (L.) Spreng. var. *alopecuroides*	벼과(Poaceae)
수호초(su-ho-cho)	*Pachysandra terminalis* Siebold et Zucc.	회양목과(Buxaceae)
숙은꽃장포(suk-eun-kkot-jang-po)	*Tofieldia coccinea* Rich.	백합과(Liliaceae)
숙은노루오줌(suk-eun-no-ru-o-jum)	*Astilbe koreana* (Kom.) Nakai	범의귀과(Saxifragaceae)

우리명 영어표기	학명 국가표준식물목록	과명 라틴과명
순무(sun-mu)	*Brassica rapa* L. var. *rapa*	십자화과(Brassicaceae)
순비기나무(sun-bi-gi-na-mu)	*Vitex rotundifolia* L. f.	마편초과(Verbenaceae)
순채(sun-chae)	*Brasenia schreberi* J. F. Gmelin	수련과(Nymphaeaceae)
숟갈일엽(sut-gal-il-yeop)	*Loxogramme saziran* Tagawa ex Price	고란초과(Polypodiaceae)
술오이풀(sul-o-i-pul)	*Sanguisorba minor* Scop.	장미과(Rosaceae)
술패랭이꽃(sul-pae-raeng-i-kkot)	*Dianthus longicalyx* Miq.	석죽과(Caryophyllaceae)
숫돌담고사리(sut-dol-dam-go-sa-ri)	*Asplenium prolongatum* Hook.	꼬리고사리과(Aspleniaceae)
숫명다래나무(sut-myeong-da-rae-na-mu)	*Lonicera coreana* Nakai	인동과(Caprifoliaceae)
숫잔대(sut-jan-dae)	*Lobelia sessilifolia* Lamb.	숫잔대과(Lobeliaceae)
숲개밀(sup-gae-mil)	*Brachypodium sylvaticum* (Huds.) Beauv.	벼과(Poaceae)
숲개별꽃(sup-gae-byeol-kkot)	*Pseudostellaria setulosa* Ohwi	석죽과(Caryophyllaceae)
숲바람꽃(sup-ba-ram-kkot)	*Anemone umbrosa* C.A. Meyer	미나리아재비과(Ranunculaceae)
숲이삭사초(sup-i-sak-sa-cho)	*Carex drymophila* Turcz.	사초과(Cyperaceae)
쉬나무(swi-na-mu)	*Evodia daniellii* Hemsl.	운향과(Rutaceae)
쉬땅나무(swi-ttang-na-mu)	*Sorbaria sorbifolia* var. *stellipila* Maxim.	장미과(Rosaceae)
쉽싸리(swip-ssa-ri)	*Lycopus lucidus* Turcz.	꿀풀과(Lamiaceae)
스위트피(seu-wi-teu-pi)	*Lathyrus odoratus* L.	콩과(Fabaceae)
스테비아(seu-te-bi-a)	*Stevia rebaudiana* Bertoni	국화과(Asteraceae)
스트로브잣나무(seu-teu-ro-beu-jat-na-mu)	*Pinus strobus* L.	소나무과(Pinaceae)
스피아민트(seu-pi-a-min-teu)	*Mentha spicata* L.	꿀풀과(Lamiaceae)
승마(seung-ma)	*Cimicifuga heracleifolia* Kom. var. *heracleifolia*	미나리아재비과(Ranunculaceae)
시계꽃(si-gye-kkot)	*Passiflora coerulea* L.	시계꽃과(Passifloraceae)
시금치(si-geum-chi)	*Spinacia oleracea* L.	명아주과(Chenopodiaceae)
시닥나무(si-dak-na-mu)	*Acer komarovii* Pojark.	단풍나무과(Aceraceae)
시로미(si-ro-mi)	*Empetrum nigrum* var. *japonicum* K.Koch	시로미과(Empetraceae)
시리아수수새(si-ri-a-su-su-sae)	*Sorghum halepense* (L.) Pers.	벼과(Poaceae)
시무나무(si-mu-na-mu)	*Hemiptelea davidii* (Hance) Planch.	느릅나무과(Ulmaceae)
시베리아살구(si-be-ri-a-sal-gu)	*Prunus sibirica* L.	장미과(Rosaceae)
시베리아잠자리피(si-be-ri-a-jam-ja-ri-pi)	*Trisetum sibiricum* Rupr.	벼과(Poaceae)
시호(si-ho)	*Bupleurum falcatum* L.	산형과(Apiaceae)
식나무(sik-na-mu)	*Aucuba japonica* Thunb.	층층나무과(Cornaceae)
신갈나무(sin-gal-na-mu)	*Quercus mongolica* Fisch. ex Ledeb.	참나무과(Fagaceae)
신갈졸참나무(sin-gal-jol-cham-na-mu)	*Quercus alienoserratoides* T.B.Lee	참나무과(Fagaceae)
신감채(sin-gam-chae)	*Ostericum grosseserratum* (Maxim.) Kitag.	산형과(Apiaceae)
신나무(sin-na-mu)	*Acer tataricum* subsp. *ginnala* (Maxim.) Wesm.	단풍나무과(Aceraceae)
신이대(sin-i-dae)	*Sasa coreana* Nakai	벼과(Poaceae)
실갈퀴(sil-gal-kwi)	*Galium linearifolium* Turcz.	꼭두서니과(Rubiaceae)
실거리나무(sil-geo-ri-na-mu)	*Caesalpinia decapetala* (Roth) Alston	콩과(Fabaceae)
실고사리(sil-go-sa-ri)	*Lygodium japonicum* (Thunb.) Sw.	실고사리과(Lygodiaceae)
실꽃풀(sil-kkot-pyul)	*Chionographis japonica* (Willd.) Max.	백합과(Liliaceae)
실말(sil-mal)	*Potamogeton pusillus* L.	가래과(Potamogetonaceae)
실망초(sil-mang-cho)	*Conyza bonariensis* (L.) Cronquist	국화과(Asteraceae)
실맥문동(sil-maek-mun-dong)	*Ophiopogon japonicus* var. *umbrosus* Maxim.	백합과(Liliaceae)
실별꽃(sil-byeol-kkot)	*Stellaria filicaulis* Makino	석죽과(Caryophyllaceae)
실비녀골풀(sil-bi-nyeo-gol-pul)	*Juncus maximowiczii* Buchen.	골풀과(Juncaceae)
실사리(sil-sa-ri)	*Selaginella sibirica* (Milde) Hieron.	부처손과(Selaginellaceae)
실사초(sil-sa-cho)	*Carex fernaldiana* H.Lev. et Vaniot	사초과(Cyperaceae)

우리명 영어표기	학명 국가표준식물목록	과명 라틴과명
실새삼(sil-sae-sam)	*Cuscuta australis* R. Br.	메꽃과(Convolvulaceae)
실새풀(sil-sae-pul)	*Calamagrostis arundinacea* (L.) Roth	벼과(Poaceae)
실쑥(sil-ssuk)	*Filifolium sibiricum* (L.) Kitamura	국화과(Asteraceae)
실유카(sil-yu-ka)	*Yucca filamentosa* L.	용설란과(Agavaceae)
실이삭사초(sil-i-sak-sa-cho)	*Carex laxa* Wahlenb.	사초과(Cyperaceae)
실제비쑥(sil-je-bi-ssuk)	*Artemisia japonica* var. *angustissima* (Nakai) Kitam.	국화과(Asteraceae)
실청사초(sil-cheong-sa-cho)	*Carex sabynensis* Less. ex Kunth	사초과(Cyperaceae)
실포아풀(sil-po-a-pul)	*Poa acroleuca* Steud.	벼과(Poaceae)
실하늘지기(sil-ha-neul-ji-gi)	*Bulbostylis densa* (Wall.) Hand.-Mazz. var. *capitata* (Miq.) Ohwi	사초과(Cyperaceae)
십자고사리(sip-ja-go-sa-ri)	*Polystichum tripteron* (Kunze) C.Presl for. *tripteron*	면마과(Dryopteridaceae)
싱아(sing-a)	*Aconogonon alpinum* (All.) Schur.	마디풀과(Polygonaceae)
싸래기사초(ssa-rae-gi-sa-cho)	*Carex ussuriensis* Kom.	사초과(Cyperaceae)
싸리(ssa-ri)	*Lespedeza bicolor* Turcz.	콩과(Fabaceae)
싸리냉이 (ssa-ri-naeng-i)	*Cardamine impatiens* L.	십자화과(Brassicaceae)
싹눈바꽃(ssak-nun-ba-kkot)	*Aconitum proliferum* Nakai	미나리아재비과(Ranunculaceae)
쌀새(ssal-sae)	*Melica onoei* Franch. et Sav.	벼과(Poaceae)
쌍구슬풀(ssang-gu-seul-pul)	*Bifora radians* Bieb.	산형과(Apiaceae)
쌍동바람꽃(ssang-dong-ba-ram-kkot)	*Anemone rossii* S. Moore	미나리아재비과(Ranunculaceae)
쌍실버들(ssang-sil-beo-deul)	*Salix bicarpa* Nakai	버드나무과(Salicaceae)
쌍잎난초(ssang-ip-nan-cho)	*Listera pinetorum* Lindl.	난초과(Orchidaceae)
쐐기풀(sswae-gi-pul)	*Urtica thunbergiana* Siebold & Zucc.	쐐기풀과(Urticaceae)
쑥(ssuk)	*Artemisia princeps* Pamp.	국화과(Asteraceae)
쑥갓(ssuk-gat)	*Chrysanthemum coronarium* L.	국화과(Asteraceae)
쑥국화(ssuk-guk-hwa)	*Tanacetum vulgare* L.	국화과(Asteraceae)
쑥방망이(ssuk-bang-mang-i)	*Senecio argunensis* Turcz.	국화과(Asteraceae)
쑥부쟁이(ssuk-bu-jaeng-i)	*Aster yomena* (Kitam.) Honda	국화과(Asteraceae)
쑥부지깽이(ssuk-bu-ji-kkaeng-i)	*Erysimum cheiranthoides* L.	십자화과(Brassicaceae)
쓴메밀(sseun-me-mil)	*Fagopyrum rotundatum* Bajington	마디풀과(Polygonaceae)
쓴풀(sseun-pul)	*Swertia japonica* (Schult.) Griseb	용담과(Gentianaceae)
씀바귀(sseum-ba-gwi)	*Ixeridium dentatum* (Thunb. ex Mori) Tzvelev	국화과(Asteraceae)
씨눈난초(ssi-nun-nan-cho)	*Herminium lanceum* var. *longicrure* (C.Wright) Hara	난초과(Orchidaceae)
씨눈바위취(ssi-nun-ba-wi-chwi)	*Saxifraga cernua* L.	범의귀과(Saxifragaceae)
씨범꼬리(ssi-beom-kko-ri)	*Bistorta vivipara* (L.) S. F. Gray	마디풀과(Polygonaceae)

ㅇ

우리명 영어표기	학명 국가표준식물목록	과명 라틴과명
아광나무(a-gwang-na-mu)	*Crataegus maximowiczii* C. K. Schneid.	장미과(Rosaceae)
아구장나무(a-gu-jang-na-mu)	*Spiraea pubescens* Turcz.	장미과(Rosaceae)
아그배나무(a-geu-bae-na-mu)	*Malus sieboldii* (Regel) Rehder	장미과(Rosaceae)
아까시나무(a-kka-si-na-mu)	*Robinia pseudoacacia* L.	콩과(Fabaceae)
아마(a-ma)	*Linum usitatissimum* L.	아마과(Linaceae)
아마릴리스(a-ma-ril-ri-seu)	*Hippeastrum hybridum* Hort.	수선화과(Amarylidaceae)
아마풀(a-ma-pul)	*Diarthron linifolium* Turcz.	팥꽃나무과(Thymeleaceae)
아물고사리(a-mul-go-sa-ri)	*Dryopteris amurensis* (Milde) H.Christ	면마과(Dryopteridaceae)
아스파라거스(a-seu-pa-ra-geo-seu)	*Asparagus officinalis* L.	백합과(Liliaceae)
아왜나무(a-wae-na-mu)	*Viburnum odoratissimum* var. *awabuki* (K.Koch) Zabel ex Rumpler	인동과(Caprifoliaceae)
아욱(a-uk)	*Malva verticillata* L.	아욱과(Malvaceae)
아욱메풀(a-uk-me-pul)	*ichondra repens* Forster	메꽃과(Convolvulaceae)

우리명 영어표기	학명 국가표준식물목록	과명 라틴과명
아욱제비꽃(a-uk-je-bi-kkot)	*Viola hondoensis* W. Becker et H. Boissieu	제비꽃과(Violaceae)
아주가(a-ju-ga)	*Ajuga leptans* L.	꿀풀과(Lamiaceae)
아프리카문주란(a-peu-ri-ka-mun-ju-ran)	*Crinum moorei* Hook. f.	수선화과(Amarylidaceae)
안개꽃(an-gae-kkot)	*Gypsophila elegans* Bieb.	석죽과(Caryophyllaceae)
앉은부채(an-eun-bu-chae)	*Symplocarpus renifolius* Schott ex Miq.	천남성과(Araceae)
앉은좁쌀풀(an-eun-jop-ssal-pul)	*Euphrasia maximowiczii* Wettst.	현삼과(Scrophulariaceae)
알꽈리(al-kkwa-ri)	*Tubocapsicum anomalum* (Franch. et Sav.) Makino	가지과(Solanaceae)
알로에(al-ro-e)	*Aloe arborescens* Miller	백합과(Liliaceae)
알록제비꽃(al-rok-je-bi-kkot)	*Viola variegata* Fisch. ex Link var. *variegata*	제비꽃과(Violaceae)
알며느리밥풀(al-myeo-neu-ri-bap-pul)	*Melampyrum roseum* var. *ovalifolium* Nakai ex Beauverd	현삼과(Scrophulariaceae)
알방동사니(al-bang-dong-sa-ni)	*Cyperus difformis* L.	사초과(Cyperaceae)
암고사리(am-go-sa-ri)	*Diplazium chinense* (Baker) C.Chr.	우드풀과(Woodsiaceae)
암공작고사리(am-gong-jak-go-sa-ri)	*Adiantum capillisjunonis* Rupr.	공작고사리과(Parkeriaceae)
암괴불나무(am-goe-bul-na-mu)	*Lonicera nigrum* var. *barbinervis* (Kom.) Nakai	인동과(Caprifoliaceae)
암대극(am-dae-geuk)	*Euphorbia jolkini* Boiss.	대극과(Euphorbiaceae)
암매(am-mae)	*Diapensia lapponica* var. *obovata* Fr. Schm.	돌매화나무과(Diapensiaceae)
애괭이사초(ae-gwaeng-i-sa-cho)	*Carex laevissima* Nakai	사초과(Cyperaceae)
애기가래(ae-gi-ga-rae)	*Potamogeton octandrus* Poir. var. *octandrus*	가래과(Potamogetonaceae)
애기가물고사리(ae-gi-ga-mul-go-sa-ri)	*Woodsia glabella* R.Br. ex Rich.	우드풀과(Woodsiaceae)
애기감둥사초(ae-gi-gam-dung-sa-cho)	*Carex gifuensis* Franch.	사초과(Cyperaceae)
애기거머리말(ae-gi-geo-meo-ri-mal)	*Zostera nana* Roth	거머리말과(Zosteraceae)
애기고광나무(ae-gi-go-gwang-na-mu)	*Philadelphus pekinensis* Rupr.	범의귀과(Saxifragaceae)
애기고추나물(ae-gi-go-chu-na-mul)	*Hypericum japonicum* Thunb.	물레나물과(Hypericaceae)
애기골무꽃(ae-gi-gol-mu-kkot)	*Scutellaria dependens* Maxim.	꿀풀과(Lamiaceae)
애기골풀(ae-gi-gol-pul)	*Juncus bufonius* L.	골풀과(Juncaceae)
애기괭이눈(ae-gi-gwaeng-i-nun)	*Chrysosplenium flagelliferum* F. Schmidt	범의귀과(Saxifragaceae)
애기괭이밥(ae-gi-gwaeng-i-bap)	*Oxalis acetosella* L. var. *acetosella*	괭이밥과(Oxalidaceae)
애기금매화(ae-gi-geum-mae-hwa)	*Trollius japonicus* Miq.	미나리아재비과(Ranunculaceae)
애기기린초(ae-gi-gi-rin-cho)	*Sedum middendorffianum* Maxim.	돌나물과(Crassulaceae)
애기꼬리고사리(ae-gi-kko-ri-go-sa-ri)	*Asplenium varians* Wall. ex Hook. et Grev.	꼬리고사리과(Aspleniaceae)
애기나리(ae-gi-na-ri)	*Disporum smilacinum* A. Gray	백합과(LIliaceae)
애기나팔꽃(ae-gi-na-pal-kkot)	*Ipomoea lacunosa* L.	메꽃과(Convolvulaceae)
애기냉이(ae-gi-naeng-i)	*Cardamine bellidifolia* L.	십자화과(Brassicaceae)
애기노랑토끼풀(ae-gi-no-rang-to-kki-pul)	*Trifolium dubium* Sibth.	콩과(Fabaceae)
애기노루발(ae-gi-no-ru-bal)	*Pyrola denticulata* Koidz.	노루발과(Pyrolaceae)
애기달맞이꽃(ae-gi-dal-mat-i-kkot)	*Oenothera laciniata* Hill.	바늘꽃과(Onagraceae)
애기담배풀(ae-gi-dam-bae-pul)	*Carpesium rosulatum* Miq.	국화과(Asteraceae)
애기덕산풀(ae-gi-deok-san-pul)	*Scleria pergracilis* Kunth	사초과(Cyperaceae)
애기도둑놈의갈고리 (ae-gi-do-duk-nom-ui-gal-go-ri)	*Desmodium podocarpum* var. *mandshuricum* Maxim.	콩과(Fabaceae)
애기도라지(ae-gi-do-ra-ji)	*Wahlenbergia marginata* (Thunb.) A. DC.	초롱꽃과(Campanulaceae)
애기등(ae-gi-deung)	*Milletia japonica* (Siebold et Zucc.) A. Gray	콩과(Fabaceae)
애기땅빈대(ae-gi-ttang-bin-dae)	*Euphorbia supina* Raf.	대극과(Euphorbiaceae)
애기똥풀(ae-gi-ttong-pul)	*Chelidonium majus* var. *asiaticum* (Hara) Ohwi	양귀비과(Papaveraceae)
애기마름(ae-gi-ma-reum)	*Trapa incisa* Siebold et Zucc.	마름과(Hydrocaryaceae)
애기말발도리(ae-gi-mal-bal-do-ri)	*Deutzia gracilis* S. & Z.	범의귀과(Saxifragaceae)
애기망초(ae-gi-mang-cho)	*Conyza parva* (Nutt.) Cronquist	국화과(Asteraceae)
애기메꽃(ae-gi-me-kkot)	*Calystegia hederacea* Wall.	메꽃과(Convolvulaceae)

우리명 영어표기	학명 국가표준식물목록	과명 라틴과명
애기며느리밥풀(ae-gi-myeo-neu-ri-bap-pul)	*Melampyrum setaceum* (Maxim.) Nakai	현삼과(Scrophulariaceae)
애기무엽란(ae-gi-mu-yeop-ran)	*Neottia asiatica* Ohwi	난초과(Orchidaceae)
애기물꽈리아재비(ae-gi-mul-kkwa-ri-a-jae-bi)	*Mimulus tenellus* Bunge	현삼과(Scrophulariaceae)
애기물매화(ae-gi-mul-mae-hwa)	*Parnassia alpicola* Makino	범의귀과(Saxifragaceae)
애기바늘사초(ae-gi-ba-neul-sa-cho)	*Carex hakonensis* Franch. et Sav.	사초과(Cyperaceae)
애기반들사초(ae-gi-ban-deul-sa-cho)	Carex tristachya var. pocilliformis Kuk.	사초과(Cyperaceae)
애기버어먼초(ae-gi-beo-eo-meon-cho)	*Burmannia championii* Thwaites	석장과(Burmanniaceae)
애기병꽃(ae-gi-byeong-kkot)	*Diervilla sessilifolia* Buckley	인동과(Caprifoliaceae)
애기봄맞이(ae-gi-bom-mat-i)	*Androsace filiformis* Retz.	앵초과(Primulaceae)
애기부들(ae-gi-bu-deul)	*Typha angustifolia* L.	부들과(Typhaceae)
애기사철란(ae-gi-sa-cheol-ran)	*Goodyera repens* (L.) R. Br.	난초과(Orchidaceae)
애기사초(ae-gi-sa-cho)	*Carex conica* Boott	사초과(Cyperaceae)
애기석위(ae-gi-seok-wi)	*Pyrrosia petiolosa* (H.Christ et Baroni) Ching	고란초과(Polypodiaceae)
애기석창포(ae-gi-seok-chang-po)	*Acorus pusillus* Siebold.	천남성과(Araceae)
애기솔나물(ae-gi-sol-na-mul)	*Galium verum* var. *asiaticum* for. *pusillum* (Nakai) M.Park	꼭두서니과(Rubiaceae)
애기송이풀(ae-gi-song-i-pul)	*Pedicularis ishidoyana* Koidz. et Ohwi	현삼과(Scrophulariaceae)
애기수영(ae-gi-su-yeong)	*Rumex acetocella* L.	마디풀과(Polygonaceae)
애기쉽싸리(ae-gi-swip-ssa-ri)	*Lycopus maackianus* (Maxim. ex Herder) Makino	꿀풀과(Lamiaceae)
애기쐐기풀(ae-gi-sswae-gi-pul)	*Urtica laetevirens* Maxim.	쐐기풀과(Urticaceae)
애기아욱(ae-gi-a-uk)	*Malva parviflora* L.	아욱과(Malvaceae)
애기앉은부채(ae-gi-an-eun-bu-chae)	*Symplocarpus nipponicus* Makino	천남성과(Araceae)
애기염주사초(ae-gi-yeom-ju-sa-cho)	*Carex parciflora* var. *macroglossa* (Fr. et Sav.) Ohwi	사초과(Cyperaceae)
애기오이풀(ae-gi-o-i-pul)	*Sanguisorba parvifolia* (Max.) Takeda	장미과(Rosaceae)
애기우산나물(ae-gi-u-san-na-mul)	*Syneilesis aconitifolia* (Bunge) Maxim.	국화과(Asteraceae)
애기원추리(ae-gi-won-chu-ri)	*Hemerocallis minor* Mill.	백합과(Liliaceae)
애기월귤(ae-gi-wol-gyul)	*Vaccinium oxycoccus* subsp. *microcarpus* (Turcz.) Kitam.	진달래과(Ericaceae)
애기일엽초(ae-gi-il-yeop-cho)	*Lepisorus onoei* (Franch. et Sav.) Ching	고란초과(Polypodiaceae)
애기장구채(ae-gi-jang-gu-chae)	*Silene aprica* Turcz. ex Fisch. & C. A. Mey.	석죽과(Caryophyllaceae)
애기장대(ae-gi-jang-dae)	*Arabidopsis thaliana* (L.) Heynh.	십자화과(Brassicaceae)
애기족제비고사리(ae-gi-jok-je-bi-go-sa-ri)	*Dryopteris sacrosancta* Koidz.	면마과(Dryopteridaceae)
애기좁쌀풀(ae-gi-jop-ssal-pul)	*Euphrasia coreanalpina* Nakai ex Y. Kimura	현삼과(Scrophulariaceae)
애기중의무릇(ae-gi-jung-ui-mu-reut)	*Gagea hiensis* Pascher	백합과(Liliaceae)
애기참반디(ae-gi-cham-ban-di)	*Sanicula tuberculata* Max.	산형과(Apiaceae)
애기천마(ae-gi-cheon-ma)	*Hetaeria sikokiana* (Makino et F.Maek.) Tuyama	난초과(Orchidaceae)
애기천일사초(ae-gi-cheon-il-sa-cho)	*Carex subspathacea* Wormsk.	사초과(Cyperaceae)
애기카나리새풀(ae-gi-ka-na-ri-sae-pul)	*Phalaris minor* Retz.	벼과(Poaceae)
애기탑꽃(ae-gi-tap-kkot)	*Clinopodium gracile* (Benth.) Kuntze	꿀풀과(Lamiaceae)
애기풀(ae-gi-pul)	*Polygala japonica* Houtt.	원지과(Polygalaceae)
애기하늘지기(ae-gi-ha-neul-ji-gi)	*Fimbristylis autumnalis* (L.) Roem. et Schult.	사초과(Cyperaceae)
애기해바라기(ae-gi-hae-ba-ra-gi)	*Helianthus debilis* Nutt.	국화과(Asteraceae)
애기현호색(ae-gi-hyeon-ho-saek)	*Corydalis turtschaninovii* var. *fumariaefolia* (Max.) T. Lee	현호색과(Fumariaceae)
애기황새풀(ae-gi-hwang-sae-pul)	*Scirpus hudsonianus* (Michx.) Fern.	사초과(Cyperaceae)
애기흰사초(ae-gi-huin-sa-cho)	*Carex mollicula* Boott	사초과(Cyperaceae)
앵도나무(aeng-do-na-mu)	*Prunus tomentosa* Thunb.	장미과(Rosaceae)
앵초(aeng-cho)	*Primula sieboldii* E.Morren	앵초과(Primulaceae)
야고(ya-go)	*Aeginetia indica* L.	열당과(Orobanchaceae)
야광나무(ya-gwang-na-mu)	*Malus baccata* Borkh.	장미과(Rosaceae)

우리명 영어표기	학명 국가표준식물목록	과명 라틴과명
야산고비(ya-san-go-bi)	*Onoclea sensibilis* var. *interrupta* Maxim.	우드풀과(Woodsiaceae)
야생팬지(ya-saeng-paen-ji)	*Viola arvensis* Murray	제비꽃과(Violaceae)
야지피(ya-ji-pi)	*Calamagrostis neglecta* var. *aculeolata* (Hack.) Miyabe et Kudo	벼과(Poaceae)
약난초(yak-nan-cho)	*Cremastra variabilis* (Blume) Nakai ex Shibata	난초과(Orchidaceae)
약모밀(yak-mo-mil)	*Houttuynia cordata* Thunb.	삼백초과(Saururaceae)
약밤나무(yak-bam-na-mu)	*Castanea bungeana* Bl.	참나무과(Fagaceae)
얇은개싱아(yal-eun-gae-sing-a)	*Aconogonum mollifolium* (Kitag.) Hara	마디풀과(Polygonaceae)
얇은명아주(yal-eun-myeong-a-ju)	*Chenopodium hybridum* L.	명아주과(Chenopodiaceae)
얇은잎고광나무(yal-eun-ip-go-gwang-na-mu)	*Philadelphus tenuifolius* Rupr. & Max.	범의귀과(Saxifragaceae)
양구슬냉이(yang-gu-seul-naeng-i)	*Camelina sativa* (L.) Crantz	십자화과(Brassicaceae)
양귀비(yang-gwi-bi)	*Papaver somniferum* L.	양귀비과(Papaveraceae)
양덕사초(yang-deok-sa-cho)	*Carex stipata* Muhlenb.	사초과(Cyperaceae)
양명아주(yang-myeong-a-ju)	*Chenopodium ambrosioides* L.	명아주과(Chenopodiaceae)
양미역취(yang-mi-yeok-chwi)	*Solidago altissima* L.	국화과(Asteraceae)
양반풀(yang-ban-pul)	*Cynanchum sibiricum* (L.) R. Br.	박주가리과(Asclepiadaceae)
양배추(yang-bae-chu)	*Brassica oleracea* var. *capitata* L.	십자화과(Brassicaceae)
양버들(yang-beo-deul)	*Populus nigra* var. *italica* Koehne	버드나무과(Salicaceae)
양버즘나무(yang-beo-jeum-na-mu)	*Platanus occidentalis* L.	버즘나무과(Platanaceae)
양벚나무(yang-beot-na-mu)	*Prunus avium* L.	장미과(Rosaceae)
양뿔사초(yang-ppul-sa-cho)	*Carex capricornis* Meinsh. ex Maxim.	사초과(Cyperaceae)
양장구채(yang-jang-gu-chae)	*Silene gallica* L.	석죽과(Caryophyllaceae)
양지꽃(yang-ji-kkot)	*Potentilla fragarioides* var. *major* Maxim.	장미과(Rosaceae)
양지사초(yang-ji-sa-cho)	*Carex nervata* Franch. et Sav.	사초과(Cyperaceae)
양파(yang-pa)	*Allium cepa* L.	백합과(Liliaceae)
양하(yang-ha)	*Zingiber mioga* (Thunb.) Roscoe	생강과(Zingiberaceae)
어른지기(eo-reun-ji-gi)	*Fimbristylis complanata* (Retz.) Link	사초과(Cyperaceae)
어리곤달비(eo-ri-gon-dal-bi)	*Ligularia intermedia* Nakai	국화과(Asteraceae)
어리병풍(eo-ri-byeong-pung)	*Parasenecio pseudotaimingasa* (Nakai) K.J.Kim	국화과(Asteraceae)
어리연꽃(eo-ri-yeon-kkot)	*Nymphoides indica* (L.) Kuntze	용담과(Gentianaceae)
어수리(eo-su-ri)	*Heracleum moellendorffii* Hance	산형과(Apiaceae)
어저귀(eo-jeo-gwi)	*Abutilon theophrasti* Medicus	아욱과(Malvaceae)
어항마름(eo-hang-ma-reum)	*Cabomba caroliniana* A. Gray	어항마름(Cabombaceae)
억새(eok-sae)	*Miscanthus sinensis* var. *purpurascens* (Andersson) Rendle	벼과(Poaceae)
억새아재비(eok-sae-a-jae-bi)	*Miscanthus oligostachyus* Stapf	벼과(Poaceae)
언덕사초(eon-deok-sa-cho)	*Carex oxyandra* Kudô	사초과(Cyperaceae)
얼레지(eol-re-ji)	*Erythronium japonicum* (Baker) Decne.	백합과(Liliaceae)
얼룩닭의장풀(eol-ruk-dak-ui-jang-pul)	*Tradescantia flumiensis* Vell.	닭의장풀과(Commelinaceae)
얼치기완두(eol-chi-gi-wan-du)	*Vicia tetrasperma* (L.) Schreb.	콩과(Fabaceae)
엉겅퀴(eong-geong-kwi)	*Cirsium japonicum* var. *maackii* (Maxim.) Matsum.	국화과(Asteraceae)
여뀌(yeo-kkwi)	*Persicaria hydropiper* (L.) Spach var. *hydropiper*	마디풀과(Polygonaceae)
여뀌바늘(yeo-kkwi-ba-neul)	*Ludwigia prostrata* Roxb.	바늘꽃과(Onagraceae)
여로(yeo-ro)	*Veratrum maackii* var. *japonicum* (Baker) T.Schmizu	백합과(Liliaceae)
여름새우난초(yeo-reum-sae-u-nan-cho)	*Calanthe reflexa* Max.	난초과(Orchidaceae)
여우구슬(yeo-u-gu-seul)	*Phyllanthus urinaria* L.	대극과(Euphorbiaceae)
여우꼬리사초(yeo-u-kko-ri-sa-cho)	*Carex blepharicarpa* var. *stenocarpa* Ohwi	사초과(Cyperaceae)
여우꼬리풀(yeo-u-kko-ri-pul)	*Aletris glabra* Bureau et Franch.	백합과(Liliaceae)
여우버들(yeo-u-beo-deul)	Salix xerophila Flod. for. xerophila	버드나무과(Salicaceae)

우리명 영어표기	학명 국가표준식물목록	과명 라틴과명
여우오줌(yeo-u-o-jum)	*Carpesium macrocephalum* Franch. et Sav.	국화과(Asteraceae)
여우주머니(yeo-u-ju-meo-ni)	*Phyllanthus ussuriensis* Rupr. et Maxim.	대극과(Euphorbiaceae)
여우콩(yeo-u-kong)	*Rhynchosia volubilis* Lour.	콩과(Fabaceae)
여우팥(yeo-u-pat)	*Dunbaria villosa* (Thunb.) Makino	콩과(Fabaceae)
여주(yeo-ju)	*Momordica charantia* L.	박과(Cucurbiaceae)
연꽃(yeon-kkot)	*Nelumbo nucifera* Gaertn.	수련과(Nymphaeaceae)
연리갈퀴(yeon-ri-gal-kwi)	*Vicia venosa* (Willd.) Maxim.	콩과(Fabaceae)
연리초(seon-yeon-ri-cho)	*Lathyrus komarovii* Ohwi	콩과(Fabaceae)
연리초(yeon-ri-cho)	*Lathyrus quinquenervius* (Miq.) Litv.	콩과(Fabaceae)
연밥갈매나무(yeon-bap-gal-mae-na-mu)	*Rhamnus shozyoensis* Nakai	갈매나무과(Rhamnaceae)
연밥매자나무(yeon-bap-mae-ja-na-mu)	*Berberis koreana* var. *ellipsoides* Nakai	매자나무과(Berberidaceae)
연밥피나무(yeon-bap-pi-na-mu)	*Tilia koreana* Nakai	피나무과(Tiliaceae)
연복초(yeon-bok-cho)	*Adoxa moschatellina* L.	연복초과(Adoxaceae)
연영초(yeon-yeong-cho)	*Trillium kamtschaticum* Pall. ex Pursh	백합과(Liliaceae)
연잎꿩의다리(yeon-ip-kkwong-ui-da-ri)	*Thalictrum coreanum* H. Lév.	미나리아재비과(Ranunculaceae)
연필향나무(yeon-pil-hyang-na-mu)	*Juniperus virginiana* L.	측백나무과(Cupressaceae)
열대피(yeol-dae-pi)	*Echinochloa colonum* (L.) Link	벼과(Poaceae)
엷은잎제비꽃(yeol-eun-ip-je-bi-kkot)	*Viola blandaeformis* Nakai	제비꽃과(Violaceae)
염부추(yeom-bu-chu)	*Allium chinense* G. Don	백합과(Liliaceae)
염소풀(yeom-so-pul)	*Aegilops cylindrica* Host.	벼과(Poaceae)
염주(yeom-ju)	*Coix lachryma-jobi* L.	벼과(Poaceae)
염주괴불주머니(yeom-ju-goe-bul-ju-meo-ni)	*Corydalis heterocarpa* Siebold & Zucc.	현호색과(Fumariaceae)
염주나무(yeom-ju-na-mu)	*Tilia megaphylla* Nakai	피나무과(Tiliaceae)
염주사초(yeom-ju-sa-cho)	*Carex ischnostachya* Steud.	사초과(Cyperaceae)
염주황기(yeom-ju-hwang-gi)	*Astragalus membranaceus* var. *mandshuricus* Nakai	콩과(Fabaceae)
엽란(yeop-ran)	*Aspidistra elatior* Blume	백합과(Liliaceae)
영산홍(yeong-san-hong)	*Rhododendron indicum* (L.) Sweet.	진달래과(Ericaceae)
영아자(yeong-a-ja)	*Asyneuma japonicum* (Miq.) Briq.	초롱꽃과(Campanulaceae)
영주치자(yeong-ju-chi-ja)	*Gardneria insularis* Nakai	마전과(Loganiaceae)
영춘화(yeong-chun-hwa)	*Jasminum nudiflorum* Lindl.	물푸레나무과(Oleaceae)
예덕나무(ye-deok-na-mu)	*Mallotus japonicus* (Thunb.) Müell. Arg.	대극과(Euphorbiaceae)
오가나무(o-ga-na-mu)	*Eleutherococcus sieboldianus* (Makino) Koidz.	두릅나무과(Araliaceae)
오갈피나무(o-gal-pi-na-mu)	*Eleutherococcus sessiliflorus* (Rupr. et Maxim.) S. Y. Hu	두릅나무과(Araliaceae)
오대산괭이눈(o-dae-san-gwaeng-i-nun)	*Chrysosplenium alternifolium* var. *sibiricum* Ser. ex DC.	범의귀과(Saxifragaceae)
오동나무(o-dong-na-mu)	*Paulownia coreana* Uyeki	현삼과(Scrophulariaceae)
오랑캐장구채(o-rang-kae-jang-gu-chae)	*Silene repens* Patrin	석죽과(Caryophyllaceae)
오리나무(o-ri-na-mu)	*Alnus japonica* (Thunb.) Steud.	자작나무과(Betulaceae)
오리나무더부살이(o-ri-na-mu-deo-bu-sal-i)	*Boschniakia rossica* (Cham. et Schltdl.) B. Fedtsch	열당과(Orobanchaceae)
오리방풀(o-ri-bang-pul)	*Isodon excisus* (Maxim.) Kudô	꿀풀과(Lamiaceae)
오리새(o-ri-sae)	*Dactylis glomerata* L.	벼과(Poaceae)
오미자(o-mi-ja)	*Schisandra chinensis* (Turcz.) Baill.	목련과(Magnoliaceae)
오수유(o-su-yu)	*Evodia officinalis* Dode	운향과(Rutaceae)
오엽딸기(o-yeop-ttal-gi)	*Rubus ikenoensis* H. Lév. et Vaniot	장미과(Rosaceae)
오이(o-i)	*Cucumis sativus* L.	박과(Cucurbiaceae)
오이풀(o-i-pul)	*Sanguisorba officinalis* L.	장미과(Rosaceae)
오죽(o-juk)	*Phyllostachys nigra* (Lodd.) Munro	벼과(Poaceae)
오크라(o-keu-ra)	*Hibiscus esculentus* L.	아욱과(Malvaceae)

우리명 영어표기	학명 국가표준식물목록	과명 라틴과명
옥매(ok-mae)	*Prunus glandulosa* for. *albiplena* Koehne	장미과(Rosaceae)
옥수수(ok-su-su)	*Zea mays* L.	벼과(Poaceae)
옥잠난초(ok-jam-nan-cho)	*Liparis kumokiri* F. Maek.	난초과(Orchidaceae)
옥잠화(ok-jam-hwa)	*Hosta plantaginea* (Lam.) Aschers.	백합과(Liliaceae)
옥천앵두(ok-cheon-aeng-du)	*Solanum pseudocapsicum* Linn.	가지과(Solanaceae)
올괴불나무(ol-goe-bul-na-mu)	*Lonicera praeflorens* Batalin	인동과(Caprifoliaceae)
올미(ol-mi)	*Sagittaria pygmaea* Miq.	택사과(Alismataceae)
올방개(ol-bang-gae)	*Eleocharis kuroguwai* Ohwi	사초과(Cyperaceae)
올방개아재비(ol-bang-gae-a-jae-bi)	*Eleocharis kamtschatica* (C. A. Mey.) Kom.	사초과(Cyperaceae)
올벚나무(ol-beot-na-mu)	*Prunus pendula* for. *ascendens* (Makino) Ohwi	장미과(Rosaceae)
올챙이고랭이(ol-chaeng-i-go-raeng-i)	*Scirpus juncoides* var. *hotarui* (Ohwi) Ohwi	사초과(Cyperaceae)
올챙이솔(ol-chaeng-i-sol)	*Blyxa japonica* (Miq.) Maxim. ex Asch. et Gurk.	자라풀과(Hydrocharitaceae)
올챙이자리(ol-chaeng-i-ja-ri)	*Blyxa aubertii* Rich.	자라풀과(Hydrocharitaceae)
옹긋나물(ong-gut-na-mul)	*Aster fastigiatus* Fisch.	국화과(Asteraceae)
옹기피나무(ong-gi-pi-na-mu)	*Tilia ovalis* Nakai	피나무과(Tiliaceae)
옻나무(ot-na-mu)	*Rhus verniciflua* Stokes	옻나무과(Anacardiaceae)
왁살고사리(wak-sal-go-sa-ri)	*Arachniodes borealis* Seriz.	면마과(Dryopteridaceae)
완두(wan-du)	*Pisum sativum* L.	콩과(Fabaceae)
왕가시오갈피(wang-ga-si-o-gal-pi)	*Acanthopanax senticosus* (Rupr. et Maxim.) Harms var. *koreanus* (Nakai) C. T. Lee	두릅나무과(Araliaceae)
왕개서어나무(wang-gae-seo-eo-na-mu)	*Carpinus tschonoskii* Max. var. *eximia* (Nakai) Hatus.	자작나무과(Betulaceae)
왕거머리말(wang-geo-meo-ri-mal)	*Zostera asiatica* Miki	거머리말과(Zosteraceae)
왕고들빼기(wang-go-deul-ppae-gi)	*Lactuca indica* L.	국화과(Asteraceae)
왕고사리(wang-go-sa-ri)	*Deparia pterorachis* (H.Christ) M.Kato	우드풀과(Woodsiaceae)
왕골(wang-gol)	*Cyperus exaltatus* var. *iwasakii* T.Koyama	사초과(Cyperaceae)
왕과(wang-gwa)	*Thladiantha dubia* Bunge	박과(Cucurbiaceae)
왕관갈퀴나물(wang-gwan-gal-kwi-na-mul)	*Securigera varia* (L.) Lassen.	콩과(Fabaceae)
왕괴불나무(wang-goe-bul-na-mu)	*Lonicera vidalii* Franch. et Sav.	인동과(Caprifoliaceae)
왕김의털(wang-gim-ui-teol)	*Festuca rubra* L.	벼과(Poaceae)
왕김의털아재비(wang-gim-ui-teol-a-jae-bi)	*Festuca subulata* var. *japonica* Hack.	벼과(Poaceae)
왕느릅나무(wang-neu-reup-na-mu)	*Ulmus macrocarpa* Hance	느릅나무과(Ulmaceae)
왕다람쥐꼬리(wang-da-ram-jwi-kko-ri)	*Lycopodium cryptomerinum* Maxim.	석송과(Lycopodiaceae)
왕대(wang-dae)	*Phyllostachys bambusoides* Siebold et Zucc.	벼과(Poaceae)
왕도깨비가지(wang-do-kkae-bi-ga-ji)	*Solanum ciliatum* Lam.	가지과(Solanaceae)
왕둥굴레(wang-dung-gul-re)	*Polygonatum robustum* (Korsch.) Nakai	백합과(Liliaceae)
왕머루(wang-meo-ru)	*Vitis amurensis* Rupr.	포도과(Vitaceae)
왕모람(wang-mo-ram)	*Ficus thunbergii* Maxim.	뽕나무과(Moraceae)
왕모시풀(wang-mo-si-pul)	*Boehmeria pannosa* Nakai & Satake	쐐기풀과(Urticaceae)
왕미꾸리광이(wang-mi-kku-ri-gwang-i)	*Glyceria leptolepis* Ohwi	벼과(Poaceae)
왕밀사초(wang-mil-sa-cho)	*Carex matsumurae* Franch.	사초과(Cyperaceae)
왕바꽃(wang-ba-kkot)	*Aconitum fischeri* var. *leiogynum* Nakai	미나리아재비과(Ranunculaceae)
왕바랭이(wang-ba-raeng-i)	*Eleusine indica* (L.) Gaertn.	벼과(Poaceae)
왕배풍등(wang-bae-pung-deung)	*Solanum megacarpum* Koidz.	가지과(Solanaceae)
왕버들(wang-beo-deul)	*Salix chaenomeloides* Kimura var. *chaenomeloides*	버드나무과(Salicaceae)
왕벚나무(wang-beot-na-mu)	*Prunus yedoensis* Matsum.	장미과(Rosaceae)
왕별꽃(wang-byeol-kkot)	*Stellaria radians* L.	석죽과(Caryophyllaceae)
왕볼레나무(wang-bol-re-na-mu)	*Elaeagnus nikaii* Nakai	보리수나무과(Elaeagnaceae)
왕붓꽃(wang-but-kkot)	*Iris chamaeiris* Bertol	붓꽃과(Iridaceae)

우리명 영어표기	학명 국가표준식물목록	과명 라틴과명
왕비늘사초(wang-bi-neul-sa-cho)	*Carex maximowiczii* Miq. var. *maximowiczii*	사초과(Cyperaceae)
왕삿갓사초(wang-sat-gat-sa-cho)	*Carex rhynchophysa* C.A. Meyer	사초과(Cyperaceae)
왕솜대(wang-som-dae)	*Smilacina japonica* var. *mandshurica* Maxim.	백합과(Liliaceae)
왕쌀새(wang-ssal-sae)	*Melica nutans* L.	벼과(Poaceae)
왕씀배(wang-sseum-bae)	*Prenanthes ochroleuca* (Maxim.) Hemsl.	국화과(Asteraceae)
왕원추리(wang-won-chu-ri)	*Hemerocallis fulva* L. var. *kwanso* (Regel) Kitam.	백합과(Liliaceae)
왕자귀나무(wang-ja-gwi-na-mu)	*Albizzia kalkora* Prain	콩과(Fabaceae)
왕잔대(wang-jan-dae)	*Adenophora tyosenensis* Nakai ex T.H.Chung	초롱꽃과(Campanulaceae)
왕잔디(wang-jan-di)	*Zoysia macrostachya* Franch. et Sav.	벼과(Poaceae)
왕제비꽃(wang-je-bi-kkot)	*Viola websteri* Hemsl.	제비꽃과(Violaceae)
왕죽대아재비(wang-juk-dae-a-jae-bi)	*Streptopus koreanus* (Kom.) Ohwi	백합과(Liliaceae)
왕쥐똥나무(wang-jwi-ttong-na-mu)	*Ligustrum ovalifolium* Hassk.	물푸레나무과(Oleaceae)
왕지네고사리(wang-ji-ne-go-sa-ri)	*Dryopteris monticola* (Makino) C.Chr.	면마과(Dryopteridaceae)
왕질경이(wang-jil-gyeong-i)	*Plantago major* var. *japonica* (Franch. et Sav.) Miyabe	질경이과(Plantaginaceae)
왕초피나무(wang-cho-pi-na-mu)	*Zanthoxylum coreanum* Nakai	운향과(Rutaceae)
왕팽나무(wang-paeng-na-mu)	*Celtis koraiensis* Nakai	느릅나무과(Ulmaceae)
왕포아풀(wang-po-a-pul)	*Poa pratensis* L.	벼과(Poaceae)
왕호장근(wang-ho-jang-geun)	*Fallopia sachalinensis* (F.Schmidt) Ronse Decr.	마디풀과(Polygonaceae)
왜갓냉이(wae-gat-naeng-i)	*Cardamine yezoensis* Max.	십자화과(Brassicaceae)
왜개싱아(wae-gae-sing-a)	*Aconogonon divaricatum* (L.) Nakai ex T. Mori	마디풀과(Polygonaceae)
왜개연꽃(wae-gae-yeon-kkot)	*Nuphar pumilum* (Timm.) DC.	수련과(Nymphaeaceae)
왜구실사리(wae-gu-sil-sa-ri)	*Selaginella helvetica* (L.) Spring	부처손과(Selaginellaceae)
왜당귀(wae-dang-gwi)	*Angelica acutiloba* (Siebold et Zucc.) Kitag.	산형과(Apiaceae)
왜떡쑥(wae-tteok-ssuk)	*Gnaphalium uliginosum* L.	국화과(Asteraceae)
왜모시풀(wae-mo-si-pul)	*Boehmeria longispica* Steud.	쐐기풀과(Urticaceae)
왜미나리아재비(wae-mi-na-ri-a-jae-bi)	*Ranunculus franchetii* H. Boissieu	미나리아재비과(Ranunculaceae)
왜박주가리(wae-bak-ju-ga-ri)	*Tylophora floribunda* Miq.	박주가리과(Asclepiadaceae)
왜방풍(wae-bang-pung)	*Aegopodium alpestre* Ledeb.	산형과(Apiaceae)
왜솜다리(wae-som-da-ri)	*Leontopodium japonicum* Miq.	국화과(Asteraceae)
왜승마(wae-seung-ma)	*Cimicifuga japonica* (Thunb.) Spreng.	미나리아재비과(Ranunculaceae)
왜우산풀(wae-u-san-pul)	*Pleurospermum camtschaticum* Hoffm.	산형과(Apiaceae)
왜젓가락나물(wae-jeot-ga-rak-na-mul)	*Ranunculus quelpaertensis* (H. Lév.) Nakai	미나리아재비과(Ranunculaceae)
왜제비꽃(wae-je-bi-kkot)	*Viola japonica* Langsd. ex Ging.	제비꽃과(Violaceae)
왜졸방제비꽃(wae-jol-bang-je-bi-kkot)	*Viola sacchalinensis* H. Boiss.	제비꽃과(Violaceae)
왜지치(wae-ji-chi)	*Myosotis sylvatica* (Ehrh.) Hoffm.	지치과(Borraginaceae)
왜천궁(wae-cheon-gung)	*Angelica genuflexa* Nutt. ex Torr. et A. Gray	산형과(Apiaceae)
왜현호색(wae-hyeon-ho-saek)	*Corydalis ambigua* Cham. & Schlecht.	현호색과(Fumariaceae)
외대바람꽃(oe-dae-ba-ram-kkot)	*Anemone nikoensis* Maxim.	미나리아재비과(Ranunculaceae)
외대쇠치기아재비(oe-dae-soe-chi-gi-a-jae-bi)	*Eremochloa ophiuroides* (Munro) Hack.	벼과(Poaceae)
외대으아리(oe-dae-eu-a-ri)	*Clematis brachyura* Maxim.	미나리아재비과(Ranunculaceae)
외잎물쑥(oe-ip-mul-ssuk)	*Artemisia selengensis* for. *subintegra* (Pamp.) Kitag.	국화과(Asteraceae)
외잎승마(oe-ip-seung-ma)	*Astilbe simplicifolia* Makino	범의귀과(Saxifragaceae)
외잎쑥(oe-ip-ssuk)	*Artemisia viridissima* (Kom.) Pamp.	국화과(Asteraceae)
외풀(oe-pul)	*Lindernia crustacea* (L.) F. Muell.	현삼과(Scrophulariaceae)
요강나물(yo-gang-na-mul)	*Clematis fusca* var. *coreana* (H.Lev. et Vaniot) Nakai	미나리아재비과(Ranunculaceae)
용가시나무(yong-ga-si-na-mu)	*Rosa maximowicziana* Regel var. *maximowicziana*	장미과(Rosaceae)
용담(yong-dam)	*Gentiana scabra* Bunge for. *scabra*	용담과(Gentianaceae)

우리명 영어표기	학명 국가표준식물목록	과명 라틴과명
용둥굴레(yong-dung-gul-re)	*Polygonatum involucratum* (Franch. et Sav.) Maxim.	백합과(Liliaceae)
용머리(yong-meo-ri)	*Dracocephalum argunense* Fisch. ex Link	꿀풀과(Lamiaceae)
용버들(yong-beo-deul)	*Salix matsudana* for. *tortuosa* Rehder	버드나무과(Salicaceae)
용설란(yong-seol-ran)	*Agave americana* L.	용설란과(Agavaceae)
용설채(yong-seol-chae)	*Lactuca indica* var. dracoglossa Kitam.	국화과(Asteraceae)
용수염(yong-su-yeom)	*Diarrhena japonica* (Franch. et Sav.) Franch. et Sav.	벼과(Poaceae)
우단꼭두서니(u-dan-kkok-du-seo-ni)	*Rubia pubescens* Nakai	꼭두서니과(Rubiaceae)
우단담배풀(u-dan-dam-bae-pul)	*Verbascum thapsus* L.	현삼과(Scrophulariaceae)
우단석잠풀(u-dan-seok-jam-pul)	*Stachys oblongifolia* Benth.	꿀풀과(Lamiaceae)
우단일엽(u-dan-il-yeop)	*Pyrrosia linearifolia* (Hook.) Ching	고란초과(Polypodiaceae)
우단쥐손이(u-dan-jwi-son-i)	*Geranium vlassovianum* Fisch. ex Link	쥐손이풀과(Geraniaceae)
우드풀(u-deu-pul)	*Woodsia polystichoides* D.C.Eaton	우드풀과(Woodsiaceae)
우묵사스레피(u-muk-sa-seu-re-pi)	*Eurya emarginata* (Thunb.) Makino	차나무과(Theaceae)
우산고로쇠(u-san-go-ro-soe)	*Acer okamotoanum* Nakai	단풍나무과(Aceraceae)
우산나물(u-san-na-mul)	*Syneilesis palmata* (Thunb.) Maxim.	국화과(Asteraceae)
우산물통이(u-san-mul-tong-i)	*Elatostema umbellata* Bl.	쐐기풀과(Urticaceae)
우산방동사니(u-san-bang-dong-sa-ni)	*Cyperus tenuispica* Steud.	사초과(Cyperaceae)
우산잔디(u-san-jan-di)	*Cynodon dactylon* (L.) Pers.	벼과(Poaceae)
우선국(u-seon-guk)	*Aster novi-belgii* L.	국화과(Asteraceae)
우엉(u-eong)	*Arctium lappa* L.	국화과(Asteraceae)
운향(un-hyang)	*Ruta graveolens* L.	운향과(Rutaceae)
울릉미역취(ul-reung-mi-yeok-chwi)	*Solidago virgaurea* subsp. *gigantea* (Nakai) Kitam.	국화과(Asteraceae)
울릉장구채(ul-reung-jang-gu-chae)	*Silene takeshimensis* Uyeki & Sakata	석죽과(Caryophyllaceae)
울산도깨비바늘(ul-san-do-kkae-bi-ba-neul)	*Bidens pilosa* L. var. *pilosa*	국화과(Asteraceae)
웅기솜나물(ung-gi-som-na-mul)	*Senecio pseudoarnica* Less.	국화과(Asteraceae)
원산딱지꽃(won-san-ttak-ji-kkot)	*Potentilla nipponica* Th. Wolf	장미과(Rosaceae)
원지(won-ji)	*Polygala tenuifolia* Willd.	원지과(Polygalaceae)
원추리(won-chu-ri)	*Hemerocallis fulva* (L.) L.	백합과(Liliaceae)
원추천인국(won-chu-cheon-in-guk)	*Rudbeckia bicolor* Nutt.	국화과(Asteraceae)
월계수(wol-gye-su)	*Laurus nobilis* L.	녹나무과(Lauraceae)
월계화(wol-gye-hwa)	*Rosa chinensis* Jacq.	장미과(Rosaceae)
월귤(wol-gyul)	*Vaccinium vitis-idaea* L.	진달래과(Ericaceae)
위령선(wi-ryeong-seon)	*Clematis florida* Thunb.	미나리아재비과(Ranunculaceae)
위봉배(wi-bong-bae)	*Pyrus uipongensis* Uyeki	장미과(Rosaceae)
위성류(wi-seong-ryu)	*Tamarix chinensis* Lour.	위성류과(Tamaricaceae)
유동(yu-dong)	*Vernicia fordii* (Hemsl.) Airy Shaw	대극과(Euphorbiaceae)
유럽개미자리(yu-reop-gae-mi-ja-ri)	*Spergularia rubra* J.Presl et C.Presl	석죽과(Caryophyllaceae)
유럽나도냉이(yu-reop-na-do-naeng-i)	*Barbarea vulgaris* R. Br.	십자화과(Brassicaceae)
유럽미나리아재비(yu-reop-mi-na-ri-a-jae-bi)	*Ranunculus muricatus* L.	미나리아재비과(Ranunculaceae)
유럽장대(yu-reop-jang-dae)	*Sisymbrium officinale* (L.) Scop. var. *officinale*	십자화과(Brassicaceae)
유럽전호(yu-reop-jeon-ho)	*Anthriscus caucalis* M. Bieb.	산형과(Apiaceae)
유럽점나도나물(yu-reop-jeom-na-do-na-mul)	*Cerastium glomeratum* Thuill.	석죽과(Caryophyllaceae)
유럽조밥나물(yu-reop-jo-bap-na-mul)	*Hieracium caespitosum* Dum.	국화과(Asteraceae)
유럽쥐손이(yu-reop-jwi-son-i)	*Erodium moschatum* L' Hér.	쥐손이풀과(Geraniaceae)
유럽큰고추풀(yu-reop-keun-go-chu-pul)	*Gratiola officinalis* L.	현삼과(Scrophulariaceae)
유령란(yu-ryeong-ran)	*Epipogium aphyllum* (F.W. Schmidt) Sw.	난초과(Orchidaceae)
유성사초(yu-seong-sa-cho)	*Carex korshinskyi* Kom.	사초과(Cyperaceae)

우리명 영어표기	학명 국가표준식물목록	과명 라틴과명
유자나무(yu-ja-na-mu)	*Citrus junos* Siebold ex Tanaka	운향과(Rutaceae)
유채(yu-chae)	*Brassica napus* L.	십자화과(Brassicaceae)
유카(yu-ka)	*Yucca gloriosa* L.	용설란과(Agavaceae)
유홍초(yu-hong-cho)	*Quamoclit pennata* (Desr.) Bojer	메꽃과(Convolvulaceae)
육계나무(yuk-gye-na-mu)	*Cinnamomum lourei* Nees	녹나무과(Lauraceae)
육박나무(yuk-bak-na-mu)	*Actinodaphne lancifolia* (Siebold et Zucc.) Meisn.	녹나무과(Lauraceae)
육절보리풀(yuk-jeol-bo-ri-pul)	*Glyceria acutiflora* Torr.	벼과(Poaceae)
육지꽃버들(yuk-ji-kkot-beo-deul)	*Salix viminalis* L. var. *viminalis*	버드나무과(Salicaceae)
윤노리나무(yun-no-ri-na-mu)	*Pourthiaea villosa* (Thunb.) Decne. var. *villosa*	장미과(Rosaceae)
윤판나물(yun-pan-na-mul)	*Disporum uniflorum* Baker	백합과(Liliaceae)
윤판나물아재비(yun-pan-na-mul-a-jae-bi)	*Disporum sessile* D. Don var. *sessile*	백합과(Liliaceae)
율무(yul-mu)	*Coix lacrymajobi* var. *mayuen* (Rom. Caill.) Stapf	벼과(Poaceae)
율무쑥(yul-mu-ssuk)	*Artemisia koidzumii* Nakai	국화과(Asteraceae)
으름난초(eu-reum-nan-cho)	*Galeola septentrionalis* Rchb. f.	난초과(Orchidaceae)
으름덩굴(eu-reum-deong-gul)	*Akebia quinata* (Thunb.) Decne.	으름덩굴과(Lardizabalaceae)
으아리(eu-a-ri)	*Clematis terniflora* var. *mandshurica* (Rupr.) Ohwi	미나리아재비과(Ranunculaceae)
은꿩의다리(eun-kkwong-ui-da-ri)	*Thalictrum actaefolium* var. *brevistylum* Nakai	미나리아재비과(Ranunculaceae)
은난초(eun-nan-cho)	*Cephalanthera erecta* (Thunb. ex A. Murray) Blume	난초과(Orchidaceae)
은단풍(eun-dan-pung)	*Acer saccahrinum* L.	단풍나무과(Aceraceae)
은대난초(eun-dae-nan-cho)	*Cephalanthera longibracteata* Blume	난초과(Orchidaceae)
은방울꽃(eun-bang-ul-kkot)	*Convallaria keiskei* Miq.	백합과(Liliaceae)
은백양(eun-baek-yang)	*Populus alba* L.	버드나무과(Salicaceae)
은분취(eun-bun-chwi)	*Saussurea gracilis* Maxim.	국화과(Asteraceae)
은사시나무(eun-sa-si-na-mu)	*Populus tomentiglandulosa* T.B. Lee	버드나무과(Salicaceae)
은양지꽃(eun-yang-ji-kkot)	*Potentilla nivea* L.	장미과(Rosaceae)
은털새(eun-teol-sae)	*Aira caryophyllea* L.	벼과(Poaceae)
은행나무(eun-haeng-na-mu)	*Ginkgo biloba* L.	은행나무과(Ginkgoaceae)
음나무(eum-na-mu)	*Kalopanax septemlobus* (Thunb. ex Murray) Koidz.	두릅나무과(Araliaceae)
음양고비(eum-yang-go-bi)	*Osmunda claytoniana* L.	고비과(Osmundaceae)
응달고사리(eung-dal-go-sa-ri)	*Cornopteris crenulatoserrulata* (Makino) Nakai	우드풀과(Woodsiaceae)
이고들빼기(i-go-deul-ppae-gi)	*Crepidiastrum denticulatum* (Houtt.) Pak et Kawano	국화과(Asteraceae)
이나무(i-na-mu)	*Idesia polycarpa* Max.	이나무과(Flacourtiaceae)
이노리나무(i-no-ri-na-mu)	*Crataegus komarovii* Sarg.	장미과(Rosaceae)
이대(i-dae)	*Pseudosasa japonica* (Siebold et Zucc. ex Steud.) Makino	벼과(Poaceae)
이란미나리(i-ran-mi-na-ri)	*Lisaea heterocarpa* (DC.) Boiss.	산형과(Apiaceae)
이른범꼬리(i-reun-beom-kko-ri)	*Bistorta tenuicaule* (Bisset & Moore) Nakai	마디풀과(Polygonaceae)
이삭귀개(i-sak-gwi-gae)	*Utricularia racemosa* Wall.	통발과(Lentibulariaceae)
이삭단엽란(i-sak-dan-yeop-ran)	*Microstylis monophyllos* (L.) Lindl.	난초과(Orchidaceae)
이삭마디풀(i-sak-ma-di-pul)	*Polygonum polyneuron* Franch. & Sav.	마디풀과(Polygonaceae)
이삭물수세미(i-sak-mul-su-se-mi)	*Myriophyllum spicatum* L.	개미탑과(Halorrhagaceae)
이삭바꽃(i-sak-ba-kkot)	*Aconitum kusnezoffii* Reichb.	미나리아재비과(Ranunculaceae)
이삭봄맞이(i-sak-bom-mat-i)	*Stimpsonia chamaedryoides* C. Wright ex A. Gray	앵초과(Primulaceae)
이삭사초(i-sak-sa-cho)	*Carex dimorpholepis* Steud.	사초과(Cyperaceae)
이삭송이풀(i-sak-song-i-pul)	*Pedicularis spicata* Pall.	현삼과(Scrophulariaceae)
이삭여뀌(i-sak-yeo-kkwi)	*Persicaria filiformis* (Thunb.) Nakai ex Mori	마디풀과(Polygonaceae)
이삭포아풀(i-sak-po-a-pul)	*Poa bulbosa* var. *vivipara* Koeler	벼과(Poaceae)
이스라지(i-seu-ra-ji)	*Prunus japonica* var. *nakaii* (H. Lv.) Rehder	장미과(Rosaceae)

우리명 영어표기	학명 국가표준식물목록	과명 라틴과명
이시도야제비꽃(i-si-do-ya-je-bi-kkot)	*Viola ishidoyana* Nakai	제비꽃과(Violaceae)
이질풀(i-jil-pul)	*Geranium thunbergii* Siebold et Zucc.	쥐손이풀과(Geraniaceae)
이태리포플러(i-tae-ri-po-peul-reo)	*Populus euramericana* Guinier	버드나무과(Salicaceae)
이팝나무(i-pap-na-mu)	*Chionanthus retusus* Lindl. et Paxton	물푸레나무과(Oleaceae)
익모초(ik-mo-cho)	*Leonurus japonicus* Houtt.	꿀풀과(Lamiaceae)
인가목(in-ga-mok)	*Rosa suavis* Willd.	장미과(Rosaceae)
인가목조팝나무(in-ga-mok-jo-pap-na-mu)	*Spiraea chamaedryfolia* L.	장미과(Rosaceae)
인도고무나무(in-do-go-mu-na-mu)	*Ficus elastica* Roxb.	뽕나무과(Moraceae)
인동덩굴(in-dong-deong-gul)	*Lonicera japonica* Thunb.	인동과(Caprifoliaceae)
인삼(in-sam)	*Panax ginseng* C. A. Mey.	두릅나무과(Araliaceae)
인제사초(in-je-sa-cho)	*Carex heterostachya* Bunge	사초과(Cyperaceae)
일본목련(il-bon-mok-ryeon)	*Magnolia obovata* Thunb.	목련과(Magnoliaceae)
일본사시나무(il-bon-sa-si-na-mu)	*Populus sieboldii* Miq.	버드나무과(Salicaceae)
일본사초(il-bon-sa-cho)	*Carex hondoensis* Ohwi	사초과(Cyperaceae)
일본전나무(il-bon-jeon-na-mu)	*Abies firma* Sieboid et Zucc.	소나무과(Pinaceae)
일본조팝나무(il-bon-jo-pap-na-mu)	*Spiraea japonica* L. f.	장미과(Rosaceae)
일색고사리(il-saek-go-sa-ri)	*Arachniodes standishii* (T.Moore) Ohwi	면마과(Dryopteridaceae)
일엽아재비(il-yeop-a-jae-bi)	*Vittaria flexuosa* Fee	일엽아재비과(Vittariaceae)
일엽초(il-yeop-cho)	*Lepisorus thunbergianus* (Kaulf.) Ching	고란초과(Polypodiaceae)
일월비비추(il-wol-bi-bi-chu)	*Hosta capitata* (Koidz.) Nakai	백합과(Liliaceae)
일일초(il-il-cho)	*Catharanthus roseus* (L.) G. Don.	협죽도과(Apocynaceae)
입술망초(ip-sul-mang-cho)	*Peristrophe japonica* (Thunb.) Bremek.	쥐꼬리망초과(Acanthaceae)
잇꽃(it-kkot)	*Carthamus tinctorius* L.	국화과(Asteraceae)
잎갈나무(ip-gal-na-mu)	*Larix olgensis* var. *koreana* (Nakai) Nakai	소나무과(Pinaceae)

ㅈ

우리명 영어표기	학명 국가표준식물목록	과명 라틴과명
자귀나무(ja-gwi-na-mu)	*Albizia julibrissin* Durazz.	콩과(Fabaceae)
자귀풀(ja-gwi-pul)	*Aeschynomene indica* L.	콩과(Fabaceae)
자금우(ja-geum-u)	*Ardisia japonica* (Thunb.) Blume	자금우과(Ardisiaceae)
자두나무(ja-du-na-mu)	*Prunus salicina* Lindl. var. *salicina*	장미과(Rosaceae)
자라풀(ja-ra-pul)	*Hydrocharis dubia* (Blume) Backer	자라풀과(Hydrocharitaceae)
자란(ja-ran)	*Bletilla striata* (Thunb. ex A. Murray) Rchb. f.	난초과(Orchidaceae)
자란초(ja-ran-cho)	*Ajuga spectabilis* Nakai	꿀풀과(Lamiaceae)
자리공(ja-ri-gong)	*Phytolacca esculenta* Van Houtte	자리공과(Phytolaccaceae)
자목련(ja-mok-ryeon)	*Magnolia liliflora* Desr.	목련과(Magnoliaceae)
자반풀(ja-ban-pul)	*Omphalodes krameri* Franch. et Sav.	지치과(Borraginaceae)
자아만아아리스(ja-a-man-a-a-ri-seu)	*Iris germanica* L.	붓꽃과(Iridaceae)
자운영(ja-un-yeong)	*Astragalus sinicus* L.	콩과(Fabaceae)
자작나무(ja-jak-na-mu)	*Betula platyphylla* var. *japonica* (Miq.) Hara	자작나무과(Betulaceae)
자주가는오이풀(ja-ju-ga-neun-o-i-pul)	*Sanguisorba tenuiflora* var. *purpurea* Trautv. et Mey.	장미과(Rosaceae)
자주강아지풀(ja-ju-gang-a-ji-pul)	*Setaria viridis* (L.) Beauv. var. *purpurascens* Maxim.	벼과(Poaceae)
자주개밀(ja-ju-gae-mil)	*Agropyron yezoense* Honda var. *yezoense*	벼과(Poaceae)
자주개자리(ja-ju-gae-ja-ri)	*Medicago sativa* L.	콩과(Fabaceae)
자주개황기(ja-ju-gae-hwang-gi)	*Astragalus adsurgens* Pall.	콩과(Fabaceae)
자주광대나물(ja-ju-gwang-dae-na-mul)	*Lamium purpureum* L.	꿀풀과(Lamiaceae)
자주괭이밥(ja-ju-gwaeng-i-bap)	*Oxalis corymbosa* DC.	괭이밥과(Oxalidaceae)
자주괴불주머니(ja-ju-goe-bul-ju-meo-ni)	*Corydalis incisa* (Thunb.) Pers.	현호색과(Fumariaceae)

우리명 영어표기	학명 국가표준식물목록	과명 라틴과명
자주꽃방망이(ja-ju-kkot-bang-mang-i)	*Campanula glomerata* var. *dahurica* Fisch. ex KerGawl.	초롱꽃과(Campanulaceae)
자주꿩의다리(ja-ju-kkwong-ui-da-ri)	*Thalictrum uchiyamai* Nakai	미나리아재비과(Ranunculaceae)
자주꿩의비름(ja-ju-kkwong-ui-bi-reum)	*Hylotelephium telephium* (L.) H. Ohba	돌나물과(Crassulaceae)
자주달개비(ja-ju-dal-gae-bi)	*Tradescantia reflexa* Raf.	닭의장풀과(Commelinaceae)
자주덩굴별꽃(ja-ju-deong-gul-byeol-kkot)	*Cucubalus baccifer* for. *atropurpureus* Nakai	석죽과(Caryophyllaceae)
자주목련(ja-ju-mok-ryeon)	*Magnolia denudata* var. *purpurascens* (Maxim.) Rehder et E.H.Wilson	목련과(Magnoliaceae)
자주받침꽃(ja-ju-bat-chim-kkot)	*Calycanthus fertilis* Walter	받침꽃과(Calycanthaceae)
자주방가지똥(ja-ju-bang-ga-ji-ttong)	*Lactuca sibirica* (L.) Benth. ex Maxim.	국화과(Asteraceae)
자주방아풀(ja-ju-bang-a-pul)	*Isodon serra* (Maxim.) Kudô	꿀풀과(Lamiaceae)
자주섬초롱꽃(ja-ju-seom-cho-rong-kkot)	*Campanula takesimana* Nakai for. *purpurea* T. B. Lee	초롱꽃과(Campanulaceae)
자주솜대(ja-ju-som-dae)	*Smilacina bicolor* Nakai	백합과(Liliaceae)
자주쓴풀(ja-ju-sseun-pul)	*Swertia pseudochinensis* H. Hara	용담과(Gentianaceae)
자주잎제비꽃(ja-ju-ip-je-bi-kkot)	*Viola violacea* Makino	제비꽃과(Violaceae)
자주장대나물(ja-ju-jang-dae-na-mul)	*Arabis coronata* Nakai for. *coronata*	십자화과(Brassicaceae)
자주조희풀(ja-ju-jo-hui-pul)	*Clematis heracleifolia* var. *davidiana* Hemsl.	미나리아재비과(Ranunculaceae)
자주종덩굴(ja-ju-jong-deong-gul)	*Clematis alpina* var. *ochotensis* (Pall.) Kuntze	미나리아재비과(Ranunculaceae)
자주천인국(ja-ju-cheon-in-guk)	*Echinacea purpurea* (L.) Moench.	국화과(Asteraceae)
자주초롱꽃(ja-ju-cho-rong-kkot)	*Campanula punctata* Lam. var. *rubriflora* Makino	초롱꽃과(Campanulaceae)
자주포아풀(ja-ju-po-a-pul)	*Poa glauca* Vahl	벼과(Poaceae)
자주풀솜나물(ja-ju-pul-som-na-mul)	*Gnaphalium purpureum* L.	국화과(Asteraceae)
자주황기(ja-ju-hwang-gi)	*Astragalus dahuricus* (Pall.) DC.	콩과(Fabaceae)
작두콩(jak-du-kong)	*Canavalia ensiformis* DC.	콩과(Fabaceae)
작살나무(jak-sal-na-mu)	*Callicarpa japonica* Thunb.	마편초과(Verbenaceae)
작약(jak-yak)	*Paeonia lactiflora* Pall.	미나리아재비과(Ranunculaceae)
작은조아재비(jak-eun-jo-a-jae-bi)	*Phleum paniculatum* Huds.	벼과(Poaceae)
작은황새풀(jak-eun-hwang-sae-pul)	*Eriophorum gracile* K. Koch	사초과(Cyperaceae)
잔개자리(jan-gae-ja-ri)	*Medicago lupulina* L.	콩과(Fabaceae)
잔고사리(jan-go-sa-ri)	*Dennstaedtia hirsuta* (Sw.) Mett. ex Miq.	잔고사리과(Dennstaedtiaceae)
잔눈썹고사리(jan-nun-sseop-go-sa-ri)	*Asplenium shikokianum* Makino	꼬리고사리과(Aspleniaceae)
잔대(jan-dae)	*Adenophora triphylla* var. *japonica* (Regel) H.Hara	초롱꽃과(Campanulaceae)
잔디(jan-di)	*Zoysia japonica* Steud.	벼과(Poaceae)
잔디갈고리(jan-di-gal-go-ri)	*Desmodium heterocarpon* (L.) DC.	콩과(Fabaceae)
잔디바랭이(jan-di-ba-raeng-i)	*Dimeria ornithopoda* Trin.	벼과(Poaceae)
잔솔잎사초(jan-sol-ip-sa-cho)	*Carex capillacea* Boott	사초과(Cyperaceae)
잔잎바디(jan-ip-ba-di)	*Angelica czernevia* (Fisch. et Meyer) Kitagawa	산형과(Apiaceae)
잔털오리나무(jan-teol-o-ri-na-mu)	*Alnus mayrii* Callier	자작나무과(Betulaceae)
잔털제비꽃(jan-teol-je-bi-kkot)	*Viola keiskei* Miq.	제비꽃과(Violaceae)
잠두(jam-du)	*Vicia faba* L.	콩과(Fabaceae)
잠자리난초(jam-ja-ri-nan-cho)	*Habenaria linearifolia* Maxim. for. *linearifolia*	난초과(Orchidaceae)
잠자리피(jam-ja-ri-pi)	*Trisetum bifidum* (Thunb.) Ohwi	벼과(Poaceae)
잡싸리(jap-ssa-ri)	*Lespedeza* × *schindleri* T.B. Lee	콩과(Fabaceae)
잣나무(jat-na-mu)	*Pinus koraiensis* Siebold et Zucc.	소나무과(Pinaceae)
장구밥나무(jang-gu-bam-na-mu)	*Grewia parviflora* Bunge	피나무과(Tiliaceae)
장구채(jang-gu-chae)	*Silene firma* Siebold & Zucc.	석죽과(Caryophyllaceae)
장군풀(jang-gun-pul)	*Rheum coreanum* Nakai	마디풀과(Polygonaceae)
장대나물(jang-dae-na-mul)	*Arabis glabra* Bernh.	십자화과(Brassicaceae)
장대냉이(jang-dae-naeng-i)	*Berteroella maximowiczii* (Palib.) O. E. Schulz	십자화과(Brassicaceae)

우리명 영어표기	학명 국가표준식물목록	과명 라틴과명
장대여뀌(jang-dae-yeo-kkwi)	*Persicaria posumbu* var. *laxiflora* (Meisn.) H.Hara	마디풀과(Polygonaceae)
장딸기(jang-ttal-gi)	*Rubus hirsutus* Thunb.	장미과(Rosaceae)
장백제비꽃(jang-baek-je-bi-kkot)	*Viola biflora* L.	제비꽃과(Violaceae)
장성사초(jang-seong-sa-cho)	*Carex kujuzana* Ohwi	사초과(Cyperaceae)
장수냉이(jang-su-naeng-i)	*Myagrum perfoliatum* L.	십자화과(Brassicaceae)
장수만리화(jang-su-man-ri-hwa)	*Forsythia velutina* Nakai	물푸레나무과(Oleaceae)
장수팽나무(jang-su-paeng-na-mu)	*Celtis cordifolia* Nakai	느릅나무과(Ulmaceae)
장억새(jang-eok-sae)	*Miscanthus changii* Y. N. Lee	벼과(Poaceae)
장지석남(jang-ji-seok-nam)	*Andromeda polifolia* for. *acerosa* C.Hartm.	진달래과(Ericaceae)
장지채(jang-ji-chae)	*Scheuchzeria palustris* L.	장지채과(Scheuchzeriaceae)
재쑥(jae-ssuk)	*Descurainia sophia* (L.) Webb ex Prantl	십자화과(Brassicaceae)
적작약(jeok-jak-yak)	*Paeonia lactiflora* Pall.	미나리아재비과(Ranunculaceae)
전나무(jeon-na-mu)	*Abies holophylla* Maxim.	소나무과(Pinaceae)
전동싸리(jeon-dong-ssa-ri)	*Melilotus suaveolens* Ledeb.	콩과(Fabaceae)
전주물꼬리풀(jeon-ju-mul-kko-ri-pul)	*Dysophylla yatabeana* Makino	꿀풀과(Lamiaceae)
전호(jeon-ho)	*Anthriscus sylvestris* (L.) Hoffm.	산형과(Apiaceae)
절국대(jeol-guk-dae)	*Siphonostegia chinensis* Benth.	현삼과(Scrophulariaceae)
절굿대(jeol-gut-dae)	*Echinops setifer* Iljin	국화과(Asteraceae)
점고사리(jeom-go-sa-ri)	*Hypolepis punctata* (Thunb.) Mett. ex Kuhn	잔고사리과(Dennstaedtiaceae)
점나도나물(jeom-na-do-na-mul)	*Cerastium holosteoides* var. *hallaisanense* (Nakai) Mizush.	석죽과(Caryophyllaceae)
점박이천남성(jeom-bak-i-cheon-nam-seong)	*Arisaema peninsulae* Nakai	천남성과(Araceae)
접시꽃(jeop-si-kkot)	*Althaea rosea* Cav.	아욱과(Malvaceae)
젓가락나물(jeot-ga-rak-na-mul)	*Ranunculus chinensis* Bunge	미나리아재비과(Ranunculaceae)
정금나무(jeong-geum-na-mu)	*Vaccinium oldhamii* Miq.	진달래과(Ericaceae)
정능참나무(jeong-neung-cham-na-mu)	*Quercus acutissisma* × *variabilis* Nakai	참나무과(Fagaceae)
정선황기(jeong-seon-hwang-gi)	*Astragalus koraiensis* Y.N.Lee	콩과(Fabaceae)
정영엉겅퀴(jeong-yeong-eong-geong-kwi)	*Cirsium chanroenicum* (L.) Nakai	국화과(Asteraceae)
정향나무(jeong-hyang-na-mu)	*Syringa patula* var. *kamibayshii* (Nakai) K. Kim	물푸레나무과(Oleaceae)
정향풀(jeong-hyang-pul)	*Amsonia elliptica* (Thunb.) Roem. et Schult.	협죽도과(Apocynaceae)
제라늄(je-ra-nyum)	*Pelargonium inquinans* Aiton	쥐손이풀과(Geraniaceae)
제비고깔(je-bi-go-kkal)	*Delphinium grandiflorum* L.	미나리아재비과(Ranunculaceae)
제비꼬리고사리(je-bi-kko-ri-go-sa-ri)	*Thelypteris esquirolii* var. *glabrata* (Christ) K.Iwats	처녀고사리과(Thelypteridaceae)
제비꽃(je-bi-kkot)	*Viola mandshurica* W. Becker	제비꽃과(Violaceae)
제비꿀(je-bi-kkul)	*Thesium chinense* Turcz.	단향과(Santalaceae)
제비난초(je-bi-nan-cho)	*Platanthera freynii* Kraenzl	난초과(Orchidaceae)
제비동자꽃(je-bi-dong-ja-kkot)	*Lychnis wilfordii* (Regel) Maxim.	석죽과(Caryophyllaceae)
제비붓꽃(je-bi-but-kkot)	*Iris laevigata* Fisch. ex Turcz.	붓꽃과(Iridaceae)
제비쑥(je-bi-ssuk)	*Artemisia japonica* Thunb.	국화과(Asteraceae)
제주고사리삼(je-ju-go-sa-ri-sam)	*Mankyua chejuense* B.Y.Sun et al.	고사리삼과(Ophioglossaceae)
제주괭이눈(je-ju-gwaeng-i-nun)	*Chrysosplenium hallaisanense* Nakai	범의귀과(Saxifragaceae)
제주달구지풀(je-ju-dal-gu-ji-pul)	*Trifolium lupinaster* for. *alpinus* (Nakai) M.Park	콩과(Fabaceae)
제주산버들(je-ju-san-beo-deul)	*Salix blinii* H. Lév.	버드나무과(Salicaceae)
제주양지꽃(je-ju-yang-ji-kkot)	*Potentilla stolonifera* var. *quelpaertensis* Nakai	장미과(Rosaceae)
제주조릿대(je-ju-jo-rit-dae)	*Sasa palmata* (Bean) Nakai	벼과(Poaceae)
제주지네고사리(je-ju-ji-ne-go-sa-ri)	*Dryopteris championi* (Benth.) C.Chr. ex Ching	면마과(Dryopteridaceae)
제주진득찰(je-ju-jin-deuk-chal)	*Sigesbeckia orientalis* L.	국화과(Asteraceae)
제주큰물통이(je-ju-keun-mul-tong-i)	*Pilea taquetii* Nakai	쐐기풀과(Urticaceae)

우리명 영어표기	학명 국가표준식물목록	과명 라틴과명
제주피막이(je-ju-pi-mak-i)	*Hydrocotyle yabei* Makino	산형과(Apiaceae)
제주하늘지기(je-ju-ha-neul-ji-gi)	*Fimbristylis schoenoides* (Retz.) Vahl	사초과(Cyperaceae)
제충국(je-chung-guk)	*Tanacetum cinerariifolium* (Trev.) Sch. Bip	국화과(Asteraceae)
조(jo)	*Setaria italica* (L.) P. Beauv.	벼과(Poaceae)
조각자나무(jo-gak-ja-na-mu)	*Gleditsia sinensis* Lamarck	콩과(Fabaceae)
조개나물(jo-gae-na-mul)	*Ajuga multiflora* Bunge	꿀풀과(Lamiaceae)
조개풀(jo-gae-pul)	*Arthraxon hispidus* (Thunb.) Makino	벼과(Poaceae)
조구나무(jo-gu-na-mu)	*Sapium sebiferum* (L.) Roxb.	대극과(Euphorbiaceae)
조록나무(jo-rok-na-mu)	*Distylium racemosum* Siebold et Zucc.	조록나무과(Hamamelidaceae)
조록싸리(jo-rok-ssa-ri)	*Lespedeza maximowiczii* C. K. Schneid.	콩과(Fabaceae)
조름나물(jo-reum-na-mul)	*Menyanthes trifoliata* L.	용담과(Gentianaceae)
조릿대(jo-rit-dae)	*Sasa borealis* (Hack.) Makino	벼과(Poaceae)
조릿대풀(jo-rit-dae-pul)	*Lophatherum gracile* Brongn.	벼과(Poaceae)
조밥나물(jo-bap-na-mul)	*Hieracium umbellatum* L.	국화과(Asteraceae)
조뱅이(jo-baeng-i)	*Breea segeta* (Willd.) Kitam. for. *segeta*	국화과(Asteraceae)
조아재비(jo-a-jae-bi)	*Setaria chondrachne* (Steud.) Honda	벼과(Poaceae)
조팝나무(jo-pap-na-mu)	*Spiraea prunifolia* for. *simpliciflora* Nakai	장미과(Rosaceae)
족도리풀(jok-do-ri-pul)	*Asarum sieboldii* Miq.	쥐방울덩굴과(Aristolochiaceae)
족제비싸리(jok-je-bi-ssa-ri)	*Amorpha fruticosa* L.	콩과(Fabaceae)
족제비쑥(jok-je-bi-ssuk)	*Matricaria matricarioides* Porter	국화과(Asteraceae)
졸가시나무(jol-ga-si-na-mu)	*Quercus phillyraeoides* A. Gray	참나무과(Fagaceae)
졸방제비꽃(jol-bang-je-bi-kkot)	*Viola acuminata* Ledeb.	제비꽃과(Violaceae)
졸참나무(jol-cham-na-mu)	*Quercus serrata* Thunb. ex Murray	참나무과(Fagaceae)
좀가지풀(jom-ga-ji-pul)	*Lysimachia japonica* Thunb.	앵초과(Primulaceae)
좀갈매나무(jom-gal-mae-na-mu)	*Rhamnus taquetii* (H. Lév.) H. Lév.	갈매나무과(Rhamnaceae)
좀개갓냉이(jom-gae-gat-naeng-i)	*Rorippa cantoniensis* (Lour.) Ohwi	십자화과(Brassicaceae)
좀개구리밥(jom-gae-gu-ri-bap)	*Lemna perpusilla* Torr.	개구리밥과(Lemnaceae)
좀개미취(jom-gae-mi-chwi)	*Aster maackii* Regel	국화과(Asteraceae)
좀개소시랑개비(jom-gae-so-si-rang-gae-bi)	*Potentilla amurensis* Maxim.	장미과(Rosaceae)
좀개수염(jom-gae-su-yeom)	*Eriocaulon decemflorum* Maxim.	곡정초과(Eriocaulaceae)
좀개자리(jom-gae-ja-ri)	*Medicago minima* Bartal.	콩과(Fabaceae)
좀겨풀 (jom-gyeo-pul)	*Leersia oryzoides* (L.) Sw. var. *oryzoides*	벼과(Poaceae)
좀고사리(jom-go-sa-ri)	*Pleurosoriopsis makinoi* (Maxim. ex Makino) Fomin	공작고사리과(Parkeriaceae)
좀고양이수염(jom-go-yang-i-su-yeom)	*Rhynchospora fujiiana* Makino	사초과(Cyperaceae)
좀고추나물(jom-go-chu-na-mul)	*Hypericum laxum* (Blume) Koidz.	물레나물과(Hypericaceae)
좀구슬붕이(jom-gu-seul-bung-i)	*Gentiana squarrosa* var. *microphylla* Nakai	용담과(Gentianaceae)
좀깨잎나무(jom-kkae-ip-na-mu)	*Boehmeria spicata* (Thunb.) Thunb.	쐐기풀과(Urticaceae)
좀꽃마리(jom-kkot-ma-ri)	*Trigonotis coreana* Nakai	지치과(Borraginaceae)
좀꾸러미풀(jom-kku-reo-mi-pul)	*Poa radula* Franch. et Sav.	벼과(Poaceae)
좀꿩의다리(jom-kkwong-ui-da-ri)	*Thalictrum kemense* var. *hypoleucum* (Siebold et Zucc.) Kitag.	미나리아재비과(Ranunculaceae)
좀꿩의밥(jom-kkwong-ui-bap)	*Luzula wahlenbergii* Rupr.	골풀과(Juncaceae)
좀나도고사리삼(jom-na-do-go-sa-ri-sam)	*Ophioglossum thermale* Kom.	고사리삼과(Ophioglossaceae)
좀나도히초미(jom-na-do-hi-cho-mi)	*Polystichum braunii* (Spenn.) Fee	면마과(Dryopteridaceae)
좀낭아초(jom-nang-a-cho)	*Chamaerhodos erecta* (L.) Bunge	장미과(Rosaceae)
좀냉이(jom-naeng-i)	*Cardamine parviflora* L.	십자화과(Brassicaceae)
좀네잎갈퀴(jom-ne-ip-gal-kwi)	*Galium gracilens* (A. Gray) Makino	꼭두서니과(Rubiaceae)
좀다닥냉이(jom-da-dak-naeng-i)	*Lepidium ruderale* L.	십자화과(Brassicaceae)

우리명 영어표기	학명 국가표준식물목록	과명 라틴과명
좀다람쥐꼬리(jom-da-ram-jwi-kko-ri)	*Lycopodium selago* L.	석송과(Lycopodiaceae)
좀닭의장풀(jom-dak-ui-jang-pul)	*Commelina communis* var. *angustifolia* Nakai	닭의장풀과(Commelinaceae)
좀담배풀(jom-dam-bae-pul)	*Carpesium cernuum* L.	국화과(Asteraceae)
좀댕강나무(jom-daeng-gang-na-mu)	*Abelia serrata* Siebold et Zucc.	인동과(Caprifoliaceae)
좀도깨비사초(jom-do-kkae-bi-sa-cho)	*Carex idzuroei* Franch. et Sav.	사초과(Cyperaceae)
좀돌피(jom-dol-pi)	*Echinochloa crusgalli* var. *praticola* Ohwi	벼과(Poaceae)
좀딱취(jom-ttak-chwi)	*Ainsliaea apiculata* Sch. Bip.	국화과(Asteraceae)
좀딸기(jom-ttal-gi)	*Potentilla centigrana* Maxim.	장미과(Rosaceae)
좀매자기(jom-mae-ja-gi)	*Scirpus planiculmis* F. Schmidt	사초과(Cyperaceae)
좀명아주(jom-myeong-a-ju)	*Chenopodium ficifolium* Smith	명아주과(Chenopodiaceae)
좀목형(jom-mok-hyeong)	*Vitex negundo* var. *incisa* (Lam.) C.B.Clarke	마편초과(Verbenaceae)
좀물뚝새(jom-mul-ttuk-sae)	*Sacciolepis indica* (L.) Chase	벼과(Poaceae)
좀미나리아재비(jom-mi-na-ri-a-jae-bi)	*Ranunculus arvensis* L.	미나리아재비과(Ranunculaceae)
좀미역고사리(jom-mi-yeok-go-sa-ri)	*Polypodium virginianum* L.	고란초과(Polypodiaceae)
좀민들레(jom-min-deul-re)	*Taraxacum hallaisanense* Nakai	국화과(Asteraceae)
좀바늘꽃(jom-ba-neul-kkot)	*Epilobium tenue* Kom.	바늘꽃과(Onagraceae)
좀바늘사초(jom-ba-neul-sa-cho)	*Kobresia bellardii* (All.) Degl.	사초과(Cyperaceae)
좀바랭이(jom-ba-raeng-i)	*Digitaria radicosa* (Presl.) Miq.	벼과(Poaceae)
좀보리사초(jom-bo-ri-sa-cho)	*Carex pumila* Thunb.	사초과(Cyperaceae)
좀보리풀(jom-bo-ri-pul)	*Hordeum pusillum* Nutt.	벼과(Poaceae)
좀부지깽이(jom-bu-ji-kkaeng-i)	*Erysimum amurense* Kitag. var. *bungei* (Kitag.) Kitag.	십자화과(Brassicaceae)
좀부처꽃(jom-bu-cheo-kkot)	*Ammannia multiflora* Roxb.	부처꽃과(Lythraceae)
좀분버들(jom-bun-beo-deul)	*Salix rorida* var. *roridaeformis* (Nakai) Ohwi	버드나무과(Salicaceae)
좀비비추(jom-bi-bi-chu)	*Hosta minor* (Baker) Nakai	백합과(Liliaceae)
좀사다리고사리(jom-sa-da-ri-go-sa-ri)	*Thelypteris cystopteroides* (D.C.Eaton) Ching	처녀고사리과(Thelypteridaceae)
좀사방오리나무(jom-sa-bang-o-ri-na-mu)	*Alnus pendula* Matsumura	자작나무과(Betulaceae)
좀사위질빵(jom-sa-wi-jil-ppang)	*Clematis brevicaudata* DC.	미나리아재비과(Ranunculaceae)
좀새그령(jom-sae-geu-ryeong)	*Eragrostis minor* Host	벼과(Poaceae)
좀새풀(jom-sae-pul)	*Deschampsia cespitosa* (L.) P.Beauv.	벼과(Poaceae)
좀설앵초(jom-seol-aeng-cho)	*Primula sachalinensis* Nakai	앵초과(Primulaceae)
좀소리쟁이(jom-so-ri-jaeng-i)	*Rumex nipponicus* Franch. & Sav.	마디풀과(Polygonaceae)
좀송이고랭이(jom-song-i-go-raeng-i)	*Scirpus mucronatus* L.	사초과(Cyperaceae)
좀싸리(jom-ssa-ri)	*Lespedeza virgata* (Thunb.) DC.	콩과(Fabaceae)
좀씀바귀(jom-sseum-ba-gwi)	*Ixeris stolonifera* A. Gray	국화과(Asteraceae)
좀아마냉이(jom-a-ma-naeng-i)	*Camelina microcarpa* Ardrz. ex DC.	십자화과(Brassicaceae)
좀양귀비(jom-yang-gwi-bi)	*Papaver dubium* L.	양귀비과(Papaveraceae)
좀양지꽃(jom-yang-ji-kkot)	*Potentilla matsumurae* Th. Wolf	장미과(Rosaceae)
좀어리연꽃(jom-eo-ri-yeon-kkot)	*Nymphoides coreana* (H. Lév.) H. Hara	용담과(Gentianaceae)
좀우드풀(jom-u-deu-pul)	*Woodsia intermedia* Tagawa	우드풀과(Woodsiaceae)
좀자작나무(jom-ja-jak-na-mu)	*Betula fruticosa* Pall.	자작나무과(Betulaceae)
좀작살나무(jom-jak-sal-na-mu)	*Callicarpa dichotoma* (Lour.) K.Koch	마편초과(Verbenaceae)
좀조팝나무(jom-jo-pap-na-mu)	*Spiraea microgyna* Nakai	장미과(Rosaceae)
좀쥐손이(jom-jwi-son-i)	*Geranium tripartitium* R. Kunth	쥐손이풀과(Geraniaceae)
좀진고사리(jom-jin-go-sa-ri)	*Deparia conilii* (Franch. et Sav.) M.Kato	우드풀과(Woodsiaceae)
좀쪽동백나무(jom-jjok-dong-baek-na-mu)	*Styrax shiraianus* Makino	때죽나무과(Styracaceae)
좀참꽃(jom-cham-kkot)	*Rhododendron redowskianum* Max.	진달래과(Ericaceae)
좀참빗살나무(jom-cham-bit-sal-na-mu)	*Euonymus bungeana* Maxim.	노박덩굴과(Celastraceae)

우리명 영어표기	학명 국가표준식물목록	과명 라틴과명
좀참새귀리(jom-cham-sae-gwi-ri)	*Bromus inermis* Leyss.	벼과(Poaceae)
좀청미래덩굴(jom-cheong-mi-rae-deong-gul)	*Smilax china* L. var. *microphylla* Nakai	백합과(Liliaceae)
좀털쥐똥나무(jom-teol-jwi-ttong-na-mu)	*Ligustrum ibota* Siebold ex Siebold et Zucc.	물푸레나무과(Oleaceae)
좀포아풀(jom-po-a-pul)	*Poa compressa* L.	벼과(Poaceae)
좀풍게나무(jom-pung-ge-na-mu)	*Celtis bungeana* Blume	느릅나무과(Ulmaceae)
좀향유(jom-hyang-yu)	*Elsholtzia minima* Nakai	꿀풀과(Lamiaceae)
좀현호색(jom-hyeon-ho-saek)	*Corydalis decumbens* (Thunb.) Pers.	현호색과(Fumariaceae)
좀회양목(jom-hoe-yang-mok)	*Buxus microphylla* Siebold et Zucc.	회양목과(Buxaceae)
좁쌀냉이(jop-ssal-naeng-i)	*Cardamine fallax* L.	십자화과(Brassicaceae)
좁쌀풀(jop-ssal-pul)	*Lysimachia vulgaris* var. *davurica* (Ledeb.) R.Kunth	앵초과(Primulaceae)
좁은잎가막사리(jop-eun-ip-ga-mak-sa-ri)	*Bidens cernua* L.	국화과(Asteraceae)
좁은잎댕강목(jop-eun-ip-daeng-gang-mok)	*Deutzia coreana* H. Lév. var. *angustifolia* Nakai	범의귀과(Saxifragaceae)
좁은잎덩굴용담(jop-eun-ip-deong-gul-yong-dam)	*Pterygocalyx volubilis* Maxim.	용담과(Gentianaceae)
좁은잎돌꽃(jop-eun-ip-dol-kkot)	*Rhodiola angusta* Nakai	돌나물과(Crassulaceae)
좁은잎미꾸리낚시(jop-eun-ip-mi-kku-ri-nak-si)	*Persicaria praetermissa* (Hook. f.) H. Hara	마디풀과(Polygonaceae)
좁은잎배풍등(jop-eun-ip-bae-pung-deung)	*Solanum japonense* Nakai	가지과(Solanaceae)
좁은잎벌노랑이(jop-eun-ip-beol-no-rang-i)	*Lotus tenuis* Waldst. et Kit. ex Willd.	콩과(Fabaceae)
좁은잎사위질빵(jop-eun-ip-sa-wi-jil-ppang)	*Clematis hexapetala* Pall.	미나리아재비과(Ranunculaceae)
좁은잎엉겅퀴(jop-eun-ip-eong-geong-kwi)	*Cirsium japonicum* for. *nakaianum* (H.Lev. et Vaniot) W.T.Lee	국화과(Asteraceae)
좁은잎참빗살나무(jop-eun-ip-cham-bit-sal-na-mu)	*Euonymus hamiltonianus* var. *maakii* (Rupr.) Kom.	노박덩굴과(Celastraceae)
좁은잎해란초(jop-eun-ip-hae-ran-cho)	*Linaria vulgaris* Hill.	현삼과(Scrophulariaceae)
좁은잎흑삼릉(jop-eun-ip-heuk-sam-reung)	*Sparganium hyperboreum* Lastadius ex Beurl.	흑삼릉과(Sparganiaceae)
종가시나무(jong-ga-si-na-mu)	*Quercus glauca* Thunb. ex Murray	참나무과(Fagaceae)
종다리꽃(jong-da-ri-kkot)	*Cortusa matthioli* var. *pekinensis* (V. A. Richt.) T. B. Lee	앵초과(Primulaceae)
종덩굴(jong-deong-gul)	*Clematis fusca* var. *violacea* Maxim.	미나리아재비과(Ranunculaceae)
종비나무(jong-bi-na-mu)	*Picea koraiensis* Nakai	소나무과(Pinaceae)
종지나물(jong-ji-na-mul)	*Viola papilionacea* Pursh	제비꽃과(Violaceae)
주걱개망초(ju-geok-gae-mang-cho)	*Erigeron strigosus* Muhl.	국화과(Asteraceae)
주걱댕강나무(ju-geok-daeng-gang-na-mu)	*Abelia spathulata* Siebold et Zucc.	인동과(Caprifoliaceae)
주걱비비추(ju-geok-bi-bi-chu)	*Hosta clausa* Nakai	백합과(Liliaceae)
주걱일엽(ju-geok-il-yeop)	*Loxogramme grammitoides* (Baker) C.Chr.	고란초과(Polypodiaceae)
주걱장대(ju-geok-jang-dae)	*Arabis ligulifolia* Nakai	십자화과(Brassicaceae)
주름고사리(ju-reum-go-sa-ri)	*Diplazium wichurae* (Mett.) Diels	우드풀과(Woodsiaceae)
주름구슬냉이(ju-reum-gu-seul-naeng-i)	*Rapistrum rugosum* All.	십자화과(Brassicaceae)
주름잎(ju-reum-ip)	*Mazus pumilus* (Burm. f.) Steenis	현삼과(Scrophulariaceae)
주름제비란(ju-reum-je-bi-ran)	*Gymnadenia camtschatica* (Cham.) Miyabe et Kudô	난초과(Orchidaceae)
주름조개풀(ju-reum-jo-gae-pul)	*Oplismenus undulatifolius* (Ard.) P. Beauv. var. *undulatifolius*	벼과(Poaceae)
주목(ju-mok)	*Taxus cuspidata* Siebold et Zucc.	주목과(Taxaceae)
주엽나무(ju-yeop-na-mu)	*Gleditsia japonica* Miq.	콩과(Fabaceae)
주저리고사리(ju-jeo-ri-go-sa-ri)	*Dryopteris fragrans* var. *remotiuscula* (Kom.) Fomin	면마과(Dryopteridaceae)
주홍서나물(ju-hong-seo-na-mul)	*Crassocephalum crepidioides* (Benth.) S. Moore	국화과(Asteraceae)
죽단화(juk-dan-hwa)	*Kerria japonica* for. *pleniflora* (Witte) Rehder	장미과(Rosaceae)
죽대(juk-dae)	*Polygonatum lasianthum* Maxim.	백합과(Liliaceae)
죽대아재비(juk-dae-a-jae-bi)	*Streptopus amplexifolius* var. *papillatus* Ohwi	백합과(Liliaceae)
죽순대(juk-sun-dae)	*Phyllostachys pubescens* Mazel ex Lehaie	벼과(Poaceae)
죽절초(juk-jeol-cho)	*Sarcandra glabra* (Thunb.) Nakai	홀아비꽃대과(Chloranthaceae)
줄(jul)	*Zizania latifolia* (Griseb.) Turcz. ex Stapf	벼과(Poaceae)

우리명 영어표기	학명 국가표준식물목록	과명 라틴과명
줄고사리(jul-go-sa-ri)	*Nephrolepis cordifolia* (L.) Presl	줄고사리과(Oleandraceae)
줄꽃주머니(jul-kkot-ju-meo-ni)	*Adlumia asiatica* Ohwi	현호색과(Fumariaceae)
줄댕강나무(jul-daeng-gang-na-mu)	*Abelia tyaihyoni* Nakai	인동과(Caprifoliaceae)
줄딸기(jul-ttal-gi)	*Rubus oldhamii* Miq.	장미과(Rosaceae)
줄말(jul-mal)	*Ruppia maritima* L.	가래과(Potamogetonaceae)
줄맨드라미(jul-maen-deu-ra-mi)	*Amaranthus caudatus* L.	비름과(Amaranthaceae)
줄바꽃(jul-ba-kkot)	*Aconitum albo-violaceum* Kom.	미나리아재비과(Ranunculaceae)
줄바늘꽃(jul-ba-neul-kkot)	*Epilobium glandulosum* var. *asiaticum* H.Hara	바늘꽃과(Onagraceae)
줄사철나무(jul-sa-cheol-na-mu)	*Euonymus fortunei* var. *radicans* (Miq.) Rehder	노박덩굴과(Celastraceae)
줄사초(jul-sa-cho)	*Carex lenta* D. Don	사초과(Cyperaceae)
줄석송(jul-seok-song)	*Lycopodium sieboldii* Miq.	석송과(Lycopodiaceae)
중곰솔(jung-gom-sol)	*Pinus densi-thunbergii*	소나무과(Pinaceae)
중국고광나무(jung-guk-go-gwang-na-mu)	*Philadelphus incanus* Koehne	범의귀과(Saxifragaceae)
중국굴피나무(jung-guk-gul-pi-na-mu)	*Pterocarya stenoptera* DC.	가래나무과(Juglandales)
중국남천(jung-guk-nam-cheon)	*Mahonia fortunei* (Lindl.) Fedde	매자나무과(Berberidaceae)
중국단풍(jung-guk-dan-pung)	*Acer buergerianum* Miq.	단풍나무과(Aceraceae)
중국붓꽃(jung-guk-but-kkot)	*Iris tectorum* Maxim.	붓꽃과(Iridaceae)
중국패모(jung-guk-pae-mo)	*Fritillaria thunbergii* Miq.	백합과(Liliaceae)
중나리(jung-na-ri)	*Lilium leichtlinii* var. *maximowiczii* (Regel) Baker	백합과(Liliaceae)
중나리(teol-jung-na-ri)	*Lilium amabile* Palib.	백합과(LIliaceae)
중대가리나무(jung-dae-ga-ri-na-mu)	*Adina rubella* Hance	꼭두서니과(Rubiaceae)
중대가리풀(jung-dae-ga-ri-pul)	*Centipeda minima* (L.) A. Br. et Asch.	국화과(Asteraceae)
중산국수나무(jung-san-guk-su-na-mu)	*Physocarpus intermedius* C.K. Schneid.	장미과(Rosaceae)
중삿갓사초(jung-sat-gat-sa-cho)	*Carex tuminensis* Kom.	사초과(Cyperaceae)
중의무릇(jung-ui-mu-reut)	*Gagea lutea* (L.) Ker-Gawl.	백합과(Liliaceae)
쥐깨풀(jwi-kkae-pul)	*Mosla dianthera* (Bush.-Ham. ex Roxb.) Maxim.	꿀풀과(Lamiaceae)
쥐꼬리뚝새풀(jwi-kko-ri-ttuk-sae-pul)	*Alopecurus myosuroides* Huds.	벼과(Poaceae)
쥐꼬리망초(jwi-kko-ri-mang-cho)	*Justicia procumbens* L.	쥐꼬리망초과(Acanthaceae)
쥐꼬리새(jwi-kko-ri-sae)	*Muhlenbergia japonica* Steud.	벼과(Poaceae)
쥐꼬리새풀(jwi-kko-ri-sae-pul)	*Sporobolus fertilis* (Steud.) Clayton	벼과(Poaceae)
쥐꼬리풀(jwi-kko-ri-pul)	*Aletris spicata* (Thunb.) Franch.	백합과(Liliaceae)
쥐다래(jwi-da-rae)	*Actinidia kolomikta* (Maxim. et Rupr.) Maxim.	다래나무과(Actinidiaceae)
쥐똥나무(jwi-ttong-na-mu)	*Ligustrum obtusifolium* Siebold et Zucc.	물푸레나무과(Oleaceae)
쥐방울덩굴(jwi-bang-ul-deong-gul)	*Aristolochia contorta* Bunge	쥐방울덩굴과(Aristolochiaceae)
쥐보리(jwi-bo-ri)	*Lolium multiflorum* Lam. var. *multiflorum*	벼과(Poaceae)
쥐손이풀(jwi-son-i-pul)	*Geranium sibiricum* L.	쥐손이풀과(Geraniaceae)
쥐오줌풀(jwi-o-jum-pul)	*Valeriana fauriei* Briq.	마타리과(Valerianaceae)
쥐털이슬(jwi-teol-i-seul)	*Circaea alpina* L.	바늘꽃과(Onagraceae)
지네고사리(ji-ne-go-sa-ri)	*Thelypteris japonica* (Baker) Ching var. *japonica*	처녀고사리과(Thelypteridaceae)
지네발란(ji-ne-bal-ran)	*Sarcanthus scolopendrifolius* Makino	난초과(Orchidaceae)
지네발새(ji-ne-bal-sae)	*Dactyloctenium aegyptium* (L.) Beauv.	벼과(Poaceae)
지느러미고사리(ji-neu-reo-mi-go-sa-ri)	*Hymenasplenium hondoense* (Murakami et Hatanaka) Nakaike	꼬리고사리과(Aspleniaceae)
지느러미엉겅퀴(ji-neu-reo-mi-eong-geong-kwi)	*Carduus crispus* L.	국화과(Asteraceae)
지렁쿠나무(ji-reong-ku-na-mu)	*Sambucus sieboldiana* var. *miquelii* (Nakai) Hara	인동과(Caprifoliaceae)
지리강활(ji-ri-gang-hwal)	*Angelica purpuraefolia* Chung	산형과(Apiaceae)
지리고들빼기(ji-ri-go-deul-ppae-gi)	*Crepidiastrum koidzumianum* (Kitam.) Pak et Kawano.	국화과(Asteraceae)
지리대사초(ji-ri-dae-sa-cho)	*Carex okamotoi* Ohwi	사초과(Cyperaceae)

우리명 영어표기	학명 국가표준식물목록	과명 라틴과명
지리바꽃(ji-ri-ba-kkot)	*Aconitum chiisanense* Nakai	미나리아재비과(Ranunculaceae)
지리산고사리(ji-ri-san-go-sa-ri)	*Athyrium excelsius* Nakai	우드풀과(Woodsiaceae)
지리산숲고사리(ji-ri-san-sup-go-sa-ri)	*Cornopteris christenseniana* (Koidz.) Tagawa	우드풀과(Woodsiaceae)
지리산싸리(ji-ri-san-ssa-ri)	*Lespedeza* × *chiisanensis* T.B. Lee	콩과(Fabaceae)
지리산오갈피(ji-ri-san-o-gal-pi)	*Eleutherococcus divaricatus* var. *chiisanensis* (Nakai) C. H. Kim et B. Y. Sun	두릅나무과(Araliaceae)
지리오리방풀(ji-ri-o-ri-bang-pul)	*Isodon excisus* var. *coreanus* T.B.Lee	꿀풀과(Lamiaceae)
지리터리풀(ji-ri-teo-ri-pul)	*Filipendula formosa* Nakai	장미과(Rosaceae)
지면패랭이꽃(ji-myeon-pae-raeng-i-kkot)	*Phlox subulata* L.	꽃고비과(Polemoniaceae)
지모(ji-mo)	*Anemarrhena asphodeloides* Bunge	지모과(Haemodoraceae)
지채(ji-chae)	*Triglochin maritimum* L.	지채과(Juncaginaceae)
지치(ji-chi)	*Lithospermum erythrorhizon* Siebold et Zucc.	지치과(Borraginaceae)
지칭개(ji-ching-gae)	*Hemistepta lyrata* Bunge	국화과(Asteraceae)
지황(ji-hwang)	*Rehmannia glutinosa* (Gaertner) Liboschitz	현삼과(Scrophulariaceae)
진고사리(jin-go-sa-ri)	*Deparia japonica* (Thunb.) M.Kato	우드풀과(Woodsiaceae)
진노랑상사화(jin-no-rang-sang-sa-hwa)	*Lycoris chinensis* var. *sinuolata* K.H. Tae et S.T. Ko	수선화과(Amarylidaceae)
진달래(jin-dal-rae)	*Rhododendron mucronulatum* Turcz. var. *mucronulatum*	진달래과(Ericaceae)
진도싸리(jin-do-ssa-ri)	*Lespedeza* × *patentibicolor* T.B. Lee	콩과(Fabaceae)
진돌쩌귀(jin-dol-jjeo-gwi)	*Aconitum seoulense* Nakai	미나리아재비과(Ranunculaceae)
진득찰(jin-deuk-chal)	*Sigesbeckia glabrescens* (Makino) Makino	국화과(Asteraceae)
진들검정사초(jin-deul-geom-jeong-sa-cho)	*Carex meyeriana* Kunth	사초과(Cyperaceae)
진들사초(jin-deul-sa-cho)	*Carex globularis* L.	사초과(Cyperaceae)
진들피(jin-deul-pi)	*Glyceria ischyroneura* Steud.	벼과(Poaceae)
진땅고추풀(jin-ttang-go-chu-pul)	*Deinostema violacea* (Maxim.) T. Yamaz.	현삼과(Scrophulariaceae)
진범(jin-beom)	*Aconitum pseudolaeve* Nakai	미나리아재비과(Ranunculaceae)
진저리고사리(jin-jeo-ri-go-sa-ri)	*Dryopteris maximowiczii* (Baker) Kuntze	면마과(Dryopteridaceae)
진주고추나물(jin-ju-go-chu-na-mul)	*Hypericum oliganthum* Franch. et Sav.	물레나물과(Hypericaceae)
진주조(jin-ju-jo)	*Pennisetum americanum* (L.) Leeke	벼과(Poaceae)
진퍼리고사리(jin-peo-ri-go-sa-ri)	*Stegnogramma pozoi* subsp. *mollisima* (Fisch. ex Kunze) K.Iwats.	처녀고사리과(Thelypteridaceae)
진퍼리까치수염(jin-peo-ri-kka-chi-su-yeom)	*Lysimachia fortunei* Maxim.	앵초과(Primulaceae)
진퍼리꽃나무(jin-peo-ri-kkot-na-mu)	*Chamaedaphne calyculata* (L.) Moench	진달래과(Ericaceae)
진퍼리버들(jin-peo-ri-beo-deul)	*Salix myrtilloides* L.	버드나무과(Salicaceae)
진퍼리사초(jin-peo-ri-sa-cho)	*Carex arenicola* F. Schmidt	사초과(Cyperaceae)
진퍼리새(jin-peo-ri-sae)	*Molinia japonica* Hack.	벼과(Poaceae)
진퍼리용담(jin-peo-ri-yong-dam)	*Gentiana scabra* for. *stenophylla* (H.Hara) W.K.Paik et W.T.Lee	용담과(Gentianaceae)
진퍼리잔대(jin-peo-ri-jan-dae)	*Adenophora palustris* Kom.	초롱꽃과(Campanulaceae)
진홍토끼풀(jin-hong-to-kki-pul)	*Trifolium incarnatum* L.	콩과(Fabeceae)
진황정(jin-hwang-jeong)	*Polygonatum falcatum* A. Gray	백합과(Liliaceae)
진흙풀(jin-heuk-pul)	*Microcarpaea minima* (K. D. Koenig) Merr.	현삼과(Scrophulariaceae)
질경이(jil-gyeong-i)	*Plantago asiatica* L.	질경이과(Plantaginaceae)
질경이택사(jil-gyeong-i-taek-sa)	*Alisma orientale* (Sam.) Juz.	택사과(Alismataceae)
집사초(jip-sa-cho)	*Carex vaginata* var. *petersii* (C.A. Mey.) Akiyama	사초과(Cyperaceae)
짚신나물(jip-sin-na-mul)	*Agrimonia pilosa* Ledeb.	장미과(Rosaceae)
짝자래나무(jjak-ja-rae-na-mu)	*Rhamnus yoshinoi* Makino	갈매나무과(Rhamnaceae)
쪽(jjok)(광릉)	*Persicaria tinctoria* H. Gross	마디풀과(Polygonaceae)
쪽(jjok)(작시)	*Persicaria tinctoria* H. Gross	마디풀과(Polygonaceae)
쪽동백나무(jjok-dong-baek-na-mu)	*Styrax obassia* Siebold et Zucc.	때죽나무과(Styracaceae)
쪽버들(jjok-beo-deul)	*Salix maximowiczii* Kom.	버드나무과(Salicaceae)

우리명 영어표기	학명 국가표준식물목록	과명 라틴과명
쪽잔고사리(jjok-jan-go-sa-ri)	*Asplenium ritoense* Hayata	꼬리고사리과(Aspleniaceae)
쪽파(jjok-pa)	*Allium ascalonicum* L.	백합과(Liliaceae)
찔레꽃(jjil-re-kkot)	*Rosa multiflora* Thunb. var. *multiflora*	장미과(Rosaceae)

ㅊ

차걸이란(cha-geol-i-ran)	*Oberonia japonica* (Maxim.) Makino	난초과(Orchidaceae)
차꼬리고사리(cha-kko-ri-go-sa-ri)	*Asplenium trichomanes* L.	꼬리고사리과(Aspleniaceae)
차나무(cha-na-mu)	*Camellia sinensis* L.	차나무과(Theaceae)
차일봉개미자리(cha-il-bong-gae-mi-ja-ri)	*Minuartia macrocarpa* var. *koreana* (Nakai) H. Hara	석죽과(Caryophyllaceae)
차풀(cha-pul)	*Chamaecrista nomame* (Siebold) H. Ohashi	콩과(fabaceae)
찰피나무(chal-pi-na-mu)	*Tilia mandshurica* Rupr. et Maxim.	피나무과(Tiliaceae)
참가시나무(cham-ga-si-na-mu)	*Quercus salicina* Blume	참나무과(Fagaceae)
참갈퀴덩굴(cham-gal-kwi-deong-gul)	*Galium koreanum* (Nakai) Nakai	꼭두서니과(Rubiaceae)
참개별꽃(cham-gae-byeol-kkot)	*Pseudostellaria coreana* (Nakai) Ohwi	석죽과(Caryophyllaceae)
참개싱아(cham-gae-sing-a)	*Aconogonum microcarpum* (Kitag.) H. Hara	마디풀과(Polygonaceae)
참개암나무(cham-gae-am-na-mu)	*Corylus sieboldiana* Bl. var. *sieboldiana*	자작나무과(Betulaceae)
참고추냉이(cham-go-chu-naeng-i)	*Cardamine koreana* (Nakai) Nakai	십자화과(Brassicaceae)
참골무꽃(cham-gol-mu-kkot)	*Scutellaria strigillosa* Hemsl.	꿀풀과(Lamiaceae)
참골풀(cham-gol-pul)	*Juncus brachyspathus* Maxim.	골풀과(Juncaceae)
참깨(cham-kkae)	*Sesamum indicum* L.	참깨과(Pedalidaceae)
참꽃나무(cham-kkot-na-mu)	*Rhododendron weyrichii* Max. var. *weyrichii*	진달래과(Ericaceae)
참꽃마리(cham-kkot-ma-ri)	*Trigonotis radicans* var. *sericea* (Maxim.) H.Hara	지치과(Borraginaceae)
참꽃받이(cham-kkot-bat-i)	*Bothriospermum secundum* Maxim.	지치과(Borraginaceae)
참나도히초미(cham-na-do-hi-cho-mi)	*Polystichum ovatopaleaceum* var. *coraiense* (H.Christ) Sa.Kurata	면마과(Dryopteridaceae)
참나래박쥐(cham-na-rae-bak-jwi)	*Parasenecio koraiensis* (Nakai) K.J.Kim	국화과(Asteraceae)
참나래새(cham-na-rae-sae)	*Stipa coreana* Honda ex Nakai	벼과(Poaceae)
참나리(cham-na-ri)	*Lilium lancifolium* Thunb.	백합과(Liliaceae)
참나리난초(cham-na-ri-nan-cho)	*Liparis koreana* (Nakai) Nakai	난초과(Orchidaceae)
참나무겨우살이(cham-na-mu-gyeo-u-sal-i)	*Taxillus yadoriki* (Siebold ex Maxim.) Danser	겨우살이과(Loranthaceae)
참나물(cham-na-mul)	*Pimpinella brachycarpa* (Kom.) Nakai	산형과(Apiaceae)
참느릅나무(cham-neu-reup-na-mu)	*Ulmus parvifolia* Jacq.	느릅나무과(Ulmaceae)
참당귀(cham-dang-gwi)	*Angelica gigas* Nakai	산형과(Apiaceae)
참동의나물cham-dong-ui-na-mul)	*Caltha palustris* L. var. *typica* Regel	미나리아재비과(Ranunculaceae)
참뚝사초(cham-ttuk-sa-cho)	*Carex schmidtii* Meinsh.	사초과(Cyperaceae)
참마(cham-ma)	*Dioscorea japonica* Thunb.	마과(Dioscoreaceae)
참명아주(cham-myeong-a-ju)	*Chenopodium koraiense* Nakai	명아주과(Chenopodiaceae)
참물부추(cham-mul-bu-chu)	*Isoetes coreana* Y.H.Chung et H.G.Choi	물부추과(Isoetaceae)
참바늘골(cham-ba-neul-gol)	*Eleocharis attenuata* for. *laeviseta* (Nakai) Hara	사초과(Cyperaceae)
참바위취(cham-ba-wi-chwi)	*Saxifraga oblongifolia* Nakai	범의귀과(Saxifragaceae)
참반디(cham-ban-di)	*Sanicula chinensis* Bunge	산형과(Apiaceae)
참방동사니(cham-bang-dong-sa-ni)	*Cyperus iria* L.	사초과(Cyperaceae)
참배(cham-bae)	*Pyrus ussuriensis* var. *macrostipes* (Nakai) T.B.Lee	장미과(Rosaceae)
참배암차즈기(cham-bae-am-cha-jeu-gi)	*Salvia chanryoenica* Nakai	꿀풀과(Lamiaceae)
참범꼬리(cham-beom-kko-ri)	*Bistorta pacifica* (Petrov ex Kom.) Kom.	마디풀과(Polygonaceae)
참비녀골풀(cham-bi-nyeo-gol-pul)	*Juncus leschenaultii* J. Gay	골풀과(Juncaceae)
참비비추(cham-bi-bi-chu)	*Hosta clausa* var. *normalis* F.Maek.	백합과(Liliaceae)
참빗살나무(cham-bit-sal-na-mu)	*Euonymus hamiltonianus* Wall. var. *hamiltonianus*	노박덩굴과(Celastraceae)

우리명 영어표기	학명 국가표준식물목록	과명 라틴과명
참산부추(cham-san-bu-chu)	*Allium sacculiferum* Maxim.	백합과(Liliaceae)
참삿갓사초(cham-sat-gat-sa-cho)	*Carex jaluensis* Kom.	사초과(Cyperaceae)
참새귀리(cham-sae-gwi-ri)	*Bromus japonicus* Thunb. ex Murray	벼과(Poaceae)
참새그령(cham-sae-geu-ryeong)	*Eragrostis cilianensis* (All.) Link ex Vignolo	벼과(Poaceae)
참새발고사리(cham-sae-bal-go-sa-ri)	*Athyrium brevifrons* Kodama ex Nakai	우드풀과(Woodsiaceae)
참새피(cham-sae-pi)	*Paspalum thunbergii* Kunth ex Steud.	벼과(Poaceae)
참소리쟁이(cham-so-ri-jaeng-i)	*Rumex japonicus* Houtt.	마디풀과(Polygonaceae)
참쇠고비(cham-soe-go-bi)	*Cyrtomium caryotideum* var. *coreanum* Nakai	면마과(Dryopteridaceae)
참식나무(cham-sik-na-mu)	*Neolitsea sericea* (Blume) Koidz.	녹나무과(Lauraceae)
참싸리(cham-ssa-ri)	*Lespedeza cyrtobotrya* Miq.	콩과(Fabaceae)
참쌀새(cham-ssal-sae)	*Melica scabrosa* Trin.	벼과(Poaceae)
참쑥(cham-ssuk)	*Artemisia dubia* Wall.	국화과(Asteraceae)
참억새(cham-eok-sae)	*Miscanthus sinensis* Andersson var. *sinensis*	벼과(Poaceae)
참여로(cham-yeo-ro)	*Veratrum nigrum* L. var. *ussuriense* Loes. f.	백합과(Liliaceae)
참오글잎버들(cham-o-geul-ip-beo-deul)	*Salix siuzevii* Seem.	버드나무과(Salicaceae)
참오동나무(cham-o-dong-na-mu)	*Paulownia tomentosa* (Thunb.) Steud.	현삼과(Scrophulariaceae)
참외(cham-oe)	*Cucumis melo* L. var. *makuwa* Makino	박과(Cucurbiaceae)
참우드풀(cham-u-deu-pul)	*Woodsia macrochlaena* Mett. ex Kuhn	우드풀과(Woodsiaceae)
참으아리(cham-eu-a-ri)	*Clematis terniflora* DC.	미나리아재비과(Ranunculaceae)
참이질풀(cham-i-jil-pul)	*Geranium koraiense* Nakai	쥐손이풀과(Geraniaceae)
참작약(cham-jak-yak)	*Paeonia lactiflora* var. *trichocarpa* (Bunge) Stern	미나리아재비과(Ranunculaceae)
참장대나물(cham-jang-dae-na-mul)	*Arabis columnalis* Nakai	십자화과(Brassicaceae)
참제비고깔(cham-je-bi-go-kkal)	*Delphinium ornatum* Bouche	미나리아재비과(Ranunculaceae)
참조팝나무(cham-jo-pap-na-mu)	*Spiraea fritschiana* Schneid.	장미과(Rosaceae)
참졸방제비꽃(cham-jol-bang-je-bi-kkot)	*Viola koraiensis* Nakai	제비꽃과(Violaceae)
참좁쌀풀(cham-jop-ssal-pul)	*Lysimachia coreana* Nakai	앵초과(Primulaceae)
참죽나무(cham-juk-na-mu)	*Cedrela sinensis* A. Juss.	멀구슬나무과(Meliaceae)
참줄바꽃(cham-jul-ba-kkot)	*Aconitum villosum* Rchb.	미나리아재비과(Ranunculaceae)
참취(cham-chwi)	*Aster scaber* Thunb.	국화과(Asteraceae)
참황새풀(cham-hwang-sae-pul)	*Eriophorum angustifolium* Honck.	사초과(Cyperaceae)
참회나무(cham-hoe-na-mu)	*Euonymus oxyphyllus* Miq.	노박덩굴과(Celastraceae)
창고사리(chang-go-sa-ri)	*Colysis simplicifrons* (Christ) Tagawa	고란초과(Polypodiaceae)
창명아주(chang-myeong-a-ju)	*Atriplex hastata* L.	명아주과(Chenopodiaceae)
창질경이(chang-jil-gyeong-i)	*Plantago lanceolata* L.	질경이과(Plantaginaceae)
창포(chang-po)	*Acorus calamus* L.	천남성과(Araceae)
채고추나물(chae-go-chu-na-mul)	*Hypericum attenuatum* Choisy	물레나물과(Hypericaceae)
채송화(chae-song-hwa)	*Portulaca grandiflora* Hook.	쇠비름과(Portulacaceae)
채진목(chae-jin-mok)	*Amelanchier asiatica* (Siebold et Zucc.) Endl. ex Walp.	장미과(Rosaceae)
처녀고사리(cheo-nyeo-go-sa-ri)	*Thelypteris palustris* (Salisb.) Schott	처녀고사리과(Thelypteridaceae)
처녀바디(cheo-nyeo-ba-di)	*Angelica cartilagino-marginata* (Makino) Nakai	산형과(Apiaceae)
처녀이끼(cheo-nyeo-i-kki)	*Hymenophyllum wrightii* Bosch	처녀이끼과(Hymenophyllaceae)
처녀치마(cheo-nyeo-chi-ma)	*Heloniopsis koreana* Fuse et al.	백합과(Liliaceae)
천궁(cheon-gung)	*Cnidium officinale* Makino	산형과(Apiaceae)
천남성(cheon-nam-seong)	*Arisaema amurense* for. *serratum* (Nakai) Kitag.	천남성과(Araceae)
천마(cheon-ma)	*Gastrodia elata* Blume	난초과(Orchidaceae)
천문동(cheon-mun-dong)	*Asparagus cochinchinensis* (Lour.) Merr.	백합과(Liliaceae)
천선과나무(cheon-seon-gwa-na-mu)	*Ficus erecta* Thunb.	뽕나무과(Moraceae)

우리명 영어표기	학명 국가표준식물목록	과명 라틴과명
천수국(cheon-su-guk)	*Tagetes erecta* L.	국화과(Asteraceae)
천인국아재비(cheon-in-guk-a-jae-bi)	*Dracopis amplexicaulis* Cass.	국화과(Asteraceae)
천일담배풀(cheon-il-dam-bae-pul)	*Carpesium glossophyllum* Maxim.	국화과(Asteraceae)
천일사초(cheon-il-sa-cho)	*Carex scabrifolia* Steud.	사초과(Cyperaceae)
천일홍(cheon-il-hong)	*Gomphrena globosa* L.	비름과(Amaranthaceae)
철쭉(cheol-jjuk)	*Rhododendron schlippenbachii* Maxim.	진달래과(Ericaceae)
청가시덩굴(cheong-ga-si-deong-gul)	*Smilax sieboldii* Miq. for. *sieboldii*	백합과(Liliaceae)
청경채(cheong-gyeong-chae)	*Brassica campestris* L. subsp. *chinensis* Jusl.	십자화과(Brassicaceae)
청괴불나무(cheong-goe-bul-na-mu)	*Lonicera subsessilis* Rehder	인동과(Caprifoliaceae)
청나래고사리(cheong-na-rae-go-sa-ri)	*Matteuccia struthiopteris* (L.) Tod.	우드풀과(Woodsiaceae)
청닭의난초(cheong-dak-ui-nan-cho)	*Epipactis papillosa* Franch. et Sav.	난초과(Orchidaceae)
청명아주(cheong-myeong-a-ju)	*Chenopodium bryoniaefolium* Bunge	명아주과(Chenopodiaceae)
청미래덩굴(cheong-mi-rae-deong-gul)	*Smilax china* L.	백합과(Liliaceae)
청비녀골풀(cheong-bi-nyeo-gol-pul)	*Juncus papillosus* Franch. et Sav.	골풀과(Juncaceae)
청비름(cheong-bi-reum)	*Amaranthus viridis* L.	비름과(Amaranthaceae)
청비수리(cheong-bi-su-ri)	*Lespedeza inschanica* (Maxim.) Schindl.	콩과(Fabaceae)
청사조(cheong-sa-jo)	*Berchemia racemosa* Sieb. et Zucc. var. *racemosa*	갈매나무과(Rhamnaceae)
청사초(cheong-sa-cho)	*Carex breviculmis* R. Br.	사초과(Cyperaceae)
청소엽(cheong-so-yeop)	*Perilla frutescens* for. *viridis* Makino	꿀풀과(Lamiaceae)
청수크령(cheong-su-keu-ryeong)	*Pennisetum alopecuroides* (L.) Spreng. var. *viridescens* (Miq.) Ohwi	벼과(Poaceae)
청시닥나무(cheong-si-dak-na-mu)	*Acer barbinerve* Max.	단풍나무과(Aceraceae)
청알록제비꽃(cheong-al-rok-je-bi-kkot)	*Viola variegata* Fisch. ex Link var. *ircutiana* Regel	제비꽃과(Violaceae)
청포아풀(cheong-po-a-pul)	*Poa viridula* Palibin	벼과(Poaceae)
청피사초(cheong-pi-sa-cho)	*Carex macrandrolepis* Lév. et Vaniot	사초과(Cyperaceae)
체꽃(che-kkot)	*Scabiosa tschiliensis* for. *pinnata* (Nakai) W.T.Lee	산토끼꽃과(Dipsacaceae)
초령목(cho-ryeong-mok)	*Michelia compressa* (Max.) Sarg.	목련과(Magnoliaceae)
초롱꽃(cho-rong-kkot)	*Campanula punctata* Lam.	초롱꽃과(Campanulaceae)
초종용(cho-jong-yong)	*Orobanche coerulescens* Stephan	열당과(Orobanchaceae)
초피나무(cho-pi-na-mu)	*Zanthoxylum piperitum* (L.) DC.	운향과(Rutaceae)
촛대승마(chot-dae-seung-ma)	*Cimicifuga simplex* (DC.) Turcz.	미나리아재비과(Ranunculaceae)
총전광이(chong-jeon-gwang-i)	*Glyceria lithuanica* (Gorski) Lindm.	벼과(Poaceae)
추분취(chu-bun-chwi)	*Rhynchospermum verticillatum* Reinw.	국화과(Asteraceae)
취명아주(chwi-myeong-a-ju)	*Chenopodium glaucum* L.	명아주과(Chenopodiaceae)
측백나무(cheuk-baek-na-mu)	*Thuja orientalis* L.	측백나무과(Cupressaceae)
층꽃나무(cheung-kkot-na-mu)	*Caryopteris incana* (Thunb.) Miq.	마편초과(Verbenaceae)
층실사초(cheung-sil-sa-cho)	*Carex remotiuscula* Wahl.	사초과(Cyperaceae)
층층고란초(cheung-cheung-go-ran-cho)	*Crypsinus veitschii* (Baker) Copel.	고란초과(Polypodiaceae)
층층고랭이(cheung-cheung-go-raeng-i)	*Cladium chinense* Nees	사초과(Cyperaceae)
층층나무(cheung-cheung-na-mu)	*Cornus controversa* Hemsl. ex Prain	층층나무과(Cornaceae)
층층둥굴레(cheung-cheung-dung-gul-re)	*Polygonatum stenophyllum* Maxim.	백합과(Liliaceae)
층층이꽃(cheung-cheung-i-kkot)	*Clinopodium chinense* var. *parviflorum* (Kudo) Hara	꿀풀과(Lamiaceae)
층층장구채(cheung-cheung-jang-gu-chae)	*Silene macrostyla* Maxim.	석죽과(Caryophyllaceae)
치자나무(chi-ja-na-mu)	*Gardenia jasminoides* Ellis var. *jasminoides*	꼭두서니과(Rubiaceae)
칠면초(chil-myeon-cho)	*Suaeda japonica* Makino	명아주과(Chenopodiaceae)
칠보치마(chil-bo-chi-ma)	*Metanarthecium luteoviride* Maxim.	백합과(Liliaceae)
칠엽수(chil-yeop-su)	*Aesculus turbinata* Blume	칠엽수과(Hippocastanaceae)
칡(chik)	*Pueraria lobata* (Willd.) Ohwi	콩과(Fabaceae)

우리명 영어표기	학명 국가표준식물목록	과명 라틴과명
ㅋ		
카나다엉겅퀴(ka-na-da-eong-geong-kwi)	*Cirsium arvense* Scop.	국화과(Asteraceae)
카나리새풀(ka-na-ri-sae-pul)	*Phalaris canariensis* L.	벼과(Poaceae)
카네이션(ka-ne-i-syeon)	*Dianthus caryophyllus* L.	석죽과(Caryophyllaceae)
카밀레(ka-mil-re)	*Matricaria chamomilla* L.	국화과(Asteraceae)
칼송이풀(kal-song-i-pul)	*Pedicularis lunaris* Nakai	현삼과(Scrophulariaceae)
칼잎용담(kal-ip-yong-dam)	*Gentiana uchiyamai* Nakai	용담과(Gentianaceae)
컴프리(keom-peu-ri)	*Symphytum officinale* L.	지치과(Borraginaceae)
케일(ke-il)	*Brassica oleraceae* L. var. *acephala* DC.	십자화과(Brassicaceae)
코스모스(ko-seu-mo-seu)	*Cosmos bipinnatus* Cav.	국화과(Asteraceae)
콩(kong)	*Glycine max* (L.) Merr.	콩과(Fabaceae)
콩다닥냉이(kong-da-dak-naeng-i)	*Lepidium virginicum* L.	십자화과(Brassicaceae)
콩배나무(kong-bae-na-mu)	*Pyrus calleryana* var. *fauriei* (C.K.Schneid.) Rehder	장미과(Rosaceae)
콩버들(kong-beo-deul)	*Salix rotundifolia* Trautv.	버드나무과(Salicaceae)
콩벚나무(kong-beot-na-mu)	*Prunus incisa* Thunb.	장미과(Rosaceae)
콩제비꽃(kong-je-bi-kkot)	*Viola verecunda* A. Gray var. *verecunda*	제비꽃과(Violaceae)
콩짜개덩굴(kong-jja-gae-deong-gul)	*Lemmaphyllum microphyllum* C.Presl	고란초과(Polypodiaceae)
콩짜개란(kong-jja-gae-ran)	*Bulbophyllum drymoglossum* Maxim. ex Okubo	난초과(Orchidaceae)
콩팥노루발(kong-pat-no-ru-bal)	*Pyrola renifolia* Maxim.	노루발과(Pyrolaceae)
크록시니아(keu-rok-si-ni-a)	*Sinningia speciosa* (Lodd.) Hiern	게스네리아과(Gesneriaceae)
큰가래(keun-ga-rae)	*Potamogeton natans* L.	가래과(Potamogetonaceae)
큰각시취(keun-gak-si-chwi)	*Saussurea japonica* (Thunb.) DC.	국화과(Asteraceae)
큰개고사리(keun-gae-go-sa-ri)	*Diplazium mesosorum* (Makino) Koidz.	우드풀과(Woodsiaceae)
큰개기장(keun-gae-gi-jang)	*Panicum virgatum* L.	벼과(Poaceae)
큰개미자리(keun-gae-mi-ja-ri)	*Sagina maxima* A. Gray	석죽과(Caryophyllaceae)
큰개별꽃(keun-gae-byeol-kkot)	*Pseudostellaria palibiniana* (Takeda) Ohwi	석죽과(Caryophyllaceae)
큰개불알풀(keun-gae-bul-al-pul)	*Veronica persica* Poir.	현삼과(Scrophulariaceae)
큰개수염(keun-gae-su-yeom)	*Eriocaulon hondoense* Satake	곡정초과(Eriocaulaceae)
큰개현삼(keun-gae-hyeon-sam)	*Scrophularia kakudensis* Franch.	현삼과(Scrophulariaceae)
큰고란초(keun-go-ran-cho)	*Crypsinus engleri* (Luerss.) Copel.	고란초과(Polypodiaceae)
큰고랭이(keun-go-raeng-i)	*Scirpus lacustris* var. *creber* (Fern.) T.Koyama	사초과(Cyperaceae)
큰고양이수염(keun-go-yang-i-su-yeom)	*Rhynchospora fauriei* Franch.	사초과(Cyperaceae)
큰고추나물(keun-go-chu-na-mul)	*Hypericum attenuatum* var. *confertissium* (Nakai) T.B.Lee	물레나물과(Hypericaceae)
큰고추풀(keun-go-chu-pul)	*Gratiola japonica* Miq.	현삼과(Scrophulariaceae)
큰괭이밥(keun-gwaeng-i-bap)	*Oxalis obtriangulata* Maxim.	괭이밥과(Oxalidaceae)
큰괴불주머니(keun-goe-bul-ju-meo-ni)	*Corydalis gigantea* Trautv. & Meyer	현호색과(Fumariaceae)
큰구슬붕이(keun-gu-seul-bung-i)	*Gentiana zollingeri* Faw. for. *zollingeri*	용담과(Gentianaceae)
큰구와꼬리풀(keun-gu-wa-kko-ri-pul)	*Veronica pyrethrina* Nakai	현삼과(Scrophulariaceae)
큰금계국(keun-geum-gye-guk)	*Coreopsis lanceolata* L.	국화과(Asteraceae)
큰기름새(keun-gi-reum-sae)	*Spodiopogon sibiricus* Trin.	벼과(Poaceae)
큰김의털(keun-gim-ui-teol)	*Festuca arundinacea* Schreb.	벼과(Poaceae)
큰까치수염(keun-kka-chi-su-yeom)	*Lysimachia clethroides* Duby	앵초과(Primulaceae)
큰껍질새(keun-kkeop-jil-sae)	*Melica turczaninowiana* Ohwi	벼과(Poaceae)
큰꼭두서니(keun-kkok-du-seo-ni)	*Rubia chinensis* Regel et Maack var. *chinensis*	꼭두서니과(Rubiaceae)
큰꽃으아리(keun-kkot-eu-a-ri)	*Clematis patens* C. Morren & Decne.	미나리아재비과(Ranunculaceae)
큰꾸러미풀(keun-kku-reo-mi-pul)	*Poa nipponica* Koidz.	벼과(Poaceae)
큰꿩의비름(keun-kkwong-ui-bi-reum)	*Hylotelephium spectabile* (Boreau) H. Ohba	돌나물과(Crassulaceae)

우리명 영어표기	학명 국가표준식물목록	과명 라틴과명
큰다닥냉이(keun-da-dak-naeng-i)	*Lepidium sativum* L.	십자화과(Brassicaceae)
큰달맞이꽃(keun-dal-mat-i-kkot)	*Oenothera erythrosepala* Borbás	바늘꽃과(Onagraceae)
큰닭의장풀(keun-dak-ui-jang-pul)	*Fallopia dentato-alata* (F. Schmidt) Holub	마디풀과(Polygonaceae)
큰도꼬마리(keun-do-kko-ma-ri)	*Xanthium canadense* Mill.	국화과(Asteraceae)
큰도둑놈의갈고리(keun-do-duk-nom-ui-gal-go-ri)	*Desmodium oldhami* Oliv.	콩과(Fabaceae)
큰두루미꽃(keun-du-ru-mi-kkot)	*Maianthemum dilatatum* (Wood) A. Nelsons et J. F. Macbr.	백합과(Liliaceae)
큰등갈퀴(keun-deung-gal-kwi)	*Vicia pseudoorobus* Fisch. et C. A. Mey.	콩과(Fabaceae)
큰땅빈대(keun-ttang-bin-dae)	*Euphorbia maculata* L.	대극과(Euhporbiaceae)
큰뚝사초(keun-ttuk-sa-cho)	*Carex humbertiana* Ohwi	사초과(Cyperaceae)
큰뚝새풀(keun-ttuk-sae-pul)	*Alopecurus pratensis* L.	벼과(Poaceae)
큰망초(keun-mang-cho)	*Conyza sumatrensis* E. Walker	국화과(Asteraceae)
큰메꽃(keun-me-kkot)	*Calystegia sepium* (L.) R.Br. for. *sepium*	메꽃과(Convolvulaceae)
큰묵새(keun-muk-sae)	*Festuca megalura* Nutt.	벼과(Poaceae)
큰물레나물(keun-mul-re-na-mul)	*Hypericum ascyron* L. var. *longistylum* Maxim.	물레나물과(Hypericaceae)
큰물수세미(keun-mul-su-se-mi)	*Myriophyllum brasiliense* Cambess.	개미탑과(Halorrhagaceae)
큰물칭개나물(keun-mul-ching-gae-na-mul)	*Veronica anagallis-aquatica* L.	현삼과(Scrophulariaceae)
큰물통이(keun-mul-tong-i)	*Pilea hamaoi* Makino	쐐기풀과(Urticaceae)
큰바늘꽃(keun-ba-neul-kkot)	*Epilobium hirsutum* L.	바늘꽃과(Onagraceae)
큰방가지똥(keun-bang-ga-ji-ttong)	*Sonchus asper* (L.) Hill	국화과(Asteraceae)
큰방울새란(keun-bang-ul-sae-ran)	*Pogonia japonica* Rchb. f.	난초과(Orchidaceae)
큰백령풀(keun-baek-ryeong-pul)	*Diodia virginiana* L.	꼭두서니과(Rubiaceae)
큰뱀무(keun-baem-mu)	*Geum aleppicum* Jacq.	장미과(Rosaceae)
큰벼룩아재비(keun-byeo-ruk-a-jae-bi)	*Mitrasacme pygmaea* R. Br.	마전과(Loganiaceae)
큰보리장나무(keun-bo-ri-jang-na-mu)	*Elaeagnus submacrophylla* Serv.	보리수나무과(Elaeagnaceae)
큰봉의꼬리(keun-bong-ui-kko-ri)	*Pteris cretica* L. = *Pteris cretica* L. var. *cretica*	봉의꼬리과(Pteridaceae)
큰비노리(keun-bi-no-ri)	*Eragrostis pilosa* (L.) P. Beauv.	벼과(Poaceae)
큰비쑥(keun-bi-ssuk)	*Artemisia fukudo* Makino	국화과(Asteraceae)
큰비짜루국화(keun-bi-jja-ru-guk-hwa)	*Aster subulatus* var. *sandwicensis* A.G.Jones	국화과(Asteraceae)
큰산꼬리풀(keun-san-kko-ri-pul)	*Veronica kiusiana* var. *glabrifolia* (Kitag.) Kitag.	현삼과(Scrophulariaceae)
큰산꿩의다리(keun-san-kkwong-ui-da-ri)	*Thalictrum filamentosum* Maxim	미나리아재비과(Ranunculaceae)
큰산버들(keun-san-beo-deul)	Salix sericeocinerea Nakai for. sericeocinerea	버드나무과(Salicaceae)
큰산좁쌀풀(keun-san-jop-ssal-pul)	*Euphrasia hirtella* Jord.	현삼과(Scrophulariaceae)
큰새포아풀(keun-sae-po-a-pul)	*Poa trivialis* L.	벼과(Poaceae)
큰석류풀(keun-seok-ryu-pul)	*Mollugo verticillata* L.	석류풀과(Molluginaceae)
큰세잎쥐손이(keun-se-ip-jwi-son-i)	*Geranium knuthii* Nakai	쥐손이풀과(Geraniaceae)
큰솔나리(keun-sol-na-ri)	*Lilium tenuifolium* Fisch.	백합과(Liliaceae)
큰솜털고사리(keun-som-teol-go-sa-ri)	*Woodsia glabella* R. Br. ex Richardson	우드풀과(Woodsiaceae)
큰송이풀(keun-song-i-pul)	*Pedicularis grandiflora* Fisch.	현삼과(Scrophulariaceae)
큰수리취(keun-su-ri-chwi)	*Synurus excelsus* (Makino) Kitam.	국화과(Asteraceae)
큰쐐기풀(keun-sswae-gi-pul)	*Girardinia cuspidata* Wedd.	쐐기풀과(Urticaceae)
큰애기나리(keun-ae-gi-na-ri)	*Disporum viridescens* (Maxim.) Nakai	백합과(Liliaceae)
큰앵초(keun-aeng-cho)	*Primula jesoana* Miq.	앵초과(Primulaceae)
큰엉겅퀴(keun-eong-geong-kwi)	*Cirsium pendulum* Fisch. ex DC.	국화과(Asteraceae)
큰여우콩(keun-yeo-u-kong)	*Rhynchosia acuminatifolia* Makino	콩과(Fabaceae)
큰연영초(keun-yeon-yeong-cho)	*Trillium tschonoskii* Maxim.	백합과(Liliaceae)
큰오이풀(keun-o-i-pul)	*Sanguisorba stipulata* Raf.	장미과(Rosaceae)
큰옥매듭풀(keun-ok-mae-deup-pul)	*Polygonum bellardii* Alloni	마디풀과(Polygonaceae)

우리명 영어표기	학명 국가표준식물목록	과명 라틴과명
큰용담(keun-yong-dam)	*Gentiana axillariflora* Lev. et Vaniot var. *coreana* (Nakai) Kudô	용담과(Gentianaceae)
큰원추리(keun-won-chu-ri)	*Hemerocallis middendorffii* Trautv. et C. A. Mey.	백합과(Liliaceae)
큰이삭풀(keun-i-sak-pul)	*Bromus unioloides* H. B. et K.	벼과(Poaceae)
큰잎갈퀴(keun-ip-gal-kwi)	*Galium dahuricum* Turcz. var. *dahuricum*	꼭두서니과(Rubiaceae)
큰잎냉이(keun-ip-naeng-i)	*Erucastrum gallicum* O. E. Schulz	십자화과(Brassicaceae)
큰잎느릅나무(keun-ip-neu-reup-na-mu)	*Ulmus macrocarpa* Hance var. *macrophylla* (Nak.) T. Lee	느릅나무과(Ulmaceae)
큰잎다닥냉이(keun-ip-da-dak-naeng-i)	*Lepidium draba* L.	십자화과(Brassicaceae)
큰잎부들(keun-ip-bu-deul)	*Typha latifolia* L.	부들과(Typhaceae)
큰잎산꿩의다리(keun-ip-san-kkwong-ui-da-ri)	*Thalictrum punctatum* H. Lév.	미나리아재비과(Ranunculaceae)
큰잎쓴풀(keun-ip-sseun-pul)	*Swertia wilfordii* J.Kern.	용담과(Gentianaceae)
큰잎피막이(keun-ip-pi-mak-i)	*Hydrocotyle nepalensis* Hooker	산형과(Apiaceae)
큰장대(keun-jang-dae)	*Clausia trichosepala* (Turcz.) Dvořák	십자화과(Brassicaceae)
큰절굿대(keun-jeol-gut-dae)	*Echinops latifolius* Tausch	국화과(Asteraceae)
큰점나도나물(keun-jeom-na-do-na-mul)	*Cerastium fischerianum* Ser.	석죽과(Caryophyllaceae)
큰제비고깔(keun-je-bi-go-kkal)	*Delphinium maackianum* Rege	미나리아재비과(Ranunculaceae)
큰제비란(keun-je-bi-ran)	*Platanthera sachalinensis* F. Schmidt	난초과(Orchidaceae)
큰조롱(keun-jo-rong)	*Cynanchum wilfordii* (Maxim.) Hemsl.	박주가리과(Asclepiadaceae)
큰조뱅이(keun-jo-baeng-i)	*Breea setosa* (Willd.) Kitam.	국화과(Asteraceae)
큰조아재비(keun-jo-a-jae-bi)	*Phleum pratense* L.	벼과(Poaceae)
큰족제비고사리(keun-jok-je-bi-go-sa-ri)	*Dryopteris hikonensis* (H.Ito) Nakaike	면마과(Dryopteridaceae)
큰졸방제비꽃(keun-jol-bang-je-bi-kkot)	*Viola kusanoana* Makino	제비꽃과(Violaceae)
큰쥐꼬리새(keun-jwi-kko-ri-sae)	*Muhlenbergia huegelii* Trin.	벼과(Poaceae)
큰지네고사리(keun-ji-ne-go-sa-ri)	*Dryopteris fuscipes* C.Chr.	면마과(Dryopteridaceae)
큰진고사리(keun-jin-go-sa-ri)	*Deparia lasiopteris* (Kunze) Nakaike	우드풀과(Woodsiaceae)
큰참나물(keun-cham-na-mul)	*Cymopterus melanotilingia* (H. Boissieu) C. Y. Yoon	산형과(Apiaceae)
큰참새귀리(keun-cham-sae-gwi-ri)	*Bromus secalinus* L.	벼과(Poaceae)
큰참새피(keun-cham-sae-pi)	*Paspalum dilatatum* Poir.	벼과(Poaceae)
큰처녀고사리(keun-cheo-nyeo-go-sa-ri)	*Thelypteris quelpaertensis* (H.Christ) Ching	처녀고사리과(Thelypteridaceae)
큰천남성(keun-cheon-nam-seong)	*Arisaema ringens* (Thunb.) Schott	천남성과(Araceae)
큰천일사초(keun-cheon-il-sa-cho)	*Carex rugulosa* Kuk. var. *rugulosa*	사초과(Cyperaceae)
큰키다닥냉이(keun-ki-da-dak-naeng-i)	*Lepidium latifolium* L.	십자화과(Brassicaceae)
큰톱풀(keun-top-pul)	*Achillea ptarmica* var. *acuminata* (Ledeb.) Heim.	국화과(Asteraceae)
큰피막이(keun-pi-mak-i)	*Hydrocotyle ramiflora* Maxim.	산형과(Apiaceae)
큰하늘지기(keun-ha-neul-ji-gi)	*Fimbristylis longispica* Steud.	사초과(Cyperaceae)
큰황새냉이(keun-hwang-sae-naeng-i)	*Cardamine scutata* Thunb.	십자화과(Brassicaceae)
큰황새풀(keun-hwang-sae-pul)	*Eriophorum latifolium* Hoppe	사초과(Cyperaceae)
키다리난초(ki-da-ri-nan-cho)	*Liparis japonica* (Miq.) Maxim.	난초과(Orchidaceae)
키다리바꽃(ki-da-ri-ba-kkot)	*Aconitum arcuatum* Max.	미나리아재비과(Ranunculaceae)
키다리처녀고사리(ki-da-ri-cheo-nyeo-go-sa-ri)	*Thelypteris nipponica* (Franch. et Sav.) Copel.	처녀고사리과(Thelypteridaceae)
키버들(ki-beo-deul)	*Salix koriyanagi* Kimura for. *koriyanagi*	버드나무과(Salicaceae)
키큰산국(ki-keun-san-guk)	*Leucanthemella linearis* (Matsum.) Tzvelev	국화과(Asteraceae)

ㅌ

타래난초(ta-rae-nan-cho)	*Spiranthes sinensis* (Pers.) Ames	난초과(Orchidaceae)
타래붓꽃(ta-rae-but-kkot)	*Iris lactea* var. *chinensis* (Fisch.) Koidz.	붓꽃과(Iridaceae)
타래사초(ta-rae-sa-cho)	*Carex maackii* Maxim.	사초과(Cyperaceae)
타임(ta-im)	*Thymus vulgaris* L.	꿀풀과(Lamiaceae)

우리명 영어표기	학명 국가표준식물목록	과명 라틴과명
탐나풀(tam-na-pul)	*Hedyotis lindleyana* (Hook. ex Wight et Arn.) var. *hirsuta* (L.) H. Hara	꼭두서니과(Rubiaceae)
탑꽃(tap-kkot)	*Clinopodium gracile* var. *multicaule* (Maxim.) Ohwi	꿀풀과(Lamiaceae)
태백제비꽃(tae-baek-je-bi-kkot)	*Viola albida* Palib.	제비꽃과(Violaceae)
태산목(tae-san-mok)	*Magnolia grandiflora* L.	목련과(Magnoliaceae)
택사(taek-sa)	*Alisma canaliculatum* A. Br. et Bouché	택사과(Alismataceae)
탱자나무(taeng-ja-na-mu)	*Poncirus trifoliata* Raf.	운향과(Rutaceae)
터리풀(teo-ri-pul)	*Filipendula glaberrima* (Nakai) Nakai	장미과(Rosaceae)
털갈매나무(teol-gal-mae-na-mu)	*Rhamnus koraiensis* C.K. Schneid.	갈매나무과(Rhamnaceae)
털개구리미나리(teol-gae-gu-ri-mi-na-ri)	*Ranunculus cantoniensis* DC.	미나리아재비과(Ranunculaceae)
털개밀(teol-gae-mil)	*Agropyron gmelini* (Griseb.) Scribn. et Sm.	벼과(Poaceae)
털개억새(teol-gae-eok-sae)	*Eulalia quadrinervis* (Hack.) Kuntze	벼과(Poaceae)
털개회나무(teol-gae-hoe-na-mu)	*Syringa patula* (Palib.) Nakai	물푸레나무과(Oleaceae)
털고광나무(teol-go-gwang-na-mu)	*Philadelphus schrenckii* var. *jackii* Koehne	범의귀과(Saxifragaceae)
털고사리(teol-go-sa-ri)	*Deparia pycnosora* (H.Christ) M.Kato	우드풀과(Woodsiaceae)
털괭이눈(teol-gwaeng-i-nun)	*Chrysosplenium pilosum* Maxim. var. *pilosum*	범의귀과(Saxifragaceae)
털괴불나무(teol-goe-bul-na-mu)	*Lonicera subhispida* Nakai	인동과(Caprifoliaceae)
털기름나물(teol-gi-reum-na-mul)	*Libanotis coreana* (H. Wolff) Kitagawa	산형과(Apiaceae)
털까마중(teol-kka-ma-jung)	*Solanum sarachoides* Sendtn.	가지과(Solanaceae)
털꼬리풀(teol-kko-ri-pul)	Veronica linariifolia var. villosula (Nakai) T.B.Lee	현삼과(Scrophulariaceae)
털노랑제비꽃(teol-no-rang-je-bi-kkot)	*Viola brevistipulata* var. *minor* Nakai	제비꽃과(Violaceae)
털노박덩굴(teol-no-bak-deong-gul)	*Celastrus stephanotiifolius* Makino	노박덩굴과(Celastraceae)
털대사초(teol-dae-sa-cho)	*Carex ciliato-marginata* Nakai	사초과(Cyperaceae)
털대제비꽃(teol-dae-je-bi-kkot)	*Viola lasiostipes* Nakai	제비꽃과(Violaceae)
털댕강나무(teol-daeng-gang-na-mu)	*Abelia coreana* Nakai	인동과(Caprifoliaceae)
털도깨비바늘(teol-do-kkae-bi-ba-neul)	*Bidens biternata* (Lour.) Merr. et Sherff ex Sherff	국화과(Asteraceae)
털독말풀(teol-dok-mal-pul)	*Datura meteloides* Dunal.	가지과(Solanaceae)
털동자꽃(teol-dong-ja-kkot)	*Lychnis fulgens* Fisch. ex Spreng.	석죽과(Caryophyllaceae)
털두메자운(teol-du-me-ja-un)	*Oxytropis racemosa* Turcz.	콩과(Fabaceae)
털둥근갈퀴(teol-dung-geun-gal-kwi)	*Galium kamtschaticum* Steller ex Roem. et Schult.	꼭두서니과(Rubiaceae)
털딱지꽃(teol-ttak-ji-kkot)	*Potentilla chinensis* var. *concolor* Franch. et Sav.	장미과(Rosaceae)
털뚝새풀(teol-ttuk-sae-pul)	*Alopecurus japonicus* Steud.	벼과(Poaceae)
털마삭줄(teol-ma-sak-jul)	*Trachelospermum jasminoides* var. *pubescens* Makino	협죽도과(Apocynaceae)
털머위(teol-meo-wi)	*Farfugium japonicum* (L.) Kitam.	국화과(Asteraceae)
털며느리밥풀(teol-myeo-neu-ri-bap-pul)	*Melampyrum roseum* var. *hirsutum* Beauverd	현삼과(Scrophulariaceae)
털물참새피(teol-mul-cham-sae-pi)	*Paspalum distichum* var. *indutum* Shinners	벼과(Poaceae)
털미국개기장(teol-mi-guk-gae-gi-jang)	*Panicum capillare* L.	벼과(Poaceae)
털백작약(teol-baek-jak-yak)	*Paeonia japonica* var. *pillosa* Nakai	미나리아재비과(Ranunculaceae)
털별고사리(teol-byeol-go-sa-ri)	*Thelypteris parasitica* (L.) Fosberg	처녀고사리과(Thelypteridaceae)
털별꽃아재비(teol-byeol-kkot-a-jae-bi)	*Galinsoga ciliata* (Raf.) S.F.Blake	국화과(Asteraceae)
털복주머니란(teol-bok-ju-meo-ni-ran)	*Cypripedium guttatum* var. *koreanum* Nakai	난초과(Orchidaceae)
털부처꽃(teol-bu-cheo-kkot)	*Lythrum salicaria* L.	부처꽃과(Lythraceae)
털분취(teol-bun-chwi)	*Saussurea rorinsanensis* Nakai	국화과(Asteraceae)
털비늘고사리(teol-bi-neul-go-sa-ri)	*Arachniodes mutica* (Franch. et Sav.) Ohwi	면마과(Dryopteridaceae)
털비름(teol-bi-reum)	*Amaranthus retroflexus* L.	비름과(Amaranthaceae)
털빕새귀리(teol-bip-sae-gwi-ri)	*Bromus tectorum* L. var. *tectorum*	벼과(Poaceae)
털사철란(teol-sa-cheol-ran)	*Goodyera velutina* Maxim. ex Regel	난초과(Orchidaceae)
털사초(teol-sa-cho)	*Carex pilosa* Scop.	사초과(Cyperaceae)

우리명 영어표기	학명 국가표준식물목록	과명 라틴과명
털산박하(teol-san-bak-ha)	*Isodon inflexus* var. *canescens* (Nakai) Kudo	꿀풀과(Lamiaceae)
털산쑥(teol-san-ssuk)	*Artemisia freyniana* for. *discolor* (Kom.) Kitag.	국화과(Asteraceae)
털새동부(teol-sae-dong-bu)	*Amblyotropis pauciflora* Kitagawa	콩과(Fabaceae)
털쇠무릎(teol-soe-mu-reup)	*Achyranthes fauriei* H. Lév. & Vaniot	비름과(Amaranthaceae)
털쇠서나물(teol-soe-seo-na-mul)	*Picris davurica* Fischer var. *koreana* (Kitamura) Kitagawa	국화과(Asteraceae)
털쉽싸리(teol-swip-ssa-ri)	*Lycopus uniflorus* Michx.	꿀풀과(Lamiaceae)
털쌍잎난초(teol-ssang-ip-nan-cho)	*Listera nipponica* Makino	난초과(Orchidaceae)
털여뀌(teol-yeo-kkwi)	*Persicaria pilosa* (Roxb.) Kitagawa	마디풀과(Polygonaceae)
털연리초(teol-yeon-ri-cho)	*Lathyrus palustris* subsp. *pilosus* (Cham.) Hulten	콩과(Fabaceae)
털오갈피나무(teol-o-gal-pi-na-mu)	*Eleutherococcus divaricatus* (Siebold et Zucc.) S. Y. Hu	두릅나무과(Araliaceae)
털이슬(teol-i-seul)	*Circaea mollis* Siebold et Zucc.	바늘꽃과(Onagraceae)
털잎사초(teol-ip-sa-cho)	*Carex latisquamea* Kom.	사초과(Cyperaceae)
털잎하늘지기(teol-ip-ha-neul-ji-gi)	*Fimbristylis sericea* (Poir.) R. Br.	사초과(Cyperaceae)
털잔대(teol-jan-dae)	*Adenophora verticillata* var. *hirsuta* F.Schmidt	초롱꽃과(Campanulaceae)
털잡이제비꽃(teol-jap-i-je-bi-kkot)	*Pinguicula villosa* L.	통발과(Lentibulariaceae)
털장대(teol-jang-dae)	*Arabis hirsuta* (L.) Scop.	십자화과(Brassicaceae)
털점나도나물(teol-jeom-na-do-na-mul)	*Cerastium pauciflorum* Stev. ex Ser.	석죽과(Caryophyllaceae)
털제비꽃(teol-je-bi-kkot)	*Viola phalacrocarpa* Maxim.	제비꽃과(Violaceae)
털조록싸리(teol-jo-rok-ssa-ri)	*Lespedeza maximowiczii* var. *tomentella* Nakai	콩과(Fabaceae)
털조릿대풀(teol-jo-rit-dae-pul)	*Lophatherum sinensis* Rendle.	벼과(Poaceae)
털조장나무(teol-jo-jang-na-mu)	*Lindera sericea* (Siebold & Zucc.) Blume	녹나무과(Lauraceae)
털족제비싸리(teol-jok-je-bi-ssa-ri)	*Amorpha canescens* Pursh	콩과(Fabaceae)
털좁쌀풀(teol-jop-ssal-pul)	*Euphrasia retrotricha* Nakai ex T.H.Chung	현삼과(Scrophulariaceae)
털쥐손이(teol-jwi-son-i)	*Geranium eriostemon* Fisch. ex DC var. *reinii* (Fr. et Sav.) Maxim.	쥐손이풀과(Geraniaceae)
털진득찰(teol-jin-deuk-chal)	*Sigesbeckia pubescens* (Makino) Makino	국화과(Asteraceae)
털질경이(teol-jil-gyeong-i)	*Plantago depressa* Willd.	질경이과(Plantaginaceae)
털참새귀리(teol-cham-sae-gwi-ri)	*Bromus mollis* L.	벼과(Poaceae)
털피나무(teol-pi-na-mu)	*Tilia rufa* Nakai	피나무과(Tiliaceae)
털향유(teol-hyang-yu)	*Galeopsis bifida* Boenn.	꿀풀과(Lamiaceae)
테에다소나무(te-e-da-so-na-mu)	*Pinus taeda* L.	소나무과(Pinaceae)
토끼고사리(to-kki-go-sa-ri)	*Gymnocarpium dryopteris* (L.) Newman	우드풀과(Woodsiaceae)
토끼풀(to-kki-pul)	*Trifolium repens* L.	콩과(Fabaceae)
토대황(to-dae-hwang)	*Rumex aquaticus* L.	마디풀과(Polygonaceae)
토란(to-ran)	*Colocasia esculenta* (L.) Schott	천남성과(Araceae)
토마토(to-ma-to)	*Lycopersicon esculentum* Mill.	가지과(Solanaceae)
토현삼(to-hyeon-sam)	*Scrophularia koraiensis* Nakai	현삼과(Scrophulariaceae)
톱니나자스말(top-ni-na-ja-seu-mal)	*Najas minor* All.	나자스말과(Najadaceae)
톱바위취(top-ba-wi-chwi)	*Saxifraga punctata* L.	범의귀과(Saxifragaceae)
톱지네고사리(top-ji-ne-go-sa-ri)	*Dryopteris cycadina* (Franch. et Sav.) C.Chr.	면마과(Dryopteridaceae)
톱풀(top-pul)	*Achillea alpina* L.	국화과(Asteraceae)
통발(tong-bal)	*Utricularia vulgaris* var. *japonica* (Makino) Tamura	통발과(Lentibulariaceae)
통보리사초(tong-bo-ri-sa-cho)	*Carex kobomugi* Ohwi	사초과(Cyperaceae)
통영병꽃나무(tong-yeong-byeong-kkot-na-mu)	*Weigela toensis* Nakai	인동과(Caprifoliaceae)
통탈목(tong-tal-mok)	*Tetrapanax papyriferus* (Hook.) K. Koch	두릅나무과(Araliaceae)
투구꽃(tu-gu-kkot)	*Aconitum jaluense* Kom. subsp. *jaluense*	미나리아재비과(Ranunculaceae)
퉁둥굴레(tung-dung-gul-re)	*Polygonatum inflatum* Kom.	백합과(Liliaceae)
퉁퉁마디(tung-tung-ma-di)	*Salicornia europaea* L.	명아주과(Chenopodiaceae)

우리명 영어표기	학명 국가표준식물목록	과명 라틴과명
튜울립(tyu-ul-rip)	*Tulipa gesneriama* L.	백합과(Liliaceae)
튜울립나무(tyu-ul-rip-na-mu)	*Liriodendron tulipifera* L.	목련과(Magnoliaceae)
트리티케일(teu-ri-ti-ke-il)	*Triticum* × *Secale*	벼과(Poaceae)

ㅍ

우리명 영어표기	학명 국가표준식물목록	과명 라틴과명
파(pa)	*Allium filtulosum* L.	백합과(Liliaceae)
파대가리(pa-dae-ga-ri)	*Kyllinga brevifolia* Rottb.	사초과(Cyperaceae)
파드득나물(pa-deu-deuk-na-mul)	*Cryptotaenia japonica* Hassk.	산형과(Apiaceae)
파란여로(pa-ran-yeo-ro)	*Veratrum maackii* var. *parviflorum* (Maxim.) Hara	백합과(Liliaceae)
파리풀(pa-ri-pul)	*Phryma leptostachya* var. *asiatica* H.Hara	파리풀과(Phrymaceae)
파초(pa-cho)	*Musa basjoo* Siebold et Zucc.	파초과(Musaceae)
파초일엽(pa-cho-il-yeop)	*Asplenium antiquum* Makino	꼬리고사리과(Aspleniaceae)
팔손이(pal-son-i)	*Fatsia japonica* (Thunb.) Decne. et Planch.	두릅나무과(Araliaceae)
팥(pat)	*Vigna angularis* (Willd.) Ohwi et H. Ohashi	콩과(Fabaceae)
팥꽃나무(pat-kkot-na-mu)	*Daphne genkwa* Siebold et Zucc.	팥꽃나무과(Thymeleaceae)
팥배나무(pat-bae-na-mu)	*Sorbus alnifolia* (Siebold et Zucc.) K. Koch.	장미과(Rosaceae)
패랭이꽃(pae-raeng-i-kkot)	*Dianthus chinensis* L. var. *chinensis*	석죽과(Caryophyllaceae)
패모(pae-mo)	*Fritillaria ussuriensis* Maxim.	백합과(Liliaceae)
팬지(paen-ji)	*Viola wittrockiana* Hort.	제비꽃과(Violaceae)
팽나무(paeng-na-mu)	*Celtis sinensis* Pers.	느릅나무과(Ulmaceae)
퍼진고사리(peo-jin-go-sa-ri)	*Dryopteris expansa* (C.Presl) Fraser-Jenk. et Jermy	면마과(Dryopteridaceae)
페루꽈리(pe-ru-kkwa-ri)	Nicandra physalodes (L.) Gaertn.	가지과(Solanaceae)
페튜니아(pe-tyu-ni-a)	*Petunia hybrida* Vilm.	가지과(Solanaceae)
펠리온나무(pel-ri-on-na-mu)	*Pellionia scabra* Benth.	쐐기풀과(Urticaceae)
편두(pyeon-du)	*Dolichos lablab* L.	콩과(Fabaceae)
편백(pyeon-baek)	*Chamaecyparis obtusa* (Siebold et Zucc.) Endl.	측백나무과(Cupressaceae)
포기사초(po-gi-sa-cho)	*Carex caespitosa* L. var. *caespitosa*	사초과(Cyperaceae)
포도(po-do)	*Vitis vinifera* L.	포도과(Vitaceae)
포아풀(po-a-pul)	*Poa sphondylodes* Trin.	벼과(Poaceae)
포인세티아(po-in-se-ti-a)	*Euphorbia pulcherrima* Willd.	대극과(Euphorbiaceae)
포천구절초(po-cheon-gu-jeol-cho)	*Dendranthema zawadskii* var. *tenuisectum* Kitag.	국화과(Asteraceae)
포태사초(po-tae-sa-cho)	*Carex siroumensis* Koidz.	사초과(Cyperaceae)
포태제비난(po-tae-je-bi-nan)	*Coeloglossum coreanum* (Nakai) Schltr.	난초과(Orchidaceae)
포태향기풀(po-tae-hyang-gi-pul)	*Anthoxanthum odoratum* L. var. *furumii* (Honda) Ohwi	벼과(Poaceae)
폭나무(pok-na-mu)	*Celtis biondii* Pamp.	느릅나무과(Ulmaceae)
폭이사초(pok-i-sa-cho)	*Carex teinogyna* Boott	사초과(Cyperaceae)
푸른개고사리(pu-reun-gae-go-sa-ri)	*Deparia viridifrons* (Makino) M.Kato	우드풀과(Woodsiaceae)
푸른갯골풀(pu-reun-gaet-gol-pul)	*Juncus setchuensis* var. *effusoides* Buchenau	골풀과(Juncaceae)
푸른더덕(pu-reun-deo-deok)	*Codonopsis lanceolata* for. *emaculata* (Honda) H.Hara	초롱꽃과(Campanulaceae)
푸른루우핀(pu-reun-ru-u-pin)	*Lupinus hirsutus* L.	콩과(Fabaceae)
푸른박새(pu-reun-bak-sae)	*Veratrum dolichopetalum* Loes. fil.	백합과(Liliaceae)
푸른방동사니(pu-reun-bang-dong-sa-ni)	*Cyperus nipponicus* Franch. et Sav.	사초과(Cyperaceae)
푸른백미꽃(pu-reun-baek-mi-kkot)	*Cynanchum atratum* for. *viridescens* Ohwi	박주가리과(Asclepiadaceae)
푸른하늘지기(pu-reun-ha-neul-ji-gi)	*Fimbristylis verrucifera* (Maxim.) Makino	사초과(Cyperaceae)
푸조나무(pu-jo-na-mu)	*Aphananthe aspera* (Thunb.) Planch.	느릅나무과(Ulmaceae)
푼지나무(pun-ji-na-mu)	*Celastrus flagellaris* Rupr.	노박덩굴과(Celastraceae)
풀거북꼬리(pul-geo-buk-kko-ri)	*Boehmeria tricuspis* var. *unicuspis* Makino	쐐기풀과(Urticaceae)

우리명 영어표기	학명 국가표준식물목록	과명 라틴과명
풀고사리(pul-go-sa-ri)	*Gleichenia japonica* Spreng.	풀고사리과(Gleicheniaceae)
풀또기(pul-tto-gi)	*Prunus triloba* var. *truncata* Kom.	장미과(Rosaceae)
풀명자(pul-myeong-ja)	*Chaenomeles japonica* (Thunb.) Lindl. ex Spach	장미과(Rosaceae)
풀산딸나무(pul-san-ttal-na-mu)	*Cornus canadensis* L.	층층나무과(Cornaceae)
풀솜나물(pul-som-na-mul)	*Gnaphalium japonicum* Thunb.	국화과(Asteraceae)
풀솜대(pul-som-dae)	*Smilacina japonica* A. Gray var. *japonica*	백합과(Liliaceae)
풀싸리(pul-ssa-ri)	*Lespedeza thunbergii* subsp. *formosa* (Vogel) H.Ohashi	콩과(Fabaceae)
풀협죽도(pul-hyeop-juk-do)	*Phlox paniculata* L.	꽃고비과(Polemoniaceae)
풍게나무(pung-ge-na-mu)	*Celtis jessoensis* Koidz.	느릅나무과(Ulmaceae)
풍년화(pung-nyeon-hwa)	*Hamamelis japonica* Siebold & Zucc.	조록나무과(Hamamelidaceae)
풍란(pung-ran)	*Neofinetia falcata* (Thunb. ex Murray) Hu	난초과(Orchidaceae)
풍산가문비(pung-san-ga-mun-bi)	*Picea pungsanensis* Uyeki	소나무과(Pinaceae)
풍선난초(pung-seon-nan-cho)	*Calypso bulbosa* (L.) Reichb. fil.	난초과(Orchidaceae)
풍선덩굴(pung-seon-deong-gul)	*Cardiospermum halicacabum* L.	무환자나무과(Sapindaceae)
풍접초(pung-jeop-cho)	*Cleome spinosa* Jacq.	풍접초과(Capparidaceae)
피(pi)	*Echinochloa utilis* Ohwi et Yabuno	벼과(Poaceae)
피나무(pi-na-mu)	*Tilia amurensis* Rupr.	피나무과(Tiliaceae)
피나물(pi-na-mul)	*Hylomecon vernalis* Maxim.	양귀비과(Papaveraceae)
피라칸다(pi-ra-kan-da)	*Pyracantha angustifolia* (Franch.) C.K.Schneid	장미과(Rosaceae)
피마자(pi-ma-ja)	*Ricinus communis* L.	대극과(Euphorbiaceae)
피뿌리풀(pi-ppu-ri-pul)	*Stellera chamaejasme* L.	팥꽃나무과(Thymeleaceae)
피사초(pi-sa-cho)	*Carex longerostrata* C.A. Meyer	사초과(Cyperaceae)

ㅎ

우리명 영어표기	학명 국가표준식물목록	과명 라틴과명
하늘나리(ha-neul-na-ri)	*Lilium concolor* Salisb.	백합과(Liliaceae)
하늘말나리(ha-neul-mal-na-ri)	*Lilium tsingtauense* Gilg	백합과(Liliaceae)
하늘매발톱(ha-neul-mae-bal-top)	*Aquilegia japonica* Nakai & H. Hara	미나리아재비과(Ranunculaceae)
하늘바라기(ha-neul-ba-ra-gi)	*Heliopsis helianthoides* (L.) Sweet	국화과(Asteraceae)
하늘지기(ha-neul-ji-gi)	*Fimbristylis dichotoma* (L.) Vahl for. *dichotoma*	사초과(Cyperaceae)
하늘타리(ha-neul-ta-ri)	*Trichosanthes kirilowii* Maxim.	박과(Cucurbiaceae)
하수오(ha-su-o)	*Fallopia multiflora* (Thunb. ex Murray) Haraldson var. *multiflora*	마디풀과(Polygonaceae)
한계령풀(han-gye-ryeong-pul)	*Leontice microrrhyncha* S. Moore	매자나무과(Berberidaceae)
한들고사리(han-deul-go-sa-ri)	*Cystopteris fragilis* (L.) Bernh.	우드풀과(Woodsiaceae)
한라각시둥굴레(han-ra-gak-si-dung-gul-re)	*Polygonatum humilinum* Nakai	백합과(Liliaceae)
한라개승마(han-ra-gae-seung-ma)	*Aruncus aethusifolius* (H. Lév.) Nakai	장미과(Rosaceae)
한라꽃장포(han-ra-kkot-jang-po)	*Tofieldia coccinea* var. *kondoi* (Miyabe et Kudô) Hara	백합과(Liliaceae)
한라돌쩌귀(han-ra-dol-jjeo-gwi)	*Aconitum japonicum* subsp. *napiforme* (H.Lev. et Vaniot) Kadota	미나리아재비과(Ranunculaceae)
한라부추(han-ra-bu-chu)	*Allium taquetii* H. Lév. et Vaniot var. *taquetii*	백합과(Liliaceae)
한라사초(han-ra-sa-cho)	*Carex erythrobasis* Lév. et Vnt.	사초과(Cyperaceae)
한라솜다리(han-ra-som-da-ri)	*Leontopodium hallaisanense* Hand.-Mazz.	국화과(Asteraceae)
한라잠자리난(han-ra-jam-ja-ri-nan)	*Platanthera minor* (Miq.) Reichb. fil.	난초과(Orchidaceae)
한라장구채(han-ra-jang-gu-chae)	*Silene fasciculata* Nakai	석죽과(Caryophyllaceae)
한란(han-ran)	*Cymbidium kanran* Makino	난초과(Orchidaceae)
한련(han-ryeon)	*Tropaeolum majus* L.	한련과(Tropaeolaceae)
한련초(han-ryeon-cho)	*Eclipta prostrata* (L.) L.	국화과(Asteraceae)
할미꽃(hal-mi-kkot)	*Pulsatilla koreana* (Yabe ex Nakai) Nakai ex Mori	미나리아재비과(Ranunculaceae)
할미밀망(hal-mi-mil-mang)	*Clematis trichotoma* Nakai	미나리아재비과(Ranunculaceae)

우리명 영어표기	학명 국가표준식물목록	과명 라틴과명
함경딸기(ham-gyeong-ttal-gi)	*Rubus articus* L.	장미과(Rosaceae)
함박꽃나무(ham-bak-kkot-na-mu)	*Magnolia sieboldii* K. Koch	목련과(Magnoliaceae)
함박이(ham-bak-i)	*Stephania japonica* (Thunb.) Miers	방기과(Memispermaceae)
함북사초(ham-buk-sa-cho)	*Carex echinata* Murr.	사초과(Cyperaceae)
함북종덩굴(ham-buk-jong-deong-gul)	*Clematis subtriternata* Nakai	미나리아재비과(Ranunculaceae)
합다리나무(hap-da-ri-na-mu)	*Meliosma oldhamii* Maxim.	나도밤나무과(Sabiaceae)
해국(hae-guk)	*Aster sphathulifolius* Maxim.	국화과(Asteraceae)
해녀콩(hae-nyeo-kong)	*Canavalia lineata* (Thunb.) DC.	콩과(Fabaceae)
해당화(hae-dang-hwa)	*Rosa rugosa* Thunb. var. *rugosa*	장미과(Rosaceae)
해란초(hae-ran-cho)	*Linaria japonica* Miq.	현삼과(Scrophulariaceae)
해바라기(hae-ba-ra-gi)	*Helianthus annuus* L.	국화과(Asteraceae)
해변싸리(hae-byeon-ssa-ri)	*Lespedeza maritima* Nakai	콩과(Fabaceae)
해변황기(hae-byeon-hwang-gi)	*Astragalus sikokianus* Nakai	콩과(Fabaceae)
해산사초(hae-san-sa-cho)	*Carex hancockiana* Max.	사초과(Cyperaceae)
해오라비난초(hae-o-ra-bi-nan-cho)	*Habenaria radiata* (Thunb. ex Murray) Spreng.	난초과(Orchidaceae)
해장죽(hae-jang-juk)	*Arundinaria simonii* (Carriere) A.Gray et C.Riviere	벼과(Poaceae)
해홍나물(hae-hong-na-mul)	*Suaeda maritima* (L.) Dumortier	명아주과(Chenopodiaceae)
햇사초(haet-sa-cho)	*Carex pseudo-chinensis* Lév. et Vnt.	사초과(Cyperaceae)
향기풀(hyang-gi-pul)	*Anthoxanthum odoratum* L. var. *odoratum*	벼과(Poaceae)
향나무(hyang-na-mu)	*Juniperus chinensis* L.	측백나무과(Cupressaceae)
향등골나물(hyang-deung-gol-na-mul)	*Eupatorium tripartitum* (Makino) Murata et H.Koyama	국화과(Asteraceae)
향모(hyang-mo)	*Hierochloe odorata* (L.) P.Beauv.	벼과(Poaceae)
향부자(hyang-bu-ja)	*Cyperus rotundus* L.	사초과(Cyperaceae)
향선나무(hyang-seon-na-mu)	*Fontanesia phyllyreoides* Labill.	물푸레나무과(Oleaceae)
향유(hyang-yu)	*Elsholtzia ciliata* (Thunb.) Hyl.	꿀풀과(Lamiaceae)
헐떡이풀(heol-tteok-i-pul)	*Tiarella polyphylla* D. Don	범의귀과(Saxifragaceae)
헛개나무(heot-gae-na-mu)	*Hovenia dulcis* Thunb. ex Murray	갈매나무과(Rhamnaceae)
현삼(hyeon-sam)	*Scrophularia buergeriana* Miq.	현삼과(Scrophulariaceae)
현호색(hyeon-ho-saek)	*Corydalis remota* Fisch. ex Maxim.	현호색과(Fumariaceae)
협죽도(hyeop-juk-do)	*Nerium indicum* Mill.	협죽도과(Apocynaceae)
형개(hyeong-gae)	*Schizonepeta tenuifolia* var. *japonica* (Maxim.) Kitag.	꿀풀과(Lamiaceae)
호광대수염(ho-gwang-dae-su-yeom)	*Lamium cuspidatum* Nakai	꿀풀과(Lamiaceae)
호노루발(ho-no-ru-bal)	*Pyrola dahurica* (H. Andres) Kom.	노루발과(Pyrolaceae)
호대황(ho-dae-hwang)	*Rumex gmelini* Turcz. ex Ledeb.	마디풀과(Polygonaceae)
호두나무(ho-du-na-mu)	*Juglans regia* Dode	가래나무과(Juglandaceae)
호랑가시나무(ho-rang-ga-si-na-mu)	*Ilex cornuta* Lindl. et Paxton	감탕나무과(Aquifoliaceae)
호랑버들(ho-rang-beo-deul)	*Salix caprea* L.	버드나무과(Salicaceae)
호모초(ho-mo-cho)	*Corispermum stauntonii* Moq.	명아주과(Chenopodiaceae)
호밀(ho-mil)	*Secale cereale* L.	벼과(Poaceae)
호밀풀(ho-mil-pul)	*Lolium perenne* L.	벼과(Poaceae)
호바늘꽃(ho-ba-neul-kkot)	*Epilobium amurense* Hausskn. subsp. *amurense*	바늘꽃과(Onagraceae)
호박(ho-bak)	*Cucurbita moschata* Duchesne	박과(Cucurbiaceae)
호범꼬리(ho-beom-kko-ri)	*Bistorta ochotensis* (Petrov ex Kom.) Kom.	마디풀과(Polygonaceae)
호비수리(ho-bi-su-ri)	*Lespedeza daurica* (Laxm.) Schindl.	콩과(Fabaceae)
호오리새(ho-o-ri-sae)	*Schizachne purpurascens* (Torr.) Swallen	벼과(Poaceae)
호자나무(ho-ja-na-mu)	*Damnacanthus indicus* C.F.Gaertn.	꼭두서니과(Rubiaceae)
호자덩굴(ho-ja-deong-gul)	*Mitchella undulata* Siebold et Zucc.	꼭두서니과(Rubiaceae)

우리명 영어표기	학명 국가표준식물목록	과명 라틴과명
호장근(ho-jang-geun)	*Fallopia japonica* (Houtt.) Ronse Decr.	마디풀과(Polygonaceae)
호제비꽃(ho-je-bi-kkot)	*Viola yedoensis* Makino	제비꽃과(Violaceae)
호프(ho-peu)	*Humulus lupulus* L.	삼과(Cannabaceae)
혹난초(hok-nan-cho)	*Bulbophyllum inconspicuum* Maxim.	난초과(Orchidaceae)
혹쐐기풀(hok-sswae-gi-pul)	*Laportea bulbifera* (Siebold & Zucc.) Wedd.	쐐기풀과(Urticaceae)
홀꽃노루발(hol-kkot-no-ru-bal)	*Moneses uniflora* (L.) A. Gray	노루발과(Pyrolaceae)
홀아비꽃대(hol-a-bi-kkot-dae)	*Chloranthus japonicus* Siebold	홀아비꽃대과(Chloranthaceae)
홀아비바람꽃(hol-a-bi-ba-ram-kkot)	*Anemone koraiensis* Nakai	미나리아재비과(Ranunculaceae)
홍가시나무(hong-ga-si-na-mu)	*Photinia glabra* (Thunb.) Max.	장미과(Rosaceae)
홍괴불나무(hong-goe-bul-na-mu)	*Lonicera sachalinensis* (F.Schmidt) Nakai	인동과(Caprifoliaceae)
홍노도라지(hong-no-do-ra-ji)	*Peracarpa carnosa* var. *circaeoides* (F.Schmidt ex Miq.) Makino	초롱꽃과(Campanulaceae)
홍도까치수염(hong-do-kka-chi-su-yeom)	*Lysimachia pentapetala* Bunge	앵초과(Primulaceae)
홍도서덜취(hong-do-seo-deol-chwi)	*Saussurea polylepis* Nakai	국화과(Asteraceae)
홍도원추리(hong-do-won-chu-ri)	*Hemerocallis hongdoensis* M. G. Chung et S. S. Kang	백합과(Liliaceae)
홍매(hong-mae)	*Prunus glandulosa* for. *sinensis* (Pers.) Koehne	장미과(Rosaceae)
홍월귤(hong-wol-gyul)	*Arctous ruber* (Rehder et E. H. Wils.) Nakai	진달래과(Ericaceae)
홍지네고사리(hong-ji-ne-go-sa-ri)	*Dryopteris erythrosora* (D.C.Eaton) Kuntze	면마과(Dryopteridaceae)
홍초(hong-cho)	*Canna generalis* Bailey	홍초과(Cannaceae)
화백(hwa-baek)	*Chamaecyparis pisifera* (Siebold et Zucc.) Endl.	측백나무과(Cupressaceae)
화산곱슬사초(hwa-san-gop-seul-sa-cho)	*Carex raddei* Kükenth.	사초과(Cyperaceae)
화살곰취(hwa-sal-gom-chwi)	*Ligularia jamesii* (Hemsl.) Kom.	국화과(Asteraceae)
화살나무(hwa-sal-na-mu)	*Euonymus alatus* (Thunb.) Siebold	노박덩굴과(Celastraceae)
화살사초(hwa-sal-sa-cho)	*Carex transversa* Boott	사초과(Cyperaceae)
화엄제비꽃(hwa-eom-je-bi-kkot)	*Viola ibukiana* Makino	제비꽃과(Violaceae)
환삼덩굴(hwan-sam-deong-gul)	*Humulus japonicus* Siebold & Zucc.	삼과(Cannabaceae)
활나물(hwal-na-mul)	*Crotalaria sessiliflora* L.	콩과(Fabaceae)
활량나물(hwal-ryang-na-mul)	*Lathyrus davidii* Hance	콩과(Fabaceae)
황고사리(hwang-go-sa-ri)	*Dennstaedtia wilfordii* (T. Moore) H. Christ.	잔고사리과(Dennstaedtiaceae)
황근(hwang-geun)	*Hibiscus hamabo* Siebold et Zucc.	아욱과(Malvaceae)
황금(hwang-geum)	*Scutellaria baicalensis* Georgi	꿀풀과(Lamiaceae)
황기(hwang-gi)	*Astragalus membranaceus* Bunge var. *membranaceus*	콩과(Fabaceae)
황련(hwang-ryeon)	*Coptis japonica* (Thunb.) Makino	미나리아재비과(Ranunculaceae)
황마(hwang-ma)	*Corchorus capsularis* L.	벽오동과(Sterculiaceae)
황매화(hwang-mae-hwa)	*Kerria japonica* (L.) DC. for. *japonica*	장미과(Rosaceae)
황벽나무(hwang-byeok-na-mu)	*Phellodendron amurense* Rupr.	운향과(Rutaceae)
황산차(hwang-san-cha)	*Rhododendron lapponicum* subsp. *parvifolium* var. *parvifolium* (Adams) T.Yamaz.	진달래과(Ericaceae)
황새고랭이(hwang-sae-go-raeng-i)	*Scirpus maximowiczii* C.B. Clarke	사초과(Cyperaceae)
황새냉이(hwang-sae-naeng-i)	*Cardamine flexuosa* With.	십자화과(Brassicaceae)
황새승마(hwang-sae-seung-ma)	*Cimicifuga foetida* L.	미나리아재비과(Ranunculaceae)
황새풀(hwang-sae-pul)	*Eriophorum vaginatum* L.	사초과(Cyperaceae)
황철나무(hwang-cheol-na-mu)	*Populus maximowiczii* A.Henry	버드나무과(Salicaceae)
황칠나무(hwang-chil-na-mu)	*Dendropanax morbiferus* H. Lév.	두릅나무과(Araliaceae)
황해쑥(hwang-hae-ssuk)	*Artemisia argyi* H. Lév. et Vaniot	국화과(Asteraceae)
회나무(hoe-na-mu)	*Euonymus sachalinensis* (F. Schmidt) Maxim.	노박덩굴과(Celastraceae)
회령바늘꽃(hoe-ryeong-ba-neul-kkot)	*Epilobium fastigiatoramosum* Nakai	바늘꽃과(Onagraceae)
회령사초(hoe-ryeong-sa-cho)	*Carex gotoi* Ohwi	사초과(Cyperaceae)
회리바람꽃(hoe-ri-ba-ram-kkot)	*Anemone reflexa* Steph. & Willd.	미나리아재비과(Ranunculaceae)

우리명 영어표기	학명 국가표준식물목록	과명 라틴과명
회목나무(hoe-mok-na-mu)	*Euonymus pauciflorus* Maxim.	노박덩굴과(Celastraceae)
회색사초(hoe-saek-sa-cho)	*Carex cinerascens* Kükenth.	사초과(Cyperaceae)
회양목(hoe-yang-mok)	*Buxus koreana* Nakai ex T. H. Chung	회양목과(Buxaceae)
회향(hoe-hyang)	*Foeniculum vulgare* Mill.	산형과(Apiaceae)
후박나무(hu-bak-na-mu)	*Machilus thunbergii* Siebold & Zucc.	녹나무과(Lauraceae)
후박나무(hu-bak-na-mu)	*Sophora japonica* L.	콩과(Fabaceae)
후추등(hu-chu-deung)	*Piper kadsura* (Choisy) Ohwi	후추과(Piperaceae)
후크시아(hu-keu-si-a)	*Fuchsia hybrida* Hort ex Siebold et Voss.	바늘꽃과(Onagraceae)
후피향나무(hu-pi-hyang-na-mu)	*Ternstroemia gymnanthera* (Wight et Arn.) Sprague	차나무과(Theaceae)
흑박주가리(heuk-bak-ju-ga-ri)	*Cynanchum nipponicum* var. *glabrum* (Nakai) H.Hara	박주가리과(Asclepiadaceae)
흑삼릉(heuk-sam-reung)	*Sparganium erectum* L.	흑삼릉과(Sparganiaceae)
흑오미자(heuk-o-mi-ja)	*Schisandra repanda* (Siebold & Zucc.) Radlk.	목련과(Magnoliaceae)
흰가시엉겅퀴(huin-ga-si-eong-geong-kwi)	*Cirsium japonicum* var. *spinosissimum* for. *alba* T.B.Lee	국화과(Asteraceae)
흰각시취(huin-gak-si-chwi)	*Saussurea pulchella* for. *albiflora* (Kitam.) Kitam.	국화과(Asteraceae)
흰갈퀴(huin-gal-kwi)	*Galium dahuricum* var. *tokyoense* (Makino) Cufod.	꼭두서니과(Rubiaceae)
흰강낭콩(huin-gang-nang-kong)	*Phaseolus multiflorus* var. *albus* Bailey	콩과(Fabaceae)
흰개수염(huin-gae-su-yeom)	*Eriocaulon sikokianum* Maxim.	곡정초과(Eriocaulaceae)
흰갯메꽃(huin-gaet-me-kkot)	*Calystegia soldanella* Roem. et Schult. for. *alba*	메꽃과(Convolvulaceae)
흰겨이삭(huin-gyeo-i-sak)	*Agrostis alba* L.	벼과(Poaceae)
흰고양이수염(huin-go-yang-i-su-yeom)	*Rhynchospora alba* (L.) Vahl	사초과(Cyperaceae)
흰괴불나무(huin-goe-bul-na-mu)	*Lonicera tatarinowii* var. *leptantha* (Rehder) Nakai	인동과(Caprifoliaceae)
흰그늘용담(huin-geu-neul-yong-dam)	*Gentiana chosenica* Okuyama	용담과(Gentianaceae)
흰금강초롱꽃(huin-geum-gang-cho-rong-kkot)	*Hanabusaya asiatica* for. *alba* T.B.Lee	초롱꽃과(Campanulaceae)
흰꼬리사초(huin-kko-ri-sa-cho)	*Carex brownii* Tuckerm.	사초과(Cyperaceae)
흰꽃광대나물(huin-kkot-gwang-dae-na-mul)	*Lagopsis supina* (Stephan) Ikonn.-Gal. ex Knorring	꿀풀과(Lamiaceae)
흰꽃나도사프란(huin-kkot-na-do-sa-peu-ran)	*Zephyranthes candida* (Lindl.) Herb.	수선화과(Amarylidaceae)
흰꽃여뀌(huin-kkot-yeo-kkwi)	*Persicaria japonica* (Meisn.) H. Gross ex Nakai	마디풀과(Polygonaceae)
흰꽃좀닭의장풀(huin-kkot-jom-dak-ui-jang-pul)	*Commelina communis* var. *angustifolia* for. *leucantha* Nakai	닭의장풀과(Commelinaceae)
흰대극(huin-dae-geuk)	*Euphorbia esula* L.	대극과(Euphorbiaceae)
흰더위지기(huin-deo-wi-ji-gi)	*Artemisia iwayomogi* Kitam. for. *discolor* T. B. Lee	국화과(Asteraceae)
흰도깨비바늘(huin-do-kkae-bi-ba-neul)	*Bidens pilosa* var. *minor* (Blume) Sherff	국화과(Asteraceae)
흰독말풀(huin-dok-mal-pul)	*Datura stramonium* L. var. *stramonium*	가지과(Solanaceae)
흰두메양귀비(huin-du-me-yang-gwi-bi)	*Papaver radicatum* var. *pseudoradicatum* for. *albiflorum* Y.N.Lee	양귀비과(Papaveraceae)
흰땃딸기(huin-ttat-ttal-gi)	*Fragaria nipponica* Makino	장미과(Rosaceae)
흰말채나무(huin-mal-chae-na-mu)	*Cornus alba* L.	층층나무과(Cornaceae)
흰명아주(huin-myeong-a-ju)	*Chenopodium album* L. var. *album*	명아주과(Chenopodiaceae)
흰모시대(huin-mo-si-dae)	*Adenophora remotiflora* f. *leucantha* Honda	초롱꽃과(Campanulaceae)
흰물봉선(huin-mul-bong-seon)	*Impatiens textori* var. *koreana* Nakai	봉선화과(Balsaminaceae)
흰민들레(huin-min-deul-re)	*Taraxacum coreanum* Nakai	국화과(Asteraceae)
흰바늘엉겅퀴(huin-ba-neul-eong-geong-kwi)	*Cirsium rhinoceros* for. *albiflorum* Sakata	국화과(Asteraceae)
흰바디나물(huin-ba-di-na-mul)	*Angelica cartilagino-marginata* var. *distans* (Nakai) Kitag.	산형과(Apiaceae)
흰바위취(huin-ba-wi-chwi)	*Saxifraga manchuriensis* (Engl.) Kom.	범의귀과(Saxifragaceae)
흰방동사니(huin-bang-dong-sa-ni)	*Cyperus michelianus* var. *pacificus* Ohwi	사초과(Cyperaceae)
흰범꼬리(huin-beom-kko-ri)	*Bistorta incana* (Nakai) Nakai ex T. Mori	마디풀과(Polygonaceae)
흰병꽃나무(huin-byeong-kkot-na-mu)	*Weigela florida* for. *candida* Rehder	인동과(Caprifoliaceae)
흰사초(huin-sa-cho)	*Carex doniana* Spreng.	사초과(Cyperaceae)
흰상사화(huin-sang-sa-hwa)	*Lycoris albiflora* Koidz.	수선화과(Amarylidaceae)

우리명 영어표기	학명 국가표준식물목록	과명 라틴과명
흰석창포(huin-seok-chang-po)	*Acorus gramineus* Sol. for. alba	천남성과(Araceae)
흰섬초롱꽃(huin-seom-cho-rong-kkot)	*Campanula takesimana* Nakai for. *alba* T. B. Lee	초롱꽃과(Campanulaceae)
흰솔나물(huin-sol-na-mul)	*Galium verum* var. *trachycarpum* for. *nikkoense* (Nakai) Ohwi	꼭두서니과(Rubiaceae)
흰쑥(huin-ssuk)	*Artemisia stelleriana* Besser	국화과(Asteraceae)
흰씀바귀(huin-sseum-ba-gwi)	*Ixeridium dentatum* for. *albiflora* (Makino) H.Hara	국화과(Asteraceae)
흰아프리카문주란(huin-a-peu-ri-ka-mun-ju-ran)	*Crinum moorei* Hook. f. var. *album* Hort.	수선화과(Amarylidaceae)
흰양귀비(huin-yang-gwi-bi)	*Papaver amurense* (N. Busch) N. Busch ex Tolm.	양귀비과(Papaveraceae)
흰여뀌(huin-yeo-kkwi)	*Persicaria lapathifolia* (L.) Gray var. *lapathifolia*	마디풀과(Polygonaceae)
흰여로(huin-yeo-ro)	*Veratrum versicolor* Nakai	백합과(Liliaceae)
흰오리방풀(huin-o-ri-bang-pul)	*Isodon excisus* for. *albiflorus* (Sakata) Hara	꿀풀과(Lamiaceae)
흰이삭사초(huin-i-sak-sa-cho)	*Carex metallica* H. Lév.	사초과(Cyperaceae)
흰인가목(huin-in-ga-mok)	*Rosa koreana* Kom.	장미과(Rosaceae)
흰일월비비추(huin-il-wol-bi-bi-chu)	*Hosta capitata* for. *albiflora* Y.N.Lee	백합과(Liliaceae)
흰잎고려엉겅퀴(huin-ip-go-ryeo-eong-geong-kwi)	*Cirsium setidens* var. *niveoaraneum* Kitam.	국화과(Asteraceae)
흰잎엉겅퀴(huin-ip-eong-geong-kwi)	*Cirsium vlassovianum* Fisch. ex DC.	국화과(Asteraceae)
흰자주꽃방망이(huin-ja-ju-kkot-bang-mang-i)	*Campanula glomerata* for. *alba* Nakai ex T.B.Lee 188-2890a	초롱꽃과(Campanulaceae)
흰장구채(huin-jang-gu-chae)	*Silene oliganthella* Nakai	석죽과(Caryophyllaceae)
흰전동싸리(huin-jeon-dong-ssa-ri)	*Melilotus alba* Medicus ex Desv.	콩과(Fabaceae)
흰젖제비꽃(huin-jeot-je-bi-kkot)	*Viola lactiflora* Nakai	제비꽃과(Violaceae)
흰제비꽃(huin-je-bi-kkot)	*Viola patrinii* DC. ex Ging.	제비꽃과(Violaceae)
흰제비란(huin-je-bi-ran)	*Plantanthera hologlottis* Maxim.	난초과(Orchidaceae)
흰조개나물(huin-jo-gae-na-mul)	*Ajuga multiflora* for. *leucantha* (Nakai) T.B.Lee	꿀풀과(Lamiaceae)
흰조뱅이(huin-jo-baeng-i)	*Breea segeta* for. *lactiflora* (Nakai) W.T.Lee	국화과(Asteraceae)
흰줄갈풀(huin-jul-gal-pul)	*Phalaris arundinacea* var. *picta* L.	벼과(Poaceae)
흰지느러미엉겅퀴(huin-ji-neu-reo-mi-eong-geong-kwi)	*Carduus crispus* for. *albus* (Makino) Hara	국화과(Asteraceae)
흰진범(huin-jin-beom)	*Aconitum longecassidatum* Nakai	미나리아재비과(Ranunculaceae)
흰참꽃나무(huin-cham-kkot-na-mu)	*Rhododendron tschonoskii* Max. var. *tschonoskii*	진달래과(Ericaceae)
흰창포(huin-chang-po)	*Acorus calamus* L. var. *angustatus* Bess. for *alba*	천남성과(Araceae)
흰철쭉(huin-cheol-jjuk)	*Rhododendron schlippenbachii* for. *albiflorum* Y.N.Lee	진달래과(Ericaceae)
흰층꽃나무(huin-cheung-kkot-na-mu)	*Caryopteris incana* for. *candida* Hara	마편초과(Verbenaceae)
흰털괭이눈(huin-teol-gwaeng-i-nun)	*Chrysosplenium barbatum* Nakai	범의귀과(Saxifragaceae)
흰털새(huin-teol-sae)	*Holcus lanatus* L.	벼과(Poaceae)
흰털제비꽃(huin-teol-je-bi-kkot)	*Viola hirtipes* S. Moore	제비꽃과(Violaceae)
흰향유(huin-hyang-yu)	*Elsholtzia ciliata* for. *leucantha* (Nakai) T.B.Lee	꿀풀과(Lamiaceae)
히아신스(hi-a-sin-seu)	*Hyacinthus orientalis* L.	백합과(Liliaceae)
히어리(hi-eo-ri)	*Corylopsis gotoana* var. *coreana* (Uyeki) T.Yamaz.	조록나무과(Hamamelidaceae)

(총 3,626종)

약과 먹거리로 쓰이는 우리나라 資源植物

식물학과 재배학 용어+동양의학 용어

6

식물학과 재배학 용어(4,873단어) + 동양의학 용어(1,986단어)

[총계 6,859단어 해설]

1:1형 점토광물 : Si 4면체판과 Al 8면체판이 한 줄씩 교체되어 있는 결정을 갖는 광물을 1:1형 점토광물이라고 하며 대표적인 것이 카올리나이트이다.

1개체 1계통 육종 : 잡종집단의 1개체에서 1립씩 채종하여 다음 세대를 진전시키는 육종 방법이다.

1년생잡초, annual weed : 논에 나는 한해살이 잡초로서 그 대표적인 것으로는 화본과는 강피, 물피, 돌피 등이 있고, 광엽잡초로는 물달개비, 물옥잠, 사마귀풀, 여뀌, 여뀌바늘, 마디꽃, 밭뚝외풀, 등에풀, 곡정초, 자귀풀, 중대가리풀 등이 있다. 이들 1년생 잡초는 종자에 의해 번식하므로 그 번식속도가 대단히 빠르다.

1년초(一年草) = 일년초(一年草), 한해살이풀, annual plant : 1년 안에 발아, 생장, 개화, 결실의 생육단계를 거쳐서 일생을 마치는 풀.

1대잡종품종 : 재배에 이용되는 1대 잡종으로 단교배, 3원교배, 복교배 등에 의해 육성함.

1모작(一毛作), single cropping : 논에서 한 해에 다른 작물을 재배하지 않고 오직 벼만을 재배하는 것으로 일명 단작이라고 한다. 이와 같이 벼만을 재배하는 논을 1모작답이라고 한다.

1수1렬(一穗一列), ear-to-row method : 같은 이삭에서 나온 개체들을 하나의 열로 심은 것을 말한다.

1차분얼(一次分蘖), primary tiller : 벼의 원줄기인 주간에는 분얼할 수 있는 마디가 신장절간을 제외하고 약 10~13개가 있는데, 이들 분얼절 중에서 초엽절과 1~2엽절은 못자리에서의 밀파조건과 이앙 시 심식으로 휴면하게 되고 상위 1~5절은 신장절간으로 분얼이 불가능하며 나머지 3~10절에서는 분얼이 출현하게 된다. 이들 주간의 각 마디에서 출현한 분얼을 1차 분얼이라 하는데 1차 분얼경은 하위절에서 나온 것일수록 발생 시기가 빠르고 생리적으로도 유리하여 큰 이삭을 형성한다.

1차지경(一次枝硬), primary rachis : 벼의 이삭은 중앙에 주축을 이루는 수축이 있고, 여기에 8~10개의 마디가 있는데, 각 마디는 2/5의 개도로 하위에서 상위로 향하여 1차 지경이 나와 있다. 1차 지경의 수는 품종에 따라 다르며, 같은 품종이라도 재배시기, 재식밀도, 시비법 등에 따라 증감한다.

1차휴면(一次休眠), primary dormancy : 종자가 발아에 적당한 조건을 갖추어도 쉽게 발아하지 않는 경우가 있으며, 이와 같은 상태에 있는 것, 종자 자체의 성장 혹은 종자의 구조에 기인하여 종자가 발아할 수 없는 상태에 있을 때, 이를 자발휴면(自發休眠)이라고도 한다.

1회친(一回親) : 여교배할 때 처음에 한 번만 사용하는 교배친으로 수여친이라고도 한다.

2:1형점토광물 : 1개의 Al 8면체의 양쪽에 Si 4면체가 결합되어 있는 것으로 몬모릴로나이트와 일라이트는 2:1형 점토광물이다.

2·4-D, 2-4-dichlorophenoxy acetic acid : 오옥신 계통의 생장 조절물질이며, 저농

도에서는 생장과 개화를 촉진하고 낙과를 방지하며 과실의 비대를 촉진시켜 단위결과를 유도하기도 한다. 그러나 높은 농도에서는 생육이 크게 저해를 받아 제초제로 이용된다.

2강웅예(二强雄蕊, 二强雄蘂), didynamous stamen : 꽃 하나가 가지고 있는 모두 4개의 수술 가운데 2개는 길고 2개는 짧은 것. 예) 꿀풀과, 현삼과.

2기작재배(二期作栽培), second crop cultivation : 동일한 포장에 1년에 2회 벼를 재배하는 것으로, 논의 고도이용이나 재해의 위험분산 등의 목적이 있다. 우리나라에서는 남부 평야지대에서 재배는 가능하나 소요노력에 비해 소득이 높지 못하여 보급이 되고 있지 않다. 2기작 재배는 기본적으로는 조기재배와 만기재배가 조합된 것으로 조건으로는 평균기온 16℃ 이상의 기간이 180일 이상이 필요하다.

2년초(二年草) = 두해살이풀, 월년초(越年草), 이년초(二年草), biennial plant : 싹이 나서 꽃이 피고 열매가 맺은 후 죽을 때까지의 생활기간이 두해살이인 풀. 싹이 튼 이듬해에 자라 꽃 피고 열매 맺은 뒤에 말라 죽는 풀.

2수식(二數式), binary : 꽃에서 모든 기관이 같은 크기의 두 몸으로 될 때.

2차분얼(二次分蘖), second tiller : 주간의 각 마디에서 나온 분얼을 1차 분얼경이라 하는데, 이들 1차 분얼경의 각 마디에서 나오는 분얼을 2차 분얼이라 칭한다. 2차 분얼경은 1차 분얼경보다 발생시기가 늦기 때문에 상위절의 1차 분얼경에서 나온 2차 분얼경일수록 이삭이 빈약하거나 무효분얼이 되기 쉽다. 2차 분얼의 출현은 동신엽, 동신분얼이론에 따라 규칙 정연하게 발생하게 되는데 주간의 10절에서 1차 분얼이 출현할 때에는 그 하위 7절에서 나온 1차 분얼경의 최하위 마디에서 2차 분얼이 동시에 출현하게 된다.

2차지경(二次枝梗), second rachis : 벼이삭의 1차 지경에는 2～4개의 마디가 있어 이들 마디에서 2차 지경이 나오며 2차 지경에도 1차 지경과 마찬가지로 벼알이 달리게 되는데, 2차 지경에는 3～4의 마디에서 짧은 소지경을 내고 그 끝에 벼알이 달리게 된다.

2차휴면(二次休眠), second dormancy : 종자나 눈 자체는 생장능력을 가지면서도 외부환경조건이 생장에 부적당하기 때문에 일시 생장을 정지하고 있는 경우이며, 타발휴면이라고 한다.

2회우열(二回羽裂), bipinnate : 결각상에 속하며, 갈라진 작은 잎 조각들이 다시 갈라져 깃털모양의 겹잎으로 잎자루 양쪽에 붙어 있다.

3원교배(三元交配), three-way cross : F_1과 제3의 품종을 교배하는 것이다.

3출겹잎, ternate, trifoliate : 3장의 작은 잎으로 구성된 잎.

3출엽(三出葉) = 삼엽(三葉), 삼출엽(三出葉), ternated or trifoliolate leaf : 소엽이 3개 있는 복엽. 예) 괭이밥, 싸리나무.

4강웅예(四强雄蘂), tetradynamous : 6개의 수술 중 2개가 다른 것보다 짧고 4개가 긴 것.

4강웅예(四强雄蕊, 四强雄蘂), tetradynamous stamen : 꽃 하나가 가지고 있는 모두 6

개의 수술 가운데 4개가 다른 2개보다 긴 것. 예) 십자화과.

4탄소식물, C_4 plants : 탄산가스를 엽육조직 안에서 PEP로 만들어 관속초로 보내 C_4 화합물인 oxaloacetate를 합성 저장한 다음, 이 물질로부터 탄산가스를 방출해 정상적인 식물(C_3 식물)처럼 Calvin회로를 통해 포도당을 합성하는 식물.

5분도미(五分搗米) : 현미를 도정할 때 현미에 씨눈[胚]을 거의 전부를 남기고 겨층의 일부만을 제거한 것으로 현미중량의 97% 정도가 되도록 도정한 것을 말한다.

5탄당인산회로, pentose-phosphate cycle : 유기호흡의 과정에서 포도당은 주로 해당작용과 TCA 회로를 통하여 산화되지만 일부는 glucose-6-phosphate로부터 시작하여 포도당을 산화하는 또 다른 대사경로가 있는데 이를 5탄당인산회로라고 한다.

6대조암광물(六大造岩鑛物) : 지각의 95%를 차지하는 화성암을 이루는 석영, 장석류, 운모류, 각섬석, 휘석, 감람석 등 6가지를 말한다.

7분도미(七分度米) : 현미를 도정할 때 발알 중에서 씨눈을 70% 정도 남긴 것으로 현미쌀의 중량이 95% 정도가 되도록 도정한 쌀이다.

A

A층 : 토양 표면 가까이 있는 광물질의 층위이며 용탈이 가장 심히 일어나는 부분으로 용탈층이라 한다.

A형간염 : A형 간염 바이러스의 감염으로 일어나는 급성간염.

ABA, abscisic acid : 식물호르몬의 일종. 목화의 어린 열매에서 분리하여 낙엽을 촉진하는 물질로 밝혀졌고, 그때까지 수목의 휴면아 형성에 관여하는 물질로서 dormin이라고 불리던 물질과 동일한 물질임이 확인되었다. 고등식물에 널리 분포되어 있는데 특히 미숙과와 휴면종자에 많다. 낙엽 등의 기관탈리, 종자, 구근, 수목의 눈 등에서의 발아억제작용을 지배한다. 무엇보다도 각종 휴면에 관여하는 중심적인 물질이며 식물이 수분결핍 등 환경적인 스트레스를 받으면 ABA가 증가한다.

ATP, adenosine triphosphate : 아데닌, 리보오스 그리고 3개의 무기인산이 탈수축합하여 형성된 물질로서 호흡작용에서는 산화적 인산화의 방법으로 형성된다. 이 ATP는 가수분해되면 1분자당 7.3kcal의 에너지가 발생한다.

B

B층 : 토양층위 중 용탈층 또는 모재료층으로부터 온 것이 침지되어 생성된 층위로서 집적층이라 한다.

B형간염 : B형 간염 바이러스에 의한 감염, 수혈성 황달이라고도 함.

C

C/N율 : 식물체 내의 탄수화물과 질소의 비율. C/N율에 따라 생육과 개화 결실이 지배된다고도 보는데, C/N율이 높으면 개화를 유도하고 C/N율이 낮으면 영양생장이 계속된다.
C_3식물 : 식물체 내에서 CO_2가 고정되면 탄소가 3개인 PGA로 동화산물이 되는 식물로서 벼, 보리, 밀 등이 있다.
C_4식물 : 식물체 내에서 CO_2가 고정되면 탄소가 4개인 OAA를 생성하는 식물로서 옥수수, 사탕수수, 수수 등이며, C_4식물은 C_3식물보다 광포화점이 높고 CO_2 포화점은 낮다.
C층 : 토양단면 중 B층의 하부인 모래층으로서 약간 풍화된 암석조각과 암괴로 되어 있다. 모재층이라고도 한다.
Calvin회로, calvin cycle : 암반응에서 CO_2가 고정 환원되어 탄수화물이 되는 생화학적 반응경로를 Calvin회로라고 한다. Calvin회로는 탄산가스의 고정 - PGA의 환원 - RuBP의 재생이라는 3단계의 과정을 거친다.
CEC(양이온교환용량) : 토양 100g이 보유하는 치환성 양이온의 총량을 mg당 양으로 표시한 것을 말한다.

D

DNA, deoxyribose nucleic acid : 유진정보를 가진 유전물질로 뉴클레오티드가 중합된 고분자 유기물이다. 뉴클레오티드는 5탄당과 인산 및 염기가 결합된 것이다. mRNA로부터 합성된 DNA를 cDNA라고 한다.
DNA유전자은행, DNA bank : 한 생명체의 게놈 DNA에서 유래한 DNA 단편들을 각각 클로닝하여 한곳에 모아놓은 것이며, cDNA의 클론을 모아놓은 것은 cDNA 유전자은행이라고 한다.

F

F_1 : 잡종 제1세대의 영문약칭표기. 서로 다른 품종 간의 인공 교잡에 의해 얻어진 첫 번째 세대이다.
FAO, Food and Agriculture Organization of the UN : 국제연합전문기관의 하나. 1945년 10월에 설치하였다. 국제연합의 경제사회이사회 전문기관으로, 세계의 식량 및 농림・수산에 관한 문제를 취급하며 세계 각 국민의 영양 및 생활수준의 향상 등을 위하여 활동한다. 본부는 로마이고, 우리나라는 1949년 11월에 가입하였다. 국제연합식량농업기구.

G

GAP = 표준영농규범(標準營農規範), 농산물우수관리제도(農產物優秀管理制度), good agricultural practice : 현실적 조건하에서 효과적이고 신뢰할 수 있는 농업생산 과정에서 위해물질의 체계적인 관리를 통해 농산물의 안전성 확보를 위한 농산물 품질관리 시스템.

G-D균형 : 세포분열, 세포수의 증가, 세포크기의 증대 등을 양적 생장이라 하고, 세포 내에 물질이 축적되면서 일정세포가 집단으로 구분이 되어 새로운 조직으로 변화하는 것이 분화발발이라고 볼 때 이 양자 간의 균형을 말한다. 즉, 생장(growth)과 분화(development)의 균형을 말한다.

GMO = 유전자재조합체(遺傳子再組合體), 유전자변형농산물(遺傳子變形農產物), 형질전환식물체(形質轉換植物體), genetically modified organism : 유전공학기술에 의해 형질전환된 작물로 생산한 농산물을 유전자변형농산물이라고 부른다.

I

IAA(indole acetic acid) : 고등식물의 체내에서 생성되어 세포의 신장을 촉진하는 옥신 계통의 식물호르몬. 처음엔 헤테로 옥산이라고 하였다. 간단히 인돌초산이라고도 한다. 천연 옥신 중에 식물계에 가장 널리 분포되어 있으며 고등식물에서의 작용은 세포의 신장촉진에 관련하여 세포벽의 탄성, 세포막의 투과성, 세포의 흡수력, 원형질 유동속도, 호흡 등을 증대시키는 것으로 알려져 있다.

IPM = 종합적 병해충 관리(綜合的 病害蟲 管理), integrated pest management : 육종적・재배적・생물적 방제법을 동원하여 농약의 사용량을 줄이면서 병해충이나 잡초를 방제하는 것을 종합적 방제(intergrated control)라고 하고, 환경친화적인 방법으로 경제적 피해수준 이하로 관리하는 농업경영의 개념에서 '종합적 관리'라고 한다.

O

O층 : 토양층위 중 광질토양의 맨 위쪽에 있는 유기물층으로서 주로 동식물의 잔재에서 생성된다.

OED유액(乳液) : 증발억제제, 수온상승제로 이용되는 약제. 지방성물질로 수면에 살포되면 얇은 전개막을 형성하여 수분을 억제하고 기화열 발산을 경감시킨다.

P

pF, potential Force : 토양이 물을 흡착 유지하려는 힘을 나타내는 중력단위. 결국 토양수분장력을 표시하는 단위이다.
pH : 수소이온(H^+) 농도를 나타내는 하나의 단위로 (H^+)농도의 대수의 역수로 나타낸다.
ppm(part per million) : 물질의 농도나 그 존재비를 나타내는 단위. 1ppm은 100만분의 1(10^{-6})에 해당하는 농도를 나타낸다. 1%는 10,000ppm과 같은 농도가 된다.

R

R층 : 토양단면 중 기암인 암상층으로서 D층이라고도 한다.

T

T/R률(top/root ratio) : 식물의 지상부 생장량에 대한 뿌리의 생장량 비율. S/R률이라고도 한다. 생장량은 생체중 또는 건물중으로 표시된다. 한 작물의 생육상태의 변동을 나타내는 지표로 사용되며 재배목적에 따라 적당한 재배기술을 도입하여 T/R률을 조절할 수 있다.
T자착(T子着), versatile : 꽃밥의 중앙부가 수술대에 붙어 T자 모양을 하는 것. 예) 백합속.
Ti-플라스미드, tumor-inducing plasmid : 근두암종병을 일으키는 토양박테리아에 있는 플라스미드.

ㄱ

가건(架乾), shelf drying : 수확물을 걸어서 말리는 곳.
가격탄력성(價格彈力性) : 상품의 가격이 변화할 때 판매량이 어떻게 변화하는지를 나타내는 지표로 판매량의 변화율을 가격의 변화율로 나눈 비율로 표시한다.
가경(假莖), pseudobulb : 착생란에서 괴결모양으로 부푼 줄기. 예) 석곡.
가경지(可耕地), arable land : 농경지를 말하며 농사지을 수 있는 땅을 말한다.
가공(加工), processing : 천연물이나 미완성품에 다시 수공을 하거나 다른 제품에 세공하여 새로운 제품으로 만드는 일을 말한다.
가공시설(加工施設) : 과실, 채소, 곡류 등의 농산물을 가공하는 시설이다.
가공식품(加工食品), processed food : 식품의 원료인 농산물・축산물・수산물의 특성을 살려, 보다 맛있고 먹기 편한 것으로 변형시키는 동시에 식품원료의 특성을 살리면서 물리적 형태의 변화를 통하여 먹기 편리하게 하고, 저장성 · 이동성과 영양 등을 개선한 식품이다.

가과(假果) = 가짜열매, 거짓열매, 위과(僞果), 헛열매, anthocarpous fruit, false fruit pseudocarp : 씨방 또는 꽃받침, 꽃차례, 꽃잎이 같이 자라서 형성된 열매. 자방 이외의 부분이 합쳐져서 만들어진 열매. 예) 사과, 딸기.

가교미(假交尾), pseudocopulation : 순판이 벌의 모양으로 되어 있고, 페로몬을 내어 수벌이 찾아와 교미를 함으로써 꽃가루받이를 하게 된다. 예) 난과의 *Ophrys*속.

가근(假根) = 가짜뿌리, 거짓뿌리, 헛뿌리, rhizoid : 이끼류 또는 양치식물과 같이 세대교번을 하는 식물의 배우체가 물기를 흡수하기 위하여 지닌 털 모양의 뿌리로, 관다발이 없는 구조로 식물체를 고착시킨다. 예) 송엽란.

가금(家禽) : 닭, 오리, 칠면조 등으로 집에서 기르는 가축 중에서 날개 달린 짐승을 말한다.

가급도(加給度) : 식물이 양분을 흡수, 이용할 수 있는 유효도를 말한다.

가급태(加給態) : 토양의 양분 가운데 실제로 작물이 이용할 수 있는 형태이며 질소(N)의 경우는 NO_3^-와 NH_4^+, 인산(P)은 $H_2PO_4^-$와 HPO_4^{-2}, 칼륨(K)은 K^+ 등의 형태를 말한다.

가급태양분(可給態養分) = 유효태양분(有效態養分), available nutrient : 식물에 의해 직접, 또는 토양 속에서 변화된 상태로 흡수 · 이용되는 비료성분으로 식물이 이용할 수 있는 형태의 양분을 말한다.

가는맥[細脈], veinlet : 측맥과 측맥 사이를 연결하는 가느다란 잎맥.

가는모래 = 세사(細砂) : 직경 0.25~0.1mm(미농무부법), 0.2~0.02mm(국제법) 입경의 모래이다.

가는줄기 = 세경(細莖) : 덩굴이나 기는 식물의 가는 줄기이다.

가는줄뿌림 = 세조파(細條播) : 파폭을 가늘게 하는 줄뿌림의 한 형식이다.

가는톱니[小銳鋸齒], serrulate : 잎 가장자리에 작고 뾰족한 톱니가 있는 것.

가도관(假導管) = 헛물관, tracheid : 쌍떡잎식물 일부나 겉씨식물, 양치식물에서 목질부의 가늘고 길며 끝이 뾰족한 세포들이 이룬 조직으로, 수분의 통로이다. 물관과 다른 점은 막이 세포 사이를 가로막은 목질부로 되어 있고, 죽은 세포로 된 조직이며, 세포 사이의 벽에는 구멍이 없다. 예) 원시관속식물.

가동시원체(可動始原体), obligate labial primodia : 추파맥류에서 6절부터 25절까지는 조건에 따라서 잎도 될 수 있고 소수(小穗)도 될 수 있는 시원체이다.

가래과, Potamogetonaceae : 전 세계 초본으로 3속 100종이며, 우리나라에 3속 14종이 자생한다. 물에 서식하는 초본으로 잎은 물위에 뜨며 가지나 줄기가 물에 잠겨 있다. 양성화 또는 단성화는 엽액에서 나오는 수상화서나 총상화서에 달리고 열매는 단단한 과피에 쌓인다.

가래나무과, Juglandaceae : 전 세계에 6속 40종이 북반구의 온대에서 분포되며 우리나라에는 3속 4종이 자란다. 방향성교목이나 관목이다. 잎은 어긋나는 기수우상복엽이고 소엽은 짧은 소엽병이 있거나 없으며 탁엽이 없다. 꽃은 1가화로 수꽃은 길고 줄기 옆에 달리며, 3~다수의 수술에 수술대는 짧고 꽃밥은 타원형이다. 암꽃은 정생하며 1개 또는 총상화서로 달린다. 열매는 핵과 또는 견과이며 종자는 2~4열로 배유가 없고, 자엽은 주름살이 많으며 유질이다.

가래톳 : 허벅다리 기부(基部)의 림프선이 부어 아프게 된 멍울. 감염이나 피로가 심하여 림프절이 부어오른 멍울로 결핵과 종양에 전이로 나타나는 경우도 있다.

가면모양꽃부리[假面狀花冠], personate : 입술모양꽃부리 중에서 중앙부를 막아 전체 모양이 가면 같은 꽃부리. 예) 해란초, 금어초, 꽃개오동 등.

가면상화관(假面狀花冠) : 하순꽃잎이 화관통의 입구를 막아 전체 모양이 가면같이 보이는 화관.

가면형(假面形) = 가면상화관(假面狀花冠), 가면모양꽃부리, personate, masket : 부정제화관에 속하며, 금어초의 꽃처럼 입술모양 꽃부리는 같지만 아랫입술 부분이 꽃통을 막고 있는 것.

가뭄 = 한발(旱魃), drought : 오랫동안 비가 내리지 않아 농작물이 피해를 입을 수 있는 상태. 우리나라에서는 고기압기단(북태평양고기압, 오호츠크해고기압)이 크게 발달하여 우리나라를 완전히 덮어 장기간 지속될 때 장마전선 또는 기압골이 다가오지 못하여 가뭄현상이 나타난다.

가뭄계속일수 = 한발계속일수(旱魃繼續日數), number of consecutive drought days : 일강수량이 0.1㎜ 미만인 날의 연속일수.

가비중(假比重), bulk density : 자연 상태의 일정한 부피의 토양을 채취하여 건조 후 토양의 전체 용적(부피)으로 나눈 값이다. 가밀도, 용적밀도.

가성근시(假性近視) : 오랫동안 책을 읽거나 가까이서 텔레비전 또는 컴퓨터를 오래 보거나 해서 나타나는 가벼운 근시상태.

가소성(可塑性), plasticity : 압력이 가해졌을 때 만들어진 모습이 다시 압력이 제거되더라도 그 원형을 변화하지 않는 성질로 점토입자의 판상구조와 흡착수의 윤활성 및 결합력에 기인한다. 카올리나이트보다는 몬모릴로나이트가 더 현저하다.

가소영양생장(可消營養生長) : 기본영양생장기간은 환경에 따라서 늘거나 줄지 않는다고 하지만, 감광성이나 감온성에 지배되는 영양생장기간은 환경에 따라 늘거나 줄어들기 때문에 이를 가소영양생장라고 한다.

가소화단백질(可消化蛋白質), digestible protein : 섭취한 조단백질의 양에서 분(糞)으로 배설된 조단백질의 양을 뺀 것을 뜻한다.

가소화(可消化)에너지, digestible energy : 섭취한 에너지 총량으로부터 배설로 배제된 에너지를 뺀 에너지를 뺀 에너지의 양을 말한다.

가수분해(加水分解), hydrolysis : 하나의 분자 또는 이온이 물의 개입으로 둘 또는 그 이상의 분자나 이온으로 분해되는 반응, 또는 중합이나 축합반응으로 이루어진 고분자 화합물이 물과 반응하여 저분자 화합물로 분해되는 반응 또는 염이 물과 반응하여 산과 염기로 분해되는 반응. 또는 염이 물과 반응하여 산과 염기로 분해되는 반응, 생체 내의 가수분해 반응의 일부는 촉매 없이도 진행되지만 대부분은 각각 특이한 촉매, 즉 가수분해효소를 필요로 하는데 예를 들면 전분이 가수분해되어 단당류로 변화하는 데 있어서 아밀라아제 등의 효소가 필요하다.

가스중독 : 연탄가스를 마시면 대뇌중추신경이 마비되고 질식되어 생명을 잃게 될 수도 있다.

가시 = 침(針), critical spine, prickle, spine, thorn : 식물의 가지, 잎, 턱잎, 껍질 등이 변해서 생긴 날카로운 돌기. 끝이 뾰족하고 딱딱한 구조로 식물체를 보호하는 역할을 한다. 기원에 따라 엽침(spine), 피침(cortical spine), 경침(thorn)이 있다. 예) 아까시나무, 산딸기, 주엽나무.

가시광선(可視光線), visible rays : 태양으로부터 방출되는 빛 가운데 사람의 눈에 보이는 빛으로 자외선과 적외선 사이의 파장 390~760nm의 광선, 파장과 입자의 크기에 따라 빛의 색깔이 다르며(무지개의 7가지 색깔) 녹색식물의 광합성에 효과가 큰 광선. 가시광선은 흰색의 물건에서는 거의 전량이 반사되지만 검은색에서는 거의 흡수되는데 각 물질이 특정파장의 빛을 흡수 또는 반사함에 따라 빛깔이 결정된다. 녹색식물의 잎에서 광을 흡수하는 중요한 색소는 엽록소로서 이 물질은 녹색파장의 빛을 반사하기 때문에 잎이 녹색으로 보인다.

가식(假植), temporary planting : 작물을 논밭에 정식(定植)하기 전에 다른 묘상(苗床)에 임시로 심는 일이며 굴취한 묘를 마르거나 얼지 않도록 일시적으로 땅에 묻어두는 것이다. 또는 접목작업 후 묘를 일정기간 땅속에 묻어 보호하는 것이다.

가식상(假植床) : 가식을 하기 위하여 만들어진 모상을 말한다.

가엽(假葉) = 헛잎, enation, phyllodia : 잎자루나 턱잎 등이 발달하여 마치 잎몸과 같은 형태를 보이거나 그 기능을 가지게 된 것으로 위엽이라고도 한다.

가엽설(假葉設), enation theory : 관다발이 없는 가엽이 변해서 1개의 관다발을 갖는 소엽이 되고, 이것이 다시 수많은 관다발을 갖고 크기가 큰 대엽이 되었다는 학설.

가용성(可溶性), soluble : 낮은 온도에서도 물이나 액체, 약품 등에 잘 녹는 물질의 성질을 말하며 기타의 용매에 녹을 수 있는 성질이다.

가운데 잎줄 = 주맥(主脈), 중륵(中肋), 중맥(中脈), 중심맥(中心脈), midrib, main vein : 엽신의 중앙 기부에서 끝을 향해 있는 커다란 맥. 주된 잎맥으로 보통 가장 굵은 맥을 말한다.

가운데열매껍질[中果皮], mesocarp : 열매껍질을 3층으로 구분하였을 때 겉열매껍질과 안쪽열매껍질 사이에 있는 중간 부분. 예) 복숭아의 육질성 부분.

가웅예(假雄蕊, 假雄蘂) = 가짜수술, 거짓수술, 위웅예(僞雄蕊, 僞雄蘂), 의웅예(擬雄蕊, 擬雄蘂), 헛수술, staminode : 양성화에서 수술이 그 형태는 갖추고 있으나 불임성이며 꽃가루가 형성되지 않음. 예) 칸나, 번행초.

가을갈이=추경(秋耕), fall plowing : 논을 가을에 미리 갈아두는 일로 추경이라고도 한다. 추경을 하면 땅속에 있는 병균·해충 등이 겨울에 죽으며, 풍파작용에 의해 물리적인 변화를 일으켜 물리성이 개량되고, 지면의 유기물이 땅속으로 들어가서 이듬해 파종 전에 부식되는 등 이점이 있다.

가인경(假鱗莖) = 가짜비늘줄기, 거짓비늘줄기, 위인경(僞鱗莖), 헛비늘줄기, pseudobulb : 짧은 줄기가 변하여 조밀하고 단단한 비늘줄기처럼 된 것으로, 다른 식물에 착생하여 기생(寄生)하는 난초과식물에서 흔히 볼 수 있다. 예) 혹난초.

가정아(假頂芽), false terminal bud : 정아가 제거되면, 바로 그 옆에 정아처럼 발달하는 눈 또는 싹.

가정원예(家庭園藝) : 일반가정에서 하는 원예로 원예작물을 판매목적으로 생산하는 것이 아니다. 화훼에서는 취미원예라고도 한다.

가조시간(可照時間), possible duration of sunshine : 태양의 중심이 동쪽 지평선상에 나타나서 서쪽의 지평선으로 질 때까지의 시간으로, 위도와 계절에 따라 결정되며 산이나 구조물 등 지상의 물체에 대한 시간보정은 하지 않는다.

가종피(假種皮) = 가짜씨껍질, 거짓씨껍질, 헛씨껍질, aril, arillus, transverse stripe : 주목, 사철나무, 비자나무 등의 종자 표면에 있는 특수 부속물로, 배주의 겉껍질이 아닌 태좌, 주병에서 발달한 씨껍질처럼 보이는 육질의 덮개. 예) 노박덩굴.

가주귀화식물(假住歸化植物) : 도래의 상태가 자연귀화와 같으나 1~2년 정도의 짧은 기간 내에 자연 소멸되는 일시적인 식물. 예) 개맨드라미, 흰무늬엉겅퀴 등.

가죽질 = 혁질(革質), coriaceous : 잎의 잎몸이 두텁고, 광택이 있으며 가죽 같은 촉감이 있는 것. 예) 동백나무, 석위의 잎.

가지[枝], branch : 식물의 원줄기에서 분지에 의해 형성된 축으로 줄기에서 갈라진 것

가지과, Solanaceae : 열・온대에 분포하는 교목, 관목, 초본으로 90속 2,000종이며, 우리나라에 6속 8종이 자생한다. 단엽은 어긋나고 탁엽이 없다. 양성화는 엽액에 달리고, 열매는 삭과 또는 장과로 종자에 배유가 많다.

가짜비늘줄기[僞鱗莖], pseudobulb : 난과(Orchidaceae)식물에서 줄기가 비늘줄기 모양으로 비대해져 자란 것.

가짜뿌리 ☞ 가근(假根)

가짜수술 ☞ 가웅예(假雄蕊, 假雄蘂)

가짜씨껍질 ☞ 가종피(假種皮)

가짜열매 ☞ 가과(假果)

가측생(假側生), pseudolateral : 원래 정생이지만 측생처럼 보이는 모양. 예) 버즘나무의 정아.

각(殼), husk : 열매나 씨를 싸고 있는 껍질.

각과(殼果) = 견과(堅果), 굳은껍질열매, nut, glans : 흔히 딱딱한 껍질에 싸이며, 보통 1개의 큰 씨가 들어 있는 열매로 다 익어도 갈라지지 않는다. 예) 밤나무, 참나무.

각기(脚氣) : 영양실조의 하나로 처음 발병하면 말초신경 실조증 때문에 다리 부위가

나른하고 입 주위, 손끝, 발끝 등에 저린 감이 오며 심한 경우 무릎에 힘이 빠져 엉금엉금 기게 된다.

각기(脚氣) = 각약(脚弱) : 비타민 B1의 결핍으로 일어나는 병으로 부기가 있으며 다리가 마비되어 감각이 없어지고 맥이 빨라지며 변비를 수반함. 완풍, 각약, 연각풍이라고도 함.

각기부종(脚氣浮腫) : 각기(脚氣)로 인한 부종.

각두(殼斗) = 깍정이, 깍지, cupule : 참나무과 식물에서 열매와 같이 밑 부분을 싸고 있는 동그란 종지모양의 깍정이를 말하며 많은 포가 발달하여 만든다. 예) 참나무속.

각막염(角膜炎) : 각막에 염증이 생겨 각막이 흐려지는 병.

각절(刻截) : 과수, 꽃나무 등에서 개화 결실을 촉진하기 위해 나무줄기의 여러 곳에 칼질을 하여 상처를 내는 작업으로 상처를 내면 상처부위보다 높은 곳에서 생성된 동화물질이 아래로 이동하지 못하고 직접 개화 결실에 이용되기 때문에 꽃이 일찍 피고 결실이 촉진된다.

각종(角腫) : 눈자위가 부은 것.

각질(角質), horny : 뼈대같이 단단한 물질.

각췌(角贅) : 안과질환의 일종으로 눈자위에서 시작하여 눈을 덮는 익상편을 의미한다.

각풍(脚風) : 다리에 풍병이 오는 증상으로, 뇨산이 배설되지 않코 혈중과다로 다리가 아프고 붓는 것으로 통풍과 같은 개념.

각피(角皮), cuticle : 표피의 가장 외측에 발달한 지방성 물질의 층으로 기계적 보호작용, 수분증발 방지 등의 기능이 있다.

각혈(咯血) = 객혈(喀血) : 결핵이나 폐암을 앓아 기침이 심할 때 피를 토하는 것으로 이때 피는 폐, 기관지, 점막 등에서 나온 것.

각형(角形), corniculate : 작은 뿔 모양의 돌기. 예) 박주가리 열매.

간(稈), culm : 화본과 식물의 줄기이며, 속이 비어 있음. 예) 벼, 대나무.

간경(間經) : 2~4개월에 한 번씩 하는 월경.

간경변증(肝硬變症) : 간장의 일부가 딱딱하게 굳어지면서 오그라들어 기능을 상실하는 병

간경화(肝硬化) = 간경변(肝硬變) : 간세포(肝細胞)의 장애와 결합조직(結合組織)의 증가(增加)에 의하여 간(肝)이 경화(硬化: 굳어짐), 축소(縮小: 오므라듦)된 상태(狀態).

간경화증(肝梗化症) = 간경변증(肝硬變症) : 간경화증과 동의어로 간이 굳어지는 병.

간극(間隙) : 토양입자와 입자 사이 공간을 말한다.

간기(稈基), stem base : ① 벼의 절간이 완전히 신장한 뒤 줄기의 밑인 지제부를 기점으로 하여 약 10cm까지를 말한다. ② 간기 부위는 출수 전 25~35일 전에 신장하므로 이 시기에 질소를 지나치게 많이 주거나 또는 심수관개를 하게 되면 간기 중 하위절간이 신장하여 도복하기 쉽다.

간기능촉진(肝機能促進) : 간장의 기능을 활성화하여 정상화시키는 것.

간기능회복(肝機能回) : 간의 기능이 나빠지면 단백질합성이 잘 안 되고 담즙배설이 안 되는데 이러한 기능을 회복시킴.

간기울결(肝氣鬱結) : 사려과도로 인하여서 담즙배설이 안되어 소화장애를 일으키며 옆구리가 결리고 아픈 병.

간기중(桿基重), weight of stem base : ① 간기의 건물중을 간기중이라 하는데, 이것이 가벼우면 도복하기 쉽다. ② 간기중이 가볍다는 것은 절간이 이상 신장하여 조직이 치밀하지 못하고 줄기 표면의 규질화가 잘 되지 못하고 줄기의 두께가 가늘다는 뜻이다.

간단관개(間斷灌漑) : ① 벼가 자라고 있는 논에 물대기를 2일간은 물을 대고, 1일간은 물을 끊는 식의 간단하게 실시하는 물 관개방법이다. ② 벼는 출수기 이후가 되면 생리적으로도 물의 요구량이 적고, 수면증발량도 적어 다량의 관수를 필요로 하지 않는다. ③ 뿌리도 기능이 저하되고 있기 때문에 간단관개를 실시하여 신선한 물을 적당량 공급함으로써 뿌리의 활력을 오래도록 높게 유지할 수 있는 것이다.

간단관수(間斷灌水), intermittent irrigation : 간단관개법으로 유기질이 과다한 습답에서 모내기 후 벼가 착근할 때까지 깊이 관개하고 그 후에는 4~5일에 1회씩 관개하며, 2~3일간은 토양수분을 70~80%로 보존하는 방법이다.

간대성토양(間帶性土壤) : 기후보다는 그 지역의 국소적 특성에 의해 결정되며 수성, 염류성 및 석회성의 세 아목으로 구분하며 토양생성요인 중 기후나 식생의 영향보다 주로 지형, 모계, 시간의 영향을 받아 토층이 약간 발달된 토양이다.

간반(肝斑) : 얼굴 특히 이마나 눈언저리, 볼에 잘 생기는 갈색 또는 흑갈색 얼룩.

간보호(肝保護) : 오장(五臟)의 하나인 간의 기능을 보호하도록 하는 것.

간암(肝癌) : 간의 암.

간열(肝熱) : ① 간(肝)에 질환이 생김으로써 나타나는 열. 화를 잘 내고 경기(驚氣)를 잘 하며 근육이 위약(萎弱)되고 사지가 부자유스럽고, 어린이의 경우에는 소화불량과 자주 놀라는 증세가 나타남. ② 간에 생기는 여러 가지 열증. 예) 간화, 간화상승, 간기열, 간실열.

간염(肝炎), hepatitis = 간장염(肝臟炎) : 간에 생기는 염증의 총칭. 주로 음식물과 혈액을 통한 바이러스로 감염된다.

간작(間作) = 사이짓기, intercropping : 같은 농경지에서 동시에 두 가지 이상의 작물을 재배하는 것. 간작에는 두 가지 이상의 작물을 동시에 재배하되 작물별로 뿌림골을 일정하게 배치하여 재배하는 조간작(條間作, row intercropping), 별도의 뿌림골이나 이랑의 배치가 없는 혼작(混作, mixed cropping), 한 가지 작물을 몇 이랑씩 띠 또는 두둑을 만들어 다른 작물과 번갈아 재배하는 교호작(交互作, strip intercropping), 첫 번째 작물의 성숙기의 일부와 두 번째 작물의 생육초기 일부 기간이 겹쳐 릴레이식으로 이어지는 릴레이식 간작(relay intercropping) 등으로 나눌 수 있다.

간작반(皯雀斑) = 기미 · 주근깨 : 주로 자외선에 의해 생기는 갈색 기미 등.

간장(肝臟) : 오장의 하나. 혈(血)을 저장하고 혈량을 조절하는 기능을 함.

간장(稈長), culm length : ① 벼가 출수가 되어 약 5일이 지나면 벼의 키가 완전히 결정된다. ② 논바닥인 벼 포기의 기부로부터 벼이삭의 이삭 목 마디까지를 간장이라고 한다. ③ 간장을 결정하는 것은 벼줄기의 마디 중 상위에 있는 5~6절간이다. ④ 신장절간의 길이의 장단에 의해 결정되므로 이들 신장절간의 장기의 영양상태(질소시비)에 의해 어느 정도 조절될 수 있다. ⑤ 벼의 간장이 65cm 이하면 단간종(短幹種). ⑥ 85cm까지를 중간종(中幹種). ⑦ 그 이상의 것을 장간종(長幹種)이라고 한다.

간장기능촉진 : 간의 생리적 활성을 촉진하여 기능을 정상화하는 것.

간장병(肝臟病) : 간장의 병.

간장암(肝臟癌) : 간염 바이러스에 감염된 사람에게 많이 발생하는 암.

간장염(肝臟炎) : 간에 생기는 염증을 통틀어 이르는 말.

간접비료(間接肥料), indirect manure : 질소(窒素), 인산(燐酸), 칼륨(kalium)의 3요소를 주성분으로 하지 않고 숯가루, 소금, 망간 등과 같이 땅속에서 유기물의 분해를 촉진시키거나 또는 양분의 흡수를 촉진시키는 비료이며 간접적으로 식물의 생육(生育)을 돕는 비료이다.

간질(癎疾) : 갑자기 기성을 지르면서 발작적 경련, 의식상실 등으로 정신을 잃게 됨.

간질(癎疾) = 전간(癲癎), 전(癜), 간증(癎症), 간(癎), 천질(天疾), 지랄병 : 발작적으로 의식이 장애되는 것을 위주로 하는 병증으로 심한 놀램, 음식, 풍, 화 그리고 선천적 요인들이 원인이 됨. 갑자기 몸을 떨며 눈을 뒤집고 거품을 내뿜으며 뻣뻣해지는 병. 다른 말로 지랄병이라고도 한다.

간척지(干拓地), reclaimed saline land : 바다나 호수 따위를 둘러막고 물을 빼내어 만든 땅으로 간척하여 경작지나 목축지로 이용하는 땅이다.

간허(肝虛) : 간의 기, 혈, 음, 양이 모두 허하거나 부족해서 생기는 병.

간헐파행증(間歇跛行症) : 지속적으로 걸음을 걸을 때 일정시간이 지나면 둔부나 대퇴부등이 통증을 느끼나 쉬면 없어지는 증상(intermittent claudication).

간활혈(肝活血) : 간에 피를 잘 돌게 하는 것.

갈고리모양, uncinate : 털의 끝이 낚싯바늘처럼 굽은 모양.

갈래꽃 = 이판화(離瓣花), polypetalous : 꽃잎이 한 장 한 장 떨어져 있는 꽃. 예) 벚나무.

갈래꽃류 ☞ 고생화피류(古生花被類), 이판화류(離瓣花類).

갈래꽃받침[離瓣萼], aposepalous : 꽃받침이 서로 떨어져 있는 상태.

갈래꽃부리[離瓣花冠], polypetalous corolla : 꽃잎이 한 장 한 장 떨어져 있는 꽃부리.

갈매나무과, Rhamnaceae : 전 세계에서 58속 900종이 열대, 온대에 분포하며 우리나라에서는 7속 14종이 자란다. 잎은 단엽이며 우상맥 또는 3출맥이다. 꽃은 양성 또는 단성으로 원추화서, 총상화서로 달리기도 하고 간혹 1개씩 자란다. 하위자방이며 배주는 각 실에 1개씩 있고 주피는 2개이다. 열매는 핵과, 삭과, 견과이며 1~4개의 종자가 있다.

갈잎나무 ☞ 낙엽수(落葉樹).

갈조류(褐藻類), brown algae, *Phaeophyceae* : 엽록소 말고도 갈색 색소를 가진 조류.

갈충(蝎蟲) : 전갈과 같은 벌레.

감과(柑果), hesperidium : 내과피에 의해 과육이 여러 개의 방으로 분리되어 있는 것으로 감귤속의 열매같이 과피가 가죽질인 열매. 밀감류에서 볼 수 있으며, 튼튼한 겉껍질에 기름샘이 많고, 중간껍질은 부드러우며, 속껍질 속에 즙이 많은 알맹이가 있다. 예) 귤, 탱자.

감광상(感光相) = 감광기(感光期), 요광기(要光期), photo stage, photo–phase, photo–sensitive stage : 작물의 상적발육에서 일정 단계를 지난 뒤에 특정일장(特定日長)이 필요한 단계를 감광상이라고 한다.

감광성(感光性), photosensitivity, photoperiod sensitivity : 식물이 일장환경, 주로 단일식물이 단일환경에 의하여 출수 · 개화가 촉진되는 성질이며, 출수 · 개화의 촉진도에 따라서 감광성(感光性)이 크다(L, 높다) 또는 작다(l, 낮다)라고 한다.

감광형(感光型), bLt型 : 기본영양생장성과 감온성은 작고, 감광성이 커서 작물의 생육기간이 주로 감광성에 지배를 받는 작물 또는 품종의 특성.

감기(坎炁) : 감기(坎氣)를 말하는데 제대(臍帶)의 별칭.

감기(感氣) : 바이러스 또는 세균의 감염에 의하여 생기는 호흡기 계통의 가벼운 병.

감기후증(感氣後症) : 감기 후에 나타나는 병징.

감나무과, Ebenaceae : 전 세계에 5속 325종으로 열대와 아열대에 분포하며 우리나라에서는 감나무(소지에 갈색 털)와 고욤나무(소지에 회색 털)를 재배한다. 잎은 어긋나고 단엽으로 가장자리가 밋밋하다. 꽃은 단성, 양성으로 화관이 3~7개로 갈라지고 수술은 화관통에 붙어 있으며 2~4륜 또는 1륜으로 배열된다. 자방상위로 자방은 4~8실이며 각 실에 1개의 배주가 들어 있고 주피는 2매이다. 열매는 장과이며 종자는 외종피가 있다.

감모(感冒) = 감기(感氣) : 감기(感氣)와 같은 뜻으로 일반 감모, 유행성 감모, 상기도 감염 등이 있음.

감모발열(感冒發熱) : 감기 때문에 열이 나는 증상.

감모해수(感冒咳嗽) : 감기로 인해 기침을 하는 증상.

감비(減肥) = 콜레스테롤 억제 : 콜레스테롤 수치가 너무 높은 경우 이를 낮추기 위한 처방. 체중을 줄이고 살을 빼는 것.

감수분열(減數分裂), meiosis, reduction division, maturation division : 생식세포가 분열할 때 일어나는 세포핵의 분열양식으로 염색체수가 반감되는 핵분열. 생식세포란 생식기관인 꽃가루 주머니에 생기는 화분모세포와 배주 내에서 분화되는 배낭모세포를 말하며, 이들 생식세포는 감수분열하여 각각 꽃가루와 배낭을 형성한다. 이들 생식세포의 분열은 2회의 분열과정을 거치면서 염색체수가 반으로 줄어들기 때문에 감수분열이라 한다.

감온상(感温相) = 감온기(感温期), 요열기(要熱期), 요온기(要温期), thermo stage, thermo–phase, thermo-sensitive stage : 작물의 상적발육에서 초기의 특정온도(特定溫度)가 필요한 단계를 감온상이라고 부르기도 한다.

감온성(感溫性), thermo-sensitivity : 생육적온에 이르기까지는 저온보다 고온에 의해서 작물의 출수・개화가 촉진되는 성질이며, 고온에 의하여 출수・개화가 촉진되는 정도에 따라서 감온성이 크다(T, 높다) 또는 작다(t, 낮다)라고 한다.

감온형(感溫型), blT型 : 기본영양생장성과 감광성이 작고, 감온성이 커서 생육기간이 주로 감온성에 지배를 받는 작물 또는 품종의 특성.

감저(甘藷) : 고구마를 말한다.

감창(疳瘡) : 매독균에 의해 음부에 부스럼이 생기는 병.

감충(感蟲) : 기생충에 감염됨.

감탕나무과, Aquifoliaceae : 전 세계에 3속 300종이 온대와 열대에 분포하며 우리나라에서는 5종이 있다. 탁엽이 작고 일찍 떨어진다. 흔히 가시가 있고 수술은 꽃잎과 어긋난다. 암술과 수술사이에 선반이 없으며 유한 액생화서와 잡성 이가화이다. 열매는 핵과로 1~3개의 종자가 들어 있다.

감한(甘寒) : 약물의 성미가 달고 약성이 차가운 약물.

갑상선염(甲狀腺炎) : 갑상선 질환은 정신적으로 스트레스를 많이 받는 사람이 잘 걸리며, 특히 중년 여성들에게 잘 나타난다.

갑상선종(甲狀腺腫) : 갑상선에 종양이 생긴 것.

갓털 ☞ 관모(冠毛).

강근(强筋) : 근육을 강하게 하는 효능.

강근골(强筋骨) : 근육과 뼈를 강하고 튼튼하게 함.

강기(降氣) = 강역(降逆), 강역기(降逆氣), 하기(下氣) : 이기법(理氣法)의 하나로 기가 치밀어 오르는 것을 내리는 방법.

강기거염(降氣祛痰) = 강기거담 : 기를 다스려 염증을 가라앉힘.

강기지구(降氣止嘔) : 기를 내리고 구토를 멈추는 효능.

강력분(强力粉), strong hard flour, hard strong flour : 단백질과 특히 글루텐이 많이 들어 있는 질 좋은 밀가루로 단백질이 11~13% 정도 함유되어, 반죽하였을 때 끈기가 강해 빵을 만드는 데 많이 사용된다.

강모(剛毛) = 거센털, 조모(粗毛), bristle, setose, scabrous hair : 줄기나 잎에 나는 굳고 거센 털. 예) 환삼덩굴.

강설(降雪), snowfall : 눈이나 싸라기눈 등 얼음의 결정 또는 입자가 지상에 떨어지는 현상으로, 눈, 진눈깨비, 안개눈, 동우(凍雨), 싸락얼음, 우박 등을 포함한다.

강세화(强勢花) : 벼꽃은 한 이삭에 착생하는 위치에 따라서 생리적으로 세력이 강한 것과 약한 것이 있는데 세력이 강한 것은 같은 조건하에서도 임실과 등숙이 잘 되는 꽃으로 강세화라 하고, 세력이 약하여 불임이 되고 등숙도 잘 되지 않는 꽃을 약세화라 한다.

강수(降水), precipitation : 비, 가랑비, 이슬비 등의 액체는 물론 눈, 싸라기눈, 우박 등의 얼음조각이 땅에 떨어지는 현상을 강수라고 하고, 강수량은 이를 모두 물의 양으로 나타낸 것이다.

강신(强腎) : 신(腎)을 강하게 함.

강심(强心) : 병으로 쇠약해진 심장의 기운을 강하게 하는 것.

강심이뇨(强心利尿) : 심장을 자극하여 소변의 배설을 촉진하는 것. 심실의 수축력을 강화시켜 전신혈류를 증가시키면 신장으로 도달하는 혈류가 증가하여 소변을 보게 됨.

강심익지(强心益志) : 마음과 의지를 강하게 만듦.

강심제(强心劑) : 병으로 쇠약해진 심장을 강하게 하여 그 기능을 회복시키기 위한 약제.

강역이습(降逆利濕) : 기가 치솟은 것을 내리고 습(濕)을 제거하는 효능.

강요(强要) : 억지로 또는 강제로 요구함.

강우강도(降雨强度), rainfall intensity : 단위시간에 내린 강우량(㎜)으로 10분간 강우량, 1시간 강우량, 일강우량 등으로 나타낸다. 강우강도는 토양침식, 침수피해 등과 직접적인 관계가 있다.

강우량(降雨量), amount of rainfall : 지표면에 도달한 비의 양을 물의 높이(㎜)로 나타내며, 일반적으로 소수점 한 자리까지의 값으로 한다.

강장(强壯) : 뼈대가 강하고 혈기가 왕성함.

강장보호(腔腸保護) : 소화기 계통인 위와 장을 보호함.

강장제(强壯劑), tonic : 영양을 돕거나 체력을 증진시켜 몸을 튼튼하게 하는 약제.

강정(强精) : 정기를 강화함.

강정안정(强精安靜) : 정기를 강하게 하여서 마음을 편하게 가라앉힘.

강정자신(强精滋腎) : 정기를 강화하고 신장을 보함.

강정제(强精劑) : 심신불안, 심신산란, 심신피로를 풀어주고 쇠약해진 정력을 되찾게 하는 약제.

강제통풍건조기(强制通風乾燥機), forced air dryer : 평형(平型)과 종형(縱型) 그리고 정치식(定置式)과 이동식(移動式)이 있다. 강제통풍방식에는 연속통풍과 간헐통풍이 있다. 연속통풍은 곡물을 건조할 때 쓰고, 간헐통풍은 약초 또는 목초를 건조할 때 사용하는 방식이다.

강제휴면(强制休眠), imposed dormancy : 식물의 생육과정에서 저온, 고온, 건조 등 생육에 부적당한 환경이 되면 생육을 일시 정지하는 것을 휴면이라 하며, 온도와 빛 등 외적인 요인이 생육에 부적당한 경우에 일어나는 휴면을 강제휴면이라고 한다.

강직성척추관절염(强直性脊椎炎) : 척추 사이에 칼슘이 침착되어 허리가 굳어지고 뻣뻣하여 주로 아침에 일어날 때 몸이 잘 말을 안 듣고 요통이 오는 병.

강풍해(强風害), strong wind damage : 강한 바람의 파괴작용으로 피해를 입는 경우를 말한다. 농작물의 줄기가 꺾이거나 도복이 되며, 과실이 손상되고 낙과되는 피해가 발생한다. 나아가서 영농시설이 파괴되고 그밖에 가옥, 교통기관, 전기통신시설에도 피해를 입힌다.

강화(强火) : 강한 불이며, 화기를 강화시킨다는 개념.

강화(降火) : 피가 머리로 모여서 얼굴이 붉어지는 등 몸속의 화기(火氣)로 풀어 내리는 것.

강화대목(强化臺木) = 강세대목(强勢臺木) : 대목의 종류에 따라 나무의 크기나 수형을 조절할 수 있으며, 지방부를 왕성하게 하는 대목을 강세대목이라고 하며, 그 반대는 왜성대목이라고 한다.

강화미(强化米), enriched rice : 인조미(人造米)의 한 가지이며, 정백미(精白米)에 비타민 B_1, 아미노산 등을 첨가한 쌀이다. 벼를 쪄서 등겨 속에 포함되어 있는 비타민 B가 스며들게 하거나, 또는 포도당 등의 진한 비타민용액에 백미를 담가서 영양가를 높인 쌀을 말한다.

갖춘꽃 = 완전화(完全花), 양성꽃, 양성화(兩性花), 쌍성꽃, complete flower : 꽃잎, 꽃받침, 암술, 수술 등을 모두 갖추고 있는 꽃.

갖춘잎 = 완전엽(完全葉), complete leaf : 잎몸, 잎자루, 턱잎 세 개의 부분으로 구성된 잎.

개간지(開墾地) reclaimed land : 야산 등을 개간하여 농경지로 전환된 토지로 개간한 땅을 말한다. 새로 개간한 토양은 대체로 산성이며, 치환성염기가 적고, 토양구조가 불량하며, 인산을 비롯한 비료성분도 적어서 토양의 비옥도가 낮다. 따라서 산성토양의 개선책과 같은 대책이 필요하다. 또한 개간지는 경사진 곳에 많으므로 토양보호에 유의해야 한다.

개거배수(開渠排水) : 명거배수. '거'는 개천, 도랑을 나타내는 뜻으로 경작지 표면, 또는 그 둘레에 도랑을 파고 물을 빼는 배수의 한 방법이다.

개과(蓋果) : 과피가 가로로 벌어져 위쪽이 뚜껑같이 되는 열매.

개과(開果), dehiscent fruit : 과피가 육질이 아니라 말라 있고 봉선에 의해 열리는 열매[반: 폐과].

개구리밥과, Lemnaceae : 열·온대 초본으로 6속 30종이며, 우리나라에 2속 2종이 자생한다. 물 위에 부유하는 초본으로 줄기가 없어 뿌리는 있거나 없다. 화서는 1~5송이의 단성화로 이루어진다.

개규화담(開竅化痰) : 구규(九竅)를 열어주고 담을 화하는 것.

개답(開畓), opening paddy field : 미개간지를 논으로 만드는 일이며 주위의 여러 가지 환경이 벼 재배에 유리하여 기존의 밭이나 개간지를 처음 논으로 만드는 일을 말한다.

개략토양조사(概略土壤調査) : 지역 내 토양의 분포개략을 파악할 수 있도록 항공사진 해설 위주로 되어 있는 토양도를 작성하는 것으로 지도의 축적은 1:5만~25만으로 작성한다.

개미탑과, Halorrhagaceae : 열·온대에 분포하는 관목 또는 초본으로 6속 120종이며, 우리나라에 2속 4종이 자생한다. 잎은 어긋나거나 마주나며 또는 돌려나고 물속의 잎은 가늘게 갈라진다. 산형화서나 원추화서에 달리는 꽃은 양성화 또는 단성화이며, 열매는 견과 또는 핵과이다.

개방차상맥(開放叉狀脈) = 유리엽맥(遊離葉脈), free venation : 중앙맥에서 분지하여 망상을 이루지 않고 엽연에 연결되는 맥상.

개방차상분지(開放叉狀分枝), open dichotomous branching : 엽맥이 똑같은 굵기로 Y자로 갈라짐. 예) 고비, 은행나무.

개벌(皆伐), clear cutting : 모두베기라고도 하는 목재를 수확하는 방법 중의 하나로 특정 숲에 있는 나무를 한꺼번에 모두 자르는 것.

개산형(開散形) : 작물 포기가 넓게 퍼지는 현상이다.

개선(疥癬) : 옴과 버짐. 옴벌레의 기생으로 생기는 전염성 피부병.

개심형(開心形) : 과수에 있어서 중심이 비도록 만든 나무의 꼴. 원줄기를 극히 단축시키고 짧은 원줄기 위에 수개의 원가지를 사방으로 고르게 배치하여 겉모습을 마치 술잔모양으로 만드는 과수의 정지형태. 배상형이라고도 한다.

개약(開葯), degiscence of anther : 꽃의 약(葯)이 터져 약으로부터 화분이 방출되는 현상을 말한다.

개엽(開葉), aestivation : 눈에서 포개진 잎이나 꽃잎이 펼쳐지는 모양.

개울(開鬱) : 기(氣)가 울체(鬱滯)된 것을 통하게 하여 기능장애를 원활하게 하는 것.

개위(開胃) : 위의 소화기능을 돕고 식욕을 돋우는 방법.

개창(疥瘡) = 창개(瘡疥) : 옴과 헌데를 겸한 것. 습한 부분에 생기는 옴.

개체군(個體群), population : 한 지역에 나는 같은 종에 속하는 개체들의 모임.

개체군동화작용(個體群同化作用) : ① 포장의 단위 면적당에 생육하는 개체 전체가 이루는 동화작용을 개체군 동화작용 또는 개체군 광합성이라 한다. ② 포장의 자연 조건하에서 여러 가지 환경의 지배를 받으며 하나의 개체군에 포함되는 각각의 잎은 엽위와 엽의 각도에 의해 각각 다른 광도의 광(光)을 받으며 동화작용을 하고 있는 것으로, 이들 전체 잎의 동화작용의 총화가 개체군 동화작용이다.

개체발생형질(個體發生形質), ontogenetic character : 개체발생에 관찰되는 형질.

개출(開出) : 직각으로 반듯하게 솟음.

개화(開花), anthesis, flowering, blooming : 종자식물의 생식기관인 꽃이 피는 현상으로 화기가 완성되고 배우자가 성숙된 후, 환경조건이 갖추어지면 꽃이 피는 현상으로, 전체 꽃봉오리의 40~50%가 개화한 날을 개화기라고 한다.

개화기(開花期), flowering period, blooming season : 풀이나 나무의 암수기관이 성숙되어 꽃이 피는 시기. 작물의 생육조사에서의 개화기는 꽃이 40~50% 정도 핀 날을 조사한다.

개화수정(開花受精) chasmogamy : 보통 꽃들처럼 꽃이 핀 후에 수분매개체가 수술에서 화분을 다른 꽃의 암술에 묻혀 수분함으로써 수정이 되는 현상.

객토(客土), soil addition, soil dressing : 토양의 물리적·화학적 성질을 적극적으로

개량 조성할 목적으로 다른 장소로부터 목적하는 토양을 운반하여 개량하고자 하는 토양에 넣어 주는 공법을 말한다. 객토에는 경지의 불량조건에 따라 여러 종류의 방법이 있다.

객혈(喀血) = 각혈(咯血), 토혈(吐血) : 주로 폐결핵을 앓아 기침이 심할 때 피를 토하는 것으로 이때 피는 폐, 기관지, 점막 등에서 나온 것.

갯솜조직 ☞ **해면조직(海綿組織).**

갯질경이과, Plumbaginaceae : 전 세계에 분포하며 10속 300종이 지중해연안과 아시아에 많이 분포하며 우리나라에서는 1속 2종이 자란다. 초본이나 관목 또는 덩굴식물이다. 꽃은 양성화로 한쪽으로 치우친 총상 또는 산형화서이고 수술과 암술대가 각각 5개이다. 열매는 건과, 수과, 낭과이다.

갱년기장애(更年期障碍) : 여성 호르몬을 비롯한 내분비 자율신경계의 변조로 인한 증상.

거(距) = 꽃뿔, 꿀주머니, spur : 꽃받침, 꽃부리의 일부가 길고 가늘게 뒤쪽으로 뻗어난 돌출부이다. 화관이나 꽃받침이 시작되는 곳 가까이에 닭의 뒷발톱처럼 툭 튀어나온 부분으로, 속이 비어 있거나 꿀샘이 들어 있다. 예) 제비꽃, 현호색.

거꿀달걀모양 = 거꿀달걀꼴, 도란형(倒卵形), obovate : 잎의 위쪽으로 갈수록 상대적으로 폭이 넓어지는 거꾸로 선 달걀모양.

거꿀둥근달걀꼴 ☞ **도란원형(倒卵圓形).**

거꿀심장모양 = 거꿀염통꼴, 도염통꼴, 도심장형(倒心臟形), obcordate : 심장형을 거꾸로 뒤집은 모양.

거꿀피침모양 = 거꿀바소꼴, 도피침형(倒披針形), oblanceolate : 피침형이 뒤집힌 모양으로, 끝에서 밑 부분을 향해 좁아지는 모양.

거담(去痰) : 염증을 가라앉힘. 가래를 제거함.

거담(祛痰) = 거담(袪痰) : 담을 뱉도록 도와주고 담이 생기는 원인을 없애주는 치료법. 폐의 점액질 분비를 촉진시켜서 가래가 묽어져서 잘 나오게 하는 것.

거담제(祛痰劑) : 담을 제거하는 약물.

거담지해(去痰止咳) : 담을 없애고, 기침을 멈추게 함.

거머리말과, Zosteraceae : 전 세계에 분포하는 초본으로 2속 12종이며, 우리나라에 2속 6종이 자생한다. 해수에서 자라는 초본으로 근경이 발달하고 줄기는 가지가 갈라지며, 어긋나는 잎은 납작하고 긴 선형이다. 자웅이주나 자웅동주이고, 육수화서이며 열매는 긴 타원형이다.

거미줄털[蛛線狀], arachnoid : 긴 털이 거미줄처럼 얽혀 있는 상태.

거번열(祛煩熱) : 번열(煩熱)을 제거하는 효능.

거부생기(祛腐生肌) : 상처를 치료하여 새살이 돋게 함.

거서(祛署) : 서사(署邪)를 제거하는 것.

거센털 = 강모(剛毛), 조모(粗毛), scabrous : 짧고 뻣뻣한 털이 있어 거친 느낌.

거습(祛濕) : 습기로 인한 질병을 제거함.

거습(祛濕) : 습한 환경으로 인하여 몸이 저리고 부으며 뼈마디가 쑤시는 증세를 치료하기 위함.

거시(巨視)형질, macro character : 육안으로 관찰되는 형질.

거어(祛瘀) = 거어(袪瘀) : 활혈약(活血藥)으로 어혈(瘀血)을 없애는 방법.

거어지통(祛瘀止痛) : 어혈(瘀血)을 제거하고 통증을 멈추는 효능.

거위 = 회충(蛔蟲) : 회충과의 기생충.

거접(据接), field grafting : 접을 붙이는 높이에 따라서 고접과 저접으로 구별하며, 대목을 파내지 않고 포장(圃場) 상태에서 접목을 하는 것으로서 제자리접이라고도 한다. 접이 붙기 어려운 밤나무나 감나무 등에 실시한다. 딴자리접에 대응하는 말이다.

거짓비늘줄기 ☞ 가인경(假鱗莖).

거짓뿌리 ☞ 가근(假根).

거짓수술 ☞ 가웅예(假雄蕊, 假雄蘂).

거짓씨껍질 ☞ 가종피(假種皮).

거짓열매 ☞ 가과(假果).

거치(鋸齒) = 톱니, serrate, tooth : 잎몸 가장자리를 표현하는 기재용어. 잎의 가장자리가 톱날처럼 된 부분.

거치(擧痔) : 치질의 하나로 항문 주위에 군살이 생겨서 아픈 것.

거친, hispid : 어떤 표면이 긴 딱딱한 털로 덮여 있는 것을 형용한 기재 용어.

거친면의[粗粒狀], muricate : 작고 날카로운 돌기 때문에 거친.

거친털[長剛毛狀], hispid, hispidus hair : 단단하고 뻣뻣해서 거친 털.

거품대변 : 속이 메스껍고 곱똥이 나오면서 배가 가끔 아픈 증상.

거풍(祛風) = 거풍(袪風) : 밖으로부터 들어온 풍사(風邪)를 없애는 방법.

거풍명목(祛風明目) : 풍을 없애고 눈을 밝게 함.

거풍산독(祛風散毒) : 풍(風)을 제거하고 독(毒)을 흩어지게 하는 효능.

거풍산습(祛風散濕) : 풍(風)을 제거하고 습(濕)을 흩어지게 하는 효능임.

거풍산한(祛風散寒) : 풍증을 없애고 한사를 흩어버림. 외감풍한증의 치료법.

거풍살충(祛風殺蟲) : 풍(風)을 제거하고 살충(殺蟲)하는 효능.

거풍소종(祛風消腫) : 풍(風)을 제거하고 종(腫)을 없애는 효능.

거풍습(祛風濕) : 풍사(風邪), 습사(濕邪)로 나타난 질병을 치료함.

거풍승습(祛風勝濕) : 풍(風)을 제거하고 습(濕)을 없애는 효능.

거풍열(祛風熱) : 풍열을 없애는 것.

거풍윤장(祛風潤腸) : 풍(風)을 제거하고 장(腸)을 윤택하게 하는 효능.

거풍이습(祛風利濕) : 풍사와 습사로 인한 질병을 치료함.

거풍제습(祛風除濕) : ① 풍습을 없애는 방법, ② 거풍(祛風)과 제습(除濕)을 합하여서 이르는 말.

거풍조습(祛風燥濕) : 거풍법(祛風法)의 하나로 풍습(風濕)을 없애는 방법. 풍을 제거하고 습기를 말리는 것. 풍과 습은 6기(한, 서, 조, 습, 풍, 열)의 하나로 각기 다른 병인이 됨.

거풍지양(祛風止痒) : 풍(風)을 제거하고 양(痒)을 멈추는 효능.

거풍지통(祛風止痛) : 풍(風)을 제거하고 통증을 멈추는 효능.

거풍청열(祛風淸熱) : 풍(風)을 제거하고 열을 없애는 효능.

거풍통락(祛風通絡) : 풍사로 생긴 병을 물리쳐서 경락에 기가 잘 통하게 함.

거풍한(祛風寒) : 풍사와 한사로 인한 질병을 치료함.

거풍해독(祛風解毒) : 풍(風)을 제거하고 해독하는 효능.

거풍해표(祛風解表) : 풍사를 제거하고 발한법을 통해 사기(邪氣)를 제거하는 치료법.

거풍화담(祛風化痰) : 풍사(風邪)를 없애고 가래를 없애줌.

거풍화혈(祛風和血) : 풍(風)을 제거하고 화혈(和血)하는 효능.

거풍활락(祛風活絡) : 풍(風)을 제거하고 활락(活絡)하는 효능.

거풍활혈(祛風活血) : 풍(風)을 제거하고 피를 잘 돌게하는 효능.

건개과(乾開果), dry dehiscent fruit : 성숙하면 과피가 열개하여 종자를 방출하는 과실.

건과(乾果) dry fruit : 과피가 육질이 아니고 목질, 혁질 또는 막질인 열매[반: 육질과]로 열리는 개과와 열리지 않는 폐과로 나뉜다. 목질로 되거나 수분이 거의 없는 열매.

건근골(健筋骨) : 근육과 뼈를 튼튼하게 하는 효능.

건뇌(健腦) : 뇌를 건강하게 하는 처방.

건답(乾畓), dried paddy field : ① 관개수의 조절이 용이하여 논과 밭으로 자유로이 이용할 수 있는 수리 안전한 논, ② 논은 답리작이나 답전작의 도입이 가능한 논으로 유지물의 분해가 잘 되고 배수가 잘 되어 토양의 수량 생산성이 높다.

건답직파(乾畓直播), direct seeding on dry paddy : 논에서 벼를 육묘 후 무논에 이앙하지 않고 직접 마른 논 상태에서 파종하여 재배하는 것.

건막질(乾膜質) = 건피질(乾皮質), 납지질(蠟紙質), scarious : 밀랍을 바른 종이처럼 얇고 마른 잎. 포(苞) 가운데 어떤 것은 말라서 얇은 막 모양으로 된 것이 있음. 예) 화본과나 질경이의 화피.

건망증(健忘症) : 기억 장애의 하나로서 지나간 일이나 행동을 전혀 기억하지 못하는 병적 상태.

건묘(健苗), healthy seedling : 건묘란 이앙하기에 알맞고 이앙 후 착근이 빠른 건전한 묘를 칭하는 것이다. 건묘로서 구비조건으로는 형태적으로 초장이 이앙하기에 알맞고 (15cm 전후) 줄기가 굵고 잎이 늘어지지 않으며 건물중이 무겁고 적고현상이 없는 단단한 묘라야 한다. 건묘로서 생리적 구비조건은 식물체 내에 질소와 탄수화물 함량이 동시에 많고 엽록소 함량이 많아 광합성능력이 높고 발근력이 강하여 활착이 좋으며 병충해 등 제반 장해가 없는 묘라야 한다.

건물(乾物), dry matter : 생체에서 수분을 제거한 후 남은 물질의 총칭. 살아 있는 생명체의 대부분은 70~90% 이상이 물로 구성되어 있으며 나머지는 각종 무기염류와 유기화합물로서 물 이외의 이들 물질이 건물을 이룬다.

건물생산(乾物生産), dry matter production : 생물이 밖에서 취한 물질을 재료로 자기의 몸을 만드는 것을 생산이라고 하고, 경제학적 생산과 구별하기 위하여 생물생산(biological production)이라고 한다. 생물이 생산한 유기물의 양은 수분이 포함되지 않은 건물량(乾物量, dry matter)으로 나타낸다. 작물에서 건물생산은 광합성 산물의 양을 말한다.

건물중(乾物重), dry weight : 식물체의 어느 생장부분(지상부, 지하부 또는 동화부분, 비동화부분) 또는 전체를 생장 해석을 위해서 완전히 건조시켰을 때의 무게를 말한다.

건부병(乾腐病), dry rot disease : 저장하고 있는 알뿌리나 감자 따위가 갈색으로 썩어 말라 오그라지는 병으로 저장하기 전에 소독하면 막을 수 있는 병이다.

건비(健脾) = 건비보신(健脾補身), 보비(補脾) : 비(脾)가 허(虛)한 것을 보하거나 튼튼하게 하는 방법.

건비개위(健脾開胃) : 비(脾)를 튼튼하게 하고 위(胃)를 열어주는 효능.

건비보신(健脾補身) = 건비(健脾) : 비(脾)가 허(虛)한 것을 보하거나 튼튼하게 하는 방법.

건비소적(健脾消積) : 비(脾)를 튼튼하게 하고 적(積)을 없애는 효능.

건비소종(健脾消腫) : 비(脾)를 튼튼하게 하고 붓기를 없애는 효능.

건비소화(健脾消化) : 비(脾)를 튼튼하게 하고 소화시키는 효능.

건비위(健脾胃) : 음식을 보면 비위가 거슬려 먹을 수 없을 때 비장과 위경의 기운을 보양함.

건비익신(健脾益腎) : 비(脾)를 튼튼하게 하고 신(腎)을 유익하게 하는 효능.

건비화위(健脾和胃) : 비(脾)를 튼튼하게 하고 위(胃)를 조화롭게 하는 효능.

건생식물(乾生植物), xerophyte = 건성식물(乾性植物) : 건조한 환경에서 잘 자라는 식물. 용설란과 같이 사막이나 황야의 바위, 나무, 모래밭 등 수분이 적은 곳에서 자라는 식물.

건생잡초(乾生雜草), dryland weed : 토양수분이 포장용수량인 40~60% 정도의 밭상태에서 주로 발생하는 대부분의 밭잡초. 예) 바랭이, 명아주, 쇠비름 등.

건선(乾癬) : 피부병의 하나로 피부가 건조하거나 트면서 태선이 생기고 가려운 증상.

건습(乾濕) : 마른 것과 습한 것.

건위(健胃) : 위를 튼튼하게 하여 소화기능을 높이기 위한 처방.

건위강장(健胃强壯) : 위장을 튼튼하게 하고, 몸을 건강하고 혈기가 왕성하게 함.

건위소식(健胃消食) : 위(胃)를 튼튼하게 하고 음식을 소화시킴.

건위지사(健胃止瀉) : 위(脾)를 튼튼하게 하고 설사를 멈추는 효능.

건위청장(健胃淸腸) : 위의 소화기능을 강하게 하고 변비를 치료함.

건조(乾燥), drying, dehydration : 수확한 것을 탈곡, 보관, 저장, 수송 등에 알맞게 수분함량을 낮추는 것으로, 건조하는 방법은 음건(陰乾), 양건(陽乾), 인공열건조(人工熱乾燥) 등이 있고, 기계화농업에서는 건조기(乾燥機)를 많이 이용하고 있다.

건조기후(乾燥氣候), arid climate : 지표(地表)의 증발산량이 강수량보다 많은 사막 또는 초원지대 등의 기후를 말한다. 건조기후에는 그 정도가 낮은 반건조기후(半乾燥氣候, semiarid climate)가 포함되는데, 초원이 이 기후지대에 속한다.

건조지수(乾燥指數), aridity index : 기후의 건습상태를 나타내는 지수인데, 주로 Martonne의 식을 사용한다. 즉, P/(T+10); P는 연강수량(mm), T는 연평균기온(℃)이다.

건조해(乾燥害) : 공기가 건조하면 기관지에 통증이 잘 생기고, 산불과 화재발생 위험도 증가하게 되며, 작물의 생산성도 떨어지게 된다. 이와 같은 이상건조로 인해 일어나는 재해를 건조해라 한다.

건초(乾草), hay : 베어서 말린 풀로 초지에서 예취한 풀을 자연광이나 인공열에 의하여 건조시킨 목초이다.

건초작물(乾草作物), hay crops : 건초용으로 많이 이용되는 사료작물. 예) 티머시, 알팔파.

건토상태(乾土狀態) : 105~110℃로 조절된 건조기에서 48시간 이상 건조시킨 토양의 상태. 바람에 건조시킨 토양에 비해 pF가 높아 거의 pF=7이다.

건토효과(乾土效果), dried soil effect : 논토양을 경운하여 충분히 건조하였다가 써레질 직전에 담수하는 것으로, 건조 과정에서 토양 중의 일부 미생물은 죽고 나머지 살아 있는 미생물이나 또 다른 미생물의 번식이 왕성하여 토양 중의 유기물을 분해하고, 잠재하고 있는 비료분을 분해하여 암모니아태 질소가 생성되어 논토양의 비옥도를 높이게 되는데 이를 건토효과라 한다. 특히 이와 같은 효과는 유기질이 많은 습답에서 크다.

건폐과(乾閉果), dry indehiscent fruit : 성숙하여도 열개되지 않은 과실.

건폐위(健肺胃) : 폐와 위를 튼튼하게 함.

건피질(乾皮質) = 건막질(乾膜質), 납지질(蠟紙質), scarious : 밀랍을 바른 종이처럼 얇고 마른 잎. 포(苞) 가운데 어떤 것은 말라서 얇은 막 모양으로 된 것이 있다. 예) 화본과나 질경이의 화피.

건해(乾咳) = 건수(乾嗽), 건해수(乾咳嗽) : 마른기침. 가래 없이 기침을 하는 증상.

검역(檢疫), quarantine : 법과 제도로 병, 해충, 잡초의 매개물이 되리라고 추정되는 모든 일용품을 수입금지 및 제한하는 것.

검정교배(檢定交配), testcross : 2개 이상의 유전자에 대하여 hetero인 잡종에 열성 homo의 개체를 교잡하여 2차세대의 표현형으로부터 전대의 hetero 잡종의 유전자형을 조사하는 방법으로 개체의 유전자형을 알기 위해 이형접합체를 열성 동형접합체와 교배하는 것을 말한다.

검토장(檢土杖) : 토양의 성질을 조사하기 위해 구멍을 들어 흙을 파내는 도구.

검형(劍形) = 칼꼴, ensiform, ensate : 칼처럼 날카롭게 생긴 모습을 말하며 붓꽃, 꽃창포 등의 잎을 기록할 때 쓰인다.

겉거름주기 : 써레질 또는 정지 후 논·밭의 표면에 시비하는 것으로 표층시비라고 한다.

겉겨 ☞ 외영(外穎).

겉껍질 ☞ 외피(外皮).

겉눈 ☞ 나아(裸芽).

겉보리 : 껍질을 벗기지 않은 보리를 말하기도 하나, 까락이 길고 껍질이 얇고 매우 밀착되어 있어서 껍질이 잘 벗겨지지 아니하는 품종으로 쌀보리에 상대하여 일컫는 이름이다.

겉씨식물 ☞ 나자식물(裸子植物) : 종자식물을 둘로 대별하는 한 아문. 꽃잎이 없고 밑씨가 씨방 안에 있지 않고 밖으로 드러나 노출되어 있는 식물이며 가루받이 때 꽃가루가 밑씨 위에 바로 붙는다. 줄기에는 형성층이 발달하였으나 물관이 없고 헛물관을 갖는다. 예) 소나무, 소철, 잣나무, 전나무, 은행나무 등.

겉열매껍질[外果皮], exocarp : 열매껍질을 3층으로 구분하였을 때 열매껍질의 제일 바깥층이며, 열매의 가장 바깥 부분을 구성하는 부분이다.

게놈 = 유전체(遺傳體), genome : 한 생물이 가지는 모든 유전정보를 말하며 유전체라고도 한다. 일부 바이러스의 RNA를 제외하고 모든 생물은 DNA로 유전정보를 구성하고 있기 때문에 일반적으로 DNA로 구성된 유전정보를 지칭한다. 보리의 체세포 염색체 수는 14개($2n$=14)이고, 생식세포(배우자)에는 그 절반인 7개(n=7)가 있다. 보리가 생존하는 데 꼭 필요한 염색체 수는 배우자에 있는 7개이며, 이 염색체 세트를 게놈(genome, 유전체)이라고 한다.

겨드랑이나기 = 고생(高生), 액생(腋生), axillary, solitary : 꽃이나 잎이 겨드랑이에 붙어 있는 것.

겨드랑이눈 = 액아(腋芽), axillary bud, lateral bud : 곁눈의 일종으로 잎의 겨드랑이에 달리는 겨울눈이며 보통 한 개씩 달린다.

겨우살이과, Loranthaceae : 열・온대에 분포하는 관목 또는 초본으로 30속 1,500종이며, 우리나라에 3속 4종이 자생한다. 식물의 줄기와 가지에 기생하는 관목으로 잎은 마주나며 가장자리가 밋밋하다. 꽃은 양성화 또는 단성화이고, 열매는 장과로 다즙질 또는 점액질이다.

겨울눈 = 동아(冬芽), winter bud : 나무나 여러해살이풀이 늦여름부터 가을에 걸쳐 만드는 눈. 겨울을 난 뒤 이듬해 봄에 새싹이 된다.

겨울작물[冬作物], winter crops : 가을에 파종하여 가을・겨울・봄을 중심해서 생육하는 월년생 작물.

겨울잡초 = 겨울형잡초, 동생잡초(冬生雜草), 동잡초(冬雜草) : 가을에 발생하여 노지에서 월동하고 봄에 피해를 주며 늦봄과 초여름에 결실하는 잡초. 예) 뚝새풀, 속속이풀, 냉이, 벼룩나물, 벼룩이자리, 점나도나물, 개양개비 등.

겨자과 = 배추과, 십자화과, Cruciferae, Brassicaceae : 열・온대에 분포하는 초본으로 200속 2,000종이며, 우리나라에 17속 37종이 자생한다. 잎은 경생엽과 근생엽으로 구분되고 단엽이거나 우상복엽이며 탁엽이 없다. 총상화서에 달리는 양성화는 꽃잎이 4장이고, 열매는 장각 또는 단각이며 종자는 배유가 없다.

격년결과(隔年結果), biennial bearing, alternate year bearing : 과실이 한 해는 많이 열리고 한 해는 적게 열려 해마다 결실이 고르지 않은 현상으로, 우리말로 '해거리'라고 하여 과수의 관리가 합리적으로 이루어지지 않은 밭이나 완전 방임한 나무에서 많이 발생된다.

격리재배(隔離栽培), isolated seed production : 검역대상 식물을 국내 반입 후 격리된 장소에서 재배하는 작물이다.

격리포장(隔離圃場), isolation field : 타가수정을 원칙으로 하는 작물의 종자 생산 시 풍매나 충매에 의한 혼종생산을 방지하기 위하여 일정거리를 두고 포장으로 다른 작물의 포장과 멀리 떨어져 있는 포장을 말한다.

격막(隔膜) = 격벽(隔壁), septum (pl. septa) : 두 방 사이의 벽.

격벽밀선(隔壁蜜腺), septal nectary : 자방의 격벽 바깥쪽에 나 있는 꿀샘. 예) 난초과.

격실수(隔室髓), chambered pith : 수를 구성하는 세포 중간에 빈 격벽이 생겨 갈라져 있는 수.

격절(隔絕) = 고립(孤立), isolation : 작물에서 새로 생긴 유전형 중 분화의 마지막 과정은 성립된 적응형들이 유전적인 안정 상태를 유지하는 것인데, 이렇게 되려면 적응형 상호간에 유전적 교섭이 생기지 않아야 하는 것을 격절 또는 고립이라고 한다.

견골(肩骨) : 어깨뼈.

견과(堅果) = 각과(殼果), 굳은껍질열매, nut, glans : 흔히 딱딱한 껍질에 싸이며, 보통 1개의 큰 씨가 들어 있는 열매로 다 익어도 갈라지지 않는다. 예) 밤나무, 참나무.

견광(狷狂) : 성미가 급하고 고집이 세며 과장이 심하거나 극단에 치우친 행동을 하는 사람.

견교(犬咬) : 개에게 물린 것.

견교독(犬咬毒) = 견독(犬毒) : 개에 물린 독.

견교상(犬咬傷) : 개에게 물린 상처.

견독(肩毒) : 일반적으로 어깨 부위에 생긴 악성종기.

견딜성[耐性] : 농작물이 병해충, 습기 따위에 잘 견디어 내는 성질로 한 유기체가 어떤 자극체에 견디는 힘의 상대적 크기이다.

견모(肩毛) : 어깨털.

견모(絹毛) = 비단털, sericeous : 비단같이 부드러운 털. 예) 참나리.

견비통(肩臂痛) : 어깨 부분이 아파서 팔을 잘 움직이지 못하는 신경통.

견인통(牽引痛) : 근육이 땅기거나 켕겨 아픈 증세.

결각(缺刻), lobed : 잎가장자리가 들쑥날쑥한 모양으로, 갈라지는 깊이에 따라 천열, 중열, 심열, 전열로 나누며 갈라지는 모양에 따라 장상열, 우열로 나뉜다.

결각상(缺刻狀), incised : 잎가장자리가 불규칙하게 날카롭고 깊게 갈라진 것.

결과습성(結果習性) : 과실나무가 그 종류에 따라 각각 다르게 열매를 맺는 습성으로 가지치기하기 위하여 중요하며, 수목의 종류에 따라 화아 착생 부위가 다른데 동일한 수목 내에서 잔화아의 착생위치와 착과부위가 거의 규칙적인 특성을 말한다.

결과연령(結果年齡), bearing age : 수목에는 어느 연령에 도달하게 되면 동화·결실이 이루어지는데 이 연령을 결과연령이라고 부른다. 결과연령에 도달된 수목의 눈에는 잎눈과 꽃눈이 있다.

결과지(結果枝), bearing branch : 열매가 열리는 가지를 말한다.

결구(結球) = (잎채소, heading, head formation), (비늘줄기채소, bulbing, bulb formation) : 잎채소 또는 비늘줄기채소 중에서 잎과 비늘잎이 분화하여 생장하다가 어느 시기에 도달하면 잎이 오므라들어 속이 차고, 비늘줄기 채소의 경우는 엽초기부가 비대하여 구를 형성하는 현상. 채소 가운데 결구 현상을 나타내는 잎채소로서 배추, 양배추, 상치가 있고 비늘줄기(인경) 채소로서는 양파와 마늘이 있다.

결기(決氣) : 기가 막힌 것을 흐르게 하는 것.

결로(結露), dewing : 대기의 수증기가 응결하여 지상의 물체, 식물체 등에 부착되어 물방울이 형성되는 것을 이슬(dew)이라 하는데, 야간의 복사냉각으로 접지기온(接地氣溫)이 노점온도(露點溫度)보다 낮을 때 또는 따뜻하고 습한 공기가 노점온도보다 낮은 지표면으로 유입될 때 이슬이 맺히는 현상을 결로라고 한다.

결막염(結膜炎) : 눈의 결막에 생기는 염증.

결속(結束), binding : 엽채류 또는 근채류를 수확하여 다듬은 후 출하에 알맞게 양을 나누어 단으로 묶는 것 또는 쓰러진 벼를 세워 묶는 것을 말한다.

결실(結實), fructification : 식물이 열매를 맺거나 맺은 열매가 여묾, 또는 그런 열매이다.

결절종(結節腫) : 관절낭이나 건초에 생기는 도토리만한 종기.

결주(缺株), vacant hill, missing plant : 벼를 이앙할 때 정지작업의 불균일 발자국. 수심이 깊거나 모의 크기가 짧고 고르지 못할 때 등의 조건으로 모가 심어질 자리에 심어지지 않은 포기를 결주라고 한다.

결핍(缺乏), deficiency : 특정한 원소의 부족을 결핍이라 하고, 이로 인하여 일어나는 영양장애를 결핍증이라 한다.

결합수(結合水) = 화합수(化合水), combined water : 토양중의 화합물의 한 성분으로 되어 있는 수분으로 화합수라고도 하는데, 토양을 100~110℃로 가열해도 분리되지 않고 pF가 7.0 이상인 수분으로서 식물에는 물론 흡수되지 않으나 화합물의 성질에 영향을 준다.

결합조직(結合組織) : 체조직의 각 세포, 조직, 장기 등을 결합하거나 보호, 충전하는 역할을 하는 체조직의 일종이다.

결핵(結核) : ① 결핵균이나 그 밖의 원인에 의해서 국소적(局所的)으로 생기는 작은 결절성(結節性) 멍울. 그 부분의 조직이 건조한 빛으로 변하면서 염증이 생기고 고름이 나온다. ② 몸의 일정한 부위에 단단한 멍울이 생긴 것.

결핵성림프염(結核性lymph炎), tuberculous lymphadenitis : 림프에 결핵균이 들어가서 염증을 일으키는 질환.

결핵성쇠약(結核性衰弱) : 결핵균으로 인하여 힘이 쇠하고 약해짐.

결협(結莢), pod setting, podding : 두류와 십자화과 채소의 과실은 협과로 배주를 내장하고 있는 자방의 심피가 꼬투리[莢]로 발달한 것인데 수분・수정 후 협과(莢果)로서 결실하는 것을 결협이라고 한다.

결협률(結莢率) : 총개화수에 대한 정상 꼬투리수의 백분율(%)을 말한다. ※ 결협률 = (정상꼬투리수/총개화수)×100

겹기왓장모양 = 겹쳐나기모양, 복와상(覆瓦狀), 복와성(覆瓦性), imbricate : 꽃잎이나 꽃받침조각이 마치 기왓장처럼 포개져 있는 상태를 말한다.

겹꽃, double flower, double-petal flower : 꽃잎이 여러 장으로 겹쳐 있는 모양. 수술, 암술 등이 꽃잎 모양으로 바뀌어 꽃잎이 여러 겹으로 겹친 꽃.

겹꽃차례 = 복합꽃차례, 복합화서(複合花序), compound inflorescence : 꽃차례의 축이 1개 또는 여러 개로 갈라지며, 갈라진 가지에 꽃이 달리는 꽃차례.

겹모인우산꽃차례 = 복집산화서(複集散花序), dichasial cyme : 모인우산꽃차례의 일종으로, 꽃차례 축의 끝에 꽃이 달리고, 그 밑에 다시 반복되는 꽃차례.

겹산형꽃차례 = 겹우산꽃차례, 겹우산모양꽃차례, 복산형화서(複繖形花序), compound umbel : 산형꽃차례가 몇 개 모여서 이루어진 꽃차례. 예) 어수리.

겹수상꽃차례 = 복수상화서(複穗狀花序) : 수상꽃차례가 여러 개 이삭 모양으로 모인 꽃차례로 화본과 식물에서 볼 수 있으며, 각각의 수상꽃차례를 '작은이삭[小穗]'이라 한다.

겹심피씨방(複心皮子房), compound ovary : 2개 이상의 심피로 이루어진 1개의 씨방.

겹심피암술(複心皮雌蕊), compound pistil : 2개 이상의 심피로 구성된 암술.

겹씨방실(複子房室), plurilocular : 둘 이상의 씨방실로 이루어진 상태.

겹우산꽃차례 = 겹우산모양꽃차례, 겹산형꽃차례, 복산형화서(複傘形花序), compound umbel : 산형꽃차례가 몇 개 모여서 이루어진 꽃차례. 예) 어수리.

겹잎 = 복엽(複葉), compound leaf : 하나의 잎몸이 갈라져서 2개 이상의 작은 잎을 이룬 잎을 말함. 예) 호두나무, 매자나무.

겹쳐나기모양 = 겹기왓장모양, 복와상(覆瓦狀), 복와성(覆瓦性), imbricate : 꽃잎이나 꽃받침조각이 마치 기왓장처럼 포개져 있는 상태를 말함.

겹총상꽃차례 = 복총상화서(複總狀花序) : 길이가 비슷한 총상꽃차례 여러 개가 꽃줄기 아래에서 위까지 길게 모여 있는 꽃차례.

겹털 = 복모(複毛), compound trichomes : 갈라진 털이나 돌기.

겹톱니 = 복거치(複鋸齒), 중거치(重鋸齒), doubly serrate : 잎몸 가장자리에 생긴 톱니 가장자리에 다시 잔 톱니가 생겨 이중으로 된 톱니.

경(莖) = 줄기, stem, caulome : 식물체의 중심이 되는 기관으로서 잎, 꽃, 열매, 뿌리를 내는 기능이 있음.

경결(硬結) : 조직의 일부분이 이물의 자극을 받아 변성하여 결합조직이 증식되어 굳어짐.

경관림(景觀林), landscape forest : 물을 저장하거나 토양침식을 방지하는 기능적 측면보다는 아름다운 경관을 즐기거나 만드는 시각적 또는 심미적 측면에서 조성되고 관리되는 숲.

경기(經氣) : 경락을 흐르는 기로서 생명활동을 주재함.

경도계(硬度計), hardness tester : 토양의 경도를 측정하는 계기. 일반적으로 산중식 또는 SR-2식 경도계가 많이 사용됨. 보통 경도계라 하면 물체의 딱딱함과 부드러움의 정도를 재는 계기를 통칭한다.

경란기(頸卵器) = 장란기(藏卵器), 조란기(造卵器), archegonium : 선태식물과 양치식물의 전엽체에 분화하여 난세포가 발달하는 자성생식기관. 예) 솔잎란, 고사리.

경련(痙攣) : 근육이 자기 의사와 관계없이 병적으로 급격한 수축을 일으키는 현상.

경반(硬盤), hardpan : 점토의 침적으로 작토층 바로 밑에 형성되어 배수를 방해하는 토층, 경작지의 토양은 작물을 재배하고 경운을 계속하게 되면 입경이 작은 점질토양이 하층으로 내려가서 퇴적하게 되어 경반을 형성하게 된다.

경변(硬便) = 변비(便秘) : 대변이 굳은 것.

경상배주(傾上胚珠), ascending ovule : 배주가 자방 옆에서 위로 향한 것.

경상식물(莖狀植物), cormophytes : 줄기 또는 줄기와 비슷한 구조에 잎 또는 잎 모양의 기관이 붙어 있는 생물로, 모든 관속식물 및 선류와 일부의 태류도 포함된다.

경생(莖生), cauline : 줄기 위에 나는.

경생(傾生), reclinate, reclining : 아래로 굽은.

경생꽃차례[莖生花序], cauliflorous : 목본성 줄기에서 직접 나오는 꽃차례.

경생엽(莖生葉) = 경엽(莖葉), 줄기잎, cauline leaf : 줄기에 달린 잎, 뿌리에서 나는 뿌리잎과 구별할 때 쓰임.

경선결핵(經腺結核) : 목이나 귀 부근 혹은 겨드랑이에 단단한 멍울이 생겨 쉽게 풀어지지 않으면서 심하게 곪아 진물이 흐르고 농이 생겨나는 결핵성 병증.

경수(硬水), hard water : 수소와 산소로 이루어진 보통의 물이며 다소의 차이가 있으나 칼슘, 마그네슘이 중탄산염이나 염화물 형태로 함유되어 있는데, 그 함유량이 많은 물을 경수, 적은 물을 연수라고 한다. 일반적으로 경도 10° 이상을 경수, 10° 이하를 연수라고 하며 끓여서 연화되는 것을 일시경수, 연화하지 않는 것을 영구경수라고 한다.

경식토(輕埴土), light clay soil : 점토함량이 60% 이하인 식토이다.

경신익기(輕身益氣) : 몸을 가볍게 하고 기(氣)를 더해줌.

경신익지(輕身益志) : 정신이 상쾌해지고, 기분이 좋아지고, 머리가 맑아지게 하는 처방.

경실(硬實), hard seed : 종피(種皮)가 수분의 투과를 막기 때문에 장기간(수개월~수년) 발아하지 않는 종자를 경실종자(硬實種子)라고 하며, 소립종자에 많다. 예) 화이트크로바, 레드크로바, 알사이크크로바, 팔파, 운영, 고구마, 연(蓮), 오크라, 달리스그라스, 바히아그라스 등.

경심(耕深), plowing depth : 논갈이의 깊이를 말하며 사질답과 같은 특수한 논토양을 제외하고는 경심은 깊게 하는 것이 벼 뿌리의 생장 발육이 좋고 그 활동범위를 넓혀 줌으로써 각종 재해에 저항성을 증대시키고 수량 증대에도 유리하다.

경엽(莖葉), 경생엽 stem and leaf : 식물체의 잎과 줄기, 식물, 특히 초본식물에서 뿌리 쪽에 모여서 나는 잎과 이것보다 위쪽에서 나는 잎이 다른 형태를 갖는 경우 후자를 일컫는 말이다.

경엽수림(硬葉樹林), sclerophyllous forest : 경엽식물(硬葉植物)로 구성되는 아열대성 동우(冬雨) 지방의 식물군계(植物群系). 경엽수림은 여름에는 강우량이 적어 건조하고, 겨울에는 온도가 낮으면서 강우량이 많은 지중해성기후지대에 발달한다.

경엽식물(莖葉植物), cormophytes, sclerophyll, sclerophytel : 잎과 줄기를 가지고 있는 식물. 예) 양치식물과 현화식물.

경엽채류(莖葉菜類) : 지상부를 이용하는 채소이며 엽채류(葉菜類; 배추, 양배추, 갓), 생채류(生菜類; 상치, 셀러리, 파슬리, 땅두릅), 유채류(柔菜類; 미나리, 쑥갓, 머위, 시금치, 아스파라가스, 죽순), 총류(葱類; 파, 양파, 쪽파, 마늘) 등으로 구분하기도 한다.

경엽체(莖葉體), leafy : 쇠뜨기말이나 솔이끼처럼 줄기, 가지, 잎과 같은 모습의 체제를 갖춘 몸체.

경운(耕耘), plowing, tillage : 본답의 경운이란 논토양을 이앙하기 쉬운 상태로 해두는 것을 목적으로 하는 논갈이를 뜻하며 경운 시에 경토 표면에 살포한 유기질비료, 토양 개량제 등을 토층에 고루 매몰시키는 일이 이루어지게 된다. 경운은 시기에 따라 가을갈이를 추경, 봄갈이를 춘경이라 하며 경운의 횟수에 따라 애벌갈이를 초경, 두벌갈이를 재경이라고 한다.

경운심도(耕耘深度), plowing depth : 논밭을 가는 깊이, 경심(耕深).

경작지(耕作地), land of cultivation : 작물을 재배하는 농경지를 말한다.

경정조직배양(莖頂組織培養), shoot tip(apex) culture, apical(meristem) culture : 경정조직을 기내에서 배양하면 정단분열조직으로부터 많은 어린 눈이 분화하여 종묘를 대량 생산할 수 있다. 회전배양을 하면 어린 눈에 미치는 중력의 방향이 일정하지 않아 정아우세성이 나타나지 않는다.

경제작물(經濟作物), economic crops : 환금작물 중에서 특히 수익성이 높은 작물. 예) 담배, 양파, 마늘, 고추, 채소, 약초 등.

경제적허용한계밀도(經濟的許容限界密度), economic threshold level : 잡초허용한계밀도보다 높은 수준의 잡초를 제거하기 위하여 소요되는 경비를 상쇄(相殺)할 수 있는 잡초의 밀도로, 수량상의 허용한계밀도보다 높은 잡초의 밀도이다.

경종농업(耕種農業) agronomy, agriculture : 씨앗을 뿌려 작물을 재배한다.

경종적 방제(耕種的 防除) : 식물을 위생적으로 재배하거나 튼튼하게 자라도록 환경을 조절하여 병이나 잡초의 발생을 줄이는 방법.

경중양통(莖中痒痛) : 음경이 가렵고 아픈 것.

경지방풍시설(耕地防風施設), windbreak for cultivated land : 농경지 안팎에 만드는 방

풍시설로서 바람의 세기를 약하게 하고 풍식(風蝕)을 방지하여 농작물과 영농시설을 보호하는 방풍림(防風林), 방풍울타리 등을 말한다.

경지삽(硬枝插), hardwood cutting : 전년생 가지를 삽수로 이용하는 것. 무화과, 포도나무과, 돌배나무 등에 이용되고 있다.

경지이용률(耕地利用率), rate of arable land utilization : 총경지 면적에 대한 이용면적의 비율로 경지이용도를 말한다.

경지정리(耕地整理) : 농업노동의 생산성을 증대할 목적으로 영농기계화, 작업의 생력화(省力化), 용배수관리(用排水管理)의 원활화, 영농의 합리화 등 을 시행하는 토지개량사업이며 경작하기 쉽게 토지를 정리, 기반, 조성하는 작업을 뜻한다.

경질(硬質) : 밀가루의 한 성질. 매끄럽지 못하고 다소 거칠며 결정상의 알맹이를 가진 밀가루의 분질. 경질은 단백질 함량이 높고 신장력이 좋아 고급빵을 만드는데 적합하며, 경질 외의 밀가루분질로서 연질과 중간질이 있다.

경촉성(傾觸性), thigmonasty : 식물의 일부가 물체에 닿으면 구부러지는 현상. 예) 덩굴식물의 덩굴손.

경충(頸衝) : 수양명대장경의 혈인 비노혈.

경침(硬針, 莖針), thorn : 가지의 끝이나 전체가 가시로 변화된 것. 예) 보리수나무, 산사나무.

경토(耕土), cultivated soil : 땅의 위층의 토질(土質)이 부드러워 갈고 맬 수 있는 부분의 흙으로 경작하기에 적당한 땅이다. 갈이 흙.

경통(莖痛) : 남자의 외생식기인 음경의 통증.

경풍(痙風) : 태양병에 열이 나면서 의식이 혼미하고, 몸이 뻣뻣해지고 눈을 치켜뜨고 뒤로 목을 젖히면서 빳빳해지는 증상.

경하배주(傾下胚珠), suspending ovule : 배주가 자방벽에 달려서 밑을 향한 것.

경학질(輕瘧疾) : 가벼운 학질로 오슬오슬 추웠다 더웠다 하는 증상.

경합력(競合力) : 생물이 집단으로 모여 있을 때 개체 간 또는 집단 간에 일어나는 광선, 수분, 양분 등을 서로 뺏으려는 힘. 예를 들면 잡초와 재배식물 간에 양분, 수분에 대한 경합력은 재배 초기엔 잡초가 훨씬 강하지만 후기엔 작물이 더욱 강해진다. 그리고 작물, 잡초 등의 경합력은 초종에 따라 다르다.

경혈(驚血) : 놀란 피, 멍든 피 또는 피하출혈(皮下出血)을 말한다.

경화(硬化), hardening : 우리말로 '굳힘'이라 하며, 환경의 변화에 대한 적응력을 높이기 위해 미리 그 환경에 조금씩 접하게 하여 작물을 보호하는 일을 말한다.

곁꽃잎 = 측화판(側花瓣) : 난초과와 제비꽃과 식물의 꽃잎 가운데 옆으로 벌어지는 두 개의 꽃잎.

곁눈 = 액아, 측아(側芽), lateral bud : 줄기 측방에 생기는 눈의 한 가지. 보통 한 개이나 한 개 이상일 때도 있는데, 이것을 부아(副芽)라고 한다. 겨드랑 눈보다 범위가 넓다.

곁맥 = 곁잎줄, 엽맥, 측맥(側脈), lateral vein : 가운데 잎줄에서 좌우로 갈라져서 가장자리로 향하는 잎줄.

곁뿌리 = 측근(側根), lateral root : 원뿌리에서 갈라져 나온 뿌리로서, 식물체를 더 잘 떠받치고 땅속의 양분을 더 잘 흡수하게 한다.

계급(階級), rank, category : 계층 분류에서 분류군의 계층적 위치.

계수나무과, Cercidiphyllaceae : 중국과 일본에 1속 2종이 분포한다. 잎은 마주나거나 어긋나고 장상맥이 있으며 단지가 있다. 꽃은 이가화로 잎보다 먼저 피고 화피가 없다. 자방은 1실이고 배주가 많으며 열매는 골돌로 많은 종자가 들어 있다. 배는 크며 배유가 적다.

계절풍(季節風), monsoon : 몬순이라고 부르기도 한다. 계절에 따라서 주풍향(主風向)이 정해진 바람을 말한다. 겨울에는 대륙이 냉각되고 대양은 따뜻하기 때문에 바람은 대륙에서 대양을 향하여 불고, 여름에는 대륙이 따뜻하고 대양은 서늘하기 때문에 대양에서 대륙을 향하여 바람이 분다. 계절풍은 세 가지 조건에 해당하는 풍계(風系)이다. 즉, ① 풍향이 계절을 대표할만한 높은 출현빈도를 보일 것. ② 대기대순환계(大氣大循環系)의 풍계에 상응하는 넓은 지리적 공간을 차지할 것. ③ 겨울부터 여름까지, 여름부터 겨울까지 사이에 풍향이 반대 또는 거의 반대로 바뀔 것.

계절학(季節學), phenology : 계절현상이 일어나는 시기, 지역성, 연차변동의 원리를 구명하는 학문을 말한다. 계절학은 식물계절학(plant phenology), 동물계절학(zoo phenology)으로 나뉜다.

계통(系統), line, pedigree, race, strain : 품종을 재배하는 동안 이형유전자형분리·자연교잡·돌연변이·이형종자의 기계적 혼입 등에 의해 품종 내에 유전적 변화가 일어나 새로운 특성을 가진 변이체가 생기게 되며, 그러한 변이체의 자손을 계통(line, strain)이라 한다. 또한 품종을 육성하기 위해 인위적으로 만든 잡종집단에서 특성이 다른 개체를 선발하여 증식한 개체군을 계통이라고 하는데, 보통 계통이라고 하면 이것을 가리킨다.

계통발생(系統發生)형질, phylogenetic character : 오랜 기간 동안 한 분류군의 발달 역사에 관련된 형질.

계통발생학(系統發生學), phylosystematics : 속·과·목·강 등의 분류군에서 일차적으로 이론 및 여러 분야에서 자료의 종합적 접근으로 계통발생과 분류를 다루는 연구 분야이며, 특히 분류군의 기원과 진화경로가 필요하다. 계통발생을 연구하는 목적은 현존과 멸종된 모든 분류군의 기원과 유연관계를 규명하여 유전적 상관을 나타내는 분류체계를 결정함에 있다.

계통분류학(系統分類學), systematics : 생물의 계통적인 분화 발달과 그로 인한 자연적인 유연관계에 기초를 둔 분류체계를 다루는 학문분야.

계통육종(系統育種), pedigree breeding : 인공교배하여 F_1을 만들고 F_2부터 매 세대 개체선발과 계통재배 및 계통선발을 반복하면서 우량한 유전자형의 순계를 육성하는 육종방법이다. 계통육종은 잡종초기 세대부터 계통단위로 선발하므로 육종효과가 빨리 나타나는 이점이 있다. 효율적인 선발을 위해서는 목표형질의 특성 검정방법이 필요하고, 육종가의 경험과 선발안목이 중요하다.

계통집단선발법(系統集團選拔法), pedigree mass selection : 타가수정작물의 육종에서 많이 이용되는 선발법이다.

계획재배법(計劃栽培法), method of planned culture : 지역별로 기후조건을 조사하여 작물의 생육특성과 평년기후와 관계를 바탕으로 안전재배기간을 설정하여 재배하는 것을 말한다.

고간류(藁稈類), straw and culm : 보리, 밀 등의 줄기와 같이 볏짚 같은 줄기의 식물체를 고간류라 한다.

고갈(枯渴) : 탈진 또는 영양실조를 말한다.

고공품(藁工品) : 짚이나 풀줄기로 만든 가마니, 새끼, 멍석과 같은 수공품.

고기질 = 육질(肉質), fleshy, succulent : 잎몸을 이루는 세포가 깊고 두꺼운 것.

고깔모양꽃부리[兜形花冠], galeate corolla : 2개의 입술모양꽃부리에서 투구 모양 또는 아치 모양의 윗입술꽃잎.

고논(濕田) = 무논 easily-irrigatable and fertile paddy field, ill-draind‌e paddy : 봇도랑에서 맨 처음으로 물이 들어오는, 물기가 있는 논을 말한다.

고등식물(高等植物), higher plants : 유배식물, 관속식물, 현화식물 또는 피자식물을 말하고, 이 같은 대조는 어느 것이 발달했는지를 나누는 관점에 따라서 다소 달라질 수 있다.

고란초과, Polypodiaceae : 전 세계에 65속 1,000종이 열대·아열대에 분포하며 우리나라에서는 8속 22종이 자란다. 근경은 옆으로 벋으며 잎과의 사이에 마디가 있다. 잎은 2줄로 달리고 근경과 관절로 이어진다. 포자낭군은 유리맥 끝이나 뒤쪽 또는 합친 곳에 달리지만 뒷면 전체를 덮는 것도 있다. 포막이 없고 표피세포 속에 바늘 같은 결정체도 없다. 어릴 때에는 인편에 덮이는 것도 있다.

고랑 = 구부(溝部) furrow, row : 일명 '골'이라고도 한다. 작물을 재배할 때 경작지의 땅을 돋우어 높낮이를 만들고 종자를 뿌리거나 모종을 심는데 이때 아래로 움푹 들어간 부분을 지칭하는 말. 불룩하게 솟은 부분을 이랑이라고 하는데 작물에 따라서 또는 지역에 따라서 이랑에 심기도 하고 고랑에 심기도 한다.

고랑형, canaliculate : 기다랗게 홈이 파여진 상태. 예) 수수고사리.

고랭지(高冷地), highland : 표고가 높아 고지기후의 특성을 보이는 지역이다. 기온체감율(氣溫體感率)에 따라서 기온이 낮아지면 날씨의 악화를 동반하므로 농작물의 재배기간이 짧아진다. 그러나 이러한 기후 특성을 이용하여 고랭지채소재배, 채소의 억제재배, 풍부한 자외선을 이용한 화훼재배 등이 이루진다.

고른우산꽃차례 = 산방화서(繖房花序), 산방꽃차례, 수평우산꽃차례, corymb : 바깥쪽 꽃의 꽃자루는 길고 안쪽 꽃은 꽃자루가 짧아서 위가 평평한 모양이 되는 꽃차례. 예) 기린초.

고미(尻尾) : 해부학에서 선골(仙骨) 부위를 말하며, 엉덩뼈와 꼬리뼈를 뜻함.

고미건위(苦味健胃) : 쓴맛이 위의 소화기능을 강하게 함.

고배모양꽃부리, hypocrateriform corolla : 대롱부가 가늘고 길며, 꽃잎은 꽃목에서 수평으로 퍼진 꽃.

고비(痼痺) : 오래도록 잘 낫지 않는 비증상.

고비과, Osmundaceae : 세계적으로 5속 20종이 분포하고 우리나라에서는 1속 3종이 자란다. 여러해살이 양치식물로 인편이 없고 엽맥이 유리맥으로 합치지 않는다. 근경은 크고 곧추서며, 짧게 포복 또는 비스듬히 위를 향한다. 엽병은 근경이나 관절을 만들지 않으며 기부가 넓어져 양쪽에 탁엽 모양의 날개를 만든다. 잎은 영양엽과 포자엽이 따로 난다. 포자낭은 같이 성숙되어 세로로 열개되며 환대가 퇴화되었다.

고사(枯死), withering : 어떤 요인에 의해 말라죽음. 또는 식물의 마름증상을 뜻한다.

고사리과, Pteridaceae : 전 세계에 63속 1,500종이 널리 분포하며 이것을 4과로 나누기도 한다. 우리나라에서는 12속 24종이 자라고 있다. 식물체에 털이나 인편이 있고 근경은 기거나 비스듬히 또는 곧추서며 잎과의 사이에 관절이 없다. 포자낭군은 뒷면 가장자리에 달리는 것, 밖으로 향한 포막이 있거나 뒤로 젖혀진 소우편의 가장자리로 덮이는 것, 포막이 없이 소맥상이나 뒷면 전체에 달리는 것 등이 있다.

고사리삼과, Ophioglossaceae : 전 세계에 4속 90종이 분포하며 우리나라에서는 4속 13종이 자라고 있다. 자라기 시작할 때 말리지 않고 포자낭에 환대가 없으며 가로 세로로 터진다. 포자엽은 항상 영양엽보다 수직으로 선다.

고사목(枯死木), dead tree : 병이나 산불, 노화 등으로 인해 서 있는 상태에서 말라 죽은 나무. 과거에는 병해충의 우려 때문에 제거하였으나, 최근에는 생물다양성 보전에 중요한 역할을 하는 것으로 밝혀지고 있다.

고산기후(高山氣候), alpine climate : 산의 해발고도를 주요인으로 하여 고도와 지형에 따라 형성되는 기후로서 산악기후 중에서 일정한 고도 이상의 기후를 가리킨다. 온대지방에서 고산기후의 하부 한계고도는 대개 2,000m로 본다. 한편 기후구분에서 일률적으로 3,000m를 한계고도로 하여 그 이상을 고산기후라고 하고, 그 이하 1,200m까지를 고지기후라고 하기도 한다.

고산식물(高山植物), alpine plant : 수목한계선 이상에서 자라는 식물.

고산식생(高山植生), alpine vegetation : 고산 특유의 강한 광선, 강풍, 물리적인 건조 등으로 인하여 식물은 대체로 키가 작고 소형으로 두터우며 모용(毛茸)이 많다. 식물의 형태가 로제트형(rosette型)으로 산뜻한 색상의 화색을 갖는 것이 많다.

고상(固相), solid phase : 토양의 고체 부분을 말하는데, 이는 미생물과 동식물의 유체 등의 유기물과 무기물로 구성되어 있다.

고생(高生) = 겨드랑이나기, 액생(腋生), axillary, solitary : 꽃이나 잎이 겨드랑이에 붙어 있는 것.

고생대(古生代) : 지금으로부터 5억 8천만~2억 2천5백만 년 전까지의 시대.

고생화피류(古生花被類) = 갈래꽃류, 이판화류(離瓣花類) : 꽃잎이 서로 떨어져 있는 꽃을 가진 무리. 통꽃류에 대응하는 무리.

고숙기(枯熟期), dead ripe stage : 완숙기가 지나 경엽이 고사하여 퇴색되고 벼알이 수분함량도 18% 이하로 감소하면서 벼알의 누런색이 탁하게 변색하는 시기로서, 이때는 이미 수확적기를 잃어 이삭 목이 부러지고 미질도 떨어지는 시기이다.

고예정지법(高刈整地法) : 뽕나무 가지치기 방법 가운데 하나로서 원줄기를 지표면 가까이 낮게 베어서 새로운 가지를 착생시키는 방법이다.

고온작물(高溫作物) : 벼, 콩, 담배 등과 같이 고온조건에서 생육이 잘되는 작물을 말한다.

고온장해(高溫障害), high temperature injury : 작물이 생육에 알맞은 온도 이상의 지나친 고온에 놓이게 되어 생리장해를 입거나 고사하는 피해를 말한다. 여름철 이상고온, 한지적응작물의 난지재배, 시설재배에서 관리 소홀 등으로 인해 고온장해가 나타나며, 겨울철 이상난동도 고온장해로 보기도 한다.

고유식물(固有植物), endemic plant = 특산식물(特産植物), native plant : 특정지역에만 분포하는 식물의 종으로 지리적으로 격리되어 있으며 전파나 이동능력이 약한 식물.

고접(高椄) top-gragting, top-working : 포장에 심겨진 대목의 높은 부위의 가지 또는 눈을 수목의 줄기나 가지의 높은 곳에 접목하는 것으로 상당한 연령에 달한 큰 나무를 우량품종으로서 갱신하고자 할 때 실시된다. 이와 반대로 저접은 대목의 지표에 가까운 낮은 곳에 접목하는 것으로 일반적인 접목은 모두 이 방법에 의한다.

고지방혈증(高脂肪血症) : 혈청 속에 콜레스테롤, 중성지방 등의 지방질이 증가하여 걸쭉하고 뿌옇게 된 상태.

고지혈증(高脂血症) : 혈청 속에 콜레스테롤이나 중성지방이 평균이상으로 높아져서 혈액이 점도가 진하고 탁해진 상태.

고창(鼓脹) : 위장관(胃腸管) 안에 가스가 차서 배가 땡땡하게 붓는 병.

고창증(鼓脹症) : 발효성 사료인 고구마 덩굴, 콩과 목초 등을 과식하거나 식후 되새김의 여유도 없이 심한 작업을 시킨 경우, 장내에 발효성 가스나 거품이 축적되어 위장이 팽만해지고 심하면 죽게 되는 소의 질병이다.

고초본류(古草本類), paleoherbs : 분자분류학자들에 의해 피자식물의 조상으로 알려진 원시적인 식물들. 예) 수련목, 후추목, 쥐방울덩굴목.

고추나무과, Staphyleaceae : 전 세계에 5속 25종이 온대에서 분포하고 우리나라에서는 2속 2종이 자란다. 잎은 마주나거나 어긋난다. 꽃은 총상 또는 원추화서에 달리고 컵처럼 생긴 화반이 있다. 열매는 고무베개처럼 생겼다.

고출엽(高出葉), hypsophyll : 상단에 달린 화부의 포엽으로 보통잎과 다르다.

고취법(高取法), air layering, marcotting : 휘묻이에서 어미나무의 가지를 지표면까지 이어내리지 못할 경우 가지를 그대로 두고 흙이나 물이끼로 싸매주어 뿌리가 내리도록 하고 뿌리가 내리면 잘라내어 새로운 개체를 만드는 방법, 고취식 압조라고도 한다.

고치(固齒) : 이와 잇몸을 튼튼하게 하기 위한 경우.

고토(苦土), Magnesium oxide(MgO), Magnesia : 산화마그네슘을 일상적으로 이르는 말이다. 미질에 관여한다.

고혈압(高血壓) : 혈액이 혈관을 통해 온몸을 순환할 때 혈관 벽에 가해지는 압력이 정상치보다 높은 경우.

고환염(睾丸炎) : 고환에 생긴 염증.

고휴재배(高畦栽培), high ridge cultivation : 비가 많이 오는 지역 또는 물 빠짐이 좋지 않은 밭에서 습해를 방지할 목적으로 이랑을 높게 세워 작물을 재배하는 방식이다.

곡경(穀耕), staple grain crop culture : 광대한 면적에 곡류가 주로 재배되는 주곡농업의 형태로 기계화된 상품곡물생산농업이라고도 하며, 밀, 벼, 옥수수 등을 재배한다.

곡과(穀果) = 곡립(穀粒), 낟알, 낟알열매, 영과(穎果), caryopsis, grain : 화본과 식물의 열매를 말하는데, 과피가 종피에 착 들러붙어 있다. 내영과 호영 속에 암술과 수술이 들어 있고, 암술이 열매로 익어도 보통 이 껍질은 그대로 남아 있다.

곡립, caryopsis, grain : 화본과의 열매로, 과피가 종피에 붙어 있는 것.

곡숙류(穀菽類), grain crops, cereals and pulses : 종자를 식용으로 이용하는 작물로 화곡류와 두류로 구분하기도 한다.

곡정초과, Eriocaulaceae : 전 세계에 분포하는 관목 또는 초본으로 11속 1,000종이며, 우리나라에 1속 9종이 자생한다. 초본으로 줄기는 짧고 녹색의 잎은 줄기에 붙거나 밑동에 붙는다. 꽃은 화경 끝에 두상화서로 피고 열매는 삭과이다.

곤봉상의, clavate, clavellate : 야구방망이 같은 모양의 돌기물이 나 있는 상태.

곤봉형(棍棒形), clavate : 곤봉처럼 생긴 것으로, 끝으로 갈수록 폭이 넓어지는 것.

곧은줄기[直立莖], erect stem : 수직으로 곧게 자라는 줄기.

곧추서는[直立狀], erect : 곧게 선 것.

골격통(骨格痛) : 뼈가 상했거나 비증(痺證), 허로증(虛勞症) 등에서 흔히 볼 수 있으며, 뼈가 아픈 증상.

골다공증(骨多孔症) : 뼈의 석회성분이 줄고 밀도가 떨어져서 뼈가 약해지고 쉽게 부서진다.

골돌(蓇葖), follicle : 여러 개의 씨방으로 구성되어 있으며, 1개의 봉선을 따라 벌어지고 1개의 심피 안에 1개 또는 여러 개의 종자가 들어 있는 열매. 예) 목련.

골돌과(骨突果) = 대과(袋果), 쪽꼬투리열매, follicle : 작약의 열매껍질처럼 단일 심피로 되어 있고, 한 군데의 갈라지는 금만이 열개하는 열매. 1개의 봉합선을 따라 벌어지며, 1개의 심피 안에는 1개 또는 여러 개의 씨앗이 들어 있다. 예) 작약, 박주가리.

골반염(骨盤炎) : ① 병원균에 의해 자궁, 난소, 난관 및 인접조직에 발생하는 염증을 포괄함. ② 엉덩위 부위의 골반에 생긴 염증.

골분(骨粉), bone meal : 동물의 뼈를 쪄서 교질분(膠質分)을 없앤 다음 갈아서 만든 가루이다.

골속 = 수(髓), pith, metra : 가지나 줄기의 중심부에 있는 유조직의 흔적.

골수암(骨髓癌) : 뼛속에 들어 있는 연한 물질 속에 암세포가 증식되는 것.

골수염(骨髓炎) : 골수의 적색 혹은 황색의 연한 조직체에 화농균이 침입하여 생기는 염증.

골습(骨濕) : 무릎뼈가 쑤시는 병증.

골절(骨絕) : 골수가 고갈되고, 허로증이 위중해져서 등뼈가 시큰거리고 허리가 무거워 돌아눕기 힘든 병증.

골절(骨折) : 뼈가 부러지는 것.

골절번통(骨節煩痛) : 특별한 자극이 없는데도 골절이 쑤시거나 통증이 나타나는 증상.

골절산통(骨節痠痛) : 관절이 시큰하게 아픈 것.

골절상(骨折傷) : 골절로 인한 병증.

골절증(骨絕症) : 신(腎)의 정기(精氣)인 신기(腎氣)가 절(絕)하여 생기는 병.

골절통(骨節痛) : 관절이 아픈 것.

골중독(骨中毒) : 뼈에 중독(中毒)된 것.

골증(骨蒸) = 골증로열(骨蒸勞熱), 골증로(骨蒸勞), 골증열(骨蒸熱) : 허로병(虛勞病) 때문에 뼛속이 후끈후끈 달아오르는 증세.

골증열(骨蒸熱) : 몸의 정기와 기혈이 허손해져 뼛속이 후끈 달아오르는 증상.

골통(骨痛) : 일정한 곳의 뼈가 아픈 것.

골풀과, Juncaceae : 전 세계에 분포하는 관목 또는 초본으로 8속 300종이며, 우리나라에 2속 23종이 자생한다. 초본으로 잎은 선형 또는 원통형이며 밑동이 엽초로 싸여 있다. 양성화는 산방화서, 취산화서 또는 두상화서로 달리고, 열매는 삭과이다.

곰팡이, fungus(pl. fungi) : 균류의 한 무리로 몸은 균사로 되어 있고, 홀씨로 번식한다.

공개(孔開), porous dehiscence : 열매나 약에 구멍이 생겨 열개하는 것. 예) 진달래의 약.

공극(孔隙), pore space : 토양입자와 입자, 흙덩어리와 덩어리 사이에 생기는 틈. 토양공극은 주로 공기와 수분으로 차 있으며 항상 변한다. 공극량은 공기와 물의 유통성, 보수성 등에 관련되므로 작물생육에 큰 영향을 미친다.

공극량(孔隙量) : 토양 중 공기와 수분이 차 있는 부분을 공극량이라 하며, 그 양은 주로 고체입자의 배열상태에 의해 결정된다. 공극량은 100×[1-총밀도(가비중)/입자밀도(진비중)]으로 계산할 수 있다. 일반적으로 대공극과 소공극의 두 가지로 나눈다.

공기구멍 = 기공(氣孔), stoma, stomata : 호흡과 증산작용을 위해 식물의 줄기나 잎에 있는 숨구멍으로 보통 잎의 뒷면에 많으나 앞면에만 있는 경우도 있다.

공기구멍줄 = 기공대(氣孔帶), 기공조선(氣孔條線), stomatal zone, stomatal band : 겉씨식물의 공기구멍이 모여 흰빛 혹은 연한 녹색의 줄 모양으로 나타나는 것.

공기뿌리 = 기근(氣根), aerial root : 땅 위에 나와 공기 중에 있는 뿌리로 주로 호흡기능을 가지며 지지기능와 보호기능을 갖기도 한다. 예) 난과.

공기전염(空氣傳染), airbone : 병원체가 발생된 곳으로부터 바람에 의해서 감수성식물로 병이 운반되는 현상으로 벼도열병이 그 예이다.

공대(共臺) free stock : 접목 시 사용하는 대목 가운데 종자로부터 시작하여 생육시킨 대목. 사과공대는 사과씨, 복숭아공대는 복숭아씨로부터 얻은 개체를 말한다.

공렬(孔裂) : 꽃밥의 선단에 구멍이 뚫려서 꽃가루가 나오는 것.

공변세포(孔邊細胞), guard cell : 잎의 앞뒤 표면에는 탄산가스, 수분 등의 통로가 되는 기공이 있는데, 이 기공을 구성하는 한 쌍의 세포. 표피세포의 일부가 변해 이루어진 말발굽 또는 아령 모양의 세포로서 내부에 엽록체가 들어 있고, 세포벽은 안쪽은 두껍고 바깥은 얇아 내부압력의 증가에 따라 기공의 개폐 운동이 일어난다.

공생(共生), symbiosis : 다른 두 가지 생물이 서로 영향을 주고받는 관계. 예) 꽃과 벌, 콩과식물과 뿌리혹박테리아.

공예작물(工藝作物), industrial crops = 특용작물(特用作物), special crops : 생산물을 가공하여 이용한다고 하여 공예작물이라 하고, 또한 특별한 용도로 쓰인다고 하여 특용작물이라고도 한다. 전분작물(澱粉作物, starch crops), 유료작물(油料作物, oil crop), 섬유작물(纖維作物, fiber crops), 기호작물(嗜好作物, stimulants), 약료작물(藥料作物, medical plants), 당료작물(糖料作物, sugar plants) 등으로 구분하기도 한다.

공중질소(空中窒素) : 대기 중의 유리질소를 말한다.

공협(空莢), empty pod : 종실이 맺혀 있지 않은 빈 꼬투리를 말한다.

과건과습(過乾過濕) : 지나치게 건조하거나 습한 상태를 일컫는 말이다.

과경(果梗) = 과병(果柄), 열매자루, fruit stalk : 열매가 달린 자루. 꽃이 열매로 발달하였을 때 꽃자루를 열매자루라고 한다.

과낭(果囊) : 열매를 싸고 있는 주머니.

과로(過勞) : 육체적 과로, 정신적 스트레스 등으로 인하여 몸이 나른하고 피로한 경우.

과민성대장증후군(過敏性大腸症候群) : 자율신경계의 실조(失調)가 원인이 되어 발생하는 결장(結腸)운동, 분비기능의 이상.

과민성위장염(過敏性胃腸炎) : 정서적 긴장이나 스트레스로 인하여 위장의 운동 및 분비 등에 발생한 기능장애.

과번무(過繁茂), over growth : 작물이 지나치게 생육하여 무성하게 자란 상태. 과번무하면 햇빛 받는 상태가 나쁘고 웃자라서 쓰러지기 쉬우며 병충해 발생이 심하여 오히려 수량이 떨어지기 쉬우므로 생육상태를 알맞게 조절하는 것이 바람직하다.

과산증(過酸症) : 위에서 분비되는 염산이나 pepsin 등 소화액이 많아 결과적으로 염증을 일으켜 위의 내벽이 벗겨지는 병증으로 설사나 변비 증세의 전후에 많이 나타남.

과상(跨狀), equitant : 2열로 배열한 잎의 밑 부분이 안으로 접혀 서로를 교차적으로 안고 있는 배열 상태. 예) 꽃창포, 제비붓꽃.

과서(果序) = 열매차례, infructescence : 꽃차례에 따라 형성되는 열매의 배열상태.

과수(果穗) = 열매이삭 : 열매가 이삭처럼 드리워져 있는 것.

과수(果樹), fruit tree : 나무에서 생산된 열매로 인과류(仁果類; 배, 사과, 비파), 핵과류(核果類; 복숭아, 자두, 살구, 앵두, 양앵두), 장과류(漿果類; 포도, 딸기, 무화과, 수구리),

각과류(殼果類, 堅果類; 밤, 호두), 준인과류(準仁果類; 감, 귤) 등으로 구분하기도 한다.

과식(過食) : 생리적 요구량 이상으로 음식물을 섭취하는 일.

과실(果實) = 열매, fruit : 보통 꽃이 핀 다음에 자라서 성숙하는 것을 말하지만, 식물학적으로 진정한 과실은 씨방이 성숙하여 만들어진 것을 말한다.

과실식체(果實食滯) : 과일을 먹고 체한 경우.

과실중독(果實中毒), 제과중독(諸果中毒) : 과일을 먹고 그 독성 때문에 신체 기능이 장애를 일으킨 경우.

과육(果肉), flesh : 주로 과실의 살이 되는 부분.

과채류(果菜類), fruit vegetable : 초본류에서 생산된 열매를 이용하는 채소로 오이, 호박, 참외, 멜론, 수박, 가지, 토마토, 딸기 등이 있다.

과탁(果托), fruit receptacle : 화상이 발달하여 생긴 열매의 일부.

과포(果胞) = 열매싸개, perigynium : 열매를 싸고 있는 것. 예) 사초과.

과포(果苞), perigynium : 사초속(*Carex*)에서 보이며, 씨 또는 성숙 전 암술을 감싸고 있는 주머니 같은 포.

과피(果皮) = 열매껍질, pericarp, seed-vessel : 씨를 싸고 있는 외부의 껍질. 씨방벽이 발달하여 생긴 것으로 열매를 덮고 보호하는 기관. 피자식물에서는 외과피, 중과피, 내과피로 구성되어 있다.

곽란(癨亂) : 음식을 잘못 먹고 체하여 위로는 토하고 아래로는 설사를 하는 급성위장병.

곽란(霍亂) = 도와리 : 여름철에 급히 토하고 설사를 일으키는 급성병.

곽란설사(霍亂泄瀉) : 곽란 때 설사하는 증상.

관개(灌漑) = 물대기, irrigation : 작물을 재배하는 생육기간에 걸쳐 필요한 양의 물을 계획적으로 대주는 작업을 관개 또는 관수라고 한다. 논에서 관개는 항상 담수상태로 유지하는 연속관개, 벼의 뿌리 활력을 도모하는 간단관개, 수온을 높이기 위한 순환관개 등이 있다. 벼의 재해대책으로는 냉해를 방지하기 위한 심수관개, 수온 상승을 위한 분산관개, 용수를 절약하기 위하여 꼭 필요한 물만 공급하는 절수관개 등이 있다. 밭관개에는 전면 또는 고랑에만 물을 대는 지표관개, 스프링클러를 이용한 살수관개, 지하에 점적관개 시설을 설치하여 늘 알맞은 물을 공급하는 지하관개 등이 있다.

관개수(灌漑水), irrigation water : 작물을 재배하기 위해 공급해 주는 물로서 벼의 경우 재배하는 기간 동안에는 논 10a당 평균 144만L가 관개수로 공급되는데 관개수 중에는 무기성분의 함량이 많다.

관격(關格) : 먹은 음식이 갑작스럽게 체해 대소변도 잘 보지 못하고 정신을 잃는 경우.

관근(冠根), crown root, coronal root : 초엽의 마디 이상의 줄기의 각 마디에서 발생하는 뿌리로서 아랫마디에서 순차로 윗마디로 올라가면서 뿌리를 내린다. 관근이란 여러 개의 뿌리가 각 마디의 둘레에서 거의 동시에 발근하되, 흡사관상으로 뿌리가 나온다고 하여 관근이라 칭하고 있다.

관능검사(官能檢査), panel test, sensory evaluation : 농산물의 품질이나 식미를 인간

의 감각에 의해 평가하는 것이다.

관다발 = 유관속(維管束), vascular bundle : 물과 양분의 길 구실을 하는 조직. 물관부와 체관부로 되어 있는데 물관부로는 물이 드나들고 체관부로는 양분이 드나든다.

관다발식물 = 관속식물, vascular plants : 관다발이 있는 씨앗식물과 양치식물.

관리(管理) management : 작물재배에서 파종(播種) 후부터 수확할 때까지 가해지는 조처(措處)를 관리라고 하며, 작물관리와 토양관리가 있다.

관모(冠毛) = 갓털, pappus : 열매의 위쪽 끝부분에 나온 털의 뭉치 또는 씨방 위쪽에 달리는 털 모양의 돌기. 꽃받침조각이 변해서 된 기관으로 식물속을 구별하는 중요한 기준이다. 예) 국화과.

관목(灌木) = 떨기나무, shurb, frutex : 대개 단일줄기가 없는 다년생의 목본성 식물로서 뿌리나 밑 부분에서 여러 개의 가지가 갈라져 자라고 죽은 가지가 생기지 않는다. 높이는 2m 정도까지로 키가 작고 원줄기와 가지의 구별이 확실하지 않은 나무. 예) 진달래, 노린재나무.

관부(冠部), crown : 종자에서 나온 뿌리와 줄기가 만나는 지점.

관상(管狀), tubular : 내부가 비어 있어 관의 모양을 하는.

관상동맥질환(冠狀動脈疾患) : 관상동맥경화증, 관상동맥혈전증 등으로 혈관이 좁아지거나 막힌다.

관상식물(觀賞植物), ornamental plant : 심어서 관상용으로 이용하는 목본류와 초본류로 화훼(花卉)라고 하기도 한다.

관상화(管狀花) = 대롱꽃, 대롱모양꽃, tubular-flower : 머리모양의 꽃차례를 이루는 갓 모양의 꽃. 화관이 가늘고 긴 대롱 모양인 꽃으로 통꽃의 일종이며 국화과 식물의 두상꽃차례에서 중심에 모여 있는 꽃이다.

관상화관(管狀花冠) = 대롱꽃부리, tubulous corolla : 국화과의 머리모양꽃차례를 이루는 방사상칭의 꽃.

관세포(管細胞) : 화분관세포, 즉 화분관이 신장하는데 관여하는 세포핵. 꽃가루가 암술머리에 닿으면 곧 발아하는데 꽃가루의 발아란 화분관의 신장을 의미하며, 이 관을 통해 화분 내의 웅핵이 배낭으로 접근하게 된다.

관속(管束), vascular bundle : 물과 양분을 수송하는 관으로 물관과 체관으로 구성되어 있다. 관다발 또는 유관속이라고도 함.

관속식물(管束植物) = 관다발식물, vascular plants : 줄기로 통하는 통도조직(물관, 체관 등)이 발달한 식물로 유관속식물이라고도 하며, 송엽란류 이상의 모든 고등식물을 말한다.

관속초(管束鞘), bundle sheath : C_4식물에서 관다발을 둘러싸고 있는 유조직으로, 엽육에서 CO_2를 PEP[phosphoenolpyruvate]로 만든 것을 이곳에서 C_4화합물인 oxaloacetate로 만들어 저장했다가 CO_2를 방출해 Calvin회로를 이용, 포도당을 합성한다.

관속흔(管束痕), bundle scar : 엽흔의 표면에서 볼 수 있는 관속조직이 잘라진 자국.

관수(冠水), overhead flooding, submergence : 홍수(洪水) 따위로 논밭, 작물이 물에 잠김을 뜻한다.

관수저항성(冠水抵抗性) : 폭풍우나 홍수로 물에 잠긴 벼는 심한 산소 부족상태에 있게 되어 호흡작용에 현저한 변화를 일으키게 된다. 즉, 정상적인 산소호흡은 현저히 감퇴되고 무산소호흡이 증대된다. 관수저항성은 관수 전의 식물체 내의 탄수화물의 함량, 관수 중의 호흡기질의 소모속도 등 두 요인에 의해 결정되며, 이어서 산소의 존부에 의해 단백질 분해작용의 유무가 관계하며, 전분함량·호흡작용 비도 저항성과 일치한다고 한다.

관수해(冠水害) : ① 생육 중에 많은 비로 인하여 벼잎 끝까지 물에 잠기는 것을 관수라 하며 벼잎 끝이 물에 잠기지 않은 상태는 침수라고 한다. ② 관수가 되면 벼는 산소의 부족으로 무산소호흡이 증가하면서 체내의 호흡기질인 탄수화물이 급격히 소비되고 이어서 당 가용성 질소까지 분해되어 점차 호흡이 정지하여 고사하게 되는데 이를 관수해라 한다. ③ 관수해는 청수보다 탁수가 심하고 흐르는 물보다 정체수가 심하며, 저수온보다 고수온이 심하다. ④ 생육시기별 피해 정도는 감수분열기>출수기>유수형성기>유숙기>분얼기의 순이다.

관장(灌漿) : 두창 발병 후 7~8일경 농포가 가득 찬 병증.

관절(關節), node : 긴 기관의 일정 부위를 가로지르는 마디.

관절냉기(關節冷氣) : 뼈와 뼈가 서로 맞닿는 연결 부위에 냉기를 느끼는 증세.

관절동통(關節疼痛) : 관절 부위의 통증.

관절염(關節炎) : 관절의 염증. 일반적으로 관절부에 발적, 종창, 동통 따위가 일어나고 발열함.

관절통(關節痛) = 관절동통(關節疼痛) : 관절의 통증.

관천저(貫穿底), perfoliate, connate perfoliate : 1개 또는 2개의 잎 아랫부분이 줄기를 둘러싼 엽저.

관통형(貫通形), perfoliate : 줄기가 잎을 관통한 것 같은 모양.

광-(廣-), widely : 넓은. 형태를 뜻하는 용어의 접두어로 씀. 광타원형, 광심장형 등.

광견병(狂犬病) : 바이러스를 보유한 개나 동물에 물려서 생기는 바이러스성 뇌척수염.

광무관종자(光無關種子) : 광(光)과는 관계없이 발아하는 종자를 말한다.

광물자원(鑛物資源) : 인류생활에 불가결한 금속원소와 화합물은 그 대부분이 광물의 형태로 지각에 들어 있다.

광발아종자(光發芽種子), photoblastic seed, light germinating seed : 광조건에서만 발아가 가능하거나 광조사에 의해 발아가 촉진되는 종자. 상치, 담배, 우엉 등의 종자가 광발아종자인데 호광성 종자와 같은 의미로 사용된다.

광보상점(光補償點), light compensation point : 녹색식물의 광합성에서 호흡에 의한 탄산가스의 방출량과 광합성에 의한 탄산가스의 흡수량이 같아져서 외견상 광합성량이 0이 되는 점의 광도. ① 햇빛의 광강도는 광합성을 결정하는 가장 큰 환경요인이다.

② 암흑일 때는 광합성은 이루어지지 못하고 호흡에 의한 O_2의 방출과 암호흡을 인정하게 된다. ③ 햇빛이 쬐이기 시작하면 광합성은 시작되면서 어느 햇볕의 강도가 되면 O_2의 방출과 CO_2의 흡수가 외견상 인정할 수 없게 된다. ④ 호흡과 광합성이 꼭 같다는 것을 의미하는 것인데 이때의 햇볕의 강도를 광보상점이라고 한다.

광생잡초(廣生雜草) : 일정한 포장에 적지만 널리 발생하는 잡초.

광수용체(光受容體) : 생물체 내에서 빛을 수용하는 세포기관 또는 화합물을 말한다.

광엽잡초(廣葉雜草) : 쌍자엽 식물로서 망상맥을 가지고 있는 잎이 넓은 잡초를 말한다.

광온성(廣溫性) : 비교적 큰 온도의 변화에 잘 견디는 것. 이와 같은 성질을 가진 수산생물은 일반적으로 분포가 넓다.

광입지(光立地) : 작물이 광을 받는 시간, 광량 등은 지역, 지형, 작부형태, 품종 등에 따라 다른데 작물이 받는 일조시간, 일사량에 관여하는 여러 가지 여건을 말한다.

광주기(光周期), photoperiodism : 일장의 장단에 따라 화아분화와 개화시기가 달라지는 것으로 일장효과와 같은 뜻이다.

광주율(光周律), photoperiodism : 낮과 밤의 상대적 길이에 의해 생기는 생물의 반응으로 경우에 따라 일장효과 또는 일장반응이라고도 한다.

광지역적응성(廣地域適應性), wide adaptability : 위도, 고도 등 지리적 조건에 따른 다양한 기후에 넓게 적응할 수 있는 품종의 특성. 어느 한 품종의 적응지역이 넓다면 그만큼 관리가 편리하고, 균일한 생산물로 상품화가 유리하다는 장점을 들어 한때 품종 육성의 목표가 되었다. 그러나 기후변화 대응 또는 농산물의 지역특성화 등에는 맞지 않은 육종 목표이기도 하다.

광질(光質), light quality, spectral quality of light : 빛의 성질. 빛은 파장과 입자의 크기에 따라 성질이 다르다. 즉, 에너지의 크기가 다르므로 작물에 미치는 영향이 빛의 종류에 따라 차이가 있다.

광타원형(廣楕圓形), 넓은길둥근꼴, 넓은타원형, oval : 너비가 길이의 1/2 이상 되는 잎의 모양.

광택이 있는[光澤狀], lustrous : 윤이 나거나 광택이 있는 상태.

광파장(光波長) : 광이란 입자가 물결처럼 파상 곡선을 그리면서 이동하는 것으로 이때 파상곡선의 한 정점에서 다음 곡선의 정점까지의 거리. 입자가 크면 파장이 길고 에너지는 작은데 비해 입자가 작으면 파장이 짧고 에너지가 크다.

광파재배(廣播栽培), broad seeding culture : 수량을 높이기 위하여 골너비를 보통보다 넓게 하여 파종하는 재배법이다.

광포화(光飽和), light saturation : 광의 복사(輻射)가 보상점을 넘어서 커짐에 따라 광합성속도(光合成速度)도 증대하나, 어느 한계에 이르면 그 이상 광을 강하게 받아도 광합성속도는 더 이상 증대하지 않는 상태를 광포화라고 한다. 광포화가 개시되는 복사를 광포화점(光飽和点 = light saturation point)이라고 한다.

광포화점(光飽和點), light saturation point : 광도가 높아짐에 따라 광합성이 증가하다가 어느 한계점에 이르러는 더 이상 광합성이 증대되지 않는 점의 광도. 일조(日照)가 비교적 약할 때에는 광합성량은 햇볕의 강도와 정비례하여 증가하지만, 햇볕의 강도가 강하게 되면 그 관계는 성립되지 않고 어느 일정 한계의 광강도가 되면 그 이상 광도가 증가하여도 광합성량은 증가하지 않는데 이때의 광강도를 광포화점이라 한다. 광포화점을 결정하는 요인으로는, ① 식물체 자신의 내부적 요인, ② 외적 요인으로 광강도, 대기 중의 CO_2농도, 온도 등이 관여한다.

광합성(光合成), photosynthesis = **탄소동화작용(炭素同化作用)**, carbon assimilation : 광합성세균이나 식물이 공중의 이산화탄소[CO_2]와 뿌리에서 빨아들인 물[H_2O]을 햇빛을 이용해서 포도당[$C_6H_{12}O_6$]으로 전환시키는 반응. 이 과정에서 산소[O_2]가 발생한다.

광합성유효방사(光合成有效放射), photosynthetically active radiation(PAR) : 광합성에 필요한 광에너지는 엽록소가 흡수한다. 엽록소의 흡수스펙트럼은 태양복사의 스펙트럼보다 상당히 좁은데, 엽록소의 흡수스펙트럼에 대응하는 태양복사를 광합성유효복사라고 한다. 그 파장역(波長域)은 400~700nm와 380~710nm이다. 하루 일사량의 1/2이 PAR이며, 일사량이 적은 흐리거나 비오는 날은 약 60%이고, 일사량이 많은 맑은 날은 45%이다. 측정단위는 photosynthetic photon flux(PPF)= quanta s^{-1} m^{-2} 또는 광합성조사복사량[光合成照射輻射量, photosynthetic irradiance(PI)]=w s^{-1} m^{-2}이다.

광호흡(光呼吸), photorespiration : 광조건에서 통상의 암호흡과 다른 호흡시스템이 작용하여 이루어지는 식물의 호흡을 광호흡이라고 한다. 광합성반응의 초기생성물로서 탄소원자가 3개인 3-phosphoglyceric acid를 만드는 C_3식물은 광호흡이 일어나지만, 탄소원자가 4개인 oxalacetic acid와 그 뒤를 이어 malic acid, asparaginic acid 등이 생성되는 C_4 식물에서는 광호흡이 거의 일어나지 않는다. C_4 식물이 C_3식물보다 광합성능이 높은 이유는 광호흡이 일어나지 않기 때문이다.

괭이귀과 = 제스네리아과, Gesneriaceae : 괭이귀는 백두산 지역에서 자라고 글록시니아와 아프리카제비꽃은 관엽식물로 재배한다.

괭이밥과, Oxalidaceae : 열・온대에 분포하는 관목 또는 초본으로 5속 300종이며, 우리나라에 1속 4종이 자생한다. 초본으로 수액이 신맛이 있으며 잎은 3출복엽으로 대개 심장형이다. 산형화서나 산방화서에 달리는 꽃은 양성화이며, 열매는 삭과로 둥글거나 원주형이다.

괴경(塊莖) = 덩이줄기, tuber : 저장기관으로서의 역할을 하는 땅속의 줄기. 지하경이 비대하여 육질의 덩어리로 변한 줄기로 감자나 튤립 등에서 볼 수 있다.

괴근(塊根) = 덩이뿌리, tuberous root, swollen, napiform : 고구마 등과 같이 저장기관으로 살찐 뿌리이며 영양분을 저장하고 덩어리 모양을 하고 있음.

괴불 : 논에서 부유성 물질과 조류등이 결합하여 표면에 막을 이루고 있는 조직.

괴사(壞死), necrosis : 생체 국소의 세포・조직의 사망 또는 죽어 가고 있는 상태를 말함. 세포가 괴사되면 핵은 핵농축, 핵붕괴 또는 핵융해가 나타나고 세포질은 무구성・호산성 융해, 세포윤곽의 소실 등을 나타내며 세포의 괴사가 집합된 상태를 조직의 괴사라고 한다.

괴상구조(塊狀構造) : 수직과 수평의 두 방향으로 깨지는 흙덩어리 모양인 토양구조로 모진 것과 모가 깨져 약간 둥근 것도 있다.

괴저(壞疽) : 혈관이 막혀서 환부가 썩고 상처가 아물지 않는 병으로 주로 말초 수족지에 잘 나타난다.

괴혈병(壞血病) : 비타민 C의 결핍으로 온몸에 종창 및 출혈이 일어나는 병.

교림(喬林), high forest : 큰키나무들로 이루어진 숲. 나무높이가 최소 10m 이상이 되어야 하며 일반적으로는 높이가 15~20m 정도의 숲.

교목(喬木) = 큰키나무, 키나무, arbor, tree : 줄기가 곧고 굵으며 높이 자라고, 위쪽에서 가지가 퍼지며 높이 2.5m 이상의 나무, 예) 은행나무, 참나무.

교미(矯味) : 맛을 좋게 함.

교배육종(交配育種) = 교잡육종(交雜育種), cross breeding : 선발하려고 하는 목표형질의 변이를 기존 품종 중에서 찾을 수 없을 때, 인공적으로 변이를 유도하기 위하여 교배를 이용하여 품종을 육성하는 방법을 말한다. 교잡육종은 어떤 품종이라 비교적 가까운 다른 종이나 다른 속 중에 들어 있는 유용한 유전자를 교배를 통해 적당히 새 품종으로 조합함으로써, 기존품종이 지니는 특성보다 우수한 목표형질을 가진 새로운 품종을 창출해내는 방법으로 각종 작물에 가장 널리 이용되는 육종법이다.

교배친(交配親) = 교잡친(交雜親), crossing parents : 서로 교배될 암수 배우자를 생산하는 각각의 양친. 교배란 단순히 암수 배우자를 인위적으로 접합하는 일을 말한다.

교상(咬傷) : 짐승, 뱀, 독충 등의 동물에 물린 것.

교잡(交雜), mating, crossing : 교배란 자웅의 배우자가 접합하여 자손을 생산하는 것을 뜻하지만, 교잡이란 계통, 품종 및 종을 달리하는, 즉 유전자형을 달리하는 개체 간의 교배를 말한다. 이것은 잡종을 만드는 변이를 창출해내는 육종의 첫 단계이다.

교잡변이(交雜變異) : 교잡의 결과 잡종이 된 자손 개체 간에서 볼 수 있는 현상으로 유전법칙에 의하여 일어나는 것과 유전자의 분리와 재조합에 의하여 일어나는 변이를 말한다.

교잡불화합성(交雜不和合性), cross-incompatibility : 종간, 속간, 품종간 또는 계통간 교잡을 시켰을 때 결실하지 못하는 성질. 실제로 과수원에서 꽃가루의 생산만을 목적으로 심는 화분수를 선택할 때는 화합성 여부가 중요하다.

교잡육종(交雜育種), cross breeding, breeding by crossing : 선발하려고 하는 목표형질의 변이를 기존 품종 중에서 찾을 수 없을 때, 인공적으로 변이를 유도하기 위하여 교배를 이용하여 품종을 육성하는 방법을 말한다. 교잡육종은 어떤 품종이라 비교적 가까운 다른 종이나 다른 속 중에 들어 있는 유용한 유전자를 교배를 통해 적당히 새 품종으로 조합함으로써, 기존품종이 지니는 특성보다 우수한 목표형질을 가진 새로운 품종을 창출해 내는 방법으로 각종 작물에 가장 널리 이용되는 육종법이다.

교잡후대(交雜後代) : 새로운 품종을 만들기 위해서 인공교배로 교잡을 실시하고 여기서 얻어진 종자를 파종하면 잡종 1세대의 식물체가 되며, 이후 계속해서 세대를 진전시키면 잡종 2세대, 잡종 3세대로 이어지는데 이와 같이 교잡 후에 얻어지는 세대를 총칭하는 말이다.

교질(膠質), colloid : 토양 중에서 활성이며 거름이나 물 등을 잘 흡수하고 접착성을 크게 하는 역할을 담당하는 0.002mm 이하의 미세한 알갱이를 말한다. 광물성인 무기콜로이드에는 점토광물이 있고, 유기콜로이드에는 부식물이 대표적이며 무기 및 유기교질의 복합체가 있다.

교차(交叉), crossing over : 생식세포를 형성시키기 위하여 감수분열함에 있어서 같은 모양, 같은 크기의 한 쌍의 상동염색체 간에서 염색체가 부분적으로 재조합을 하여 일부를 교환하는 현상으로 교차에 의해 연관유전자의 유전자재조합이 이루어진다.

교취(矯臭) : 냄새를 제거하는 것.

교호대생(交互對生), decussate : 마주보기로 달린 잎이 아래위 교대로 90도의 방향을 달리하는 것.

교호작(交互作), strip intercropping, alternate cropping : 동일한 농경지에서 동일한 시기에 두 가지 이상의 작물을 작물별로 몇 이랑씩 띠 또는 두둑을 만들어 다른 작물과 번갈아 재배하는 작부양식.

교환성양(交換性陽)이온 : 보통 토양에 들어 있는 Ca^{++}, K^{+}, Na^{+}, H^{+} 등이 교환성 양이온이며, Ca^{++}이 차지하는 비율이 가장 많다.

구갈(嘔渴) : 구역과 갈증을 합하여 이르는 말.

구갈(口渴) : 입 안이 말라 심하면 말도 하지 못하게 되는 증상.

구갈증(口渴症) = 구갈(口渴) : 갈증. 입 안과 목이 마르면서 물을 많이 먹는 증상.

구강염(口腔炎) : 입안에 염증이 생긴 병증.

구건(口乾) : 입안이 마르는 증세.

구경(球莖) = 알줄기, corm : 줄기가 저장기관인 것 가운데서 건조한 막질의 잎에 싸여 있으며, 물고기질이거나 비늘조각모양의 둥근꼴로 되어 있는 것. 땅 속에서 녹말 같은 양분을 갈무리하여 공이나 달걀모양으로 비대한 줄기. 예) 토란, 글라디올러스, 수선화, 천남성.

구고(口苦) : 입에서 쓴맛을 느끼는 증상.

구과(毬果) = 솔방울, 솔방울열매, cone, strobile : 솔방울처럼 모인 포린 위에 2개 이상의 소견과가 달린 열매로 소나무나 삼나무 등의 열매를 말하며, 암꽃이 발달해 나무질 혹은 고기질화한 것. 목질의 비늘조각이 여러 개 뭉쳐 있는 열매로 비늘들이 단단히 붙어 있다가 익으면 점차 벌어지며 그 안에 씨앗이 붙어 있다. 예) 굴피나무, 소나무.

구근(球根) = 알뿌리, tuber : 구형으로 된 땅속줄기나 뿌리. 땅속의 뿌리가 알 모양으로 살이 쪄 양분을 저장하고 있는 것.

구근류(球根類), bulbs and tubers : 땅속에 구형의 저장기간을 형성하는 마늘, 양파, 튤립, 글라디올러스 등의 작물이다.

구금(口噤) = 구금불개(口噤不開), 아관긴급(牙關緊急) : 어금니를 꽉 깨물고 입을 벌리지 못하는 증상으로 주로 뇌척수염에서 나타난다.

구금불언(口噤不言) : 입을 꼭 다물고 말을 못하는 증상.

구내염(口內炎) : 입의 점막에 생기는 염증.

구릉선(丘陵線), sulcate : 산형과의 줄기에서 보는 바와 같이 줄기에 홈이 파이고 능선이 져 있는 것.

구리(久痢) : 곧 낫지 않고 오래 끄는 이질.

구리(銅), copper(Cu) : 구리[銅]는 구리단백으로서 효소작용을 하며, 광합성, 호흡작용 등에 관여하고, 엽록소의 생성을 촉진한다. 결핍하면 황백화, 괴사, 조기낙엽 등을 초래하고, 단백질의 생성이 억제된다. 과잉하면 뿌리의 신장이 나빠진다.

구부(口部) : 입구가 되는 부분.

구비(廏肥), animal manure : 외양간에서 나오는 두엄, 즉 짚, 건초 등이 가축의 배설물과 함께 섞여 있는 거름을 말한다.

구비화(具備花) = 완비화(完備花), perfect flower : 꽃받침, 화관, 수술, 암술 모두를 갖춘 꽃.

구순생창(口脣生瘡) : 입 속과 혀에 헐고 터진 데.

구슬눈 = 무성아(無性芽), 살눈, 육아(肉芽), 주아(珠芽), bulbil, bulblet, fleshy bud, gemma : 잎겨드랑이에 생기는 크기가 특히 짧은 비늘줄기로 곁눈이 고기질로 비대해서 양분을 저장한 것임. 식물체의 일부분에 생겨 독립적인 개체로 발달하는 부분. 어미 식물체에서 떨어져 나가 내부 구조를 나누어 기능을 달리하면서 새로운 개체가 되려고 하는 새끼 식물체. 예) 말똥비름, 혹쐐기풀, 참나리, 마.

구슬줄기, cormel : 어미 알줄기의 밑 부분에 무성적으로 생긴 소형의 알줄기.

구심꽃차례[求心花序], centripetal inflorescence : 주변부에서 중심부를 향해 꽃피는 꽃차례.

구심적(求心的), centripetal : 밖에서 안을 향해 성장하는[반: 원심적].

구안와사(口眼喎斜) = 구안편사(口眼偏斜), 구안와벽(口眼喎僻) : 입과 눈이 한쪽으로 삐뚤어진 것

구어혈(驅瘀血) : 뭉친 혈을 풀어주는 방법.

구역(嘔逆) : 속이 메스꺼워 토함.

구역증(嘔逆症) : 속이 느글거려 구역이 나려는 증세.

구역질(嘔逆疾) : 구토에 앞서 일어나는, 속이 메스꺼워 토하려고 하는 상태.

구열(口熱) : 입의 열로 인해 침이 마르고 약간의 두통이 오며 현기증이 나는 증세.

구제(驅除), irradication : 해충 따위를 몰아내어 없애버린 것을 뜻한다.

구창(灸瘡) : 뜸 뜬 자국이 헐어서 생긴 부스럼.

구창(口瘡) : 입이 헐고 부스럼이 생기는 일종의 궤양성 구내염.

구충(九蟲) : 아홉 가지 기생충의 총칭.

구충(驅蟲) : 약품 따위로 몸속의 기생충(회충, 요충, 십이지장충, 촌충 등)을 없앰.

구충제(驅蟲劑) : 장 속 또는 피부에 기생하는 기생충을 구제하는 작용이 있는 약물 및 방제.

구취(口臭) : 입에서 좋지 않은 냄새가 나는 증상.

구토(嘔吐)= 토역(吐逆) : 질병이나 독소 등 몸속의 여러 가지 이상으로 먹은 음식물을 토하는 증상.

구풍(驅風) : 풍을 없애는 것.

구풍해표(驅風解表) : 인체에 침입한 풍사(風邪)를 쫓고 땀을 내서 외표(外表)에 사기(邪氣)를 제거함.

구형각두(球形殼斗), bur : 가시 또는 비늘가시로 전체가 덮여 있는 구조 또는 부속체. 예) 도꼬마리.

구화(毬花), strobile : 나자식물(겉씨식물)의 꽃을 피자식물의 꽃과 비교하는 용어.

구황작물(救荒作物), emergency crop : 기후가 불순한 흉년에도 비교적 안전한 수확을 얻을 수 있는 작물. 예) 조, 피, 기장, 메밀, 고구마, 감자 등.

국지기후(局地氣候), local climate : 지형의 높고 낮음, 지표의 상태에 따라 특징을 나타내는 비교적 좁은 지역의 기후를 말한다. 소기후와 중기후의 중간에 속하며, 우리나라와 같이 지형이 복잡한 곳에서는 그 범위를 좁게 취하는 경향이 있는데 도시기후, 분지기후 등이 그 예이다. 국지기후는 농작물 재배와 밀접하기 때문에 영농의 입지 선정에 중요한 정보이다.

국지풍(局地風), local wind : 국지적으로 발달하는 풍계로서 지역 날씨와 생활에 밀접한 관계가 있다. 국지풍의 생성 원인에 따라 ① 국지적인 열의 분포에 따른 해륙풍과 산곡풍이 있고, ② 찬 공기나 따뜻한 공기의 이류에 따른 blizzard와 scirocco가 있으며, ③ 소규모의 기류와 지형과의 상호작용으로 생성되는 높새바람(Foen)과 bora가 있고, ④ 대기의 수직불안정으로 인한 tornado와 먼지보라가 있다.

국화과, Compositae, Asteraceae : 전 세계에 분포하는 교목, 관목, 초본으로 1,000속 20,000종이며, 우리나라에 57속 192종이 자생한다. 산방상으로 달리는 두상화서이며, 열매는 수과로 종자에 배유가 없다.

군락(群落), colony, community : 벼 재배에 있어서 군락이란 벼 한포 기 한 포기가 독립하여 고립상태에 있지 않고, 일정 면적에 많은 포기들이 집단으로 생육하면서 동화기관인 잎과 비동화기관인 줄기가 공간을 차지하고 있는 상태를 말한다.

군락광합성(群落光合成), photosynthesis of a community : 식물군락에서 이루어지는 광합성을 말한다. 군락광합성은 군락 내 광환경, 개체군의 밀도에 따른 식물기관의 공간 분포와 잎의 각도와 같은 입체적 배치, 군락에 입사되는 광의 성질 등을 이용하여 군락 내의 광환경을 모델화할 수 있다.

군집(群集), community : 같은 서식지 또는 장소에 여러 종의 생물이 먹이사슬, 차지한 공간의 관계 등을 유지하면서 함께 살아가는 집합체를 말하는데, 하나 이상의 우점종이 그 특성을 나타낸다.

군체(群體), colony : 원시적인 생물에서 같은 모양과 크기의 세포들이 여러 개가 모여 한 덩어리가 된 몸체.

굳은껍질열매 = 각과(殼果), 견과(堅果), nut, glans : 흔히 딱딱한 껍질에 싸이며, 보통 1개의 큰 씨가 들어 있는 열매로 다 익어도 갈라지지 않는다. 예) 밤나무, 참나무.

굳은씨열매 = 석과, 핵과(核果), drupe : 가운데 들어 있는 씨는 매우 굳은 것으로 되어 있고, 열매껍질은 얇으며 보통 1방에 1개의 씨가 들어 있음. 예) 복숭아, 살구.

굴곡상(屈曲狀), ruminate : 거칠게 구겨진 듯한.

굴광성(屈光性), phototropism : 빛의 자극에 의하여 빛의 방향으로 굴곡하는 굴성의 일종 줄기, 잎과 같이 빛을 따라 자라는 것을 굴광성이라고 하며, 이것은 식물 호르몬 중에서 옥신(auxin)에 의한 현상이다.

굴광현상(屈光現像), phototropism : 식물이 광조사의 방향에 반응하여 굴곡반응을 나타내는 것을 굴광현상이라고 한다. 줄기나 초엽에서는 광이 조사된 오옥신의 농도가 낮은 쪽의 생장속도가 반대쪽보다 낮아져서 광을 향하여 구부러지는 향광성(向光性 = 向日性, positive phototropism)을 나타내지만, 뿌리에서는 그 반대로 배광성(背光性 = 背日性, negative phototropism)을 나타낸다.

굴성(屈性), tropism : 식물의 기관이 외부의 자극을 받았을 때 자극원에 대해서 일정한 방향으로 굴곡하는 현상이며, 자극의 유형에 따라 굴지성(屈地性), 굴광성(屈光性), 굴화성(屈火性) 등이 있다.

굴지성(屈地性), geotropism : 식물을 수평으로 두면 지상부는 위쪽으로 일어나기 시작하여 중력과 반대방향으로 생장하고 지하부의 뿌리는 이와 반대로 중력의 방향으로 향하여 아래쪽으로 신장한다. 이러한 뿌리의 중력에 대한 반응을 굴지성이라 한다.

권산상(卷繖狀), helicoid, circinate : 고사리 손처럼 말린.

권산화서(卷繖花序) = 권산꽃차례, drepanium, helicoid cyme : 꽃이 한쪽 방향으로 달리며 끝이 나선상으로 동그랗게 말리는 꽃차례. 예) 꽃마리.

권상개엽(卷狀開葉), circinate vernation : 코일 모양으로 감겨진 양치식물의 어린잎이 펴지면서 성숙하는 잎.

권수(卷鬚) = 덩굴손, tendril : 식물체를 다른 물체에 고정시키는 역할을 하는 기관으로 잎, 잎자루, 턱잎, 가지 등이 변해서 생긴다. 예) 오이, 포도.

권수형(卷鬚形), cirrose : 엽선의 끝이 덩굴손처럼 생긴 형태.

권태감(倦怠感) : 몸이 피곤해서 움직이기 싫다고 느끼는 증상.

권태증(倦怠症) : 몸이 피곤하고 힘들어서 게을러지거나 싫증을 내는 증상.

귀꼴밑 = 이저(耳底), auriculate : 잎몸의 밑 부분이 잎자루 윗부분에서 좌우로 넓게 사람의 귀 모양으로 갈라진 상태.

귀밝이 = 귀밝이술 : 음력 정월 대보름날 아침에 마시는 술.

귀화식물(歸化植物), naturalized plant : 원래 그 지역에 생육하지 않았으나 여러 원인에 의해 2차적으로 도래 침입하여 야생화한 식물. 본래의 식물상을 구성하고 있던 기존식물에 새로 도래한 식물이 같은 환경에서 공존하며, 그 양자가 어느 정도의 안정된 상태를 유지할 수 있는 단계에 이른 식물이며, 이생식물(移生植物), 순화식물(馴化植物), 이주식물(移住植物), 야화식물(野化植物) 등이 같은 뜻으로 쓰인다.

귀화식물(歸化植物), naturalized plant : 원래 그 나라에는 자생하지 않던 외국산 식물이 원래의 원산지나 그것이 귀화되어 있던 다른 나라로부터 어떤 매체에 의해 들어와서 자생식물처럼 제 힘으로 살아가는 식물.

규반비(珪礬比), silicate-ammonium ratio : Al_2O_3에 대한 SiO_2의 비율을 규반비라 한다. 포드졸 토양의 경우 A층은 규반비가 크며 B층은 규반비가 작다.

규산(硅酸) : 규산은 소위 필수원소라고는 하지 않으나 벼의 잎몸, 잎집, 줄기, 벼알 등의 표피를 규질화시켜 조직적으로 생리적으로 건전한 생육을 할 수 있도록 하는 불가결한 요소로서 전회분 중의 약 80%를 차지하고 있다.

규산질비료(珪酸質肥料), silicate fertilizer : 제철(製鐵) 및 제린(製燐)의 과정에서 나오는 광재(鑛滓)처럼 칼슘을 주성분으로 하는 비료. 규산은 도열병에 대한 저항성 증대 등 벼의 증수 효과가 있다.

규소(珪素), silicon(Si) : 규소는 필수원소는 아니지만, 화곡류에는 함량이 극히 많다. 표피조직의 세포막에 침전해서 규질화를 이루어 병에 대한 저항성을 높이고, 잎을 꼿꼿하게 세워 수광태세를 좋게 하며, 증산(蒸散)을 경감하여 한해(旱害)의 감소 등의 효과가 있다. 규소는 줄기나 잎에 있는 인과 칼슘을 곡실로 원활하게 이전되도록 하고, 망간의 엽내분포(葉內分布)를 균일하게 하는 역할도 한다.

규질화(珪質化) : 규소(Si)를 합성하면 체내의 표피세포에 규산으로 퇴적되어 표피조직이 단단하고 까칠해지는 현상. 벼의 경우 규소의 흡수량이 많아 잎이 규질화되면 기계적 저항성이 커져서 잎이 꼿꼿하게 서며 병원균의 침입을 억제하며 수량을 크게 증대시킬 수 있다. 따라서 규산질 비료를 사용하도록 권장하고 있다.

균계(菌系) : 병원성이 같은 병원균의 집단. 같은 병원균 내에서도 병을 유발할 수 있는 능력, 즉 병원성이 개체 간에 다르다. 특히 작물에 있어서 특정 병에 대한 각 품종별 이병성이 균계에 따라 다르다.

균류(菌類), fungus(pl. fungi) : 균계에 속하며, 타가영양체로서 세포벽을 통한 흡수의 수단으로 양분을 얻는 생물. 몸이 균사로 되어 있고 포자로 번식하며, 엽록소가 없어 기생생활을 한다.

균사(菌絲), hypha, mycelium : 균류의 영양체로 포자의 발아 후 선단성장에 의하여 원통형 사상구조로 되는 것으로, 합지와 융합을 중복하여 균사의 덩어리를 만든다.

균생(菌生), mycotrophic : 균과 공생해서 영양을 얻는 만강홍, 소철, 콩과, 난과.

그네 = 천치(天齒) : 흡사 머리 빗는 빗살과 같이 쇠로 된 발이 여러 개 있어 이 쇠발에 벼이삭을 끼워 당기면서 탈곡할 수 있는 재래식 탈립 작업기를 그네 또는 천치라고 한다.

그라나, granum(pl. grana) : 엽록체 내의 구조물. 이것의 막에는 엽록소 또는 다른 광합성 색소를 함유하고 있으며 전자현미경하에서 각 grana는 0.3~0.5㎛의 평평한 원판이 겹쳐 쌓인 것으로 보인다.

그루콩 : 우리나라 중남부지대에서 밀, 보리를 수확한 뒤 뒷그루로 파종하여 늦가을에 수확하는 콩이다.

그물맥 = 그물잎줄, 망상맥(網狀脈), reticulate veined, net veined, reticulate venation, netted venation, netted-vein : 가운데 잎줄과 곁잎줄 사이에 가느다란 잎줄이 서로 연결되어 마치 그물처럼 생긴 것으로 양치식물과 쌍떡잎식물의 잎에 생긴다.

극상림(極上林) : 숲을 이루는 식물의 구성이 천이를 계속하다가 맨 마지막 단계에 이르러 안정 상태로 지속되는 숲.

극핵(極核), polar nucleus(pl. nuclei) : 배낭의 중앙에 위치하는 핵으로 정상형에서는 상극핵과 하극핵의 두 개가 있다.

극형(戟形), hastate : 화살촉 또는 방패 모양의 잎의 형태로, 잎의 양쪽 밑 부분이 퍼져 삼각형을 이룬다. 예) 고마리, 메꽃.

근경(根莖) = 뿌리줄기, root stock, rhizome : 뿌리모양을 하고 땅속으로 뻗는 줄기이며 마디에서 잔뿌리를 내고 끝부분이 땅속줄기로 됨. 얼핏 보아 뿌리처럼 보이는 것의 총칭으로 줄기의 특수 형태이다. 예) 연꽃, 둥글레.

근계(筋瘈) : 몸의 어느 부분에 경련이 일어나서 부분적으로 근육이 수축되어 제 기능을 일시적으로 잃는 경우.

근계(根系), root system : 식물의 지하부인 뿌리가 곁뿌리를 내면서 신장 발달한 모양. 작물의 종류에 따라 토양에서 뿌리의 고유의 특징을 갖는 것이다.

근골(跟骨) : 발뒤축 뼈.

근골구급(筋骨拘急) : 근골에 이상이 생겨 움직이는 데 장애가 오는 경우.

근골동통(筋骨疼痛) : 근육과 뼈에 통증이 생겨 움직이는 데 많은 장애가 따르는 경우.

근골무력증(筋骨無力症) : 근골이 약한 데서 오는 무력증의 경우.

근골산통(筋骨痠痛) : 근육과 뼈가 시큰하게 아픔.

근골위약(筋骨萎弱) : 근육이 약해지고 뼈가 말라서 힘을 잘 못쓰는 증상.

근골통(筋骨痛) : 근육과 뼈의 통증.

근관(根冠) : 뿌리 끝을 덮고 있는 모자 모양의 보호조직.

근관(根冠), root cap, calyptra : 뿌리의 정단을 덮는 골무모양의 세포.

근교약세(近交弱勢), inbreeding depression : 타식성 식물에서 자식 또는 형매교배로 인하여 식물체가 약화되고 생산성이 떨어지는 현상이다.

근교원예(近郊園藝), suburban gardening : 도시 부근에서 행해지는 원예를 말한다.

근권(根圈), rhizosphere, rooting zone : 식물 뿌리둘레의 영역. 이곳에는 많은 미생물이 살고 있는데 토양의 다른 부분보다 더 많이 있을 뿐 아니라 그 종류도 여러 가지가 있다. 뿌리가 토양에서 분포되어 있는 범위권이다.

근균(根菌), mycorrhiza : 고등식물의 뿌리와 균류가 긴밀히 결합하여 공생관계를 맺은 것으로, 헛뿌리와 같은 역할을 하며 식물 뿌리보다 더 길게 땅속으로 뻗어 식물에 필요한 양분을 흡수, 제공해준다.

근두접(根頭接) : 대목의 뿌리부근, 또는 지표면 가까운 부위에다 하는 접목의 한 형태. 접목은 여러 가지로 분류할 수 있는데 접목 위치에 따라서 접, 배접, 뿌리접 그리고 근두접으로 나눌 수 있다. 고접은 가지와 줄기의 높은 곳에서 시행하는 것이며 배접은 가지에다 시행하되 그 가지를 끊지 않고 실시하는 접목이며 근접은 뿌리에다 하는 접목방법이다.

근력(筋瀝) : 목 양쪽에 크고 작은 멍울이 생겨 비교적 단단하고 대소가 일정하지 않으며 항상 한열을 수반하고, 피로가 심하며, 몸은 점차 야위는 증상.

근류균(根瘤菌) = 뿌리혹박테리아, rhizobium, root nodule bacteria : 콩과식물의 뿌리에 침입하여 공생하면서 뿌리 곳곳을 혹처럼 크게 살찌우는 세균. 공중질소를 고정하는 콩과작물의 근류균(根瘤菌)은 1년에 100kg/ha의 질소를 고정한다.

근모(根毛), root hair : 뿌리의 표피에서 발생하는 모용의 한 유형.

근부병(根腐病) : 뿌리가 썩은 식물병의 총칭.

근삽(根揷), root cutting : 뿌리삽, 뿌리의 일부를 잘라서 삽목하는 번식방법. 뿌리에도 줄기와 마찬가지로 잠재해 있는 눈과 뿌리가 있다. 그러므로 근삽에 의한 새로운 개체 획득 방법이 가능하다.

근생(根生), radical : 지하 줄기의 끝에서 지상으로 나오는 것을 말하는 것으로 자상줄기에서 나오는 경우 경생이라 한다.

근생엽(根生葉) = 근출엽(根出葉), 뿌리잎, basal leaf, radical leaf : 지표 가까운 줄기의 마디에서 지면과 수평으로 잎이 달려 마치 뿌리에서 난 것처럼 보이는 잎.

근시(近視) : 가까운 곳은 잘 보이고, 먼 곳은 잘 보지 못하는 눈의 상태.

근연교배(近緣交配), inbreeding, close mating : 근친교배, 동일계통의 가까운 혈연관계에 있는 교배이다.

근염(筋炎) : 근육에 화농균이 들어가서 생기는 염증.

근예정지법(近刈整枝法) : 뽕나무 가지치기 방법 가운데 하나로서 원줄기를 지표면 가까이 낮게 베어서 새로운 가지를 착생시키는 방법. 우리말로 '낮추베기'라고 한다.

근육경련(筋肉痙攣) : 근육(힘줄과 살)의 경련.

근육마비(筋肉麻痺) : 신경이나 근육형태의 변화 없이 기능을 잃어버리는 상태. 감각이 없어지고 힘을 제대로 쓰지 못하게 됨.

근육손상(筋肉損傷) : 근육이 손상됨.

근육통(筋肉痛) : 주로 감기 등이 원인이 되어 살과 힘줄 등에 통증이 나타나는 경우.

근채류(根菜類), root vegetables : 지하부를 이용하는 채소로 괴근류(塊根類; 고구마, 감자, 토란, 마, 생강, 연근)와 직근류(直根類; 무, 순무, 당근, 우엉)로 구분하기도 한다.

근초(筋鞘), coleorhiza : 화본과 식물에서 종자가 발아할 때 어린 뿌리를 둘러싸고 있는 층. 근초란 식물학적으로 표현하면 고등식물의 배기관의 일부로서 그 안에 유근이 형성되어 자라게 되면 유근의 기부를 말아 올린 것처럼 되어 남게 된다.

근출엽형(根出葉型) : 줄기가 정상적으로 신장하지 못하고 짧은 줄기를 형성하며 여기에 잎이 총총히 출현하여 마치 뿌리에서 막 바로 잎이 나오는 것처럼 보이는 식물의 생육형태. 유전적인 경우와 환경적인 경우가 있다.

근친교배(近親交配), inbreeding : 혈연이 아주 가까운 개체들 사이의 교배로 가축이나 가금의 품종개량에 이용된다.

글라이화작용 : 지하수가 높은 저습지, 배수불량토양에서 산소가 부족하거나 유기물은 많으나 호기성 미생물의 활동이 좋지 못할 경우 토양은 환원상태로 된다. 따라서 Fe^{+3}는 Fe^{+2}로 변하고 토층은 청회색을 띤다. 이와 같은 토층분화를 글라이화 작용이라 하며 이러한 토층을 글라이층이라 한다.

글루텐, gluten : 곡류의 전분성 배유에 생성되는 비결정질 단백질이다.

글리아딘, gliadin : 밀 및 호밀에서 발견되는 일종의 프롤라민. 곡류에서 글루테닌과 더불어 글루텐을 형성하는 물질. 통상 프롤라민을 일컫는다.

금비(金肥), chemical fertilizer : 공업화학적으로 합성, 조제되어 시판되는 화학비료이다. 예로는 요소, 유안, 염화가리 등. 이에 비해 농가에서 자체 생산하여 쓰는 비료인 계분, 퇴비, 구비, 재 등을 자급비료라고 한다.

금창(金瘡) : 칼에 베이거나 연장 같은 것에 다친 상처를 그대로 방치해 두어 나쁜 균이 침입하여 곪게 되고 점점 커져 환부가 심한 고통을 받을 만큼 악화되는 증상.

급만성기관지염(急慢性氣管支炎) : 기관지계의 염증으로 인해 발생하는 호흡기의 질환.

급만성충수염(急慢性蟲垂炎) : 맹장(막창자) 선단에 붙은 충수에 일어나는 염증.

급성간염(急性肝炎) : 바이러스, 약물 따위로 간에 생기는 급성 염증.

급성결막염(急性結膜炎) : 결막에 생기는 급성 염증의 총칭.

급성복막염(急性腹膜炎) : 급성으로 세균감염에 의해 복막에 발생한 염증.

급성신우염(急性腎盂炎) : 급성으로 신우(신장)에 세균이 감염되어 일어나는 염증.

급성이질(急性痢疾) = 적리(赤痢) : 유행성 또는 급성으로 발병하는 소화기 계통의 전염성 질환.

급성인후염(急性咽喉炎) : 급성으로 인후에 생긴 염증.

급성장염(急性腸炎) : 균류 등의 감염에 의한 장염.

급성폐렴(急性肺炎) : 증상이 빠르게 진행되는 폐렴.

급성피부염(急性皮膚炎) : 급성으로 나타나는 피부염.

급첨두(急尖頭) = 미철두(微凸頭), mucronate : 엽선의 끝이 가시 또는 털이 달린 것처럼 급격히 뾰족하면서 긴 형태.

기계배수(機械排水) : 자연배수가 힘들거나 배수를 서둘러야 할 때에 배수관을 단 배수기(排水機)를 설치하여 기계적으로 배수하는 것.

기계이앙(機械移秧), machine transplanting : 모를 손으로 이앙하던 것을 노동력의 부

족과 임금상승으로 이앙기를 사용하여 모를 이앙하는 것을 말한다.

기계적잡초방제(機械的雜草防除) machine weed control : 논의 잡초방제 수단으로 김매기, 중경, 태우기, 담수 등 기계적인 힘을 가하여 잡초를 없애는 방법을 말한다.

기계적풍화(機械的風化) : 물, 얼음, 바람, 온도, 식물 등 환경조건에 의해 그 형태가 변화되는 것을 기계적 풍화 또는 물리적 풍화라 한다.

기공(氣孔) = 공기구멍, stoma(pl. stomata) : 호흡과 증산작용을 위해 식물의 줄기나 잎에 있는 숨구멍으로 보통 잎의 뒷면에 많으나 앞면에만 있는 경우도 있다.

기공대(氣孔帶) = 공기구멍줄, 기공조선(氣孔條線), stomatal zone, stomatal band : 겉씨식물의 공기구멍이 모여 흰색 또는 연한 녹색의 줄 모양으로 나타나는 것.

기공조선(氣孔條線) : 기공이 모여 흰색 혹은 연초록색의 줄 모양으로 나타내는 것. 침엽수 잎에서 명확하다.

기관(器官), organ : 독립적인 형태와 기능을 지니고 있는 조직체(영양기관, 생식기관).

기관지염(氣管支炎) : 기관지의 점막에 생기는 염증.

기관지천식(氣管支喘息) : 기관지가 과민하여 보통의 자극에도 기관지가 수축되고 점막이 부으며 점액이 분비되고 내강이 좁아져 숨쉬기가 매우 곤란해지는 병.

기관지확장증(氣管支擴張症) : 기관지가 원통, 주머니모양 등으로 늘어나 염증을 일으키는 병.

기근(氣根) = 공기뿌리, aerial root : 공기뿌리라고도 하는 지상의 줄기 부위에서 나오는 뿌리. 나무의 뿌리는 땅속에서 자라는 것이 일반적이지만 습한 땅이나 물속에서 자라는 나무의 경우 뿌리가 호흡하기가 어려우므로 땅 위로 무릎뼈 모양의 가는 줄기처럼 자라는 것.

기꽃잎 = 기판(旗瓣) = 받침꽃잎, vexillum, standard, banner : 협의의 콩과식물에서 나비모양 꽃부리를 구성하는 꽃잎의 일종. 콩과식물의 꽃잎 가운데서 가장 크고 위쪽에 달려 있는 것.

기내보존(器內保存) : 식물의 생장점을 배양하여 얻은 작은 식물체를 시험관 등에 보존하는 것. 일정주기로 계대배양을 하여 장기간 보존한다.

기내수정(器內受精), in vitro fertilization : 종자친의 암술을 식물체로부터 분리시킨 후 주두, 화주, 자방벽을 완전히 제거한 후 노출된 배주에 직접 꽃가루를 뿌려 수정시키는 방법이다.

기는가지 = 복지(匐枝), 포복지(匍匐枝), runner, stolon : 원줄기 또는 뿌리 겨드랑이에서 나서 땅위로 뻗어가며 뿌리가 내려 자라는 가지. 예) 딸기, 달뿌리풀.

기는줄기 = 포복경(匍匐莖), creeper, creeping stem, prostrate stem, stolon, runner : 땅위를 기면서 자라는 줄기로 경우에 따라 마디에서 뿌리가 내림. 예) 딸기, 달뿌리풀, 벋음씀바귀.

기동세포(機動細胞), bulliform cell, moter cell : 식물의 운동에 관하여는 운동세포. 기동세포는 가뭄, 추위 등 환경에 따라 세포내의 팽압이 변하고 팽압의 변화에 의해 쉽게 축소되거나 확대된다. 벼의 잎이 가뭄에 오그라드는 현상은 기동세포의 운동에 의한 것이다.

기력증진(氣力增進) : 기력을 보하는 데 효험이 있는 것들.

기류(氣流), air current : 움직이고 있는 공기를 뜻하는 일반적인 용어로서 수직방향의 운동에서 상향의 흐름은 상승기류, 하향의 흐름을 하강기류라고 한다.

기름점 = 유점(油點), pellucid dot, glandular-punctate : 고추나물 등에서 볼 수 있는 반투명의 작은 점으로 잎을 햇빛에 비춰 보면 투명한 점처럼 보임. 예) 운향과, 물레나무과.

기반(基盤), callus : 벼과에서 낱꽃의 기부를 이루는 구조로, 딱딱하게 굳어 있는 돌기.

기본식물(基本植物), breeder' s seed : 품종의 고유한 특성을 유지하고 있는 종자로 순도를 유지하기 위하여 육성기관에서 유지하는 식물이다.

기본영양생장(基本營養生長), basic vegetative growth : 식물의 생장과정을 크게 영양생장기간으로 나눌 수 있는데, 이때 생식생장으로 넘어가는데 필요한 최소한의 생장. 일정한 기간 동안 영양 생장과정을 거치지 않으면 아무리 알맞은 환경조건이 부여되어도 이삭이 나오지 못하고 꽃이 피지 못한다.

기본영양생장성(基本營養生長性), grade of basic vegetative growth : 작물이 출수·개화에 가장 알맞은 온도와 일장에 놓이더라도 일정한 정도의 기본영양생장을 하지 않으면 출수·개화에 이르지 못하는 성질이며, 기본영양생장의 기간이 길고 짧음에 따라 기본영양생장성이 크다(B, 높다) 또는 작다(b, 낮다)라고 표시한다.

기본영양생장형(基本營養生長型), Blt型 : 감광성이나 감온성보다 기본영양생장성이 커서, 생육기간이 주로 기본영양생장성에 지배되는 특성을 가진 작물 또는 품종.

기부(基部) : 기초가 되는 부분으로 뿌리와 만나는 줄기의 아랫 부분.

기부가 둥글다, rounded : 잎몸의 밑 부분이 둥근 모양을 이룬 경우.

기부족(氣不足) : 생활의 활력소가 되는 힘, 기력, 정기가 부족하거나 정신력이 허약해서 생기는 증상.

기비(基肥) = 밑거름, basal fertilization : 작물의 파종, 이앙 또는 식수를 하기 전에 주는 거름. 지표성이 있는 인분, 퇴비용을 사용한다.

기산꽃차례[岐繖花序], dichasium : 꽃대축 끝에 1개의 꽃이 있고 그 밑에 마주나기로 2개의 꽃이 달리거나 또는 마주나기로 붙는 화경에 다시 마주나기로 꽃자루가 붙는 꽃차례. 예) 닭의장풀.

기산화서(岐繖花序), dichasium : 화축 끝에 달린 꽃 밑에서 꽃이 대생으로 달리는 것.

기상(氣相), gaseous phase : 물질이 기체 상태에 있을 때의 상(相). 기체를 하나의 상으로서 취급할 경우를 말한다.

기상요소(氣象要素), meteorological element : 기압, 기온, 상대습도, 풍향, 풍속, 구름, 강수량, 일조시간, 일사량 등과 같이 일기의 특성을 나타내는 요소.

기생(寄生), parasitism : 실모양의 흡기(吸器, haustoria)로 기주식물의 줄기나 뿌리에 침

입하여 생존함. 예) 새삼, 실새삼, 겨우살이 등.

기생근(寄生根), haustorium, haustorial root : 다른 식물의 조직에 침입하여 영양을 흡수할 수 있도록 특수화한 뿌리. 예) 겨우살이.

기생뿌리[吸器], haustorium : 기주식물 조직에 침입하여 영양을 흡수할 수 있도록 특수화된 기생식물의 뿌리. 예) 새삼, 겨우살이.

기생성(寄生性), parasitic : 다른 식물에 붙어 영양을 빼앗아 사는 성질. 예) 천마, 겨우살이.

기생식물(寄生植物) : 다른 생물에 기생하여 그로부터 양분을 흡수하여 사는 식물.

기생식물(寄生植物) = 더부살이식물, parasitic plant, aerophyte : 다른 생물에 붙어 그 생물의 양분을 빨아먹고 사는 식물.

기생충(寄生蟲) : 체내, 외에 붙어서 살며 기생체로부터 영양분을 얻어 생활한다.

기수우상(奇數羽狀), oddly pinnate : 우상엽의 끝에 1개의 소엽이 있는.

기수우상복엽(奇數羽狀複葉) = 홀수깃꼴겹잎, 홀수깃모양겹잎, imparipinnately compound leaf, imparipinnate leaf, odd pinnate compound leaf : 작은 잎이 끝부분에도 1개가 달리는 홀수의 깃꼴 겹잎.

기압골, trough : 저기압에서 등압선이 길쭉하게 벋어 있는 저압부를 말한다. 상층일기도에서는 U자형으로 나타나고, 상공에서는 편서풍의 파동으로 나타난다. 상공의 기압골 하층에서는 저기압을 동반하여 궂은 날씨를 보인다.

기억력감퇴(記憶力減退) : 노화 또는 제반여건에 따라 기억력이 감퇴하는 현상.

기온체감률(氣溫遞減律), lapse rate of temperature : 높이에 따라서 기온이 낮아지는 정도를 말한다. 이 용어는 환경의 기온 체감을 가리키지만 단열과정의 체감률을 뜻하기도 한다. 대기조성이 일정한 건조대기로써 채용되는 국제표준대기에서는 기온체감률 Γ는 지상 11km까지는 6.5°K km^{-1}, 11km 이상 20km까지는 0.0°K km^{-1}이다. 해발고도에 따른 온도 변화는 식생의 분포에 영향을 주며, 작물의 종류와 품종의 배치에 중요한 정보가 된다.

기와(嗜臥), 기면(嗜眠) : 잠이 많이 올 때이며, 잠이 많이 오는 증상이 계속되는 경우.

기와모양, imbricate : 꽃잎, 꽃받침 조각 또는 향나무 등의 비늘조각이 기왓장처럼 포개진 모양을 하고 있는 것. 예) 복와상(覆瓦狀).

기울증(氣鬱症) : 억압되고 침울한 정신 상태로 인하여 모든 생리기능이 침체되는 현상.

기저부(基底部) : 줄기와 뿌리가 연결되는 나무의 밑둥치. 줄기보다 굵어져 원추형으로 뿌리와 연결되는 형태를 보임.

기저층(基底層), foorlayer : 화분의 껍데기인 표벽의 층상구조 중 제일 안쪽 층.

기저태좌(基底胎座), basal placentation : 밑씨가 착생하는 부분이 씨방실의 중앙 밑부분에 해당한다. 예) 밤나무, 화본과.

기주(寄主), host : 기생식물이 양분을 흡수하는 식물.

기준온도(基準溫度), base temperature : 작물생육에 요구되는 한계온도로 작물의 종류에 따라 다르다. 맥류, 과수 등은 5℃, 여름작물은 10℃의 평균기온을 취한다.

기준표본(基準標本), type, type specimen : 식물 이름을 정하는 데 근거를 제공하는 증거 표본.

기지(忌地), sick soil : 같은 토양에 같은 작물을 연작하면 작물의 생육이 뚜렷하게 나빠지는 현상. 이 원인에는 토양영양분 실조, 병충해, 독소 등 여러 가지가 있다.

기지현상(忌地現象), soil sickness : 한 작물을 같은 토지에다 계속해서 재배할 때 생육이 크게 억제되는 현상. 이것은 바로 연작장해를 말하는 것으로 토양 중의 양분결핍, 토양병충해, 독물질의 분비, 토양의 물리적 성질변화 등이 주요 원인으로 알려져 있다.

기창만(氣脹滿) : 기가 몰려서 배가 몹시 불러 오르는 증세로 간경화나 암증의 말기에 복수가 찬 형태.

기통(氣痛) : 경락의 기가 막혀 생긴 통증.

기판(旗瓣, 基瓣) = 기꽃잎, 받침꽃잎, vexillum, standard, banner : 협의의 콩과식물에서 나비모양 꽃부리를 구성하는 꽃잎의 일종. 콩과식물의 꽃잎 가운데서 가장 크고 위쪽에 달려 있는 것. 비교) 익판, 용골판.

기피제(忌避劑), repellent : 농약 가운데서 직접 살상하는 작용은 없고 냄새, 빛 등으로 병원미생물이나 해충의 접근을 막음으로써 병충해 방제효과를 나타내는 약제이다.

기해(氣海) : 단중을 말하는 것. 임맥의 혈.

기혈응체(氣血凝滯) : 기와 혈의 기능장애로 울체됨.

기혈체(氣血體) : 기와 혈로 구성된 몸.

기형식물(畸形植物) : 생육습성이나 모양이 정상적인 식물과 다른 것. 대개의 재배작물은 기형물질이며 야생상태의 식물에 비해 여러 가지로 다르다. 왜냐하면 사람이 식물을 이용하는 데 있어서 이용 부위의 수량 증대만을 위해 선발 개량해 온 결과 특수부위만이 고도로 발달된 비정상적인 형태로 발전하였기 때문이다. 따라서 재배작물은 야생상태에 비해 불량환경에 대한 적응성이 약하다.

기호작물(嗜好作物), stimulant crops : 기호품을 생산할 목적으로 재배하는 작물이며 차와 담배가 있다.

기후(氣候), climate : 지구상의 어느 장소(지점, 지역)에서 1년을 주기로 매년 반복되는 가장 출현율이 큰 대기의 종합상태를 말한다.

기후변화(氣候變化), climatic change : 고생대, 중생대, 신생대, 제3기, 제4기 등의 지질연대나 역사연대 등 시간적 범위가 큰 기간의 기후의 변화를 말한다. 이에 대하여 비교적 짧은 기간 즉, 100~200년 동안의 기후동향은 기후변동(氣候變動, climatic variation)이라고 한다. 지구온난화에 따른 기후변화는 이러한 고전적 의미와는 차이가 있다.

기후생산력지수(氣候生産力指數), climatic productivity index : 농작물에 대한 기온과 일조시간의 중요성을 고려하여 최저기온, 적산온도 등의 기후요소를 이용하여 생산성을 나타낸 지수를 말한다.

긴가지 = 장지(長枝), long shoot : 끝눈이나 곁눈에서 발달한 정상적인 가지.

긴타원상난형 : 잎몸 기재용어의 기본형을 조합하여 타원형과 난형의 중간적인 모양을 나타내는 용어.

긴타원형 = 긴타원꼴, 긴길둥근꼴, 장타원형(長楕圓形), oblong : 세로와 가로의 비가 약 3:1에서 2:1 사이로서 길둥근꼴보다 약간 길고 긴 양 측면이 평행을 이루는 모양.

길둥근꼴 = 타원형(楕圓形), elliptical : 잎의 전체 모양이 길둥근 모양인 것.

길이생장 : 생장점의 세포가 분열하여 위나 아래로 늘어나면서 뿌리와 줄기가 길어지는 활동.

길항작용(拮抗作用), antagonism : 생체에 약물을 투여했을 때 약물의 존재에 의하여 그 작용의 일부 또는 전부가 감쇄되는 약물의 작용. 여러 종류의 균이 혼재해 있을 때 그 중 어떤 균의 발육조건 그 발육을 억제하는 작용. 대항작용. 2종 이상의 미생물이 같이 서식할 때 영양분, 산소, 생활공간 등의 결합적 섭취 혹은 균의 대사산물에 의하여 다른 균의 생육이 억제되는 현상. 식물체 상호간 상대의 작용을 억제하는 작용이다. 협력 작용의 반대어로 생체에서 어떤 인자의 작용을 감소 또는 소멸시키거나 억제시키는 작용을 말한다.

깃꼴겹잎 = 깃모양겹잎, 우상복엽(羽狀複葉), pinnately compound leaf : 작은잎 여러 장이 잎자루의 양쪽으로 나란히 줄지어 붙어서 새의 깃털처럼 보이는 겹잎.

깃꼴맥, pinnately veined : 새의 깃 모양으로 갈라진 잎맥. 예) 우상맥(羽狀脈).

깃모양, pinnate : 공통의 중축에 대해 작은 잎이 좌우로 배열한 겹잎의 전체적인 모양.

깃모양겹잎[羽狀複葉], pinnately compound leaf : 새의 깃 모양을 한 작은 잎이 엽축에 마주나기로 달린 겹잎으로, 홀수깃모양겹잎과 짝수깃모양겹잎이 있다.

깃모양맥 = 깃꼴잎줄, 우상맥(羽狀脈), pinnately veined, pinnate venation, penniveins : 새의 깃 모양으로 좌우로 갈라진 잎줄. 예) 까치박달.

깃조각 = 우편(羽扁), pinna : 깃 모양 겹잎의 각 조각을 말하며, 주로 고사리류처럼 잎이 깃털 모양으로 깊게 갈라진 경우에 많이 쓰인다.

깊게 갈라지다, parted : 잎몸이 가장자리에서 주맥까지 거의 또는 완전히 갈라진 모양.

까락 = 까끄라기, 망(芒), artista, awn : 벼나 보리에 있는 것과 같이 싸개껍질이나 받침껍질의 끝부분이 자라서 털 모양이 된 것으로 화본과 식물 분류에 중요 역할을 한다.

까락모양[穀針型], aristate : 잎 끝에 까락이나 센털을 가진 모양.

깍정이[殼斗], cupule : 열매의 기부가 컵과 같이 된 것을 말하며 이는 총포가 변형된 것이다. 예) 도토리.

깍지 = 각두(殼斗), 깍정이, cupule : 참나무과 식물이 열매에서 같이 밑 부분을 싸고 있는 동그란 종지모양의 깍정이를 말하며 많은 포가 발달하여 만든다. 예) 참나무속.

깔때기모양꽃부리 = 누두형꽃부리, funnel-shaped corolla : 화통이 선단으로 향할수록 넓어지는 나팔모양의 꽃.

깜부기병 = 흑수병(黑穗病) : 수수, 사탕수수, 목초나 사료작물에 발생하는 병으로 잎, 엽초, 이삭에 발생하며 병환부는 이상 비대하여 광택이 있는 백색 또는 옅은 적색의 막으로 쌓인 혹을 만들고 시간이 지나면 터져서 검은 후막포자를 비산시킨다. 담자균류의 깜부기균 속에 속하는 곰팡이에 의해서 일어나는 병이다.

껍질눈 = 피공(皮孔) = 피목(皮目), lenticle : 식물 줄기의 주피에 생긴 세포군으로, 렌즈모양의 반점으로 나타나며, 기공이 하는 일을 맡아서 한다.

꼬리고사리과, Aspleniaceae : 전 세계에 9속 720종이 분포하며 우리나라에서는 2속 18종이 자라고 있다. 잎자루에는 두 줄기의 관다발이 있으나 위에서 합쳐져 횡단면에서는 X자로 나타난다. 인편은 투명하여 문살 같은 무늬가 나타난다. 엽신은 단엽에서 잘게 우상으로 갈라진다. 엽맥은 유리맥이나 망상맥이 있는 것이 있지만, 망상맥 속에 유리맥은 없다. 포자낭군은 길고 엽맥의 한쪽에 붙으며 같은 포막에 싸여 있다. 포자는 좌우대칭이다.

꼬리꽃차례 = 꼬리모양꽃차례, 미상꽃차례, 미상화서(尾狀花序), 유이화서(葇荑花序), catkin, ament : 꽃차례의 줄기가 길고 홑성꽃이 많이 붙어 꼬리모양을 하며 밑으로 처지는 이삭꽃차례의 일종. 예) 버드나무, 자작나무, 호두나무.

꼬리모양 = 꼬리형, 미상(尾狀), carudate, tailed : 잎의 끝이 가늘고 길게 신장하여 동물의 꼬리 같은 모양을 이룬 것.

꼬리모양꽃차례[尾狀花序], catkin, ament : 꽃자루가 거의 없으며, 꽃잎이 없는 단성꽃으로 아래로 처진 꽃대축에 밀생한 이삭 모양 꽃차례. 예) 버드나무, 자작나무, 밤나무.

꼬투리 = 꼬투리열매, 두과(豆果), 협과(莢果), legume, pod : 콩과식물의 전형적인 열매로, 하나의 심피에서 씨방이 발달한 열매로 보통 2개의 봉선을 따라 터진다. 예) 콩과.

꼬투리조각, valve : 2개로 갈라진 꼬투리의 각 조각.

꼭두서니과, Rubiaceae : 열・온대에 분포하는 교목, 관목, 초본으로 350속 4,500종이며, 우리나라에 8속 26종이 자생한다. 어긋나거나 또는 돌려나는 단엽은 가장자리가 밋밋하거나 톱니가 있다. 양성화는 취산화서나 원추화서에 달리고, 열매는 삭과이다.

꽃 = 화(花), flower, brossom : 보호기관(꽃받침, 화관)과 긴요기관(수술, 암술)이 화탁에 붙어 형성된 것. 종자식물의 유성 생식에 관여하는 기관을 집합한 것.

꽃 구조의 명칭 : 꽃 = 화(花), flower.

꽃 구조의 명칭 : 꽃대축 = 꽃대 = 꽃자루 = 화경(花梗) = 화병(花柄) = 꽃줄기 = 화축(花軸) = 꽃축, peduncle, scape, rachis, floral axis.

꽃 구조의 명칭 : 꽃받침 = 악(萼), calyx, sepals.

꽃 구조의 명칭 : 꽃받침잎 = 꽃받침조각 = 악편(萼片), sepal.

꽃 구조의 명칭 : 꽃밥 = 약(葯), anther.

꽃 구조의 명칭 : 꽃부리 = 꽃갓 = 화관(花冠), corolla.

꽃 구조의 명칭 : 꽃잎 = 화판(花瓣), petal.

꽃 구조의 명칭 : 내화피편(內花被片), inner tepal.

꽃 구조의 명칭 : 반하위씨방 = 반하위자방(半下位子房), half inferior ovary, half adherent.

꽃 구조의 명칭 : 부꽃부리 = 부화관(副花冠) = 덧꽃갓 = 덧꽃부리, paracorolla, corona.

꽃 구조의 명칭 : 상위씨방 = 상위자방(上位子房), superior ovary.

꽃 구조의 명칭 : 소포(小苞) = 작은꽃싸개, bracteole.

꽃 구조의 명칭 : 소화병(小花柄), pedicel.

꽃 구조의 명칭 : 수술 = 웅예(雄蕊, 雄蘂), stamen.

꽃 구조의 명칭 : 수술대 = 화사(花絲), filament.

꽃 구조의 명칭 : 씨방 = 자방(子房), ovary.

꽃 구조의 명칭 : 암술 = 자예(雌蕊, 雌蘂), pistil.

꽃 구조의 명칭 : 암술대 = 화주(花柱), style.

꽃 구조의 명칭 : 암술머리 = 주두(柱頭), stigma.

꽃 구조의 명칭 : 외화피편(外花被片), outer tepal.

꽃 구조의 명칭 : 포(苞) = 꽃싸개 = 포엽(苞葉), bract.

꽃 구조의 명칭 : 하위씨방 = 하위자방(下位子房), inferior ovary.

꽃 구조의 명칭 : 화피(花被) = 꽃덮이 = 화개(花蓋), perigon, perianth.

꽃[花], flower, blossom : 꽃은 식물의 생식기관(生殖器官)으로, 꽃받침(calyx, sepal)과 꽃잎(petal)은 보호기관이며, 암술(pistil)과 수술(stamen)은 필수기관이다. 4기관이 모두 있으면 완비화(完備花, perfect flower)이고 하나라도 없으면 불완비화(不完備花, imperfect flower)이다. 완전화(完全花, complete flower)는 양성화(兩性花, bisexual flower)이고, 불완전화(不完全花, incomplete flower)는 단성화(單性花, monosexual flower)로 암꽃(female flower)과 수꽃(male flower) 및 중성화(neutral flower)가 있다.

꽃가루 = 화분(花粉), pollen, pollen grain : 보통 구형으로 노란색이 대부분이며 외피와 내피의 막으로 되어 있음. 수술의 꽃밥 속에 생기는 가루 같은 생식세포.

꽃가루관[花粉管], pollen tube : 꽃가루가 암술머리에서 발아하여 자성배우자체까지 자라는 관으로 정핵이 이 관을 통해 이동한다.

꽃가루덩이 = 화분괴(花粉塊), pollinium, pollen-mass : 여러 개의 꽃가루가 덩어리진 상태. 예) 박주가리과, 난과.

꽃가루덩이자루[花粉塊柄], caudicle : 암술머리와 꽃가루덩이 사이에 있는 자루로, 꽃가루덩이를 지탱하는 역할을 한다.

꽃가루받이 = 수분(受粉), pollination : 꽃가루가 꽃밥에서 암술머리로 옮겨지는 것.

꽃가루주머니[葯室], anther cell, theca : 꽃가루가 들어 있는 주머니.

꽃갓 = 꽃부리 = 화관(花冠), corolla : 꽃덮이 중에서 안쪽의 것을 말하며 꽃잎으로 이루어짐.

꽃갓통부 = 화관통부(花冠筒部), corolla-tube : 꽃갓이 있는 통꽃에서의 통으로 된 부분.

꽃겨 = 겉겨, 받침껍질, 보호껍질, 외영(外穎), 호영(護穎), glume, lemma, flowering glume : 화본과 식물 꽃의 맨 밑을 받치고 있는 한 쌍의 작은 조각.

꽃고비과, Polemoniaceae : 전 세계에 13속 360종이 주로 미국의 서부에 분포하며 우리나라에서는 2속 2종이 자란다. 유액이 없고 꽃받침이 합생하며 자방상위로 3심피이다. 보통 많은 배주와 종자가 있다.

꽃꼭지 = 소화경(小花梗), 작은꽃대, 작은꽃자루, pedicel : 꽃차례에서 각각의 꽃을 받치고 있는 자루.

꽃눈 = 화아(花芽), flower bud, alabastrum : 전개하면 꽃 또는 꽃차례가 되는 눈. 잎눈보다 굵고 짧다. 예) 산수유, 목련.

꽃대 = 꽃대축, 꽃자루, 꽃줄기, 꽃축, 화경(花梗), 화병(花柄), 화축(花軸), peduncle scape, rachis, floral axis : 꽃을 받치고 있는 줄기이며, 독립된 하나의 꽃 또는 꽃차례의 여러 개 꽃을 달고 있는 줄기.

꽃대축[花序軸], rachis : 꽃차례의 중심축.

꽃덮이 = 화개(花蓋), 화피(花被), perigon, perianth : 수술과 암술을 바깥에서 보호하는 기능을 가진 비생식적인 기관을 통틀어 일컬음. 특히 꽃잎과 꽃받침이 서로 비슷하여 구별하기 어려울 때 이들을 모두 합쳐서 부르는 말. 종에 따라 1겹 또는 2겹이다. 2겹일 때는 속에 있는 것은 내화피, 바깥 것이 외화피라고 함.

꽃덮이조각[花被片], tepal : 꽃덮이의 한 조각.

꽃모양의 종류 : 가면형(假面形), personate, masket.

꽃모양의 종류 : 거형(距形), calcarate.

꽃모양의 종류 : 기판(旗瓣) = 기꽃잎 = 받침꽃잎, banner, standard, vexillum.

꽃모양의 종류 : 나비형 = 접형(蝶刑), papillionaceous corolla.

꽃모양의 종류 : 누두형(漏斗形), funnel form.

꽃모양의 종류 : 백합형(百合刑), liliaceous.

꽃모양의 종류 : 복형(輻形), rotate, wheel shaped.

꽃모양의 종류 : 분형(盆形), salver form.

꽃모양의 종류 : 석죽형(石竹形), caryophyllaceous.

꽃모양의 종류 : 설형(舌形) = 설상(舌狀) = 혀모양, ligulata.

꽃모양의 종류 : 순형(脣形) = 입술모양 = 양순형(兩脣形), bilabiate, labiate.

꽃모양의 종류 : 십자화형(十字花刑), cruciform.

꽃모양의 종류 : 용골판(龍骨瓣) = 용골꽃잎, keel.

꽃모양의 종류 : 이판화관(離瓣花冠), polypetalous corolla.

꽃모양의 종류 : 익판(翼瓣) = 날개꽃잎, alate, wing.

꽃모양의 종류 : 장미형(薔薇刑), rosaceous.

꽃모양의 종류 : 종형(鐘形), campanulate, bell-shaped.

꽃모양의 종류 : 통상누두형(筒狀漏斗形), tubular funnel form.

꽃모양의 종류 : 통상순형(筒狀脣形), tubular bilabiate.

꽃모양의 종류 : 통형(筒刑) = 대롱모양, tubular, tubiform, tubularis, tubularm.

꽃모양의 종류 : 투구형(鬪毆形), galeate corolla.

꽃모양의 종류 : 판연(瓣緣) = 현부(舷部), limb.

꽃모양의 종류 : 판인(瓣咽) = 꽃목 = 화후(花喉), throat.

꽃모양의 종류 : 판통(瓣筒) = 통부(筒部), tube.

꽃모양의 종류 : 합판화관(合瓣花冠), gamopetalous corolla, sympetalous corolla.

꽃모양의 종류 : 호형(壺形), urceolate, U-shaped.

꽃목 = 판인(瓣咽), 화후(花喉), throat : 꽃부리나 꽃받침에서 대롱부가 시작하는 입구.

꽃받침 = 악(萼), calyx, sepals : 꽃의 맨 바깥 부분으로 2개 이상의 꽃받침으로 되어 있음. 내화피와 뚜렷하게 구분되는 외화피. 꽃잎, 암술, 수술을 바깥쪽에서 싸면서 떠받친다. 보통 녹색이지만, 이따금 여러 색깔을 띤다.

꽃받침[萼片], sepal : 꽃의 가장 밖에서 꽃잎을 싸고 있는 조각. 비교) 악.

꽃받침대[花盤], disk : 씨방의 기부를 둘러싸는 꽃턱의 일부가 비대해진 것.

꽃받침열편[萼裂片], calyx lobe : 통꽃받침에서 하나의 열편.

꽃받침잎 = 꽃받침조각, 악편(萼片), sepal : 꽃받침을 이루는 각 조각이 서로 떨어져 있는 경우 그 떨어져 있는 각각을 뜻함. 보통 녹색이지만, 색소를 지녀 꽃잎처럼 보이는 것도 있다.

꽃받침조각[萼片], sepal : 꽃받침을 이루는 하나하나의 열편.

꽃받침조각마주나기[萼片對生], antisepalous, anterspalous : 꽃받침조각과 마주보는 위치에 있는 상태. 예) 수술이 꽃받침과 마주나기.

꽃받침조각상[萼片狀], sepalody : 꽃잎의 색과 질감이 꽃받침과 같은 것. 예) 한란.

꽃받침조각상생수술[萼片上生雄蘂], episepalous : 수술이 꽃받침에 부착한 것.

꽃받침조각어긋나기[萼片互生], alternisepalous : 꽃받침조각과 어긋나는 위치에 있는 상태. 예) 꽃잎이 꽃받침과 어긋나기.

꽃받침통 = 악통(萼筒), calyx-tube : 합쳐진 꽃받침에서 아래의 통을 이루는 부분.

꽃밥 = 약(葯), anther : 수술의 일부분으로 꽃가루를 만드는 주머니. 수술의 끝에 달려 꽃가루를 만들어 담는 기관. 종에 따라 크기나 모양이 다르며, 익으면 터지거나 뚫리면서 꽃가루가 나온다. 예) 소포자낭.

꽃밥부리 = 약격(葯隔), connective : 꽃밥을 이루는 2실이 분리되어 있는 경우 2실 사이를 연결하는 조직.

꽃부리 = 꽃갓 = 화관(花冠), corolla : 꽃덮이 중에서 안쪽의 것을 말하며 꽃잎으로 이루어짐.

꽃뿔 = 거(距) = 꿀주머니 = 며느리발톱, spur : 꽃받침, 꽃부리의 일부가 길고 가늘게 뒤쪽으로 뻗어난 돌출부이다. 화관이나 꽃받침이 시작되는 곳 가까이에 닭의 뒷발톱처럼 툭 튀어나온 부분으로, 속이 비어 있거나 꿀샘이 들어 있다. 예) 제비꽃, 현호색.

꽃샘추위, recurrence of cold : 봄에 꽃이 피고 잎이 날 때 갑자기 찾아오는 추위를 말한다. 대륙의 고기압이 다시 강해졌거나 동해에서 급격히 발달한 저기압이 물러난 후에 대륙의 고기압이 확장하면 꽃샘추위가 찾아온다. 특히 4월 하순부터 5월 상순에 꽃샘추위가 찾아오면 농작물이 늦서리 피해를 입는 경우가 있다.

꽃술대 = 예주(蕊柱), gynostemium : 수술과 암술이 결합하여 생긴 기관으로 대부분 기둥 모양을 이룸. 난초과 따위의 꽃에서 볼 수 있음.

꽃식물 : 꽃이 피고, 씨로 번식하는 식물.

꽃실 = 수술대, 화사(花絲), filament : 수술에서 꽃밥을 받치는 기관. 보통 가늘고 길지만 종에 따라 크기, 모양이 다르고 수술대가 없기도 하다.

꽃싸개 = 포(苞), 포엽(苞葉), bract : 꽃자루의 밑에 있는 비늘 모양의 잎으로서 잎이 작아져서 그 형태가 보통의 잎과 달라진 것.

꽃싸개껍질 = 영(穎), 포영(苞穎), glume : 벼과식물의 잔이삭 밑 부분에 쌍을 이룬 소형의 포엽.

꽃싸개비늘 = 포린(包鱗), bract scale, sterile scale : 겉씨식물의 암꽃 배를 받치고 있는 비늘 모양의 작은 돌기.

꽃이삭 = 화수(花穗) : 이삭모양으로 피는 꽃.

꽃잎 = 화판(花瓣), petal : 꽃갓을 구성하는 요소로서 수술과 꽃받침의 사이에 있으며 보통 꽃갓이 완전히 갈라져서 조각으로 됐을 때를 말하고 빛깔을 띠는 경우가 많음. 크고 색깔이 화려하여 외화피와 뚜렷하게 구분되는 내화피. 꽃받침 위에서 암술과 수술을 싸며, 색, 모양, 향기로 곤충을 끌어들인다.

꽃잎[花瓣], petal : 꽃부리의 한 조각.

꽃잎모양수술[花瓣狀雄蕊], petaloid stamen : 꽃잎을 닮은 수술.

꽃자루 = 꽃대, 꽃대축, 꽃줄기, 꽃축, 화경(花莖), 화병(花柄), 화축(花軸), peduncle, scape, rachis, floral axis : 꽃을 받치고 있는 줄기. 독립된 하나의 꽃 또는 꽃차례의 여러 개 꽃을 달고 있는 줄기.

꽃쟁반 = 화반(花盤), disk : 다양한 형상으로 꽃받침통의 내면에 있기도 하고 씨방의 허리부분을 싸고 있기도 하며, 꿀을 분비함. 예) 사철나무, 산형과.

꽃차례 = 화서(花序), inflorescence : 가지의 꽃자루에 꽃이 배열하는 상태. 꽃이 달리는 모양. 꽃이 피는 순서에 따라 무한꽃차례(아래에서 위로)와 유한꽃차례(위에서 아래로)로 나눈다.

꽃차례의 종류 : 권산화서(券繖花序) = 권산꽃차례, drepanium, helicoid cyme.

꽃차례의 종류 : 두상화서(頭狀花序) = 두상꽃차례 = 머리모양꽃차례, capitulum, head.

꽃차례의 종류 : 미상화서(尾狀花序) = 미상꽃차례 = 꼬리모양꽃차례 = 꼬리꽃차례 = 유이화서(葇荑花序), catkin, ament.

꽃차례의 종류 : 배상화서(杯狀花序, 盃狀花序) = 배상꽃차례 = 술잔모양꽃차례 = 등잔모양꽃차례, cyathium.

꽃차례의 종류 : 복산형화서(小聚繖花序) = 복산형꽃차례, 겹산형꽃차례 = 겹우산꽃차례 = 겹우산모양꽃차례, compound umbel.

꽃차례의 종류 : 산방화서(繖房花序) = 산방꽃차례 = 수평우산꽃차례 = 고른우산꽃차례, corymb.

꽃차례의 종류 : 산형화서(傘刑花序) = 산형꽃차례 = 우산모양꽃차례 = 우산꽃차례, umbel.

꽃차례의 종류 : 수상화서(穗狀花序) = 수상꽃차례 = 이삭꽃차례 = 이삭화서, spike.

꽃차례의 종류 : 원추화서(圓錐花序) = 원뿔꽃차례 = 둥근뿔꽃차례 = 원뿔모양꽃차례 = 원추꽃차례, panicle.

꽃차례의 종류 : 육수화서(肉穗花序) = 육수꽃차례 = 살이삭꽃차례, spadix.

꽃차례의 종류 : 총상화서(總狀花序) = 총상꽃차례 = 모두송이꽃차례 = 술모양꽃차례, raceme.

꽃차례축 : 꽃차례를 만드는 중심이 되는 축. 이것을 중심으로 꽃자루가 달린다.

꽃축 = 꽃대, 꽃대축, 꽃자루, 꽃줄기, 화경(花梗), 화병(花柄), 화축(花軸), peduncle, scape, rachis, floral axis : 꽃을 받치고 있는 줄기. 독립된 하나의 꽃 또는 꽃차례의 여러 개 꽃을 달고 있는 줄기.

꽃턱 = 화상(花床), 화탁(花托), receptacle, torus : 줄기 또는 가지의 끝부분이나 특히 마디 사이가 줄어들어 꽃잎과 꽃받침 등 꽃을 이루는 모든 기관이 붙는 부위.

꿀샘 = 밀선(蜜腺), honey-gland, nectary : 꽃받침, 꽃잎, 수술, 심피, 꽃턱이 변해 꿀을 분비하는 다세포의 샘.

꿀샘구멍 = 밀공(蜜孔), honey-pore : 잎 또는 꽃에 단맛이 있는 액즙을 생성하는 조직이나 기관에 이어져 그 액즙이 분비되는 구멍으로 비늘조각에 덮여 있다.

꿀샘이 있는, glandular : 분비기관으로서 꿀샘이 있다는 것을 표현한 형용사.

꿀주머니 = 거(距), 꽃뿔, 며느리발톱, spur : 꽃받침, 꽃부리의 일부가 길고 가늘게 뒤쪽으로 뻗어난 돌출부이다. 화관이나 꽃받침이 시작되는 곳 가까이에 닭의 뒷발톱처럼 툭 튀어나온 부분으로, 속이 비어 있거나 꿀샘이 들어 있다. 예) 제비꽃, 현호색.

꿀풀과, Labiatae, Lamiaceae : 전 세계에 분포하는 관목 또는 초본으로 200속 3,500종이며, 우리나라에 25속 55종이 자생한다. 향기가 있으며 줄기와 가지는 대개 네모지고 단엽은 마주나거나 또는 돌려나며 탁엽이 없다. 양성화는 수상화서 또는 총상화서에 달리고, 열매는 수과 모양의 소견과이다.

꿩고사리과, Plagiogyriaceae : 전 세계에는 뉴기니, 히말라야 및 동아시아에 1속 20종이 분포하며 우리나라에는 1속 2종이 자란다. 털이나 인편이 없고 나엽과 실엽이 있다. 여러해살이 양치식물로, 근경이 짧고 곧추서거나 비스듬히 위를 향하며 죽은 잎의 엽병기부가 붙어 있다. 잎은 방사상으로 모여 난다. 끝이 말려 있는 어린 눈은 점액이 있으며 인편이나 털이 없다. 엽신은 1회 우상으로 갈라지며 엽맥은 2갈래로 갈라져서 나란히 배열한다. 포자엽의 우편은 현저히 좁다. 포자낭은 엽맥을 따라 포자낭군을 만들며 포막이 없다. 포자는 사면체형이다.

끈끈이귀개과 = 끈끈이주걱과, Droseraceae : 전 세계에 분포하는 초본으로 6속 100종이며, 우리나라에 2속 4종이 자생한다. 지상에서 서식하나 수중생활을 하는 것도 있으며 잎이 어릴 때는 말려 있다. 양성화는 1송이씩 달리거나 총상화서이고, 열매는 삭과이며 종자에 배유가 많다.

끈끈한, muciliaginous : 끈끈이 성질을 갖고 있다는 것을 표현한 형용사.

끝눈 = 정아(頂芽), 제눈, terminal bud, definite bud : 가지나 줄기의 꼭대기에 달린 겨울눈.

끝이 길게 뾰족하다 = 예선형(銳線形), acuminate : 잎몸의 끝을 이루는 각도가 45° 정도이며 끝이 뾰족한 모양보다 더욱 길게 뻗어 있다.

끝이 둔하다 = 둔두(鈍頭), 둔한끝, obtuse : 잎몸이나 꽃받침조각, 꽃잎 등의 끝이 무딘 모양. 잎의 끝이 날카롭지 않고 둥그스름하게 생긴 것.

끝이 둥글다 = 원두(圓頭), round : 잎몸이나 꽃잎 등의 끝이 둥근 모양을 이룬 경우.

끝이 뾰족하다 = 뾰족끝, 예두(銳頭), 예철두(銳凸頭), 첨두(尖頭), acute, cuspidate : 잎몸의 끝이 길게 뾰족한 모양보다 짧으며, 그 이루는 각도가 45~90°를 표현.

끝이 파이다 = 요두(凹頭), emarginate : 잎몸이나 꽃잎의 끝이 오목하게 파인 모양을 나타냄.

끝잎 = 지엽(止葉) : 화본과 식물에서 이삭이 나오기 전에 마지막으로 나오는 잎이다.

ㄴ

나도밤나무과, Sabiaceae : 전 세계에 4속 70종이 분포되어 있고 우리나라에서는 1속 2종이 자란다. 꽃의 부분은 4~5수이며 수술은 꽃잎과 마주나고 흔히 약격이 비대하다.

나란히맥 = 나란히잎줄, 평행맥(平行脈), parallel vein, closed vein : 가운데 잎줄이 따로 없고 여러 잎줄이 서로 나란히 난 것. 예) 화본과.

나력(瘰癧) : 목이나 귀에 멍울이 생기는 병.

나무 = 목본(木本), woody plant, arbor, tree : 줄기와 뿌리에서 비대 성장에 의해 다량의 목부를 이루고, 그 세포벽의 대부분이 목화하여 견고해지는 식물. 겨울철이 있는 기후대에서는 해가 바뀌어도 지상부가 살아남아 다시 자라는 식물.

나무껍질 = 수피(樹皮), 줄기껍질, bark, cortex : 나무줄기의 부름켜 바깥에 있는 조직. 줄기가 굵어지면서 체관부의 바깥조직이 죽는데, 이 조직과 코르크층을 통틀어 말하기도 한다.

나병(癩病) : 문둥병, 한센씨병.

나비모양꽃 = 접형화(蝶形花), papilinaceous flower : 윗부분에 하나의 큰 기꽃잎과 측부에 2개의 날개꽃잎, 하부에 하나의 용골꽃잎으로 이루어진 꽃.

나비모양꽃갓 = 접형화관(蝶形花冠), papilionaceous corolla : 콩 등에서 볼 수 있는 좌우대칭의 꽃갓.

나비모양꽃부리[蝶形花冠], papilionaceous corolla : 나비모양의 꽃부리로 1개의 기꽃잎, 2개의 날개꽃잎, 2개가 맞닿아 1개로 보이는 용골꽃잎으로 구성된다. 예) 완두, 아까시나무.

나비형 = 접형(蝶形), papillionaceous corolla : 부정제화관에 속하며 콩과식물의 대표적인 형으로서 기판, 익판, 용골판 등으로 구성됨.

나선모양꽃차례 = 낫모양꽃차례, 전갈모양꽃차례, drepanium : 꽃차례 전체가 나선상으로 보인다.

나선상(螺旋狀), spiral : 나사가 꼬인 것처럼 말린 모양 또는 돌려서 난 모양.

나아(裸芽) = 겉눈, naked bud : 비늘조각과 털 같은 것에 싸여 있지 않은 눈.

나엽(裸葉) = 영양엽(營養葉), 영양잎, trophophyll, sterile frond : 양치식물에서 2형엽을 형성하는 경우, 생식기관이 분화하지 않은 잎의 총칭. 예) 고사리삼.

나이테 = 연륜(年輪), annual ring : 전년도의 추재와 그 다음해의 춘재 사이에 있는 생장층의 한계가 현저한 환으로 줄기나 뿌리를 가로로 자르면 나타나는 고리모양의 무늬. 계절마다 부름켜의 세포분열 정도가 달라져 생기며, 나무의 나이를 짐작할 수 있다.

나자스말과, Najadaceae : 전 세계에 분포하는 초본으로 1속 35종이며, 우리나라에 1속 3종이 자생한다. 물속에 서식하는 초본으로 줄기는 가지가 많이 갈라지고, 어긋나거나 돌려나는 잎은 선형 또는 침형이다. 자웅이주로 엽액에 1송이씩 달리는 단성화이며 열매는 긴 타원형이다.

나자식물(裸子植物) = 겉씨식물, gymnosperm : 씨방이 없이 밑씨가 노출되는 식물로 중복수정을 하지 않음.

나창(癩瘡) : 나병.

나출(裸出), naked : 속에 있는 것이 겉으로 드러남.

나트륨, Sodium(Na) : 나트륨은 필수원소는 아니지만, 셀러리, 사탕무, 순무, 목화, 근대, 양배추 등에서는 시용 효과가 인정되고 있다. 나트륨은 기능면에서 칼륨과 배타적 관계이지만, 제한적으로 칼륨의 기능을 대신할 수 있으며, C_4식물에서 요구도가 높다.

나한송과, Podocarpaceae : 남반구에 7속 100종이 분포하며 우리나라에서는 중국에서 들어온 나한송을 온실에 심는다. 줄기가 잎처럼 변화된 것도 있다. 꽃은 2가화이며 화탁이 육질로 되어 있다.

나화(裸花), naked flower : 꽃받침과 꽃잎이 모두 없는 꽃.

낙과(落果), fruit drop : 과수, 과채류 등에서는 낙과(落果)가 심하면 수량과 품질이 크게 손상된다. 폭풍우(暴風雨)나 병충해(病蟲害)로 인한 낙과를 기계적 낙과(機械的 落果)라 하고, 생리적인 원인으로 이층(離層)이 발달하여 낙과하는 것을 생리적 낙과(生理的 落果)라고 한다. 낙과의 시기에 따라 조기낙과(早期落果, June drop)와 후기낙과(後期落果, pre-harvest drop)로 구별한다.

낙악(落萼), deciduous : 꽃잎과 함께 떨어지는 꽃받침.

낙엽성(落葉性), deciduous : 잎이 당년에 떨어지는 성질.

낙엽수(落葉樹) = 갈잎나무, 잎지는나무, deciduous tree : 잎의 수명이 1년을 넘지 못하여 계절이 바뀌면서 떨어졌다가 새로 나는 나무. 보통 가을에 잎이 지고 봄에 새잎이 난다.

낙엽활엽수림(落葉闊葉樹林), deciduous broad leaved forest : 온대지방에서 여름에 잎이 무성하지만 겨울이 되면 잎이 떨어지는 활엽수림으로 임상(林相)이 대체로 맑다.

낙우송과, Taxodiaceae : 전 세계에 10속 16종이 분포하며 우리나라에는 자생종이 없다. 교목 또는 관목이다. 잎은 선형 또는 침형으로 자웅동주이다. 수꽃송이는 구형으로 수술에 화사가 짧고 꽃밥에 2~5개의 약실이 있다. 암꽃송이는 구과형으로 암꽃의 비늘조각 안에는 방패모양의 실편에 2~9개의 배주가 있다. 구과는 목질이고 종자가 익을 때까지 벌어지지 않으며 종자에 날개가 달려 있다. 각 심피에 2~8배주 화분의 공기낭이 있다.

낙태(落胎) : 유산.

낙화주(落花柱), deciduous : 자방과 암술대 사이에 마디가 생겨서 떨어지는 꽃.

난관난소염(卵管卵巢炎) : 자궁에 화농균이나 임균(淋菌)이 침입하여 난관에서 염증을 일으킴

난동해(暖冬害), injury by warm temperature in winter : 겨울철에 평년보다 높은 온도가 한동안 지속되면 정지상태에 있어야 할 겨울작물의 생육이 뜻밖에 이루어졌다가 다시 평년온도로 돌아오면 동상해(凍霜害)를 심하게 입게 되는 경우를 말한다.

난산(難産) : 해산을 순조롭게 하지 못하는 각종 이상분만.

난세포(卵細胞), egg cell : 자성의 배우자 세포.

난소염(卵巢炎) : 난소(卵巢)에 염증이 생긴 것.

난소종양(卵巢腫瘍) : 여성의 복부에 발생하는 난소의 종양으로 주로 복통과 하혈 등의 증상을 동반할 수 있다.

난자(卵子), ovum : 암컷의 생식세포.

난지형목초(暖地型牧草), warm season grass : 열대성, 아열대성 식물로 생육에 고온을 필요로 하는 목초이다.

난청(難聽), 이롱(耳聾) : 풍증이나 기타 경미한 귀앓이 또는 질병의 후유증에서 생긴 난청.

난초과, Orchidaceae : 전 세계에 분포하는 초본으로 730속 20,000종이며, 우리나라에 41속 80종이 자생한다. 다양한 습생을 가지며 지생 또는 착생한다. 잎은 단엽으로 가장자리가 밋밋하다. 꽃은 양성화이고, 열매는 삭과이나 장과모양도 있다.

난형(卵形) = 달걀꼴, 달걀모양, ovate : 겉모양이 달걀 같고 하반부의 폭이 가장 넓다. 잎의 가운데 부분에서 잎자루 쪽까지의 부분이 넓고, 길이와 폭의 비가 2:1에서 3:2 정도인 형태이다.

난혼작(亂混作) : 콩밭에 수수, 조 등이나 목화밭에 참깨 등을 질서 없이 혼작하는 방식. (☞간작)

낟알 = 곡과(穀果), 곡립(穀粒), 낟알열매, 영과(穎果), caryopsis : 화본과 식물의 열매를 말하는데, 과피가 종피에 착 들러붙어 있다. 내영과 호영 속에 암술과 수술이 들어 있고, 암술이 열매로 익어도 보통 이 껍질은 그대로 남아 있다.

낟알꽃 = 영화(穎花), glumous flower : 꽃덮이가 퇴화해서 단단한 비늘조각모양의 꽃싸개가 수술과 암술을 싸고 있는 꽃.

날개꽃잎 = 익판(翼瓣), wing, alate : 콩과식물의 나비모양 꽃에서 양쪽에 있는 두 장의 꽃잎으로 좌우 양측에 각각 1개씩 2개가 있으며, 밑 부분이 가늘고 끝이 둥글다.

날개열매 = 시과(翅果), 익과(翼果), samara, wing : 씨방의 벽이 늘어나 날개 모양으로 달려 있는 열매. 2개의 심피로 되어 있으며 종선에 따라 갈라지는 것과 날개만 달려 있는 것이 있음. 열매껍질이 얇은 막처럼 툭 튀어 나와 날개 모양이 되면서 바람을 타고 멀리 날아가는 열매. 예) 단풍나무, 느릅나무, 물푸레나무.

남가새과, Zygophyllaceae : 주로 온난한 지방에 27속 250종이 분포하며 우리나라에서는 남가새 1종이 자란다. 우상복엽이거나 2개의 잎과 탁엽이 있다. 수술은 이생하고 암술은 밑부분에 비늘 같은 털이 있다. 자방은 5실이고 1개의 암술대가 있다.

남방형목초(南方型牧草), southern grasses and legumes = 난지형목초(暖地型牧草), warm weather(season) grasses and legumes : 추위에 약하며 더위에 강하여 서늘한 지방에서 생육이 나쁘고 따뜻한 지방에서 생육이 좋은 목초. 예) 버뮤다그라스, 매듭풀.

남새 = 채소(菜蔬), vegetable : 싱싱한 샐러드나 조리용으로 재배하는 작물로 주로 이용되는 부위에 따라, 과채류(果菜類), 협채류(莢菜類), 근채류(根菜類), 경엽채류(莖葉菜類) 등이 있다. 남새라 하기도 하고, 산채나 들나물을 푸새라 하기도 한다.

남조류(藍藻類) : 광합성을 하는 미생물로서 무기영양성으로 이중에는 질소를 고정할 수 있는 것이 있어 토양질소와 유기물 증가에 도움이 되는 생물이다. 논토양에서 유효한 질소고정을 한다는 것이 증명되고 있는데, 건토 10g당 2~5mg의 질소를 고정한다.

납중독 : 용해성인 납을 삼키거나 흡입하여 일어나는 중독증상.

납지질(蠟紙質) = 건막질(乾膜質), 건피질(乾皮質), scarious : 밀랍을 바른 종이처럼 얇고 마른 잎. 포(苞) 가운데 어떤 것은 말라서 얇은 막 모양으로 된 것이 있음. 예) 화본과나 질경이의 화피.

납질(蠟質), waxy : 지방과 비슷하며 물에 녹지 않고 유기용매에만 녹으며 고급지방산과 고급알코올로 형성된 고형에스테르이다.

낫모양[鎌形], falcate : 풀을 베는 낫의 모양.

낫모양꽃차례 = 나선모양꽃차례, 전갈모양꽃차례, drepanium : 꽃차례 전체가 나선상으로 보인다.

낭과(囊果) = 주머니열매, 포과(胞果), utricle : 사초 따위에서 볼 수 있는 얇은 주머니 모양의 열매. 예) 명아주과.

낭퇴(囊堆) = 포자낭군(胞子囊群), 홀씨주머니무리, sorus : 양치류의 잎 뒤에 생기는 홀씨주머니가 여러 개 모인 상태. 예) 고사리.

낱꽃[小花], floret : 주로 국화과나 벼과의 꽃에서 하나의 꽃을 지칭할 때 사용한다.

낱꽃축[小花軸], rachilla : 벼과, 사초과 식물에서 작은 이삭의 중축.

내건성(耐乾性) = 내한성(耐旱性), drought resistance : 작물이 건조(한발)에 견디는 성

질이다. 일반적으로 내건성인 작물은 체내수분의 상실이 적고, 수분의 흡수능이 크며, 체내의 수분보유력이 크고, 수분함량이 낮은 상태에서도 생리기능이 높다. 맥류에서는 내동성인 품종이 내건성이 강하다.

내건성작물(耐乾性作物) : 건조한 토양에 강한 작물. 예) 수수.

내곡(內曲), incurved : 안쪽 또는 위쪽으로 굽은 상태.

내곡거치(內曲鋸齒) : 안으로 갈고리처럼 휘어진 잎 가장자리의 톱니. 예) 졸참나무.

내공생설(內共生說), endosymbiosis theory : 핵만 있는 원핵생물에 광합성세균이나 호기성세균이 들어가 공생해서 진핵생물이 진화되었다는 설.

내과피(內果皮), endocarp : 열매의 껍질 중에 가장 안쪽 층.

내꽃덮이[內花被], inner perianth : 내외 2열로 줄지어 있는 꽃덮이조각 중 안쪽에 있는 것. 예) 백목련의 9개 꽃덮이조각 중 안쪽의 6개.

내꽃덮이조각[內花被片], inner tepal : 내꽃덮이의 한 조각.

내냉성(耐冷性), cold resistance : 작물이 냉량한 기후에 견디는 성질로 내한성과는 구분되어야 한다.

내도복성(耐倒伏性), lodging tolerance : 작물의 쓰러짐에 강하여 이겨내는 성질. 벼는 출수 후 이삭이 무거워지는 등숙기에 많은 비와 강한 바람에 의해 쓰러지는 것을 볼 수 있는데, 동일한 지대에서도 어떤 품종은 쓰러지고 어떤 품종은 쓰러지지 않는 품종적 차이를 인정할 수 있다. 이 같은 품종적 차이를 내도복성이라고 한다.

내동성(耐凍性), freezing hardiness : 작물이 빙점 이하의 온도에서도 살아 견디는 성질. 겨울보리는 기온이 서서히 내려가면 -17℃에서도 동사하지 않으나. 급격히 내려가면 -14℃에서도 동사한다. 서서히 동결하면 세포 내 수분의 투과, 탈수가 잘 진행되고 세포외결빙이 용이해지며 세포내결빙이 생기기 어려워 내동성이 증대한다. 언 조직이 급히 녹을 때에도 동사가 심해진다.

내랭성(耐冷性) : 냉온에 견디는 성질로 벼에서는 봄과 가을에 문제가 된다. 냉온에 대한 직접적 저항성인 냉해저항성(冷害抵抗性, cool-weather hardiness)과 생육시기에 따라 위험기에 냉온을 회피할 수 있는 냉해회피성(冷害回避性, cool-weather escaping capacity)으로 구분된다.

내만식성(耐晩植性) : 가뭄으로 만식이 불가피한 한발상습지, 벼의 앞그루로 다른 작물을 수확한 후 늦심기를 할 때에도 비교적 많은 생육량을 확보하고 출수도 늦지 않아 비교적 안전한 수량을 올릴 수 있는 품종적 특성을 내만식성 또는 만식적응성이 높은 품종이라고 한다. 내만식성 품종은 기본영양생장성은 크고 가소영양생장성의 정도가 적은 품종으로 고온과 단일조건하의 늦심기에서도 생육일수가 너무 적지 않으면서 안전출수 한계 시까지 출수하고 등숙기 저온에도 강한 수수형 품종을 말한다.

내병성(耐病性), disease tolerant : 병에 대한 작물의 저항성 정도를 나타내는 것으로 병에 따라서 내병성품종도 달라진다. 예) 내도열병, 내문고병 등.

내봉선(內縫線) = 복봉선(腹縫線), ventral suture : 심피의 가장자리가 결합하여 있는 부분. 잎의 가장자리에 해당하는 심피.

내부형태적(內部形態的) 형질, endomorphic character : 해부를 해야만 관찰할 수 있는 형질.

내분비기능항진(內分泌機能亢進) : 내분비선의 호르몬 분비가 필요 이상으로 많아 생기는 병.

내비성(耐肥性), tolerance to heavy manuring : 작물에서 비료 특히 질소비료를 많이 주어도 안전하게 생육하는 특성.

내산성작물(耐酸性作物), acid tolerance crop : 산성인 토양에 강한 작물. 예) 감자.

내생(內生), endogenous : 내부조직으로부터 성장하는 것.

내성(耐性), tolerance, resistance : 생물이 그 종에 해를 주는 특정 물질에 노출되었을 때 처음에는 피해를 받지만 연속적으로 노출될 경우 적응하여 그 물질에 대한 피해가 점차 줄어들어 영향을 받지 않게 되는데, 이때 내성을 획득하였다고 한다.

내수성입단(耐水性入團) : 물속에서도 쉽게 흐트러지지 않는 토양입단. 입단이란 작은 입자들이 모여 형성된 덩어리를 말한다.

내습성(耐湿性), moisture tolerance : 과습한 토양에 견디는 특성으로 답리작(畓裏作)에서는 내습성이 강한 품종이 유리하다.

내습성작물(耐濕性作物), moisture tolerance crop : 습한 토양에 강한 작물. 예) 밭벼.

내식성작물(耐蝕性作物), erosion resistant crop : 토양 침식을 방지하는 피복작물.

내열복통(內熱腹痛) : 내열(內熱)로 인해서 발생한 복통.

내열성(耐熱性), heat hardiness : 작물이 열해에 견디는 성질.

내염성(耐鹽性), salt tolerance : 식물이 염해에 견디는 성질로 간척지에서는 내염성이 강한 품종이 필요하다.

내염성작물(耐鹽性作物), salt tolerance plant : 간척지와 같은 염분이 많은 토양에 강한 작물. 예) 사탕무, 목화.

내영(內穎) = 속겨, 안쪽껍질, palea : 벼꽃의 화기인 수술, 암술과 인피를 보호하는 작은 껍질을 말하며, 벼가 수정이 끝나면 피었던 작은 껍질은 큰 껍질과 함께 다시 닫히면서 비대해 가는 현미를 보호하는 구실을 한다.

내음성(耐陰性), shade tolerance : 식물은 보상점 이상의 광을 받아야 지속적인 생육이 가능하며, 보상점이 낮은 식물은 그늘에도 견딜 수가 있는 성질인 내음성이 강하다고 할 수 있다.

내이염(內耳炎) : 귓속이 곪는 병으로 급성과 만성이 있다.

내장무력증(內臟無力症) : 내장기관에 한해서 일어나는 기능저하현상.

내절(內切) = 안쪽감기, involute : 잎눈 속에서 잎몸의 양가장자리가 잎몸 안쪽으로 말려든 상태.

내종피(內種皮), tegmen, inner seed coat : 종피의 안쪽 층.

내주피(內珠被), inner integument : 두 층의 주피 중에서 안쪽의 배낭 가까이에 위치한 주피.

내충성(耐蟲性), insect resistance : 작물이 충해에 견디는 성질로 곤충의 종류에 따라 내충성도 달라진다.

내포(內包), included : 원통의 구조 속에 어느 기관이 밖으로 돌출되지 않고 숨어 있는 것.

내포자성(內胞子性), endosporic : 포자 안에서 배우자체가 만들어지는 현상. 예) 바위손, 네가래.

내풍(內風) : 임부가 출산 후에 바람이 드는 것.

내풍성작물(耐風性作物), wind tolerance crop : 바람이 많은 지역에도 잘 견디는 작물. 예) 고구마.

내피(內皮) = 속껍질, endodermis : 나무껍질의 맨 안쪽, 즉 부름켜의 바깥쪽에 있는 살아 있는 조직.

내한성(耐寒性), cold hardiness, winter hardiness : 작물이 저온에 견디는 성질이다. 월동작물이나 한대지방의 작물은 주로 내한성이 강한 작물이다.

내향꽃밥[內向葯], introse anther : 중심축이 안쪽을 향한 꽃밥.

내향약(內向葯), introrse anther : 꽃밥이 꽃의 안쪽(암술 쪽)으로 향해 피는 것. 예) 포도속.

내화피(內花被) : 꽃의 꽃잎에 해당됨.

내화피편(內花被片), inner petal : 꽃의 꽃잎에 해당됨. 화피가 두 겹일 때 안쪽에 있는 것.

냉기류(冷氣流), cold drainage : 하늘이 맑은 야간에 지상물체의 복사냉각으로 밀도가 높아진 접지기층(接地氣層)의 공기가 지면의 경사를 따라 흘러내리는 기류를 말한다. 일반적으로 해가 지기 전 40~50분경에 시작되어 해뜨기 전까지 계속되는데, 그 두께는 수m부터 100m 정도이다. 냉기류가 모여서 산풍(山風)이 되며, 그 규모가 큰 것은 활강풍(滑降風)이라고 한다. 냉기류 때문에 농작물의 생육이 저조한 농경지는 주위에 방풍림을 조성하면 효과가 크다.

냉기호(冷氣湖) = 찬공기호수, cold air lake : 냉기류가 분지나 굴곡이 있는 골짜기에 고여 있는 상태를 말한다. 찬공기 호수에서는 낮은 곳일수록 온도가 낮은 이른바, 역전층(逆轉層)이 형성되어 산록보다 바닥에 있는 농작물이 동상해를 더욱 심하게 입게 된다.

냉리(冷痢) : 몸이 차고 습하게 되면 생기는 설사병.

냉복통(冷腹痛) : 배를 만져보면 차갑고 통증이 오며 소화가 안 되는 경우.

냉상(冷床), cold frame, cool bed : 인공으로 열을 공급하지 아니하는 자연적인 묘상이다.

냉수관개(冷水灌漑) = 찬물대기, cold water irrigation : 논에 미기상(微氣象)을 조절하기 위해 찬물을 대는 일이다.

냉수온탕침법(冷水溫湯浸法), cold and hot water treatment : 벼종자로 전염하는 잎마름선충병을 방제하는 물리적인 방법으로 벼종자를 먼저 20℃ 이하의 냉수에 16~24시간

담갔다가 즉시 45~48℃의 온탕에 1~2분간 침지하고, 다시 51~52℃의 온탕에 7~10분간 침지하고 청수에 냉각시키는 종자소독법을 말한다.

냉습(冷濕) : 차가운 성질의 사기(邪氣)와 습한 성질의 사기(邪氣)를 말하는 것.

냉온장해(冷温障害), chilling injury : 작물이 조직 내에 결빙(結氷)이 생기지 않은 범위의 저온(低温)에 피해를 받는 장해.

냉풍(冷風) : 신과 비가 함께 허하여 풍습의 사기가 지절에 침입하여 기육에 차 넘쳐서 발병하며 때로 냉통 등의 증상을 보임.

냉해(冷害), chilling injury, cool-weather damage : 벼 생육기간 중 저기온으로 인하여 벼에 각종 장해를 일으키는 현상을 말한다. 벼의 냉해에는 냉해를 받는 시기에 따라 여러 가지 냉해형으로 구분될 수 있는데 그 대표적인 것은 지연형 냉해, 장해형 냉해 및 혼합형 냉해이며, 이들 냉해형에 따른 저온의 한계온도가 다를 뿐 아니라 품종간 차이도 크게 인정되고 있다.

냉해저항성(冷害抵抗性), cold tolerance : 1년생 작물에서 고온을 필요로 하는 여름철의 서늘한 냉온이 비교적 장시간 계속되거나, 냉온에 민감한 생육시기에 냉온의 내습으로 냉해를 받게 되는데 이에 대한 작물이 가지는 저항성을 냉해저항성이라고 한다.

너도개미자리과, 석죽과, Caryophyllaceae : 열・온대에 분포하는 관목 또는 초본으로 80속 2,000종이며, 우리나라에 18속 47종이 자생하고 대부분이 초본이다. 가지는 마디가 뚜렷하며 마주나는 잎은 위로 갈수록 점점 작아지고 얇은 막질의 탁엽이 있다. 양성화 또는 단성화의 꽃은 1송이씩 달리거나 취산화서 또는 원추화서로 피며 열매는 삭과로 많은 종자가 들어 있다.

넉줄고사리과, Davalliaceae : 전 세계에 12속 300종이 분포하며 우리나라에서는 온실에서 자라는 줄고사리류를 포함하여 2속 2종이 있다. 바위나 나무에 착생하는 여러해살이 양치식물이다. 근경은 길게 포복하고 많은 인편이 있다. 잎은 간격이 있고 엽병은 근경과 관절이 있거나 없다. 엽신은 1회 또는 수회 우상으로 갈라지며 엽맥은 유리맥이다. 포자낭군은 엽맥 끝에 달리며 포막이 있다. 포자는 좌우대칭이다.

넓은길둥근꼴 = 광타원형(廣楕圓形), oval, widely elliptical : 너비가 길이의 1/2 이상 되는 잎의 모양으로 길둥근꼴보다 약간 넓은 것.

넓은잎나무 = 활엽수(闊葉樹), broadleaf tree, latifoliate tree : 넓고 평평한 잎이 달리는 나무. 열대에서 온대에 걸쳐 자란다.

넓은타원모양[廣楕圓形], oval : 너비가 길이의 1/2 정도가 되는 모양.

네가래과, Marsileaceae : 수생식물로 전 세계에 3속 77종이 분포하고 우리나라에는 1속 1종이 자라고 있다. 근경은 포복하고 털이 있다. 잎은 선모양의 단엽이거나 긴 자루에 1~2쌍의 소엽이 붙는다. 엽맥은 여러 번 Y자로 갈라지고 위쪽 끝에서 서로 붙는다. 엽병아래 쪽에 1개 또는 여러 개의 자루가 있는 포자낭과가 붙는다. 포자낭과는 콩 모양으로 딱딱하고 그 속에 포막으로 둘러싸인 여러 개의 포자낭군이 있다. 대포자낭에는 1개의 대포자가 있고, 소포자낭에는 여러 개의 소포자가 같은 포자낭군에 섞여 있다.

넷긴수술[四强雄蘂], tetradynamous : 6개의 수술 중 4개가 길고 2개는 짧은 것. 예) 십자화과

노령림(老齡林), matured forest : 나이가 많은 나무들로 이루어진 숲. 벌기에 달해 입목의 평균재적, 생장량이 떨어지는 산림.

노루발과, Pyrolaceae : 온대에 분포하는 관목 또는 초본으로 14속 45종이며, 우리나라에 4속 11종이 자생한다. 기생식물로 단엽은 어긋나거나 마주나며, 돌려나는 탁엽이 없다. 총상화서나 산방화서에 1송이씩 달리는 꽃은 양성화이고, 열매는 삭과이다.

노린재나무과, Symplocaceae : 1속으로 열대와 아열대에 분포한다. 꽃은 양성이고 자방은 중위 또는 하위로 2~5실이며 각 실에 2~4개씩의 배주가 달리고 주피는 1매이다. 열매는 핵과이거나 장과이다.

노박덩굴과, Celastraceae : 전 세계에 40속 375종이 극지방을 제외한 지역에 분포하며 우리나라에서는 3속 17종이 자란다. 작은 초록색의 꽃이 달린 취산화서이고 수술 안쪽 화반으로 둘러싸인 자방에 각 2개의 배주가 있으며 종자는 종의로 덮여 있다.

노지(露地), open field, outdoor : 지붕이 안 덮여 있는 땅 또는 바깥 자연조건을 말한다.

노통(勞痛) : 과로로 몸살이 나고 몸이 쑤시는 증상.

노화(老化), aging, senescence : 식물은 개화・결실과 함께 생장을 멈추고 생리적 기능이 점차 약화되어 가는데 이를 노화라고 부른다.

노화수분(老化受粉), old flower pollination : 적기에 수정되지 않고 오래된 꽃에서 수정되는 것을 뜻한다.

노후답(老朽畓) = 특수성분결핍답(特殊性分缺乏畓), deteriorated paddy : Fe, Mn, K, Ca, Mg, Si, P 등이 작토에서 용탈되어 결핍된 논토양을 노후답이라고 하며, 특수성분결핍토나 퇴화염토 등은 노후답에 속하는 것으로 볼 수 있다. 논은 담수 후 산화층과 환원층으로 분화되면서 작토 중에 있는 철분과 망간을 비롯하여 수용성 무기염류가 용탈되는데 여러 해 동안 벼농사를 계속하여 작토 중에 그 성분들이 부족하게 된 토양을 말한다.

녹나무과, Lauraceae : 전 세계의 열대, 아열대에 45속 1,000종이 분포하며 우리나라에서는 6속 13종이 자란다. 잎은 어긋나고 장상으로 갈라지며 우상맥이다. 꽃은 양성 또는 단성으로 화피와 수술은 3수성이며 꽃받침과 꽃잎의 구별이 없다. 자방은 상위 또는 하위이고, 열매는 1개의 종자가 있으며 종자에는 배유가 없다.

녹말(綠末) : 식물체 내의 주요한 저장형 탄수화물이며 저장다당체로서 고등식물의 종자, 뿌리, 근경 등에 함유되어 있다.

녹병(綠病) : 보리, 밀 등의 잎이나 잎집에 1mm~1cm의 반점을 만들고 표피는 파괴되며 쇠의 녹과 같은 여름홀씨가 생기는 병이다.

녹비작물(綠肥作物) = 비료작물(肥料作物), green manure crops : 토양에 유기물과 영양분을 공급할 목적으로 재배하는 작물로 귀리, 호밀, 자운영, 헤어리베치 등이 있다.

녹색혁명(綠色革命) : 다수성 품종육성에 의한 식량증산과 그에 따른 농업상의 기술혁신으로 품종 개량으로 많은 수확을 올리는 농업상의 혁명. 특히 1960년대 개발도상국에서 일어난 비약적 농업 증산을 일컫는 말이다.

녹지삽(綠枝揷), greenwook cutting : 이른 봄 생장 중에 있는 유연한 가지가 어느 정도 굳어졌을 때의 가지를 녹지라고 하며, 녹지를 이용한 삽목을 녹지삽이라 한다. 굳어서 딱딱한 가지를 이용한 꺾꽂이 방법을 숙지삽이라 한다.

녹체(綠體) : 엽록소를 형성하여 푸른색을 띠게 되는 식물. 보통 녹체기라고 하는 것은 본엽 1~3매의 어린 시기를 말한다.

녹화(綠化), landscape planting, greening : 식물에 의해서 민둥산표면을 피복하는 것으로 농업, 조경, 조림과 황폐지 복구 등의 분야에서 주로 인위적 수단으로 식생을 도입하지만, 때로는 자연의 힘에 의한 식생발달과 보전·이용도 포함되며 싹이 튼 어린 묘에 햇볕 또는 인공조명을 쪼여 엽록소를 형성시키는 일이다.

논[답(畓)], paddy field : 담수하고 벼, 미나리, 왕골 등을 재배하는 농지로, 특성에 따라 건답, 수리안전답, 수리불안전답, 천수답, 습답, 간척답, 누수답, 노후답 등으로 분류하기도 한다.

논벼 = 수도(水稻) : 벼는 재배하는 땅의 상태에 따라 논벼와 밭벼로 나누는데, 논벼는 물이 있는 상태에서 재배한다 하여 수도(水稻)라고도 한다.

논써리기 = 써레질 : 논의 경운, 쇄토작업에 이어 이앙 전에 물을 대고 논을 고르는 무논에서만 이루어지는 독특한 농작업이다. 논써리기의 목적은 경토를 부드럽게 하고 평평하게 하여, 이앙작업을 쉽고 정밀하게 할 뿐 아니라 물을 오래 간직하며, 밑거름을 토양 전층에 고루 혼합되도록 하며 잡초를 없애는 등의 효과가 있으나 그중에서도 이앙을 용이하게 물을 오래도록 간직하는 것이 최대의 목적이다.

논토양[답토양(畓土壤)], paddy soil : 벼를 재배하기 위해 조성된 토양을 일괄하여 일컫는 말로서 전(田)토양(밭토양)에 대응하여 답(畓)토양이라고도 한다.

농경(農耕) : 논밭을 갈아 농사를 짓는 일이며 농사를 짓기 위한 땅갈이이다.

농번기(農繁期), busy farming season : 농사일이 가장 바쁜 철. 모낼 때, 논매기 때, 추수(秋收)할 때, 즉 농기(農期)를 뜻한다.

농산물우수관리제도(農産物優秀管理制度) = 표준영농규범(標準營農規範), GAP, good agricultural practice : 현실적 조건하에서 효과적이고 신뢰할 수 있는 해충의 관리를 위해 국가가 공인한 『농약의 안전 사용규범』을 말하며, 여기에는 가능한 최소한의 농약잔류가 이루어지는 방법으로 사용하였을 때 국가가 공인한 최고 수준의 농약 사용이 포함된다.

농약(農藥), agricultural chemicals, pesticides : 농약이라 함은 농작물(수목 및 농, 임산물을 포함한다)을 해치는 균(菌), 곤충(昆蟲), 응애, 선충(線蟲), 바이러스, 기타 농수산부령이 정하는 동식물(병해충(病害蟲)이라 한다)의 방제에 사용하는 살균제(殺菌劑), 살충제(殺蟲劑), 제초제(除草劑)와 농작물의 생리기능(生理機能)을 증진 또는 억제하는데 사용되는 생장조정제(生長調整劑) 및 약효를 높이는 자재를 말한다. 화학적방제법에 이용되는 농약의 종류로는 살균제(殺菌劑, fungicide), 살충제(殺蟲劑, insecticide), 살비제(殺蜱劑, acaricide, mitecide), 살선충제(殺蟬蟲劑, nematocide), 살서제(殺鼠劑, rodenticide), 보조제(補助劑, supplemental agent, adjuvant), 제초제(除草劑, herbicide, weed killer), 식물생장조절제(植物生長調節劑, plant growth regulator) 등이 있다.

농업(農業), agriculture : 토지를 경작하여 작물을 길러서 생산물을 얻고, 또 그 생산물의 일부를 이용하여 가축을 길러서 축산물을 얻으며, 다시 축력이나 두엄을 작물을 기르는 데 이용하는 것을 농업이라 한다.

농업기후(農業氣候), agroclimate : 농업생산은 기후조건의 영향을 받는다. 농업에 밀접한 관계를 가지는 기후조건을 농업기후라고 하고, 농업기술의 발달에 따라 기후조건과 농업의 관계는 다각화되고 있다. 이들 양자 간의 법칙성(法則性)을 밝혀 실용화하고자 하는 학문을 농업기후학(農業氣候學)이라고 한다.

농업생산기술(農業生産技術) : 인류가 정착농업을 시작한 후 오랫동안 사용한 농업생산기술은 자연환경에 순응하는 방식으로 운영되어 왔으나, 산업혁명 이후 과학기술과 산업이 발달함에 따라 자연환경을 극복하는 기술은 말할 것도 없고, 자연환경을 자원으로 보고 거꾸로 이용하려는 기술을 개발하여 생산성의 극대화를 추구해온 결과 많은 성공을 거두었다. 하지만 생산성의 극대화를 추구하는 농업생산기술은 자연환경에 나쁜 영향을 끼침으로써 이제는 여러 나라에서 자연환경에 친화적인 생산기술을 개발하려고 노력하고 있다.

농작물(農作物), crop : 논밭에 재배하는 식용작물과 사료작물, 공예작물, 원예작물의 총칭으로 농사로 논이나 밭에 가꾸는 식물이다.

농포진(膿疱疹) : 수포(水疱)나 농포(膿疱)를 동반한 형태의 발진(發疹).

농혈(膿血) : 피와 고름이 섞인 피고름.

농후사료(濃厚飼料) : 가소화 영양소 농도가 높고 섬유질 함량이 낮으며(조섬유 18% 이하), 영양소 농도가 높은 사료의 총칭이다.

높새바람[녹새풍(綠塞風)], foehn : 휀풍이나 치누크와 같은 휀현상으로 나타나는 우리나라 중북부지방에 부는 일종의 국지풍으로 북동풍이다. 태풍이 일본의 남쪽 해상을 지나갈 때 또는 오호츠크해 고기압이 남서쪽으로 확장하여 동해상에 머물 때 이 고기압역에서 바람이 태백산을 넘어 서쪽으로 불어가면 휀현상으로 고온건조한 바람이 된다. 높새바람은 주로 경기도를 중심으로 충청도, 황해도에 걸쳐 여름철에 분다. 높새바람이 불 때 개화하거나 이삭이 패는 작물은 고온건조로 수정에 장해를 받기 때문에 살곡풍(殺穀風)이라고 부르기도 한다. 한편 이때 동해안은 기온이 낮아 냉해의 우려가 있다.

뇌수분(蕾受粉), bud pollination : 자가불화합성 식물에서 화분관의 생장을 억제하는 물질이 생성되기 전의 꽃봉오리 때 수분하는 것을 말한다.

뇌암(腦癌) : 뇌 속에 암세포가 증식하는 것.

뇌염(腦炎) : 뇌에서의 염증성 반응의 총칭.
뇌일혈(腦溢血) : 졸중, 동맥경화증으로 인해 뇌동맥이 터져서 뇌 속에 출혈하는 병증.
뇨혈(尿血) = 혈뇨(血尿) : 오줌에 피가 섞여 나오는 병.
누뇨(漏尿) : 소변이 흐르는 상태.
누두형(漏斗形), funnel form : 정제화관에 속하며 병꽃나무의 꽃처럼 깔때기 모양인 것. 예) 메꽃의 화관.
누두형꽃부리 = 깔때기모양꽃부리, funnel-shaped corolla : 화통이 선단으로 향할수록 넓어지는 나팔모양의 꽃.
누수답(漏水畓), water leaking paddy : 물이 지하로 쉽게 빠져 내려가는 논. 이러한 논은 한해의 위험이 크고, 수온이나 지온이 낮아지며 양분 보수력이 약해지기 쉽다.
누운[傾伏性], decumbent : 줄기가 지면을 기다가 끝에 직립하는 모양.
누출(淚出) : 감정에 의해서 마음이 동하여 오장육부에 파급하며 눈물이 나는 형태.
누태(漏胎) : 임신 중 하혈하는 것.
누혈(漏血) : ① 붕루(崩漏) 증상 중에 누증(漏症)에 피가 흘러나오는 증상이 함께 나타나는 병증. ② 자궁출혈. 월경이 아닌데 성기에서 피가 조금씩 끊이지 않고 나오는 것.
눈 = 싹, 아(芽), 촉, bud : 작은 가지의 끝이나 옆에 있는 잎겨드랑이에 달리는 가장 어린 부분. 줄기 끝에 생기는 어린구조. 나중에 잎, 꽃 등으로 자란다. 새로운 기관을 만들기 위한 처음의 형태(화아, 엽아).
눈껍질(芽鱗), bud scale : 눈을 싸고 있는 변형된 비늘 같은 잎.
눈비늘 = 아린(芽鱗), bud-scale : 겨울눈을 보호하고 있는 비늘 모양의 껍질.
느릅나무과, Ulmaceae : 전 세계의 극지대를 제외한 양반구에 15속 150종 이상이 분포하며 우리나라에서는 5속 19종이 자란다. 자웅동주이며 단엽이고 엽병이 있으며 어긋난다. 꽃은 양성화 또는 단성화로 줄기 옆에 달리고 모여 나는 취산화서이다. 열매는 시과 또는 핵과로 흔히 배유가 없다.
늑간(肋間) : 열매의 늑과 늑 사이.
늑막염(肋膜炎) : 흉막염. 흉곽 내에서 폐를 둘러싸고 있는 막에 생기는 염증.
늘푸른[常綠性], ever-green : 겨울에도 녹색 잎을 갖고 떨어지지 않는 것.
늘푸른나무 = 상록수(常綠樹), indeciduous tree : 겨울에도 잎이 떨어지지 않고 일 년 내내 푸른색을 띠는 나무.
능각(稜角) : 다면각으로 이루어진 물체의 모서리. 뾰족한 모서리.
능상(菱狀) : 마름모꼴.
능소화과, Bignoniaceae : 전 세계에 110속 750종이 주로 열대에 분포하며 우리나라에는 4종을 심는다. 잎은 거의 마주난다. 열매는 삭과 또는 장각과이다. 꽃은 양성이고 가지 끝에 달리며 줄기는 덩굴성이다. 종자에 날개가 있고 배유가 없다.
능형(菱形) = 마름모꼴, rhomboid : 마름모꼴이나 다이아몬드 꼴인 형태. 예) 마름잎.
니핀정지법 : 원줄기를 수직으로 세우고 원가지를 좌우에 2~3단으로 유인하여 원가지

에 나오는 결과지를 아래로 향하게 하며 원가지의 기부에는 예비지를 양성하여 매년 원가지를 갱신시키는 포도나무의 정지법이다.

ㄷ

다계교배(多系交配), multiple cross : 유전자형이 서로 다른 여러 개의 품종이 참여하는 교배이다.

다계교잡종 : 여러 개의 계통 간에 교잡이 된 것으로 유전적으로 서로 다른 두 개의 다계교잡종이 있을 때 이들 사이에 교잡을 하면 잡종강세가 일어나므로 1대잡종 교배시 양친으로 이용할 수 있다.

다계품종(多系品種), multiline variety : 2개 이상의 순계품종 또는 여러 개의 동질유전자계통을 혼합하여 만든 집단품종이다.

다계혼합품종(多系混合品種) : 여러 개의 동질유전자계통을 혼합하여 만든 품종을 말한다.

다관질(多管質) : 줄기 안이 구멍이 많아 해면질같이 된 것.

다기취산꽃차례[多岐聚散花], pleiochasium : 꽃대축에서 2개 이상 분지한 취산꽃차례. 예) 마타리, 쥐오줌풀.

다년생(多年生) = 여러해살이, perennial : 2년 이상 개체가 생존하는 성질.

다년생작물(多年生作物) = 영년생작물(永年生作物), perennial crops : 생존연한이 길고 경제적 이용연한도 긴 작물. 예) 호프, 아스파라가스, 목초류.

다년생잡초(多年生雜草), perennial weed : 여러 해살이 잡초로서 그 대표적인 초종으로는 방동사니과에 너도방동사니, 매자기, 올방개, 쇠털골, 파대가리 등이 있으며 광엽잡초로서는 가래, 벗풀, 올미, 개구리밥, 네가래, 수염가래꽃, 미나리, 좀개구리밥 등이 있다. 이들 다년생잡초는 주로 근경, 괴경, 인경, 포복경에 의해 번식하고 있다.

다년생초본(多年生草本) = 다년초(多年草), 숙근초(宿根草), 여러해살이풀, herbaceous perennial plant, perennial herb : 여러 해 동안 살아가는 풀. 잇따라 여러 해를 사는 풀. 겨울에 땅 위의 기관은 죽어도 땅속의 기관은 살아서 이듬해 봄에 다시 새싹이 돋는다.

다뇨(多溺) : 소갈.

다래나무과, Actinidiaceae : 전 세계에 15속 560종이 주로 열대에 분포하며 우리나라에는 4종이 자란다. 배주는 박층형이고 주피는 1개이다. 종자에는 종의가 없고 큰 배가 들어 있다.

다량원소(多量元素), macroelement, major element : 작물의 필수원소 가운데 특히 많은 양을 요구하는 원소로서 탄소(C), 수소(H), 산소(O), 질소(N), 유황(S), 마그네슘(Mg), 칼슘(Ca), 칼륨(K), 인산(P)의 9가지.

다른꽃가루받이 = 타가수분(他家受粉), cross pollination, allogamy : 다른 개체의 꽃가루를 받아서 수정이 이루어지는 꽃가루받이의 작용.

다망증(多忘症) = 다망(多忘) : 심신이 허해져서 발생하는 병증.

다면발현(多面發現), pleiotropism : 한 개의 유전자에 의하여 두 개 이상의 형질이 발현되는 것. 이 유전자를 다면발현 유전자(pleiotropic gene)라 하고, 이 영향을 다면적 효과(pleiotropic effect)라고 함. 다면발현성.

다모작(多毛作), multiple cropping : 한 경지(耕地)에서 1년에 세 번 이상 경작, 수확하는 일 같은 논밭에서 일 년에 2회 이상 같은 종류 또는 다른 종류의 농작물을 계속 파종하여 수확하는 일. 여러 번 짓기.

다발성경화증(多發性硬化症) : 중추신경계 질환으로 뇌와 척수에 걸쳐서 작은 탈수(脫髓) 변화가 되풀이하여 산발적으로 일어나는 병.

다비농법(多肥農法) : 비료를 많이 투입하는 농업이다.

다비성작물(多肥性作物) : 생육에 많은 양의 비료를 필요로 하며 어느 한계까지는 비료를 많이 주면 줄수록 수량이 크게 증대되는 작물이다.

다비재배(多肥栽培), heavy manuring culture : 표준시비량보다도 더 많은 양의 비료를 주어 재배하는 방법이다.

다성화(多性花) = 잡성꽃, 잡성화(雜性花), polygamous flower : 같은 종의 식물에서 같은 그루 또는 다른 그루에 양성화, 암꽃, 수꽃 3종류의 꽃이 있는 것. 단성화와 양성화를 공유하는 자웅동주 또는 자웅이주의 식물.

다소변(小便多) : 소변다(小便多). 소변의 양이 많은 병증.

다소변증(小便多症) : 소변의 양이 많은 증상.

다수성(多數性), polymerous, multimerous : 꽃을 이루는 기관의 수가 5 이상으로 여럿일 때. 복합 윤생(輪生)의 꽃 또는 잎을 일컫는데, 윤생할 때마다 많은 구성기관으로 이루어지는 특성을 가짐.

다수술(多雄蕊), polyandrous : 수술이 많이 있는 것.

다수확재배(多收穫栽培), high yielding culture : 기상, 토질, 작물, 품종, 재배법 등 여러 가지 조건을 고려하여 수량을 높이는 일을 말한다.

다얼성품종(多蘖性品種) : 벼수수형, 이삭의 수는 많지만 이삭자체는 적은 품종군이다.

다육경(多肉莖), succulent stem : 매우 수분이 많고 비대하며 광합성을 하는 줄기로 다른 기관이 변하여 된 것이다.

다육과(多肉果) = 물고기열매, fleshy fruit : 물기가 많고 고기질이 많은 열매.

다육성(多質性), succulent : 물기가 많은 육질성의 상태.

다육성줄기(多肉莖), succulent stem : 물기가 많은 육질성 줄기. 예) 선인장.

다육식물(多肉植物), fleshy plant : 메마른 곳에서 잘 자라도록 땅 위의 줄기나 잎 속에 물을 많이 저장하여 비대한 식물. 돌나물과와 선인장과 식물 등이 여기 속한다.

다육잎(多肉葉), fleshy leaf : 물기가 많은 육질성 잎. 예) 알로에.

다육질(多肉質) = 물고기질, fleshy : 물기가 많고 살이 많은 특성. 잎, 줄기, 열매에 즙이 많은 것. 예) 선인장, 쇠비름.

다주소식(多株疎植) : 벼의 재식밀도수에 의해 결정되는데, 단위면적에 심을 주소식이라 하는데, 다수확재배를 위해서는 불리한 방법이다. 그 이유로서는 속에 햇볕 쬐임이 불량하고 양분흡수의 경합 등으로 분얼이 억제될 뿐 아니라, 단위면적당 심어진 포기수도 적어 이삭수의 확보가 어렵기 때문이다.

다즙식물(多汁植物) : 수분을 많이 함유하고 있는 식물. 다육식물을 포함하여 무, 배추 등처럼 물기가 많은 식물이다.

다찌가렌, Tachigaren : 밭, 못자리나 기계이앙용 모판에 발생하기 쉬운 입고병 방제용으로 개발된 토양살균제로 널리 보급되고 있는 농약이다.

다체웅예(多體雄蕊, 多體雄蘂), polyadelphous stamen : 합생웅예 중에서 수술대가 4개 이상인 것. 예) 귤, 물레나물.

다층림(多層林), multi-storied forest : 수직적 구조가 여러 개의 층으로 구분되는 숲. 복층림이라고도 하며 보통 3층(상층, 중층, 하층)으로 이루어져 있음.

다침상(多針狀), echinate : 표면에 강인하고 끝이 둔한 가시가 밀생하는 상태.

다화과(多花果), multiple fruit : 복과 중에서 여러 개의 꽃이 모여 그 일부가 다즙 질로 되어 있는 것. 예) 뽕나무, 굴피나무.

단각(短角), silicle : 열매의 한 종류인 각과 중 길이가 짧은 것.

단각과(短角果), silicle : 십자화과에서 보이며, 다 익으면 두 개의 열개선을 따라 터지고 박격벽이 숙존하며, 길이는 너비의 2배 이하로 거의 유사하다. 예) 냉이.

단간(短稈), short culm : 키, 줄기가 짧은 것. 벼에서 통일형 품종들은 일반 품종에 비해 단간이다. 그리고 같은 품종 내에서도 키가 작은 단간종과 키가 큰 장간종으로 구분되는 품종도 있는데 이것은 유전적 성질로 단간품종을 왜성종이라고도 한다.

단간수중형(短稈穗重型) : 벼의 키는 짧으면서 이삭의 길이는 길고 무거운 특성을 지닌 품종을 가리키는 말로 1971년 통일품종이 육성되면서 처음 사용하게 된 품종적 특성인 초형을 표현한 말이다.

단간조숙(短稈早熟) : 키가 작으면서 성숙이 빠른 것. 통일계의 벼 품종이 대개 단간조숙종이다.

단간직립형(短稈直立形) : 벼 품종에 있어서 간장은 짧고 출수 후 지엽을 비롯한 상위의 엽들이 늘어지지 않고 빳빳이 서서 군락상태에서 수광태세가 좋은 특성을 가진 품종을 말한다. 이 같은 품종은 광합성 능력이 극히 양호하여 다수성인 품종적 특성으로 평가할 수 있다.

단경기채소(端境期菜蔬) : 제철이 아닌 시기에 생산되는 채소. 겨울철 비닐하우스에서 재배되는 오이, 토마토 또는 한여름에 고랭지에서 생산되는 무, 배추 등이 있다.

단과(單果), simple fruit : 1개의 심피로 된 암술이 성숙하여 된 열매.

단관질(單管質) : 비녀골풀의 줄기 속과 같이 단순한 관으로 된 것.

단교배(單交配), single cross : 유전적으로 다른 두 품종을 교배하는 것으로 단교잡이라 한다. 예를 들면 A, B, C, D의 4계통이 있을 때 A×B, B×C, C×D 등이 단교잡이다.

단교잡종, single cross hybrid : 단교잡종은 두 개의 자식계통 간에 교잡이 된 교잡종이다. 단교잡종 자체도 자식계통 간에 교잡이 되었기 때문에 잡종강세를 나타내기 때문에 1대잡종 종자로 이용할 수 있다.

단구(段丘) : 물에 씻겨 내려간 흙이나 모래 등이 강 하구에 쌓여 이룬 지층을 말한다. 지반융기, 해면강하, 기후변화 등으로 강, 바다, 호수의 기슭에 생기는 단상의 평탄지로서 장소에 따라 하안단구, 해안단구, 호암단구로 분류된다.

단구식재배(段丘式栽培) : 경사가 심한 곳을 개간할 때에는 토양침식을 방지하기 위하여 계단식으로 단구(段丘, terrace)를 구축하고 법면(法面)에는 콘크리트, 돌, 식생 등으로 계단식 단구가 조성되도록 한다.

단구형(單溝型), monosulcate : 일부 나자식물과 원시 피자식물 화분의 발아구로 한 일(一)자처럼 생겼다.

단근(斷根) : 절단해서 세근의 발생을 많게 하기 위한 묘포작업의 하나이다.

단기성품종(短期性品種), short-term rotation : 벼가 생육할 수 있는 기간 중의 일장을 비롯한 온도환경의 범위 내에서 재배시기에 관계없이, 즉 재배시기를 이동하여도 최소한의 짧은 기간 내에 안전재배가 가능한 특성을 지닌 품종을 단기성 품종이라고 하는데, 이 같은 특성을 지닌 품종은 기본영양생장성은 적으면서 감온·감광성은 둔한 것이라야 할 것이다.

단독(丹毒) : 화상과 같이 피부가 벌겋게 되면서 화끈거리고 열이 나는 병증.

단립(單粒), monad : 화분을 구성하고 있는 세포의 수가 하나인 것(거의 모든 종자식물).

단립구조(單粒構造), single-grained structure : 토양의 단립구조는 해안의 사구지에서 볼 수 있듯이 비교적 큰 입자가 무구조(無構造, amorphous)인 단일상태로 집합되어 있는 구조이다. 대공극(大孔隙)이 많고 소공극(小孔隙)이 적으며 토양통기와 투수성은 좋으나 수분과 비료분을 지니는 힘은 작다.

단맥(單脈), uninervis : 잎에 주맥 한 가닥만이 발달하는 것. 엽맥에서 주맥만 있는 것.

단면잎[單面葉], unifacial leaf : 잎 앞뒷면의 색과 조직이 같은 잎.

단모(短毛) = 홑털, unicellular trichome, fuzz : 하나의 세포로 된 털.

단목(單木), single tree, individual tree : 하나씩 떨어져 자라는 나무.

단백질(蛋白質), protein : 아미노산의 축합 생성물인 고분자량 물질. 탄소 53%, 수소 7%, 산소 23%, 질소 16%, 유황 2%가 대체적인 조성이다. 조단백질량은 100/16=6.25를 질소량에 곱하여 산출한다. 근육, 알, 기타 동물조직의 주요 성분이고, 또한 생체효소도 단백질로 되어 있으므로 동물은 반드시 일정량 이상을 식물에서 섭취하지 않으면 생명이 유지되지 않는다. 펩티드 결합에 의하여 여러 가지의 아미노산이 연결되어져 만들어진 고분자중합체. 생체의 주요 구성성분이며 호르몬, 효소 등으로 각종 생리작용에 관여한다.

단생(單生) solitary : 하나의 기관이 1개만 나는.

단성(單性), unisexual : 수술이나 암술 중 어느 한쪽만이 있는 상태.

단성화(單性花) = 불완전화(不完全花), 홑성꽃, incomplete flower, monosexual flower, unisexual flower : 암술과 수술 중 한 가지만 있는 꽃으로 암꽃과 수꽃으로 나뉜다. 예) 소나무, 버드나무.

단세포성(單細胞性), unicellular : 하나의 세포로 이루어진 상태.

단순림(單純林), pure forest : 한 종류의 나무로 이루어진 숲. 순림이라고도 함.

단시형(短翅型) : 곤충의 성충에서 생리·생태적 조건상 짧은 날개를 가진 형태로 생식형이라고도 불린다.

단신복엽(單身複葉), 홑몸겹잎, unifoliate compound leaf : 단엽처럼 보이나 2개의 잎몸이 아래위로 이어져 있는 잎. 예) 귤, 유자.

단아(單芽), single bud : 하나만 있는 싹을 말한다.

단연모(短軟毛) = 짧고 부드러운 털, puberulous hair, puberulent hair : 부드러운 털로서 길이가 짧다.

단열재료(斷熱材料) : 열을 차단하기 위해 사용하는 왕겨, 짚 등이 있다.

단엽(單葉) = 홑잎, simple leaf : 하나의 잎몸으로 이루어진 잎. 잎자루에 1개의 잎몸이 붙어 있는 잎. 잎몸이 작은 잎으로 쪼개지지 않고 온전하게 하나로 된 잎. 대체로 잎가장자리가 깊이 갈라지거나 톱니가 있다.

단위결과(單爲結果), parthenocarpy : 수정으로 종자가 생성됨으로써 열매를 형성하는 것이 보통이다. 그러나 바나나, 감귤류, 포도, 중국감 등은 종자의 생성 없이 열매를 맺는 경우가 있으며, 이러한 현상을 단위결과라고 한다. 단위결과가 나타나는 것은 대부분 염색체 조성이 복잡하여 정상적인 배우자를 형성할 수 없기 때문이다. 단위결과는 자연적으로 일어나기도 하지만 다른 화분의 자극(예: 배추×양배추)이나 지베렐린과 같은 식물호르몬 또는 배수성(예: 건포도용 포도)을 이용하여 인위적으로 유발하기도 한다.

단위결실(單爲結實) : 씨 없이 열매를 맺는 상태, 즉 난자가 수정하지 않고 결실하는 일을 말한다.

단일(短日), short day : 1일 24시간의 주기에서 명기(明期)가 암기(暗期)보다 길 때를 장일(長日)이라고 하고 반대로 명기가 암기보다 짧을 때를 단일(短日)이라 함. 장단일의 경계는 명기 길이가 12~14시간 이상인 것을 장일, 12~14시간보다 짧은 것을 단일이라고 한다.

단일식물(短日植物), short-day plants : 하루 24시간 주기에서 낮이 밤보다 짧은 조건에서 개화가 촉진되는 식물이다. 단일조건에서는 화성(花成)이 유도촉진되는 식물을 단일식물이라고 하며 장일상태에서는 이것이 저해된다. 단일식물에는 늦벼, 기장, 피, 옥수수, 콩, 아마, 담배, 호박, 코스모스, 나팔꽃 등이 있다.

단일처리(短日處理), short day treatment : 식물을 단일조건하에 두고 자연개화기와는 다른 시기에 개화시키려고 하는 처리를 말한다.

단일춘화(短日春化), short day vernalization : 식물의 생육과정에서 어느 시기에 일정기간 저온에 노출시켜야만 정상적으로 개화하는 현상을 춘화라고 한다. 즉, 춘화는 저온처리에 의해 이루어지는데 이 저온 대신에 단일상태를 부여해도 춘화가 이루어지는 경우를 단일춘화라 한다.

단자엽(單子葉), monocotyledonous : 떡잎이 하나인(단자엽식물).

단자엽식물(單子葉植物) = 홑떡잎식물, monocotyledonous plant, monocotyledon, *monocotyledonae* : 1개의 떡잎을 가진 식물로 형성층이 없으며 줄기와 뿌리의 성장은 각 세포의 증식과 증대로 이루어짐. 잎은 평행맥(平行脈)으로 섬유근계(纖維根系)의 관근이며, 줄기 하단의 절간부위에 생장점이 있다.

단자예(單雌蘂, 單雌蕊), simple pistil, mono-carpous pistil : 1개의 심피로 되어 있는 암꽃술. 예) 콩과, 벚나무.

단작(單作), single cropping : 같은 장소에서 한 시기에 한 가지 작물만을 재배하는 농법. 단일경작(單一耕作), 단일재배를 뜻한다.

단장일식물(短長日植物), short-long day plants : 처음 단일이고 뒤에 장일이 되면 화성이 유도되는 식물. 예) *Pelargonium grandiflorum, Campanula medium* 등.

단정화(單頂花), solitary flower, solitary inflorescence : 줄기 끝이나 잎겨드랑이에 1개의 꽃만 생기는 것. 예) 목련, 복수초.

단정화서(單頂花序), solitary inflorescence : 가지나 꽃대 끝에 1개의 꽃이 피는 화서. 예) 목련, 복수초.

단조모(短粗毛) = 짧고 거센털, strigose hair : 거센털과 비슷하나 어느 정도 압박된 상태로 있다.

단종(丹腫) : 붉게 붓는 증상.

단종독(丹腫毒) : 붉게 헐은 증상.

단종창(丹腫瘡) : 붉게 붓고 부스럼이 이는 것.

단주화(短柱花) : 수술이 길고 암술이 짧은 꽃이다. 암술마디가 짧은 것으로 꽃밥을 같은 높이로 되어 있지 않은 것이 많으며, 꽃밥은 높게 나타내고 있으며 대개 이런 작물은 부적합조합을 나타낸다.

단지(短枝) = 짧은 가지, spur, short shoot : 잎이 짧은 줄기 위에 압착되어 있는 어린 가지. 마디 사이가 극히 짧은 가지로서 5~6년간 자라며 작은 돌기나 번데기처럼 보임. 예) 은행나무, 잎갈나무.

단지형(單枝形), monolete : 포자의 발아구가 일(一)자처럼 길게 되어 있는 것.

단청(蛋淸) : 계란의 흰자위.

단체수술 = 단체웅예(單體雄蕊, 單體雄蘂), monodelphous stamen : 여러 개의 수술대가 단일구조로 융합한 복합체. 예) 아욱과.

단체웅예(單體雄蕊, 單體雄蘂) = 단체수술, monodelphous stamen : 여러 개의 수술대가 단일구조로 융합한 복합체. 예) 아욱과.

단초전정(短梢剪定) : 1년생 가지를 결과모지로 할 때, 마디만 짧게 남기고 절단하는 포도 등의 전정방법이다.

단축경(短縮莖), dwarf stem : 줄기가 짧고 잎이 밀생하고 있는 것.

단축분지(單軸分枝), monopodial branching : 주축이 발달하고 가지가 곁 방향으로 향하는 분지.

단축분지성(單軸分枝性), monopodial : 주축으로부터 가지들이 많이 분지하여 위, 아래 가지 사이의 간격이 짧은 것.

단층림(單層林), mono-storied forest : 숲의 수직적 구조가 한 개의 층으로 이루어진 숲.

단풍나무과, Aceraceae : 전 세계 2속 150종이 분포하며 우리나라에서는 15종이 자란다. 잎은 장상엽이고 마주난다. 꽃은 방사대칭이고 자방상위이다. 열매는 시과이다.

단향과, Santalaceae : 열・온대에 분포하는 교목, 관목, 초본으로 30속 400종 정도이며, 우리나라에 2속이 자생한다. 제비꿀속은 반기생의 녹색식물로 우리나라에는 제비꿀과 긴제비꿀이 있다. 어긋나는 잎은 선형 또는 피침형이다. 꽃은 엽액에 1개씩 피고, 열매는 견과로 화피에 싸여 있다.

단형(單型), monotypic : 한 분류군 안에 하위 분류군이 하나뿐인 것. 예) 은행나무과, 파리풀과.

단화과(單花果) : 하나의 꽃에서 이루어진 열매로서 이과, 장미과, 영과, 취과가 있다.

단화피화(單花被花) = 무판화(無瓣花), monochlamydeous, apetalous flower : 꽃잎이나 꽃부리가 없는 것.

닫힌꽃[閉鎖花], cleistogamous flower : 개화하지 않고 제꽃가루받이 하는 꽃. 예) 제비꽃(여름형), 큰개별꽃, 칡, 새콩, 솜나물(가을형), 물풍선.

닫힌꽃정받이[閉花受精], cleistogamy : 꽃덮이가 닫혀 있는 상태에서 한 꽃 내에서 꽃가루가 같은 꽃의 암술머리로 꽃가루받이가 되는 것.

닫힌열매 = 폐과(閉果), indehiscent fruit : 익은 후에도 갈라지지 않는 열매.

달걀모양 = 난형(卵形), 달걀꼴, ovate : 겉모양이 달걀 같고 하반부의 폭이 가장 넓다. 잎의 가운데 부분에서 잎자루 쪽까지의 부분이 넓고, 길이와 폭의 비가 2:1에서 3:2 정도인 형태.

닭의장풀과, Commelinaceae : 열・온대에 분포하는 초본으로 40속 660종이며, 우리나라에 4속 6종이 자생한다. 잎은 편평하고 줄기의 기부에는 막질의 닫힌 엽초가 있다. 취산화서로 달리는 양성화이고, 열매는 삭과이다.

담(痰) : 감기, 기침, 알레르기성 비염, 천식, 해수 등으로 인하여 생긴다.

담근체(擔根體), rhizophore : 외생적으로 발달하여 잎이 달리지 않고, 내생적으로 다수의 뿌리가 발달하는 특수한 기관. 부처손속(*Selaginella*)은 지상부의 분지가 아래로 향하여 자라는데, 그 선단에서 총생측근이 나온다.

담낭염(膽囊炎) : 쓸개에 염증이 생긴 병증.

담다해수(痰多咳嗽) : 가래가 많으며, 해수(咳嗽)증상이 나타나는 병증.

담석(膽石) : 담낭(膽囊; 쓸개) 속에 생긴 결석(結石).

담석증(膽石症) : 급성복증의 하나로 쓸개나 담관에 결석이 생겨 산통발작을 비롯한 심통, 황달 등 여러 증상을 야기시키는 병증.

담수(湛水), water lodging : 물을 채워서 경작지의 전 표면이 물에 잠긴 상태 또는 그렇게 하는 일을 말한다.

담수관개(湛水灌漑), flooding irrigation : 경지에 어느 일정 깊이로 물을 담아두는 관개방법. 보통 논에서의 관개방법이다.

담수상태(湛水狀態) : 논에 물이 담겨져 있는 상태를 말하며 벼는 생육하는 동안 담수상태라는 특수조건하에서 생육할 수 있는 적응성을 가지고 있다. 논이 담수상태로 있게 되면 논토양의 표층은 산화층이 되어 적갈색이나 황갈색을 띠고 그 하층은 산소부족으로 환원층이 되어 청회색이나 암회색을 띠게 된다.

담수직파재배(湛水直播栽培), water seeding, wet-seeding : 기온이 낮은 한냉지에서 직파재배를 하고자 할 때에는 파종한 볍씨가 저온으로 인하여 발아가 늦고 고르지 못하며 초기생육도 부진하게 된다. 이를 막기 위한 수단으로 논을 파종할 수 있도록 잘 고른 다음 물을 댄 담수 상태하에서 파종을 하여 재배하는 직파방법인데, 이 같은 담수상태에서 파종하게 되면 수온에 의해 보온효과를 기대할 수 있으므로 건답직파보다 일찍 파종할 수 있으며 쥐나 새의 피해를 방지할 수 있는 이점이 있다.

담옹(痰壅) : 객담이 기관지 또는 폐포 속에 옹체하여 객출할 수 없는 병증.

담즙촉진(膽汁促進) : 담즙(쓸개즙)의 생성을 활성화함.

담팔수과, Elaeocarpaceae : 전 세계 열대, 아열대에 7속 125종이 분포하며 우리나라에서는 담팔수가 제주도에서 자란다. 잎은 어긋나거나 마주난다. 꽃잎 및 꽃받침잎은 4~5개이고 간혹 꽃잎이 없는 것도 있다. 자방상위이고 수술은 다수이며 심피는 2~다수이다. 열매는 핵과, 삭과이고 종자는 가종피가 있으며 점액성 세포가 없다.

담혈(痰血) : 가래에 피가 묻어 나오는 병증.

답리작(畓裏作) cropping after rice harvest : 논에서 일 년 중 벼가 생육하지 않은 기간에 맥류나 감자 또는 채소를 재배하는 방법.

답압(踏壓), trampling : 맥류에서 작물이 자라고 있는 골을 발로 밟아주는 것을 답압이라고 하고, 월동 전에 맥류의 생장이 과도하면 답압하는 것이 월동을 좋게 한다. 월동 중에 서릿발[상주(霜柱)]이 많이 설 경우에 답압하여 상주해(霜柱害)를 방지해야 한다. 봄철에 건조한 토양을 밟아주면 토양의 비산을 줄이고, 수분을 지니게 하여 건조해(乾燥害)를 줄일 수 있다.

답전윤환(畓田輪換), paddy-upland rotation culture : 토지를 논 상태와 밭 상태로 서로 바꾸어 가면서 작물을 재배하는 것. 윤답, 환답 또는 변경답이라고도 한다.

답전작(畓前作), cropping before rice transplanting : 논에서 벼 심기 전에 다른 작물을 재배하는 것이다.

답후작(畓後作) = 답리작(畓裏作) : 논에서 벼를 수확한 후에 다른 작물을 재배하는 것이다.

당뇨병(糖尿病), diabetes mellitus : 당뇨가 오랫동안 계속되는 병. 인슐린의 결핍으로 당이나 녹말을 대사할 수 없어 고혈당과 당뇨가 나타나는 만성대사질환이다. 당뇨병은 크게 인슐린 생성 장애에 의한 인슐린 의존성(제Ⅰ형)과 주로 비만과 운동부족에 의한 인슐린 의존성(제Ⅱ형)으로 나눈다. 제Ⅰ형은 소아당뇨병, 제Ⅱ형은 성인당뇨병이라고도 한다.

당료작물(糖料作物), sugar plants : 설탕의 원료나 당분을 얻기 위하여 재배하는 작물로 사탕무우, 단수수, 스테비아, 사탕수수 등이 있다.

당질(糖質), glucide, sugar : 넓은 의미로 당질은 polyhydroxylic aldehyde 또는 polyhydroxylic ketone 혹은 이의 유도체나 이들의 가수분해로서 생성되는 화합물을 말하고 일반식은 $Cn(H_2O)n$으로 표시한다. 당질은 주로 동물체의 에너지원이며 그 외에도 지방산 및 아미노산 생합성의 기본원료이다.

대경목(大徑木) : 줄기의 가슴높이 지름이 30㎝ 이상인 큰 나무.

대경재(大徑材) : 굵기가 30㎝ 이상인 원목.

대공극(大孔隙), macropore : 비모관공극이라고도 한다. 비교적 큰 공극으로서 모관작용은 거의 행해지지 않으며 공기와 물의 침투가 빠른 공극을 말한다.

대과(袋果) = 골돌과(骨突果), 쪽꼬투리열매, follicle : 작약의 열매껍질처럼 단일심피로 되어 있고, 한 군데의 갈라지는 금만 열게 하는 열매. 1개의 봉합선을 따라 벌어지는데, 1개의 심피 안에는 1개 또는 여러 개의 씨앗이 들어 있다. 예) 작약, 박주가리.

대극과, Euphorbiaceae : 열·온대에 분포하는 교목, 관목, 초본으로 280속 8,000종이며, 우리나라에 10속 20종이 자생한다. 잎은 어긋나거나 마주나고 또는 돌려나며 단엽 또는 복엽이다. 단성화는 여러 가지 화서로 달리고, 열매는 삭과 또는 핵과이다.

대기오염(大氣汚染), air pollution : 대기오염은 연해라고도 하며 주로 광산의 제련소나 화학공장에서 나오는 매연에 의한 피해를 가리키며 발생원이 한정된 국지적인 것이다. 대기오염을 정의한다면 '정상적인 대기의 조성을 변화시킴으로써 인간생활에 직접 또는 간접으로 악영향을 주거나 줄 위험성이 있는 상태'라고 할 수 있다.

대두(大豆), soybean : 콩을 뜻하며 주성분은 단백질과 지질이며 비타민 A, B, D, E도 풍부하다.

대롱꽃 = 관상화(管狀花), 통상화(筒狀花), 대롱모양꽃, tubular-flower : 머리모양의 꽃차례를 이루는 갓모양의 꽃. 화관이 가늘고 긴 대롱 모양인 꽃으로 통꽃의 일종이며, 국화과 식물의 두상꽃차례에서 중심에 모여 있는 꽃이다.

대롱꽃부리 = 관상화관(管狀花冠), tubulous corolla : 국화과의 머리모양꽃차례를 이루는 방사상칭의 꽃.

대롱모양 = 통형(筒形), tubiform, tubularis, tubular, tubularm : 속이 비어 있는 가는 원기둥모양으로, 국화과의 통상화가 이에 속함.

대립유전자(對立遺傳子), allele : 염색체의 같은 유전자자리에서 변이된 많은 유전자 중 하나로 2배체의 대립유전자는 2개이다.

대립종(大粒種), large-seed variety : 종자의 천립중 또는 백립중이 평균치보다 큰 품종을 말한다.

대목(臺木), rootstock, stock : 나무에 접붙이기를 할 때 밑에 위치한 뿌리를 가진 바탕나무. 상부에 오는 것을 접수라고 한다. 일반적으로 접목에 있어서 대목은 내병충성, 내한성, 내건성 등이 강하고 생육이 왕성한 품종을 선택한다. 그리고 왜성사과의 경우처럼 특수한 성질을 가진 것을 대목으로 이용하는 경우도 있다.

대변출혈(大便出血) : 대변에서 피가 나오는 증상.

대보원기(大補元氣) : 인체의 원기를 크게 보함.

대상벌(帶狀伐), strip cutting, strip felling : 숲을 벨트 형태로 면적을 구분하여 수확하는 것. 대면적 개벌이 생태적으로나 환경적으로 좋지 않기 때문에 수확면적을 축소하여 실시하는 벌채 방식으로, 1차로 대상으로 벌채 수확을 한 후 벌채지에서 어린나무가 자리를 잡으면 나머지 부분을 수확 벌채하는 방식.

대상재배(帶狀栽培), strip cropping : ① 산간지 또는 구릉지의 경사진 토지에서 토양침식을 방지할 목적으로 등고선을 따라 계단식 농토를 만들고 경작지 사이에 일정한 간격으로 토양피복작물을 심어 위에서 보았을 때 마치 둥근 띠 모양으로 경작지를 만들어 작물을 재배하는 것이다. ② 경사지에서 수식성작물(水蝕性作物)을 재배할 때에 등고선으로 간격(3~10m)을 두고 적당한 폭의 목초대를 두는 방법이다.

대상포진(帶狀疱疹) : 하나의 바이러스에 의한 수포성 질환으로 안면, 목 등에 띠 모양으로 발갛게 발생함.

대생(對生), 마주나기, opposite : 한 마디에 잎이 2개씩 마주나기로 달리는 것, 잎이 교대로 마주 달려 있을 경우에는 교호대생(交互對生, decussate)이라고 한다. 비교) 호생, 윤생.

대소변불통(大小便不通) : 대소변을 보지 못하는 것.

대열(大熱) : 체표의 열을 말하는 것으로 이열에 상대되는 열.

대엽성(大葉性), megaphyllous : 중심주에 엽극을 남기며 엽적에 유관속이 여러 가닥인 잎. 소엽성인 잎이 작은 인편상인 데 비해 흔히 크다. 예) 고사리류, 종자식물.

대용작물(代用作物) = 대파작물(代播作物), emergency crops, substitute crop : 재해로 주작물의 수확이 가망이 없을 때에 뿌리는 작물. 예) 메밀, 채소, 조 등.

대장암(大腸癌) : 대장에 생긴 암으로 출혈이 생겨 변에 피가 섞여 나옴.

대장염(大腸炎) : 대장에 생긴 염증.

대장출혈(大腸出血) : 대장에서 피가 나오는 증상.

대전법(代田法), natural husbandry : 유목시대에는 농작물을 파종하고 난 뒤 돌보지 않은 채, 유목으로 유랑하다가 돌아와서 수확만 하였기 때문에 지력이 소모되어 다시 그 땅에 농사를 지을 수 없게 되자 다른 곳으로 이동하여 경작하는 방식을 말한다.

대파작물(代播作物) : 주작물을 수확할 수 없게 되었을 경우에 주작물 대신 파종하여 재배하는 작물이다.

대포자(大胞子), megaspore : 암배우체인 배낭으로 성숙할 반수체세포이며, 1개의 배낭모세포가 감수분열하여 생긴 4개의 대포자 중 하나만이 배낭으로 된다.

대포자낭(大胞子囊), megasporangium(pl.megasporangia) : 대포자를 생산하는 주머니 모양의 생식기관.

대포자모세포(大胞子母細胞), megaspore mother cell : 대포자낭에서 만들어진 생식세포로, 감수분열하여 대포자 4개를 형성한다.

대포자잎(大胞子葉), megasporophyll : 한 개 이상의 대포자낭을 지닌 생식잎.

대풍나질(大風癩疾) = 대풍악질(大風惡疾) : 문둥병. 나(癩)라고도 한다.

대하(帶下) : 성숙한 여자의 생식기로부터 나오는 분비물의 총칭.

대하증(帶下症) : 한사나 습열로 인하여 여성의 질에서 악취가 나거나 흰색 또는 황색의 액체가 흘러나오는 질환.

대합(對合), conjugation, pairing : 감수분열 전기의 태사기에 상동염색체가 짝을 이루는 것이다.

대화(帶化), fasciation : 생장점이 넓어지거나 가지, 잎이 한쪽 면에 몰림으로써 생김.

댕댕이덩굴과 = 방기과, 새모래덩굴과, Menispermaceae : 열・온대에 분포하는 덩굴식물로 70속 400종이며, 우리나라에 4속 4종이 자생한다. 초본이나 덩굴성관목의 자웅이주로 어긋나는 잎은 가장자리가 밋밋하거나 손바닥모양으로 갈라진다. 원추화서나 취산화서에 달리는 열매는 핵과이다.

더부살이식물 = 기생식물(寄生植物), parasitic plant : 다른 생물에 붙어 그 생물의 양분을 빨아먹고 사는 식물.

덧꽃갓 = 덧꽃부리, 부꽃부리, 부화관(副花冠), paracorolla, corona : 꽃갓과 수술 사이 또는 꽃잎과 꽃잎 사이에서 생겨난 꽃잎보다 작은 부속체로, 수선화에서 볼 수 있다.

덧꽃받침 = 부악(副萼), accessory calyx : 꽃받침의 바깥쪽 또는 꽃받침 사이에 생긴 꽃받침 모양의 부속체를 말하며, 보통 녹색임. 뱀딸기는 꽃받침 아래쪽에 있는 포엽이 꽃받침 모양으로 되어 있음.

덧꽃받침조각[副萼], epicalyx : 꽃받침과 유사하며 꽃받침 밑에 돌려난 포의 한 조각.

덧꽃부리[副花冠], corona : 꽃잎과 수술 사이에 있는 꽃잎 같은 구조. 예) 수선화, 매발톱꽃.

덧눈 = 부아(副芽), accessory bud : 1개의 잎겨드랑이에 2개 이상의 눈이 달릴 때 가운데의 가장 큰 것을 제외한 양쪽에 나는 곁눈의 일종(측생부아, 중생부아).

덩굴[蔓], liana, liane, vain : 줄기나 덩굴손으로 물체에 감기거나 흡반으로 물체에 붙어 기어오르며 자라는 식물의 총칭.

덩굴나무 = 덩굴식물, 덩굴줄기나무, 만경목(蔓莖木), 만경식물[蔓莖植], 만목(蔓木), vine : 머루 또는 등나무처럼 덩굴이 발달하는 나무로 줄기가 곧게 서서 자라지 않고 땅바닥을 기든지, 다른 물체를 감거나 타고 오름.

덩굴성 = 만경성(蔓莖性), 만목성(蔓木性), vine : 줄기가 다른 식물체를 감고 올라가는 성질. 예) 머루, 등칡.

덩굴성줄기 = 만경(蔓莖), 만연경(蔓延莖), 덩굴줄기, climbing stem : 나팔꽃, 칡, 더덕 등과 같이 다른 물체에 의존하여 기어오르며 자라는 줄기.

덩굴손 = 권수(卷鬚), tendril : 식물체를 다른 물체에 고정시키는 역할을 하는 기관으로 잎, 잎자루, 턱잎, 가지 등이 변해서 생긴다. 예) 오이, 포도.

덩굴손형[卷鬚形], cirrhose : 덩굴손이 있는.

덩굴식물[蔓性植物], vine : 다른 식물이나 물체에 의지해서 자라는 식물.

덩굴쪼김병 = 만할병(蔓割病) : 포도, 고구마, 박과식물 등에서 발생되는데 줄기는 기부에서부터 갈라져 섬유상을 나타낸다.

덩이뿌리 = 괴근(塊根), tuberous root, swollen, napiform : 고구마 등과 같이 저장기관으로 살찐 뿌리이며 영양분을 저장하고 덩어리 모양을 하고 있음. 다알리아, 고구마 등이다.

덩이줄기 = 괴경(塊莖), tuber : 저장기관으로서의 역할을 하는 땅속의 줄기. 지하경이 비대하여 육질의 덩어리로 변한 줄기로 감자나 튤립 등에서 볼 수 있다.

데본기 : 고생대를 여섯 시기로 나눌 때 네 번째 시기. 지금으로부터 3억 9천5백만~3억 4천5백만 년 전까지의 5천만 년 동안을 말한다.

도-(倒-, ob-) : 뒤집힌 상태를 뜻하는 접두어(도난형, 도피침형).

도관(導管) = 물관, vessel : 식물체 내의 수분 및 양분의 통로가 되는 조직을 통도조직이라 하며, 통도조직 가운데 주로 물의 이동에 관계되는 조직을 도관이라 한다. 도관은 일렬로 배열된 긴 세포들로 세포 사이에 격막이 없어져 형성된 긴 관세포로 세포내는 원형질이 없고 막은 목화되어 여러 가지 무늬를 나타낸다.

도란원형(倒卵圓形) = 거꿀둥근달걀꼴, obovoid : 둥근 달걀꼴이 뒤집혀진 것 같은 모양.

도란형(倒卵形) = 거꿀달걀꼴, 도란상(倒卵狀), obovate, obovoid : 거꾸로 선 달걀 모양.

도말법(塗抹法), slurry method : 종자에 분말로 된 약제를 골고루 묻혀 처리하는 법. 분말로 옷을 입힌다 하여 분의법이라고도 한다.

도복(倒伏), lodging : 화곡류(禾穀類), 두류(豆類) 등이 등숙기(登熟期)에 들어 비바람에 의해서 쓰러지는 것을 도복이라고 한다. 도복은 특히 다비증수재배(多肥增收栽培)에 심하며, 도복의 방지는 안전다수(安全多收)의 전제조건이다. 도복에 가장 약한 시기는 화곡류에서는 등숙 후기이고, 두류에서는 개화 후 10일이다.

도복해(倒伏害) : 작물이 어떠한 외부환경에 의하여 쓰러져 피해를 주는 것이다.

도삼각형(倒三角形), obtriangular : 세모꼴 모양이 거꾸로 되어 위는 넓고 아래는 가늘거나 뾰족한 모양.

도생(倒生), anatropous : 밑씨가 태좌에 붙는 자세에 따라 직생, 도생, 곡생, 만생으로 구분하는데, 거꾸로 붙은 상태를 말한다.

도생배주(倒生胚珠), anatropous, invated : 배병(胚柄)의 끝에서 기부로 향하여 거꾸로 붙은 배주. 주공, 합점, 제 및 주병의 각 부분이 반대의 위치에 놓인 경우.

도시열섬현상(都市熱섬[島]現象), heat island : 도시는 연소열, 건물과 연무층의 복사특성, 지표면의 거칠기의 증대에 따른 난류열교환(亂流熱交換) 등이 원인이 되어 온도가 주변 지역보다 높아 기온분포의 등치선(等値線)이 바다에 떠 있는 섬의 등고선과 비슷하여 도시열섬현상이라고 부른다.

도심장형(倒心臟形) = 거꿀염통꼴, 도염통모양, obcordatus, obcordate : 염통모양이 아래 위가 거꾸로 된 모양. 예) 괭이밥의 소엽.

도열병(稻熱病) : 벼의 병해 중에서 가장 피해가 큰 주요 병해의 하나로서 전 생육기간을 통하여 잎, 마디, 이삭목, 이삭가지, 잎혀 등에 발생한다 하여 잎 도열병, 마디 도열병, 이삭목 도열병, 이삭가지 도열병, 잎혀 도열병 등으로 나눈다.

도입육종(導入育種), introduction breeding : 외국에서 이미 육성되어 보급되고 있는 품종을 국내에 도입하여, 그 주요특성을 검정하고 지역 적응성을 검정하기 위하여 각 지역의 장려품종과 비교하여 생산력 검정과 각종 특성검정을 통해 그 우수성을 검토하여 장려품종 여부를 결정하는 육종법을 말한다.

도입품종(導入品種), introduced variety : 외국으로부터 도입된 품종. 예) 미국품종, 일본품종 등.

도장(徒長), overgrowth, succulent growth : 웃자람. 식물이 키만 크고 연약하게 자라는 현상. 광선이 부족하거나 다습한 환경에서 많이 나타난다.

도장지(徒長枝), succulent shoot : 영양상태나 환경조건에 의해 충실한 생장을 못하고 웃자란 가지이다.

도정(搗精), milling, pearling : 수확한 그대로의 조곡(粗穀)을 찧고 쓿어서 식용(食用)할 수 있는 정곡(精穀)으로 만드는 것을 도정(搗精)이라고 한다. 조곡에 대한 정곡의 비율[중량(重量) 또는 용량(容量)]을 도정률(搗精率)이라고 하며, 도정률은 조곡으로부터 정곡의 환산율(換算率)이 되기도 한다. 벼에서는 도정(搗精)이 두 단계로 나누는데, 제현율(製玄率)과 정백률(精白率)을 곱하면 벼의 도정률(搗精率)이 된다.

도정률(搗精率), milling recovery : 도정은 벼, 즉 정조를 도정기를 이용하여 쌀을 내는 일인데 정조중량에 대한 쌀의 중량 비율을 도정률이라 하며, 이는 품종이나 그해의 작황에 따라 다르며 대체로 70～74% 범위이다.

도침형(倒針形) : 거꾸로 된 침형.

도태(淘汰), selection : 열등하거나 원하지 않는 유전자형의 개체를 제거하는 것이다. 도태에는 자연도태와 인위도태의 두 가지가 있다. 전자는 자연환경이 어떤 생물의 생존 또는 특정 형질의 존속에 불리할 때에 그 생물 또는 특정형질이 없어지는 것. 이에 대하여 인위적으로 행하는 것을 인위도태라고 한다.

도피침형(倒披針形) = 거꿀바소꼴, oblanceolate : 창을 거꾸로 세운 것 같은 잎의 형태. 피침형과 같은 모양이나 기준으로 하는 위치가 거꾸로 되었을 때의 모양. 바소꼴이 뒤집혀진 모양.

도한(盜汗) : 식은땀. 잠자는 동안에 땀이 나고, 잠이 깨면 땀이 멎는 것.

독농가(篤農家), top farmer : 부지런하고 창의적이며 연구하며 농사를 짓는 착실한 농민 또는 농가이다.

독립중앙태좌(獨立中央胎座) = 중앙태좌(中央胎座), free-central placentation : 씨방의 중앙부에 축이 있고, 그 축에 밑씨가 달리는 경우. 각 방 사이에 있던 막이 자라는 동안 없어져 중앙에 남게 된 축에 배주가 달림. 예) 석죽과.

독사교상(毒蛇咬傷) : 독사에 물려 상처를 입은 것.

독성(毒性), toxicity : 독소 또는 화합물이 생물에게 피해를 주는 성질.

독창(禿瘡) : 머리가 헐면서 모발이 끊어지거나 빠져 없어지는 병증.

독충(毒蟲) : 여러 가지 독이 있는 벌레.

돈나무과, Pittosporaceae : 전 세계의 열대, 아열대에 분포하며 주로 오스트레일리아에 집중하고 9속 200종이 있고 우리나라에서는 1종이 남부의 바닷가에서 자란다. 잎은 어긋나며 상록성이다. 꽃은 완성화로 5개의 꽃받침, 꽃잎, 수술과 2～다수의 심피로 구성된다.

돌기수술(突起雄蘂), appendicular : 여러 가지 변형돌기물로 이루어진 꽃밥부리를 가진 수술. 예) 제비꽃

돌나무형 유기산 대사, CAM; Crassulacean acid metabolism : 건생식물들이 밤에 기공을 통해 탄산가스를 흡수해 유기산을 만든 다음, 낮에 탄산가스를 방출해 기공을 닫은 채 Calvin회로 반응을 수행, 포도당을 생산하는 현상.

돌나물과 = 꿩의비름과, Crassulaceae : 전 세계에 분포하는 관목 또는 초본으로 20속 1,300종이며, 우리나라에 6속 27종이 자생한다. 잎은 어긋나거나 마주나고 또는 돌려나며 탁엽이 없다. 꽃은 취산화서, 단정화서 또는 수상화서이며, 열매는 골돌이고 배유가 육질이다.

돌려나기 = 둘러나기, 윤생(輪生), whorled, vertcillate, phyllotaxis : 한 마디에 잎 또는 가지가 3개 이상 수레바퀴 모양으로 돌려나는 상태.

돌매화나무과 = 암매과, Diapensiaceae : 전 세계에서 7속 20종으로 우리나라에서는 돌매화나무가 제주도 한라산 정상에서 자라고 있다. 상록의 소관목으로 꽃잎이 5개가 붙어 있으며 떨어져 있는 것도 있다. 잎은 단엽이고 소엽이며 가지로 밀생 또는 성기게 배열한다. 자방은 상위이고 3실이며, 중축태좌에 많은 배주가 달리고 주피는 1개이다. 열매는 삭과이다.

돌세포 = 석세포(石細胞), stone cell : 세포막이 목질화되어 아주 두껍고 단단해진 세포. 매실이나 복숭아의 속껍질, 배 과육의 일부는 돌세포로 되어 있다.

돌연변이(突然變異), mutation : 염색체 또는 유전자의 이상으로 말미암아 어버이에는 없던 새로운 형질이 자손에게 나타나는 현상. 다양한 외부 환경적 요인에 의해 DNA 염기서열이 종래의 것과는 차이가 나도록 변화된 것. 새로운 변이발생의 공급원이 됨으로써 진화의 원동력이 된다.

돌연변이유발원(突然變異誘發源) = 돌연변이주 : 돌연변이된 형질을 가진 개체를 말하

며 유전자 내의 DNA 염기서열에 변화를 일으켜 비정상적 형질의 발현을 보이는 개체이다.

돌연변이육종(突然變異育種), mutation breeding : 돌연변이 현상을 이용하여 새로운 유전변이를 유도함으로써 육종적 가치가 높은 개체를 만드는 방법.

동계전정(冬季剪定), winter pruning : 낙엽 후 이듬해 봄 발아 전까지 휴면기간에 실시하는 일반적인 전정. 추운 지방에서는 절단면이 건조되면서 상처 부위에 형성되는 유합조직의 생성이 늦어져 동해를 받을 위험이 있다. 그러므로 엄동기 이후에 전정을 실시하는 것이 안전하다. 여름에 실시하는 전정을 하계전정이라 한다.

동맥경화(動脈硬化) : 동맥의 벽이 두꺼워지고 굳어져서 탄력을 잃는 질환.

동맥경화증(動脈硬化症), arteriosclerosis : 동맥벽이 두꺼워지며 굳어지는 병. 동맥에 지방질의 침착과 섬유의 증가로 일어난다. 이 병에 걸리면 혈압이 높아지고 혈액순환이 나빠진다.

동맥염(動脈炎) : 동맥에 생긴 염증.

동반작물(同伴作物) = 수반박물(隨伴作物), companion crops : 다년생초지에서 초기의 산초량(產草量)을 높이기 위하여 섞어서 덧뿌리는 작물(알팔파나 크로바의 포장에 귀리나 보리를 파종함).

동상(凍傷) : 심한 추위로 피부가 얼어서 상하는 것.

동상해(凍霜害), frost injury : 월동 중 겨울추위로 인해 수목이 받는 피해를 한해라고 하며, 이중 저온에 의해 식물 조직 내에 결빙이 생겨 받는 피해를 동해 그리고 0~2℃ 온도에서 서리에 의한 피해를 상해라고 한다. 동해와 상해를 합쳐서 동상해라고 한다.

동수웅예(同數雄蕊, 同數雄蘂), isostemonous : 완전화에서 수술의 수가 꽃받침이나 꽃잎 수와 같은 것.

동아(冬芽) = 겨울눈, winter bud : 생장하지 않고 쉬고 있는 눈. 온대에서는 늦여름부터 겨울까지 겨울눈의 상태로 있음 잎이 변형된 비늘조각 등이 덮고 있다. 끈적질이나 털을 가지고 있는 것도 있다. 열대에서는 건기에 눈이 휴면한 휴면아이다.

동원체(動原體), kinetochore, centromere : 세포분열시 방추사가 연결되는 염색체 부위 또는 복제된 두 염색 분체가 접착되어 있는 염색체 부위이다.

동위원소(同位元素), isotope : 화학적 성질은 같으나 질량수가 다른 두 원소이다. 원자는 원자핵과 전자로 이루어져 있고, 원자핵은 +(정)의 전하를 갖는 양자와, 양자와 거의 같은 질량으로 전하가 없는 중성자로 구성되어 있으며 양자의 수는 그 원자에 따라 다양하며 원자번호로 나타낸다. 원자번호는 같으나 질량이 다른(핵 내 중성자수가 다름) 원소를 동위원소라 한다.

동위효소(同位酵素), isozyme, isoenzyme : 식물체가 생산한 효소 중에 같은 형질에 관여하는 둘 이상의 효소로 전기영동에 의해 구별된다. 동일한 생화학적 반용의 촉매 역할을 수행하지만, 물리화학적 성질 특히 단백질이 지니는 전기적 부하에 있어 다형성을 보이는 일단위 효소군(酵素群)이다.

동작물(冬作物), winter crop : 겨울동안 월동을 하여 크는 작물을 말한다.

동정(同定), identification : 식물의 특성을 찾아서 어떤 분류군에 속하는 것을 식별하고, 그 이름을 찾아내는 것.

동질배수체(同質倍數體), autoploid, autopolyploid : 같은 게놈을 3개 이상 가진 배수체. 보통 감자는 게놈이 AAAA인 동질4배체이다.

동질유전자계통(同質遺傳子系統), isogenicline : 하나의 대립형질만 다르고, 다른 유전적 특성은 거의 똑같은 계통을 말한다.

동착(同着), coherent : 같은 단위가 서로 붙어 있되 완전히 융합되지는 않는 것. 예) 가지, 제비꽃의 수술.

동통(疼痛) : 통증을 말함.

동할미(胴割米), cracked rice : 완전 등숙된 벼가 수확 적기를 잃고 비를 맞는다든가, 생탈곡한 벼를 고온으로 급격히 건조시킬 때 현미에 가로 금이 간 것을 말하며, 이같이 동할미가 된 현미를 정백하면 싸라기가 된다.

동합(同合), connate : 같은 단위가 서로 완전히 붙어 하나가 된 합판화, 합생심피. 비교) 이합.

동해(凍害), freezing injury : 저온에 의하여 작물의 조직 내에 결빙(結氷)이 생겨서 받는 피해.

동형접합자 열세현상(同型接合子 劣勢現象), homozygosity inferiority : 동형접합자를 가진 개체가 이형접합자를 가진 개체보다 적응력이 약한 현상.

동형접합자(同型接合子), homozygote : 서로 다른 대립인자[A, a]가 있을 때, 같은 대립인자(A와 A, a와 a)끼리 만난 접합자.

동형접합체(同形接合體), homozygote : 대립유전자가 동일한 유전자형의 개체이다. 우성동형접합체(AA), 열성동형접합체(aa) 등이 있다.

동형치환(同形置換) : 결정격자 안에서 한 원자가 다른 원자와 자리를 바꾸면 결정성 점토광물은 음전하를 띠게 된다. Al원자의 3원자가 산소원자와 OH기와 하나씩의 당량으로 채워져 형태상의 변화를 가져오지 않은 채 이온들이 치환하게 되는 것을 동형치환 또는 동상치환이라 한다.

동형포자성(同型胞子性), homosporous : 포자에 암수가 없는[반: 이형포자성]. 한 종류의 포자를 가지고 있는 것.

동화(同化), anabolism, assimilation : 식물이 무기양분을 흡수하여 고분자의 복잡한 유기화합물을 합성하는 것을 동화라고 한다. 식물의 동화작용으로는 탄소, 질소, 유황 등이 잘 알려져 있다.

동화물질전류(同化物質轉流), assimilate translocation : 광합성에 의해 잎에서 생성된 탄수화물을 동회물질이라고 하고, 이 물질들이 저장 또는 소비기관으로 이동하는 것을 전류라고 한다.

동화작용(同化作用) = 생합성대사(生合成代謝), anabolism : 에너지를 이용하여 단순한 화합물을 복잡한 고분자 화합물로 합성하는 생물체 내 화학변화.

동화조직(同化組織), assimilating tissue, assimilatory tissue : 독립적으로 탄소동화를 하는 식물의 조직. 보통은 울타리조직, 갯솜조직 등 잎파랑이가 있는 유조직(柔組織)이다.

두갈래 분지 = 차상분지(叉狀分枝), dichotomous branching : 축의 끝에서 균등한 2개의 가지가 갈라지는 분지법의 일종. 예) 솔잎난.

두과(豆果) = 꼬투리, 꼬투리열매, 협과(莢果), legume : 콩과식물의 전형적인 열매로, 하나의 심피에서 씨방이 발달한 열매로 보통 2개의 봉선을 따라 터진다. 예) 콩과.

두과목초(豆科牧草) : 두과식물 중 반추가축의 조사료로 재배 이용되는 목초. 콩과 목초라고도 함. 여기에는 각종 클로버류, 알팔파, 매듭풀류, 루핀류, 버어즈풋 트레포일, 베취류, 자운영 및 칡 등이 있다.

두과식물(豆科直物) : 콩과식물이라고도 하며 식물분류학상 장미목에 속한다.

두류(豆類) = 숙곡류(菽穀類), pulse crops : 두과작물인 콩, 팥, 녹두, 강남콩, 완두, 땅콩 등을 두류 또는 숙곡류라 하고, 곡숙류(穀菽類)라고 하면 화본과 작물인 화곡류와 두류를 포함한 표현이 된다.

두릅나무과, Araliaceae : 전 세계에서 65속 800종이 주로 열대에 분포하며 우리나라에는 8속 14종이 자란다. 줄기는 흔히 가시가 있다. 꽃은 산형화서로 달리고 5수이며, 하위자방의 각 실에 1개의 배주가 들어 있고 열매는 장과이다.

두몸수술[兩體雄蘂], diadelphous : 수술이 2개의 무리로 나누어진 형태로, 수술대는 합생한다.

두비(豆肥) : 콩이나 콩을 가공할 때 나오는 부산물을 썩혀서 만드는 거름.

두상(頭狀), capitate : 머리모양으로 둥근 상태.

두상화(頭狀花) : 꽃대 끝의 둥근 판 위에 꽃자루가 없는 작은 꽃이 여러 개 모여 머리모양을 한 꽃.

두상화서(頭狀花序) = 두상꽃차례, 머리모양꽃차례, capitulum, head : 무한꽃차례의 일종으로 대롱꽃과 혀꽃이 다닥다닥 붙어 전체적으로 하나의 꽃으로 보이며 머리모양으로 배열하는 꽃차례. 줄기 끝에서 나온 원반 모양의 아주 짧은 꽃줄기에 꽃자루가 없는 작은 꽃이 여러 송이 달린 꽃차례. 예) 국화과, 버즘나무.

두운(頭運) : 두훈.

두줄보리 = 2조대맥(二條大麥), two-rowed barley, distichous barley : 1마디에 있는 3개의 꽃 중 2개의 곁꽃이 거의 퇴화하고 불임이 되어 이삭의 표면이 두 줄로 되어 있는 보리이다.

두창(頭瘡) : ① 두부습진. ② 태독.

두충과, Eucommiaceae : 중국특산으로 1속 1종이다. 잎은 어긋나고 우상맥이 있으며 탁엽이 없다. 꽃은 이가화이며 화피가 없고, 수꽃은 포의 겨드랑이에 1개가 달리며 대가 있다. 암꽃은 가지 끝의 잎 또는 포의 겨드랑이에 1개씩 달리고 대가 있으며 1실 1배주이다. 열매는 시과이며 1개의 종자가 있다.

두통(頭痛) : 머리가 아픈 병증 또는 증상.

두풍(頭風) : ① 두통이 낫지 않고 오래 지속되면서 때에 따라 발생했다 멎었다 하며 오랫동안 치유되지 않는 병증, ② 머리에 풍사를 받아 발생하는 증후의 총칭.

두해살이 = 2년생(二年生), 이년생(二年生), biennial : 식물이 싹이 튼 후 꽃이 피고 열매가 맺고 죽을 때까지의 기간이 두 해에 걸치는 것. 2년 동안에 생육을 마치는 생육형.

두해살이풀 = 2년초(二年草), 이년초(二年草), 월년초(越年草), biennial plant : 싹이 나서 꽃이 피고 열매가 맺은 후 죽을 때까지의 생활기간이 두해살이인 풀. 싹이 튼 이듬해에 자라 꽃 피고 열매 맺은 뒤에 말라죽는 풀.

두현(頭眩) : 머리가 어지러운 것. 현기증.

둔거치(鈍鋸齒) = 둔한톱니, crenate : 잎 가장자리에 생긴 톱니의 폭이 넓고 무딘 것.

둔두(鈍頭) = 둔한끝, 끝이 둔하다, obtuse : 잎몸이나 꽃받침조각, 꽃잎 등의 끝이 무딘 모양. 잎의 끝이 날카롭지 않고 둥그스름하게 생긴 것(잎끝).

둔저(鈍底) = 둔한밑, leaf base, obtuse : 잎 밑 부분의 양쪽가장자리가 무딘 것. 양쪽 잎가장자리가 90° 이상으로 합쳐져서 뭉뚝한 형태.

둔철두(鈍凸頭), obtuse : 엽선의 양쪽 가장자리가 90°의 각도로 합쳐져 있으며 끝이 뭉뚝한 형태.

둔한겹톱니[複鈍齒], bicrenate : 잎가장자리가 둥근 겹톱니 모양인 것.

둔한톱니 = 둔거치(鈍鋸齒), crenate : 잎 가장자리에 생긴 톱니의 폭이 넓고 무딘 것.

둔형(鈍形), obtuse : 끝이 뾰족하지 않고 뭉뚝한 형태.

둘긴수술(= 이강웅예(二强雄蘂), didynamous) : 4개의 수술 중 2개는 짧고 2개는 긴 수술로 이루어진 것. 예) 꿀풀과.

둘러나기 = 돌려나기, 윤생(輪生), whorled, vertcillate, phyllotaxis : 한 마디에 잎 또는 가지가 3개 이상 수레바퀴 모양으로 돌려나는 상태.

둥근줄기, corm : 주축을 이루는 줄기의 밑부분이 이상 비대하여 둥근 모양을 이룬다.

둥근기둥꼴 = 원주형(圓柱形), terete : 둥근기둥 모양의 것.

둥근꼴 = 둥근모양, 원형(圓形), orbicular, orbicularis : 전체적으로 둥근 모양을 나타내는 잎이나 꽃잎 등의 모양을 표현하는 말.

둥근뿔꽃차례 = 원뿔꽃차례, 원추화서(圓錐花序), 원뿔모양꽃차례, 원추꽃차례, panicle : 모두송이꽃차례 또는 이삭꽃차례 등의 축이 갈라져서 전체적으로 원뿔모양을 이룬 꽃차례. 예) 광나무.

뒤로 젖히는 것 = 반곡(反曲), 반전(反轉), revolute, recurved : 잎 따위의 끝이 바깥쪽으로 말린 모양. 외선(外旋)한 모양.

드릴파(細條播), drill seeding, narrow row seeding : 보리나 밀 파종 시에 골 너비와 골 사이를 좁게 하여 여러 줄로 파종하는 방법. 보통 3cm 정도의 줄뿌림에 골 사이는 20cm 정도로 하며 조파기를 사용한다.

등겨 = 왕겨, bran : 벼의 껍질로 벼의 겨를 말한다.

등고선경작(等高線耕作), contour farming : 경사지에서 등고선을 따라 이랑을 만들어 재배하는 방식이다.

등숙(登熟), ripening, grain filling : 이삭이 피고 개화한 후에 종자가 크고 충실해지면서 익어가는 과정이다.

등숙기(登熟期), ripening stage, grain-filling stage : 벼꽃이 개화 후 수정이 완료되고 자방이 발육 비대하여 성숙기까지의 기간을 말하는데 이 기간을 벼알의 성숙 정도에 따라서 유숙기, 호숙기, 황숙기, 완숙기로 나눈다.

등숙비율(登熟比率), percent ripened grain : 전체 분화된 영화수에 대한 완전등숙립수의 비율이다. 등숙비율은 수수분화기부터 영향을 받기 시작하나, 특히 감수분열기, 출수개화기, 등숙성기에 가장 크게 영향을 받는다.

등잔모양꽃차례 = 배상꽃차례, 배상화서(杯狀花序, 盃狀花序) = 술잔모양꽃차례, cyathium : 꽃차례 전체는 잎이 변한 작은 포엽에 싸여 술잔 모양을 이루고, 그 속에 여러 개의 퇴화한 수꽃이 있으며 중심에 있는 1개의 암꽃은 밖으로 나온다. 예) 포인세티아, 등대풀류.

등쪽 = 배면(背面), dorsal : 향한 곳의 뒤쪽이나 등 쪽.

디하드닝, dehardening : 하드닝(경화)이 생긴 식물체를 다습한 상태로 바꾸어주면 내한성은 저하하게 된다. 이것을 디하드닝, 내한성 상실이라 한다.

딴꽃가루받이[他家受粉], cross polination, allogamy : 한 개체의 꽃가루가 다른 개체의 암술머리로 옮겨지는 꽃가루받이.

딸꾹질, hiccough : 횡격막(橫隔膜)의 경련으로 갑자기 터져 나오는 숨이 목구멍에 울려 소리가 나는 증세.

땅속줄기 = 지하경(地下莖), rhizome, subterranean stem : 땅속을 수평으로 기어서 자라는 줄기. 땅 속에서 자라는 줄기를 통틀어 일컬음.

땅심 = 지력(地力) : 지력(地力) 또는 토지의 생산력으로 어떤 땅에서 농작물을 길러낼 수 있는 힘을 말한다.

땅위줄기 = 지상경(地上莖), terrestrial stem : 땅 위로 자라는 줄기.

때죽나무과, Styracaceae : 전 세계에 8속 125종이 분포하며 우리나라에는 2속 4종이 자란다. 식물체에 성모가 있다. 잎은 어긋나고 단엽으로 탁엽이 없다. 꽃은 양성으로 꽃받침은 통으로 자방을 감싸고 꽃잎은 합쳐져 있거나 떨어져 있으며 4~5개로 갈라진다. 자방은 상위 또는 중위로 3~5실이며 각 실에 1~수 개의 배주가 들어 있고 주피는 2매이다. 열매는 핵과, 삭과이다.

떠있는잎[浮水葉], floating leaf : 수생식물에서 수면에 떠 있는 잎. 예) 수련 잎, 순채 잎.

떡잎 = 자엽(子葉), cotyledon : 씨앗 속에 있는 씨눈에서 처음에 나오는 잎으로, 쌍떡잎식물에서는 2장, 외떡잎식물에서는 1장 나온다.

떨기나무 = 관목(灌木), shrub, frutex : 대개 단일줄기가 없는 다년생의 목본성 식물로서, 높이는 2m 정도까지이고 뿌리나 밑부분에서 여러 개의 가지가 갈라져 자라며 죽은 가지가 생기지 않는다. 키가 작고 원줄기와 가지의 구별이 확실하지 않은 나무. 예) 진달래, 노린재나무.

뜨는잎 = 부수엽(浮水葉), 부엽(浮葉), floating leaf : 수생식물에서 수면에 떠 있는 잎.

뜸묘, sallowed seedling : 모온밭못자리나 기계이앙을 위한 상자육묘에서 이유기가 지난 후 많이 발생하지 쉬운 생리 장해이다. 그 발생 원인으로는 격심한 주야간의 기온교차가 심하고 상토의 pH가 높고 통기와 투수성의 불량으로 인한 과습으로 뿌리의 기능이 쇠퇴되어 수분흡수 장해를 일으켜서 뜸묘의 발생 초기에는 아침저녁은 정상적이나 낮에는 위조되는 상태가 반복되다가 2~3일 후에는 위조 고사되는 수분의 증산과 흡수의 불균형이 주요 발생 원인이다.

ㄹ

라놀린 = 양모지(羊毛脂), lanolin : 일명 양모지 또는 양모납. 양털에서 분리 정제한 지방성 물질, 각종 연고의 기본 재료로 많이 쓰인다. 농업적으로는 식물의 생장조절물질을 처리할 때 이용된다. 즉, 알맞은 농도의 생장조절제를 라놀린에 첨가한 후 이것을 필요한 부위에 발라줌으로써 약효를 지속적으로 발휘할 수 있으며 또한 약제의 손실을 크게 방지할 수 있다.

라이소좀, lysosome : ① 가수분해효소를 갖고 효소작용을 하는 세포 내 작은 기관. 가수분해를 하는(lyso), 작은입자(some)라는 의미이다. ② 동식물세포의 기관의 일종으로서 크기는 약 0.4㎛이고 모양은 구상으로 된, 리보단백질성의 단일막으로 쌓여 있고 내부에 전자밀도가 높은 많은 입자와 한 개의 커다란 중심액포를 가지고 세포 내 소화에 관여한다.

라이신, lysine : 아미노산의 하나. 잔기에 있는 아미노이기 때문에 단백질의 염기 중화력에 영향을 미친다.

라토졸, latosol : 열대성 토양의 한 아목, 열대 습윤 기후에서 발달된 토양으로 점토 중 SiO_2/R_2O_3비, 염기치환용량, 점토활동도, 일차광물 함량, 가용성분 등이 낮고 입단 안정도가 높으며 토색이 붉은 것이 일반적인 특성이다.

락타아제, lactase : 젖당을 포도당과 갈락토오스로 가수분해하는 효소이다.

락토오스, lactose : 동물 우유에 있는 이당체. 산이나 락타아제에 의해 가수분해되면 글루코오스와 갈락토오스로 된다.

람쉬육종법, Ramsch's method of breeding : 동·식물의 품종개량에 사용되는 육종방법 중 하나이다.

레시틴, lecithin : 인을 함유하는 인지질의 하나. 동물의 뇌, 척수, 혈구, 난황과 식물의 종자 등에 다량으로 함유되어 있으며 식품이나 의약품의 유화제로 쓰인다.

로제트(rosette) : 뿌리잎이 지면상에 방사상으로 퍼진 상태. 예) 민들레, 질경이, 달맞이꽃.

로제트식물, rosette plant : 극도로 단축된 짧은 줄기에서 잎이 수평으로 나와 편평한 장미꽃 모양의 외관을 이루는 식물. 마디 사이의 신장은 거의 없고 주로 마디 수가 증가하여 매우 서서히 키가 크는 식물을 말한다.

로제트형잡초, rosette type weed : 잎이 모두 근생엽으로 이루어진 잡초. 예) 민들레, 질경이 등.

뢰스[黃沙土] : 바람에 날리는 고운 재료가 쌓인 풍적토로서 미사질이다. 건조한 지표 위를 부는 바람이 운반하는 먼지는 어떤 장소에 쌓여 두꺼운 뢰스의 층을 형성하게 되며 황토라고도 부르는 이 뢰스는 석영과 용해성이 높은 장석, 탄산칼슘, 백운석 등의 모가 난 미립물질로 구성되어 있다.

루비스코, Rubisco : 광합성의 캘빈회로에서 5탄당(Ribulose bisphosphate, RuBP)에 CO_2를 결합시켜 2개의 3탄당(3-Phosphoglycerate, 3-PGA)을 만드는 효소이다.

루핀, lupin : 콩과 루피너스속의 식물을 통틀어 이르는 말. 한해살이풀에서 여러해살이풀까지 있다. 높이는 70cm 정도이며, 잎은 손 모양 겹잎이다. 꽃은 총상(總狀) 꽃차례를 이루거나 돌려난다. 미국, 아프리카, 지중해 연안 등지에 약 300여 종이 분포한다.

류마티스 : 류마티즘.

류마티스성 관절염, rheumatoid arthritis, ~性關節炎 : RA로약기. 골격, 관절, 근육 등의 운동지지기관의 동통과 결합조직의 침습을 초래하는 염증성 다발성 만성관절질환.

류마티즘, rheumatism : 전신 결합조직 특히, 관절 및 근육, 인대, 활액낭, 건(腱), 섬유조직 등에 침투하여 여러 질환을 일으키며 그곳에 염증, 변성, 대사장애를 특징적으로 하는 질환.

류머티스성 근육통 : 류마티스로 인한 근육의 통증.

리그닌, lignin : 식물의 목질부를 형성하는 주요물질로 cellulose, hemi cellulose 등과 결합되어 있으며 기본 구성단위는 phenylpropane이며, 그 함량은 식물의 생육기간과 비례한다. 리그닌은 다량의 메칠기(14~21%)를 함유하고 있는 것으로 알려지는데, 알칼리에는 불안정하나 산에는 안정하며 동물에 의해 소화되지 않는다.

리기혈(理氣血) : 기혈순환을 활발하게 하는 치료법으로 기체(氣滯)나 어혈(瘀血) 등을 치료하는 데 사용됨.

리놀레산, linoleic acid : 탄소수 18, 이중결합이 3개 있는 불포화지방산. 참깨에 다량 함유되어 있다.

리신, lysin : 박테리아나 세포의 용균 또는 용해를 일으킬 수 있는 물질이다.

리이변(利二便) : 대소변을 잘 나오게 하는 효능.

림프절결핵(tuberculosis of lymph nodes) : 결핵균에 의한 림프절의 만성염증.

ㅁ

마과, Dioscoreaceae : 열·온대에 분포하는 초본으로 10속 650종이며, 우리나라에 1

속 7종이 자생한다. 덩굴성 초본으로 근경은 감자모양, 원반모양, 원통모양이 있다. 자웅이주나 자웅이화로 단성화이고, 열매는 삭과이며 날개가 있다.

마교(馬咬) : 말에게 물리거나 밟혀서 생긴 병증.

마그네슘, magnesium(Mg) : 마그네슘은 엽록소의 구성원소이며 잎에 많다. 체내 이동이 용이하며, 부족하면 낡은 조직에서 새 조직으로 이동한다. 광합성・인산대사에 관여하는 효소의 활성을 높이고, 종자 중의 지유(脂油)의 집적을 돕는다. 결핍하면 황백화현상(黃白化現象; chlorosis)이 일어나고, 줄기나 뿌리에 있는 생장점의 발육이 나빠진다. 체내의 비단백태질소가 증가하고, 탄수화물이 감소되며, 종자의 성숙이 나빠진다. 석회가 부족한 산성토양과 사질양토, 또는 칼리, 염화나트륨, 석회 등을 과다하게 시용한 토양에서 결핍현상이 나타나기 쉽다.

마디 = 절(節), node : 줄기 또는 가지에서 유관속이 특히 결집된 곳으로 지상에서는 잎이나 싹이 나고, 지하 부분에서는 뿌리가 나옴. 벼 줄기는 마디(節)와 마디 사이(節間)로 되어 있으며 마디는 마디 사이와 마디 사이가 합쳐진 합착 부분이며, 마디에서는 신장절간(伸長節間)을 제외하고는 반드시 잎, 분열, 뿌리가 나온다.

마디사이 = 절간(節間), internode : 벼의 줄기는 마디와 마디 사이로 되어 있다. 일반적으로 영양생장 기간에 발육하는 절간은 줄기의 기부에 신장하지 않은 채 밀집되어 있으나, 생식생장기부터 발육하는 상위 5~6절간은 길게 신장하여 벼의 간장을 결정하게 되며 이들 신장절간은 수수절간>2>3>4>5절간의 순으로 짧아진다.

마디풀과 = 여뀌과, Polygonaceae : 전 세계에 분포하는 관목 또는 초본으로 30속 800종이며, 우리나라에 11속 58종이 자생한다. 대부분이 초본이며 잎은 어긋나거나 마주난다. 총상화서 또는 겹원추화서이고 양성화 또는 단성화이며, 열매는 수과로 꽃받침에 둘러싸인다.

마름과, Trapaceae, Hydrocaryaceae : 열・온대에 분포하는 수초로 30종이며, 우리나라에 1속 2종이 자생한다. 초본으로 수생하며 마름꼴의 잎은 물 위에 뜨고 엽병은 해면질로 부분적으로 팽대한다. 양성화는 엽액에 1송이씩 달리고, 열매는 딱딱한 골질로 되어 있다.

마름모꼴 = 능형(菱形), rhomboid : 마름모꼴이나 다이아몬드 꼴인 형태. 예) 마름 잎.

마름모모양, rhombic : 넓은 달걀 모양이나 중앙부가 약간 모인 모양.

마비(馬痹) : 인후가 붓고 아파서 물도 넘기지 못하는 병증.

마삭나무과 = 협죽도과, Apocynaceae : 열・온대에 분포하는 교목, 관목, 초본으로 200속 2,000종이며, 우리나라에 3속 4종이 자생한다. 초본 또는 덩굴성관목으로 유액이 있다. 잎은 어긋나거나 마주나며 돌려나기도 하고 단엽으로 탁엽이 없다. 취산화서나 원추화서에 달리는 꽃은 양성화이고, 열매는 골돌, 장과 또는 핵과다.

마약중독 : 아편류, 기타 마약 등을 장기간 복용하여 중독증에 처했을 때.

마전과, Loganiaceae : 열・온대에 분포하는 교목, 관목, 초본으로 22속 550종이며, 우리나라에 2속 3종이 자생한다. 잎은 어긋나거나 마주나고 또는 돌려나며 단엽은 가장자리가 밋밋하거나 톱니가 있다. 양성화는 취산화서나 원추화서로 달리고, 열매는 삭과 또는 장과이다.

마주나기 = 대생(對生), opposite, opposite phyllotaxis : 한 마디에 잎이 2개씩 마주나기로 달리는 것.

마찰변형 : 대부분의 유관속식물들은 문지르면 신장속도가 느려지고 반면 굵기가 약간 증가하여 키가 작고 통통한 식물로 변한다. 이러한 현상은 마찰로 인한 스트레스에 대하여 형태상 변화를 나타낸 것으로 마찰변형이라 부른다.

마취(痲醉) : 몸의 일부나 전체의 감각을 마비시키는 효능.

마타리과, Valerianaceae : 전 세계에 분포하는 초본으로 10속 400종이며, 우리나라에 2속 9종이 자생한다. 초본으로 잎은 근생 또는 마주나며 흔히 갈라지고 탁엽이 없다. 유한화서와 취산화서로 달리는 꽃은 양성화 또는 단성화이며, 열매는 건과이고 종자에 배유가 없다.

마편초과, Verbenaceae : 열・온대에 분포하는 교목, 관목, 초본으로 100속 2,600종이며, 우리나라에 5속 9종이 자생한다. 마주나거나 돌려나는 잎은 단엽이나 복엽이고 탁엽이 없다. 양성화는 여러 가지 화서로 달리고, 열매는 핵과, 소견과 또는 장과이다.

마풍(痲風, 痲瘋) : 문둥병.

막눈 = 부정아(不定芽), adventive bud, indefinite bud : 끝눈, 곁눈의 자리가 아닌 곳에 생긴 눈.

막뿌리 = 부정근(不定根), adventitious root : 꺾꽂이나 휘묻이를 하였을 때 줄기나 잎에서 나오는 뿌리와 같이 정해진 자리가 아닌 데서 나오는 뿌리.

막질(膜質), membranous : 얇고, 부드러우며, 유연한 반투명으로 막과 같은 상태.

만경(蔓莖) = 덩굴줄기, 덩굴성줄기, 만연경(蔓延莖), climbing stem : 나팔꽃, 칡, 더덕 등과 같이 다른 물체에 의존하여 기어오르며 자라는 줄기.

만경목(蔓莖木) = 덩굴나무, 덩굴식물, 덩굴줄기나무, 만경식물(蔓莖植物), 만목(蔓木), vine : 머루 또는 등나무처럼 덩굴이 발달하는 나무로 줄기가 곧게 서서 자라지 않고 땅바닥을 기든지, 다른 물체를 감거나 타고 오름.

만경성(蔓莖性) = 덩굴성, 만목성(蔓木性), vine : 줄기가 다른 식물체를 감고 올라가는 성질. 예) 머루, 등칡.

만경식물(蔓莖植物), 덩굴식물, 만류 : 땅위를 기거나 다른 나무를 감아 올라가는 식물.

만경형잡초(蔓莖型雜草), vine type weed : 덩굴줄기가 있어 다른 물체를 감고 올라가는 잡초. 예) 거지덩굴, 환삼덩굴, 메꽃 등.

만곡배주(彎曲胚珠), campylotropous, campylotrope, curved : 배주의 한쪽이 자라지 않음에 따라 배주의 축이 구부러져 배병과 직각으로 된 것.

만기재배(晩期栽培), late season culture : 작물의 적정 재배시기보다 늦게 재배하는 것. 만파만식재배.

만목(蔓木), vine : 칡과 같이 넝쿨이 발달하는 나무.

만상(晩霜) = 늦서리, late frost : 늦은 봄이나 초여름에 내리는 서리. 겨울에 내리는 서리는 농작물에 거의 피해를 주지 않지만, 늦서리는 발아기나 개화기에 있는 작물에 큰 피해를 입혀 만상해 또는 늦서리 피해라고 한다.

만생배주(彎生胚珠) = 반도생배주(半倒生胚珠), amphitropous : 배병이 굽어서 배주의 끝과 배병의 기부가 서로 가까이 있는 경우.

만생종(晩生種), late season(maturing, ripening, flowering) cultivar : 생육기간이 길고 성숙 및 수확기가 늦은 품종. 주로 남부지방에 적응된 품종으로 감광성이 크고 만생종이다.

만성간염(慢性肝炎) : 6개월 이상에 걸쳐 간염의 증상과 간 기능의 장애 등 간 조직에 염증이 계속되어 간세포에 병리조직학적 변화가 인정되는 상태.

만성기관지염(慢性氣管支炎) : 기관지의 만성적 염증으로 기도가 좁아지는 질환.

만성맹장염(慢性盲腸炎) : 회맹부 통증을 통칭하는 것으로 이따금 쑤시고 아픈 것.

만성변비(慢性便秘) : 오랫동안 정상적으로 배변이 이루어지지 않는 증상.

만성요통(慢性腰痛) : 허리 운동에 관계 있는 많은 근육과 인대의 탄력성에 문제가 생겨 전후상하좌우의 균형이 무너진 상태가 계속되는 증상.

만성위염(慢性胃炎) : 위 점막의 만성염증성 질병.

만성위장염(慢性胃腸炎), chronic gastritis : 폭음, 폭식, 부패식품의 섭취 등에 의하여 일어나며 운동부족, 사양관리 부실, 기생충 등에 의해서도 발생되어 만성으로 경과하는 위의 염증. 스트레스 음주나 일정한 음식 등에 자극되어서 지속적으로 산분비가 과다하여 위점막이 손상되고 변형되는 것으로 위축성 위염을 동반할 수 있다.

만성판막증(慢性瓣膜症) : 만성인 판막의 장애증상으로 맥박이 빠르고 불규칙하게 되어 호흡이 곤란하고 피로를 느끼며 붓는 증상이 나타난다.

만성풍습성관절염(慢性風濕性關節炎) : 류마티스성 관절염의 다른 말.

만성피로(慢性疲勞) : 신장의 양기가 부족할 때 발기 장애, 빈뇨 증상, 몸이 차고 허리와 무릎이 시리고 아픈 증상 등이 나타난다.

만성하리(慢性下利), chronic diarrhea : 장기간에 걸쳐 나타나는 설사.

만성해수(慢性咳嗽) : 3주 이상 지속되는 기침.

만식(晩植), late planting : 늦게 심는 것으로 주로 벼에서 늦게 모내기를 하는 것을 말한다.

만식재배(晩植栽培), late planting culture : 논에 전작물로 다른 작물을 재배하고 난 뒤에 내만식성인 품종을 7월 상중순에 이앙하는 재배법을 말한다.

만식적응성(晩植適応性) : 모내기가 늦어도 안전하게 생육·성숙하고 수량이 많은 특성으로 묘대일수감응도가 낮고 도열병에 강해야 한다.

만연경(蔓延莖) = 만경(蔓莖), 덩굴줄기, 덩굴성줄기, climbing stem : 나팔꽃, 칡, 더덕 등과 같이 다른 물체에 의존하여 기어오르며 자라는 줄기.

만주맥(灣走脈) : 주맥과 비슷한 맥들이 잎의 기부에서 끝으로 나란하게 연결된 맥. 예)

층층나무.

만첩(萬疊) : 여러 겹으로 된.

만파(晩播) : 때늦게 파종하는 것을 말한다.

만파만식재배(晩播晩植栽培) : 조파만식이나 적파만식재배와는 달리 답전작물로서 담배, 과채류 등을 재배, 이들의 수확기가 극히 늦어 이들 작물을 수확한 뒤에 벼를 늦심기 하고자 할 때 벼가 생육할 수 있는 기간이 극히 짧아지기 때문에 계획적으로 조생종이면서 내만식성이 있고 저온등숙성도 높은 품종을 선택하여 늦게 파종하여 늦게 심는 재배법을 가리키며, 이 같은 재배법을 만식재배와 구분하여 만기재배라고 한다.

말라리아(malaria) : 말라리아원충에 의한 대표적인 열대병.

망(芒) = 까락, 까끄라기, artista, awn : 벼나 보리에 있는 것과 같이 싸개껍질이나 받침껍질의 끝부분이 자라서 털 모양이 된 것으로 화본과 식물 구분에 중요 역할을 함.

망간, manganese(Mn) : 망간은 각종 효소의 활성을 높여서 동화물질의 합성분해, 호흡작용, 엽록소 형성에 관여한다. 결핍되면 엽맥에서 먼 부분이 황색으로 변하며, 화곡류에서는 세로로 줄무늬가 생긴다.

망강(網腔), lumen : 망상 무늬에서의 눈 또는 벽안의 공간.

망목(網目) = 망벽(網壁), muri : 망상 무늬에서의 눈 또는 벽.

망상(網狀), reticulate, netted : 잎의 표면이 빛깔의 차이 혹은 주름으로 인해 그물처럼 보이는 것.

망상맥(網狀脈) = 그물맥, 그물잎줄, reticulate-venation, netted-vein, netted venation : 가운데 잎줄과 곁잎줄 사이에 가느다란 잎줄이 서로 연결되어 마치 그물처럼 생긴 것으로 양치식물과 쌍떡잎식물의 잎에 생긴다.

맞닫기모양[鑷合狀], valvate : 꽃받침조각, 꽃잎 등의 배열양상으로 서로 만나는 조각의 가장자리가 포개지지 않는 모양.

맞닿기모양, valvate : 서로 닿은 조각의 가장자리가 포개지지 않는 모양.

매과(莓果) = 다화과(多花果), 모인열매, 상과(桑果), 집과(集果), 집합과(集合果), 취과(聚果), aggregate fruit, multiple fruit, sorosis : 화피는 육질 또는 목질로 되어 붙어 있고 자방은 수과 또는 핵과상으로 되어 있음. 다수의 이생심피로 이루어진 하나의 꽃의 암술군이 발달하여 생긴 열매의 집합체. 예) 뽕나무, 산딸나무.

매끄러운 = 평활(平滑), glabrous : 잎몸이나 꽃받침 표면에 털이 없고 밋밋한 것.

매독(梅毒) : 만성 전신성 질병이며 성병의 일종인 전염병.

매자나무과, Berberidaceae : 온대에 분포하는 관목 또는 초본으로 10속 250종이며, 우리나라에 5속 7종이 자생한다. 어긋나는 잎은 단순하고 3출상이거나 손바닥모양의 겹잎이다. 취산화서, 총상화서 또는 원추화서이고 1송이씩 달리는 꽃은 양성화이다. 열매는 장과 또는 삭과이며 종자에 배유가 있다.

매트릭포텐셜, matric potential : 불포화토양에서 수분은 토양입자에 흡착되어 있거나 토양공극의 모세현상에 의하여 존재하게 되는데, 이에 관계되는 수분포텐셜은 매트릭포텐셜이라고 한다.

매화오리나무과, Clethraceae : 전 세계에 2속 31종이 분포하며 우리나라에서는 매화오리가 제주도에서 자란다. 잎은 어긋나고 홑잎이다. 꽃은 가지 끝에 총상화서, 원추화서로 달리며 양성화로 꽃받침은 깊게 5갈래로 갈라진다. 꽃잎은 5갈래이고 수술은 10~12개이며 자방상위이다. 열매는 삭과이다.

맥(脈) = 엽맥(葉脈), 잎맥, 잎줄, vein, nerve : 잎으로 통하는 유관속의 줄. 잎살 안에 있는 관다발과 그것을 둘러싼 부분으로 물과 양분의 통로가 된다.

맥계(脈系), venation : 잎으로 통하는 관다발의 맥이 갈라지는 모양을 통칭한다.

맥류(麥類), wheat and barley, etc. winter cereals : 화본과 작물인 보리를 대맥(大麥), 밀을 소맥(小麥), 호밀을 호맥(胡麥), 귀리를 연맥(燕麥)이라 하고, 밭 상태에서 재배하는 이들 4개의 작물을 맥류라고 부른다.

맥액(脈腋) = 잎줄겨드랑이, 잎줄짬 : 잎줄의 가장자리로서 잎줄이 잎몸과 맞닿는 곳.

맥주맥(麥酒麥), malting barley : 맥주의 원료로 쓰이는 두줄보리. 껍질이 얇고 종자가 굵으며 전분함량이 높다. 그리고 발아가 균일하며 효소인 아밀라아제의 작용이 강하고 단백질과 지방함량은 낮다.

맥포(麥圃) : 보리, 밀, 귀리, 호밀 등의 맥류포장이다.

맹아(萌芽), sprouting : 목본식물이나 괴근, 괴경, 인경 등의 영양체의 눈에서 싹이 나오는 것을 맹아라고 한다.

맹아지(萌芽枝) : 휴면상태에 있던 눈에서 자란 가지.

맹장염(盲腸炎), inflammation of the caecum : 맹장의 충양돌기염에 잇달아 일어나는 염증.

머리모양[頭狀], capitate : 빽빽하게 모여 머리 모양으로 둥근 것.

머리모양꽃차례 = 두상꽃차례, 두상화서(頭狀花序), capitulum, head : 무한꽃차례의 일종으로 대롱꽃과 혀꽃이 다닥다닥 붙어 전체적으로 하나의 꽃으로 보이며 머리모양으로 배열하는 꽃차례. 또는 줄기 끝에서 나온 원반모양의 아주 짧은 꽃줄기에 꽃자루가 없는 작은 꽃이 여러 송이 달린 꽃차례. 예) 국화과, 버즘나무.

멀구슬나무과, Meliaceae : 전 세계에 50속 1,000종이 아열대와 열대에 주로 분포하며 우리나라에는 2속 2종이 자란다. 잎은 어긋나고 우상복엽, 단엽이며 탁엽이 없다. 수술대가 합쳐져서 빈 통처럼 된 단체웅예와 얕은 컵처럼 된 암술머리가 있다. 종자에는 날개가 있다.

멀치, mulch : 포장토양의 표면을 여러 가지 재료로 피복(被覆)하는 것을 멀치(mulch, 피복)라고 한다. 부고(敷藁, straw mulch)를 위시해서 토양의 표면에 고간류(藁桿類), 퇴구비, 건초 등을 피복해서 주로 토양수분의 증발억제(蒸發抑制)를 꾀하는 것을 멀칭(mulching)이라고 하며, 포장의 표토를 곱게 중경한 토양층을 토양멀치(soil mulch)라고 한다.

메꽃과, Convolvulaceae : 열・온대에 분포하는 초본으로 55속 1,600종이며, 우리나라에 3속 6종이 자생한다. 덩굴성이며 단엽은 어긋나고 탁엽이 있다. 양성화는 엽액에 달리고, 열매는 삭과이다.

메벼[粳稻], nonglutinous rice : 찰기가 없는 메진 벼. ↔ 찰벼

메안더형 : ㄹ자형으로 흐르는 강의 형태.

메타크세니아, metaxenia : 사과, 감, 야자 등은 크세니아를 일으키는 유전자가 과일의 크기, 빛깔, 산도 등에도 영향을 끼치는데, 이를 메타크세니아라고 한다.

멘델식육종법, Mendelian method of breeding : 멘델의 법칙을 기반으로 하여 유전자들의 우수한 조합변경을 목적 하는 육종법이다.

멘델집단, Mendelian population : 개체 간에 자유로운 교배가 이루어져 멘델의 유전법칙이 적용되는 유성생식집단이다.

멜라닌, melanin : 동식물의 조직에서 볼 수 있는 흑갈색 내지는 흑색의 색소. 사람의 피부, 눈 색깔, 사과나 감자의 껍질을 벗기면 공기 중에서 검게 변하는 것 등은 멜라닌 색소가 생성되어 퇴적되기 때문이다.

멥쌀[粳米], nonglutinous rice : 보통의 쌀밥용의 쌀로서 찹쌀과는 달리 그 녹말의 구성은 아밀로펙틴(amylopectin) 약 83%와 아밀로오스(amylose) 약 17%로 되어 있으며 요오드 반응 시 청자색을 나타낸다.

며느리발톱 = 거(距), 꽃뿔, 꿀주머니, spur : 꽃받침, 꽃부리의 일부가 길고 가늘게 뒤쪽으로 뻗어난 돌출부이다. 화관이나 꽃받침이 시작되는 곳 가까이에 닭의 뒷발톱처럼 툭 튀어나온 부분으로, 속이 비어 있거나 꿀샘이 들어 있다. 예) 제비꽃, 현호색.

면독(面毒) : 면발독.

면류(麵類), noodles : 국수 종류를 말한다.

면마과, Aspidiaceae : 전 세계에 70속 3,000여 종이 분포하며 우리나라에서는 18속 114종이 자라고 있다. 근경은 옆으로 뻗거나 비스듬히 또는 곧추서며 잎과의 사이에 관절이 없고 인편에 문살 같은 무늬가 없다. 엽맥은 깃처럼 갈라져서 서로 떨어지거나 합쳐진다. 포자낭군은 소맥의 뒤쪽에 달리지만 소맥 끝이나 서로 합쳐지는 곳에 달리기도 한다. 포막은 둥근 것, 긴 것 등의 유무와 잔맥의 뒤쪽이나 끝, 잔맥이 합치는 곳 등 달리는 위치에 따라 식별점이 다르다.

면모(綿毛) = 솜털, lanuginous : 솜과 같은 털.

면목부종(面目浮腫) : 얼굴이나 눈이 붓는 병증.

면창(面瘡) : 얼굴에 생긴 종기.

면포창(面疱瘡) : 얼굴에 물집이 나고 부스럼이 생긴 것.

명거법(明渠法), open ditch : 개거배수, 즉 겉도랑 물빼기를 말한다.

명명(命名), nomenclature : 어느 수준의 범주이건 하나의 분류군에 이름을 붙이는 것.

명목(瞑目) : ① 눈을 감는 것. ② 눈이 어두운 것. ③ 조는 것, 자는 것.

명목소염(明目消炎) : 눈을 밝게 하고, 염증을 가라앉힘.

명목퇴예(明目退翳) : 눈을 밝게 하고 예막(瞖膜)을 치료하는 효능.

명반응(明反應), light reaction : 광합성은 ① 색소에 의한 흡수과정. ② 흡수된 빛에너지로 변화되는 과정. ③ 화학에너지를 이용하여 이산화탄소를 탄수화물과 고정하는 과정 등 3단계의 과정으로 구분되는데, 이 중 ①과 ②의 과정은 빛에너지를 화학에너지로 변화시키는 반응으로 빛이 있어야만 되기 때문에 명반응이라고 한다. 광합성에서 엽록체의 그라나 내에서 일어나는 반응으로서 광선의 흡수에 따라 진행되는 반응이다.

명아주과, Chenopodiaceae : 열・온대에 분포하는 관목 또는 초본으로 100속 1,500종이며, 우라나라에 7속 15종이 자생한다. 초본이며 다육질의 잎은 어긋나거나 마주나고 탁엽이 없다. 양성화이며 원추화서이고 가지에 밀산화서로 달리는 열매는 견과로 작은 주머니에 싸여 있다.

모(苗), nursery plant : 식물학적인 견지에서 초본묘(草本苗)와 목본묘(木本苗)로 구분하며, 육성법에 따라서 실생묘(實生苗, seedling), 삽목묘(揷木苗), 취목묘(取木苗), 접목묘(接木苗) 등으로 구분한다.

모관상승(毛管上昇) : 토양수분이 모세관 현상에 의해 상승하는 것이다.

모관수(毛管水), capillary water : 표면장력 때문에 토양공극 내에서 중력에 저항하여 유지되는 수분이며, 모관현상에 의해서 지하수가 모관공극을 따라 상승한다. 작물이 주로 이용하는 수분이다.

모관현상(毛管現象), capillarity, capillary penomenon : 액체 중에 가느다란 관, 즉 모세관을 세우면 관내의 액면이 관외보다 올라가거나 내려가는 현상이다.

모내기 = 이앙(移秧), transplanting : 못자리 모를 뽑아서 본답에 옮겨 심는 일이다.

모두송이꽃차례 = 술모양꽃차례, 총상꽃차례, 총상화서(總狀花序), raceme : 긴 꽃대에 꽃자루가 있는 여러 개의 꽃이 어긋나게 붙어서 밑에서부터 피기 시작하는 꽃차례. 예) 아까시나무, 냉이.

모래땅식물[砂生植物], psammophyte : 모래땅에 잘 자라는 식물. 예) 통보리사초.

모레인[氷堆石], moraine : 빙하에 의해 만들어진 토양.

모마름병 = 묘입고병(苗立枯炳) : 어린 모가 어떤 원인에 의하여 마르는 증상으로 위 또는 전체가 말라죽는 것이다.

모본(母本), parent, mother plant : 번식의 근원이 되는 식물로, 즉 교잡의 양친을 뜻한다.

모상체(毛狀體), trichome : 식물의 표피에 생기는 털이나 가시.

모세혈관염(毛細血管炎) : 실핏줄염, 모세관염.

모수(母數), seed tree, mother tree : 수확하고 난 뒤 숲에 나무를 심지 않고 자연적으로 종자가 퍼져 다음 숲이 이루어지도록 남겨두는 나무(종자나무).

모여나기 = 총생(叢生), fasciculate : 마디 사이가 극히 짧아 마치 한군데에서 나온 것처럼 보이는 것으로 더부룩하게 무더기로 난 것을 말함. 여러 장의 잎이 땅속의 줄기에서 한꺼번에 나오는 모양. 뿌리에서 나오는 것처럼 보인다. 예) 은행나무 단지의 잎.

모연(毛緣), ciliate : 가장자리에 술이 있는 털을 지닌 모양.

모용(毛茸) = 부드러운 털, 연모(軟毛), pubescent hair : 가늘고 곧은 털.

모인꽃싸개 = 총포(總苞), 큰꽃싸개, involucre : 잎이 변해 열매의 밑동을 싸고 있는 비늘 같은 조각. 예) 국화과, 산딸나무.

모인꽃싸개조각 = 총포엽(總苞葉), 총포조각, 총포편(總苞片), 큰꽃싸개조각, involucral bract, involucral scale, phyllary : 국화과 식물 등에서 볼 수 있는 둥그렇게 모여 있는 꽃싸개를 구성하는 조각.

모인열매 = 다화과(多花果), 매과(莓果), 상과(桑果), 집과(集果), 집합과(集合果), 취과(聚果), aggregate fruit, multiple fruit, sorosis : 화피는 육질 또는 목질로 되어 붙어 있고 자방은 수과 또는 핵과상으로 되어 있음. 다수의 이생심피로 이루어진 하나의 꽃의 암술군이 발달하여 생긴 열매의 집합체. 예) 뽕나무, 산딸나무.

모인우산꽃차례 = 집산꽃차례, 집산화서(集散花序), cyme : 꽃차례 축의 끝에 꽃이 달리고, 그 밑 겨드랑이에서 굵기가 같은 2개의 가지가 발달해 그 끝에 꽃이 달리는 꽃차례.

모자이크병, mosaic disease : 식물체의 잎에 얼룩얼룩한 무늬가 형성되는 증상으로 주로 바이러스에 의해 초래되는 일반적인 병징이다.

모잘록병 = 입고병(立枯病), damping-off : 지표 가까이에 있는 줄기 부분이 잘록해지면서 쓰러져 말라죽는 병, 곰팡이에 의한 토양전염병에 주로 발생한다.

모재층(母材層), parental material : 토양단면 중 B층의 하부인 모래층으로서 약간 풍화된 암석조각과 암괴로 되어 있다. C층이라고도 한다.

목련과, Magnoliaceae : 전 세계에 10속 100종이 분포하며 우리나라에서는 3속 18종이 자란다. 대부분의 식물학자는 목련과가 피자식물의 가장 원시적인 과로 보고 있다. 잎은 단엽으로 드물게 톱니가 있으며 탁엽이 크고 일찍 떨어진다. 꽃은 양성으로 많은 수술과 암술이 긴 화탁에 나선상으로 배열된다. 열매는 골돌로 하나의 심피 안에 하나 내지 여러 개의 종자가 들어 있다.

목본(木本) = 나무, woody plant, arbor, tree : 줄기와 뿌리에서 비대 성장에 의해 다량의 목부를 이루고, 그 세포벽의 대부분이 목화하여 강고해지는 식물. 겨울철이 있는 기후대에서는 해가 바뀌어도 지상부가 살아남아 다시 자라는 식물.

목부(木部), xylem : 고등식물의 수분 통도조직으로 도관, 가도관, 섬유, 유조직으로 구성된다.

목소양증(目瘙痒證), 란현풍(爛弦風), trachoma : 먼지나 이물질이 눈에 들어갔을 때 손으로 비비거나 자극에 의해 일어나는 증상으로 결막 부위가 붉게 충혈되어 부어오르고 올록볼록한 과립이 생겨남.

목야지(牧野地), pasture, grass land : 가축을 놓아기르거나 목초를 가꾸는 들판으로 초지를 뜻한다.

목적(目赤) : 눈이 벌겋게 충혈되는 증후.

목적동통(目赤疼痛) : 눈이 충혈되고 아픈 병증.

목적홍종(目赤紅腫) : 눈이 붉게 충혈되고 부어오르는 증상.

목정통(目睛痛), 안주동통(眼珠疼痛) : 몸의 피로, 망막의 피로 등 눈의 질환으로 눈망울에 통증이 생기는 경우.

목질부(木質部), xylem : 목부라고도 함. 유관속의 구성요소 중의 하나로서 도관, 가도관, 목부섬유, 목부유조직으로 형성된 복합조직. 주요 기능은 수액의 통도나 기계적 지지작용이지만 목부유조직은 전분이나 유지의 저장조직이 될 수도 있다.

목질화(木質化), lignification : 1차벽에 2차벽 물질이 침적되어 세포벽이 비후되는 현상.

목초(牧草) : 일반적으로 조사료용으로 재배되는 풀을 말하는데, 곡식의 수확 후 나오는 부산물(짚류 등)은 이에 포함시키지 않는다.

목탈(目脫) : 눈이 빠질 것 같은 증상.

목통(目痛) : 눈의 통증.

목통유루(目痛流淚) : 눈에 통증이 있으며, 눈물이 그치지 않고 계속 흘러내리는 것.

목현(目眩) : 현기증. 눈앞이 깜깜해지면서 혼화가 나타나는 환각증상.

목화(木化), lignification : 목질화라고도 한다. 고등식물이 생장에 따라 세포막질이 2차적으로 변화하여 막을 견고하게 하는데, 이것은 대개 세포벽에 리그닌이 퇴적되는 현상이다. 일반적으로 세포막의 비후에 수반되어 일어난다. 목화된 세포는 분열능력을 잃어 결국에는 죽게 된다. 목화에 의해 조직의 물리적 성질이 향상되는데 셀룰로오스의 분해억제, 화학적 저항성의 증대, 또는 수분의 통과가 억제된다.

몬모릴로나이트, montmorillonite : 두 개의 Si판과 한개의 Al판이 서로 공유한 산소원자에 의해 결합되어 있는 규산염 점토로서, 결정격자는 2:1이며 물을 흡수하여 쉽게 팽윤하며 지름이 0.01~1.0 정도로서 kaolinite보다 작고 양이온 흡착능력이 크며 가소성과 응집성은 크나 미세한 입자가 쉽게 분산하는 성질이 있다.

몬순 = 계절풍(季節風), monsoon : 계절풍이라고 부르기도 한다. 계절에 따라서 주풍향(主風向)이 정해진 바람을 말한다. 겨울에는 대륙이 냉각되고 대양은 따뜻하기 때문에 바람은 대륙에서 대양을 향하여 불고, 여름에는 대륙이 따뜻하고 대양은 서늘하기 때문에 대양에서 대륙을 향하여 바람이 분다. 계절풍은 세 가지 조건에 해당하는 풍계(風系)이다. 즉, ① 풍향이 계절을 대표할만한 높은 출현빈도를 보일 것. ② 대기대순환계(大氣大循環系)의 풍계에 상응하는 넓은 지리적 공간을 차지할 것. ③ 겨울부터 여름까지, 여름부터 겨울까지 사이에 풍향이 반대 또는 거의 반대로 바뀔 것.

몰리브덴, molybdenum(Mo) : 몰리브덴은 질산환원효소의 구성성분으로, 질소대사에 필요하고, 콩과작물 근류균의 질소고정에도 필요하다. 콩과작물에 함량이 많으며, 결핍하면 황백화하고, 모자이크(mosaic)병과 비슷한 증세가 나타난다.

못자리그누기, drainage after sprouting = 아건(芽乾) : 물못자리 시 담수상태에서 종자를 파종하게 되므로 초엽, 제1엽, 제2엽이 약 3cm 정도 자라게 되면 종자근과 관근의 착근과 발육신장이 지상부에 비하여 빈약하게 되는 경우가 있는데, 이 같은 현상을 막기 위하여 이때에 모판의 물을 빼고 2~3일간 포화상태가 되도록 하면 유근의 발육을 촉진하여 착근을 돕게 되는 이 같은 물관리 방법을 못자리그누기라고 한다.

몽정(夢精) : 꿈을 꾸면서 사정이 되는 것.

묘(苗) : 이식용으로 못자리에서 키운 묘, 즉 모라 한다.

묘대(苗垈), nursery bed : 벼의 묘를 길러내는 장소, 즉 못자리를 발한다. 채소의 경우 온상이나 냉상에 해당하는 말이다.

묘대기(苗垈期) : 못자리기간이라고도 말하며, 볍씨를 못자리에 파종하여 모를 키워 본답에 이앙하기 위해 모를 찔 때까지라고도 한다.

묘대일수감응도(苗垈日數感應度), sensitivity to nursery period : 못자리에서 모를 보통보다 오래 둘 때에 모가 노숙하고 모낸 뒤 위조가 생기는 정도이다.

묘령(苗齡), seedling age : 식용으로 못자리에서 작물의 나이이며 주로 잎이 나온 숫자로 표시한다.

묘상(苗床), nursery, rice nursery, seed bed : 어린 모종을 가꾸는 시설로 온상을 말하는 것이다.

묘소질(苗素質), seedling quality : 모종이 지난 건강상태 또는 소질. 모종이 정식 후에 특성을 잘 발휘하고 튼튼하게 자랄 수 있는 성질을 묘소질이라 한다.

묘아(苗芽) : 엽상체에서 어린 엽상체가 돋아나는 것.

묘조(苗條), shoot : 어린잎과 줄기의 총칭.

묘판(苗板), nersery bed : 못자리, 묘상, 모판이라고도 한다.

무경(無莖), acaulescent : 줄기가 없거나, 있어도 뚜렷하지 않은 상태.

무공재(無孔材), non-pored wood : 물관이 없는 목재.

무관속식물(無管束植物), non-vascular plants : 줄기로 통하는 통도조직이 없는 식물로 선태류와 그 이하의 하등식물을 말한다.

무기성분(無機性分), mineral nutrition : 무기질로 된 성분으로 토양에 필요한 물질이 풍부하고 균형 있게 포함되어 있어야 한다. 일부성분의 결핍이나 과다는 작물생육을 나쁘게 한다.

무기양분(無機養分), inorganic nutrient, mineral nutrient : 토양 중에 존재하는 무기염류 가운데 식물의 필수요소로서 양분이 되는 염류이다.

무기염류(無機鹽類), inorganic salts : 칼륨, 나트륨, 칼슘 등의 무기물은 세포 내에서 염의 형태로 존재하므로 무기염류라 불린다.

무기호흡(無氣呼吸), anaerobic respiation : 호흡과정에서 산소가 없이 이루어지는 과정. 호흡과정에서 보면 먼저 해당 작용을 거쳐 간단한 중간생성물인 피루브산이 형성된 후 산소가 있으면 CO_2와 H_2O로 산화 분해되면서 글루코오스 1분자당 673cal의 에너지를 방출하는 유기호흡이 이루어지지만 산소가 없을 때는 CO_2와 C_2H_5OH로 분해되면서 25cal의 에너지를 방출한다. 바로 산소 없이 이루어지는 이 과정을 무기호흡이라 한다.

무꽃덮이꽃[無被花], achlamydeous flower : 꽃덮이(꽃잎, 꽃받침)가 없는 꽃. 예) 홀아비꽃대, 산딸나무, 삼백초.

무꽃받침성[無萼片性], asepalous : 꽃받침이 없는 상태.

무꽃잎꽃[無瓣花], apetalous : 꽃잎이 없는 꽃.

무논 = 담수답(湛水畓), flooded paddy field : 물이 있는 논이다.

무늬식물[斑入植物], variegated plant : 잎이나 줄기 등에 다른 색으로 무늬가 생긴 식물로, 주로 관상식물로 활용된다. 예) 점박이천남성, 무늬둥굴레.

무늬점 = 얼룩점, 반점(斑點), dotted : 기름점 또는 검은점이 있는 것.

무대재배(無袋栽培), nonbagging culture : 과실의 착색, 숙기조절, 병충해 방제 등의 목적으로 실시하던 봉지 씌우기를 생략하여 재배하는 방법. 노력과 비용은 크게 절감되지만 품질이 떨어질 우려가 크므로 품종의 선택, 재배기술 등으로 무대재배의 결점을 보완해야 된다.

무도병(舞蹈病), chorea : 얼굴, 손, 발, 혀 등의 근육에 불수의적(不隨意的) 운동장애를 나타내는 증후군.

무력(無力) : 힘이 없음.

무릎동통 : 무릎통증.

무망종(無芒種), awnless cultivar : 벼알에 까락이 없는 품종을 말하며, 현재 육성 보급되고 있는 품종의 대부분은 까락이 없다.

무배식물(無胚植物), non-embryophytes : 수정란이 분열하여 배를 형성하지 않고 바로 영양체를 만드는 식물을 말한다.

무배유종자(無胚乳種子), exalbuminous seed : 쌍자엽식물의 종자로 자엽에 양분이 축적되어 있으며, 배(胚)는 유아(幼芽), 배축(胚軸), 유근(幼根)의 세부분으로 형성되어 있다. 예) 콩, 팥 등.

무배젖씨앗[無胚乳種子], exalcuminous seed : 영양조직인 배젖이 없는 씨.

무병엽(無柄葉), sessile(leaf) : 잎자루가 없이 잎몸 밑 부분이 직접 줄기나 가지에 붙은 잎.

무병잎[無柄葉], sessile leaf : 잎자루가 없는 잎.

무상기간(無霜期間), frostless period : 늦서리~첫서리 사이의 기간으로 서리가 내리지 않는 기간을 말한다.

무성꽃[無性花], neutral flower : 수술과 암술이 모두 없는 꽃. 예) 수국, 불두화.

무성생식(無性生殖), asexual reproduction : 무성생식은 생식기관이 아닌 잎, 줄기, 뿌리 등 영양체로부터 새로운 개체가 발생하는 것으로 영양번식이라고도 한다. 영양번식을 하면 유전적으로 동일한 특성을 나타내기 때문에 우량품종을 계속 증식하여 사용할 수 있다. 또한 영양번식된 어린 식물은 어미식물의 성숙한 조직에서 유래하였으므로 종자에서 발생한 어린 식물보다 강하다는 이점이 있다.

무성세대(無性世代) : 세대교번을 하는 생물이 무성생식을 하는 세대. 이때에는 포자체 상태로 생식을 한다.

무성아(無性芽) = 구슬눈, 살눈, 육아(肉芽), 주아(珠芽), bulbil, bulblet, fleshy bud, gemma : 잎겨드랑이에 생기는 크기가 특히 짧은 비늘줄기로 곁눈이 고기질로 비대해서 양분을 저장한 것임. 식물체의 일부분에 생겨 독립적인 개체로 발달하는 부분. 어미 식물체에서 떨어져 나가 내부 구조를 나누어 기능을 달리하면서 새로운 개체가 되려고 하는 새끼 식물체. 예) 말똥비름, 흑쐐기풀, 참나리, 마.

무성지(無性枝) : 꽃이 피지 않는 줄기 또는 가지.

무성화(無性花) = 중성꽃, 중성화(中性花), neuter flower, asexal flower, sterile flower : 종자식물의 꽃 중에서 암술, 수술이 퇴화하였거나 발육이 불완전하여 열매를 맺지 못하는 꽃.

무수정결실(無受精結實), agamospermy : 수정 없이 배주가 바로 씨를 만드는 무성번식. 예) 민들레.

무월경(無月經) : 월경(月經)이 오지 않는 병증. 월경을 할 나이에 월경이 끊어지는 병.

무육(撫育), tending operation : 나무의 생장에 따른 숲 가꾸기. 한 가지 방법으로 실시하는 것이 아니라 나무가 자람에 따라 어린 나무 가꾸기, 덩굴제거, 가지치기, 솎아베기 등을 실시하여 나무의 생장을 돕고 재질을 향상시켜 생산목적을 이루는 것.

무좀 : 백선균이나 효모균이 손바닥이나 발바닥, 특히 발가락 사이에 많이 침입하여 생기는 전염 피부병. 물집이 잡히고 부스럼이 돋으며 피부 껍질이 벗겨지기도 하고 몹시 가려운 것이 특징인데, 봄부터 여름까지 심하고 겨울에는 다소 약함.

무종자식물(無種子植物), non-seed plants : 종자 대신에 포자를 퍼뜨려서 자손을 늘리는 식물로, 양치류와 그 이하의 하등한 식물을 말한다.

무판화(無瓣花) = 단화피화(單花被花), monochlamydeous, apetalous flower : 꽃잎이나 꽃부리가 없는 것.

무포엽성(無苞葉性), ebracteate : 포가 없는.

무한꽃차례 = 무한화서(無限花序), 총방꽃차례, 총방화서(總房花序), botrys, botrus, indeterminate inflorescence : 정아가 계속 생장하며 밑에서부터 위로 피어올라가는 것. 단축분지를 하는 꽃차례의 한 기본형.

무한웅예(無限雄蕊, 無限雄蘂) = 이생웅예(離生雄蕊, 離生雄蘂), polyandrous, distinct stamen, free stamen : 수술이 각각 따로 떨어져 있는 것.

무해(霧害) = 안개해, fog damage : 안개가 잦아서 나타나는 농작물의 피해와 시계(視界) 불량으로 일어나는 교통장해 등을 일컫는다. 안개의 침입을 막을 목적으로 방무림(防霧林)을 조성하면 숲에 안개 입자가 포착될 뿐만 아니라 숲이 난류를 유도하여 안개가 쉽게 걷히게 된다.

무화과꽃차례 = 숨은꽃차례, 숨은머리꽃차례, 은두꽃차례, 은두화서(隱頭花序), hypanthodium, syconium : 꽃차례 축이나 꽃턱이 발달하여 항아리 모양을 이루고 그 속에 많은 꽃이 배열된 꽃차례. 예) 무화과.

무화피성(無花被性), achlamydeous : 꽃덮이가 없는 상태.

무환자나무과, Sapindaceae : 주로 열대지방에 130속 1,100종이 분포하며 우리나라에서는 2속 2종이 자란다. 잎은 우상복엽이고, 꽃은 작으며 잡성 이가화로 꽃잎 밑에 선이 있다. 수술 밖에는 선반이 있고 3심피의 자방에 종의로 덮힌 종자가 발달한다.

무효분얼(無效分蘗), non-productive tiller : 분얼은 되었어도 이삭을 맺지 못하거나 죽은 것을 무효분얼 또는 무효경(無效莖)이라 칭한다. 무효분열을 분얼절위로서는 상위절의 분얼일수록, 분얼차위로서는 고차위 분얼일수록 무효경이 되기 쉽다. 무효분얼의 방지를 위한 재배적 기술대책으로는 기비의 전층시비, 분얼비의 조기시용, 밀식, 무효분얼기의 2·4-D 살포 등이 효과적이다.

묵나물 : 묵은 나물이라는 뜻으로 생체로 말리거나 약간 삶아서 말려 두었다가 이듬해에 조리하여 먹는 나물을 총칭하여 묵나물이라고 한다.

물결모양 = 파상(波狀), repand, sinuate, undulate : 잎의 가장자리가 중앙맥에 대해 평행을 이루면서 물결을 이루고 있는 것처럼 생긴 모양. 가장자리의 톱니 모양이 날카롭지 않고 물결 모양인 것.

물결털 = 섬모(纖毛), cilia : 양치식물과 선태식물 따위의 정자에서 볼 수 있는 운동성이 있는 가는 돌기로 그 수가 많고 짧다.

물고기열매 = 다육과(多肉果), fleshy fruit : 물기가 많고 고기질이 많은 열매.

물고기질 = 다육질(多肉質), fleshy : 물기가 많고 살이 많은 특성. 잎, 줄기, 열매에 즙이 많은 것. 예) 선인장, 쇠비름.

물고사리과, Parkeriaceae : 흔히 수조에서 기르며 5종이 열대에 분포하고 우리나라에서는 1종이 남부지방에서 자란다. 물속에서 자라는 한해살이 양치식물이다. 작은 근경에서 많은 잎이 나와 밑 부분은 물속에서 자라고 윗부분은 물위로 나오며 3~4회 갈라지지만 물속에 있는 것은 그리 갈라지지 않는다.

물관 = 도관(導管), vessel : 속씨식물의 물관부 중에서 물이 드나드는 구실을 도맡는 조직. 모가 여럿인 기둥꼴이거나 둥근기둥꼴인 물관세포가 몇 개씩 잇닿아 있다.

물관부 =목부 : 식물이 뿌리로 빨아들인 물과 양분을 줄기로 보내는 대롱꼴의 조직기관.

물레나물과, Hypericaceae, Guttiferae, Clusiaceae : 열·온대에 분포하는 교목, 관목, 초본으로 45속 650종이며, 우리나라에 2속 8종이 자생한다. 잎은 어긋나거나 마주나고 또는 돌려나며 탁엽이 없다. 1송이 또는 취산화서로 달리는 꽃은 단성화 또는 양성화이고, 열매는 삭과, 핵과, 장과이고 종자는 배유가 없다.

물료(物料) : 물건을 만드는 여러 가지 재료이다.

물리지도(物理地圖) : 유전자표지나 분자표지 간의 거리를 염기수로 표시한 유전지도로 유전자지도의 1cM은 물리지도의 약 100만 염기에 해당한다.

물못자리(水苗垈), flooded nersery : 모판을 만들고 모판흙이 약간 굳은 다음 물을 대고 볍씨를 파종하여 물을 댄 담수상태에서 육묘하는 방식을 물못자리라 하는데, 물못자리에 의한 육묘방법은 비닐이 개발되기 전에 보급되었던 것으로 파종가능한 계기가 평균기온 13℃ 정도로 조기파종이 불가능하며 모가 연약하게 자라 이앙 후 식상이 많고, 가뭄으로 못자리 일수가 연장될 때 모의 노화가 빠르다. 현재 물못자리는 극히 일부(만식재배)를 제외하고는 보급되고 있지 않다.

물별과, Elatinaceae : 열·온대에 분포하는 관목, 초본으로 2속 40종이며, 우리나라에 1속 1종이 자생한다. 마주나는 잎은 단엽으로 탁엽이 막질이다. 엽액에 1송이씩 달리는 꽃은 양성화이고, 열매는 삭과이다.

물부추과, Isoetaceae : 전 세계에 1종 65종이 분포하고 우리나라에는 3종이 있다. 얇은 연못이나 물가에서 자라는 여러해살이 양치식물이다. 줄기는 짧은 괴경 모양으로 괴경 위쪽에 여러 개의 가느다란 잎이 모여 나고 아래쪽에서 뿌리가 모여 난다. 잎의 기부는 넓적하고 작은 혓조각과 포자낭이 있다. 포자낭은 작은 혓조각의 아래쪽 홈 속에 1개가 있고 크다. 이 홈의 양쪽 가장자리가 자라서 된 덮개막이 되어 포자낭을 덮는다. 포자는 이형포자이며 대포자낭과 소포자낭이 같은 포기에 생긴다. 대포자낭은 겉에 있는 잎에 다수의 포자가 들어 있고, 소포자낭은 안쪽의 잎에 생기며 정자에는 다수의 편모가 있다.

물속잎[水中葉], water leaf : 수생식물이 물속에서 생활하기에 적합하도록 뿌리처럼 발달한 잎. 예) 생이가래의 수중엽.

물열매 = 액과(液果), 장과(漿果), berry, sap fruit : 고기질로 되어 있는 벽안에 많은 씨가 들어 있는 열매. 과피가 다육질이고 다즙한 열매. 예) 포도, 호박, 감.

물옥잠과, Pontederiaceae : 열·온대에 분포하는 초본으로 7속 30종이며, 우리나라에 1속 2종이 자생한다. 강이나 늪지대에 서식하는 초본으로 잎은 근생 또는 경생이며 평행맥이 있다. 총상화서에 달리는 꽃은 청자색이고, 열매는 삭과이다.

물푸레나무과, Oleaceae : 전 세계에 22속 500종이 열대에서 온대에 걸쳐 분포하며 우리나라에서는 8속 25종이 자란다. 꽃의 부분은 2수이며 꽃밥은 2개가 등을 맞대어 붙어 있다. 자방상위로 2실이며 각 실에 배주가 2개씩 들어 있다. 열매는 삭과, 장과, 핵과이다.

뭉쳐나기 = 속생(束生), fasciculate : 소나무, 잣나무 등의 잎과 같이 2~5개의 잎이 1개의 다발에 뭉쳐서 나는 것. 여러 장의 잎이 짤막한 줄기에 뭉쳐서 나는 잎차례.

미강(米糠) = 쌀겨, rice bran : 벼에서 왕겨를 뽑고 난 다음 현미를 백미로 도정하는 공정에서 분리되는 고운 속겨를 말한다.

미곡(米穀), rice : 화본과 작물인 벼 또는 쌀을 미곡이라 하고 논벼(수도)와 밭벼(육도)로 구분하기도 하며, 세계적으로는 인디카벼, 자포니카벼, 자바니카벼 등으로 구분하기도 한다.

미기상(微氣象), micrometeorology : 지표면에서 지상 1.5m 정도 높이까지의 공간 기상을 말하며 수평방향으로는 수m에서 수km까지 취급한다. 농업에서 미기상은 주로 경지와 작물군락의 기상을 대상으로 한다.

미나리과 = 산형과, Umbelliferae, Apiaceae, Ammiaceae : 전 세계에 분포하는 초본으로 275속 3,000종이며, 우리나라에 31속 67종이 자생한다. 어긋나는 잎은 대개 많이 갈라지고 복엽이 많다. 양성화 또는 잡성화는 산형화서 또는 두상화서 모양으로 달리고, 열매는 건과이며 종자에 배유가 많다.

미나리아재비과, Ranunculaceae : 온·한대에 분포하는 관목 또는 초본으로 40속 1,500종이며, 우리나라에 21속 106종이 자생한다. 어긋나거나 마주나는 잎은 흔히 가장자리가 갈라진다. 양성화 또는 단성화이며, 열매는 수과 또는 골돌이다.
미늘 : 낚시와 같이 거스러미 모양의 갈고리.
미동유전자(微動遺傳子), miner gene : 연속변이를 하는 양적형질을 분석하기 위하여 Mather(1943)에 의해 제창되었다. 이 유전자 자체만으로는 작용이 약하지만, 다수의 유전자가 동의적으로 작용하여 양적 형질의 발현에 관여할 때 이 유전자군을 폴리진계라 하고 그들 안에 포함되어 있는 개개의 유전자를 통틀어 폴리진이라고 한다. 주유전자와 비교하여 쓰는 말이다.
미량원소(微量元素), microelement, minor element : 식물의 생육에 반드시 필요한 16가지 원소 가운데 비교적 소량으로 요구되는 원소로 철(Fe), 망간(Mn), 구리(Cu), 아연(Zn), 붕소(B), 몰리브덴(Mo), 염소(Cl) 등이다.
미립상(微粒狀), farinaceous : 미세한 가루가 덮여 있는 상태.
미사(微砂), silt : 입경이 0.02~0.002mm가 되는 점토와 모래의 중간입경을 가진 광물질을 말한다.
미상(尾狀) = 꼬리모양, 꼬리형, caudate, tailed : 잎의 끝이 가늘고 길게 신장하여 동물의 꼬리 같은 모양을 이룬 것.
미상꽃차례 = 꼬리꽃차례, 꼬리모양꽃차례, 미상화서(尾狀花序), 유이화서(葇荑花序), catkin, ament : 꽃차례의 줄기가 길고, 홑성꽃이 많이 붙은 꼬리 모양이면서 밑으로 처지는 이삭꽃차례의 일종. 예) 버드나무, 자작나무, 호두나무.
미상화서(尾狀花序), 유이화서, ament, catkin : 화축이 하늘로 향하지 않고 밑으로 처지는 꽃차례로 꽃잎이 없고 포로 싸인 단성화. 예) 버드나무과, 참나무과, 자작나무과.
미생물(微生物), microbe, microorganism : 육안으로 관찰하기 어려울 정도로 매우 작은 생물의 총칭이며, 세균을 포함한 모든 원핵생물과 곰팡이와 원생동물 및 선충이 포함된다.
미숙답(未熟沓), immature paddy field : 개간지나 간척지가 논으로 완전히 기능을 발휘 못하고 있는 논으로서 미숙답은 토층단면이 단단하여 벼 뿌리가 깊이 들어가지 못하여 벼 생육에 불리하다.
미숙퇴비(未熟堆肥), poor decomposed compost : 완전히 부숙되지 않은 퇴비를 말한다.
미시(微視)형질, microcharacter : 현미경으로 관찰되는 형질.
미요두(微凹頭), emarginate : 잎 끝이 편평하나 그 중간이 약간 들어간 엽선.
미요상(微凹狀, punctata) : 조그만 구멍 또는 색깔 있는 점 등이 있는 상태.
미용(美容) : ① 아름다운 얼굴, ② 얼굴이나 머리를 아름답게 매만짐.
미질(米質), rice quality : 쌀의 품질을 말한다.
미철두(微凸頭) = 급첨두(急尖頭), mucronate : 엽선의 끝이 가시 또는 털이 달린 것처럼 급격히 뾰족하면서 긴 형태.

미토콘드리아(mithochondria) : 진핵세포에서 TCA회로를 돌려 에너지를 생산하는 세포 내 기관.

민감체질(敏感體質), 과민체질(過敏體質), 알레르기성 체질 : 주로 식중독, 티끌, 황사, 꽃가루 또는 금속이나 화장품 때문에 일어난다.

민꽃식물 : 꽃이 피지 않고 포자로 번식하는 식물.

민들레잎모양 = 민들레형, runcinate, lyre-shaped : 민들레 잎처럼 잎의 양쪽 가장자리에 굵은 톱니나 결각이 밑으로 향한 새의 깃 모양으로 찢어진 것.

밀공(蜜孔) = 꿀샘구멍, honey-pore : 잎 또는 꽃에 단맛이 있는 액즙을 생성하는 조직이나 기관에 이어져 그 액즙이 분비되는 구멍으로 비늘조각에 덮여 있다.

밀리당량, milliequivalent : 1밀리그램의 수소이온 또는 이와 화합하거나 교환할 수 있는 다른 이온의 양으로서 me/100g로 표시한다.

밀면모(密綿毛) = 솜털같이 밀생한 털, densely woolly, tomentous : 식물체에 밀생하는 단순한 실모양의 단세포성 또는 갈라진 다세포성의 부드러운 털.

밀모(密毛) : 촘촘히 나온 털.

밀반(蜜盤), nectary disc : 꽃의 화주 기부에 있는 원반모양의 구조로 육질성 꿀샘.

밀생(密生), dense : 여러 개가 서로의 간격이 좁게 모여서 난 상태.

밀생모의, tomentose : 가늘고 부드러운 털이 짜여 있는 것처럼 빽빽하게 나 있는 상태.

밀선(蜜腺) = 꿀샘, honey-gland, nectary : 꽃받침, 꽃잎, 수술, 심피, 꽃턱이 변해 꿀을 분비하는 다세포의 샘.

밀선반(蜜腺盤), nectariferous disk : 꿀을 분비하는 꽃받침대로 씨방의 기부에 위치한 꽃턱에서 솟아나온 원반모양 또는 도너츠 모양의 구조가 수술군 내에 위치해 있는 밀선을 수술내밀선반(intrastaminal disk)이라 하고, 원반모양 또는 도너츠 모양의 구조가 수술군 외에 위치해 있는 밀선을 수술외밀선반(extrastaminal disk)이라 한다.

밀식(密植), dense planting, close spacing : 씨를 뿌리거나 어린 모종을 옮겨 심을 때 촘촘하게 심는 것. 넓게 심는 것은 소식이라 하는데, 드문드문 심는다는 뜻이다.

밀원(密源) : 벌이 꿀을 빨아주는 근원이다.

밀초화서(密錐花序), thyrsus : 취산화서가 구형으로 되어서 총상 또는 원추상으로 화축에 달리는 것.

밀추꽃차례[密錐花序], thyrse : 꽃이 밀집한 복합꽃차례로서, 꽃대축의 분지상태는 일정하지 않으나 전체적으로 보면 원뿔모양꽃차례처럼 생긴 꽃차례. 예) 포도나무.

밀파(密播), dense sowing : 씨앗을 빽빽이 배게 뿌림을 말하며. 즉 배게뿌림이다.

밀판(蜜瓣), honey leaf : 꿀샘 모양 또는 꿀샘을 갖고 있는 꽃잎 모양의 기관. 예) 미나리아재비과의 다수.

밋밋하다, entire : 잎몸의 가장자리가 갈라지거나 톱니, 가시 등이 없고 평탄한 모양.

밑거름 = 기비(基肥) : 작물의 파종, 식재 또는 생육개시 전에 주는 거름이다.

밑씨 = 배주(胚珠), ovule : 암술의 씨방 속에 있는 기관. 꽃가루를 받아 수정하면 자라서 씨앗이 된다. 속씨식물은 밑씨가 씨방 속에 있고, 겉씨식물은 겉으로 드러나 있다.
밑으로 향한, retrorse : 가시 끝이 아래쪽을 향하거나 밑으로 굽거나 젖혀진 모양.

ㅂ

바깥쪽감기[外券狀], revolute : 잎의 양 가장자리가 뒤쪽으로 말리는 상태.
바늘꽃과, Onagraceae : 전 세계에 분포하는 관목 또는 초본으로 37속 640종이며, 우리나라에 3속 15종이 자생한다. 마주나거나 어긋나는 잎은 단엽으로 탁엽은 탈락하거나 없다. 양성화는 수상화서나 엽액에 1송이씩 달리며, 열매는 삭과 또는 견과이고 종자에 배유가 없다.
바늘모양 = 바늘꼴, 침형(針形), needle-shaped, acicular, subulate : 가늘고 길며 끝이 뾰족한 바늘 모양.
바늘모양톱니 = 침상거치(針狀鋸齒), 침상톱니, aristate : 가장자리의 톱니 끝에 짧은 바늘 같은 것이 달려 있는 것.
바늘잎 = 침엽(針葉), acicular leaf, needle leaf : 소나무의 잎과 같이 바늘모양으로 생긴 잎.
바늘잎나무 = 침엽수(針葉樹) : 바늘잎이 달리는 나무.
바소꼴 = 피침형(披針形), lanceolate : 창처럼 생겼으며 길이가 너비의 몇 배가 되고 밑에서 1/3 정도 되는 부분이 가장 넓으며 끝이 뾰족한 모양.
바위붙이식물[岩石植物], lithophyte : 바위 겉(표면)에서 자라는 식물. 예) 바위솔.
바이러스, virus : 단백질과 핵산으로만 구성된 병원체. 생물과 무생물의 두 가지 성격을 띤다. 따라서 백색의 결정체로 분리가 가능하며 살아 있는 세포 내에서 자가증식이 가능하다.
바이러스프리묘 : 바이러스가 감염되지 않은 종묘이다.
바이오매스[生物量], biomass : 태양에너지를 받은 식물과 미생물의 광합성에 의해 생성되는 식물체 및 균체와 이를 섭취하는 동물체를 포함하는 생명의 양. 나무와 농산물, 사료작물, 농산폐기물, 해양생물 등에서 추출된 재생 가능한 재료로 에너지로의 전환이 가능한 유기물질.
바이오에세이, bio-assay : 생물체의 반응을 이용하여 물질의 농도를 화학분석법으로도 측정할 수 없는 미량까지도 검출하여 측정하는 방법이다.
바이오테크놀로지, biotechnology : 생명공학, 생물체 및 그의 가능 특성을 활용하는 기술 생물이 갖는 각종 다양한 기능을 밝혀주는 한편, 그들의 기능을 여러 측면에서 응용하는 것을 목적으로 하고 다시 인공적으로 생물기능을 재현시켜 활용하는 것을 목적으로 하는 연구분야이다.
바인더 = 예취결속기(刈取結束機), binder : 예취결속기이며, 즉 곡물을 베어서 단으로 묶는 형태의 농업기계이다.

바퀴모양 = 폭상(輻狀), 폭형(輻形), rotate, wheel shaped : 짧은 화통에 대하여 수평으로 또는 직각으로 펼친 꽃잎이 바퀴처럼 보이는 모양. 예) 분단나무, 봄맞이의 꽃.

바퀴모양[輪狀], rotate : 평평하고 둥근 원반 모양으로 배열한 모양.

바퀴살꼴 = 방사형(放射形) : 중앙의 한 점에서 사방으로 바퀴살처럼 내뻗친 모양.

박격벽(薄隔壁), replum : 일반적으로 씨와 씨 사이를 분리시켜주는 격벽이며, 열매가 벌어진 후에도 열매껍질조각과 열매껍질조각 사이에 남아 있기도 하다.

박과(瓠果), pepo : 성숙 전후 모두 열리지 않는 육질성 열매로, 껍질이 두껍고 많은 씨가 들어 있다. 예) 호박, 수박.

박낭성(薄囊性), leptosporangiate : 고사리식물처럼 하나의 세포 낭벽이 한 층의 세포로 이루어지는 성질. 양치식물의 모든 목(目)은 박낭성이다.

박력분(薄力粉), soft flour : 부드러운 가루. 고급과자나 튀김용에 알맞은 단백질 함량이 낮은 가루를 말한다.

박벽포자낭(薄壁胞子囊), leptosporangium : 작고 벽이 얇은 포자낭을 가지며, 적은 수의 포자를 생산한다.

박벽포자낭군(薄壁胞子囊群), leptosporangiates : 벽이 한 층으로 얇고 자루가 있는 포자낭을 만드는 식물로 고사리류의 발달한 대부분의 식물을 말한다.

박주가리과, Asclepiadaceae : 열・온대에 분포하는 교목, 관목, 초본으로 200속 2,000종이며, 우리나라에 4속 13종이 자생한다. 단엽은 어긋나거나 마주나고 또는 돌려나며 탁엽이 없다. 양성화는 취산화서에 달리고, 열매는 골돌이다.

박파묘(薄播苗) : 볍씨를 못자리에 파종할 때 파종량을 줄여 다소 성기게 파종하며 키운 튼튼한 묘이다.

박피(剝皮), peeling : 수피를 제거함이며, 즉 껍질벗기기이다.

반건성유(半乾性油), semi-drying oil : 이중결합이 적고 요오드가가 낮은 불건성유와 불포화결합이 많은 분자의 대기 중의 산소와 잘 반응하여 빨리 건조되는 성질이 있는 건성유와의 중간형질로 일반적으로 요오드가가 100～130인 것을 말한다. 참깨유, 유채유가 이에 속한다.

반곡(反曲) = 뒤로 젖히는 것, 반전(反轉), revolute, recurved : 잎 따위의 끝이 바깥쪽으로 말린 모양. 외선(外旋)한 모양.

반과(飯果) = 장미과(薔薇果), hip, cynarrhodium : 화탁이나 화상이 발달하여 다육질의 항아리 모양이 되고 그 속에 작은 여러 개의 소견과나 수과가 둘러싸여 있는 열매. 예) 장미속.

반관목(半灌木) : 본래 풀이었지만, 따뜻한 지역에서 겨울에 죽지 않고 자라면서 줄기의 일부가 목질화한 식물.

반구형(半球形) = 반둥근꼴, 반원형(半圓形), hemispherical, semiorbicular : 둥근꼴을 반으로 자른 모양.

반기생(半寄生), hemiparasite : 기주에서 수분, 영양분 등을 흡수하는 한편, 자신의 엽록체로 광합성을 하면서 살아 나가는 것.

반기생식물(半寄生植物), hemiparasite : 광합성을 하여 스스로 양분을 만들면서도 기주생물의 양분도 빼앗는 식물.

반도생배주(半倒生胚珠) = 만생배주(彎生胚珠), amphitropous : 배병이 굽어서 배주의 끝과 배병의 기부가 서로 가까이 있는 경우.

반둥근기둥꼴 = 반원주형(半圓柱刑), semiterete : 둥근기둥꼴을 세로로 이등분한 모양.

반둥근꼴 = 반구형(半球形), 반원형(半圓形), hemispherical, semiorbicular : 둥근꼴을 반으로 자른 모양.

반복친(反復親), recurrent parent : 여교배할 때 반복해서 여러 번 사용하는 교배친이다.

반상(盤狀) : 쟁반같이 편평한 모양.

반상록(半常綠) : 잎이나 줄기가 겨울동안 부분적으로 푸른 잎으로 남아 있는 것.

반상록성(半常綠性) : 추운 곳에서는 잎이 지지만 따뜻한 곳에서는 녹색 잎을 그대로 단 채 겨울을 나는 성질.

반상체(盤狀體), scutellum, germinal disk : 자방과 화주 사이를 구별하는 고리모양의 구조, 암술대 기부에 붙은 고리 모양의 구조로 씨방과 암술대 사이에 있다.

반상화(盤上花), disk flower : 국화과 두상화서의 가장자리 꽃을 제외한 관상화[반: 주변화].

반세포(半細胞), companion cell : 한 세포가 둘로 나뉜 반 쪽. 이들은 녹조처럼 isthmus에 의하여 상호연결되어 있다.

반수체(半數體), haploid : 염색체의 수가 반감된 생물. 체세포의 염색체는 이배수이며 생식세포는 체세포의 반수이다. 그런데 체세포에서도 정상적인 이배성의 염색체(2n)를 갖지 않고 반수(n)의 염색체수를 갖는 경우가 있다.

반수체육종(半數體育種), haploid breeding : 반수체(haploid)는 생육이 빈약하고 완전불임으로 실용성이 없다. 그러나 반수체의 염색체를 배가하면 곧바로 동형접합체를 얻을 수 있으므로 육종연한을 대폭 줄일 수 있고, 또한 상동게놈이 한 개뿐이므로 열성형질의 선발이 쉽다. 이러한 반수체의 특성을 이용하는 육종방법을 반수체육종이라고 한다. 반수체는 거의 모든 식물에서 나타나며, 자연상태에서는 반수체의 발생빈도가 낮다. 인위적으로 반수체를 만드는 방법은 약배양, 화분배양, 종속간 교배, 반수체유도유전자 등을 이용한다. 약배양은 화분배양보다 배양이 간단하고 식물체 재분화율이 높다.

반신불수(半身不隨, 半身不遂) : 반신을 쓰지 못하는 병증. 일반적으로 중풍의 경우에 나타나는 후유증.

반원주형(半圓柱刑) = 반둥근기둥꼴, semiterete : 둥근기둥꼴을 세로로 이등분한 모양.

반원형(半圓形) = 반구형(半球形), 반둥근꼴, hemispherical, semiorbicular : 둥근꼴을 반으로 자른 모양.

반위(反胃) : 음식을 먹은 후 일정한 시간이 경과한 후 먹은 것을 도로 토해내는 병증.

반윤생(半輪生) : 한쪽 부분이 수레바퀴모양으로 남.

반작용(半作用) : 작용을 받은 어떤 대상이 작용을 한 대상에 대하여 도로 작용하는 것을 말한다.

반점(斑點) = 무늬점, 얼룩점, dotted : 기름점 또는 검은 점이 있는 것.

반점병(斑點病) : 잎에 크고 작은 반점을 병징으로 나타내는 병해이며 여러 종의 진균, 세균에 의하여 발생한다.

반족세포(反足細胞), antipodal cell, antipode : 대포자형성기에 형성되는 배낭 세포 속에 있는 3개의 단상핵의 하나를 말한다. 수정에는 관여하지 않는다. 옥수수에서는 유사분열적으로 분열하고 최종적으로는 20~40개의 반족세포군을 형성한다. 이들 세포는 젊은 배의 영양보급을 촉진한다.

반지중식물(半地中植物), hemicryptophyte : 겨울눈이 지표면 가까이에 있는 식물로 인편 등으로 보호된다.

반투막(半透膜), semipermeable membrane : 용매(물) 또는 일부의 용질은 통과시키거나 다른 물질은 통과시키지 않는 선택적 투과성질을 갖는 막. 생체세포의 막은 반투막으로 선택적 투과성을 가지고 있다.

반투성(半透性), semipermeability : 어떤 물질의 수용액에서 용매인 물분자는 자유롭게 투과시키지만 용질의 분자나 이온은 투과되지 않는 성질을 말한다.

반하위씨방 = 반하위자방(半下位子房), half inferior ovary, half adherent : 자방의 하반부만 꽃받침에 붙어 있는 것.

받침공기뿌리 = 지주기근(支柱氣根), prop aerial root : 공기뿌리의 일종으로 받치는 기능이 주가 된다.

받침껍질 = 겉겨, 꽃겨, 보호껍질, 외영(外穎), 호영(護穎), glume, lemma, flowering glume : 화본과 식물 꽃의 맨 밑을 받치고 있는 한 쌍의 작은 조각.

받침꽃과, Calycanthaceae : 전 세계에 2속 7종이 분포하는 낙엽성 관목으로 우리나라에서는 북미의 자주받침꽃과 중국의 납매를 관상용으로 심는다. 마주나는 잎은 단엽으로 톱니가 없다. 꽃은 양성으로 향기가 있고 화피열편은 술잔 같은 화탁의 가장자리에 나선상으로 달리며 바깥 것은 포엽 같지만 안쪽 것은 꽃잎 같다. 수술과 암술은 많고 서로 떨어져 있으며 많은 열매는 타원형으로 발달한 화탁으로 싸여 있다.

받침꽃잎 = 기꽃잎, 기판(旗瓣), vexillum, standard, banner : 협의의 콩과식물에서 나비모양 꽃부리를 구성하는 꽃잎의 일종. 콩과식물의 꽃잎 가운데서 가장 크고 위쪽에 달려 있는 것.

발근(發根), rooting : 뿌리내림으로 뿌리가 나옴. 식물의 종자, 괴근, 괴경 등의 번식기관이나 잎, 줄기, 뿌리 등의 기관 또는 그 본부와 캘러스 등의 뿌리를 분화시키는 것이다.

발근율(發根率), rooting percentage : 새 뿌리의 발근중을 지상부 건물중으로 나눈 백분율로 표시하며, 이는 묘소질의 양부를 가리는 척도로 사용된다. ※ 발근율 = 발근중(건물중)/지상부건물중×100.

발근촉진(發根促進) : 발근촉진법이나 발근촉진제를 처리하여 발근을 촉진시키는 것이다.

발기불능(勃起不能) : 남성의 성기능장애 중 발기장애(erection disorder; ED).

발독(撥毒) : 치료법의 하나로, 병독을 제거하는 것.

발모(發毛) : 몸에 털이 남. 흔히 머리털이 나는 것을 이르는 말.

발생전처리(發生前處理) : 작물 또는 잡초가 지상부로 출현하기 이전에 살포하는 제초제 처리방법. 대개 이러한 제초제는 지표면에 피막을 형성해서 잡초가 발아하여 출아하면 접촉과 동시에 죽게 된다.

발생학적(發生學的) 형질, embryological character : 포자와 배우자형성, 수정란에서 배형성까지의 과정에 관련된 형질.

발수법(拔穗法) : 벼, 보리, 밀 따위의 좋은 씨앗을 받기 위하여 잘되고 실한 이삭을 골라서 뽑는 일. 또는 그렇게 뽑은 이삭을 말한다.

발아(發芽), germination : 종자에서 유아(幼芽)와 유근(幼根)이 출현하는 것을 발아라고 한다. 발아의 내적조건(內的條件)이 구비된 종자는 적당한 외적조건에 놓이면 발아하는데, 수분, 산소, 온도 등은 필수조건이고 식물 종에 따라서는 광의 유무(有無)도 관여한다.

발아공(發芽孔), germ pore, micropyle : 수정 후에 자라서 종자가 되는 기관이 배주이며, 이 배주의 하단에 열려 있는 조그마한 구멍을 주공이라 한다.

발아구(發芽口), aperture : 관속식물의 포자나 화분이 발아하도록 표벽에 있는 얇은 막이나 구멍.

발아기(發芽期), sprouting time : 파종된 종자의 약 50%가 발아한 날이다.

발아력(發芽力), germination ability, germinability, viability of seed : 종자의 발아력은 발아율과 발아세 등을 종합하여 칭하는 것을 발아율은 높아도 발아세가 나쁘거나 발아가 고르지 못하면 발아력이 좋다고 할 수 없다.

발아세(發芽勢), germination energy : 종자의 발아시험에 있어서 종자를 치상(置床)한 후 일정한 일수(7~10일)를 정하여 놓고, 그 기간 내에 발아한 종자수를 총공시 입수에 대한 비율로 표시한 것을 말하는데 이 발아세를 이용하여 종자의 발아력의 강약을 판정한다.

발아시(發芽始) : 발아한 것이 처음 나타난 날이다.

발아율(發芽率), percent germination : 파종된 종자수에 대한 발아종자수의 비율(%)이 발아율이며, 그 밖에 발아세(發芽勢, germination energy), 평균발아일수(平均發芽日數, mean germination time), 발아속도(發芽速度, germination rate), 평균발아속도(平均發芽速度, mean daily germination)를 종합적으로 판단하여 종자의 활력을 검정한다.

발아일수(發芽日數) : 파종부터 발아기 또는 발아전(發芽揃)까지의 일수이며, 발아기간(發芽期間)이라고도 한다.

발아전(發芽揃) : 파종된 종자의 약 80%가 발아한 날이다.

발아촉진(發芽促進) : 종자발아가 잘 되도록 인위적인 처리를 하는 것을 말한다.

발열(發熱) : 열이 나서 체온이 상승하는 것. 체온이 정상치보다 높은 증후.

발온현상(發溫現象), thermogenesis : 식물체가 얼지 않도록 자신의 체온을 주변 온도보다 높이는 현상.

발육(発育), development : 작물이 아생(芽生), 분얼(分蘖), 화성(花成), 등숙 등의 과정을 거치면서 체내의 질적인 재조정작용(再調整作用)이 일어나는 과정.

발육상(発育相), developmental phase : 식물의 여러 가지 단계적 양상을 발육상이라 하고, 순차적인 여러 발육상을 거쳐서 발육이 완성되는 것을 상적발육(相的発育, phasic development)이라고 한다.

발육촉진(發育促進) : 신체를 증대하는 작용을 활성화함.

발진(發陳) : 양기가 소생하는 기운이 왕성해져서 묵은 것을 밀어내고 새것이 생겨나게 한다는 것.

발질 : 발길질. 발로 걷어차는 짓.

발표산한(發表散寒) : 땀을 내서 표(表)에 있는 한사(寒邪)를 없앰.

발한(發汗) : 약물을 통해서 땀을 유도하여 사기를 배출시키는 것으로 한토하(汗吐下)의 삼법 중 하나.

발한투진(發汗透疹) : 땀을 내서 표(表)에 있는 사기(邪氣)를 없애고 반진(斑疹)과 사기를 담으로 내몰아서 반진을 소실시키는 것.

발한해표(發汗解表) : 발한(發汗)시키고 표(表)에 있는 땀을 내게 하여서 체표를 이완시키는 것.

방광결석(膀胱結石) : 방광 속에 돌과 같은 물질이 생기는 병.

방광무력(膀胱無力) : 방광의 기능이 저하되는 증상.

방광암(膀胱癌) : 방광 점막에 발생하는 암.

방광염(膀胱炎) : 방광에 염증이 생김.

방기과 = 댕댕이덩굴과, 새모래덩굴과, Menispermaceae : 열・온대에 분포하는 덩굴식물로 70속 400종이며, 우리나라에 4속 4종이 자생한다. 초본이나 덩굴성관목의 자웅이주로 어긋나는 잎은 가장자리가 밋밋하거나 손바닥모양으로 갈라진다. 원추화서나 취산화서에 달리는 열매는 핵과이다.

방동사니과 = 사초과, Cyperaceae : 전 세계에 분포하는 초본으로 70속 3,500종이며, 우리나라에 13속 172종이 자생한다. 줄기는 삼각형으로 골속이 차여 있으며, 잎은 선형이나 원통형이다. 꽃은 양성화 또는 단성화이고 많은 이삭이 모여서 여러 가지 화서를 이룬다. 열매는 수과로 세모지거나 양쪽이 나온 볼록렌즈 모양이다.

방목지(放牧地), pasture : 방목을 위주로 하는 초지.

방부(防腐) : 썩는 것을 막음.

방사상(放射狀), actinodromous : 한 지점에서 여러 방향으로 발달하는 것으로, 구조의 중심축을 중심으로 대칭으로 나타낸다.

방사상칭(放射相稱), actinomorphic : 꽃의 중심에서 방사대칭인 형태. 예) 양지꽃, 메꽃.

방사상칭꽃, actinomorphic flower : 중축을 통해 여러 방향으로 대칭을 이루는 꽃. 예) 양지꽃, 메꽃.

방사상칭형(放射狀稱形), actinomorphic : 중심축을 중심으로 여러 방향으로 대칭을 이루는 모양.

방사선(放射線), radiation : 방사선원자의 원자핵 붕괴에 따라 방출되는 입자의 흐름, 즉 입자선을 총칭하는 말. 입자의 성질에 따라 알파선, 베타선, 감마선으로 불린다. 물체의 투과력, 형광작용, 기체의 전리작용, 사진건판에 감광하는 성질 등이 있다. 특히 감마선은 파장이 극히 짧아 물질 투과 능력이 아주 높다. 의학적으로 X-선 촬영과 방사선요법 등에 이용되고 있으며 농업적으로는 돌연변이 유기, 저장력 증대 등에 이용되고 있다.

방사형(放射形) = 바퀴살꼴 : 중앙의 한 점에서 사방으로 바퀴살처럼 내뻗친 모양.

방선균(射線菌) : 토양 중 세균 다음으로 많은 미생물로서 streptomyces가 가장 많으며 대부분 호기성이고 중성 내지 알칼리성을 좋아하는 유기영양성이다. (방사선균 → 방선균)

방임수분(放任受紛), open pollination : 바람이나 곤충에 의해 자연상태에서 이루어지는 수분. ↔ 인공수분.

방임수분품종(放任受粉品種) : 타가수분작물에서 전년도에 선발한 이삭들을 섞어 심고 자연 교잡에 의해 맺히는 이삭을 섞어 만든 혼합품종이다.

방추꼴뿌리 = 방추형근(紡錐型根), fusiform root : 무의 뿌리같이 생긴 뿌리.

방추형뿌리[紡錘形根] : 무의 뿌리같이 가운데 부분이 굵고, 양 끝으로 가면서 가늘어지는 모양의 뿌리.

방추형(紡錐型) = 방추꼴, fusiform, spindle shape : 무의 뿌리 같이 생긴 것으로 가운데가 굵고 양끝으로 감에 따라 가늘어지는 모양.

방추형근(紡錐型根) = 방추꼴뿌리, fusiform root : 무의 뿌리같이 생긴 뿌리.

방패꼴밑 = 순저(楯底), peltate : 방패처럼 생긴 잎의 밑부분.

방패형(防牌形) = 방패모양, 순형(盾形), peltate : 잎자루가 잎의 아래쪽 끝에 붙지 않고 잎 뒷면의 중앙이나 중앙부 가까이에 붙어 있어 방패처럼 보이는 모양. 예) 연꽃, 한련의 잎.

방풍(防風), windbreaking : 강한 바람에 의한 농작물의 피해를 막기 위한 조치로서 방풍림, 방풍벽, 방풍막 등을 이용하고 있다.

방풍림(防風林), windbreak forest : 강한 바람의 피해를 막기 위하여 조성한 숲을 말한다. 숲은 바람의 운동에너지를 흡수하여 바람의 세기를 약하게 만드는데, 밀도가 높으면 방풍림 바로 옆은 감풍(減風)효과가 크지만 떨어지면 다시 세지는 경향이 있다. 따라서 밀폐도(密閉度)가 60~80% 정도가 효과가 크다.

방한(防寒), cold protection : 추위를 막는 것을 말한다.

밭[田], upland field : 담수하지 않고 경작하는 초지 이외의 농지.

밭못자리 = 육묘대(陸苗垈), upland nursery : 물을 대지 않고 키우는 못자리. 흔히 밭에 만듦. 간편하고 튼튼하며 뿌리생육이 빠르다.

밭벼 = 육도(陸稻), upland rice : 논벼와 식물학적인 구별은 분명치 않으나, 외부형태적으로는 밭벼의 대부분 품종이 잎, 줄기가 장대하고 거칠며 잎이 늘어지며 분얼이 적은 소얼성이고 뿌리는 심근성이다. 쌀알의 모양은 다소 길며 큰 편이고 끈기가 적어 미질이 떨어지는 편이며, 수량성은 논벼보다 현저히 낮다. 밭벼의 재배적 특징으로는 토양 중에서 산소의 요구도가 크고 밭 상태하에서 재배하기에 적응성이 높고 가뭄에 견디는 힘이 강한 장점을 가지고 있다.

밭작물 = 전작물(田作物), upland crop, field crop : 밭에서 나는 곡식 작물이다.

밭토양 = 전토양(田土壤), upland soil : 항상 대기와 접촉해 있어 산화상태로 되어 있고 호기성균의 산화적 작용에 의해 탄소는 CO_2, 질소는 NO_3^-, 망간은 Mn^{4+} · Mn^{3+}, 유황은 SO_4^{2-}의 형태로 존재한다.

배(胚) = 씨눈, 배아(胚芽), embryo : 식물의 씨앗 속에 있는 발생초기의 어린 식물, 떡잎, 배축, 유아, 어린뿌리의 네 가지로 되어 있음.

배가 튀어나온 증세 : 3~4세가 되어서도 배만 튀어나오고 걷지도 못하는 증세로 기생충으로 인한 경우가 많다.

배꼽 = 제(臍), hilum : 씨에 남아 있는 흔적으로, 밑씨였을 때 씨방벽에 붙어 있던 흔적.

배낭(胚囊), embryosac : 벼꽃의 암술은 발육함에 따라서 자방 속에 배주가 형성된다. 배주 속에서 배낭모세포가 감수분열을 하여 배낭이 된다. 배낭의 형성은 일반으로 감수분열의 결과 4개의 세포가 되고, 그중에 3개는 퇴회되고 1개의 세포가 발육하여 핵분열을 3회 거듭하여 8개의 핵이 된다. 이어 세포벽을 형성하여 1개의 난세포와 그와 인접한 2개의 조세포, 그 반대 측에 3개의 반족세포, 중앙에 2개의 극핵을 형성하여 배낭이 완성된다.

배낭모세포(胚囊母細胞), embryosac mother cell : 배주가 자람에 따라 그 안에 주심조직 가운데서 다른 세포보다 유달리 크게 자라는 세포. 2회의 분열에 의해 반수의 염색체를 가진 4개의 세포가 형성된 후 이 중 3개는 퇴화하고 1개만이 커져서 대포자를 형성하여 배낭이 된다.

배농(排膿) : 고름을 뽑아내는 것.

배농해독(排膿解毒) : 고름을 뽑아내고, 독성물질의 작용을 없앰.

배멀미 : 배를 탔을 때 어지럽고 메스꺼워 구역질이 나는 일. 또는 그런 증세.

배면(背面) = 등 쪽, dorsal : 향한 곳의 뒤쪽이나 등 쪽.

배모양 열매 = 이과(梨果), pome : 화탁이나 화상이 발달하여 심피를 둘러싼 액과의 일종. 예) 사과, 배.

배반(胚盤), germinal disk : 배와 배유의 중간에 위치하며 동물의 태반과 같은 역할을 하여 배가 발아할 때 가수분해효소들을 분비하여 배유 내의 저장양분을 분해한다. 그리고 배반은 일단 용해된 물질은 다시 흡수하여 배로 이동시켜 싹이 자라는 데 이용될 수 있게 한다.

배반(胚盤), scutellum : 외떡잎식물의 씨에 있는 작은 판 또는 방패 모양의 구조.

배배양(胚培養), embryo culture : 무균상태에서 끄집어낸 동식물의 배를 적당한 배양액으로 성장시키는 것. 배양액 및 배양방법은 조직배양에 준하며 배(胚)의 발생단계나 생리적 요인의 연구 등에 쓰인다. 또 발생관계에서 불임성을 나타내는 계통을 배배양으로 발육시켜서 유전학적, 육종학적 연구재료로 쓰인다.

배병(胚柄), suspensor : 배에 달린 자루.

배복성(背腹性), dorsiventral : 앞면과 뒷면이 있으며, 전체적으로 편평한 것.

배봉선(背縫線) = 외봉선(外縫線), dorsal suture : 씨방벽에서 심피의 등 쪽으로 뻗는 관다발이 흐르는 선. 잎의 중조에 해당하는 심피.

배상형(胚狀型), vase form : 술잔 모양의 나무꼴로 만드는 과수의 정지방법. 원줄기를 극히 짧게 하고 그 위에 주지를 사방으로 고루 배치하는 수형으로 원가지의 세력을 고르게 분산시킬 수 있고 나무 내부에도 공간이 생겨 일광투사, 통풍이 좋은 장점이 있다. 그러나 부주지나 측지가 자랄 여유가 없어 공간을 입체적으로 이용할 수 없는 단점이 있다.

배상화서(杯狀花序, 盃狀花序) = 등잔모양꽃차례, 배상꽃차례, 술잔모양꽃차례, cyathium : 꽃차례 전체는 잎이 변한 작은 포엽에 싸여 술잔 모양을 이루고, 그 속에 여러 개의 퇴화한 수꽃이 있으며 중심에 있는 1개의 암꽃은 밖으로 나온다. 예) 포인세티아, 등대풀류.

배석(排石) : 결석을 없애는 작용.

배수(排水), drainage : 경지관리에 있어서 토양수분이 과잉상태일 때 물을 빼주는 작업이다.

배수구(排水溝) : 관개된 포장의 하류단에 만들어진 고랑 또는 소구로서 물을 재배분 또는 배제하기 위하여 잉여지표수를 집수하기 위한 것이다.

배수성육종(倍數性育種), polyploidy breeding : 배수체의 특성을 이용하여 신품종을 육성하는 육종방법이다. 3배체 이상의 배수체는 2배체보다 세포와 기관이 크고, 병해충에 대한 저항성이 증대하며, 함유성분이 증가하는 등 형질변화가 일어난다.

배수웅예(倍數雄蕊, 倍數雄蘂), diplostemonous : 완전화에서 수술의 수가 꽃받침 또는 꽃잎 수의 n배인 것.

배수체(倍數體), polyploid : 한 종(種)이 가지고 있는 염색체의 기본수를 게놈(genome)이라고 하는데, 이 게놈에 해당하는 염색체의 정배수를 가지는 개체를 배수체라고 한다.

배아(胚芽) = 배(胚), 씨눈, embryo : 식물의 씨앗 속에 있는 발생 초기의 어린 식물, 떡잎, 배축, 유아, 어린뿌리의 네 가지로 되어 있다.

배우자(配偶者), gamete : 생식모세포가 감수분열하여 형성된 반수체의 생식세포로 난세포와 정세포를 말한다.

배우자체(配偶子體), gametophyte : 배우자(난자와 정자)를 만드는 몸체로, 하등관속식물에서는 한 배우자체에서 난자와 정자를 만드나, 발달하게 되면 암배우자체는 난자를, 수배우자체는 정자를 만든다.

배우체(配偶體), gametophyte : 양치식물에서 난자, 정자 같은 유성생식세포를 만드는 기관으로 포자가 발달하여 생긴 식물체이며, 난자를 만드는 배우체를 '암배우체', 정자를 만드는 배우체를 '수배우체'라 한다.

배유(胚乳) = 배젖, 씨젖, endosperm, albumen : 씨 속에 비축되어 있는 영양물질. 씨앗 속에서 씨눈을 둘러싼 조직. 나중에 식물의 여러 조직이 될 씨눈이 잘 자라도록 영양을 공급한다.

배유잔존율(胚乳殘存率) : 종자가 발아하여 뿌리를 완전히 내리기 전에는 배유에 지닌 양분으로 생장하는데, 이때 초기 생육단계에 있어서 배유 속에 소모되고 남아 있는 양분의 비율이다.

배유종자(胚乳種子) : 단자엽식물의 종자로 배유에 양분이 축적된 종자이고, 배(胚)에는 잎, 생장점, 줄기, 뿌리 등의 어린 조직이 모두 구비되어 있다. 예) 벼, 보리, 옥수수 등.

배절풍(背癤風) : 등에 뾰루지가 연이어 생기거나 재발하는 것.

배젖[胚乳], endosperm : 씨 속의 배를 싸고 있고, 배가 성장하는 데 필요한 양분을 공급하는 조직.

배종(背腫) : 등에 생긴 종창.

배주(胚珠) = 밑씨, ovule : 암술의 씨방 속에 있는 기관. 꽃가루를 받아 수정하면 자라서 씨앗이 된다. 속씨식물은 밑씨가 씨방 속에 있고, 겉씨식물은 겉으로 드러나 있다.

배주배양(胚珠胚養), endosperm culture : 주로 종속 간 교잡 시에 자주 발생하는 배의 생육정지현상을 피하기 위해 수정 직후 배의 퇴화가 일어나기 전에 배주를 꺼내어 인공배지에서 배양하는 방법이다.

배쪽 = 복면(腹面), ventral : 복부가 되는 안쪽의 면.

배추과 = 겨자과, 십자화과, Cruciferae, Brassicaceae : 열・온대에 분포하는 초본으로 200속 2,000종이며, 우리나라에 17속 37종이 자생한다. 잎은 경생엽과 근생엽으로 구분되고 단엽이거나 우상복엽이며 탁엽이 없다. 총상화서에 달리는 양성화는 꽃잎이 4장이고, 열매는 장각 또는 단각이며 종자는 배유가 없다.

배축(胚軸), hypocotyl : 고등식물의 배에 속한 기관의 일부로서 자엽 아래 부위에 최초로 형성되는 줄기 부분. 예를 들어 콩나물의 경우 머리와 부리 사이의 몸통 부분이 배축에 해당된다.

배축근(胚軸根) : 유근의 기부와 초협절 사이가 이상 신장한 배축에서 발생한 뿌리를 칭한다. 정상적인 때에는 배축근을 발생하지 않으나 암흑조건, 즉 건답직파 시 극단적으로 깊게 파종되거나 에틸렌, IAA, ABA와 같은 식물호르몬을 처리할 경우에 배축근의 신장이 촉진된다.

배축성(胚軸性), abaxial : 중심축을 등진[반: 향축성].

배출(排出), excretion : 식물체에서 대사물질을 외부로 분리하는 것.

배토(培土), earthing up : 작물의 생육기간 중에 골 또는 포기 사이의 흙을 포기 밑으로 긁어 모아주는 것을 배토(培土)라고 한다. 보통 김매기와 겸해서 실시되나 독립적으로 실시하는 경우도 있다. 배토의 방법, 횟수, 시기 등은 작물의 특성에 따라 다르다.

백대(白帶) : 백대하의 준말.

백대백탁(白帶白濁) : 여성의 음부(陰部)에서 나오는 흰이슬과 소변이 뿌연 증상.

백대하(白帶下) : 여성의 생식기에서 병적으로 분비되는 흰 점액이 나오는 병증.

백대하증(白帶下症) : 자궁이나 질벽의 점막에 염증이나 울혈이 생겨서 백혈구가 많이 섞인 흰색의 대하가 질로부터 나오는 병.

백독(白禿) : 백독창의 별칭.

백리(白痢) : 이질의 일종. 백색점액이나 백색농액이 섞인 대변을 보는 하리.

백립중(百粒重), one hundred seed(grain, kernel) weight : 콩이나 팥 등의 씨알의 크기나 중량을 알고자 할 때 100개의 낟알을 단 총무게이다.

백미(白米), milled rice, polished rice : 벼를 도정하여 왕겨와 겨층을 제거한 쌀. 왕겨만을 제거한 쌀을 현미라고 한다. 현미에서 겨층과 씨눈을 완전히 제거하여 현미 중량의 93%로 조정한 것을 경백미, 씨눈을 70% 정도 남기고 현미중의 95% 정도로 동정한 것을 7분도미 등으로 부른다.

백발(白髮) : 모발이 전반적으로 또는 부분적으로 희어지는 병증.

백색 알칼리토양 : 유산염이나 염화물이 많고 탄산염이 적어 비교적 중성염이고 치환성 Na이온이 적은 염류토양에서는 토양표면에 엷은 층이 생겨 백색 알칼리토양이라 하며 Na, Ca, Mg의 염화물과 황산염이 과잉으로 있어 pH를 별로 올리지 않고 토양에서 염류를 용탈제거할 수 있다.

백색밀모상(白色密毛狀), canescent : 짧은 회색 또는 백색 털로 덮여 있어 흰색과 회색으로 보이는 상태.

백색체(白色體), leucoplast : 색소가 없는 색소체.

백선(白癬) : 쇠버짐. 백선균에 의해서 생기는 전염성 피부병.

백수(白穗), white head : 출수기에 불량환경으로 수분·수정이 안 되어 제대로 영글지 못하고 하얗게 말라버린 이삭을 말한다.

백수현상(白穗現象) : 여름 강한 저기압이 통과하면서 강한 바람이 비를 동반하게 되는데 비가 그치고 고온 건조한 바람이 야간에 강하게 통과하면 출수 직후(출수기부터 1주일 이내)에 있는 벼이삭이 다음날 아침 하얗게 말라 큰 피해를 주게 되는데, 이 같은 현상을 백수현상이라 한다.

백열(白熱) : 기운이나 열정이 최고 상태에 달함.

백일해(百日咳) : 5세 미만의 소아에게 봄과 겨울에 유행하는 전염병의 하나인 역해.

백적리(白赤痢) : 대변에 흰곱이나 고름, 피가 섞여 나오는 것.

백전풍(白癜風) : 피부에 흰 반점이 생기는 병증.

백절풍(百節風) : 비증(痺證)의 하나.

백태(白苔) : 백색을 띠는 설태.

백합과, Liliaceae : 전 세계에 분포하는 관목, 초본으로 220속 3,500종이며, 우리나라에 32속 88종이 자생한다. 구경, 인경과 지하경을 가지며 잎은 어긋나거나 마주나고 또는 돌려나며 가장자리가 밋밋하다. 여러 가지 화서에 달리는 꽃은 양성화 또는 단성화이고, 열매는 삭과 또는 장과이다.

백혈병(白血病) : 비정상적인 백혈구가 무제한으로 증가하여 혈류 속에 나타나며, 골수나 림프 등의 조혈조직에 생기는 암.

백화(白化), etiolate : 엽록체가 암소에 있게 되면 녹색이 소실되는 것.

백화묘(白化苗) : 유전적 원인에 의해 엽록소 형성이 이루어지지 않은 묘이다.

버금떨기나무 = 소관목(小灌木), 아관목(亞灌木), 작은떨기나무, suffruticose, suffrutescent : 키가 작으며 아랫도리가 목질화된 것. 예) 월귤, 물대, 더위지기.

버금마주나기 = 아대생(亞對生), suopposite : 어긋나기이나 잎과 잎 사이가 아주 가까워 마치 마주나기한 것처럼 보이는 것.

버금큰키나무 = 소교목(小喬木), 아교목(亞喬木), 작은큰키나무, 작은키나무, 중간키나무, arborescent : 큰키나무모양이지만 큰키나무보다 작은 나무. 예) 매실나무, 개옻나무.

버날리제이션, vernalization : 춘화처리 보리나 밀 등 월동성 작물(가을에 파종)을 봄에 심으면 이삭이 패지 않는데 이때는 파종하기 전에 싹 틔운 종자를 미리 저온(0~4℃)에 30일 이상 처리한 후에 심으면 이삭이 정상적으로 나오게 됨. 이와 같이 저온에 처리하는 것을 춘화처리라고 한다.

버날린, vernalin : 춘화처리에 관여하는 식물의 생장조절 물질, 즉 춘화처리에 있어서 저온자극을 받으면 생성되는 일종의 개화호르몬인데 지베렐린과 작용이 유사하다.

버드나무과, Salicaceae ; 전 세계에 3속 340종이 분포하며 우리나라에서는 3속 40종이 자란다. 낙엽성의 교목이나 관목으로 쓴 나무껍질과 연한 재목을 가지고 있다. 자웅이주이며, 잎은 어긋나고 갈라지지 않으며 탁엽이 있는 것과 없는 것이 있다. 꽃은 1가화 또는 2가화로 잎이 나기 전이나 또는 함께, 간혹 잎이 난 후에 포의 겨드랑이에 달리며 화피가 없고 꼬리화서에 달린다. 수술은 1~3개이고 자방은 상위이며 1실이다. 암술머리는 2개이지만 흔히 다시 2개로 갈라진다. 열매는 삭과이며 2~3개로 갈라지고 긴 면모에 싸인 종자가 있다. 종자는 배유가 없고 자엽은 넓죽하다.

버어티졸, vertisol : 신체계에 의한 토양분류의 한 가지로 팽윤성점토가 많은 토양이다.

버즘나무과, Platanaceae : 전 세계에 1속이 분포하며 우리나라에서는 3종을 가로수로 심는다. 비늘처럼 벗겨지는 수피, 1개의 아린으로 싸인 동아가 엽병기부에 들어 있으며 방울처럼 달린 열매가 특색이다.

버짐 = 백선(白癬) : 백선균에 의하여 일어나는 피부병. 주로 얼굴에 생김.

버팀뿌리(支持根), prop roots : 공기뿌리의 한 종류로 지지하는 역할을 하는 뿌리. 예) 옥수수.

번란혼미(煩亂昏迷) : 마음이 괴롭고 정신이 불안한 상태.

번식(繁殖), propagation, multiplication : 꽃가루받이를 하고 열매를 맺고 개체를 새로 만들어 종족을 유지하는 여러 생태 활동과 개체수를 늘리는 증식 활동을 통틀어 일컫는 말.

번열(煩熱) : 가슴이 답답하고 열이 나는 증후.

번위(翻胃) : ① 반위의 별칭. ② 대변은 묽으며 먹을 때마다 토하는 것.

번조(煩躁) : 가슴이 열이 얽히어 괴로우며, 초조불안한 것이 밖으로 드러나는 것.

벌기(伐期) : 나무를 베는 주기로 보통 벌기령이라고도 함.

벌기령(伐期齡), exploitable age, felling age : 임목을 수확하는 숲의 나이.

벌레잡이식물 = 벌레잡이풀, 식충식물(食蟲植物), insectivorous plants : 특수하게 변한 잎으로 벌레를 잡아 부족한 양분을 얻는 식물. 곤충 등 작은 동물을 잡아 소화 흡수하여 양분을 취하는 식물.

벌레잡이잎[浦蟲葉], insect-catching leaf : 잎이나 잎의 일부가 곤충 포획을 목적으로 변형된 것. 예) 끈끈이주걱, 통발.

벌레잡이주머니 = 포충낭(捕蟲囊), insect catching sac, insectivorous sac : 식충식물에서 잎이 변형하여 주머니모양으로 된 것. 땅귀개와 통발과 같이 잎이 주머니 모양으로 되어 작은 벌레를 잡는 기관.

범의귀과, Saxifragaceae : 전 세계에 분포하는 교목, 관목, 초본으로 11속 1,200종이며, 우리나라에 15속 53종이 자생한다. 잎은 어긋나거나 마주난다. 원추화서에 달리는 꽃은 양성화 또는 단성화이고, 열매는 삭과 또는 장과이다.

법적방제법(法的防除法), legal control : 식물방역법(植物防疫法)을 제정해서 식물검역(植物檢疫)으로 위험한 병균(病菌), 해충(害蟲), 잡초(雜草) 등의 국내 침입이나 전파를 방지하는 것이다.

벗은눈[裸芽], naked bud : 비늘조각, 털과 같은 보호장치로 덮여 있지 않은 눈.

베고니아과, Begoniaceae : 전 세계에 5속 800종이 분포하고 우리나라에서는 온실에 심는다. 꽃은 단성이며 수술은 좌우대칭이고 많은 수술이 여러 줄로 배열한다. 자방은 하위이고 모가 지거나 날개가 있다. 암술머리는 비틀리고 배주는 측막태좌에 달리며 종자는 배유가 없고 배는 유질이다.

벡터, vecter : 외래유전자를 삽입하여 숙주세포에 도입시키기 위한 DNA분자. 박테리아의 플라스미드 또는 바이러스를 벡터로 많이 사용한다.

벨라멘층 velamen : 난과식물의 뿌리를 덮고 있는 여러 층으로 된 스펀지 모양의 표피로 공기 중의 물을 흡수해 저장하는 역할을 한다.

벼과 = 화본과, 포아풀과, Graminae, Poaceae : 전 세계에 분포하는 목본 또는 초본으로 550속 10,000종이며, 우리나라에 78속 180종이 자생한다. 줄기는 마디를 제외하고 속이 비어 있다. 잎은 어긋나고 엽신, 엽초, 엽설로 구성되어 있다. 양성화 또는 단성화는 줄기 끝에 수상화서, 원추화서, 총상화서로 달리고, 열매는 곡립이다.

벽오동과, Sterculiaceae : 전 세계에 50속 750종이 열대, 아열대에 분포하며 우리나라에서는 1종을 남부지방에 심는다. 성상모가 있고 꽃은 양성이거나 단성이다. 수술은 5~다수이며 5군씩 두 줄로 달리고 바깥 것은 헛수술이며 꽃밥은 2실이다.

변경유전자(變更遣傳子), modifier, modifier gene : 주동유전자의 발현에 질적, 양적으로 영향하는 유전자와 주동유전자가 있을 때에만 작용한다.

변독(便毒) : ① 경외기혈의 하나로, 변독에 쓰임. ② 횡현 또는 부인횡현과 같은 뜻으로 통용.

변비(便秘) : 대변이 건조하고 굳어져 배변이 곤란하며 보통 2~3일이 지나서 대변을 보는 병증.

변색미(變色米) : 등속과정에서 받은 이상 기후의 영향으로 색깔이 변한 쌀. 유백미, 수미, 다미, 적미 등의 변색미가 있다.

변성(變性), denaturation : 단백질이 구조가 바뀌면서 성질이 변하는 것. 단백질이란 아미노산이 펩티드결합으로 수없이 연결된 고분자 화합물로서 수소결합 등에 의해 인접 원소 간에 인력이 작용함으로써 단백질의 구조가 종류에 따라 복잡다단하다. 따라서 단백질은 종류에 따라 고유의 구조와 형태를 가지는데 이것이 고온 등에 의해 물리적 구조가 바뀌면서 본래의 성질이 변하는 것을 말한다.

변성암(變成巖) : 화성암이나 퇴적암이 지압과 지열에 의해 조합. 구조, 조직 등에 변화를 일으켜 새로 형성된 암석으로 편마암, 편암, 점판암, 천매암 등이 속한다.

변연태좌(變緣胎座), marginal placentation : 자방벽의 복봉선 쪽을 따라 배주가 달린 태좌[목련과, 콩과].

변온(變溫), alternating temperature : 기온은 일일주기(一日週期)로도 변화하며, 이를 기온의 일변화(日変化) 또는 변온이라고 한다. 대체로 최저는 일출 1시간 전, 최고는 오후 2~3시경이며, 오전 9시의 기온이 평균기온에 가깝다. 변온은 작물의 생육에 영향이 크다.

변이(變異), variation : 개체들 사이에 형질의 특성이 다른 것을 변이(variation)라고 한다. 형질의 변이는 유전적 원인으로 나타나는 유전변이와 환경요인에 의한 환경변이가 있다. 유전변이는 다음 세대로 유전되지만 환경변이는 유전되지 않는다. 유전변이가 생기는 것은 감수분열 과정에서 일어나는 유전자재조합과 염색체와 유전자의 돌연변이가 주된 원인이다. 유전변이가 크다는 것은 유전자형이 다양하다는 것과 같은 의미이다. 불연속변이하는 형질을 질적형질(質的形質, qualitative character), 연속변이하는 형질을 양적형질(量的形質, quantitative character)이라고 한다.

변종(變種), variety : 각 종(種)내에서 여러 가지 형, 개체, 집단적인 변이, 지역적인 변이 등에 대하여 뚜렷한 규정이 없이 쓰이는 용어로 종소명(種小名)이나 아종명(亞種名) 뒤에 var.라고 표시한 뒤에 오는 말이 변종명(變種名)이다.

변칙주간형(變則主幹形) : 원추형과 배상형의 장점만을 살린 나무의 정지법. 과수 묘목을 심은 후 처음 몇 해 동안은 원추형에서와 같이 원줄기를 세우며 길게 벌려 나가다가 원줄기의 연장을 중지시키고 밖으로 벌어지도록 만드는 수형이다.

변태(變態), metamorphosis : 동일한 식물체 내에서 기관 등이 정상적인 형태와 현저히 다르게 나타나는 현상.

변형(變形), form change : 영양기관과 생식기관의 현저한 이상형.

변형설(變形說), transformation theory : 2N과 1N 세대가 교대로 하는 식물에서 2N(포자체) 세대가 길어져서 육상식물이 되었다는 설.

별모양[星狀], stellate : 별을 닮은 모양. 예) 성상모.

별모양털 = 성모(星毛), 성상모(星狀毛), stellate hair : 한 점에서 사방으로 갈라져서 별 모양을 하고 있는 털. 방사상으로 가지가 갈라져서 별 모양으로 된 털. 예) 보리수나무.

별이끼과, Callitrichaceae : 전 세계에 분포하는 초본으로 1속 30종이며, 우리나라에 1속 2종이 자생한다. 습지나 물속에서 자라는 초본으로 조직이 연약하며 잎은 마주난다. 단성화는 엽액에 1~2개씩 달리고, 열매는 삭과로 종자가 4개씩 들어 있다.

병리적퇴화(病理的退化) : 바이러스병과 같이 종자소독으로 방제할 수 없는 이병종자는 병리적(病理的)으로 퇴화한다. 병리적퇴화를 막으려면 무병지채종(無病地採種)·종자소독·병해의 발생방제, 약제살포, 종서검정(種薯檢定) 등의 대책이 필요하다.

병목식(並木檀), hedge row planting : 이앙방식에 있어서 극도의 장방형식을 병목식이라 하는데, 장방형식과 마찬가지로 산간고랭지, 소비조건, 밀식, 추락답 등 이삭수의 확보가 어렵거나 논토양이 비절이 되기 쉬운 조건하에서 유리하며, 특히 조식밀식으로 다수확재배를 하고자 할 때에도 병목식을 채택하는 것이 상례이다.

병상(柄狀) : 자루모양.

병아(柄芽), stalked bud : 자루가 달린 눈.

병충해방제(病蟲害防除), disease and insect control : 작물의 병원(病原)과 해충(害蟲)은 종류가 많으며, 다수확재배에서는 그 피해도 막대하다. 병충해의 발생부위, 피해양상, 전염과 전파의 양식, 발생의 유인(誘因) 등은 종류에 따라서 다르다. 방제법으로는 경종적방제법(耕種的防除法, agricultural control), 생물학적방제법(生物學的防除法, biological control), 물리적 또는 기계적방제법(physical or mechanical control), 화학적방제법(化學的防除法, chemical control) 등이 있다.

병충해(病蟲害) 종합적 관리(綜合的 管理) = IPM, integrated pest management : 육종적·재배적·생물적 방제법을 동원하여 농약의 사용량을 줄이면서 병해충이나 잡초를 방제하는 것을 종합적 방제(intergrated control)라고 하고, 환경친화적인 방법으로 경제적 피해수준 이하로 관리하는 농업경영의 개념에서 '종합적 관리'라고 한다.

병해(病害), damage by disease, disease pest : 병균으로 입은 식물의 해독.

병해형냉해(病害型冷害) : 벼가 저온 때문에 규산흡수가 저해되거나, 당분(糖分)의 생성이 억제되어 냉도열병과 같은 병이 발생하는 형태의 냉해이다.

보간(補肝) : 간기의 기능을 보강시키는 것.

보간신(補肝腎) : 간(肝)과 신(腎)을 보하는 것.

보강(補强) : 보태거나 채워서 본디보다 더 튼튼하게 함.

보골수(補骨髓) : 골수를 보함.

보급종(普及種), certificated seed : 원종포에서 생산된 종자를 일반농가에 다량 보급하기 위하여 종자 증식체계의 최종단계인 채종포에서 일반재배법으로 재배하여 이형주를 제거하고 집단채종하여 농가에 보급할 종자를 말한다.

보기(補氣) : 기허증을 치료하는 방법.

보기생진(補氣生津) : 기(氣)를 보하고 진액(津液)을 생기게 하는 것.

보기안신(補氣安神) : 기를 보하고, 정신을 안정되게 하는 것.

보기혈(補氣血) : 기(氣)와 혈(血)을 보하는 것.

보로(補勞) : 허로(虛勞)한 것을 보함.

보리수나무과, Elaeagnaceae : 전 세계에 3속 45종으로 북반구의 해안 초원지대에 분포하며 우리나라에는 6종이 자란다. 가지와 잎 뒷면을 덮은 은빛의 선모, 꽃받침통 및 핵과 비슷한 열매를 가진다.

보비(補脾) : 비기가 허해져 심신피로, 소화불량 등을 야기시킨 경우 강장약물을 사용하여 비기를 튼튼하게 하는 것.

보비거습(補脾祛濕) : 비기를 보하고, 습사(濕邪)를 없앰.

보비력(保肥力), nutrient holding capacity : 비료분을 보유하는 힘이다.

보비생진(補脾生津) : 비(脾)를 보하여 진액(津液)을 생성함.

보비윤폐(補脾潤肺) : 비의 기(氣)를 보충하고 폐(肺)를 적셔주는 치료법.

보비익기(補脾益氣) : 지라를 튼튼하게 하여 기허증을 치료하는 것.

보비익폐(補脾益肺) : 지라를 보하고 기를 보좌하는 약을 써서 폐기를 보하는 방법.

보비지사(補脾止瀉) : 비(脾)를 보하여 설사를 멈추는 효능.

보비폐신(補脾肺腎) : 비폐신(脾肺腎)을 보하는 것.

보속성(保續性) : 지속성. 산림경영에서는 목재 수확을 매해 균등하게 하여 지속적으로 목재를 공급할 수 있도록 하는 것.

보수력(保水力), water holding capacity, water retention power : 수분을 보유하는 힘이다.

보습제(補濕劑) : 안면의 피부를 윤택하게 가꾸기 위한 처방.

보식(補植), supplemental(supplementary) planting : 발아가 불량한 곳에 보충적으로 파종하는 것을 보파(補播) 또는 추파(追播)라고 한다. 발아가 불량한 곳이나 이식 후에 고사(枯死)한 곳에 보충적으로 이식하는 것을 보식이라고 한다. 보파나 보식은 빠를수록 좋다.

보신(補腎) : 콩팥을 보하는 방법.

보신강골(補腎强骨) : 신(腎)을 보하고, 뼈를 강하게 하는 효능.

보신삽정(補腎澁精) : 신(腎)을 보하고 정(精)을 저장하는 효능.

보신안신(補腎安神) : 신(腎)을 보하고 불안정한 정신적 상태를 치료함.

보신익정(補腎益精) : 신(腎)을 보하고 정(精)을 더하는 것.

보신장양(補腎壯陽) : 신(腎)을 보하고 인체의 양기(陽氣)를 강건하게 하는 것.

보약(補藥) : 허증의 치료에 사용되는 약물. 인체의 전반적 기능을 잘 조절하여 저항성을 높이고 건강하게 하는 약물.

보양익음(補陽益陰) : 양기를 보하고, 음기(陰氣)를 보익(補益)하는 것.

보온(保溫) : 주위의 온도에 관계없이 일정한 온도를 유지함.

보온밭못자리 : 못자리 육묘기간 중 물을 대지 않고 밭상태로 육묘하되 보온자재로서 폴리에틸렌 필름으로 터널식 프레임을 만들어 그 속에서 육묘하는 방식으로 비닐보온밭못자리라고도 한다.

보온절충못자리, protected semi-irrigated rice nursery : 모판에 볍씨를 파종 복토하고 보온자재인 비닐로 터널식 프레임을 만들어 피복하여 보온육묘를 하되, 고온으로 비닐을 완전히 제거할 때까지는 도랑에만 물을 대어 육묘하는 방법으로 밭못자리와 물못자리의 절충형식으로 육묘양식이라 하여 보온절충못자리라고 한다.

보위(補胃) : 위양(胃陽)과 위음(胃陰)을 보(補)하는 치료법.

보음(補陰) : 음허증을 치료하는 방법.

보음도(補陰道) : 음도(陰道)를 보하는 효능.

보익(補益) : 인체의 기혈과 음양의 부족을 치료하는 방법.

보익간신(補益肝腎) : 간(肝)과 신(腎)을 보익(補益)하는 효능.

보익정기(補益精氣) : 정기(精氣)를 보익(補益)하는 작용.

보익정혈(補益精血) : 정혈(精血)을 보충하여 유익하게 하는 치료 방법.

보익제(補益劑) : 허한 것을 보하는 약물이나 방제.

보정(補精) : ① 정혈(精血)을 보하는 것을 말함. ② 정기(精氣), 정력(精力), 정신(精神), 진액(津液)은 다 정혈(精血)과 관련이 있으므로 보정(補精)은 정기, 정력, 정신, 진액을 보한다는 뜻으로 쓰일 때도 있음.

보정익수(補精益髓) : 경혈(精血)을 보하고, 골수(骨髓)를 보익(補益)하는 효능.

보조제(補助劑), adjuvant : 농약제조과정에서 중요 성분을 잘 녹게 하거나 용제 살포시 잘 번지도록 하거나 또는 단지 용량을 늘리기 위해 사용하는 보조약제이다.

보중익기(補中益氣) : ① 비위를 보해서 기허증을 치료하는 방법. ② 중초의 기를 보하여 기를 이롭게 함.

보중화혈(補中和血) : 비위(脾胃)를 보(補)하여 혈(血)의 운행을 조화롭게 함.

보증종자(保證種子), certified seed : 국가 또는 국가가 자격을 인정한 종자관리사가 당해 품종의 종자임을 보증한 종자이다.

보파(補播), supplemental seeding : 생산력이 저하된 초지에 목초를 추가로 파종하는 것으로 발아가 불량한 곳에 보충적으로 파종하는 것을 말한다.

보폐(補肺) : 폐기를 보익하는 것과 폐음을 보양하는 것.

보폐신(補肺腎) : 폐(肺)와 신(腎)을 보호하는 것.

보허(補虛) : 허한 것을 보하는 것.

보혈(補血) : 혈허증의 치료법으로 혈액을 보충하거나 조혈기능을 강화시킴.

보혈허(補血虛) : 혈허증(血虛症)을 치료하는 것.

보호껍질 = 겉겨, 꽃겨, 받침껍질. 외영(外穎), 호영(護穎), glume, lemma, flowering glume : 화본과 식물 꽃의 맨 밑을 받치고 있는 한 쌍의 작은 조각.

보호작물(保護作物), nurse crops : 주작물을 보호하기 위하여 함께 심는 작물(가을밀에 봄밀종자를 혼파).

복2배체(複二倍體), amphidiploid : 한 개체 속에 서로 다른 게놈을 두 개씩 가진 이질배수체이다.

복강염(腹腔炎) : 복강에 생긴 염증.

복거치(複鋸齒) = 겹톱니, 중거치(重鋸齒), doubly serrate : 잎몸 가장자리에 생긴 톱니 가장자리에 다시 잔 톱니가 생겨 이중으로 된 톱니. 예) 개암나무, 벚나무.

복과(複果), compound fruit, multiple fruit : 둘 또는 그 이상의 암술이 성숙하여 된 열매. 화서 전체가 발달하여 형성된 과일. 예) 오디, 무화과, 파인애플 등.

복과(複果), compound fruit : 둘 이상의 암술이 성숙해져 된 열매.

복괴(腹塊) : 배 속에 덩어리가 생기는 병. 또는 그 덩어리.

복교배(複交配) : 두 개의 단교배 F_1끼리 교배하는 것이다.

복교잡(復交雜), double cross : 헤테로시스(heterosis) 육종에 이용되는 일종의 교잡형식. 4종의 품종 또는 계통으로, (A×B)×(C×D)와 같이 교잡한다. 4원교잡 이상을 다계교잡(多系交雜)이라고 한다. 사원교잡.

복기산꽃차례(複岐繖花序), compound dichasium : 기산꽃차례가 여러 번 반복되어 이루어진 꽃차례. 예) 회나무, 사철나무.

복기산화서(複岐檄花序), compound dichasium : 기산화서가 반복되어 이루어진 화서. 예) 회나무.

복대(覆袋) = 봉지씌우기, bagging : 사과, 배, 복숭아, 포도 등의 과수재배에서 적과(摘果)를 끝마친 다음에 과실에 봉지를 씌우는 것을 복대라고 한다. 복대를 하면 병충해를 막고, 열과(裂果)를 방지할 수 있어 품질이 좋아진다. 복대의 이점은 인정되나 노력이 많이 드는 결점이 있어 무대재배(無袋栽培)하는 경우가 많다.

복대립유전자(複對立遺傳子), multiple allele : 집단에 나타나는 세 개 이상의 대립유전자. 개체에는 대립유전자가 2개뿐이다.

복둔거치(複鈍鉅齒), bicrenate : 엽연의 각 톱니가 다시 갈라진 형태.

복막염(腹膜炎) : 복막에 급성 또는 만성으로 생기는 염증.

복매화(蝠媒花), chiropterophous : 박쥐에 의해 꽃가루받이가 이루어지는 꽃.

복면(腹面) = 배쪽, ventral : 기관의 위쪽이나 안쪽 면 또는 중심축에서 가까운 면.

복모(複毛) = 겹털, compound trichomes : 갈라진 털이나 돌기.

복모(伏毛), sericeous : 누운 털.

복모(複毛), compound trichomes : 분지된 털이나 돌기.

복백미(腹白米), white belly rice : 쌀알의 복부가 백색으로 불투명하게 된 쌀을 칭하며, 이것은 현미의 북부주변의 여러 층의 세포에 전분의 집적이 불량하고 현미의 탄수 수축과정에서 그 부분에 많은 미소한 공기간극이 발생하기 때문에 광의 난반사로 희게 보이는 것으로 이것이 많을 때 쌀의 품질이 떨어지게 된다. 이 같은 현상은 품종적 특생에서 유래되는 경우가 많다.

복봉선(腹縫線) = 내봉선(內縫線), ventral suture : 심피의 가장자리가 결합하여 있는 부분. 잎의 가장자리에 해당하는 심피.

복부창만(腹部脹滿) : 배가 더부룩하면서 그득한 것.

복부팽만(腹部膨滿) : 배가 빵빵하게 부푸는 것.

복부팽만증(腹部膨滿症) : 장운동이 느려져서 가스가 차고 배가 부푸는 증상

복사(伏邪) : 사기가 체내에 잠복해 있으면서 바로 발생하지 않는 병사.

복산방꽃차례[複繖房花序], compound corymb : 편평꽃차례가 2개 이상 모여 있는 꽃차례. 예) 마가목

복산형화서(複傘形花序) = 겹산형꽃차례, 겹우산꽃차례, 겹우산모양꽃차례, compound umbel : 산형꽃차례가 몇 개 모여서 이루어진 꽃차례. 예) 어수리.

복수(腹水) : 뱃속에 장액성의 액체가 괴는 병증.

복수상화서(複穗狀花序) = 겹수상꽃차례 : 수상꽃차례가 여러 개 이삭 모양으로 모인 꽃차례로 화본과 식물에서 볼 수 있으며, 각각의 수상꽃차례를 '작은이삭[小穗]'이라 한다.

복엽(複葉) = 겹잎, compound leaf : 잎이 여러 장 달린 것처럼 보이지만, 하나의 잎몸이 갈라져서 2개 이상의 작은 잎을 이룬 잎을 말함. 예) 호두나무, 매자나무.

복엽(複葉)의 종류 : 2회3출엽, biternate leaf.

복엽(複葉)의 종류 : 3출엽(三出葉) = 삼출엽(三出葉) = 삼엽(三葉), ternated or trifoliolate leaf.

복엽(複葉)의 종류 : 3회3출엽, triternate.

복엽(複葉)의 종류 : 5출엽(五出葉), pentafoliolate.

복엽(複葉)의 종류 : 단신복엽(單身複葉), unifoliolate compound leaf.

복엽(複葉)의 종류 : 부제우상복엽(不齊羽狀複葉), interrupted pinnate compound leaf.

복엽(複葉)의 종류 : 소엽(小葉) = 작은잎, leaflet.

복엽(複葉)의 종류 : 소탁엽(小托葉) = 작은턱잎 = 잔턱잎, stipel.

복엽(複葉)의 종류 : 우상복엽(羽狀複葉) = 깃꼴겹잎 = 깃모양겹잎, pinnately compound leaf.

복엽(複葉)의 종류 : 장상복엽(掌狀複葉) = 손바닥모양겹잎, palmately compound leaf.

복엽(複葉)의 종류 : 짝수1회우상복엽 = 우수1회우상복엽, even-pinnate leaf.

복엽(複葉)의 종류 : 짝수2회우상복엽 = 우수2회우상복엽, even-bipinnate leaf.

복엽(複葉)의 종류 : 총엽병(總葉柄) = 큰잎자루, rachis.

복엽(複葉)의 종류 : 홀수1쌍우상복엽 = 기수1쌍우상복엽, odd-pinnate leaf.

복엽(複葉)의 종류 : 홀수1회우상복엽 = 기수1회우상복엽, odd-pinnate leaf.

복엽(複葉)의 종류 : 홀수2회우상복엽 = 기수2회우상복엽, odd-bipinnate leaf.

복엽(複葉), 겹잎, compound leaf : 잎자루에 2개 이상 여러 개의 작은 잎이 붙어 있는 것. 예) 호두나무, 칠엽수.

복예거치, biserrate : 엽연의 각 톱니가 다시 갈라진 형태.

복와상(覆瓦狀) = 복와성(覆瓦性), 겹기왓장모양, 겹쳐나기모양, imbricate : 꽃잎이나 꽃받침조각이 마치 기왓장처럼 포개져 있는 상태를 말한다.

복와상아린(覆瓦狀芽鱗), imbricate : 아린이 기왓장처럼 포개져 있는 것.

복요통(腹腰痛) : 배와 허리가 아픈 증상.

복자예(複雌蕊, 複雌蘂), compound pistil : 2개 이상의 심피로 되어 있는 것.

복접(腹接), side grafting : 접수를 대목의 나뭇가지 옆구리에 끼우는 접목방법이다.

복중괴(腹中塊) : 배 속에 덩어리가 생기는 병. 또는 그 덩어리.

복지(匐枝) = 기는가지, 포복지(匍匐枝), runner, stolon : 원줄기 또는 뿌리 겨드랑이에서 나서 땅위로 뻗어가며 뿌리가 내려 자라는 가지. 예) 딸기, 달뿌리풀.

복진통(腹鎭痛) : 배가 은은히 무겁게 누르듯 아픈 통증.

복집산화서(複集散花序) = 겹모인우산꽃차례, dichasial cyme : 모인우산꽃차례의 일종으로, 꽃차례 축의 끝에 꽃이 달리고, 그 밑에 다시 반복되는 꽃차례.

복창(腹脹) : 배가 그득하고 팽창한 증후.

복총상화서(複總狀花序) = 복총상꽃차례, 겹총상꽃차례 : 길이가 비슷한 총상꽃차례 여러 개가 꽃줄기 아래에서 위까지 길게 모여 있는 꽃차례.

복취산꽃차례[複聚散花序], compound cyme : 취산꽃차례가 여러 개로 분지된 꽃차례. 예) 날개골풀.

복층림(複層林) : 다층림.

복토(覆土), soil covering : 종자를 파종한 뒤에 발아에 필요한 수분을 유지해주기 위해 흙으로 덮어주는 것이 보통인데, 이를 복토라고 한다.

복통(腹痛) : 복부의 통증.

복통설사(腹痛泄瀉) : 배가 아프면서 설사(泄瀉)를 하는 증상.

복통하리(腹痛下痢) : 배가 아프면서 하리(下痢)를 하는 증상.

복합화서(複合花序) = 겹꽃차례, 복합꽃차례, compound inflorescence : 꽃차례의 축이 1개 또는 여러 개로 갈라지며, 갈라진 가지에 꽃이 달리는 꽃차례.

본답(本畓), paddy field : 벼 재배에 있어서 못자리에 육묘가 끝나면 모를 쪄서 논에 옮겨 심게 되는데 옮겨 심어진 모가 수확할 때까지 자라는 논, 즉 벼가 자라는 기본이 되는 장소라는 뜻에서 본답이라고 한다.

본엽(本葉), true leaf : 발아 후 최초에 나오는 잎을 쌍자엽식물에서는 자엽이라 하고 단자엽식물에서는 초엽이라 한다. 본엽은 자엽 이후에 출현하는 잎을 말한다. 쌍자엽식물의 자엽이란 떡잎이라고도 하는데 양분의 저장기관으로서 발아 후 일정기간 필요한 양분을 공급한다. 단자엽식물에서의 양분저장기관은 배유이다.

볼거리염 : 유행성이하선염(流行性耳下腺炎), 멈프스(mumps) 바이러스의 감염으로 고열

이 나고 이하선이 부어오르는 병.

볼록한[窯出], convex : 표면이 둥글게 바깥쪽으로 굽은 모양.

봉상(棒狀) : 가늘고 긴 막대 모양.

봉선(縫線) suture, raphe : 열매가 터지는 선. 비교) 복봉선, 배봉선.

봉선화과, Balsaminaceae : 열・온대에 분포하는 초본으로 2속 400종이며, 우리나라에 1속 2종이 자생한다. 잎은 어긋나거나 마주나고 단엽으로 탁엽이 있다. 원추화서에 총상으로 달리는 꽃은 양성화이고, 열매는 삭과로 산발형이다.

봉합선(縫合線), suture : ① 열매가 갈라지는 선. ② 씨방을 이루는 심피가 서로 합착한 부분.

부과(副果), accessory fruit : 비심피조직이 유합하여 형성된 과실.

부꽃받침, accessory calyx : 꽃받침의 바깥쪽 또는 꽃받침 사이에 생긴 꽃받침 모양의 부속체.

부꽃받침조각, epicalyx : 꽃받침 밑에 돌려난 포엽.

부꽃부리 = 부화관(副花冠), 덧꽃갓, 덧꽃부리, paracorolla, corona : 꽃갓과 수술 사이 또는 꽃잎과 꽃잎 사이에서 생겨난 꽃잎보다 작은 부속체로, 수선화에서 볼 수 있다.

부도(浮稻), floating rice : 인도형에 속하는 벼로서 열대지역의 우기에 하천유역 침수지대에서 재배되고 있는 것으로, 생육기간 중 침수가 되면 절간이 물의 깊이에 따라서 급신장하여 이삭과 볏잎 끝이 물 위에 노출되면서 자란다고 하여 부도라고 불리고 있다.

부동소수시원체(不動小穗始原体), obligate spikelet primodia : 추파맥류에서 주간(主稈)의 26절(節) 이상은 어떠한 조건에서도 소수만을 형성하는 시원체.

부동엽아시원체(不動葉芽始原体), obligate leaf primodia : 추파맥류에서 주간(主稈)의 5절(節)은 어떠한 조건에서도 잎이 되는 시원체.

부동화(不動化), immobilization : 미생물이나 작물에 흡수된 무기원소가 유기화합물을 형성한 후에는 다른 부위로 이동할 수 없게 되는 현상. 식물체에 흡수된 Ca, B, 토양미생물이 토양에서 흡수한 질소성분 등이 그 예이다.

부드러운 털 = 모용(毛茸), 연모(軟毛), pubescent hair : 가늘고 곧은 털.

부들과, Typhaceae : 전 세계에 분포하는 초본으로 1속 15종이며, 우리나라에 1속 3종이 자생한다. 습지에서 자라는 초본으로 잎은 긴 선형이다. 자웅동주로 수상화서는 원기둥모양이고 열매는 타원형이다.

부등변(不等邊) = 왜저(歪底), oblique, inequilateral : 잎몸 밑부분의 좌우 양측이 대칭을 이루지 않고, 한쪽이 일그러진 모양.

부름켜 = 형성층(形成層), cambium : 후성분성조직(後成分成組織)의 하나. 쌍떡잎식물 줄기의 인피부와 목질부의 중간에 있는 얇은 조직으로, 관다발의 체관부와 물관부 사이에서 세포 1층으로 만들어지는 얇은 조직. 뿌리나 줄기가 굵어지도록 세포를 불리는 구실을 한다.

부리모양, beaked : 씨나 열매의 꼭대기가 좁게 늘어난 모양.

부모계통(父母系統) : 양친계통을 의미하는 것으로, 즉 1대잡종을 만들 때 양친으로 사용하는 모본계통과 부본계통을 의미하는 것이다. 따라서 1대잡종 교배 시 양친계통으로 이용할 수 있다.

부병(腑病) : 육부에 생긴 병증.

부상법 : 콩과의 종자는 주공은 열려져 있지만, 주공벽이 물로 적셔져 있지 않기 때문에 물은 주공을 통해 들어가지 못한다. 이 같은 종자는 알코올로 처리하면 물을 흡수하게 된다. 또한 이들 경실종자는 종피의 일부를 가위로 잘라내거나 송곳으로 종피에 구멍을 내어 상처를 주면 흡수가 가능해지면서 이 자체는 휴면하고 있지 않기 때문에 발아하게 된다. 이와 같은 처리를 부상법이라 한다.

부생(浮生), floating : 식물체가 물에 잠겨 살아가는 성질.

부생란(腐生蘭) : 썩은 나무 등에 나는 난.

부생식물(腐生植物), saprophyte : 자기 힘으로 광합성을 하여 유기물을 생성하지 않고, 다른 생물을 분해하여 얻은 유기물을 양분으로 하여 생활하는 식물. 예) 수정난풀, 초종용.

부속기관(附屬器官), appendages : 기본적인 구조의 기능을 보조하기 위해 부가적으로 생긴 구조.

부속체(附屬體) = 부속물(附屬物) : 꽃잎, 꽃받침, 총포 조각 등에 덧붙어 있는 부분.

부수엽(浮水葉) = 부엽(浮葉), 뜨는잎, floating leaf : 수생식물에서 수면에 떠 있는 잎.

부수체(附隨體) : 종속적으로 덧붙거나 한데 이어지는 2차적인 부속기관.

부숙퇴비(腐熟堆肥), decomposed manure : 퇴비용 천연유기물에 미생물 배양 또는 발효촉진제 등을 이용 완전히 발효시킨 것을 말한다.

부스럼 : 피부에 나는 종기를 통틀어 이르는 말.

부식(腐蝕) : ① 썩어서 형체가 뭉그러지는 것. ② 부식독에 의한 신체의 손상, 조직의 응고, 붕괴, 괴저 등을 발생시킴.

부식(腐植), humus : 토양 중의 유기물, 즉 동물과 식물의 잔재는 미생물작용이나 화학작용을 받아서 분해된다. 이러한 분해작용을 받아서 유기물의 원형을 잃은 암갈색에서 흑색에 이르는 부분을 특별히 부식(腐植, humus)이라고 한다. 그러나 토양유기물 전체를 부식이라고 부르기도 한다. 토양유기물의 주된 기능은, ① 암석의 분해촉진, ② 양분의 공급, ③ 대기 중의 이산화탄소 공급, ④ 생장촉진물질의 생성, ⑤ 입단의 형성, ⑥ 보수·보비력의 증대, ⑦ 완충능의 증대, ⑧ 미생물의 번식촉진, ⑨ 지온의 상승, ⑩ 토양보호 등이 있다.

부아(副芽) = 덧눈, accessory bud : 1개의 잎겨드랑이에 2개 이상의 눈이 달릴 때 가운데의 가장 큰 것을 제외한 양쪽에 나는 곁눈의 일종. 예) 측생부아, 중생부아.

부악(副萼) = 덧꽃받침, accessory calyx : 꽃받침의 바깥쪽 또는 꽃받침 사이에 생긴 꽃받침 모양의 부속체를 말하며, 보통 녹색이다. 뱀딸기는 꽃받침 아래쪽에 있는 포엽이 꽃받침 모양으로 되어 있다.

부엽(浮葉) = 뜨는잎, 부수엽(浮水葉), floating leaf : 수생식물에서 수면에 떠 있는 잎.
부엽식물(浮葉植物), surface plant, floating leaved hydrophyte : 뿌리는 땅속에 있으나 잎이 물 위에 떠 있는 수생식물. 예) 마름, 가래, 노란어리연꽃, 왜개연꽃, 가시연꽃 등.
부영양화(富營養化), eutrophication : 자정능력을 넘는 대량의 유기물이나 염류가 강과 바다로 배출되면 자정작용이 완료되지 않고, 수역은 분해산물 또는 이차생성물 등의 영양염류가 풍부해지며 특정생물(적조플랑크톤 등)의 이상발생이 일어나는 현상. 영양 특히 질소, 인, 유기물이 대량으로 배출되면 자정능력을 초과하게 되고 조류 등이 과다하게 번식하며 결국 수질을 약화시키는 상태이다.
부완(膚頑) : 기부가 타인의 살같이 감각이 둔해지고 마비되는 증후.
부유식물(浮游植物), floating plant, free-floating hydrophyte : 전 식물체가 물 위에 떠 있는 수생식물. 예) 생이가래, 개구리밥, 좀개구리밥, 물개구리밥 등.
부인구통(婦人九痛) : 부인병 때 나타나는 9종의 통증 ① 음중통(陰中痛), ② 소변임력통(小便淋瀝痛), ③ 배뇨후통, ④ 한랭통(寒冷痛), ⑤ 월경통, ⑥ 기체비통(氣滯痞痛), ⑦ 땀이 나서 음부 속이 벌레가 무는 듯이 아픔, ⑧ 협하통(脇下痛), ⑨ 허리와 근육이 아픔.
부인병(婦人病) : 부인의 자궁을 중심으로 하여 생기는 일련의 병증.
부인음(婦人陰) : 부인의 음부(陰部).
부인음창(婦人陰瘡) : 부인의 음부(陰部)에 부스럼이 생긴 병변.
부인하혈(婦人下血) : 자궁에서 피를 흘리는 것.
부인혈기(婦人血氣) : 부인의 혈기(血氣)를 말한다.
부인혈증(婦人血證) : 부인의 출혈증.
부자중독(附子中毒) : 부자를 기준량보다 많이 복용했거나 용법을 지키지 않은 경우로 중독되어서 온몸이 발적이 되고 눈이 잘 안 보이고 한다.
부작물(副作物), minor crop, side crop : 논이나 밭에 재배되는 주작물이 아닌 것을 뜻한다.
부정근(不定根) = 막뿌리, adventitious root : 꺾꽂이나 휘묻이를 하였을 때 줄기나 잎에서 나오는 뿌리와 같이 정해진 자리가 아닌 데서 나오는 뿌리.
부정성(不定性), adventitious : 본래 예정된 이외의 장소나 시기에 발생하는 것. 예) 부정아, 부정근.
부정아(不定芽) = 막눈, adventive bud, indefinite bud : 끝눈, 곁눈의 자리가 아닌 곳에 생긴 눈.
부정제꽃[不整齊花], irregular flower : 화피나 화판의 모양과 크기가 똑같지 않으며 또한 배열이 고르지 못한 꽃. 예) 꿀풀과.
부정제악(不整齊萼), irregular calyx : 꽃받침잎의 크기가 불규칙적인 것.
부정제화관(不整齊花冠), irregular corolla : 꽃잎이 각각 다르게 생긴 화관.
부정지(不定枝), adventitous branch : 액아와 관계없이 발달되는 가지.
부제깃모양겹잎[不齊羽狀複葉], interrupted pinnate compound leaf : 크기가 다른 작은

잎이 번갈아 붙는 겹잎. 예) 짚신나물.

부종(浮腫) : 몸이 붓는 병증.

부착근(附着根), adhering root : 담쟁이덩굴처럼 줄기에서 부정근이 형성되어 다른 물체에 부착하는 뿌리.

부착형잡초(附着型雜草) : 종자에 갈고리나 점액질이 있어 동물의 털에 붙어서 퍼지는 잡초. 예) 도깨비바늘, 가막살이, 진득찰 등.

부채꼴 = 선형(扇形), flabellate : 넓은 부채와 같은 모양.

부채모양[扇形], flabellate : 넓은 부채와 같은 형상.

부처꽃과 = 배롱나무과, Lythraceae : 열 · 온대에 분포하는 교목, 관목, 초본으로 25속 550종이며, 우리나라에 3속 6종이 자생한다. 잎은 어긋나거나 마주나고 또는 돌려난다. 양성화는 1송이씩 또는 원추화서로 달리고, 열매는 삭과이며 종자에 배유가 없다.

부처손과, Selaginellaceae : 전 세계적으로 420여 종이 분포하며 우리나라에 1속 9종이 있다. 땅 위나, 나무, 바위 등에 붙어서 자라는 늘푸른 여러해살이 양치식물이다. 줄기는 곧추서거나 땅으로 기어간다. 잎은 동형으로 줄기에 나선형으로 붙기도 하고 2형으로 옆으로 개출된 큰 복엽과 줄기에 압착하여 위로 향한 작은 배엽이 4줄로 배열되기도 한다. 포자엽은 동형으로 나선형 또는 4줄로 배열되어 있다. 포자낭수는 사각기둥모양, 큰 것과 작은 것으로 2개로 되기도 한다. 포자는 이형포자성으로 4개의 대포자가 있는 대포자낭과 다수의 소포자가 있는 소포자낭이 같은 포자낭수에 생기며 이들의 배열은 종에 따라 차이가 있다.

부초(敷草), grass mulch, sod mulch : 풀을 베어 채소나 작물의 품질향상과 토양 침식 방지 및 잡초방제를 위하여 덮는 것을 말한다.

부피생장 : 부름켜의 세포가 분열하면서 뿌리나 줄기가 살찌고 굵어지는 활동.

부화관(副花冠) = 부꽃부리, 덧꽃갓, 덧꽃부리, paracorolla, corona : 꽃갓과 수술 사이 또는 꽃잎과 꽃잎 사이에서 생겨난 꽃잎보다 작은 부속체로, 수선화에서 볼 수 있다.

북방침엽수림(北方針葉樹林), northern coniferous forest : 북반구의 아한대에 분포하는, 주로 가문비나무속(屬), 잣나무속 등의 침엽수가 중심인 산림으로 평균기온이 여름에 10℃ 이상이지만 겨울에는 -30℃ 내외이고 기간도 길다.

북방형목초(北方型牧草), northern grasses and legumes = **한지형목초(寒地型牧草)**, cool weather(season) grasses and legumes : 추위에 강하고 더위에 약하여 서늘한 지방에서 생육이 좋다. 따뜻한 지방에서는 여름철의 고온에 의하여 생육이 멈추고, 황변 · 쇠퇴하는 하고현상(夏枯現像)을 보인다. 예) 티머디, 알팔파.

북서계절풍(北西季節風), northwest monsoon : 동아시아지역에서 겨울철에 대륙에서 대양을 향하여 부는 북서풍을 말하는데, 대륙고기압의 특성대로 한랭하고 건조하다. 우리나라에서는 한여름을 빼고는 대체로 북서계절풍의 영향을 받는다. 북서계절풍은 겨울철에 동해안보다 서해안을 더욱 춥게 하며, 동해안에는 휀현상으로 따뜻하고 건조한 바람이 불게 된다.

북주기 = 배토(培土), hilling up, ridging : 흙으로 작물에 북을 주는 작업이며, 제초, 중경을 겸하여 하는 수가 많음. 그 목적은 두둑높이기, 도복방지, 잡초발생억제, 뿌리보호, 줄기의 연화촉진 등이다.

분과(分果) = 분열과(分裂果), 분리과(分離果), 열개과(裂開果), 절협과(節莢果), mericarp, loment, schizocarp, dehiscent fruit : 한 씨방에서 만들어지지만 서로 분리된 2개 이상의 열매로 발달하는 것(예; 산형과, 꿀풀과). 여러 개의 씨방이 한 묶음이 되어 자라다가 각각 열매가 되어 익으면 떨어져 나가는 열매(예; 산형과, 꿀풀과, 지치과, 단풍나무과). 도둑놈의갈고리에서 볼 수 있듯이 한 개의 심피에 생긴 씨방의 과실이 가로로 잘록해져서 각각 한 개의 씨를 가진 몇 개의 방으로 갈라지고, 성숙하면 각 방의 잘록한 부분에서 분리되어 떨어지는 과실.

분과열매자루(分果柄), carpophore : 분열과의 분과에 달리는 기다란 자루 구조. 예) 산형과, 쥐손이풀과.

분꽃과, Nyctaginaceae : 전 세계에 28속 250종 대부분이 열대, 아열대에 분포하며 우리나라에서는 분꽃을 관상용으로 심는다. 잎은 마주나고 엽병이 있으며 턱잎이 있다. 화피는 화관모양, 종모양, 깔때기모양, 원쟁반모양으로 4개이고 심피는 하나이다. 꽃은 완전화이고 꽃잎이 없다. 꽃받침같은 포와 꽃잎같은 꽃받침이 합쳐져 통으로 되어 있다. 수술은 5개이고 자방상위이다.

분류(分類), classification : 구조적, 기원적, 형태적, 유전적 등의 특징에 따라 체계적으로 식물을 구별하는 것.

분류군(分類群), taxon(pl. taxa) : 분류를 통하여 모은 무리로서, 그 무리의 독특한 특징으로 다른 무리와 구별되며, 종·속·과·목 등의 어느 한 분류계급이 부여된 무리.

분리(分離), segregation : 감수분열시 우성 및 열성 대립유전자가 서로 다른 세포로 배분되는 것. 또는 이형접합체의 후대에 여러 가지 유전자형이 나타나는 것이다.

분리과(分離果), loment : 협과의 일종으로 열매 사이가 매우 잘록하여, 각 1개의 씨가 들어 있는 부분이 따로따로 분리된다. 예) 도둑놈의갈고리.

분리심피(分離心皮) : 심피가 서로 떨어짐.

분리육성(分離育成) : 돌연변이나 자연교잡 등에 의해 혼형상태로 섞여 있는 재래품종 집단에서 원하는 형질을 선택 분리하여 새로운 품종을 만들어 가는 일이다.

분백(粉白), glaucous : 흰 가루가 덮여 백색을 띠는 녹색. 예) 모란.

분비(分泌), secretion : 물질대사과정 중의 산물을 방출하는 것.

분산(分散), variance : 집단의 변이를 나타내는 통계량이다.

분상(盆狀), salver form : 트럼펫 모양으로 길고 가느다란 판통에 판연이 직각으로 달려 있는 것.

분상구조(粉狀構造) : 직경이 수 ㎜ 정도의 둥근 모습을 한 토양구조로서 작토는 이에 속하는 구조를 가진 것이 많다.

분상질(粉狀質) : 종자 내부의 조직이 치밀하지 못하고 공간이 많아 희게 보이는 밀. 밀의 물리적 구조를 말할 때 사용하는 용어로 분상질은 대개 단백질 함량이 낮다.

분시(分施), split application : 비료, 농약을 수회에 걸쳐 나누어 주는 것으로 벼 재배에 있어서 시용하는 질소질 비료는 무기질인 속효성이므로 일시에 다량의 비료를 시용하게 되면 토양의 흡착력이 떨어지고 유실이 많을 뿐 아니라 농도가 높아 생육장해를 일으키는 등 비효율적이며 벼 생육과 생리에도 불합리하다. 따라서 벼의 생리 및 수량 구성요소의 형성과정에 맞도록 기비, 분얼비, 수비, 실비 등으로 나누어 시용하게 되는데 이를 분시라고 한다. 분시의 시용시기에 따른 시비량의 결정은 품종, 작기, 토양의 비옥도, 생육상태 등에 따라 달라진다.

분얼(分蘖) = 새끼치기, tiller : 화본과식물의 땅 속에 있는 마디에서 가지가 나오는 것.

분얼기(分蘖期), tillering stage : 벼의 분얼의 발생은 일반으로 못자리부터 시작하여 영양생장기 말까지 이루어지나, 실질적으로는 이앙한 모가 활착이 끝나면서 부터 시작하여 최고분얼기까지 사이에 이루어지는데 이 기간을 분얼기라고 하며 분얼기는 다시 분얼성기, 유효분열종지기, 최고분얼기로 나눈다.

분얼비(分蘖肥), topdressing at tillering stage : 이앙 후 활착이 끝나면 분얼이 되기 시작하는데 이때에 속효성 질소비료를 시용하여 초기에 강대한 분얼의 출현을 촉진시켜 목표한 유효수수를 목적으로 시용하는 비료이며, 분얼비의 시용시기와 시용량은 논토양의 조건, 재배시기, 지역에 따라서 다르나 시용해야 할 경우에는 이앙 후 10~14일경에 전체 시비량의 20~30%를 시용하는 것이 효과적이다.

분얼절(分蘖節), tillering node : 벼의 분얼절이란 분얼이 나오는 불신장절부의 마디를 칭한다.

분얼차위(分蘖次位), order of tiller : 분얼이 되는 순서를 말한다.

분열과(分裂果), schizocarp : 중축에 두 개 내지 여러 개의 분과가 달려 있다가 성숙하면 한 개의 씨가 들어 있는 분과가 각각 떨어져 나간다. 예) 산형과, 쥐손이풀과

분열조직(分裂組織), meristem, atic tissue : 분열활동을 계속할 수 있는 세포들로 이루어진 조직. 줄기나 뿌리의 생장점 그리고 줄기의 형성층이 대표적인 분열조직이다. 분열조직의 세포는 젊은 세포로서 원형질로 충만되어 있고 액포가 거의 없으며 세포막이 얇으며 서로 밀착되어 세포간극이 없는 것이 특징이다.

분자표지(分子標識) : 표현형으로 나타나는 DNA 단편, 또는 염기서열을 알고 있는 DNA 단편. RFLP, RAPD, AFLP, SNP, STS 등 여러 방법으로 확인할 수 있다.

분자표지지도(分子標識地圖) : 표현형으로 나타나는 분자표지 간 재조합빈도에 의해 작성한 유전자지도로 분자표지지도에는 유전자표지도 함께 표시한다.

분제(粉劑), dust : 주제를 증량제와 혼합 분쇄하여 250~300mesh의 가는 입자로 만든 것으로 주제의 함량은 대개 1~10% 정도이며, 대부분 증량제이기 때문에 균일화가 중요하다.

분주(分株), division : 모주(母株)에서 발생하는 흡지(sucker)를 뿌리가 달린 채로 떼어내 심는 번식법.

분지(分枝), ramification : 원줄기에서 갈라져 나간 가지. 식물체의 축(줄기)이 복수로 되는 것과 그 축(줄기) 상호간의 관계.

분지형잡초(分枝型雜草), branch type weed : 지상부에 가지가 많이 갈라지고 키가 작은 잡초. 예) 광대나물, 애기땅빈대, 석류풀 등.

분청거탁(分淸祛濁) : 소장(小腸)에서 소변(小便)과 대변(大便)이 잘 나오도록 하는 것. 소장의 작용으로 체내에 흡수된 영양의 청탁을 나누어서 맑은 것은 소변으로 나오게 하고, 탁한 것은 대변으로 나오게 하는 분리작용.

분파(盆播) : 모종을 가꾸기 위해 분에 직접 종자를 뿌리는 일. 분의 종류에는 화분, 종이분, 짚분, 플라스틱분 등이 있다.

분형(盆形), salver form : 정제화관에 속하며 담배꽃처럼 생긴 판통에 짧은 판인이 직각으로 달려 있는 것.

분화(分化), differentiation : 성숙된 식물체로 발달하는 과정에서 나타나는 생리적 및 형태적 변화. 살아 있는 한 계통이 두 개 이상의 질적으로 구분될 수 있는 부분계(部分系)로 나뉘는 현상. 발생해 가고 있는 생체계에서 형태적, 기능적으로 특화가 진행되어 특이성을 확립해가는 과정이다

불가급태(不加給態), unavailable nutrient : 토양에 공급되는 각종 비료성분이 모두 작물에게 흡수, 이용되는 것은 아니다. 직접 흡수하는 것은 시용한 것의 일부분이며, 나머지는 물리적, 화학적 또는 토양 미생물에 의한 성분의 화학적 형태가 변화하여 토양에 고정, 흡착하거나 식물이 흡수할 수 없는 상태가 되거나 뿌리가 접촉할 수 없는 위치에 있게 되는 등 다양하게 변동한다. 이러한 비료성분의 손실을 무효화, 불가급태라 한다.

불구비화(不具備花) = 불완비화(不完備花), imperfect flower : 구비화, 완비화에서 일부가 없는 것.

불규칙톱니[不規則鋸齒], erose : 잎 가장자리의 톱니가 불규칙한 것.

불면(不眠) : 통상 잠을 이루기 어렵고, 또는 잠이 들었더라도 쉽게 깨며 심하면 밤새 잠을 이루지 못하는 병증.

불면증(不眠症) = 불면(不眠) : 밤에 잠을 자지 못하는 증상.

불시출수(不時出穗), premature heading : ① 못자리에서 파종량이 많고 온도가 높은 불량한 조건에서 자라는 모가 가뭄으로 적기에 이앙하지 못하고 못자리 기간이 연장될 때. ② 모는 못자리에 영양생장으로부터 생식생장으로 전환하여 하위 절간이 이상신장하고 이삭의 시원체가 분화된 비정상적인 발육을 한 모를 본답이 늦심기하면, 이앙한 지 얼마 되지 않아 (2~3주 내) 주간이 정상적인 출수기보다 극히 빨리 출수(이삭이 매우 빈약함)하게 되는데 이 같은 현상을 불시출수라 한다. 불시출수는 기본영양생장성이 짧고 감온성이 예민한 극조생종일수록 심하다. 이와 같이 못자리 일수가 연장됨에 따라 불시 출수를 일으키는 품종 간 차이를 품종의 묘대일수감응도라 하며, 묘대일수감응도가 예민한 품종은 조파만식이나 적파만식에 알맞지 못하다.

불안(不安) : 마음이 편하지 않고 조마조마한 증상.

불염포(佛焰苞), spathe : 육수꽃차례를 싸고 있는 포를 일컫는데, 꽃차례를 덮을 만큼 신장한 포엽이다. 천남성과의 특징.

불완비화(不完備花) = 불구비화(不具備花), imperfect flower : 구비화, 완비화에서 일부가 없는 것.

불완전엽(不完全葉), incomplete leaf : 엽병, 엽신, 탁엽 중에서 어느 한 가지가 없는 잎.

불완전화(不完全花) = 단성화(單性花), 홑성꽃, unisexual flower, monosexual flower, incomplete flower : 암술이나 수술 중 어느 하나만을 가진 꽃.

불용성(不溶性), insoluble, non-melting : 어떤 화합물이 특정한 용매에 대해 매우 작은(무시할 정도의) 용해도밖에 나타내지 않은 것을 뜻한다.

불임(不姙) : 정상적인 부부생활을 하여도 임신이 되지 못하는 경우.

불임(不稔), sterile : 분화된 영화의 생식세포인 화분 또는 배낭모세포의 발육저해나 수분과 수정의 장해로 쭉정이가 되는 현상이며 분화된 총 영화수에 대한 불임립의 비율을 불임률이라고 한다. 불임의 발생은 생식생장기 중 외계환경에 가장 반응이 민감한 시기인 감수분열기와 출수개화기에 저온(17~19℃ 이하), 한발, 풍해, 수해, 영양결핍, 근부현상 등 각종 불량조건이 주어졌을 때 화분모세포의 발육불량, 약의 불개열, 불개영, 화분관의 신장불량 등으로 인한 수분 및 수정장해로 인해 불임현상이 일어나는데, 이 같은 현상은 당시의 도체의 생육상태는 물론이고 불량환경에 저항하는 품종간 차이에 의해서도 달라진다.

불임성(不姙性, 不稔性), sterile, sterility : 작물의 생식과정에서 환경적·유전적 원인 때문에 종자를 만들지 못하는 것을 불임성(sterility)이라고 한다. 유전적 불임성에는 자가불화합성(self-incompatibility)과 웅성불임성(male sterility)이 있다. 이러한 불임성은 식물이 유전변이를 확대하기 위한 수단이다. 작물의 자가불화합성과 웅성불임성은 1대 잡종(F_1)품종의 종자를 채종하는 데 이용된다.

불임증(不姙症), sterility : ① 동물이 아이나 새끼를 배지 못함. 생식세포의 불안전형성, 수정과 착상장애 또는 태아의 발육이상 등으로 자손이 생길 수 없는 현상을 말한다. ② 식물이 다음 세대로 발달할 수 있는 열매를 맺지 못함.

불친화성(不親和性), incompatible, nonaffinity : 서로 잘 어울리지 않는 성질. 접목의 경우 대목과 접수가 친화성이 없으면, 접목이 불가능하며 친화성 정도에 따라 접목의 성공률이 좌우된다.

불포화유동(不飽和流動) : 토양 안에서 가장 흔히 일어나는 수분의 이동형태로 주로 모세관 현상에 의한다. 토양표면에서의 증발, 식물뿌리의 수분흡수로 생기는 장력의 차이에 의해 불포화유동이 일어난다.

불포화지방산(不飽化脂肪酸), unsaturated fatty acid : C와 C 간에 이중결합을 지닌 지방산이다.

불화합성(不和合性), sexual incompatibility : 정상적인 자성배우자를 가지는 암술이 정상적인 수분 후에도 종자를 맺지 못하는 현상.

붉은곰팡이병 = 적미병(赤黴病) : 보리나 밀의 이삭에 주로 발생되는 곰팡이 병의 일종. 병에 걸린 이삭은 약간 붉게 보인다.

붓꽃과, Iridaceae : 전 세계에 분포하는 초본으로 70속 1,500종이며, 우리나라에 2속 11종이 자생한다. 지하경이나 구경이 있으며 잎은 좁고 2줄이다. 꽃은 양성화이며, 열매는 삭과이다.

붓순나무과, Illiciaceae : 전 세계의 열대 · 온대에 1속 12종이 분포하며 우리나라에는 붓순나무가 제주도와 남쪽 섬에서 자란다. 잎은 어긋나고 혁질로 유세포가 있으며 탁엽은 없다. 꽃은 양성이며, 화피열편은 육질이고 7～30개로 바깥 것은 작으며 포 같고 안쪽 것은 꽃잎 같다. 수술은 4～50개가 나선상으로 배열되고 암술은 5～20개가 떨어져 윤상으로 배열된다. 종자에는 다량의 배유와 작은 배가 있다.

붕소, boron(B) : 붕소는 촉매 또는 반응조절물질로 작용하며, 석회결핍의 영향을 덜 받게 한다고 한다. 생장점 부근에 함유량이 많고, 체내 이동성이 낮으므로 결핍증은 생장점이나 저장기관에 나타나기 쉽다. 붕소가 결핍되면 분열조직에 갑자기 괴사(壞死, necrosis)를 일으키는 일이 많다. 사탕무의 속썩음병, 순무의 갈색속썩음병, 셀러리의 줄기쪼김병, 담배의 끝마름병, 사과의 축과병, 꽃양배추의 갈색병, 알팔파의 황색병 등은 붕소결핍 때문에 유발된다. 또한, 붕소가 결핍되면 수정, 결실이 나빠지고, 콩과 작물은 근류형성과 질소고정에 방해를 받는다. 석회의 과다, 토양의 산성화는 붕소결핍을 초래하기 쉬우며, 주로 개간지에서 나타난다.

붕어마름과, Ceratophyllaceae : 전 세계에 분포하는 수초로 1속 3종이며, 우리나라에 1속 1종이 자생한다. 물에 잠기는 수생초본으로 줄기는 가지를 치고, 잎은 2차상으로 갈라져서 실모양이며 톱니가 있다. 엽액에 1개씩 피는 단성화로 열매는 수과이다.

붕적토(崩積土) : 암석의 풍화산물이 중력에 의해 굴러 떨어져 생성된 토양으로, 모재료는 보통 굵고 암석질이며 물리적 풍화를 더 많이 받은 것으로 그 분포는 많지 않다.

붕중(崩中) : 여성의 부정기 자궁출혈.

비(冬肥) : 늦가을 낙엽 후부터 3월 초순에 걸쳐 주는 비료.

비가림재배, cultivation under rain shelter : 노지재배(露地栽培)이지만 강우로 인한 병해 방지, 우박피해 방지, 농산물의 품질향상 등을 목적으로 작물을 플라스틱필름으로 가려서 재배하는 것을 말한다.

비관다발식물 : 관다발이 없는 선태식물이나 그것보다 더 하등한 식물.

비괴(痞塊) : 복강에 생긴 적괴. 음식, 어혈 등으로 인해 적이 생겨 명치끝에 덩어리가 생겨서 그득한 것.

비뇨기염증(泌尿器炎症) : 비뇨기관에 생긴 염증.

비뇨기질환(泌尿器疾患) : 비뇨기관에 생긴 질환(疾患).

비늘눈 = 인아(鱗芽), scale : 비늘모양의 껍질로 덮여 있는 겨울눈.

비늘모양(scurfy) : 왕겨 같은 비늘조각으로 덮인 모양.

비늘잎 = 인엽(鱗葉), 인편엽(鱗片葉), scale leaf : 측백나무와 편백나무와 같이 비늘조각처럼 편평한 모양의 작은 잎.
비늘조각 = 인편(鱗片), scaly : 비늘처럼 보이는 작은 조각의 것.
비늘줄기 = 인경(鱗莖), bulb : 줄기의 밑 부분이나 땅을 기는 줄기의 선단에 다육화한 다수의 비늘조각이 줄기를 둘러싸고 지하저장기관으로 되어 있는 것. 예) 양파, 튤립.
비단백태질소(非蛋白態窒素), nonprotein nitrogen : 식물이 흡수하는 질소는 대개 단백질 합성에 이용되는데 단백질 구성에 참여하는 각 아미노산은 필수적으로 아미노기(-NH_2)를 가지고 있어 이것을 단백태 질소라고 한다. 그러므로 비단백태 질소란 생체내에 존재하는 단백태 이외의 질소를 말한다.
비단털 = 견모(絹毛), sericeous : 비단같이 부드러운 털. 예) 참나리.
비대근(肥大根) : 지하경이 아니고 지하의 뿌리가 비대하여 저장양분을 축적한 것으로서 괴근이라고 한다. 다알리아나 고구마의 괴근이 그 대표적인 예이다.
비대칭꽃(非對稱花), asymmetrical flower : 어느 방향으로도 대칭이 되지 않는 꽃.
비돌출성[內包], included : 둘러싸여 있는 부분, 밖으로 나출되지 않은 것.
비라스타틴(virastatin) : 크레졸나무가 생산하는 화학물질로 세포의 항산화작용 효과가 크고, 바이러스나 박테리아의 증식을 억제한다.
비료(肥料), fertilizer, manure : 자연함량으로 부족하여 양분을 인위적으로 보급하는 것을 말한다.
비름과, Amaranthaceae : 열・온대에 분포하는 관목 또는 초본으로 64속 800종이며, 우리나라에 3속 4종이 자생한다. 마주나거나 어긋나는 잎은 가장자리가 밋밋하거나 톱니의 흔적이 남아 있다. 취산화서, 수상화서 또는 원추화서에 양성화가 피고, 열매는 견과 또는 핵과이며 종자는 볼록렌즈모양이다.
비만(肥滿) : 인체의 지방조직이 지나치게 많이 축적되어 살찐 상태.
비배관리(肥培管理), fertilization and management : 토지를 기름지게 하여 작물을 가꾸는 것을 말한다.
비산형잡초(飛散型雜草) : 종자에 털이 있어 비산되어 퍼지는 잡초. 예) 떡쑥, 억새, 민들레 등.
비색(鼻塞) : 코가 꽉 막히는 것.
비선택성제초제(非選擇性除草劑), nonselective herbicide : 작물과 잡초가 혼재되어 있지 않은 지역에서 비선택적으로 사용하는 제초제이다(glyphosate, paraquat 등).
비암(鼻癌) : 코에 발생한 암증.
비열(比熱), specific heat : 토양 1g을 1℃ 올리는 데 필요한 열량을 물의 경우와 비교한 것이다. 토양 중 무기성분은 0.2, 유기성분은 0.4 정도인데 토양온도의 변화는 수분함량에 의해 결정되는 것으로 본다.
비염(髀厭) : 넓적다리뼈 바깥쪽 윗부위와 골반이 접하는 대전자 부위.
비옥(肥沃), fertility : 땅이 걸고 기름진 것을 말한다.

비위(脾痿) : 위증의 하나. 육위.

비위허약(脾胃虛弱) : 비위(脾胃)의 기(氣)가 허(虛)한 것.

비유도일장(非誘導日長) : 식물의 화성을 유도할 수 없는 일장을 비유도일장이라고 한다.

비육(肥肉) : 살을 찌게 할 필요가 있을 때 약용식물의 처방.

비적응(非適應)형질, nonadaptive character : 환경요인이 적응성에 영향을 주지 않는 형질.

비전해질(非電解質) : 물에 녹았을 때 거의 해리되지 않는 당류와 같은 물질을 말하며, 비전해질의 원형질막 투과는 지질에 대한 그 물질의 용해도, 용질입자의 대소에 따라 선택적으로 투과된다.

비절(肥切), manurial deficiency, fertilizer deficiency : 사용한 비료성분이 일찍이 끊기어 식물체가 황색을 띠고 정상적인 생육을 하지 못하는 현상으로 경토심이 얕거나 사질누수답으로 비료의 토양보유능력이 낮을 때 일어나기 쉽다.

비중선(比重選), selection by specific gravity : 건묘의 육성을 위한 충실한 종자를 고르는 선종 방법의 하나로 비중선이 이용되고 있는데, 비중선이란 종자 내의 현미가 충실할수록 벼껍질과 현미 사이의 간극이 적어 무거운 비중액에 가라앉게 되는데 이 같은 물의 비중을 높이어 볍씨를 선종하는 방법을 말한다.

비진정종자(非眞正種子), recalcitrant seed : 일정 수준 이하로 수분함량이 떨어지거나 낮은 온도 조건에서는 수명이 짧아지는 수생식물의 종자, 나무종자, 과일종자, 열대지방의 대립종자 등이 이에 속한다.

비철토(肥鐵土) : 이용가능한 철분이 많이 함유된 토양, 즉 유효태 철분이 많은 흙을 말한다.

비체(鼻涕) : 감기에 걸렸을 때 급성비염으로 콧물이 나오는 경우의 처방.

비체(鼻嚏) : 재채기 : 대개는 바로 그치게 되나 오래도록 계속되는 경우.

비출혈(鼻出血) : 코피.

비허설사(脾虛泄瀉) : 비(脾)가 허하여 설사를 하는 증상.

비형(篦形) = 주걱꼴, 주걱모양, 주걱형, spatulate, spatulatus : 주걱처럼 위쪽이 넓고, 바로 밑은 좁아지는 모양.

비효(肥效), fertilizer response, fertilizer efficiency : 비료를 주었을 때 효과가 나타나는 반응이다.

비후부(肥厚剖), apophysis : 열매가 성숙했을 때 벌어지지 않고 표면에 나타난 돌기.

빈뇨(頻尿) : 소변을 자주 봄.

빈혈(貧血), anemia : 핏속에 적혈구 세포 또는 헤모글로빈이 부족한 상태. 원인은 적혈구의 생산저하, 적혈구의 수명단축, 출혈, 유전 등이다. 증상으로는 현기증, 심계항진, 숨이 참, 두통, 발열 등이 있다.

빈혈증(貧血症) = 빈혈(貧血) : 혈액의 단위 용적당 적혈구 수 또는 혈색소 양이 정상범위 이하로 감소된 상태.

빗살거치, pectinate : 엽연의 톱니가 빗살처럼 생긴 형태.

빗살모양 = 즐치상(櫛齒狀), pectinate : 잎이 깊게 갈라지고, 그 갈라진 조각의 수가 많으면서 가늘고 길어서 전체가 빗살처럼 보이는 것.

빗살모양톱니[櫛齒形鋸齒], pectinate : 잎가장자리가 빗의 살과 같이 일정하게 갈라져 있는 것.

빙기(氷期), the glacial epoch, glacial period : 빙하시대 가운데서도 기후가 한랭하여 온대지방까지 빙하가 덮였던 시기로 세계적으로 해수면이 낮아진 시기. 빙기와 빙기 사이에는 기후가 온난한 '간빙기(interglacial)'가 있다.

뽕나무과, Moraceae : 열・온대에 분포하는 교목, 관목, 초본으로 55속 1,000종이며, 우리나라에는 7속 13종의 상록 또는 낙엽교목이거나 초본이 자생한다. 자웅동주 또는 자웅이주로 잎은 어긋나고 갈래로 갈라지며 가장자리가 밋밋하거나 톱니가 있다.

뾰족겹톱니 = 중예거치(重銳鋸齒), double serrate : 뾰족한 톱니가 겹으로 생긴 것.

뾰족꼴밑 = 예저(銳底), acute : 밑 모양이 좁아지면서 뾰족한 것.

뾰족끝 = 예두(銳頭), 예철두(銳凸頭), 첨두(尖頭), acute, cuspidate : 잎몸의 끝이 길게 뾰족한 모양보다 짧으며, 그 이루는 각도가 45~90°를 표현.

뾰족톱니 = 예거치(銳鋸齒), serrate : 가장자리가 톱니처럼 날카로운 것..

뿌리[根], radix, root : 식물체를 고정시키면서 양분의 흡수와 저장 역할을 하는 기관.

뿌리골무[根冠], rootcap : 뿌리의 정단 분열조직을 둘러싸고 있는 골무모양의 세포덩어리.

뿌리잎 = 근생엽(根生葉), 근출엽(根出葉), basal leaf, radical leaf : 지표 가까운 줄기의 마디에서 지면과 수평으로 잎이 달려 마치 뿌리에서 난 것처럼 보이는 잎.

뿌리줄기 = 근경(根莖), root stock, rhizome : 뿌리 모양을 하고 땅속으로 뻗는 줄기이며 마디에서 잔뿌리를 내고 끝부분이 땅속줄기로 됨. 얼핏 보아 뿌리처럼 보이는 것의 총칭으로 줄기의 특수 형태이다. 예) 연꽃, 둥글레.

뿌리털 = 근모(根毛) : 뿌리표피에 생긴 단세포성의 털. 뿌리의 선단에서 약간 떨어진 부분에 있는 단세포가 신장하여 된 털이며 물이나 양분을 흡수한다.

뿌리혹 = 근류(根瘤), root nodule : 콩과식물 뿌리에 침입하여 기생하는 뿌리혹박테리아가 양분을 빼앗아 먹고 내놓는 물질로 인해 뿌리 군데군데가 혹처럼 크게 부푼 부분.

뿌리혹박테리아 = 근류균(根瘤菌), rhizobium, root nodule bacteria : 콩과식물의 뿌리에 달라붙어 같이 살면서 뿌리 곳곳을 혹처럼 크게 살찌우는 세균.

뿔, horn : 뿔 모양 부속체로 끝이 점점 가늘어지는 돌출물.

ㅅ

사강수술 = 사강웅예(四强雄蕊, 四强雄蘂), tetradynamous : 6개로 된 수술무리 중에서 4개는 길고 2개는 짧은 수술. 예) 십자화과.

사강웅예(四强雄蘂), tetradynamous stamen : 6개의 수술 중 4개가 길고 2개는 짧은[십자화과].

사경(砂耕) : 모래에 농작물의 생육에 필요한 양분을 주어 작물을 재배하는 일이며, 즉 수경재배의 일종이다.

사관(篩管) = 체관, sieve tube : 속씨식물의 체관부에서 양분의 통로를 도맡은 조직. 관다발의 맨 바깥쪽에 있고 원기둥꼴 체관세포가 잇닿아 통 모양을 이룬다.

사교독(蛇咬毒) : 뱀에 물린 독.

사교상(蛇咬傷) : 뱀에 물려서 생긴 상처.

사구지(砂丘地), sand dune : 사구지는 점토와 부식의 함량이 극히 적고, 수분과 양분이 부족하며, 풍식(風蝕)을 받기가 쉽다. 따라서 작물재배에 극히 부적당하다. 그러나 지하에 중점토, 비닐, 아스팔트 등을 깔고 누수를 방지한 다음 관개・시비하여 작물을 재배하는 방법이 있다.

사기(四氣) : ① 약물의 네 가지 약성. ② 기후의 춘하추동 사시의 기. ③ 운기에 네 번째 기.

사독(痧毒) : ① 사기의 별칭. ② 사창을 야기시키는 독기.

사력질토양(砂礫質土壤) : 모래 또는 모래와 자갈로 된 토양으로 하천 상류 유역에 잘 발달되므로 투수성이 지나치게 크고 비료성분의 흡수력이 매우 약하고 결핍이 심한 토양을 사력질토양이라 한다.

사력토(砂礫土), stony soil : 역질토양, 즉 자갈토양이다.

사료작물(飼料作物), forage crops : 가축의 사료를 얻기 위하여 재배하는 작물로 화본과(옥수수, 귀리, 티머디, 오챠드그라스, 라이그라스 등), 콩과(알팔파, 화이트크로바, 레드크로바, 스위트크로바, 동부 등), 기타(순무, 비이트, 해바라기, 뚱딴지 등)로 구분하기도 한다.

사리(瀉利) : 설사.

사리산통(瀉利疝痛) : 설사로 배가 아픈 것.

사림(沙痳) : 임증(淋症)의 하나로 소변으로 작은 모래알 같은 것이 나오는 증상.

사마귀, wart : 피부 또는 점막에 사람 유두종 바이러스(human papilloma virus, HPV)의 감염이 발생하여 표피의 과다한 증식이 일어나 임상적으로는 표면이 오돌도돌한 구진(1cm 미만 크기로 피부가 솟아오른 것)으로 나타나는 것.

사마귀모양[疣狀突起], verrucose : 몸에 생기는 사마귀처럼 생긴 돌기.

사미(死米), immature opaque rice kernel : 불투명하고 광택이 없는 백색의 현미로서 내부도 거의 백색이다. 자체적으로 전분의 집적이 불량하고 세포 내의 소전분립이 거칠게 배열되어 있기 때문이다. 이 같은 현미는 도정하여도 불투명하다.

사바나 및 자저목림(刺低木林), savanna & thorn schrub : 건기와 우기가 뚜렷하게 구분되는데, 보통 4~7개월 동안 건기가 계속되며 연평균 강우량이 400~1,000mm 정도 되는 열대 및 아열대지방에 발달한다. 가시가 달린 관목림이 널리 퍼져 있으며, 고원지대에는 초지 안에 관목이 섞여 있는 식생이 전형적으로 발달한다.

사부(篩部), phloem : 유관속식물에서 영양물질의 통로가 되는 조직.

사분포자(四分胞子), tetrad : 화분 모세포가 분열하여 4개로 된 것.

사상(四象) : ① 음양을 태음, 태양, 소음, 소양으로 구분한 것. ② 사상의학에서 사람의 체질을 네 가지로 구분해 놓은 형체. ③ 의사를 기술에 의해서 사등급으로 구분해 놓은 것. 사상의학에서 사람의 체질을 구분할 때 사용하는 개념으로 주역에 사상에 의거하고. 황제내경의 통천편에서 나오는 사상인론에서 연유한 것으로. 구한말 이제마가 이를 이용하여서 인체에 적용함.

사상(蛇傷) : 뱀에 물린 상처.

사상(絲狀), filiform : 실모양의 형태.

사상균(絲狀菌) : 토양 중 세균, 방선균 다음으로 많은 미생물로서 곰팡이라고도 한다. 대체로 호기성이며 산성에서 활발한데 *Aspergillus*, *Penicillium* 등이 이에 속한다.

사상체(絲狀體) = 원사체(原絲体), protonema : 고사리와 이끼식물의 홀씨가 발아하여 생기는 초기의 실 모양으로 된 구조. 한 줄로 연이어 붙은 세포로 된 실 모양의 배우체.

사수성꽃(四數性花), tetramerpis flower : 꽃을 구성하는 기관의 수가 4 또는 4의 배수로 구성된 꽃.

사수식(四數式), tetramerous : 꽃에서 모든 기관이 4 또는 4의 배수로 될 때.

사수축음(瀉水逐飮) : 수(水)를 없애고 음사(飮邪)를 배출시킴.

사식(斜植), obique planting : 빗심기, 즉 경사꽂이이다.

사암(砂岩) : 모래의 풍화물이 퇴적되어 생성된 암석이다. 자갈에서는 역암, 점토에서는 점판암이 생성되는데 여기에 응결제 작용을 하는 것은 규산, 점토 등이다.

사양토(砂壤土), sandy loam : 모래가 65%, 미사가 25%, 점토가 10% 내외로 분포되어 있는 토양을 말한다.

사열(邪熱) : ① 병인의 하나. 열사. ② 증후의 하나. 외사로 인해서 생기는 발열.

사이토키닌, cytokinin : 세포의 분열을 촉진하는 식물 호르몬. 카이네틴, 지아틴은 식물체에서 추출 확인된 사이토키닌 계통의 호르몬이다. 잎이나 생장점 등 영양기관의 노화를 방지하는 물질로 뿌리에서 합성된다.

사일리지, silage : 옥수수의 줄기와 잎, 건초 등을 주재료로 하여 만든 겨울철의 가축먹이. 부패나 호흡 등에 의한 양분손실을 최대한으로 막으면서 적당히 건조된 재료를 저장탱크에 넣어 발효시킨 후 생초를 구할 수 없는 한겨울에 사료로 이용한다.

사일리지작물, silage crops : 사일리지 제조에 많이 이용되는 작물. 예) 옥수수, 수수.

사전귀화식물(史前歸化植物) : 자생하는 식물이지만 역사 이전에 국외로부터 도래하였을 것이라고 추정되는 식물. 예) 냉이, 별꽃, 괭이밥, 질경이, 개여뀌, 띠, 방동사니 등.

사지경련(四肢痙攣) : 팔다리의 떨림.

사지동통(四肢凍痛) : 손과 발이 냉하며 통증이 있는 것.

사지마비(四肢麻痺) : 사지의 마비.

사지마비동통(四肢麻痺疼痛) : 사지마비증상에 수반하는 통증.

사지마비통(四肢麻痺痛) = 사지마비동통(四肢麻痺疼痛) : 사지마비증상에 수반하는 통증.

사지면통(四肢面通) : 손발과 얼굴이 아픈 증상.

사초과 = 방동사니과, Cyperaceae : 전 세계에 분포하는 초본으로 70속 3,500종이며, 우리나라에 13속 172종이 자생한다. 줄기는 삼각형으로 골 속이 차여 있으며, 잎은 선형이나 원통형이다. 꽃은 양성화 또는 단성화이고 많은 이삭이 모여서 여러 가지 화서를 이룬다. 열매는 수과로 세모지거나 양쪽이 나온 볼록렌즈 모양이다.

사출기(射出器), retinaculum : 씨의 밑 부분에 있는 갈고리 모양으로 굽은 기관.

사출맥(射出脈), radiate-veined : 한 점(點)에서 4개의 주맥이 뻗어나간 것.

사출성모(四出星毛) : 4갈래로 갈라진 별 모양의 털.

사출수(射出髓), pith ray : 관다발 내에 방사방향으로 수평으로 뻗어 있는 가늘고 긴 조직. 뿌리나 줄기의 중심부와 주위의 껍질켜 등이 많아 저장기능을 하며 양분의 수평이동 기능을 갖는다.

사태(死胎) : 태아가 뱃속에서 이미 죽어서 나오는 경우.

사토(砂土), sandy soil : 토양 중 모래의 분포비율이 70% 이상인 것을 사토라 하는데 점착성이 매우 낮다.

사하(瀉下) : 설사약이나 축수약으로 설사를 시켜 대변을 나가게 하여 대장에 몰린 실열(實熱), 적체(積滯)를 없애는 방법.

사하축수(瀉下逐水) : 설사법을 통하여서 대변을 순조롭게 하여 실열(實熱)을 없애고 수음(水飮)을 제거하는 것.

사하투수(瀉下透水) : 설사를 시켜서 복수 등을 뱉어내는 것.

사혈(瀉血) = 혈리(血痢) : ① 설사를 동반하는 혈증, ② 삼능침(三稜針) 등을 이용하여 피가 나게 하는 것.

사화해독(瀉火解毒) : ① 화열과 열결을 제거하고 겸해서 해독하는 치료법. ② 장부에 열독이 심할 때 청열해독하는 약물 중에서 해당한 장부의 화를 제거하기 위해 약을 쓰는 것.

삭과(蒴果) = 튀는열매, capsule : 2개 이상인 여러 개의 심피에서 유래하는 열매로, 익어서 마르면 거의 심피의 수만큼 갈라짐. 예) 양귀비, 붓꽃, 도라지, 더덕, 만삼, 나팔꽃, 독말풀, 담배, 오동나무 등.

삭모(蒴帽), calyptra, operculate : 다 익으면 모자처럼 벗겨지는 열매껍질 구조. 예) 채송화, 질경이

산결(散結) : 울체되어 뭉친 것을 풀어줌.

산결소종(散結消腫) : 뭉친 것을 풀어주어 부은 종기나 상처를 치료하는 것.

산결지통(散結止痛) : 맺힌 것을 풀고 통증을 멈추는 효능.

산결해독(散結解毒) : 맺힌 것을 풀어주고 독(毒)을 해독하는 효능.

산공재(散孔材), diffuse-porous wood : 나이테 속에 물관의 크기가 평등하게 분포하

는 목재.

산도(酸度), acidity : 토양의 산성 및 알칼리성의 세기를 비교하는 값을 산도라 하며 용액에 존재하는 수소이온 또는 수산이온의 농도로써 계산하는데 수용액에 들어 있는 수소이온의 농도의 역의 대수값인 pH로 나타내고 있다.

산발형잡초(散發型雜草) : 열매가 터져서 종자를 퍼뜨리는 잡초. 예) 제비꽃, 황새냉이, 괭이밥, 물봉선 등.

산방화서(散房花序) = 고른우산꽃차례, 산방꽃차례, 수평우산꽃차례, corymb : 바깥쪽 꽃의 꽃자루는 길고 안쪽 꽃은 꽃자루가 짧아서 위가 평평한 모양이 되는 꽃차례. 예) 기린초.

산생(散生) : 조밀하게 퍼져서 남.

산생잡초(散生雜草) : 일정한 포장에 드물게 발생하는 잡초.

산성(酸性), acid : 산이 그 수소 이온에 따라 수용액이 신맛을 내고 청색리트머스 시험지를 붉은색으로 변색시키며 염기를 중화시켜 염을 만드는 등의 성질이다.

산성비 = 산성우(酸性雨), acid rain : 빗물에 인간활동으로 빚어진 산과 산성물질이 빗물에 녹아 있는 것을 말한다. 지표면에 산성물질이 침전되는 데는 비, 눈, 안개 분진, 기체의 형태로 이루어지는데, 이 기운데 약 70%가 비, 눈, 안개 등 강수현상을 이루고 산성비는 OH^-보다 H^+가 더 많아 pH가 7 이하이며, 이 정의를 따르면 어떤 빗물이든지 산성비이다. 그러나 통상 pH 5.6 이하인 빗물을 산성비라고 한다.

산성암(酸性岩) : 화성암은 암석에 들어 있는 규산(SiO_2) 함량에 따라 다음과 같이 3가지로 나눈다. 산성암: SiO_2함량 65~75%, 중성암: SiO_2함량 55~65%, 염기성암: SiO_2함량 40~55%.

산성토양(酸性土壤), acid soil : 토양 중의 H^+의 농도가 10^{-7}g당량 이상이거나 OH^-의 농도가 10^{-7}g당량 이하인 토양을 산성토양이라 한다. 일반적으로 pH값이 7.0 이하인 토양을 산성토양, pH값이 7.0 이상인 토양을 알칼리토양이라 한다.

산식(撒植), patchwork planting : 흩어심기.

산악(散萼), caducous, fugacious : 꽃이 피면 떨어지는 꽃받침.

산어(散瘀) : 활혈거어(活血祛瘀)하는 약으로 어혈(瘀血)을 헤치고 부종을 삭아지게 하는 방법.

산어소종(散瘀消腫) : 어혈(瘀血)을 제거하고 부종을 가라앉히는 효능.

산어지통(散瘀止痛) : 어혈(瘀血)을 제거하고 통증을 멈춤.

산어지해(散瘀止咳) : 어혈(瘀血)을 제거하고 기침을 멈춤.

산어지혈(散瘀止血) : 어혈(瘀血)을 제거하고 출혈을 멈추게 함.

산어혈(散瘀血) : 어혈을 없애주는 약.

산어화적(散瘀化積) : 어혈(瘀血)을 제거하고 적취된 것을 푸는 효능.

산울(散鬱) : 막힌 것을 풀어줌.

산울개결(散鬱開結) : 나쁜 기운이 울체되어 있는 것을 풀어줌으로써 뭉친 것을 풀어주는 방법.

산전후상(産前後傷) : 출산 전후에 몸의 상함.

산전후제통(産前後諸痛) : 아기를 낳기 전이나 아기를 낳은 후에 나타나는 모든 통증.

산전후통(産前後痛) : 출산(出産) 전후에 나타나는 통증.

산채(山菜) = 들나물, 푸새, wild vegetable, wild plant : 산이나 들에서 자라는 야생식물 중에서 생채나 묵나물로 식용하거나, 생즙, 장아찌, 조림, 튀김 등의 방법으로 가공하여 식용으로 이용하는 식물. 재배하는 남새에 대비하여 푸새라 하기도 한다.

산토끼꽃과, Dipsacaceae : 전 세계에 분포하는 초본으로 1속 12종이며, 우리나라에 2속 2종이 자생한다. 잎은 마주나거나 돌려나며 탁엽이 없다. 양성화는 두상화서에 밀생하고 열매는 수과이다.

산파(散播) = 흩어뿌림, broadcast seeding : 포장전면에 종자를 흩어 뿌리는 방법이며, 노력이 적게 든다. 목초 또는 녹비작물은 주로 산파한다. 산파하면 제초 등 관리 작업이 불편하다.

산패(酸敗) : 유지를 공기 중에 방치하여 두면, 공기 중의 산소, 빛, 열, 세균 수분 등의 작용에 의하여 서서히 악화하여 색깔이 변하고, 불쾌한 냄새가 생기며, 맛이 나쁘게 된다. 이와 같은 현상을 산패 또는 변패라고 한다.

산풍(産風) : 사지가 산후에 동통하는 병증.

산풍소담(散風消痰) : 풍사(風邪)를 흩뜨리고 막혀 있는 탁한 담(痰)을 쳐 내리는 거담(祛痰) 방법.

산풍습(散風濕) : 풍습사(風濕邪)를 없애는 효능.

산풍청폐(散淸肺) : 풍사(風邪)를 흩뜨리고 폐기를 맑게 식히는 효능.

산풍한습(散風寒濕) : 풍한습(風寒濕)이 몸에 침범하여 근육이나 기부가 뻣뻣해지고 저린 것을 없애는 것.

산한(散寒) : 차가운 기운을 몰아내는 법.

산한발표(散寒發表) : 땀을 내서 겉에 있는 사기(邪氣)와 한사(寒邪)를 발산시키는 치료법.

산한제습(散寒除濕) : 한사(寒邪)를 없애고 습(濕)을 제거하는 효능.

산한지통(散寒止痛) : 차가운 기운을 몰아내어 통증을 없앰.

산혈(散血) : 혈을 소산되게 함. 혈중에 뭉친 어혈 등을 푸는 것.

산형(傘形), umbellate : 우산살 모양으로 한 점에서 같은 거리를 두고 갈라지는 형태.

산형과 = 미나리과, Umbelliferae, Apiaceae, Ammiaceae : 전 세계에 분포하는 초본으로 275속 3,000종이며, 우리나라에 31속 67종이 자생한다. 초본으로 어긋나는 잎은 대개 많이 갈라지고 복엽이 많다. 양성화 또는 잡성화는 산형화서 또는 두상화서 모양으로 달리고, 열매는 건과이며 종자에 배유가 많다.

산형화서(傘形花序) = 산형꽃차례, 우산모양꽃차례, 우산꽃차례, umbel : 무한꽃차례의 일종으로서, 꽃차례 축의 끝에 작은 꽃자루를 갖는 꽃들이 방사상으로 배열한 꽃차례. 예) 산형과.

산화(酸化), oxidation : 산소와 결합하거나 전자를 잃는 반응이다.

산화작용(酸化作用), oxidation : 산소가 직접 또는 물에 녹아서 암석에 작용하는 것으로 철 및 망간이 산화작용을 받기 쉽다.

산화층(酸化層), oxidized layer : 담수상태의 논의 작토(作土)는 상층에 산화층, 하층은 환원층으로 분화되는데 산화층이란 공기 중 수중의 산소 또는 조균류의 동화 작용에 의한 산소에 의해 산화상태로 된 약 1~2cm 내외의 토양층으로 산화철에 의해 황갈색이나 황회색을 띠고 있다.

산화환원전위(酸化環元展位), redox potential : 전자친화력의 차이. 산화란 한 원소가 산소와 결합하거나 수소가 떨어져 나가는 것이고 환원이란 그 반대이다.

산후병(産後病) : 산후(産後)에 나타날 수 있는 모든 병증.

산후복통(産後腹痛) : 출산 후 아랫배가 아픈 병증.

산후어혈(産後瘀血) = 산후어저(産後瘀沮) : 출산 후에 생긴 어혈.

산후열(産後熱) = 산욕열(産褥熱) : 태아, 태반 및 그 부속물을 만출(娩出)한 후에 생식기관이 비임신 상태로 회복되면서 나는 열(熱). 출산 후 회복기에 나는 열.

산후제증(産後諸症) : 산후의 여러 가지 병의 증세.

산후출혈(産後出血) : 출산 후 나타난 출혈.

산후통(産後痛) : 출산 후 통증.

산후풍(産後風) : 출산 후에 몸이 붓고 쑤시고 소변이 잘 안 나오고 하는 증상.

산후하혈(産後下血) : 아기를 낳은 후에 출혈이 계속되는 증상.

산후혈민(産後血悶) : 출산 후 혈액순환이 잘 안되어 답답한 증세.

산후혈붕(産後血崩) : ① 산후에 자궁에서 갑자기 많은 양의 출혈을 하는 병증. ② 산후혈붕부지.

살균(殺菌), sterilization : 미생물을 죽임. 우리나라 식품공전에서는 '살균이란 미생물의 영양세포를 죽이는 것', '멸균이란 미생물의 영양세포와 포자를 모두 죽이는 것'으로 구별하고 있으나 영어에서는 살균과 멸균을 구별하지 않는다.

살균제(殺菌劑), germicide : 유해 미생물 특히 병원성 미생물을 죽이는 약제. 식물병원균 처리약제, 목재, 섬유, 페인트 등의 방부제로 쓰나 가장 흔한 것은 의료용과 공중위생용이다.

살눈 = 구슬눈, 무성아(無性芽), 육아(肉芽), 주아(珠芽), bulbil, bulblet, fleshy bud, gemma : 잎겨드랑이에 생기는 크기가 특히 짧은 비늘줄기로 곁눈이 고기질로 비대해서 양분을 저장한 것임. 식물체의 일부분에 생겨 독립적인 개체로 발달하는 부분. 어미 식물체에서 떨어져 나가 내부구조를 나누어 기능을 달리하면서 새로운 개체가 되려고 하는 새끼 식물체. 예) 말똥비름, 혹쐐기풀, 참나리, 마.

살비제(殺蜱劑), acaicide, miticide : 응애류를 죽이는 목적으로 쓰이는 약제, 즉 응애약이다.

살서제(殺鼠劑), rodenticide : 쥐약을 말한다. 농작물에 해를 미치는 들쥐나 집쥐를 구제할 목적으로 사용하는 목제이다.

살수관개(撒水潅漑), spray irrigation : 공중으로부터 물을 뿌려 대는 방법으로 다공관관개(perforated pipe system), 스프링클러관개(sprinkler system), 물방울관개(drip irrigation) 등이 있다.

살어독(殺魚毒) : 생선의 독을 없앰.

살이삭꽃차례 = 육수꽃차례, 육수화서(肉穗花序), spadix : 주축이 육질이고, 꽃자루가 없이 작고 많은 꽃이 밀집한 꽃차례. 예) 천남성과.

살충(殺蟲) : 벌레 특히 해충을 죽임.

살충제(殺蟲劑), insecticide : 해충을 죽이는 데 쓰는 물질. 대상 해충으로는 농작물해충, 식품해충, 위생해충, 목재해충이 있고 유효성분으로는 유기인계, 카바메이트계, 유기염소계, 천연물계 등이 있다.

삼각주(三角柱), delta : 밑면이 삼각형인 각주.

삼각형(三角形) = 세모꼴, deltoid : 세 개의 각으로 이루어진 잎의 모양.

삼과, Cannabinaceae : 전 세계에 2속 3종이 분포하며 우리나라에서는 2속 2종이 자란다. 초본 또는 덩굴식물이며, 꽃은 이가화로 수꽃은 원추상 총상화서에 달리고 암꽃은 수상화서에 달린다. 꽃받침과 수술은 각각 5개이고 심피는 2개가 합생한다. 호프는 맥주원료로 재배한다.

삼구형(三溝型), tricolpate : 피자식물 화분의 발아구로 한 일(一) 자처럼 긴 것 3개가 종으로 배열한다.

삼릉과상(三稜䠊狀), triquetrous : 3개의 각이 있고, 각 사이의 면이 오목하게 들어간 모양.

삼릉형(三菱形) = 세모서리꼴, trianqular : 3개의 모서리각이 있는 것.

삼배체(三倍體), triploid : 기본염색체의 3배수를 가진 개체. 4배체와 2배체의 교배로 얻을 수 있으며 3배체의 개체는 감수분열이 불규칙하여 대개 불임이다. 즉, 씨가 생기지 않는데 씨 없는 수박이 바로 3배체이다.

삼백초과, Saururaceae : 열・온대에 분포하는 초본으로 3속 5종이며, 우리나라에 2속 2종이 자생하고 대부분 습지에서 자란다. 어긋나는 잎은 엽병이 있고 가장자리가 밋밋하다. 총상화서에 달리는 꽃은 양성화이고, 열매는 삭과이다.

삼수성(三數性), trimerus : 꽃을 이루는 여러 기관의 수가 3일 때.

삼수식(三數式), trimerous : 꽃에서 모든 기관이 3 또는 3의 배수로 될 때.

삼심열(三沈裂), tripartite : 셋으로 깊게 분열하는 형태.

삼열(三裂), trifid : 셋으로 분열하는 형태.

삼엽(三葉) = 3출엽(三出葉), 삼출엽(三出葉), ternated or trifoliolate leaf : 소엽이 3개 있는 복엽. 예) 괭이밥, 싸리나무.

삼주맥(三走脈), triplinerved : 3개의 큰 주맥이 있는 잎. 예) 육계나무, 참식나무.

삼지형(三指型), trilete : 양치식물의 포자의 발아구(發芽口) 형태가 삼지(三指) 모양을 한 것.

삼천열(三淺裂), trilobate : 얕게 셋으로 분열하는 형태.

삼체수술 = 삼체웅예(三體雄蕊, 三體雄蘂), triadelphous stamen : 3개의 수술뭉치로 구분되는 수술다발.

삼출겹잎 = 삼출복엽(三出複葉), ternate compound leaf : 3개의 작은 잎으로 이루어진 겹잎.

삼출맥(三出脈), 삼륵맥, three vein, ternately veined : 한 점(點)에서 3개의 주맥이 뻗어나간 것.

삼출모(三出毛) : 세 갈래로 갈라진 털.

삼출복엽(三出複葉) = 삼출겹잎, ternate compound leaf : 3개의 작은 잎으로 이루어진 겹잎.

삼출엽(三出葉) = 삼엽(三葉), 3출엽(三出葉), ternated or trifoliolate leaf : 소엽이 3개 있는 복엽. 예) 괭이밥, 싸리나무.

삼충(三蟲) : 장충(長蟲), 적충(赤蟲), 요충(蟯蟲) 등의 기생충을 말함.

삼치상(三齒狀), tridentate : 엽선의 끝이 3개의 둔두형으로 갈라진 형태.

삼투(滲透), osmosis : 반투성 막을 중심.

삼투제(滲透劑) = 침윤제(浸潤劑) : 어떤 고체의 물질에 용액이 잘 스며들어 젖도록 하는 계면활성제.

삼포식농업(三圃式農業), three course ratation, three-field system : 농업이 정착된 이후 지력 유지의 수단으로 경작지를 3등분하여 2/3에만 심고 나머지 1/3은 쉬게 하여 매년 쉬는 농지를 이동, 교체하므로 전체를 3년에 한 번씩 쉬도록 하는 농업경작방식이다.

삼화주성(三花柱性), tristyly : 한 꽃의 암술에 길거나 짧거나 중간의 길이 중 2가지가 있고, 수술은 이와 같지 않은 나머지 길이의 것만 있어, 서로 다른 형의 꽃 사이에서만 수분이 이루어지고 열매를 맺는 성질. 예) 부처꽃, 괭이밥.

삼회깃모양겹잎[三回羽狀複葉], tripinnately compound leaf, tripinnate : 깃모양으로 세 번 갈라져서 작은 잎이 붙는 겹잎.

삼회삼출겹잎[三回三出複葉], triternate : 3번 갈라져서 작은 잎이 3개씩 달린 겹잎. 예) 남천

삼회손모양겹잎[三回掌狀複葉], tripalmaately compound leaf : 3번 갈라져서 손모양으로 작은 잎이 붙는 겹잎.

삽목(揷木), cutting, cuttage : 가지, 뿌리, 잎 등의 일부를 잘라내어 땅에 꽂아 뿌리를 내리게 하여 새로운 식물개체를 만들어 가는 번식방법. 삽목의 발근경로에는 2가지가 있다. 하나는 마디 사이에서의 발근으로 발근 부위에 뿌리 근원체가 있어 이것이 발달하는 것이고, 다른 하나는 삽수의 절단면 주위에서 생성되는 부정근이 발달하는 것으로서 이것을 유상근이라고도 한다.

삽상(揷床) : 삽목을 하기 위해 모래, 물이끼, 톱밥 등을 채운 온상이나 냉상, 일반노지에서 일정면적을 구획하여 삽목상으로 이용하기도 한다. 발근작용과 관계 깊은 환경요인으로 토양수분과 산소 그리고 온도가 중요하므로 이들 조건을 잘 조절할 수 있는 삽목상이 좋다.

삽수(揷穗), scion, cutting : 삽목에 쓰이는 줄기, 뿌리, 잎을 말한다. 줄기의 경우에는 묵은 가지를 이용하는 숙지삽 또는 경지삽과 새 가지를 이용하는 녹지삽으로 구분한다.

삽식(揷植), cut planting : 꺾꽂이를 말한다.

삽입설(揷入說), interpolation theory : 1N 세대로만 된 생활환에 2N(포자체) 세대가 끼어들어 육상식물이 되었다는 설.

삽장위(澁腸胃) : 설사를 그치게 하는 효능.

상가적분산(相加的分散), additive variance : 대립유전자의 수가 증가 또는 감소함에 따라 직선적으로 증가 또는 감소하는 유전자 효과에 의한 분산, 상가적 분산은 유전적으로 고정되며, 그 값을 육종가라 한다.

상가적작용 : 같은 형질발현에 서로 다른 유전자들이 더욱 발현을 높이는 쪽으로 작용하는 것이다.

상과(桑果) = 다화과(多花果), 매과(苺果), 모인열매, 집과(集果), 집합과(集合果), 취과(聚果), aggregate fruit, multiple fruit, sorosis : 화피는 육질 또는 목질로 되어 붙어 있고 자방은 수과 또는 핵과상으로 되어 있음. 다수의 이생심피로 이루어진 하나의 꽃의 암술군이 발달하여 생긴 열매의 집합체. 예) 뽕나무, 산딸나무.

상근(傷筋) : 힘줄과 힘살 같은 연부조직이 상하는 것으로 타박이나 염좌가 원인이다.

상대생장률(相對生長率), relative growth rate(RGR) : 일정한 기간 동안 식물체의 건물생산 능력을 나타낸다.

상도(霜道), frost way : 바람이 불지 않는 밤에 복사냉각으로 발생한 찬 공기가 사면을 타고 움푹 파인 곳이나 분지를 향하여 흘러내리게 되는데, 그 흘러내리는 정해진 길을 말한다. 상도에 해당하는 곳에 재배하는 작물은 서리해를 입기 쉽기 때문에 숲이나 울타리를 조성하여 상도를 돌려주면 그 효과가 크다.

상동(相同), homology : 형태와 기능은 다르나 발생학적으로 서로 동일한 것.

상동(相同)형질, homologous character: 공통된 기원을 가진 형질.

상동설(相同說), homologous theory : 변형설.

상동염색체(相同染色體), homologous chromosome : 감수분열 시 짝을 이루는 염색체 쌍으로 상동염색체는 크기, 모양, 동원체 위치, 대립유전자들의 상호작용이다.

상록관목(常綠低木), evergreen shrub : 기부에서 줄기가 여러 개 나오는 키가 작은 나무로 겨울에도 잎이 떨어지지 않고 녹색인 것.

상록성(常綠性), ever-green, sempervirent : 잎이 나서 1년 이상 달려 있어 사계절 녹색을 띠는 성질.

상록수(常綠樹) = 늘푸른나무, indeciduous tree : 겨울에도 잎이 떨어지지 않고 일 년

내내 푸른색을 띠는 나무.

상배축(上胚軸), epicotyl : 유아의 자엽 위쪽에 있는 줄기(잎은 제외)를 상배축이라 한다.

상번초(上繁草), top grass : 목초(牧草) 가운데 줄기가 길며 직립하고 높은 줄기에도 잎이 무성한 초종. 예) 수단그라스.

상사(相似)형질, analogous character : 비슷하지만 공통된 기원을 갖지 않은 형질.

상순(上脣) = 윗입술 : 설상화의 위쪽 갈래.

상순화판(上脣花瓣) = 상순꽃잎, 윗입술꽃잎, upper lip : 입술모양의 꽃에서 윗부분의 꽃갓.

상어소종(傷瘀消腫) : 상처로 어혈이 진 데 붓기를 빠지게 하는 것.

상온(常溫), ambient temperature : 언제나 늘 일정한 온도를 말한다.

상위성분산(上位性分散), epistatic variance : 비대립 유전자들의 상호작용 효과에 의한 분산이다.

상위자방(上位子房) = 상위씨방, superior ovary : 씨방이 꽃받침 또는 꽃 턱에서 떨어져 있는 것.

상육과 = 자리공과, Phytolaccaceae : 열・온대에 분포하는 교목, 관목, 초본으로 22속 120종이며, 우리나라에 1속 2종의 초본이 자생한다. 어긋나는 잎은 가장자리가 밋밋하며 탁엽이 없다. 양성화 또는 단성화는 총상화서에 달리며, 열매는 장과이다.

상작(上作) : 주로 간작에서 주된 작물을 말한다. 한 종류의 작물이 생육하고 있는 이랑 또는 포기 사이에 다른 작물을 재배할 때 이미 생육하고 있는 작물을 상작이라 하고 새로 뒤에 심는 작물을 하작이라고 한다.

상적발육(相的發育), phasic development : 식물의 일생을 보면 종자가 싹이 트는 것으로부터 시작하여 잎이 분화하고 키가 크는 등 기본 영양생장 단계를 거친 후 생식 생장 단계에 들어가서 꽃눈이 분화하여 꽃이 피고 열매를 맺게 된다. 이와 같이 식물이 발아하여 성숙하는 동안 여러 가지 단계적 과정을 거치면서 생육하는 것을 상적 발육이라 한다.

상전(桑田) : 뽕나무 밭을 말한다.

상주(霜柱), frost pilar, ice column : 서릿발이라고 하며 땅속의 물이 기둥모양으로 얼어 땅 위에 솟아 오른 것이다.

상주해(霜柱害), frost heaving : 토양으로부터 빙주(氷柱)가 다발로 솟아난 것을 서릿발[霜柱]이라고 하며, 맥류 등에서 뿌리가 끊기고 식물체가 솟아올라 피해를 받는다.

상처(傷處) : ① 몸을 다쳐서 부상을 입은 자리. ② 피해를 입은 흔적.

상토(床土), bed soil : 모종을 가꾸는 온상에 쓰는 토양. 부드럽고 물 빠짐과 물 지님이 좋으며 여러 가지 양분을 고루 갖춘 흙이다. 잘 썩은 퇴비와 산의 황토를 반반씩 섞어 만든다.

상풍감모(傷風感冒) : 풍사(風邪)의 침입을 받아 생긴 감기.

상피세포층(上皮細胞層) : 현미의 배(胚)의 구조를 보면 배유에 접하는 부분을 반상체라고 하며 그 중 배유에 면하는 최외층에 1층의 신장된 세포층이 있는데 이를 상피세포층 또는 책상흡수세포라고 하며 발아할 때 여기에서 각종 효소를 분비하고 또한 전분을 당화한 탄수화물 등을 흡수하여 유아유근의 발육신장에 필요한 양분을 공급하는 중요한 역할을 한다.

상피암(上皮癌) : 피부조직에 나타나는 암세포. 상피조직에 나타나는 암.

상한(上寒) : 몸의 윗부분이 찬 증상.

상해(霜害), frost injury : 0~-2℃ 정도에서 동사(凍死)하는 작물에서 서리에 의한 피해를 상해라고 하며, 동해와 상해를 합쳐서 동상해(凍霜害)라고 한다. 월동작물은 동해를 받고, 봄에 과수의 꽃은 상해를 받는다. 고위도지방의 여름작물은 첫서리의 피해를 받기 쉽고, 중위도지방의 과수와 채소는 늦서리의 피해를 받기 쉽다.

상향(上向), antorse : 위를 향한 상태.

상호대립억제작용(相互對立抑制作用) = 알레로파시, 타감작용(他感作用), allelopathy : 식물체 내에서 생성된 물질이 다른 식물의 발아와 생육에 영향을 미치는 생화학적인 상호반응. 잡초와 작물 간의 생화학적 상호작용은 촉진적인 경우보다 억제적인 경우가 많다.

새깃아재비과, Blechnaceae : 전 세계에 9속 250종이 분포하며 우리나라에서는 새깃아재비가 제주도에서 자란다. 땅 위에서 자라는 양치식물로 근경은 포복하거나 비스듬히 위로 향하고 또는 곧추선다. 인편이 있다. 잎은 우상심열이거나 복엽이다. 엽맥은 중륵 양쪽으로 1줄의 망상맥이다. 포자낭군이 중륵과 평행하며 포막은 중륵을 향하여 벌어지고 서로 연결하여 긴 선상으로 된다.

새끼치기 = 분얼(分蘖), tiller : 줄기관부의 엽액으로부터 새로운 줄기가 나오는 것. 주로 화본과작물의 간기부의 마디에서 액아가 신장하여 줄기가 되는 것.

새끼칠때 = 분얼기(分蘖期), tillering stage : 분얼아(分蘖芽)가 형성, 신장하여 분열이 형성되는 시기이다.

새모래덩굴과 = 방기과, 댕댕이덩굴과, Menispermaceae : 열・온대에 분포하는 덩굴식물로 70속 400종이며, 우리나라에 4속 4종이 자생한다. 초본이나 덩굴성관목의 자웅이주로 어긋나는 잎은 가장자리가 밋밋하거나 손바닥모양으로 갈라진다. 원추화서나 취산화서에 달리는 열매는 핵과이다.

새발바닥모양[鳥足狀], pedate : 좌우 작은 잎이 중열(V형)로 갈라져서 새의 발바닥 모양을 하는 것.

색소체(色素體), plastid : 색소체는 이중의 단위막으로 싸여 있는 구형 또는 타원형의 소기관이다. 식물세포에만 존재하며 함유하고 있는 색소와 작용에 따라 엽록체, 잡색체 그리고 백색체의 세 가지로 구분한다. 이들은 모두 원색소체에서 발달한 것이다.

샘(concave) : 잎 표면에 있는 작은 홈.

샘물질 = 선체(腺體), gland-like body : 씨방의 밑부분이나 잎자루 같은 데 있는 작은 샘 모양의 돌기.

샘점 = 선점(腺点) : 분비세포가 있는 점으로 흔히 잎 뒷면이나 톱니 부분에 있음.

샘털 = 선모(腺毛), glandular hair, glandular trichrome : 식물과 곤충의 몸 겉쪽에 있는 털의 한 가지로, 식물의 줄기, 잎, 꽃, 포 등 여러 군데에서 나며 다양한데, 점액 또는 그 밖의 액체를 분비함. 끝부분이 둥근 샘으로 된 털. 분비에 관계되는 표피세포의 변형.

생강과, Zingiberaceae : 전 세계에 47속 1,400종이 열대에 널리 분포하며 우리나라에서는 3속이 들어왔다. 근경이 비후한 여러해살이풀이다. 곧게 자라고, 잎에는 엽초와 엽설이 있다. 방향성 괴경이고 꽃은 양성화로 포가 있다. 자방하위이며 열매는 삭과 또는 장과이다.

생기(生氣) : ① 봄철에 만물이 생겨나게 하는 기운. ② 원기. ③ 몸의 생명활동 전반. ④ 원기를 돋우고 강하게 하는 것.

생기지통(生肌止痛) : 기육(肌肉)이 생기게 하고 통증을 멈추게 함.

생담(生痰) : 가래가 생기는 것.

생력농업(省力農業) : 노동력을 절약하기 위한 기계화 농업이다.

생력재배(省力載培), labor-saving culture : 가능한 한 노력을 줄여 농사를 짓는 것. 농업에 기계와 제초제를 도입하고 공동작업 등을 통해 노력을 줄일 수 있으며 품종의 선택, 합리적인 비배관리 등 재배적인 측면과 경영적인 측면에서도 생력화의 방안이 검토될 수 있다.

생리불순(生理不順) : 여성의 월경이 주기적으로 나오지 않는 증상.

생리적격절(生理的隔絕), physiological isolation = 생리적격리(生理的隔離) : 작물이 개화기의 차이, 교잡불임 등의 생리적인 원인에 의해서 같은 장소에서도 상호간의 유전적인 교섭이 방지되는 것.

생리적내비성(生理的耐肥性) : 시용한 질소비료에 대한 반응이 내비성이 강한 품종은 약한 품종에 비하여 흡수한 질소를 단백태 질소로 합성 축적하는 능력이 크고 질소시비량 증시에 따리 경엽의 과번무가 적으며, 정조중·고중비가 높으며, 가용성 질소의 과다로 내병성이 약해지거나 뿌리의 활력이 떨어지며 근부현상을 일으키는 일이 없으며, 질소증시에 따른 수량의 증대효과가 큰 것 등 생리적 능력을 구비한 특성을 지니고 있는 것을 뜻하는 것이다.

생리적퇴화(生理的退化), physiological degeneration : 작물의 품종이 생산지의 환경, 재배, 저장조건이 불량하면 종자의 생리적 조건이 불량해져서 생리적으로 퇴화한다. 씨감자는 고랭지재배나 가을재배로 생리적 퇴화를 막는다.

생리적한해(生理的寒害), physiological drought injury : 토양수분이 충분한 데도 불구하고 작물이 수분결핍증상을 나타내는 것. 토양 중의 산소 결핍 또는 탄산가스 증가로 호흡이 저해되어 수분흡수능력이 억제되거나 기타 체내 생리작용의 이상으로 능동적 수분흡수가 방해받는 경우에 발생한다.

생리통(生理痛) = 월경통(月經痛) : 생리 중의 통증.

생리학적(生理學的)형질 : 생리적 기능에 관련된 형질.

생목(生目) = 생안(生眼) : 눈이 잘 보이게 됨.

생물공학(生物工學), biological engineering, biotechnology : 생물의 유전적 구조를 변형시켜 고유의 유용한 기능을 극대화시키는 공정에 관한 학문. 넓은 의미로는 산업생산을 위하여 생물의 고유기능을 이용하는 학문 전체를 말한다.

생물농약(生物農藥), biotic pesticide : 농작물의 병해충 및 잡초를 방제하기 위하여 살아 있는 천족 또는 길항미생물을 재료로 사용하여 만든 농약.

생물재해(生物災害) : 형질전환식물이 다른 생물종이나 환경에 미치는 나쁜 영향이다.

생물적방제(生物的防除), biological control : 생물을 이용하여 식물의 병해충이나 잡초를 방제하는 것.

생물적잡초방제(生物的雜草防除), biological weed control : 곤충이나 미생물, 병균 등의 천적을 이용하여 잡초를 가해케 함으로써 잡초의 세력을 경감시키는 방제법으로 선인장류의 방제에 좀벌레류의 번식, 고추나물과 관목류의 방제에 고추풍뎅이가 그 예로, 환경오염의 우려가 없다는 장점이 있으나 효과가 불완전하고 장기간이 소요되며 적용대상 천적과 잡초의 spectrum이 좁다는 단점이 있다.

생물적풍화작용(生物的風化作用) : 동물, 식물, 미생물에 의한 풍화작용으로 동물에 의한 풍화작용은 주로 기계적인 작용이며 식물의 뿌리와 미생물에 의해서 화학적 작용이 생긴다.

생분류학(生分類學), biosystematics : 종 또는 종 이하의 분류군에서 일차적으로 실험 및 분석적 방법에 의하여 변이와 진화를 다루는 연구 분야.

생산량(生産量), production : 특정지역에서 전체 면적의 생산량을 생산고(生産高, production) 또는 수확량(收穫量)이라고 하며, 보통 t=M/T(=1000kg) 또는 石[석, 섬]으로 표시한다.

생산력검정(生産力檢定), performance test, yield test : 교잡후대에서 유전적으로 모든 형질이 고정되어 새로운 품종으로 결정하기 전에 일반 경종법에 따라 재배하면서 기존품종의 수량과 비교해보는 시험. 기존의 품종보다 병충해에 강하든지 수량이 현저히 높다든가 품질이 우수해야 새 품종으로서의 가치가 있다.

생선중독 : 부패된 생선, 독이 있는 생선 등 독성이 있는 생선류 또는 여름 산란기의 갑각류를 먹거나 하였을 경우 일어날 수 있는 중독증.

생식(生殖), reproduction : ① 꽃가루받이를 하고 열매를 맺어 씨앗을 퍼뜨리는 등 개체를 새로 만들어 종족을 유지하는 여러 생태활동. ② 생물개체가 자신과 유전적으로 같은 개체를 만들어 증식하는 것.

생식경(生殖莖) = 생식줄기 : 쇠뜨기에서 포자낭수가 달리는 줄기.

생식기관(生殖器官), reproductive organ : 다음 세대를 만드는 데 필요한 기관으로 꽃, 열매, 씨를 말한다.

생식생장(生殖生長), reproductive growth : 생식기관의 발육단계를 생식적 발육(生殖的

發育, reproductive development) 또는 생식생장이라고 한다.

생식세포(生植細胞), reproductive cell : 생식을 위해 특별히 분화된 생식기관의 세포. 암수의 배우자를 지칭하는데 식물의 경우는 꽃가루와 배낭이다. 생식세포는 일반체세포와는 다른 세포분열을 한다. 즉, 생식세포의 분열은 감수분열로서 염색체의 수가 반으로 줄어든다.

생식엽(生殖葉) = 생식잎, 포자엽(胞子葉), fertile frond : 포자낭이 형성되는 양치류의 잎(≠영양엽).

생식적(生殖的)형질 : 꽃, 열매, 씨에 관련된 형질.

생식줄기 = 생식경(生殖莖) : 쇠뜨기에서 포자낭수가 달리는 줄기.

생식체전파형잡초(生殖體傳播型雜草) : 지하부에 양분이 저장된 영양체로 퍼지는 다년생잡초. 예) 가래, 올방개, 메꽃 등.

생육(生育), growth and development : 생장과 발육의 준말.

생이가래과, Salviniaceae : 전 세계에 2속 16종이 분포하며 우리나라에는 2속 3종이고 생이가래는 흔히 볼 수 있다. 줄기에 털이 있고 뿌리가 없다. 잎은 3장으로 2장은 물 위에 뜨고 녹색이며 주맥과 그물맥이 있다. 표면에는 독특한 돌기와 털이 있다. 나머지 1장은 물속에서 뿌리같이 길게 갈라져서 양분을 흡수하며 크고 작은 포자낭이 물속 잎 밑부분에 달린다.

생장(生長), growth : 식물에서 여러 가지 기관(器官)이 양적(量的)으로 증대하는 것.

생장소(生長素), growth element : 생장호르몬을 뜻한다. 생물체 내에 극미량 존재하여 생장을 촉진하거나 억제하면서 생장을 조절하는 물질로서 식물에서는 식물호르몬이라고 한다.

생장온도일수(生長溫度日數) = 유효적산온도, growing degree days(GDD) : 작물의 생육가능온도를 적산한 값으로 그 지역의 기후에 따른 작물 또는 품종의 재배가능성을 예측하거나 현재 재배하는 작물의 생육단계를 예측할 수 있도록 고안된 것이다. 유효적산온도의 계산방법은 GDD(℃)=∑{(일최고기온+일최저기온)/2}-10이다. 여기서 10은 여름작물이 생육을 정지하는 기본온도(base line)를 10℃로 설정한 것이다, 만약 일최저기온이 10℃ 이하인 9℃일 때도 10℃로 계산한다.

생장점(生長點), growing point : 뿌리와 줄기의 끝에서 왕성하게 분열하는 세포가 모여 있는 부분. 식물은 생장점의 세포가 분열함으로써 자란다.

생장조절제(生長調節劑), growth regulating substance : 체내의 일정 장소에서 생성되어 반드시 작용부위로 이동하는 성질을 가지며 극미량으로써 식물의 생장과 발육을 조절하는 물질을 식물호르몬이라고 한다. 그리고 이와 같은 식물호르몬과 같거나 유사한 생리작용을 하는 호르몬성의 약제를 생장조절제라고 한다. 식물이나 미생물 등에서 직접 추출하는 것도 있으나 대개 인공적으로 합성된 것이 많으며 농업에 실용적으로 이용되고 있는 조절제로서 NAA, 2·4-D, 지베렐린, 에세폰, CCC, MH 등이 있다.

생장촉진물질(生長促進物質), growth promoter : 식물의 생장을 조절하는 물질 가운데서 생장을 촉진하는 물질로 옥신, 지베렐린, 사이토키닌, 트리아곤타놀 등이 있다.

생진(生津) : 질병을 오랫동안 앓다 보면 진액의 소모가 발생되는데 그 소모된 진액을 자양시키는 방법.

생진액(生津液) = 생진(生津) : 진액(津液)을 생기게 하는 약.

생진양위(生津養胃) : 진액을 생기게 하고, 허약한 위장과 십이지장을 튼튼하게 함.

생진양혈(生津凉血) : 기를 보충하고, 몸의 진액과 혈을 보양함.

생진익위(生津益胃) : 진액(津液)을 생기게 하고 위(胃)의 기능을 더욱 좋게 함.

생진지갈(生津止渴) : 진액이 생겨 갈증을 해소하는 약.

생진해갈(生津解渴) : 진액을 생기게 하고 갈증을 해소함.

생체내(生體內), *in vivo* : 생체 내에서 이루어지는 반응.

생체외(生體外), *in vitro* : 체내에서 추출한 반응물을 체외에서 재현시키는 것.

생태(生態) : 생물이 각각 처해 있는 환경조건에 따라 알맞게 적응해 있는 상태. 생물 집단 내에는 개체 간의 상호관계뿐만 아니라 토양환경, 대기조성, 기상 등의 자연환경과 밀접한 관계를 형성하면서 생활하면 자기 종족을 유지해가고 있다. 이들 관계에서 이루어진 동식물 집단의 생활상태를 생태라고 한다.

생태분류학(生態分類學), ecosystematics : 주로 종・속・과 등의 분류군에서 일차적으로 관찰과 기재를 통하여 식물상과 식물군집을 다루는 학문.

생태적잡초방제(生態的雜草防除), ecological weed control : 파종량 시비방법, 관배수관리, 토양의 피복, 작부체계 등을 통하여 작물과 잡초와의 경합에 있어서 잡초생육에 불리한 조건을 주어 잡초의 경합력을 줄여줌으로써 작물에게 유리하도록 해주는 방제법이다.

생태학적형질(生態學的形質), ecological character : 유기 및 무기 환경과 관련된 형질.

생태형(生態型), ecotype : 환경조건에 대한 반응을 기초로 하여 구분한 품종. 같은 종이라도 여러 가지 환경조건에 따라 생활습성과 모양이 달라질 수 있다. 각 지역이나 기상환경 등에 따라 그 환경에 적응되어 나타내는 생물들의 독특한 형태를 생태형이라 한다. 환경에 따라 토양생태형, 기상생태형, 생물생태형으로 구분된다.

생합성(生合成), biosynthesis : 생체 안에서 이루어지는 동화작용.

생합성대사(生合成代謝) = 동화작용(同化作用), anabolism : 에너지를 이용하여 단순한 화합물을 복잡한 고분자 화합물로 합성하는 생물체 내 화학변화.

생혈(生血) : 피를 생겨나게 함.

생환(生還) : 살아서 돌아옴.

생활환(生活環), life cycle : 식물의 생장에 있어서 영양생장단계와 생식생장단계가 반복되는 것.

서간(舒肝) : 간기(肝氣)가 울결(鬱結)된 것을 풀어주는 방법.

서근활락(舒筋活絡) : 근육을 이완시키고 경락(經絡)을 소통시킴.

서근활혈(舒筋活血) : 근육을 이완시키고 혈(血)을 소통시킴.

서류(薯類), root and tuber crop : 땅속에서 생산된 영양기관을 먹는 작물. 덩이뿌리[塊根]를 먹는 고구마와 덩이줄기[塊莖]를 먹는 감자가 있다.

서해(鼠害) : 쥐의 피해. 주로 농작물이 생육 또는 전장 중에 받게 되는 들쥐나 집쥐의 피해를 말한다.

서향나무과 = 팥꽃나무과, Thymeleaceae : 전 세계에 분포하는 교목, 관목, 초본으로 50속 800종이며, 우리나라에 4속 6종이 자생한다. 초본이나 관목으로 어긋나거나 마주나는 잎은 단엽으로 탁엽이 없다. 여러 가지 화서로 달리는 꽃은 단성화 또는 양성화이다. 열매는 수과, 장과 등이다.

석[燈夕] : 음력 사월 초파일을 달리 이르는 말. 관등절(觀燈節)이라고도 함.

석고블록법 : 토양수분을 측정하는 방법의 하나로 석고 블록을 토양 중에 묻어 주위의 토양과 평형상태에 이른 석고의 수분을 측적하여 토양수분을 구한다.

석과 = 굳은씨열매, 핵과(核果), drupe : 가운데 들어 있는 씨는 매우 굳은 것으로 되어 있고, 열매껍질은 얇고 보통 1방에 1개의 씨가 들어 있다. 예) 복숭아, 살구.

석답(潟沓) : 해안 간척지의 갯논을 말한다.

석류과(石榴果), balausta : 상하로 여러 개의 씨방실이 구분되어 있으며, 중피가 육질로 되어 있고 불규칙하게 갈라진다. 예) 석류.

석류풀과, Aizoaceae : 열・온대에 분포하는 관목 또는 초본으로 100속 600종이며, 우리나라에 2속 2종이 자생한다. 잎은 마주나거나 돌려나며 탁엽이 없거나 있다. 엽액에 1개씩 달리거나 산방화서로 달리는 꽃은 양성화이고, 열매는 삭과이며 종자는 반도생(半倒生)이다.

석림(石淋) = 사림(砂淋), 사석림(砂石淋) : 방광결석, 수뇨관결석, 신장결석 등으로 신(腎), 방광, 요도 등에 생기는 결석(結石).

석세포(石細胞) = 돌세포, stone cell : 세포막이 목질화되어 아주 두껍고 단단해진 세포. 매실이나 복숭아의 속껍질, 배 과육의 일부는 돌세포로 되어 있다.

석송과, Lycopodiaceae : 세계적으로 2속 181종이 분포하며, 우리나라에서는 1속 11종이 자생하고 있다. 땅 위나 나무, 바위 등에 붙어서 자라는 늘푸른 여러해살이 양치식물이다. 잎은 작고 엽맥이 하나가 있는 단엽이다. 줄기는 곧추서거나 길게 자라면 땅으로 기거나 늘어진다. 포자엽은 가지 끝에 밀집하여 포자낭수를 만들기도 하며, 포자낭은 잎겨드랑이에 붙고 포자는 동형포자이다.

석죽과 = 너도개미자리과, Caryophyllaceae : 열・온대에 분포하는 관목 또는 초본으로 80속 2,000종이며, 우리나라에 18속 47종이 자생하고, 대부분이 초본이다. 가지는 마디가 뚜렷하며 마주나는 잎은 위로 갈수록 점점 작아지고 얇은 막질의 탁엽이 있다. 양성화 또는 단성화의 꽃은 1송이씩 달리거나 취산화서 또는 원추화서로 피며, 열매는 삭과로 많은 종자가 들어 있다.

석죽형(石竹形), caryophyllaceous : 정제화관 중 패랭이꽃처럼 생긴 것.

석탄기(石炭紀) : 고생대를 여섯 시기로 나눌 때 다섯 번째 시기. 지금으로부터 3억 4천

5백만~2억 8천만 년 전까지 약 8천만 년 동안을 말한다.

석회비료(石灰肥料), calcium fertilizer : 생석회(CaO), 소석회($Ca(OH)_2$), 탄산석회($CaCO_3$) 등 칼슘(Ca)을 주성분으로 하는 비료. 석회비료는 농작물의 양분으로서도 필요하지만 그것보다도 농경지의 물리화학적·미생물적 성질을 개선하여 작물의 생육을 간접적으로 돕는 데 큰 효과가 있다. 즉, 산성 토양을 교정하여 토양양분을 식물이 쉽게 흡수할 수 있게 하며 토양미생물이 활동이 활발해져서 각종 비료 성분의 분해가 촉진되어 작물생육이 양호해진다.

석회시용량(石灰施用量) : 산성토양을 중화할 목적으로 토양에 석회물질을 시용하는데 토양의 완충성이 클수록 산도를 변화시킬 목적으로 사용하는 석회시용량은 많아진다.

석회암(石灰岩) : 탄산염이 물에 녹아 있다가 농축되어 침전된 화학적 퇴적암으로 석회석, 석고, 백운석 등이 이에 속한다.

선과(選果), fruit grading : 과실의 성상과 크기, 무게별로 구분하는 작업이다.

선구수종(先驅樹種), pioneer tree species : 빈 땅에 들어와 자라는 나무 종류. 산불이나 태풍 등으로 숲이 파괴된 자리에 자라는 나무.

선기(善飢) : 자주 배고파하는 증세.

선린(腺鱗) : 진달래 등의 잎에서 향기를 내는 비늘조각.

선모(腺毛) = 샘털, gland hair, glandular hair, glandular trichrome : 식물과 곤충의 몸 겉 쪽에 있는 털의 한 가지로, 식물은 줄기, 잎, 꽃, 포 등 여러 군데 나며 다양한데, 점액 또는 그 밖의 액체를 분비함. 끝부분이 둥근 샘으로 된 털. 분비에 관계되는 표피세포의 변형.

선모양, linear : 길이와 폭의 비가 5:1에서 10:1 정도이고, 양 가장자리가 평행을 이루는 잎이나 꽃잎, 꽃받침조각 등의 기재 용어.

선발(選拔), selection : 우량하거나 원하는 유전자형의 개체를 골라내는 것이다.

선발차(選拔差), selection differential : 선발세대의 집단평균과 선발개체들의 평균간 차이이다.

선상(腺狀), glandular : 점액(粘液), 정유(精油), 밀(蜜) 등 특정의 물질을 분비하는 샘이 있는 것.

선세포(腺細胞), glandular cell : 점액(粘液), 정유(精油), 밀(蜜) 등 특정의 물질을 생산하여 분비하는 세포.

선열(腺熱), glandular fever : 림프선종창, 발열, 혈액 속의 단핵세포 증가의 세 가지 주징(主徵)을 나타내는 질환. 전염성 단핵세포증다증, 전염성 단핵구증이라고도 한다.

선인장과, Cactaceae, Opuntiaceae : 전 세계에 50~150속 2,000종이 분포하며 우리나라에서는 선인장을 재배한다. 사막지대에서 자라는 관목 또는 교목성의 다육식물이다. 표피에 큐티클층과 바로 밑에 있는 피층이 두껍게 발달하여 표면을 둘러싼다. 잎은 작아지고 없어지며, 줄기에서 광합성을 하고 기공이 줄기표면에 있는 구멍 밑에 들어 있다. 꽃은 양성 또는 단성으로 수술은 많고 암술은 1개이며 1실 하위자방은 측막태좌에 많은 배주가 달린다. 열매는 장과상으로 육질화된 화탁통이 그 겉을 싸고 있다.

선점(腺點) = 유점(油點), pellucid dot : 잎이나 화피에 보이는 검은 또는 투명한 점으로 유적을 분비한다. 예) 운향과, 물레나무과.

선종(選種), seed selection, seed grading : 크고 충실하여 발아와 생육이 좋은 종자를 가려내는 것으로 육안(肉眼), 용적(容積), 중량(重量), 비중 등의 방법으로 선별한다.

선창(癬瘡) = 선(癬) : 피부병의 하나인 버짐.

선체(腺體) = 샘물질, gland-like body : 씨방의 밑 부분이나 잎자루 같은 데 있는 작은 샘 모양의 돌기.

선충(線蟲), nematode : 선형동물문의 선충강에 속하는 실모양의 미생물.

선태식물(蘚苔植物) = 이끼식물, *Bryophyta* : 은화식물의 한 부문, 유관속을 가지지 않으며, 음습한 곳에 군생하고, 몸은 왜소한데, 줄기, 가지, 잎 등의 구별이 없는 엽상체이고 가근으로 무기양분을 흡수함. 세대교번이 현저하고 엽록소를 가지고 있다.

선택성(選擇性), selective : 제초제의 성질로서 적용될 수 있는 잡초의 종류가 한정되어 있는 성질. 선택성 제초제는 특정 잡초만을 죽이고 다른 잡초에는 효과가 없다. 여기에 비해 비선택성 제초제는 모든 잡초에 적용되는 약제이다.

선택성제초제(選擇性除草劑), selective herbicide : 작물에는 피해를 안 주고 잡초에만 피해를 주는 제초제이다. 2・4-D, butachlor, bentazon 등.

선통(宣通) : 잘 풀어서 통하게 하는 것.

선폐거담(宣肺去痰) : 폐를 치료하고 담을 제거함.

선혈(鮮血) : 피를 맑게 하는 방법.

선형(線形) : ① 선처럼 가늘고 긴 모양. ② 식물의 선 모양(잎 모양의 하나).

선형(線形) = 줄꼴, linear : 길이와 폭의 비가 5:1에서 10:1 정도이고, 양 가장자리가 거의 평행을 이루는 잎이나 꽃잎 꽃받침조각 등의 모양. 예) 솔잎가래나 시호의 잎.

설부병(雪腐病) : 보리, 밀 등의 월동 작물이 눈 속에 오랫동안 묻혀 있을 때 호흡장해, 광차단 등으로 줄기나 뿌리가 썩는 병이다.

설사(泄瀉) = 하리(下痢) : 배탈이 났을 때 자주 누는 묽은 똥.

설사약(泄瀉藥) : 설사를 시켜 질병을 치료하는 처방이나 약재를 통틀어 일컫는 말.

설상(舌狀), ligulate : 혀 모양. 국화과 식물의 주변화나 민들레아과의 모든 낱꽃에서 볼 수 있듯이 통꽃인 화관의 한쪽이 길어져 혀 모양으로 되어 있다.

설상화(舌狀花) = 혀꽃, 혀모양꽃, ligulate flower : 머리꽃을 구성하는 꽃의 하나로 꽃갓이 혀 모양인 것. 예) 민들레.

설엽(楔葉) : 쇠뜨기과 식물의 잎의 마디에서 3방향으로 돌려나는 잎.

설저(楔底) = 쐐기꼴밑, cuneate, wedge shaped : 쐐기 모양으로 점점 좁아져 뾰족하게 된 잎의 밑부분.

설접(舌接), tongue grafting : 대목과 접수의 굵기가 비슷한 것에서 대목과 접수를 혀 모양으로 깎아 맞추고 졸라매는 접목방법. 굵기가 비슷한 대목과 접수를 각각 비스듬히 자르고 대목의 절단면 정부 약간 아래에서 칼로 절단면에서 비스듬히 넣고 다시 위에서 아래로 평행하게 칼을 넣어 위쪽 일부를 떼어낸다. 접수도 대목의 깎은 면에 꼭 맞도록 같은 요령으로 절단면의 아래쪽 일부를 떼어낸다. 이렇게 하여 대목과 접수를 맞추고 졸라맨다. 포도에서 주로 이용된다.

설창(舌瘡) : 궤양성 구내염(口內炎)으로 혀가 허는 증세.

설형(舌形) = 설상(舌狀), 혀모양, ligulata : 윗부분이 넓고 밑부분이 점차 좁아져서 마치 목수가 사용하는 쐐기의 측면에 흡사한 모양.

설형(楔形) = 쐐기꼴, 쐐기모양, 쐐기형, wedge-shaped, cuneiform, uneate : 윗부분이 넓고 밑 부분이 점차 좁아져서 마치 목수가 사용하는 쐐기의 측면에 흡사한 모양.

섬모(纖毛) = 물결털, cilia : 양치식물과 선태식물 따위의 정자에서 볼 수 있는 운동성이 있는가는 돌기로 그 수가 많고 짧다.

섬유(纖維), fiber : 식물체 속에 들어 있는 세포. 아주 가늘고 길며 양쪽 끝이 뾰족하면서 벽이 두껍다. 그러한 세포들이 모여 이룬 조직을 뜻하기도 한다.

섬유소(纖維素), fibrin, cellulose : 포도당분자의 중합체로서 세포벽의 주성분.

섬유작물(纖維作物), fiber crops : 섬유를 얻을 목적으로 재배하는 작물. 예) 목화, 삼, 모시풀, 아마, 어저귀, 왕골, 수세미외, 닥나무, 고리버들 등.

섬유질(纖維質), fibrous : 섬유가 많은 조직.

섭합상(鑷合狀), imbricate : 어떤 넓적한 구조가 서로 포개지지 않고 나란히 마주 붙어있는 [편백].

섭합상아린(傘形花序芽鱗), valvate : 아린이 포개지지 않고 서로 맞닿기만 하는 것.

성군선발법(成群選拔法), group selection : 타가수정을 하는 작물에서 재래종을 개량하는 데 쓰는 육종법이다. 각기 다른 유전자형을 가진 개체가 모인 집단에서 비슷한 형질을 기준으로 몇 개의 소집단을 만들어 이들 소집단을 비교 실험하여 우량한 집단을 선발하는 방법이다.

성대성토양(成帶性土壤) : 토양은 주위 환경의 영향을 받아 끊임없이 변화하는데 기후와 생물의 영향을 받아서 생성된 토양을 성대성토양이라 한다.

성모(星毛) = 별모양털, 성상모(星狀毛), stellate hair : 한 점에서 사방으로 갈라져서 별모양을 하고 있는 털. 방사상으로 가지가 갈라져서 별 모양으로 된 털. 예) 보리수나무.

성묘(成苗), complete sapling, mature seedling : 벼의 묘에 있어서 식물생리학상 이유기가 지나 독립영양에 의해 생장하는 묘를 성묘라고 할 수 있다. 다만, 실효상 손이앙재배의 경우 약 40일의 육묘일수록 묘령이 6~7령의 묘를 성묘라고 부르고, 이에 대하여 기계이앙을 위한 상자육묘에 있어서 3.2~3.3엽기의 묘는 초엽과 제1엽이 추출된 절에서 관근이 추출되고 있어 이앙 후 신근이 신장하여 독립적으로 양분을 흡수할 수 있는 이유기 직후의 묘로서 이를 치묘라고 하고, 성묘와 치묘의 중간단계의 생장, 즉 육묘일수 35일로 묘령이 4.0~5.0의 묘를 중묘라고 한다.

성묘율(成苗率) : 못자리에서 출아된 종묘 중에서 이앙이 가능한 건전한 묘의 비율을 말한다.

성병(性病), venereal disease : 성교에 의해 감염되고 성기를 침해하여 초발증세를 일으키게 하는 병.

성분량(成分量) : 농약 비료 등에는 주성분 외에 보조재료가 많이 들어 있을 뿐 아니라 하나의 성분은 다른 원소와 결합되어 있다. 이때 이용대상이 되는 주성분의 함량을 성분량이라 한다.

성비안신(腥脾安神) : 비(脾)의 효능을 활성화시키고 마음을 편안하게 함.

성상(星狀), stellate : 털의 가지가 여러 방향으로 뻗쳐 우산살 모양을 한.

성숙(成熟), maturity, ripeness : 종자(種子)나 과실(果實)에서 외관(外觀)이 갖추어지고, 내용물(內容物)이 충실해지며, 발아력(發芽力)도 완전하여 수확(收穫, harvesting)의 최적상태에 도달하는 것을 성숙이라고 한다. 화곡류의 성숙과정에는 유숙(乳熟, milk ripe), 호숙(糊熟), 황숙(黃熟, yellow ripe), 완숙(完熟, full ripe), 고숙(枯熟, dead ripe) 등이 있다, 십자화과(十字花科) 작물의 성숙과정에는 백숙(白熟), 녹숙(綠熟), 갈숙(褐熟), 고숙(枯熟) 등의 과정이 있다.

성숙기(成熟期), maturation period, time of maturity, ripening time : 작물이 성숙하는 시기이다.

성숙촉진(成熟促進) : 성숙(成熟)을 촉진(促進)하여 출하기(出荷期)를 앞당기면 수익이 많아지므로, 인공적으로 성숙을 촉진하는 방법이 이용되고 있다. 온실과 하우스를 이용한 촉성재배, 에스렐, 지베렐린 등의 생장조절제 이용, 저온처리(低溫處理), 환상박피(環狀剝皮), 일장조절(日長調節) 등의 방법을 이용한다.

성전환(性轉換), sex conversion : 암꽃과 수꽃이 따로 피는 식물은 생식기관의 분화발달과정에서 환경조건에 따라 암꽃이냐 아니면 수꽃이냐가 결정된다. 이와 같이 환경에 따라 암꽃으로 될 것이 수꽃으로 또는 그 반대현상이 나타나는데, 이것을 성의 전환이라 한다.

성주(醒酒) : 술을 깨게 하는 효능.

성토법(盛土法), stool layerage : 일명 묻어떼기. 어미 나무를 짧게 잘라 여기에서 여러 개의 가지가 나오게 한 다음, 이 새 가지에 흙을 북돋아 쌓고 발근시킨 후 뿌리와 함께 가지를 떼어내어 새 개체를 만드는 식물의 번식방법이다.

성한(盛寒) : 한추위. 한창 심한 추위.

성홍열(猩紅熱) = 역후사(疫喉痧) : 열병.

세거치(細鋸齒), serrulate : 가장자리에 작은 톱니와 같은 결각이 있는 형태.

세균(細菌), bacteria : 한 개의 원핵세포로 되어 있는 단세포 미생물.

세균비료(細菌肥料), bacterial fertilizer : 작물의 생육에 이로운 세균을 그들이 필요로 하는 영양분과 함께 섞은 일종의 비료. 때로는 세균 자체만을 말하기도 한다.

세대교대(世代交代), alteration of generation : 식물의 몸체가 2N(포자체)과 1N(배우자체) 세대가 교대되어 일어나는 현상. 세대교번이라고도 한다.

세대교번(世代交番), alternation of generation : 생물의 번식 형태의 하나로, 유성생식을 하는 유성세대와 무성생식을 하는 무성세대가 번갈아 나타나는 현상. 선태류에서 볼 수 있음.

세대단축(世代短縮), shortening of breeding cycle : 세대촉진이라고도 한다. 자연조건에서 벼의 경우 1년에 1세대밖에 진전시키지 못하는 것을 시설을 갖춘 온실에서는 1년에 2세대 이상을 진전시킬 수 있다. 이렇게 되면 자연조건에서 10년이 걸리는 육종연한을 5년 이하로 단축할 수 있다. 이것을 세대단축이라 한다. 그리고 이때 이용되는 온실을 세대단축 온실이라 한다. 온실을 이용하지 않고서도 세대단축이 가능하다.

세대표시기호(世代表示記號) : ① 여교배 = BC_1, BC_2, BC_3……; 여교배 횟수를 나타내는 기호로, BC는 back-cross를 의미한다. BC_1은 F_1을 반복친과 교배한 것이고, BC_2, BC_3……은 여교배한 F_1을 반복친과 교배한 횟수를 나타낸다. ② 인공교배 = F_1, F_2, F_3……; 인공교배한 잡종의 자식후대를 나타내는 기호로, F는 final을 의미한다. F_1은 교배하여 나온 잡종 제1세대이고, F_2, F_3……는 F_1의 자식후대이다. ③ 약배양 = H_1, H_2, H_3……; 약배양에서 나온 재분화식물체의 자식후대를 나타내는 기호로, H는 haploid를 의미한다. H_1은 재분화식물체이고, H_2, H_3……는 재분화식물체의 자식후대이다. H를 A로 표시하기도 하며, 이때 A는 anther를 의미한다. ④ 돌연변이 = M_1, M_2, M_3……; 돌연변이체의 자식세대를 나타내는 기호로, M은 mutation을 의미한다. M_1은 돌연변이 유발원을 처리한 세대이고, M_2, M_3……는 돌연변이체의 자식 후대를 나타낸다. ⑤ 타식성 식물 = S_0, S_1, S_2……; 타식성 식물의 자식후대를 나타내는 기호로, S는 selfing을 의미한다. S_0는 원집단이고, S_1, S_2……는 원집단의 자식후대를 나타낸다. ⑥ 합성품종 = Syn_0, Syn_1, Syn_2……; 합성품종의 세대를 나타내는 기호로, Syn은 synthetic을 의미한다. Syn_0는 합성품종을 구성한 첫 세대이고, Syn_1, Syn_2……는 합성품종이 자유수분된 후대이다. ⑦ 형질전환 = T_0, T_1, T_3……; 형질전환된 개체의 자식후대를 나타내는 기호로, T는 transformation을 의미한다. T_0는 형질전환을 하여 나온 형질전환식물체이고 T_1, T_3……는 형질전환 식물체의 자식후대를 나타낸다.

세맥(細脈), vainlets, venules : 주맥 또는 측맥에서 가지 친 가는 맥.

세모꼴 = 삼각형(三角形), deltoid : 세 개의 각으로 이루어진 잎의 모양.

세모상톱니[細毛鋸齒], cillate : 잎가장자리가 털처럼 가는 모양.

세모서리꼴 = 삼릉형(三稜形), trianqular : 3개의 모서리각이 있는 것.

세모진모양[三角形], deltate, deltoid : 등변 (정)삼각형 모양.

세안(洗眼) : 눈을 씻음.

세열(細裂), dissected : 매우 가늘게 때로는 불명확한 조각으로 갈라지는 상태.

세장(細長) : 가늘고 긴 모양.

세조파(細條播), drill seeding, narrow row seeding : 골너비를 아주 좁게 하고 골 사이도 좁게 하여 여러 줄을 배게 하여 뿌리는 파종방법으로, 즉 드릴파라 한다.

세토(細土), fine soil : 토양을 채로 쳐서 입경이 2mm 이상의 것을 자갈이라고 하고

2mm 이하인 부분을 세토라 한다. 따라서 모래, 미사, 점토는 모두 세토가 된다.

세포간극(細胞間隙), intercellular space : 세포와 세포 사이에 생기는 공간. 어린 세포로 구성되어 있는 분열조직에서는 세포와 세포가 치밀하게 붙어 있어 간극이 거의 없고 영구조직에는 세포간극이 많이 있다. 세포의 배열모양에 따라간 극의 크기가 다르다.

세포내결빙(細胞內結氷), intracellular ice formation : 수분의 투과성이 낮은 세포에서는 세포외결빙이 신장하고 원형질 내부로 침입하여 세포원형질 내부에 결빙을 유발하는 것을 세포내결빙이라고 한다. 세포내결빙이 생기면 원형질구성에 필요한 수분이 동결하여 원형질구조가 파괴되어 세포는 즉시 죽는다.

세포내함유물 : 세포내 함유물이란 원형질의 활동결과 생산된 여러 가지 대사부산물을 말한다. 주요 물질에는 전분립, 안토시아닌, 단백질, 수지나 검 성분 등이 있는데 이들은 세포벽, 세포 내 기질 중 또는 액포와 같은 소기관 내에 분포하고 있다.

세포막(細胞膜), cell ultra structure : 세포막은 세포질을 감싸고 있는 막으로 원형질막과 세포 내 소기관 중 일부에서 볼 수 있는 단막 또는 복막의 막을 포함한다. 세포막은 원형질과 외부와의 경계막으로서 물질인식능력과 선택적 물질투과성을 가지고 있어 양분, 수분의 투과를 조절하는 기능을 가진다.

세포배양(細胞培養), cell culture : 생체 외에서 세포를 증식시키는 것. 단세포에서 출발한 배양과 다세포에서 출발한 배양이 있다.

세포외결빙(細胞外結氷), extracellular ice formation : 저온으로 식물조직이 동결할 때에 세포간극에 먼저 결빙이 생기는 것을 세포외결빙이라고 한다. 내동성이 강한 식물세포에서는 수분의 투과성이 높아서 세포외결빙이 커지고, 세포내결빙이 생기지 않는다.

세포융합(細胞融合), cell fusion : 나출원형질체(protoplast, 펙티나아제, 셀룰라아제 등을 처리하여 세포벽을 제거한 원형질체)를 융합한 융합세포를 배양하여 식물체의 재분화를 일으키게 하는 기술이다. 서로 다른 두 식물종의 세포융합으로 얻은 재분화식물체를 체세포잡종(體細胞雜種, somatic hybrid)이라 한다. 보통 유성생식에 의한 잡종(hybrid)은 핵만 잡종이나 체세포잡종은 핵과 세포질 모두 잡종이다. 체세포잡종은 종・속 간 잡종육성, 유용물질생산, 유전자전환, 세포선발 등에 이용한다. 특히 생식과정을 거치지 않고 다른 식물종의 유전자를 도입할 수 있으므로 육종재료의 이용범위를 크게 넓힐 수 있다.

세포질(細胞質), cytoplasm : 세포내에는 여러 가지 소기관과 물질이 많이 있는데, 핵이외의 것을 통틀어 세포질이라고 한다. 주요한 소기관으로는 원형질막을 포함하여 소포체, 리보솜, 미토콘드리아, 색소체, 골지체, 리소좀 등이 있다.

세포질잡종(細胞質雜種), cybrid, cytoplasmic hybrid : 핵과 세포질 모두 정상인 원형질체와 세포질만 정상인 원형질체가 세포융합을 하여 생긴 재분화 식물체로 세포질만 잡종이다.

세포학적(細胞學的)형질, cytological character: 염색체수, 염색체구조, 세포기관, 미세구조 등에 관련된 형질.

센털(剛毛), bristle : 짧고 빳빳한 털.

소간(疏肝) : 간기(肝氣)가 울결(鬱結)된 것을 풀어주는 방법.

소간이기(疎肝理氣) : 간기(肝氣)가 울결된 것을 흩어지게 하고 기(氣)를 통하게 함.

소간해울(疏肝解鬱) : 간의 소설기능이 저하된 것을 개선하여 막힌 것을 뚫어냄.

소갈(消渴) = 소(消), 소단(消癉) : ① 당뇨병, 요붕증, 신경성구갈, 갑상선 기능 항진증 등으로 물을 많이 마시고 음식을 많이 먹으며 오줌량이 많아지고 요당이 나오며 몸은 계속 여위는 병증. ② 목마른 증상.

소감독(燒鹼毒) : 앵잿물중독 : 양잿물로 인하여 중독이 걸렸을 경우 빠른 치료가 요구됨.

소견과(小堅果), nutlet : 작은 열매로서 두꺼운 껍질에 싸여 있음. 예) 딸기 느티나무.

소결산어(消結散瘀) : 맺힌 것을 풀고 어혈을 제거함.

소경(疎耕) : 원시적약탈농업으로 괭이나 굴봉으로 땅을 파서 파종하고, 비배관리를 별로 하지 않고 수확하며, 토지가 척박해지면 다른 곳으로 이동한다.

소경재(小徑材) : 굵기가 15㎝ 미만의 작은 원목.

소곡(消穀) : 음식을 소화하는 것으로 당뇨를 말함.

소곡선기(消穀善飢) : 소화가 빨리 되어서 쉽게 배고픈 증상으로 당뇨병을 말함.

소공극(小孔隙) : 모관공극이라고도 하며 모세관 현상으로 물의 이동이 원만하고 보수의 역할을 하는 공극을 말한다. 그러나 대공극과 소공극과의 뚜렷한 경계가 있는 것은 아니다.

소과(小果), fruitlet : 취과를 구성하는 심피 하나로 형성된 과실.

소관목(小灌木) = 버금떨기나무, 아관목(亞灌木), 작은떨기나무, suffruticose, suffrutescent : 키가 작으며 아랫도리가 목질화된 것. 예) 더위지기.

소교목(小喬木) = 버금큰키나무, 아교목(亞喬木), 작은큰키나무, 작은키나무, 중간키나무, arborescent : 큰키나무모양이지만 큰키나무보다 작은 나무. 예) 매실나무, 개옻나무.

소귀나무과, Myricaceae : 전 세계 2속 53종이 온대와 아열대에 분포하며 우리나라에서는 소귀나무가 제주도에서 자란다. 향기가 있고 잎은 탁엽이 없다. 꽃은 단성화로 수꽃은 수술이 2~20개이고, 암꽃은 2개의 합생심피로 되어 있다. 열매는 핵과이며, 흔히 양초의 원료인 밀초로 덮여 있다.

소기(少氣) : 기가 허하고 부족한 것.

소나무과, Pinaceae : 전 세계 10속 250여 종이 분포하며 장지와 단지가 있다. 자웅동주로 꽃은 구과상이다. 수꽃의 비늘조각 뒷면에 수술이 여러 개가 있고 꽃가루에는 2개의 기낭이 있다. 암꽃은 비늘조각 안에 2개의 배주가 있다. 솔방울은 목질로 종자가 익을 때까지 벌어지지 않고 종자에 날개가 달려 있다.

소담(消痰) : 가래를 삭임.

소담음(消痰飮) : 담음(痰飮)을 없애는 효능.

소독(小毒) : 약재의 성미에서 독이 약간 있는 것.

소둔거치(小鈍鉅齒) = 작고둔한톱니, crenulate : 엽연이 작은 둔거치 형태.

소립종(小粒種), small seed, microcarpa : 종자의 크기가 작은 종 또는 품종을 말한다.

소맥(小麥), wheat : 밀을 뜻한다.

소모도장효과(消耗徒長效果), wasting overgrowth effect : 광합성에 의해 탄수화물 등의 유기화합물이 생성되고 이 유기화합물은 호흡에 의해 다시 소모된다. 그리고 광합성은 광의 영향을 크게 받고 호흡은 온도의 영향을 크게 받는다. 이때 광에 의한 광합성산물의 생산과 온도에 의한 호흡기질소모의 비율로서 식물의 생장상태를 파악할 수 있다. 광합성에 의한 유기물 생산에 비해 호흡에 의한 소모가 커지면 도장, 즉 웃자라는 경향이 있어 소모도장효과라고 한다.

소변림력(小便淋瀝) = 뇨삽(尿澁) : 소변이 찔찔 나오는것. 방광이 차 있음에도 불구하고 소변을 다 배출하지 못하는 증상.

소변불리(小便不利) = 수익색(水溺濇) : 소변의 양이 적으면서 잘 나오지 않는 증세.

소변불통(小便不通) = 수폐(水閉), 소변불리(小便不利) : 오줌이 나오지 못하는 것.

소변실금(小便失禁) = 소변불금(小便不禁) : 소변을 참지 못하여 저절로 나오는 증상.

소변적삽(小便赤澁) : 소변이 붉고 시원하지 않은 증세.

소변출혈(小便出血) : 소변을 볼 때 피가 섞여 나오는 증상.

소비재배(少服載培), low fertilizing culture : 적정시비량보다 적은 양의 비료를 투입하여 작물을 재배하는 것. 특히 질소질 비료를 적게 시비하는 방법이다.

소산풍열(疎散風熱) : 풍열(風熱)의 독(毒)을 발산(發散)하여 해소하는 치료법.

소상(少商) : 엄지손가락 끝의 손톱 끝에 있는 혈.

소생(蘇生) : 다시 살아남.

소생(疏生) sparse : 드물게 난 상태.

소서(消暑) : 더위를 사라지게 함.

소설(小舌) = 엽설(葉舌) = 잎혀, ligule : 잎집과 잎몸 연결부의 안쪽에 있는 막질의 작은 돌기. 예) 화본과.

소수(小穗) = 작은이삭, spikelet : 벼이삭의 1차지경과 2차지경의 각 마디에 소지경이 붙고 그 끝에 한 개의 소수, 즉 벼알이 달린다. 소수의 수는 지경에 5~6개, 2차지경에 3~4개 착생하는 것이 보통이다. 소수는 형태적으로 기부에 1쌍의 부호영이 있고, 그 위에 짧은 소수축에 2개의 호영이 있으며, 그 위에 내영, 외영이 벼의 화기인 암술과 수술을 보호하고 있다. 예) 벼과, 사초과.

소수종(消水腫) : 부종(浮腫)을 가라앉히는 효능.

소수화서(小穗花序) = 작은이삭꽃차례, spikelet : 작은 이삭으로 구성되어 있는 꽃차례. 화본과식물의 화서와 같은 것.

소식(消食) : 음식의 소화.

소식(少食) : 입맛이 없어 밥을 적게 먹게 되는 증상.

소식(消息) : 형편. 상태.

소식(疎植), spacious planting : 작물재배에 있어서 재식거리를 넓게 하여 단위면적당 포기수를 적게 하여 심는 것이다.

소식(甦息, 穌息) : ① 다시 살아나는 것. ② 잠에서 깨어나는 것.

소식제창(消食諸脹) : 음식을 소화시키고 모든 배부른 증상을 꺼지게 함.

소식하기(消食下氣) : 음식을 소화시키고 하기(下氣)하는 하는 효능.

소식화적(消食化積) : 음식을 소화시키고 적취(積聚)를 제거하는 효능.

소식화중(消食和中) : 음식을 소화시키고 중기(中氣)를 조화시키는 효능.

소아간질(小兒癎疾) : 어린이 간질. 순간적으로 뇌파가 이상파형(異常波形)을 나타내며 발작을 일으킴.

소아감기(小兒感氣) : 어린아이의 감기.

소아감병(小兒疳病) : 어린이 감병. 젖먹이의 젖의 양 조절을 잘못하여 체하여 생기는 병.

소아감적(小兒疳積) : 어린이 감적. 아이의 얼굴이 누렇코 배가 부르고 몸이 마르고 하는 병으로 주로 기생충에 의한 영양흡수장애.

소아경간(小兒驚癎) : 어린이 경간. 어린아이가 깜짝깜짝 놀라면서 경련을 일으키는 병.

소아경결(小兒驚結) = 소아급경풍(小兒急驚風) : 어린이 경결. 간질과 뇌염, 수막염에 걸린 경우에 일어나는 경련.

소아경기(小兒驚氣) : 소아가 작은 소리에도 놀라거나 잠을 이루지 못하는 경우로 심하면 소화가 안 되어 다 토하게 됨.

소아경련(小兒痙攣), convulsion in childhood : 어린이에게 일어나는 경련. 어린이는 경련발작을 일으키기 쉬운 신체조건을 가지고 있어 10% 정도의 어린이가 소아경련을 경험하게 됨.

소아경풍(小兒驚風) = 소아만경풍(小兒慢驚風) : 어린이 경풍. 유아에게 발병하는 풍(風).

소아구루(小兒佝僂) : 어린이 구루병. 비타민D 결핍으로 뼈의 발육이 부진해 등이 앞으로 구부러짐.

소아구설창(小兒舌生芒刺) = 소아설생망자(小兒舌生芒刺) : 어린이 혓바늘. 구강 내 혀에 붉은 반점이 나타나며 혀가 아파서 음식을 잘 먹지 않음.

소아궐증(小兒厥證) : 소아의 진원이 허하여 손발이 궐랭하는 병증.

소아두창(小兒痘瘡) : 어린이 두창. 두창(마마, 천연두)은 두창 바이러스에 의해서 일어나는 급성 감염병.

소아리수(小兒羸瘦) : 어린이 야윔. 3살이 안 된 어린이가 몸이 여위는 것.

소아발육촉진(小兒發育促進) : 소아의 성장을 활성화하여 발육을 촉진하도록 하는 것.

소아번열증(小兒煩熱蒸) : 어린이 번열증. 열이 나면서 약간 땀이 나는데 그 증세가 놀란 것과 같음.

소아변비증(小兒便秘症) : 어린이 변비증. 음식의 찌꺼기가 장내에 머물러 혈액이 탁해지고 순환에 영향을 줌. 어린아이가 장운동의 무력이나 장에 진액부족으로 오는 변을 보지 못하는 증상.

소아복냉증(小兒腹冷症) : 어린이 배 냉증. 배가 차면서 아프다고 보채는 증상.

소아불면증(小兒不眠症) : 어린이 불면증. 어린이들이 잠을 잘 자지 않는 경우.
소아소화불량(小兒消化不良) = 소아토유(小兒吐乳) : 어린이 소화불량. 자주 젖을 토하고 대변도 설사 쪽이며 횟수가 많아짐.
소아소화불량(小兒消化不良) : 어린아이가 소화가 잘 되지 않는 증상.
소아수두(小兒水痘) : 소아에게 나타나는 수두.
소아식탐(小兒食貪) = 소아식소증(小兒食消證) : 어린이가 식탐이 많아서 좀 줄여서 먹여야 되는 소아당뇨증.
소아야뇨증(小兒夜尿症) : 어린이 야뇨증. 잠을 자다가 잠결에 그냥 소변을 잠자리에서 자신도 모르게 보는 것.
소아열병(小兒熱病) : 어린이 열병. 어린이가 보채거나 짜증을 내면서 머리나 온몸에 열이 있는 증세.
소아오감(小兒五疳) : 어린이가 위장이 나빠져서 몸이 야위고 배가 불러지는 병.
소아요혈(小兒溺血) : 소아의 혈뇨증.
소아요혈(小兒尿血) : 어린이 요혈. 어린이에게 발생하는 비뇨기 질환.
소아이질(小兒痢疾) : 어린이 이질. 독소나 전염성 생물체에 오염된 음식물이나 음료수를 섭취하여 발생하는 급성질환.
소아인후통(小兒咽喉痛) : 어린이 인후통. 어린이가 목구멍이 불편하거나 아픈 경우.
소아조성장(小兒助成長) = 소아조발육(小兒助發育) : 어린이 발육촉진. 신체적으로나 정신적으로 발육을 촉진시킴.
소아천식(小兒喘息) : 어린이 천식. 기침, 천명(가슴에서 씩씩거리는 소리가 남), 호흡곤란 등이 일어나는 증상.
소아청변(小兒靑便) : 어린이가 푸른 똥을 눌 때. 위의 수축작용이 약한 데다 놀라서 생긴 경증 때문에 먹은 음식물이 소화불량이 된 경우.
소아탈항(小兒脫肛) : 어린이 탈항. 치질의 일종으로 만성변비 등이 원인이 되어 직장의 밑 점막이 항문 밖으로 빠져 나온 상태.
소아토유(小兒吐乳) : 어린이가 젖을 토할 때. 어린이가 수유 후 소량의 우유를 게워내는 것.
소아피부병(小兒皮膚病) : 어린이 피부병. 어린이의 피부가 민감하고 자극이나 알레르기에 약해서 생김.
소아해열(小兒解熱) : 어린이 해열. 어린이가 놀랐거나 감기 또는 소화기계 병증으로 몸에 열증이 있는 경우.
소아허약체질(小兒虛弱體質) : 어린이 허약체질. 과체중이나 저체중이 지속되어 성장해서도 건강에 문제를 가짐.
소아후통(小兒喉痛) : 소아에게 나타나는 목 안에 통증이 있는 증상.
소양(搔痒) = 가려움증 : 피부가 가려운 증상.
소양증(搔痒症) : 가려움증.
소염(消炎) : 염증을 없애는 것.

소염배농(消炎排膿) : 염증을 제거하고, 고름을 뽑아내는 치료방법.
소염지사(消炎止瀉) : 염증(炎症)을 가라앉히고 설사(泄瀉)를 멎게 함.
소염지통(消炎止痛) : 염증(炎症)을 가라앉히고 통증을 멎게 함.
소염지혈(消炎止血) : 염증(炎症)을 가라앉히고 지혈(止血)하게 함.
소염평천(消炎平喘) : 염증(炎症)을 가라앉히고, 기침을 멎게 함.
소염해독(消炎解毒) : 염증(炎症)을 가라앉히고 독기(毒氣)를 제거하는 효능.
소염행수(消炎行水) : 염증을 가라앉히고 소변을 통하게 함.
소엽(小葉) = 작은잎, leaflet : 겹잎을 이루는 여러 개의 잎 중 하나.
소엽병(小葉柄) = 작은잎자루, petiolule : 겹잎에서 작은 잎이 달려 있는 잎자루.
소엽성(小葉性), microphyll : 유관속이 1가닥이며 중심주에 엽극을 남기지 않는 잎. 예) 석송, 쇠뜨기.
소영(消癭) : 영이란 한방에서 혹을 말하며 주로 목에 생기는 데 때로 어깨에도 생김.
소예거치(小銳鋸齒) = 작고뾰족한톱니, serrulate : 엽연이 잔톱니모양의 형태.
소옹(消癰) : 청열해독·활혈배농 등의 작용이 있는 약물을 사용해서 체내외의 옹종창독을 삭히고 제거하는 것.
소옹종(消癰腫) : 종창을 없애는 것.
소우편(小羽片) = 잔깃조각, pinnule : 깃 조각이 다시 갈라진 그 하나하나. 2회우상복엽을 구성하는 고사리 잎의 작은 잎.
소자상(小刺狀), scabrous : 짧고 뻣뻣한 털이 있거나 표피의 구조 때문에 거칠한 상태.
소재변이(所在變異), place variation : 생장 장소의 환경조건에 의해 일시적으로 일어나는 비유전적 변이이다.
소적(消積) : 가슴과 배가 답답한 것을 없애는 것.
소적체(消積滯) : 적체(積滯, 음식물을 먹고 체함)를 치료하는 효능.
소적통변(消積通便) : 적취(積聚)를 제거하고, 변이 막혀 나오지 않는 것을 소통시킴.
소종(消腫) : 옹저나 상처가 부은 것을 삭아 없어지게 하는 방법.
소종거어(消腫去瘀) : 옹저(癰疽)나 상처가 부은 것을 가라앉히고 어혈(瘀血)을 제거함.
소종독(消腫毒) : 종창의 독을 제거하는 것.
소종배농(消腫排膿) : 종기를 없애고 곪은 곳을 째거나 따서 고름을 빼냄.
소종산결(消腫散結) : 옹저(癰疽)나 상처가 부은 것을 삭아 없어지게 하고 뭉치거나 몰린 것을 헤치는 치료법.
소종지통(消腫止痛) : 소염진통.
소종해독(消腫解毒) : 종기를 없애고 독성(毒性)을 풀어주는 효능.
소종화어(消腫化瘀) : 종기를 없애게 하고 어혈(瘀血)을 제거하는 효능.
소주밀식(小株密植), dense planting with few seedling : 벼의 재식밀도는 단위면적당 포기수와 포기당 묘수의 다소에 의해 결정되는데 같은 묘수를 가지고 단위면적당 포기수를 증가하여 밀식하되 한 포기당 묘수는 적게 하여 이앙하는 방법을 소주밀식이라 한다.

소지(小枝) = 작은가지, twig : 어린 나뭇가지 또는 한해살이의 가지.

소창(小瘡) : 개선창.

소창독(消脹毒) : 두창의 원인인 창독을 제거하는 것.

소철과, Cycadaceae : 잎은 어긋나고, 우상 또는 2회 우상복엽으로 소엽은 중륵은 있으나 측맥이 없다. 줄기에 가지가 없으며 어린잎은 권상개엽(券狀開葉)을 한다. 수술과 암술은 공모양 또는 다발모양이며 수꽃의 인편은 아래에서 여러 개의 꽃밥이 퍼져 붙으며 암꽃 심피는 자방형성을 하지 않고 우상엽으로 그 가장자리에 배주를 가지거나 방패모양의 잎에 2~5개의 배주가 발달된다. 종피는 1장이고 열매는 핵과이다.

소철두(小凸頭), apiculate : 잎 끝에 작은 돌기가 나온 모양.

소총포(小總苞), involucel : 복산형화서에서 각각의 소화서를 받치고 있는 총포. 예) 산형과.

소축(小軸) : 벼과와 사초과 식물의 낱꽃의 자루.

소취산꽃차례[小聚散花序], cymule : 꽃대축 끝에 붙은 꽃 아래 마주나기로 2개의 꽃이 붙는 꽃차례.

소치아상거치(小齒牙狀鋸齒) = 작은치아상톱니, denticulate : 엽연의 톱니가 다시 갈라진 형태.

소탁엽(小托葉) = 잔턱잎, stipels : 잔잎자루에 생기는 턱잎.

소태나무과, Simaroubaceae : 주로 열대에서 자라고 온대까지 올라오기도 하는데 전세계 28속 150종이 분포하며 우리나라에서는 2속 2종이 자란다. 쓴 수피가 있고, 잎에 유점이 없으며 단성화가 많고 수술대에 털이 돋는다.

소택작물(沼沢作物), swamp-crops : 벼, 연, 미나리, 택사 등의 소택작물은 전작물인 보리나 콩과 달리 잎, 줄기, 뿌리에 통기계(通気系, ventilating system)가 잘 발달하여 뿌리에 산소를 공급할 수 있어 담수상태에서도 잘 생육한다.

소토법(燒土法), soil burning : 모종을 쓰는 온상용 흙, 상토를 불에 구워 소독하는 법. 대개 철판 위에 상토를 얹고 밑에 불을 넣어 콩을 볶는 것처럼 흙을 잘 굽는다. 잡초 종자까지 죽일 수 있어 제초효과도 있다.

소통하유(疎通下乳) : 혈을 잘 통하게 하여, 유즙이 잘 나오게 하는 효능.

소포(小苞) = 작은꽃싸개, bracteole : 꽃자루에 있는 보통의 꽃싸개보다 작은 잎으로서 꽃싸개와 꽃받침 사이에 흔히 있음.

소포자(小胞子), microspore : 웅성배우자체로 발달하는 포자. 수배우자체인 화분으로 발달한 반수체세포. 1개의 화분모세포가 감수분열하여 생긴 4개의 소포자는 모두 화분이 된다.

소포자낭(小胞子囊), microsporangium : 소포자가 들어 있는 주머니[반: 대포자낭].

소포자모세포(小胞子母細胞), microspore mother cell : 소포자낭에서 만들어진 생식세포로 감수분열하여 4개의 소포자를 만든다.

소포자발생(小胞子發生), microsporogenesis : 소포자모세포에서 소포자가 형성되는 과정.

소포자잎[小胞子葉], microsporophyll : 한 개 이상의 소포자낭을 지닌 생식 잎.

소포체(小胞體), endoplasmic reticuloum : 세포의 세포질 중에 존재하는 두께 6~8mm의 단위막으로 된 세포 내 미기관이며 단백질의 합성과 이동에 관여하는 조면소포체와 물질대사 기능 및 자극의 전달에 관여하는 것으로 추정되는 활면소포체가 있다.

소풍(疏風) : 거풍해표약으로 몸의 겉에 있는 풍사를 없애는 방법.

소풍청서(疎風清暑) : 풍사(風邪)를 제거하고 서사(暑邪)를 제거함.

소풍청열(疎風清熱) : 풍사(風邪)를 제거하고 열을 내리게 함.

소풍해표(疎風解表) : 풍사(風邪)를 제거하고 표사(表邪)를 없애는 효능.

소핵과(小核果), drupelet : 취과를 형성하는 작은 핵과. 예) 산딸기, 오디.

소화선모(消化腺毛) : 끈끈이주걱의 잎에 난 털과 같이 벌레를 소화시키는 털.

소화(消化) : 섭취한 음식물을 소화기에서 분해, 체내에 흡수할 수 있도록 하는 물리적 · 화학적 작용.

소화(小花), floret : 작은 꽃.

소화경(小花梗) = 꽃꼭지, 작은꽃대, 작은꽃자루, pedicel : 꽃차례에서 각각의 꽃을 받치고 있는 자루.

소화불량(消化不良) : 소화기의 병. 폭음, 폭식, 과로 혹은 소화불량물, 부패물 등을 먹음으로써 일어나는 증세. 위의 동통, 구토, 설사와 더불어 뇌 운동을 해침.

소화선모(消化腺毛) : 식충식물에서 벌레를 소화시키는 털.

소화제(消化劑) : 소화를 촉진하는 약제.

속(屬), genus : 근연종을 포괄하여 다른 생물종과는 분명히 다른 특정을 가지는 일군을 형성하는 생물집단의 분류학상의 단위의 하나. 종의 1단계 위의 단위(과, 속, 종).

속(髓), pith, metra : 줄기나 뿌리의 가장 내부에 있는 유조직.

속, pith, metra : 줄기 가장 내부에 있는 유조직.

속간잡종(屬間雜種), intergeneric bybrid : 본 속이 다른 두 개체 간의 교잡에 의해 얻어진 개체를 말한다.

속겨 = 내영(內穎), 안쪽 껍질, palea : 화본과 식물의 작은 꽃을 싸고 있는 두 개의 꽃싸개 중에 안쪽에 있는 작은 것.

속근골(續筋骨) : 뼈나 근육이 끊어진 것을 이어주는 효능.

속껍질 = 내피(內皮) : 나무껍질의 맨 안쪽, 즉 부름켜의 바깥쪽에 있는 살아 있는 조직.

속명(屬名), genus name : 생물의 분류에 있어 과(科)와 종(種) 사이에 붙여지는 이름을 뜻한다.

속빈줄기[稈], culm : 속이 비고 마디가 있는 식물의 줄기로 사초과(Cyperaceae) 식물의 일부와 골풀과(Juncaceae) 식물의 일부에서도 보이지만 주로 벼과(Poaceae) 줄기를 지칭한다. 예) 대나무.

속새과, Equisetaceae : 세계적으로 오스트레일리아 이외의 대륙에 1속 25종이 분포하며 우리나라에는 1속 8종이 자라고 있다. 습지에서 자라는 여러해살이 양치식물이다. 마디와 능선이 있고 속이 비어 있다. 잎은 1개의 엽맥이 있고 기부에 붙어서 엽초를 만든다. 포자낭은 가지가 변형된 6각형의 포자낭상에 방패모양으로 여러 개가 붙는다. 포자낭상은 줄기의 끝에 여러 층으로 돌려나서 1개의 포자낭수를 만든다. 정자에는 다수의 편모가 있다.

속생(束生) = 뭉쳐나기, fasciculate : 소나무, 잣나무 등의 잎과 같이 2~5개의 잎이 1개의 다발에 뭉쳐서 나는 것. 여러 장의 잎이 짤막한 줄기에 뭉쳐서 나는 잎차례.

속씨식물[被子植物], angiosperm : 종자식물을 2가지로 구분한 것 중 한 가지로서 심피가 어떤 형태로든지 배주를 둘러싸고 암술에 자방이라는 보호부분을 형성하는 식물을 총칭한다.

솎기, thinning : 발아 후 밀생한 곳의 일부 개체를 제거해주는 것을 솎기라고 한다. 솎기는 빠를수록 좋지만 재해나 병충해의 우려가 있을 경우는 늦게 해야 한다.

손모양겹잎[掌狀複葉], palmately compound leaf : 손 모양으로 갈라져 작은 잎이 달리는 겹잎.

손모양맥[掌狀脈], palmately veined : 손을 편 모양으로 발달한 잎맥.

손바닥모양겹잎 = 장상복엽(掌狀複葉), palmately compound leaf : 자루 끝에 여러 개의 작은 잎이 손바닥 모양으로 평면배열한 겹잎. 예) 가락지나물.

손바닥모양맥, palmated vein : 홑잎, 겹잎에 관계없이 잎몸 밑부분에서 주맥이 없이 4~6가닥의 맥이 갈라진 모양.

손바닥모양잎줄 = 장상맥(掌狀脈), palmiveined, palmately vein : 잎자루의 끝에서 여러 개의 잎줄이 뻗어나와 손바닥처럼 생긴 잎줄.

솔룸, solumn : 토양층위 중 토양형성 과정에 의해 발달된 A층위와 B층위를 총칭하여 솔룸이라 한다.

솔방울 = 구과(毬果), 솔방울열매, cone, strobile : 솔방울처럼 모인 포린 위에 2개 이상의 소견과가 달린 열매로 소나무나 삼나무 등의 열매를 말하며, 암꽃이 발달해 나무질 혹은 고기질화한 것. 목질의 비늘조각이 여러 개 뭉쳐 있는 열매. 비늘들이 단단히 붙어 있다가 익으면 점차 벌어지며 그 안에 씨앗이 붙어 있다.

솔방울모양꽃차례[毬花], strobile : 솔방울처럼 생긴 꽃차례. 예) 환삼덩굴 암꽃.

솔방울열매 = 솔방울, 구과(毬果), cone, strobile : 솔방울처럼 모인 포린 위에 2개 이상의 소견과가 달린 열매로 소나무나 삼나무 등의 열매를 말하며, 암꽃이 발달해 나무질 혹은 고기질화한 것. 목질의 비늘조각이 여러 개 뭉쳐 있는 열매. 비늘들이 단단히 붙어 있다가 익으면 점차 벌어지며 그 안에 씨앗이 붙어 있다.

솔방울조각 = 열매조각, 실편(實片), valve, ovuliferous scale, cone scale : 솔방울을 이루고 있는 비늘모양의 조각으로서 나선상으로 붙어 있는 경우가 많음. 예) 소나무, 자작나무.

솔잎란과, Psilotaceae : 세계적으로 2속 3종으로 열대와 아열대지역에 분포하며 우리나라에는 1종이 있다. 늘푸른 여러해살이 양치식물로 바위틈에 붙어서 자란다. 근경이 2개로 갈라지며 뿌리가 없다. 지상경은 편평한 원주형이며 2갈래로 여러 번 갈라진다. 인편 모양의 돌기가 있으며 잎이 없다. 포자낭군은 3개가 붙어서 3실을 이룬다.

솜털 = 면모(綿毛), lanuginous : 솜과 같은 털.

솜털같이 밀생한 털 = 밀면모(密綿毛), densely woolly : 식물체에 밀생하는 단순한 실모양의 단세포성 혹은 갈라진 다세포성의 부드러운 털.

송곳모양 = 추형(錐形), subulate, awl-shaped : 짧고 좁게 가늘며 밑부분에서 점차 선단을 향하여 바늘처럼 뾰족해지는 모양. 향나무의 잎과 같이 밑에서 끝으로 뾰족하게 생긴 잎의 형태.

송진구멍길 = 수지도(樹脂導), resin canal : 분비조직의 일종으로 송진으로 채운 기관. 송진이 나오는 구멍.

쇄미(碎米), broken rice : 파쇄미곡, 즉 싸라기를 말한다.

쇄토(碎土), soil harrowing : 경운한 토양의 큰 덩어리를 알맞게 분쇄하는 것이다.

쇠뜨기말과, Hippuridaceae : 우리나라에서는 함북에서 자라는 여러해살이풀이 있다. 가지가 없고 쇠뜨기 같은 마디가 있다.

쇠비름과, Portulacaceae : 열・온대에 분포하는 관목 또는 초본으로 16속 500종이며, 우리나라에 1속 2종이 자생한다. 어긋나거나 마주나고 잎은 다육질이고 가장자리가 밋밋하며 탁엽은 막질이다. 가지 끝에 1송이씩 달리는 꽃은 양성화이고, 열매는 삭과로 많은 종자가 들어 있다.

수(髓) = 골속, pith, metra : 가지나 줄기의 중심부에 있는 유조직의 흔적.

수간(樹幹) : 수목의 지상부 가운데 비동화기관으로 가지나 잎을 제외한 부분이다.

수감(水疳) : 신과 담에 병사가 침범하여 안포 또는 목정에 흑두 같은 반점이 생기는 것.

수경재배(水耕栽培), hydroponics, water culture : 영양분을 갖춘 물에서 작물을 재배하는 방법이다.

수공(水孔), hydropore, waterpore : 잎의 가장자리에 있는 작은 구멍으로 식물체 내부에서 물이 배출되는 기관. 여름날 아침 풀잎 언저리에 맺혀 있는 작은 물방울을 관찰할 수 있는데, 그곳이 바로 수공이 위치한 곳이다.

수과(瘦果) = 얇은열매, achenium, achene, akene : 성숙해도 열매껍질이 작고 말라서 단단하여 터지지 않고, 가죽질이나 나무질로 되어 있으며, 1방에 1개의 씨가 들어 있는 얇은 열매껍질에 싸인 민들레 씨와 같은 열매. 예) 메밀, 해바라기, 미나리아재비, 으아리, 국화과 등.

수관(樹冠), canopy, tree crown : 줄기와 각 가지로 형성된 나무의 윗부분이다.

수관(樹冠), crown : 잎을 포함한 나뭇가지가 시작하는 높이에서 나무꼭대기까지의 부분. 나무가 자라는 데 필요한 잎이 달려 있는 부분.

수광계수(受光係數), light interception coefficient : 엽면적당 광합성률에 대한 군락 내

엽군의 면적당 광합성 비율이다.

수광태세(受光態勢), light interception character : 작물이 햇빛을 받는 자세. 수광태세가 좋다는 것은 그만큼 햇빛을 많이 효율적으로 받는다는 것을 의미한다. 잎의 모양, 줄기와의 각도, 위치 등에 따라 광의 수광효율이 다르다.

수근(鬚根) = 수염뿌리, fibrous root : 씨가 발아한 후 곧 원뿌리가 퇴화하고 대신 배축 또는 유근에서 다수 생기는 막뿌리.

수금모양[竪琴形], lyrate : 날개 모양으로 정단열편이 크고 둥글며, 기부와 측부 열편은 작은 형태.

수꽃 = 웅성화(雄性花), 웅화(雄花), staminate flower, male flower : 수술이 성숙하고 암술은 퇴화하여 없거나 발육이 불완전한 단성의 꽃.

수꽃이삭 = 웅화수(雄花穗) : 수꽃이 이삭 모양으로 피는 것.

수꽃차례 = 웅화서(雄花序) : 수꽃의 꽃차례.

수도(水稻), paddy rice : 화본과의 벼속 식물로 학병은 *Oryza sativa* L.이며, 일반명은 벼이다. 24개의 염색체를 가지고 있는 단자엽식물. 열대원산으로 물이 있는 논에서 자라는 벼를 수도, 밭에서 심는 벼를 육도라고 하여 구분한다.

수량(收量), yield : 단위면적당(單位面積當) 목적물(目的物)의 수확량(收穫量)을 수량(收量, yield)이라 한다. 정곡(精穀)의 수량을 미터법으로 표시하는 것이 국제관례이며, 10a 또는 ha당 kg · L로 표시한다. 우리나라에서는 관습상(慣習上)으로 단당(段當) 석(石), 관(貫), 근(斤) 등도 사용되어 왔다.

수량구성요소(收量構成要素), yield component : 벼의 단위면적당 수량은 수수(단위면적당), 1수당 입수, 등숙비율, 1립중의 적(積)에 의해 결정된다. 이들을 수량구성(收量構成) 4요소(4要素)라 부른다.

수량심사(收量審査) : 다수확경진(多收穫競進)이나 어떤 지역 또는 전국적인 수확예상고조사(收穫豫想高調査) 등의 경우에 수량심사(收量審査) 또는 수량사정(收量査定)이 필요하다. 전예법(全刈法)을 쓰기도 하나, 좁은 면적의 표본(標本)을 추출(抽出)하여 수량(收量)을 사정(査定)하는 방법을 사용한다.

수량점감(收量漸減)의 법칙(法則), law of diminishing return : 비료요소가 적은 한계 내에서는 일정 시용량에 따른 수량의 증가량이 크지만, 시용량이 많아질수록 증가량이 점차 감소하여 수량이 증가하지 못하고, 어느 한계 이상에서는 오히려 감소하는 것을 수량점감의 법칙이라고 하며, 비료공급의 보수라는 견지에서 보수점감(報酬漸減)의 법칙(法則)이라고 한다. 적정시비량(適正施肥量)은 최대의 수량(收量)보다 최대의 보수(報酬)를 이룩하는 시비량이다.

수련과, Nymphaeaceae : 전 세계에 분포하는 수생초본으로 8속 60종이며, 우리나라에 5속 5종이 자생한다. 근경이 땅속으로 기고 엽병은 길다. 꽃은 화경 위에 1개씩 달리고 열매는 장과모양이다.

수렴(收斂) : ① 인체 조직이 수축함. ② 해진 것을 아물게 하고 늘어진 것을 줄어들게 하는 것.

수렴살충(收斂殺蟲) : 기생충을 없애고 수렴하는 효능.

수렴지혈(收斂止血) : 수삽(收澁)하는 약물로 지혈(止血)하는 효능.

수렴진화(收斂進化), convergence : 같은 기능을 수행하기 위해, 또는 환경에 적응하기 위해 서로 다른 식물의 기관이 같은 형태적·기능적 변화를 하는 진화현상(기원이 다른 식물이 사막에 적응하기 위해 다육성이 되거나 같은 수분매개체에 적응하기 위해 꽃 색깔과 모양이 비슷해지는 것).

수리안전답(水利安全畓), irrigated paddy field : 자유롭게 물을 대고 뺄 수 있어 물 문제에 관한 한 안전한 논을 말한다.

수매전염(水媒傳染), water transmission : 병원균이 물에 의해 전염되어 병을 일으키는 현상을 말한다.

수매화(水媒花), hydrophilous flower : 물이 도와서 꽃가루받이를 하는 꽃.

수목원(樹木園), arboretum : 식물원의 한 형태로 지역 환경에 맞는 목본성의 덩굴식물, 관목, 교목 등의 수집과 재배를 하며, 그 지역의 환경여건에 맞는 전시온실도 가지고 있다.

수목한계선(樹木限界線), timber line : 나무들이 자랄 수 있는 해발고도.

수반작물(隨伴作物) = 동반작물(同伴作物), companion crops : 다년생 초지에서 초기의 산초량(産草量)을 높이기 위하여 섞어서 덧뿌리는 작물(알팔파나 크로바의 포장에 귀리나 보리를 파종함).

수발아(穗發芽), viviparousness, premature sprouting : 성숙기에 가까운 화곡류의 이삭이 도복이나 강우로 젖은 상태가 오래 지속되면 이삭에서 싹이 트는 것을 수발아라고 한다. 수발아한 씨알은 종자용이나 식용으로 부적당하다. 맥류에서 특히 문제가 되나, 근래에는 벼에서도 문제가 된다.

수분(受粉) = 꽃가루받이, pollination : 꽃가루가 꽃밥에서 암술머리로 옮겨지는 것. 성숙한 화분은 꽃밥에서 터져 나와 직접 또는 물, 바람, 곤충 등 매개체에 의해 암술머리(주두)로 옮겨지며 이 과정을 수분(受粉, pollination)이라 한다.

수분매조(受粉媒助) : 매개곤충을 유입하거나 인공수분 실시를 통해 수분이 잘 되도록 돕는 일을 말한다.

수분수(受粉樹), pollinizer : 화분의 생산이용만을 목적으로 심는 과수. 과수 중에는 꽃가루가 불완전하거나 전혀 없고 또는 자기 꽃가루로는 수정이 안 되는 품종이 있다. 이 경우 수분에 필요한 화분친용 과수를 일정한 밀도로 재식해야 한다.

수분장력(水分張力), water tension : 토양입자의 표면과 토양수분 간에 작용하는 인력으로 토양수분이 갖는 에너지는 자유수보다 적어지는데 이런 흡인력을 압력단위로 표시한 것으로 토양을 모세관의 집합제로 간주하여 토양수 모세관장력이라고도 부른다.

수분증후군(受粉症候群), pollination syndrome : 수분매개체에 따라 꽃들이 적응하여 비슷한 모양과 색깔을 띠는 현상(예: 풍매화는 꽃잎과 꽃받침이 퇴화되고, 꽃가루 생산량이 높으며 말라 있고, 암수꽃이 따로 피며, 암술의 화주나 주두의 길이가 길다).

수분포텐셜, water potential : 단위량의 수분이 갖는 잠재에너지를 수분포텐셜이라고 한다. 수분포텐셜은 그의 절대량을 측정할 수가 없으므로 어떤 기준점을 설정하여 이를 중심으로 정의된다. 즉, 1기압 등온조건의 기준 상태에서 순수한 물의 수분포텐셜을 0으로 정하며, 용액의 수분포텐셜의 값은 0보다 낮은 음의 값을 갖게 된다.

수분함량(水分含量), water content : 작은 구성성분으로서의 수분함유량 또는 비율. 함수율.

수비(穗肥), fertilization at panicle initiation stage : 이삭거름이라고도 한다. 이삭이 형성되기 전후에 이삭의 충실화를 위해 주는 덧거름의 일종이다.

수삽지대(收澁止帶) : 수삽(收澁)하는 약물로 대하(帶下)를 멎게 하는 효능.

수상화서(穗狀花序) = 수상꽃차례, 이삭꽃차례, 이삭화서, spike : 길고 가느다란 꽃차례 축에 작은 꽃자루가 없는 꽃이 조밀하게 달린 꽃차례. 예) 보리, 질경이.

수생식물(水生植物), hydrophyte, hygrophyte, aquatic plant : 부분적 혹은 전체가 물 속에 잠겨서 자라는 식물. 예) 개구리밥, 거머리말, 물수세미.

수생잡초(水生雜草), hydrophyte weed : 수심 6cm 정도의 담수 토양에 발생하는 대부분의 논잡초. 예) 물달개비, 가래, 마디꽃 등.

수선화과, Amaryllidaceae : 열・온대에 분포하는 초본으로 65속 860종이며, 우리나라에 2속 5종이 자생한다. 인경이나 지하경이 있고 잎은 대개 근생으로 선형이다. 꽃은 산형화서로 달리고, 열매는 삭과 또는 장과이다.

수소이온농도, hydrogen ion concentration : 용액 중에 존재하는 수소이온의 농도로써 수용액 중의 수소이온농도가 1.0×10^{-7}mole/L보다 크면 산성이고, 작으면 알칼리성이 된다.

수수(穗數), ear(panicle, spike) number : 수량 구성요소 중에서 생육시기로 보아 가장 먼저 결정되는 요소로서, 단위면적당 전체분얼수에서 무효분얼수를 제외한 유효분얼수, 즉 이삭이 나온 이삭수를 말한다.

수수분화기(穗首分化期) = 유수분화기(幼首分化期) : 화본과식물의 이삭목이 분화되는 시기이며 유수분화기라고 한다.

수수형품종(穗数型品種), panicle number type, tillering type : 벼에서 이삭이 작으나 이삭 수가 많은 품종. 분얼기에 일조부족 등 이삭 수 확보에 어려움이 있는 기후지대에 알맞은 품종임.

수술 = 웅예(雄蕊, 雄蘂), stamen : 종자식물에서 꽃가루를 만드는 꽃의 수기관으로 꽃밥과 수술대로 이루어짐.

수술군(雄蘂群), androecium : 하나의 꽃에 있는 수술 전체를 지칭한다.

수술다발, phalanx : 하나의 꽃에서 수술이 다발을 이루는 것.

수술대 = 꽃실, 화사(花絲), filament : 수술에서 꽃밥을 받치는 기관. 보통 가늘고 길지만 종에 따라 크기, 모양이 다르고 수술대가 없기도 하다.

수술선숙(雄蕊先熟), protandrous : 양성꽃에서 수술이 암술보다 먼저 성숙하는 현상. 예) 물봉선.

수술통, androphore, androphorum, staminal tube : 수술대가 서로 붙어서 통이나 기둥처럼 되어 있는 것.

수술화(雄蘂花), staminody : 꽃에 있는 꽃잎, 꽃받침 같은 기관이 꽃가루가 없는 수술로 전환되는 현상.

수식성작물(受蝕性作物) : 재배하는 동안 토양침식을 조장하는 작물. 예) 옥수수, 담배, 목화, 과수, 채소 등.

수양성하리(水樣性痢) : 물 같은 설사.

수염뿌리 = 수근(鬚根), fibrous root : 씨가 발아한 후 곧 원뿌리가 퇴화하고 대신 배축 또는 유근에서 다수 생기는 막뿌리.

수용성(水溶性), water soluble : 어떤 물질이 물에 용해(溶解) 되는 성질을 뜻한다.

수은중독 : 수은에 의한 중독 증상.

수잉기(穗孕期), booting stage, ear bearing period : 출수 전 약 15일부터 출수 직전까지의 기간으로 지엽의 엽초가 어린 이삭을 밴 채 보호하고 있어 수잉기(이삭을 잉태하고 있는 시기)라고 칭한다. 이 시기에는 유수의 길이가 전장에 달하며 화분모세포와 배낭모세포는 감수분열을 하여 수정태세를 갖추는 시기로서, 외계환경(한해, 냉해, 수해 등)에 대한 반응이 가장 예민하여 재배관리상 매우 중요한 시기이다. 감수분열기.

수장(穗長), ear(panicle, spike) length : 작물 이삭의 길이를 말한다.

수전기(穗揃期), full heading stage : 한 포장 내에서 출수가 80~90% 정도 되었을 때를 가리키며, 이 시기에 질소의 알거름을 주어 광합성 능력을 높이어 등숙률의 향상과 현미의 1,000립중을 증대시킨다.

수정(受精), fertilization : 수분으로 암술머리에 화분이 부착되면 화분관이 신장하며, 화분관을 따라 2개의 정세포가 주공을 통해 배낭 안으로 들어가 수정(受精, fertilization)을 하게 된다. 속씨식물(피자식물)은 2개의 정세포 중 하나가 난세포와 융합하여 접합자($2n$)를 만들고, 다른 하나는 극핵과 융합하여 배유핵($3n$)을 형성하는데, 이 과정을 중복수정(重復受精, double fertilization)이라 한다. 접합자는 배(embryo)로 되고, 배유핵은 배유(endosperm)로 발달하여 배가 발생하는 동안 영양을 공급한다. 겉씨식물(나자식물)은 중복수정이 없으며, 난세포 이외의 배낭조직이 나중에 배의 영양분으로 된다. 같은 개체에서 형성된 암배우자와 수배우자가 수정하는 것을 자가수정(self-fertilization), 서로 다른 개체에서 생긴 암수배우자 간에 수정이 이루어지는 것을 타가수정(cross-fertilization)이라 한다. 그리고 자가수정하는 유성생식을 자식(自殖, selfing), 타가수정하는 유성생식을 타식(他殖, outcrossing)이라고 부른다. 유성생식하는 종자번식작물은 주로 자식에 의해 번식하는 자식성작물과 타식으로 번식하는 타식성작물로 구분된다.

수정란(受精卵) : 정자를 만나 결합한 난자.

수족관절통풍(手足關節痛風) : 통풍.

수족마비(手足痲痹) : 사지마목. 팔다리가 마비되는 증상.

수종(水腫) = 수기(水氣), 수병(水病), 부종(浮腫) : 신장염, 신우신염, 심부전증, 저단백혈증, 중증빈혈 등으로 신체의 조직 간격(間隔)이나 체강(體腔) 안에 임파액이나 장액(漿液)이 많이 고여 있어서 온몸이 붓는 병. 신장(腎臟)이나 심장(心臟) 그리고 영양과 혈액순환 등의 장애로 온다.

수중수매(水中水媒), hyphydrophily : 수중에서 수분되는 식물.

수중엽(水中葉), water leaf : 수생식물에서 물속에 적합하도록 된 잎. 예) 매화마름.

수중형품종(穗重型品種), panicle weight type, heavy panicle type : 벼에서 이삭 수가 적으나 이삭이 큰 품종. 벼의 생육초기 일조가 풍부하여 이삭 수 확보가 유리한 기후지대 또는 산간지에 알맞은 품종.

수지(樹脂), resin : 나무에서 분비되는 끈적끈적한 액체. 예) 송진.

수지도(樹脂導) = 송진구멍길, resin canal : 분비조직의 일종으로 송진으로 채운 기관. 송진이 나오는 구멍.

수지선(樹脂腺), resin duct : 소나무과 식물에서처럼 식물이 만드는 수지를 운반하는 통도조직.

수질오염(水質汚染), water pollution : 자연계에 있어서의 물의 도시하수, 산업폐수 등의 유입에 의해서 오탁되어 사람의 생활환경을 악화시킬 뿐 아니라 관련되는 산업에 악영향을 주는 것을 말한다.

수체(髓涕) : 고름 같은 콧물이 흘러내리는 증상.

수초(水草) : 물속이나 물가에서 자라는 풀.

수축(穗軸), panicle axis : 이삭의 가운데 축을 뜻한다.

수충(水蟲) : ① 수중에 있는 벌레의 총칭, ② 수중의 독충, ③ 복강 속에 수독이 정체팽만하는 것, ④ 무좀.

수취(手取), hand pulling : 손으로 제거하는 일. 주로 잡초를 제거할 때 제초제를 사용하지 않고 손으로 제거하는 경우 수취한다는 말을 많이 사용한다.

수태(受胎) : 임신한 것.

수평배주(水平胚珠), horizontal, peltate : 배주가 자방벽에서 수평으로 나와 있는 것.

수평우산꽃차례 = 고른우산꽃차례, 산방꽃차례, 산방화서(繖房花序), corymb : 바깥쪽 꽃의 꽃자루는 길고 안쪽 꽃은 꽃자루가 짧아서 위가 평평한 모양이 되는 꽃차례. 예) 기린초.

수포(水疱) : ① 수두, ② 피부에 생긴 물집, ③ 물방울.

수포상(水疱狀), bullate : 흔히 솟아난 물집들이 있는 모양.

수포상의, bullate : 기포나 수포가 생겼거나 주름살이 진 모양을 이루고 있는 상태.

수풍(髓風) : 뼛속이 쑤시고 바람이 든 것 같음.

수풍(首風) : 머리를 감은 다음 바람을 맞아 생긴 병.

수풍(水風) : 몸에 물집이 생겨서 터진 다음에 허는 피부병.

수풍(搜風) : 풍사가 장부경락에 침입하여 유체된 병증에 대해서 비교적 거풍작용이 강한 약물을 써서 치료하는 것.

수피(樹皮) = 나무껍질, 줄기껍질, bark, cortex : 나무줄기의 부름켜 바깥에 있는 조직. 줄기가 굵어지면서 체관부의 바깥조직이 죽는데, 이 조직과 코르크층을 통틀어 말하기도 한다.

수하식재(樹下植栽), under planting : 큰 나무 밑에 작은 나무를 심는 것. 큰 나무의 줄기를 보호하기 위해서 실시한다.

수하형(垂下形), nodding, cernuous : 아래쪽을 향해 늘어진 상태. 예) 벼과 꽃차례.

수한삽장(收汗澁腸) : 땀과 설사를 멎게 함.

수해(水害), flooding damage : 작물을 재배하는 동안 비가 많이 와서 유발되는 피해를 수해(水害)라고 한다. 단기간에 호우(豪雨)가 내릴 때에 흔히 발생한다. 2~3일 간의 연속강우량이 100~200mm이면 국부적 수해, 200~250mm이면 상당한 지역의 수해, 300~350mm이면 광범한 지역의 수해가 발생한다.

수형(樹形), tree form : 나무의 형태. 나무의 형질, 수관 모양, 나무높이 등으로 구분.

수확기(收穫期), harvest season : 작물의 수확기를 결정하는 주된 요인(要因)은 작물의 발육 정도, 재배조건, 전후작관계, 노력관계, 시장조건, 기상조건 등이 있다.

수확방법(收穫方法) : 화곡류, 목초 등은 예취(刈取)하고, 감자, 고구마 등은 굴취(掘取)하며, 과실, 뽕 등은 적취(摘取)하고, 무, 배추 등은 발취(拔取)한다. 수확용 농기구도 여러 가지가 있다.

수확적기(收穫適期), optimal harvesting stage : 농작물을 거두어들일 적당한 시기이다.

수확지수(收護指數), harvest index : 수확 시 식물체의 지상부 전체 건물 중에 대한 수량의 비율을 말한다.

수확체감법칙(收穫遞減法則), law of diminishing return : 일정 토지에서 생산되는 수량은 투하되는 노동, 자본 등이 증가할수록 처음 어느 수준까지는 급격히 증가되지만 일정 수준부터는 그 증가율이 완만해지고 결국엔 오히려 수량이 감수한다는 경제법칙이다.

숙곡류(菽穀類), pulses, pulse crops, leguminous grain crop : 콩과에 속하는 모든 작물. 팥, 녹두, 땅콩 등이 있다.

숙근초(宿根草) = 다년초(多年草), 다년생초본(多年生草本) = 여러해살이풀, herbaceous perennial plant, perennial herb : 여러 해 동안 살아가는 풀. 잇따라 여러 해를 사는 풀. 겨울에 땅위의 기관은 죽어도 땅속의 기관은 살아서 이듬해 봄에 다시 새싹이 돋는다.

숙답(熟沓), mature paddy field : 작물재배에 적합하게 잘 개량된 논. 산 개간지나 간척지를 작물을 재배할 때마다 토질을 개선해서 토양이 알맞게 개량된 논, 밭의 경우는 숙전이라고 한다.

숙식(宿食) : ① 만성소화불량 증상. ② 잠자고 먹는 일.

숙악(宿萼) = 숙존악(宿存萼), 영구꽃받침, persistent : 꽃이 피어도 끝까지 달려 있는 꽃받침.

숙전(熟田), mature field : 해마다 농사를 지어 곡식을 거둬들일 수 있는 잘 부숙된 밭으로 숙답이라고도 한다.

숙존성(宿存性), persistent : 꽃받침, 암술대 등의 부위가 열매가 익은 뒤까지 남아 있는.

숙주(宿主), host : 기생당하는 생물. '기주'라고도 한다.

숙지삽(熟枝揷), hard wood cutting : 지난해 생육기간 중에 자란 굳은 가지를 삽수로 사용하는 꺾꽂이. 대개는 늦가을에 삽수를 채취하여 땅속에 저장해두었다가 봄에 삽목한다.

숙취(宿醉) : 이튿날까지 깨지 아니 하는 취기.

숙혈(宿血) : 혈액이 정체되어 있는 것.

숙화주(宿花柱), persistent : 자방이 성숙할 때까지 남아 있다가 열매의 한 부분이 되는 암술대.

순(筍), tiller : 줄기의 기부 또는 땅속줄기에서 돋아난 싹.

순계(純系), pure line : 같은 유전자형으로 이루어진 개체군으로 자가수정한 동형접합체의 1개체로부터 생겨난 자손의 총칭. 완전 자가수정하는 작물의 1개체에서 불어난 모든 자손을 말한다. 모든 형질에 대한 유전자가 모두 고정되어 분리되지 않는다.

순계분리(純系分離), pure line selection : 일반적으로 재래품종은 자연교잡, 자연돌연변이, 다른 품종의 기계적인 혼입 등으로 인하여 많은 유전자형이 혼합된 상태로 되어 있는데, 이들 재래품종의 개체군 속에 들어 있는 형질 중에서 유용(有用)한 개체를 선발해가는 일을 순계분리라고 하며, 이 같은 과정을 거쳐 새로운 품종으로 고정하는 것을 분리육종법이라 한다. ※ 통일계 품종으로 통일벼에서 순계 분리한 조생통일, 영남조생이 있다.

순기(順氣) : 기(氣)를 순조롭게 하는 것.

순기고혈(順氣固血) : 기(氣)를 소통시켜 출혈(出血)을 멎게 함.

순도검정(純度檢定) : 서로 다른 품종 간에 교배를 실시하고 그 잡종들을 6~7세대 정도 자가수정 시키면 대체로 유전적으로 거의 분리하지 않는 고정상태가 된다. 이 고정상태를 검사하는 시험을 순도검정이라 하는데 주로 어느 정도 분리가 일어나는가를 조사하게 된다.

순동화율(純同化率), net assimilation rate(NAR) : 단위엽면적당 일정한 기간 동안의 식물체의 건물생산능력을 나타낸다.

순림(純林) : 단순림.

순생산량(純生産量) : 어느 기간에 생산된 생물량. 1차 총생산량에서 1차 소비자의 호흡으로 사용된 원형질량을 뺀 양이다.

순저(盾底) = 방패꼴밑, peltate : 방패처럼 생긴 잎의 밑부분.

순지르기 = 적심(摘心) : 줄기의 정단부(頂端部)의 우세생장을 억제하여 가지의 충실을 촉진시키기 위하여 순 자르기보다는 짧게 가지의 최선단을 잘라주는 것. 뽕나무에서는 주로 접목묘 생산에 이용한다. 이와 같은 용어로 순지르기(摘芯, decapitation, topping)는 성장이나 결실을 조절하기 위하여 끝눈이나 생장점을 제거하는 것이다.

순판(脣瓣) = 입술꽃잎, labiate, labellum : 꿀풀과 식물에서 볼 수 있는 입술모양의 꽃잎.

순형(盾形) = 방패모양, 방패형(防牌形), peltate : 잎자루가 잎의 아래쪽 끝에 붙지 않고 잎 뒷면의 중앙이나 중앙부 가까이에 붙어 있어 방패처럼 보이는 모양. 예) 연꽃, 한련의 잎.

순형(脣形) = 입술모양, 양순형(兩脣形), bilabiate, labiate : 부정제화관에 속하며 꿀풀과 및 현삼과의 꽃처럼 위아래의 2개 꽃이 마치 입술처럼 생긴 것.

순형저(楯形底), peltate : 잎밑이 방패모양.

순형화관(脣形花冠) = 입술모양꽃갓, 입술모양꽃부리, bilabiate corolla, labiate corolla : 꽃부리로서 좌우대칭형으로 끝부분이 위아래로 갈라져 튀어나온 입술모양의 꽃부리. 예) 꿀풀과, 현삼과.

순화(馴化), acclimatization : 작물에서 새로 생긴 유전형 중 환경에 적응한 것들이 어떤 생태조건에서 오래 생육하게 되면 그 생태조건에서 좀 더 잘 적응하게 되는 것을 순화라고 한다.

순환선발(循環選拔), recurrent mutation : 목표형질에 대한 유용유전자의 빈도를 증가시키기 위해 인위선발과 상호교배를 반복하는 것. 단순순환선발과 상호순환선발이 있다.

술모양꽃차례 = 모두송이꽃차례, 총상꽃차례, 총상화서(總狀花序), raceme : 긴 꽃대에 꽃자루가 있는 여러 개의 꽃이 어긋나게 붙어서 밑에서부터 피기 시작하는 꽃차례. 예) 아까시나무, 냉이.

술잔모양꽃차례 = 등잔모양꽃차례, 배상꽃차례, 배상화서(杯狀花序, 盃狀花序), cyathium : 꽃차례 전체는 잎이 변한 작은 포엽에 싸여 술잔 모양을 이루고, 그 속에 여러 개의 퇴화한 수꽃이 있으며 중심에 있는 1개의 암꽃은 밖으로 나온다. 예) 포인세티아, 등대풀류.

숨은꽃식물 = 은화식물(隱花植物), cryptogams, non-flowering plants, cryptogamia : 꽃이 피지 않는 식물을 통틀어 일컫는 말.

숨은꽃열매 = 은화과(隱花果), syconium, hypanthodium, fig fruit : 무화과나무의 주머니처럼 생긴 고기질의 꽃턱 안에 많은 열매가 들어 있는 열매.

숨은꽃차례 = 무화과꽃차례, 숨은머리꽃차례, 은두꽃차례, 은두화서(隱頭花序), hypanthodium, syconium : 꽃차례 축이나 꽃턱이 발달하여 항아리 모양을 이루고 그 속에 많은 꽃이 배열된 꽃차례. 예) 무화과.

숫이삭 : 수꽃의 화서.

숫잔대과, Lobeliaceae : 전 세계에 20속 700종이 분포하며 우리나라에서는 1속 2종이 자란다. 초롱꽃과와는 달리 불규칙적인 화관이 있다.

쉬는눈 = 휴면아(休眠芽), dormant buds, sleeping buds : 쉬는 기간을 오랫동안 지속하는 눈으로 줄기의 생장점에서 많이 생김.

슈트, shoot : 줄기와 그것에 부착한 잎의 총칭.

스테프, steppe : 중위도 지방에서 연간 강수량이 250~750mm 정도 되는 건조한 기후지대에서 발달하는 초원이다. 목축에 이용된다.

스트로마, stroma : 엽록체의 내부에서 틸라코이드막 주변의 기질을 스트로마라고 한다. 이 스트로마에서는 광과는 관계없이 명반응에서 생성된 ATP와 NADPH를 이용하여 탄산가스를 당으로 고정하는 과정인 암반응이 일어난다.

스트로마톨라이트, stromatolite : 세포의 진화과정에 있어, 광합성세균이 진화되어 엄청나게 증식한 것이 쌓여 바위가 된 것.

스파튤러, spatula : 소량의 시약 또는 종자를 다룰 때 사용하는 숟가락 모양의 도구이다.

스포로폴레닌, sporopollenin : 포자나 꽃가루의 세포벽을 감싸고 있는 표벽의 구성 물질로 화학적·물리적으로 아주 단단하다.

슬곡(膝曲), geniculate : 급히 구부러져 무릎을 구부린 것과 같은 모양의 것.

슬리퍼모양, calceolate : 난과식물에서 입술꽃잎이 슬리퍼 모양인 것. 예) 난초과의 *Paphiopedilum.*

슬종(膝腫) : 무릎이 붓는 것.

습답(濕畓), pooly drained paddy : ① 지하수위가 높고 배수가 불량하여 논토양에 항상 물이 고여 있는 논. ② 지온이 낮고 유기물의 분해가 늦으며 통기가 나쁘기 때문에 토양의 이화학적 성질이 떨어지고 미생물의 번식이 불량하여 수량생산성이 낮다. ③ 유기물의 집적이 많고 비료분의 보지력(保持力)이 크고 환원도가 높기 때문에 불가급태의 인산을 가용태로 하는 이점도 있다.

습생잡초(濕生雜草), hygrophyte weed : 토양수분 80~90% 정도의 포장용수량인 포화수분 상태에서 잘 자라는 잡초. 예) 뚝새풀, 황새냉이, 별꽃 등.

습열이질(濕熱痢疾) : 습열로 인한 이질.

습종(濕腫) : 부종의 하나. 습사로 인하여 온몸이 붓고 누르면 자국이 남음. 허리 아래가 무겁고 다리는 팽팽하게 부으며 오줌 양이 적고 가끔 숨이 차기도 함.

습지림(濕地林), swamp forest : 땅이 습한 지역이나 늪지에 이루어진 숲.

습진(濕疹) : 습사에 의하여 피부에 좁쌀알 정도로 작은 종기가 일어나는 염증.

습창(濕瘡) : 다리에 나는 부스럼이나 습진.

습창양진(濕瘡痒疹) = 하주창(下注瘡) : 하지에 발생하는 일종의 습진.

습해(湿害), excess moisture injury, wet injury : 토양의 과습 상태가 지속되고 토양산소가 부족하면 뿌리가 상하거나 부패하여 지상부가 황화되고 위조(萎凋)·고사(枯死)하는 현상이 나타난다. 습한 논의 답리작맥류나 침수지대의 채소에서 흔히 발생한다.

승거양기(昇擧陽氣) : 양기가 하함하면 수렴성이 약화되어서 항문이나 자궁들이 탈출되는데 양기를 돋아서 이를 회복시키는 것.

승모형(僧帽形), cucullate : 두건처럼 생긴 모양.

승습(勝濕) : 습을 없애 하체가 약해지고 설사하는 것을 치료하는 것.

시계꽃과, Passifloraceae : 전 세계에 12속 600종이 열대, 아열대 특히 미대륙에 많이 분포되어 있다. 우리나라에서는 시계꽃을 온실에 심는다. 초본 또는 관목으로 덩굴성이며 가지가 변한 덩굴손이 있다. 잎은 어긋나거나 단엽이며 탁엽이 있고 엽병에 선체가 있다. 꽃은 양성 또는 단성으로 꽃받침잎과 꽃잎은 각각 5개씩이고 3개이거나 없는 것도 있다. 부화관이 있고 도드라진 화탁에 수술과 암술이 달린다.

시과(翅果) = 날개열매, 익과(翼果), samara, wing : 씨방의 벽이 늘어나 날개모양으로 달려 있는 열매. 2개의 심피로 되어 있으며 종선에 따라 갈라지는 것과 날개만 달려 있는 것이 있다. 열매껍질이 얇은 막처럼 툭 튀어 나와 날개 모양이 되면서 바람을 타고 멀리 날아가는 열매. 예) 단풍나무, 느릅나무, 물푸레나무.

시력감퇴(視力減退) : 눈의 건강이 점점 나빠져서 잘 보이지 않는 증상.

시력강화(視力强化) : 눈을 튼튼하게 하여 잘 보이게 함.

시로미과, Empetraceae : 전 세계에서 3속 10종이 분포하며 우리나라에서는 시로미가 자란다. 상록소관목으로 잎은 선형이고 가장자리가 뒤로 말린다. 꽃은 단성 또는 양성으로 화피가 없거나 꽃받침잎과 꽃잎이 3개씩이다. 자방은 상위이며 2~9실이고 각 실에 배주가 1개씩 들어 있다.

시루논 = 사양토(砂壤土) : 모래나 자갈이 많고 작토가 적어 보수성이 낮아 물 빠짐이 심한 논을 말한다.

시비(施肥), manuring, fertilization : 부식(腐植)이나 필요한 무기원소를 포함하는 물질로서 작물의 생육을 촉진하기 위하여 토양이나 작물체에 공급되는 물질을 비료(肥料, manure, fertilizer)라고 하고, 비료를 주는 것을 시비라고 한다.

시비법(施肥法), method of fertilizer application : 비료를 주는 방법으로 주는 위치에 따라 표층 및 전층 시비 시기에 따라 기비, 추비, 시용량에 따라 분시, 전량시비 등으로 구분된다.

시설재배(施設栽培), protected cultivation, cultivation under structure : 유리온실이나 플라스틱 하우스와 같은 인공시설 하에서 인위적으로 재배환경을 조절하면서 작물을 재배하는 방법의 총칭이다.

시원세포(始原細胞) : 생장점의 세포 중 나중에 이삭 등 조직을 형성할 세포로 돌연변이 유발원을 처리하면 시원세포에서 돌연변이가 일어난다.

시원체(始原體), primordia : 생물의 각 기관을 형성하게 될 최초단계의 세포조직. 식물의 생장점에서는 끊임없이 새로운 세포가 분열하며 분열된 세포들은 시원체를 형성하면서 새로운 기관으로 분화된다.

식, dasik, patterned savory cake : 녹말, 송화, 황밤, 검은 깨 등의 가루를 꿀에 반죽하여 다식판에 박아낸 유밀과의 하나.

식감과체(食甘瓜滯) : 참외를 먹고 체한 경우.

식감저체(食甘藷滯) : 고구마를 먹고 체한 경우.

식강어체(食江魚滯) = 담어독(淡魚毒) : 민물고기를 먹고 체한 경우.

식견육체(食犬肉滯) : 개고기를 먹고 체한 경우.

식경(殖耕), plantation : 토착인을 부려서 넓은 토지에 한 가지 작물을 경작하여 농산물을 생산하는 기업적 농업. 커피, 고무나무, 사탕수수, 담배, 야자, 차나무, 코코아, 마닐라삼 등의 작물이 이에 해당된다.

식계란체(食鷄卵滯) : 계란을 먹고 체한 경우.

식계육체(食鷄肉滯) : 닭고기를 먹고 체한 경우.

식고량체(食高粱滯) : 수수로 밥을 하거나 부침개를 하거나 떡 또는 기타 음식을 하여 먹고 체한 경우.

식교맥체(食蕎麥滯) : 메밀 음식을 먹고 체한 경우.

식군대채체(食裙帶菜滯) : 미역을 먹고 체한 경우.

식균용체(食菌茸滯) : 버섯 중독. 독이 있는 버섯을 복용하고 중독된 경우.

식도암(食道癌) : 식도에 생기는 암으로 음식이 잘 넘어가지 않고 막히는 증상이 나타남.

식두부체(食豆腐滯) : 두부를 먹고 체한 경우.

식마령서체(食馬鈴薯滯) : 감자를 먹고 체한 경우.

식면체(食麵滯) : 밀가루 음식을 먹고 체한 경우.

식물경합(植物競合), plant competition : 같은 장소에서 동시에 자라는 둘 이상의 식물이 특정한 환경요인이나 필요한 물질(수분, 양분, 광, 탄산가스 등)과 공간에 대한 수요가 공급보다 많을 때에 식물경합이 일어난다.

식물기간(植物期間), vegetation period : 일평균기온이 5℃ 이상의 연속일수를 식물기간이라고 한다. 파종 시비 등 농작물의 계획적 관리에 요구되는 지표이다. 한편 생물기간(生物期間)은 일최저기온이 5℃ 이상인 연속일수인데 식물기간보다 짧다.

식물분류학(植物分類學), plant taxonomy : 일반적으로 식물을 기재, 명명, 분류하는 단계를 식물분류학(植物分類學)이라 하고, 식물의 분류학적인 모임인 분류군(taxon) 간의 유연관계를 밝히고, 이에 따라 분류하는 체계를 식물계통분류학(植物系統分類學, plant systematics)하며, 최근에는 생분류학(生分類學, biosystematics)이라 하여 유연관계에 관한 실험적 분석, 종의 분화와 다양성, 진화의 메커니즘을 중점적으로 다루고 있다.

식물상(植物相), flora : 일정한 지역 내에 분포한 식물. 또는 어느 지역의 일정한 분류군의 모든 종에 대하여 그림, 기재, 분포, 검색표 등을 수록한 식물도감.

식물생리학(植物生理學), plant physiology : 식물의 기본구조를 이해하고 여러 가지 생리현상을 탐구하고 설명하는 학문이다. 또한 식물들이 생육하고 번식하면서 외부환경과의 상호작용을 통하여 나타내는 기능과 작용과정을 연구하고 기술하는 학문이다.

식물생장조절제(植物生長調節劑), plant growth regulators(PGR) : 어떤 조직에서 형성되어 체내를 이행하면서 미량으로도 형태적 · 생리적인 변화를 일으키는 화학물질을 식물호르몬(plant hormone, phytohormone)이라고 한다. 식물호르몬에는 생장호르몬(auxins), 도장호르몬(gibberellin), 세포분열호르몬(cytokinin), 개화호르몬(florigen) 등이 있다. 식물의 생장 · 발육에 적은 분량으로도 큰 영향을 끼치는 합성된 호르몬성인 화학물질을 총칭(總稱)하여 식물생장조절제라고 부른다.

식물원(植物園), botanical garden, botanic garden : 살아 있는 식물을 수집하여 재배, 보존하는 이외에 식물에 대한 연구를 수행하고 다른 사람에게도 연구나 관상용으로 보급하여 식물학의 발전을 꾀함으로써 인류에 공헌하는 곳이다. 과학적인 관찰을 위하여 식물을 처음으로 심은 사람은 B.C. 340년경 아테네의 Aristoteles였다. 대부분의 식물원은 궁궐 내의 약초원이 모체가 되었다. 유럽식물원의 전신은 대부분이 그리스도 수도원의 약초원이었다.

식물원역할(植物園役割) : 식물원 내에는 유전자와 종의 보전 및 광범위한 연구목적으로 살아 있는 식물을 재배하여 보존하는 번식보존지역(propagation range and propagation house)과 아름다운 관상용 식물을 많이 전시하여 식물을 좋아하는 사람들로 하여금 관람하게 하고 푸른 환경을 조성하여 시민의 정서생활과 휴식의 장소를 제공하는 전시지역(exhibition range and exhibition house) 등이 있다.

식물호르몬, plant hormone : 식물체 내에 극미량으로 존재하면서 생장이나 발육에 절대적인 영향을 미치는 물질로 반드시 체내에서 생성되며 생성 장소와 작용하는 장소가 다르다. 지금까지 알려진 식물호르몬은 오옥신, 지베렐린, 싸이토카이닌, ABA 그리고 에틸렌이 있다.

식미(食味), eating quality, taste, palatability : 먹어서 느끼는 맛이다.

식병(識病) : 아는 것이 병이다.

식병나체(食餠糯滯) : 떡이나 찹쌀밥을 먹고 체한 경우.

식상(植傷), transplanting injury : 본답에 이앙한 모가 며칠 동안 생육을 정지한 채 잎이 시들고 잎끝이 말라죽는 일이 있는데, 이를 모 심을 때에 상처를 입었다고 하여 식상이라 한다. 식상의 정도는 묘의 소질, 이앙 시의 온도와 햇볕 쬐임, 물의 깊이 등에 따라 크게 영향을 받게 되며, 식상이 심할수록 초기 생육과 분얼이 늦어 수수확보에 불리하다.

식생(植生), vegetation : 주어진 장소에서 생육하고 있는 식물의 집단을 막연히 가리키는 말로서 식피라고도 한다. 인위적인 영향을 받지 않는 식생을 자연식생이라 하여 구별한다.

식시비체(食柿泌滯) : 떫은 감을 담금질하여 먹어도 체하는 경우.

식양토(埴壤土), clay loam : 입경조성으로 보아 모래가 28%, 미사가 37%, 점토가 35% 내외 분포되어 있는 토양을 말한다.

식예어체(食鱧魚滯) = 식뢰어체(食雷魚滯) : 가물치를 먹고 체한 경우.

식욕(食慾), appetite : 음식을 먹고 싶어 하는 욕심. 심리적·정신적 요소가 크고 과거의 학습이나 기호에도 영향을 받는다.

식욕감소(食慾減少) : 비위(脾胃)가 허(虛)하여 입맛이 없고 음식을 먹고 싶어 하지 않는 병증.

식욕부진(食慾不振) : 식욕이 줄어드는 상태.

식욕촉진(食慾促進) : 식욕(食欲)을 좋게 함.

식용어(食用魚) : 먹을 수 있는 생선.

식용작물(食用作物) = 보통작물(普通作物), food crops : 직접 또는 조리하여 식용으로 하는 작물로 화곡류, 두류, 서류 등으로 구분하기도 한다.

식용해열(食用解熱) : 음식으로 사용하거나 열을 내리는 효능.

식우유체(食牛乳滯) : 우유를 먹고 체한 경우.

식우육체(食牛肉滯) = 우육독(牛肉毒) : 쇠고기를 먹고 체한 경우.

식이섬유(食餌纖維), dietary fiber : 사람이 가지고 있는 소화효소로는 소화할 수 없는 식품 중의 모든 난소화성 성분이다.

식재거리(植載距離), planting distance, planting space : 모나 작물 등의 심는 거리 또는 간격을 말한다.

식저육체(食猪肉滯) : 돼지고기를 먹고 체한 경우.

식적(息積) : 기가 솟아올라 소화장애를 일으키면 옆구리가 팽만하여 복통이 일어나는 증상. 대변 후에는 복통이 가라앉지만 식욕이 떨어짐. 과식으로 인한 소화불량.

식제수육체(食諸獸肉滯) : 육류를 먹고 체한 경우.

식중독(食中毒), food poisoning : 오염된 음식물을 먹어 일어나는 급성질환. 급성위장염을 주 증상으로 하는 건강장애이다. 세균이나 자연독소, 화학약품 등의 유독성분으로 오염된 음식물을 먹어 일어나는 식인성 질환의 하나.

식체(食滯) = 식상(食傷), 상식(傷食) : 음식에 체해 위장이 상한 병증.

식충식물(食蟲植物) : 잎으로 곤충 등의 작은 동물을 잡아, 소화 흡수하여 양분을 취하는 식물.

식충식물(食蟲植物) = 벌레잡이식물, 벌레잡이풀, insectivorous plants : 특수하게 변한 잎으로 벌레를 잡아 부족한 양분을 얻는 식물. 곤충 등 작은 동물을 잡아 소화 흡수하여 양분을 취하는 식물.

식토(埴土), clay : 식질 토양, 점토가 많이 함유된 토양. 점토란 토양입자의 지름이 0.002mm 이하인 토양을 말하며 입경조성으로 보아 점토가 45%, 미사가 30%, 모래가 25% 내외 분포되어 있는 토양을 말한다.

식풍(熄風) : 내풍을 치료하는 것.

식하돈체(食河豚滯) : 복어를 먹고 체한 경우.

식해삼체(食海參滯) : 해삼을 먹고 체한 경우.

식해어체(食海魚滯) = 제어독(諸魚毒) : 생선(바닷물고기)을 먹고 체한 경우.

식행체(食杏滯) : 살구를 먹고 체한 경우.

신경과민(神經過敏), overdelicate : 사소한 자극에 대하여서도 쉽사리 감응하는 신경계통의 불안정한 상태.

신경성두통(神經性頭痛) : 심리적인 긴장이나 스트레스가 원인이 되어 나타나는 두통.

신경쇠약(神經衰弱) : 신경이 쇠약해지는 것.

신경염(神經炎), neuritis : 신경섬유 또는 그 조직의 염증 및 넓은 뜻의 퇴행성 변성(退行性變性).

신경이상(神經異常) : 심리적 원인에 의하여 정신 증상이나 신체 증상이 나타나는 질환.

신경통(神經痛) : 감각신경의 일정한 분포구역에 일어나는 아픈 증세.

신낭풍(腎囊風) : 음낭습진, 음낭 신경성 피부염, 수구풍, 신낭양 등으로 인해 음낭에 생긴 습진.

신생대(新生代) : 지금으로부터 약 6천5백만 년 전에서 현재에 이르는 시대. 제3기와 제4기(빙하시대)로 나눈다.

신염(腎炎) = 신장염(腎臟炎) : 신장에 생기는 염증.

신염부종(腎炎浮腫) : 신장에 염증이 있어서 생긴 부종.

신우신염(腎盂腎炎) : 신우염(腎盂炎)에서 속발하는 신염(腎炎).

신우염(腎盂炎) : 신우에 세균이 감염되어 일어나는 염증.

신월형(新月形), crescent-shaped, lunate : 초승달처럼 생긴 잎의 형태.

신육형(伸新型) : 식물의 초형, 즉 키가 자라는 형태적 특성을 신육형이라 하는데 콩에서 보면 유한신육형, 무한신육형 그리고 중간형으로 구분하기도 한다.

신장(伸長), elongation : 작물의 키가 자라는 생장.

신장병(腎臟病) : 신장에 일어난 병의 총칭.

신장상(腎臟狀) = 신장형(腎臟形), 콩팥꼴, 콩팥모양, reinform, kidney-shaped : 가로가 길고 밑 부분이 들어가서 콩팥 모양을 하는 것.

신장쇠약(腎臟衰弱) : 신장의 힘이 쇠하고 약함.

신장암(腎臟癌) : 신장에 암이 발생하여 장애를 입었을 경우.

신장염(腎臟炎) : 신장에 생기는 염증.

신장저(腎臟底), reniform : 콩팥모양으로 생긴 엽저.

신장절간(伸長節間) : 벼의 줄기는 절과 절간에 의해 형성되는데, 대체로 하위절로부터 사위절로 10~13절간까지는 거의 절간신장이 되지 않고 전체 2cm 정도로 밀집되어 있어 불신장절부라고 하며, 생식생장기부터 불신장절의 상위 5~6절간이 신장하여 벼의 간장이 결정되는데 이를 신장절간이라 한다.

신장증(腎臟症) : 신장의 세뇨관(細尿管)에 질병이 생긴 경우.

신장풍(腎臟風) : 몸이 가렵고 창이 나며 얼굴이 발적되고 어지러운 증상.

신장형(腎臟形), reniform : 콩팥 모양의 잎.

신진대사촉진(新陳代謝促進) : 신체의 물질대사를 촉진하는 것.

신체허약(身體虛弱) : 신체가 힘이 없고 연약한 병증.

신탄(哂歎) : 웃음과 탄식하는 것.

신탄재(薪炭材), fuelwood : 가정용이나 산업용의 땔감, 숯 등의 연료재로 사용되는 산림생산물.

신품종(新品種)의 구비조건(具備條件) : 신품종의 구비조건은 구별성, 균일성, 안정성 등

세 가지이다. 구별성(distinctness)은 신품종의 한 가지 이상의 특성이 기존의 알려진 품종과 뚜렷이 구별되는 것이다. 균일성(uniformity)은 신품종의 특성이 재배・이용상 지장이 없도록 균일한 것을 말한다. 그리고 안정성(stability)은 세대를 반복해서 재배하여도 신품종의 특성이 변하지 않는 것이다. 신품종의 세 가지 구비조건을 영어의 첫 글자를 따서 DUS라고도 한다.

신허(腎虛), 콩팥이 약한 데 : 주로 양기가 부족하여 유정, 요통, 슬통 등의 증상이 나타남.

신허요통(腎虛腰痛) : 신장의 기능이 허약해져서 나타나는 요통.

신허증(腎虛症) : 간 기능이 약화되면서 나타나는 지속적인 피로감과 전신성 무력감.

실(室), locule : 격벽으로 구성된 자방의 방.

실고사리과, Schizaeaceae : 전 세계에 4속 170종이 분포하며 우리나라에서는 실고사리속 1종이 남쪽에서 자란다. 덩굴식물이며 여러해살이 양치식물이다. 근경은 땅으로 기거나 비스듬히 위를 향하고 털과 인편이 있다. 잎은 차상 또는 우상으로 분열하고 단엽인 것도 있다. 포자낭은 잎 가장자리에 생겨서 자라면 뒷면으로 옮겨지고 익으면 포자를 산포한다. 포자는 사면체형 또는 좌우대칭이다.

실기(失氣) : ① 방귀를 뜻하기도 하고, ② 진기(眞氣)를 잃어버리는 것을 뜻하기도 함.

실뇨(失尿) : 신경질, 간질 등 기질적 질환으로 인해 소변이 나오는 것을 느끼지 못해 소변을 가리지 못하는 경우.

실면증(失眠症) : 불면증과 같은 의미로 잠을 이루지 못하는 증세.

실명(失明) : 눈이 보이지 않는 것.

실모양[絲狀], filiform : 실 모양 또는 수술대를 닮은 모양.

실비(實肥), top dressing at ripening stage : 이삭이 잘 여물게 출수 전에 주는 비료. 충실한 종자를 맺기 위해 시용되는 웃거름이다.

실생묘(實生苗), seedling : 영양번식식물로부터 얻은 종자가 발아한 어린 식물체이다.

실생번식(實生繁植), seed propagation : 종자를 파종하여 번식시키는 것을 실생번식이라 하는데, 유전적으로 형질의 분리가 일어나지 않는 자가수정작물에서 이용된다.

실성(失聲) : 말을 하지 못하는 증세.

실신(失神) = 궐훈(厥暈), 쇼크 : 담과 열이 지나쳐서 잠시 정신을 잃는 것. 정신에 급격한 타격을 받거나 외상, 뇌빈혈로 인하여 일시적으로 의식을 잃는 일.

실엽(實葉) = 아포엽(芽胞葉), 포자엽(胞子葉), 홀씨잎, fertile frond, sporophyll : 양치류에서 볼 수 있는 홀씨주머니가 생기도록 변한 잎. 홀씨 형성 기능이 있는 잎의 총칭.

실음(失音) : 목소리가 쉬어 말을 하지 못하는 증세.

실편(實片) = 솔방울조각, 열매조각, valve, ovuliferous scale, cone scale : 솔방울을 이루고 있는 비늘모양의 조각으로서 나선상으로 붙어 있는 경우가 많음. 예) 소나무, 자작나무.

실현유전력(實現遺傳力) : 선발차에 대한 유전 획득량의 비율을 말한다.

심경(深耕), deep plowing, deep tillage : ① 토양을 관행보다 깊게 파는 일(9～15cm

→ 30~40cm)을 말한다. ② 심경(深耕) : 논의 경토심이 얕으면 비절이 되기 쉽고 도복이 용이하며 한발과 냉해에도 약하다. 이 같은 결점을 개선하기 위하여 깊이 갈아서 경토층을 깊게 하는 일을 심경이라 한다.

심경다비재배(深耕多肥栽培), cultivating with deep plow and heavy fertilizer : 논토양의 경심이 얕은 논에서는 비절이나 추락현상이 일어나기 쉽고 도복, 한발, 냉해 등의 저항성이 약한 것 등 안전다수확이 어렵기 때문에 이 같은 논을 깊게 갈아 경심을 깊게 해주면 벼뿌림의 활동범위가 커지나, 심토는 양분이 적은 척박토양이므로 심경 하나만으로는 그 효과를 반드시 기대하기는 어려운 것이다. 따라서 심경할 때에는 반드시 비료를 다비조건으로 하여야만 벼의 생육이 양호하고 증수효과가 기대되는데 이 같이 깊게 갈면서 동시에 시비량도 증가하여 재배하는 것을 심경다비재배라 칭하며, 전국 다수확 기록에 도전하는 증산왕들이나 다수확재배 독농가들은 필수적으로 심경다비재배를 실시하고 있다.

심계정충(心悸怔忡) : 가슴이 몹시 두근거리고 불안해하는 증세.

심근성(深根性), deep rooting : 식물 뿌리의 발육특성으로 땅속 깊이까지 자라는 성질로, 보통 식물의 뿌리는 땅속 30cm 전후에 많이 분포하나 식물에 따라서는 30cm 이상까지 자라는 것이 있는데, 이러한 식물은 내한성과도 관련이 있다. 깊은 뿌리성.

심근성작물(深根性作物), phreatophyte : 뿌리가 길게 뻗는 작물. 작물의 뿌리는 재배환경, 토양의 이화학적 성질. 토양수분 상태에 따라 뿌리 뻗음이 다르지만 대체적으로 동일조건에서도 뿌리가 길게 자라는 작물이 있다.

심량(心凉) : 가슴이 서늘한 느낌.

심력쇠갈(心力衰竭) : 심(心)의 기운이 다한 것.

심백미(心白米), white core rice : 쌀알의 중심부가 백색 불투명한 쌀을 칭하며, 이 같은 현상은 그 부분에 전분의 축적이 불량하여 공극이 생긴 때문이라고 하나, 품종이 가지는 유전적 특성으로 대립종에서 많다. 이것이 많은 쌀은 주조미로 적합하다.

심번(心煩) : 속에 열이 있어 가슴이 답답한 것.

심복(心腹) : 배와 가슴을 아울러 이르는 말.

심복냉통(心腹冷痛) : 배가 차고 아픈 것.

심복통(心腹痛) : 근심으로 인하여 생긴 가슴앓이로 명치아래와 배가 아픈 것.

심수관개(深水灌漑), deep irrigation, deep water irrigation : 관개법은 해당지역의 기상조건에 따라 다른 것으로 심수관개의 본래의 뜻은 수온이 낮은 냉수를 깊게 댄다는 것이 아니고, 수온이 높은 관개수를 깊게 대어 도체를 냉기온으로부터 보호한다는 데 있다.

심신불안(心神不安) : 심신이 불안함.

심열(深裂), parted : 잎 가장자리부터 주맥까지 2/4 이상~3/4 이하의 길이로 갈라진 것.

심열량계(心熱惊悸) : 심장에서 발생한 각종 열성 병증.

심위통(心胃痛) : 심장부와 위완부의 통증이 겸한 것.

심장기능부전(心臟機能不全) : 심장의 기능이 상실된 것.

심장모양[心臟形], cordate : 심장 모양. 예) 피나무 잎, 수수꽃다리 잎.

심장병(心臟病) : 심장에 생기는 여러 가지 질환.

심장상 화살형 : 심장형과 화살형이 혼합된 잎의 형태.

심장쇠약(心腸衰弱) = 심부전(心不全) : 심장의 기능이 쇠약해져서 혈액의 공급이 불안정한 병.

심장염(心臟炎) : 심장에 생긴 염증.

심장저(心臟底) = 염통꼴밑, cordate : 잎의 밑 부분이 마치 염통의 밑처럼 생긴 것.

심장통(心臟痛) : 흉골 아래 심장부에 생기는 통증.

심장형(心臟形) = 심장꼴, 염통꼴, 염통모양, heart-shaped, cordate : 잎의 전체 모양이 염통처럼 생긴 것. 예) 피나무, 졸방제비꽃의 잎.

심층시비(深層施肥), deep placement of fertilizer : 암모니아태 질소를 주비로 작토층의 하위층인 12cm 내외의 깊이에다 주는 시비방법으로서 탈질작용의 방지는 물론 시용한 비료의 비효가 서서히 생육후기까지 흡수 이용되기 때문에 수비와 실비의 효과를 가져 오게 되므로 수량증수가 기대되나, 실제 시용상의 어려움이 있기 때문에 농가 보급이 잘 되지 않고 있다. 심층시비용 질소비료로는 고형비료가 주로 사용되고 있다.

심토층(心土層), subsoil layer : 표토 혹은 작토보다 밑에 있는 층위를 말하는 일반적인 명칭. 보통 작토에 대해서 심토라 하고, 표토에 대해서 심토층이라 하며 심토는 대개 B층에 해당한다.

심파장(心波狀), sinuate : 잎의 가장자리가 크게 패여서 물결모양을 이루는 것.

심플라스트, symplast : 세포 중에서 액포를 제외한 원형질을 말하는 것으로 세포와 세포를 원형질연락사로 연결하는 하나의 연속적인 계로 생각할 수 있다.

심피(心皮), carpel : 암술을 이루는 잎 모양의 구조에 대한 해부학적 용어로 꽃의 가장 안쪽이며 1개 내지 여러 개의 밑씨를 포함. 암술을 형성하며 자방, 암술대 및 암술머리의 3부분으로 구성됨.

십이지장충(十二指腸蟲) : 원충목(圓蟲目) 구충과(鉤蟲科)의 선형동물.

십이지장충증 : 빈혈, 식욕부진, 만복감 등의 증세가 나타나고 체력이 쇠약해짐.

십자마주나기[交互對生], decussate : 2개의 마주나는 잎 또는 다른 기관들이 아래위로 십자(+)를 이루는 상태.

십자모양꽃 = 십자화(十字花), cruciate flower : 꽃잎 네 개가 십자모양으로 붙어 있는 꽃으로서 십자화과 식물에서 볼 수 있는 특징적인 형질.

십자모양꽃부리[十字花冠], cruciform corolla : 꽃잎 4개가 십자 또는 X자 모양으로 배열한 꽃. 예) 냉이, 유채.

십자화(十字花) = 십자모양꽃, cruciate flower : 꽃잎 네 개가 십자모양으로 붙어 있는 꽃으로서 십자화과 식물에서 볼 수 있는 특징적인 형질.

십자화과 = 겨자과, 배추과, Cruciferae, Brassicaceae : 열・온대에 분포하는 초본으로

200속 2,000종이며, 우리나라에 17속 37종이 자생한다. 잎은 경생엽과 근생엽으로 구분되고 단엽이거나 우상복엽이며 탁엽이 없다. 총상화서에 달리는 양성화는 꽃잎이 4장이고, 열매는 장각 또는 단각이며 종자는 배유가 없다.

십자화과채소 : 작물에는 양배추, 순무, 유채, 겨자 등이 있다.

십자화형(十字花形), cruciform : 정제화관 중 십자화과의 꽃처럼 십자 혹은 X모양인 것.

싸라기 : 쌀의 부스러기, 도정 시 비정상적인 벼알 또는 성숙이 제대로 되지 않은 것들이 깨지거나 갈라져서 생긴다.

싹 = 눈, 아(芽), 촉, bud : 작은 가지의 끝이나 옆에 있는 잎겨드랑이에 달리는 가장 어린 부분. 줄기 끝에 생기는 어린 구조. 나중에 잎, 꽃 등으로 자란다. 새로운 기관을 만들기 위한 처음의 형태. 예) 화아, 엽아.

싹트기 = 발아(發芽), germination, sprouting : 종자, 꽃, 눈이 적당한 환경조건하에서 생장을 시작하는 것이다[발아].

쌀겨 = 미강(米糠), rice bran : 벼에서 왕겨를 뽑고 난 다음 현미(玄米)를 백미(白米)로 도정하는 공정에서 분리되는 고운 속겨를 말한다.

쌀보리 : 성숙할 때 껍질이 잘 벗겨지는 보리를 나맥이라고 하는데 탈곡할 때 이미 껍질이 분리된다. 반대로 성숙해도 껍질이 잘 벗겨지지 않는 보리를 겉보리라고 한다. 쌀보리는 전남북지방에서 많이 재배되며 백동, 무안보리, 목포 51호 등이 주요한 장려품종이다.

쌍떡잎 = 쌍자엽(雙子葉), dicotyledonous : 떡잎이 2개인 것.

쌍떡잎식물[雙子葉植物], dicotyledonous plant : 속씨식물에 속하는 한 강(綱). 배에는 대생한 두 개의 떡잎이 있고 줄기는 비대하게 성장하며 잎맥은 그물맥이다. 잎은 잎새, 잎자루, 턱잎으로 되어 있고, 뿌리는 곧은 뿌리이다. 꽃잎 상태에 따라 이판화류, 합판화류로 분류한다. 쌍자엽식물.

쌍성꽃 = 양성화(兩性花), 양성꽃, 완전화(完全花), bisexual flower, complete flower, hermaphrodite flower : 암술, 수술이 한 꽃에 다 있는 것.

쌍자엽(雙子葉) = 쌍떡잎, dicotyledonous : 떡잎이 2개인 것.

쌍자엽식물(雙子葉植物) = 쌍떡잎식물, dicotyledon : 배유 대신 2매의 자엽으로 되어 있고, 잎은 우상맥(羽狀脈)으로 직근계(直根系)의 뿌리를 가지고 있으며, 식물체의 윗부분에 생장점이 있다.

쌍치상(雙齒狀), bidentata : 요두형에서 양쪽 끝이 예두인 형태.

써레질, puddling, levelling : 써레를 사용하여 논바닥을 고르거나 흙덩이를 부수는 일이며, 특히 논에서 이앙 전에 담수상태로 쇄토작업을 하는 것이다.

쐐기꼴밑 = 설저(楔底), cuneate, wedge shaped : 쐐기모양으로 점점 좁아져 뾰족하게 된 잎의 밑 부분.

쐐기모양 = 쐐기꼴, 설형(楔形), 쐐기형, wedge-shaped, cuneiform, cuneate : 윗부분이 넓고 밑 부분이 점차 좁아져서 마치 목수가 사용하는 쐐기의 측면에 흡사한 모양.

쐐기모양도란형, cuneato-obovatus : 잎몸 기재 용어의 기본형을 조합하여 중간적인 모양을 나타내는 용어.

쐐기풀과, Urticaceae : 전 세계에 분포하는 관목 또는 초본으로 40속 500종이 분포하며 우리나라에 10속 25종이 자생한다. 자웅이주 또는 자웅동주로 표면에 털이 있다. 잎은 어긋나거나 마주나며, 잎자루가 있고 단엽으로 가장자리에 톱니나 결각이 있다. 밀생하는 원추화서에 달리는 열매는 수과이고 배유는 유질이다.

씨 = 종자(種子), seed : 밑씨가 수정 후에 발육하여 이루어진 휴면상태의 산포체(散布體).

씨껍질 = 씨앗껍질, 종피(種皮), seed coat : 씨앗의 겉을 둘러싼 껍질. 씨눈과 배젖을 보호하고 싹이 틀 때 물을 빨아들이는 구실을 한다.

씨눈 = 배(胚), 배아(胚芽), embryo : 식물의 씨앗 속에 있는 발생 초기의 어린 식물, 자엽, 배축, 유아, 유근의 네 가지로 되어 있음.

씨방 = 자방(子房), ovary : 암술 밑의 볼록한 기관. 밑씨를 담고 있고 장차 열매가 된다. 씨방의 위치는 씨앗식물을 분류하는 중요한 기준이다.

씨방상위[子房上位], superior ovary : 화탁에 씨방이 다른 꽃 부분보다 위에 있는 것.

씨방중위[子房中位], half inferior, half adherent : 씨방하위의 정도가 완전하지 못한 중간 단계의 씨방.

씨방하위[子房下位], inferior ovary : 씨방이 화피나 수술보다 아래에, 또는 화탁에 함몰되어 있는 것.

씨방기생암술대[子房基生花柱], gynobasic style : 심피는 물론 꽃턱까지 부착된 암술대. 예) 지치.

씨방밑꽃부리[子房下生花冠], hypogynous corolla : 씨방보다 아래쪽에 붙는 꽃부리.

씨방상위[子房上位], superior ovary : 씨방이 꽃받침, 꽃잎, 수술 위에 있는 것. 예) 냉이.

씨방실[子房室], locule : 씨방 내에 있는 공간으로, 씨방벽과 격벽에 의해 구분되고 밑씨가 위치한다.

씨방자루[子房柄], gynophore : 암술을 받치고 있는 긴 자루.

씨방주생[子房周生], perigynous : 수술, 꽃잎, 꽃받침이 씨방을 둘러싼 꽃받침통에 부착된 것.

씨방중위[子房中位], half inferior ovary : 꽃받침이 씨방의 하반부까지 유합하고 위쪽은 떨어져 있는 것. 예) 쇠비름.

씨방하위[子房下位], inferior ovary : 씨방이 꽃받침, 꽃잎, 수술 밑에 있는 것.

씨뿌림 = 파종(播種) : 심는 골 또는 구덩이를 파고 그 위에 종자를 심는 것. 씨 뿌리는 방법은 산파, 조파 및 점파가 있다.

씨앗껍질 = 종피(種皮), 씨껍질, seed coat : 씨앗의 겉을 둘러싼 껍질. 씨눈과 배젖을 보호하고 싹이 틀 때 물을 빨아들이는 구실을 한다.

씨옷 = 종의(種衣) : 씨를 둘러싸고 있는 고기질의 덮개.

씨자루 = 종병(種柄), funiculus : 밑씨가 발달하여 씨가 되었을 때 주병을 씨자루라고 부른다.

씨젖 = 배유(胚乳), 배젖, endosperm, albumen : 피자식물의 배낭의 중복수정에 있어서 극핵과 화분관 내의 웅핵과의 수정으로 생기는 배수핵의 영양조직. 수정한 극핵이 배의 성장에 앞서서 유리핵분열을 반복하여 배를 감싸는 조직으로 발달하는 것. 세포 내에 전분, 단백질, 유지 등을 저장하여 배의 영양을 공급한다.

씨털 = 종발(種髮), coma : 씨에 털처럼 생긴 부속체.

ㅇ

아(芽) = 눈, 싹, 촉, bud, sprout : 작은 가지의 끝이나 옆에 있는 잎겨드랑이에 달리는 가장 어린 부분. 줄기 끝에 생기는 어린 구조. 나중에 잎, 꽃 등으로 자란다. 새로운 기관을 만들기 위한 처음의 형태. 예) 화아, 엽아.

아-(亞-, sub-) : 비슷함을 뜻하는 접두어. 아관목, 아원형, 아차상 등.

아감(牙疳) : 잇몸이 썩는 데 : 잇몸이 어떤 병증으로 인해 헐어 터지면서 썩는 경우.

아관목(亞灌木) = 버금떨기나무, 소관목(小灌木), 작은떨기나무, suffruticose, suffrutescent : 키가 작으며 아랫도리가 목질화된 것. 예) 더위지기.

아교목(亞喬木) = 버금큰키나무, 작은큰키나무, 작은키나무, 소교목(小喬木), 중간키나무, arborescent : 큰키나무모양이지만 큰키나무보다 작은 나무. 예) 매실나무, 개옻나무.

아구창(牙口瘡) : 아감창.

아그로박테리움, Agrobacterium : 재조합 DNA를 식물세포에 주입할 때 사용하는 토양 박테리아를 말한다.

아대생(亞對生) = 버금마주나기, suopposite : 어긋나기이나 잎과 잎 사이가 아주 가까워 마치 마주나기한 것처럼 보이는 것.

아데노신삼인산, adenosine triphosphate(ATP) : 식물의 호흡, 즉 광합성으로 생성된 유기물인 탄수화물을 산소에 의해 몇 번이고 산화할 때 방출되는 에너지는 고에너지 인산결합의 화합물인 ATP로서 저장된다. 이 ATP분자 내에 저장된 에너지는 생화학적 작용, 즉 단백질의 합성, 전분의 합성 등에 이용되며 기타 생장, 무기양분의 흡수 등에도 이용된다고 한다.

아래로 흐름 = 연하(延下), decurrent : 잎의 밑 부분이 줄기를 따라 아래로 신장하는 것.

아래입술꽃잎 = 하순꽃잎, 하순화판(下脣花瓣), lower lip : 입술 모양의 꽃에서 밑의 꽃잎.

아리디솔, aridisol : 신체계에 의한 토양 분류목의 하나로 반사막 또는 사막토양이 이에 속한다.

아린(芽鱗) = 눈비늘, bud-scale : 겨울눈을 보호하고 있는 비늘모양의 껍질, 아린으로 덮여 있는 눈을 인아(鱗芽), 아린이 없는 겨울눈을 나아(裸芽, naked bud)라 한다. 아린이 서로 포개져 있는 것을 복와상아린(覆瓦狀芽鱗, imbricate), 포개져 있지 않고 서로 맞닿기만 한 것을 섭합상아린(攝合狀芽鱗, valvate)이라고 한다.

아린흔(芽鱗痕), bud scale scar : 아린이 봄에 눈이 틀 때 흔적을 남기고 떨어지는 것.

아마과, Linaceae : 온대에 분포하는 관목 또는 초본으로 6속 150종이 주로 온대에 분포하며 우리나라에 1종 1속이 자생한다. 어긋나거나 마주나는 단엽으로 가장자리가 밋밋하다. 양성화는 총상화서로 달리고, 열매는 삭과이다.

아문(亞門) : 동식물 분류의 한 단위. 문과 강의 중간, 예를 들어 강장동물의 유포아문과 같은 것이다.

아미노산, amino acid : 아미노산은 단백질의 구성단위로서 각종 아미노산이 다수 중합하여 단백질의 1분자가 구성되어 있다. 이들 아미노산으로부터 각종 단백질이 합성되나, 또한 아미노산은 식물체 내에 유리된 형태로서 존재하는데, 유리아미노산의 대부분은 글루탐산과 아스파라긴산으로 되어 있다.

아밀로그램, amylogram : 쌀가루 현탁액을 92~97℃까지 서서히 가열하여 전분을 호화시키고, 호화된 전분을 다시 25~50℃까지 냉각시키는 과정에서 점도 변화를 나타내는 것을 아밀로그래프 또는 아밀로그램이라고 한다.

아밀로오스, amylose : 멥쌀의 전분은 아밀로오스(amylose)와 아밀로펙틴(amylopectin)으로 되어 있는데, amylose함량이 높을수록 찰기[粘度]가 적어 우리나라 사람들의 기호에 맞지 않는다. 일반으로 우리나라 사람의 기호에 맞는 품종들의 쌀의 amylose함량은 17~20% 범위에 있으며, 남방인 열대지방의 인도형 품종은 amylose함량이 25% 이상으로 끈기가 없고 푸석푸석하다. 물론 밥맛을 amylose함량만으로 평가할 수는 없다. 찹쌀은 amylose함량이 거의 없으며 amylopectin으로 되어 있다.

아밀로펙틴, amylopectin : 전분의 구성분인 다당류의 일종. 천연전분에 약 80% 함유되어 있고, 요오드에 의하여 붉은빛을 내타낸다.

아브시스산, abscisic acid : 고등식물에 널리 분포하고 있는 일반적인 생장조절제이며, 또한 많은 종자의 발아를 저해한다. 아브시스산은 잎의 황화, 노화를 촉진하며 낙엽에도 관계한다.

아삽(芽揷), bud cutting, herbaceous cutting : 모체에서 분리한 영양체의 일부를 알맞은 곳에 심어서 발근시켜 독립개체로 번식시키는 것을 삽목이라 한다. 표토에서는 눈 하나만을 가진 줄기를 삽목하는데 이와 같이 눈을 가지고 삽목하여 번식시킬 경우 아삽이라 한다.

아생(芽生) : 몸체의 일부가 발달해서 새로운 개체를 이루는 것. 삼나무의 살눈, 딸기의 러너에서 눈이 나와 자라는 것, 대나무의 땅속줄기에서 눈이 자라는 것 등에서처럼 새로운 개체가 될 수 있는 싹이 돋아내는 현상을 말한다.

아연, zinc(Zn) : 아연(亞鉛)은 촉매 또는 반응조절물질로 작용하며 단백질과 탄수화물의 대사에 관여하고 엽록소의 형성에도 관여한다. 결핍하면 황백화, 괴사, 조기낙엽 등을 초래한다. 감귤류에서는 잎무늬병(斑葉病), 소엽병(小葉病), 결실불량 등을 초래한다.

아욱과, Malvaceae : 열・온대에 분포하는 관목 또는 초본으로 80속 1,500종이며, 우리나라에 6속 13종이 자생한다. 어긋나는 단엽은 탁엽이 있고, 양성화는 엽액에 달리며, 열매는 삭과로 심피가 분리되어 있다.

아원형(亞原形), roundish : 잎의 윤곽이 원형에 가까운 형태.

아접(芽接) = 눈접 : 어미나무의 새 가지에서 잎자루만 남기고 잎을 제거한 후 엽액의 눈을 중심으로 물관부가 약간 붙도록 오려낸 접눈을 접수로 이용하는 접목. 대목에 접눈을 부착시키는 방법에 따라 T자형 눈접과 깎기눈접으로 구분된다.

아조변이(芽條變異), bud mutation : 영양번식식물 특히 과수의 햇가지에 생기는 체세포 돌연변이이다. 우리나라에서 아조변이로 육성한 과수에는 사과 품종은 화랑, 한가위, 고을, 배 품종은 수정, 예왕배, 복숭아 품종은 월봉조생, 월미복숭아, 감귤의 품종은 신익조생, 황금하귤, 애월조생 등이 아조변이로 발생한 품종이다.

아조토박터, Azotobacter : 질소를 고정하는 비공생적이며 유기영양성인 토양미생물로서 호기성이며 일반적으로 인산이 넉넉하고 pH6.0 이상인 토양에서 잘 번식한다.

아종(亞種), subspecies : 식물분류학상 종(種)의 하위단계로 동일한 종(種) 중에서 주로 지역적으로 일정한 차이를 가지는 집단이 인정될 경우에 사용되며, 「명명규약」에서 다루는 최저분류 계급으로 삼명법을 사용한다. 종소명(種小名) 다음에 subsp. 또는 ssp. 다음에 아종명을 쓰고 아종의 명명자를 추가한다. 분류학적으로는 종의 하위계급으로서 개체 간의 차가 독립된 종과 비교하여 크지 않고 변종으로 하기에는 상이점에 많은 생물에 이용되는 소계급을 말한다.

아통(牙痛) = 치통(齒痛) : 이가 아픈 증세. 이앓이.

아편(阿片)중독 : 아편 또는 양귀비를 많이 복용하거나 잘못 복용해서 생기는 증상.

아포과(芽胞果) = 포자낭과(胞子囊果), 홀씨주머니열매, sporocarp : 고등균류, 지의류, 홍조류 등에서 포자를 형성하는 많은 실(室)로 되어 있는 기관. 예) 네가래, 생이가래.

아포믹시스, apomixis : 아포믹시스는 'mix가 없는 생식'을 뜻한다. 아포믹시스는 수정과정을 거치지 않고 배(胚)가 만들어져 종자를 형성하기 때문에 무수정종자 형성이라고도 한다. 아포믹시스는 배를 만드는 세포에 따라서 부정배형성, 무포자생식, 복상포자생식, 위수정생식, 웅성단위생식 등으로 나뉜다.

아포엽(芽胞葉) = 실엽(實葉), 포자엽(胞子葉), 홀씨잎, fertile frond, sporophyll : 양치류에서 볼 수 있는 홀씨주머니가 생기도록 변한 잎. 홀씨 형성 기능이 있는 잎의 총칭.

아포플라스트, apoplast : 원형질막 외측의 세포간극, 원형질이 없는 도관이나 가도관과 같은 자유공간을 말한다. 아포플라스트는 불연속적인데 특히 내피에 형성되어 있는 카스파리대에 의해 연결 상태가 끊긴다.

악(萼) = 꽃받침, calyx, sepals : 꽃의 맨 바깥 부분으로 2개 이상의 꽃받침으로 되어 있음. 내화피와 뚜렷하게 구분되는 외화피. 꽃잎, 암술, 수술을 바깥쪽에서 싸면서 떠받친다. 보통 녹색이지만, 이따금 여러 색깔을 띤다. 꽃받침을 말하며 식물 형태 해부학적으로 볼 때 변형된 잎이다. 개개의 구성 잎을 악편이라고 한다. 보통 녹색을 띠고 두꺼우므로 꽃잎과 쉽게 구분된다.

악독대창(惡毒大瘡) : 흉악하고 독살스러운 부스럼.

악상총포(萼狀總苞) = 외악(外萼), calyculus, epicalyx : 꽃받침 바깥에 포처럼 생긴 꽃받침이 달려 있는 것.

악성종양(惡性腫瘍) : 암(癌).

악심(惡心) : 오심.

악열편(萼裂片), calyx lobe, calyx segmnt : 악의 열편 조각.

악종(惡腫) : 악성의 종양.

악창(惡瘡) : 고치기 힘든 부스럼.

악창종(惡瘡腫) : 고치기 어려운 모진 부스럼.

악통(萼筒) = 꽃받침통, calyx-tube : 합쳐진 꽃받침에서 아래의 통을 이루는 부분.

악편(萼片) = 꽃받침잎, 꽃받침조각, sepal : 꽃받침을 이루는 각 조각이 서로 갈라져 있는 경우 그 떨어져 있는 각각을 뜻함. 보통 녹색이지만 색소를 지녀 꽃잎처럼 보이는 것도 있다.

악혈(惡血) : ① 부스럼에서 나오는 고름이 섞인 피. ② 해산한 뒤에 나오는 굳은 피.

안갖춘꽃[不完全花], incomplete flower : 꽃받침, 꽃잎, 수술, 암술 4가지 기관 중에서 일부가 퇴화되어 없는 꽃.

안개[霧], fog : 극히 작은 물방울이 대기 중에 떠다니는 현상으로 수평시정(水平視程)이 1km 이하인 상태를 말한다. 안개는 증발, 냉각, 혼합 등으로 발생한다. 발생 원인에 따라서 증발무, 전선무, 냉각무, 이류무, 복사무, 활승무, 역전무, 혼합무 등으로 나눌 수 있고, 발생하는 장소에 따라서 해무, 육지무, 호수무, 산무, 분지무, 도시무 등으로 나눈다.

안개해 = 무해(霧害), fog damage : 안개가 잦아서 나타나는 농작물의 피해와 시계(視界) 불량으로 일어나는 교통장해 등을 일컫는다. 안개의 침입을 막을 목적으로 방무림(防霧林)을 조성하면 숲에 안개 입자가 포착될 뿐만 아니라 숲이 난류를 유도하여 안개가 쉽게 걷히게 된다.

안구충혈(眼球充血) : 안구에 혈사(血絲)가 나타나 붉은빛을 띠는 병증.

안면(安眠) : ① 편안히 잠을 자는 것. ② 경외기혈의 하나로 편두통, 현훈 등에 쓰임.

안면(顔面) : 얼굴 부위.

안면경련(顔面痙攣) : 중년 여성에게 흔히 발생하는 증상으로 볼, 입, 목까지 퍼짐.

안면신경마비(顔面神經麻痺) : 근육의 역할을 조정하는 안면이 신경마비가 되는 경우.

안면창백(顔面蒼白) : 얼굴이 푸르거나 희고 핼쑥해서 혈색이 나쁜 경우.

안목상취산꽃차례[雁木狀聚散花序], scorpioid cyme : 꽃자루가 교대로 하나만 남기고 퇴화하여 어긋나기로 발달하는 꽃차례.

안산(安産) = 순산(順産), 순만(順娩) : 아이를 아무 탈 없이 순하게 낳.

안신(安身) : 몸을 편안하게 함.

안신해울(安神解鬱) : 심신(心神)을 안정시켜 정신의 억울함을 가라앉히는 효능.

안심정지(安心定志) : 히스테리 해소. 어떤 일이나 심리적 스트레스를 당하여 히스테리가 심한 경우의 처방.

안염(眼炎) = 안구염(眼球炎), ophthalmia, ophthalmitis : 안구에 생긴 염증.

안오장(安五臟) : 다섯 가지 내장(간장, 비장, 신장, 심장, 폐장)을 편안하게 만들어주는 처방.

안적(顏赤) : 결막에 있는 혈관이 터져 눈의 흰자위와 눈꺼풀을 덮는 막 아래에 출혈이 생김.

안적(眼赤) : 눈이 충혈되는 증상.

안정(眼睛) : 눈동자.

안정피로(眼睛疲勞) : 각막염, 수면 부족 등으로 눈에 피로가 오고 눈이 자꾸 감기는 증상.

안질(眼疾) : 눈병. 눈의 여러 가지 질환 중 특히 염증성 질환을 가리킴.

안쪽감기 = 내절(內切), involute : 잎눈 속에서 잎몸의 양가장자리가 잎몸 안쪽으로 말려든 상태.

안쪽껍질 = 내영(內穎), 속겨, palea : 화본과 식물의 작은 꽃을 싸고 있는 두 개의 꽃싸개 중에 안쪽에 있는 작은 것.

안쪽열매껍질[內果皮], endocarp : 열매껍질을 3층으로 구분하였을 때 제일 안쪽에 위치한 층.

안태(安胎) : 뱃속의 아기에게 또는 산모에게 안정된 상태를 줄 수 있는 처방.

안토시아닌, anthocyanin : 꽃, 과실, 줄기, 잎의 세포액 중에 생기는 적, 자, 청의 배당체색소. 이 색소는 가을에 잎의 착색이나 봄에 약지나 약아의 착색의 원인이 된다.

안티센스알엔에이, anti-sence RNA : 특정 mRNA에 상보적인 염가서열을 가진 RNA로 원래의 mRNA 와 2중 가닥을 형성하여 단백질합성을 억제한다.

알거름 = 실비(實肥), top dressing at ripening stage : 열매의 충실한 발육을 꾀하기 위하여 출수기의 전후에 주는 시비를 알거름 또는 실비라 부른다.

알레로파시 = 상호대립억제작용(相互對立抑制作用), 타감작용(他感作用), allelopathy : 식물체 내에서 생성된 물질이 다른 식물의 발아와 생육에 영향을 미치는 생화학적인 상호반응. 잡초와 작물 간의 생화학적 상호작용은 촉진적인 경우보다 억제적인 경우가 많다.

알뿌리 = 구근(球根), tuber : 구형으로 된 땅속줄기나 뿌리. 땅속의 뿌리가 알 모양으로 살이 쪄 양분을 저장하고 있는 것.

알줄기 = 구경(球莖), corm : 줄기가 저장기관인 것 가운데서 건조한 막질의 잎에 싸여 있으며, 물고기질이거나 비늘조각 모양의 둥근꼴로 되어 있는 것. 땅 속에서 녹말 같은 양분을 갈무리하여 공이나 달걀모양으로 비대한 줄기. 예) 토란, 글라디올러스.

알칼리붕괴도(알칼리崩壞度), alkali digestion value(ADV) : 쌀의 품질평가 중 밥을 지을 때 퍼지는 정도를 검정하는 방법으로, 수산화칼슘(KOH) 1.35% 용액에 쌀알 6알을 넣고 30℃에서 23시간 두었다가 그 퍼지는 정도를 1에서 7까지의 등급으로 표시하며 알칼리붕괴도는 높은 것이 호화온도(湖化溫度)가 낮아 밥 짓기가 쉽고 높은 것은 잘 퍼지지 않는 것을 의미한다.

알칼리성, basic, alkaline : 알칼리와 같이 염기성을 나타내는 성질. 붉은 리트머스지를 청색으로 변화시키며 산과 중화하여 염을 생성하는 성질을 말한다.

알칼리효과 : 토양에 알칼리나 산을 첨가하여 토양반응을 바꾼 다음에 담수하면 유기태질소의 무기화가 촉진된다. 이것은 토양반응의 변화로 난분해성 유기물을 분해할 수 있는 미생물의 종이 활동하여 분해하기 때문이다. 특히, 알칼리의 처리로 나타나는 효과를 알칼리효과라고 한다. 논에 수산화칼슘 100~200kg/10a 정도를 시용하면 알칼리효과가 나타난다.

알피졸, alfisol : 신체계에 의한 토양분류의 목의 하나로서 argillic층과 중간 내지 많은 염기를 함유하고 있다.

암(癌) : 정상세포가 특수한 환경 및 내재적인 요인에 의해 악화되어 정상적인 성장 조절방법을 벗어나 무한대로 증식하는 현상.

암거(暗渠), underdrain : 지하에 배수관을 묻어 물을 빼는 시설을 말한다.

암거배수(暗渠排水), underdrainage, tile drainage : 지하에 고랑을 파서 물을 빼는 방법. 대개 지하에 토관, 목관, 통나무, 돌, 조개껍질 등을 묻어 지표의 물을 신속히 지하로 빠지게 한다.

암극식물(岩隙植物), chasmophyte : 바위의 갈라진 틈에서 자라는 식물.

암꽃 = 자성화(雌性花), 자화(雌花), pistillate flower, female flower : 암술만 있고, 수술은 퇴화하거나 발육이 불완전한 단성의 꽃.

암꽃이삭 = 자화수(雌花穗) : 암나무의 꽃이나 암꽃의 송이.

암꽃차례 = 자화서(雌花序) : 암나무의 꽃이나 암꽃이 배열된 꽃차례.

암내 : 겨드랑이에서 심한 인내(노린내)가 나는 증

암모니아태질소, ammonia plant : 작물이 이용할 수 있는 형태의 질소 가운데서 암모늄이온(NH_4^+) 형태로 존재하는 질소이다.

암모니아화작용, ammonification : 토양 중의 질소가 암모늄태질소인 NH_4^+이온으로 변하는 일. 토양에는 여러 가지 형태의 질소가 있으며 이들은 각종 세균의 작용을 받아 여러 가지로 변한다. 특히 유효태질소인 암모늄태와 질산태질소로 변하는 과정이 중요하다.

암반응(暗反應), dark reaction, carbon dioxide fixation : 식물의 광합성은 태양의 광에너지를 화학에너지로 변화시키는 명반응과 그 화학에너지를 이용하여 탄산고정을 하는 암반응으로 구성되어 있다. 암반응은 온도의 변화에 민감하게 반응하나 광과 관계없이 일어나며 명반응 과정에서 생성된 ATP와 NADPH를 이용 CO_2를 고정하여 탄수화물 등으로 전환시키는 반응단계이다.

암세포살균(癌細胞殺菌) : 암을 이루는 세포를 죽임.

암쇄토(岩碎土) : 기암 위에 얇은 표토층을 갖는 것으로 토양 발달이 거의 없으며 급한 경사면에서 보통 볼 수 있다.

암수같은그루 = 암수한그루, 일가화(一家花), 자웅동주(雌雄同株), 자웅일가(雌雄一家), monoecious, monoecism : 암꽃과 수꽃이 한 그루에 함께 달리는 경우. 예) 오이, 밤나무, 자작나무.
암수다른그루 = 암수딴그루, 이가화(二家花), 자웅이가(雌雄異家), 자웅이주(雌雄異株), dioecious, dioecism : 암꽃과 수꽃이 각각 다른 그루에 달림. 예) 버드나무, 은행나무.
암수딴그루[雌雄異株], dioecious : 암꽃과 수꽃이 각각 다른 그루에 달린 것.
암수한그루[雌雄同株], monoecious : 암꽃과 수꽃이 한 그루에 있거나 양성화가 피는 것.
암술 = 자예(雌蕊, 雌蘂), pistil : 열매를 만드는 기관. 암술머리, 암술대, 씨방으로 되어 있다. 보통 한 송이에 1개씩 있지만 2개 이상 있는 경우도 있다. 종자식물 꽃의 중심에 위치하는 자성생식기관은 식물에 따라 하나 또는 몇 개가 있으며, 자방, 주두, 화주의 세 부분으로 되어 있다. 자방의 암술의 기부의 팽창된 부분으로 그 속에 종자가 되는 배주가 들어 있다. 주두는 암술의 최상단에 있어 화분이 부착되는 장소로 어떤 것은 융모가 있고, 어떤 것은 점액이 분비되어 수분(受粉)에 적당한 구조로 되어 있다.
암술군[雌蕊群], gynoecium : 하나의 꽃에 있는 암술 또는 심피 전체를 지칭한다.
암술대 = 화주(花柱), style : 암술머리와 씨방 사이에서 암술머리를 받치는 기관. 모양과 개수가 종에 따라 달라서 식물을 분류하는 기준으로 중요하다.
암술머리 = 주두(柱頭), stigma : 꽃가루를 받는 암술의 일부분으로 통상 암술대의 끝부분을 말함.
암술선숙[雌蘂先熟], protogyny : 양성꽃에서 암술이 수술보다 먼저 성숙하는 현상.
암이삭[雌穗], ear : 옥수수, 밀, 보리, 벼 등의 이삭, 열매.
압력포펜셜, pressure potential : 식물세포 내에서의 벽압이나 팽압에 의해 생기는 수분포텐셜이다. 일반적으로 압력이 주어지면 압력포텐셜이 증가하고 아울러 수분포텐셜이 증가하기 때문에 압력을 받은 쪽에서 반대방향으로 수분은 이동한다. 식물체에서 압력포텐셜은 전체 수분포텐셜에서 삼투포텐셜을 뺀 값이다.
애기(噯氣) : 구조적 이상과 관련이 없는 상복부의 불편함 때문에 위(胃)로부터 입을 통해 기체를 내뿜는 트림.
애멸구 : 벼에 가장 많이 해를 주는 멸구과에 속한 곤충의 하나. 이 벌레의 발생은 봄 못자리 때부터 가을 수확 때까지 흡즙 가해하며 특히 바이러스에 의한 벼의 줄무늬잎마름병, 검은줄오갈병을 매개한다.
애벌갈이 : 전년에 벼를 재배했던 논을 축력이나 동력을 이용하여 가을 또는 이른 봄에 처음 갈아엎는 일을 애벌갈이라고 하며, 그 후 이앙 전에 두 번째로 다시 갈아엎는 일을 두번갈이라고 한다. 지력증진을 위한 유기질비료는 애벌갈이 때에 반드시 넣고 갈아엎는 것이 효과적이다.
액과(液果) = 물열매, 장과(漿果), berry, sap fruit : 고기질로 되어 있는 벽 안에 많은 씨가 들어 있는 열매. 과피가 다육질이고 다즙한 열매. 예) 포도, 호박, 감.
액비(液肥), liquid manure : 액체상태의 비료를 통틀어서 말하며 간단히 액비라고 하며, 이것은 고체상태의 비료와는 달리 액체상태로 사용하는 비료인데 원제는 액상이거나 분말상으로 되어 있다. 분말상의 원제는 물에 녹여서 사용하고 액상의 원제는 물로 적당한 농도까지 희석하여 사용하며 이 비료 역시 그 용도에 따라 토양용, 수경재배용 및 엽면살포용으로 나뉜다.

액상(液相), liquid phase : 토양은 고체, 액체, 기체로 구성되어 있는데 이것을 각각 고상, 액상, 기상 그리고 3자를 일괄해서 토양 3상이라고 하며 또한 이들의 용적비율을 3상분포라 하여 토양의 물리성을 결정하는 중요한 지표가 된다. 액상은 공극의 일부 혹은 전부를 채우고 있는 수분이며 토양수 또는 토양용액이라고도 함. 액상의 조성은 토양의 종류, 환경조건, 관리상태 등에 따라 따르며, 유기물질과 무기물질이 용존해 있는 수용액. 기상은 공극 내의 물로 채워지지 않는 부분에 존재하는 공기이며, 또한 고상은 무기입자의 크기에 따라 모래와 점토로 구분하며 유기물에는 동식물유체, 부식 등이 포함된다.

액생(腋生) = 겨드랑이나기, 고생(高生), axillary, solitary : 꽃이나 잎이 겨드랑이에 붙어 있는 것.

액아(腋芽) = 겨드랑이눈, 측아 axillary bud, lateral bud : 곁눈의 일종으로 잎의 겨드랑이에 달리는 겨울눈으로 보통 한 개씩 달림. 줄기의 마디 엽액에 분화되어 장차 새 가지나 잎이 될 눈이다.

액제(液劑), liquid formulation : 수용성의 액제상태의 약제로서 주제(主劑)를 물에 녹여 계면활성제나 동결방지제를 첨가하여 만들며 물에 희석하여 도포, 주입, 침 지, 토양 혼화, 살포 등의 방법으로 사용한다.

액취(腋臭) = 호취(狐臭) 호취(胡臭), 체기(體氣), 액기(腋氣), 액취증(腋臭症), 암내 : ① 겨드랑이에서 역한 냄새가 나는 것. ② 유방, 배꼽, 외생식기, 항문 주위 등에서 역한 냄새가 나는 것.

액침표본(液浸標本), liquid specimen : 생물체를 glycerin-alcohol 혼합액에 보존하는 표본.

앵미(赤米), red rice : 쌀 속에 섞여 있는 겉이 붉고 질이 낮은 쌀. 적미, 조려 종피 중의 안층에 적갈색 색조가 침적되어 있는 쌀이다.

앵초과, Primulaceae : 열 · 온대에 분포하는 초본으로 20속 1,000종이며, 우리나라에 9속 23종이 자생한다. 근경이 옆으로 기며, 단엽은 근생엽과 경생엽으로 구분되고 잎은 어긋나거나 마주나고 또는 돌려난다. 총상화서나 원추화서에 한 송이씩 달리는 꽃은 양성화이고, 열매는 삭과이며 종자에 배유가 있다.

야간조파(夜間照破), dark break, light interruption, night break : 밤의 연속 암기 중에 일정 시간 동안 광을 조사함으로써 광주반응을 변화시키는 방법. 일명 광중단이라고 하는데 단일상태에서 야간조파를 하면 장일과 같은 효과를 나타낸다.

야뇨(夜尿) : 경외기혈의 하나로 유뇨증, 요실금의 치료에 쓰며 야간에 보는 소변.

야뇨증(夜尿症) : 뇌의 통제력이 약할 경우 무의식중에 소변을 보는 경우. 밤에 무의식적으로 소변을 봄.

야맹증(夜盲症), night blindness : 약한 빛 상태에서 사물을 볼 수 없는 증상. 밤소경증이라고도 한다. 선천성과 후천성이 모두 유전된다. 후천성은 비타민 A의 부족으로 간상세포 안의 시홍의 재합성이 떨어져 어둠에 대한 순응이 늦어지는 증상이다.

야생벼[野生稻], wild rice : 들이나 산에서 자라난 벼, 야생미.

야생종(野生種) = 원종(原種), wild species : 어떤 작물의 야생하는 원형식물.

야생형(野生型), wild type : 돌연변이형에 대응하여 보통 자연상태에서 나타나는 정상형을 가리킨다. 또한 야생집단 중에서 가장 높은 빈도로 보이는 표현형을 갖는 계통을 말한다.

야생화(野生花) = 들꽃, wild flower : 산과 들에서 저절로 자라서 피는 꽃으로 들꽃이라고 부르기도 한다.

야제증(夜啼症) : 동통이나 공복 또는 특별한 원인 없이 밤이 되면 발작적으로 우는 병.

약(藥) : ① 병을 치료하거나 건강을 보호하기 위해 만들어 쓰는 물질. ② 화약의 준말.

약(弱) : 몸이 약한 것.

약(葯) = 꽃밥, anther : 수술의 일부분으로 꽃가루를 만드는 주머니. 수술의 끝에 달려 꽃가루를 만들어 담는 기관. 종에 따라 크기나 모양이 다르며 익으면 터지거나 뚫리면서 꽃가루가 나온다(소포자낭).

약격(葯隔) = 꽃밥부리, connective : 꽃밥을 이루는 2실이 분리되어 있는 경우 2실 사이를 연결하는 조직.

약료식물(藥料植物), medical plants : 약의 원료가 되는 모든 식물.

약료작물(藥料作物), medical crops : 약료식물 중에서 약을 원료를 생산할 목적으로 재배하는 작물. 예) 당귀, 황기, 인삼, 도라지, 고본, 지황 등.

약물중독(藥物中毒) : 약물이 위에 들어가 혈압의 저하가 오고 두통과 구토를 비롯하여 위화감을 느끼고 사지나 혀, 입술 등에 특유의 마비현상, 감각 또는 호흡장애가 오는 것.

약배양(葯培養), anther culture : 약이란 수술의 꽃가루 주머니, 미숙한 약을 실험실 내에서 키워 새로운 개체를 얻는 조직배양의 일종이다.

약세화(弱勢化) : 벼의 꽃은 한 이삭에 착생한 위치에 따라서 세력이 강한 것과 약한 것이 있는데 세력이 약한 꽃을 약세화라 칭한다.

약실(葯室), theca, anther loculus : 꽃밥은 대개 4실로 이루어져 있는데, 그 각각을 말한다.

약용(藥用) : 약으로 씀.

약탈농법(掠奪農法), exploitive farming : 지력을 보충해주지 않고 계속 작물을 재배하는 농업 형태. 원시농경시대에는 파종만 하고 수확 때 와서 거두어가기만 했으며 지력이 떨어지면 다른 장소로 옮겨 농사를 지었는데 이것이 약탈농법이다.

약화(弱火) : 약한 불.

얇은열매 = 수과(瘦果), achenium, achene, akene : 성숙해도 열매껍질이 작고 말라서 단단하여 터지지 않고, 가죽질이나 나무질로 되어 있으며, 1방에 1개의 씨가 들어 있는 얇은 열매껍질에 싸인 민들레 씨와 같은 열매.

양궐사음(陽厥似陰) : 몸에 신열이 난 후, 몸 안에 열이 막히고 팔다리에 양기가 전달되지 않아 손발이 차가워지며 겉으로는 음종과 유사한 한증이 나는 병. 신체 내의 양기가 극에 도달하면 음으로 하강되지 않아서 나타나는 극단적인 증상으로 오한이 들고 몸이 떨리고 심하면 각궁반장을 일으킴.

양귀비과, Papaveraceae : 열·온대에 분포하는 초본으로 30속 500종이며, 우리나라에 6속 16종이 자생한다. 어긋나는 잎은 우상복엽이고 탁엽이 없다. 양성화는 1송이씩 달리거나 산형화서이고, 열매는 삭과이다.

양기(涼氣) : 서늘한 기운.

양기(陽氣) : ① 음기와 상대되는 말. ② 남자의 성적 기능. ③ 체표 부위, 경락, 우신(右腎) 등 인체의 양부(陽部)에서 작용하는 기능. 하기(下氣) 및 정력(精力)을 나타내기도 함.

양기(養氣) : 몸과 마음의 원기를 기르는 것.

양기혈(養氣血) : 기혈을 도움.

양면잎[兩面葉], bifacial leaf : 잎 앞뒷면의 색과 조직이 다른 잎. 예) 보리수.

양면적응성잡초(兩面適應性雜草) = 양면성잡초(兩面性雜草), 임의잡초(任意雜草), facultative weeds : 야생으로도 자라고 인간과 밀접하게도 자라는 잡초.

양모(養毛) : 머리카락이 잘 자라게 하는 방법.

양모(羊毛), wool : 양의 털.

양모발약(養毛髮藥) : 머리 나는 약. 인위적으로 또는 어떤 병의 후유증으로 머리가 빠진 상태를 개선.

양봉(養蜂), beekeeping : 꿀벌을 키우면서 벌꿀과 밀랍, 그 밖의 부산물을 생산하여 경제적 이득을 추구하는 산업. 꿀, 밀랍 이외의 부산물로 로얄제리, 꽃가루 등이 있다.

양생식물(陽生植物) = 양지식물(陽地植物), sun plant : 광보상점이 높아서 그늘에 적응하지 못하고 양광하(陽光下)에서만 잘 자라는 식물.

양성잡종(兩性雜種), dihybrid : 두 가지 형질의 유전자가 대립되어 있는 잡종이다.

양성화(兩性花) = 쌍성꽃, 양성꽃, 완전화(完全花), bisexual flower, hermaphrodite flower, complete flower : 암술, 수술이 한 꽃에 다 있는 것.

양수(陽樹) : 수목 중에 특히 햇빛을 좋아하는 나무의 종류. 음수는 반대로 햇빛을 싫어하는 나무.

양순형(兩脣形) = 순형(脣形), 입술모양, bilabiate, labiate : 부정제화관에 속하며 꿀풀과 및 현삼과의 꽃처럼 위아래의 2개 꽃이 마치 입술처럼 생긴 것.

양열(釀熱) : 낙엽, 짚, 퇴비 등의 유기물이 미생물에 의해 분해될 때 발생하는 열. 이러한 열을 이용하여 모종을 가꾸는 묘상을 양열온상이라 하고 짚이나 퇴비 등을 양열재료라고 한다.

양위(陽萎) : 정기의 흐름이 정체하지 않도록 정력과 양기를 북돋워주기 위한 처방.

양음(陽陰) : 양기와 음기.

양음생진(養陰生津) : 음분(陰分)과 진액(津液)을 보태는 효능.
양음윤조(養陰潤燥) : 조열의 사기로 인해서 폐·위의 진액 손상을 치료하는 방법.
양음익폐(養陰益肺) : 폐(肺)에 진액(津液)을 보태주어 기능을 잘 하도록 하는 효능.
양음청폐(養陰淸肺) : 폐열음허를 치료하는 방법.
양이온교환 : 토양교질의 확산 2중층 내부의 양이온과 유리양이온이 그 위치를 서로 바꾸는 양이온교환 또는 양이온치환이라고 한다.
양이온교환용량, cation exchange capacity(CEC) : 일정한 토양 또는 교질물이 가지고 있는 치환성 양이온의 총량을 당량으로 표시한 것으로 양이온 치환용량이라고도 한다. 토양이나 교질물 100g이 보유하는 치환성 양이온의 총량을 mg당량으로 표시한다.
양잠(養蠶) : 뽕나무를 기르고 누에를 사육하여 비단실을 생산하는 농업의 한 분야이다.
양적형질(量的形質), quantitative trait : 무게, 길이, 크기 등과 같이 양으로 표시할 수 있는 유전형질로 분리세대에서 연속변이하는 형질로 폴리진에 의해 지배되고 환경의 영향을 크게 받으며 양적 형질의 유전현상을 양적 유전이라고 한다.
양접(楊接), indoor grafting : 대목을 옮겨 심은 뒤에 접목하는 방법, 들접.
양정(陽挺) : 음경.
양정신(養精神) : 정기와 신기를 북돋우는 것.
양질미(良質米), high grade rice : 쌀의 품질이 우수하여 밥맛이나 가공적성이 양호한 것을 말한다.
양쪽 끝이 약간 눌린 구형, spheroidal : 거의 구형이나 횡단면은 타원형인 것.
양쪽이 볼록한, lenticular, biconvex : 볼록렌즈처럼 두 개의 볼록한 면을 지닌 원반형 상태.
양쪽이 오목한, biconcave : 양쪽이 오목한 형태(상태).
양체수술 = 양체웅예(兩體雄蕊, 兩體雄蘂), diadelphous stamen : 콩과식물에서 화사가 2개로 합쳐져 수술이 2개의 군으로 묶여진 것. 합생웅예 중에서 수술대가 2개로 합쳐져 있는 것. 예) 콩과.
양체웅예(兩體雄蕊, 兩體雄蘂) = 양체수술, diadelphous stamen : 콩과식물에서 화사가 2개로 합쳐져 수술이 2개의 군으로 묶여진 것. 합생웅예 중에서 수술대가 2개로 합쳐져 있는 것. 예) 콩과.
양치류(羊齒類), ferns : 양치식물 pteridophyta의 양치강(pteropsida)을 말하는 것.
양치식물 근경의 형태 : 단형(短形, short-creeping), 짧은 근경.
양치식물 근경의 형태 : 사상형(斜上形, ascending), 비스듬히 서기.
양치식물 근경의 형태 : 수목상(樹木狀, caudex).
양치식물 근경의 형태 : 장형(長形, long-creeping), 긴 근경.
양치식물 근경의 형태 : 총생(叢生, tufted).
양치식물 엽과 우편의 형태 : 난상삼각형(卵狀三角形, ovate deltoid).
양치식물 엽과 우편의 형태 : 난상장타원형(卵狀長楕圓形, ovate oblong).

양치식물 엽과 우편의 형태 : 난형(卵形, ovate).

양치식물 엽과 우편의 형태 : 낫모양[겸형(鎌形), falcate].

양치식물 엽과 우편의 형태 : 능형(菱形, rhomboid).

양치식물 엽과 우편의 형태 : 선상장타원형(線上長楕圓形, linear oblong).

양치식물 엽과 우편의 형태 : 선형(線形, linear).

양치식물 엽과 우편의 형태 : 신월형(新月形, crescent-shaped).

양치식물 엽과 우편의 형태 : 신장형(腎臟形, reniform or kidney-shaped).

양치식물 엽과 우편의 형태 : 오각형(五角形).

양치식물 엽과 우편의 형태 : 이두형(二頭形).

양치식물 엽과 우편의 형태 : 이차형(二叉形, bifurcate).

양치식물 엽과 우편의 형태 : 장타원형(長楕圓形, oblong).

양치식물 엽과 우편의 형태 : 주걱형[(시형(匙形), spatulate].

양치식물 엽과 우편의 형태 : 창형[극형(戟形), hastate].

양치식물 엽과 우편의 형태 : 타원형(楕圓形, elliptic).

양치식물 엽과 우편의 형태 : 평행사변형(平行四邊形).

양치식물 엽과 우편의 형태 : 피침형(披針形, lanceolate).

양치식물 엽연과 인편의 가장자리 : 개출(開出), 젖혀진다.

양치식물 엽연과 인편의 가장자리 : 도착(倒着), 거꾸로 붙는다.

양치식물 엽연과 인편의 가장자리 : 둔거치(鈍鋸齒, crenate).

양치식물 엽연과 인편의 가장자리 : 세모상(細毛狀, ciliate), 가는 털.

양치식물 엽연과 인편의 가장자리 : 소예거치(小銳鋸齒, serrulate).

양치식물 엽연과 인편의 가장자리 : 순착(楯着), 가운데가 붙는다.

양치식물 엽연과 인편의 가장자리 : 압착(壓着), 전체가 붙는다.

양치식물 엽연과 인편의 가장자리 : 예거치(銳鋸齒, serrate).

양치식물 엽연과 인편의 가장자리 : 장녹모(長緣毛, fimbriate).

양치식물 엽연과 인편의 가장자리 : 전연(全緣, entire).

양치식물 엽연과 인편의 가장자리 : 즐치상(櫛齒狀, pectinate), 빗살모양.

양치식물 엽연과 인편의 가장자리 : 치아상거치(齒牙狀鋸齒, dentate).

양치식물 엽연과 인편의 가장자리 : 파상형(波狀形, repand or undulate).

양치식물 엽연과 인편의 가장자리 : notch형(notch-shaped).

양치식물 우편의 기부 : 심장저(心腸底, cordate).

양치식물 우편의 기부 : 쐐기형[설저(楔底), cuneate or wedge-shaped].

양치식물 우편의 기부 : 원저(圓底, rounded).

양치식물 우편의 기부 : 이수형(耳垂形).

양치식물 우편의 기부 : 이저형(耳底形, auriculate).

양치식물 우편의 기부 : 절저(截底), 평저(平底, truncate).

양치식물 우편의 기부 : 흘러서 날개가 되는 형.
양치식물 우편의 선단부 : 꼬리형[미상(尾狀), caudate].
양치식물 우편의 선단부 : 낫 모양[겸형(鎌形), falcate].
양치식물 우편의 선단부 : 둔두(鈍頭, obtuse).
양치식물 우편의 선단부 : 보리까락형[곡침형(穀針形), aristate].
양치식물 우편의 선단부 : 예두(銳頭, acute).
양치식물 우편의 선단부 : 예철두(銳凸頭, cuspidate).
양치식물 우편의 선단부 : 원두(圓頭, rounded).
양치식물 우편의 선단부 : 절두(截頭), 평두(平頭, truncate).
양치식물 우편의 선단부 : 젖꼭지형[유두형(乳頭形), mucronulate]
양치식물 잎의 갈라진 형태 : 2회우상(bipinnate).
양치식물 잎의 갈라진 형태 : 3회우상(tripinnate).
양치식물 잎의 갈라진 형태 : 단엽(單葉, simple).
양치식물 잎의 갈라진 형태 : 단우상열(pinnate).
양치식물 잎의 갈라진 형태 : 심열(深裂, pinnatified).
양치식물 잎의 갈라진 형태 : 장상열(掌狀裂, palmatifid).
양치식물 잎의 갈라진 형태 : 전연(全緣, entire).
양치식물 잎의 갈라진 형태 : 전열(全裂, parted).
양치식물 잎의 갈라진 형태 : 조족상열(鳥足狀裂, pedate).
양치식물 포막의 형태 : 그릇형[명형(皿形)].
양치식물 포막의 형태 : 방패형[순형(楯形), circular and peltate].
양치식물 포막의 형태 : 선형(線形, elongate along vein).
양치식물 포막의 형태 : 스쿠프형(scope形, scope-shaped).
양치식물 포막의 형태 : 엽연의 연생[외형(外向), elongate on margin].
양치식물 포막의 형태 : 엽연의 위포막(僞包膜)[단생(單生), false indusium].
양치식물 포막의 형태 : 엽연의 위포막(僞包膜)[연생(連生), false indusium].
양치식물 포막의 형태 : 원신형(圓腎形, reniform or kidney-shaped).
양치식물 포막의 형태 : 이판상[이매패상(二枚貝形), valvate].
양치식물 포막의 형태 : 자루형[대형(袋形)].
양치식물 포막의 형태 : 컵형(cup形, cup-shaped).
양치식물 포막의 형태 : 트럼펫형(trumpet-shaped).
양치식물 포막의 형태 : 포켓트형[낭형(囊形), pocket-shaped].
양치식물 포자낭군의 형태 : 갈고리형(hooked).
양치식물 포자낭군의 형태 : 마주보기형.
양치식물 포자낭군의 형태 : 말굽형[斜馬蹄形].
양치식물 포자낭군의 형태 : 배중(背中) 배 가운데 합침.

양치식물 포자낭군의 형태 : 선형(線形, linear).

양치식물 포자낭군의 형태 : 엽연(葉緣)에 이어나기.

양치식물 포자낭군의 형태 : 엽연(葉緣)에 튀어나기.

양치식물 포자낭군의 형태 : 엽연(葉緣)에 하나씩 나기.

양치식물 포자낭군의 형태 : 엽연(葉緣)에 합쳐나기.

양치식물 포자낭군의 형태 : 엽이면(葉裏面)에 부착.

양치식물 포자낭군의 형태 : 원형(圓形, rounded).

양치식물 포자낭군의 형태 : 타원형(楕圓形, elliptical).

양치식물(羊齒植物), pteridophyte : 뿌리, 줄기, 잎을 갖고 관다발이 있으며, 무성세대에서 만들어진 포자가 자라서 전엽체를 형성하고 여기에서 만들어진 정자와 난세포가 정받이 하는 식물.

양치잎, frond : 양치류 잎의 기재용어.

양치잎자루, stipe : 양치류의 잎자루를 종자식물의 잎자루와 구별하기 위해 쓰는 용어.

양토(壤土) loam: 입자의 직경이 0.002mm 이하인 점토함량이 25~37.5%로서 모래토양과 점질토양의 중간토양. 모래나 가는 모래 그리고 점토입자가 알맞게 섞여 있어 다루기가 좋은 흙으로 농작물 재배에 가장 이상적인 토양이다.

양혈(養血) : 보혈.

양혈거풍(養血祛風) : 약재를 써서 피를 도우며 몸속의 풍(風)을 없애고 정신을 맑게 해줌.

양혈거풍(養血祛風) : 혈을 보하여 풍사를 제거하는 치법.

양혈근력(養血筋力) : 혈액을 좋게 하여 근력을 증강시킴.

양혈산어(凉血散瘀) : 혈을 식히고 어혈을 푼다.

양혈소반(凉血消斑) : 혈(血)을 맑게 하여 몸의 반점을 없애는 효능.

양혈소옹(凉血消癰) : 혈분의 열사를 치료해서 부스럼을 치유하는 방법.

양혈소종(凉血消腫) : 혈을 식히고 부종을 빼냄.

양혈식풍(凉血熄風) : 혈(血)을 맑게 하여 풍(風)을 없애는 효능.

양혈안신(養血安神) : 혈(血)을 자양(滋養)하여 심신(心神)을 안정시키는 효능.

양혈자음(養血滋陰) : 혈을 자양하고, 음기(陰氣)를 기르는 효능.

양혈지리(凉血止痢) : 혈분(血分)의 열사(熱邪)를 제거하여 설사를 멈추게 하는 방법.

양혈지혈(凉血止血) : 양혈(凉血)함으로써 지혈하는 효능.

양혈해독(凉血解毒) : 혈분(血分)에 열독(熱毒)이 몹시 성한 병증을 치료하는 방법.

양형(養形) : 육체를 기르는 양생법의 하나. 호흡조절이나 운동, 섭생(攝生) 따위로 몸과 마음의 건강을 증진하는 것.

얕게 갈라지다, lobed : 잎몸이 가장자리에서 주맥으로 1/8-1/4 정도까지 갈라진 모양.

어긋나기 = 호생(互生), alternate phyllotaxis : 마디마다 1개의 잎이 줄기를 돌아가면서 배열한 상태.

어깨결림 : 어깨관절의 통증과 경직 또는 결리는 증세.

어독(魚毒) : 물고기를 먹고 생긴 병.

어린모 = 유묘(幼苗), 10-day old seedling : 엽령 2.0~2.5를 기준으로 약모, 성모에 대응하는 말. 육묘나 이식 등의 기계화에 적당하고 육묘기술의 발전에 따라 수도작 생력화에 크게 공헌하고 있다.

어린뿌리[幼根], radicle : 씨 안에 있는 배의 첫 번째 뿌리.

어린이삭 = 유수(幼穗) : 벼, 보리 등 화곡류에서 출수 전의 엽에 싸여 있는 이삭을 말한다.

어중독(魚中毒) : 어독(魚毒)을 먹고 중독된 것.

어혈(瘀血) = 어혈증(瘀血症), 혈어(血瘀), 적혈(積血), 건혈(乾血) : 허로손상으로 혈이 몹시 부족하여 피가 잘 돌지 못하고 한곳에 남아 있어 생기는 병.

어혈동통(瘀血疼痛) : 어혈로 인한 동통을 이르는 말.

어혈복통(瘀血腹痛) : 타박을 받았거나 월경 때, 출산 후 기혈(氣血)이 잘 돌지 못하여 굳은 피가 몰려 생기는 복통(腹痛)의 하나.

억제재배(抑制栽培), retarding culture : 재배적기보다 늦은 시기에 재배하는 방법. 불량환경, 병충해 등으로 생산이 불안정하지만 시장성이 좋아 높은 소득을 올릴 수 있어 원예작물이 많이 성행되고 있다.

언어장애(言語障碍) : 발음 불명, 말더듬기, 실어증 따위의 언어장애 현상.

언지법(偃枝法), = 휘묻이 : 가지를 휘어서 일부를 흙속에 묻는 방법이며, 모양에 따라 보통법(普通法), 선취법(先取法), 파상취법(波狀取法), 당목취법(撞木取法) 등으로 구분된다.

얼룩점 = 무늬점, 반점(斑點), dotted : 기름점 또는 검은점이 있는 것.

얼티졸, ultisol : 신체계에 의한 토양분류 10목 중 하나로 argillic층에 염기함량이 낮은 토양을 말한다.

에스렐 = 에세폰, ethrel : 분자식 $ClCH_2CH_2PO(OH)_2$-2chloro ethyl phosphonic acid를 주성분으로 하여 만든 식물생장조절제. 식물체 내에 흡수되면 서서히 분해되면서 에틸렌가스를 발생시켜 생육을 조절하게 하는 약제이다. 잎이나 과실의 착색촉진, 숙기촉진제로 이용된다.

에틸렌, ethylene : 성숙에 관여하는 식물호르몬의 일종. 분자식이 C_2H_4로 기체상태이다. 주요한 생리작용은 과실의 성숙촉진, 신장생장저해 및 비대 생장촉진, 낙엽낙과 등 기관의 탈리층 형성촉진 등이 있다.

엑손, exon : 단백질을 지정하는 DNA 염기서열이다.

엔실리지, ensilage : 옥수수, 쌀보리 등의 푸른잎 혹은 채소쓰레기, 고구마 덩굴 따위를 잘게 썰어 사일로에 채워 젖산 발효시킨 가축사료이며 또한 사일리지라고도 한다.

엔티졸, entisole : 신체계에 의한 토양분류 10목 중 하나로 발달이 약한 토양이며, 비성대토양의 대부분이다.

여교배(戾交配), back cross : 실용적이 아닌 품종의 단순유전을 하는 유용형질을 실용품종에 옮겨 넣을 목적으로 비실용 품종을 1회친으로 하고 실용품종을 반복친으로 하여 연속적으로 또는 순환적으로 교배하는 것을 여교배라 하고, 여교배를 통해 얻어진 유용형질이 도입된 우량개체를 선발해서 새 품종으로 고종해가는 육종법을 여교잡육종법이라고 한다.

여교배육종(戾交配育種), backcross breeding : 우량품종에 한두 가지 결점이 있을 때 이를 보완하는데 효과적인 육종방법이다. 여교배(backcross)는 양친 A와 B를 교배한 F_1을 양친 가운데 어느 한쪽과 다시 교배하는 방법이다. 여교배한 잡종은 BC_1F_1, BC_1F_2…… 등으로 표시한다. 여교배를 여러 번 할 때 처음 한 번만 사용하는 교배친을 1회친(donor parent)이라 하고, 반복해서 사용하는 교배친은 반복친(recurrent parent)이라고 한다.

여교잡(戾交雜) : A품종과 B품종이 교배에 의해 얻어진 잡종 제1세대(F_1)를 그 양친 A, B 중 어느 한쪽과 다시 교배시키는 것. 즉, (A×B)×A 또는 (A×B)×B 의 교잡을 말한다. 비실용적인 품종의 우수형질을 실용적인 품종에 옮기는 데 매우 유리한 방법이다.

여드름 : 신체의 모낭(毛囊) 주위의 피지선 이상으로 인해 발생하는 피부질환.

여러몸수술[多體雄蕊], polyadelphous stamen : 수술대가 기부에서 모여 여러 개의 뭉치를 이룬다. 예) 물레나물.

여러암술꽃[多雌蕊花], polygynous : 암술 또는 암술대가 여러 개인 꽃. 예) 산딸기속.

여러해살이 = 다년생(多年生), perennial : 2년 이상 개체가 생존하는 성질.

여러해살이풀 = 다년초(多年草), 다년생초본(多年生草本), 숙근초(宿根草), herbaceous perennial plant, perennial herb : 여러 해 동안 살아가는 풀. 3년 이상 잇따라 여러 해를 사는 풀. 겨울에 땅 위의 기관은 죽어도 땅 속의 기관은 살아서 이듬해 봄에 다시 새싹이 돋는다.

여름작물[夏作物], summer crops : 봄에 파종하여 여름철을 중심해서 생육하는 일년생 작물.

여름잡초 = 여름형잡초, 하생잡초(夏生雜草), 하잡초(夏雜草), summer weed : 봄에 발생하여 여름에 피해가 많고 가을에 결실하는 것. 예) 바랭이, 여뀌, 명아주, 피, 강아지풀, 방동사니, 비름, 쇠비름, 미국개기장 등.

여섯줄보리 = 육조대맥(六條大麥) : 일반 보리를 말하며 이삭의 보리 낱알이 6조로 착생되어 있는 것을 가리킨다.

역기(逆氣) : 기가 상승되는 것.

역리(疫痢) = 역독리(疫毒痢), 시역리(時疫痢) : 전염성이 강하고 중하게 경과하는 병증.

역병(疫病) : 감자, 토마토 등에 걸리는 곰팡이병의 일종이다.

역상(逆上) : 기가 아래에서 위로 치밀어 오르는 것.

역자(逆刺), restrose hairs : 끝이 밑을 향하는 가시. 예) 꼭두서니의 털.

역자모(逆刺毛), barbet trichome : 짧고 딱딱하며, 화살촉 모양으로 굽어져 있는 털.

역전층(逆轉層), inversion layer : 기상요소의 고도분포가 보통과 다르게 거꾸로 되는 현상을 말한다. 주로 기온이 역전하고 있는 기층을 역전층이라고 한다. 즉, 찬 공기 위에 따뜻한 공기가 겹쳐 있을 때의 경계면이 어느 정도 두께를 유지하고 있는데, 이는 야간의 복사냉각에 따라 찬 공기가 경사면을 타고 아래로 흘러들어 접지역전이 일어나기 때문이다. 기온의 역전은 분지 과수원의 개화기 동해와 밀접한 관계가 있다. 따라서 분지에서는 저층의 바닥보다 높은 곳에 재식된 과수가 피해가 적다.

역질(疫疾) : 강한 유행성과 전염성을 지닌 질병의 하나. 대부분 계절적으로 유행하는 여기(厲氣)가 입과 코를 통해 몸 안으로 침입함으로써 발생함.

역질답 : 자갈성분이 많은 토양을 말한다.

역향(逆向), retrorse : 끝이 밑을 향하는 것.

연견(軟堅) : 굳은 부위를 유연하게 하는 약물치료.

연견소적((軟堅消積) : 대변(大便)이나 종괴(腫塊) 등의 딱딱하게 굳은 것을 무르게 하고 적취(積聚)를 제거하는 효능.

연골증(軟骨症) : 나이가 어려서 뼈가 채 크지 않거나 단단해지지 않는 경우.

연골질(軟骨質), cartilaginous : 단단하지만 유연성을 가진 것.

연관(連關), linkage : 같은 염색체에 두 개 이상의 유전자가 함께 있는 현상. 우성유전자끼리 또는 열성유전자끼리 연관된 것을 상인, 우성유전자와 열성유전자가 연관된 것을 상반이라 한다.

연도(軟度) : 점질의 액체가 그 모양을 변형시킬 때 저항하는 힘의 정도이다.

연륜(年輪) = 나이테, annual ring : 전년도의 추재와 그 다음해의 춘재 사이에 있는 생장층의 한계가 현저한 환으로 줄기나 뿌리를 가로로 자르면 나타나는 고리모양의 무늬. 계절마다 부름켜의 세포분열 정도가 달라져 생기며, 나무의 나이를 짐작할 수 있다.

연륜연대(年輪年代), tree ring dating, dendrochronology **연륜연대학** : 주로 고건축이나 오래된 목조구조물의 나이테를 기초자료로 하여 과거의 기후나 환경을 분석하는 것.

연립종(軟粒種), floury corn : 배유의 대부분이 가루녹말이고 굳은 녹말은 씨눈 밖을 아주 얇은 껍질로 둘러싸고 있는 옥수수 종류이다.

연모(緣毛) : 가장자리에 난 털.

연모(軟毛) = 모용(毛茸), 부드러운 털, pubescent hair : 가늘고 곧은 털.

연변(緣邊), margin : 잎이나 꽃잎의 가장자리.

연변태좌(緣邊胎座), parietal and marginal placentation : 단심피로 된 씨방에서 볼 수 있으며, 배주가 복봉선을 따라 씨방벽에 달리는 것으로 태좌 중에서 가장 원시형이다.

연복초과, Adoxaceae : 북반구에 분포하는 초본으로 1속 1종이며, 우리나라에 1속 1종이 자생한다. 근생엽과 경생엽은 엽병이 길고 3갈래로 갈라진다. 화경 끝에 5송이씩 밀생하는 꽃은 양성화이고, 열매는 핵과이다.

연수(軟水), soft water : 칼슘(Ca), 마그네슘(Mg) 등 무기염류의 함량이 적은 물. 비누가 잘 풀려 세탁에 적합하고 염색에도 좋다. 단물이라고 한다.

연작(連作) = 이어짓기, continuous cropping : 동일한 포장에 같은 종류의 작물을 계속해서 재배하는 방식이며, 수익성과 수요량이 크고 기지현상이 별로 없는 작물은 연작하는 것이 보통이다. 예) 벼농사.

연작장해(連作障害), injury by successive cropping, replant failure : 해마다 계속적으로 같은 작물을 재배함으로써 작물이 피해를 입는 증상이다.

연주창(連珠瘡) : 목 부위에 단단한 멍울이 생겨 삭지 않아 통증이 계속되고 연주나력(連珠瘰癧)이 터져 진물이 흐르며 자꾸 퍼져나가는 부스럼.

연하(延下) = 아래로 흐름, decurrent : 잎의 밑 부분이 줄기를 따라 아래로 신장하는 것.

연화재배(軟化栽培), blanching culture, softening culture : 연백재배를 말한다. 작물의 전체 또는 필요한 부분에 광을 차단시켜 줄기나 잎 등이 희고 연하게 되도록 재배하는 방법. 주로 채소작물에서 많이 이용되는데 파, 아스파라가스, 땅두릅, 셀러리 등에서 많이 볼 수 있다.

열개(裂開), dehiscent : 꽃밥이나 열매가 저절로 갈라지는 것.

열개과(裂開果) = 분과(分果), 분리과(分離果), 분열과(分裂果), 절협과(節莢果), mericarp, loment, schizocarp, dehiscent fruit : 한 씨방에서 만들어지지만 서로 분리된 2개 이상의 열매로 발달한 것. 예) 산형과, 꿀풀과. 여러 개의 씨방이 한 묶음이 되어 자라다가 각각 열매가 되어 익으면 떨어져 나가는 열매. 예) 산형과, 꿀풀과, 지치과, 단풍나무과. 도둑놈의갈고리에서 볼 수 있듯이 한 개의 심피에 생긴 씨방의 과실이 가로로 잘록해져서 각각 한 개의 씨를 가진 몇 개의 방으로 갈라지고, 성숙하면 각 방의 잘록한 부분에서 분리되어 떨어지는 과실.

열격 : 먹는 음식물이 잘 내려가지 않거나 도로 올라오는 병증.

열과(裂果), fruit cracking : 성숙기에 과피가 터지면서 과실이 갈라지는 현상. 표토가 비교적 얕은 곳이나 사질토양에서 건조가 계속된 다음에 비가 오면 열과가 많이 생긴다.

열광(熱狂) : 견딜 수 없이 아프거나 열기가 있고 몸이 나른하며 권태감이 나고 아픈 경우.

열당과, Orobanchaceae : 전 세계에 분포하는 초본으로 14속 180종이며, 우리나라에 5속 5종이 자생한다. 뿌리로 기생하며 엽록소가 없다. 화경 끝에 1개씩 달리거나 수상화서에 밀생하는 양성화는 포가 있고, 열매는 삭과이다.

열대・아열대 반황원(熱帶・亞熱帶 半荒原), tropical and subtropical semi-desert : 사바나보다 더 건조한 지역으로 정도가 지나치면 식물이 전혀 자라지 않는 사막이 되고, 우기와 건기가 있으나 강우량(200~500mm)은 해에 따라 극히 불규칙하다.

열대야(熱帶夜), tropical night : 일최저기온이 25℃ 이상인 날을 말하는데, 열대야는 더위를 표시하는 기후지수로 쓰인다.

열대우림(熱帶雨林), tropical rain forest : 연중 고온다습하고 연평균기온이 18℃ 이상되며 연평균강우량이 1,800mm 이상 되는 지역에서 발달한다.

열대작물(熱帶作物), tropical crop : 열대성 기온을 요구하는 작물. 예) 고무나무, 야자, 카사바.

열독(熱毒) : ① 열증을 일으키는 병독. ② 옹저와 창양 등의 주요 원인의 하나. ③ 더위로 말미암아 생기는 발진의 한 가지.

열독증(熱毒症) : 더위로 생기는 열성증(熱性症), 피부점막에 종기가 생기며 충혈됨.
열로(熱勞) : 열사로 인해서 생긴 허로.
열리는열매[裂開果], dehiscent fruit : 성숙하면 열매껍질이 벌어져서 씨가 노출되는 열매.
열린꽃정받이[開花受精], chasmogamy : 꽃이 개화된 상태에서 정받이가 일어나는 것.
열매 = 과실(果實), fruit : 보통 꽃이 핀 다음에 만들어지는 것을 말하지만 식물학적으로 진정한 과실은 씨방이 성숙하여 만들어진 것을 말한다.
열매껍질 = 과피(果皮), pericarp, seed-vessel : 씨를 싸고 있는 외부의 껍질. 씨방벽이 발달하여 생긴 것으로 열매를 덮고 보호하는 기관. 피자식물에서는 외과피, 중과피, 내과피로 구성되어 있음.
열매껍질조각[果皮片], valve : 다 익으면 벌어지는 열매껍질의 한 조각. 예) 투구꽃.
열매싸개 = 과포(果胞), perigynium : 열매를 싸고 있는 것. 예) 사초과.
열매의 모양 : 감과(柑果), hesperidium.
열매의 모양 : 견과(堅果) = 각과(殼果) = 굳은껍질열매, nut, glans.
열매의 모양 : 골돌과(骨突果) = 대과(袋果) = 쪽꼬투리열매, follicle.
열매의 모양 : 꼬투리 = 꼬투리열매 = 두과(豆果) = 협과(莢果), legume.
열매의 모양 : 분과(分果) = 분열과(分裂果) = 분리과(分離果) = 열개과(裂開果) = 절협과(節莢果), mericarp, loment, schizocarp, dehiscent fruit.
열매의 모양 : 삭과(蒴果) = 튀는열매, capsule.
열매의 모양 : 수과(瘦果) = 얇은열매, achene.
열매의 모양 : 시과(翅果) = 날개열매 = 익과(翼果), samara, wing.
열매의 모양 : 이과(梨果) = 배모양열매, pome.
열매의 모양 : 장과(漿果) = 물열매 = 액과(液果), berry, sap fruit.
열매의 모양 : 취과(聚果) = 다화과(多花果) = 매과(莓果) = 집과(集果) = 상과(桑果) = 모인열매 = 집합과(集合果), aggregate fruit, multiple fruit, sorosis.
열매의 모양 : 핵과(核果) = 굳은씨열매 = 석과, drupe.
열매이삭 = 과수(果穗) : 열매가 이삭처럼 드리워져 있는 것.
열매자루 = 과경(果梗), 과병(果柄), fruit stalk : 열매가 달린 자루. 꽃이 열매로 발달하였을 때 꽃자루를 열매자루라고 한다.
열매조각 = 솔방울조각, 실편(實片), valve, ovuliferous scale, cone scale : 솔방울을 이루고 있는 비늘모양의 조각으로서 나선상으로 붙어 있는 경우가 많음. 예) 소나무, 자작나무.
열매차례 = 과서(果序) : 꽃차례에 따라 형성되는 열매의 배열상태.
열병(熱病) : 몸에 열이 상당히 많이 나는 질병으로 두통, 불면증, 식욕부진 등이 따름. 장티푸스라고도 함.
열병대갈(熱病大渴) : 고열을 수반하는 갈증이 심한 증세.
열사(熱死), heat killing : 열해에 의하여 단시간 내에 작물이 고사하는 것을 열사라고 하며, 열사를 초래하는 온도를 열사온도(heat killing temperature) 또는 열사점이라고 한다. 열해는 터널재배와 하우스재배, 묘포 등에서 일어나는 경우가 있다.

열사병(熱射病) : 이상고온으로 인한 울열현상.

열성(劣性), recessive : 한 유전자의 서로 다른 형질을 나타내는 대립인자가 수정되었을 때, 한쪽이 다른 쪽에 의해 억제돼 나타나지 못하는 현상[반: 우성].

열성경련(熱性痙攣) : 열성이 있으면서 자신의 의지대로 조절되지 않는 경련이 지속적인 경우.

열성병(熱性病) : 상한의 외감 열성병.

열성유전자(熱性遺傳子), recessive gene : 염색체상에 서로 다른 대립인자가 자리 잡고 있을 때, 즉 이형접합 상태에서 형질로 발현되지 않는 유전자. 이때 형질로 나타나는 유전자를 우성유전자라고 한다. 유전자 기호로 표시할 때 열성유전자는 소문자, 우성유전자는 대문자로 표기한다.

열안색(悅顔色) : 안색(顔色)을 윤택하고 밝게 함.

열질(熱疾) : 열이 나면서 설사를 하는 경우.

열편(裂片), pinnule segment, lobar : 우편이 더 이상 분열하지 않는 최종단위이며, 양치식물의 잎몸에서 소우편이 깃꼴로 갈라질 때의 첫 분편.

열해(熱害), heat injury : 작물이 과도한 고온으로 인하여 받는 피해이며 고온해(高温害)라고도 한다.

염기(鹽基), base : 수용액 중에서 OH^-를 방출하는 화합물. 염기성 수용액의 pH는 7보다 크며 보통 사용되는 브뢴스테드-로우리의 정의에 의하면 염기는 양성자를 수용할 수 있는 물질이다.

염기성암(鹽基性岩) : 규산의 평균함량이 40~55%인 암석으로 반려암, 휘록암, 현무암 등이 이에 속한다.

염기포화도(鹽基飽和度), degree of base saturation : 양이온 치환용량에 대해 그중 치환성 염기이온 Ca^{+2}, Mg^{+2}, K^+, Na^+ 등의 비율을 말하는데, 교질물의 종류와 함량이 일정한 토양에서는 pH와 염기포화도 사이에 일정한 관계가 있다.

염료작물(染料作物), dye crops, dye stuff crop : 우리가 가꾸고 재배할 수 있는 식물 중 염료, 즉 물감재료를 추출해낼 수 있는 작물들을 말한다.

염발(染髮) : 머리를 물들이는 것.

염색분체(染色分體) : 복제된 염색체의 동원체에 부착되어 있는 자매 염색체 가닥을 말한다.

염색체(染色體), chromosome : 단백질과 DNA(핵산)으로 구성된 세포의 핵 내 물질. 유전자를 지닌 물체로 세포 분열 시에 뚜렷하게 관찰되며, 특정 염색약에 염색이 잘되기 때문에 염색체라고 한다. 생물의 종류에 따라 각각 일정수의 염색체수를 갖는다.

염색체지도(染色體地圖), chromosome map : 표현형으로 나타나는 유전자표지 간 재조합 빈도에 의해 작성한 유전자지도로 연관지도라고도 한다.

염생식물(鹽生植物), halophyte : 염분이 많은 토양에서 잘 자라는 식물. 바닷물이 밀려드는 해변에서 흔히 볼 수 있는 갯는쟁이, 퉁퉁마디 등이 있다.

염소, chlorine(Cl) : 염소는 광합성에서 산소 발생을 수반하는 광화학반응에 망간과 함께 촉매적으로 작용한다. 토마토의 염소결핍증은 염소의 첨가로 회복되며, 사탕무에서 염소가 결핍하면 황백화현상이 나타난다. 결핍되면 어린잎이 황백화하고, 전 식물체가 위조된다. 섬유작물에서는 염소시용이 유효하고, 전분작물, 담배 등에서는 불리하다.

염수선(鹽水選), seed selection with salt solution : 일반으로 볍씨의 선종에 있어서 비중선이 쓰이고 있는데, 비중선을 위한 비중액을 만드는 데에는 식염을 사용하므로 염수선이라 하며, 비중 1.13의 경우 식염의 소요량은 물 18L에 4.5kg이다.

염좌(捻挫) : 외부의 힘에 의하여 관절, 힘줄, 신경 등이 비틀려 생긴 폐쇄성 손상.

염주상(念珠狀), moniliform : 둥근 구조가 연결되어 염주의 모양인 형태. 예) 염주괴불주머니 열매.

염증(炎症) : 몸의 어느 한 부분이 붉게 부어오르고 통증이 심한 경우.

염통꼴 = 심장형(心臟形), 염통모양, heart-shaped, cordate : 잎의 전체모양이 염통처럼 생긴 것. 예) 피나무, 졸방제비꽃의 잎.

염통꼴밑 = 심장저(心臟底), cordate : 잎의 밑 부분이 마치 염통의 밑처럼 생긴 것.

염폐평천(斂肺平喘) : 염폐(斂肺)하여 기침을 멈추는 효능. 폐기를 누르고 수렴시켜서 기침을 멈추게 함.

염풍(鹽風), salty wind : 소금기가 있는 바람. 바다 가까운 지역에서 부는 바람엔 공중 수증기에 염류가 함유되어 있으며 이 수증기가 바람과 함께 이동된다.

염해지(鹽海地), salt land : 해안지대의 간척지 토양과 같이 염류의 농도가 높은 토양을 염해지라 한다. 염해지에서는 염류의 농도가 높아 양분흡수 작용이 저해되고 비료성분의 흡착이 방해되므로 작물의 생육이 불량하고 하층토에는 항상 염류가 많은 채로 있게 된다.

엽(葉), leaf : 식물의 잎에서 광합성을 하는 기관으로 대개 잎몸과 잎자루, 턱잎으로 구성.

엽각(葉脚) = 잎의 기부, 엽저(葉底), leaf base : 잎몸의 밑 부분. 엽병으로부터 가장 가까운 곳.

엽군구성(葉群構成) : 잎의 공간적 배치 모양. 엽군이란 주로 수목 등의 목본식물에 있어서 잎, 줄기, 가지의 최상층을 말하나, 작물은 대개 군락상태의 잎 구성과 배치를 말하며 엽군구성이 좋아야 수광능력이 좋아진다.

엽극(葉隙), leaf gap : 줄기의 중심주에서 유관 속의 일부가 옆으로 들어가며 중심주에 남긴 공간.

엽두(葉頭) = 엽선(葉先), leaf apices, leaf apex : 엽병으로부터 가장 먼 곳. 잎의 끝부분.

엽령(葉齡), leaf age : 잎이 생장점으로부터 출현하여 경과된 기간이나 식물체에서 시간이 경과됨에 따라 전개된 잎의 수. 예를 들면 5엽기, 6엽기.

엽령지수(葉齡指數), leaf number index : 벼의 생육단계, 특히 중요한 생식생장기간의 유수의 발육단계를 진단하는 척도로서 엽령지수가 이용되고 있는데 현재까지 나온 출엽수를 세어 엽령을 정하고 그 엽령을 그 품종의 주간총엽수로 나누어 100배 한 치(値)를 엽령지수라 한다. 유수의 발육단계별 엽령지수는 수수분화가 77, 2차 지경분화기 85, 영화분화중지 89, 감수분열기 97인데, 예를 들어 주간엽수 18을 가진 품종의 현재 출엽수가 16매라면 엽령지수는 16/18×100=89로서 영화분화중기에 해당되는 셈이며, 이때는 출수 전 20일경이 된다.

엽록소(葉綠素), chlorophyll : 엽록소란 녹엽의 세포 중 엽록체라고 하는 녹색의 소립체 속에 존재하며 복잡한 구조를 가진 화합물로서 엽록소 a와 엽록소 b라고 하는 두 종류가 있으며, 광합성에 있어서 필요한 광에너지를 식물체 내로 흡수하는 역할, 즉 광합성을 하는 가장 중요한 곳이기도 하다. 엽록소가 형성되는 데는 광(光)이 반드시 필요하며, 또한 마그네슘(Mg)과 질소(N)가 결핍하면 녹색의 엽록소가 되지 못하고 황백화현상이 일어난다.

엽록체(葉綠體), chloroplast : 녹색식물의 엽육세포의 원형질층 속에 있으며, 하나의 세포 속에 수십 개 이상이 포함되어 있고, 크기는 직경이 약 1~10미크론 내외의 편평한 소체로서 엽록소 이외에 카로티노이드와 기타의 색소를 함유한다. 전자현미경으로 보면 내부에 원판형의 그라나라고 하는 직경 약 0.3~2.0미크론의 녹색의 소체를 많이 가지고 있으며, 엽록소는 이 grana 속에 있는 것이다.

엽맥(葉脈) = 맥(脈), 잎맥, 잎줄, vein, nerve : 잎으로 통하는 유관속의 줄. 잎살 안에 있는 관다발과 그것을 둘러싼 부분으로 물과 양분의 통로가 된다.

엽면시비(葉面施肥), foliar application of fertilizer = **엽면살포(葉面撒布)**, foliar application : 작물은 뿌리에서 뿐만 아니라 엽면에서도 비료성분을 흡수할 수 있으므로, 필요할 경우 비료를 용액(溶液)의 상태로 잎에 뿌려주는 것을 엽면시비라고 하며, 엽면시비는 토양시비보다 비료성분의 흡수가 빠르고, 토양시비가 곤란한 때에도 시비할 수 있으나, 일시에 다량으로 줄 수가 없다.

엽면적지수(葉面積指数), leaf area index(LAI) : 군락의 엽면적을 토지면적에 대한 배수치(倍数值)로 표시한 것을 엽면적지수(LAI, leaf area index)라고 하며, 최적엽면적일 때의 엽면적지수를 최적엽면적지수(最適葉面積指数)라고 한다. 최적엽면적은 일사량(日射量)과 군락의 수광태세(受光態勢)에 따라서 달라진다.

엽병(葉柄) = 잎자루, petiole, leafstalk : 잎과 줄기를 연결하는 부분. 잎자루 없이 잎몸이 바로 붙은 식물도 있으며 줄기의 위치에 따라 길이나 모양이 다르다.

엽분석(葉分析), leaf analysis : 엽분석이란 잎을 채취하여 건조시킨 후 무기성분을 분석하는 것이다. 엽분석은 재배식물 중에서도 다년생인 과수에 관하여 실용적으로 많이 이용되고 있다.

엽삽(葉插), leaf cutting : 잎을 잘라내어 실시하는 꺾꽂이. 상수가 잎인데 잎몸 전체나 그 일부를 이용할 때도 있고 잎자루를 붙여서 해야 되는 경우도 있다.

엽상경(葉狀莖) = 위엽(僞葉), cladophyll, cladode : 잎 모양의 줄기.

엽상식물(葉狀植物), thallophytes : 영양기관으로 잎, 줄기, 뿌리의 구별이 없이 잎 모양과 비슷한 모양을 가진 생물로 주로 조류를 말한다.

엽상체(葉狀體), thallus : 뿌리, 줄기, 잎의 구조와 기능이 나뉘지 않은 식물체. 관다발은 없지만 엽록소가 있으므로 온몸이 광합성을 한다.

엽상포(葉狀苞) : 화서를 둘러싼 잎 모양의 총포.

엽서(葉序) = 잎차례, leaf arrangement, phyllotaxy : 잎의 배열순서. 마주나기, 어긋나기, 모여나기, 돌려나기 등이 있다.

엽선(葉先) = 엽두(葉頭), leaf apices, leaf apex : 엽병으로부터 가장 먼 곳. 잎의 끝부분.

엽선(葉先)의 모양 : 급첨두(急尖頭) = 미철두(微凸頭), mucronate.

엽선(葉先)의 모양 : 꼬리모양 = 꼬리형 = 미상(尾狀), carudate, tailed.

엽선(葉先)의 모양 : 둔두(鈍頭) = 둔한끝 = 끝이 둔하다, obtuse.

엽선(葉先)의 모양 : 예두(銳頭) = 예철두(銳凸頭) = 끝이 뾰족하다 = 뾰족끝 = 첨두(尖頭), acute, cuspidate.

엽선(葉先)의 모양 : 예첨두(銳尖頭), acuminate.

엽선(葉先)의 모양 : 요두(凹頭) = 끝이 파이다, emarginate.

엽선(葉先)의 모양 : 원두(圓頭) = 끝이 둥글다, round.

엽선(葉先)의 모양 : 점첨두(漸尖頭), acuminate.

엽선(葉先)의 모양 : 평두(平頭) = 재두(截頭) = 절두(截頭) = 절두형(截頭形) = 편평하다, truncate.

엽설(葉舌) = 소설(小舌), 잎혀, ligule : 잎집과 잎몸 연결부의 안쪽에 있는 막질의 작은 돌기. 줄기와 엽의 사이에 불순물이 들어가는 것을 막아주는 역할을 한다.

엽신(葉身) = 잎몸, 잎새, lamina, leaf blade : 잎에서 잎자루를 제외한 잎사귀를 이루는 넓은 몸통 부분.

엽아(葉芽) = 영양아(營養芽), 잎눈, leaf bud, vegetative bud : 눈 중에서 앞으로 잎이 될 겨울눈.

엽액(葉腋) = 잎짬, 잎겨드랑이, axil : 가지와 잎이 붙어 있는 사이의 겨드랑이.

엽연(葉緣) = 잎가장자리, leaf margin : 잎의 가장자리로서 잎몸의 발달이나 잎맥의 분포에 따라 여러 모양으로 나타남.

엽연(葉緣)의 모양 : 2회우열(二回羽裂), bipinnate.

엽연(葉緣)의 모양 : 결각상(缺刻狀), incised.

엽연(葉緣)의 모양 : 둔한겹톱니 = 복둔치(复鈍齒), bicrenate.

엽연(葉緣)의 모양 : 둔한톱니 = 둔거치(鈍鉅齒), crenate.

엽연(葉緣)의 모양 : 물결모양 = 파상(波狀), repand, sinuate, undulate.

엽연(葉緣)의 모양 : 반곡(反曲) = 반전(反轉), revolute, recurved.

엽연(葉緣)의 모양 : 뾰족한겹톱니 = 복예치(复鋭齒), biserrate.

엽연(葉緣)의 모양 : 뾰족한톱니 = 예거치(鋭鋸齒), serrate.

엽연(葉緣)의 모양 : 세모상톱니 = 세모상거치(細毛狀鋸齒), ciliate.

엽연(葉緣)의 모양 : 심파상(深波狀), sinuate.

엽연(葉緣)의 모양 : 우열(羽裂)), pinnatifid.

엽연(葉緣)의 모양 : 작고둔한톱니 = 소둔거치(小鈍鉅齒), crenulate.

엽연(葉緣)의 모양 : 작고뾰족한톱니 = 소예거치(小鋭鋸齒), serrulate.

엽연(葉緣)의 모양 : 작은치아상톱니 = 소치아상거치(小齒牙狀鋸齒), denticulate.

엽연(葉緣)의 모양 : 장상열(掌狀裂), palmatifid.

엽연(葉緣)의 모양 : 전연(全緣), entire.

엽연(葉緣)의 모양 : 전열(全裂), parted, divided.

엽연(葉緣)의 모양 : 중렬(中裂), cleft.

엽연(葉緣)의 모양 : 즐치상톱니 = 즐치상거치(櫛齒狀鋸齒), pectinate.

엽연(葉緣)의 모양 : 청열(淺裂), lobed.

엽연(葉緣)의 모양 : 치아상톱니 = 치아상거치(齒牙狀鋸齒), dentate.

엽연(葉緣)의 모양 : 침상톱니 = 침상거치(針狀鋸齒) = 바늘모양톱니, aristate.

엽연(葉緣)의 모양 : 하향뾰족한톱니 = 하향예거치(下向鋭鋸齒), retroserrate.

엽연(葉緣)의 모양 : 하향치아상톱니 = 하향치아상거치(下向齒牙狀鋸齒), runcinate.

엽연태좌(葉緣胎座) = 주연태좌(周緣胎座), marginal placenta : 밑씨가 착생하는 부분이 심피의 가장자리인 경우.

엽원설(葉源說), foliar theory : 꽃이 잎에서 기원되었다는, 즉 수술은 소포자엽, 암술은 대포자엽의 변형이고 여기에 이들 밑에 있는 잎들이 꽃받침과 꽃잎으로 변화했다는 가설.

엽위(葉位) : 볏잎이 종자에서 발아하여 처음 내오는 초엽부터 순차로 윗마디를 따라 위로 출엽하여 마지막 잎인 지엽까지 나오게 되는데 초엽, 불완전엽, 제2엽…… 지엽까지의 순위를 엽위라고 하며, 엽위를 조사하는 것은 벼의 생육시기를 진단하는 데 하나의 중요한 척도가 된다.

엽육(葉肉) = 잎살, mesophyll : 잎의 위아래 표피 사이의 조직. 주로 유세포로 되어 있으며 엽록체를 갖는 동화조직의 일종이며 잎살이라고도 한다.

엽이(葉耳) = 잎귀, auricle : 잎몸의 양쪽 밑과 잎집이 잇닿는 부분에서 속으로 굽어 귓불처럼 보이는 돌기. 잎집 속으로 빗물이 들어가는 것을 막는다.

엽이간장(葉耳間長), distance between auricles of flag and penultimate : 유수의 발육단계 중 외계의 환경에 가장 민감한 영향을 받는 감수분열기를 외관으로 진단하는 가장 간편한 방법이 엽이 간장에 의한 진단법이다.

엽저(葉底) = 엽각(葉脚), 잎의 기부, leaf base : 잎몸의 밑부분. 엽병으로부터 가장 가까운 곳.

엽저(葉底)의 모양 : 관천저(貫穿底), perfoliate, connated perfoliate.

엽저(葉底)의 모양 : 극형(戟形), hastate.

엽저(葉底)의 모양 : 둔저(鈍底) = 둔한밑, leaf base, obtuse.

엽저(葉底)의 모양 : 방패꼴밑 = 순저(楯底), peltate.

엽저(葉底)의 모양 : 방패모양 = 방패형(防牌形) = 순형(盾形), peltate.

엽저(葉底)의 모양 : 설저(楔底) = 쐐기꼴밑, cuneate, wedge shaped.

엽저(葉底)의 모양 : 신장저(腎臟底), reniform.

엽저(葉底)의 모양 : 심장저(心臟底) = 염통꼴밑, cordate.

엽저(葉底)의 모양 : 예저(銳底) = 뾰족꼴밑, acute.

엽저(葉底)의 모양 : 왜저(歪底) = 부등변(不等邊), oblique, inequilateral.

엽저(葉底)의 모양 : 원저(圓底), rounded.

엽저(葉底)의 모양 : 유저(流底), attenuate, decurrent.

엽저(葉底)의 모양 : 이저(耳底) = 귀꼴밑, auriculate.

엽저(葉底)의 모양 : 절저(截底) = 평저(平底), truncate.

엽적(葉跡), leaf trace : 고등식물의 줄기마디에 잎이 달릴 때, 줄기에서 갈라져 잎으로 들어가는 관다발.

엽정(葉頂), leaf apex : 잎의 맨 끝 부위.

엽채류(葉菜類), leaf vegetable : 채소를 분류하는 한 방법의 항목으로 배추, 상추, 시금치 등과 같이 잎을 이용 목적으로 하는 채소의 총칭이며 잎줄기채소라고도 한다.

엽초(葉鞘) = 잎집, leaf sheath : 화본과 식물에서 잎자루에 해당하는 밑 부분이 칼집 모양으로 되어 줄기를 싸고 있는 것.

엽축(葉軸) = 잎줄기, rachis : 겹잎에서 작은 잎이 붙은 잎자루로서 큰잎자루와 같은 뜻으로 쓰이기도 함.

엽침(葉枕), pulvinus : ① 잎자루나 잔잎자루의 밑 부분 혹은 윗부분에 생기는 마디 상태의 비후(콩). ② 잎자루 또는 작은 잎자루의 기부가 비후된 것. 예) 음나무의 잎.

엽침(葉針), spine : 잎이 변하여 가시가 된 것.

엽흔(葉痕) = 잎자국, 잎흔적, leaf scar : 잎이 탈락한 흔적.

영(穎) = 꽃싸개껍질, 포영(苞穎), glume : 벼과식물의 잔이삭 밑 부분에 쌍을 이룬 소형의 포엽.

영과(穎果) = 곡과(穀果), 곡립(穀粒), 낟알, 낟알열매, caryopsis, grain : 화본과 식물의 열매를 말하는데 과피가 종피에 착 들러붙어 있다. 내영과 호영 속에 암술과 수술이 들어 있고, 암술이 열매로 익어도 보통 이 껍질은 그대로 남아 있다.

영구꽃받침 = 숙존악(宿存萼) : 떨어지지 않는 꽃받침.

영구위조점(永久萎凋點), permanent wilting point(PWP) : 위조한 식물을 포화습도의 공기 중에 24시간 방치해도 회복되지 못하는 위조를 영구위조(永久萎凋, permanent wilting)라고 하는데, 영구위조를 최초로 유발하는 토양의 수분상태를 영구위조점이라고 한다. 영구위조점의 토양함수율, 즉 토양건조중에 대한 수분의 중량비를 위조계수(萎凋係數, wilting coefficient)라고 한다.

영급림(齡級林) : 나이가 같은 나무들로 이루어진 숲.

영양강장(營養强壯) : 식생활을 통하여 몸을 건강하고 혈기가 왕성하게 함.

영양경(營養莖) = 영양줄기 : 식물의 생명을 유지시키는 영양 활동을 하는 잎 등이 달리는 줄기로 생식줄기와 구분해서 쓰는 말이다.

영양계(營養系), clone : 영양번식작물에서 변이체를 골라 증식한 개체군을 영양계(클론, clone)라 한다. 영양계는 유전적으로 잡종상태(이형접합체)라도 영양번식에 의해 그 특성이 유지되기 때문에 우량한 영양계는 그대로 신품종이 된다.

영양기관(營養器官), vegetative organ : 생장에 필요한 양분을 합성하고 물과 무기염류를 섭취하며, 동화물질을 이동 저장하는 기관으로 잎, 줄기, 뿌리가 있다.

영양번식(營養繁殖), vegetative propagation : 영양기관을 번식에 이용하는 것을 영양번식이라고 한다. 감자나 고구마처럼 모체(母體)에서 자연적으로 생성・분리된 영양기관을 번식에 이용하는 것을 자연영양번식법(自然營養繁殖法, natural propagation)이라고 하며, 포도와 사과처럼 영양체의 재생(再生) 및 분생(分生)의 기능을 이용하여 인공적으로 영양체를 분할해서 번식에 이용하는 것을 인공영양번식법(人工營養繁殖法, artificial propagation)이라고 한다. 분주, 취목, 삽목, 접목 등의 여러 방식이 있다.

영양번식작물(營養繁殖作物)의 육종(育種) : 영양번식작물은 동형접합체는 물론 이형접합체도 영양번식에 의해 영양계의 유전자형을 그대로 유지할 수 있다. 따라서 영양번식작물은 영양계선발(clone selection)을 통해 신품종을 육성한다. 영양계선발은 교배나 돌연변이(과수의 햇가지에 생기는 돌연변이를 아조변이, bud mutation이라 함)에 의한 유전변이 또는 실생묘 중에 우량한 것을 선발하고, 삽목이나 접목 등으로 증식하여 신품종을 육성한다.

영양생식(營養生殖), vegetative reproduction : 뿌리나 줄기, 잎처럼 영양을 도맡아 개체를 유지시키는 영양기관의 일부에서 새로운 개체를 만든다.

영양생장(營養生長), vegetative growth : 영양기관의 발육단계를 영양적발육(営養的発育, vegetative development) 또는 영양생장이라고 한다.

영양생장정체기(營養生長停滯期) : 벼가 생식생장으로 전환하는 데에는 일장의 길이와 온도가 관계한다. 온도에 감응하여 생식생장으로 전환하는 품종은 최고분얼기를 지나면 곧 생식생장기로 전환된다. 한편 일장의 길이에 의해 생식생장기로 전환하는 품종은 최고분얼기가 지나서 생식생장기로 전환하는 데까지는 약간의 기간이 있는데, 이 기간은 영양생장이 지금까지의 영양생장에 비하여 생리적으로 정체적이 된다. 이 기간을 영양생장정체기라고 부른다.

영양엽(營養葉) = 나엽(裸葉), 영양잎, trophophyll, sterile frond : 양치식물에서 2형엽을 형성하는 경우, 생식기관이 분화하지 않은 잎의 총칭. 예) 고사리삼.

영양잎[營養葉], sterile frond : 포자낭이 형성되지 않는 양치식물의 잎.

영양장애(營養障礙), nutritional disorders : 영양부족으로 인한 질환. 각기병, 펠라그라, 괴혈병, 구루병 등이 있음.

영양적(營養的)형질, vegetative character : 뿌리, 줄기, 잎, 눈에 관련된 형질.

영양줄기 = 영양경(營養莖) : 식물의 생명을 유지시키는 영양 활동을 하는 잎 등이 달리는 줄기로, 생식줄기와 구분해서 쓰는 말이다.

영존성(永存性) : 영구하게 존재하는 성질.

영화(穎花) = 낟알꽃, glumous flower : 꽃덮이가 퇴화해서 단단한 비늘조각모양의 꽃싸개가 수술과 암술을 싸고 있는 꽃.

영화분화기(穎花分化期), spikelet differentiation stage : 출수 전 약 24일부터 15일 전까지의 기간을 말하며 이 시기에 이미 분화된 1, 2차 지경 위에 영화가 분화착생하게 되므로 일반으로 이삭거름을 주는 적기가 된다. 이 시기에 영양이 결핍되거나 기상이 불량하면 영화의 분화수가 적어진다. 유수형성기.

옆맥 = 곁맥, 곁잎줄, 측맥(側脈), lateral vein : 가운데 잎줄에서 좌우로 갈라져서 가장자리로 향하는 잎줄.

예거치(銳鋸齒) = 뾰족톱니, serrate : 가장자리가 톱니처럼 날카로운 것.

예냉(豫冷), precooling : 과실, 채소 등을 수확 직후부터 수일간 서늘한 곳에 보관하여 몸을 식히는 것이며, 저장·수송 중의 부패를 적게 한다.

예두(銳頭) = 예철두(銳凸頭), 끝이 뾰족하다, 뾰족끝, 첨두(尖頭), acute, cuspidate : 잎몸의 끝이 길게 뾰족한 모양보다 짧으며, 그 이루는 각도가 45~90°를 표현.

예비귀화식물(豫備歸化植物) : 국부적으로는 귀화식물로 되어 있으나 널리 분포하지 못하는 식물.

예비저장(豫備貯藏), preliminary storage : 종자나 식품의 여유분을 유사시에 사용하기 위해서 보관소에 저장하는 것이다.

예선형(銳線形) = 끝이 길게 뾰족하다, acuminate : 잎몸의 끝을 이루는 각도가 45° 정도이며 끝이 뾰족한 모양보다 더욱 길게 뻗어 있다.

예저(銳底) = 뾰족꼴밑, acute : 밑 모양이 좁아지면서 뾰족한 것.

예주(刈株) : 작물을 베어버리고 남은 그루터기.

예주(蕊柱) = 꽃술대, gynostemium : 수술과 암술이 결합하여 생긴 기관으로 대부분 기둥모양을 이룸. 난초과 따위의 꽃에서 볼 수 있음.

예찰(豫察), forecasting : 병해충의 발생이나 증가 가능성을 미리 예측하는 것.

예철두(銳凸頭), cuspidate : 끝이 짧고 예리하게 뾰족한 모양.

예첨두(銳尖頭), acuminate : 극히 뾰족한 끝으로 점첨두보다 덜, 첨두보다 더 뾰족한 상태.

예초(刈草), mowing : 풀베기를 뜻한다.

오갈병 = 위축병(萎縮病) : 이 병은 끝동매미충이나 번개매미충에 의해 매개되는 바이러스병으로 이 병에 걸리면 잎 전체가 농녹색으로 변하고 벼 생육이 현저히 나빠져서,

벼의 키가 건전한 벼 포기의 반 정도밖에 자라지 못하며 분얼은 현저히 많아지나 거의 출수가 되지 않는다.

오로보호(五勞保護) : 심로(心勞), 폐로(肺勞), 간로(肝勞), 비로(脾勞), 신로(腎勞) 등 오장(五腸)의 과로를 뜻하는 것.

오로칠상(五勞七傷) : 오로는 오장이 허약해서 생기는 허로(虛勞)를 5가지로 나눈 것으로, 심로(心勞), 폐로(肺勞), 간로(肝勞), 비로(脾勞), 신로(腎勞) 등이고, 칠상은 남자의 신기(腎氣)가 허약하여 생기는 음한(陰寒), 음위(陰痿), 이급(裏急), 정루(精漏), 정소(精少), 정청(精淸), 소변삭(小便數) 등 7가지 증상을 일컫는다.

오륵맥(五勒脈), five vein : 주맥이 다섯 개로 발달한 잎맥.

오림(五淋) : 기림(氣淋), 혈림(血淋), 석림(石淋), 고림(膏淋), 노림(勞淋)의 5가지 소변의 증상을 뜻한다.

오발(烏髮) : 검어야 하는 모발이 붉은빛이 돌거나 갈색 또는 흰머리가 이따금씩 나고 백발이 점점한 상태에서 흑발을 원하는 경우.

오수(汚水), sewage water : 더러운 물 또는 구정물이라 한다.

오수성(五數性), pentamerous : 꽃을 이루는 여러 기관의 수가 5수일 때를 말한다.

오수성꽃[五數性花], pentamerous flower : 꽃을 구성하는 기관의 수가 5 또는 5의 배수로 구성된 꽃.

오수술꽃, pentandrows flower : 수술이 다섯 있는 꽃.

오수식(五數式), pentamerous : 꽃에서 모든 기관이 5 또는 5의 배수로 될 때.

오식(惡食) : 음식 먹기를 싫어하는 것.

오심(惡心) : 가슴이 불쾌해지며 토할 듯한 기분이 생기는 현상, 즉 메스꺼운 증상.

오십견(五十肩) : 경락과 혈맥이 폐색됨으로써 어깨 관절이 굳어지고 통증을 일으키는 증상.

오암술[五雌蕊], pentagynous : 겹심피암술의 일종으로 5개의 암술 또는 암술대로 이루어진 것.

오이모양열매, pepo : 외과피가 다소 단단하며, 중과피 및 내과피가 다육질화하고 다수의 씨가 있는 열매.

오줌소태 : 방광염이나 요도염이 그 원인이 되며 나이가 들어서 방광근육이상이나 염증으로 인해서 일어난다.

오지(汚池) : 검버섯, 눈 주위나 볼, 이마 등에 흑갈색이나 엷은 갈색으로 침착이 생기는 증상.

오출겹잎[五出複葉], pentafoliolate leaf : 잎 또는 작은 잎이 5개 달리는 겹잎.

오출맥(五出脈), quinquenervis : 잎몸의 밑 부분에서 주맥 없이 다섯 가락의 맥이 갈라진 경우.

오충(五充) : 오장이 영양을 근, 혈맥, 기, 피, 골에 보충하는 것.

오편상(五片狀), quincuncial : 횡단면으로 잘라 위에서 봤을 때 5개로 배열된 것.

오풍(惡風) : 오슬오슬 추운 증세 또는 눈이 가렵고 아프며 머리를 움직일 수 없는 증세.
오한(惡寒) : 몸이 오슬오슬 춥고 괴로운 증세로 급성 열병이 발생할 때 피부의 혈관이 갑자기 수축되어 일어남.
오한발열(惡寒發熱) : 오한과 발열이 겹친 증상.
오호츠크해고기압, okhotsk anticyclone : 오호츠크해에 나타나는 고기압이다. 이 고기압은 하층 2km까지는 주위보다 저온이지만 상층은 따뜻하며 분리고기압처럼 독립된 고기압으로 변하는 경우가 많다. 여름철에 그 남단은 일본 남쪽까지 뻗고 북태평양고기압 사이에 장마전선을 형성하여 비를 많이 내리게 한다. 오호츠크해고기압이 그 세력을 서쪽으로 확장하여 동해상까지 진출하여 정체하면 우리나라는 동해형냉해(1980년과 1993년 냉해)로 농작물이 큰 피해를 입는다.
옥시졸, oxisol : 신체계에 의한 토양분류 10목 중 하나로 oxic층을 가지는 토양을 말한다. oxic층은 Fe, Al의 산화물과 1:1형 광물이 섞여 있는 층이다.
옥신, auxin : 세포의 생장점 부위에서 생성되어 아래로 이동되며 세포의 신장을 촉진하는 식물호르몬 주요 생리작용은 굴성의 지배, 신장생장촉진, 유관속분화, 착과 및 과실의 비대생장을 촉진하여 단위 결과를 유기하며 이층형성을 억제한다.
옥토(沃土), fertile soil, rich soil, fat soil, losloam soil : 기름진 땅, 거름기가 많은 땅 ↔ 척박토.
온경(溫經) : 경맥(經脈)을 따뜻하게 해주는 것.
온경지혈(溫經止血) : 경맥(經脈)을 따뜻하게 하여 지혈(止血)하는 효능.
온대・냉대 반황원(溫帶・冷帶 半荒原), temperate and boreal semi-desert : 온대지방에서 수분이나 토양 등의 환경조건이 열악하고 식물의 생육속도가 적은 지역에서 생성된다.
온대상록활엽수림(溫帶常綠闊葉樹林), warm temperature evergreen broad leaved forest : 난대 및 온대지방의 비가 많은 기후하에서 형성된다.
온도(溫度), temperature : 과학에서 이용되는 온도의 단위는 760mmHg 대기압 시 얼음의 융점과 물의 비등점 간의 온도차를 1/100로 나타내며 ℃로 나타내며, 화씨온도는 빙점과 비등점 사이를 180도로 분할하며, 32°F가 빙점이며 212°F가 비점이다.
온도계수(溫度係数수), temperature coefficient : 작물 생육에서 온도가 10℃ 상승하는데 따르는 작물의 이화학적 반응이나 생리작용의 증가배수를 온도계수 또는 Q_{10}이라고 한다. 여름작물에서 광합성은 30~35℃까지 Q_{10}이 2내외이고 40~45℃에서 정지하는데, 호흡은 50℃ 정도에서 정지하며 Q_{10}이 2~3이다.
온도유도(溫度誘導), thermoinduction : 온도처리로 화아 분화를 유도하는 일. 춘하처리 시의 저온처리란 결국 화아분화를 유도하기 위한 것이다.
온수유지(溫水溜池) : 관개용수원이 냉수일 때 이 물을 직접 벼가 생육하는 논에 관개하게 되면 냉수에 의한 냉해를 입게 된다. 이 같은 경우 일단 냉수를 저수하여 수온을 태양열에 의해 높이고, 저수된 표면수를 취수하여 관개수로 이용할 목적으로 설계된

저수지를 말하는데, 이 경우 수심은 2~4m, 규모는 30~50ha로 하고 일단 저수된 물은 12~48시간 동안 태양열에 의해 따뜻하게 승온시켜 관개수로 이용한다.

온신(溫腎) : 성질이 더운 약으로 신양(腎陽)을 보하는 방법.

온신(溫身) : 약이나 초근목피를 복용하여 몸을 덥게 하는 것.

온실효과(溫室效果), greenhouse effect : 온실 내의 기온이 낮 동안에 외기보다 높아지는 이유는 주로 단파장의 일사는 유리 등의 피복 재료를 거의 투과하지만 한번 조사된 복사는 장파장이어서 피복 재료를 투과하여 달아날 수 없다는 쥐덫이론으로 설명되어 왔지만, 실제는 복사수지(輻射收支)에 따라 피복자재의 밀폐효과가 더 크다고 한다. 지구의 온실효과는 대기의 온실기체(이산화탄소, 수증기 등)가 장파장을 지표를 향하여 다시 반사하기 때문이며, 만약 온실기체가 없다면 지구의 평균기온은 현재보다 30℃가 낮아질 것이라고 추정하고 있다. 그러나 이산화탄소 등 인위적 온실기체의 배출량 증가는 온실효과를 더욱 부추겨 지구온난화와 기후변화를 초래한다.

온양이수(溫陽利水) : 양기(陽氣)를 보태어 몸에 정체된 수기(水氣)를 제거하는 효능.

온욕법(溫浴法) : 식물을 9~12시간 동안 30℃의 더운 물에 담가 휴면 중인 싹의 성장을 촉진시켜 주는 방법으로 개화를 촉진시킬 때 이용하며 온탕침법이라고도 한다. 독일의 식물학자 Molish가 창안.

온위(溫胃) : 위(胃)를 따뜻하게 하는 효능.

온위장(溫胃腸) : 위장을 따뜻하게 함.

온중(溫中) : 중초(中焦)를 따뜻하게 하는 방법.

온중거한(溫中祛寒) : 중초(中焦)를 따뜻하게 하고 찬 기운을 없애는 방법.

온중건위(溫中健胃) : 중초(中焦)를 따뜻하게 하고 위를 건강하게 함.

온중산한(溫中散寒) : 비위의 양이 허하고 음이 성한 경우를 치료하는 방법.

온중진식(溫中進食) : 속을 따뜻하게 하고 소화를 돕는 효능.

온중하기(溫中下氣) : 속을 따뜻하게 하고 기(氣)를 내려주는 효능.

온탕처리(溫湯處理), hot-water treatment : 뜨거운 물에 집어넣어 소독하는 것. 주로 종자소독에 많이 이용되는데 작물의 종류에 따라 45~55℃의 더운 물에 8~10시간 정도 담가 실시한다.

온탕침법(溫湯浸法), hot water soaking method : 적당한 온도의 온수탕을 만들어 파종 종자를 일정 시간동안 침지시킴으로써 병원균 포자나 유해미생물을 살균, 예방하는 방법이다.

온폐(溫肺) : 맛이 맵고 성질이 더운약으로 폐한증(肺寒症)을 치료하는 방법.

온폐거염(溫肺祛痰) : 폐를 따뜻하게 하여 염증을 가라앉힘.

온풍(溫風) : 풍(風)을 사전에 예방하는 것.

온혈(溫血) : ① 사슴이나 노루의 더운 피. ② 외기(外氣)의 온도에 관계없이 항상 더운 피.

올레산, oleic acid : 18개의 탄소원자로 되어 있는 장쇄(長鎖)지방산이며, 불포화이고 1개의 2중결합을 가지고 있으며 많은 지방 중에 존재한다.

올리고당, oligosaccharides : 단당류가 여러 개 결합된 과당류(寡糖類)를 말하며, 최근에 산업적으로 관심을 끌고 있는 것으로 fructo-oligo당(FOS)과 대두올리고당이 있다. 이들은 인체나 가축의 소화효소에 의해 분해되지 않고 장내 미생물, 특히 유산균이나 Bifidus균에 의해 이용됨으로써 정장(整腸)효과가 있는 것으로 보고되고 있다.

옴, scabies : 진드기(Scabies mite)에 의하여 발생되는 전염성이 매우 강한 피부질환.

옹저(癰疽) : 잘 낫지 않는 피부병으로 악성 종기.

옹종(擁腫) : 몸에 난 작은 종기가 좀처럼 없어지지 않는 증세로 가려움증이나 따가운 증세.

옹종(癰腫) : 부어오른 옹.

옹창(癰瘡) : 외옹이 곪아터진 후 오랜 동안 아물지 않는 병증.

옹창종독(癰瘡腫毒) : 옹창(癰瘡)과 종독(腫毒)이 겸한 증상.

옻나무과, Anacardiaceae : 전 세계에 60속 400종이 열대, 아열대에 분포하며 우리나라에서는 5종이 자란다. 암술과 수술 사이에 선반이 있고 수지구가 있으며 자방은 보통 1실이다. 열매는 핵과이다.

옻두드러기, muricate : 잎 표면이 옻오른 피부같이 조그만 두드러기가 많이 돋은 것.

완비화(完備花) = 구비화(具備花), perfect flower : 꽃받침, 화관, 수술, 암술 모두를 갖춘 꽃.

완선(頑癬) : 음부, 겨드랑이, 가슴 같은 보드라운 살갗에 생기는 둥글고 불그스름한 헌데가 생기는 피부병.

완성엽(完成葉) : 완전히 전개하여 충분히 다 자란 잎이다.

완숙(完熟), full ripe fruit : 완전히 무르익어, 곧 종자를 수확할 수 있는 단계에 도달한 상태를 말한다.

완숙기(完熟期), full ripe period : 벼알 전체가 딱딱하게 여물고 벼의 이삭목까지도 황색을 띠며 벼알의 수분함량이 20% 정도로, 수확적기는 완숙기 직전인 황숙기 말경이 알맞다.

완숙퇴비(完熟堆肥), completely decomposed manure : 어떤 열이나 수분을 가하여 짚이나 나뭇잎 등을 완전히 썩혀 고루 부수어 만든 것. 미생물에 의한 발효가 종료되어 안정된 상태의 퇴비. 작물을 가꾸고자 할 때 많이 이용한다.

완전다공질(完全多孔質) : 전체가 작은 구멍이 많이 있는 물질을 뜻한다.

완전립(完全粒) : 식물의 종자가 정상적으로 완전히 성숙되어 이룬 충실한 립(粒) 상태의 낟알을 말한다.

완전미(完全米) : 일등미, 품종 고유의 특성을 갖춘 전체가 고른 쌀을 말한다.

완전변태(完全變態) : 곤충의 알, 유충, 번데기 과정을 거쳐 성충이 되는 발육과정을 말한다.

완전엽(完全葉), complete leaf : 엽병, 엽신, 탁엽을 모두 가지고 있는 잎.

완전화(完全花) = 양성꽃, 양성화(兩性花), 쌍성꽃, bisexual flower, hermaphrodite flower, complete flower : 암술, 수술이 한 꽃에 다 있는 것.

완충능(緩衝能), buffer capacity : 환경이나 조건이 크게 변하여도 자신은 잘 변하지 않는 능력을 말한다.

완충작용(緩衝作用), buffer action, buffering : 산 또는 알칼리를 첨가했을 경우 pH의 변화를 억제하는 작용을 완충작용이라 하며, 이와 같은 성질을 완충능이라 한다. 토양의 완충능은 조건이 같을 경우에는 치환용량이 큰 토양일수록 크다.

완하(緩下) : 대변을 무르게 함. 즉 설사를 유도함. 성질이 줄어들어 부드럽게 함.

완화(緩和) : 급한 일이 닥쳤을 때 마음을 느긋하게 해주는 처방.

완화제(緩和劑) : 완화약.

완효성비료(緩效性肥料), controlled releasing fertilizer : 효과가 서서히 나타나는 비료. 비효가 오랫동안 지속되는 유기질비료나 화학비료 가운데서도 특수 가공처리를 하여 토양 중에서 천천히 용해되도록 만든 비료를 말한다.

왕겨, hull, husk : 벼의 겉껍질을 말한다.

왜성(矮性), dwarfism, dwarfness : 작물의 키가 그 종(種)의 표준 크기에 비해 매우 작은 것. 유전적 또는 병적 요인에 의한다.

왜성대목(矮性臺木), dwarf rootstock : 유전적으로 키가 작은 성질을 지닌 대목. 교목성으로 키가 큰 과수를 왜화시키고자 할 때 왜성대목에 접목을 한다. 사과나무에서 이용되고 있으며 왜성대목의 종류는 30여 종 이상이 된다.

왜성식물(矮性植物), dwarf plant : 동일종류, 동일품종의 식물에서 유전적으로 키가 작은 식물. 체내 지베렐린의 생생이 억제되어 키가 작아진다.

왜저(歪底) = 부등변(不等邊), oblique, inequilateral : 잎몸 밑부분의 좌우 양측이 대칭을 이루지 않고 한쪽이 일그러진 모양.

왜화(矮花), dwarfing, stunting : 식물체가 왜소해지는 것으로 키가 작아지는 현상이며 왜성대목이라고도 한다.

외곡(外曲), recurved : 바깥쪽으로 구부러지는 모양.

외과피(外果皮), epicarp : 과피의 외층.

외권성(外卷性), revolute : 엽신의 양 가장자리가 뒤쪽으로 말리는 성질.

외꽃덮이[外花被], outer perianth : 내외 2열로 줄지어 있는 꽃덮이조각 중 바깥쪽에 있는 것. 예) 백목련의 9개 꽃덮이조각 중 바깥쪽의 3개.

외꽃덮이조각[外花被片], outer sepal : 외꽃덮이의 한 조각.

외떡잎식물 = 단자엽식물(單子葉植物), Monocotyledoneae : 현화식물 중 속씨식물의 이대군(二大群)의 하나, 배(胚)가 단 하나의 떡잎을 갖춘 식물. 잎은 대개 나란히 맥이며 뿌리는 수염뿌리이다. 줄기의 관다발은 불규칙하게 흩어져 있으며 부름켜가 없어 부피자람을 하지 못한다. 꽃잎을 갖지 않는 것이 대부분이며 꽃의 각 기관은 주로 셋 또는 그 배수의 요소로 되어 있다. 보리, 벼, 백합 따위가 이에 속하는데 대부분이 초본이다. 단자엽식물, 홑떡잎식물↔쌍떡잎식물.

외래식물(外來植物), exotic plant : 외국에서 유래된 식물로 재배하여 이용하기 위하여 도입한 도입식물(導入植物, imported plant)과 자연상태에 적응하여 생육하는 귀화식물(歸化植物, naturalized plant)이 있다.

외배유(外胚乳), perisperm : 배주의 주심이 성숙한 종자 내에서 영양조직으로 남아 있는 것.

외배젖[外胚乳], perisperm : 주심(柱心)의 일부가 발달한 양분저장조직.

외봉선(外縫線) = 배봉선(背縫線), dorsal suture : 씨방벽에서 심피의 등 쪽으로 뻗는 관다발이 흐르는 선. 잎의 중조에 해당하는 심피.

외부형태적(外部形態的)형질, exomorphic character : 해부를 하지 않고도 외부에서 관찰할 수 있는 형질.

외상(外傷) : 넘어지거나 타박을 받는 등 외부적 요인에 의해 피부, 근육, 뼈, 장기 등이 손상을 받은 것.

외상동통(外傷疼痛) : 상처로 인한 통증.

외상출혈(外傷出血) : 상처로 인한 출혈.

외상통(外傷痛) : 상처로 인한 통증.

외생(外生), exogenous : 바깥쪽 조직으로 발달하는 것.

외악(外萼) = 악상총포(萼狀總苞), epicalyx, calyculus : 꽃받침 바깥에 포처럼 생긴 꽃받침이 달려 있는 것.

외영(外穎) = 겉겨, 꽃겨, 받침껍질, 보호껍질, 호영(護穎), glume, lemma, flowering glume : 화본과 식물 꽃의 맨 밑을 받치고 있는 한 쌍의 작은 조각.

외용살충(外用殺蟲) : 살충을 위하여 외부에 사용하는 것.

외음부부종(外陰部浮腫) : 다친 경험이 없는데 감염으로 음경이 붓거나 통증이 오는 것

외이(外耳), auricle : 엽초의 상단에 귓바퀴 모양으로 나온 것.

외이도염(外耳道炎) : 귓속을 후비다가 생긴 상처에 균이 들어가서 발생하며 처음에는 귀가 욱신거리며 쑤시는 정도이나 염증이 생기면 통증이 아주 심해진다.

외이도절(外耳道癤) : 화농균이나 세균 등이 귀의 상처로 유입되어 감염된 증상.

외종피(外種皮), testa : 종피의 바깥층.

외질(瘣疾) : 자궁이 탈출되고 음부가 심하게 아픈 병증.

외출(外出), exserted : 원통의 구조 속에 어느 기관이 밖으로 돌출되어 나와 있는 것.

외치(外痔) : 항문의 외부로 나온 치질.

외피(外皮) = 겉껍질, tunic : 나무껍질의 맨 바깥쪽.

외한증(畏寒證) = 한전(寒戰) : 춥지 않은 날씨에도 추위를 느끼거나 몹시 떨리는 경우.

외향(外向), extrorse : 꽃의 중심부에서 밖을 향하는 것.

외향꽃밥[外向葯], extrorse anther : 중심축이 바깥쪽을 향한 꽃밥.

외향약(外向葯), extrorse anther : 꽃밥의 표면이 꽃의 밖으로 향해 있는 것. 예) 목련속.

외화피(外花被), outer perianth : 2열의 화피가 있을 경우 바깥에 위치한 화피. 꽃의 꽃

받침에 해당된다.

요각쇠약(腰脚衰弱) : 허리와 다리가 쇠약해지는 것.

요결석(尿結石) : 오줌 성분인 염류가 신장 등의 내부에 침전석축(沈澱石縮)되어 결석으로 변한 것.

요도염(尿道炎) : 오줌이 나오는 관에 생긴 염증.

요독증(尿毒症) : 오줌이 잘 나오지 못하여 몹쓸 것이 피 속으로 들어가 막혀 중독된 병증. 신장염을 앓는 중에 나타나는 신경계통의 중독증상.

요두(凹頭) = 끝이 파이다, emarginate : 잎몸이나 꽃잎의 끝이 오목하게 파인 모양을 나타낸다.

요두(凹頭), emarginate : 잎의 끝이 둥그스름하면서 오목하게 들어간 것.

요로감염(尿路感染) : 요도의 감염.

요로감염증(尿路感染症) : 요로감염의 증상.

요로결석(尿路結石) : 오줌의 통로에 생긴 결석.

요배산통(尿排疝痛) : 배변 시 느끼는 통증.

요배산통(腰背酸痛) : 요배부가 시큰하게 아픈 것.

요배통(腰背痛) : 허리와 등골이 땅기면서 아픈 병증.

요부염좌(腰部捻挫) : 무거운 물건을 들거나 기타 사고 등으로 허리에 압박을 받아서 접질린 상태.

요삽(尿澁) : 소변이 잘 안 나오는 증상.

요소태질소(尿素態窒素) : NH_2가 들어 있는, 질소화합물로 조류나 곤충류의 오줌 중에 많이 함유되어 있으며 인뇨 중에도 함유하고 있다. 비료에서는 유기질 비료의 일종인 질소질 찌꺼기 또는 계분 중에 많으며, 토양 중에서 쉽게 분해하여 무기태질소로 변한다.

요수량(要水量), water requirement : 작물의 건물(乾物) 1g을 생산하는 데 소비된 수분량(g)을 요수량이라고 하며, 건물 1g을 생산하는 데 소비된 증산량을 증산계수(蒸散係數, transpiration coefficient)라고 한다. 수분소비량의 거의 전부가 증산되므로 요수량과 증산계수는 동의어(同義語)로 사용되고 있다. 요수량이나 증산계수와 반대로, 일정량의 수분을 증산하여 축적된 건물량을 증산능률(蒸散能率, efficiency of transpiration)이라고 한다. 대체로 요수량이 작은 작물이 건조한 토양과 한발에 대한 저항성이 강하다.

요슬산통(腰膝酸痛) : 무릎이 쑤시고 저리며 걷거나 앉아 있을 때에도 매우 심한 고통을 느끼는 증상.

요슬통(腰膝痛) = 요슬동통(腰膝疼痛) : 허리와 무릎의 통증.

요슬통천식(腰膝痛喘息) : 요슬통과 천식.

요슬풍통(腰膝風痛) : 허리와 무릎이 번갈아가며 통증을 느끼는 증세.

요종통(腰腫痛) : 허리가 부은 듯이 아픈 것.

요충증 : 요충에 의해 걸리는 병으로 항문에 가려움증을 일으킴.

요통(腰痛) = 요산(腰痠) : 만성신장염, 만성신우신염, 신장하수, 척추질병, 요부타박, 노인병 등으로 허리가 아픈 병.

요혈(要穴) : 특정의 질병치료에 필요한 경혈.

요흉통(腰胸痛) : 허리와 가슴의 통증.

용가(用價), utility value : 종자의 총체적 이용가치이다.

용골꽃잎 = 용골판(龍骨瓣), keel : 콩과식물에서 나비모양 꽃부리를 구성하는 꽃잎의 하나.

용골판(龍骨瓣), keel, carina : 접형화관의 꽃잎 중에 최하부에 있는 2장의 꽃잎[콩과].

용기량(容氣量), air capacity : 토양공극 내에서 공기로 차 있는 공극의 비율을 말한다.

용담과 = 조름나물과, Gentianaceae : 온·한대에 분포하는 초본으로 60속 500종이며, 우리나라에 6속 19종이 자생한다. 수생하는 종도 있으며, 잎은 마주나거나 어긋나고 탁엽이 없다. 양성화 또는 잡성화는 취산화서나 엽액에 달리고, 열매는 삭과 또는 장과로 종자에 배유가 많다.

용비늘고사리과, Marattiaceae : 열대, 아열대를 중심으로 세계적으로 6속 200종이 분포하고 있다. 우리나라에서는 1속 1종이 있는데 제주도에서 최근 발견한 대형의 늘푸른 양치식물이다. 근경은 짧게 기거나 덩어리가 져서 곧추서며 털이 없고 인편이 붙은 것이 있다. 엽병은 다육질로 밑 부분에 탁엽같이 생긴 부속물이 1쌍이 있다. 엽신은 단엽 또는 1~3회 우상복엽으로 포자엽과 영양엽의 차이가 없다. 포자낭은 진낭성으로 원형이나 타원형의 포자낭군이 되고 여럿이 모여 단체포자낭군이 된다.

용설란과, Agavaceae : 대부분이 건생식물이다. 줄기는 목질이다. 잎은 육질이며 땅속에 인경이 없고 하위자방이다.

용수량(用水量), irrigation requirement : 수도는 담수라고 하는 특수한 환경에서 재배되기 때문에 관개수의 중요성은 매우 높다. 벼가 정상적으로 생육하는 경우 건물중 1g을 생산하는데 요하는 물의 양을 용수량이라 한다.

용탈(溶脫), leaching, eluviation : 토양 중에서 작물의 양분을 비롯한 가용성물질이 물에 녹아 이동하는 가운데 지하로 씻겨 내려가는 현상.

용탈층(溶脫層) : O층 아래층으로 표면 가까이 있는 광물질층으로 용탈이 가장 심하게 일어나는 부분이다. A층이라고도 한다.

용해작용(溶解作用) : 암석과 광물의 내외부를 물이 흐르는 동안 물에 들어 있는 이온들이 암석을 녹여 풍화시키는 작용을 말한다.

우권상(右券狀), dextrorse : 시계 반대 방향.

우량종자(優良種子), high quality seed : 좋은 씨앗을 말한다.

우량품종(優良品種) : 품종 중에서 재배적 특성이 우수한 것.

우록림(雨綠林), rain green forest : 우기와 건기가 구별되는 열대의 계절풍지역에서 나타나는 산림이다.

우림(雨林), rain forest : 연간강수량이 2,500mm 이상인 수림. 보통 뚜렷한 건기가 나타나지 않는다.

우모(羽毛), pulmose : 깃과 같은 털.

우산꽃차례 = 우산모양꽃차례, 산형꽃차례, 산형화서(傘形花序), umbel : 무한꽃차례의 일종으로서 꽃차례 축의 끝에 작은 꽃자루를 갖는 꽃들이 방사상으로 배열한 꽃차례. 예) 산형과.

우산모양꽃차례[傘形花序], umbel : 정단부가 편평하거나 볼록하고 꽃자루가 한 지점에 모여 달려 우산살 모양을 하는 꽃차례. 예) 산수유, 앵초, 붉은참반디.

우상(羽狀) = 우모상(羽毛狀), pinnate, plumous : 주축에 양측으로 같은 크기와 간격으로 편평하게 어떤 구조가 붙거나 갈라져 깃털 모양을 한 것.

우상돌기(尤狀突起), verrucose : 혹 모양을 하는 돌기.

우상맥(羽狀脈) = 깃꼴잎줄, 깃모양맥, pinnately veined, pinnate venation : 새의 깃 모양으로 좌우로 갈라진 잎줄. 예) 까치박달.

우상복엽(羽狀複葉) = 깃꼴겹잎, 깃모양겹잎, pinnate compound leaf : 작은잎 여러 장이 잎자루의 양쪽으로 나란히 줄지어 붙어서 새의 깃털처럼 보이는 겹잎. 소엽이 중륵에 마주 붙어나서 새의 깃 모양을 이루는 것으로 복엽선단의 1매의 소엽유무(小葉有無)에 따라 기수우상복엽(기수(奇數) = 홀수)과 우수우상복엽(우수(偶數) = 짝수)으로 나눈다.

우상심열(羽狀深裂), pinanately parted : 잎몸이 우상으로 중맥 가까이까지 깊이 갈라지는 것.

우상전열(羽狀全裂), pinnatisect : 우편이 중맥까지 우상으로 갈라지는 것.

우상천열(羽狀淺裂), pinnatilobed : 우편이 우상으로 얕게 갈라지는 것.

우상첨열(羽狀尖裂), pinnatifid : 열편이 우상으로 갈라지고 그 열편의 끝이 뾰족한 것. 예) 민들레의 잎.

우생잡초(優生雜草) = 우점잡초(優占雜草) dominant weeds : 일정한 포장에서 매우 많이 발생하는 잡초.

우성(優性), dominance : 우성동형접합체(AA)와 이형접합체(Aa)에서 동일한 표현형으로 나타나는 형질이다.

우성적분산(優性的分散) : 우성대립유전자의 효과에 의한 분산을 말한다.

우성형질(優性形質), dominant character : 서로 다른 대립유전자가 상동염색체 위에 이형접합상태로 자리하고 있을 때 우성유전자에 의해 발현되는 형질. 꽃색에 흰색과 붉은색을 지배하는 유전자가 대립되어 있는 경우 붉은색이 우성이라면 비록 흰색 유전자를 가지고 있지만 붉은색이 우성이므로 흰색을 나타내지 못하고 붉은색만 나타낸다. 이 붉은색 자체가 우성형질이다.

우수우상(偶數羽狀), evenly, equally, abruptly, pinnate : 정소엽이 없는 우상엽.

우수우상복엽(偶數羽狀複葉) = 짝수깃꼴겹잎, equally pinnate, paripinnately compoundle : 깃 모양의 잎에서 끝부분에 작은 잎이 없는 것.

우열(羽裂), pinnatifid : 우상중열(羽狀中裂)을 줄인 말. 결각상에 속하며 깃 모양으로 갈라진 것이 잎 가장자리에서 주맥(主脈) 쪽으로 절반까지 이른 형태.

우울증(憂鬱症) : 근심 걱정으로 마음이나 분위기 따위가 답답하고 맑지 못한 병.

우축(羽軸), pinnule : 깃꼴로 갈라지는 잎몸에서 열편이 달리는 중심축.

우편(羽片) = 깃조각, pinna : 깃 모양 겹잎의 각 조각을 말하며, 주로 고사리류처럼 잎이 깃털 모양으로 깊게 갈라진 경우에 많이 쓰임. 우상복엽에서 분열의 횟수에는 관계없이 제일 작은 분편.

우회수로(迂回水路), round-about channel : 관개용수가 냉수일 때 보통 용수로보다 폭이 넓고 깊이를 얕게 하여 물이 수로를 흐르는 동안 충분히 햇볕을 받아 수온을 높이고자 하는 목적으로 계획된 관개수로를 칭하는 것이다.

운모류(雲母類) : 6대 조암광물의 하나로 화성암과 변성암의 주요성분이며, 백운모는 칼륨 함량이 9% 내외로 풍화되기 어렵고 흑운모는 칼륨 함량이 약 8%로서 풍화되기 쉬우나 매우 드물게 존재한다.

운무림(雲霧林), cloud forest : 수관이 항상 옅은 구름으로 덮여 있는 열대나 아열대 고산에서 볼 수 있는 숲.

운적토(運積土) : 풍화작용을 받은 토양이 다른 곳으로 옮겨져 쌓인 흙으로 무엇에 의해 옮겨졌느냐에 따라 붕괴토, 수적토, 빙하토, 풍적토, 화산회토로 나누며 수적토는 다시 해성토, 하성토, 호성토로 나눈다.

운향과, Rutaceae : 전 세계에 140속 1,300종이 온대, 열대 특히 남아프리카와 오스트레일리아에 가장 많이 분포하며 우리나라에는 8속 20종이 자란다. 잎에 투명한 선점이 있고 깊이 갈라진 자방이 화반 위에 달리며 바깥의 수술이 꽃잎과 마주난다. 유선의 발달로 향기가 난다.

운화(運化) : 음식을 소화시킴.

울타리조직 = 책상조직(柵狀組織), palisade parenchyma : 잎의 표피 밑에 있는 조직으로 길쭉한 세포가 세로로 빽빽이 들어서 있고 엽록체가 있다.

웃거름[追肥] : 씨앗을 뿌린 뒤나 또는 옮겨 심은 뒤에 농작물이 자라고 있는 중에 주는 거름, 추비라고 한다.

웅성동주(雄性同株), andromoneocious : 수꽃과 양성꽃이 한 개체에 모두 있는 상태.

웅성배우자체(雄性配偶子體), microgametophyte, male gametophyte : 속씨식물의 꽃가루에 있는 배우자체.

웅성불임(雄性不姙), male sterile : 웅성세포인 꽃가루가 아예 생기지 않거나 있어도 기능이 상실되어 수정능력을 잃어버리는 현상이다.

웅성불임성(雄性不姙性), male sterility : 웅성불임성은 유전자 작용으로 아예 화분이 형성되지 않거나 화분이 제대로 발육하지 못하여 수정능력이 없기 때문에 종자를 만들지 못한다. 웅성불임성에는 핵내 *ms*유전자와 세포질의 미토콘드리아 DNA가 관여한다.

웅성이주(雄性異株), androdioecious : 한 개체에는 수꽃만이 달리고, 다른 개체에는 양성 꽃이 달리는 상태.

웅성화(雄性花) = 수꽃, 웅화(雄花), staminate flower, male flower : 수술이 성숙하고 암술은 퇴화하여 없거나 발육이 불완전한 단성의 꽃.
웅소수(雄小穗) : 암술이 없는 작은 이삭.
웅수(雄穗), staminate inflorescence, tassel : 수 이삭.
웅예(雄蕊, 雄蘂) = 수술, stamen : 종자식물에서 꽃가루를 만드는 꽃의 수기관으로 꽃밥과 수술대로 이루어진다.
웅예군(雄蘂群), androecium : 웅예의 총칭으로 서로 떨어져 있거나 일부(화사 또는 약)가 서로 붙어 있기도 한다.
웅예선숙(雄蕊先熟, 雄蘂先熟), protandrous : 양성화에서 암술보다 수술이 먼저 성숙하는 현상. 예) 물봉선.
웅예통(雄蕊筒, 雄蘂筒), staminal tube : 화사가 통 모양으로 합착한 것. 예) 멀구슬나무.
웅자성(雄雌性) : 암술과 수술이 있는 양성.
웅화(雄花), 수꽃 : 수술이 성숙하고 암술은 퇴화하여 없거나 발육이 불완전한 단성의 꽃.
웅화서(雄花序) = 수꽃차례 : 수꽃의 꽃차례.
웅화수(雄花穗) = 수꽃이삭, male catkin : 수꽃이 이삭모양으로 피는 것.
원경(園耕) : 채소, 과수, 화훼 등이 주로 재배되는 원예적 농경이며 가장 집약적인 재배형식으로 관개, 보온육묘, 보온재배 등이 발달하고, 원예지대나 도시근교에서 발달하고 있다.
원두(圓頭) = 끝이 둥글다, round : 잎몸이나 꽃잎 등의 끝이 둥근 모양을 이룬 경우.
원모양[圓形], orbicular : 잎의 윤곽이 원형이거나 거의 원형인 것.
원반모양[圓盤形], discoid : 원반처럼 생긴 형태.
원반형(圓盤形), discoid : 둥근 쟁반모양으로 상면이 평탄한.
원뿌리 = 주근(主根), axial root, tap root, main root : 배(胚)의 유근이 바로 발달한 뿌리. 뿌리에서 중심이 되는 굵은 뿌리로 여기에서 곁뿌리와 뿌리털이 나온다. 쌍떡잎식물에서 볼 수 있다. 예) 당근, 무.
원뿔꽃차례 = 둥근뿔꽃차례, 원뿔모양꽃차례, 원추꽃차례, 원추화서(圓錐花序), panicle : 모두송이꽃차례 또는 이삭꽃차례 등의 축이 갈라져서 전체적으로 원뿔모양을 이룬 꽃차례. 예) 광나무.
원뿔모양[圓錐形], conical : 그 모양이 원뿔 모양을 하는 것.
원뿔모양꽃차례[圓錐花序], panicle : 총상꽃차례가 분지하여 전체적으로 원뿔 모양을 이룬 꽃차례.
원사체(原絲體) = 사상체(絲狀體) : protonema : 고사리와 이끼식물의 홀씨가 발아하여 생기는 초기의 실 모양으로 된 구조. 한 줄로 연이어 붙은 세포로 된 실 모양의 배우체.
원시림(原始林), primeval forest, virgin forest : 사람의 간섭이 없이 이루어지고 자란 숲. 처녀림, 천연림이라고도 하며 대부분 나이가 많고 나무가 큰 것이 특징임.
원심꽃차례[遠心花序], centrifugal inflorescence : 중심부에서 주변부를 향해 꽃이 피

는 꽃차례.

원심성수술, centrifugal stamens : 수술의 발생이 꽃의 중심에서 순차적으로 바깥쪽으로 향해 진행하는 것.

원심적(遠心的), centrifugal : 중심에서 점차로 멀어지면서 차례로 성숙하는[반:구심적].

원연(遠緣) : 먼 혈통을 말한다.

원엽체(原葉體) = 전엽체(前葉體), prothallium : 양치식물에서 난자, 정자 같은 유성생식세포를 만드는 기관으로 포자가 발달하여 생긴 배우자체세대로 장난기와 장정기를 분화시켜 난자와 정자를 생산한다.

원예작물(園藝作物), garden crops, horticultural crop : 일정한 울타리나 포장에서 재배하는 작물로 과수(果樹, fruit tree), 채소(菜蔬, vegetable), 화훼(花卉) 등으로 구분하기도 한다.

원원종(原原種), foundation seed : 신품종이 육성되어 농가에 보급하기까지의 경로는 종자증식체계에 의해 이루어지고 있는데, 그 체계는 기본식물양성(농촌진흥청 작물시험장) → 원원종(도 농촌진흥원) → 원종(도 원종장) → 보급종(도 원종장 또는 독농가 채종답)의 단계로 종자증식을 하고 있다. 원원종이란 농촌진흥청 작물과학원의 기본식물 양성포장에서 생산된 종자로서 각도 농촌진흥원의 원원종포에서 재배할 원원종 생산종자이며, 1본식으로 소비재배하여 개체집단선발 또는 계통집단선발을 하여 원종포로 넘긴다.

원저(圓底), rounded leafbase : 잎의 밑 부분이 둥글게 생긴 것.

원적색광(遠赤色光), far-red light : 가시광선보다 파장이 긴 적외선. 종자발아, 생장에 영향을 미친다.

원종(原種), registered seed : 원원종포에서 생산된 종자를 심어서 채종포에 재배할 종자를 말하며, 원종은 각도의 원종장의 원종포에서 1본식으로 하고 이것을 집단 채종하여 채종포로 넘긴다.

원주층(圓柱層), columella : 화분의 껍데기인 표벽의 층상구조 중 중간층.

원주형(圓柱形) = 원기둥꼴, 둥근기둥꼴, terete : 둥근기둥모양의 것.

원지(園地), garden : 과수, 뽕과 같은 영년생의 목본작물을 재배하는 밭.

원지과, Polygalaceae : 열・온대에 분포하는 교목, 관목, 초본으로 10속 700종이며, 우리나라에는 2속 5종이 자생한다. 잎은 어긋나는 단엽으로 탁엽이 없다. 양성화는 총상화서나 이삭화서에 달리고, 열매는 삭과 또는 핵과이다.

원추상 총상화서(圓錐狀 叢狀花序) : 총상화서들이 다시 모여 원추모양으로 달리는 복합화서의 종류.

원추형(圓錐形), = 원추꼴, conical : 원뿔모양.

원추화서(圓錐花序) = 둥근뿔꽃차례, 원뿔꽃차례, 원뿔모양꽃차례, 원추꽃차례, panicle : 모두송이꽃차례 또는 이삭꽃차례 등의 축이 갈라져서 전체적으로 원뿔모양을 이룬 꽃차례. 예) 광나무.

원통형(圓筒形), = 원통꼴, cylindrical : 원통의 모양.

원핵생물(原核生物), eukaryotes : 핵을 갖고 있지 않는 세포로 진핵생물과는 달리 세포 내 기관을 갖고 있지 않다.

원형(圓形) = 둥근꼴, 둥근모양, orbicular, orbicularis : 전체적으로 둥근 모양을 나타내는 잎이나 꽃잎 등의 모양을 표현하는 말.

원형질(原形質), protoplasm : 살아 있는 세포의 내용물. 여러 가지 소기관들을 포함하는 세포질과 핵으로 이루어진다.

원형질분리(原形質分離), plasmolysis : 식물세포는 세포막과 그 안쪽의 원형질막으로 세포벽을 이루는데 세포액이 탈수되어 세포가 수축하면 원형질막이 쭈그러들어 세포막으로부터 떨어지는 현상이다.

원형질유동(原形質流動), plasma streaming, protoplasmic streaming : 세포 내의 미립자 또는 미소기관이 분자운동에 의해 움직일 때 원형질이 따라 움직이는 현상. 회전운동과 순환운동으로 구분되며 환경에 따라 그 속도가 달라진다.

원형탈모증(圓形脫毛症) : 갑자기 머리카락이 원형 또는 타원형으로 빠지는 것.

월경감소(月經過減少) : 월경양이 감소되는 것.

월경과다(月經過多) : 월경주기는 일정하지만 월경의 양이 정상보다 많은 병증.

월경부조(月經不調) = 경기부조(經期不調), 경맥부조(經脈不調), 경부조(經不調), 경수무상(經水無常), 경수부정(經水不定), 경수부조(經水不調), 경혈부정(經血不定), 경후부조(經候不調), 경후불금(經候不禁), 실신(失信), 월사부조(月事不調), 월수부조(月水不調), 월후부조(月候不調) : 월경의 주기, 월경량, 월경색의 이상과 월경 때 월경장애와 아픔이 있는 것을 통틀어 이른 병증.

월경불순(月經不順) : 월경의 주기가 일정치 않는 상태.

월경이상(月經異常) : 주기가 불규칙하거나 짧은 빈발성 월경, 주기가 40일 이상 되는 희발성 월경 또는 월경 전후에 허리가 아프거나 아랫배가 아픈 경우.

월경촉진(月經促進) : 월경이 없을 경우 배란 등을 촉진하여 월경을 촉진하는 것.

월경통(月經痛) = 경행복통(經行腹痛), 통경(痛經), 경통(經痛) : 월경할 때마다 주기적으로 아랫배 아픔을 위주로 하여 허리아픔과 메스꺼움, 구토와 몸이 괴로운 증상이 나타나는 증세.

월경폐색(月經閉塞) : 월경(月經)이 막혀 안 나오는 증.

월년생잡초(越年生雜草), biennial weed : 1년 이상 2년 미만 생존하는 잡초로서 종자가 발아한 1년차에는 영양생장을 하고, 그 다음 해에는 개화하여 종자를 생산한 후 고사하는 잡초로서 2년생 잡초라고도 한다. 그 대표적인 논잡초로서는 둑새풀, 벼룩나물, 개피, 개구리자리 등이 이에 속한다.

월년초(越年草) = 두해살이풀, 이년초(二年草), 2년초(二年草), biennial plant : 싹이 나서 꽃이 피고 열매가 맺은 후 죽을 때까지의 생활기간이 두해살이인 풀. 싹이 튼 이듬해에 자라 꽃 피고 열매 맺은 뒤에 말라 죽는 풀.

월동(越冬), overwintering : 겨울을 나는 것으로 외부온도가 씨눈 발육에 적당한 온도보다 낮기 때문에, 발육이 억제된 상태로 겨울을 넘긴다.

월하작물(越夏作物) : 여름을 지내는 작물로 여름작물이라고도 한다.

위경(僞莖), pseudostem : 헛줄기라고 하고 천남성 줄기와 같은 것을 말한다.

위경련(胃痙攣) : 위가 갑자기 수축하여 심히 아픈 병.

위과(僞果) = 가과(假果), 가짜열매, 거짓열매, 헛열매, anthocarpous fruit, false fruit, pseudocarp : 씨방 또는 꽃받침, 꽃차례, 꽃잎이 같이 자라서 형성된 열매. 심피 주위의 것과 함께 발달하여 과피가 된 것. 예) 사과, 딸기.

위궤양(胃潰瘍) : 위의 점막이 상하여 점점 깊게 허는 병. 식후의 위통, 구토, 토혈 등의 증세가 있으며, 동시에 위산과다증이 나타난다.

위내정수(胃內停水) : 음식물이 내려가지 않고 위에 고여 있는 상태, 즉 소화가 안 되는 증상.

위로제트형잡초(僞로제트型雜草), pseudorosette type weed : 처음에는 근생엽만 있으나 개화기에 화경에 경생엽이 달리는 잡초. 예) 개망초, 지칭개, 냉이 등.

위맥(僞脈), false vein : 진정한 맥이 아닌 맥으로 처녀이끼과 식물에서 관찰된다.

위무력증(胃無力症), 위아토니 : 위가 약한 병증 정상적인 소화 운동이 불가능하며 섭취하는 음식이 위 속에서 소화가 잘 안 되고 정체되어 트림이나 하품이 나오며 토하는 경우가 자주 일어난다.

위산과다(胃酸過多) : 위에서 산이 너무 많이 분비되는 것.

위산과다증(胃酸過多症) : 위에서 분비되는 염산이나 pepsin 등 소화액이 많아 결과적으로 염증을 일으켜 위의 내벽이 벗겨지는 병증으로 설사나 변비 증세의 전후에 많이 나타난다.

위산과소증(胃酸過小症) : 음식물을 분해하는 소화액이 적은 경우.

위성류과, Tamaricaceae : 전 세계에 4속 100종이 분포하며 우리나라에서는 위성류가 자란다. 휘어져 늘어진 잔가지, 침엽수 같은 가는 잎이 있다. 종자에 털이 있다. 봄과 여름에 두 번 꽃이 피지만 여름에 피는 것만 열매를 맺는다.

위암(胃癌) : 위 속에 발생하는 암종(癌腫).

위약(胃弱) : ① 위가 약함. ② 소화력이 약해지는 위의 여러 가지 병.

위열(胃熱) : 위에 열이 있는 병증, 심하면 열이 나면서 가슴이 쓰리고 갈증이 나며 배고파함.

위염(胃炎) = 위장염(胃腸炎), 위장카타르, 위카타르 : 위의 점막에 생기는 염증으로 급성위염과 만성위염으로 구분한다.

위엽(僞葉) = 엽상경(葉狀莖), cladophyll, cladode : 잎 모양의 줄기.

위웅예(僞雄蕊, 僞雄蘂) = 가웅예(假雄蕊, 假雄蘂), 가짜수술, 거짓수술, 의웅예(擬雄蕊, 擬雄蘂), 헛수술, staminode : 양성화에서 수술이 그 형태는 갖추고 있으나 불임성이며 꽃가루가 형성되지 않음. 예) 칸나, 번행초.

위인경(僞鱗莖) = 가인경(假鱗莖), 거짓비늘줄기, 가짜비늘줄기, 헛비늘줄기, pseudobulb : 짧은 줄기가 변하여 조밀하고 단단한 비늘줄기처럼 된 것으로, 다른 식물에 착생하여 기생(氣生)하는 난초과식물에서 흔히 볼 수 있다. 예) 혹난초.

위잡종(僞雜種), false hybrid : 본래 유성생식을 하는 식물이 생식핵의 수정 없이 접합체를 형성하는 것을 단위생식(apomixis)이라 하며 이렇게 생긴 식물을 위잡종이라고 한다.

위장(胃臟) : 위(胃)와 같은 말.

위장동통(胃腸疼痛) : 위장의 통증.

위장병(胃腸病) : 위장에 일어나는 병증.

위장염(胃腸炎) : 위와 장에 생기는 염증.

위장장애(胃腸障碍) : 복부나 흉부에 통증이나 각종 불쾌감이 지속되는 병.

위조(萎凋), wilting : 식물체를 시들게 하는 증상.

위조계수(萎凋係數), wilting coefficient : 토양이 건조하여짐에 따라 낮에는 시들고 밤에는 식물의 팽압에 의해 재생되는 상태의 수분함량을 위조계수 또는 위조점이라고 하는데, 이때에는 토양 중 가장 작은 공극과 토양입자의 주변에 수분이 보유되어 있는 상태가 된다.

위조점(萎凋點), wilting point : 토양이 수분을 점차 상실해가는 과정에서 식물이 낮에는 시들고 밤에는 회복되다가 좀 더 수분을 잃으면 시든 것이 밤에도 회복되지 못하게 된다. 이러한 점에 도달한 토양수분의 함량을 말한다. 위조계수라고도 한다.

위중열(胃中熱) : 위의 열이 있는 병증.

위축신(萎縮腎) : 신장조직이 파괴되어 신장이 위축되는 경우.

위통(胃痛) : 위가 아픈 증세.

위포막(僞胞膜) = 헛포막, false indusium : 포자낭군을 막질화한 잎가장자리가 안쪽으로 접혀 있는 것. 예) 봉의꼬리, 고사리.

위하수(胃下垂) : 위가 밑으로 처져 있는 경우로 신경질적이고 무기력하며 피로를 잘 느낀다.

위학(胃瘧) : 위에 탈이 생겨 일어나는 학질로서 비정상적으로 확장되어 좀처럼 원상태로 되지 않는 경우.

위한증(胃寒症) : 위가 찬 증세, 비위가 약하거나 찬 음식을 지나치게 먹어서 생긴다.

위한토식(胃寒吐食) : 진양부족으로 비위가 허한하여 수곡을 운화하지 못해 발생하는 구토.

위한통증(胃寒痛症) = 위장통.

위황병(萎黃病) : 오갈 현상과 황화 현상이 겹쳐서 나타나는 병이다.

윗입술 = 상순(上脣) : 설상화의 위쪽 갈래.

윗입술꽃잎 = 상순화판(上脣花瓣), upper lip : 입술모양의 꽃에서 윗부분의 꽃갓.

유경성(有莖性), caulescent : 지상경이 있는 것.

유공상(有孔狀), fovulate : 표면에 작은 구멍이 뚫려 있는.

유관(乳管) : 물체에서 젖 같은 액체가 흘러나오는 관.

유관(油管), oil tube, vitta : 열매의 홈에서 정유를 분비하는 관. 예) 미나리과.

유관속(維管束) = 관다발, vascular bundle : 물과 양분의 길 구실을 하는 조직. 물관부와 체관부로 되어 있는데 물관부로는 물이 드나들고 체관부로는 양분이 드나든다.

유근(幼根), radicle : 종자가 발아한 후 최초로 생성되는 뿌리. 종자 내부의 배조직의 일부로서 발아전에 이미 형성되어 있다.

유기농법(有機農法), organic farming : 화학비료나 농약을 사용하지 않고 채소나 과일을 기르는 농법이다.

유기물(有機物), organic substance, organic matter : 주로 생체 내에서 합성되는 물질 전분, 지방, 단백질 등 탄소를 가진 화합물로서 생명체의 구성성분이며 에너지원이다. 토양 중에 서는 서서히 분해되어 작물에 흡수되며 토양의 이화학적 성질개선에 중요한 비료가 된다.

유기생명체(有機生命體) : 유기화합물로 구성되어 있는 생물. 생명체는 유기물로 구성되어 있고 유기물은 주로 살아 있는 생물에서 만들어지는 물질이므로 생물을 유기생명체라고 한다.

유기태질소(有機態窒素) : 퇴비, 두엄, 깻묵 등의 유기질비료에 섞여 있는 형태의 질소. 주로 단백질과 인축의 배설물에 들어 있는 요산의 형태로서 분해되면 암모니아가 되어 작물에 흡수, 이용된다. 중요한 유기태질소는 요소, 단백질, 시안아미드 등.

유기호흡(有氣呼吸) : 산소호흡(酸素呼吸)이라고도 하는데, 식물이 산소를 흡수하여 호흡재료(유기물)를 산화하면서 에너지를 방출하고 최종산물로 탄산가스(CO_2)와 물(H_2O)이 생기게 되는데, 이것이 기본적인 호흡방식인 유기호흡이다. 호흡작용.

유뇨(遺尿) = 실수(失溲), 소변불금(小便不禁) : 밤에 자다가 무의식중에 오줌을 자주 싸는 증상.

유도기간(誘導期間), induction period : 화아분화 또는 개화에 필요한 전처리의 기간을 유도기간이라 한다.

유도일장(誘導日長), inductive day length : 식물은 일장의 장단에 따라 개화가 촉진 또는 억제되는데 식물의 화성을 유도할 수 있는 일장을 유도일장이라고 한다.

유독초(有毒草) = 독초(毒草) : 사람이나 가축에 급성독성(急性毒性, acute toxicity)을 일으키는 식물. 예) 미치광이풀, 반하 등.

유두상(乳頭狀) = 젖꼭지모양, papillate, papillose : 표면에 작은 돌기물이나 융기물이 있는 모양.

유두염(乳頭炎) : ① papillitis, 시각 신경의 유두에 생기는 염증. ② thelitis, 유수의 염증으로 젖소에 많음.

유두파열(乳頭破裂) : 젖꼭지가 갈라지고 통증이 생기는 증상.

유료작물(油料作物), oil crop : 유지를 채취할 목적에서 재배되는 작물. 들깨, 삼, 아마, 오동, 해바라기 등은 공업용 원료로 올리브, 낙화생, 동백, 피마자 등은 식용, 등용, 약용 화장용으로 콩, 깨, 평지는 식용으로 쓰인다.

유리맥(遊離脈), free vein : 잎몸의 맥이 결합되지 않고 떨어져 있는 맥.

유리수(遊離水), free water : 토양이나 체내에서 다른 물질에 결합되지 않고 자유롭게 이동하며 쉽게 이용될 수 있는 수분이다.

유리엽맥(遊離葉脈) = 개방차상맥(開放叉狀脈), free venation : 중앙맥에서 분지하여 망상을 이루지 않고 엽연에 연결되는 맥상.

유리질소의 고정(遊離窒素의 固定), free nitrogen fixation : 유리상태인 분자질소는 대기 중에 풍부하지만 직접 고등식물이 이용할 수 없으며, 반드시 암모니아와 같은 화합한 형태가 되어야만 양분이 된다. 이 과정을 분자질소의 고정작용이라 하며, 자연계에서 물질순환이나 식물에 대한 N의 공급 또는 토양비옥도의 향상을 위해서 매우 중요한 현상이다. 이들 공중질소고정 생물군은 생활양식에 따라 공생적인 것과 단독생활을 하는 것이 있다. 공생적인 관계는 숙주식물은 세균에게 영양을 공급하고 세균은 숙주식물에게 질소를 공급한다. 예, 콩과식물의 *Rhizobium*세균과 콩과식물이 아닌 식물 일부가 있다. 단독생활 N 고정균류는 주로 토양유기물을 영양원으로 하지만, 일부는 유리질소를 고정하여 균체조직을 형성하였다가, 생명을 잃으면 분해하여 무기화되면 N을 고등식물이 이용할 수 있게 되는 것이다. 단독으로 생육하는 질소고정균으로는 호기성고정균에는 *Azotobacter*가 있고, 혐기성고정균에는 *Clostridium*이 있다.

유망종(有芒種) : 까락이 있는 품종. 벼, 밀, 보리 등은 영이라고 하는 화기를 싸고 있는 껍데기에 까락이 있는 품종과 까락이 없는 품종으로 구분된다.

유모(柔毛), pubescent : 부드럽고 짧은 털.

유묘(幼苗), seedling : 어린 모종을 말한다.

유발형잡초(誘發型雜草) : 종자가 익으면 그대로 떨어지며 자력으로는 멀리 퍼지지 못하는 잡초. 예) 쇠비름, 닭의장풀, 석류풀 등.

유방동통(乳房疼痛) : 유방이 몹시 아픈 경우.

유방암(乳房癌) : 유방을 만졌을 때 딱딱한 멍울이 잡히고 유두에서 피가 섞인 분비물이 나온다.

유방염(乳房炎) : 여자의 유방에 생기는 염상.

유방왜소증(乳房矮小症) : 비정상적으로 너무 작은 경우 또는 사춘기 때 유방 발육에 문제가 있었거나 유전적인 문제로 유방이 작은 경우.

유방통(乳房痛), mastodynia : 유방에 나타나는 통증.

유배식물(有胚植物), embryophytes : 수정란이 분열하여 배를 형성하는 식물로, 선태류 이상의 모든 고등식물을 말한다.

유백미(乳白米), milky white rice kernel : 현미의 표면은 백색 불투명하나 광택이 있다. 횡단면은 내부가 백색 불투명하고 표층부가 투명한 쌀이다. 이것은 등숙 초·중기에 양분의 집적이 불량했다가 후기에 회복된 것, 또는 등숙기에 저온이거나 반대로 조기재배로 등숙기에 고온일 경우에도 발생한다.

유산(流産) = 타태(墮胎) : 태아가 달이 차기 전에 죽어서 나옴.

유살법(誘殺法) : 빛, 냄새 등으로 해충을 유인하여 살충하는 해충구제법이다.

유상(癒傷)호르몬, wound hormone : 상처가 생겼을 때 상처부위조직의 발달을 촉진하는 호르몬. 식물체는 한 조직이 파괴되면 유상호르몬이 분비되어 부근의 새로운 세포의 분열을 촉진시킨다. 이렇게 하면 상처가 빨리 치유되도록 하고 절단면을 보호하는 역할을 하게 된다.

유색미(有色米), colored rice : 백색 이외의 다른 색을 가진 쌀. 착색미.

유색부(有色桴) : 일반적으로 벼이삭이 성숙하면 황갈색으로 변해 짚과 같은 색깔을 띠는데 전혀 다른 색을 띠는 왕겨를 유색부라 한다.

유선염(乳腺炎) : 유선의 염증성 질환. 초산 부인의 수유기에 많다.

유성번식(有性繁植), sexual propagation : 양성의 개체로부터 생긴 배우자의 합체 즉, 수정에 의한 번식이다.

유성생식(有性生殖), sexual reproduction : 암수배우자의 수정을 거쳐 새로운 개체를 획득해가는 번식. 난핵과 정핵이 접합체를 만들고 이것이 발달하여 종자를 형성하여 새로운 개체로 발전해 가는 것이다. 그러므로 종자로 번식하는 것은 모두 유성생식에 속한다.

유성세대(有性世代) : 세대교번을 하는 생물이 유성생식을 하는 세대. 암수가 구별되는 기관이 전엽체에 생겨서 정자와 난자 같은 유성생식세포를 만든다.

유성화(有性花) : 암술과 수술을 모두 갖추거나 어느 하나라도 갖춰서 꽃가루받이를 할 수 있는 꽃.

유수(幼穗), young panicle : 벼, 보리 등 화곡류에서 출수 전의 엽에 싸여 있는 이삭을 말한다.

유수분화기(幼穗分化期) = 수수분화기(穗穗分化期) : 유수가 분화하는 시기.

유수형성(幼穗形成) : 영양생장을 마친 후 생식생장으로 전환하면서 어린 이삭을 만드는 과정. 즉 이삭이 분화 발달하는 것이다.

유수형성기(幼穗形成期), panicle formation stage : 유수분화시기(幼穗分化始期)인 출수 전 약 30~32일부터 감수분열 시기 직전인 출수 전 15일까지의 기간을 총칭한다. 이 시기에 1, 2차 지경이 분화되고 유수의 길이가 약 1.5cm까지 자라고 그 위에 영화의 분화가 이루어지는 시기로 이삭 수의 진단과 생육상태에 따라 이삭거름을 사용하는 시기를 결정해야 한다.

유숙기(乳熟期), milk-ripe stage : 출수 후 개화수정이 완료되면 알곡이 차기 시작한다. 이때 초기의 내용물은 우유와 같고 수분함량이 높다. 이와 같은 등숙의 초기단계를 유숙기라 한다.

유아(幼芽), plumule : 상배축의 끝 부위. 종자가 발아할 때 맨 처음 위로 올라오는 싹, 배에 이미 분화되어 있다. 떡잎이 있는 식물은 떡잎 사이에서 돋아나는 싹이 유아이다.

유아등(誘蛾燈), light trap : 주광성이 강한 동물(곤충)의 그 성질을 이용하여 빛에 이끌려 모이도록 해서 잡는 장치로 백열등, 형광등의 여러 가지 색의 광을 쓴다.

유아발육촉진(乳兒發育促進) : 어린아이의 성장을 촉진하도록 하는 작용.

유안(幼安), ammonium sulfate : 황산암모늄, 유산암모늄(황산암모늄의 구칭).

유액(乳液) = 젖물, latex : 식물의 유세포나 유관 속에 있는 흰빛 또는 황갈색의 물.

유액관(乳液管), latex tube : 유액을 함유하는 관.

유연관계(類緣關係) : 유전적 조성의 유사한 정도를 말한다.

유옹(幽癰) : 배꼽 위의 상완혈 부위의 복피에 발생하는 복옹.

유옹(乳癰) : 젖이 곪는 증세(젖멍울).

유이화서(葇荑花序) = 유이꽃차례, 꼬리꽃차례, 미상꽃차례, 미상화서(尾狀花序), 꼬리모양꽃차례, catkin, ament : 꽃차례의 줄기가 길고, 홑성꽃이 많이 붙은 꼬리 모양이면서 밑으로 처지는 이삭꽃차례의 일종. 예) 버드나무, 자작나무, 호두나무.

유이화서군(葇荑花序群), Amentiferae : 유이화서를 갖고 있는 식물들로 엥글러는 이들을 피자식물의 조상으로 보았다.

유인제(誘引劑), attractant : 해충 따위를 유인할 목적으로 사용하는 약제. 식초와 설탕을 섞어 모이게 하거나 탄산가스로 모기를 모이게 하는 따위. 해충의 방제에 이용할 수 있다.

유저(流底), attenuate, decurrent : 잎몸의 양쪽 가장자리 밑에 잎자루를 따라 합치지 않고 날개처럼 된 밑부분.

유전(遺傳), inheritance, heredity : 자손에게서 어버이의 형질과 똑같은 형질이 나타나는 현상.

유전공학(遺傳工學), genetic engineering : 재조합 DNA기술과 유전자클로닝기술을 실용적으로 응용하는 분야를 유전공학(genetic engineering)이라고 한다.

유전력(遺傳力), heritability : 유전율(遺傳率) 양적 형질이 나타내는 변이를 분산으로 표시한 분산을 유전분산과 환경분산으로 나누며, 표현형 분산에 대한 유전분산의 정도를 유전력이라고 한다.

유전변이(遺傳變異), genetic variation : 유전자의 변화, 유전자의 조합 변화, 염색체의 변화, 염색체 수의 변화 등 유전조성의 변화에 의하여 생기는 형질(形質)의 변이이며, 자손에게 유전한다. 자연상태에서도 일어나지만 인위적(人爲的) 조작을 일으켜서 생물의 개량에 이용할 수 있다.

유전암호(遺傳暗號), genetic code : DNA 또는 RNA에서 아미노산을 지정하는 3염기조합. DNA의 유전암호를 트리프렛코드, DNA로부터 전사된 mRNA의 유전암호를 코돈, 코돈과 대용하는 tRNA의 유전암호를 안티코돈이라 한다.

유전율(遺傳率), heritability : 표현형이 유전적으로 영향을 받고 선택에 의하여 변경되는 정도를 말한다.

유전자(遺傳子), gene : 염색체상에 질서정연하게 배열되어 있으면서 생물의 유전형질을 지배하는 물질로서 그 본체는 DNA이다. DNA는 효소단백질 합성을 조절하여 대사

작용을 지배하고 이에 따라 특정형질의 발현을 조절하게 된다.

유전자변형농산물(遺傳子變形農産物) : 외래유전자를 도입하여 형질전환된 식물이 생산한 농산물이다.

유전자빈도(遺傳子頻度) : 집단 내에서 특정유전자에 대한 각 대립유전자의 비율이다.

유전자원(遺傳資源), gemplasm, genetic resources : 육종의 대상이 되는 모든 집단 내에서 여러 개체들이 지닌 유전자의 총체. 세계 각국에서 수집 보관되고 있는 식물이나 종자는 결국 각 식물이 가진 유전자를 수집하는 것이다. 그리고 수집된 유전자는 유전육종의 자원으로서 필요에 따라 이용할 수 있다. 비록 수집되어 있지 않더라도 개개의 식물이 지니고 있는 유전자는 흩어져 있는 자원이다. 따라서 이들 자원관리를 철저하게 할 필요가 있고 멸종해가고 있는 종은 적극적으로 보호할 필요가 있다.

유전자은행(遺傳子銀行), gene bank : 식물의 종자, 영양체 등을 보존하는 시설. 종자은행.

유전자(遺傳子)의 구조(構造) : 생물의 형질은 유전자가 지배하며, 유전자는 염색체를 통해 다음 세대로 전해진다. 유전자는 물질적으로 핵산(nucleic acid, 1869년 Miescher가 처음 발견함)이며, 핵산의 기본단위는 인산과 5탄당 및 염기가 공유결합한 뉴클레오티드(nucleotide)이다. 핵산에는 DNA(deoxyribonucleic acid)와 RNA(ribonucleic acid)가 있다. 대부분의 생물은 DNA가 유전물질이고 DNA가 발현될 때 RNA가 나타난다.

유전자자리 = 유전자좌(遺傳子座), locus(pl. loci) : 염색체에서 유전자가 위치하는 특정영역이다.

유전자재조합체(遺傳子再組合體) = 유전자변형농산물(遺傳子變形農産物), 형질전환식물체(形質轉換植物體), GMO, genetically modified organism : 유전공학기술에 의해 형질전환된 작물이 생산한 농산물을 유전자변형농산물이라고 부른다.

유전자전환(遺傳子轉換), gene transformation : 다른 생물의 유전자(DNA)를 유전자운반체(vector) 또는 물리적 방법에 의해 직접 도입하여 형질전환식물(transgenic plant)을 육성하는 기술로, 이 기술을 이용하는 육종을 형질전환육종(transgenic breeding)이라 한다. 세포융합에 의한 체세포잡종은 양친의 게놈을 모두 가지므로 원하지 않는 유전자도 있다. 그러나 형질전환식물은 원하는 유전자만 가진다.

유전자중심지설(遺傳子中心地說), gene center theory : 소련의 Vavilov(1887~1942)가 발표한 학설로 식물의 발상지에는 변이가 가장 많은데, 유전적으로 우성형질이 많고, 근연식물의 수도 많고, 관련 유전자도 가장 많다. 발상지에서 멀어 질수록 우성형질이 점차 감소하며, 재배식물의 2차중심지에는 열성형질의 발생빈도가 높다.

유전자지도(遺傳子地圖), gene map : 유전자표지 또는 분자표지의 상대적 위치를 재조합 빈도로 표시한 유전지도.

유전자표지(遺傳子標識) : 표현형으로 나타나는 유전자로서 유전자 지도를 작성할 때 표지가 된다.

유전자형(遺傳子型), genotype : 표현형을 나타나게 하는 유전자 구성이다. 생물의 유전적 기초를 이루는 실제 구성으로서 생물 개체의 특성을 결정하는 유전자의 양식. 인자형 이라고도 한다. <작물> 어느 생물의 유전자가 갖고 있는 유전정보의 총계를 그 생물의 유전자형이라고 말하며 표현형에 대립(對立)한 말로 쓰인다.

유전자형빈도(遺傳子型頻度) : 집단 내에서 특정유전자에 대한 각 유전자형의 비율이다.

유전적 퇴화(遺傳的 退化) : 작물의 품종이 세대가 경과함에 따라서 자연교잡, 새로운 유전자형의 분리, 돌연변이, 이형종자의 기계적 혼입 등에 의하여 종자가 유전적으로 순수하지 못하여 퇴화하는 것이다.

유전적침식(遺傳的侵蝕), genetic erosion : 자연적 · 인위적 원인에 의해 재래종이 소멸되는 것이다.

유전적평형(遺傳的平衡), genetic equilibrium : 세대진적에 관계없이 집단의 대립유전자빈도가 일정하게 유지되는 것이다.

유전체(遺傳體) = 게놈, genome : 한 생물이 가지는 모든 유전정보를 말하며 유전체라고도 한다. 일부 바이러스의 RNA를 제외하고 모든 생물은 DNA로 유전정보를 구성하고 있기 때문에 일반적으로 DNA로 구성된 유전정보를 지칭한다. 보리의 체세포 염색체 수는 14개($2n=14$)이고, 생식세포(배우자)에는 그 절반인 7개($n=7$)가 있다. 보리가 생존하는 데 꼭 필요한 염색체 수는 배우자에 있는 7개이며, 이 염색체 세트를 게놈(genome, 유전체)이라고 한다.

유전학적 형질(遺傳學的形質), genetical character : 조상에서 자손으로 이전되는 형질 및 번식 행동에 관련된 형질.

유전형(遺傳型), genotype : 생물의 유전형질을 결정하는 유전자 구성.

유전획득량(遺傳獲得量), genetic gain : 선발을 통하여 집단이 유전적으로 진전된 정도. 유전획득량은 선발후대의 전체평균과 선발세대의 전체평균 간 차이로 나타내며 선발반응이라고도 한다.

유점(油點) = 기름점, 선점(腺點), pellucid dot, glandular-punctate : 고추나물 등에서 볼 수 있는 반투명의 작은 점으로 잎을 햇빛에 비춰보면 투명한 점처럼 보인다. 잎이나 화피에 보이는 검은 또는 투명한 점으로 유적을 분비한다. 예) 운향과, 물레나무과.

유정(遺精) : 경외기혈의 하나로, 유정, 조설, 음위 등의 치료에 쓰임.

유정증(遺精症): 자신도 모르게 정액이 흘러나오는 증세.

유제(油劑), emulsion, emulsifiable concentration(EC) : 원제를 유기용제에 녹인 저제로서 물에 녹지 않는 액체상태의 제제. 제제 그대로 또는 유기용매로 희석하여 사용한다.

유조직(柔組織), parenchyma : 살아 있는 세포로 된 기본조직.

유종(瘤腫) : 유췌.

유종(流腫) : 단독이 번지면서 붓는 것.

유종(乳腫) : 여자들의 젖이 곪는 종기. 유옹(乳癰) 또는 유선염(乳腺炎).

유종(遊腫) : 종기가 여기저기 돌아다니면서 나는 것.

유즙결핍(乳汁缺乏) : 아기를 낳은 산모가 젖은 불어 있으나 단단하고 잘 나오지 않거나 극히 적은 양밖에 나오지 않는 경우.

유즙불통(乳汁不通) = 유소, 유난(乳難) : 해산한 후에 젖이 잘 나오지 않는 증상.

유착(癒着), connivent : 같은 단위가 서로 붙어 있어 있거나 다른 단위가 붙어 있되 완전히 융합된 것은 아닌 것.

유창통(乳脹痛) : 젖앓이 : 유방이 붓거나 통증이 느껴지는 증세.

유체(溜滯) : 그득하게 고여 있음.

유토 : 흘러내리는 토양을 유토라 한다.

유한신육형(有限伸育型), determinate type : 콩에서 개화기에 도달하였을 때 원줄기 및 가지의 신장과 잎의 전개가 중지되고 개화기간이 짧으며 가지도 짧고 꼬투리가 조밀하게 붙은 신육형을 말한다.

유한화서(有限花序) = 유한꽃차례, definite inflorescence, determinate inflorescence : 개화와 더불어 화축의 생장이 중단되는 것. 꽃차례 축의 끝에 생긴 꽃에서 축의 밑부분으로 향해 피는 것.

유합(癒合), fusion, fused : 생물의 세포, 조직, 기관 등이 합쳐지는 것.

유해물질(有害物質) : 무기・유기의 유해물질들로 토양이 오염되면 작물의 생육을 나쁘게 하고, 심하면 생육이 불가능하게 된다.

유해초(有害草) = 해초(害草), noxious plant : 사람이나 가축에 만성독성(慢性毒性, chronic toxicity)을 일으키는 식물. 예) 고사리, 쇠뜨기 등.

유행성감기(流行性感氣) : 유행성감모. 인플루엔자 바이러스에 의하여 일어나는 감기. 고열이 나며 폐렴, 가운데귀염, 뇌염 따위의 합병증을 일으킨다.

유화수소 : 벼의 뿌리는 정상적인 경우 담수상태에서 생육하는 식물의 특성으로 뿌리의 주위를 산화하는 능력이 있어서 보통 뿌리의 주위 4mm의 산화적 근권을 형성하게 되지만 지온이 상승함에 따라 토양이 환원되면 각종 함유유기물이 분해되고 유산염이 환원되어 다량의 유화수소가 생성되는데, 이때 철분이 부족하면 유화철로 되어 침전하지 못하고 유리상태로 뿌리의 유기호흡을 억제하고 뿌리에 침입근부를 일으키고 각종 양분 흡수를 저해하는 악영향을 미친다.

유효경비율(有效莖比率), percentage of productive tiller, percentage of fruitful culm, percentage of effective tillers : 유효분얼수와 무효분얼수의 합을 최고분얼수라고 하는데, 일반적으로 60~80% 범위에 있다.

유효경수(有效莖數) : 벼, 보리 등은 뿌리 가까이에 있는 마디에서 가지를 친다. 이 가지 가운데 이삭을 맺을 수 있는 가지를 유효경이라 한다. 유효경 수가 많아야 수량이 증대된다. 유효경은 많아야 하고 무효경은 적어야 한다.

유효분얼종지기(有效分蘖終止期), critical effective tillering stage : 모를 본답에 이앙하여 착근이 되고 나면 분얼이 나타나기 시작하는데 이 시기를 분얼개 시기라 하며, 그 뒤 분얼은 급속도로 증가하여 최고수에 달한다. 그 뒤 분얼경 중에서 약세의 것은 이삭이 나오지 못하고 고사하면서 분얼수는 감소하기 시작하여 절간신장개시가 경에 이르러 분열은 더 감소하지 않고, 마지막 이삭수와 같은 분얼수로 결정되고 만다. 이와 같은 최종 이삭이 되는 분얼은 분얼 최성기가 되기 직전에 나온 분얼로서 최종수수와 분얼증가곡선과 교차된 시점을 유효분얼종지기 또는 유효분얼결정기, 유효분얼한계기 등으로 불린다.

유효수분(有效水分), available moisture : 위조계수와 포장용수량 사이의 수분으로 밭작물의 생육에 이용될 수 있는 가급수분이다. 그러나 작물이 적당한 생장을 하는 데는 유효수분의 50~85%가 소모되었을 때 수분을 공급해주어야 한다.

유효온도(有效溫度), effective temperature : 작물의 생육이 가능한 범위의 온도를 유효온도라고 한다.

유효적산온도(有效積算溫度) = 생장온도일수(生長溫度日數), growing-degree-days(GDD) : 작물의 생육가능온도를 적산한 값으로 그 지역의 기후에 따른 작물 또는 품종의 재배가능성을 예측하거나 현재 재배하는 작물의 생육단계를 예측할 수 있도록 고안된 것이다. 유효적산온도의 계산방법은 GDD(℃)=∑{(일최고기온+일최저기온)/2}-10이다. 여기서 10은 여름작물이 생육을 정지하는 기본온도(base line)를 10℃로 설정한 것이다, 만약 일최저기온이 10℃ 이하인 9℃일 때도 10℃로 계산한다.

유효태양분(有效態養分), available nutrient : 작물이 이용할 수 있는 형태의 양분 작물의 필수원소 가운데 질소의 예를 보면 공중에 있는 질소는 아무리 많이 있어도 식물이 흡수 이용하지 못하는 양분이다. 토양 중에서 NH_4^+ 또는 NO_3^-형태로 고정되어야 양분으로서 유효하다.

육과피(肉果皮), sarcocarpium : 중과피가 육질인 것.

육묘(育苗), raising seedling : 우리말로 모종가꾸기이다. 이식재배를 할 때 옮겨 심을 어린 묘를 집약적인 관리하에 키우는 일. 육묘를 함으로써 토지이용을 고도화하고 유묘기 때의 철저한 보호관리가 가능하며 위험을 회피할 수 있으며 종자의 절약이 가능하다.

육묘상자(育苗箱子), seedling tray, seedling box : 기계이앙을 위한 모를 기르는 상자로서, 현재 개발 보급되고 있는 이앙기에 알맞도록 규격화되어 있는데, 외부 크기는 가로 60cm, 세로 30cm(내부는 58cm, 28cm), 높이 3cm로 된 플라스틱 상자(나무 상자도 있음)로서 상자 밑바닥에는 직경 5mm 정도의 구멍이 1,500~1,600여 개 있는 유공상자가 사용되고 있으며, 10a당 치묘의 경우 약 20개, 중묘 약 30개가 소요된다.

육성자권리(育成者權利), breeders right : 신품종의 육종자 또는 품종보호권자가 신품종에 대한 이익을 법적으로 보장받는 것이다.

육성품종(育成品種), improved variety : 그 나라에서 육성된 품종으로 개량품종(改良品種)이라고도 한다. 예) 분리육성품종, 교잡육성품종, 일대잡종.

육수꽃차례[肉穗花序], spadix : 육질의 꽃대축에 꽃자루가 없는 작은 꽃이 모여 있는 꽃차례. 예) 앉은부채, 창포.

육수화서(肉穗花序) = 육수꽃차례, 살이삭꽃차례, spadix : 주축이 육질이고, 꽃자루가 없이 작고 많은 꽃이 밀집한 꽃차례. 예) 천남성과.

육아(肉芽) = 구슬눈, 살눈, 주아(珠芽), 무성아(無性芽), bulbil, bulblet, fleshy bud, gemma : 잎겨드랑이에 생기는 크기가 특히 짧은 비늘줄기로 곁눈이 고기질로 비대해서 양분을 저장한 것임. 식물체의 일부분에 생겨 독립적인 개체로 발달하는 부분. 어미 식물체에서 떨어져 나가 내부구조를 나누어 기능을 달리하면서 새로운 개체가 되려고 하는 새끼 식물체. 예) 말똥비름, 혹쐐기풀, 참나리, 마.

육아재배(育芽栽培), sprout cultivation : 눈을 길러 재배하는 것을 말한다.

육자(肉刺), 티눈 : 손이나 발가락에 생기는 일종의 원형 형태의 각질 또는 증식물.

육조종(六條種), six rowed barley : 여섯 줄 보리. 1마디에 3개씩 열매를 맺고 다음 마디에는 먼저 마디와 엇갈려 3개씩 맺고 이것이 반복되어 전체적으로 6개의 줄을 내면서 열매가 맺는 보리, 대개의 품종이 육조종이며 맥주맥은 2조종, 즉 2줄 보리이다.

육종(育種), breeding : 생명체의 유전적 소질을 개량하여 그 생명체의 새로운 형을 만들어내는 것. 품종육성, 품종개량이라고도 한다.

육종가(育種家), breeder : 품종을 육성하는 기술자. 종자산업법에서는 육종가와 품종보호권자를 포함하여 육성자라고 한다.

육지면(陸地棉), upland cotton : 미국, 소련, 한국, 만주 등에서 재배되는 목화의 품종. 생장기간이 길고 기온이 높은 남부지방에 적합하다. 수확기는 늦지만 수량이 많고 섬유가 길어 품질이 좋다.

육질(肉質) = 고기질, fleshy, succulent : 잎몸을 이루는 세포가 깊고 두꺼운 것.

육질과(肉質果), fleshy fruit : 과피가 육질인 열매. 예) 장과, 핵과, 취과, 다화과.

육질구과(肉質球果), galbulus : 편백나무과의 구형 열매.

육질씨껍질[肉疾種皮], aril : 씨의 껍질이 육질로 된 것. 예) 주목.

육질의, succulent : 식물체에 두껍게 살이 지고 수분이 많은 것.

육질종의(肉質種衣) = 육질종피(肉質種皮), aril, arillate : 종피가 다육성인 것. 예) 주목.

육질종피(肉質種皮), 육질종의(肉質種衣), aril, arillate : 종피가 다육성인 [주목].

육체(肉滯) : 고기를 먹어서 생긴 체증상.

윤경화전(輪耕火田) : 화전을 하다가 지력이 떨어지면 경작을 중지하고 지력이 회복되면 다시 화전을 실시하는 원시농법이다.

윤부택용(潤膚澤容), 얼굴윤기 : 윤기 있는 건강한 얼굴을 가꿀 수 있는 처방.

윤산화서(輪散花序) = 윤산꽃차례 : 잎이 마주 붙는 줄기의 잎겨드랑이마다 취산꽃차례가 있는 꽃차례.

윤상(輪狀), rotate : 수레바퀴 모양. 예) 큰꽃으아리.

윤생(輪生) = 돌려나기, 둘러나기, whorled, vertcillate, phyllotaxis : 한 마디에 잎 또는 가지가 3개 이상 수레바퀴 모양으로 돌려나는 상태.

윤생렬(輪生列), whorl : 한 지점에서 꽃받침조각, 꽃잎 등이 원형처럼 배열한 것.

윤심폐(潤心肺) : 심폐의 기운을 원활히 해줌.

윤작(輪作) = 돌려짓기, 윤재(輪栽), crop rotation : 한 포장에 연작하지 않고 몇 가지

작물을 특정한 순서에 의하여 규칙적으로 반복하며 재배하는 것으로, 구미(歐美)의 농업에서 발달하고 있다. 윤작의 방식으로는 3포식농법(三圃式農法), 개량3포식농법(改良三圃式農法), 노오포크식윤작법 등이 있다.

윤작작물(輪作作物), rotation crops : 중경작물이나 휴한작물처럼 윤작에 삽입되는 작물.

윤장(潤腸) : 장의 기운을 원활히 해줌.

윤장통변(潤腸通便) : 대장에 수분을 공급하여 대변을 내려 보냄.

윤조(潤燥) : 음을 보하고 진액을 생겨나게 하는 방법.

윤조통변(潤燥通便) : 마른 곳을 적셔주고 대변(大便)을 통하게 하는 효능.

윤조활장(潤燥活腸) : 음을 보하고 진액을 생겨나게 함으로써 장의 기운을 활성화하는 방법.

윤채(潤彩) : 빛이 남.

윤폐(潤肺) : 폐의 기운을 원활히 해줌.

윤폐양음(潤肺養陰) : 폐의 기운을 원할히 하고, 음기를 돋음.

윤폐지해(潤肺止咳) : 폐의 기운을 원활하게 하여 기침을 멎게 함.

윤폐진해(潤肺鎮咳) : 폐(肺)를 적셔주고 해수(咳嗽)를 진정시킴.

윤폐청열(潤肺淸熱) : 폐(肺)를 윤택하게 하고 청열(淸熱)시키는 치료법.

윤폐하기(潤肺下氣) : 폐를 윤택하게 하고, 기운을 아래로 내리는 치료법.

윤피부(潤皮膚) : 고운 살결을 원할 때 : 부드럽고 촉촉하며 화장이 잘 먹고 기미, 주근깨 등을 미리 방지하는 효과.

융단 같은 털[短軟毛], velutinous : 짧고 부드러운 털이 흩어져 벨벳 모양을 이룬 상태.

융단 같은, velutinous : 길고 부드러운 곧은 털이 조밀하게 나서 벨벳모양을 이룬 상태.

융모(絨毛) = 부드러운 털, villous : 꼬이지 않는 길고 부드러운 털.

융합(融合), connate : 꽃받침과 꽃부리는 각각 같은 기관이 붙은 것인데, 이런 경우를 유착이라고 한다.

으름덩굴과, Lardizabalaceae : 열・온대에 분포하는 덩굴식물로 9속 20종이며, 우리나라에 2속 2종이 자생한다. 덩굴성 목본식물로 잎은 어긋나며 손바닥모양으로 3출성의 겹잎이다. 꽃은 총상화서의 잡성화이거나 단성화이고, 열매는 장과이며 종자는 배유가 많다.

은두화서(隱頭花序) = 은두꽃차례, 숨은머리꽃차례, 숨은꽃차례, 무화과꽃차례, hypanthodium, syconium : 꽃차례 축이나 꽃턱이 발달하여 항아리 모양을 이루고 그 속에 많은 꽃이 배열된 꽃차례. 예) 무화과.

은행나무과, Ginkgoaceae : 잎은 어긋나고, 짧은 가지에서 모여 나는 선형 평형맥이다. 잎끝은 깊은 톱니모양이거나 2갈래로 갈라진다. 엽연은 불규칙한 파상이고 엽병은 길고 분백색이다. 꽃은 자웅이주이다. 수꽃은 수상화서로 수술만으로 되어 꽃밥은 2~6개이다. 암꽃은 꽃자루가 길고 배주는 쌍으로 달린다. 열매는 핵과로 긴 타원형이고 외피는 황색이다. 성숙하면 육질이고 내피는 각질 흰색이며 차상맥이다. 정충은 털이 많다.

은화과(隱花果) = 숨은꽃열매, syconium, hypanthodium, fig fruit : 무화과나무의 주머니처럼 생긴 고기질의 꽃턱 안에 많은 열매가 들어 있는 열매.

은화식물(隱花植物) = 숨은꽃식물, cryptogams, non-flowering plants, cryptogamia : 꽃이 피지 않는 식물을 통틀어 일컫는 말.

음건(陰乾), air curing, drying in the shade : 그늘에서 자연환기에 의존하여 말리는 것으로, 즉 그늘말림이다. ↔ 양건(陽乾).

음경(陰痙) : ① 유경. ② 사지궐랭, 발한, 맥이 침세하는 등의 증상을 보이는 경병.

음극사양(陰極似陽): 체내에 냉기가 극심하면 체외로는 반대로 양증(陽症)처럼 나타나는 경우.

음낭습(陰囊濕) : 고환을 둘러싸고 있는 주머니에 땀이 정상보다 많이 차는 경우.

음낭종대(陰囊腫大) : 음낭이 붓고 커진 것.

음낭종독(陰囊腫毒) : 고환을 둘러싸고 있는 주머니의 2중으로 된 막 사이에 비정상적인 종기가 나는 것.

음냉통(陰冷痛) : 음부가 차고 아픈 데.

음동(陰冬) : 음부 즉 외생식기 부위가 아픈 증상.

음부부종(陰部浮腫) : 여성의 생식기관 중 외부로 보이는 외음부 부분에 부종이 생긴 경우.

음부소양(陰部搔癢), 외음부 가려움증 : 모낭염, 사면발이, 습진, 신경증, 완선 등으로 외음부가 가려운 증세.

음부소양(陰部瘙痒) : 음부(陰部) 가려움증.

음부질병(陰部疾病) : 여성의 생식기관 질환이 심한 경우 월경과 폐경, 성적 발달에 영향을 줌.

음생식물(陰生植物) = 음지식물(陰地植物), shade plant : 보상점이 낮아서 그늘에 적응하고 광을 강하게 받으면 도리어 해를 받는 식물.

음수(陰樹), shade rolerant tree : 그늘에서 오랫동안 잘 견디다 햇빛을 받으면 정상적으로 자라는 나무.

음수체(飮水滯) : 물을 먹고 체한 경우.

음양(陰陽) : 모든 사물을 서로 대립되는 속성을 가진 두 개의 측면으로 이루어져 있다고 보고 한 측면은 음, 다른 한 측면은 양이라 하고 그것을 사물현상의 발생, 변화, 발전의 원인을 설명하는 데 이용한 동방 고대 및 중세 철학의 개념. 주역(周易)의 중심사상으로, 상대성 이원론(二元論). 만물이 음과 양으로 생성된다는 원리를 한의학(韓醫學)에서는 병리론(病理論)에 원용했다.

음양음창(陰痒陰瘡) : 여성의 음부에 나는 부스럼으로 매우 가렵고 심하면 따가워진다.

음왜(淫娃) : 음란함.

음위(陰痿) : 남자의 생식기가 위축되는 병. 음경의 질병이나 마비 또는 정신적 장해 따위의 원인으로 성교가 불가능한 증상.

음종(陰縱) : 남자의 생식기에 열이 나고 발기된 뒤 좀처럼 시들지 않는 증세

음종(陰腫) : ① 외부의 충격을 받지 않았는데도 불알이 커지는 것으로 주로 탈장으로 인함. ② 여자의 음부가 붓고 아픈 병.

음창(淫瘡) : 매독의 별명.

음축(陰縮) : 남자의 생식기가 차고 겉으로 보이지 않을 만큼 바싹 줄어드는 병증.

응애 : 거미강 진드기목의 후기문아목 이외의 띠응앳과, 마디응앳과, 나비응앳과 따위의 절지동물을 통틀어 이르는 말. 주로 잎의 뒷면에서 즙액을 빨아먹으며 몸의 길이는 1~2mm이고 머리가슴과 배 사이의 구분이 없어 거미와 구별된다. 다리는 흔히 세 쌍이다.

의웅예(擬雄蕊, 擬雄蘂) = 가웅예(假雄蕊, 假雄蘂), 거짓수술, 가짜수술, 헛수술, 위웅예(僞雄蕊, 僞雄蘂), staminode : 양성화에서 수술이 그 형태는 갖추고 있으나 불임성의 수술이며 꽃가루가 형성되지 않음. 예) 칸나, 번행초.

의저(歪底), oblique, inequilateral : 잎의 밑 모양이 주맥을 중심으로 양쪽이 같은 모양으로 되어 있지 않고 비대칭으로 찌그러진 것.

이가화(二家花) = 자웅이가(雌雄二家), 암수딴그루, 암수다른그루, 자웅이주(雌雄異株), dioecious, dioecism : 암꽃과 수꽃이 각각 다른 그루에 달림. 예) 버드나무, 은행나무.

이강웅예(二强雄蕊, 二强雄蘂) = 이강수술, didynamous stamen : 4개의 수술 중에서 2개씩 짝지어 길이가 구분되는 수술. 예) 꿀풀과, 현삼과.

이과(梨果) = 배모양 열매, pome : 화탁이나 화상이 발달하여 심피를 둘러싼 액과의 일종. 예) 사과, 배.

이관절(利關節) : 관절의 움직임을 편하게 하는 효능.

이구불지(痢久不止) : 설사가 오래되어 그치지 않는 증세.

이규(耳竅) : 귓구멍.

이급(裏急) : 복부의 피하에서 경련이 일어나 속에서 잡아당기는 것 같은 통증이 오는 경우.

이기(理氣) : ① 성질과 기질. ② 기를 통하게 하는 치료법 중 하나.

이기개위(理氣開胃) : 기를 다스려 위를 열어줌.

이기산결(利氣散結) : 기(氣)가 울체된 것을 풀어 맺힌 것을 흩어지게 함.

이기통변(理氣通便) : 기(氣)를 잘 통하게 하고 대변(大便)을 잘 나오게 함.

이기화습(理氣化濕) : 기(氣)를 통하게 하고 몸 안의 습사(濕邪)를 제거하게 함.

이기활혈(理氣活血) : 기(氣)를 통하게 하고 혈맥(血脈)을 소통시켜 기체(氣滯), 기역(氣逆), 기허증(氣虛症)을 치료하도록 하여 혈액순환을 촉진하는 치료법을 말함.

이꽃덮이꽃[異花被花], heterochlamydeous flower : 꽃받침과 꽃잎이 뚜렷하게 구별되는 꽃.

이끼식물 = 선태식물(蘚苔植物), *Bryophyta* : 은화식물의 한 부문, 유관속을 가지지 않

으며 음습한 곳에 군생하고, 몸은 왜소한데, 줄기, 가지, 잎 등의 구별이 없는 엽상체이고 가근으로 무기양분을 흡수함. 세대교번이 현저하고 엽록소를 가지고 있다.

이나무과, Flacourtiaceae : 전 세계에 84속 850종이 열대와 아열대에 분포하며 우리나라에서는 2속 2종이 자란다. 많은 수술, 분화되지 않은 화피, 여러 가지 모양으로 변화된 화반과 간혹 넓혀진 화탁이 있다.

이년생(二年生) = 2년생(二年生), 두해살이, biennial : 식물이 싹이 튼 후 꽃이 피고 열매가 맺고 죽을 때까지의 기간이 두 해에 걸치는 것. 2년 동안에 생육을 마치는 생육형.

이년생작물(二年生作物), biennial crops : 봄에 파종하여 그 다음해에 성숙・고사하는 작물. 예) 무우, 사탕무우.

이년초(二年草) = 두해살이풀, 월년초(越年草), 2년초(二年草), biennial plant : 싹이 나서 꽃이 피고 열매가 맺은 후 죽을 때까지의 생활기간이 두해살이인 풀. 싹이 튼 이듬해에 자라 꽃 피고 열매 맺은 뒤에 말라 죽는 풀.

이뇨(利尿) = 이수(利水) : 오줌이 잘 나오게 함.

이뇨배농(利尿排膿) : 오줌을 잘 나오게 하고, 고름을 뽑아냄.

이뇨산어(利尿散瘀) : 오줌을 잘 나오게 해서 어체를 풀어주는 방법.

이뇨소종(利尿消腫) : 이뇨(利尿)시키고 부종을 가라앉히는 효능.

이뇨제(利尿劑) : 소변이 잘 나오게 하여 몸이 붓는 것을 미리 막거나 부기(浮氣)를 가라앉히는 약.

이뇨통림(利尿通淋) : 이뇨(利尿)시키고 소변이 잘 통하게 하는 효능.

이뇨투수(利尿透水) : 소변으로 복수 등의 물을 빼는 것.

이뇨해독(利尿解毒) : 이뇨(利尿)시키고 해독시키는 효능.

이뇨해열(利尿解熱) : 이뇨(利尿)시키고 열을 흩어지게 하는 효능.

이단근(二段根) : 모내기 할 때 벼를 깊이 심으면 불필요하게 절간 신장이 촉진되어 원래 못자리에서 형성된 뿌리 위 부위에 새로 뿌리가 발생하여 2단으로 뿌리가 형성된다. 못자리 때 친 가지가 대부분 죽게 되어 튼튼한 묘를 육성한 효과가 없어진다.

이단림(二段林) : 2층으로 구성된 숲.

이동경작(移動耕作) : 토지를 옮겨가며 경작하는 방식으로 농업발생 초기나 현재의 미개지에서 행해지고 있다.

이랑 = 전휴부(田畦部), ridge and furrow, row : 작물재배 시 일정한 간격으로 길게 선을 긋고 그 선을 중심으로 땅을 돋우어 솟아오르게 만든 부위. 솟은 부분 사이로 움푹 패인 부분을 고랑이라고 하는데 경우에 따라 이랑과 고랑에 각각 파종하거나 정식한다.

이륜꽃[二輪花], dicyclic flower : 바퀴가 두 개 겹쳐진 것 같은 모양으로 배열된 꽃.

이명(耳鳴) = 이작선명(耳作蟬鳴) : 기혈이 부족하거나 종맥이 허했을 때 풍사가 경맥을 따라 귀로 들어가 생기는 귀울림. 귓속에서 여러 가지 잡음을 느끼는 증세.

이명법(二命法), binomial nomenclature : 생물계를 분류할 때 문, 강, 목, 과, 속, 종의 순서로 구분하여 세분화한다. 이중 최종 구분단위인 속과 종소명의 2가지로 식물의 종류를 표기하는 방법. 학술적으로 많이 쓰이는 표기법이기 때문에 학명이라고 하며 스웨덴의 식물분류학자인 Linnacus가 처음 선정하였다.

이모작(二毛作), double cropping, two-crop system : 논에 벼만을 재배하는 단작이 아니고, 벼와 그 전작이나 후작으로 다른 작물을 조합하여 논의 이용을 고도화하는 재배양식을 2모작이라 하며, 이 같은 논을 이모작답이라 한다. 우리나라에서는 주로 남부평야지대에서는 벼+보리(밀)의 2모작 작부양식이 이루어지고 있으며, 특수지대에는 과채류(딸기, 오이)+벼, 채소류(상치, 시금치 등)+벼의 2모작, 담배+벼의 이모작형이 이루어지고 있다.

이배체식물(二倍體植物), diploid : 대부분 정상식물은 이배체 식물이다. 각 식물이 가진 기본 염색체수를 1조로 하여 그것의 배수관계로 배수성을 나타낸다. 암수의 생식세포는 각자 1조의 염색체를 가지므로 이들이 접합하면, 2조의 염색체가 되므로 이배체가 된다.

이변불통(二便不通) : 대소변을 누지 못하는 것.

이병(耳屏) : 귀 젖.

이병성(罹病性), disposition : 식물체가 유전적으로 병에 걸리기 쉬운 형질.

이병주도태(罹病株淘汰) : 병든 식물 개체를 솎아내거나 없애버리는 일. 병해의 방제법으로는 예찰과 예방이 매우 중요한데 예찰과정에서 병든 개체가 발견되면 즉시 제거해버리는 것이 좋다.

이비(耳泌) : 어린이의 귀 안이 붓고 아픈 것.

이빨모양 = 치아상(齒牙狀), dentate : 이빨모양의 커다란 톱니 같은 것.

이삭 = 수(穗), spike, ear, panicle : 긴 화축의 둘레에 무경(無梗) 또는 짧은 화경이 있는 꽃, 열매가 더부룩하게 달린 것. 벼, 보리 등이 있다.

이삭거름 = 수비(穗肥) : 벼, 보리 따위의 이삭이 줄기 속에서 자라나기 시작할 무렵에 효과를 보기 위하여 주는 웃거름.

이삭꽃차례[穗狀花序], spike : 가늘고 긴 꽃대축에 꽃자루가 없는 작은 꽃이 여러 송이 붙은 이삭 모양의 꽃차례. 예) 질경이, 오이풀.

이삭패기 = 출수(出穗) : 이삭이 지엽 속에서 나오는 것을 뜻한다.

이삭화서 = 수상꽃차례, 수상화서(穗狀花序), 이삭꽃차례, spike : 길고 가느다란 꽃차례 축에 작은 꽃자루가 없는 꽃이 조밀하게 달린 꽃차례. 예) 보리, 질경이.

이산화탄소(二酸化炭素), carbon dioxide : 공기보다 무거운 무색의 기체로서 건조한 공기 중에서 질소, 산소, 아르곤에 이어 네 번째로 양이 많은 기체. 지구 상의 탄산가스의 99% 이상은 해양 속에 있으나, 그 용해도는 온도에 따라 변화되기 때문에 해변 온도의 변화에 따라 탄산가스의 함유량도 국지적인 변화를 한다.

이상구조(泥狀構造), puddled structure : 토양의 이상구조는 미세한 토양입자가 무구조・단일상태로 집합된 구조이나, 건조하면 각 입자가 서로 결합하여 부정형의 흙덩이를 형성하는 것이 단립구조와 다르다. 부식함량이 적고, 과습한 식질토양(埴質土壤)

에서 많이 보이며, 소공극은 많으나 대공극이 적어서 토양통기가 불량하다.

이생(離生), free, distinct : 같은 또는 다른 기관이 서로 유합되지 않고 떨어져 있는 것.

이생꽃덮이[離生花被], apotepalous : 꽃덮이조각이 서로 떨어져 있는 상태.

이생수술(離生雄蕊), apostemonous : 수술이 서로 떨어져 있는 상태.

이생심피(離生心皮), apocarpous : 하나의 꽃에서 암술을 구성하는 여러 개의 심피가 서로 분리하여 존재하는 것. 예) 미나리아재비.

이생웅예(離生雄蕊, 離生雄蘂) = 무한웅예(無限雄蕊, 無限雄蘂), polyandrous, distinct stamen, free stamen : 수술이 각각 따로 떨어져 있는 것.

이생자예(離生雌蕊, 離生雌蘂), apocarpous : 심피가 서로 떨어져 있는 것.

이소변(利小便) = 이뇨(利尿), 이수(利水) : 소변을 잘 나가게 한다는 말.

이수(羸瘦) : 몸이 여위는 증상.

이수거습(利水祛濕) : 소변을 잘 나오게 하고, 습사(濕邪)를 없애는 것임.

이수꽃[異數花], heteromerous flower : 꽃의 요소가 각기 다른 수로 이루어져 있는 꽃.

이수성꽃[二數性花], dimerous flower : 꽃을 구성하는 기관의 수가 2 또는 2의 배수로 구성된 꽃.

이수소종(利水消腫) : 소변을 잘 나오게 해서 부기를 없앤다.

이수술꽃, diandrous flower : 수술이 2개 있는 꽃.

이수식(異數式), heteromerous : 꽃에서 각 기관의 수가 다를 때.

이수제습(利水除濕) : 이수(利水)하고 습(濕)을 제거하는 효능.

이수제열(利水除熱) : 소변(小便)을 잘 나가게 하고 열(熱)을 없애는 효능.

이수체(異數體), heteroploid, aneuploid : 2배체에서 한두 개의 염색체가 감소하거나 증가한 세포 또는 개체이다.

이수통림(利水通淋) : 하초(下焦)에 습열(濕熱)이 몰려서 생긴 임증(淋症)을 치료하는 방법.

이습(利濕) : 이수약(利水藥)으로 하초(下焦)에 있는 수습(水濕)을 소변으로 나가게 하는 방법.

이습건비(利濕健脾) : 몸에서 수분을 제거하면서 소화기관을 보호하는 기능.

이습소적(利濕消積) : 소변을 통하게 하여 하초(下焦)에 막힌 습사(濕邪)를 제거하여 몸 안에 적체된 것을 없애는 효능.

이습소종(利濕消腫) : 소변을 통하게 하여 하초(下焦)에 막힌 습사(濕邪)를 제거하여 부종을 가라앉히는 효능.

이습소체(利濕消滯) : 소변을 통하게 하여 하초(下焦)에 막힌 습사(濕邪)를 제거하여 울체된 것을 없애는 효능.

이습지리(利濕止痢) : 소변을 통하게 하여 하초(下焦)에 막힌 습사(濕邪)를 제거하여 이질(痢疾)을 치료함.

이습지통(利濕止痛) : 소변을 통하게 하여 하초(下焦)에 막힌 습사(濕邪)를 제거하여 통증을 멈추게 함.

이습통림(利濕通淋) : 소변을 통하게 하여, 하초(下焦)의 습열(濕熱)을 없애고 결석(結石)을 제거하며, 소변 볼 때 깔깔하면서 아프고 방울방울 떨어지면서 시원하게 나가지 않는 병증을 제거하는 방법.

이습퇴황(利濕退黃) : 소변을 통하게 하여 하초(下焦)에 막힌 습사(濕邪)를 제거하여 황달을 치료하는 방법.

이식(移植) = 옮겨심기, transplanting : 현재 자라고 있는 곳에서 다른 장소로 식물을 옮겨 심는 것을 이식이라고 한다. 끝까지 그대로 둘 장소에 옮겨 심는 것을 정식(定植, 아주심기)라고 한다. 정식(定植)을 이식(移植)이라고도 하며, 벼농사에서는 이식을 이앙(移秧)이라고 한다. 정식할 때까지 잠정적으로 이식해 두는 것을 가식(假植)이라 하며, 묘상(苗床)과 달리 가식상(假植床)이라 한다.

이식양식(移植樣式) : 작물의 생육습성이나 재배형편에 따라서 여러 가지 양식(樣式)으로 이식하며, 조식(條植), 점식(點植), 혈식(穴植), 난식(亂植) 등이 있다.

이식재배(移植栽培), transplanting culture : 못자리에서 육묘를 하여 본답에 묘를 옮겨 심는 재배법을 이식재배 또는 이앙재배라고 한다.

이실, bilocular : 2개의 방으로 이루어진 것.

이앙(移秧), 모내기, transplanting : 식물을 옮겨 심는 것을 이식(移植)이라 하는데, 특별히 벼농사에서는 이앙(移秧)이라고 한다. 벼의 이앙에는 난식(亂植, 막모), 정조식(正條植, 줄모), 기계이앙 등이 있다.

이앙재배(移秧栽培), transplanting culture : 못자리에서 모를 키운 후 옮겨 심는 재배양식이다.

이앙한계온도(移秧限界溫度) : 못자리에서 육묘한 묘를 본답에 이앙할 때, 이앙이 가능한 일 평균기온을 말하는 것으로, 이앙한 묘가 저온으로 생육장해를 받지 않고 새 뿌리를 내릴 수 있는 온도의 한계라 해서 활착한계온도라고도 한다. 이는 품종의 저온활착성, 묘의 소질 등에 따라 다르지만 대체로 보온밭못자리묘 13.5℃>보온절충못자리묘 14.5℃>물못자리묘 15.5℃로서 보온밭못자리에서 기른 묘가 저온활착성이 높아 조식재배가 가능하다.

이열(二裂), 2-parted, two-ranked, biseriate : 2열 또는 줄로 배열하는 것.

이염(耳炎), otitis : 귀에 생긴 염증.

이오장(利五臟) : 오장(五臟)의 기능을 윤활하게 함.

이온, ion : 전하를 띤 입자. 원자는 같은 수의 양성자(+)와 전자(−)를 가지고 있어 전기적으로 중성인데 전자를 더 얻거나 잃으면 + 또는 − 전하를 띠는 이온상태가 된다.

이완출혈(弛緩出血) : 아이를 낳은 산모가 계속해서 피를 흘리는 증세.

이웅예성(異雄蕊性, 異雄蘂性), heterostylous, dimorphous : 화관의 판통보다 길게 나온 수술과 나오지 않은 수술을 모두 가진 성질.

이유기(離乳期), weaning stage : 종자가 발아하여 초엽이 나오고 이어서 1엽, 2엽, 3엽이 순차적으로 추출하면서 뿌리도 발근하게 되는데 묘령이 3.2, 즉 본엽이 3.2매 나올 때에는 종자 속에 배유양분은 완전히 소진되고 제1절(불완전엽절)에서 관근이 발근하기 시작하므로 이앙하게 되면 활착이 빠른 시기에 해당된다. 즉, 생리적으로 이 시기는 이유기를 지나 자기의 뿌리에 의해 스스로 양·수분을 흡수할 수 있는 독립영양체제가 확립된 것으로 묘로서 최소한의 적격이 갖추어진 상태이다. 따라서 이유기란 본엽이 3.2매가 나오기 전 단계, 즉 3.0엽 직전의 묘라고 규정할 수 있다. 배젖 양분이 완전 소모된 시기는 3.8엽이다.

이인(利咽) : 인후에 감염성 질환으로 인하여 적체현상을 제거하는 일.

이저(耳底) = 귀꼴밑, auriculate : 잎몸의 밑부분이 잎자루 윗부분에서 좌우로 넓게 사람의 귀 모양으로 갈라진 상태.

이질(羸疾) : 병들어 지쳐서 몸이 여위는 증상.

이질(痢疾) = 장벽(腸澼), 하리(下痢), 체하(滯下), 이(痢) : 만성대장염, 적리 등으로 똥에 곱이 섞이면서 배가 아프며 뒤가 잦고 당기는 병증.

이질배수체(異質倍數體), allopolyploid : 서로 다른 게놈을 가진 배수체. 빵밀은 게놈이 AABBDD인 이질6배체이다.

이차광물(二次鑛物) : 1차광물이 변성작용 또는 풍화작용에 의해 새로이 생성된 광물로 미세하며 함수성이다. 광물성교질물인 점토광물이 2차 광물에 속한다. 2차 광물의 주요한 유형은 카올리나이트, 몬모릴로나이트, 일라이트의 세 가지이다.

이차상(二次狀), acutely emarginate : 요두형에서 끝이 2개로 갈라진 형태.

이착(異着), adherent : 다른 기관끼리 붙어 있되 완전히 융합되지 않아 쉽게 분리되는 것.

이춘화(離春化), devernalozation : 춘화의 효과가 상실되는 현상. 춘화처리를 받은 후 고온이나 건조상태에 두면 춘화처리의 효과가 상실된다. 춘화처리가 불충분한 경우는 쉽게 이춘화되나 충분한 춘화처리 후에는 어렵다. 춘화처리.

이출겹잎[二出複葉], bifoliate leaf : 잎 또는 작은 잎이 2개 달리는 겹잎. 예) 나비나물.

이층(離層), abscission layer : 잎, 과실, 꽃 또는 식물체의 기타 기관의 기부를 이루는 부분으로 이층과 보호층으로 형성되어 있으며 공히 탈락현상에 관계된다. 탈리층이라고도 하고 떨켜라고도 한다.

이탄층(泥炭層) : 습지나 늪에 살던 식물들이 다소 썩어서 쌓임으로써 이루어진 토층이다.

이탄토(泥炭土), peat soil : 수성토양의 일종으로 배수가 나쁘고 온대의 산림지에서 생성된다. 환원상태의 유기물이 오랫동안 쌓이면 이탄이 생기고 이런 곳을 이탄지라 한다.

이통(耳痛) = 이저통(耳底痛), 이심통(耳心痛) : 귓속이 아픈 것.

이판화(離瓣花) = 갈래꽃, polypetalous flower : 꽃잎이 서로 떨어져 있는 꽃.

이판화관(離瓣花冠), polypetalous corolla : 꽃잎이 서로 떨어져 있는 화관.

이판화류(離瓣花類) = 고생화피류(古生花被類), 갈래꽃류 : 꽃잎이 서로 떨어져 있는 꽃을 가진 무리. 통꽃류에 대응하는 무리.

이편악(離片萼), polysepalous : 꽃받침 잎이 각각 떨어져 있는 것.

이피핵과(異皮核果), tryma : 외피는 연하거나 단단한 섬유질이고 내피는 골질로 되는 핵과. 예) 호두나무.

이하선염(耳下腺炎) = 차시(痄腮) : 침샘, 특히 이하선이 염증으로 부어오르는 여과성 병원체에 의한 전염병.

이합(異合), adnate : 다른 기관끼리 완전히 유합한 것. 예) 개나리의 수술과 같이 있는 꽃잎.

이행형(移行型), translocation, migration : 농약 가운데 식물체에 흡수되면 체내를 이동하는 약제형태. 식물이 이행형 제초제를 흡수하면 그 약제의 작용부위로 일단 이동된다.

이행형제초제(移行型除草劑), translocating herbicide : 처리된 부위로부터 양분이나 수분의 이동 경로를 통해 이동하여 다른 부위에도 약효가 나타나는 제초제(bentazon, glyphosate 등).

이혈(理血) : 혈분(血分)의 병 또는 혈병(血病)을 치료하는 방법.

이형(耳形), auriculate : 귀 모양.

이형꽃[二形花], dimorphic flower : 같은 종 내에서 크기나 형태가 2가지로 구분이 되는 형태를 갖는 꽃. 예) 앵초(장주화, 단주화), 쑥부쟁이(대롱꽃, 혀꽃).

이형엽(異形葉), dimorphic leaf : 동일개체에 모양이 다른 잎을 가지고 있는 것. 예) 매화마름.

이형잎[異形葉], heterophylly : 2가지의 형태를 지닌 잎. 예) 매화마름, 생이가래, 벗풀.

이형접합자 강세현상(異型接合子 强勢現象), heterozygosity superiority : 이형접합자를 갖는 개체가 동형접합자를 갖는 개체보다 적응력이 큰 현상.

이형접합자(異型接合子), heterozygote : 서로 다른 대립인자[A, a]가 있을 때, 서로 다른 대립인자[즉, A와 a]가 만난 접합자.

이형접합체(異形接合體), heterozygote : 상동염색체의 대립유전자가 서로 다른 개체이다.

이형주(異型株), off-type plant : 동일품종을 심은 포장에 형태가 전혀 다른 개체가 섞여 있을 때 이것을 이형주라고 한다.

이형포자성(異形胞子性), heterosporous : 포자에 암수가 있어 대포자와 소포자를 만드는 현상. 예) 부처손.

이형화(二形花), dimorphic : 양치류에서 영양엽과 포자엽이 분화하는 경우와 같이 두 가지 형태가 있는 경우.

이화작용(異化作用), catabolism, dissimilation : 물질대사과정에서 복잡한 고분자 유기화합물이 간단한 저분자 화합물로 분해되는 것. 동화작용과 반대되는 개념으로 탄산가스와 물이 탄수화물로 합성되는 것은 동화작용이고, 이 탄수화물이 탄산가스와 물로 분해되는 호흡과정은 이화작용이다.

이화주성(二花柱性), Heterostylic : 같은 종에서 긴 암술대와 짧은 수술대를 갖는 꽃(장주화, pin)과 짧은 암술대와 긴 수술대를 갖는 꽃(단주화, thrum)이 있는 상태. 장주화와 단주화 사이에서만 수분이 이루어져 열매를 맺는다. 예) 앵초, 개나리, 미선나무.

이화피화(異花被花), heterochlamydeous flower : 꽃받침과 꽃부리가 뚜렷하게 구별되는 꽃.

이회깃모양겹잎[二回羽狀複葉], bipinnate, bipinnately compound leaf : 2번 갈라져 깃모양으로 작은 잎이 달리는 겹잎.

이회삼출겹잎[二回三出複葉], biternate leaf : 2번 분지하여 3개의 작은 잎이 달리는 것.

이회손모양겹잎[二回掌狀複葉], bipalmately compound leaf : 손 모양으로 2회 갈라져 손 모양의 잎이 달리는 것.

이회이출겹잎[二回二出複葉], bigeminate : 2개로 구성된 잎이 2쌍 있는 겹잎.

익과(翼果) = 날개열매, 시과(翅果), samara, wing : 씨방의 벽이 늘어나 날개 모양으로 달려 있는 열매. 2개의 심피로 되어 있으며 종선에 따라 갈라지는 것과 날개만 달린 것이 있음. 열매껍질이 얇은 막처럼 툭 튀어나와 날개 모양이 되면서 바람을 타고 멀리 날아가는 열매. 예) 단풍나무, 느릅나무, 물푸레나무.

익기(益氣) : 기를 보하는 보기(補氣)와 같은 말이다.

익기건비(益氣健脾) : 기(氣)와 비(脾)를 보(補)하는 것으로 기허(氣虛)와 비허(脾虛)를 치료하여 튼튼하게 함.

익기고표(益氣固表) : 표(表)의 위기(衛氣)를 튼튼하게 하는 방법.

익기보중(益氣補中) : 기(氣)를 더하고 중초(中焦)를 보(補)함.

익기생진(益氣生津) : 기허와 진액 부족을 동시에 보하는 치법.

익기양음(益氣養陰) : 기를 돋우고, 음기를 길러주는 치료법.

익기제열(益氣除熱) : 기(氣)를 보익(補益)하고 열(熱)을 없앰.

익담기(益膽氣) : 담(膽)의 기능활동을 원활하게 함.

익비(益脾) : 건비(健脾)의 다른 말로 비(脾)가 허(虛)한 것을 보하거나 튼튼하게 하는 방법.

익신(益腎) : 신장의 기를 돋우기 위한 것.

익신고정(益腎固精) : 신(腎)을 보익(補益)하고 정(精)을 튼튼히 하는 효능.

익신장원(益腎壯元) : 신(腎)을 보익(補益)하고 원기(元氣)를 튼튼히 하게 함.

익심(益心) : 심기를 보함.

익위생진(益胃生津) : 위(胃)를 보익(補益)하고 진액(津液)을 만드는 효능.

익정(益精) : 정기에 이로운 것.

익정위(益正胃) : 위의 기능을 정상화하도록 도움.

익중기(益中氣) : 중기(中氣)를 보익(補益)하는 효능.

익지(益智) : 지혜를 더하는 효능.

익충(益蟲), beneficial insects : 직간접으로 사람에게 이익을 주는 벌레를 총칭하여 말한다. 예) 꿀벌, 누에나방, 잠자리 등.

익판(翼瓣) = 날개꽃잎, wing, alate : 콩과식물의 나비모양 꽃에서 양쪽에 있는 두 장의 꽃잎으로 좌우 양측에 각각 1개씩 2개가 있으며 밑 부분이 가늘고 끝이 둥글다.

익폐(益肺) : 폐(肺)를 보익(補益)하는 효능.

익혈(溺血) : 요혈.

인(燐), phosphorus(P) : 인은 세포핵, 분열조직, 효소(phosphorylase) 등의 구성성분이 된다. 어린 조직이나 종자에 많이 함유되어 있다. 광합성, 호흡작용(에너지의 전달), 녹말과 당분의 합성분해, 질소동화 등에 관여한다. 결핍하면 뿌리의 발육이 나빠지고(특히 생육초기), 잎이 암녹색이 되어 둘레에 오점(汚點)이 생기며 심하면 황화하고 결실이 나빠진다.

인건구조(咽乾口燥) : 목이 건조하고 입이 마르는 증세.

인경(鱗莖) = 비늘줄기, bulb : 줄기의 밑부분이나 땅을 기는 줄기의 선단에 다육화한 다수의 비늘조각이 줄기를 둘러싸고 지하 저장기관으로 되어 있는 것. 잎이 육질화(肉質化)하여 짧은 줄기의 주위에 동심원상(同心圓狀)으로 여러 층의 인편(鱗片)이 밀생한다. 예) 양파, 튤립.

인공교잡(人工交雜), artificial cross : 인위적으로 품종 또는 계통 간의 수분, 수정을 도모하는 작업. 대개 실험이나 육종목적상 자연교잡을 억제하고 인공교잡을 실시하는 경우가 많이 있다. 이때 필요한 작업이 제웅과 봉지 씌우기, 인공수분 등이다.

인공배지(人工培地) : 기계이앙 육묘를 위한 상토인 흙 이외의 재료로서 펄프, peat, 볏짚 등 다양한 새로운 소재를 이용한 상토의 대용물로 상자규격에 맞도록 규격화되었다고 하여 일명 성형배지라고도 하는데 그 규격과 품질, 가격 등이 표준화된 것이 아니므로 사용 전에 반드시 육묘해보고 선택하는 것이 좋다.

인공상토(人工床土), artificial medium : 기계이앙을 위한 상자육묘용 흙을 상토라고 하는데, 일반상토는 구하기 쉽고 돈도 들지 않는 논흙을 사용하는 것이 일반적이나 노동력이 부족하고 귀찮다고 하여 산흙, 기타 자연토, 광물성의 원재료에 보수력과 보비력을 높이기 위해 토양개량적 효과가 있는 재료를 첨가한 것, 비료를 첨가한 것 등 여러 가지가 시판될 전망이다.

인공염색체(人工染色體) : 벡터로 사용하기 위하여 인위적으로 구조를 변화시킨 염색체. 박테리아 인공염색체, 효모 인공염색체 등이 있다.

인공접종(人工接種) : 병원균, 근류균 또는 곤충을 실내에서 배양하거나 혹은 자연채취하여 작물의 특정부위나 포장에 인위적으로 옮기는 작업이다.

인공종자(人工種子), artificial seed : 체세포의 조직배양으로 유기된 체세포배(體細胞胚, somatic embryo)를 캡슐에 넣어 만든다. 캡슐재료는 알긴산(alginic acid)을 많이 사용하며, 이는 해초인 갈조류(褐藻類)의 엽상체(葉狀體)로부터 얻는다.

인과류(仁果類), pome : 꽃받기가 발달하여 식용부위가 된 과실. 씨방이 발달한 감과 같은 과실을 진과라고 하는데 반해 인과류는 위과(거짓열매)라고 한다. 사과, 배 등이 이에 속한다.

인델 부위(INDEL 부위) : 유전자 서열에서 삽입(insertion)되거나 빠진(deletion) 부분.

인도형(印度型)벼 : 일본형과 달리 초장이 크고 쌀알이 가늘고 길며 밥을 지으면 끈기가 약하다. 저온발아성을 비롯한 저온하에서의 생육이 부진하여 아열대 및 열대지방에서의 재배에 알맞다. 다만, 인도행 중에는 내병성, 내충성 등 유전적으로 유용형질을 가지고 있는 품종이 있기 때문에 품종개량을 위한 교배모본으로 많이 활용되고 있다.

인동과, Caprifoliaceae : 전 세계에 15속 275종이 주로 북반구에 분포하며 우리나라에서는 6속 41종이 자란다. 잎은 마주나고 단엽으로 드물게 우상복엽이 있다. 탁엽은 작거나 없다. 꽃은 양성화로 꽃받침은 자방과 합쳐지고 화관과 같이 4~5개로 갈라진다. 같은 수의 수술은 화통에 붙어 있고 열편과 어긋난다. 자방은 2~5실이지만 1실만 남으며 퇴화되는 것이 많고 1~다수의 배주가 중축태좌에 달린다.

인두염(咽頭炎) : 인두에 염증이 생겨 약간의 열이 나거나 두통이나 두중(頭重)이 있는 경우.

인모(鱗毛), scale hair : 다세포로 납작한 비늘모양의 모용.

인산유효화(燐酸有效化) : 논토양이 담수 후 환원상태가 되면 밭 상태에서는 난용성인 인산알루미늄, 인산철 등이 유효화한다. 또한, 논에는 어느 정도 인산의 천연공급량이 있으므로 논토양에서는 인산비료의 요구량이 적은 편이다. 그러나 한랭지에서는 저온으로 인하여 생육초기에 미생물의 활동이 부진하여 논의 환원상태가 발달하지 못하므로 인산시용의 효과가 크게 나타난다.

인상꽃차례[繖狀花序], anthela : 옆면에 꽃이 피는 꽃대축이 주축보다 긴 꽃차례. 예) 골풀과.

인셉티졸, inceptisol : 신체계에 의한 토양분류 10목 중 하나로 중간 정도 발달한 토양을 말한다.

인아(鱗芽) = 비늘눈, scale : 비늘모양의 껍질로 덮여 있는 겨울눈.

인엽(鱗葉) = 비늘잎, 인편엽(鱗片葉), scale leaf : 측백나무와 편백나무와 같이 비늘조각처럼 편평한 모양의 작은 잎.

인위귀화식물(人爲歸化植物) = 일출식물(逸出植物) : 목초, 사료, 약용, 식용, 관상용 등의 여러 목적으로 수입하여 재배된 유용식물이 야생으로 전파되어 자라게 된 식물을 말한다. 인위귀화식물들은 비교적 도래시기가 분명하다. 예) 사료용; 자운영, 개자리, 붉은토끼풀, 토끼풀, 메귀리. 약용; 미국형개, 식용돼지감자. 관상용; 데이지, 큰달맞이꽃, 분꽃, 부레옥잠 등.

인위적 격절(人爲的 隔絕), artificial isolation : 유전적 순수성을 유지하기 위하여 인위적으로 다른 유전형과의 유전적 교섭을 막아주는 것.

인지질(燐脂質), phospholipid : 인(P)을 함유하고 있는 지방질로 세포막의 주요한 구성물질이다. Glycerol이나 sphingosine의 인산에스테르를 가진 지질 세포질 안에 소적(小滴)으로 분산(分散)해 있는 것이 있지만, 대부분은 원형질의 구조물질을 이루고 있으며, 단백질과 짝 맞추어진 결합상태로 존재, 잎에 있는 인지질의 대부분은 엽록체 특히 그 안의 그라나에 함유(含有)되고 또 원형질막이나 엽록체 피막의 주요한 구성성분을 이루고 있는 것이라고 한다.

인통(忍痛) : 임부가 출산에 임할 때 뱃속이 쑤시고 아프더라도 참지 않으면 안 된다는 것.

인트론, intron : 진핵생물의 유전자 내의 DNA배열의 하나로, 개재배열(inter vening sequence)이라고 하며 또 의미가 없다는 뜻에서 nonsense 유전자라고도 한다. 이것은 splicing에 의하여 절단 제어되므로 성숙 mRNA 중에는 존재하지 않는다. 전핵세포의 게놈으로 1개 유전자의 DNA 염기서열 중 mRNA로 전사되지 않는 부위이다.

인편(鱗片) = 비늘조각, scale : 비늘처럼 보이는 작은 조각의 것. 양치류의 근계나 엽병에 돋아난 비늘 같은 작은 돌기물. 두껍고 건조된 엽록체가 없는 부속체이다.

인편상(鱗片狀), scaly : 작고 얇은 비늘 모양.

인편엽(鱗片葉) = 비늘잎, 인엽(鱗葉), scale leaf : 측백나무와 편백나무와 같이 비늘조각처럼 편평한 모양의 작은 잎.

인플루엔자 : 유행성 감기로, 인플루엔자 바이러스 A, A1, A2, B, C형에 의해 생기는 급성 전염병 독감.

인피(鱗皮), lodicule : 벼과식물의 퇴화한 꽃덮이에 해당하는 막질의 비늘조각 같은 부속물.

인후(咽喉) : 목 안(인; 음식이 들어가는 구멍, 후; 숨 쉬는 구멍).

인후건조(咽喉乾燥) : 인건구조.

인후염(咽喉炎) : 인후 점막에 생기는 염증.

인후정통(咽喉定痛) : 인후의 통증을 그치게 하는 함.

인후종(咽喉腫) : 인후 점막이 붓는 것.

인후종통(咽喉腫痛) : 목 안이 붓고 아픈 것을 통틀어 이르는 말.

인후통(咽喉痛) : 목 안이 아픈 것.

인후통증(咽喉痛症) : 목구멍이 아프고 붓는 경우이며 주로 감기 등에 의하여 일어나는 경우.

인후팽창(咽喉膨脹) : 목 안이 부은 것.

일가화(一家花) = 암수한그루, 암수같은그루, 자웅동주(雌雄同株), 자웅일가(雌雄一家), monoecious, monoecism : 암꽃과 수꽃이 한 그루에 함께 달리는 경우. 예) 오이, 밤나무, 자작나무.

일교차(日較差), diurnal range : 기온의 하루 중 변화. 기온은 시시각각으로 변화하는데 그 정도는 작물의 발아, 광합성 물질의 축적, 개화결실 등의 생리작용에 큰 영향을 미친다.

일년생(一年生) = 1년생, 한해살이, annual : 1년 안에 발아, 생장, 개화, 결실의 생육단계를 마치는 것. 1년 동안에 생육을 마치는 생육형.

일년생가지[小枝], twig : 전년도 눈에서 자라난 1년생 가지.

일년생작물(一年生作物), annual crops : 봄에 파종하여 그 해 안에 성숙・고사하는 작물. 예) 벼, 콩, 옥수수.

일년초(一年草) = 1년초(一年草), 한해살이풀, annual plant : 1년 안에 발아, 생장, 개화, 결실의 생육단계를 거쳐서 일생을 마치는 풀.

일대잡종(一代雜種), F1 hybrid : F_1교잡 제1세대에 형성된 품종. 일반적으로 품질이 균일하고 세력이 강하며 수량이 높다. 시판되고 있는 옥수수, 채소작물의 육성종은 대부분 일대잡종이다.

일라이트, illite : 2:1형 점토광물로서 이 군의 점토는 수화운모라고도 한다. Si판의 규소원자 가운데 약 15%가 Al로 치환되어 있으며 이 치환에 의해 생긴 음성원자가 주로 칼륨으로 채워져 있다. 크기는 카올리나이트와 몬모릴로나이트의 중간이며 일라이트의 결정격자는 몬모릴로나이트보다 덜 팽윤하므로 수확, 양이온 흡착, 팽윤, 수축, 가소성, 분산성은 이보다 약하다.

일렬성(一列性), uniseriate, monocyclic : 구성요소들이 한 줄로 배열한 것.

일류관개법(溢流灌漑法), flooding irrigation : 한냉지나 관개수원이 찰 때 논의 주위에 작은 갈개를 만들 때 그 윗면을 수평으로 하여 냉한 관개수가 갈개판 위를 넘어 논의 주위로부터 조금씩 흘러들어가게 함으로써 태양열에 의해 수온을 높이는 데 목적을 둔 관개법이며 온수지에서 수온의 상승을 꾀하는 경우에도 온수지에서 물이 들어오는 논의 앞부분에 일류판을 설치해도 효과적이다.

일반조합능력(一般組合能力), general component : 특정한 유전자형의 계통을 많은 검정용 계통과 교배했을 때 그 특정유전자형의 평균잡종강세 정도를 말한다.

일변화(日變化), diurnal change : 하루하루의 특정 있는 기상요소의 변화, 예컨대 기온은 새벽에 최저가 되고, 정오 지나서 최고가 되는 것과 같은 일변화를 나타내며, 상대습도는 이와 정반대되는 일변화를 보이고 있다.

일본형(日本型)벼 : 일본형 벼의 특징은 초장이 작고 분얼이 많으며 쌀알이 둥글다. 밥을 지으면 끈기가 강하다. 저온발아성을 비롯한 저온저항성이 강하여 온대의 저온지대에서 재배되는 벼로서 우리나라의 일반계 품종은 모두 이에 속한다.

일비(溢泌), bleeding, exudation : 식물체의 줄기 또는 뿌리를 절단하거나 상처를 줄 때 그곳으로부터 수액이 배출되는 현상. 염증 등에 의하여 혈액 성분의 일부가 혈관 밖으로 여과되어 나가는 것이다.

일비현상(溢泌現象), bleeding, exudation : 토양수분이 충분하고 지온이 높으면 뿌리에서의 식물의 줄기를 절단하거나 도관부에 구멍을 내면 절구에서 다량의 수액이 배출되는데 이것을 일비현상이라고 한다.

일사병(日射病) : ① 여름철 햇볕을 오래 쐬었거나 무더운 날씨 때문에 갑자기 현기증을 일으켜 실신하기도 함. ② 이상고온으로 인한 울열현상.

일사상(日射傷) : 피부가 햇볕의 자극을 받아서 심하면 물집이 생겨나고 따가움.

일수술[一雄蕊], monandrous : 한 개의 수술로 된 것.

일액현상(溢液現象), guttation : 기온이 낮고 습한 새벽 식물잎의 끝이나 거치에 물방울이 맺히는 현상.

일엽아재비과, Vittariaceae : 전 세계에 8속 140종이 분포하며 우리나라에는 1속 1종이 있다. 여러해살이 늘푸른 양치식물이다. 근경은 짧게 포복하고 인편이 있다. 인편에 문살 같은 무늬가 있다. 엽신은 단엽이며 가장자리가 밋밋하고 털이 없으며 망상맥이다. 포자낭군은 엽맥에 따라 선 모양으로 길며 포막은 없고 측사가 있다.

일장(日長), day-length, photoperiod : 1일 24시간 중의 명기(明期)의 길이를 일장이라고 하며, 14시간 이상이 장일(長日, long day)이며, 12시간 이하가 단일(短日, short day)이다.

일장반응(日長反應), photoperiodic response : 일장의 장단에 따라 나타나는 식물체의 출수 개화반응이다.

일장효과(日長效果), photoperiodism : 일장이 식물의 화성(花成) 및 그 밖의 여러 면에 영향을 끼치는 현상이며 광주율(光週律), 광주규율(週光規律), 광기성(光期性), 광주반응(光週反応) 등으로 표현하기도 한다. 식물의 화성을 유도할 수 있는 일장을 유도일장(誘導日長, inductive day-length)이라 하고, 화성(花成)을 유도할 수 없는 일장을 비유도일장(非誘導日長, noninductive day-length)이라고 한다.

일조시간(日照時間), duration of sunshine : 태양의 직사광선이 지표를 조사하는 시간을 말한다. 일조시간은 그 지방의 진태양시(眞太陽時)와 하늘의 상태에 따라 다르다.

일조율(日照率), rate of sunshine : 가조시간(可照時間)에 대한 일조시간의 비율.

일차광물(一次鑛物) : 암석에서 분리된 광물로 그 후 큰 변화가 없었던 것으로 석영, 장석, albite, anorthite, 백운모, 흑운모, 각섬석, 휘석, 감람석, 녹렴석, 인회석, 자철광 등이 이에 속한다.

일체안병(一切眼病), 눈병 : 짓무른 눈, 침침한 눈, 피로한 눈 등 각종 안질.

일출식물(逸出植物), escaped plant : 재배하기 위하여 작물로 도입하였으나 자연 상태에 일출되어 자생적으로 자라는 귀화식물.

일해(日害) : 음양가(陰陽家)에서 말하는 하루 중(中)의 흉한 시각(時刻).

임도(林道), forest road : 임업경영 및 산림관리를 위해 숲속에 낸 길. 인력과 자재 및 임산물 운송 그리고 기계이동을 위해 필수적이며 산불이 발생하였을 때는 소방도로의 역할을 함.

임령(林齡), stand age : 숲의 나이.

임목(林木), forest tree, standing crop : 숲을 이루는 나무, 숲에서 자라고 있는 나무.

임목축적(林木蓄積), growing stock : 숲에서 생육하고 있는 나무의 재적.

임병(淋病) = 임질(淋疾) : 임균으로 일어나는 병. 소변이 잘 나오지 않는 병.

임비(淋秘) : 오줌이 잘 나오지 않으면서 아픈 것. 소변이 찔끔찔끔 나오면서 잘 나오지 않는 병증.

임성(稔性), fertile : 생식 기능이 있는[반: 불임성, 중성].

임신구토(姙娠嘔吐) : 입덧.

임신오조(姙娠惡阻), 입덧 : 임신 초기에 구토가 너무 심해 음식물을 먹지 못하는 경우.

임신중독증(姙娠中毒症) : 임산부에게 일어나는 부종이나 고혈압, 당뇨 등의 증상으로 소변이 잘 안 나오고 붓고 쑤시고 아프며 혈압과 혈당이 올라감.

임신중요통(姙娠中腰痛) : 임신한 여성에게서 일어나는 요통, 즉 요부에서 일어나는 통증.

임실(稔實) : 수정이 된 후 종자가 형성되는 현상. 수분이 되어 수정이 되었다고 해서 모두 정상적인 종자가 맺히는 것이 아니다. 수정이 불완전하여 종자가 형성되지 않는 경우 등 여러 가지 원인으로 수정 후에도 불임이 될 수도 있다.

임질(淋疾) = 임증(淋症), 임병(淋病), 음질(陰疾) : 임균으로 일어나는 성병.

임탁(淋濁) : 임증과 탁병을 합한 말로 음경 속이 아프고 멀건 고름 같은 액이 나오는 증상.

임파선염(淋巴腺炎) : 임파선에 세균이 침입하여 염증을 일으키는 병.

입건(立乾) : 벼가 성숙하게 되면 베어서 여러 포기를 한 다발로 묶은 볏단을 논두렁이나 마른 논바닥에 벼이삭 끝이 위로 가도록 세우는데 두 줄로 연결하여 말리는 방법을 입건 또는 소속입건이라고 하는데, 이 방법은 그 지방의 기상조건, 논바닥의 건조조건, 답리작과의 관계를 고려하여 결정할 것이나, 대체로 비가 많지 않고 논바닥이 마른 상태이며 답리작을 하지 않는 곳에서의 건조 방법으로 널리 보급되고 있다.

입경분석(粒徑分析) : 입경조성을 알기 위해 기계적으로 분석하는 것을 말하는데 이 분석을 통해 크기가 다른 입자의 분포상태를 결정하게 된다.

입경분포(粒經分布) : 광물질로 이루어진 토양을 입자의 크기에 따라 자갈, 모래, 미사, 점토 등으로 나누는 것을 입경구분이라 하며 그 분포비율, 즉 입경조성에 의한 토양의 분류를 토성이라 한다.

입고병(立枯病) : 보온밭못자리나 기계이앙 상자육묘에서 가장 심하게 발생하는 병으로 녹화기 이후부터 묘의 생육이 불량하고 갑자기 위조하면서 며칠 지나면 고사하게 되는데 발병이 되어 2~3일이 지나면 모의 줄기 밑 부분과 뿌리가 갈변하고 초장의 신장이 불량하다. 이병된 묘를 뽑으면 줄기 밑부분이 끊기어 뿌리가 뽑히지 않는 것이 특징이며, 육묘상자 전체가 발병하지 않고 부분적으로 발생・확대된다.

입단구조(粒團構造), aggregate structure, crumbled structure : 토양의 입단구조는 단일입자가 집합해서 2차입자로 되고, 다시 3차, 4차 등으로 집합해서 입단(粒團, compound granule)을 구성하고 있는 구조이다. 입단을 가볍게 누르면 몇 개의 작은 입단으로 부스러지고, 이것을 다시 누르면 다시 작은 입단으로 부스러진다. 유기물과 석회가 많은 표층토에서 많이 보인다. 대・소공극이 많아서 통기・투수가 양호하고 양수분(養水分)의 저장력이 높아서 작물생육에 알맞다.

입도선매(立稻先賣), preharvest sale of rice : 궁핍한 미작농가가 현금취득을 위한 궁여지책으로 수확을 하기 전에 미곡상인이나 고리대금업자에게 미리 판매하는 것을 말한다.

입모(立毛), seedling stand, seedling establishment : 못자리나 직파재배의 경우 파종한 종자가 발아, 출아하여 자라게 되는데 일정한 파종면적에서 최종적으로 이앙이 가능한 고르고 정상적인 성묘가 들어서 있는 상태를 입모라고 하며, 이때 파종 총 종자수에 대한 성묘의 개체비율을 입모율이라고 한다.

입술꽃잎 = 순판(脣瓣), labiate, labellum : 꿀풀과 식물에서 볼 수 있는 입술모양의 꽃잎.

입술모양 = 순형(脣形), 양순형(兩脣形), bilabiate, labiate : 꿀풀과 및 현삼과의 꽃처럼 위아래의 2개 꽃이 마치 입술처럼 생긴 것.

입술모양꽃갓 = 입술모양꽃부리, 순형화관(脣形花冠), bilabiate corolla, labiate corolla : 꽃부리로서 좌우대칭형으로 끝부분이 위 아래로 갈라져 튀어나온 입술모양의 꽃부리. 예) 꿀풀과, 현삼과.

입술모양꽃부리[脣形花冠], labiate corolla, bilabiate corolla : 좌우상칭인 꽃에서 입술처럼 생긴 꽃잎을 가진 꽃부리로, 윗입술꽃잎과 아랫입술꽃잎이 있다. 예) 꿀풀.

입자밀도(立子密度) : 토양공극을 제외한 단위용적의 토양 고체가 차지하는 질량으로 1㎤에 대한 g수로 표시한다. 토양입자밀도는 진비중이라고도 하며 입자밀도는 고체의 무게를 고체의 용적으로 나누어 계산하며 다음과 같이 표현할 수도 있다. ※ 토양의 진비중=풍건토양의 무게/공시토양에 의해 대체된 물의 무게.

입제(粒劑), granule : 농약의 형태로 대체로 8~60메시(입자지름 약 0.5-2.5mm) 범위의 작은 입자로 된 농약이다.

입중(粒重), grain weight : 낟알 무게를 뜻한다.

입지조건(立地條件), condition of site, locational condition : 작물이 심어져 있는 위치의 여러 가지 조건. 입지조건에 따라 수량이 크게 좌우된다.

잎[葉], leaf : 잎은 광합성, 호흡 및 증산작용을 하는 기관으로 엽병(葉柄, petiole)과 엽신(葉身, leaf blade)으로 구성되어 있다.

잎가장자리 = 엽연(葉緣), leaf margin : 잎의 가장자리로서 잎몸의 발달이나 잎맥의 분포에 따라 여러 모양으로 나타남.

잎겨드랑이 = 엽액(葉腋), 잎짬, axil : 가지와 잎이 붙어 있는 사이의 겨드랑이 또는 잎짬.

잎귀 = 엽이(葉耳), auricle : 잎몸의 양쪽 밑과 잎집이 잇닿는 부분에서 속으로 굽어 귓불처럼 보이는 돌기. 잎집 속으로 빗물이 들어가는 것을 막는다.

잎꼭지 = 엽병(葉柄), 잎자루, petiole, leaf stalk : 잎과 줄기를 연결하는 부분. 잎자루 없이 잎몸이 바로 붙은 식물도 있으며, 줄기의 위치에 따라 길이나 모양이 다르다.

잎끝[葉頭], leaf apex : 잎의 끝부분.

잎눈 = 엽아(葉芽), 영양아(營養芽), leaf bud, vegetative bud : 눈 중에서 앞으로 잎이 될 겨울눈.

잎말림병 : 잎이 말리든가 또는 잎에 주름살이 잡히고 오그라드는 병이다.

잎맥 = 엽맥(葉脈), 맥(脈), 잎줄, vein, nerve : 잎으로 통하는 유관속의 줄. 잎살 안에 있는 관다발과 그것을 둘러싼 부분으로 물과 양분의 통로가 된다.

잎몸 = 잎새, 엽신(葉身), lamina, leaf blade : 잎에서 잎자루를 제외한 잎사귀를 이루는 넓은 몸통 부분.

잎밑[葉底], leaf base : 잎의 밑(아랫) 부분.

잎살 = 엽육(葉肉), mesophyll : 잎의 가로자름면 바깥껍질 안쪽에 있는 녹색의 연한 세포 조직으로서 잎몸을 이룸.

잎새 = 잎몸, 엽신(葉身), leaf blade, lamina : 잎에서 잎자루를 제외한 잎사귀를 이루는 넓은 몸통 부분.

잎의 기부 = 엽저(葉底), 엽각(葉脚), leaf base : 잎몸의 밑부분. 엽병으로부터 가장 가까운 곳.

잎의 모양 : 광타원형(廣楕圓形), oval.

잎의 모양 : 극형(戟形), hastste.

잎의 모양 : 난형(卵形) = 달걀꼴 = 달걀모양, ovate.

잎의 모양 : 능형(菱形) = 마름모꼴, rhomboid.

잎의 모양 : 도란형(倒卵形) = 거꿀달걀꼴 = 도란상(倒卵狀), obovate, obovoid.

잎의 모양 : 도피침형(倒披針形) = 거꿀바소꼴, oblanceolate.

잎의 모양 : 민들레형 = 민들레잎모양, runcinate, lyre-shaped.

잎의 모양 : 삼각형(三角形) = 세모꼴, deltoid.

잎의 모양 : 선형(扇形) = 부채꼴, flabellate.

잎의 모양 : 선형(線形) = 줄꼴, linear.

잎의 모양 : 신월형(新月形), crescent-shaped, lunate.

잎의 모양 : 신장형(腎臟形) = 신장상(腎臟狀) = 콩팥꼴 = 콩팥모양, reniform, kidney-shaped.

잎의 모양 : 심장상 화살형.

잎의 모양 : 심장형(心臟形) = 염통꼴 = 염통모양, cordate, heart-shaped.

잎의 모양 : 쐐기형[설형(楔形)] = 쐐기꼴 = 쐐기모양, wedge-shaped, cuneiform, cuneate.

잎의 모양 : 아원형(亞圓形), roundish.

잎의 모양 : 원형(圓形) = 둥근꼴 = 둥근모양, orbicular, orbicularis.

잎의 모양 : 장타원형(長楕圓形) = 긴타원형 = 긴길둥근꼴, oblong.

잎의 모양 : 제금형(提琴形), pandurate.

잎의 모양 : 주걱형 = 주걱꼴 = 비형(篦形) = 주걱모양, spatulate, spatulatus.

잎의 모양 : 침형(針形) = 바늘꼴 = 바늘모양, acicular, needle-shaped, subulate.

잎의 모양 : 타원형(楕圓形) = 길둥근꼴, elliptical.

잎의 모양 : 피침형(披針形) = 바소꼴, lanceolate.

잎의 모양 : 화살형[전형(箭形)] = 화살모양, sagittate, arrow-shaped.

잎의 배열과 엽맥 : 근생(根生), radical.

잎의 배열과 엽맥 : 대생(對生) = 마주나기, opposite, opposite phyllotaxis.

잎의 배열과 엽맥 : 심렬(深裂), parted.

잎의 배열과 엽맥 : 엽병(葉柄) = 잎자루, petiole, leafstalk.

잎의 배열과 엽맥 : 엽신(葉身) = 잎몸 = 잎새, lamina, leaf blade.

잎의 배열과 엽맥 : 우상맥(羽狀脈) = 깃모양맥 = 깃꼴잎줄, pinnately veined, pinnate venation.

잎의 배열과 엽맥 : 윤생(輪生) = 돌려나기 = 둘러나기, phyllotaxis, verticillate, whorled.

잎의 배열과 엽맥 : 장상맥(掌狀脈) = 손바닥모양잎줄, palmiveined, palmately veined.

잎의 배열과 엽맥 : 정성천열(掌狀淺裂), palmately lobate.

잎의 배열과 엽맥 : 주맥(主脈) = 중륵(中肋) = 중심맥(中心脈) = 가운데잎줄 = 중맥(中脈), main vein, midrib.

잎의 배열과 엽맥 : 중열(中裂), cleft.

잎의 배열과 엽맥 : 천열(淺裂), lobate, lobed.

잎의 배열과 엽맥 : 측맥(側脈) = 곁맥 = 곁잎줄 = 옆맥, lateral vein.

잎의 배열과 엽맥 : 탁엽(托葉) = 턱잎, stipule.

잎의 배열과 엽맥 : 평행맥(平行脈) = 나란히잎줄 = 나란히맥, parallel veined, parallel or closed vein.

잎의 배열과 엽맥 : 호생(互生) = 어긋나기, alternate phyllotaxis.

잎자국 = 잎흔적, 엽흔(葉痕), leaf scar : 잎이 탈락한 흔적.

잎자루 = 엽병(葉柄), petiole, leafstalk : 잎과 줄기를 연결하는 부분. 잎자루 없이 잎몸이 바로 붙은 식물도 있으며, 줄기의 위치에 따라 길이나 모양이 다르다.

잎자루눈[葉柄內芽], infrapetiolar : 잎자루의 밑부분에 의해 둘러싸인 눈. 예) 버즘나무.

잎줄 = 잎맥, 엽맥(葉脈), 맥(脈), vein, nerve : 잎으로 통하는 유관속의 줄. 잎살 안에 있는 관다발과 그것을 둘러싼 부분으로 물과 양분의 통로가 된다.

잎줄겨드랑이 = 잎줄짬, 맥액(脈腋) : 잎줄의 가장자리로서 잎줄이 잎몸과 맞닿는 곳.

잎줄기 = 엽축(葉軸), rachis : 겹잎에서 작은 잎이 붙은 잎자루로서 큰잎자루와 같은 뜻으로 쓰이기도 함.

잎지는[落葉性], deciduous : 나무의 잎이 그 해에 자라서 그 해에 떨어지는 것.

잎지는나무 = 낙엽수(落葉樹), 갈잎나무 : 잎의 수명이 1년을 넘지 못하여 계절이 바뀌면서 떨어졌다가 새로 나는 나무. 보통 가을에 잎이 지고 봄에 새잎이 난다.

잎집 = 엽초(葉鞘), leaf sheath : 벼잎은 잎집과 잎몸으로 되어 있는데, 잎집은 줄기, 잎, 어린 이삭을 일시 또는 오래도록 감싸서 보호하는 역할을 하는 이외에, 잎집은 가운데보다 양쪽 가장자리가 얇아 서로 힘있게 겹쳐져 줄기를 감싸 도복을 방지하는 역할을 할 뿐 아니라, 양분, 수분의 공급과 전류, 산소의 통로 역할도 하고 있다.

잎집무늬마름병 = 문고병(紋枯病) : 전국적으로 품종에 관계없이 여름철 온도가 높고 분얼이 많아 통풍이 잘 안 될 때 주로 잎집에 발생하나 심할 경우에는 잎몸과 이삭목까지 침해하는 병으로 병원균은 균핵상태로 땅 표면에서 월동하다가 다음 해 논에 물을 대면 물 위에 떠올라 잎집에 1차 전염되어 발생되는데, 처음에는 회록색 암회색의 원형 또는 부정형의 얼룩무늬가 생기고 나중에 회백색이 되면서 아래 잎부터 말라 올라가게 되는 병이다.

잎짬 = 엽액(葉腋), 잎겨드랑이, axil : 가지와 잎이 붙어 있는 사이의 겨드랑이.

잎차례 = 엽서(葉序), leaf arrangement, phyllotaxy : 잎의 배열순서. 마주나기, 어긋나기, 모여나기, 돌려나기 등이 있다.

잎틈, leaf gap : 잎의 관다발이 줄기 관다발에서 떨어진 후 남는 관다발의 빈자리.
잎혀 = 소설(小舌), 엽설(葉舌), ligule : 잎집의 끝부분이 신장한 백색의 혀 모양의 짧은 돌기로 발생학적으로 잎집의 선단이 퇴화된 것이라고 한다. 잎혀의 역할은 줄기에 밀착되어 잎집의 끝을 줄기와 밀폐시킴으로써 빗물이 줄기와 잎집 사이로 들어가는 것을 막아 여름철 고온기에 부패를 방지하며 건조 시에는 공기습도의 조절을 하는 구실을 한다.
잎흔적 = 엽흔(葉痕), 잎자국, leaf scar : 잎이 탈락한 흔적.

ㅈ

자(刺) = 가시, 침(針), critical spine, prickle, spine, thorn : 식물의 가지, 잎, 턱잎, 껍질 등이 변해서 생긴 날카로운 돌기. 예) 아까시나무, 산딸기, 주엽나무.
자가불임(自家不稔), self sterility : 자가수정을 할 때 불임이 되는 것을 말한다. 완전한 화기를 갖추고 있으면서도 결실되지 않는 현상. 호밀, 평지, 고구마, 담배, 네잎클로버, 사과, 복숭아, 나리 등 여러 작물에서 그 예를 볼 수 있다.
자가불화합성(自家不和合性), self incompatibility : 암수의 생식기관에는 형태적으로나 기능적으로 전혀 이상이 없는데 자기 꽃가루 또는 같은 계통 간의 수분에 의해서는 수정이 되지 않거나 수정이 극히 어려운 현상.
자가수분(自家受粉) = 제꽃가루받이, autogamy, self pollination : 같은 꽃 또는 같은 개체의 꽃가루로 이루어지는 꽃가루받이.
자가수정(自家受精), self-fertilization : 같은 개체에서 형성된 암수배우자들이 융합하여 접합자를 만드는 과정으로 자식(自殖)이라고도 한다.
자가수정작물(自家受精作物) : 자가 꽃가루를 받아 수정하는 작물. 화기구조상 다른 꽃가루의 침입이 힘들게 되어 있거나 색이나 향기가 없어 벌, 나비를 유인하지 못하는 등 자가수정에 알맞게 진화되어 온 작물이지만 타가교잡도 가능하다. 자연상태에서 자연교잡율이 4% 이하인 작물을 말한다.
자가채종(自家採種), home seed production : 다음해 벼 종자로 쓸 것을 채종포에서 생산한 것을 쓰지 않고 자가가 자기 논에서 재배한 벼에서 종자용으로 쓰기 위해 취종(取種)하는 것을 칭하는데, 이때 주의할 것은 혼종이 되지 않아야 하며 병충해의 침해를 받지 않고 등숙이 양호한 종자를 엄선하여 사용해야 한다.
자갈, gravel : 토양의 입경 구분 중 2mm 이상의 입자를 자갈이라 하는데, 국제토양학회나 일본 농학회법에서 이 구분은 동일하다.
자궁(子宮) = 여자포(女子胞), 포궁(胞宮), 자장(子臟), 자처(子處), 포장(胞臟) : ① 여성생식기관 중의 하나로 태아가 성장하는 모체의 기관. ② 경외기혈의 하나.
자궁경부암(子宮頸部癌), cervical cancer : 자궁목암. 자궁의 경부에 생기는 암.
자궁근종(子宮筋腫) : 여성의 자궁에서 발견되는 살혹.

자궁내막염(子宮內膜炎) : 여러 가지 세균감염으로 인하여 자궁 안의 점막에 생기는 염증. 임균, 결핵균 따위가 원인이 되며 대하증, 하복통, 월경불순 따위의 증상이 나타남.

자궁냉증(子宮冷症) : 여자의 아랫배가 찬 경우를 말하는데, 주로 찬 기운을 쏘여서 일어나는 병증.

자궁발육부전(子宮發育不全) : 난소 내 분비 부전으로 자궁의 발육 정도가 불완전한 병증.

자궁수축(子宮收縮) : 분만유도, 산후 자궁퇴축, 지혈 등을 목적으로 자궁을 수축시키는 것.

자궁암(子宮癌) : 자궁에 생기는 악성 종양. 처음에 불규칙한 자궁 출혈을 일으키고 대하증이 생기며 나중에는 온몸이 쇠약해져 몹시 괴로운 증상. 발생위치에 따라 자궁경부에 생기는 자궁경부암과 자궁체에 생기는 자궁체암(子宮體癌)으로 나뉨.

자궁염(子宮炎) : 자궁벽의 심부에 생기는 염증.

자궁염증(子宮炎症) : 자궁염과 같은 말.

자궁외임신(子宮外姙娠) : 수정란이 난소, 난관, 복강에 착상 발육하는 이상 임신.

자궁음허(子宮陰虛) : 자궁의 음기가 허해지는 것.

자궁진통(子宮陣痛) : 임신, 분만, 산욕 시에 나타나는 불수의적 자궁근의 수축.

자궁질환(子宮疾患) : 여성 자궁에 나타나는 질환의 총칭.

자궁출혈(子宮出血) : 자궁의 출혈을 말하는데, 매월 규칙적으로 나오는 자궁출혈은 월경이라고 하고, 월경이 아닌 자궁출혈은 특별히 붕루증(崩漏症)이라고 함.

자궁탈수(子宮脫垂) : 자궁이 정상 위치에서 아래쪽으로 내려와서 음렬(陰裂)을 이탈한 상태.

자궁하수(子宮下垂) : 자궁 질부(膣部)가 질구에 접근한 상태로 자궁이 정상 위치보다 아래로 처진 병증.

자궁한냉(子宮寒冷) : 자궁이 차고 냉냉한 기운의 사기(邪氣)를 일컫는 것.

자궁허냉(子宮虛冷) : 자궁이 차고 허하여 기운이 없음.

자극형(刺戟型), spinose, pungent : 가장자리에 가시처럼 생긴 돌기가 있는 상태. 예) 매자나무, 매발톱나무, 목서류.

자금우과, Myrsinaceae : 전 세계에 1,000종이 열대와 아열대에 분포하며 우리나라에서는 3종이 자란다. 꽃은 양성으로 총상, 산방상이거나 모여서 달리기도 한다. 꽃받침과 화관은 4~6개로 갈라지며 수술은 4~6개이고 꽃잎과 마주하여 화통에 붙는다. 자방은 상위 또는 중위이며 1실이고 중축태좌에 배주가 달린다. 열매는 핵과이며 종자에 배유가 많다.

자급비료(自給肥料), farm manure, home-made manure : 농가에서 자체 생산하여 쓰는 비료. 비료는 생산수단이나 수급에 의해 자급비료와 판매비료로 분류할 수 있는데 퇴비, 계분 등이 자급비료에 속한다.

자급영양세균(自給營養細菌) : 암모니아, 아질산, 황, 아산화철과 같은 무기물을 산화해서 에너지원으로 하는 아질산균, 질산균, 철세균과 홍색 및 녹색 유황세균처럼 광화학 반응에 따라 영양을 자급하는 것이 있는데 무기영양세균이라고도 한다.

자급작물(自給作物), home-consuming crop : 주로 농가에서 자급하기 위하여 재배하는 작물.

자당(蔗糖), sucrose, saccharose, cane sugar : 사탕수수, 사탕무로부터 추출한 결정체의 이당류. 작물과 같은 고등식물에 함유된 주요한 2당류로서 직접 형성되거나 광합성에 의하여 생긴 단당류에서 간접적으로 형성된다.

자라풀과, Hydrocharitaceae : 열・온대에 분포하는 초본으로 15속 100종이며, 우리나라에 5속 7종이 자생한다. 물에 서식하는 초본으로 어긋나거나 돌려나는 잎은 선형 또는 원형이다. 단성화 또는 양성화는 화경에 1송이씩 달리거나 산형화서로 달리고, 열매는 선형이다.

자루[柄], stipe : 여러 가지 기관의 자루를 지칭하는 것. 예) 자방자루.

자리공과 = 상육과, Phytolaccaceae : 열・온대에 분포하는 교목, 관목, 초본으로 22속 120종이며, 우리나라에 1속 2종의 초본이 자생한다. 어긋나는 잎은 가장자리가 밋밋하며 탁엽이 없다. 양성화 또는 단성화는 총상화서에 달리며, 열매는 장과이다.

자매군(姉妹群), sister group : 하나의 조상에서 Y자처럼 두 갈래로 진화된 두 그룹을 말함.

자모(刺毛), stinging hair : 잎과 줄기에 있고, 주머니 모양의 넓은 기부와 바늘모양의 정단부를 가진 긴 세포로 구성된 모용. 예) 쐐기풀.

자반병(紫斑病) : 피부에 적자색의 반점이 발생하는 병증. 피부에 피하출혈로 인하여 일어나는 증상으로 주로 혈소판이 감소된 경우가 많다.

자발휴면(自發休眠), innate or spontaneous dormancy : 종자, 겨울눈[동아(冬芽)], 비늘줄기[인경(鱗莖)], 덩이줄기[괴경(塊莖)], 덩이뿌리[괴근(塊根)], 구근경(球根莖) 등은 외적조건이 생육에 적당해도 내적요인(內的原因) 때문에 휴면을 한다. 이것을 자발적 휴면 또는 내적휴면이라 하는데 본질적인 휴면이다.

자방(子房) = 씨방, ovary : 암술 밑의 볼록한 기관. 밑씨를 담고 있고 장차 열매가 된다. 씨방의 위치는 씨앗식물을 분류하는 중요한 기준이다.

자방기생화주(子房基生花柱), gynobasic style : 4개로 갈라진 자방의 중앙 기부에서 나온 암술대. 예) 지치과, 꿀풀과.

자방벽(子房壁), ovary wall : 자방에서 자방실을 둘러싸고 있는 벽. 이것이 성숙해서 과피가 된다.

자방병(子房柄), gynophore : 씨방자루 또는 자성관이다. 자성관(雌性管)은 암술자루, 씨방자루, 자방(씨방) 기부에 생기는 가늘고 긴 자루 모양의 부분이다.

자방상생(子房上生), epigynous : 꽃받침, 꽃잎, 수술이 자방 위에 달리는 것.

자방상생반(子房上生盤), epigynous disc : 자방 위에 난 육질의 구조. 예) 산수유.

자방상위(子房上位), superior ovary : 꽃턱에 씨방이 다른 꽃 부분보다 위에 있는 것.

자방실(子房室), locule : 자방 안에 있는 방으로 심피의 숫자와 같다. 방은 격벽에 의해 나뉘거나 격벽이 소실되어 전체가 하나로 되어 있기도 하다.

자방주생(子房周生), perigynous : 꽃받침, 꽃잎, 수술이 자방 주위에 달리거나 꽃받침 통의 후부에 달리는 것. 예) 벚나무.

자방중위(子房中位), half inferior, half adherent : 씨방 하위의 정도가 완전하지 못한 중간 단계의 씨방. 예) 쇠비름.

자방하생(子房下生), hypogynous : 꽃받침, 꽃잎, 수술이 자방 밑에 달리는 것.

자방하위(子房下位), inferior ovary : 씨방이 화피나 수술보다 아래에, 또는 꽃턱에 함몰되어 있음. 예) 호박, 해바라기.

자보(滋補) : 음액을 보충하는 것.

자상(刺傷) : 칼 같은 물건에 찔린 상처.

자상돌기(刺狀突起), echinate : 표면에 난 가시 또는 엽침.

자생식물(自生植物) : 사람의 손길이 닿지 않은 채 산과 들이나 강에서 저절로 자라는 식물이다. 넓은 의미로는 spontaneus plant로 어떤 지역에서 인위적인 보호가 없이 자연 상태로 생활하고 있는 식물이다. 좁은 의미로는 indigenous plant로 어떤 지역에 원래부터 자연적으로 살고 있는 식물이다.

자성동주(雌性同株), gynomonoecious : 같은 식물체에 양성꽃과 암꽃이 같이 있는 것.

자성배우자체(雌性配偶者體), megagametophyte, embryo sac : 속씨식물의 밑씨에 있는 배우자체.

자성이주(雌性異株), gynodioecious : 일부 개체들은 암꽃, 또 다른 식물체에는 양성 꽃을 가지는 것.

자성화(雌性花) = 암꽃, 자화(雌花), pistillate flower, female flower : 암술만 있고, 수술은 퇴화하거나 발육이 불완전한 단성의 꽃.

자소수(雌小穗) : 수술이 없는 작은 이삭.

자수(雌穗) : 암이삭.

자식계통(自殖系統), inbred line, inbred : 동형접합체 또는 같은 유전자형으로부터 유래한 계통이다.

자식배(自殖胚) : 자기 꽃가루받이로 수정되어 형성된 배. 암수의 수정에 의해 종자가 형성될 때 종자 내에 다음 세대로 이어지는 새로운 개체형성의 시발점이 되는 기관이 배인데, 자식배는 일반적으로 약하고 퇴화되기 쉽다.

자식성작물(自殖性作物), autogamous(selfing) crops : 같은 꽃 속에 암술과 수술이 함께 있고(양성화), 암술과 수술의 성숙기가 같으며(자웅동숙), 자가불화합성을 나타내지 않기 때문에 자가수분에 유리하다. 또한 자식성작물은 꽃이 필 때 화기가 잘 열리지 않고, 화기가 열리기 전에 화분이 터지며, 암술머리의 위치가 자가수분에 적합하다. 자식성작물의 타식률은 보통 4% 이하이다.

자식약세(自殖弱勢), inbreeding depression : 타가수정을 원칙으로 하는 작물에서 자식, 즉 자기 꽃가루받이를 계속하면 그 자손의 생육이 현저하게 나빠지는 현상, 근교약세라고도 한다.

자신보간(滋腎補肝) : 신장을 보호하고 간을 보함.

자신양간(滋腎養肝) : 신(腎)을 기르고 간(肝)의 음액(陰液)을 보탬.

자실체(子實體) fruiting body : 곰팡이가 포자형성을 위해 만든 복잡한 구조체.

자양(眥瘍) : 안쪽과 바깥쪽 눈구석이 허는 병증.

자양강장(滋養强壯) : 몸의 영양을 붙게 하여 영양불량이나 쇠약을 다스리고 특히 장(臟)의 기운을 돋우며 오장(심, 간, 비, 폐, 신)을 튼튼히 하는 데 처방.

자양보로(滋養保老) : 인체에 음액(陰液) 및 영양분을 공급하여 몸을 보함.

자양불로(滋養不老) : 인체에 영양을 보하여 늙지 않도록 함.

자연교잡(自然交雜), natural crossing : 벼꽃은 한 꽃 속에 암술과 수술이 함께 있어 제꽃가루받이(self-pollination)를 하여 자가수정을 원칙으로 하나 바람이나 벌 등에 의해 다른 꽃가루를 받아 수정되는 소위 자연교잡율이 약 0.5~1.0% 정도 된다. 따라서 여러 해 동안 종자를 갱신하지 않으면 잡종이 많이 생기게 되므로 3년마다 한 번씩 종자 갱신을 하도록 되어 있다.

자연귀화식물(自然歸化植物) : 귀화시기 및 경로가 명확치 않게 귀화상태가 된 식물로 그 도래시기가 명확하지 않다. 예) 돼지풀, 도깨비바늘, 개망초, 실망초, 망초, 개쑥갓, 큰방가지똥, 서양민들레, 큰개불알풀, 광대수염, 달맞이꽃, 콩다닥냉이, 애기수영 등.

자연낙지(自然落枝), self pruning : 자연적으로 가지가 말라 떨어지는 것.

자연환경(自然環境) : 자연환경은 그 요인(토양, 기후, 생물 등)마다 지역적으로 어떤 형태를 이루고 있다. 연간변이(年間變異)가 있다고 하더라도 그 형태를 크게 벗어나지 않는다. 작물재배는 1차적으로 이런 크게 보는 환경조건을 전제로 하여 성립된다. 그러나 환경조건은 여러 가지 요인에 따라서 작은 규모에서도 크게 달라진다. 유기물과 석회를 많이 준 곳은 토양환경이 크게 좋아질 것이고, 큰 공장의 주변은 대기환경이 크게 나빠질 우려가 있다. 작물생육은 2차적으로는 미세 환경조건에 지배되므로 환경조건을 고려할 때 거시적인 고려뿐만 아니라 미시적인 고려도 매우 중요하다.

자엽(子葉) = 떡잎, cotyledon : 씨앗 속에 있는 씨눈에서 처음에 나오는 잎으로, 쌍떡잎식물에서는 2장, 외떡잎식물에서는 1장 나온다.

자엽초(子葉鞘), coleoptile : 단자엽식물의 상배축을 둘러싸는 보호성 초로서 잎의 하단부가 변형되어 발달한다.

자예(雌蕊, 雌蘂) = 암술, pistil : 열매를 만드는 기관. 암술머리, 암술대, 씨방으로 되어 있다. 보통 한 송이에 1개씩 있지만 2개 이상 있는 경우도 있다.

자예군(雌蘂群), gynoecium : 자예의 총칭으로 자예가 서로 떨어져[이생] 있거나 붙어 있다[합생].

자예상생(雌蕊上生, 雌蘂上生), epigynous : 씨방이 꽃받침통과 화탁에 붙어 꽃받침이 씨방의 꼭대기에 있을 때의 수술과 화관.

자예선숙(雌蕊先熟, 雌蘂先熟), protogynous : 양성화에서 암술이 먼저 성숙하는 것. 예) 질경이, 달맞이꽃.

자예중생(雌蕊中生, 雌蘂中生), perigynous : 수술이 화탁에 달리지만 암술 주변에 위치한 것.

자예하생(雌蕊下生, 雌蘂下生), hypogynous : 수술이 암술 밑의 화탁에 달린 것.

자운영(紫雲英), chinese milk vetch : 중국이 원산인 콩과식물의 녹비작물 잎 모양은 아카시아와 비슷하며 자주색 또는 흰색의 꽃이 핀다. 8월 하순~9월 중순 사이에 파종하고 월동한 후 꽃이 필 무렵 베어서 논에 깔고 경운하여 거름으로 이용한다.

자웅동숙(雌雄同熟), homogamy, adichogamy : 암술과 수술이 거의 동시에 성숙한 것을 말한다.

자웅동주(雌雄同株) = 자웅일가(雌雄一家), 암수같은그루, 일가화(一家花), 암수한그루, monoecious, monoecism : 암꽃과 수꽃이 한 그루에 함께 달리는 경우. 예) 오이, 밤나무, 자작나무.

자웅동체(雌雄同體) : 한 개의 동물개체 중에 암수의 형질이 함께 발달하는 현상이다.

자웅동화(雌雄同花), hermaphrodite : 식물에 있어서 하나의 꽃 속에 자웅의 생식세포가 형성되는 상태이다.

자웅예합체[蘂柱], column, gynandrium : 수술과 암술이 융합한 복합체(예; 난초과) 또는 수술대가 융합한(예; 아욱과) 구조.

자웅이가(雌雄二家) = 암수딴그루, 암수다른그루, 자웅이주(雌雄異株), 이가화(二家花), dioecious, dioecism : 암꽃과 수꽃이 각각 다른 그루에 달림. 예) 버드나무, 은행나무.

자웅이숙(雌雄異熟, dichogamy) : 양성 꽃 또는 자웅동주의 개체에서 수술과 암술의 성숙 시기가 다른 것.

자웅이주(雌雄異株), dioecism, dioecy : 암수딴그루, 암꽃과 수꽃이 각각 다른 그루에 피는 식물. 예) 아스파라가스, 은행나무 등.

자웅이체(雌雄異體) : 자웅의 생식기관이 각각 별개체로 존재하는 개체를 자웅이체라 하고, 양생식기관이 동일체에 있는 것을 자웅동체(hermaphroditism)라 한다.

자웅일가(雌雄一家), 자웅동주(雌雄同株), monoceious : 암수꽃이 같은 식물체에 달리는 [오이, 자작나무].

자원식물(資源植物), resource plant : 사람에게 유용하게 쓰이는 식물의 총칭이며, 모든 식물은 자원식물이 될 수 있다. 자원식물종의 정확한 분별을 목적으로 하거나 식물 개체군의 종속조성을 파악할 목적으로 자원식물을 분류할 경우에는 일반적으로 식물 분류학적인 체계에 따른다. 포자로 번식하는 양치식물에 속하는 식물이 있고, 종자식물 중에는 나자식물(裸子植物)과 피자식물(被子植物)이 있다.

자유경작(自由耕作) : 비료와 농약이 발달함에 따라 유리하다고 생각되는 작물을 그때 그때 자유로이 재배하는 방식을 자유작(自由作) 또는 수의작(隨意作)이라 하며, 비배관리가 집약적이고 투기적인 경향이 있다.

자유수(自由水) = 중력수(重力水), free water, gravitational water : 중력에 의해서 비모관공극에 스며 흘러내리는 물이며, 작물에 이용되지만 근권 이하로 내려간 것은 직접 이용되지 못한다.

자율신경실조증(自律神經失調症) : 자율신경의 교감신경과 부교감신경의 길항(拮抗)작용에 부조화가 일어나는 여러 가지 이상자각증상.

자음(滋陰) = 보음(補陰) : 음이 허한 것을 보함.

자음강화(滋陰降火) : 음액을 보충하고 화를 끌어내림. 음허양항(陰虛陽亢)의 치료법.

자음윤조(滋陰潤燥) : 음기(陰氣)를 길러 마른 것을 적셔주는 효능.

자음윤폐(滋陰潤肺) : 음기(陰氣)를 길러 폐를 적셔주는 효능.

자음익신(滋陰益腎) : 음기(陰氣)를 길러 신(腎)을 보익(補益)하는 효능.

자음제열(滋陰除熱) : 음기(陰氣)를 길러 열(熱)을 제거하는 효능.

자작나무과, Betulaceae : 우리나라에서는 5속 36종이 자란다. 잎은 어긋나는 단엽이고 탁엽이 있으며 가장자리에 톱니가 있다. 꽃은 단성이며 각 포에 원칙적인 취산화서의 암꽃이 있고 자방은 하위하거나 나출되며 2실이다. 열매는 견과이며 때로 날개가 있다.

자침(刺針), 가시 박힌 데 : ① 나무가시가 살갗에 쑥 들어가 보이지 않는 경우. ② 침을 놓는다는 뜻.

자폐증(自閉症) : 자신의 세계에만 빠져 주위에는 관심이 없고 타인과 공감을 전혀 느끼지 못하는 증상.

자한(自汗) : 땀낼 약을 먹지 않고 몹시 덥지도 않은데 저절로 땀이 축축하게 나는 것. 잠이 깨어 있는 상태에서 땀이 흐르는 것.

자화(雌花) = 자성화(雌性花), 암꽃, pistillate flower, female flower : 암술만 있고, 수술은 퇴화하거나 발육이 불완전한 단성의 꽃.

자화서(雌花序), 암꽃차례 : 암나무의 꽃이나 암꽃이 배열한 꽃차례.

자화수(雌花穗), 암꽃이삭 : 암나무의 꽃이나 암꽃의 송이.

작고둔한톱니 = 소둔거치(小鈍鉅齒), crenulate : 엽연이 작은 둔거치 형태.

작고뾰족한톱니 = 소예거치(小銳鋸齒), serrulate : 엽연이 잔톱니 모양의 형태.

작기(作期), cropping season : 벼 재배에 있어서 벼가 생육할 수 있는 기상조건하에서 수량생산성, 작부체계, 노동력의 배분, 기상재해, 소득 등을 감안하여 해당지역에서 어떤 출수생태를 가진 품종을 선택하여 언제 파종하여 언제 수확할 것인가라는 벼의 재배형을 말한다. 조기재배, 조식재배, 보통기재배, 만기재배, 2기작재배 등이 있다.

작물(作物), crops, cultivated plants : 이용성과 경제성이 높아서 사람의 재배대상이 되어 있는 식물.

작물기간(作物期間), crop period : 여름작물의 기본온도(base temperature)인 일평균기온 10℃ 이상의 연속일수를 작물기간이라고 한다. 지역별 작물기간은 재배할 작물과 품종을 선택하는 기준이 된다.

작물분화(作物分化) : 작물이 원래의 것과 다른 더 여러 갈래의 것으로 갈라지는 현상이고, 자연분화의 첫 과정은 현재의 것과 다른 유전형이 생기는 유전적변이(heritable variation)의 발생이며, 그 원인으로는 자연교잡과 돌연변이가 있다.

작물생산(作物生産) : 작물체가 온도, 광, 수분으로 순동화량을 증가시키는 것이다.

작물생장률, crop growth rate(CGR) : 일정한 기간 동안 단위면적당 작물군락의 총건물 생산능력을 나타낸다.

작물일생(作物一生) : 작물의 일생은 여러 생육단계(生育段階)를 거치게 된다. 벼의 경우를 보면 발아(發芽), 묘(苗), 이앙활착(移秧活着), 분얼(分蘖), 유수형성(幼穗形成), 절간신장(節間伸長), 화기형성(花器形成), 배우자형성(配偶者形成), 출수(出穗), 개화수정(開花受精), 등숙(登熟) 등의 여러 발육단계를 거치며 양적생장(量的生長)에도 변화를 겪는다. 그런데, 작물에 가장 알맞은 환경조건은 발육단계마다 각각 다르기 때문에 발육단계에 따라 알맞은 환경조건을 찾아내고, 그 조건에 적응하거나 조절해주는 것이 중요하다.

작물진화(作物進化) : 작물이 분화하여 점차 높은 단계로 발달해가는 현상.

작부방식(作付方式) : 작물을 선택하고 그것을 어떻게 재배할 것인가의 문제. 주어진 토지에서 작물과 품종을 선택하고 재식방법, 재식방향 등을 결정하며 또한 그 토지에서 계절적으로는 어떤 작물을 배열할 것인가 등을 총칭하여 작부라고 한다.

작부양식(作付樣式), cropping pattern : 동일한 농경지에서 1년 동안 한 가지 이상의 작물을 재배할 경우에 순서와 시기, 공간 배치를 말한다.

작부체계(作付體系), cropping system : 하나의 농장에 어떤 작부양식들을 도입하여 이룬 영농형태를 말한다. 작부체계는 농업자원(기후, 토양, 물 등), 영농자금, 시장, 영농기술 등의 상호작용을 통하여 결정된다. 여기에는 연작, 윤작, 답전윤환, 순차적 단작(sequential cropping; 1모작, 2모작, 3모작, 1식2수작), 간작(intercropping; 條間作, 혼작, 교호작, 릴레이식간작) 등의 작부양식이 동원된다.

작은가지 = 소지(小枝), twig : 어린 나뭇가지 또는 한해살이의 가지.

작은꽃싸개 = 소포(小苞), bracteole : 꽃자루에 있는 보통의 꽃싸개보다 작은 잎으로서 꽃싸개와 꽃받침 사이에 흔히 있음.

작은꽃자루 = 작은꽃대, 소화경(小花莖), 꽃꼭지, pedicel : 꽃차례에서 각각의 꽃을 받치고 있는 자루.

작은떨기나무 = 버금떨기나무, 소관목(小灌木), 아관목(亞灌木), suffruticose, suffrutescent : 키가 작으며 아랫도리가 목질화된 것. 예) 더위지기.

작은모임꽃차례 = 취산꽃차례, 취산화서(聚繖花序), cyme : 꽃 밑에서 또 각각 한 쌍씩의 작은 꽃자루가 나와 그 끝에 꽃이 한 송이씩 달리는 꽃차례. 예) 작살나무, 백당나무, 덜꿩나무.

작은이삭 = 소수(小穗), spikelet : 식물에서 여러 꽃이 모여 있는 것을 말함. 벼과식물의 겹수상꽃차례를 이루는 수상꽃차례 1개를 일컫는 말. 예) 벼과, 사초과.

작은이삭꽃차례 = 소수화서(小穗花序), spikelet : 작은 이삭으로 구성되어 있는 꽃차례. 벼과식물의 화서와 같은 것.

작은잎 = 소엽(小葉), leaflet : 겹잎을 이루는 여러 개의 잎 중 하나.

작은잎자루 = 소엽병(小葉柄), petiolule : 겹잎에서 작은 잎이 달려 있는 잎자루.

작은잎턱잎[小托葉], stipel : 작은 잎의 기부에 있는 작은 턱잎.

작은치아상톱니 = 소치아상거치(小齒牙狀鋸齒), denticulate : 엽연의 톱니가 다시 갈라진 형태.

작은큰키나무 = 작은키나무, 버금큰키나무, 소교목(小喬木), 아교목(亞喬木), 중간키나무, arborescent : 큰키나무모양이지만 큰키나무보다 작은 나무. 예) 매실나무, 개옻나무.

작은키나무[灌木], shrub : 밑부분에서 가지를 많이 내는 나무.

작은포[小苞], bracteole : 보통의 포보다 작은 포이며 낱꽃 밑에 있다.

작토(作土), surface : 작토는 경토(耕土)라고도 부르며, 계속 경운되는 층위로서 작물의 뿌리는 주로 작토층(作土層)에 발달한다. 부식이 많고, 흙이 검으며, 입단의 형성도 좋다. 미경지(未耕地)에는 경지의 작토와 같은 부식이 풍부한 층위가 표면에만 얕게 형성되어 있는데, 이것을 흔히 표토(表土, top soil)라고 부른다. 우리나라 논 토양의 작토층은 보통 12㎝ 정도이나 트랙터로 경운하면 25~30㎝까지도 가능하다.

작휴(作畦) : 이랑을 만드는 작업이다.

잔깃조각 = 소우편(小羽片), pinnule : 깃조각이 다시 갈라진 그 하나하나.

잔꽃, floret : 벼과식물의 잔이삭을 이루는 꽃을 다른 종류의 꽃과 구분하는 용어.

잔뇨감(殘尿感) : 소변을 보고 난 뒤 개운하지 않고 소변이 남아 있는 듯한 느낌이 오는 것.

잔류효과(殘留效果) : 사용된 농약이 일정기간 지나도 분해되지 않고 토양이나 식물에 남아 다음 작물이나 인축에 해를 입히는 것이다.

잔뿌리[細根], rootlet : 원뿌리로부터 분지한 곁뿌리에서 나온 뿌리.

잔이삭, spikelet : 벼과와 방동사니과에서 꽃차례의 기본을 이루는 부분.

잔적토(殘積土) : 정적토의 대부분으로 암석이 풍화된 후 물에 씻겨 내려간 부분이 제자리 또는 그 부근에 퇴적된 것으로 산지토양은 그 대표적인 예이다.

잔턱잎 = 소탁엽(小托葉), stipels : 잔잎자루에 생기는 턱잎.

잔털거치, ciliate : 엽연의 톱니가 털 모양인 형태.

잘린 모양, truncate : 잎의 밑 부분이 수평으로 잘린 것처럼 생긴 모양.

잠산성(潛酸性) : 산성토양에서 토양입자 부근에서의 수소이온의 위치는 2가지로 구분된다. 하나는 토양입자표면이다. 즉, 토양입자는 －전하를 띠고 수소이온은 ＋전하를 가지므로 수소이온은 토양입자에 흡착되고 부근의 수소이온 농도가 높아진다. 다른 하나는 토양입자로부터 일정거리 이상의 수소이온층이다. 여기서는 토양입자의 인력권에서 벗어나 자유롭게 유동하며 그 농도가 비교적 낮다. 토양입자 부근에 흡착되어 있는 수소이온은 유리양이온에 의해 치환될 수 있다 하여 치환성 수소이온이라 하며, 이 치환성 수소이온의 농도에 의한 산성을 잠산성이라 한다.

잠아(潛芽), dormant bud : 눈이 오랫동안 동면상태로 있는 것.

잠열(潛熱) : 물의 기화열과 같은 물질이 온도변화를 일으키지 않고 분자의 응집상태가 변화할 때 교환되는 열량으로 숨은열이라 한다.

잡곡(雜穀), miscellaneous cereals : 화본과 작물 중에서 흔히 재배되지 않는 조, 피,

기장, 수수, 옥수수 등을 잡곡이라 하나, 여뀌과인 메밀과 콩을 제외한 콩과작물도 잡곡에 포함된다.

잡성(雜性) : 하나의 식물체에 양성꽃과 암꽃, 수꽃이 함께 달리는 것.

잡성주(雜性株), polygamy, polygamous : 양성화와 단성화가 한 그루에 같이 달려 있는 것. 예) 느티나무.

잡성화(雜性花) = 잡성꽃, 다성화(多性花), polygamous flower : 같은 종의 식물에서 같은 그루 또는 다른 그루에 양성화, 암꽃, 수꽃 3종류의 꽃이 있는 것. 단성화와 양성화를 공유하는 자웅동주 또는 자웅이주의 식물.

잡종(雜種), hybrid : 유전적으로 서로 다른 품종 간에 교배하여 나온 자손으로 잡종 제1세대를 F_1이라 한다.

잡종강세(雜種強勢), heterosis, hybrid vigor : 서로 다른 품종 또는 계통을 교배시키면 그 잡종 1세대가 양친보다 우수한 형질을 나타내는 유전현상. 1대 잡종에 의한 작물육종은 농업에 큰 영향을 미쳐 옥수수, 무, 배추 등에서 내병충성, 다수확품종의 육성에 크게 기여하였다.

잡종제1세대, first filial generation(F1) : 각각 다른 유전인자형을 가지고 있는 두 품종을 교잡하여 만들어진 자식세대를 잡종 제1세대라 하여 흔히 육종에서는 F_1이라 표시하며, F_1에서 얻어진 잡종종자를 다음 세대인 F_2, F_3, F_4…… 로 전개할 때에는 매 세대 개체별로 채종하여 개체별로 계통재배를 하며, 항상 1개체식 재배하여 개체선발하고 어느 세대 이후부터는 계통별로 선발하면서 품종을 육성해 나간다.

잡종형성(雜種形成) : 유전적으로 다른 개체 간에 잡종이 만들어지는 과정이다.

잡초(雜草), weeds, Unkraut[독일어명], Ungras[독일어명] : 작물 사이에 자연적으로 발생해서 직간접으로 작물의 수량이나 품질을 떨어뜨리는 식물. 잡초란 말은 '잡다한 풀', '소용없는 풀', '약보다 해가 큰 풀'의 의미로 쓰이고 있으나, 장소에 따라서는 식용·약용 사료로 이용되면서도 인간이 요구하지 않는 장소에 발생하면 잡초가 되기도 한다. 잡초란 식물학적 용어는 아니고 농학적인 개념의 용어로서 '바라지 않는 장소에 자연적으로 생육하는 초본, 목본성 식물의 총칭'이다.

잡초경합한계기간(雜草競合限界期間), critical period for weed competition : 잡초의 경합이 없는 생육초기와 경합으로 인한 피해가 없는 성숙말기 사이의 기간.

잡초군락천이(雜草群落遷移) : 피와 물달개비가 많이 발생하는 논에 이들의 풀을 죽이기 위해서 1년생 제초제만을 몇 년간 연용하게 되면 잡초의 군락은 변하여 1년생 제초제에 견디는 너도방동사니, 가래, 올미, 올방개 등 다년생 잡초들이 우점화되는 현상을 보이는데, 이 같은 잡초군락의 변화를 천이 또는 잡초군락천이라고 한다.

잡초발생허용기간(雜草發生許容期間), threshold period for weed competion : 잡초의 경합이 없는 생육초기 및 경합으로 인한 피해가 없는 성숙말기의 두 기간.

잡초방제(雜草防除), weed control : 물리적·화학적·생물학적 방법으로 잡초를 제거하는 행위이다.

잡초해(雜草害) : 잡초는 토양수분, 토양영양분, 탄산가스, 광, 공간 등의 경합(競合)으로 작물의 분지수(分枝數), 분얼수(分蘖數), 엽면적, 광합성량[건물생산량], 개화수, 과실수, 과실과 종실의 크기 등에 영향을 주어서 수량의 감소와 품질저하(品質低下)를 초래한다.

잡초허용한계밀도(雜草許容限界密度), critical threshold level : 잡초의 밀도가 증가하면 작물의 수량이 감소하기 때문에, 어느 정도 이상으로 잡초가 존재하면 작물의 수량이 현저하게 감소하는 잡초의 밀도.

장각(長角), silique : 열매의 한 종류인 각과 중 길이가 긴 것.

장각과(長角果), silique : 십자화과 식물에서 볼 수 있는 긴 열매, 2심피 2실로 되어 있고, 익으면 벌어지는 마른 열매의 하나.

장간(長稈) : 줄기가 길어 키가 큰 식물을 말한다.

장간막탈출증(腸間膜脫出症) : 장관을 싸고 있는 쭈글쭈글한 반투명의 엷은 장간막이 떨어져 나온 현상.

장결핵(腸結核) : 장 점막에 생기는 결핵으로 결핵균이 침, 가래 등과 함께 삼켜지면 장 점막을 침해하여 발병함.

장과(漿果) = 물열매, 액과(液果), berry, sap fruit : 고기질로 되어 있는 벽 안에 많은 씨가 들어 있는 열매. 과피가 다육질이고 다즙한 열매. 자방은 다육질이며 1개 또는 그 이상의 심피(心皮)가 종자를 싸고 있다. 예) 포도, 토마토, 인삼, 오미자, 자리공, 오갈피 등.

장근골(壯筋骨) : 근육과 골격을 강화함.

장뇌유(樟腦油) : 녹나무를 증류할 때에, 장뇌와 함께 얻는 정유. 노란색이나 갈색을 띠며 방부제, 방충제, 방취제 등에 쓰임.

장단일식물(長短日植物), long-short day plants : 처음 장일이고 뒤에 단일이 되면 화성(花成)이 유도되는 식물(*Cestrum nocturnum*-중남미 원산의 관목인 밤에 피는 재스민).

장란기(藏卵器) = 경란기(頸卵器), 조란기(造卵器), archegonium : 선태식물과 양치식물의 전엽체에 분화하여 난세포가 발달하는 자성생식기관. 예) 솔잎란, 고사리.

장려품종(激勵品種), recommended cultivar : 우량품종 중에 재배가 장려되는 품종.

장립종(長粒種), long-grain variety : 곡립의 장폭비가 큰 것으로, 즉 장폭의 비가 큰 것이다.

장마전선(-前線), Jangma front : 한랭다습한 오호츠크해기단과 고온다습한 북태평양기단의 경계면에 생긴 정체전선을 말한다. 북태평양고기압이 세력을 확장함에 따라 이 전선이 북상하여 6월부터 우리나라에 영향을 주기 시작하다가 7월에는 본격적으로 장마에 돌입하게 되는데, 이 전선을 장마전선이라고 한다. 장마전선이 한만국경까지 북상하여 소멸하면 우리나라는 장마에서 벗어나고 이어서 화창한 한여름 날씨를 맞이하게 된다.

장미과(薔薇果) = 반과(飯果), hip, rose hip, cynarrhodium : 화탁이나 화상이 발달하여 다육질의 항아리 모양이 되고 그 속에 작은 여러 개의 소견과나 수과가 둘러싸여 있는 열매. 예) 장미속.

장미모양꽃부리, rosaceous corolla : 꽃부리의 모양이 장미꽃처럼 생긴 것.

장미형(薔薇形), rosaceous : 정제화관 중 장미꽃처럼 생긴 것.

장방형식(長方形植), rectangular planting : 이앙방식에 있어서 줄 사이를 넓게 하고 포기 사이를 좁게 하여 직사각형과 같은 모양으로 심는 방식이다.

장상(掌狀), palmate : 손바닥을 편 모양.

장상맥(掌狀脈) = 손바닥모양잎줄, palmiveined, palmately vein : 잎자루의 끝에서 여러 개의 잎줄이 뻗어 나와 손바닥처럼 생긴 잎줄. 예) 단풍나무, 팔손이나무.

장상복엽(掌狀複葉) = 손바닥모양겹잎, palmately compound leaf : 자루 끝에 여러 개의 작은 잎이 손바닥모양으로 평면 배열한 겹잎. 예) 개소시랑개비.

장상심열(掌狀深裂), palmately parted : 장상엽의 열편이 반 이하 기부까지 갈리진 것. 예) 단풍나무.

장상열(掌狀裂), palmatifid : 결각상에 속하며 손바닥모양으로 갈라진 형태.

장생(長生) : 오래 사는 것.

장식화(裝飾花), ornamental flower : 꽃잎이 뚜렷하고 큰 꽃이지만 열매를 맺지 않는다.

장야식물(長夜植物), long-night plants : 단일식물에서는 연속암기가 극히 중요하므로 장야식물 또는 장암기식물(長暗期植物, long dark-period plants)이라 하고, 장일식물을 단야식물(短夜植物, short-night plants) 또는 단암기식물(短暗期植物, short dark-period plants)이라 하기도 한다.

장연모(長軟毛), villous : 길고 연한 털이 나며 흔히 눕는다.

장염(腸炎) : 장에 세균감염이나 폭음, 폭식 등으로 복통, 설사, 구토, 발열 등의 증상이 나타나는 것. 창자의 점막(粘膜)에 생기는 염증.

장옹(腸癰) : 충수염, 맹장 주위염, 맹장 주위 농양, 회장 말단염 등으로 아랫배가 붓고 오한이 나는 병. 장암의 일종.

장위(腸胃)카타르 : 장과 위에 점액이 많아서 생기는 염증으로 설사를 동반하는 급성이 많음.

장일식물(長日植物), long-day plants : 장일상태(보통 16~18시간 조명)에서 화성이 유도·촉진되며, 단일상태에서는 이를 저해하는 식물. 예) 맥류, 양귀비, 시금치, 양파, 상치, 아마, 티머시, 아주까리, 감자 등.

장일처리(長日處理), long-day treatment : 조명 등을 이용하여 인위적으로 일조시간을 12시간 이상으로 유지하게 하여 장일식물의 개화·결실을 촉진시켜 주는 일이다.

장정기(藏精器), antheridium : 양치식물과 선태식물의 전엽체에 분화하여 정자가 발달하는 웅성생식기관. 예) 솔잎란, 고사리.

장주화(長柱花), long-styled flower : 암술머리의 형태의 일종으로 암술이 긴 것으로 짧은 꽃실에 꽃밥이 붙어 있다.

장지(障紙) : 문종이를 말하지만 온실, 비닐하우스 등의 보온 피복 계료인 유리, 비닐,

기름종이 등을 총칭하기도 한다.

장지(長枝) = 긴가지, long shoot : 끝눈이나 곁눈에서 발달한 정상적인 가지.

장초전정(長稍剪定) : 가지의 마디수를 7~8마디 이상 길게 남기고 자르는 절단전정. 남기는 가지의 길이에 따라 구분되는 절단전정의 한 방법인데 장초전정, 중초전정, 단초전정이 있다.

장출혈(腸出血) : 궤양, 악성 종양 등으로 인해 장에 생기는 출혈로 혈변이나 하혈이 나타남.

장타원형(長橢圓形) = 긴타원형, 긴길둥근꼴, oblong : 세로와 가로의 비가 약 3:1에서 2:1 사이로서 길둥근꼴보다 약간 길고 긴 양 측면이 평행을 이루는 모양.

장티푸스 : 살모넬라티푸스균에 의해 고열과 발진이 발생하는 전염성이 강한 병증.

장풍(腸風) : 결핵성 치질에 의해 대변을 볼 때 피가 나오는 병증.

장풍(臟風) : 식은땀이 많이 나는 증상이며, 대변으로 출혈이 일어나고 주로 대장암 등 암성병에서 나타나는 증상.

장해형냉해(障害型 冷害), spikelet-sterility type cold injury : 벼에서 유수형성기부터 개화기까지 특히 감수분열기에 냉온으로 정상적인 생식기관이 형성되지 못하거나, 수분(受粉)과 수정(受精)에 장해를 받아 불임현상(不姙現象)이 나타나는 형태의 냉해이다. 영양생장기에는 기상이 양호했으나 생식생장기의 중요한 시기인 감수분열기 또는 출수개화기에 일시적으로 저온이 내습하여 화분모세포가 장해를 받거나, 약의 불개열, 화분의 비산장해, 화분관의 불신장 등 수분, 수정작용이 저해되어 불임을 일으키는 냉해형이다.

재두(截頭) = 편평하다, 평두(平頭), 절두(截頭), 절두형(截頭形), truncate : 잎몸의 끝이 뾰족하거나 파이지 않고, 중앙맥에 대해 거의 직각을 이룰 정도로 수평을 이룬 모양. 예) 백합나무.

재래면(在來棉) : 14세기 중엽 문익점에 의해 도입된 이래 줄곧 재배되어 오던 우리나라의 목화이며, 현재의 목화는 대부분이 육지면이다.

재래품종(在來品種), domestic variety : 그 지방에서 예로부터 재배되어 온 품종으로 지방품종(地方品種) 또는 토종(土種)이라 하기도 한다.

재배(栽培), cultivation, plant culture : 사람이 일정한 목적을 가지고 경지를 이용하여 작물을 기르고 수확을 올리는 경제적인 영위체계이다.

재배면적(栽培面積), growing(planted, cultivated) area : 작물 또는 식물을 재배한 땅의 면적이다.

재배식물(栽培植物), cultivated plant : 이용할 목적을 가지고 인위적으로 재배(栽培)하는 식물을 재배식물 또는 작물(作物, crop)이라고 한다.

재식거리(栽植距離), planting distance, planting space : 작물을 파종하거나 이식할 때 작물 간의 심는 거리이다.

재식밀도(栽植密度), planting density : 일정한 면적, 즉 단위면적당에 심는 벼포기 수

[株數]의 다소를 말하는 것으로 이는 재식거리에 의해 결정된다. 벼의 재식밀도는 줄 사이[條間] 포기 사이의 거리에 의해 결정되는데, 줄 사이와 포기 사이가 같을 때 정방형식, 줄 사이가 넓고 포기 사이가 좁을 때 장방형식 그리고 장방형식의 변형으로 병목식이 있다.

재조합DNA : 벡터에 외래유전자를 삽입한 DNA분자이다.

재조합(再組合), recombination : 감수분열 시 염색체의 교차에 의해 새로운 유전자조합이 생기는 것. 또는 양친의 반수체 유전자형과는 다른 유전자형의 반수체를 생산하는 감수분열적 과정이다.

재조합빈도(再組合頻度) : 전체 배우자에 대한 재조합형의 비율. RF 1%를 유전자지도의 1단위로 하며, 1mu는 100개의 배우자 중 재조합형이 1개 나올 수 있는 유전자간 거리를 뜻한다.

재조합형(再組合型), recombinant : 양친의 유전자형과는 다른 새로운 유전자형의 배우자 또는 접합자이다.

재춘화(再春化), revernalizaion : 춘화처리 효과가 상실되었다가 다시 나타나는 현상. 춘화→이춘화→재춘화의 과정은 주어진 환경에 따라 가역적으로 변화할 수 있다.

재해방지(災害防止), prevention of disasters : 작물 또는 식물이 폭풍우, 지진, 홍수, 가뭄 등의 각종 재해로부터 회피하는 것이다.

저곡해충(貯穀害蟲), insect pests to stored grain : 저장곡물을 해치는 해충. 예) 쌀바구미, 팥바구미, 쌀도둑, 화랑곡나방, 한점쌀명나방 등.

저묘 : 저장된 모종. 벼에서 심한 가뭄의 경우, 제때 이앙을 못하면 모가 너무 크게 자라므로 모를 일단 뽑아 못자리에 저장해둔다. 딸기모종 같은 것도 저온저장고에 저장해두었다가 필요에 따라 정식할 수 있다.

저상 : 작토 바로 밑에 있는 토층유기물이 거의 없고 갈색을 띤다. 점토함량이 많고 빛깔이 매우 선명하다.

저생(低生), basilar : 자방 밑에서 돋은 암술대.

저습답(低濕畓) : 지하수위가 높아서 배수가 안되고 상시 습한 상태로 있어 분해가 불안전한 유기물이 집적되어 유기산, 유화수소, 2가철 등의 양분 흡수저해물질이 생성되어 수도의 생육과 수량이 적어지는 토양을 저습답이라고 한다.

저온발아성(低溫發芽性), low-temperature germinability : 발아적온보다 조금 낮은 온도에서도 발아하는 능력을 가진 품종을 저온발아성 품종이라고 한다. 벼의 조기재배(早期栽培) 또는 조식재배(早植栽培)에 알맞은 품종은 저온발아성이 요구된다.

저온작물(低溫作物) : 비교적 저온에서 생육이 좋은 작물. 예) 맥류, 감자.

저온저항성(低溫抵抗性), low temperature resistance, cold tolerance : 냉온의 직접적인 장해에 민감한 유수발육기. 특히 암술과 수술의 원기형성기, 생식세포형성기 및 개화수분기에 있어서 냉온으로 인한 세포조직의 파괴장해에 대한 저항성의 크기를 의미한다.

저온처리(低溫處理), chilling treatment, low temperature treatment : 구근류나 화목류 등에서 화아분화나 영양생장을 인위적으로 시키기 위해서 필요로 하는 낮은 온도이다.

저위생산답(低位生産畓) : 벼의 수량 생산성이 낮은 여러 종류의 논토양을 총칭하는 것으로, 농촌진흥청에서 분류한 저위생산답의 유형과 그 분포비율은 특수성분결핍답, 사력토 및 미사토, 중점토, 염류토, 습답, 퇴화염토, 특이산성토, 광독지 등이 있다.

저작흔적(咀嚼痕迹) : 해충이 씹어 먹은 자국. 곤충의 입은 씹는 형과 침을 넣어 즙액을 빨아먹는 형으로 구별되는데, 저작흔적이란 씹는 형의 곤충이 남긴 흔적을 말한다.

저장(貯藏), storage : 앞으로 사용하기 위하여 어떤 물건을 차곡차곡 가리거나 쌓아두는 것. 갈무리.

저장고(貯藏庫), storage room : 곡물 등 농산물을 저장하기 위한 시설로 외기와의 차단성이 양호한 저장용 건물. 저장하는 데 쓰는 창고이다.

저장근(貯藏根), storage root : 양분을 저장하는 뿌리.

저장뿌리[貯藏根], storage root : 식물의 양분을 저장하는 뿌리. 예) 고구마, 마.

저장성(貯蔵性), keeping quality : 고구마나 감자의 경우 저장성이 문제가 된다.

저착(底着), innate, basifixed : 꽃밥의 밑 부분에 수술대 끝이 붙어 있는 것.

저착꽃밥[底着葯], basifixed anther : 수술대가 꽃밥의 기부에 부착하는 것. 예) 목련.

저출엽(低出葉), cataphyll : 근경과 인경의 인편엽과 같이 묘조의 하위부에 형성되는 잎.

저항성(抵抗性), resistance : 병해충이나 온도, 수분 등 환경 스트레스에 대해 견디는 식물의 성질. 스트레스에 약한 식물의 성질은 감수성이라 한다.

저혈압(低血壓) : 전신에 힘이 없고 피로하기 쉬우며 현기증, 두통, 수족냉증 등을 동반하며 동맥의 혈압이 최하한계치보다 낮은 경우를 말함.

적고현상(赤枯現象) : 잎이 적색으로 변하면서 마르는 현상. 벼의 경우 생육기간 중 저온을 받으면 잎이 적색으로 변하면서 말라간다.

적과(摘果), fruit thinning : 과실의 착생수가 과다할 때에 여분의 것을 어릴 때에 적재하는 것. 해거리를 방지하고 크고 올바른 모양의 과실을 수확하기 위하여 알맞은 양의 과실만 남기고 따버리는 것이다.

적극적 흡수(積極的 吸收) : 식물의 무기양분의 대부분은 뿌리의 세포액 중의 농도가 외부 배지 중의 농도보다 현저히 높아 식물세포가 농도구배가 낮은 외부로부터 양분을 흡수하는 것을 적극적 흡수라고 하며, 이때에는 에너지가 필요하며 그 에너지는 호기적 호흡에 의하여 얻어지므로, 호흡장해요인이 되는 유해물질이 있을 경우에는 질소, 인산, 칼리 등이 흡수장해를 받기 쉽다.

적뇌(摘蕾), flower bud pinching, thinning : 재화 전에 꽃망울을 솎아 과실이 너무 많이 발리는 것을 미리 막는 작업이다.

적대하(赤帶下) : 성숙된 여자의 질강에서 병적으로 빛이 홍색을 띠고, 피 같으면서도 피가 아닌 점탁성의 분비물이 흐르는 병증.

적리(積痢) : 음식에 체하여 생기는 이질. 누렇거나 물고기의 골 같은 똥을 눔.

적면증(赤面症) : 사람들 앞에 서면 갑자기 얼굴이 붉어지는 증상.

적백대하(赤白帶下) : 여자의 생식기에서 병적으로 붉은 피 같은 분비물과 백대하가 섞여 나오는 증상.

적백리(赤白痢) : 적리(赤痢)와 백리(白痢)가 발병하는 이질성 질병.

적산온도(積算溫度), sum of temperature, cumulative temperature, heat summation : 작물의 발아로부터 성숙에 이르기까지의 0℃ 이상의 일평균기온을 합산한 것을 적산온도라고 한다. 작물의 적산온도는 생육시기와 생육기간에 따라서 차이가 생긴다. 여름작물 중에서 생육기간이 긴 벼는 3,500~4,500℃이고 담배는 3,200~3,600℃이며, 생육기간이 짧은 메밀은 1,000~1,200℃이고 조는 1,800~3,000℃이다. 겨울작물인 추파맥류는 1,700~2,300℃이다.

적색광(赤色光), red light : 약 660nm의 파장의 광선을 말하며 Phytochrome의 반응을 야기하는 데 작용한다.

적성병(赤星病) : 배나무에 발생하는 붉은별무늬병을 말한다.

적심(摘心) = 순지르기, pinching : 주경(主莖)이나 주지(主枝)의 순을 질러서 그 생장을 억제하고 측지(側枝)의 발생을 많게 하여, 개화(開花), 착과(着果), 착립(着粒) 등을 촉진하는 것이다. 과수, 과채류, 목화, 두류 등에서 실시된다. 개화 후 담배의 순을 지르면 잎의 성숙이 촉진된다.

적아(摘芽) = 눈따기, nipping : 눈이 트려 할 때에 필요하지 않은 눈을 손끝으로 따주는 것이며, 포도 등에서 실시한다.

적안(赤眼) : 충혈과 눈곱을 주증으로 하는 눈병.

적엽(摘葉) = 잎따기, defoliate : 하부의 낡은 잎을 따서 통풍(通風), 통광(通光)을 좋게 하는 것인데, 토마토, 가지 등에서 실시한다.

적응(適應), adaptation : 작물에서 새로 생긴 유전형 중에서 환경이나 생존경쟁에 견디어 생존하여 남아 있는 것.

적응방산(適應放散), adaptive radiation : 같은 조상으로부터 서로 다른 여러 가지 적응을 해서 다양한 형태와 기능을 갖는 진화양상(예; 꽃고비과는 벌, 나비, 나방, 박쥐, 자가수분 등에 의해 수분되어 서로 다른 수분증후군을 나타냄).

적정침투량 : 지하로 빠져 내려가는 알맞은 수분의 양을 말한다.

적정함수량 : 토양에 알맞은 수분 함량이다.

적체(積滯) : 음식물이 체하여 잘 소화되지 않고 머물러 있는 병증.

적취(積聚) : 체증(滯症)이 오래되어 뱃속에 덩어리가 생겨나는 경우.

적파(摘播), seeding in group : 점파를 할 때 한곳에 여러 개의 종자를 파종할 경우를 말한다. 목초, 맥류 등과 같이 개체가 평면공간을 적게 차지하는 작물을 집약적으로 재배할 경우에 사용된다. 파종에 노력이 많이 들지만, 수분, 비료분, 수광, 통풍 등의 환경조건이 좋아 생육이 건실하고 양호해진다.

적하법(滴下法), dripping : 방울 지어 낙하시키는 약제처리 방법. 주로 생장조절 물질류의 약제를 식물체에 처리할 때 마치 안약을 눈에 넣는 것처럼 한 방울씩 떨어뜨리는 방법을 말한다.

적화(摘花), flower thinning, deblossoming, defloration, flower removal : 과수 등에서 개화수(開花數)가 너무 많을 때에 꽃망울이나 꽃을 솎아서 따주는 것을 적화라고 하고, 착과수(着果數)가 너무 많을 때에 솎아주는 것을 적과(摘果)라고 한다. 적과와 적화는 손으로 하지만, 근래에는 식물생장조절제(植物生長調節劑)를 많이 이용한다. 감자에서 화방(花房)이 형성되었을 때에 따주면 덩이줄기[괴경(塊莖)]의 발육이 조장된다.

전간(癲癇) = 전(癲), 간증(癎症), 간(癎), 간질(癎疾), 천질(天疾), 지랄병 : ① 발작적으로 의식이 장애되는 것을 위주로 하는 병증으로 심한 놀램, 음식, 풍, 화 그리고 선천적 요인들이 원인이 됨. ② 때로는 경풍(驚風)이나 정신적인 원인에서 오는 신경성 질환 또는 정신병 등을 가리키는 경우도 있다. ③ 어린이가 깜짝깜짝 놀라면서 경련을 일으키는 병으로 간질(癎疾)을 뜻한다.

전갈모양꽃차례 = 낫모양꽃차례, 나선모양꽃차례, drepanium : 꽃차례 전체가 나선상으로 보인다.

전경화전(轉耕火田) : 이동해 가면서 화전을 만들어 경작하던 원시농업형태 중의 하나. 산야에 불을 놓아 나무나 풀을 태워버리고 그 밭에 작물을 재배하다가 지력이 떨어지면 다시 다른 곳으로 옮겨가며 같은 방법으로 새로운 밭을 일구는 이동농업을 말한다.

전근족종(轉筋足腫) : 쥐가 나고 발이 붓는 증세.

전기생식물(全寄生植物) : 스스로 양분을 만들지 못해 다른 생물에 완전히 기대어 양분을 빼앗는 식물.

전기영동(電氣泳動), electrophoresis : 일정량의 DNA, RNA 또는 단백질을 직류전류가 흐르는 겔 위에 놓으면 전하량에 따라 구성분자가 분리하는 것을 말한다.

전도형(顚倒型), resupinate : 꼬인 꽃대 때문에 뒤집어진 것으로 난초과의 꽃에서 관찰된다.

전류(轉流), translocation : 동화기관인 엽신으로부터 생성된 양분이 엽초, 간, 종실 등 일시 또는 최종 저장기관으로 도관부를 통해 운반되는 현상을 말한다.

전립선비대증(前立腺肥大症) : 나이가 들어 남성 호르몬의 분비가 줄어들면서 전립선이 점차 커져 계란만하게 되는 증상.

전립선암(前立腺癌) : 전립선에 암종이 발생하는 것으로 남성 특유의 암.

전립선염(前立腺炎) : 전립선에 생기는 염증. 소변을 볼 때 통증, 잔뇨, 빈뇨 등이 옴.

전면시비(全面施肥), broadcast application : 전면살포 방법을 행하는 시비이다.

전분(澱粉), starch : 아밀로즈와 아밀로펙틴으로 구성된 D-glucan복합체이며, 고등식물과 일부조류(algae)에서 주된 탄수화물 저장체이다.

전분립(澱粉粒), starch granule : 전분 또는 녹말을 이루는 알갱이를 말한다. 녹말알갱이.

전분작물(澱粉作物), starch crops : 전분을 얻을 목적으로 재배하는 작물로 옥수수, 고구마, 감자 등이 있다.

전분종자(澱粉種子), starch seed : 전분의 함량이 많은 종자. 예) 미곡, 맥류, 잡곡 등.

전시포(展示圃), demonstration farm, exhibition field : 작물의 자람 · 형태 등을 전시하기 위해 만든 포장으로 시범농장이라 한다.

전신동통(全身疼痛) : 온몸에 통증이 있는 것.

전신부종(全身浮腫) : 전신(全身)에 부종(浮腫)이 있는 것. 즉, 온몸이 붓는 것.

전신불수(全身不隨) : 신체의 마비.

전신통(全身痛) : 전신의 통증을 일컫는 말.

전업농가 : 부업이 없고 전적으로 농사만 짓는 농가.

전연(全緣), entire : 잎가장자리가 갈라지지 않거나 또는 톱니나 가시 등이 없고 매끄러운 모양.

전열(全裂), parted, divided : 결각상에 속하며 거의 중륵까지 갈라진 형태.

전열온상(電熱溫床), electrically heated hotbed, electric hotbed : 전기의 열을 가열원으로 이용하는 온상으로 자재비가 비교적 많이 들지만 온도관리가 용이하고 자동화하기 쉬운 이점이 있다.

전염성간염(傳染性肝炎), infectious hepatitis : 입을 통해 바이러스가 감염되어 생기는 급성간염.

전엽(前葉), prophyll : 분얼경의 기부의 마디에 붙어 있는 보통 잎과는 형태가 다른 잎으로 반드시 주간 쪽으로 붙는다. 전엽은 엽신이 없는 특수한 형태의 잎으로 그 내부 구조로 보아 엽초에 유사하다. 전엽의 역할은 분얼경이 출현할 때 어린 눈을 보호하는 것으로 알려져 있고, 주간 쪽에 밀착되어 외부에 노출되지 않기 때문에 백색으로 되어 광합성기능을 거의 갖고 있지 않다.

전엽체(前葉體) = 원엽체(原葉體), prothallium : 양치식물에서 난자, 정자 같은 유성생식세포를 만드는 기관으로 포자가 발달하여 생긴 배우자체 세대로 장난기와 장정기를 분화시켜 난자와 정자를 생산한다.

전위차(電位差) : 전자친화력의 차이, 전압 단위는 V(볼트) 또는 mV(밀리볼트).

전자전달계(電子傳達係), electron transport chain : 미토콘드리아에 있는 중간매체들(NAD, FAD, CoQ, cytochrome 등)에 의해 산화와 환원작용을 연속적으로 거치면서 전자(수소형태)를 최종적으로 산소와 결합하게 하는 일련의 산화기이다.

전작(田作) : 밭에서 재배하는 작부식생을 말한다.

전저(箭底), sagittate : 잎 밑이 화살촉의 밑(아랫)부분과 같은 모양으로, 기부 양 열편이 아래쪽을 향한다.

전정(剪定) = 장초전정(長梢剪定), pruning : 과수의 겉모양을 고르게 하고 웃자람을 막으며, 곁가지 따위를 자르고 다듬는 일. 생육(生育)과 결과(結果)를 조절, 촉진하기 위해서 나무의 가지를 잘라주는 것으로, 목적하는 수형(樹形)을 만들고, 그 방법에는 단초전정(短梢剪定), 동계전정(冬季剪定), 하계전정(夏季剪定), 갱신전정(更新剪定), 간발전정(間拔剪定), 보호전정(保護剪定) 등이 있다.

전지(剪枝) : 가지다듬기. 나무의 발육촉진, 병해예방 및 미관을 더하기 위하여 가지를 잘라내는 것을 말하며, 가지치기라고도 한다.

전지관개(田地灌漑) : 밭에 물을 대주는 일. 논에 물을 대주는 것과 구별하기 위해 전지관개라 한다.

전착제(展着劑), spreader, wetting agent, sticker : 농약을 식물의 경엽에 잘 붙도록 해주고 또한 골고루 퍼지게 해주는 약제. 일종의 보조농약이다.

전초(全草) : 잎, 줄기, 꽃, 뿌리 따위를 가진 풀포기 전체를 일컫는 것.

전초(煎炒) : 한약 수치법(修治法)의 하나로 약재 등을 끓이고 볶는 것.

전출엽(前出葉), prophylls : 측부 가지의 첫 번째 잎.

전층시비(全層施肥), total layer application of fertilizer : 봄갈이를 한 논에 질소질비료를 전면에 고루 뿌린 다음 물을 대고 써리거나, 봄갈이한 논에 질소질비료를 고루 뿌리고 다시 재경을 한 다음 물을 대고 써리면 시용한 비료가 작토의 전토층에 고루 섞이게 되는데 이를 전층시비라고 한다.

전해질(電解質), electrolyte : 어떤 물질과 융합하거나 용액에 녹을 때 이온으로 분해되는 물질로서 전기를 전달할 수 있는 능력이 있다. 전해질의 기능은 삼투압 조절, 신경자극전달, 근육수축, 산소 및 탄소수송, 산, 염기균형 및 효소 반응에 관여하는 것이다.

전형(箭形) = 화살모양, 화살형, sagittate, arrow-shaped : 화살처럼 생긴 잎의 형태.

전형성능(全形成能), totipotency : 단세포 혹은 식물조직 일부분으로부터 완전한 식물체를 재생하는 능력. 모든 세포는 전형 성능을 지니고 있지만 세포의 분화 정도, 세포의 채취 부위, 배지의 조성, 배양환경 등에 따라 표현되는 데는 차이가 있다. 즉, 전체형성능이라 한다.

전화전류(轉化轉流) : 전분, 지방, 단백질 등의 고분자 유기화합물이 분해되어 저분자화합물로 바뀌는 것을 전화라고 한다. 즉, 저장양분이 분해되는 것을 말한다. 전화되어 생성된 물질이 체내에서 다른 곳으로 이동하는 것을 전류라고 한다.

절(節) = 마디, node : 줄기 또는 가지에서 유관속이 특히 결집된 곳으로 지상에서는 잎이나 싹이 나고, 지하부분에서는 뿌리가 나옴.

절간(節間), internode : 줄기에서 마디 사이의 부분.

절간생장(節間生長), internodal growth : 줄기의 마디 사이에서 일어나는 생장.

절간신장기(節間伸長期) : 벼의 절간신장의 개시는 유수가 분화하기 시작하는 시기, 즉 영양생장에서 생식생장으로 전환하면서부터 시작된다. 절간신장기 출수 전 32일 경부터 출수가 완료되기까지의 기간으로, 이들 절간신장기에 유수가 분화 발육하여 신장하며 1, 2차 지경, 영화가 분화하고 화분, 배낭모세포가 완성되고 출수 재화 및 수정이 끝나는 벼의 일생 중 생식생장기의 가장 중요한 과정 이 모두 절간신장기에 이루어지고 있다.

절간장(節間長), internode length : 마디의 길이. 마디와 마디 사이의 길이. 마디에는 분열조직이 있어 절간이 신장한다.

절대성잡초(絕對性雜草) = 동반잡초(同伴雜草), 특정적응성잡초(特定適應性雜草), obligate weeds : 야생상태에서는 존재하지 않고 인류생활과 밀접하게 관계되어 발생하는 잡초.

절두(截頭) = 편평하다, 재두(截頭), 평두(平頭), 절두형(截頭形), truncate : 잎몸의 끝이 뾰족하거나 파이지 않고, 중앙맥에 대해 거의 직각을 이룰 정도로 수평을 이룬 모양. 예) 백합나무.

절두형(截頭形) : 위를 잘라낸 듯한 모양.

절상(折傷) : 뼈가 부러져 다침.

절상(切傷), notching : 눈이나 어린 가지의 바로 위에 가로로 깊은 칼금을 넣어 그 눈이나 가지의 발육을 촉진하는 것이다.

절옹(折癰), 절(折)과 옹(癰) : 피부에 화농성 세균이 침입하여 염증을 일으키는 부스럼.

절저(截底) = 평저(平底), truncate : 엽저가 약 180°의 각도를 이루고 있는 형태.

절접(切接), veneer-grafting : 접가지와 접밑동의 옆을 각각 깎아서 붙이는 접목법의 하나 접가지와 접밑동의 굵기가 같지 않을 때 행한다. 쐐기접, 깎기접. 절접부위는 지표면에서 7~19cm 되는 곳에 대목을 절제하여 접수의 접합부위가 대목과 접수의 형성층 부위가 일치할 수 있도록 절개부위에 접수를 끼워 넣어 접목하는 법이다.

절충(折衷)못자리, semi-irrigated rice nursery : 물못자리와 밭못자리의 장점만을 이용한 못자리 종류이다.

절협과(節莢果) = 분과(分果), 분열과(分裂果), 분리과(分離果), 열개과(裂開果), mericarp, loment, schizocarp, dehiscent fruit : 한 씨방에서 만들어지지만 서로 분리된 2개 이상의 열매로 발달하는 것(예; 산형과, 꿀풀과). 여러 개의 씨방이 한 묶음이 되어 자라다가 각각 열매가 되어 익으면 떨어져 나가는 열매(예; 산형과, 꿀풀과, 지치과, 단풍나무과). 도둑놈의갈고리에서 볼 수 있듯이 한 개의 심피에 생긴 씨방의 과실이 가로로 잘록해져서 각각 한 개의 씨를 가진 몇 개의 방으로 갈라지고, 성숙하면 각 방의 잘록한 부분에서 분리되어 떨어지는 과실.

절형(截形), truncate : 끝이 중맥과 직각으로 편평한 것.

절화(切花), cut flower : 화훼의 이용상 분류에 의하여 꽃자루, 꽃대(또는 화경) 또는 가지를 잘라서 꽃꽂이, 꽃다발, 꽃바구니, 화환 등에 이용하는 꽃이다.

점도(粘度), viscosity : 유체의 내부마찰력, 즉 유체가 다른 부분에 대하여 운동할 때 받는 저항력을 말한다. 절대점도, 운동점도, 비점도로서 표시한다.

점등사육(點燈飼育) : 인공사육법의 하나. 광선을 인공적으로 비추어 사육하며 주로 양계에서 산란의 증가를 도모하는 데 쓰인다.

점사(粘絲), viscous, viscin thread : 화분을 서로 연결시키는 점성의 실. 예) 달맞이꽃, 철쭉.

점성(粘性) = 점질(粘質), mucilaginous, viscid : 잎의 표면이 끈적끈적한 성질을 지니고 있는 것.

점액질(粘液質), mucilaginous : 미끈거리지만 달라붙지는 않는 것.

점질(粘質) : 끈끈하고 차진 성질.

점착상(粘着狀), viscid, glutinous : 끈적끈적한 느낌의 형상.

점첨두(漸尖頭), acuminate : 엽선이 점차 뾰족하여 꼬리와 비슷한 형태.

점토(粘土), clay : 큰 입경이 0.002mm 이하의 광물을 점토라 하며 보통 광물성 토양교질물과 같이 본다. 점토입자에는 주로 규산의 Al열이 더 많고 중요하나 석영, 적철, 깁사이트 등 굵은 광물도 있다.

점파(點播) = 점뿌림, dibbling : 일정한 간격을 두고 종자를 1~수립씩 띄엄띄엄 파종하는 방식이다. 두류, 감자 등과 같이 개체가 평면공간을 많이 차지하는 작물에 적용된다. 노력은 다소 많이 들지만, 건실하고 균일한 생육을 하게 된다.

점활(粘滑) : 미끈하고 윤기 있음.

점활약(粘滑藥) : 미끈하고 윤기 있게 하는 약으로 변비 등에 쓰임.

접골(接骨) : 부러지거나 어그러진 뼈를 바로 맞춤.

접목(接木) = 접붙이기, grafting : 두 가지 식물의 영양체를 형성층(形成層)이 서로 밀착하도록 접(接)함으로써 상호 유착(癒着)하여 생리작용이 원활하게 교류되어 독립개체를 형성하도록 하는 것을 접목이라고 한다. 접목에서 정부(頂部)가 되는 쪽을 접수(椄穗, scion)라고 하고, 기부(基部)가 되는 쪽을 대목(臺木, stock)이라고 한다. 접목한 것이 잘 유착해서 생리작용의 교류가 원만하게 이루어지는 것을 활착(活着)한다고 한다. 접목한 것이 잘 활착하고, 그 뒤의 발육과 결실이 좋은 것을 접목친화(接木親和, graft-affinity)라고 한다.

접목방법(接木方法), graftage : 대목이 포장에 있는 채로 접목하는 거접(居接)과 대목을 파내서 접목하는 양접(揚接)이 있다. 접목시기에 따라서 춘접(春接), 하접(夏接), 추접(秋接)의 구별이 있다. 대목의 위치에 따라 고접(高接), 복접(腹接), 근두접(根頭接), 근접(根接) 등의 구별이 있다. 접수(接穗)에 따라서는 아접(芽接), 지접(枝接) 등의 구별이 있다. 지접(枝接)에서는 접목방법에 따라 피하접(皮下接), 할접(割接), 복접(腹接), 합접(合接), 설접(舌接), 절접(切接) 등의 구별이 있다. 뿌리가 있는 두 식물을 접촉하여 활착케 하는 것은 쌍접[기접(寄接), 유접(誘接), 호접(呼接)]이다. 뿌리가 없는 두 식물의 가지끼리 접목하는 것은 삽목접(揷木接)이다. 동일식물의 줄기와 뿌리의 중간에 가지 또는 뿌리를 삽입하여 상하조직을 연결하는 것을 교접(橋接)이라고 한다. 세 가지 식물을 A, B, C의 형식으로 연결하는 것을 2중접(二重接)이라고 한다.

접목친화(接木親和), graft affinity : 접목 후에 대목과 접수가 잘 결합, 활착하여 생장과 결실이 순조롭게 이루어지는 접목. 식물분류학상 가까운 종의 것일수록 친화성이 강하다.

접선형(摺扇形), plicate : 주름이 잡힌 상태.

접수(接穗), scion : 접목에서 위에 오는 부분. 접수는 번식하려는 종류 또는 품종으로서 지상부를 구성한다.

접촉상(接觸狀), contiguous : 접촉하고 있는 상태.

접촉형(接觸型)농약 : 표면에 닿으면서 바로 효과를 나타내는 약제. 주로 제초제의 경우에 사용되는 용어로서 식물체에 살포하여 약액이 묻으면 바로 그 부위에서 살초작용이 일어나는 형태의 제초제를 말한다. 일단 흡수 이동되어 살초작용을 일으키는 제초제를 이행형이라 한다.

접촉형제조제(接觸型除草劑), contact herbicide : 처리된 부위에서 제초효과가 일어나는 제초제이다(paraquat, diquat 등).

접합(接合), fusion, conjugation : ① 핵, 세포 그리고 개체수준에 있어서의 회합 또는 합일의 현상. ② 감수분열에 있어서 상동염색체의 대합. ③ 한 세균으로부터 다른 세균으로 DNA의 이동을 말하며 두 세균 사이에 bridge(다리)가 형성되어 이루어진다.

접합자(接合子), zygote : 암수배우자의 융합으로 형성된 세포 또는 개체이다.

접합체(接合体), zygote : 두 배우자의 접합에 의해 형성된 배수체 세포.

접형(蝶形) = 나비형, papillionaceous corolla : 부정제화관에 속하며 콩과식물의 대표적인 화관형으로서 기판, 익판, 용골판 등으로 구성됨.

접형화(蝶形花) = 나비모양꽃, papilinaceous flower : 윗부분에 하나의 큰 기꽃잎과 측부에 2개의 날개꽃잎, 하부에 하나의 용골꽃잎으로 이루어진 꽃.

접형화관(蝶形花冠) = 나비모양꽃갓, papilionaceous corolla : 콩 등에서 볼 수 있는 좌우대칭의 꽃갓.

정경통(定痙痛) : 경련(痙攣)과 통증을 그치게 하는 효능.

정곡(精穀), milled grain : 벼를 도정하여 식용상태로 만든 쌀이다.

정곡형(頂曲形), squarrose : 기부의 윗부분에서 갑자기 굽어지거나 펼쳐지는 것. 예) 국화과 총포편.

정기(精氣) : 심신의 힘을 얻을 수 있는 처방.

정단(頂端) = 정부(頂部), apex : 정단분열조직이 위치한 묘조나 뿌리의 말단부분.

정단분열조직(頂端分裂組織), apical meristem : 생장점이라고도 하며 보통 정아에 위치한 미분화 조직. 0.1mm 미만의 크기이며 가장 어린 엽원기에 부착된 빛나는 반구형의 구조를 가짐. 줄기나 뿌리의 선단에 있는 분형세포군으로 그 분열에 의해 줄기나 뿌리의 1기 조직이 형성된다.

정력(精力) : ① 심신의 원기. ② 활동하는 힘.

정력감퇴(精力減退) : 심신의 활동력이나 남자의 성적(性的) 능력이 감퇴되는 것을 뜻함.

정력증진(精力增進) : 병후허약이나 심신허약, 노쇠현상 또는 원기부족 현상이 심할 때.

정립, pure seed : 작물의 순수한 종자를 뜻한다.

정밀토양조사(精密土壤調査) : 지역내 토양분포를 세밀히 파악하고 현지조사 위주로 하여 토양도를 작성하는 것인데 1:10,000~1:25,000의 지도에 표시를 한다.

정받이[受精], fertilization : 암술머리에 닿은 꽃가루의 정세포가 꽃가루관을 통해 암술대를 타고 내려와 씨방 속의 난세포와 결합하는 현상.

정방형식(正方形植), square planting : 이앙양식에 있어서 줄 사이와 포기 사이가 거의 같아 정사각형에 가까운 모양으로 이앙하는 방식이다.

정백(精白) : 현미를 도정하여 발을 내는 일을 말한다.

정백률(精白率), milled/brown rice ratio : 현미를 정미기로 도정하면 쌀이 되는데, 현미 중량에 대한 백미의 중량 비율을 정백률 또는 백미율이라 하며, 이는 품종과 작황에 따라 다소 다르나 대체로 92% 내외이다.

정상아(正常芽), normal bud : 일정한 자리에 달려 있는 눈.

정생(頂生), apical : 자방 위에 곧추선 암술대.

정생태좌, apical placentation : 방이 하나인 자방의 천정에 1개의 배주가 달린 태좌. 예) 벚나무.

정선(精選), cleaning selection : 농산물 조제가공의 원료 이외의 먼지, 잔돌, 쇠붙이 등 이물질을 제거하는 작업이다.

정세포(精細胞), spermatid : 수컷의 생식세포가 감수분열에 의해 정모세포로부터 형성된 4개의 반수세포이다.

정소엽(頂小葉), apical leaflet : 우상복엽의 중간 끝에 있는 소엽.

정수고갈(精水枯渴) : 고갈 정력이 감퇴되면 의욕 저하는 물론이고 남성 기능 또한 저하되는 것.

정수식물(挺水植物), emergent plant, emergent hydrophyte : 물속에서 자라나 엽병이나 꽃대가 물 위로 올라와 자라는 수생식물. 예) 개연꽃, 부들, 택사 등.

정시만식재배(定時晩植栽培) : 논의 이용도를 높이고 생산성을 증대시키기 위한 작부체계로서 이작물 및 답전작물의 도입, 병충해 상습지대에서의 회피 등의 목적으로 반드시 정해진 시기에 늦심기를 하겠다는 계획된 만식재배를 정시 만식재배라고 한다.

정식(定植), planting, setting : 본포에 옮겨 심는 것. 끝까지 그대로 둘 장소에 옮겨 심는 것을 말한다.

정신광조(精神狂躁) : 정신이 미쳐서 날뜀.

정신분열증(精神分裂症) : 혼자서 환각에 빠져 중얼대며 웃다가 울다가 침묵한다든가, 심하면 난폭한 행동을 하며 소리를 크게 지르거나 공연히 쓸데없는 말을 하는 병증.

정신불안(情緖不安) : 정신적으로 불안정함.

정신피로(精神疲勞) : 정신적인 기능의 저하상태.

정아(頂芽) = 끝눈, 제눈, definite bud, terminal bud : 가지나 줄기의 꼭대기에 달린 겨울눈.

정아우세(頂芽優勢), apical dominance : 덩이뿌리와 덩이줄기는 정부[頂部, 두부(頭部)]와 기부[基部, 미부(尾部)]의 위치가 상반되어 있으며, 눈[아(芽), 목(目)]은 정부에 많고, 세력도 정부의 눈이 강하다. 즉 정아가 측아의 성장을 지배하는 현상.

정양(靜養) : 심신을 편하게 하며 피로 권태 또는 병의 전후에 오는 병약한 상태를 다스림.

정역교배(正逆交配), reciprocal cross : 교배조합의 자방친과 화분친을 서로 바꾸어서 교배하는 것이다.

정유(精油), essential oil : ① 식물의 뿌리, 줄기, 잎, 꽃 등에서 나오는 향기 짙은 기름. 녹나무과 식물 등에 많이 들어 있다. ② 식물에서 얻는 특유의 향기를 가진 휘발성 기름. 터펜계와 방향족계 탄화수소, 알코올, 알데하이드, 케톤, 페놀, 에스터 등의 혼합물로 향료 원료로 쓴다.

정일식물, definite daylength plant : 정일식물은 단일이나 장일에서 개화하지 않고 어느 좁은 범위의 특정한 일장에서만 개화한다.

정자나무 : 마을 어귀나 길옆에서 아주 크게 자라 마을 사람들이 밑에서 쉴 수 있는 그늘이 되어 주는 나무.

정자착(丁字着), versatile : 꽃밥의 중앙에 수술대가 붙어 정(丁) 자처럼 되는 것.

정장(挺長) : 음경이 발기되어 수축되지 않는 것.

정제꽃[整齊花], regular flower : 어느 방향으로나 대칭이 되는 방사상칭인 꽃. 예) 패랭이.

정제악(整齊萼), regular calyx : 꽃받침잎의 크기가 서로 비슷한 것.

정제화(整齊花), regular flower : 모양이 일그러지지 않고 방사상칭인 꽃. 예) 벚꽃, 도라지.

정제화관(整齊花冠), regular : 꽃잎이 모두 비슷하게 생긴 화관.

정조(正租), paddy rice, rough rice, unhulled rice : 수확하여 탈곡된 직후의 벼 도정에 의해 왕겨를 벗겨내지 않은 상태의 벼 낟알이다.

정조식(正條植) : 이앙양식에 있어서 포기와 줄 사이를 일정한 간격을 맞추어 심는 것을 정조식이라 하며, 이에 반하여 일정한 간격 없이 불규칙하게 심는 것을 산식이라 한다.

정종(疔腫) : 화농균의 침입으로 피부 및 피하에 생기는 부스럼.

정지(整地), soil preparation, seedbed preparation : 파종, 이식에 앞서서 알맞은 토양상태를 조성하기 위하여 토양에 가해지는 처리를 정지라고 하며, 경기(耕起, plowing), 쇄토(碎土, harrowing), 작휴(作畦), 진압(鎭壓) 등의 작업이 있다.

정지(整枝), training : 과수 등에서 자연적인 생육형태를 크게 변형하여 목적하는 생육형태로 유도하는 것을 정지라고 하고, 원추형(圓錐形, pyramidal form), 배상형(杯狀形, vase form), 변칙주간형(變則主幹形, modified leader type), 울타리형, 덕식[수평책식(水平柵式)] 등의 모양으로 정지한다.

정지작업(整地作業) : 벼를 재배하기에 알맞은 상태로 경지의 조건을 정비하는 작업을 총칭하는 것으로, 파종 또는 이앙에 앞서 경기(耕起)→쇄토(碎土)→균평(均平)→진압(鎭壓)→작휴(作畦) 등의 작업순서가 있으며, 효과는 ① 토양을 부드럽게 하여 이앙작업을 용이하게 하고, ② 유기물과 비료의 분해촉진을 돕고, ③ 토양의 통기성을 좋게 하여 뿌리의 발육과 양분흡수를 좋게 하고, ④ 누수를 방지하며, ⑤ 잡초와 작물의 잔재물을 토양 중에 매몰하는 것 등을 지적할 수 있다.

정창(疔瘡) : 멍울이 져 좀처럼 풀어지지 않는 종기.

정천(定喘) : 기침과 가래를 멎게 하는 방법.

정충(情蟲) : 은행나무나 소철에 있는 웅성의 생식세포. 타원꼴이며 끝에 편모가 달려 있어 빠르게 움직인다.

정핵(精核), sperm nucleus : 웅성배우자의 핵. 일반적으로 동물에서는 정자의 핵을 뜻하고 식물에서는 화분관 내의 생식핵이 분열하여 생기는 두 개의 핵을 가리킨다. 웅핵. 정자핵.

정혈(精血) : 혈분이 쇠(衰)하여 부족한 증상에 피를 생생하게 하는 처방.

정화(睛花) : 눈에서 별 같은 것이 보이는 것.

젖꼭지모양 = 유두상(乳頭狀), papillate, papillose : 표면에 작은 돌기물이나 융기물이 있는 모양.

젖물 = 유액(乳液), latex : 식물의 유세포나 유관속에 있는 흰빛 또는 황갈색의 물.

제(臍) = 배꼽, hilum : 콩, 팥 등의 종자표면에 흑색, 갈색 또는 황백색의 줄모양 흔적, 종자가 성숙하기 전에 꼬투리와 연결되어 양분과 수분의 통로가 되었던 부분이 성숙과 함께 흔적으로 남은 것이다.

제1포영, first glume : 벼과의 작은 이삭에서 낱꽃을 감싸서 보호하고 있는 껍질로, 제2포영 아래에 있는 껍질.

제1호영 : 화본과 꽃의 맨 밑쪽에 있는 껍질 조각.

제2차휴면(第二次休眠), secondary dormancy : 휴면하지 않고 있는 종자라도 발아에 불리한 환경조건(고온, 저온, 습윤, 암흑, 산소부족 등)에 장기간 처하면 그 뒤에 적당한 조건에 옮겨도 발아하지 않고 휴면상태를 유지하는 것을 제2차휴면이라고 한다. 목초종자가 파종상에서 고온을 만나면 제2차휴면을 하는 경우가 있으며, 저온처리로 휴면타파가 된다.

제2포영, second glume : 벼과의 작은 이삭에서 낱꽃을 감싸서 보호하고 있는 껍질로, 제1포영 위에 있는 껍질.

제2호영(第二護穎), glume II : 벼과 꽃의 제1호영 위에 있는 껍질 조각.

제경법(蹄耕法), hoof cultivation : 초지조성법의 일종. 잡목이나 관목 제거를 소의 입으로 뜯어 먹게 하고 말발굽으로 짓밟게 하여 장애물을 제거하고 그 위에 목초종자를 뿌려서 초지를 만드는 방법이다.

제금모양[提琴形], pandurate : 제금 또는 바이올린처럼 생긴 모양.

제금형(提琴形), pandurate : 바이올린처럼 생긴 잎의 형태.

제꽃가루받이 = 자가수분(自家受粉), autogamy, self pollination : 같은 꽃 또는 같은 개체의 꽃가루로 이루어지는 꽃가루받이.

제눈 = 정아(頂芽), 끝눈, definite bud, terminal bud : 가지나 줄기의 꼭대기에 달린 겨울눈.

제독(諸毒) : 모든 종류의 독.

제마(製麻) : 섬유작물 등에서 껍질을 벗겨내는 것을 박피(剝皮)라고 하며, 마류(麻類)에서 껍질을 벗기고 섬유(纖維)를 발라내는 것을 제마(製麻)라고 한다. 탈곡, 박피 등을 한 다음 협잡물, 쭉정이, 겉껍질 등을 제거해서 품질을 좋게 하는 것을 조제(調製)라고 한다.

제번소갈(除煩消渴) : 답답함을 풀어줌으로써 갈증을 해소함.

제번열(除煩熱) : 번조하고 답답하면서 열이 나는 것을 없앰.

제번지갈(除煩止渴) : 번조(煩躁)한 것을 제거하며 갈증을 제거하는 효능.

제복동통(臍腹疼痛) : 배꼽노리에 동통(疼痛)이 있는 것으로 하복부와 구분된다.

제비꽃과, Violaceae : 열・온대에 분포하는 관목 또는 초본으로 16속 800종이며, 우리나라에 1속 47종이 자생한다. 어긋나는 잎은 단엽으로 탁엽이 있다. 화경의 끝이 1송이씩 달리거나 원추화서에 달리는 꽃은 양성화이고 열매는 삭과 또는 장과이다.

제스네리아과 = 괭이귀과, Gesneriaceae : 괭이귀는 백두산 지역에서 자라고 글록시니아와 아프리카제비꽃은 관엽식물로 재배한다.

제습(除濕) : ① 거습(祛濕)을 달리 이르는 말. ② 습사나 수습을 없애거나 내보낸다는 뜻.

제습살충(除濕殺蟲) : 습(濕)을 제거하며 살충(殺蟲)을 하는 효능.

제습이뇨(除濕利尿) : 습(濕)을 제거하며 소변이 잘 통하게 함.

제습이수(除濕利水) : 습(濕)을 제거하고 이수(利水)하는 효능.

제습지양(除濕止痒) : 습(濕)을 제거하여 양증(痒症)을 치료하는 것.

제습지통(除濕止痛) : 습(濕)을 제거하며 통증을 그치게 하는 효능.

제습지해(除濕止咳) : 습(濕)을 제거하며 기침을 그치게 하는 효능.

제암(制癌), anticarcino : 항암.

제얼(除蘖) : 가지나 어린 박을 제거하는 일, 줄기 수가 적어지면 불필요한 양분의 소모를 방지하여 수량을 증대시킬 수 있다.

제열(除熱) : 열을 없앰.

제열조습(除熱燥濕) : 열(熱)을 제거하고 습(濕)을 말리는 효능.

제열해독(除熱解毒) : 열(熱)을 제거하고 해독(解毒)함.

제웅(除雄), castration, emasculation : 식물의 화기에서 수컷을 없애는 작업. 꽃가루주머니가 터지기 전에 수술을 제거하는 것을 말하는데, 인공교배 시 필요한 작업이다.

제창해독(除瘡解毒) : 부스럼을 가라앉히고 독성을 풀어줌.

제초(除草), weed control, weeding : 작물재배에 있어서 작물을 잡초의 해로부터 보호하지 않으면 안 되는데 그 보호수단이 제초이다. 제초는 좁은 의미에서는 경지에 발생한 잡초를 제거하는 일이며, 넓게는 잡초의 발생을 억제하는 일도 포함된다.

제초제(除草劑), herbicide, weed killer : 잡초의 발생을 억제하거나 발육 중의 잡초를 죽이기 위하여 사용하는 약제로 수화제(水和劑), 유제(乳劑), 입제(粒劑) 등이 있다.

제출혈(諸出血) : 모든 출혈병(出血病).

제충제(除蟲劑) : 파리, 구더기, 모기, 지네 등 해충을 없애기 위한 방법.

제풍(臍風) = 풍축(風搐), 풍금(風噤), 칠일구금(七日口噤), 사륙풍(四陸風), 마아풍(馬牙風), 칠일풍(七日風), 사천풍(四天風), 칠천풍(七天風) : 갓난아이가 태어난 후 7일 이내에 배꼽으로 습기나 병독이 들어가 풍증을 일으키는 것.

제한요인(制限要因), limiting factor : 생물의 분포나 동물의 개체밀도를 제한하는 환경 인자. 온도, 광, 수분, 산소, 먹이 등이다.

제현(製玄) : 벼에서 현미로 가공하는 것. 도정과정에서 왕겨를 벗겨내는 과정을 제현 과정이라 하고 현미에서 다시 발로 만드는 과정을 현백과정이라 한다.

제현율(製玄率), percent of brown rice, husking recovery, hulling recovery : 정조를 현미기를 이용하여 현미와 왕겨로 분리하게 되는데 이를 제현이라 하며 정조에서 현미가 나오는 중량비를 제현율 또는 현미율이라 한다. 이는 품종과 작황에 따라 다르나 대체로 80% 내외이다.

조갈증(燥喝症) : 속이 타서 물을 자꾸 마시게 되는 경우.

조경(燥痙) : 메마른 기운으로 진액이 줄어들어 경련을 일으키는 병증.

조경지통(調經止痛) : 월경(月經)을 조화롭게 하며 통증을 그치게 하는 효능.

조경통유(調經通乳) : 월경(月經)을 조화롭게 하며 젖이 잘 나오게 하는 효능.

조경활혈(調經活血) : 조경(調經)시키고 혈액순환이 원활하도록 하는 치료 방법.

조곡(組穀), unhulled grain, rough grain : 껍질도 벗기지 않고 가공도 하지 않은 상태의 곡식 벼, 보리를 수확 후 탈곡한 상태의 낟알을 말한다.

조기재배(早期栽培), early planting culture, early seasonal cultivation : 조생종을 일찍 이앙하여 일찍 수확, 쌀을 조기 출하할 목적으로 하거나 또는 다른 경제작물을 벼의 후작으로 재배하여 소득을 높일 목적으로 재배하는 양식이다.

조도(照度), illuminance : 광원에서 비춘 면에 입사하는 단위면적 및 단위시간당 광에너지를 말하는데 그 단위는 Lux이다. 일반적으로 야외에서 조도와 일사량은 반드시 비례하지 않으므로, 조도는 복사에너지(electromagnetic energy)보다 밝기의 정도로 보는 것이 옳다. 1970년대 이전 광합성 실험에서 조도계를 사용하였으나 현재는 일사계를 사용한다. 그러나 일장 반응실험에는 조도계를 사용하는 것이 옳다.

조락성(早落性), caducous, fugacious : 본연의 시기보다 빨리 떨어지는 특성. 예) 미나리아재비의 꽃받침.

조란기(造卵器) = 경란기(頸卵器), 장란기(藏卵器), archegonium : 선태식물과 양치식물의 전엽체에 분화하여 난세포가 발달하는 자성생식기관. 예) 솔잎란, 고사리.

조록나무과, Hamamelidaceae : 전 세계의 23속 100종이 주로 아시아에 분포하며 우리나라에서는 3속 3종이 있다. 2개의 심피와 자방 2실에 흔히 성모가 있다. 잎은 어긋나고 드물게 마주나며, 엽병이 있고 단엽이며 장상으로 탁엽이 2장이 있다. 꽃잎은 4~5장이다. 열매는 삭과로 목질이며 2개로 갈라지고 화관이 없다.

조루증(早漏症) : 남녀가 교접할 때 남자의 사정이 너무 빠른 현상을 지칭하는 남자만의 병증.

조류(藻類), algae : 식물의 체제가 뿌리, 줄기, 잎으로 분화되어 있지 않는 하등식물을 엽상체식물이라고 하며, 그중에서 엽록소를 형성하여 광합성을 하는 식물을 조류라고 한다. 엽록소를 가지지 않은 엽상체식물이 균류, 즉 곰팡이다. 담수 또는 해수 속에서 광합성을 하여 독립영양생활을 하는 엽상(葉狀) 민꽃식물로, 그 크기는 현미경적인 단세포에서 길이가 30m에 이르는 다세포인 것까지 다양하다.

조름나물과 = 용담과, Gentianaceae : 온・한대에 분포하는 초본으로 60속 500종이며, 우리나라에 6속 19종이 자생한다. 수생하는 종도 있으며, 잎은 마주나거나 어긋나고 탁엽이 없다. 양성화 또는 잡성화는 취산화서나 엽액에 달리고, 열매는 삭과 또는 장과로 종자에 배유가 많다.

조만성(早晩性) : 작물생육기가 빠르고 늦은 정도이며 조생종, 중생종, 만생종이 있고 재배지역이나 작부체계에 이용된다.

조매화(鳥媒花), ornithophilous : 새가 꽃가루를 날라주어 꽃가루받이를 하는 꽃. 동박새가 대표적인 예로 동백나무의 꽃가루받이를 돕는다.

조모(粗毛) = 강모(剛毛), 거센털, scabrous hair, bristle, setose : 줄기나 잎에 나는 굳고 거센 털. 예) 환삼덩굴.

조비후증(爪肥厚症) : 손톱이 두꺼워지는 증상.

조사(粗砂), coarse sand : 굵은 모래, 일반적으로 직경이 0.2~2mm를 말한다.

조사료(粗飼料), roughage, bulky feed : 지방, 단백질, 전분 등의 함량이 적고 섬유질이 18% 이상 되는 사료, 청초, 건초 따위 등을 말한다.

조생종(早生種), early maturing(ripening, season, flowering) cultivar(variety) : 개화가 성숙이 빠른 품종 대개 일장에 둔하고 온도에 민감한 반응을 보인다.

조선(條線), striate : 잎의 표면이 세로로 줄이 져 있는 것.

조세포(助細胞), synergid : 난세포에 있는 두 개의 반수체 세포. 환원 분열된 8개의 핵이 중앙에 2개와 양극에 3개씩 분리되며, 주공 쪽에 있는 3개 중 다른 세포보다 큰 세포를 난세포라 하고 다른 2개를 조세포라 한다. 기공의 공변세포를 둘러싼 표피세포. 흔히 다른 표피세포와 모양이 다르고 분류계통에 따라 특징이 있음.

조소화(助消化) : 소화(消化)를 도와주는 효능.

조수익(粗收益) : 생산비를 포함한 수익이다. 1년간의 농업경영의 성과로서 얻어진 농산물과 부산물의 총가액이며 농업총수익, 농업조소득, 농업조수입 등으로 부르기도 한다.

조수해(鳥獸害), damage by birds and mammals : 야생조류나 동물에 의해 받는 농작물의 피해. 참새, 까치, 까마귀 등의 조류와 들쥐, 산토끼, 다람쥐 등의 야생동물이 벼, 채소, 과수, 등에서 치명적인 피해를 주는 경우가 많이 있다.

조습(燥濕) : 물기의 마름과 젖음을 일컫는 말로 몸이 신진대사를 통해 수분대사가 잘 조절되어야 한다는 뜻.

조습건비(燥濕健脾) : 습한 것을 마르게 하고 비(脾)의 기능을 강화시켜주는 치료방법.

조습화담(燥濕化痰) : 습담(濕痰)을 치료하는 방법.

조식(調息) : 숨을 순조롭게 쉬는 것.

조식재배(早植栽培), early planting culture : 중・만생종인 다수성 품종을 일찍 이앙하여 영양생장기간을 연장해줌으로써 수량구성 요소 중 특히 단위면적당 수수 및 영화수를 증대하여 다수확을 꾀하는 재배법을 칭한다.

조위성(凋萎性), marcescent : 잎 또는 꽃덮이가 시들지만 떨어지지 않는 것. 예) 졸참나무.

조제(調製), preparation : 탈곡이 끝난 벼는 짚북데기, 쭉정이, 까락, 협잡물 등이 섞여 있어서 이들을 풍선기에 넣어 깨끗이 선별하여 상품가치가 있는 벼, 즉 정조로 만드는 작업과정을 말한다.

조족상(鳥足狀), pedate : 거지덩굴의 잎 밑부분에 있는 곁쪽 작은 잎 1쌍씩에 있는 잔잎자루. 편측성 소엽이 적어지며 다소 굽게 달린 새다리 모양. 예) 두루미천남성의 잎.

조중(調中) : 중초(中焦)를 조절함.

조직배양(組織培養), tissue culture : 식물의 조직배양은 세포, 조직, 기관 등으로부터 완전한 식물체를 재분화되도록 하는 배양기술이다. 조직배양은 원연 종・속간잡종의 육성, 바이러스 무병주(virus free seedling) 생산, 우량한 이형접합체의 증식, 인공종자 개발, 유용물질 생산, 유전자원 보존 등에 이용한다. 조직배양하는 배지에 돌연변이유발원이나 스트레스를 가하면 변이세포를 선발할 수 있다. 조직배양의 재료로는 단세포, 영양기관, 생식기관, 병적조직, 전체식물 등 여러 종류가 있다. 영양기관에서도 뿌리, 잎, 떡잎, 줄기, 눈 등의 여러 기관이 배양되며, 생식기관에서도 꽃, 과실, 배주, 배, 배유, 과피, 약, 화분 등의 여러 기관이 배양된다. 조직배양의 재료로는 단세포, 영양기관, 생식기관, 병적조직, 전체식물 등 여러 종류가 있다. 영양기관에서도 뿌리, 잎, 떡잎, 줄기, 눈 등의 여러 기관이 배양되며, 생식기관에서도 꽃, 과실, 배주, 배, 배유, 과피, 약, 화분 등의 여러 기관이 배양된다.

조파(條播) = 골뿌림, drilling : 작조(作條)하고 종자를 줄지어 뿌리는 방법이다. 골 사이가 비어 있으므로 수분, 양분의 공급이 좋고, 통풍, 통광도 좋으며, 관리작업에도 편리하여 생육이 좋다.

조파조식재배(早播早植栽培) : 보온밭못자리나 보온절충못자리에서 4월 상순인 저온기에 일찍 파종 육묘하여 활착가능 한계온도가 되는 5월 상・중순경에 일찍 이앙하여 보통 수확적기에 수확하는 재배법이다.

조합능력(組合能力), combining ability : 잡종강세를 나타내는 교배친의 상대적 능력이다.

조합육종(組合育種), combination breeding : 교잡육종의 이론적 근거로 양친이 별도로 가지고 있는 우량특성을 1개체 속에 새로이 조합시키는 것, 즉 교잡을 통해 우량한 유전자의 신조합을 형성하는 것을 말한다.

조해(燥咳) : 폐의 진액 부족으로 생긴 기침.

조해(潮解), bird damage : 고체가 공기 중의 습기를 흡수하면서 점차 용해되어가는 현상. 수산화나트륨, 수산화칼륨, 소금 등이 조해성이 강한 물질들이다.

조혈(造血) : (생물체의 어떤 기관이) 피를 만들어냄.

조환(組換), recombination : 교차가 일어나고 연관이 파괴되어 만든 새로운 유전자의 조합이다. 상동염색체상에 있는, 두 개의 유전자, 예를 들면 AB, ++조합에서 A와 B 사이에서 교차에 의한 유전자 조환으로 A^+, B^+로 되는 현상 두 유전자 사이에서 조환 개체(recombinant)가 생기는 빈도를 조환가(組換價, recombination value)라고 한다.

족[海族] : 바다에 사는 물고기의 종류.

졸도(卒倒) : 심한 충격, 피로, 일사병 등으로 갑자기 현기증을 일으키며 넘어지는 경우.

종(腫) : 피부가 곪으면서 생기는 큰 부스럼. 종기.

종(種), species : 생물의 계통분류학적 기본단위이다. 유전되는 형태적·생리적 특징이 여러 가지로 달라서 다른 종류와 구별되는 생물. 또는 생물학적으로 다른 종과는 서로 생식적으로 격리되어 있는 생물집단.

종간경합(種間競合), interspecific competition : 다른 종들 사이에서 일어나는 경합으로 잡초방제와 연계하여 잡초발생을 조절해야 함. 효과적 잡초방제의 궁극적인 목적은 잡초보다는 작물의 경합력(competitive ability)을 높이는 것이다.

종간교잡(種間交雜), interspecific hybridization, interspecific crossing : 같은 속 중에서 다른 종의 개체 간에 이루어지는 교잡을 말한다.

종간잡종(種間雜種), interspecific hybrid : 동물분류학상 속은 같지만, 종의 레벨이 다른 이종간교잡을 말하며, 종간교잡에서 생기는 잡종 제1대이다.

종개(縱開) = 종열(縱裂), longitudinal dehiscent : 세로로 갈라서 쪼개지는 것. 예) 나리속의 약.

종공(種孔) : 배주의 주공이 성숙하여 작은 구멍의 형태로 남은 것. 배낭세포를 둘러싸고 있는 주피의 아랫부분이 약간 열려 있어 꽃가루관이 신장하면서 이곳을 통과하여 난세포로 침입한다. 난세포 침입의 통로가 되는 이 구멍을 주공이라고 하며 종자가 완성되면 그 흔적이 남아 종공이 된다.

종기(腫氣) : 부스럼. 털구멍이 포도상 구균에 감염되어 염증이 피부 깊은 곳까지 미친 경우.

종내경합(種內競合), intraspecific competition : 같은 종들 사이에서 일어나는 경합으로 이상적인 작물재배는 재식밀도를 합리적으로 조절하여 다수확과 고품질의 생산물을 얻어야 한다.

종독(腫毒) : 독기에 의한 종기로서 좀처럼 잦지 않고 주위에 시퍼렇게 죽은 피가 뭉쳐서 점점 악화되면서 잘 곪지도 않아 통증이 심한 경우. 종기의 독기.

종두(種痘) : 천연두의 병균을 약화시킨 것을 앓지 않은 사람에게 접종해서 앓지 않게 하는 천연두의 예방법으로 우두(牛痘)를 접종함.

종란(種卵) : 침엽수의 구화(球花)를 구성하는 2개의 비늘조각(인편) 중 배주가 달리는 내측의 비늘조각. 외측의 것은 포린(苞鱗)임.

종렬(縱裂) : 세로로 갈라져서 쪼개지는 것.

종린(種鱗), ovuliferous scale : 송백류의 암꽃을 이루는 비늘조각 중 밑씨가 붙어 있던 부분.

종모(種毛) : 씨앗에 달리는 솜털. 씨앗이 바람에 멀리 날려 갈 수 있게 한다.

종모양꽃부리[鍾形花冠], campanulate corolla : 종 모양으로 된 꽃부리. 예) 금강초롱꽃.

종묘(種苗) : 재식의 시발점이 되는 종자, 영양체, 모 등을 총칭하며 종물과 모를 종합하여 종묘라 한다.

종발(種髮) = 씨털, coma : 씨에 털처럼 생긴 부속체.

종병(種柄) = 씨자루, funiculus : 밑씨가 발달하여 씨가 되었을 때 주병을 씨자루라고 부른다.

종부(種阜), caruncle : 씨의 배꼽 근처에 생긴 다육질의 돌기.

종선(縱線) : 세로줄.

종실(種實), seed and fruit, seed, fruit : 식물의 열매나 과실, 열매 속에 있는 새로운 개체로 자라난 물질이다.

종실사료작물(種實飼料作物) : 종자를 사료로 이용하는 작물. 예) 맥류, 옥수수.

종야조명(終夜照明), continuous lighting : 밤낮없이 연속해서 빛을 조사하는 일. 낮에는 햇빛을 받고 밤에는 인공조명에 의해 하루 24시간을 계속해서 광을 받는 경우를 말한다.

종열(縱裂) = 종개(縱開), longitudinal dehiscent : 세로로 갈라서 쪼개지는 [나리속의 약].

종염(踵炎) : 팔다리의 구절 및 발목 부분에 생기는 염증성 종창.

종유(種油) : 씨앗에서 짜낸 기름. 특히 유채의 씨앗에서 짜낸 기름.

종유(鍾庾) : 얼마 안 되는 벼. 종(鍾)은 육곡사두(六斛四斗), 유(庾)는 일곡육두(一斛六斗)를 이름.

종유체(鍾乳體) : 쐐기풀과와 쥐꼬리망초과 식물의 잎의 세포 내에 있는 수산화칼슘 덩어리.

종의(種衣) = 씨옷 : 씨를 둘러싸고 있는 고기질의 덮개.

종이질[紙質], chartaceous : 종이 같은 상태.

종자(種子) = 씨, seed : 밑씨가 수정 후에 발육하여 이루어진 휴면상태의 산포체(散布體). 수정(受精)되어 배주(胚珠, ovule)가 발육한 씨앗.

종자갱신(種子更新), seed exchange(renovation) : 신품종의 특성을 유지하고 품종퇴화를 방지하기 위해서는 일정기간마다 우량종자로 바꾸어 재배하는 것이 좋으며, 이를 종자갱신(種子更新)이라 한다. 우리나라에서 벼, 보리, 콩 등 자식성작물의 종자갱신 연한은 4년 1기로 되어 있다.

종자검사(種子檢査), seed test : 종자의 외관적・유전적・생리적・병리적인 특성을 포장에서 생육할 때부터 종자단계에 이르기까지 엄밀히 검사하여 종자품질의 합격, 불합격을 결정하는 것.

종자근(種子根), seminal root, radicle : 유근이 발달되어 생성된 뿌리. 유근은 종자 내에서 발아 전에 이미 분화되어 있다.

종자번식(種子繁殖), seed propagation : 유성번식으로서 종자로 번식시키는 경우를 말하며 실생번식이라고 한다. 종자에 의해서 다음 세대를 계승할 새로운 개체를 만들고 이를 통하여 자손을 증가시키는 현상이다.

종자보증(種子保證), seed certification : 종자검사에 의해서 ① 품종의 진실성, ② 종자의 순수성, ③ 발아율, ④ 종자전염을 하는 병충원이 없는 것, ⑤ 위험한 잡초종자가 없는 것 등을 종자의 구매자(購買者)에게 보증하는 제도.

종자산업법 : 벼, 보리, 옥수수 등의 주요 식량작물의 종자는 국가에서 법으로 보장하여 관리하며 채소나 화훼 등의 종자는 민간기관의 관리하에 양도하고 있다.

종자산포(種子散布), seed dispersal : 모식물체에서 멀리 종자를 보내는 것.

종자소독(種子消毒), seed disinfection : 종자전염의 병균이나 선충을 없애기 위하여 종자에 물리적·화학적 처리를 하는 것을 종자소독이라고 하며, 병균이 종자의 외부에 있으면 화학적 소독을 하나 병균이 종자의 내부에 있으면 보통 물리적 소독을 한다.

종자수명(種子壽命), seed longevity : 종자수명에 영향을 주는 내적요인으로는 비진정종자(非眞正種子, recalcitrant seed), 경실인 콩과 종자와 같은 진정종자(眞正種子, orthrodox seed), 종과 품종 간의 차이, 종자의 성숙 정도, 휴면의 정도, 수분함량, 종자의 구조와 성분 등이 있다. 종자수명에 영향을 주는 외적요인으로는 수확 전의 기상, 수확 후의 건조과정, 미생물, 곤충의 피해, 기계적인 상처, 저장실 내부의 환경요인 등이 있다. 종자의 수명에는 종자의 수분함량(水分含量)과 저장습도(貯藏濕度)가 밀접하게 관련되어 있으며, 저장온도(貯藏溫度)와 통기상태(通氣狀態)와도 관련되어 있어, 젖은 종자를 고온·고습인 환경에 저장하면 수명이 극히 짧아진다.

종자식물(種子植物), seed plants : 종자를 널리 퍼뜨려서 자손을 늘리는 식물로 나자식물과 피자식물을 말한다.

종자예조(種子豫措), seed pretreatment : 종자가리기로 종자 전 처리이다.

종자저장(種子貯藏), seed storage : 종자저장의 목적은 종자를 수확하여 다시 파종할 때까지 활력을 잃지 않도록 보존하는 것이다. 희귀한 유전질을 가진 종자는 매년 재배를 반복할 경우에 환경에 의한 유전질의 변이가 발생할 우려가 있어 장기저장이 필요한 경우도 있다. 종자저장은 공간절약, 보존용이, 경비절감, 보존기간 연장 등의 이점이 있다.

종자전염(種子傳染), seed transmission : 병원체에 감염 또는 오염된 종자를 파종하여 발아된 식물에 발병이 되는 과정.

종자증식(種子增殖), seed multiplication : 기본식물→원원종→원종→보급종자 등 증식체계에 따라 종자의 양을 늘리는 것이다.

종자처리(種子處理), seed treatment : 어떤 목적을 달성하기 위해 종자에 물리적·화학적 처리를 하는 것이다.

종자퇴화(種子退化), seed deterioration : 어떤 품종의 종자가 처음에는 생산력이 극히 높다가 재배연수가 경과하거나(벼, 맥류 등), 재배지를 바꾸면(감자 등) 같은 품종이라도 생산력이 급격히 감퇴(減退)하는 현상.

종자형성(種子形成), seed formation : 수정이 끝나면 배의 발생과 함께 밑씨가 성숙하여 종자(seed)로 되고, 씨방이 발달하여 열매(fruit)를 형성한다. 종자의 배는 수정에 의해 생겼으므로 한 세대가 진전한 것이다. 그러나 종피와 열매껍질(과피)은 모체(♀)의 조직이다. 따라서 종자에서 배와 종피는 유전적 조성이 다르다.

종창(腫脹) : 염증이나 종기로 인하여 피부가 부어오르는 증상.

종창종독(腫瘡腫毒) : 피부가 부으면서 부스럼이 생기고 거기에 독이 생긴 증상.

종침(種枕), caruncle : 종자의 자루가 달린 부분.

종통(腫痛) : 종기가 나거나 종독, 종창으로 인해 통증이 있는 경우.

종피(種皮) = 씨껍질, 씨앗껍질, seed coat : 씨앗의 겉을 둘러싼 껍질. 씨눈과 배젖을 보호하고 싹이 틀 때 물을 빨아들이는 구실을 한다. 종자의 껍질, 외종피, 내종피가 있으며 배주의 주피(珠皮)가 변화한 것이나 때로는 배주심의 조직 일부도 부착하여 종피를 형성하기도 한다. 종피는 모체의 일부이다.

종형(鐘形), campanulate, bell-shaped : 정제화관에 속하며 도라지꽃처럼 종 모양인 것.

종형화관(鐘形花冠), bell-shaped, campanulate conrolla : 종 모양으로 된 화관. 예) 초롱꽃, 용담.

좌골신경통(坐骨神經痛) : 좌골신경이 외상, 압박, 한랭, 요추질병 등의 침해를 받아 일어나는 동통. 주로 허리에서 발까지 이르는 확산 통증.

좌권상(左券狀), sinistrorse : 시계 방향.

좌상(挫傷) : 타박, 압박 또는 둔한 물건 등에 부딪쳐서 생긴 연부조직의 손상.

좌상근(挫傷筋) : 피하조직이 손상되는 상처.

좌섬요통(挫閃腰痛) : 외부의 충격에 의해 접질려 일어나는 요통으로 뼈마디가 물러앉아 붓고 아픈 증상.

좌우상칭(左右相稱), zygomorphic, symmetry : 상칭면이 하나 있는 것. 단일면에 의해 좌우로 나누어지는 꽃을 좌우상칭화라 한다. 예) 콩과, 꿀풀과의 화관.

좌지현상(座止現象), hibernalism, sitzenbleiben : 잎만 무성하게 자라다가 결국엔 이삭이 생기지 못하는 현상. 저온과정을 거치지 못해 춘화처리가 안 되었기 때문에 출수하지 못하는 현상이다.

주간(主幹), trunk, main culm : 원줄기를 말한다. 나무의 주축을 이루는 중심 줄기로 지상부와 지하부를 연결하는 가장 중요한 부분이다. 수형구성에 중심을 이루게 된다. 화본과 작물에서 분얼이 아닌 원줄기를 말한다.

주간엽수(主幹葉數) : 벼의 원줄기, 즉 주간의 마디에서 나오는 잎의 총수를 주간엽수라 하는데, 이는 품종의 조・만성(早・晩成)에 따라 다르다. 일반으로 조생종은 12~14매, 중생종은 15~17매, 만생종은 18~21매 정도이다. 그러나 이들 엽수는 재배시기에 따라 크게 변동하여 조기・조식재배에서 가장 많고 만기재배가 될수록 감소한다. 벼의 잎은 벼가 생육이 진전됨에 따라 새로운 잎이 출엽되면서 하위절에서 먼저 나온 잎은 죽게 되므로 실제 살아 있는 잎은 5~6매이다.

주걱꼴 = 비형(篦形), 주걱모양, 주걱형, spatulate, spatulatus : 주걱처럼 위쪽이 넓고, 바로 밑은 좁아지는 모양.

주걱모양[篦形], spatulate : 주걱과 같은 모양으로 둥근 잎몸이 점차 기부 쪽으로 좁아지는 것.

주곡농업(主穀農業), staple crop farming : 쌀, 보리 등의 곡류에 편중된 농법. 우리나라 농업의 특색 가운데 하나가 주곡농법이다.

주공(珠孔), micropyle : 배주 정점의 주피에 있는 미소한 구멍. 수정할 때 화분이 주심피를 통과하는 구멍이다. 종자식물의 밑씨의 선단에 있는 작은 구멍. 주심(珠心)과 외계와 연락을 하는 구멍이다.

주공(珠孔), micropyle : 배주에 화분관이 들어가는 구멍.

주근(主根) = 원뿌리, axial root, tap root, main root : 배(胚)의 유근이 바로 발달한 뿌리. 뿌리에서 중심이 되는 굵은 뿌리로 여기에서 곁뿌리와 뿌리털이 나온다. 쌍떡잎식물에서 볼 수 있다. 예) 당근, 무.

주근계(主根系) : 종자가 발아할 때 생장한 배의 유근을 1차근, 1차근에서 가지 쳐 자란 뿌리를 2차근이라 부르는데, 1차근과 2차근을 포함하여 주근계라 부른다.

주년재배(週年栽培), year round culture : 꽃은 일장처리로 개화기를 조절하여 비싼 값에 출하할 수 있다. 국화에서 조생국(早生菊)은 단일처리로 촉성재배하고, 만생추국(晚生秋菊)은 장일처리하여 억제재배를 하여, 연중개화가 가능하게 하는 것을 주년재배라고 한다.

주독(酒毒) : 술의 중독으로 인하여 얼굴에 붉은 점이 생기는 증세. 술독.

주독풍(酒毒風) : 술을 많이 마셔 주독(酒毒)으로 인하여 풍(風)이 생긴 병증.

주동유전자(主動遺傳子) = 주유전자(主遺傳子), major gene : 멘델의 유전을 하는 유전자로 일반적으로 불연속적인 형질을 지배하며 폴리진(polygene)이나 변경(變更)유전자(modifier)에 대비하여 사용한다.

주두(柱頭) = 암술머리, stigma : 꽃가루를 받는 암술의 일부분으로 통상 암술대의 끝부분을 말함.

주름 : ① 피부가 쇠하여 생긴 잔 줄. ② 옷의 가닥을 접어서 줄이 지게 한 것. ③ 종이나 옷감 따위의 구김살. ④ 버섯의 갓 뒤에 방사상으로 줄지어 있어 그 면에 홀씨가 붙는 벽.

주름살, wrinkle : 피부의 탄력성이 상실되어 느슨해진 상태.

주름살, rugose : 잎의 표면이 해당화 잎처럼 주름살이 지는 것.

주름진, rugose : 잎몸에 잎맥이 튀어나와 구불구불하게 주름이 생긴 것.

주름혹, bullate : 잎의 표면이 주름이 잡혀 있고 두드러진 것.

주맥(主脈) = 중륵(中肋), 중심맥(中心脈), 가운데잎줄, 중맥(中脈), main vein, midrib : 엽신의 중앙 기부에서 끝을 향해 있는 커다란 맥. 주된 잎맥으로 보통 가장 굵은 맥을 말한다.

주머니모양[囊形], saccate : 주머니를 닮은 모양.

주머니열매 = 낭과(囊果), 포과(胞果), utricle : 사초 따위에서 볼 수 있는 얇은 주머니 모양의 열매. 예) 명아주과.

주목과, Taxaceae : 늘푸른 관목이나 교목으로 전 세계에 5속 15종이 분포하며 우리나라에는 2속 3종 1변종이 있다. 선형의 잎은 나선상으로 달리고 밑 부분이 꼬여 두 줄로 나열된 것이 있다. 꽃은 1가화로 암꽃은 잎겨드랑이에 달리고 수꽃은 2~5개의 꽃밥이 있다. 종자에는 종의가 없다.

주변화(周邊花), ray flower : 국화과의 두상화서 가장자리에 달리는 꽃. ↔ 반상화.

주병(珠柄), funicle, funiculus : 밑씨가 심피에 붙는 자루, 즉 배주와 태좌 간의 연결부위.

주부습진(主婦濕疹) : 엄지손가락에서 집게손가락, 가운데손가락 끝이 조금 빨개지고 딱딱해지면서 작은 금이 가고 심해지면 손바닥의 피부가 딱딱하고 두꺼워짐.

주비(周痺) : 온몸이 아프고 무거우며 감각이 둔해지고 목과 잔등이 당김.

주상구조(柱狀構造) : 입자가 종으로 배열되어 마치 기둥나무와 같은 모양인 토양구조로서 주변이 모지어 있는 각주상과 원주와 비슷하고 끝부분이 둥글게 되어 있는 원주상의 두 종류로 세분된다.

주심(珠心), nucellus : 밑씨의 주피 바로 아래 있으며 자성배우자체를 둘러싸고 있는 부분. 배주의 중심에 있는 조직으로 여기서 포자모세포가 분열하여 암배우자체를 만든다.

주심세포(珠心細胞) : 배주에서 중심이 되는 세포로서 겉으로는 1~2장의 주피로 싸여 있고 속에는 배낭이 들어 있다. 수정 후 종자가 발달하는 과정에서 배, 배유 발육에 양분공급을 담당하는 기관이다.

주아(主芽) = 무성아(無性芽), 구슬눈, 살눈, 육아(肉芽), bulbil, bulblet, fleshy bud, gemma : 잎겨드랑이에 생기는 크기가 특히 짧은 비늘줄기로 곁눈이 고기질로 비대해서 양분을 저장한 것임. 식물체의 일부분에 생겨 독립적인 개체로 발달하는 부분. 어미 식물체에서 떨어져 나가 내부구조를 나누어 기능을 달리하면서 새로운 개체가 되려고 하는 새끼 식물체. 예) 말똥비름, 혹쐐기풀, 참나리, 마.

주연태좌(周延胎座) = 엽연태좌(葉緣胎座), marginal placenta : 밑씨가 착생하는 부분이 심피의 가장자리인 경우.

주요온도(主要溫度), cardinal temperature : 작물 생육에 영향을 주는 최저, 최적, 최고의 3온도이며, 각각은 작물과 생육시기에 따라 다르다. 주된 생육시기가 다른 여름작물(10~15℃, 30~35℃, 40~50℃)과 겨울작물(01~05℃, 15~25℃, 30~40℃)에서 세 가지 주요온도는 10℃ 정도의 차이가 있다.

주위작(周圍作) = 둘레짓기, border cropping : 포장의 주위에 포장 내의 작물과 다른 작물을 재배하는 방식.

주작물(主作物) : 주가 되는 작물을 말한다.

주중독(酒中毒) = 주상(酒傷), 알코올중독 : 간장을 해칠 수 있으며 과음이나 장복하는 것은 여러 모로 몸에 이롭지 않음.

주지(主枝) : 주간에서 발생한 굵은 가지로 과수의 수형을 다듬는데 기본이 되는 가지이다. 원줄기를 중심으로 이 주지를 어떻게 공간적으로 배치하느냐가 정지과정에서 그 나무의 수형을 결정하게 된다.

주체(酒滯) = 주적(酒積) : 술을 마시고 체한 경우.

주취(舟醉) : 배 멀미.

주피(珠皮), integument : 배주의 핵을 둘러싸는 외부 세포층.

주피(周皮), periderm : 2기 생장을 하는 식물의 표면에 발달한 표피와 유사한 조직의 코르크조직.

주피(珠被), integument : 밑씨를 싸고 있는 것으로 씨의 껍질이 된다. 배주를 둘러싼 껍질. 양치식물에서는 포자 표피세포의 보호조직으로 육질성 피복층이며, 꼬리고사리과 식물의 포자에서 관찰됨.

주하체(柱下體), stylopodium : 암술대의 밑 부분이 씨방위에서 비대한 구조일 때 주하체라 한다.

주형작물(株型作物) bunched crops : 개개의 식물체가 각각 포기를 형성하는 작물. 예) 벼, 맥류, 오챠드그라스 등.

주황병(酒荒病) : 술을 자주 들거나 술을 조금만 마셔도 마음이 거칠어지는 증상.

줄기 = 경(莖), stem, caulome : 식물체의 중심이 되는 기관으로서 잎, 꽃, 열매, 뿌리를 내는 기능이 있음.

줄기껍질 = 나무껍질, 수피(樹皮), bark, cortex : 나무줄기의 부름켜 바깥에 있는 조직. 줄기가 굵어지면서 체관부의 바깥조직이 죽는데, 이 조직과 코르크층을 통틀어 말하기도 한다.

줄기를싼모양[包莖型], clasping : 잎자루가 없고 완전히 또는 부분적으로 줄기를 감싸는 것. 예) 고들빼기 잎.

줄기잎 = 경생엽(莖生葉), 경엽(莖葉), cauline leaf : 줄기에 달린 잎, 뿌리에서 나는 뿌리잎과 구별할 때 쓰임.

줄꼴 = 선형(線形), linear : 길이와 폭의 비가 5:1에서 10:1 정도이고, 양 가장자리가 거의 평행을 이루는 잎이나 꽃잎, 꽃받침조각 등의 모양. 예) 솔잎가래나 시호의 잎.

줄무늬잎마름병 : 이 병은 애멸구에 의해 전염되는 바이러스병으로 본답 초기부터 발생하기 시작하는데 그 증상은 새로 나오는 잎이 벌어지지 못하고 말린 채로 비틀리며 활모양으로 늘어지고 결국에는 말라죽는데 이 병에 걸린 가지는 이삭이 나오지 못하거나 나오더라도 기형이 되는 치명적인 피해를 주는 병해이다.

중간낙수(中間落水), midsummer drainage : 유효분얼종지기가 지나 최고분얼기를 중심으로 한 무효분얼기인 출수 전 45~35일경에 약 1주일 간 낙수하여 논바닥에 작은 금이 생기고 발자국이 생길 정도로 건조시키는 것으로 벼의 생육 중기에 낙수한다 하여 중간낙수라고 한다. 중간낙수는 질소의 흡수를 억제시켜 무효분얼을 방지하는 것이 가장 큰 목적이다.

중간대목(中間台木), intermediate stock, interstem, inter-stock : 이중접목을 할 때 접수와 대목 사이에 있는 것이다.

중간모본(中間母本) : 품종으로 이용하지는 않으나 일정수준까지 개량되어 교배친으로 사용하는 고세대 계통이다.

중간숙주(中間宿主) : 기생충이 발육할 때 성숙기와 미숙기(유생기)에서 숙주를 달리하는 경우가 많다. 미숙기의 숙주를 중간숙주, 성숙기의 숙주를 종숙주라 한다.

중간키나무 = 버금큰키나무, 소교목(小喬木), 아교목(亞喬木), 작은키나무, 작은큰키나무, arborescent : 큰키나무모양이지만 큰키나무보다 작은 나무. 예) 매실나무, 개옻나무.

중거치(重鋸齒) = 겹톱니, 복거치(複鋸齒), doubly serrate : 잎몸 가장자리에 생긴 톱니 가장자리에 다시 잔 톱니가 생겨 이중으로 된 톱니. 예) 개암나무, 벚나무.

중경(中耕), intertillage, cultivation : 작물이 생육하는 도중에 경작지의 표면을 가볍게 긁어주는 일. 잡초제거, 토양통기, 토양멀칭 등의 효과가 있어 작물생육에 유리하다.

중경작물(中耕作物), cultivated crops : 옥수수나 수수와 같이 반드시 중경를 해주는 작물로 잡초가 많이 경감된다.

중경재(中徑材) : 굵기가 중간 정도(15~30㎝)인 원목.

중경제초(中耕除草), cultivation : 작물이 생육 중에 있는 포장의 표토를 갈거나 쪼아서 부드럽게 하는 것을 중경(中耕, cultivation)이라 하고, 포장의 잡초를 없애는 것을 제초(除草, weed control)라고 한다. 우리나라의 김매기는 중경과 제초를 겸한 작업이고, 기계화농업에서 중경기(中耕機, cultivator)로 실시하는 중경도 제초를 겸하고 있다. 제초의 경우에는 제초제를 이용한 약제제초(藥劑除草)처럼 중경을 겸하지 않을 경우가 있다.

중공(中空), hollow : 속이 빈 것. 예) 대나무, 개나리.

중공수(中空髓), hollow pith : 수의 중앙부가 완전히 비어 있어 상당한 공간을 이루고 있는 수.

중과피(中果皮), mesocarp : 과실벽의 중간층으로 다육성 과실에 발달한다(복숭아의 육질성 부분).

중독(中毒) : 생체가 음식물이나 약물의 독성에 의하여 기능장애를 일으키는 병.

중독증(中毒症) : 몸에 독을 풀어주는 처방으로 식중독을 비롯한 여러 가지 독증으로 인해 신체에 이상이 있을 때 쓰는 처방.

중둔거치(重鈍鋸齒), doubly crenate : 겹으로 둔한 톱니가 있는 잎 가장자리.

중력분(中力粉), medium flour : 강력밀가루와 박력밀가루의 중간성질을 갖은 밀가루이며, 일반적으로 글루텐함량에 따라 구분한다.

중력수(重力水) = 자유수(自由水), gravitational water : 중력에 의해서 비모관공극에 스며 흘러내리는 물이며, 작물에 이용되지만 근권 이하로 내려간 것은 직접 이용되지 못한다.

중력포텐셜 : 중력 상호작용의 결과로 주어진 위치에서 수분이 저장하고 있는 잠재에너지를 중력포텐셜이라고 한다. 기준점을 중심으로 위의 물은 양의 중력포텐셜을 지닌 반면, 기준점 밑의 물은 음의 값을 갖는다.

중륵(中肋) = 가운데잎줄, 주맥(主脈), 중맥(中脈), 중심맥(中心脈), midrib, main vein : 엽신의 중앙기부에서 끝을 향해 있는 커다란 맥. 주된 잎맥으로 보통 가장 굵은 맥을 말한다.

중립종(中粒種) : 난알의 크기가 중간 정도인 품종을 말한다.

중묘(中苗), 30-day old seedling : 벼에 있어서 중간 크기의 묘를 말한다. 육묘일수가 35~40일 정도로 15~20cm 초장을 가진 4~4.5엽의 묘로서 기계 이앙할 때 적합한 크기의 묘이다.

중배축(中胚軸), mesocotyle : 벼과의 어린 식물의 배반과 떡잎집 사이의 마디 사이이다.

중복수정(重複受精), double fertilization : 암꽃의 암술머리에 떨어진 수꽃의 꽃가루는 화분관을 신장하여 암술대속을 하강하여 주공을 통과 배낭 내로 들어가 수정작용이 이루어진다. 수정과정은 배낭에 들어간 화분관 속에 있던 2개의 정핵 중에서 1개의 핵은 난세포 속의 난핵과 융합하여 2n의 수정난인 배가 되고, 다른 1개의 핵은 2개의 극핵과 융합하여 3n의 배유원핵을 형성하는데, 이같이 배낭 속에서 두 과정의 수정이 동시에 일어나는 현상을 중복수정이라 한다.

중생대(中生代), the Mesozoic : 지금으로부터 2억 2천5백만~6천5백만 년 전까지 약 1억 6천만 년의 시대.

중생부아(中生副芽), superposed bud : 측아와 엽흔 사이에 있는 작은 눈.

중생식물(中生植物), mesophyte : 대기와 토양 중의 수분이 충분한 지역에서 생장하는 식물.

중생종(中生種), mid-season cultivar(variety), medium-maturing(ripening) cultivar(variety) : 자라는 데 걸리는 시간이 중간 정도에 속하는 작물 또는 그 씨앗을 말한다.

중성꽃 = 중성화(中性花), 무성화(無性花), neuter flower, asexal flower, sterile flower : 종자식물의 꽃 중에서 암술, 수술이 퇴화하였거나 발육이 불완전하여 열매를 맺지 못하는 꽃.

중성식물(中性植物) = 중일성식물(中日性植物), day-neutral plants, indeterminate plants : 일정한 한계일장이 없고, 넓은 범위의 일장에서 화성이 유도되며 일장에 화성의 영향이 거의 없는 식물. 예) 강남콩, 고추, 토마토, 당근, 셀러리 등.

중성암(中性巖) : 규산함량이 55~65%인 암석으로 섬록암, 섬록반암, 안산암 등이 이에 속한다.

중성화(中性花) = 중성꽃, 무성화(無性花), neuter flower, asexal flower, steril flower : 종자식물의 꽃 중에서 암술, 수술이 퇴화하였거나 발육이 불완전하여 열매를 맺지 못하는 꽃.

중실(中實), solid : 내부가 비지 않고 속이 꽉 차 있는 것.

중심맥(中心脈) = 중맥(中脈), 중륵(中肋), 주맥(主脈), 가운데잎줄, midrib, main vein : 엽신의 중앙 기부에서 끝을 향해 있는 커다란 맥. 주된 잎맥으로 보통 가장 굵은 맥을 말한다.

중심주(中心柱), stele, central cylinder : 고사리식물 이상의 고등식물에서 내피보다 안쪽의 기본조직과 관다발을 총괄하여 하나의 단위구조로 간주한 것.

중앙태좌(中央胎座) = 독립중앙태좌(獨立中央胎座), free-central placentation : 씨방의 중앙부에 축이 있고, 그 축에 밑씨가 달리는 경우. 각 방 사이에 있던 막이 자라는 동안 없어져 중앙에 남게 된 축에 배주가 달림. 예) 석죽과.

중열(中裂) = 중간 정도로 갈라지다, cleft : 결각상에 속하며 가장자리에서 중륵까지 반 이상이 갈라진 형태.

중예거치(重銳鋸齒) = 뾰족겹톱니, double serrate : 뾰족한 톱니가 겹으로 생긴 것.

중위경구치차량(中位經口致死量) : 독성이 있는 약제를 투여했을 때 그 동물이 50% 이상 죽게 되는 약량이다.

중이염(中耳炎) : 병원균의 감염으로 중이에 생기는 염증. 감기, 전염병 기타 여러 가지 장애가 원인이 되며 만성과 급성으로 나뉨. 발열, 두통, 이통, 이명, 난청 등의 증상이 나타남.

중점토(重粘土), heavy clayey soil : 중식토라고도 한다. 입자의 지름 0.002mm 이하인 토양을 점토라고 하며, 이 점토가 많이 함유되어 있는 토양을 중점토라고 한다. 물 빠짐이 좋지 않고 통기성이 나빠 작물생육에 부적합하다.

중종(重腫) : 중혀, 혓줄기 옆으로 희고 푸른 물집을 이루는 종기.

중추신경장애(中樞神經障碍) : 뇌와 척추로 이루어진 신경계의 부분에 장애가 오는 경우.

중축(中軸), rachis : 잔잎자루가 잎몸을 이루는 공통축.

중축태좌(中軸胎座), axile placentation : 복합심피의 씨방에서 심피가 가장자리에 합착하여 씨방실의 중앙에 여러 개의 태좌가 있는 중축을 형성한다. 예) 무궁화, 메꽃.

중통(重痛) : 몹시 아픈 것.

중풍(中風) = 졸중(卒中) : ① 갑자기 정신을 잃고 넘어져 사람을 가려보지 못하며 정신이 들어도 입과 눈이 비뚤어지고 말을 제대로 하지 못하며 반신불수 등 일련의 후유증이 있는 병증. ② 풍사가 겉으로 침범해서 생긴 병증.

중풍실음(中風失音) : 풍사에 상해서 갑자기 말소리를 내지 못하는 증상.

중화(中和) : 수용액 중에서 산과 염기가 반응하여 염과 물이 생기는 화학반응. HCl(염산) + NaOH(수산화나트륨) → NaCl + H_2O 다시 말해서 강산과 강염기가 반응하여 염과 물이 되면서 중성이 되는 것을 중화라고 한다.

쥐꼬리망초과, Acanthaceae : 열・온대에 분포하는 관목 또는 초본으로 250속 2,500종이며, 우리나라에 3속 3종이 자생한다. 잎은 마주나며 탁엽이 없다. 엽액에 달리는 양성화는 수상화서나 원추화서를 형성하며, 열매는 삭과이고 종자에 배유가 없다.

쥐라기, Jurassic : 중생대를 셋으로 나눌 때 두 번째 시기. 지금으로부터 1억 8천만~1

억 3천5백만 년 전까지의 약 4천5백만 년 동안을 말한다. 공룡이나 침엽수 등이 존재하였던 시기.

쥐방울덩굴과, Aristolochiaceae : 열・온대에 분포하는 관목 또는 초본으로 5속 500종이며, 우리나라에 2속 4종이 자생한다. 초본 또는 덩굴성관목으로 어긋나는 잎은 가장자리가 밋밋하거나 갈라진다. 수상화서나 1개씩 달리는 양성화로, 열매는 삭과이거나 장과이다.

쥐손이풀과, Geraniaceae : 열・온대에 분포하는 관목 또는 초본으로 11속 650종이며, 우리나라에 2속 14종이 자생한다. 잎은 어긋나거나 마주난다. 엽액에 달리는 꽃은 양성화이고 열매는 삭과이다.

즐치상(櫛齒狀) = 빗살모양, pectinate : 잎이 깊게 갈라지고, 그 갈라진 조각의 수가 많으면서 가늘고 길어서 전체가 빗살처럼 보이는 것.

증발산량(蒸發散量), amount of evapotranspiration : 지표면 증발과 식물의 증산작용에 의한 토양수분 손실량을 합한 양이다.

증산계수(蒸散係數), transpiration coefficient : 건물(乾物) 1g을 생산하는 데 필요한 수분의 양으로 전체증산량/전체건물중으로 계산한다. 요수량(要水量, water requirement)은 증산계수의 동의어이다.

증산작용(蒸散作用), transpiration : 식물이 뿌리에서 빨아올린 물을 수증기로 바꾸어 공기 중으로 내보내는 일,

지갈(止渴) : 목마름을 그치게 함.

지갈생진(止渴生津) : 갈증을 멈추게 하고 진액(津液)을 만들게 함.

지갈제번(止渴除煩) : 갈증을 멈추게 하고 번거로운 느낌을 없애는 것.

지경(止痙) : 경련을 멈추게 함.

지경(枝梗), branch of panicle, rachis branch : 이삭가지를 말한다.

지곽란(止癨亂) : 곽란(霍亂, 찬 것으로 인하여 설사하고 토하는 증상)을 멈추게 하는 것.

지구역(持嘔逆) : 구역질이 오래 계속되는 증상.

지구제번(止嘔除煩) : 번조(煩躁)한 것을 제거하며 구역(嘔逆)을 그치게 하는 효능.

지근(支根), supporting root : 원뿌리에서 갈라져 나간 뿌리. 받침뿌리.

지도한(止盜汗) : 도한(盜汗, 한증(汗證)의 하나로, 잠잘 때에는 땀이 나다가 잠에서 깨어나면 곧 땀이 멎는 것)을 그치게 하는 것.

지력(地力), soil fertility : 토양조건은 작물생육에 커다란 영향을 주며, 토양의 물리적・화학적・생물적인 종합적 조건은 작물의 생산력을 지배하므로, 이를 지력(地力)이라고 한다. 또한, 주로 물리화학적인 지력조건을 토양비옥도(土壤肥沃度, soil fertility)라 하기도 한다. 지력을 높이려면 여러 가지 토양조건을 조절해주어야 한다.

지력증진(地力增進), improvement of soil fertility : 논토양의 이화학적 또는 생물학적 성질 등 벼 재배에 영향을 미치는 종합적인 토양의 성질을 지력(地力) 또는 땅의 힘이라 하여, 시용한 비료의 이용효율을 높이고 각종 재해에 내성을 주며 안전 다수확을

할 수 있도록 유기물과 개량제를 알맞게 시용하고 객토와 깊이갈이를 하는 등 종합적인 논토양의 개량을 꾀하는 일을 지력증진이라고 한다.

지리(止痢) : 이질을 멈추게 함.

지리적 격절(地理的 隔絕), geographical isolation : 작물이 지리적으로 서로 떨어져 있기 때문에 상호간에 유전적 교섭이 방지되는 것.

지모과, Haemodoraceae : 전 세계에 분포하는 초본으로 1속 1종이며, 우리나라에도 자생한다. 근경이 굵고 끝에서 밀생하는 잎은 선형으로 끝이 실모양이다. 이삭화서에 2송이씩 모여 달리는 꽃은 양성화이고 열매는 삭과로 긴 타원형이다.

지방(脂肪), fat, lipid, oil : C, H, O의 3원소로 구성된 유기화합물로서 물에 녹지 않으며 에테르, 클로르포름, 석유벤젠 등의 유기용매에 녹는 생체성분이다.

지방간(脂肪肝) : 중성지방이 비정상적으로 축적되어 간이 비대해지는 것.

지방종자(脂肪種子), oil seed : 지방의 함량이 많은 종자. 예) 참깨, 들깨 등.

지베렐린, gibberellin : 일본 쿠로자와 등에 의해서 발견된 벼의 키다리병균이 생산하는 고등식물에 유효한 생장물질. 주로 세포의 신장을 촉진시켜 고등식물의 생장을 강하게 촉진하고 때로는 도장을 일으킨다.

지비(止肥) : 마지막 거름. 작물을 재배할 때 가장 마지막에 주는 덧거름을 말한다. 결실에 매우 중요한 역할을 하므로 시비시기와 시비량 결정이 중요하다.

지사(止瀉) : 설사를 멈추게 하는 것.

지사제(止瀉劑) : 설사를 멈추는 약.

지살(地煞) : 풍수지리에서 터가 좋지 못한 데서 생기는 살.

지삽(枝揷), stem cutting : 가지를 삽수로 하여 실시하는 삽목. 가지의 종류에 따라 경지삽과 녹지삽으로 구분된다. 경지삽은 전년생의 딱딱한 가지를 사용하는 삽목이며 녹지삽은 신년도에 자라 연하고 부드러운 새 가지를 삽수로 하는 꺾꽂이를 말한다. 삽목에는 지삽 외에 엽삽, 근삽 등이 있다.

지상경(地上莖) = 땅위줄기, terrestrial stem : 땅위로 자라는 줄기.

지상부(地上部), above ground : 숲의 땅 위에서 자라는 부분. 나무와 관목, 유기물층이 있고 나무가 대부분을 차지함.

지속농업(持續農業), sustainable agriculture : 토양의 물리적·화학적 악화를 초래하지 않고 농사를 계속할 수 있는 농업방법이며, 과도한 농약이나 비료의 사용으로 인한 생태계 파괴와 토양의 악화를 방지하는 친환경농업과 유기농업도 지속가능한 농업이다.

지시식물(指示植物), indicator plants : 특정한 사실을 알려주는 식물(예: 지의류는 아황산가스가 많으면 죽어 대기오염의 지표가 된다).

지양(至陽) : ① 윗몸에 있는 양기. ② 태양. ③ 침혈의 이름.

지역집단(地域集團), local population : 주어진 시간과 공간 내에 존재하는 생물학적 단위. 잠재적으로 상호교잡이 가능한 개체들의 모임으로 공통적인 유전자 풀을 형성한다.

지연형냉해(遲延型冷害), heading-delay type cold injury : 벼에서 생육초기부터 출수

기까지 여러 시기에 냉온을 만나 출수와 등숙이 지연되고 등숙불량을 초래하는 형태의 냉해이다.

지엽(止葉) = 끝잎, flag leaf, terminal leaf : 벼 줄기의 제일 끝마디에서 마지막으로 나온 잎이라 하여 지엽이라 하며, 또한 지엽의 엽초는 어린 이삭을 출수할 때까지 감싸 보호한다고 하여 boot leaf라고도 한다. 지엽은 품종과 재배조건에 따라 그 길이가 다른데, 특히 극만식 재배와 같은 강우에는 지엽의 엽신장이 현저히 짧아 흡사 깃발과 같다 하여 기엽이라는 별명도 있다. 지엽은 기능상 등숙과 가장 밀접한 관련성을 가진 광합성의 중심엽이기도 하다.

지온상승효과(地溫上昇效果) : 한여름 논토양의 지온이 높아지면 유기태질소의 무기화가 촉진되어 암모니아가 생성되는데, 이것을 지온상승효과라고 한다. 26℃일 때보다 40℃에서는 암모니아 생성량이 훨씬 많다. 지온상승에 따른 암모니아 생성량의 증가는 습토와 풍건토 사이에 큰 차이가 없다.

지음윤폐(支飮潤肺) : 지음(支飮)하여 폐가 답답한 것을 윤폐(潤肺, 폐를 적셔줌)하여 풀어주는 효능.

지음증(支飮症) : 해수(咳嗽)의 호흡곤란으로 인하여 옆으로 눕기가 몹시 힘든 병.

지의류(地衣類), lichen : 진균식물문(門)에 속하며 녹조와 공생하는 자낭균류의 식물이다.

지점(脂点) : 지방질이 분비되어 점처럼 보이는 부분.

지접(枝接), branch grafting : 가지접을 말한다. 눈이 붙어 있는 가지를 접수로 하여 실시하는 접목. 깎기접으로 실시하는 것이 일반적이다. 그러고 지접 외에 눈만을 떼어내어 접수로 이용하는 아접이 있다.

지주(支柱), stake, support, pole : 작물이 비바람에 쓰러지는 것을 방지하거나 쓰러진 것을 세워 지지할 목적으로 세우는 막대이며 받침대라고 한다.

지주기근(支柱氣根) = 받침공기뿌리, prop aerial root : 공기뿌리의 일종으로 받치는 기능이 주가 된다.

지중식물(地中植物), geophyte : 휴면아가 땅속에 있는 다년초로 지상부는 마른다.

지채과, Scheuchzeriaceae, Juncaginaceae : 전 세계에 분포하는 초본으로 4속 20종이며, 우리나라에 1속 2종이 자생한다. 잎은 선형으로 단면이 반달모양이다. 총상화서 또는 수상화서에 달리는 양성화로 열매는 삭과이며 선형이다.

지치과, Borraginaceae : 전 세계에 분포하는 교목, 관목, 초본으로 100속 2,000종이며, 우리나라에 13속 22종이 자생한다. 초본 또는 관목으로 단엽은 어긋나거나 마주나고 탁엽이 없다. 취산화서, 산방화서 또는 원추화서에 달리는 꽃은 양성화이고, 열매는 핵과로 종자에 배유가 있거나 없다.

지통(支痛) : 무엇이 가로 질린 것처럼 아픈 것.

지통지혈(止痛止血) : 통증(痛症)을 그치게 하고 지혈(止血)하는 효능.

지통해독(止痛解毒) : 통증을 멈추게 하고 해독시키는 치료법.

지표관개(地表灌漑), surface irrigation : 지표면에 물을 흘려 대는 방법이다.

지표배수(地表排水), surface drainage : 논이나 밭에 도랑을 쳐서 배수하는 방법으로 때문에 개거배수(開渠排水) 또는 명거배수(明渠排水)라고도 한다.

지표식물(地表植物), chamaephytes : 휴면아가 지표면에서 3㎝ 이내에 있는 다년초.

지표식물(指標植物), indicate plant : 하나의 군락 성격을 나타내는 대표적인 식물. 어떠한 환경 조건에 민감하게 반응하는 식물. 생육하는 곳이 산성인지 알칼리성인지, 습한지 건조한지, 비옥도 등을 알아내는 데 도움이 된다.

지피식생(地被植生), ground vegetation : 땅바닥에 자라는 식물이며 초본식물이 대부분으로 높이는 50㎝ 이하임.

지하경(地下莖) = 땅속줄기, rhizome, subterranean stem : 땅속을 수평으로 기어서 자라는 줄기. 땅속에서 자라는 줄기를 통틀어 일컬음.

지하관개(地下灌漑), subirrigation : 지하에서 수분을 공급받는 방법으로 개거법(開渠法), 암거법(暗渠法), 압입법(压入法) 등이 있으며, 압입법은 도시의 가로수나 과수에 사용하고 있다.

지하배수(地下排水) : 땅속으로 스며들게 하여 배수하는 방법으로 암거배수(暗渠排水)라고도 하며 관암거(管暗渠), 간이암거(簡易暗渠), 무재암거(無材暗渠) 등이 있다.

지하수(地下水), underground water : 지하에 정체하여 모관수의 근원이 되는 물이다. 작물은 지하수위가 낮으면 토양이 건조하기 쉽고 높으면 과습하기 쉽다.

지하수위(地水水位), ground water level : 토양단면에서 이동 지하수층의 깊이. 이에 따라 토양의 주요특성인 토색이 결정된다.

지한(止汗) : 땀나는 것을 멈추게 하는 것.

지해(止咳) : 기침을 멈추게 하는 것.

지해거담(止咳祛痰) : 기침을 그치게 하고 담(痰)을 제거하는 효능.

지해지혈(止咳止血) : 기침을 멈추게 하고 지혈(止血)하는 효능.

지해평천(止咳平喘) : 기침을 멈추게 하고 숨찬 것을 편하게 해주는 것.

지해화담(止咳化痰) : 기침을 멈추고 담(痰)을 없애는 효능.

지해화염(止咳化炎) : 기침을 멈추게 하고, 염증을 가라앉힘.

지혈(止血) : 나오던 피가 그침. 또는 그치게 함.

지혈산어(止血散瘀) : 지혈(止血)하고 어혈(瘀血)을 흩어버리는 효능.

지혈생기(止血生肌) : 지혈(止血)하고 새살을 돋게 하는 효능.

지혈제(止血劑) : 나오는 피를 그치게 하는 약제.

지형(地形), topography, landform physiography : 토양 생성요인의 하나로 지형은 기후의 작용을 더욱 빠르거나 더디게 하는 등 바꾸거나 크게 좌우한다.

직근(直根), tap root : 주근 또는 곧은 뿌리.

직립(直立), erect : 곧게 선 모양.

직립경(直立莖), erect stem : 수직으로 곧게 자라는 줄기.

직립배주(直立胚珠), erect ovule : 배주가 자방 밑에서 곧추선 것.

직립식(直立植) : 곧게 심는 것을 말한다.

직립형목초(直立型牧草), erect type : 곧게 자라는 목초. 예) 티머디.

직립형잡초(直立型雜草), straight type weed : 지상부가 크고 곧게 자라는 잡초. 예) 명아주, 가막살이, 쑥부쟁이 등.

직모(直毛), straight hair : 곧게 나 있는 모용.

직생배주(直生胚珠), orthotropous, atropous, straight : 배주가 곧게 서는 것. 주공, 합점, 제, 주병이 하나의 직선 위에 놓인 경우.

직장암(直腸癌) : 출혈, 설사, 변비 등을 일으키는 직장 부위에 생기는 암.

직파(直播), direct seeding, direct sowing : 묘상에서 육묘하여 본포에 정식하는 것이 아니라 본포에 씨를 직접 뿌리는 것이다.

직파재배(直播栽培), direct seeding cultivation : 벼를 못자리에서 육묘하여 본답에 이앙하지 않고, 본답을 정지한 다음 직접 볍씨를 파종하여 수확할 때까지 같은 자리에서 재배하는 방법으로 직파재배에는 파종 당시 논의 물 관리 상태에 따라 건답직파재배, 담수직파재배로 나눈다.

진경(鎭痙) : 내장에서 일어나는 경련이나 몸에서 나는 경련 또는 쥐를 진정시키는 것.

진과(眞果), true fruit : 심피가 발달하여 과피가 된 것.

진균(眞菌), fungus(pl. fungi) : 곰팡이, 효모, 버섯 등을 포함하는 미생물군을 말하며 균류라고 한다.

진낭성(眞囊性), eusporangiate : 여러 개의 표피세포층으로 포자낭벽을 형성하는 한 무리의 양치식물.

진달래과, Ericaceae : 전 세계에 70속 1,900종이 분포되어 있다. 특히 산성토양에 특수한 군락을 이루고 있기도 하고 온대에서는 황무지, 습지 및 경사지에 자란다. 열대와 북극 산악지대에서도 분포하며 우리나라에서는 9속 28종이 자란다. 관목이나 소교목으로 자란다.

진동일(眞冬日), ice day : 일최고기온이 0℃ 미만인 날.

진드기, acarid : 거미강 진드기목 후기문아목에 속하는 절지동물을 통틀어 이르는 말 몸길이 0.2~10mm로 사람이나 가축의 피를 빨아먹는 진드기류는 주로 방목지의 소나 말을 흡혈대상으로 하고 있으나 해충으로 분류되는 비율은 10% 정도로 적다. 사람 몸에서 떨어진 각질을 먹고 사는 집먼지진드기는 배설물로 인해 각종 알레르기성질환의 원인이 되기도 하며 쯔쯔가무시균에 감염된 털진드기의 유충은 사람을 물어 쯔쯔가무시 병을 일으키기도 한다.

진딧물, aphid : 곤충강 노린재목 진딧물과의 총칭. 몸길이 2~4mm로 소형이며 몸 빛깔은 다양하다. 초목의 줄기, 새싹, 잎에 모여서 살며 식물의 즙액을 빨아먹으므로 대부분이 해충으로 분류된다.

진복통(鎭腹痛) : 배가 아픈 것을 진정시키는 것.

진수(眞水) : 신음, 진음, 원음 등이다.

진압(鎭壓), compaction, firming, packing, tramping : 종자 파종 후 롤러 등으로 눌러 주어 토양수분 이용을 극대화하는 작업을 말한다.

진양(鎭痒) : 가려운 증세를 없앰.

진정(鎭靜) : 들뜬 신경을 가라앉히는 경우.

진정광합성(眞正光合成), true photosynthesis : 작물에서 호흡을 무시하고 본 절대적인 광합성을 진정광합성이라 하고, 호흡에 의한 유기물소모(이산화탄소 방출)를 빼고 외견상으로 나타난 광합성을 외견상광합성(外見上光合成, apparent photosynthesis)이라고 한다. 어느 한계까지는 광을 강하게 받을수록 광합성 속도가 증대하는데, 외견상 광합성 속도가 0이 되는 광의 조도(照度)를 보상점(報償点, compensation point)이라고 한다.

진정종자(眞正種子), orthodox seed, true seed : 종자의 수분함량을 낮게 하고 저장온도를 낮게 할수록 수명이 연장되는 종자로 대부분의 종자가 이에 속한다.

진정포자낭군(眞正胞子囊群), eusporangiates : 원시 고사리류와 그 이하의 관속식물로 이들의 포자낭을 여러 개의 시원세포에서 출발하고 포자낭의 벽이 두꺼우며 포자낭 자루가 없다.

진탕처리(振盪處理) : 심하게 흔들어주는 처리. 껍질이 두꺼운 종자를 적당한 용기에 넣어 상하좌우로 흔든다. 그러면 마찰에 의해 종피가 연하게 되어 발아를 촉진한다. 경실종자에서 휴면타파의 한 방법이 될 수 있다.

진토(鎭吐) : 구토를 멈추게 하는 것.

진통(陣痛) : 신경을 마비시켜 아픔을 진정시키기 위한 방법.

진통(陳痛) : 아이를 낳으려 할 때에 배가 아픈 것.

진하일(眞夏日), tropical day : 일최고기온이 30℃ 이상인 날.

진해(鎭咳) : 기침을 그치게 함.

진핵생물(眞核生物), eukaryotes : 핵을 갖고 있는 생물로 이들은 다른 세포 내 기관(미토콘드리아, 엽록체, 골지체, 소포체 등)을 갖고 있어 원핵생물에서 진화된 것이다.

진화(進化), evolution : 환경에 대한 생물의 계속된 유전적 적응과 환경의 선택적 요소에 대하여 한 집단 속에 오랫동안 일어나는 유전자 빈도의 변화.

질경이과, Plantaginaceae : 전 세계에 분포하는 초본으로 3속 300종이며, 우리나라에 1속 5종이 자생한다. 잎은 근생 또는 어긋나는 단엽으로 엽병이 팽대한다. 수상화서에 양성화가 달리고, 열매는 삭과이거나 골질의 건과이며 종자에 다육질의 배유가 있다.

질산화작용(窒酸化作用), nitrification : 질소가 식물에 흡수될 수 있는 형태는 암모늄태와 질산태가 있는데 암모늄태 질소가 세균의 활동으로 질산태질소로 바뀌는 분해과정. 질산은 분자식이 HNO_3이나 용액 중에 H^+와 NO_3^-이온으로 해리되어 있으므로 NO_3^-이온을 질산이온이라 한다.

질소, nitrogen(N) : 질소는 엽록소, 단백질, 효소 등의 구성성분이다. NO_3^-(질산태)와 NH_4^+ (암모니아태)로 식물에 흡수되고 원형질의 건물은 40~50%가 N이다. 결핍하면 황백화현상(黃白化現象)이 일어나고, 작물의 생장, 개화, 결실을 지배한다. N화합물은 늙은 조직에서 젊은 생장점으로 전류됨으로 결핍증세는 늙은 부분에서 먼저 나타난다. 과잉되면 도장(徒長)하거나 엽색이 짙어지며 한발, 저온, 기계적 상해, 병충해 등에 대해 약하게 된다.

질소고정(窒素固定), nitrogen fixation : 논에는 질소의 천연공급량이 많을 뿐만 아니라 조류(藻類)의 대기질소고정작용도 나타난다. 표면산화층에 질소고정남조(窒素固定藍藻)가 번식하면 햇볕을 받아 대기 중의 질소를 고정하여 질소를 공급한다. 석회, 인산을 시용하면 남조의 번식이 왕성하여 질소 고정량도 증대하며, 많을 때는 벼농사기간 중 2kg/10a 정도의 질소를 고정한다.

질소기아(窒素飢餓), nitrogen starvation : 토양미생물도 양분으로서 질소를 필요로 하는데 특정조건에서 탄수화물의 공급이 활발하면 토양미생물이 급격히 번식하여 토양 중 유효태 무기질소를 대량 흡수하게 된다. 그러면 작물이 이용할 수 있는 질소가 크게 부족하여 질소기아상태에 빠지게 된다.

질소대사(窒素代謝), nitrogen metabolism : 식물체 내에서 일어나는 질소와 관련된 물질의 화학변화. 질소가 뿌리로부터 흡수된 후 여러 가지 유기물질을 합성한다. 즉, 아미노산과 단백질이 합성되고 다시 이차적으로 여러 가지 물질이 생성된다. 그리고 생성된 질소화합물은 다시 분해되기도 한다.

질식작물(窒息作物), smother crops : 재배 중에 포장을 덮어 잡초를 질식시키는 작물. 예) 땅콩, 고구마, 수단그라스.

질염(膣炎) : 여성의 생식기에 생긴 염증.

질적형질(質的形質), qualitative character : 양적으로 표현할 수 없는 형질. 대립유전자에 의한 표현형이 불연속적으로 나타나고 그 차이를 정상적으로 표현할 수 있는 형질로 분리세대에서 불연속변이를 보이는 형질로 소수의 주동유전자에 의해 지배되며 질적형질의 유전현상을 질적유전이라고 한다.

집과(集果) = 다화과(多花果), 매과(苺果), 모인열매, 상과(桑果), 집합과(集合果), 취과(聚果), aggregate fruit, multiple fruit, sorosis : 화피는 육질 또는 목질로 되어 붙어 있고 자방은 수과 또는 핵과상으로 되어 있음. 다수의 이생심피로 이루어진 하나의 꽃의 암술군이 발달하여 생긴 열매의 집합체. 예) 뽕나무, 산딸나무.

집단(集團), population, bulk : 특성이 다른 개체들이 섞여 있는 개체군이다.

집단선발법(集團選拔法), mass selection : 주로 타식성작물에 이용되는 육종상의 선발방법이다. 타가수정작물은 자식약세 현상이 심해 선발한 우량개체를 자식에 의해 고정시킬 수가 없다. 그러므로 집단 속에서 선발된 우량개체 간에 타식을 시켜 목적하는 형질을 유전적으로 고정시켜야 한다. 형질동형화를 꾀하고 다른 형질에 대해서는 이형성을 유지시키는 방법이다.

집단육종(集團育種), bulk breeding : 잡종초기세대에는 선발하지 않고 혼합채종과 집단재배를 반복한 후, 집단의 80% 정도가 동형접합체로 된 후기세대에 가서 개체선발하여 순계를 육성하는 육종방법이다.

집단재배(集團栽培), intensive cultivation : 동일한 경지구역 내에서 관개수원이 같고 영농조건이 비슷한 여러 농가가 협동조직을 조직하여 재배기술의 공동관리를 목적으로 종자의 염수선과 소독, 육묘, 이앙, 물 관리, 잡초방제, 병충해방제 등의 기간기술의 공동화, 통일화를 협약, 추진함으로써 농작업의 생력화, 능률화를 도모하고 기술의 평준화 나아가서는 협동력의 고취 등의 기대 효과가 크다.

집분모(集粉毛), collecting hair : 꽃가루를 모아서 방출하는 털.

집산화서(集散花序) = 집산꽃차례, 모인우산꽃차례, cyme : 꽃차례 축의 끝에 꽃이 달리고, 그 밑 겨드랑이에서 굵기가 같은 2개의 가지가 발달해 그 끝에 꽃이 달리는 꽃차례.

집약수술 = 취약수술, 취약웅예(聚葯雄蕊, 聚葯雄蘂), synantherous stamen, syngenesious stamen : 꽃밥이 모여 암술대를 둘러싸서 대롱 모양을 이루고 있는 수술. 예) 국화과.

집적작용(集積作用) : 용탈작용에 의해 이동한 물질이 토양의 특정 부분에 쌓이는 현상을 말한다.

집적층(集積層), illuvial horizon : 토양층위 중 위 또는 아래에서 이동된 것이 침적되어 생성된 층위로서 특히 Fe와 Al이 집적된다. B층이라고도 한다.

집합과(集合果) = 다화과(多花果), 매과(苺果), 모인열매, 상과(桑果), 집과(集果), 취과(聚果), aggregate fruit, multiple fruit, sorosis : 화피는 육질 또는 목질로 되어 붙어 있고 자방은 수과 또는 핵과상으로 되어 있음. 다수의 이생심피로 이루어진 하나의 꽃의 암술군이 발달하여 생긴 열매의 집합체. 예) 뽕나무, 산딸나무.

집합열매[多花果], multiple fruit : 여러 개의 꽃이 밀집한 꽃차례가 성숙해서 하나의 열매로 된 것. 예) 뽕나무, 파인애플.

짝수깃꼴겹잎 = 우수우상복엽(偶數羽狀複葉), equally pinnate, paripinnately compoundle : 깃 모양의 잎에서 끝부분에 작은 잎이 없는 것.

짝수깃모양겹잎[偶數羽狀複葉], paripinnate, paripinnately compound, paripinnately compound leaf) : 정단부에 작은 잎이 달리지 않는 깃모양겹잎으로, 작은 잎의 개수는 짝수.

짧고 거센털 = 단조모(短粗毛), strigose hair : 거센털과 비슷하나 어느 정도 압박된 상태로 있다.

짧고 부드러운 털 = 단연모(短軟毛), puberulous hair, puberulent hair : 부드러운 털로서 길이가 짧다.

짧은가지 = 단지(短枝), spur, short shoot : 잎이 짧은 줄기 위에 압착되어 있는 어린 가지. 마디 사이가 극히 짧은 가지로서 5~6년간 자라며 작은 돌기나 번데기처럼 보인다. 예) 은행나무, 잎갈나무.

쪽꼬투리열매 = 골돌과(骨突果), 대과(袋果), follicle : 작약의 열매껍질처럼 단일심피로 되어 있고, 1개의 봉합선을 따라 벌어지며 1개의 심피 안에는 1개 또는 여러 개의 씨앗이 들어 있는 열매. 예) 작약, 박주가리.

차광(遮光), shade : 강한 광선을 적당한 재료로 가려서 광도를 낮추어주는 일. 음지식물을 재배할 때, 아니면 한여름 호냉성 채소를 재배할 때 광도와 온도를 낮추기 위해 발, 한냉사, 기타 차광망으로 차광하여 재배한다. 이것을 차광재배라 하는데 차광 정도는 작물의 종류와 재배시기에 따라 달리해야 한다.

차나무과, Theaceae : 전 세계에 30속 500종이 열대와 아열대에 분포하며 우리나라에서는 5속 6종이 자란다. 꽃은 양성으로 1개씩 달리고 밑부분에 2개의 포엽이 달리지만 꽃받침잎과 비슷하게 된다. 꽃잎은 5개이고 수술은 많으며 수술대는 외관상 한 바퀴로 달리거나 떨어져 있다. 자방은 3~5실이며 중축태좌에 배주가 달려 있다.

차상(叉狀), furcate, forked, dichtomous : 한 가지가 같은 크기의 두 갈래로 갈라지는 모양.

차상맥(叉狀脈), dichtomously vein : 한 가닥의 유관속이 두 가닥으로 동등하게 갈라짐이 계속되는 잎맥.

차상분지(叉狀分枝) = 두 갈래 분지, dichotomous branching : 축의 끝에서 균등한 2개의 가지가 갈라지는 분지법의 일종. 예) 솔잎란.

차우생잡초(次優生雜草) = 차우점잡초(次優點雜草), subdominant weeds : 일정한 포장에 비교적 많이 발생하는 잡초.

착근(着根), rooting : 옮겨 심은 식물이 뿌리를 내리는 것을 말한다. 활착(活着).

착근기(着根期) : 이앙한 묘가 처음에는 식상을 입어 시들었다가 새 뿌리를 내리기 시작하게 되는데, 이와 같이 시든 모가 완전히 회복할 때까지의 기간을 말한다. 착근기의 장단은 묘의 소질, 이앙 시의 논의 조건, 기상, 수온 등의 재배환경에 따라서도 차이가 있으나, 가장 큰 것은 묘의 소질로서 밭못자리 묘가 물못자리묘에 비해 착근기간이 짧다. 대체로 착근기는 3~5일 정도이며, 착근기가 길어진다는 것은 조식을 한 의미가 소거된다는 뜻과 같다.

착색(着色), coloring, coloration, pigmentation : 과일 등이 햇볕을 받아 색깔이 나타나는 현상을 말한다.

착생식물(着生植物), epiphyte : 나무나 바위에 부착해 살아가는 식물. 예) 석곡, 풍란.

찰벼, glutinous rice, waxy rice : 벼는 배유의 성질에 따라 메벼와 찰벼로 구분되는데 찰벼는 완전성숙하면 쌀알이 불투명하고 요오드 반응에 의해 적갈색 반응을 보인다. 전분은 아밀로펙틴과 아밀로오스라는 두 가지 다당류로 구성되어 있는데 찹쌀을 구성하는 전분의 대부분은 아밀로펙틴이다.

참깨과, Pedalidaceae : 열・온대에 분포하는 초본으로 12속 60종이며, 우리나라에 2속 2종이 자생한다. 단엽은 마주나거나 어긋나며 탁엽이 없다. 엽액에 달리는 꽃은 양성화이고, 열매는 삭과이며 종자에 배유가 없다.

참나무과, Fagaceae : 전 세계 온대와 아열대에 6속 600종이 분포하며 우리나라에는

4속 15종이 있다. 잎은 어긋나며 엽병이 있고 가장자리가 밋밋하거나 톱니가 있다. 잎맥은 우상맥이며 탁엽은 없다. 꽃은 1가화 또는 잡성화로 어린가지에 액생하고 자방은 하위이다. 견과는 하나씩 익고 종자에 배유가 없다.

참열매[眞果], true fruit : 씨방만이 자라서 된 열매.

참이삭수 : 유효 이삭 수이다.

찹쌀, glutinous milled rice, waxy milled rice : 끈기가 강한 발로서 이의 녹말은 아밀로펙틴만으로 이루어져 있으며 요오드반응이 적색으로 나타난다.

창개(瘡疥) = 개창(疥瘡) : 옴과 헌데를 겸한 것. 습한 부분에 생기는 옴.

창구(瘡口) : 창상이 곪아서 터진 구멍.

창달(瘡疸) : 부스럼과 황달.

창독(瘡毒) : 부스럼의 독기.

창모양 = 창형, 창꼴, hastate : 잎몸 밑 부분이 수평하게 좌우로 갈라지며 그 끝이 뾰족한 모양.

창문상(窓門狀), femestrate : 잎에 창문과 같은 구멍을 지닌 상태. 예) 천남성과 *Monstera deliciosa*.

창상(創傷) : 날이 있는 연장에 다친 상처. 칼 등에 다친 상처.

창상공질(窓狀孔質) : 잎과 줄기 속에 창살모양의 구멍이 나 있는 것.

창상출혈(創傷出血) : 창, 총검, 칼 등에 의해 다친 상처로 인한 출혈.

창양(瘡瘍) : 옴이 곪아 터져 진물이 심한 경우.

창양종독(瘡瘍腫毒) : 피부질환으로 생긴 종기에서 나오는 독.

창옹종(瘡癰腫) : 피부질환으로 생긴 조그마한 종기.

창저(滄疽) : 온갖 부스럼.

창종(瘡腫) = 창양(瘡瘍) : 온갖 부스럼.

창진(瘡疹) : 부스럼과 발진(發疹).

창질(瘡疾) = 창병(瘡病) : 피부에 나는 질병을 통틀어 이르는 말.

채물중독(菜物中毒) : 채소를 날 것으로 먹음으로 인해 발생하는 각종 병증.

채소(菜蔬) = 남새, vegetable : 싱싱한 셀러드나 조리용으로 재배하는 작물로 주로 이용되는 부위에 따라 과채류(果菜類), 협채류(莢菜類), 근채류(根菜類), 경엽채류(莖葉菜類) 등이 있다. 남새라 하기도 하고 산채나 들나물을 푸새라 하기도 한다.

채소독(菜蔬毒) : 채소 속에 함유된 유독물질.

채종(採種), seed harvesting : 씨앗을 골라서 따는 것을 뜻하며 종자용을 의미한다.

채종재배(採種栽培), seed production : 우수한 종자의 생산을 위한 재배를 채종재배라고 하며, 재배지의 선정, 종자의 선택 및 처리, 재배법, 이형주의 도태, 수확 및 조제, 저장(貯藏) 등에 특별한 관리를 해야 한다.

채초지(採草地) : 가축의 조사료인 청초 또는 건초생산을 목적으로 만들어진 초지. 가축의 방목을 목적으로 조성된 것이 아니다.

책상조직(柵狀組織) = 울타리조직, palisade parenchyma : 잎의 표피 밑에 있는 조직으로 길쭉한 세포가 세로로 빽빽이 들어서 있고 엽록체가 있다.

처녀이끼과, Hymenophyllaceae : 전 세계에 8속 600종이 열대와 남반구에 분포하며 우리나라에는 2속 8종이 있다. 땅 위에서 자라거나 바위나 나무에 붙어서 자라는 여러해살이 작은 양치식물이다. 근경은 길게 포복하거나 짧아서 잎이 모여 나는 것도 있다. 잎은 작고 엽신은 거의 1층의 세포로 되어 있으며 기공이 없다. 엽맥은 Y분지를 하며 엽맥의 끝은 잎 가장자리까지 이르지 못한다. 인편은 없고 포자낭은 엽맥의 끝이 굵어져서 생긴 포자낭상에 붙으나 짧은 덩어리모양, 막대처럼 길어지는 모양도 있다. 포자낭군은 2개의 판막 또는 컵 모양의 포막에 싸이는데 포자낭상이 길어진 것은 포자낭이 포막 밖으로 나온다. 포자낭은 위쪽에서부터 익고 세로로 터진다. 포자는 동형포자이며 사면체형이다.

척박지(瘠薄地) : 양분이 적고 건조한 땅.

척추관협착증(脊椎管狹窄症) : 척추의 척추체(脊椎體)와 후방 구조물에 의해 형성되는 척추관, 신경근관(神經筋管), 척추 간 공이 좁아져서 요통과 하지통 및 보행 시 오는 통증 및 감각이상 등의 신경증상.

척추질환(脊椎疾患) : 척추 카리에스(척추염)나 추간판 탈출증의 경우.

척추(脊椎)카리에스(caries) : 결핵균의 척추감염으로 인한 염증.

천경(淺耕), shallow plowing : 일반적으로 평균경심 이하로 경운하는 것으로 얕이갈이라고 한다.

천공(穿孔), perforation : 구멍.

천근성(淺根性), shallow-rooted : 작물의 뿌리가 지표면에 가까운 토양에 분포하는 성질이다.

천근성식물(淺根性作物) : 뿌리가 대체로 땅표면 가까이에 분포하는 작물. 뿌리 뻗음이 얕은 작물을 말하는데 작물의 뿌리는 토양환경조건에 따라 차이가 크지만 유전적으로 천근성인 작물이 있다. 벼, 배추, 감자, 시금치 등이 천근성 작물이다.

천남성과, Araceae : 열·온대에 분포하는 초본으로 115속 2,000종이며, 우리나라에 5속 11종이 자생한다. 잎은 근생 또는 줄기에서 어긋난다. 단성화 또는 양성화는 육수화서에 밀집하여 달리며 열매는 장과모양이다.

천립중(千粒重), thousand seed(grain, kernel) weight : 알곡 1,000개의 무게. 수량을 파악하고자 할 때 조사되는 형질로 곡류의 주요 수량 구성요소이다.

천수답(天水畓), rain fed lowland : 오로지 하늘에서 직접 떨어지는 빗물에만 의존하여 벼를 재배하는 논을 말한다.

천식(喘息) = 천증(喘症), 천역(喘逆), 천촉(喘促), 기천(氣喘), 천급(喘急), 상기(上氣) : ① 기관지에 경련이 일어나는 병. 기관지성천식과 심장성천식이 있어 두 경우가 다 호흡 곤란을 일으키고 심할 때에는 안면이 창백해지며 잠을 이룰 수가 없어 일어나 앉아 호흡함. 폐창이라 하기도 한다. ② 숨이 찬 것.

천식(淺植), shallow planting : 모를 심는 깊이는 이앙 후 활착, 초기생육, 분얼과 깊은 관계를 가지고 있으므로 모는 쓰러지지 않을 정도로 얕게 심는 것이 이상적이다. 이와 같이 얕게 심는 것을 천식이라 한다. 심식하게 되면 활착이 늦고 분얼할 수 있는 하위의 분얼절위가 휴면하게 되고 5~6절의 상위절부터 분얼이 시작되므로 분얼이 늦고 분얼수도 적어져서 수량이 감소되므로 반드시 천식해야 한다. 기계이앙이 손이앙보다 수수확보가 용이한 것은 천식이 되기 때문이다.

천연갱신(天然更新), natural regeneration : 심지 않고 자연적으로 발생한 나무로 새로운 숲을 조성하는 것.

천연공급량(天然供給量) : 작물은 사용한 비료뿐 아니라 소위 천연적으로 공급되는 양분으로서 토양에 잠재되어 있던 양분, 빗물이나 관개수에 함유된 양분을 흡수하게 되는데 이들을 통해 공급되는 양분의 총합을 천연공급량이라고 한다.

천연림(天然林), natural forest : 원시림.

천열(淺裂), lobate, lobed : 결각상에 속하며 가장자리에서 중륵까지 반 이하가 길게 갈라진 형태.

천이(遷移), succession : 생물군집이 같은 곳에서 시간이 지남에 따라 종의 구성이 변천하는 현상.

천적(天敵), natural enemy : 해충(害蟲)에는 이를 포식(捕食)하거나 이에 기생하는 자연계의 해적(害敵)이 있으며, 이것을 천적이라고 한다.

천해(喘咳) : 가래가 성해서 숨이 차고 겸해서 기침을 하는 증상.

철(鐵), iron(Fe) : 철은 호흡효소의 구성성분이며, 엽록소의 형성에 관여한다. 결핍하면 어린잎부터 황백화하여 엽맥 사이가 퇴색한다. 니켈(Ni), 구리(Cu), 코발트(Co), 크롬(Cr), 아연(Zn), 몰리브덴(Mo), 망간(Mn), 칼슘(Ca) 등의 과잉은 철의 흡수 · 이동을 방해하여 그 결핍상태를 초래한다. 토양용액에 철의 농도가 높으면 인과 칼륨의 흡수가 억제된다. 벼가 과잉 흡수하면 잎에 갈색의 반점이나 무늬가 나타나고 점차 확대되어 잎의 끝부터 흑변하여 고사한다.

철세균(鐵細菌) : 자급영양성 세균으로 아산화철을 분해하여 에너지원으로 한다.

첨두(尖頭) = 예두(銳頭), 예철두(銳凸頭), 끝이 뾰족하다, 뾰족끝, acute, cuspidate : 잎몸의 끝이 길게 뾰족한 모양보다 짧으며, 그 이루는 각도가 45~90°를 표현.

청간(淸肝) : 간의 화기를 가라앉히는 것.

청간담습열(淸肝膽濕熱) : 간(肝)과 담(膽)에 습사(濕邪)와 열사(熱邪)가 상겸(相兼)한 것을 가라앉히는 것.

청간명목(淸肝明目) : 간열을 식히는 약물과 간음을 자양하는 약물을 조합하여 간열이 성하여 간음이 손상됨에 따라 안질이 발생한 증상을 치료하는 방법.

청간이습(淸肝利濕) : 간(肝)을 식혀주며 소변(小便)을 잘 통하게 하는 효능.

청간화(淸肝火) = 사간(瀉肝), 사청(瀉淸), 청간사화(淸肝瀉火), 사간화(瀉肝火) : 맛이 쓰고 성질이 찬 약을 써서 간화가 떠오르는 것을 내리우는 치료법.

청감열(淸疳熱) : 감질(疳疾)로 인한 열(熱)을 가라앉히는 작용.

청결미(淸潔米), clean polished rice : 밝고 깨끗한 완전한 쌀알(청미, 사미, 변색립 등을 제외한 것).

청결률(淸潔率), purity : 종자 순도 검정의 한 요소로서 임의로 선정한 일정 무게의 종자 가운데 순수한 종자와 순수종자 이외의 협잡물과의 중량비. 협잡물이란 타작물 타품종의 종자, 잡초종자, 죽은 종자, 기타 불순물을 말한다. 협잡물이 적어야 청결률이 높고 종자의 이용가치가 높아진다.

청고(靑枯) : 작물이 생육 중 침수될 경우에 탁수(濁水)는 청수(淸水)보다, 정체수는 유수(流水)보다 수온이 높고 산소가 적어 피해가 크다. 벼가 고수온의 정체탁수에서는 단백질의 소모가 없이 푸른 채로 죽으므로 청고(靑枯)라고 하고, 저수온의 유동청수에서는 단백질이 소모되고 갈색으로 변하여 죽으므로 적고(赤枯)라고 한다.

청량(淸凉) : 성질이 차고 서늘한 것을 뜻함.

청량지갈(淸凉止渴) : 열(熱)을 식혀주며 갈증을 멈추게 하는 효능.

청량해독(淸凉解毒) : 열(熱)을 식혀주며 해독(解毒)하는 효능.

청력보강(聽力補强) : 청력이 약한 경우.

청력장애((聽力障碍) : 청력(聽力)이 충분한 기능을 하지 못하는 것.

청리두목(淸利頭目) : 머리와 얼굴, 눈 등에 열이 치솟는 것을 차가운 성질의 약으로 식히는 것.

청명(淸明) : 눈을 대상으로 사물을 보고 감지하는데 선명하게 보기 위한 조치.

청미(靑米), green-kerneled rice : 청색을 띠는 밥, 일종의 변색미이다. 왕겨를 벗긴 상태의 현미는 외과피, 중과피, 내과피로 되어 있는데 내과피는 엽록층을 가지고 있다. 엽록층은 가늘고 긴 3~4층의 세포로 되어 있고 엽록체가 풍부하여 벼가 완전히 성숙하기 전에는 녹색을 띠지만 성숙하면 엽록소가 파괴되어 퇴색하는 것이 보통이다. 그러나 청미는 벼가 성숙해도 엽록소가 파괴되지 않아 밥알이 녹색을 띠고 있다.

청산(靑酸) : 시안화칼륨에 묽은 황산을 넣으면 생성되는 시안화수소를 물에 녹인 산. 장미과 식물 가운데 종자 속에 극미량 들어 있기도 하며 수수에 함유되어 있다. 무색 휘발성의 약산성으로 독성이 강해 살균제로도 이용된다. 시안화수소산이라고도 한다.

청서(淸暑) : 더위를 가라앉히는 것.

청서열(淸暑熱) : 습하고 무더운 날씨의 열기에 상한 것을 식히는 효능.

청서이습(淸暑利濕) : 서(暑)는 보통 습(濕)을 수반하기 때문에 서를 치료할 때 습을 빼내는 여름철의 서습병(暑濕病)을 치료하는 기본 방법.

청서조열(淸暑燥熱) : 서(暑)를 가라앉혀 진액(津液)이 모상(耗傷)되어 열이 나는 병증을 치료함.

청서지갈(淸暑止渴) : 더위를 가라앉히고 갈증을 그치게 하는 효능.

청서해열(淸暑解熱) : 습열사에 상해서 진액과 기가 손상되었을 때 열기를 식히는 효능.

청습열(淸濕熱) : 습열을 가라앉힘.

청심(淸心) : 심장을 깨끗이, 즉 건강하게 하기 위한 처방.

청심안신(淸心安神) : 마음이 깨끗하여 정신이 안정됨.

청심화(淸心火) : 심경의 열을 푸는 방법.

청열(淸熱) : 열을 없애는 것.

청열강화(淸熱降火) : 열기를 식히고 화기를 가라앉히는 효능.

청열거풍(淸熱祛風) : 열기를 식히고, 안과 밖, 경락(經絡)및 장부(臟腑) 사이에 머물러 있는 풍사(風邪)를 제거하는 것.

청열배농(淸熱排膿) : 열기를 식히고 고름을 빼내는 효능.

청열생진(淸熱生津) : 열기를 식히고 열로 인해 고갈된 진액을 회복시키는 효능.

청열소종(淸熱消腫) : 열을 식히고 열로 인해 생긴 붓기를 가라앉히는 효능.

청열안태(淸熱安胎) : 열기를 식히고 태아를 안정시키는 효능.

청열양음(淸熱養陰) : 열을 가라앉혀서 음액의 기운을 북돋움.

청열양혈(淸熱凉血) : 열증을 해소하고 혈분의 열을 없앰.

청열윤폐(淸熱潤肺) : 열기를 식히고 열기로 고갈된 폐의 진액을 보충하여 윤택하게 함.

청열이뇨(淸熱利尿) : 열기를 식히고 소변을 잘 나가게 하여 이를 통해 열기를 빼내는 효능.

청열이수(淸熱利水) : 열기를 식히고 소변을 잘 나가게 하여 이를 통해 열기를 빼내는 효능.

청열이습(淸熱利濕) : 하초(下焦)의 습열증(濕熱症)을 치료하는 방법.

청열제번(淸熱除煩) : 열과 가슴이 답답한 것을 제거하는 방법.

청열제습(淸熱除濕) = 청열조습(淸熱燥濕) : 열과 습사를 제거하는 방법.

청열조습(淸熱燥濕) : 열기를 식히고 습기를 말리는 효능임.

청열진해(淸熱鎭咳) : 열을 식히고 열기로 인해 생긴 기침을 가라앉히는 효능.

청열해독(淸熱解毒) : 열독(熱毒)이 몰려서 생긴 외과질병과 온역(溫疫)·온독(溫毒)을 치료하는 방법.

청열해표(淸熱解表) : 이열(裏熱)이 비교적 심하면서 표증(表症)이 겸한 것을 치료하는 방법.

청열화염(淸熱化炎) : 열(熱)을 내려주고 심한 열증(熱症)을 풀어주는 치료 방법.

청열활혈(淸熱活血) : 열을 식히고 혈액순환을 원활히 하는 효능.

청예작물(靑刈作物), soiling crops : 풋베기하여 주로 생초로 먹이는 사료작물. 예) 순무.

청이(淸耳) : 귀를 맑게 해줌.

청정재배(淸淨栽培), clean culture : 토양을 이용하지 않는 재배로 생육에 필요한 영양분을 작물 고유 흡수성분의 구성치로 적정농도의 배양액과 산소를 공급하여 재배하는 방법이다. 일명 수경재배라 한다.

청폐(淸肺) : 맑고 깨끗한 폐.

청폐강화(淸肺降火) : 폐기를 맑게 하고 화기를 가라앉히는 효능.

청폐거담(淸肺祛痰) : 폐기를 맑게 식히고 담을 제거하는 효능.

청폐위열(淸肺胃熱) : 폐와 위의 열을 내려줌.

청폐지해(淸肺止咳) : 폐의 열기를 제거하고 기침을 멎게 하는 효능.

청폐해독(淸肺解毒) : 폐의 열기를 식히고 독기를 제거하는 효능.

청폐화담(淸肺化痰) : 폐의 열기를 식히고 열로 인해 생긴 담, 가래 등을 제거하는 효능.

청풍열(淸風熱) : 풍열을 흩고 식히는 효능.

청혈(淸血) : 맑고 깨끗한 피.

청혈해독(淸血解毒) : 피를 맑게 하고 독을 풀어줌.

청화습열(淸化濕熱) : 습사(濕邪)와 열사(熱邪)를 깨끗하게 하고 열을 꺼줌.

청화해독(淸火解毒) : 화기로 인한 독기를 제거하고 화기를 내리는 효능.

체관 = 사관(篩管), sieve tube : 속씨식물의 체관부에서 양분의 통로를 도맡은 조직. 관다발의 맨 바깥쪽에 있고 원기둥꼴 체관세포가 잇닿아 통 모양을 이룬다.

체관부 = 사관부(篩管部), phloem : 형성층을 중심으로 해서 바깥 부분에 체관, 반세포, 유조직, 섬유세포 등으로 이루어진 조직. 체내동화물질의 이동통로가 되는 식물기관으로 때로는 식물을 지탱하는 기계조직 또는 저장조직이 되기도 한다.

체력쇠약(體力衰弱) : 몸의 힘이 쇠하여 약해지는 것.

체세포배(體細胞胚), somatic embryo : 체캘러스로부터 만들어진 부정배로 배양체라고도 한다.

체세포분열(體細胞分裂), mitosis : 체세포 속의 핵이 2개로 되고 세포질이 분열하여 똑같은 딸세포를 만드는 세포분열로 유사분열이라고도 한다.

체세포잡종(體細胞雜種), somatic hybrid : 원연 또는 이종 간의 세포융합에 의해 육성한 재분화 식물체로 핵과 세포질 모두 잡종이다.

초(鞘), sheath : 원통형의 구조를 감싸고 있는 것.

초기위조점(初期萎凋點), first permanent wilting point : 작물의 생육이 정지하고 하엽(下葉)이 위조하기 시작하는 토양의 수분상태이다.

초두부(初頭部) : 나무의 꼭대기 부위, 수관의 끝.

초롱꽃과, Campanulaceae : 전 세계에 분포하는 교목, 관목, 초본으로 60속 1,500종이며, 우리나라에 9속 24종이 자생한다. 유액이 있으며 잎은 어긋나거나 돌려나는 단엽으로 탁엽이 없다. 총상화서나 원추화서에 달리는 꽃은 양성화이고 열매는 삭과 또는 장과이다.

초본(草本) = 풀, herb : 겨울에 그 지상부가 완전히 말라버리는 식물.

초본작물(草本作物), herbaceous crop : 줄기의 부름켜 활동이 거의 없거나 미비하여 목질부의 형성이 미약하고 비대생장이 거의 없는 작물. 식물은 목본과 초본으로 나눌 수 있는데, 목본이란 나무, 초본이란 풀을 뜻한다. 따라서 과수는 목본작물이고 벼, 보리, 채소 등은 초본작물이다.

초상(鞘狀) : 칼집 모양.

초상(初霜) = 첫서리, first frost : 가을철 제일 먼저 내리는 서리로 농작물의 수확과 관계가 깊다.

초상엽(鞘狀葉) = 초엽(鞘葉), 칼집잎, sheathy leaf : 칼집 모양으로 생긴 잎.

초상탁엽(鞘狀托葉), ochrea : 줄기를 둘러싼 탁엽. 예) 마디풀과.

초생재배(草生栽培), sod culture : 과수원에서 풀을 깨끗이 뽑아주는 청경재배(淸耕栽培) 대신에 풀을 가꾸는 초생재배를 하면 토양침식이 방지되고, 제초노력(除草勞力)도 경감되며, 지력이 증진되기도 한다. 풀은 목초나 녹비로 이용성이 높고 그늘에 견디며, 생육이 강하며 키가 작고, 땅을 피복하고, 뿌리가 얕고, 지력도 증진하는 것이 좋다.

초식동물(草食動物) : 주로 식물을 먹고 사는 포유동물을 뜻한다.

초엽(鞘葉), coleoptile : 벼, 밀, 보리, 옥수수 등 화본과작물에서 종자가 발아할 때 어린잎을 감싸고 있는 조직. 특히 화본과 식물의 독특한 배기관으로 발아 시 최초로 지상부에 출현하는 부분이다. 제1엽을 비롯해서 생장점을 감싸 어린 싹의 보호임무를 맡고 있다. 생장호르몬에 대해 민감한 반응을 보여 귀리의 초엽 같은 경우 오옥신의 생물 검정에 이용되기도 한다.

초오중독(草烏中毒) : 초오(지리바꽃)를 약으로 사용할 시 복용량을 초과했거나 또는 여러 날 장복하여 그 독증으로 인해 중독이 되었거나 부작용이 일어났을 때.

초월분리(超越分離), transgressive segregation : 잡종집단에서 양친의 범위를 벗어나는 특성을 지닌 개체가 나오는 것이다.

초월육종(超越育種), transgressive breeding : 교잡육종에 있어 교잡에 의해 일어나는 변이 가운데 양친의 어느 것보다도 뛰어난 형질을 가진 신품종을 육성하는 것을 말한다.

초유(初乳) : 해산 시 나오는 초유.

초장(草長), plant height : 벼의 초장은 한 포기에서는 벼포기의 기부, 즉 논바닥 표면으로부터 가장 긴 줄기의 제일 긴 잎의 끝까지를 말하며 한 개의 모에서는 뿌리와 줄기의 경계로부터 제일 긴 잎의 잎끝까지를 초장이라 한다.

초조감(焦燥感) : 애를 태워서 마음을 졸이는 경우.

초지(草地), grass-land, range : 자연초지는 야초를 사료나 연료로 이용하는 곳이고, 인공초지는 계속적으로 목초를 가꾸는 초지(草地, grass-land) 또는 목야지(牧野地, range)이다.

초질(草質), herbaceous : 목질조직이 발달하지 않은 것.

초포(鞘苞) : 죽순의 껍질 같은 것.

초형(草型), plant type : 잎, 줄기, 키 등의 형질로 구분되는 식물의 모습. 벼의 경우 인도형은 키가 작고 잎이 곧바로 서고, 일본형은 잎이 늘어지며 키가 크다. 그리고 통일형은 그 중간의 초형을 나타내고 있다.

초황(炒黃) : 약재를 빛깔이 누르스름할 정도로 불에 볶는 일.

촉 = 눈, 아(芽), 싹, bud : 작은가지의 끝이나 옆에 있는 잎겨드랑이에 달리는 가장 어린 부분. 줄기 끝에 생기는 어린구조. 나중에 잎, 꽃 등으로 자란다. 새로운 기관을 만들기 위한 처음의 형태(화아, 엽아).

촉산(促産) = 분만촉진(分娩促進) : ① 서둘러 해산(解産)을 하게 함 ② 해산을 촉진하도록 약을 사용하는 것.

촉성재배(促成栽培), forcing culture : 자연상태에서는 생육이 안 되는 시기에 유리온실, 비닐하우스, 터널 등의 시설을 이용하여 보통재배보다 일찍 출하하는 재배. 태양열을 이용하지만 대개 인공적으로 가온을 해야 되기 때문에 연료비 부담이 크다. 그러나 시장성이 좋아 소득이 높다. 인공적인 가온 없이 낮에는 태양열, 야간에는 철저한 보온으로 재배하는 것을 반촉성재배라고 한다. 촉성재배는 지역적으로 겨울이 따뜻한 남부지방에서 실시하는 것이 연료비 면에서 매우 경제적이고 안전하다.

촉수잎[觸手葉] tentacular leaf : 자극에 민감하고 분비샘이 발달한 잎. 예) 끈끈이주걱속.

촌충(寸蟲), tapeworm : 편형동물문(扁形動物門 Platyhelminthes) 촌충강(寸蟲綱, estoda)에 속하는 3,000여 종(種)의 기생성 편형동물들.

촌충증 : 배가 은근히 아프고 설사를 하며 배가 팽만해짐.

총밀도(總密度) : 토양공극을 포함한 단위용적 내 건토의 질량을 총밀도라 한다. 일반적으로 총밀도는 입자밀도의 약 반이 되며 50%는 공극량이 된다.

총방화서(總房花序) = 총방꽃차례, 무한꽃차례, 무한화서(無限花序), botrys, botrus, indeterminate inflorescence : 정아가 계속 생장하며 밑에서부터 위로 피어올라가는 것. 단축 분지를 하는 꽃차례의 한 기본형 중 하나.

총상꽃차례[總狀花序], raceme : 꽃대축이 길게 자라고 꽃자루도 발달하나 분지하지 않는 꽃차례. 예) 담배풀, 등나무, 큰까치수영.

총상화서(總狀花序) = 총상꽃차례, 모두송이꽃차례, 술모양꽃차례, raceme : 긴 꽃대에 꽃자루가 있는 여러 개의 꽃이 어긋나게 붙어서 밑에서부터 피기 시작하는 꽃차례. 예) 아까시나무, 냉이.

총생(叢生) = 모여나기, fasciculate : 마디 사이가 극히 짧아 마치 한군데에서 나온 것처럼 보이는 것으로 더부룩하게 무더기로 난 것을 말함. 여러 장의 잎이 땅속의 줄기에서 한꺼번에 나오는 모양. 뿌리에서 나오는 것처럼 보인다. 예) 은행나무 단지의 잎.

총생산량(總生産量) : 어떤 주어진 생태계 내에서 주어진 시간 동안 합성되는 총유기물의 양으로서 호흡에 의한 소모를 빼어주지 않은 총생산량을 말한다.

총생형잡초(叢生型雜草), bunch type weed : 분얼하여 포기를 이루는 잡초. 예) 억새, 뚝새풀 등.

총엽병(總葉柄) = 큰잎자루, rachis : 겹잎에서 작은 잎을 달고 있는 잎자루가 붙어 있는 큰 잎자루.

총이명목약(總耳明目藥) : 대뇌의 지적 능력을 향상시키는 데 효험이 있는 처방.

총포(總苞) = 모인꽃싸개, 큰꽃싸개, involucre : 잎이 변해 열매의 밑동을 싸고 있는 비늘 같은 조각. 예) 국화과, 산딸나무.

총포엽(總苞葉) = 모인꽃싸개조각, 총포편(總苞片), 총포조각, 큰꽃싸개조각, involucral

scale, involucral bract, phyllary : 국화과 식물 등에서 볼 수 있는 둥그렇게 모여 있는 꽃싸개를 구성하는 조각.

총포조각[總苞片], involucral bract : 총포를 구성하는 각각의 비늘조각.

최고분얼기(最高分蘖期), maximum tillering stage : 모를 본답에 이앙하여 착근기가 지나면 분얼하기 시작하여 점차 증가하여 어느 시기가 되면 분얼수는 최고에 달하고 그 후에는 분얼수는 감소하여 최종수수가 결정되는데 분얼수가 가장 많았던 시기를 최고분얼기라 칭한다.

최고분얼수(巖高分蘖數) : 이앙한 모가 분얼을 하기 시작하여 최고의 분얼수에 달하게 되는데, 이것은 유효분얼수와 무효분얼수의 합으로서, 최고분얼수가 많다고 해서 반드시 유효수수가 많다고는 할 수 없다. 그러나 조기, 조식재배나 다비재배의 경우에는 최고분얼수가 많으면서 절대수수도 많은 것이 특징이다.

최고온도(最高溫度), maximum temperature : 작물의 생육이 가능한 가장 높은 온도.

최대엽면적지수(最大葉面積指數) : 단위 지상면적당 엽면적이 최대인 값을 말한다.

최대용수량(最大容水量), maximum water-holding capacity : 토양주(土壤柱)의 하부를 물속에 담그면 수분이 모관상승을 하는데, 이때 수면 위의 10㎜의 높이까지는 토양의 수분함량이 거의 일정하며, 모관수가 최대로 포함된 상태가 된다. 이 점을 최대용수량이라고 하며 포화용수량(飽和容水量)이라고도 한다.

최면(催眠) : ① 잠이 오게 함. ② 인위적으로 유치(誘致)된 일종의 수면상태.

최면제(催眠劑) : 정신요법의 하나인 최면치료의 병이나 나쁜 버릇을 치료하기 위한 처방.

최산(催産) = 최생(催生) : 아이를 쉽게 빨리 낳도록 하는 분만촉진.

최생(催生) : 약으로 산모(産母)의 정기(正氣)를 도와 빨리 분만시키는 방법.

최소양분율(最小養分律), law of minimum nutrient : 양분 중에서 필요량에 대하여 공급이 가장 적은 양분이 작물생육을 제한하고 있는 것을 최소양분(minimum nutrient)이라고 하며, 작물의 생육은 다른 양분의 공급의 다소와는 관계없이 최소양분의 공급량에 의해서 수량이 지배되는 경향을 최소양분율이라고 한다. 양분뿐만 아니아 수분, 광, 온도, 공기 등의 모든 인자에 관해서도 요구조건을 가장 충족시키지 못하는 인자에 의하여 식물의 생산력이 지배되는 것을 최소율(最小律, law of minimum)이라고 하며, 이 요인을 제한요인(制限要因, limiting factor)이라고 한다.

최소엽수(最小葉數), minimum number of leaves : 추파맥류의 주경간(主莖稈)에 화아분화가 생길 때까지의 최소 착엽수(着葉數)를 최소엽수라고 한다.

최소율의 법칙 : 최소인자에 의해서 수량이 결정된다는 법칙이다.

최아(催芽), seed sprouting, forcing of sprouting, hastening of germination : 벼, 맥류, 땅콩, 가지 등에서 발아와 생육을 촉진할 목적으로 종자의 싹을 약간 틔워서 파종하는 것을 최아라고 한다. 벼의 상자육묘 및 조기육묘, 벼의 담수직파, 맥류의 만파재배, 땅콩의 생육촉진 등에서 최아가 이용된다. 최아의 정도는 대체로 종자근(種子根)의 시원체(始原體)인 백체(白體)가 출현할 정도로 한다.

최아종자(催芽種子), pregerminated seed : 최아 시킨 종자이다.

최유(催乳) = 통유(通乳), 하유(下乳) : 해산한 뒤에 젖이 나오지 않거나 적게 나오는 것을 치료하는 것.

최음제(催淫劑) : 남녀의 생식기를 자극해서 그 기능을 촉진시키기 위한 처방으로 성적 욕구를 자극하는 약.

최저온도(最低溫度), minimum temperature : 작물의 생육이 가능한 가장 낮은 온도.

최적엽면적(最適葉面積), optimum leaf area : 식물의 건물생산(乾物生産)은 진정광합성과 호흡량의 차이, 즉 외견상광합성(外見上光合成)에 의하여 결정된다. 식물군락에서 엽면적이 증대하면 군락의 진정광합성량(真正光合成量)은 그에 따라서 증대하지만 정비례로 증가하지 않는 것은 그늘이 진 잎이 있기 때문이다. 그러나 호흡량은 엽면적에 정비례하여 증가한다. 따라서 건물생산이 최대로 되는 군락의 단위면적당 엽면적을 최적엽면적이라고 한다.

최적온도(最適溫度), optimum temperature : 작물의 생육이 가장 왕성한 온도.

최적용기량 : 작물의 생육에 가장 알맞은 때의 토양 내 공기량을 말한다.

최적일장(最適日長), optimum daylength : 화성(花性)을 가장 빨리 유도하는 일장을 말한다.

최적함수량(最適含水量), optimum water content : 작물생육의 최적함수량은 작물에 따라 차이가 있지만, 최대용수량의 60~80%의 범위, 즉 포장용수량 부근에 있다. 봄호밀은 60%, 콩은 90% 정도가 가장 알맞다. 보통 작물에 직접적으로 이용되는 유효수분의 범위는 pF 1.8~4.0이며, 작물이 정상적으로 생육하는 유효수분의 범위는 pF 1.8~3.0이다.

최토(催吐) : 음식물을 토하게 함.

최토제(催吐劑) : 먹은 음식이 위에 정체되어 소화불량을 일으켜 배가 아프거나 몸을 움직이기 괴로운 상태에서 먹은 음식물을 빨리 토해내거나 가라앉히게 하는 약.

최통(朘痛) : 피부에 옷이 닿거나 손이 스치기만 해도 몹시 아픈 병증으로 어린아이 불알이 아픈 병.

추간판탈출증(椎間板脫出症) : 외부로부터 충격이 가해지면 속에 있는 수핵(綏核)이 척추 쪽으로 튀어나와 통증이 오는 경우.

추경(秋耕), fall plowing : 가을갈이, 벼를 수확한 다음 그해 가을에 논을 가는 것. 건토효과에 의해 유기물의 분해를 촉진하기 위해 실시하지만 그 효과는 토양의 성질과 기상조건에 따라 다르다. 일반적으로 못자리 예정지나 건답직파를 하려는 논은 가을갈이가 유리하며 가을갈이를 하면 한해살이 잡초의 발생은 억제되지만 여러해살이, 즉 다년생 잡초는 더 잘 번식될 수 있는 단점도 있다.

추대(抽苔), bolting, flower stalk formation : 꽃대가 생겨서 올라오는 것.

추두형 : 일장에 대한 반응은 민감하고 온도에 대해서는 다소 둔하여 꽃이 늦게 피고 성숙이 늦은 두과작물. 가을콩이라고도 하는데 봄에 파종하여 가을에 거두는 우리나

라 재래품종이 대개 추두형에 속한다.

추락(秋落) : 벼에서 영양생장기인 생육전반기엔 생육이 보통보다 왕성하지만 생육후반기에 접어들면서 아랫잎이 말라 오르고 퇴색하며 깨씨 같은 반점이 생기는 등 생육이 둔화되어 수량이 크게 감소하는 현상으로 추락현상을 나타내는 논을 추락답이라고 한다.

추락답(秋落畓), autumn declining paddy field : 추락을 일으키기 쉬운 논을 가리키며, 추락은 주로 노후화답(degraded paddy field)이라고 불리는 화강암 등의 풍화토로 생성된 사질토 배수가 심한 토양에서 발생하기 쉬우나, 부식이 과다한 습답에서도 발생된다. 노후화답.

추락저항성(秋落抵抗性), resistance to autumn decline : 노후답에서 나타나기 쉬운 벼의 추락현상의 정도가 덜한 특성으로 성숙이 빠른 품종이 강하다.

추락현상(秋落現象), autumn declining phenomenon : 벼의 생육의 전반기에는 생육이 왕성하거나 건전했던 것이 생육 후반기에 접어들면서 점차로 생육이 빈약해져서 출수 전후에 하엽이 고사하고 잎과 이삭이 추락하게 되어 생육 초기에 예상한 것만큼 가을에 수량을 올릴 수 없는 현상을 추락현상이라 한다.

추비(追肥), side dressing, supplementary manuring : 벼 재배에 있어서 밑거름으로 주는 비료를 제외하고 벼가 생육하는 기간에 주는 비료를 묶어서 추비라고 한다. 벼 재배에서의 추비는 생육과정에 따른 수량구성요소의 결정시기를 중심으로 분시하게 되어 있다. 즉, 분얼수의 증가를 위한 분얼비, 영화수의 증대를 위한 수비, 등숙비율의 향상을 위한 실비 등으로 구분하며, 추비로 시용되는 비료는 주로 질소이다.

추수성(抽水性), emerged, emersus : 수생식물에서 뿌리는 물 바닥의 흙 속에 있고, 잎이나 줄기가 공중으로 자란 상태.

추재(秋材) : 늦여름에서 가을에 걸쳐 형성된 목부는 형성층의 활동이 불리한 조건에서 만들어져 세포가 비교적 작고 세포막이 두터운 조직이 되는데 이를 추재라 부른다.

추적자(追跡子), tracer : 특정원소나 화합물의 동태를 탐지하기 위해 첨가하는 표식물질. 한 원소의 이동경로나 화학변화에 참여여부를 추적하기 위한 추적자로서 동위원소를 많이 쓴다. 이때 사용되는 동위원소는 대개 방사성 동위원소로서 그 방사능을 추적함으로써 목적하는 원소의 거동을 추적할 수 있다. 그리고 물질의 동태 특히 대사과정에의 참여 동태를 파악하기 위해서는 표식물질을 많이 사용한다.

추파(追播), fall sowing, fall seeding : 추가로 더 파종하는 것으로 발아가 불량한 곳에 보충적으로 파종하는 것을 보파 또는 추파라고 한다.

추파성(秋播性), winter habit : 가을에 파종해야만 이듬해 정상적으로 출수하는 특정맥류의 생리적 성질, 이러한 맥류를 추파성 맥류라 한다. 추파성 맥류를 저온기인 겨울을 거치지 않고 이듬해 봄에 파종하게 되면 잎만 무성하게 자라고 이삭을 형성하지 못한다. 반드시 저온, 단일조건을 일정기간 경과해야 이삭이 형성되고 정상적인 결실을 맺는다. 이 저온, 단일요구도를 추파성 정도라 하는데 추파성 정도는 품종에 따라 다르다. 그리고 일정기간 저온에 부딪침으로 그 후 출수, 추대를 촉진하는 일을 춘화처리라고 한다.

추파형(秋播型), winter habit : 보통 가을에 파종하는 맥류는 가을에 뿌리면 이듬해 정상적으로 출수하지만 이듬해 봄늦게 파종하면 잎만 자라다가 출수하지 못하고 주저앉는 좌지현상을 일으키는데, 이런 맥류를 추파형이라고 한다.

추피(皺皮) = 주름살, rugose : 잎맥이 튀어나와 주름이 진 것.

추피상(皺皮狀), rugose : 표면이 주름진 모양.

추형(錐形) = 송곳모양, subulate, awl-shaped : 짧고 좁게 가늘며 밑 부분에서 점차 선단을 향하여 바늘처럼 뾰족해지는 모양. 향나무의 잎과 같이 밑에서 끝으로 뾰족하게 생긴 잎의 형태.

축농증(蓄膿症) : 체강(體腔) 안에 고름이 괴는 병. 일반적으로 부비강 점막의 염증을 이름. 두통, 협부긴장 따위를 일으켜 건망증이 되고 때로는 악취가 나고 탁한 분비물이 코에서 나옴.

축수(縮水) : 늑막강, 복강, 골수 따위에서 삼출액이나 공기, 복수, 피, 오줌 등을 뽑아내는 일. 늑막강이나 복강 등에 삼출액을 소변으로 배설시켜서 줄이는 것.

축열(蓄熱) : 어열(瘀熱).

축한습(逐寒濕) : 한습을 제거하는 효능.

축혈(蓄血) : ① 외감열병 때 열사가 속으로 들어가 혈과 상반되어 생긴 어혈이 속에 몰려서 생긴 병증. ② 여러 가지 어혈이 속에 몰려 있는 병증.

춘경(春耕), spring plowing : 봄갈이. 이른 봄 싹트기 전에 봄비료를 뿌리고 난 후 이랑 사이의 제초와 복토를 겸하여 얕게 갈거나 경운기로 로타리를 치는 것을 말한다.

춘곤증(春困症) : 집중력이 떨어지고 전신이 저리기도 하며 자꾸 졸리고 몸이 무겁고 의욕상실과 아울러 쉽게 피로해짐.

춘재(春材) : 1년 중 형성된 목부조직 중에 봄철 나무의 생장이 활발한 때에 형성된 부분을 말한다.

춘파성(春播性), spring habit : 맥류의 품종 가운데 추파성이 없어 봄에 파종해도 정상적으로 출수하는 생리적 성질. 봄보리, 봄밀이 춘파성 맥류에 속하는데 겨울을 거치지 않고 봄에 파종해도 이삭이 형성되고 결실이 잘 된다. 맥류의 품종은 크게 추파성과 춘파성으로 나눌 수 있다.

춘파형(春播型) : 봄에 파종해도 정상적으로 출수, 생육하는 형태의 보리와 밀.

춘화처리(春花處理), vernalization : 작물생육의 일정시기(주로 초기)에 일정기간 인위적인 저온을 주어서 화성을 유도, 촉진하는 것으로 버어널리제이션이라고도 한다.

출수(出穗), heading, ear emergence : 이삭이 밖으로 출현하는 것. 벼, 보리, 밀 등에서 많이 사용되는 말로 맨 마지막 잎인 지엽의 엽초에서 이삭이 나오는 것을 출수라고 하고 이 시기를 출수기라고 한다.

출수기(出穗期), heading stage, heading date : 밀, 보리, 벼 등에서 이삭이 패는 시기다.

출수일수(出穗日數) : 파종부터 출수까지의 일수이다.
출아(出芽), emergence : 토양에 파종했을 때에 발아한 새싹이 지상으로 출현하는 것을 출아라고 하며, 출아도 발아라고 하는 경우가 많다.
출엽(出葉), leaf emergence : 잎이 나오는 것이다.
출엽속도(出葉速度) : 벼의 잎이 추출되어 나오는 것을 보면 하위절로부터 순차로 상위로 향하여 일정한 간격을 두고 나오게 되는데, 앞의 잎이 추출되기 시작하여 완전 전개되고 다음 잎이 추출되기 시작할 때까지의 기간을 출엽속도, 출엽간격 또는 출엽주기라고 한다.
출엽전환기(出葉轉換期) : 주간의 전체 엽 중에 처음 2/3의 엽은 각각의 엽의 출엽속도가 약 5일이 소요되나, 나머지 1/3의 엽에서 출엽속도는 8~9일이 소요되는데, 이같이 출엽속도가 변화하는 시기를 출엽전환기라 하며, 이 시기는 일반적으로 영양생장기에서 생식생장으로 전환하는 전조이다.
출하기(出荷期) : 수확한 농산물을 시장에 내놓는 시기, 농산물은 수확기와 출하기가 거의 일치하는 특징이 있다. 농작물은 재배시기가 매년 일정하고 시설부족으로 저장이 곤란하므로 수확기에 집중적으로 출하하게 된다. 이렇게 되면 가격형성이 불리하므로 작형을 다양화시킨다거나 농협, 정부 등의 수준에서 정책적으로 출하기 조절이 필요하다. 특정 농산품이 시장에 거의 출하되지 않는 시기를 그 작물의 단경기라고 한다.
출혈(出血) : 피가 흘러나옴.
출혈증(出血症) : 피가 흘러나오는 증상.
출혈현훈(出血眩暈) : 피가 나며, 눈앞이 아찔하고 머리가 핑 도는 어지러운 증상.
충독(蟲毒) : 벌레에 물려 얻은 독.
충만수(充滿髓), continuous pith : 수세포 또는 유세포가 빈틈없이 충만하여 수를 이룬 상태.
충매전염(蟲媒傳染), insect transmission : 매개충에 의해 병원체에 감염된 식물로 부터 병원체가 전염되어 건전동식물에 감염이 된다. 특히 벌레가 매개를 하는데 필연적인 작용을 하는 것을 말한다.
충매화(蟲媒花), entmophilous flower : 곤충이 꽃가루를 날라 주어 꽃가루받이를 하는 꽃. 꽃이 보통 아름답고 향기롭다.
충수염(蟲垂炎) : 충양돌기에 생긴 화농성 염증.
충적토(沖積土), alluvial soil : 하천에 의해 이루어진 것으로 홍함평지, 선상충적토, 삼각주침적으로 나눈다.
충치(蟲齒) : 벌레가 먹은 것같이 치아의 경조직이 결손하는 증세.
충치(蟲痔) : 치루의 하나로 치창이 오래되어 패이고 가렵고 아파 견딜 수 없을 정도이며 피가 나오기도 함.
충혈(充血) : 몸의 일정한 부분에 동맥혈이 비정상적으로 많이 모임. 염증이나 외부 자극으로 일어남.

췌장암(膵臟癌) : 췌장에 생기는 악성종양.

췌장염(膵臟炎) : 식후 바로 상복부에 심한 통증이 오며 심하면 어깨의 왼쪽까지 통증이 옴.

취과(聚果) = 다화과(多花果), 매과(苺果), 집과(集果), 상과(桑果), 모인열매, 집합과(集合果), aggregate fruit, multiple fruit, sorosis : 화피는 육질 또는 목질로 되어 붙어 있고 자방은 수과 또는 핵과상으로 되어 있음. 다수의 이생심피로 이루어진 하나의 꽃의 암술군이 발달하여 생긴 열매의 집합체. 1개의 꽃 안에 여러 개의 심피가 있으며 1개의 열매처럼 되었다. 예) 딸기, 나무딸기 등.

취면운동(就眠運動), sleep movement : 강낭콩과 미모사 등에서 잎이 광이 있는 낮에는 끝이 위로 가고, 광이 없는 밤에는 아래로 처지는 것을 취면운동이라고 한다. 약광(弱光) 아래에서 취면운동은 외부환경의 주기적변동(週期的変動) 때문이 아니라 생체내(生体内) 고유의 리듬에 기인하는 것으로 보이기 때문에 내생리듬(内生週期, endogenous rhythm)이라고 한다.

취목(取木), layering : 지조(枝條)를 모체에서 분리하지 않은 채로 흙에 묻거나 적당한 조건[암흑, 수습(水濕), 공기 등]을 주어서 뿌리를 내리게 한 다음 모체에서 잘라내는 번식방법을 취목 또는 압조(壓條)라고 한다.

취산화서(聚繖花序) = 작은모임꽃차례, 취산꽃차례, cyme : 꽃 밑에서 또 각각 한 쌍씩의 작은 꽃자루가 나와 그 끝에 꽃이 한 송이씩 달리는 꽃차례. 예) 작살나무, 백당나무, 덜꿩나무.

취약수술 = 취약웅예(聚葯雄蕊, 聚葯雄蘂), 집약수술, synantherous stamen, syngenesious stamen : 꽃밥이 모여 암술대를 둘러싸서 대롱 모양을 이루고 있는 수술. 예) 국화과.

취약웅예(聚葯雄蘂, syngenesious or synantherous stamen) : 화사는 서로 떨어져 있고 약만 서로 유합된 수술. 예) 국화과.

취합과(聚合果) = 취과(聚果) : 열매가 여러 개 빽빽이 모여 있는 것.

측근(側根) = 곁뿌리, lateral root : 원뿌리에서 갈라져 나온 뿌리로서 식물체를 더 잘 떠받치고 땅속의 양분을 더 잘 흡수하게 한다.

측꽃밥[側向葯], latrorse anther : 중심축이 옆면을 향한 꽃밥이며 열개선이 옆면에 있다.

측막태좌(側膜胎座) = 측벽태좌(側壁胎座), parietal placentation : 중앙에 생긴 축과 각 방 사이의 막이 없어져 한 방이 되는 동시에 막이 있던 자리에 배주가 달림. 예) 제비꽃, 버드나무.

측맥(側脈) = 곁맥, 곁잎줄, 옆맥, lateral vein : 가운데 잎줄에서 좌우로 갈라져서 가장자리로 향하는 잎줄.

측백나무과, Cupressaceae : 전 세계에 18속 140종이 열대와 아열대에 분포하며 우리나라에는 3속 13종이 자란다. 잎은 마주나거나 3개씩 돌려나며 침엽이거나 나중에 비늘잎이 나오는 것도 있다. 꽃은 1가화 또는 2가화이며, 암꽃은 단지에 정생하거나 액생하고 1~6쌍의 심피로 구성되어 있다. 수술은 마주나며 짧은 암술대와 3~6개의 넓은 꽃밥이 있다. 열매는 마주나는 실편으로 구성되어 있고 후에 벌어져서 종자가 나온다. 종자에는 날개가 있는 것과 없는 것이 있고 자엽은 대개 2개이다.

측벽태좌(側壁胎座) = 측막태좌(側膜胎座), parietal placentation : 중앙에 생긴 축과 각 방 사이의 막이 없어져 한 방이 되는 동시에 막이 있던 자리에 배주가 달림. 예) 제비꽃, 버드나무.

측사(側絲), paraphysis : 포자낭군 속에 생기는 포자의 보호기관.

측생부아(側生副芽), collateral accessory bud : 측아의 좌우로 달려 있는 부아.

측소엽(側小葉), lateral leaflet : 우상복엽의 중축좌우에 있는 소엽.

측아(側芽) = 곁눈, lateral bud : 줄기 축의 측방에 발생하는 눈.

측조시비(側條施肥), sideband placement : 이랑의 측면, 작물의 조간에 하는 시비이다.

측착(側着), dorsifixed : 약의 엽부분에 화사가 붙은 상태. 예) 장미과, 산형과.

측화판(側花瓣) = 곁꽃잎 : 난초과와 제비꽃과 식물의 꽃잎 가운데 옆으로 벌어지는 두 개의 꽃잎.

층위(層位) : 토양단면을 놓고 볼 때 토성, 두께, 색상, 화학적 성질 등이 한 토양의 특징이 나타나도록 발달한 것을 볼 수 있는데, 이것을 층위라 하며 유기물층인 O층, 용탈층인 A층, 집적층인 B층, 모재층인 C층, 기암층인 R층으로 대별한다.

층적법(層積法), stratification : 배 자체가 휴면하는 종자의 후숙을 인위적으로 촉진시키는 방법이다. 이는 습기 있는 모래나 이끼와 종자를 교호로 하여 층상으로 겹쳐 쌓고 5℃ 정도의 저온에 1~3개월간 두어서 휴면을 타파하는 방법이다.

층층나무과, Cornaceae : 전 세계에 10속 90종이 분포하며 우리나라에는 8종이 자란다. 교목 또는 관목, 초본도 있다. 꽃은 양성이지만 때때로 단성으로 화피와 수술은 4~5수이다. 엽맥은 환주맥이고 자방상위이며 육지의 핵과이다.

치근통(齒根痛) : 치조골(齒槽骨)에 박혀 있는 이 부분의 통증.

치루(痔瘻) : 치질의 일종으로 항문주위염(肛門周圍炎).

치루(痔漏) : 항문 부근에 관공(管孔)이 1~2개 생겨 그 구멍에서 고름이 스며 나오는 병증.

치루종통(痔漏腫痛) : 치루(痔漏)로 인해서 발생한 통증.

치루하혈(痔漏下血) : 치루(痔漏)로 인해서 하혈(下血)이 발생한 병증.

치림(治淋) : 임질(淋疾)을 치료함.

치매증(癡呆症) : 정신적인 능력이 상실되어 언어 동작이 느리고 정신작용이 완만치 못함.

치묘(稚苗), 20-day old seedling : 벼의 어린 모종. 파종 후 20~25일된 묘로서 종자 내 배유의 양분이 아직 다 소모되지 않고 남아 있는 어린 묘이다.

치아동통(齒牙疼痛) : 이뿌리의 통증.

치아모양톱니[齒牙狀], dentate : 잎 가장자리에 밖을 향하여 뾰족하게 뻗은 커다란 치열 모양의 톱니가 있는 것.

치아상(齒牙狀) = 이빨모양, dentate : 이빨모양의 커다란 톱니 같은 것.

치아상거치(齒牙狀鋸齒), dentate : 엽연의 톱니가 밖으로 퍼진 형태.

치암(齒癌) : 이나 잇몸에 생기는 암.

치열(熾熱) : 몸에 열이 매우 높은 경우.

치은종통(齒齦腫痛) = : 잇몸이 붓고 통증이 생김.

치은출혈(齒齦出血) : 잇몸에서 피가 나는 것.

치은화농(齒齦化膿) : 잇몸이 붓고 고름이 생김.

치조농루(齒槽膿漏) : 급성 전염병, 당뇨병, 비타민 부족, 영양실조, 치석, 치은염 등으로 인하여 잇몸 사이에 틈이 생기고 그곳에서 노란 고름이 나옴.

치주염(齒周炎) : 이를 둘러싼 연조직의 염증.

치질(痔疾) = 치(痔), 치핵(痔核), 치루(痔漏), 치열(痔裂) : 여러 가지 인자들이 항문에 있는 혈맥의 기혈순환에 장애를 주어 어혈이 생기고 이 어혈과 기타 원인들이 합하여 생김.

치질출혈(痔疾出血) : 치질로 인하여 출혈이 나는 경우.

치창(痔瘡) : 치질.

치창(齒瘡) : 통증이 오면서 잇몸이 붓고 곪기 시작하여 며칠 지나면 고름이 터져서 나왔다가 또다시 도져서 고통을 자주 겪게 되는 경우.

치출혈(齒出血) : 잇몸에서 피가 나오는 증상.

치통(齒痛) : 충치(蟲齒)나 풍치(風齒)등으로 이가 쑤시거나 아픈 증세.

치통(痔痛) : 치질에 의한 통증.

치풍(治風) : ① 충치가 없는데 이가 쑤시면서 얼굴과 머리까지 아픈 증세를 다스림. ② 병의 근원인 바람기를 다스림.

치풍(齒風) : 치육(齒肉)이나 주위의 조직이 염증을 일으켜 이가 아픈 증상.

치풍통(齒風痛) : 풍열사(風熱邪)나 풍한사(風寒邪)로 생긴 치통. 부종(浮腫)이 있은 후 이가 쏘고 얼굴과 머리까지 아픔. 풍열치통(風熱齒痛), 풍랭치통(風冷齒痛)이 있음.

치한(齒寒) : 이가 아픈 증세로 대개는 풍(風)이 원인이 됨.

치핵(痔核) : 항문 및 직장의 정맥이 울혈에 의해 결정상의 종창을 이룬 치질로서 종기 질환, 임신, 변비 등이 원인이 됨.

치혈(痔血) : 치질로 인한 출혈.

치환산성(置換酸性), exchange capacity : 토양 교질물에 흡착된 수소 및 Al이온의 농도를 치환산성 또는 잠산성이라 한다.

친수성(親水性), hydrophilic : 물을 유인하는 것, 즉 쉽게 물과 결합하는 분자 또는 분자 속의 작용기를 가리킨다. carboxy띠, 수산기, amino기 등은 친수성이다.

친수성콜로이드, hydrophilic colloid : 물과 잘 결합하는 콜로이드이다.

친화성(親和性), affinity, compatibility : 어울림성을 말한다.

칠독(漆毒), 옻 : 옻나무의 진과 접촉할 때 발생하며 좁쌀 같은 발진이 생기고 터져 곪게 됨.

칠엽수과, Hippocastanaceae : 전 세계 2속 25종을 분포하며 우리나라에는 칠엽수를 관상용으로 심는다. 잎은 마주나고 장상복엽이다. 꽃은 양성이지만 수꽃이 있고 원추화서에 달린다. 꽃받침잎은 5개, 꽃잎은 4~5개, 수술은 5~8개이며 암술은 3개의 심피로 된 상위자방이고 3실에 각 2개씩 배주가 들어 있다.

칠창(漆瘡) : 옻독에 의하여 생기는 피부병.

침(針) = 자(刺), 가시, critical spine, prickle, spine, thorn : 식물의 가지, 잎, 턱잎, 껍질 등이 변해서 생긴 날카로운 돌기. 예) 아까시나무, 산딸기, 주엽나무.

침상거치(針狀鋸齒) = 바늘모양톱니, 침상톱니, aristate : 가장자리의 톱니 끝에 짧은 바늘 같은 것이 달려 있는 것.

침수식물(沈水植物), submerged plant, submerged hydrophyte : 전 식물체가 물속에 잠겨서 자라는 수생식물. 예) 붕어마름, 검정말. 민나자스말, 물질경이 등.

침수엽(浸水葉), submersed leaf : 수생식물에서 수면보다 아래에 있는 잎. 예) 가래, 물수세미.

침엽(針葉) = 바늘잎, acicular leaf, needle leaf : 소나무의 잎과 같이 바늘모양으로 생긴 잎.

침엽(浸葉), immersed leaf : 물에 잠겨 있는 잎.

침엽수(針葉樹) = 바늘잎나무 : 바늘잎이 달리는 나무.

침종(浸種), seed soaking : 파종하기 전에 종자를 일정한 기간 동안 물에 담가서 발아에 필요한 수분을 흡수시키는 것을 침종이라고 한다. 침종기간(浸種期間)은 작물과 수온에 따라서 다르다.

침지(浸漬), soaking, immersion, dipping : 무엇을 물속에 담가 적심. 식물섬유의 줄기를 물, 온탕, 약품 등에 적시는 일을 말한다.

침투율(浸透率), penetrance : 동일한 유전자형의 개체들 중에 제대로 형질이 나타나는 개체의 비율이다.

침형(針形) = 바늘꼴, 바늘모양, needle-shaped, acicular, subulate : 가늘고 길며 끝이 뾰족한 바늘 모양.

ㅋ

카로티노이드, carotenoid : 동식물계에 널리 분포하여 황색 내지 적색을 나타내는 일군의 색소들을 총칭하는 말이다. 질소를 함유하지 않으며 긴 연쇄상의 이중결합을 지니는데, 이 이중결합의 수가 빛의 흡수성질을 결정한다. 산소를 가지고 있는 것과 가지고 있지 않은 것으로 구분되며 전자를 카로틴, 후자를 크산토필이라고 한다. 일반적으로 물에 잘 녹지 않고 지방을 용해시키는 용매에 잘 녹으며 산화되기 쉽다. 산에 불안정, 상호 화학적 성질이 유사하여 순수분리가 곤란하다. 생리적 작용은 잘 알려져 있지 않으나 동물이 눈으로 빛을 감지하는 반응에 중요하며 몇 가지는 동물에 흡수되어 비타민 A로 변하기 때문에 비타민 A의 전구물질이라고 한다. 식물의 광합성에도 엽록소 다음으로 중요한 역할을 한다.

카올리나이트, kaolinite : 결정이 Si판과 Al판이 한 줄씩 교대로 되어 있는 점토광물로서 1:1형 결정격자를 가진다. 명확한 6각형의 결정으로 입자가 제일 큰 0.10~5이며 굳게 결합되어 있어 잘 부서지지 않는다. 사기그릇의 원료가 되는 카올린의 주성분이다.

카탈라제, catalase : ① 과산화물을 파괴하는 효소($2H_2O_2 \rightarrow O_2 + 2H_2O$). ② 산화효소, Fe-porphyrin을 작용기로서 포함한 햄계(hemes)의 산화환원효소의 일종 조직(tissue) 안에 들어 있는 효소로서 과산화수소(H_2O_2)를 물(H_2O)과 산소(O_2)로 갈라준다. 이 효소는 체내에 과산화물이 축적되지 않도록 생리적 안전 방어제의 기능을 한다.

칼꼴 = 검형(劍形), ensifrom, ensate : 칼처럼 날카롭게 생긴 모습을 말하며 붓꽃, 꽃창포 등의 잎을 기록할 때 쓰임.

칼라미테스[蘆木], Calamites : 속새류의 화석으로 석탄기에 번성했으며 식물체는 30m 정도로 커서 숲을 형성했다.

칼로리, calorie : 열의 단위로 1 calorie는 물 1g의 온도를 15℃에서 16℃로 상승시키는 데 요하는 열량. 1g의 물을 1기압에서 온도 1℃ 상승시키는 데 필요한 열량을 말한다.

칼륨, potassium(K) : 칼륨은 특정한 화합물보다는 이온화하기 쉬운 형태로 잎, 생장점, 뿌리의 선단에 많이 함유되어 있다. 광합성, 탄수화물 및 단백질형성, 세포 내의 수분공급, 증산에 따른 수분상실을 조정하여 세포의 팽압을 유지하게 하는 등의 기능에 관여한다. 그밖에도 여러 가지 효소반응의 활성제(活性劑, activator)로서 작용한다. 결핍되면 생장점이 말라죽고, 줄기가 연약해지며, 잎의 끝이나 둘레가 황화하고, 아랫잎이 떨어지며, 결실이 나빠진다.

칼모양[劍形], ensiform : 칼과 같은 모양. 예) 붓꽃의 잎

칼슘, calcium(Ca) : 칼슘(石灰)은 세포막 중 중간막의 주성분이다. 잎에 많이 존재하며, 체내에서 이동이 어렵다. 단백질의 합성과 물질전류에 관여하며, 질소(NO_3^-)의 흡수, 이용을 촉진한다. 체내의 유독한 유기산을 중화하고, 알루미늄(Al)의 과잉흡수를 억제하여 그 독성을 줄여준다. 분열조직의 생장, 뿌리 끝의 발육과 작용에 반드시 필요하며, 결핍하면 뿌리나 눈[芽]의 생장점이 붉게 변하여 죽는다. 토양 중에 석회가 과다하면 마그네슘, 철, 아연, 코발트, 붕소 등의 흡수가 억제된다.

칼집잎 = 초상엽(鞘狀葉), 초엽(鞘葉), sheathy leaf : 칼집 모양으로 생긴 잎.

캘러스, callus : 화본과 꽃의 외영 밑 부분을 말하며, 보통 딱딱하게 굳어 있음.

컵모양, cotyliform : 컵 모양을 하고 있는 것.

코르크, suberous : 부피생장을 하는 식물의 줄기나 뿌리의 주변부에서 만들어지는 보호조직.

코르크층, cork layer : 코르크 조직, 식물의 뿌리와 줄기를 덮고 있으며 슈베린이 퇴적되어 수분과 가스의 통과를 막아 식물체를 보호하는 조직. 즉 온도의 급변, 기계적 상해 등을 막는 식물체의 피복조직의 하나이다. 세포 간극이 없고 세포가 일찍 죽어버리기 때문에 세포막이 얇다. 우리가 일상적으로 쓰는 코르크는 지중해 연안에서 생산되

는 코르크나 무의 껍질인데 우리나라에서 생산되는 굴참나무의 정질도 코르크로 이용이 가능하다.

코발트, cobalt(Co) : 콩과작물의 근류에는 비타민 B_{12}가 많은데, 코발트는 비타민 B_{12}를 구성하는 금속성분이다. 코발트결핍토양의 목초를 가축에 먹이면 코발트결핍증상이 나타나므로, 미국에서는 결핍초지에 코발트를 살포하는 일이 있다.

코아서베이트, coacervate : 생명의 진화과정에서 막으로 둘러싸여 있어 외부환경에서 자신이 필요한 물질을 빨아들여 보유할 수 있고 자체 복제를 하는 물질을 갖고 있는 세포가 만들어지기 직전의 상태.

코피 = 비출혈(鼻出血) : 비강점막(鼻腔粘膜)으로부터의 출혈.

콜레라, cholera : 콜레라균에서 일어나는 소화기계의 전염병. 주요증상으로 격심한 구토와 설사가 있음.

콜로이드, colloid : 보통 현미경으로는 보이지 않으며 원자 또는 저분자보다는 약간 큰 물질이 분산되어 있을 때 이것을 콜로이드 상태에 있다고 하고 그의 분산계를 콜로이드 또는 교질이라고 한다.

콜히친, colchicine : $C_{22}H_2O_6N$ 분자식을 가지는 알카로이드의 일종. 지중해 지방에서 자생하는 나리과 식물의 종자에서 추출한 물질이다. 황색의 가루로 독성이 강하며 물, 알코올에 잘 녹는다. 저농도에서도 세포의 핵분열을 교란시켜 배수체 육종에 쓰이고 있는 약제이다. 콜히친처리를 받은 핵은 분열할 때 2분된 각 염색체가 세포의 양단으로 이동하지 못해 정상세포보다 2배나 많은 염색체를 가진 핵을 생성하므로 이를 이용해서 4배체의 식물을 얻을 수 있다. 그리고 4배체와 정상 2배체의 교잡으로 다시 3배체의 식물도 만들 수 있는데 콜히친의 기능은 방추사, 세포막의 형성억제에 의한 핵분열교란으로 볼 수 있다.

콤바인, combine : 예취기와 탈곡기 및 풍선기까지를 결합한 기계라고 하여 콤바인이라 하며, 이는 자동주행하면서 벼를 베어 올리면서 탈곡, 풍선하고 아울러 자동적으로 탈곡, 풍선된 벼를 포대에 담으며 볏짚은 절단하여 논바닥으로 살포하는 등, 예취+탈곡+풍선+수납+볏짚처리 등의 일련의 작업과정을 조합한 기계이다.

콩과 = 두과(荳科), Leguminosae, Fabaceae : 전 세계에 분포하는 교목, 관목, 초본으로 550속 13,000종이며, 우리나라에 36속 96종이 자생한다. 어긋나는 잎은 단엽이나 복엽이다. 여러 가지 화서로 달리는 꽃은 양성화이고, 열매는 협과이며 종자에 배유가 없다.

콩과작물[두과작물(荳科作物)]의 순환농법(循環農法) : 휴한 대신에 크로버(토끼풀), 알팔파(자주개자리), 베치(갈퀴나물) 등의 콩과작물을 도입하여 사료를 얻고 지력을 높이는 농법을 개량삼포식농법이라고 한다. 콩과식물은 여러 가지 윤작농법에 이용되고 있다.

콩팥모양 = 콩팥꼴, 신장형(腎臟形), 신장상(腎臟狀), kidney-shaped, reinform : 가로가 길고 밑부분이 들어가서 콩팥 모양을 하는 것.

큐어링, curing : 상처를 치유한다는 뜻이다. 고구마의 경우 수확 직후 고온(32℃ 정도)

과 고습(90% 상대습도)에 3~4일간 보관한 후에 저장한다. 이것이 큐어링인데 큐어링을 하면 수확 시의 상처, 병해충에 의한 상처가 잘 아물어 저장력을 크게 높인다.

큐티클층, cuticle layer : 식물의 줄기나 잎, 특히 잎의 표피조직 표면에 잘 발달된 큐틴의 퇴적층. 큐틴이란 지방 또는 납질의 물질로서 식물의 잎으로부터 수분증산, 병원균의 침입 등을 막아 식물을 보호하는 중요한 기능을 한다.

큐틴, cutin : 지방유도체들의 복잡한 중합체로 물에 불투성인 각피의 일차적인 성분.

크세니아, xenia : 종자의 배유($3n$)에 우성유전자의 표현형이 나타나는 것을 크세니아(xenia)라고 한다. 예컨대 찰벼와 메벼를 교배하여 얻은 종자의 배유는 메벼로 나타나는데, 이는 메벼유전자 *Wx*의 작용 때문이다.

큰꽃싸개 = 모인꽃싸개, 총포(總苞), involucre : 잎이 변해 열매의 밑동을 싸고 있는 비늘 같은 조각. 예) 국화과, 산딸나무.

큰꽃싸개조각 = 모인꽃싸개조각, 총포엽(總苞葉), 총포조각, 총포편(總苞片), involucral bract, involucral scale, phyllary : 국화과 식물 등에서 볼 수 있는 둥그렇게 모여 있는 꽃싸개를 구성하는 조각.

큰싸개잎 = 포엽(苞葉), 포잎, bract : 꽃자루의 밑에 있는 비늘 모양의 잎으로 크기가 아주 작아졌지만 꽃싸개보다는 큰데 그 형태 또한 보통의 잎과 다르다.

큰잎자루 = 총엽병(總葉柄), rachis : 겹잎에서 작은 잎을 달고 있는 잎자루가 붙어 있는 큰 잎자루.

큰키나무 = 키나무, 교목(喬木), arbor, tree : 줄기가 곧고 굵으며 높이 자라고, 위쪽에서 가지가 퍼지며 높이 2.5m 이상의 나무. 예) 은행나무, 참나무.

클로닝, cloning : 동일한 세포를 증식하는 과정이다.

클로스트리듐, Clostridium : 비공생적으로 질소를 고정하는 유기 영양성 질소고정균으로 산소가 적은 조건하에서만 질소를 고정한다.

클론, clone : 동일한 유전자를 가진 세포나 개체가 증식하는 것이다.

키다리병 : 전국적으로 발생하는 병으로 전년의 이병종자로부터 감염되며 증상으로는 병원균이 분비하는 지베렐린이란 물질의 작용에 의해 못자리 때부터 벼잎이 연한 황록색을 띠고 가늘고 지나치게 도장하며 본답에서는 마디가 구부러지고 구부러진 마디에서 수염뿌리가 생기며 이삭이 나오지 않거나 극히 빈약하다.

키메라, chimera : 같은 조직의 부위에 따라 유전적 특성이 다르게 나타나는 현상을 말한다

키아스마, chiasma : 감수분열 때 교차로 인하여 생긴 염색분체 사이의 접착점으로서 X자 모양으로 보인다.

ㅌ

타가불화합성(他家不和合性), cross-incompatibility : 교잡불임의 하나, 속, 종, 품종 간

어떤 종의 교배에 있어서 배주나 화분이 완전함에도 불구하고 수정되지 않는 현상이다. 교잡불친화성.

타가수분(他家受粉) = 다른꽃가루받이, allogamy, cross pollination : 다른 개체의 꽃가루를 받아서 수정이 이루어지는 꽃가루받이의 작용.

타가수정작물(他家受精作物) : 남의 꽃가루를 받아 수정하는 작물. 암수 꽃의 개화기 차이, 화기의 구조, 또는 유전적으로 자가 꽃가루받이를 하면 수정이 안 되는 작물은 타가수정을 하게 된다. 타가수정하는 작물로는 옥수수, 오이, 시금치 등이 있다.

타감작용(他感作用) = 알레로파시, 상호대립억제작용(相互對立抑制作用), allelopathy : 식물체 내에서 생성된 물질이 다른 식물의 발아와 생육에 영향을 미치는 생화학적인 상호반응. 잡초와 작물 간의 생화학적 상호작용은 촉진적인 경우보다 억제적인 경우가 많다.

타급영양세균(他給營養細菌) : 유기 영양세균이라고도 하며 토양 중 각종 유기물의 변화와 분해를 일으켜 질소를 이용하는 세균을 말하는데 산소의 요구성에 따라 호기성과 혐기성으로 나눌 수 있다. 유기물을 산화해서 에너지를 얻는다.

타박(打撲) = 질박(跌撲) : 넘어지거나 부딪쳐서 상처가 생기는 것.

타박상(打撲傷) : 높은 곳에서 떨어지거나 교통사고를 당했을 때 출혈로 군데군데 피멍이 들면 온몸이 영향을 받고 자율신경이 마비되어 심한 통증을 느낌.

타박손상(打撲損傷) : 부딪치거나 맞아 다쳐 손상된 병증.

타발휴면(他發休眠), imposed or enforced dormancy : 과수의 꽃눈이 겨울철 저온에서 일정한 기간이 경과되어야만 봄에 개화할 수 있다든가, 토양 중의 잡초종자가 광선과 산소의 부족으로 휴면상태를 지속하는 것과 같이 외적 조건이 부적당하기 때문에 유발되는 휴면을 타발적 휴면 또는 강제휴면이라고 한다.

타복(打扑) : 부딪히거나 맞은 것(혹은 그 부위).

타식성작물(他殖性作物) allogamous(outcrossing) crops : 암술과 수술이 서로 다른 개체에서 생기거나(자웅이주; 시금치, 삼, 호프, 아스파라거스), 수술이 먼저 성숙하거나(웅예선숙; 옥수수, 딸기, 양파, 마늘), 또는 자식으로 종자를 형성할 수 없어 (자가불화합성; 호밀, 배추, 무, 메밀) 타가수분이 이루어지며, 자식률이 5% 이하이다. 이러한 타식성작물은 유전자형이 서로 다른 개체들 사이에 수분이 이루어지기 때문에 자식성작물보다 유전변이가 더 크다.

타원모양[橢圓形], eliptical : 원형이 좀 길게 된 모양으로 중앙부가 가장 넓고 위아래가 같은 모양.

타원형(橢圓形) = 타원꼴, 길둥근꼴, elliptical : 잎의 전체 모양이 길둥근 모양인 것.

타태(墮胎), 유산(流産)을 원할 때 : 인위적으로 유산을 시키고자 하는 경우.

탁엽(托葉) = 턱잎, stipule : 잎자루가 줄기와 붙어 있는 곳에 좌우로 달려 있는 비늘 같은 잎.

탁엽초(托葉稍) = 턱잎집, ochrea : 잎집의 한 변형으로 마디풀과에서 볼 수 있다.

탁엽흔(托葉痕), stipule scar : 탁엽이 있던 자국.

탄닌, tannin : 석탄산에서 생성된 유도체의 일종으로 황색 또는 적갈색의 과립.

탄사(彈絲), elater : 속새과 식물의 포자를 둘러싸고 있는 것으로 멀리 퍼져나가게 함.

탄산비료(炭酸肥料) : 작물의 증수(增收)를 위하여 작물 주변의 대기 중에 인공적으로 이산화탄소를 공급해주는 것을 탄산시비(炭酸施肥) 또는 이산화탄소시비라고 한다. 특히 보온시설에서 작물을 재배할 때 환기가 원활치 못하면 이산화탄소 결핍으로 작물이 자라지 못하고 죽는다. 이러한 현상을 방지하기 위하여 탄산시비를 하거나 보온환기장치가 요구된다.

탄산토산(呑酸吐酸), 위가 쓰리고 아플 때 : 윗배, 아랫배가 아프고 소화불량, 구토 등이 나타나는 경우.

탄산화작용(炭酸化作用) : CO_2가 물에 녹아 탄산이 되고 이것이 해리되면 수소이온이 생기는데 이와 같은 탄산에 의해 물에 잘 녹지 않는 암석을 녹이는 작용을 말한다.

탄소(C) · 산소(O) 및 수소(H) : 탄소 · 산소 및 수소 등은 식물체의 90~98%를 차지한다. 엽록소의 구성원소이며, 광합성으로 생성되는 여러 가지 유기물의 구성 재료가 된다.

탄소동화작용(炭素同化作用) = 광합성(光合成), photosynthesis, carbon assimilation : 녹색 식물이 빛 에너지를 이용하여 이산화탄소와 물을 재료로 녹말이나 당을 만드는 과정.

탄수화물(炭水化物), carbohydrate : 천연에 널리 존재하는 일반식 $Cx(H_2O)y$로 나타내는 화합물의 총칭으로서 당, 녹말, 셀룰로오스 등이 있다.

탄수화물질소비율(炭水化物窒素比率), carbohydrate nitrogen ratio : 식물체 내의 탄수화물(炭水化物)과 질소(窒素)의 비율(比率)을 탄질률 또는 C-N율(C-N ratio)이라고 한다. C-N율이 식물의 생육, 화성, 결실을 지배하는 기본이 된다는 견해를 C-N율설(C-N ratio theory)이라고 한다.

탈곡(脫穀), threshing : 곡숙류(穀菽類) 등에서 곡립(穀粒)을 모체로부터 분리하는 것을 탈곡이라고 한다. 일반곡류에서는 회전탈곡기(回轉脫穀機)가 많이 이용되며, 옥수수는 corn sheller로 탈곡한다. 회전탈곡기의 회전속도가 너무 빠르면 곡립이 상할 우려가 있다.

탈력(脫力) : 힘이 빠지는 증상.

탈리(脫離), abscission : 잎, 꽃, 과실 등의 기관이 그 기부의 이층의 형성으로 인하여 떨어지는 현상.

탈립성(脫粒性), shattering habit : 작물에서 종실이 탈립(shattering)이 되는 특성으로 탈립성이 크면 수확 시 손실이 크고, 적으면 탈립에 많은 노력이 필요하므로 작물의 성격에 맞게 적당해야 한다.

탈모증(脫毛症) : 유전적인 소인에 의한 탈모증, 외사에 의한 탈모증, 내부적인 원인에 의한 탈모증 등 모발이 빠지는 경우의 증세.

탈부(脫稃), dehulling, persimon hulling, husking : 현미를 싸고 있는 외영과 내영 등을 베껴낸 껍질을 왕겨 또는 부(稃)라 하며, 벼를 현미로 도정하는 것은 곧 탈부에 해당되는 것이다.

탈염해수(脫鹽海水) : 염분, 즉 소금기를 제거한 바닷물이다.

탈엽제(脫葉劑) : 농작물을 기계로 수확하기 위해 인위적으로 잎을 제거해주는데 이때 잎을 제거하기 위해 사용되는 약제를 탈엽제라 한다. 일명 낙엽제라고도 한다.

탈장(脫腸) : 복부 내장의 한 부분이 선천적으로 있거나 또는 후천적으로 생긴 구멍으로부터 복벽(腹壁), 복막에 싸인 채로 복강(腹腔) 밖으로 나오는 병.

탈질작용(脫質作用), denitrification : 담수상태의 논에 암모니아태질소(NH_4)를 논표면인 산화층에 사용하면 질산화작용에 의해 산화되어 질산태질소인 초산 또는 아초산이 되어 토양에 잘 흡착되지 못하고 하부의 환원층으로 이동, 여기서 탈질세균에 의해 환원되어 질소가스(NO_3 → NO → N_2)로 대기중으로 날아가게 되는데 이 같은 현상을 탈질작용이라 한다. 전층시비.

탈피기급(脫皮肌急) : 몸의 어느 한 부위에 허물이 벗겨지는 증세.

탈항(脫肛) : 배변 때나 그 밖에 복압을 가한 때 직장 항문부의 점막 또는 전층이 항문 밖으로 나와 제자리에 돌아가지 않음. 항문 괄약근의 긴장, 불완전 또는 직장 주위의 고정력 부족이 원인임. 때때로 치핵, 만성 변비, 장염 등이 원인이 되기도 함.

탈홍(脫肛) : '탈항'의 북한어.

탈홍증(脫肛症) : '탈항증'의 북한어.

탕창(湯瘡) : 화상으로 살갗에 물집이 생기고 벗겨지는 증상.

탕화창(湯火瘡) : 끓는 물이나 불에 덴 것이 아물지 않고 헌 데가 생긴 것.

태독(胎毒) : ① 태아가 뱃속에 있을 때 얻은 병독. ② 갓난아이로부터 젖먹이 시기에 생기는 헌 데를 통틀어 이르는 말이며 젖먹이의 머리나 얼굴에 나는 피부병의 총칭. 유전 매독 이외에는 체질이나 세균에 의한 것으로 태반의 독에서 오는 어린이의 피부병.

태루(胎漏) : 태아를 가진 임산부의 자궁에서 피가 흐르는 경우.

태생(胎生) : 사생(四生)의 하나. 모태(母胎)로부터 태어나는 생물을 이르는 말. 태반에서 영양을 공급받아서 성장하여 출산하는 것으로 난생과 대비되는 개념.

태아양육(胎兒養育) : 뱃속에 있는 태아에게 양호한 발육을 촉진하는 데 효험이 있음.

태양병(太陽病) : 풍사(風邪), 한사(寒邪) 등 외사(外邪)가 족태양경(足太陽經)과 그에 해당하는 부위에 침범하여 생긴 병증을 말하고, 주로 발열, 오한, 두통을 동반한다.

태양상수(太陽常數), solar constant : 태양과 지구가 평균거리에 있을 때 지구 대기 밖에서 태양광선에 수직으로 놓여 있는 단위면적당 단위시간에 받을 수 있는 전체복사 에너지의 양을 말한다. 태양상수는 $1.37KWm^{-2}$(=1.96cal/㎠)이다.

태의불하(胎衣不下) : 태아만출 후 태반이 시간이 경과해서도 나오지 않는 것, 태반이 박리되어 저류된 것, 또는 유착태반일 수 있음.

태좌(胎座), placenta : 암꽃의 한 부분으로 씨방 내에 심피가 있는데, 이 심피에 배주가 자리 잡는 위치. 씨방에 배주가 착생하는 내벽의 부위. 씨방 안의 태좌배치, 즉 배주가 착생된 배열형식을 태좌식이라 한다.

태풍(胎風) : 소아가 출생 후 열이 나고 피부가 벌건 것이 마치 열탕이나 불에 덴 것

같은 일련의 증후를 나타내는 병증.

택벌(擇伐), selective cutting : 나무를 선택하여 수확하는 것으로 대부분 큰 나무를 벌채 이용하고 이 자리에 다시 어린나무가 자라게 하여 숲을 늘 유지하는 특징이 있음.

택사(澤瀉) : 택사과에 속하는 다년생 초종으로 늪이나 논에 저절로도 나고 관상용 또는 약초로 재배된다. 그 뿌리가 습증, 부종 등에 약효가 있다 하여 약초로 재배되기도 한다.

택사과, Alismataceae : 전 세계에 분포하는 초본으로 10속 70종이며, 우리나라에 2속 4종이 자생한다. 수생 및 습지식물이며 근생하는 잎은 엽병이 있고 선형 또는 화살형이다. 자웅이주나 자웅동주로 단성화 또는 양성화는 원추화서나 총상화서에 달리고, 열매는 수과이다.

턱잎 = 탁엽(托葉), stipule : 잎자루가 줄기와 붙어 있는 곳에 좌우로 달려 있는 비늘 같은 잎.

턱잎자국[托葉痕], stipule scar : 일년생가지에 턱잎이 붙었다 떨어진 흔적.

턱잎집 = 탁엽초(托葉稍), ochrea : 잎집의 한 변형으로 마디풀과에서 볼 수 있다.

털[毛茸], trichome : 털 또는 표피가 털처럼 튀어나온 것으로, 한 개의 털이 하나의 세포로 구성된 단세포털(unicellular trichome)과 두 개 이상의 세포로 구성된 다세포털(multicellular trichome)이 있다.

털이없는[無毛], glabrous : 털이 없는 상태.

털이있는[有毛], pilose : 표면에 털이 있는 상태.

테르펜, terpene : 송백류에서 분비하는 방향족 화합물.

테트라졸륨법, tetrazolium test(TCC) : 광선을 차단한 시험관에 수침(水浸)했던 종자의 배(胚)를 포함하여 종단(縱斷)한 종자를 넣고 TTC(2, 3, 5-triphenyltetrazolium chloride)용액을 주입(注入)하여 40℃에 2시간 보관한 다음 그 반응이 배(胚)・유아(幼芽)의 단면(斷面)이 전면 적색(赤色)으로 염색되었으면 발아력이 강하다고 본다. TTC용액 농도는 화본과 0.5%, 콩과 1% 정도가 알맞다.

텔롬설, telome theory : 관다발을 여럿 갖고 있고 크기가 큰 고사리류의 대엽이 차상분지를 하는 하등관속식물의 가지가 물갈퀴처럼 붙어 펴져서 진화되었다는 가설.

토담(吐痰) : 담(痰)을 토하는 증상.

토사(吐瀉) : 음식물을 토하고 설사를 하는 증세.

토사곽란(吐瀉癨亂) : 토하고 설사하여 배가 심하게 아픈 증상.

토사부지(吐瀉不止) : 음식물을 토하고 설사하는 증세가 멈추지 않음.

토성(土性), soil texture : 토성은 양토(壤土)를 중심으로 하여 사양토(砂壤土)~식양토(埴壤土)의 범위가 토양의 수분, 공기, 비료성분 등의 종합적 조건에서 알맞다. 사토(砂土)는 토양수분과 비료성분이 부족하고, 식토(埴土)는 토양공기가 부족하다.

토심(土深), soil depth : 토양의 깊이를 말하는 것으로 토양의 깊이는 토양의 유효심도와 작토의 깊이, regolith의 깊이 등의 총괄한 의미로 사용한다. regolith의 깊이는 표토로부터 암반까지의 깊이를 말한다.

토양 3상(土壤 三相), three phases of soil : 토양을 구성하고 있는 고상인 무기물과 유기물, 액상인 수분, 기상인 토양공기를 말하는데 식물이 종류에 따라 다르지만 대체로 고상 50%, 액상 25%, 기상 25%의 비율이 식물이 자라는데 알맞다.

토양(土壤), soil : 암석의 풍화산물과 분해·부후된 유기물이 섞여지고 기후 및 생물 등의 작용을 받아 변화되며, 말은 층으로 지구표면을 덮고 있으며 식물이 자라는 근본이다.

토양개량제(土壤改良劑), soil conditioner : 토양의 입단형성(粒團形成)을 도모하여 통기·통수의 상태를 좋게 하고, 표토의 피각형성(皮殼形成)을 억제하여 작물의 생육을 돕고, 경운 등의 농작업을 용이하게 하기 위하여 토양에 투여하는 자재를 토양개량제라고 한다. 토양의 입단형성뿐만 아니라, 토양반응의 조정, 누수의 방지, 염기치환용량의 증대 등 토양성질의 개선에 효과가 있는 자재도 토양개량제에 포함된다.

토양공기(土壤空氣) : 토양 중의 공기가 적거나, 또는 산소가 부족하고 이산화탄소가 많거나 하면 작물뿌리의 생장과 기능을 해친다.

토양교질(土壤膠質) : 토양입자 가운데 1 이하의 입경을 가진 미세입자. 이 교질물은 미세입자이기 때문에 표면적이 크고 표면의 성질이 특이하여 토양의 이화학적 성질을 지배하는 데 매우 중요하다. 점토광물의 미세입자인 무기교질물과 유기물의 분해잔사인 유기교질물이 있어 상호작용한다. 교질물이 많을수록 토양의 수분증발, 수분유실이 적어 보수력과 각종 양분을 지니는 힘이 크다. 심한 강우 시 혼탁한 물에 떠 있는 미세입자가 바로 토양교질물이다.

토양구조(土壤構造), soil structure : 토양입자가 배열되어 있는 상태를 말하며 그 구조의 단위를 Ped라 한다. 무구조로는 단립과 집합이 있고, 구조형으로는 입상, 판상, 괴상, 프리즘상이 있으며 일그러진 구조로는 반죽상이 있다.

토양단면(土壤斷面), soil profile : 토양을 표면에서부터 풍화가 덜 된 모재료까지 자른 면을 토양단면이라 하며 각 층위의 토성, 두께, 색, 화학적 성질 및 순서 등이 토양의 특징과 농업적 가치를 결정한다.

토양도(土壤圖), soil map : 토양조사결과 만들어지는 지도로 색, 사선의 조합, 검은색의 실선과 점선, 부호 등으로 표시하는데 1:50,000 정도의 개략토양도와 1:25,000 정도의 정밀토양도가 있다.

토양동물(土壤動物) : 흙속에서 생활하는 동물의 총칭. 아메바, 선충, 지렁이, 진드기, 개미, 두더지 등 많은 동물군이 이에 속하며 포식동물과 분해동물이 있으며 후자는 낙엽, 낙지 등의 식물질이나 동물의 시체 등을 분해하여 토지를 비옥하게 하는 구실을 한다.

토양멀칭 : 작물이 생육하고 있는 동안 짚이나 건초, 비닐 등을 덮어주어 지온상승, 토양수분 증산억제, 잡초방제 등의 효과를 얻는 것을 멀칭이라 한다.

토양미생물(土壤微生物), soil microorganism, soil microbe : 흙속에 있는 미생물. 세균,

방사균, 사상균, 조류 등 종류가 많은데 그 작용은 토양의 생성이나 고등식물의 생육에 영향이 많다.

토양반응(土壤反應), soil reaction : 토양반응은 중성~약산성이 알맞으며, 강산성이나 알칼리성이면 작물생육에 나쁘다. 토양의 산성에는 두 가지가 있다. 토양용액에 들어 있는 H^+에 따른 것을 활산성(活酸性, active acidity)이라 하고, 토양교질물에 흡착된 H^+와 Al 이온에 따라서 나타나는 것을 잠산성(潛酸性, potential acidity) 또는 치환산성(置換酸性, exchange acidity)이라고 한다.

토양보호작물(土壤保護作物), soil conservating crops : 토양을 보호하는 피복작물.

토양분류(土壤分類) : 기후, 식생, 모재료 등 토양의 생성요인에 기초를 둔 생성론적 분류와 토양 자체의 성질과 형태적인 특징에 기초를 둔 형태론적인 분류의 2가지가 있다.

토양비옥도(土壤肥沃度), soil fertility : 흙의 기름진 정도. 가급태 양료에 대해서는 1/10 HCl 등의 희산(稀酸)에 가용한 양을 정량해서 추정하든지, 또는 염화카리, 초산암모늄 등의 중성염으로 치환되는 치환성물질의 다소 또는 포화도 등을 비교해서 나타낸다.

토양색(土壤色) : 토양의 색깔에 특별히 영향을 미치는 것은 부식물, 철, 망간의 산화물인데 토양의 색깔은 구성물의 종류와 화학적 형태에 따라 차이가 생긴다. 토양의 색은 주관적으로 색깔을 표시하거나 객관적으로 숫자나 기호로 나타내기도 한다.

토양생성작용(土壤生成作用) : 암석이 풍화작용을 거쳐 여러 환경요인의 영향으로 토양을 이루는 작용을 말하는데, 토양생성에 영향을 미치는 주요인자는 모재료의 종류와 성질, 기후, 생물, 지형, 시간 등을 들 수 있다.

토양성분(土壤成分) : 무기물(45%), 유기물(5%), 공기(25%), 수분(25%)으로 되어 있다.

토양수분(土壤水分), soil moisture : 토양수분이 알맞아야 작물생육이 좋다. 부족하면 한해(旱害)가 나타나고, 과다하면 습해(濕害), 수해(水害)가 나타난다.

토양수분장력지수(土壤水分張力指數) : 토양에 간직되어 있는 어느 정도의 물을 제거하는데 필요한 힘을 수주 높이의 대수값을 취하여 pF값으로 표시한 토양수분의 보유력이다. 포장용수량의 pF값은 2.5이고 위조계수는 4.2, 흡습계수는 4.5이며 유효수분인 모관수는 3~4이다.

토양수탈작물(土壤收奪作物), soil depleting crops : 토양의 영양분을 섭취만 하기 때문에 비료분을 공급해주어야 하는 작물. 예) 화곡류.

토양숙성 : 토양단면을 발달케하는 여러 가지 현상의 연속으로 층위의 발달초기에 있는 토양을 미숙토양, 층위가 완전히 분화되어 있고 환경과 동적인 평형을 이루고 있는 단계의 것을 숙성되었다 한다.

토양오염(土壤汚染), soil contamination, soil pollution : 토양오염은 농업이 아닌 다른 산업부문에서 배출되는 오염물질이 농경지로 유입되는 대기오염과 수질오염이 원인을 제공하는 경우가 있고, 농업 내부에서 비료, 농약, 제초제 등의 다량 투입으로 인하여 일어나기도 한다.

토양온도(土壤溫度) : 태양의 복사열에 의해 토양의 온도는 얻어지는데 토양의 온도는 토양 안의 화학적·생물학적 활동에 큰 영향을 미치며 토양수분은 토양의 온도가 오르고 내리는 데 큰 역할을 한다.

토양용기량(土壤容氣量) : 토양공기의 용적은 전공극용적에서 토양수분의 용적을 감한 것인데, 토양중에서 공기로 차 있는 공극량을 토양의 용기량(容氣量, air capacity)이라 한다. 일반적으로, 모관공극에는 수분이 차 있고, 비모관공극에는 공기가 차 있으므로, 용기량은 비모관공극량과 비슷하다. 따라서 토양의 전공극량이 증대하더라도 비모관공극량이 증대하지 않으면 용기량은 증대하지 않는다. 또한, 토양수분함량이 최대용수량에 달했을 때의 용기량을 최소용기량(最小容氣量, minimum air capacity)이라 하고, 풍건상태의 용기량을 최대용기량(最大容氣量, maximum air capacity)이라고 한다.

토양유기물(土壤有機物), soil organic matter : 토양에 존재하는 유기물. 여러가지 미생물에 의해 분해작용을 받아 원조직이 변질하거나 합성된 갈색 또는 암갈색의 일정한 형태가 없는 교질의 복잡한 물질로, 분해에 대하여 어느 정도 저항성을 지니고 있는 물질은 토양부식이라 하고 협의의 토양유기물이다.

토양(土壤)의 3상분포(三相分布) : 토양은 고체인 토양입자와 토양공극(土壤空隙)에 있는 액체인 물과 기체인 공기로 구성되어 있다. 이들을 토양의 3상(三相), 즉 고상(固相), 액상(液相), 기상(氣相)으로 부르고 있다. 작물생육에 알맞은 토양의 3상분포는 고상이 약 50%, 액상 30~35%, 기상 20~15%라고 한다. 기상과 액상의 비율은 기상조건에 따라서 크게 변동한다.

토양의 물리적 조성 : 토양은 크게 고형물과 공극으로 분류한다. ① 고형물: 광물질, 무기물, ② 공극: 토양공기, 토양수분.

토양입자(土壤粒子), soil particle : 토양을 구성하는 최소단위의 기본물질. 암석이 오랜 세월을 거치면서 비, 바람, 변온, 생물 등의 작용, 다시 말하면 풍화작용을 받아 그 조직이 기계적으로 파괴되어 형성된 토양의 기본구성체이다. 입자의 지름에 따라 자갈과 세토로 구분하고 세토는 다시 모래와 점토로 구분된다.

토양전염(土壤傳染), soil transmission : 토양병원균이 그 밭에서 자라는 식물에 감염되는 과정.

토양조성작물(土壤造成作物), soil building crops : 토양을 비옥하게 하는 콩과작물.

토양층위(土壤層位), soil stratum(layer, horizon) : 토양단면을 나타내는 층위로서 맨윗층이 유기물층, 그 아래가 용탈층, 그 아래가 집적층, 그 아래가 모재층, 그 아래가 암상층으로 되어 있다.

토양침식(土壤浸蝕), soil erosion : 강우로 표토가 유실되거나, 바람에 표토가 비산되어 지력이 저하하는 현상을 토양침식이라고 한다. 강우가 원인이 되는 수식(水蝕, water erosion)과 바람이 원인이 되는 풍식(風蝕, wind erosion)으로 구별되며, 수식은 다시 빗방울이 표토를 때려서 흩어버리는 우적침식(雨滴浸蝕)과 빗물이 표토를 씻어 내리는 소류침식(掃流浸蝕)으로 구별된다.

토양콜로이드, soil colloid : 콜로이드란 교질이란 뜻이다. 토양교질.

토양통(土壤統), soil series : 같은 모재에서 발달되고 단면의 형태와 층위의 성질은 거의 같으나 A층만은 다른 토양분류단위로서 층위의 배열과 일반적 성질이 같다. 일반적으로 통의 이름은 지역 또는 도시 이름을 붙이고 있다.

토역(吐逆) = 구토(嘔吐) : 급성위염, 유문합착, 위암 등으로 먹은 것을 입 밖으로 게움.

토입(土入) = 흙넣기, topsoiling : 맥류에서 골 사이의 흙을 곱게 부수어서 자라는 골 속에 넣어주는 작업을 토입이라고 하며, 월동 전에 복토(覆土)를 보강하는 요령으로 약간의 토입을 하면 월동이 좋아진다.

토제(吐劑) : 먹은 것을 토하게 하는 약제.

토지(土地), land : 지각을 이루는 자연체인 토양에 수자원공급, 식생, 위치, 교통 등을 고려한 개념이다.

토지생산성(土地生産性) : ① 토지의 작물생산 능력이다. ② 농업소득을 토지면적으로 나누어서 단위면적당의 생산성을 얻어내는 하나의 지표(指標)이다.

토지이용도(土地利用圖) : 토지 이용의 현황을 나타낸 지도이다.

토지이용등급(土地利用等級) : 토지조사의 결과는 토지를 그 이용 특성에 따라 여러 등급으로 나누는데 토양의 특성이 토지의 최대이용을 결정하는 기준이 된다. 미국 토양보전국에서 제정한 등급은 8가지가 있고 각 토지이용등급 분류에는 침식의 위험성, 습윤, 배수, 범람, 근권의 제약, 기후의 제약 등 4가지의 아급이 있다.

토층(土層), soil stratum(layer, horizon) : 경작지의 토층은 작토(作土)가 깊고 양호하며, 심토(心土)도 투수(透水)·통기(通氣)가 알맞아야 좋다.

토풍질(土風疾) : 토질병으로 일정한 지역에서 발생하는 풍토병.

토혈(吐血) : 식도정맥류파열, 십이지장궤양 따위의 질환으로 피를 토하는 증상. 위와 식도 등에서 피를 토하는 것.

토혈(吐血) = 객혈(喀血) : 폐, 기관지 등으로부터 피를 토하는 증상.

토혈각혈(吐血咯血) : 각혈은 호흡기 계통에서 나오는 것으로 선홍색을 띠고, 토혈은 소화기 계통에서 나오는 것으로 적홍색을 띠고 있음.

톱교배, top cross : 특정 계통을 평가하기 위해서 여러 개의 검정친으로 자연수분하는 것을 말한다.

톱니 = 거치(鋸齒), serrate, tooth : 잎몸 가장자리를 표현하는 기재용어. 잎의 가장자리가 톱날처럼 된 부분.

통경(通經) : ① 처음으로 월경이 시작됨. ② 월경의 시기가 되었는데도 없을 경우 월경을 초래시키는 방법.

통경락(通經絡) : 인체의 기혈이 운행되는 통로를 원활하게 하는 것.

통경활혈(通經活血) : 통경(通經)하고 혈액순환을 원활히 하는 효능.

통규(通竅) : 풍한으로 코가 막히고 목이 쉬고 냄새를 맡을 수 없는 증상 등을 통하게 함.

통기(通氣) : 기를 잘 돌게 하기 위한 처방.

통기계 : 통기계란 잎 표면의 기공으로부터 식물체 조직 내의 이생적 세포간극이나 파

생적 세포간극 또는 파생공동을 통해서 뿌리의 피층조직까지 통기가 연락되어 있음을 말한다.

통기조직(通氣組織), aerenchyma : 세포간극이 매우 발달하여 공기를 가지고 있는 조직.

통꽃 = 합판화(合瓣花), gamopetalous, sympetalous : 꽃잎의 일부 또는 전부가 합쳐져 통처럼 생긴 꽃.

통꽃류 = 합판화류(合瓣花類), 후생화피류(後生花被類): 쌍떡잎식물에 속하는 현화식물은 합판화관을 갖춤. 진달래과, 감나무과, 국화과 등의 식물이 여기에 속함. 꽃덮이의 융합 여부를 기준으로 이판화류와 구분함.

통꽃받침[合瓣萼], gamosepalous : 꽃받침의 기부가 서로 붙어 있어 통 모양을 이루는 것으로 꽃받침열편과 꽃받침통으로 구분된다.

통꽃부리[合瓣花冠], gamopetalous corolla : 꽃잎이 서로 붙어 있는 꽃부리.

통도조직(通導組織) : 식물체 내에서 물이나 양분 따위가 드나드는 길 구실을 하는 조직을 통틀어 일컫는 말.

통락(通絡) : 맥락을 통하게 함.

통락거풍(通絡祛風) : 맥을 통하게 하고, 풍사(風邪)를 소산(消散)시킴.

통리수도(通利水道) : 오줌이 막혀 잘 나오지 않을 때 요통(尿通)이 잘 되게 하기 위한 방법.

통림(通淋) : 임증을 치료하는 것.

통맥(通脈) : 혈맥을 통하게 하는 방법.

통모양[圓筒形], tubular : 원통처럼 생긴 형태.

통발과, Lentibulariaceae : 전 세계에 분포하는 초본으로 5속 300종이며, 우리나라에 2속 7종이 자생한다. 물속이나 습지에 서식하는 습생식물로 잎은 어긋난다. 1송이씩 또는 총상화서에 달리는 꽃은 양성화이고, 열매는 삭과로 종자에 배유가 없다.

통변(通便) : 대변을 잘 보게 하는 것.

통변살충(通便殺蟲) : 변을 잘 보게 하고 기생충을 없애줌.

통부(筒部) = 판통(瓣筒), tube : 합판화관의 아래쪽의 관상-종상인 부분.

통상(筒狀), tubular : 원통과 같은 모양.

통상꽃, chasmogamous flower : 자가수정에 의하지 않고 열매를 맺는 꽃.

통속명(通俗名) = 보통명(普通名), common name : 학명은 학술적으로 사용하지만 통속명은 일반인들이 사용하는 이름.

통유(通乳) = 최유(催乳), 하유(下乳) : 출산 후 젖이 나오지 않거나 적게 나오는 것을 치료하는 것.

통이변(通二便) : 대변과 소변을 순조롭게 하는 것.

통일계품종(統一系品種) : 통일이란 한국에서 육성된 다수확 품종으로 1972년부터 장려되기 시작한 벼의 품종이다. 통일은 Yukara, TN1, IR8을 양친으로 하는 3원교잡종으로 키가 작고 비료흡수력이 왕성한 다수성이며 도열병에 강해 한국의 녹색혁명을 주도한 수도육종 사상 획기적인 품종이다. 이 통일품종 육성 후 초형과 수량성이 같으면서 통일품종의 미비점을 조금씩 보완해가면서 같은 혈통의 품종이 계속 육성되어 보급되고 있는데, 이들 품종을 총칭하여 통일계품종이라고 한다.

통일벼(IR667) : 벼의 품종명으로 1965년에 Japonica인 일본 북해도의 장려품종인 극조생종 Yukara에 Indica인 대만의 광지역 적응성 품종 Taichung Native 1을 교배하여 얻은 F_1을, 국제미작연구소에서 육성한 단간내비 내도복성인 Indica품종 IR8에 3원교배한 원연교잡종으로 육성하는 과정에 있어서도 한국과 필리핀을 육성모지로 하면서 하계와 동계에 재배하는 등 환경의 다양성을 반복하여 육성, 선발함으로써 내비, 내도복, 내병성이며 수광태세가 이상적인 단간수중형의 다수성품종이며 광지역성인 품종으로 육성, 1971년 '통일'로 명명 장려품종으로 결정하여 농가에 보급하게 된 것이다. 통일품종의 육성은 수도의 원연교잡종의 세계적인 효시가 되었으며, 한국 수도품종개량사업의 일대전기를 가져왔을 뿐 아니라 국민의 숙원이었던 주식인 쌀의 자급을 이룩하게 하였고 녹색혁명의 터전을 마련한 육종의 대성과로 기록되고 있다.

통재(痛哉) : 마음이 아프다는 뜻.

통증(痛症) : 몹시 아픈 증세.

통체(通滯) : 막힌 것을 통하게 하는 것.

통풍(痛風) = 통비(痛痺) : 요산대사(尿酸代謝)의 이상으로 일어나는 관절염으로 현대중국에서는 제왕병(帝王病)이라는 속어로 사용된다.

통혈(統血) : 피를 통솔하는 것.

통혈기(通血氣) : 혈기가 통하게 하는 것.

통형(筒形) = 대롱모양, tubularm, tubularis, tubular, tubiform : 속이 비어 있는 가는 원기둥모양으로, 국화과의 통상화가 이에 속함.

퇴비철(堆肥鐵) : 짚이나 건초, 낙엽 등의 유기물에 함께 섞여 있는 철분이다.

퇴열(退熱) : 열을 물리침.

퇴예(退翳) : 눈동자에 덮인 예막을 제거하는 것.

퇴적암(堆積巖) : 암석의 풍화물이 퇴적되고 규산점토나 그 밖의 응결제에 의해 굳어진 기계적 퇴적암이 있고 탄산염이 물에 녹았다가 침전된 화학적 퇴적암이 있으며 동식물의 유체나 배설물에서 생긴 유기성 퇴적암이 있다.

퇴허열(退虛熱) : 체표의 허열이 야간에는 더욱 심한 증세를 치료하는 것.

퇴화(退化), reduction : 개체발생이나 진화과정에서 어떤 기관이 분화가 없어지거나 작게 되는 일로 특수한 구조나 기능이 보다 퇴보하는 방향으로 변화하는 것이다. 어떤 세포가 특징적인 구조를 잃고, 보다 원시적인 배형(胚型)으로 되돌아가는 것이다.

퇴화염토(退化鹽土) : 다량의 염류를 함유하던 해성충적토가 제염작업 또는 작물재배의 계속으로 인하여 염류가 용탈되고 또 토양단면의 형태에 변화가 생긴 토양을 말한다.

투광률(投光率), light transmission ration, light transmittance : 작물군락에 투하되는 광이 군락 엽층을 통과하는 비율. 주로 엽면적지수에 따라 달라진다.

투구모양꽃부리, galeate corolla : 꽃이 좌우상칭이나, 상부의 꽃잎 1개가 투구처럼 꽃의 상부를 덮고 있는 것.

투구형(鬪毆形), galeate corolla : 위쪽 꽃잎이 불쑥 튀어나와 투구모양으로 된 것. 예) 투구꽃, 광대수염.

투명엽(透明葉), hyaline : 얇고 대부분이 투명한 잎.

투수량(透水量) : 논에 한 번 댄 물이 땅속으로 스며 내려가는 물의 양을 말하는 것으로, 이는 논 토양의 물리적 조성과 구조에 따라 달라지는데 벼가 생육하는데 가장 알맞은 1일 투수량은 20mm 정도가 이상적이다.

투수성(透水性), water permeability : 토양이 그 체내를 통해서 물이 흐를 수 있도록 하는 능력으로, 토양공극의 종류나 양과 밀접한 관계를 가지고 있으며, 투수성은 토양의 물리적 성질의 좋고 나쁨을 판단하는 유력한 지표 중의 하나이다.

투옹농(透癰膿) : 옹저의 고름을 빼내는 효능.

투진(透疹) : 발진(發疹)하는 병에 대하여 발진(發疹)의 배출을 순조롭게 하여 질병이 전변(轉變)하는 것을 막는 방법. 발진을 잘 돋게 하는 것.

투통(透通) : 투과. 장애물에 빛이 비치거나 액체가 스미면서 통과함.

툰드라, Tundra : 북반구에서 삼림이 형성되는 한계지역보다도 더 북쪽에 형성된다. 서리가 내리지 않는 기간은 연중 50일 이내로 두터운 동토(凍土) 위에서 발달한다.

튀는열매 = 삭과(蒴果), capsule : 2개 이상인 여러 개의 심피에서 유래하는 열매로 익어서 마르면 거의 심피의 수만큼 갈라짐.

튜브모양[筒狀], tubular : 긴 원통 모양[국화과 엉거시아과의 반상화관의 모양].

트랜스포존, transposon : 게놈내에서 위치를 이동할 수 있는 유전자이다.

트리티케일, triticale : 빵밀과 호밀의 종간잡종에 의해 육성한 이질배수체이다.

특산식물(特産植物), native plant = 고유식물(固有植物), endemic plant : 특정지역에만 분포하는 식물의 종으로 지리적으로 격리되고 전파나 이동능력이 약한 식물.

특산종(特産種), endemic species : 특정지역에서만 자라는 생물종.

특성(特性), characteristics : 어떤 품종을 다른 품종과 구별할 수 있는 특징은 그 품종의 특성이라고 하며, 품종의 특성 차는 유전조직의 차에서 오는 표현이라고 말할 수 있다. 벼 품종에 있어서 일반계 품종에 비하여 통일계 품종의 특성은 단간 수중형이고 잎이 직립인 것이 다수성과 직결이 되는 주요특성이다.

특수성분결핍토(特殊成分缺乏土) : 비료 3요소 이외의 필수성분인 석회, 고토, 철, 망간, 붕소, 동, 아연, 규산, 유황, 염소 등이 부족한 토양을 말한다. 보통 강산성 토양에서는 철, 망간, 동, 아연, 붕소, 알루미늄 등의 성분이 잘 녹고 씻겨 내려가는 경향이 있다.

특용작물(特用作物), special crops = 공예작물(工藝作物), industrial crops : 생산물을 가공하여 이용한다고 하여 공예작물이라 하고, 또한 특별한 용도로 쓰인다고 하여 특용작물이라고 한다. 전분작물(澱粉作物, starch crop), 유료작물(油料作物, oil crop), 섬유작물(纖維作物, fiber crop), 기호작물(嗜好作物, stimulant crop), 약료작물(藥料作物, medicinal crop), 당료작물(糖料作物, sugar crop) 등으로 구분하기도 한다.

특용재(特用材) : 특수용도로 이용되는 목재.

특이산성토양(特異酸性土壤) : 황화철의 집적량이 많아 건조상태에서는 강산성이 되므로 작물의 재배가 불가능하나 담수 또는 습윤 상태에서는 중성 내지 알칼리성이 되는 토양을 특이산성토양이라 한다.

특정적응성잡초(特定適應性雜草) = 동반잡초(同伴雜草), 절대성잡초(絕對性雜草), obligate weeds : 야생상태에서는 존재하지 않고 인류생활과 밀접하게 관계되어 발생하는 잡초.

티자착(T字着), versatile : 꽃밥의 등쪽 중앙에 꽃실 등쪽이 붙어 모양이 T자 같은 것. 예) 백합, 화본과.

틸라코이드, thylakoids : 엽록체의 막성 내부구조물로 밀폐된 넓적한 주머니 모양으로 여러 개가 겹쳐져 있으며, 엽록소를 비롯한 광합성색소와 전자전달계 및 광인산화반응을 주도하는 물질(효소)들이 들어 있다.

ㅍ

파도모양, undulate, undulatus : 굴곡의 크기가 물결모양보다 더 깊고 큰 경우.

파리풀과, Phrymaceae : 전 세계에 분포하는 초본으로 1속 1종이며, 우리나라에도 자생한다. 마주나는 잎의 가장자리에 톱니가 있다. 수상화서에 달리는 꽃은 양성화이고, 열매는 삭과이며 종피는 과피에 붙고 종자에 배유가 없다.

파상(波狀) = 물결모양, repand, sinuate, undulate : 잎의 가장자리가 중앙맥에 대해 평행을 이루면서 물결을 이루고 있는 것처럼 생긴 모양. 가장자리의 톱니모양이 날카롭지 않고 물결모양인 것.

파상풍(破傷風) : ① 파상풍균이 원인이 되어 발생하는 병증. ② = **상경, 금창경** : 상한 피부로 사기가 침습하여 경련을 일으키는 병증.

파생계통육종법(派生系統育種法), derived line method : 실제 품종을 육성하는 데는 다수의 유전자가 관여하는 양적형질뿐만 아니라 소수의 유전자가 관여하는 질적형질에 대해서도 동시에 선발해야 된다. 이때 F_2나 F_3집단에서는 질적형질에 대해서만 선발하고 수량 등 양적형질에 대해서는 선발을 안 한 임의의 개체는 그 이후 세대를 계통으로 취급하여 선발하는 육종방법이다.

파생통기조직(派生通氣組織), lysigenous aerenchyma : 벼 뿌리의 외피 밑에 후막조직과 안쪽의 내피와의 사이에 여러 세포층으로 된 피층조직이 있는데, 이 세포층이 거의 퇴화되거나 소실되고 일부 세포벽만이 선상으로 연결되어 남아 있을 뿐 구멍이 들린 텅 빈 부분으로 되어 있는 조직인데, 이것은 벼가 산소가 부족한 논토양에서 생육하는데 적응할 수 있도록 지상으로부터 산소를 전달받는 통기조직이며, 생리적으로는 이 조직을 통해 산소를 뿌리 밖으로 방출함으로써 뿌리 부근의 토양을 산화적으로 교정하여 환원토양 중에 뿌리의 신장을 돕고, 뿌리 표면에서 방출한 산소가 토양 중 철분을 산화하여 산화철의 피막을 형성, 통기불량으로 생긴 해로운 황화수소(H_2S) 등의 침해로부터 뿌리를 보호하는 등 중요한 역할을 하는 조직이다.

파어(破瘀) : 어혈을 없애주는 방법.

파이토트론, phytotron : 온도, 습도, 광, 기체조성 등 환경조건의 조절이 가능한 생물육성에 사용되는 비교적 대규모의 장치로 식물전용으로 사용되는 장치이다.

파장(波長), wavelength : 파동에 있어서 산과 다음 산 혹은 골짜기와 다음 골짜기 사이의 거리, 즉 상태변화가 1주기 사이에 이동하는 거리이다.

파조(播條), seedling furrow, seed furrow : 파종골 또는 뿌림골을 의미한다.

파종(播種), seeding, sowing : 파종된 종자가 발아하려면 지온(地溫)이 발아최저온도 이상이고, 토양수분도 필요한 한도 이상이어야 한다. 파종시기는 작물의 종류, 작물의 품종, 재배지역, 작부체계, 재해회피, 토양조건, 출하기, 노력사정 등을 고려하여 결정하여야 한다.

파종량(播種量), amount of seedling : 수량과 품질을 최상으로 보장하는 파종량은 작물의 종류, 종자의 크기, 파종기, 재배지역, 재배법, 토양 및 시비, 종자의 조건 등을 고려하여 결정하여야 한다.

파종전처리제초제(播種前處理除草劑) : 경운하기 전에 포장에 발생한 잡초를 제거하기 위하여 살포하는 제초제이다(paraquat, glyphosate 등).

파종후처리제초제(播種後處理除草劑) : 작물 파종 후 처리하는 제초제로 파종 후 3일 이내에 잡초가 출아하기 전에 토양에 처리하는 토양처리제(simazine, alachlor 등)와 잡초의 생육초기 잡초에 직접 처리하는 경엽처리제(2・4-D, bentazon 등)가 있다.

파초과, Musaceae : 우리나라에는 열대산인 바나나, 파초를 심고 남아프리카산 극락조화를 관상용으로 온실에서 기른다.

파킨슨병, Parkinson's disease : 신경장애의 한 군. 중년 이후에 발생하는 원인불명의 뇌질환으로 영국의 의사 파킨슨이 보고한 질환이다. 뇌경색, 무운동증, 머리, 손, 몸의 무의식적이고 불규칙한 떨림, 자세유지장애의 네 가지 특징이 있으며, 환자 특유의 앞으로 굽은 자세를 보인다.

파폭률(播幅率), seeding width ratio : 보리, 밀 등의 맥류 재배에서 이랑너비(이랑+골)에 대한 골너비의 비율. 골너비란 파폭을 말한다.

파혈(破血) = 파어(破瘀) : 체내에 뭉쳐 있는 나쁜 피를 약을 써서 없어지게 함.

파혈거어(破血祛瘀) : 어혈(瘀血)을 깨트리고 없애주는 효능임.

파혈통경(破血通經) : 어혈(瘀血)을 없애어 부인의 월경(月經)을 순조롭게 하게 하는 효능.

파혈행어(破血行瘀) : 어혈(瘀血)을 깨트리고 몰아내는 효능.

판개(板開), valvular : 꽃밥이 뚜껑 형태로 열려 꽃가루를 분비한다.

판개약(瓣開葯), valvate anther : 여닫이 창이 열리듯 열개하는 꽃밥. 예) 녹나무과, 매자나무과.

판근(板根) = 판뿌리, buttress root : 수직으로 편평하고 판모양으로 지표에 노출되는 뿌리.

판상(板狀), laminar : 편평한 모양. 예) 잎의 잎몸.

판상구조(板狀構造) : 토양입자가 수평면으로 비교적 엷은 판자와 같이 배열되어 있는 토양구조이다.

판연(瓣緣) = 현부(舷部), limb : 합판화관의 외연부로 판통(통부)과 판인(화후)을 제외한 부분.

판인(瓣咽) = 꽃목, 화후(花喉), throat : 꽃부리나 꽃받침에서 대롱부가 시작하는 입구.

판통(瓣筒) = 통부(筒部), tube : 합판화관의 아래쪽의 관상-종상인 부분.

팔미트산, palmitic acid : 탄소수 16개의 포화지방산이다.

팥꽃나무과 = 서향나무과, Thymeleaceae : 전 세계에 분포하는 교목, 관목, 초본으로 50속 800종이며 우리나라에 4속 6종이 자생한다. 초본이나 관목으로 어긋나거나 마주나는 잎은 단엽으로 탁엽이 없다. 여러 가지 화서로 달리는 꽃은 단성화 또는 양성화이다. 열매는 수과, 장과 등이다.

패랭이꽃모양꽃부리, caryophyllaeous corolla : 패랭이꽃처럼 생긴 모양의 꽃부리.

패신(敗腎) : 신이 심하게 손상된 것.

패혈(敗血) : 어혈의 하나.

팽윤성(膨潤性) : 점토가 물을 흡수하여 부푸는 성질로 그 물은 주로 결정단위 사이에 흡수되는데, 몬모릴로나이트에서 크며 카올리나이트에서 적다.

페로몬(pheromone) : 동물들이 자기의 이성을 유인하기 위해 내는 호르몬.

펙틴, pectin : 세포벽이나 중층에 있는 다당류 물질이며 pectic acid의 COOH기가 methyl화된 것이다.

펙틴질, pectin compounds : 탄수화물 복합체로 과일이나 채소류의 세포막이나 세포막 사이의 엷은 층에 존재하며 교질성을 갖고 있다. 적당한 산과 당이 있으면 gel을 형성할 수 있는 물질.

편경(偏莖), cladodium : 원래 줄기인 부분이 잎의 속성을 가지는 일종의 줄기 변태.

편구형(偏求形) : 기울어진 공 모양.

편도선(扁桃腺) : 구강 및 그 부근의 점막에서 림프성의 조직이 발달한 부분. 신체의 발육기에 있어서 멸균, 면역 따위의 작용으로 신체를 보호하는 기능을 함. 구개편도.

편도선비대(扁桃腺肥大) : 보통 목 안의 구개(口蓋)나 편도선 비대를 말하며 비강(鼻腔) 안에 있는 인두편도선(咽頭扁桃腺)이 비대(肥大)해지는 것.

편도선염(扁桃腺炎) : 편도선에 생기는 염증. 주로 환절기에 감기에 걸렸을 때 또는 과로로 말미암아 일어나는데 고열, 연하통, 관절통 따위를 일으키기도 한다.

편두염(偏頭炎) : 한쪽 머리에 생긴 염증.

편두통(偏頭痛) = 두편통(頭偏痛), 변두풍(邊頭風), 편두풍(偏頭風) : 머리 한쪽이 아픈 병증.

편모(鞭毛) : 생물의 세포 표면에서 튀어나온 운동(포식)기관. 개수가 적고 길며 균류나 조류 같은 식물의 홀씨와 동물의 정자에 있다.

편원형(偏圓形) : 기울어진 둥근 모양.

편측생(便側生), secund : 한쪽으로만 치우쳐 달리는 것. 예) 꽃향유의 화서.

편측성(偏側性), secund : 꽃이 꽃대축의 한 면에 배열하는 것. 예) 타래난초, 향유.

편평꽃차례[繖房花序], corymb : 꽃자루의 길이가 위로 갈수록 짧아져 꽃대 끝이 거의 같은 높이를 갖는 꽃차례. 예) 기린초.

편평한(扁平－), compressed : 양쪽이 눌려서 납작하게 된 것. 평탄하거나 매끄러운 표면 양.

평간(平肝) : 간기(肝氣)가 몰리거나 치밀어 오르거나 간양(肝陽)이 왕성한 것을 정상으로 돌려놓는 것.

평간명목(平肝明目) : 간장(肝臟)의 기운을 조화롭게 유지하여 눈을 밝히는 효능.

평간해독(平肝解毒) : 간장(肝臟)의 기운을 조화롭게 유지하여 체내의 독을 풀어주는 효능.

평골, glabrous : 잎의 표면이 매끈하며 털이 없는 것.

평두(平頭) = 재두(截頭), 절두형(截頭形), 절두(截頭), 편평하다, truncate : 잎몸의 끝이 뾰족하거나 파이지 않고, 중앙맥에 대해 거의 직각을 이룰 정도로 수평을 이룬 모양. 예) 백합나무.

평복성(平伏性), prostrate : 줄기가 지면을 기며 자라는 성질.

평상식 비닐보온절충못자리 : 묘판에 종자를 파종하고 복토한 후에 상면에 비닐을 평평하게 덮어 보온하였다가 종자가 출아하여 본엽이 1.5매 정도 나오고 초장이 3cm 이상 일제히 자라 올라오면서 덮은 비닐을 밀어 올리게 되는데, 이때 비닐을 제거하고 물을 묘판 위에까지 대어 물못자리와 같은 관리를 하는 못자리양식으로 못자리설치를 늦게 할 때 이용된다.

평저(平底) = 절저(截底), truncate : 엽저가 약 180°의 각도를 이루고 있는 형태.

평지(油菜) : 유채를 말한다. 우리나라의 남부 해안지방, 제주도를 포함한 도서지방에서 많이 재배된다.

평천(平喘) : 기침을 멎게 하는 것.

평천지해(平喘止咳) : 기침과 해수를 멈추게 하는 치료.

평할(平滑), glabrous : 잎의 표면이 털이 없고 밋밋한 것.

평행맥(平行脈) = 나란히맥, 나란히잎줄, parallel vein, closed vein : 가운데 잎줄이 따로 없고 여러 잎줄이 서로 나란히 달리는 것. 예) 화본과.

평활(平滑) = 매끄러운, glabrous : 잎몸이나 꽃받침 표면에 털이 없고 밋밋한 것.

평활상(平滑狀), psilate : 표면에 돌기나 구멍이 없이 편평한.

폐결핵(肺結核) : 결핵균의 침입에 의해 생겨나는 소모성 만성질환의 한 병증으로 전염성을 띰.

폐과(閉果) = 닫힌 열매, indehiscent fruit : 과피에 봉선이 없어서 열리지 않는 열매(반:개과)로 건과(견과, 수과, 시과)와 육질과(장과, 핵과)가 있다.

폐기(肺氣) : ① 폐(肺)의 기능과 활동. ② 호흡의 기(氣). ③ 폐의 정기(精氣).

폐기종(肺氣腫) : 흡연이나 기타 질병의 후유증으로 폐포가 탄력성을 잃고 깨져 폐포의 막이 소실되면서 공간이 생기고 호흡곤란, 천식 등을 유발하는 증상.

폐기천식(肺氣喘息) : 폐가 확장되어 호흡곤란을 느끼는 병증.

폐농(廢農) : 농사를 그만둠.

폐농(肺濃) : 염증이 생겨서 푸르고 노란 가래를 뱉는 증상.

폐농양(肺膿瘍) : 화농균(化膿菌), 아메바, 진균(眞菌) 등에 의해 폐조직에 화농, 괴사성(塊死性) 종류(腫瘤)가 형성된 상태.

폐렴(肺炎) : 폐렴균의 침입에 의해 폐에 생긴 염증.

폐병(肺病) : 폐에 생긴 여러 가지 병증으로 5장병의 하나.

폐보(肺補) : 폐(肺)를 보하는 효능.

폐보익(肺補益) : 폐(肺)를 보익(補益)하는 효능.

폐부(肺腑) : ① 마음의 깊은 속. ② 허파.

폐부종(肺浮腫) : 호흡기 질환으로서 폐가 부은 것을 말함.

폐쇄화(閉鎖花) = 폐쇄꽃, cleistrogamous flower : 꽃받침조각, 꽃잎이 열리지 않고 자가수정을 하는 꽃.

폐암(肺癌) : 폐에 생기는 암. 흔히 기관지의 점막 상피에 생김. 고질적인 기침, 가래, 흉통 따위의 증상이 나타나지만 발생부위에 따라 상당히 진행되어도 증상이 보이지 않는 수도 있음.

폐열(肺熱) : 폐에 열이 있는 것.

폐열해혈(肺熱咳血) : 폐열(肺熱)로 인한 해혈(咳血)임.

폐옹(肺癰) : 폐농양, 폐암, 건락성 폐결핵, 폐괴저, 기관지 확장증 등으로 폐에 농양(膿瘍)이 생긴 증상.

폐위(肺痿) : 폐의 기능손상으로 위축된 것으로 폐엽이 메말라 발생하는 병증.

폐위해혈(肺痿咳血) : 폐열로 진액이 소모되어 가래에 피가 섞여 나오는 증상.

폐음(肺陰) : 폐의 진액으로서 음양의 균형을 유지하는 중요한 역할을 함.

폐종(肺腫) : 폐에 생긴 종기.

폐질(廢疾) : 고칠 수 없고 불구가 되는 병.

폐창(肺脹) : 폐염(肺炎)과 천식(喘息).

폐한해수(肺寒咳嗽) : 폐에 한이 성하여 기침과 가래가 나오는 증상.

폐혈(肺血) : 폐병으로 인하여 입으로 피가 나오는 각혈.

폐혈병 : 패혈증(敗血症)의 잘못된 말. 곪아서 고름이 생긴 상처나 종기 따위에서 병원균이나 독소가 계속 혈관으로 들어가 순환하여 심한 중독 증상이나 급성염증을 일으키는 병.

폐화수정(閉花受精), cleistogamy : 꽃이 피지 않고 자기 꽃의 화분이 자신의 암술에 수분되어 수정되는 현상. 예) 개별꽃이나 제비꽃의 폐쇄화.

포(苞) = 꽃싸개, 포엽(苞葉), bract : 꽃자루의 밑에 있는 비늘모양의 잎으로서 잎이 작아져서 그 형태가 보통의 잎과 달라진 것.

포간개열(胞間開裂), septicidal : 삭과의 각방의 격벽을 따라서 갈라지는 것[진달래의 열매, 비교: 포배개열].

포간열개(胞間裂開) = 포간개열(胞間開裂), septicidal, septicidal dehiscence : 열매 속의 실 사이의 격벽이 각기 2개로 갈라지는 것.

포간열개(胞間裂開), septicidal dehiscence : 열매가 심피실 사이의 벽을 따라 터지는 것.

포경(圃耕) : 식량과 사료를 균형 있게 생산하는 유축농업 또는 혼동농업으로 콩과작물, 분뇨, 구비 등으로 지력의 소모를 막을 수 있다.

포공개열(胞孔開裂), poricidal : 삭과의 끝이나 밑에 구멍이 생기면서 종자가 나오는 것.

포공열개삭과(胞孔裂開蒴果), poricidal, capsule : 구멍을 통해 벌어지는 것. 예) 양귀비 열매.

포과(胞果) = 낭과(囊果), 주머니열매, utricle : 사초 따위에서 볼 수 있는 얇은 주머니 모양의 열매. 예) 명아주과.

포도과, Vitaceae : 열・온대에 분포하는 덩굴성 관목・초본으로 10속 500종이며, 우리나라에 4속 6종이 자생한다. 어긋나는 잎은 단엽이거나 장상복엽으로 탁엽이 있다. 양성화 또는 단성화는 취산화서나 원추화서로 달리고 열매는 장과이다.

포드졸토양 : 습윤냉온대 기후의 침엽수림에서 산성부식이 생성하는 산으로 Al과 Fe 등이 용탈되고 Si가 남아 표백층이 생긴다. 신토양 분류로는 spodosols에 해당된다.

포드졸화작용 : 기후가 한랭하며 습기가 많은 지대에 침엽수가 자라는 사질인 곳에 생성되기 쉬운데 산성부식질의 영향으로 토양 중의 Fe, Al까지 녹기 쉬운 상태로 되어 하층토로 집적되어 용탈이 일어나 표백된 층을 형성하는 토양생성과정을 말한다.

포린(苞鱗) = 꽃싸개비늘, bract scale, sterile scale : 겉씨식물의 암꽃 배를 받치고 있는 비늘모양의 작은 돌기.

포린(包鱗), bract scale : 구과에서 밑씨가 달리지 않은 비늘조각.

포막(苞膜), indusium : 고사리류의 포자낭군, 즉 낭퇴를 덮고 있는 막편. 양치류의 홀씨주머니무리를 덮고 있는 모양의 표피부속물.

포배개열(胞背開裂), loculicidal : 삭과에서 각 방의 등쪽을 따라서 갈라지는 것[개나리의 열매, 반: 포간개열].

포복경(匍匐莖) = 기는줄기, stolon, runner, creeper, creeping stem, prostrate stem : 땅 위를 기면서 자라는 줄기로 경우에 따라 마디에서 뿌리가 내림. 예) 딸기, 달뿌리풀, 번음씀바귀.

포복성(匍匐性), creeping, procumbent : 줄기가 땅으로 기어가며 생장하는 성질.

포복성식물(葡萄性植物), prostrate plant : 땅 위를 기는 식물. 예) 수박, 참외.

포복성(匍匐性)줄기, creeping : 대개 지면을 따라 성장하면서 마디에서 뿌리가 나와 뻗어나가는 줄기로 새로운 개체를 만들지는 않는다.

포복열개(包腹裂開), ventricidal dehiscence : 열매를 이루는 각 심피의 내봉선을 따라

갈라진다.

포복지(匍匐枝) = 기는가지, 복지(匐枝), runner, stolon : 원줄기 또는 뿌리 겨드랑이에서 나서 땅 위로 뻗어가며 뿌리가 내려 자라는 가지. 예) 딸기, 달뿌리풀.

포복형목초(匍匐型牧草), creeping type grass : 줄기가 땅을 기는 목초.

포복형작물(匍匐型作物), creeping crops : 줄기가 땅을 기어서 지표를 덮는 작물. 예) 고구마.

포복형잡초(匍匐型雜草), creeping type weed : 줄기가 땅 위를 기며 자라는 잡초. 예) 선피막이, 긴병꽃풀 등.

포수상태(飽水狀態) : 중력에 견디어 머물고 있는 수면에 접촉된 토양이 머금은 수분, 최대용수량 상태를 말한다.

포아풀과 = 벼과, 화본과, Graminae, Poaceae : 전 세계에 분포하는 목본 또는 초본으로 550속 10,000종이며, 우리나라에 78속 180종이 자생한다. 줄기는 마디를 제외하고 속이 비어 있다. 잎은 어긋나고 엽신, 엽초, 엽설로 구성되어 있다. 양성화 또는 단성화는 줄기 끝에 수상화서, 원추화서, 총상화서로 달리고, 열매는 곡립이다.

포엽(苞葉) = 꽃싸개, 포(苞), bract : 꽃자루의 밑에 있는 비늘 모양의 잎으로서 잎이 작아져서 그 형태가 보통의 잎과 달라진 것.

포엽성(苞葉性), bracteate : 꽃이나 꽃차례에 포가 존재하는 것.

포영(苞穎) = 꽃싸개껍질, 영(穎), glume : 벼과식물의 잔 이삭 밑 부분에 쌍을 이룬 소형의 포엽.

포자(胞子) = 홀씨, spore : 직접 또는 몇 단계를 거쳐서 새로운 개체를 발생할 수 있는 생식체. 벽으로 둘러싸여 있으며 단세포인 것도 있고 다세포인 것도 있음. 식물체가 유성생식을 하는 첫걸음으로 무성세대의 식물체에서 무성적으로 만들어진 생식체. 포자낭에서 포자모세포가 감수분열하여 만든 무성생식 단위. 포자가 성숙하여 배우자체를 형성하고, 배우자체에서 배우자(난자와 정자)가 생산된다. 발달한 식물에서는 대포자와 소포자가 있어 각각 자성배우체와 웅성배우자체를 생산하고, 이들에서 다시 난자와 정자가 생산된다.

포자낭(胞子囊) = 포자주머니, 홀씨주머니, sporangium : 홀씨를 생산하거나 홀씨가 들어 있는 주머니모양의 생식기관.

포자낭과(胞子囊果) = 아포과(芽胞果), 홀씨주머니열매, sporocarp : 고등균류, 지의류, 홍조류 등에서 포자를 형성하는 많은 실(室)로 되어 있는 기관. 예) 네가래, 생이가래.

포자낭군(胞子囊群) = 홀씨주머니무리, 낭퇴(囊堆), sorus : 양치류의 잎 뒤에 생기는 홀씨주머니가 여러 개 모인 상태. 예) 고사리.

포자낭병(胞子囊炳), sporangiophore : 포자낭이 달린 자루.

포자낭수(胞子囊穗) = 포자수(胞子穗), 홀씨주머니이삭, sporangium cone, strobilus : 홀씨를 달고 있는 잎 여러 장이 이삭 모양으로 모여 있는 것. 속새류에서 볼 수 있다. 예) 석송, 쇠뜨기.

포자낭이삭(sporangium cone) : 양치식물 속새류, 석송류의 생식기관으로 포자엽과 포자낭들이 구과 모양을 이룬 것.

포자모세포(胞子母細胞), spore mother cell : 포자낭 중앙부에서 감수분열하여 포자를 만드는 세포.

포자수(胞子穗), strobilus : 포자이삭, 포자낭이 붙어 이삭과 같이 보이는 것. 예) 석송, 쇠뜨기.

포자엽(胞子葉) = 실엽(實葉), 아포엽(芽胞葉), 홀씨잎, fertile frond, sporophyll : 양치류에서 볼 수 있는 홀씨주머니가 생기도록 변한 잎. 홀씨 형성 기능이 있는 잎의 총칭.

포자주머니 = 포자낭(胞子囊), 홀씨주머니, sporangium : 홀씨를 생산하거나 홀씨가 들어 있는 주머니모양의 생식기관.

포자체(胞子體), sporophyte : 포자를 생산하는 식물체 세대로 포자로부터 배우체가 발달한다.

포장동화능력(圃場同化能力) : 포장군락에서 단위면적당의 광합성 능력을 포장동화능력이라고 하며, 수량을 직접 지배한다. 평균동화능력은 시비와 물관리를 잘하여 잎이 건강하게 자랄 때에 높아진다.

포장용수량(圃場容水量), field capacity(FC) : 수분이 포화된 상태의 토양에서 증발을 방지하면서 중력수를 완전히 배제하고 남은 수분상태를 포장용수량이라 하며 최소용수량(最小容水量, minimum water-holding capacity)이라고도 한다. 지하수위가 낮고 투수성이 중간인 포장에서 강우 또는 관개 후 만 1일쯤의 수분상태가 이에 해당한다. 포장용수량 이상은 중력수로서 도리어 토양통기를 저해하여 작물생육에 이롭지 못하다.

포장저항성(圃場抵抗性), field resistance : 포장상태에서의 저항성을 가리키며, 여기에는 진성저항성 이외에 여러 가지 요소를 포함하는 일이 많고 그 유전기구도 복잡하다. 일반적으로 진성저항성이 비교적 소수의 주동유전자에 의해 지배되는 경우가 많다.

포지(圃地), field : 두류, 맥류와 같은 일년생, 월년생의 초본작물을 재배하는 밭.

포징(暴癥) : 먹은 것이 소화되지 않고 뱃속에서 뭉쳐서 돌과 같이 단단하게 되어 아프고 결리는 증상.

포촉작물(捕捉作物) = 흡비작물(吸肥作物), catch crops : 유실된 비료분을 잘 포착하여 흡수・이용하는 효과를 가진 작물. 예) 알팔파, 스위트크로바.

포축열개(胞軸裂開), septifragal dehiscence : 열매를 이루는 각 실 사이의 격벽이 파괴되고 중심에 태좌와 격벽의 일부가 남는 것.

포충낭(捕蟲囊) = 벌레잡이주머니, insect catching sac, insectivorous sac : 식충식물에서 잎이 변형하여 주머니 모양으로 된 것. 땅귀개와 통발과 같이 잎이 주머니 모양으로 되어 작은 벌레를 잡는 기관.

포충엽(捕蟲葉), insec catching leaf : 식충식물이 곤충을 잡아먹는 잎. 예) 끈끈이주걱, 통발.

포태(胞胎) : ① 임신한 것. ② 임신된 첫 달의 태아.

포편(苞片) : 포 조각.

포화유동(飽和流動) : 토양수분의 이동방식으로 빗물이나 관개수가 토양에 가해지면 대공극과 소공극의 공기를 수분으로 치환하고 그 이상 가해지는 물은 중력과 모관력으로 아래쪽으로 이동되는데 이와 같은 유동을 포화유동이라 한다.

포화지방산(飽和脂肪酸), saturated fatty acid : 분자를 이루는 모든 탄소원자가 수소와 결합되어서 단일결합으로만 되어 있는 지방산. 지방산이 포화되어 있는 지방은 상온에서 굳은 상태며, 동물성지방에서 가장 흔한 포화지방산으로는 팔미트산과 스테아르산이 있다.

폭식증(暴食症) : 음식의 섭취가 지나치게 많거나 적은 경우로, 섭식장애(攝食障碍)라고 함.

폭형(輻形) = 바퀴모양, 폭상(輻狀), rotate, wheel shaped : 짧은 화통에 대하여 수평으로 또는 직각으로 펼친 꽃잎이 바퀴처럼 보이는 모양. 예) 분단나무, 봄맞이의 꽃.

폴리진, polygene : 정량적 형질을 조절하는 유전자로, 즉 개개의 작용은 극히 미약하지만 다수의 유전자가 서로 도와 양적으로 계측할 수 있는 형질의 발현에 관계하는 유전자이다.

표벽(表壁), exine : 화분의 껍질로 스포로폴레닌이라는 물질로 되어 있어 강산과 강알칼리에 넣고 끓여도 용해되지 않는다. 표벽의 층상구조나 그 표면의 무늬, 발아구의 수와 위치 등이 식물마다 달라 종이나 속 또는 과를 인식하고 계통을 파악하는 데 이용된다.

표식화합물(標識化合物) : 어떤 화합물에 특정원소를 동위원소로 치환하여 표시를 해둔 화합물. 예를 들면 일반 CO_2는 ^{12}C으로 구성된 탄산가스인데 여기서 탄소의 동위원소 ^{14}C으로 치환한 $^{14}CO_2$가 바로 표식화합물이다.

표저(瘭疽) : 손톱이나 발톱 밑에 세균이 침입하여 생겨나는 염증, 즉 생인손앓이의 일종.

표준시비량(標準施肥量), standard rate(amount, dosage) of fertilizer : 작물재배 시 작물이 최대의 수량을 거둘 수 있는 비료의 양을 정해놓은 기준이다.

표준영농규범(標準營農規範) = 농산물우수관리제도(農産物優秀管理制度), GAP, Good Agricultural Practice : 현실적 조건하에서 효과적이고 신뢰할 수 있는 해충의 관리를 위해 국가가 공인한 『농약의 안전 사용규범』을 말하며, 여기에는 가능한 최소한의 농약잔류가 이루어지는 방법으로 사용하였을 때 국가가 공인한 최고 수준의 농약 사용이 포함된다.

표층(表層) : 토양의 표층을 말하며 분류학상 특징적 표층을 지칭한다.

표토(表土), top soil, surface soil, cultivated soil : 지표면을 이루는 토층. 풍화가 진행되어 부식이 풍부하여 흑색 또는 암색을 띰. 유기물이 풍부하여 토양 미생물이 많고 식물의 양분, 수분의 공급원이 되며 표층토라고도 한다.

표피(表皮), epidermis : 고등식물의 몸을 덮고 있는 한 층의 세포층으로 체표의 보호와 수분의 증산을 방지하는 작용을 한다.

표피세포(表皮細胞), epidermal cell : 생물의 표피를 구성하는 세포를 총칭한다.

표현도(表現度), expressivity : 생물유전학에서 같은 유전자형을 가지고 있는 개체의 표현형이 발현하는 정도를 뜻한다.

표현형(表現型), phenotype : 형질의 겉모양을 말한다.

표현형빈도(表現型頻度) : 집단 내에서 특정유전자에 대한 각 표현형의 비율을 말한다.

푸새 = 산채(山菜), 들나물, wild vegetable, wild plant : 산이나 들에서 자라는 야생식물 중에서 생채나 묵나물로 식용하거나 생즙, 장아찌, 조림, 튀김 등의 방법으로 가공하여 식용으로 이용하는 식물. 재배하는 남새에 대비하여 푸새라 하기도 한다.

풀 = 초본(草本), herbaceous : 겨울에 그 지상부가 완전히 말라버리는 식물.

풀고사리과, Gleicheniaceae : 전 세계에 3속 130종이 열대와 아열대에 분포하며 우리나라에는 2속 3종이 자라지만 1속으로 취급하기도 한다. 늘푸른 여러해살이 양치식물이다. 근경이 길게 뻗어가고, 잎은 깃처럼 갈라지며 중축과 우편의 생장이 중지되어 2개씩 갈라진 것같이 보인다. 엽맥은 유리맥이고, 포자낭군은 엽맥의 등쪽에 붙으며 보통 10여 개의 큰포자낭으로 되어 있고 포막이 없다. 포자낭은 일제히 익어서 터진다. 포자는 사면체 또는 좌우대칭이다.

품종(品種), cultivar : 작물분류의 기본단위이며, 종이나 변종 안에도 유전형질을 달리하는 경우가 많은데, 이 중에서 유전형질이 재배적인 견지에서 균일하고도 영속적인 개체들의 집단이 품종이다.

품종육성(品種育成) : 우량품종은 육종을 통해 육성된다. 작물육종은 유전변이 중에서 우량한 개체를 선발하여 신품종으로 육성한다. 육종방법은 변이를 얻는 방법에 따라 분리육종, 교배육종, 돌연변이육종, 배수성육종, 형질전환육종 등으로 구분된다.

품종인증(品種認證) : 국가 또는 국가가 인정한 종자관리사가 품종의 고유한 특성과 순도를 보증하는 것을 말한다.

품종퇴화(品種退化), degeneration of variety : 신품종을 반복 채종하여 재배하면 유전적·생리적·병리적 원인에 의해 품종의 고유한 특성이 변화하게 되며, 이를 품종퇴화라고 한다. 품종의 특성유지 방법으로는 개체집단선발, 계통집단선발, 주보존(株保存), 격리재배 등이 있다.

품질(品質), quality : 작물은 용도에 따라 품질의 내용도 다르며 밀에서는 빵용[硬質]과 과자용[粉狀質]이 있다.

풋베기 : 작물의 잎이 파릇파릇할 때 잘라서 사용하는 것이다.

풍(風) : 신체 내의 각 신경은 척추(脊椎)에서 나와 몸 전체로 퍼져 각 조직의 운동을 조절 지배하는데, 이때 정신이나 근육작용 또는 감각에 이상이 생기는 병증이며, 혈류의 순환을 방해하여 신체의 일부가 감각이상과 마비증상이 오는데 오늘날 뇌색전과 유사함.

풍독(風毒) : 가끔 두통 증세가 오며 현기증이 나기도 함. 바람을 맞았다고도 표현함.

풍매화(風媒花), anemophilous flower : 꽃가루가 바람을 타고 날아가 다른 그루의 암술머리에 닿음으로써 꽃가루받이가 이루어지는 꽃.

풍비(風秘) : 변비의 하나. 풍사로 인한 변비증.

풍비(風痹) : 중풍으로 인한 마비 혹은 사지가 쑤시고 아픈 관절염으로 류마티스성 관절염.

풍사(風邪) : 바람이 병을 일으키는 원인이 되는 사기.

풍선(風癬) : 풍사로 인해 피부가 가렵고 각질이 떨어져 나옴.

풍수해(風水害), wind and flood damage : 센바람, 호우, 폭풍해일, 파랑 등이 겹쳐서 발생하는 복합적인 재해를 말함.

풍습(風濕) : 습한 땅에서 사는 까닭에 습기를 받아서 뼈마디가 저리고 아픈 병.

풍습관절염(風濕關節炎) : 풍, 한, 습사를 감수함으로 인해 나타나는 관절염.

풍습근골통(風濕筋骨痛) : 풍습(風濕)으로 인해 근육과 뼈가 아픈 병증.

풍습동통(風濕疼痛) : 풍, 한, 습사를 감수함으로 인해 나타나는 통증.

풍습두통(風濕頭痛) : 풍습사(風濕邪)가 머리에 침범하여 생기는 두통(頭痛).

풍습비(風濕痺) : 풍사(風邪)와 습사(濕邪)가 겹친 비증(痺症)으로서 팔다리를 잘 쓰지 못하며 저리고 아프다.

풍습성관절염(風濕性關節炎) : 습기 찬 기후에서 더 아파지는 관절염.

풍습통(風濕痛) : 풍습(風濕)으로 인한 통증이 있는 병증.

풍식(風蝕) : 바람 때문에 일어나는 침식작용. '바람 침식'으로 순화.

풍식(豐殖) : 풍성하게 늘어남.

풍양(風痒) : 가려운 곳이 일정하지 않은 증세.

풍열(風熱) : 체내의 열사와 풍사가 겹쳐 발열이 심하고 구갈과 안구출혈 및 인후통을 동반하는 병증.

풍열감기(風熱感氣) = 풍열감모(風熱感冒) : 풍열사(風熱邪)를 받아서 생긴 감기.

풍열목적(風熱目赤) : 풍사(風邪)와 열사(熱邪)로 말미암아 열이 나며 목이 붓고 눈이 충혈되는 증상.

풍염(豐艶) : 얼굴 생김새가 살지고 아름다움.

풍염(風炎) : 푄현상. 산을 넘어서 불어 내리는 고온건조한 공기.

풍적토(風積土) : 바람에 의해 모래나 미세입자가 운반되어 퇴적된 것을 풍적토라 하며 뢰스, 사구, 화산회토 등이 있다.

풍접초과, Capparidaceae : 세계적으로 42속 920종이 열대, 아열대에 분포하며 우리나라에서는 풍접초를 관상용으로 심는다. 잎은 어긋나거나 마주나고 단엽, 복엽이 있다. 꽃은 양성으로 모여서 나고 1개씩 달리며 꽃받침 잎이 4개이다. 꽃잎은 4개 또는 없기도 하고 수술은 4~6개 그 이상이기도 하며 흔히 자방병과 합쳐진다. 자방은 대가 있으며 1실이고 종자에는 배유가 없다.

풍종(風腫) : 부종의 하나. 해산 후에 바람을 맞아서 부종이 생기는 병증.

풍진(風疹) : ① 풍사(風邪)를 받아서 생긴 발진성 전염병. ② 풍사(風邪)에 의한 신경마비.

풍질(風疾) : 신경의 고장으로 생기는 온갖 병의 총칭. 풍기 또는 풍병이라고도 한다.

풍치(風癡) : 경련성 질환.

풍치(風齒) : 풍증(風症)으로 일어나는 치통의 경련선 병증.

풍한(風寒) : 바람과 추위 즉 풍사와 한사를 합하여 이르는 말.

풍한감모(風寒感冒) : 풍한사(風寒邪)를 받아서 생긴 감기 증상.

풍한서습(風寒暑濕) : 바람과 추위와 더위와 습기를 아울러 이르는 말.

풍한습비(風寒濕痺) : 풍, 한, 습 3기가 뒤섞여 혈기를 울체로 몰아 신중, 두통, 수족마비 등의 증상이 나타나는 것.

풍한해수(風寒咳嗽) : 풍한사(風寒邪)가 폐에 침범하여 생긴 기침.

풍해(風害), wind damage : 바람에 의한 자연재해의 총칭으로 일반적으로 태풍, 저기압, 전선, 용오름, 뇌우 등과 같은 기상요란에 의하여 생기는 강풍과 계절풍의 발달 및 지형의 영향에 의한 국지바람 등에 동반되는 피해를 말한다. 결정성의 수화물을 공기 중에 방치하면 결정수를 방출하여 점점 분말화하는 것이다.

풍혈(風血) : 질병을 일으키는 원인 중 하나로 ① 외인성(外因性) 사기인 풍사와 열이 섞인 것. ② 내인성(內因性)으로 간에 열이 있거나 울체된 기가 열로 변하여 질병을 일으키는 요인이 되는 것.

풍화작용(風化作用) : 암석이 기계적으로 붕괴되고 화학적으로 분해되어 토양의 모재를 생성하는 작용을 풍화작용이라 하고 다시 모재에서 토양으로 발전되는 것을 토양 생성작용이라 한다.

프롤린, proline : 글리아딘, 카세인, 제인과 같은 여러 가지 단백질의 가수분해에 의하여 얻어지는 아미노산의 일종이다.

플라스미드, p1asmid : 박테리아 세포에 있는 고리 모양의 두 가닥 DNA. 유전자 운반체로 이용한다.

플라스토글로불리, plastoglobuli : 호광성인 엽록체의 기질에서 발견되는 지질이 주성분으로 된 작은 구형구조물로서, 엽록체가 나이를 먹으면 커져서 카로티노이드가 충만하거나 유색체로 변하기도 한다.

플라스티드, p1astid : 식물세포 내의 색소를 갖고 있으며 증식성을 가진 소기관으로 엽록체가 그 대표적인 것이다.

플로리겐, florigen : 식물체 내에 개화를 촉진하는 생장조절물질, 개화호르몬이라고 할 수 있다.

플로토플라스트, protop1ast : 펙티나아제, 셀룰라아제 등의 효소를 처리하여 세포벽을 제거시킨 원형질체이다.

피공(皮孔) = 피목(皮目), 껍질눈, lenticel : 식물 줄기의 주피에 생긴 세포군으로, 렌즈 모양의 반점으로 나타나며 기공이 하는 일을 맡아서 한다.

피나무과, Tiliaceae : 열・온대에 분포하는 교목 또는 초본으로 40속 400종이며, 우리나라에 3속 11종이 자생한다. 잎은 어긋나거나 마주나며 탁엽이 있다. 양성화는 여러 가지 화서로 달린다. 열매는 삭과, 견과, 핵과, 장과 등이 있다.

피로회복(疲勞回復), fatigue recovery : 적절한 휴식과 영양공급을 통해 신진대사를 원활히 함으로써 피로 증상이 제거된 상태.

피목(皮目) = 껍질눈, 피공(皮孔), lenticel : 식물 줄기의 주피에 생긴 세포군으로, 렌즈모양의 반점으로 나타나며, 기공이 하는 일을 맡아서 한다.

피복(被複), tectum : 화분의 껍데기인 표벽의 층상구조 중 제일 바깥층.

피복작물(被覆作物), cover crops : 토양을 피복시키는 작물. 예) 목초류.

피부(皮膚) : 살가죽.

피부궤양(皮膚潰瘍) : 피부의 일부분이 짓무른 현상.

피부노화방지(皮膚老化防止) : 피부관리를 잘 하면 같은 환경, 같은 나이 또래에서 정도 차이는 있겠지만 아주 젊게 보일 수 있음.

피부미백(皮膚美白) : 불필요해진 멜라닌 색소를 재빨리 배출해서 그 사람이 지니고 있는 본래 피부의 투명함을 되찾는 일.

피부병(皮膚病) : 피부에 생기는 모든 병증.

피부상피암(皮膚上皮癌) : 피부의 상피에 발생하는 악성 종양을 총칭하는 말.

피부소양(皮膚瘙痒) : 풍한(風寒), 풍열(風熱) 등의 사기(邪氣)로 피부에 생기는 가려운 증상.

피부소양증(皮膚搔痒(癢)症) : 속발성으로 긁은 자리, 가피(痂皮) 등을 동반하는 만성피부질병으로 피부가려움을 주증상으로 하는 병증.

피부암(皮膚癌) : 대개 햇빛에 노출되는 시간과 관계되며 자외선에 장시간 노출되었을 경우 위험이 커짐.

피부열진(皮膚熱疹) : 피부에 열에 의하여 나타난 생긴 발진.

피부염(皮膚炎) : 체내 또는 체외의 영향으로 일어나는 피부의 염증. 발적, 종창, 부종, 수포, 작열, 미란, 소양, 동통 따위의 증상이 생김.

피부윤택(皮膚潤澤) : 여러 병증이나 또는 몸의 변화로 인하여 피부가 거칠어진 것을 매끄럽게 하여 주기 위한 처방.

피부종기(皮膚腫氣) : 부스럼. 피부에 비정상적인 솟아오름.

피부진균병(皮膚眞菌病), dermatomycoses : 사상균 Hyphomyceres의 기생에 의한 전염성질환.

피부청결(皮膚清潔) : 피부를 곱게 유지하고 윤택하게 가꾸기 위한 방법.

피압(被壓), suppressed : 나무들 간의 경쟁에서 지는 것.

피임(避姙), contraception : 임신을 원하지 않는 남녀가 성교 시 일시적으로 임신을 방지하는 것.

피자식물(被子植物), Angiospermae : 쌍떡잎식물(雙子葉植物, dicotyledon)과 외떡잎식물(單子葉植物, monocotyledon)로 나누어 대별하기도 한다. 자방 속에서 종자가 발달하는 식물로 꽃식물이라고 하기도 한다.

피자식물(被子植物), angiosperm : 종자가 자방벽에 둘러싸여 있는 식물.

피층(皮層), cortex, cortical layer : 껍질켜라고도 한다. 식물의 주리에서 표피와 중심주 사이의 세포층으로 안쪽으로는 내초와 접하고 있다. 피층의 외층세포는 보통 후각조직으로 되어 있어 엽록소를 가지며 광합성을 한다.

피침(披針) cortical spine : 껍질에서 가시처럼 돋아나온 것. 예) 산딸기, 음나무.

피침모양[披針形], lanceolate : 창 모양으로 밑으로부터 1/3 정도 되는 부분의 폭이 가장 넓은 것.

피침형(披針形) = 피침꼴, 바소꼴, lanceolate : 창처럼 생겼으며 길이가 너비의 몇 배가 되고 밑에서 1/3 정도 되는 부분이 가장 넓으며 끝이 뾰족한 모양.

피토크롬, phytochrome : 피토시아닌과 밀접한 관계를 갖는 식물의 청색 단백질 색소임. 광형태형성, 광주기성, 어떤 종자의 발아, 어떤 과실의 결실과 같은 여러 발생 현상을 조절하며, Pr과 Pfr의 두 가지 상호가변성 형태로 존재함으로써 낮의 길이를 감지할 수 있다. 네 개의 피롤(pyrrole)기가 선상으로 연결된 기본구조를 가진 화합물로 세포 안에서는 특정 단백질과 결합한 상태로 있으면서 식물의 광형태형성, 발아, 광주기성(光週期性)을 조절하는 작용을 갖는다.

피틴 : 종자에 저장되어 있는 물질로서 가수분해로 인산과 이노시톨이 되는 칼슘피트산이다.

피하접(皮下接) : 박접이라고도 한다. 대목의 피하층에 접목하는 방법이다.

피하주사(皮下注射) : 피하결합조직 내에 주사바늘을 삽입하여 물약을 주입하는 것.

피해(被害) : 식물이 병, 해충, 잡초, 기상, 공장, 도시 등의 연기나 더러운 물, 농약 등의 원인으로 해를 받았을 때 전혀 해를 받지 않은 건강한 상태의 것과 비교하면 차이가 생기는데 이것을 피해라 한다.

피해립(被害粒), damaged grain : 어떤 의무적인 힘에 의하여 금이 가거나 상처를 받은 곡류이다.

필수양분(必須養分) : 식물의 생육에 반드시 필요한 양분을 말한다.

필수원소(必須元素), essential nutrient elements : 작물생육에 필요불가결한 원소를 필수원소라고 하는데, 다음의 16원소를 지칭한다. 탄소(C), 산소(O), 수소(H), 질소(N), 인(P), 칼륨(K), 칼슘(Ca), 마그네슘(Mg), 황(S), 철(Fe), 망간(Mn), 구리(Cu), 아연(Zn), 붕소(B), 몰리브덴(Mo), 염소(Cl)이다.

ㅎ

하감(下疳) = 감창(疳瘡), 투정창(妬精瘡) : 매독으로 남자나 여자의 외생식기에 생긴 헌 데.

하강혈압(下降血壓) : 혈압을 낮추어주는 것을 가리키는 용어.

하계전정(夏季剪定) : 겨울전정의 보조전정으로 생육기인 여름에 실시하는 전정. 순지르기, 절단전정, 솎음전정이 있다. 수형의 형성을 위하여 가지를 잘라 다른 가지에 양분을 전류시키므로 가지 간의 세력균형을 도모한다. 그리고 밀생가지를 솎아 통풍과 채광조건을 양호하게 하며 개화기에는 순지르기를 하여 결과율을 향상시킨다.

하고현상(夏枯現象), summer depression : 내한성(耐寒性)이 강하여 월동(越冬)하는 다년생인 북방형목초(北方型牧草, northern grass)는 여름철에 생장이 쇠퇴하거나 정지하고, 심하면 황화, 고사하여 여름의 목초생산량을 몹시 감소시키는 현상을 하고현상이라고 한다.

하곡배주(下曲胚珠), reclinate : 배주가 자방 밑에서 구부러져 아래로 향한 것.

하곡성(下曲城), reclined : 위쪽에서 아래쪽으로 구부러진 것.

하기(下氣) : ① 하초의 기운. ② 위로 치민 기가 가라앉는 것. ③ 강기(降氣)와 같은 뜻으로 방귀가 나가는 것.

하기소적(下氣消積) : 기를 내려서 적취를 없애는 것.

하기통락(下氣通絡) : 기운을 아래로 내려 경락(經絡)이 두루 잘 소통되게 하는 효능.

하기행수(下氣行水) : 기운을 아래로 내려 더불어 수기(水氣)가 잘 소통되게 하는 효능.

하돈중독(河豚中毒), **복어중독** : 복어 알을 먹거나 국을 많이 먹으면 체내에 독기가 퍼져 부작용으로 생명을 잃게 되는 수도 있음.

하두형(夏豆型) : 두과작물 가운데 봄에 파종을 하면 개화결실이 빨라 8월경에 수확할 수 있는 품종. 개화결실이 늦은 품종은 추두형이라 한다. 하두형은 일장에 대한 반응이 대단히 크다. 8월경에 수확되기 때문에 하두형 또는 여름콩이라고 하는 것이다.

하드닝, hardening : 식물체를 그다지 심하지 않은 건조 환경하에서 기르든가, 아니면 식물체를 일시적인 위조상태에서 자라게 하면 그 식물체의 내한성은 현저하게 증대한다. 이것을 하드닝, 내한성 증강, 경화라고 한다.

하등식물(下等植物), lower plants : 무배식물, 무관속식물, 은화식물 또는 피자식물 이외의 식물로 각각 다음에 나열한 식물군과 대조된다.

하리(下痢) = 설사(泄瀉) : 배탈이 났을 때 자주 누는 묽은 똥. 이질과 설사를 통틀어 부르는 것.

하리궤양(下痢潰瘍) : 하리괴양.

하리탈항(下痢脫肛) : 이질에 걸려서 직장이 항문 밖으로 나오는 증세.

하배축(下胚軸), hypocotyl : 하자엽부(下子葉部)라고도 하며 고등식물에서 배의 부분에서 자엽이 부착된 부분 이하에서 생기는 최초의 줄기 부분이다.

하번초(下繁草), bottom grasses : 줄기가 짧고 잎이 땅 가까이에 무성한 것. 예) 오차드그라스.

하사(瘕瀉) : 습열(濕熱)이 쌓임으로 인해서 대변이 나오지 않고 후중(後重)하면서 아픈 병증.

하성충적토(河成沖積土) : 하수에 의해 퇴적된 것으로 논토양은 대부분 하성토이다. 홍함평지, 삼각주, 하안단구 등이 이에 속한다.

하수성(下垂性) = 현수성(懸垂性), pendulous : 밑으로 드리우는 성질. 예) 가문비나무과의 구과.

하순(下脣) = 아랫입술, lower lip : 설상화의 아래쪽 갈래.

하순꽃잎[下脣花瓣] : 입술 모양의 꽃에서 밑의 꽃잎.

하순화판(下脣花瓣) = 하순꽃잎, 아래잎술꽃잎, lower lip : 입술 모양의 꽃에서 밑의 꽃잎.

하안림(河岸林), riparian forest : 강변에 이루어진 숲.

하위수과(下位瘦果), cypsela : 하위씨방으로부터 발달한 한 개의 씨를 갖는 수과.

하위자방(下位子房) = 하위씨방, inferior ovary : 자방이 꽃받침 또는 화탁과 함께 붙어 있는 것.

하유(下乳) = 최유(催乳), 통유(通乳) : 출산 후 젖이 나오지 않거나 적게 나오는 것을 치료하는 것.

하작(夏作), summer cropping : 여름농사를 말한다.

하작물(夏作物), summer crop : 봄에 파종하여 여름철을 중심해서 생육하는 1년생 작물. 작부 체계상 여름에 재배되는 작물을 말한다.

하종(下種) : 씨를 뿌림.

하지근무력증(下肢筋無力症) : 하체가 약한 경우.

하초(下焦) : 배꼽 아래의 부위로 콩팥, 방광, 대장, 소장 등을 포함한다.

하초습열(下焦濕熱) : 배꼽 아래 부분의 하체에 습기가 많아지면서 열이 심한 증세.

하향뾰족한톱니 = 하향예거치(下向銳鋸齒), retro-serrate : 예거치가 아래로 향한 형태.

하향예거치(下向銳鋸齒) = 하향뾰족한톱니, retro-serrate : 예거치가 아래로 향한 형태.

하향치아상거치(下向齒牙狀鋸齒) = 하향치아상톱니, renicinate : 치아상거치가 아래로 향한 형태.

하혈(下血) : ① 항문으로 피가 나오는 것. ② 자궁출혈.

학명(學名), scientific name : 학술상의 편의를 위하여 라틴어로 표기하는 생물의 세계 공통적인 이름. 스웨덴의 식물학자 린네가 창안한 이명법(二名法)이 현재 쓰이는데, 속명과 종명 명명자의 이름으로 표기함. 생물개체가 변종, 아종일 때는 삼명법(三名法)을 씀.

학질(瘧疾) = 학병(瘧病), 해학(痎瘧), 학(瘧), 말라리아 : 일정한 시간 간격을 두고 추워서 떨다가 높은 열이 나고 땀을 흘리면서 열이 내렸다가 하루나 이틀이 지나 다시 발작하는 것. 학질모기가 매개하는 말라리아 원충이 혈구에 기생해서 생기는 전염병.

한경(寒炅) : 한과 열이 동시에 일어나는 증상.

한계일장(限界日長) : 식물의 일장 반응에서 경계나 기준이 되는 낮의 길이. 예를 들어 최소한 하루 12시간 이상의 일장이 요구되는 장일식물에서 12시간이 바로 한계일장이다. 장일과 단일을 구분 짓는 일장이라고도 볼 수 있어 이 한계일장을 기준으로 하여 이보다 짧은 조건에서 개화하는 식물을 단일식물이라 하고 긴 조건에서 개화하는 것을 장일식물이라 할 수 있다. 한계일장은 일정하게 정해진 것이 아니고 작물과 품종에 따라 다르다.

한국특산식물(韓國特産植物) : 지구상에서 우리나라에만 분포하는 식물.

한대(寒帶) : 일반적으로는 극권보다 고위도의 지역을 가리키는 경우가 많지만, 쾨펜의 기후분류에서는 가장 따뜻한 달의 평균기온이 10℃ 이하인 한랭한 지역을 가리킨다.

북반부에서 온도가 찬 지역을 지칭하는데 남반부에서 이에 해당되는 지역을 antiboreal 이라 한다.

한련과, Tropaeolaceae : 주로 멕시코에서 남미에 걸쳐 분포하며 2속 450종이고 우리나라에서는 한련을 심고 있다. 덩굴성 식물로 육질이다. 잎은 단엽이고 어긋나며 방패모양이다. 꽃은 양성이다. 열매는 3개의 분과이고 각각 종자가 1개씩 들어 있으며 종자에는 배유가 없다.

한몸겹잎[單身複葉], unifoliate compound leaf, unifoliolate : 겹잎이지만 작은 잎이 퇴화되어 홑잎처럼 보이는 것. 예) 유자나무.

한몸수술[單體雄蘂], monadelphous : 꽃술대가 하나로 합쳐져 보통 암술대 주변에서 통 모양을 이룬다.

한반(汗斑) : 목이나 몸통 등 땀이 많이 나는 부위에 희기도 하고 푸르기도 한 꽃모양의 반점이 생기는 증상으로 자백전풍(紫白癲風)이라고도 함.

한발(旱魃) = 가뭄, drought : 오랫동안 비가 내리지 않아 농작물이 피해를 입을 수 있는 상태. 우리나라에서는 고기압기단(북태평양고기압, 오호츠크해고기압)이 크게 발달하여 우리나라를 완전히 덮어 장기간 지속될 때 장마전선 또는 기압골이 다가오지 못하여 가뭄현상이 나타난다.

한습(寒濕) : 한기나 습기에 의해 약간의 열이 생기는데 이것은 허해서 생기는 열로 과민한 피부, 만성기침, 만성피로천식 등이 일어남.

한열(悍熱) : 성질이 사나운 열사(熱邪)를 말하는 것.

한열두통(寒熱頭痛) : 한열로 생긴 두통.

한열왕래(寒熱往來) : 병을 앓는 중에 추운 기운과 더운 기운이 서로 번갈아 나타나는 경우.

한지형목초(寒地型牧草), temperate grass : 생육 적온이 15~21℃인 서늘한 기후조건에서 잘 자라는 목초이다. 북방형 목초.

한창(寒脹) : 비위가 허하거나 한습사에 의해 생기는 창만의 하나.

한해(旱害), drought injury : 물은 식물의 모든 생활현상과 밀접한 관계를 가지고 있기 때문에 수분의 공급이 저하되면 정상적인 생리활동을 할 수 없게 되고, 따라서 생장・발육이 불량하게 되어 수량감수를 일으키거나, 극단의 경우에는 생장 도중에 고사하게 된다. 이것이 한해이다.

한해(寒害), winter injury : 월동 중에 심한 추위 때문에 작물이 받는 피해.

한해살이 = 1년생 = 일년생(一年生), annual : 1년 안에 발아, 생장, 개화, 결실의 생육단계를 마치는 것. 1년 동안에 생육을 마치는 생육형.

한해살이풀 = 1년초(一年草), 일년초(一年草), annual plant : 1년 안에 발아, 생장, 개화, 결실의 생육단계를 거쳐서 일생을 마치는 풀.

할접(割接), cleft grafting : 대목의 중앙부를 접수의 절단면 길이만큼 자르고 쐐기 모양으로 깎은 접수를 삽입하여 맞추는 접목법. 일명 짜개접이라고도 한다.

합생(合生), fused : 같은 기관의 일부가 서로 유합된.
합생꽃덮이[合生花被], syntepalous : 꽃덮이조각이 동합한 상태.
합생심피(合生心皮), syncarpous : 하나의 꽃의 암술에서 여러 개의 심피가 합착하여 외견상 1개로 보이는.
합생웅예(合生雄蕊, 合生雄蘂), coherent stamen : 수술의 일부 또는 전부가 합쳐 있음.
합생자방(合生子房), compound ovary, polycarpellary ovary, coalescented ovary : 자방을 구성하는 심피가 완전히 합생인 것.
합생자예(合生雌蕊, 合生雌蘂), syncarpous : 심피가 붙어 있는 것.
합성품종(合成品種), synthetic variety : 여러 개의 우량계통을 격리포장에서 자연수분 또는 인공수분으로 다계교배(polycross), 여러 개의 품종이나 계통을 교배하는 것. 합성품종은 여러 계통이 관여된 것이기 때문에 세대가 진전되어도 비교적 높은 잡종강세가 나타나고, 유전적 폭이 넓어 환경변동에 대한 안정성이 높으며, 자연수분에 의해 유지하므로 채종노력과 경비가 절감된다. 합성품종은 영양번식이 가능한 타식성 사료작물에서 널리 이용된다.
합심피(合心皮) : 심피가 서로 붙어 있는 것.
합점(合點), chalaza : 주공 반대쪽에서 주병과 주심이 합쳐지는 곳.
합착(合着), adnate : 서로 다른 기관이 결합하는 것.
합착수술(合着雄蘂), synandrium : 꽃밥이 합쳐져 있으나 융합되지 않은 것.
합판악, gamosepalous : 꽃받침 조각이 서로 유합한 것.
합판화(合瓣花) = 통꽃, gamopetalous, sympetalous : 꽃잎의 일부 또는 전부가 합쳐져 통처럼 생긴 꽃.
합판화관(合瓣花冠), gamopetalous corolla, sympetalous corolla : 꽃잎이 서로 붙어 있는 화관.
합판화류(合瓣花類) = 후생화피류(後生花被類), 통꽃류 : 쌍떡잎식물에 속하는 현화식물은 합판화관을 갖춤. 진달래과, 감나무과, 국화과 등의 식물이 여기에 속한다. 꽃덮이의 융합 여부를 기준으로 이판화류와 구분한다.
합편악(合片萼), gamosepalous : 꽃받침잎이 서로 붙어 있는 것.
항(抗)바이러스 : 인플루엔자, 천연두, 소아마비 등을 일으키는 여과성 병원체인 바이러스를 미리 막아주기 위한 처방.
항균(抗菌) : 세균이 자라는 것을 막는 현상.
항균성(抗菌性) : 항균(抗菌)하는 성질.
항균소염(抗菌消炎) : 세균을 막고, 염증을 가라앉히는 것.
항문염(肛門炎) : 항문 주위가 붉고 가려운 염증이 생김.
항문주위농양(肛門周圍膿瘍) : 항문 주위에 종양이 생겨 저절로 터지거나 절개되어 고름이 유출되는 누공이 형성되는 것.
항병(抗病) : 병에 저항하는 성질.

항생물질(抗生物質), antibiotics : 미생물이 생성하여 분비하는 2차대사물질로서 다른 종에 속하는 미생물의 생육을 억제하거나 죽이는 물질의 총칭.

항아리모양꽃부리 = 호상화관(壺狀花冠), urceolate corolla : 항아리 같은 모양을 이룬 꽃.

항암(抗癌) : 암세포의 증식을 막는 것. 또는 암에 저항하는 효력.

항암제(抗癌劑) : 암세포의 증식을 막는 약물.

항종(項腫) : 목에 생긴 큰 부스럼.

항탈(肛脫) : 항문 및 직장 점막 또는 전층이 항문 밖으로 빠져나온 증상.

해거리 : 과실의 수량이 많았던 이듬해에 수량이 현저히 줄어드는 현상을 말한다.

해경(解痙) : 경련을 푸는 방법으로 진경(鎭痙)이라고도 함.

해당작용(解糖作用), glycolysis : 해당작용은 포도당 1분자가 몇 가지의 반응단계를 거쳐 2분자의 pyruvic acid가 생성되는 과정을 말한다. 이 과정은 세포질에서 이루어지며 EMP회로라고도 불린다. 탄소원자 6개인 글루코스분자가 10종류의 연속된 효소촉매반응을 통하여 3개의 탄소원자로 된 두 분자의 피루브산까지 분해해서 ATP를 얻는 혐기적 대사경로. Embden-Meyerhof 경로라고도 한다. 해당 후 피루브산은 3가지 경로를 거친다.

해독(解毒) : 몸 안이나 몸 표면에 있는 독소를 없애는 것.

해독살충(解毒殺蟲) : 해독(解毒)하고 기생충을 제거하는 것을 이르는 용어.

해독소옹(解毒消癰) : 해독(解毒)하여서 피부에 발생된 옹저(癰疽)를 없애는 효능.

해독소종(解毒消腫) : 해독(解毒)하여서 피부에 발생된 옹저(癰疽)나 상처가 부은 것을 삭아 없어지게 하는 효능.

해독지리(解毒止痢) : 독성(毒性)을 없애주고 설사를 그치게 하는 효능.

해독촉진(解毒促進) : 해독작용이 빨리 되도록 도와주는 것.

해독투진(解毒透疹) : 독성(毒性)을 없애주고 반진(瘢疹), 홍역(紅疫)의 사기(邪氣)를 피부 밖으로 뿜어내는 효능.

해독화염(解毒化炎) : 독성을 없애고, 염증을 없애주는 효능.

해독활혈(解毒活血) : 독(毒)을 없애고 혈(血)의 운행을 활발히 함.

해동(解凍), thawing : 언 식품을 데워 얼음을 액체로 변화시키거나 또는 부드럽게 하는 것이며, 공기 또는 물을 이용하는 방법, 전기를 이용하는 방법(고주파, 전자레인지), 직접 가열하는 방법 등이 있다.

해라(海螺) : *Rapana thomasiana*(참고둥)의 신선한 고기로 심와부(心窩部)의 열사(熱邪)에 의한 동통(疼痛)을 치료하고 눈을 밝게 하는 효능이 있는 약재.

해면조직(海綿組織) = 갯솜조직, spongy tissue, spongy parenchyma, spongy mesophyll : 잎살을 이루는 조직으로 세포가 서로 벌어져 있어 물질의 이동통로가 된다.

해면질(海綿質), spongy : 해면처럼 구멍이 있고 흐물흐물한 조직.

해민(解悶) : 근심이나 고민을 풀어버림.

해부적(解剖的)형질, anatomical character : 일차적으로 조직과 세포형에 관련된 형질.

해산촉진(解産促進) : 아이를 낳을 때 빨리 그리고 통증 없이 낳게 하기 위한 방법.
해서(解暑) : 더위를 먹은 탓으로 물을 너무 많이 마셔 메스껍고 머리가 무거우며 구토와 설사하는 증세를 치료하는 것.
해성(解腥) : 비린내를 없애는 것.
해성충적토(海城沖積土) : 풍화된 모재가 바닷물에 의해 해안에 운반 퇴적된 것을 해성토라 한다.
해소(咳嗽) : '해수'(咳嗽)의 변한 말.
해수(咳嗽) : 잘 낫지 않는 기침을 심하게 하는 경우.
해수담열(咳嗽痰熱) : 열사로 인한 담이 있는 기침 증상.
해수담천(咳嗽痰喘) : 담이 있는 기침.
해수토혈(咳嗽吐血) : 기침과 함께 피를 토하는 증상.
해열(解熱) : 질병이나 위장 장애로 인한 열을 내리고자 하는 경우.
해열거풍(解熱祛風) : 열을 내리고 체내에 발생하는 비정상적인 풍(風)을 잠재우는 효능.
해열양혈(解熱凉血) : 열을 내리고 피를 식혀주는 효능.
해열제(解熱劑) : 생리기능의 이상에서 발열로 체온이 상승되는 것을 해열시키는 약물을 말하는 것.
해울(解鬱) : 기(氣)가 울체(鬱滯)된 것을 푸는 것.
해울결(解鬱結) : 응체(凝體) 풀어주기 근육이나 섬유성 조직이 덩어리처럼 엉기어 굳으며 뭉치는 것을 풀어주는 것.
해충(害蟲), insect pest : 인류에 직접 또는 간접으로 손해를 끼치는 벌레. 익충과 대조적인 말이다.
해표(解表) : 발한작용이 있는 약을 써서 땀과 함께 표(表)에 있는 사기(邪氣)를 밖으로 내보내는 방법으로 한법(汗法)이라고도 함.
해표산한(解表散寒) : 표에 있는 한사(寒邪)를 없앰.
해혈(解血) : 적혈구의 세포막이 파괴되어 그 안의 헤모글로빈이 혈구 밖으로 흘러나오는 현상.
핵(核), putamen, pit : 굳은 내과피가 종자에 붙어 있는 것.
핵과(核果) = 굳은씨열매, 석과, drupe : 가운데 들어 있는 씨는 매우 굳은 것으로 되어 있고 열매껍질은 얇으며 보통 1방에 1개의 씨가 들어 있고, 내과피(內果皮)가 목질화되어 견고하다. 예) 살구, 앵두, 복숭아, 대추, 산수유, 매실, 은행, 비자 등.
핵산(核酸), nucleic acid : 세포핵 단백질의 구성요소로서 모든 살아 있는 세포에서 볼 수 있는 일군의 복합산이다.
핵융합반응(核融合反應) : 가벼운 몇 개의 원자핵이 합하여 한 개의 원자핵이 되는 물리화학반응. 이 반응과정에서 막대한 에너지가 방출된다. 예를 들면 수소(H)가 핵융합하면 헬륨(He)이 되는데 이때 융합전후의 질량차이가 에너지로 방출되는 것이다. 태양에너지와 수소폭탄의 막대한 폭발력은 바로 수소의 핵융합과정에서 생성되는 에너지의 집단이다.

행기(行氣) : ① 몸을 움직임. ② 숨결을 잘 통하게 함. ③ 기를 돌게 함.

행기이혈(行氣理血) : 기(氣)를 소통시키고 혈(血)을 조화롭게 하여 순리대로 기능하게 하는 효능.

행기지사(行氣止瀉) : 기(氣)를 소통시키고 설사를 멎게 하는 효능.

행기지통(行氣止痛) : 울체된 기를 풀어 통증을 멈추는 것.

행기활혈(行氣活血) : 기혈을 잘 돌게 하는 방법을 말함.

행리(行履) : 어떤 일을 행함. 또는 그 일.

행수(行水) : 기를 잘 돌게 하고 수도(水道)를 통하게 하는 약으로 수습(水濕)을 내보내는 방법.

행어(行瘀) : 활혈약(活血藥)과 이기약(理氣藥)을 써서 어혈(瘀血)을 없애는 방법.

행혈(行血) : 약으로 피를 잘 돌게 함.

행혈거어(行血祛瘀) : 피를 소통시켜 비정상적으로 생긴 어혈(瘀血)을 제거하는 효능.

행혈산어(行血散瘀) : 혈액순환을 원활히 함으로써 어혈을 풀어줌.

행혈통림(行血通淋) : 혈액순환을 원활히 함으로써 임질을 치료하는 것.

향료(香料) : 향(香)을 만들거나 향미를 주기 위해 쓰는 물질이며 천연향료와 합성향료가 있다.

향신작물(香辛作物), spice crop : 조미료작물이라고도 하는데 단맛, 신맛, 매운맛을 내는 잎, 줄기, 꽃, 열매를 이용해 맛을 내는 데 사용할 경우 향신료작물이라 하며 고추, 마늘, 파, 양파, 마늘 등이 여기에 속한다.

향축성(向軸性), adaxial : 중심축을 향한.

허냉(虛冷) : 허랭. 양기가 부족하여 몸이 참. 또는 그런 증상.

허로(虛勞) = 허로손상(虛勞損傷), 노겁(勞怯), 허손(虛損) : 신체 내의 원기가 부족하거나 피로가 지나쳤을 때 따르는 증상으로 심신이 허약하고 피로함. 장부와 기혈에 허손으로 생긴 여러 가지 허약한 증후를 통틀어 이름.

허손한열(虛損寒熱) : 심신이 허약하고 피로해서 한기를 느끼다가 열이 나기도 하는 증세.

허약(虛弱) : 힘이나 기운이 없고 약함.

허약증(虛弱症) : 항상 기운이 없고 땀이 많이 나며 피곤해하는 증세.

허약체질(虛弱體質) : 몸은 크고 살이 쪘지만 근육이 단단하지 않은 물살이고 체격이 약해 보이는 체질.

허완(虛緩) : 맥상(脈象)의 하나로 허맥(虛脈)과 완맥(緩脈). 즉, 느리고 부실함을 뜻함.

허한(虛汗) : 몸이 허약하여 나는 땀. 식은땀을 말하는 것.

허혈통(虛血痛) : 피가 부족한 상태를 이르는데, 원기가 부실하고 몸 전체가 시름시름 아픔.

헛물관 = 가도관(假導管), tracheid : 쌍떡잎식물 일부나 겉씨식물, 양치식물에서 목질부의 가늘고 길며 끝이 뾰족한 세포들이 이룬 조직으로 수분의 통로이다. 물관과 다른 점은 막이 세포 사이를 가로막은 목질부로 되어 있고, 죽은 세포로 된 조직이며 세포 사이의 벽에는 구멍이 없다. 예) 원시관속식물.

헛비늘줄기 = 가짜비늘줄기, 가인경(假鱗莖), 거짓비늘줄기, 위인경(僞鱗莖), pseudobulb : 짧은 줄기가 변하여 조밀하고 단단한 비늘줄기처럼 된 것으로, 다른 식물에 착생하여 기생(氣生)하는 난초과식물에서 흔히 볼 수 있다. 예) 혹난초.

헛뿌리 = 가근(假根), 가짜뿌리, 거짓뿌리, rhizoid : 이끼류 또는 양치식물과 같이 세대교번을 하는 식물의 배우체가 물기를 흡수하기 위하여 지닌 털 모양의 뿌리로 정상적 기능을 가진 뿌리하고는 차이가 있다. 예) 솔잎란.

헛수술 = 가웅예(假雄蕊, 假雄蘂), 가짜수술, 거짓수술, 위웅예(僞雄蕊, 僞雄蘂), 의웅예(擬雄蕊, 擬雄蘂), staminode : 양성화에서 수술이 그 형태는 갖추고 있으나 불임성이며 꽃가루가 형성되지 않음. 예) 칸나, 번행초.

헛씨껍질 = 가종피(假種皮), 가짜씨껍질, 거짓씨껍질, aril, arillus, transverse stripe : 주목, 사철나무, 비자나무 등의 종자 표면에 있는 특수 부속물로, 배주의 겉껍질이 아닌 태좌, 주병에서 발달한 씨껍질처럼 보이는 육질의 덮개. 예) 주목, 노박덩굴.

헛열매 = 가과(假果), 가짜열매, 거짓열매, 위과(僞果), anthocarpous fruit, false fruit pseudocarp : 씨방 또는 꽃받침, 꽃차례, 꽃잎이 같이 자라서 형성된 열매. 심피 주위의 것과 함께 발달하여 과피가 된 것. 예) 사과, 딸기.

헛잎 = 가엽(假葉), enation, phyllodia : 엽병과 총엽병으로부터 발전된 잎모양의 광합성기관. 예) 솔잎란, 비짜루.

헛포막 = 위포막(僞包膜), false indusium : 포자낭군을 막질화한 잎 가장자리가 안쪽으로 접혀 있는 것. 예) 봉의꼬리, 고사리.

혀꽃 = 혀모양꽃, 설상화(舌狀花), ligulate flower : 머리꽃을 구성하는 꽃의 하나로서 꽃갓이 혀 모양인 것. 예) 민들레.

혀모양 = 설상(舌狀), 설형(舌形), ligulata : 윗부분이 넓고 밑 부분이 점차 좁아져서 마치 목수가 사용하는 쐐기의 측면에 흡사한 모양.

혁질(革質) = 가죽질, coriaceous : 잎의 잎몸이 두텁고, 광택이 있으며 가죽 같은 촉감이 있는 것. 예) 동백나무, 석위.

현기증(眩氣症) : 어지러운 증세를 말한다.

현미(玄米), brown rice, hulled rice, husked rice : 수확, 건조된 벼의 낟알에서 왕겨만을 벗겨낸 쌀알. 현미는 식물학상 과실에 해당하는데 영과라고도 한다. 현미의 구성은 씨껍질, 씨젖, 씨눈의 세부분으로 되어 있다. 현미에서 겨층을 벗기면 백미가 된다.

현벽(眩癖) : 목과 등이 뻣뻣하고 긴장되며 가끔 경련이 일어나는 증상.

현부(舷部) = 판연(瓣緣), limb : 합판화관의 외연부로 판통(통부)과 판인(화후)을 제외한 부분.

현삼과, Scrophulariaceae : 전 세계에 분포하는 교목, 관목, 초본으로 220속 3,000종이며, 우리나라에 21속 55종이 자생한다. 잎은 어긋나거나 마주나며 돌려나기도 하고 탁엽이 없다. 여러 가지 화서에 달리는 꽃은 양성화이고, 열매는 삭과이다.

현수과(懸瘦果) : 열매가 중축에서 갈라지며 거꾸로 달리는 것으로, 산형과 식물에서 볼 수 있다.

현수성(懸垂性) = 하수성(下垂性), pendulous : 밑으로 드리우는 성질. 예) 가문비나무과의 구과.

현지내 보존 : 희귀식물이나 임목 등을 생육지에 그대로 보존하는 것이다.

현지외 보존 : 특정식물을 온실, 식물원 등에 옮겨 보존하는 것이다.

현하배주(懸下胚珠) : 아래로 매달려 있는 배주.

현하형(縣下形), pendant, pendulous : 아래쪽을 향해 매달린 상태. 예) 꼬리모양꽃차례.

현호색과, Fumariaceae : 전 세계에 19속 525종이 북반구의 온대 및 아프리카에 많이 분포하고 양귀비과에 합치기도 하며 우리나라에는 3속 15종이 자란다. 잎은 2~3회 3출엽이고 뿌리에 덩이줄기가 있는 것과 없는 것이 있다. 꽃은 2개의 꽃잎이 주머니처럼 되거나 거가 있기도 하고, 1개의 꽃잎만으로 거가 있는 것이 있다.

현화식물(顯花植物), phanerogams, flowering plants : 나자식물이나 피자식물과 같이 꽃이 피는 식물.

현훈(眩暈) = 현운(眩暈), 현운(玄雲), 현기(眩氣), 두현(頭眩), 두훈(頭暈), 두운(頭運) : ① 6음이나 장부기혈의 부족, 7정 등에 의해 생기는 어지럼증상. ② 고혈압, 뇌동맥경화증, 빈혈, 내이질병, 신경쇠약증 등에 의한 어지러운 증상. 눈이 캄캄해지면서 머리가 어찔어찔 어지러운 상태.

현훈구토(眩暈嘔吐) : 차멀미 : 자율신경의 충동으로 인하여 두통 또는 빈혈증상을 보이고 구토를 하는 경우.

혈결(血結) : ① 피가 엉키어 잘 통하지 않는 것. ② 혈로 인하여 대변이 굳어져 잘 나가지 않는 것.

혈기(血氣) : 생명을 부지하는 혈액과 기운.

혈기심통(血氣心通) : 평소 격하기 쉬운 감정을 억누르는 일.

혈뇨(血尿) : 소변에 피가 섞여 나오는 증상.

혈담(血痰) : 기침이 심하여 가래에 피가 섞여 나오는 증세.

혈리(血痢) : 똥에 피와 곱이 섞여 나오는 이질의 한 가지로 적리라고도 함.

혈림(血淋) : 오줌에 피가 섞여 나오는 임독성 요도염.

혈변(血變) : ① 피부혈색의 변화. ② 혈분의 병적 변화.

혈분(血分) : 혈(血)이 맡고 있는 부분 즉 혈액순환 부분.

혈붕(血崩) : 월경하는 기간이 아닌 때 갑자기 음도로 많은 양의 피가 나오는 것.

혈비(血痺) : 과로를 틈타서 땀이 과도할 때 바람이 혈분으로 들어가 사지가 아프고 뼈마디가 쑤시는 것.

혈색불량(血色不良) : 내장 질환으로 인해 혈색이 이상현상이 생기거나 생리불순 또는 노화로 인해 피부가 윤택하지 못하고 거친 경우.

혈압강하(血壓降下) : 혈압을 내려주는 것.

혈압조절(血壓調節) : 심장의 수축력에 의한 혈관벽의 탄력성 및 저항성에 의해 생기는 혈액의 압력을 약재로 조절하는 것.

혈압하강(血壓下降) : 혈압강하.

혈액(血液), blood : 혈관을 통하여 몸 안을 돌며 조직에 산소를 공급하고 조직으로부터 이산화탄소를 운반하는 붉은색 액체.

혈열(血熱) : 혈분(血分)에 사열(邪熱)이 있는 것.

혈우병(血友病) : 유전성 혈액 응고 인자의 결핍에 의한 출혈성 질환.

혈전증(血栓症) : 생물체의 혈관 속에서 피가 굳어져서 된 고형물.

혈폐(血閉) : 노쇠 현상이 아닌데도 월경이 그치는 경우.

혈해(血海) : 기경팔맥의 일종인 충맥을 말하며, 오장육부에 기가 모이는 곳으로 십이경맥에 맥기를 전달한다.

혈허(血虛) : 영양불량으로 피가 부족한 것.

혈허복병(血虛腹病) : 영양부족으로 인하여서 혈액이상이 생기고 배가 아픈 증상.

혈훈(血暈) : 출산 후 피를 많이 흘려 생긴 어지럼증상.

혐광성종자(嫌光性種子) : 발아 시 광을 싫어하는 종자이다.

혐기상태(嫌氣狀態) : 공기가 불충분하거나 공기를 싫어하여 배척하는 상태. 통기성이 좋지 않는 토양상태를 말하기도 한다. 혐기성 생물은 산소를 싫어한다. 그래서 산소가 없는 상태인 혐기상태에서 생육이 양호하다. 각종 혐기성 세균이 이러한 생물에 속한다.

혐기성세균(嫌氣性細菌) : 산소가 부족한 곳에서 활동하는 세균으로 NO_3^-, SO_4^{2+}와 같은 화합태의 산소를 이용하며 이때 철이나 망간 등은 환원형태가 된다.

협과(莢果) = 꼬투리열매, 꼬투리, 두과(豆果), legume : 콩과식물의 전형적인 열매로, 하나의 심피에서 씨방이 발달한 열매로 보통 2개의 봉선을 따라 터진다. 예) 콩과.

협심증(狹心症) : 혈관벽이 죽상동맥경화증 등의 질환으로 좁아지고 관상동맥의 혈액공급이 나빠져서 심장이 찌르듯 쪼개지듯 아프고 호흡곤란이 오는 증상.

협온성(狹溫性) : 좁은 온도변화에 민감하고, 적응온도 범위가 좁은 것. 이와 같은 동물의 분포는 일반적으로 한정되며, 이중에서 더운 것을 필요로 하는 것을 호열성(好熱性), 차가운 것을 필요로 하는 것은 호한성(好寒性)이라 한다.

협죽도과 = 마삭나무과, Apocynaceae : 열・온대에 분포하는 교목, 관목, 초본으로 200속 2,000종이며, 우리나라에 3속 4종이 자생한다. 초본 또는 덩굴성관목으로 유액이 있다. 잎은 어긋나거나 마주나며 돌려나기도 하고 단엽으로 탁엽이 없다. 취산화서나 원추화서에 달리는 꽃은 양성화이고, 열매는 골돌, 장과 또는 핵과다.

협채류(莢菜類), pod vegetable : 미숙한 콩깍지를 통째로 이용하는 채소로 완두, 강낭콩, 동부 등이 있다.

협통(脇痛) : 갈빗대 있는 곳이 결리고 아픈 경우.

협폭파(狹幅播), narrow ridge sowing(seeding) : 이랑을 좁게 하여 씨앗을 뿌리는 파

종방법의 일종이다.

협하창통(脇下脹痛) : 겨드랑이 밑부분이 무엇이 걸린 듯하면서 아픈 것.

형매계통(兄妹系統) : 근친계통을 의미하는 것으로 자식계통을 개량할 때 한 집단에서 육성된 것으로 유전적으로 두 개의 계통이 유사하기 때문에 이들 사이에 교잡을 하면 잡종강세 현상이 크게 일어나지 않아 1대잡종을 만들 때에는 이용하지 않는다.

형매교배(兄妹交配), sibcross, sibbing : 같은 계통 또는 계통군 내의 개체 간 교배를 말한다.

형성층(形成層) = 부름켜, cambium : 우리말로 부름켜라고 한다. 줄기의 원시분열조직에서 다발모양으로 분화하여 횡단면에서 볼 때 특수한 세포군이 보이는데 이것을 전형성층이라고 하며, 전형성층에서 대부분의 세포는 사부와 목부로 각각 분화되어 나가는데 이중에서 한 층의 세포는 분열능력을 그대로 지니고 있다. 이 분열세포의 집단을 형성층이라고 한다.

형질(形質)과 특성(特性) : 작물의 형태적·생태적·생리적 요소를 형질(character)이라 하고, 품종의 형질이 다른 품종과 구별되는 특징을 특성(characteristic)이라고 한다. 예컨대 작물의 키(稈長)와 출수기는 형질이고, 키의 장간·단간, 숙기의 조생·만생은 품종 특성이다.

형질도입(形質導入), transduction : 파지에 의하여 어떤 세균의 염색체의 일부가 다른 세균에 들어가 그 결과로 공여균에 있던 유전적 형질이 수용균에서 발견되는 현상이다.

형질분리(形質分離) : 유전적으로 순수하지 못한 형질이 후대에 가서 서로 다른 특성으로 나누어지는 현상. 유전적으로 순수하면 형질은 대를 이어 나가도 계속 똑같이 나타난다.

형질전환식물체(形質轉換植物體) = 유전자재조합체(遺傳子再組合體), 유전자변형농산물(遺傳子變形農産物), GMO, genetically modified organism : 유전공학기술에 의해 형질전환된 작물이 생산한 농산물을 유전자변형농산물이라고 부른다.

형태적 형질(形態的形質), morphological character : 외부구조와 관련된 형질.

형태적내비성(形態的耐肥性) : 일반적으로 수수형 품종은 수중형 품종보다 내비성이 높다고 알려져 있으나, 통일계 품종과 같이 단간이면서 다비재배에서 하위절간의 신장이 둔하여 잎이 직립이고 과번무가 되지 않는 등 형태적으로 지료에 대한 반응이 둔한 품종을 형태적인 내비성의 특성을 지녔다고 할 수 있다.

호과(弧果), pepo, gourd : 외과피가 목질인 육질과. 예) 박.

호광성종자(好光性種子), photoblastic seed, light germinating seed : 발아 시 일정량의 광을 주어야 발아하는 종자이다.

호기상태(好氣狀態) : 공기가 충분하거나 공기를 좋아하는 상태. 통기성이 좋은 토양상태를 말하기도 한다. 미생물 가운데는 공기를 좋아하는 호기성 세균과 공기를 싫어하는 혐기성 세균이 있다.

호기성세균(好氣性細菌) : 산화물로 산소를 필요로 하는 세균으로 산소가 부족한 곳에서는 기능을 다하지 못한다.

호기호흡(好氣呼吸), aerobic respiration : 산소가 충분한 상태에서 이루어지는 호흡. 산소가 있어야 호흡이 효율적으로 이루어지며 정상적인 호흡에너지를 방출하게 된다. 통기가 불량한 토양, 특히 과습한 지역에서는 뿌리의 호흡불량으로 에너지공급이 부족해져 능동적 흡수가 장해를 받아 양분흡수가 감퇴된다. 산소가 없어도 비효율적인 무기호흡이 어느 정도 진행되지만 결국엔 생육이 부진해지면서 심하면 죽게 된다.

호도과(胡桃果), tryma : 성숙하면 갈라지는 육질성 겉열매껍질을 갖는 견과. 예) 호두.

호르몬제 : 저농도로서 식물의 생장과 발육을 조절하는 화학물질. 식물호르몬과 같거나 유사한 작용을 하는 약제를 말한다. 생체 내에서 추출정제한 호르몬 자체가 약제로 쓰이기도 하지만 대개의 호르몬제는 인공합성된 것이 대부분이다.

호밀(胡麥) : 유럽 남동부와 중앙아시아 원산으로 열매를 가루로 하여 빵, 국수 등을 만들거나 위스키 제조 및 사료로 사용되는 포아풀과에 딸린 곡물. 뿌리가 잘 발달하고 추위에 견디는 성질이 강하다. 호밀(*Secale cereale*)은 밀과 비슷하나 tryptophan함량이 낮고 lysine함량이 높은 편이며 곡류 중 기호성이 가장 낮고 소화기관에 장애를 초래한다. 호맥.

호분립(糊粉粒), aleurone grain : 종자에 있는 저장단백질의 특징적인 구조로 한 층의 막으로 둘러싸여 있다.

호분층(糊粉層), aleurone layer : 배유의 종피 쪽으로 접한 최외층의 호분세포층으로 주로 알부민계의 단백으로 된 호분립과 지방립이 축적되어 있으며, 발아 시에는 효소를 생산하여 배유 저장양분을 물에 녹기 쉬운 형태로 변화시켜 배반의 착상흡수세포로 흡수시켜 유아와 유근이 발아하는데 이용토록 하는 효소생성원의 기능을 가지고 있다 호분층을 떼어내어 발아시키면 유아의 생장이 이루어지지 않는다.

호산화서(互散花序) = 호산꽃차례, cincinnus : 유한꽃차례에 속하는 집산꽃차례의 일종으로 꽃차례 가지가 교차적으로 발달한다.

호상(壺狀) = 호형(壺形), urceolate, U-shaped : 정제화관에 속하며 은방울꽃처럼 위는 좁아져 있지만 끝이 뒤로 젖혀져 단지모양을 이루고 있는 것.

호상화관(壺狀花冠) = 항아리모양꽃부리, urceolate corolla : 항아리 같은 모양을 이룬 꽃. 예) 조희풀.

호생(互生) = 어긋나기, alternate phyllotaxis : 마디마다 1개의 잎이 줄기를 돌아가면서 배열한 상태.

호성토(湖成土) : 호수 기슭 암석이 침식 추락하여 호수바닥에 퇴적되든가 호수 출구에 퇴적되어 만들어지는 것을 말한다.

호숙기(湖熟期), dough stage, ripe stage : 벼알 속의 배유 내용물인 전분이 젖물에서 풀모양으로 굳어지는 시기로서 출수 후 10~20일경이다.

호영(護穎) = 겉겨, 꽃겨, 받침껍질, 보호껍질, 외영(外穎), glume, lemma, flowering glume : 화본과식물 꽃의 맨 밑을 받치고 있는 한 쌍의 작은 조각. 낟알(작은이삭)을 구성하는 한 요소로 작은 껍질 및 큰껍질을 받쳐주는 한방의 받침껍질이며 보통 큰껍질의 1/5이다. 큰껍질과 작은껍질이 성숙하면 쌀을 싸고 있는 왕겨가 된다.

호진화(互進化), coevolution : 공진화[共進化], 서로 다른 생물들이 서로의 이익을 극대화하기 위해 서로 변화하는 진화 현상[예: 박쥐가 매개하는 꽃은 크고 질기고 꿀을 많이 생산하고, 박쥐는 체구가 작고, 주둥이가 뾰족하고, 털이 꽃가루를 많이 묻힐 수 있도록 갈라짐].

호형(壺形) = 호상(壺狀), urceolate, U-shaped : 정제화관에 속하며 은방울꽃처럼 위는 좁아져 있지만 끝이 뒤로 젖혀져 단지모양을 이루고 있는 것.

호흡(呼吸), respiration : 생물체가 외계로부터 분자상태의 산소를 받아들여 생화학적 과정을 거쳐 유기물을 산화분해하고 생성된 이산화탄소를 배출시키는 것. 생물의 에너지 획득을 위한 과정이다. 넓은 의미로는 산소의 호흡 없이 이루어지는 유기물의 산화(발효)도 호흡의 한 형식이다. 생물체 이외의 계(系)에서도 가스교환의 현상으로 토양호흡과 같은 말로 표현할 수 있다.

호흡계수(呼吸係數), respiration coefficient : 호흡작용 시 탄수화물이 호흡의 기질로서 완전 산화한다고 가정하면 식물체가 흡수하는 산소량과 배출하는 탄산가스량은 일정한 균형을 유지한다. 일정 시간 호흡작용에 의해 발산되는 CO_2량과 O_2량의 비를 호흡계수라고 한다.

호흡곤란(呼吸困難) : 힘쓰지 아니하면 숨쉬기가 어렵거나 숨 쉬는데 고통을 느끼는 상태. 이물질이 차 있거나 천식, 폐렴인 경우에 일어남.

호흡근(呼吸根) = 호흡뿌리, respiratory root : 호흡에 필요한 가스교환이 용이하도록 특별한 통기구조를 갖춘 뿌리.

호흡기감염증(呼吸器感染症) : 호흡기관에 미생물이 증식하여 일으키는 병의 통칭.

호흡기질(呼吸基質), respiratory substrate : 식물이 호흡할 때 소비되는 유기물을 호흡기질이라 하며, 이들은 호흡과정에서 산소를 흡수하여 탄산가스와 물로 산화하고, 이때 ATP라는 고에너지-인산결합의 화합물을 생성한다.

호흡기질환(呼吸器疾患) : 호흡작용을 맡은 기관, 즉 폐기질환을 말하며 주로 폐결핵, 폐열, 기관지염, 기침, 감기, 기관지천식 등을 발병하게 됨.

호흡작용(呼吸作用), respiration : 식물은 밤낮으로 산소를 흡수하고 탄산가스를 배출하는 호흡작용을 하며, 광은 광합성에 의해 호흡기질을 생성하여 호흡을 증대시킨다. C_3식물에서는 광에 의해 직접 호흡이 촉진되는 광호흡(光呼吸, photorespiration)이 이루어진다.

호흡진정(呼吸鎭靜) : 호흡을 안정시킴.

혼계(混系) = 혼형(混型), mixed stock : 한 품종에서도 교잡이나 돌연변이에 의하여 유전형질이 서로 다른 개체들이 섞여 있는 집단.

혼곤(昏困) : 의식이 혼미할 때, 뇌 조직 퇴행에 의한 진행성 정신 기능 약화.

혼아(混芽), mixed bud : 꽃이 될 눈과 잎이 될 눈이 함께 있는 겨울눈.

혼작(混作) = 섞어짓기, mixed cropping : 생육기간이 거의 같은 두 종류 이상의 작물을 동시에 같은 포장에 섞어서 재배하는 방식.

혼파(混播), mixed seeding : 목야지에서와 같이 두 종류 이상의 작물종자를 함께 섞어서 뿌리는 방식.

혼합형냉해(混合型冷害), mixed type cold injury : 벼의 지연형 냉해와 장해형 냉해의 양자가 겹쳐져 발생하는 냉해로서 감수 정도가 극히 심하다.

혼효림(混淆林), mixed forest : 여러 종류의 나무로 이루어진 숲으로 일반적으로 침엽수와 활엽수가 혼합되어 있는 숲.

홀떡잎식물 = 단자엽식물(單子葉植物), monocotyledonous plant, monocotyledon, *monocotyledonae* : 1개의 떡잎을 가진 식물로 형성층이 없으며 줄기와 뿌리의 성장은 각 세포의 증식과 증대로 이루어짐.

홀수깃꼴겹잎 = 기수우상복엽(奇數羽狀複葉), 홀수깃모양겹잎, imparipinnately compound leaf, imparipinnate leaf, odd pinnate compound leaf : 작은 잎이 끝부분에도 1개가 달리는 홀수의 깃꼴 겹잎.

홀수깃모양겹잎[奇數羽狀複葉], odd-pinnate, imparipinnate, odd-pinnately compound leaf, imparipinnately compound leaf : 정단에 작은 잎이 있는 깃모양겹잎으로 작은 잎의 개수는 홀수. 예) 아까시나무.

홀씨 = 포자(胞子), spore : 직접 또는 몇 단계를 거쳐서 새로운 개체를 발생할 수 있는 생식체. 벽으로 둘러싸여 있으며 단세포인 것도 있고 다세포인 것도 있다. 식물체가 유성생식을 하는 첫걸음으로 무성세대의 식물체에서 무성적으로 만들어진 생식체. 포자낭에서 포자모세포가 감수분열하여 만든 무성생식단위. 포자가 성숙하여 배우자체를 형성하고, 배우자체에서 배우자(난자와 정자)가 생산된다. 발달한 식물에서는 대포자와 소포자가 있어 각각 자성배우체와 웅성배우자체를 생산하고, 이들에서 다시 난자와 정자가 생산된다.

홀씨잎 = 실엽(實葉), 아포엽(芽胞葉), 포자엽(胞子葉), fertile frond, sporophyll : 양치류에서 볼 수 있는 홀씨주머니가 생기도록 변한 잎. 홀씨 형성 기능이 있는 잎의 총칭.

홀씨주머니 = 포자낭(胞子囊), 포자주머니, sporangium : 홀씨를 생산하거나 홀씨가 들어 있는 주머니모양의 생식기관.

홀씨주머니무리 = 포자낭군(胞子囊群), 낭퇴(囊堆), sorus : 양치류의 잎 뒤에 생기는 홀씨주머니가 여러 개 모인 상태. 예) 고사리.

홀씨주머니열매 = 아포과(芽胞果), 포자낭과(胞子囊果), sporocarp : 고등균류, 지의류, 홍조류 등에서 포자를 형성하는 많은 실(室)로 되어 있는 기관. 예) 네가래, 생이가래.

홀씨주머니이삭 = 포자낭수(胞子囊穗), 포자수(胞子穗), sporangium cone, strobilus : 홀씨를 달고 있는 잎 여러 장이 이삭 모양으로 모여 있는 것. 속새류에서 볼 수 있다. 예) 석송, 쇠뜨기.

홀아비꽃대과, Chloranthaceae : 열・온대에 분포하는 관목 또는 초본으로 4속 40종이며, 우리나라에 1속 4종이 자생한다. 마주나는 잎은 가장자리에 톱니가 있다. 수상화서에 달리는 꽃은 단성화 또는 양성화이고, 열매는 핵과다.

홀잎, simple leaf : 한 개의 잎몸으로 이루어진 잎. 단엽(單葉).

홍색습진(紅色濕疹) : 붉은색을 띠는 개선충에 의해서 생기는 염증.

홍안(紅顔) : 얼굴이 평소보다 붉은색이 돌 때에는 심장병증(心臟病症)이나 뇌신경질환(腦神經疾患) 또는 주황병(酒荒病)을 의심할 수 있는 경우.

홍역(紅疫) = 마진(痲疹) : 바이러스로 말미암아 생기는 급성 발진성 전염병. 발열, 기침 기타 결막염의 증세가 있고, 구강(口腔) 점막의 반점 및 피부에 홍색의 발진이 생긴다. 소아급성발진성의 전염병으로 붉은색의 발진이 돋는 증상.

홍조발진(紅潮發疹) : 얼굴 홍조발진 : 평소보다 붉은빛이 돌 때에는 심장병이나 뇌신경질환, 주황병(酒荒病) 증세를 의심할 수 있다.

홍종(紅腫) : 붉은빛의 종양이 생기는 것.

홍채(虹彩) : 안구의 각막과 수정체와의 사이에 있는 원반모양의 부분.

홍초과, Cannaceae : 전 세계에 1속 90종이 분포하며 미주 원산이다. 꽃은 양성이며 꽃잎이 불규칙적이고 3개의 꽃잎과 합생심피와 이상한 수술이 있다. 자방하위에 3심피이고 꽃잎 같은 암술대가 달린다.

홍탈(肛脫) : 항문이 빠져나가는 증상.

홑꽃차례[單頂花序], solitary : 꽃이 한 개만 달리고, 꽃의 무리를 갖지 않는다. 예) 얼레지, 튤립.

홑떡잎식물 = 단자엽식물(單子葉植物), monocotyledonous plant, monocotyledon, *monocotyledonae* : 1개의 떡잎을 가진 식물로 형성층이 없으며 줄기와 뿌리의 성장은 각 세포의 증식과 증대로 이루어진다.

홑성꽃 = 단성화(單性花), 불완전화(不完全花), monosexual flower, unisexual flower, incomplete flower : 암술이나 수술 중 어느 하나만을 가진 꽃.

홑심피암술[單子蘂], simple pistil : 한 개의 심피로 이루어진 암술.

홑열매[單花果], simple fruit : 한 개의 심피로 구성된 한 개의 암술이 자라서 된 열매.

홑잎 = 단엽(單葉), simple leaf : 하나의 잎몸으로 이루어진 잎. 잎자루에 1개의 잎몸이 붙어 있는 잎. 잎몸이 작은 잎으로 쪼개지지 않고 온전하게 하나로 된 잎. 대체로 잎가장자리가 깊이 갈라지거나 톱니가 있다.

홑털 = 단모(單毛), unicellular trichome : 하나의 세포로 된 털.

화(花) = 꽃, flower : 보호기관(꽃받침, 화관)과 긴요기관(수술, 암술)이 화탁에 붙어 형성된 것. 종자식물의 유성 생식에 관여하는 기관을 집합한 것.

화개(花蓋) = 꽃덮이, 화피(花被), perigon, perianth : 수술과 암술을 바깥에서 보호하는 기능을 가진 비생식적인 기관을 통틀어 일컬음. 특히 꽃잎과 꽃받침이 서로 비슷하여 구별하기 어려울 때 이들을 모두 합쳐서 부르는 말. 종에 따라 1겹 또는 2겹이다. 2겹일 때는 속에 있는 것은 내화피, 바깥 것이 외화피라고 함.

화경(花莖) = 꽃자루, 꽃대, 꽃대축, 꽃줄기, 꽃축, 화병(花柄), 화축(花軸), peduncle, scape, rachis, floral axis : 꽃을 받치고 있는 줄기. 독립된 하나의 꽃 또는 꽃차례의 여러 개 꽃을 달고 있는 줄기.

화곡류(禾穀類), cereal crops, cereals : 종자를 식용으로 이용한 화본과 작물로 미곡, 맥류, 잡곡 등으로 구분하기도 한다.

화관(花冠) = 꽃갓, 꽃부리, corolla : 꽃덮이 중에서 안쪽의 것을 말하며 꽃잎으로 이루어짐.

화관통부(花冠筒部) = 꽃갓통부, corolla-tube : 꽃갓이 있는 통꽃에서의 통으로 된 부분.

화농(化膿) : 종기가 곪아서 고름이 생기는 증상.

화농성유선염(化膿性乳腺炎) : 화농이 있는 유선염.

화농성종양(化膿性腫瘍) : 종기가 곪는 것.

화담(化痰) : ① 담을 삭게 하는 방법으로 거담법(祛痰法)의 하나. ② 가래를 삭인다는 뜻으로도 쓰임.

화담지해(化痰止咳) : 화담(化痰)하고 기침을 멈추게 하는 효능.

화독(火毒) : 불의 독한 기운.

화반(花盤) = 꽃쟁반, disk : 다양한 형상으로 꽃받침통의 내면에 있기도 하고 씨방의 허리부분을 싸고 있기도 하며 꿀을 분비함. 예) 사철나무, 산형과.

화병(火病) : 신경을 많이 쓰면서 풀지 못해 순환에 기가 울체되어 막힘.

화병(花柄), pedicel : 하나의 꽃을 달고 있는 자루, 꽃자루 또는 꽃대[비교: 화경].

화본과 = 벼과, 포아풀과, Graminae, Poaceae : 전 세계에 분포하는 목본 또는 초본으로 550속 10,000종이며, 우리나라에 78속 180종이 자생한다. 줄기는 마디를 제외하고 속이 비어 있다. 잎은 어긋나고 엽신, 엽초, 엽설로 구성되어 있다. 양성화 또는 단성화는 줄기 끝에 수상화서, 원추화서, 총상화서로 달리고 열매는 곡립이다.

화분(花粉) = 꽃가루, pollen, pollen grain : 보통 구형으로 노란색이 대부분이며 외피와 내피의 막으로 되어 있음. 수술의 꽃밥 속에 생기는 가루 같은 생식세포.

화분관(花粉管), pollen tube : 꽃가루가 발아하여 정핵을 배낭까지 운반하는 관.

화분관핵(花粉管核), tube nucleus : 화분관에서 끝 쪽에 있는 영양핵으로 화분관을 배주의 난자 쪽으로 유인하는 역할을 하고, 정자는 이를 따라 가서 수정을 하게 된다.

화분괴(花粉塊) = 꽃가루덩이, pollinium, pollen-mass : 여러 개의 꽃가루가 덩어리진 상태. 예) 박주가리과, 난과.

화분낭(花粉囊), pollen sac : 화분이 발달하는 주머니.

화분매개곤충(花粉媒介昆蟲), pollinating insect, pollen vector : 화분을 매개하여 수분시키는 곤충을 말한다.

화분모세포(花粉母細胞), pollen mother cell(PMC) : 꽃가루의 모체가 되는 세포. 어린 꽃가루주머니 안에서 형성되는 2배체의 세포로서 감수분열하여 각각 4개의 소포자를 생성하는데 염색체가 반수로 되어 반수체이다. 이 반수체의 소포자가 발달하여 꽃가루가 되는 것이다.

화분발아(花粉發芽) : 화분이 난세포와 수정을 이루기 위해 화분관이 신장하는 현상이다.

화분방(花粉房), pollen chamber : 나자식물의 배주에서 주공 안쪽에 있는 방. 이곳에 물방울(액적)이 주공 밖까지 나와 화분을 잡고, 액적이 마르면서 화분이 화분방으로 들어와 발아하면 화분관을 낸다.

화분병(花粉病) : 알레르기성 비염. 일명 꽃가루병이라고도 함.

화분사분자(花粉四分子), pollen tetrad : 화분모세포가 분열하여 4개로 된 것.

화분친(花粉親), pollen parent : 인공 또는 자연교잡에서 화분을 제공하는 쪽의 양친. 화분을 생산하여 공급하는 어버이 식물체를 말한다.

화분학적(花粉學的)형질, palynological : 화분립과 그 발생에 관련된 형질.

화비위(和脾胃) : 비위(脾胃)의 기능을 정상으로 만드는 효능.

화사(花絲) = 꽃실, 수술대, filament : 수술에서 꽃밥을 받치는 기관. 보통 가늘고 길지만 종에 따라 크기, 모양이 다르고 수술대가 없기도 하다.

화살형 = 화살모양, 전형(箭形), sagittate, arrow-shaped : 화살처럼 생긴 잎의 형태.

화상(火傷) : 불에 뎀. 또는 그 상처.

화상(花床) = 꽃턱, 화탁(花托), receptacle, torus : 줄기 또는 가지의 끝부분이나 특히 마디 사이가 줄어들어 꽃잎과 꽃받침 등 꽃을 이루는 모든 기관이 붙는 부위.

화서(花序) = 꽃차례, inflorescence : 가지의 꽃자루에 꽃이 배열하는 상태. 꽃이 달리는 모양. 꽃이 피는 순서에 따라 무한꽃차례(아래에서 위로)와 유한꽃차례(위에서 아래로)로 나눈다.

화성(花成), flowering, flower formation : 상적발육에서 가장 중요한 발육상의 경과는 영양생장에서 생식생장으로 이행하는 것으로 화성이라고 한다.

화성암(火成巖) : 용암이 식어져 굳어진 것인데 굳어지는 지표면의 깊이에 따라 심성암, 반심성암, 화산암으로 나눈다. 또 규산의 평균 함량에 따라 산성암, 중성암, 염기성암으로 나눈다. 지각을 이루고 있는 암석은 95%가 화성암이다.

화성유도(花成誘導), floral induction, flower induction : 꽃이 피도록 조장하는 것이다.

화성호르몬, flowering hormone, florigen : 개화호르몬. 꽃이 피도록 주도하는 호르몬. 꽃 형성에 관여할 것으로 추정하는 식물 호르몬.

화수(花穗) = 꽃이삭, spike : 이삭모양으로 피는 꽃.

화습(化濕) : 방향성 거습약으로 상초(上焦)나 표에 있는 습을 없애는 방법.

화식(花式), floral formula : 꽃을 구성하는 각 부의 종류와 수로 그 구조를 나타내는 식.

화식도(花式圖), floral diagram : 꽃을 구성하고 있는 각 부분 상호간의 위치를 알기 위해 만든 평면도.

화아(花芽) = 꽃눈, alabastrum, flower bud : 전개하면 꽃 또는 꽃차례가 되는 눈. 잎눈보다 굵고 짧다. 예) 산수유, 목련.

화아분화(花芽分化), flower bud differentiation : 발육 중에 있는 정아 및 액아는 왕성

하게 장차 엽으로 될 원기를 형성하고 있으나, 어떤 시기가 오면 엽의 원기형성을 중지하고 장차 발육하여 꽃으로 되는 화아형성을 개시하며, 이것을 화아분화라고 말하며 꽃눈분화라고도 한다.

화어(化瘀) : 어혈을 제거하는 방법.

화어서종(化瘀暑腫) : 어혈(瘀血)을 풀어 종기를 없애는 효능.

화어지통(化瘀止痛) : 어혈(瘀血)을 풀어주고 통증을 없애는 효능.

화염(火炎) = 화염(火焰) : 타는 불에서 일어나는 붉은빛의 기운.

화염지해(化炎止咳) : 염증을 가라앉히고 기침을 멈추게 함.

화염행혈(火炎行血) : 염증을 없애고 혈행을 좋게 함.

화위(和胃) : 위기(胃氣)가 조화를 이루는 방법.

화장(化粧) : ① 화장품을 바르거나 문질러 얼굴을 곱게 꾸밈. ② 머리나 옷의 매무새를 매만져 맵시를 냄.

화장(火葬) : 죽은 사람의 시체를 불에 태워서 처리하는 장법(葬法).

화전(火田) = 소전(燒畑), 화경(火耕) : 처녀지를 개간하여 농경을 시작할 때에 야초나 잡목을 태우고 경작하다가 지력이 고갈되거나 잡초가 많아지면 이동하는 이동경작법이다.

화조(花爪), unguis, ungula, claw : 화판이나 꽃받침의 아래쪽이 가늘어진 부분. 예) 석죽과.

화종(火腫) : 종창(腫瘡)의 하나. 종창 부위가 벌겋게 붓고, 열감(熱感)이 심하며 윤기가 있고, 말랑말랑한 감도 있는 종기이다.

화주(花柱) = 암술대, style : 암술머리와 씨방 사이에서 암술머리를 받치는 기관. 모양과 개수가 종에 따라 달라서 식물을 분류하는 기준으로 중요하다.

화중(和中) : 비위를 조화롭게 하여 소화를 돕는 것.

화중화습(和中化濕) : 중초(中焦)를 조화롭게 하여 기능을 정상으로 만들고, 방향성(芳香性)을 가진 거습약으로 습사(濕邪)를 없애는 것.

화지경(花枝梗) : 꽃의 작은 가지.

화청소(花靑素), anthocyan : 세포 내에 있는 색소의 일종.

화총(花叢), flower custer : 꽃이 모여 붙어 다발처럼 된 것.

화축(花軸) = 꽃줄기, 꽃축, 꽃대, 꽃대축, 꽃자루, 화경(花梗), 화병(花柄), peduncle, scape, rachis, floral axis : 꽃을 받치고 있는 줄기. 독립된 하나의 꽃 또는 꽃차례의 여러 개 꽃을 달고 있는 줄기.

화탁(花托) = 꽃턱, 화상(花床), receptacle, torus : 줄기 또는 가지의 끝부분이나 특히 마디 사이가 줄어들어 꽃잎과 꽃받침 등 꽃을 이루는 모든 기관이 붙는 부위.

화통(花筒), hypanthium, floral tube : 꽃받침조각이나 꽃잎, 수술 등이 합착하여 대롱 모양을 이룬 부분.

화판(花瓣) = 꽃잎, petal : 꽃갓을 구성하는 요소로서 수술과 꽃받침의 사이에 있으며 보통 꽃갓이 완전히 갈라져서 조각으로 됐을 때를 말하며 빛깔을 띠는 경우가 많음. 크고 색깔이 화려하여 외화피와 뚜렷하게 구분되는 내화피. 꽃받침 위에서 암술과 수술을 싸며, 색, 모양, 향기로 곤충을 끌어들인다.

화판상(花瓣相), petaloid : 꽃받침잎이 꽃잎과 같은 빛깔인 것.

화판상생(花瓣上生), epipetalous : 어떤 구조가 화관 안쪽 위에 난 [물푸레나무과, 꿀풀과, 지치과의 수술].

화피(花被) = 꽃덮이, 화개(花蓋), perigon, perianth : 수술과 암술을 바깥에서 보호하는 기능을 가진 비생식적인 기관을 통틀어 일컬음. 특히 꽃잎과 꽃받침이 서로 비슷하여 구별하기 어려울 때 이들을 모두 합쳐서 부르는 말. 종에 따라 1겹 또는 2겹이다. 2겹일 때는 속에 있는 것은 내화피, 바깥 것이 외화피라고 함.

화피열편(花被裂片) = 화피조각, 화피편(花被片), tepal : 화피를 이루는 낱낱의 조각. 화피가 꽃잎과 꽃받침으로 분화되어 있지 않을 때 그 조각을 말한다.

화학불임제(化學不姙劑) : 생물의 암컷 또는 수컷의 기능을 상실케 하는 약제. 또는 암수의 성분화를 억제하는 호르몬계통의 약제이다.

화학비료(化學肥料), chemical fertilizer : 질소, 인산 및 칼륨과 같은 식물생육에 필요한 원소를 화학적 반응을 통해 만든 비료로 3요소 비료가 주종이며 자급비료에 대응하는 말이다.

화학적 방제(化學的 防除), chemical control : 화학물질을 사용하여 병해충이나 잡초를 방제하는 방법으로, 즉 농약을 사용하는 방제를 화학적 방제라고 한다.

화학적 잡초방제(化學的 雜草防除), chemical weed control : 농약인 제초제를 살포하여 잡초를 방제하는 최근 가장 널리 보급되고 있는 효율적인 방제법으로 제초제는 살초를 대상으로 하는 잡초에만 약효를 유발시키고 작물에는 피해가 없는 선택성이 있어야 하며, 잡초에 대하여는 여러 가지 잡초의 살초폭이 넓고 시용시기의 폭이 넓으면서 제초효과가 길며, 인축에 대한 독성과 작물 및 토양에 대한 잔류독성이 없으며 값이 너무 비싸지 않고 쓰기에 편해야 된다.

화학적 춘화(化學的 春化), chemical vernalization : 춘화처리란 식물체에 개화를 위한 일정기간 저온과정을 거치게 하는 일로서 이때 저온처리를 화학물질처리를 대신하는 춘화처리 방법이다.

화학적 풍화작용(化學的 風化作用) : 산화, 환원, 가수분해, 탄산화작용, 수화작용, 킬레이트화, 용해 등 여러 가지 반응에 의해 오는 풍화를 화학적 풍화라 한다. 기계적 풍화작용을 붕괴라 하며 화학적 풍화작용을 분해라 한다.

화합수(化合水) = 결합수(結合水), combined water : 토양의 수분 중 결합수는 점토광물에 결합되어 있어 분리할 수 없는 수분.

화해퇴열(和解退熱) : 비교적 가벼운 처방으로 열병을 치료하는 것으로 시호를 사용해서 열병을 누르는 것.

화혈(和血) : 혈분(血分)을 고르게 함.

화혈산어(和血散瘀) : 병으로 인해 혈이 부족하거나 몰린 것을 고르게 하여 어혈을 푸는 것.

화혈소종(和血消腫) : 혈(血)의 운행을 조화롭게 하여 옹저(癰疽)나 상처가 부은 것을 가라앉히는 치료법.

화황소(花黃素) : 분자식이 $C_{15}H_{10}O_2$인 무색의 침상결정. 앵초과 식물에서 잎의 이면, 엽병, 화경 등의 표면에서 분비되는 백색분말에 함유되어 있다.

화후(花喉) = 꽃목, 판인(瓣咽), throat : 꽃부리나 꽃받침에서 대롱부가 시작하는 입구.

화후증대(花後增大), accrescent : 꽃이 진 뒤부터 특히 성장이 증대되는 것. 예) 개별꽃의 화병.

화훼(花卉), flower and ornamental plant : 재배하여 관상용으로 이용하는 식물로 초본류(草本類; 국화, 코스모스, 다알리아, 난초)와 목본류(木本類; 철쭉, 동백, 유도화, 고무나무)로 구분하기도 한다.

확산(擴散), diffusion : 온도가 일정한 공간 안에 두 가지 이상의 기체가 있을 때, 각 기체가 각각 공간의 각 점에 같은 밀도로 존재하려고 하여 서로 혼화하는 현상을 말한다.

환각치료(幻覺治療) : 대응하는 자극이 외계에 없음에도 불구하고 그것이 실재하는 것처럼 시각표상을 갖는 경우의 치료.

환경(環境), environment : 생명체의 개체 또는 집단에 대해서 그 성장과 생존에 영향을 주는 외부 제조건의 총칭이다.

환경오염(環境汚染), environmental pollution : 인간활동의 결과 발생하는 오염물질에 의해 대기, 수질, 토양 등의 환경 또는 인간생활의 터전이 더럽혀지는 현상. 동식물이나 인간의 생활환경이 악화되어 있는 상태를 말한다.

환경요인(環境要因), environmental factor : 생물체에 직간접적으로 영향을 미치는 환경의 모든 요소를 말한다.

환경조건(環境條件) : 대기, 수질, 토양 등의 조건 또는 주위 환경의 온도와 압력과 같은 조건을 말한다.

환경휴면(環境休眠), environmental dormancy : 타발휴면 또는 강제휴면과 거의 같은 뜻이다. 식물체의 환경휴면이란 자체 내 호르몬의 불균형, 구조적 결합 등에 의해 일어나는 것이 아니고 환경에 의해 유도되는 휴면을 말한다. 오로지 주위 환경 여건이 생육이나 발아에 부적합하여 일시적 생장을 멈추는 현상을 환경휴면이라 한다.

환공재(環孔材), ring-porous wood : 재의 횡단면에서 처음에 큰 물관이 고리모양으로 배열하는 재.

환금작물(換金作物), cash crops : 주로 판매하기 위하여 재배되는 작물. 예) 담배, 인삼 등.

환대(環帶), annulus : 양치류의 홀씨주머니 둘레를 둘러싸고 있는 세포의 일렬. 예) 고사리, 개고사리.

환상(環狀) : 고리모양.

환상박피(環狀剝皮), ringing, girdling : 줄기나 가지의 껍질을 3~6mm 정도의 넓이로 둥글게 도려내는 것이며 화아분화(花芽分化)나 숙기(熟期)를 촉진할 목적으로 실시된다. 취목(取木)할 때 발근부위에 환상박피, 절상(切傷, notching), 연곡(撚曲) 등의 처리를 하면 탄수화물이 축적되고, 상이(傷痍)hormone이 생성되어 발근이 촉진되고, 접목 시에 절단면에 라놀린을 바르면 증산이 경감되어 활착이 좋아진다.

환원(還元), reduction : 산소를 잃거나 전자를 얻거나 수소를 얻는 화학적 반응이다.

환원당(還元糖), reducing sugar : 분자상에 알데히드기와 케톤기가 유리되어 있거나 헤미아세탈형으로 존재하는 당의 총칭. 단당류와 알도스형의 2당류, 3당류가 여기에 속하는 당이다. 이들 당은 모두 환원성을 가지고 있다. 식물체 내에서 환원당이 존대한다는 것은 대개 전분 등의 다당류가 단당류로 가수분해된다는 뜻이다.

환원상태(還元狀態) : 논토양은 벼 재배 기간 중 물에 잠겨 있으므로 산소의 공급이 적고 유기물을 분해하는 미생물에 의한 산소의 소비가 일어나므로 환원상태가 발달한다.

환원층(還元層), reduction zone, reduced layer : 담수상태의 논의 작토는 상층에 산화층, 하층에 환원층이 분화되는데, 환원층이란 토양 유기물의 분해 때문에 산소를 소비하여 환원상태가 된 토층을 말한다.

활산성(活酸性) : 토양 용액 중에 유리되어 있는 활성의 수소이온의 농도에 의해 나타내는 값을 활산성이라 한다.

활성탄(活性炭), active charcoal, active carbon : 동물의 뼈, 피 또는 나무를 원료로 하여 만든 일종의 숯으로 탄소가루이다.

활신(活身) : 몸을 살림. 몸을 활발하게 함.

활엽수(闊葉樹) = 넓은잎나무, broadleaf tree, latifoliate tree : 넓고 평평한 잎이 달리는 나무. 열대에서 온대에 걸쳐 자란다.

활착(活着), take, graft-take, successful union : 식물체를 옮겨 심을 때 새 뿌리가 내려 양분과 수분의 흡수기능이 발휘되는 일. 옮겨 심은 식물이 새 땅에 정착하는 것을 말하는데 가장 중요한 것이 뿌리의 적응이다. 즉, 기존 뿌리가 새 땅에 적응하여 양분, 수분 흡수를 시작하는 한편 새 뿌리가 내리는 것을 활착이라 한다.

활통(活通) : 활발히 잘 통하게 함.

활혈(活血) : 피를 잘 돌아가게 하는 것.

활혈거어(活血祛瘀) : 혈액순환을 촉진하여 어혈을 제거하는 것.

활혈거풍(活血祛風) : 역절풍(歷節風)과 같이 사지의 관절의 붓고 아픈 것을 치료함.

활혈맥(活血脈) : 혈맥의 소통을 원활하게 함.

활혈산어(活血散瘀) : 혈의 소통을 원활하게 하고 어혈을 품.

활혈서근(活血舒筋) : 혈액순환을 원활하게 하고 근육의 긴장을 풀어주는 치료 방법.

활혈소종(活血消腫) : 혈액순환을 촉진하여 종기를 치료하는 것.

활혈정통(活血定痛) : 혈(血)의 운행을 활발히 하여 통증을 없애주는 효능.

활혈조경(活血調經) : 혈액순환을 촉진하여 생리불순을 치료하는 것.
활혈지통(活血止痛) : 혈(血)의 운행을 활발히 하여 통증을 없애주는 효능.
활혈지혈(活血止血) : 혈(血)의 운행을 활발히 하고 출혈을 그치게 하는 효능.
활혈통경(活血通經) : 이혈법(理血法)의 하나.
활혈파어(活血破瘀) : 혈(血)의 운행을 활발히 하여 어혈(瘀血)을 없애는 효능.
활혈해독(活血解毒) : 혈(血)의 운행을 활발히 하여 독(毒)을 없애는 효능.
활혈행기(活血行氣) : 혈액순환을 원활하게 하고 기(氣)의 운행이 원활하게 돕는 치료 방법.
활혈화어(活血化瘀) : 혈(血)의 운행을 활발히 하여 어혈(瘀血)을 없애는 효능.
황, sulfer(S) : 황은 단백질, 아미노산, 효소 등의 구성성분(methionine, cystine 등)이며, 엽록소의 형성에 관여한다. 결핍하면 단백질의 생성이 억제되고, 생육억제와 황백화가 일어난다. 콩과작물에서는 근류균의 질소고정능력이 떨어진다. 세포분열이 억제되기도 한다. 체내 이동성이 낮으며, 결핍증세는 새 조직에서 먼저 나타난다. 유황의 요구도가 크고 함량이 많은 작물은 양배추, 양파, 파, 마늘, 아스파라가스 등이다.
황달(黃疸) = 황단(黃癉), 황병(黃病) : 급성유행성간염, 만성간염, 간경변증, 간암, 취장두부암, 담낭염, 담석증, 용혈성황달 등에 의하여 담낭의 담즙 속의 빌리루빈이라는 황색의 색소가 혈액 속으로 들어가 온몸이 누렇게 되는 증상. 담즙이 십이지장으로 흐르는 구멍이 막히거나 간장에 병이 생겼을 때에 일어남. 달병 또는 달기라고도 함.
황달간염(黃疸肝炎) : 황달(黃疸)이 동반되어 나타나는 간염(肝炎).
황달성간염(黃疸性肝炎) : 황달감염. 황달(黃疸)이 동반되어 나타나는 간염(肝炎).
황백화(黃白化) : 식물 생육에 필요한 양분의 결핍으로 기관 특히 잎에 나타나는 황화현상. 이러한 결핍증상을 나타내는 성분으로 질소, 철, 망간, 마그네슘 등이 있다. 곤충의 독소나 균류 등에 의하여 병에 걸려 나타나기도 한다.
황백화현상(黃白化現象), etiolation : 광이 없을 때에는 엽록소의 형성이 저해되고, 에티올린(etiolin)이란 담황색(淡黃色) 색소가 형성되어서 황백화현상(etiolation)을 일으킨다. 엽록소의 형성에는 450nm(430~470nm)의 청색광역과 650nm(620~670nm)의 적색광역이 가장 효과적이다. 안토시안(anthocyan, 花青素)은 비교적 저온(低溫)과 단파장의 자외선(紫外線)이나 자색광(紫色光)에 의하여 생성이 촉진되고, 사과, 포도, 딸기, 순무 등의 착색에 관여한다.
황사토(黃砂土) : 미사질로서 바람에 불리는 고운 재료가 쌓인 것으로 뢰스라고도 하며 석영이 가장 많이 들어 있다.
황산근비료(黃酸根肥料) : 비료 성분 중에 황산이온(SO_4^{-2})을 가지고 있는 비료. 예를 들면, 유안은 $(NH_4)_2SO_4$로서 성분 중에 SO_4^{-2}이온을 가지므로 황산근 비료라고 한다.
황세균(黃細菌) : 혐기적 황화물을 에너지원으로 하는 세균으로 세균은 보통 중성으로 잘 활동 번식하는데 황세균은 강한 산성에서도 잘 견디어 최적 pH는 2.0~4.0이다.
황숙기(黃熟期), yellow ripe stage : 식물이 성숙하는 과정에서 황색으로 변하는 시기. 벼에서의 황숙기는 대개 출수 후 30일 정도이다. 이때쯤이면 알곡이 거의 다 형성되고 잎, 줄기, 이삭이 황색으로 누렇게 변하게 된다.

회분(灰分), ash : 유기성 물질을 태우면 탄소화합물은 날아가고 무기성분만이 찌꺼기로 남는 것. 재.

회선상(回旋狀), convolute : 꽃잎이 특정한 방향으로 굽어지거나 향한 것. 또는 수직으로 말리는 꽃잎이 인접한 꽃잎과 같이 말리는 것. 예) 용담.

회양목과, Buxaceae : 전 세계에 6속 30종이 온대와 아열대에 분포하며 우리나라에서는 2속이 자란다. 화피는 꽃받침뿐이며 자방은 3개로 갈라진다.

회청색(灰靑色), glaucous : 잎의 표면이 납분으로 덮여 있어 흰 빛깔을 띤 녹색인 것. 표면이 푸른 잿빛으로 보일 때 쓰는 기재용어.

회충(蛔蟲) : 선형동물 쌍선충강 회충과의 돼지회충, 말회충, 회충 따위를 통틀어 이르는 말.

회충증(蛔蟲症) : 회충에 의해 걸리는 병으로 메스꺼우며 입맛이 없고 몸이 점차 여위며 배가 아픔.

회피성(回避性) : 어떤 재해에 시공간적으로 대처하여 회피할 수 있는 성질을 말한다.

획득형질(獲得形質) : 식물의 발육 도중 환경의 영향에 의해 생긴 독특한 성질, 후천성 형질이라고 한다. 동물로 볼 때는 각 개체의 일생동안 외계의 영향 혹은 기관의 용불용에 의해 획득된 형질을 말한다.

획벌림(劃伐林) : 숲을 소면적으로 구획하여 수확을 확대하도록 작업을 하는 숲.

횡렬(橫裂), transverse dehiscence : 옆으로 갈라져 쪼개지는 것. 예) 채송화.

횡렬삭과(橫列蒴果), pyxis, circumscissile : 삭과 중 옆으로 갈라지는 것.

횡생배주(橫生胚珠), heterotropous, transverse : 배주가 옆으로 있을 때 끝이 배의 방향에서 보이지 않는 것.

횡선개열(橫線開裂), circumsicidal : 삭과 전체가 상하 둘로 나뉘어 갈라지는 것. 예) 명아주과, 쇠비름과.

횡선열개[蓋果], pyxidium, pyxis : 열매껍질이 가로로 벌어져 위쪽이 뚜껑같이 열리는 것. 예) 질경이, 쇠비름.

횡와재배(橫臥栽培) : 습답에서 발생할 수 있는 습해를 막기 위한 재배방법. 벼를 이앙할 때 담수하지 않은 상태에서 지면과 벼의 각도를 5° 정도 유지하여 눕혀서 이앙하고, 활착 후 벼가 완전히 일어서면 수회에 걸쳐 복토를 하고 그 이후는 보통재배와 같이 관리한다. 횡와재배란 습답에서의 수도관리 방법이다.

효모(酵母), yeast : 효모균을 말한다. 단세포의 영양체를 주요한 형태로 하는 균류의 일군. 즉 엽록소가 없는 단세포로 이루어진 균류로서 전형적인 효모는 자낭균류에 속하지만 유성생식이 불완전한 균류에서도 형태적으로 유사하여 효모라고 불리는 종류가 있다. 대부분 출아에 의해 증식한다.

효소(酵素), enzyme : 생체 내에서 여러 가지 물질대사의 화학반응을 촉진하는 물질. 효소란 생세포 내에서 작용하는 고분자의 생체촉매로서 단백질로 구성되어 있다. 효소에 의해 촉매되는 화학변화를 효소반응 또는 효소 화학적 변화라고 한다. 생명체 내의 모든 화학변화는 효소반응이므로 생명현상에 대단히 중요한 물질이다.

후계림(後繼林), secondary growth forest : 나이가 많은 숲 다음으로 새로 생겨나는 숲.

후굴전굴(後屈前屈) : 자궁이 골반저(骨盤底)에 받쳐져 정상 위치를 유지하고 있지 못한 경우.

후기중점시비(後期重點施肥) : 벼 패배에 있어서 질소비료의 분시방법은 수량구성 요소를 중심으로 시용하게 되는데, 수수확보를 위한 시비로서는 밑거름과 가지거름이며, 입수의 증가와 등숙비율, 1,000립 중의 증대를 위한 시비로서는 이삭거름과 알거름인데 후기중점시비란 후자인 입수, 등숙율과 1,000립 중 등 수량구성 요소 중 생육 후기에 결정되는 요소들의 증대에 중점을 둔 이삭거름과 알거름으로 시용하는 추비의 분시율을 높여주는 시비방법을 말한다.

후대검정(後代檢定), progeny test : 자손의 특성으로 친세대의 유전자형을 알아내는 것이다

후두암(喉頭癌) : 후두를 이루고 있는 갑상연골(甲狀軟骨), 윤상연골(輪狀軟骨), 회염연골(會厭軟骨) 등에 암종이 생기는 경우.

후두염(喉頭炎) : 후두에 생기는 염증.

후막세포(厚膜細胞), sclerenchyma cell : 세포막이 비후된 세포로 보통 리그닌(lignin)을 함유하여 목질화(木質化)된 세포.

후비염(喉痺炎) : 목구멍에 생긴 염증.

후비종통(喉痺腫痛) : 목구멍이 붓고 통증이 있으면서 막힌 느낌이 있어서 답답한 증상.

후생화피류(後生花被類) = 합판화류(合瓣花類), 통꽃류 : 쌍떡잎식물에 속하는 현화식물은 합판화관을 갖춤. 진달래과, 감나무과, 국화과 등의 식물이 여기에 속함. 꽃덮이의 융합 여부를 기준으로 이판화류와 구분함.

후숙(後熟), post maturity, after ripening : 미숙(未熟)한 것을 수확하여 일정기간 보관해서 성숙(成熟)되게 하는 것이다. 서양배 등은 수확 후 4일부터 3개월까지 후숙기간을 거쳐 먹는다.

후숙기간(後熟期間), after-ripening period : 수확 후 배가 발아할 때까지의 일정한 기간.

후작(後作), succeeding cropping : 뒷그루, 작부순서상 나중에 재배되는 작목이다.

후종(喉腫) : 목이 부은 증세.

후추과, Piperaceae : 전 세계 12속 1,400종이 열대에 분포하며 우리나라에서는 후추 등이 제주도에서 자란다. 단자엽식물처럼 관속이 다소 산재하며 마디는 환절처럼 되거나 커진다. 나화는 양성 또는 단성이며 수술은 1~10개이고, 심피는 2~5개가 합생하며 열매는 핵과이다.

후통(喉痛) : 인후에 오는 통증.

후형질(後形質), ergastic substances : 물질대사에서 생성된 노폐물과 저장물의 총칭.

훈연(燻煙), smoking : 연기를 피워서 그을리는 작업. 농약 가운데 작용성분이 기체 상

태인 농약을 훈연제라고 한다. 훈연제의 농약을 처리하면 연기를 내면서 성분이 발산되어 살충, 살균 또는 제초기능을 발휘한다. 사용 시에 특별한 조치가 필요한데 실내에서는 밀폐된 상태에서 처리하고 토양훈연제의 경우 비닐피복 등이 필요하다.

휘묻이법 = 언지법(堰枝法), layering : 어미나무의 1~2년생 가지를 구부려 그 일부를 땅속에 묻어 발근시키는 번식방법. 휘묻이에 의해 발근이 되면 그것을 잘라내어 새 개체로 증식시키는데 묻는 방법에 따라 보통법, 선취법, 파상취법, 당목취법 등으로 구분된다.

휴간관개(畦間灌漑), furrow irrigation : 고랑관개 또는 고랑물대기라고도 한다.

휴립(畦立), ridging : 두둑짓기 또는 이랑짓기(세우기)라고 한다.

휴립구파(畦立構播) : 경작지의 흙을 돋우어 이랑을 만들면 이랑 사이에 패인 부분은 고랑이 된다. 이 고랑에 종자를 파종하는 것을 말한다. 이랑에 파종하는 것보다 가뭄의 피해를 줄일 수 있으므로 한발이 심한 때 또는 가뭄이 심한 지역 또는 장소에 따라 물 지님이 나쁜 토양에서는 휴립구파가 바람직하다.

휴립재배(畦立栽培), ridge culture : 이랑을 세워서 재배하는 방식이다.

휴립휴파(畦立畦播) : 흙을 돋우어 만든 이랑에 종자를 파종하는 것. 강우가 심한 지역 또는 비가 많이 오는 계절에는 이랑에 파종하는 것이 습해를 막을 수 있어 유리하다. 그리고 물 빠짐이 좋지 않는 경작지에서도 휴립휴파가 바람직하다.

휴면(休眠), dormancy : 성숙(成熟)한 종자에 적당한 발아조건(發芽條件)을 주어도 일정 기간 동안 발아하지 않는 것을 휴면이라고 하며, 생육의 일시적인 정지상태라고 볼 수 있다. 휴면기간은 작물의 종류와 품종에 따라서 크게 다르다. 수목(樹木)은 대개 휴면아(休眠芽)를 형성하여 월동한다.

휴면아(休眠芽) = 쉬는눈, dormant buds, sleeping buds : 수목은 여름에 꽃눈과 잎눈이 형성되며 이것이 겨울을 거쳐 이듬해 봄이 되면 맹아하여 꽃과 잎이 된다. 여름에 형성된 수목의 눈은 일정 기간이 경과하기 전에는 적합한 조건이 부여되어도 싹이 트지 않는데 이런 상태의 눈을 휴면아라고 한다. 휴면아는 여름이 지나면서 일장이 점점 짧아지고 기온이 내려감에 따라 형성된다. 즉, 단일과 저온에 의해 휴면이 유기되는 것이다. 그리고 휴면아는 긴 겨울 동안의 저온에 의해 휴면이 타파되어 이듬해 봄에 생장을 개시한다.

휴면타파(休眠打破), dormancy breaking, breaking of dormancy : 휴면상태가 깨어지는 현상. 일시적으로 정지되었던 생육이 여러 가지 휴면의 요인이 제거되면서 생육이 다시 시작되는 현상을 말한다. 자연상태에서는 일장조건, 강우, 온도 등의 변화에 따라 종자, 수목의 눈, 구근작물의 구근 등이 자극을 받아 휴면이 타파된다.

휴한농업(休閑農業) : 인구가 증가하여 이동경작을 할 여지가 점점 없어짐에 따라 농경이 유리한 지대에서 정착농업(定着農業)을 해야 했고, 지력을 유지하는 방법으로 휴한농법이 이용되었으며, 대표적인 것이 삼포식농법(휴경, 춘파, 추파)으로 경지의 1/3은 휴한하는 것이다.

휴한작물(休閑作物), fallow crops : 클로버와 같이 작부체계에서 휴한 대신에 심는 작물로 지력이 좋아진다.

흉격기창(胸膈氣脹) : 가슴 부위가 더부룩한 증세.

흉격팽창(胸隔膨脹) : 가슴 부위가 부풀어 오르는 것.

흉막염(胸膜炎) : 늑막염의 또 다른 말.

흉만(胸滿) : 가슴이 그득한 증상.

흉민심통(胸悶心痛) : 가슴 부위가 답답하여 심장이 아픈 증세.

흉부냉증(胸部冷症), 가슴이 냉한 데 : 가슴과 위의 냉기로 인해 설사가 잦고 소화가 되지 않는 경우.

흉부담(胸部痰), 가슴이 결리는 데 : 쉬거나 움직일 때 가슴이 아프게 딱딱 마치는 증상.

흉부답답(胸部沓沓), 가슴이 답답할 때 : 가슴에 압박감이 생기고 답답함을 느끼는 증상.

흉비(胸痞) : 가슴이 그득하면서 아프지 않는 증상.

흉통(胸痛) = 심통(心痛) : 협심증, 심근경색, 관상동맥경화증, 심근염, 심내막염, 늑간신경통 등에 따른 심장부위와 명치부위의 아픔, 즉 가슴이 아픈 것을 통틀어 이름.

흉협고만(胸脇苦滿) : 명치 부위에도 충만감이 있어 답답한 상태.

흉협통(胸脇痛) : 옆구리 통증 : 무거운 짐을 들거나 심한 작업 또는 운동의 집중 훈련 등으로 옆구리가 결리거나 통증이 나타나는 경우.

흑니토(黑泥土), muck soil : 이탄이 분상으로 되어서 그 조직을 현미경하에서 겨우 인정할 수 있는 정도까지 분해된 것을 흑니토라 하는데, 유기물함량은 20~50%이다.

흑달(黑疸) : 만성간염, 간경변증 등에 의한 황달(黃疸)의 하나로 오래도록 낫지 않아 얼굴에 검은색이 도는 증상.

흑삼릉과, Sparganiaceae : 전 세계에 분포하는 초본으로 1속 20종이며, 우리나라에 1속 3종이 자생한다. 습지에서 서식하고 잎은 어긋나거나 마주나며 선형으로 가장자리가 밋밋하다. 자웅동주의 단성화는 두상화서이나 전체가 총상화서 모양으로 달린다. 열매는 견과모양이다.

흑색알칼리토양 : 알칼리토양의 표면은 모세관 수분을 따라 올라온 Na_2CO_3가 분산되어 있는 부식물에 의해 검은색으로 변하므로 흑색 알칼리토양이라고도 한다.

흡기(吸器), hausterium : 다른 기관 또는 조직으로부터 양분을 빨아들이는 특수화된 기관.

흡반(吸盤), sucker, adhesive disk : 덩굴식물이 다른 물체에 흡착하기 위한 기관.

흡비작물(吸肥作物) = 포촉작물(捕捉作物), catch crops : 유실된 비료분을 잘 포착하여 흡수·이용하는 효과를 가진 작물. 예) 알팔파, 스위트크로바.

흡수기관(吸收器官), haustorium : 기주세포에서 양분을 빨아들이기 위해 사용되는 특수화된 뿌리 같은 기관.

흡수량(吸收量), absorbed amount : 세포막을 통하여 세포 밖의 물질을 세포 안으로 빨아들이는 양.

흡수모(吸水毛), absorptive hair : 외부에서 수분 등을 체내로 흡수하는 모용.

흡습계수(吸濕係數), hygroscopic coefficient : 상대습도 98%(25℃)의 공기 중에서 건조토양이 흡수하는 수분상태이며, 흡습수만 남은 수분상태로 작물에 이용될 수 없는 수분상태이다.

흡습수(吸濕水) = 흡착수(吸着水), hygroscopic water : 건토를 공기 중에 두면 분자 간 인력이 작용하여 토양표면에 수증기가 응축된다. 토양입자표면에 피막상으로 흡착된 이 수분을 흡습수라고 하며, 작물에 흡수, 이용되지 못한다.

흡지(吸枝), sucker : 지하경의 관절에서 발근하여 발육한 싹이 지상에 나타나 모체에서 분리되어 독립의 개체로 되는 것을 말한다. 난쟁이겨우살이(dwarf mistletoe)의 씨앗이 기주식물체에서 발아한 다음 줄기를 따라 어린뿌리가 자라다가 눈 또는 잎의 기부에 닿으면 부착조직을 만드는 것.

흡착근(吸着根) : 빨판처럼 다른 물체에 잘 달라붙는 원반꼴 뿌리.

흥분(興奮) : ① 어떤 자극을 받아 감정이 북받쳐 일어남. 또는 그 감정. ② 자극을 받아 생기는 감각세포나 신경단위의 변화. 또는 그로 인하여 일어나는 신체상태의 변화.

흥분제(興奮劑) : 뇌수(腦髓)의 신경이나 심장을 자극하여 흥분시켜야 할 경우.

흥탈(興奪) : 일어났다가 가라앉음.

희귀식물(稀貴植物), out-of-the-way plant : 드물어서 귀한 식물이며, 저절로 개체가 줄어들거나 사람들이 무분별하게 캐는 등 여러 원인으로 개체수가 극히 적고 분포면적이 매우 좁은 식물.

희생잡초(稀生雜草) : 일정한 포장에 매우 드물게 발생하는 잡초.

흰가루병 = 백분병(白粉病) : 흰가루병균의 대부분은 외부기생성의 균이며, 균사가 식물체의 내부에서 자라지 않고 표면에서 자라며 양분흡수는 표피세포 내에 삽입한 흡기에 의하므로 균체의 대부분은 식물체의 표면에 노출되어 있다. 또 흰가루병균은 절대기생성을 가지고 있으며 기주세포에 갈변을 일으키는 일이 적고 잎 위에 흰가루를 뿌린 것과 같은 증상을 나타낸다.

흰빛잎마름병 = 백엽고병(白葉枯病) : 모내기를 전후하여 발생하는 급성형도 있으나, 주로 8~9월경에 장마나 폭풍우로 물에 잠겼던 논이나 잎이 상처를 입은 논에서 급격히 발생하는 것으로 처음에는 잎의 끝부분이나 가장자리에 황록색의 수침상의 병반이 생겨 점차 회백색으로 말라 죽는 세균성 병해이다. 방제법으로는 침수지역에는 내병성 품종을 재배할 것이며, 배수로의 줄풀, 겨풀 등 중간 숙주를 뽑아 없애고, 질소의 과비를 삼가고 칼리, 규산질비료의 증시를 할 것이며, 강우를 전후하여 흰빛잎마름병약을 뿌린다.

히스테리, hysterie : 정신적·심리적 갈등 때문에 생기는 정신병의 일종.

히스토졸, histosol : 신체계에 의한 토양분류 10목 중 하나로 유기질토양을 말한다.

힐반응, Hill reaction : 엽록체의 부유액에 탄산가스의 주입을 차단하고 ferricyanide와 같은 수소 수용체를 첨가한 다음 빛을 조사해주면 산소가 발생하는데, 이것을 힐반응이라고 한다. 힐반응은 광조사의 결과로 축적된 화학에너지의 양을 측정할 수 있고 수소의 수용체가 NADP이며, 산소는 물에서 유래할 것이라는 점을 각각 나타낸다.

(총 6,859단어)

참고문헌(93개)

강병수, 이장천, 주영승, 오수석, 박용기. 『原色漢藥圖鑑』. 동아문화사.

강병화. 2003. 『우리나라 자원식물』. 고려대학교 출판부.

강병화, 김태완, 심상인, 홍선희, 김건옥, 이용호, 나채선. 2009. 『자원식물학-야생식물과 재배식물-』, 향문사.

강병화, 2005, 『자원식물 생태도감』, 고려대학교 출판부.

강병화, 2008, 『한국생약자원생태도감 1, 2, 3권』. 지오북.

강병화, 백기현, 박권우, 임수길, 손용석, 이철호. 1986, 『생물생산학』, 고려대학교 출판부.

강병화, 심상인. 1997. 『한국자원식물명 총람』. 고려대학교 민족문화연구소.

강성호, 박상규, 이영아, 오혁근, 최희욱, 황기준. 2007. 『천연물 추출 및 분리 분석』, 자유아카데미.

고경식, 전의식. 2003. 『한국의 야생식물』. 일진사.

高橋秀男・勝山輝男・城川四郎. 1990. 『野草大圖鑑』. 北隆館.

堀田満, 緒方健, 新田あや, 星川请親, 柳宗民, 山崎耕宇. 1989. 『世界有用植物事典』. 平凡社.

국립수목원, 한국식물분류학회. 2007. 『국가표준식물목록』. 국립수목원.

권혁세, 2007. 『익생양술』 1~4권. 도서출판 동의서원.

길봉섭. 2004. 『한방식물학』. 학술정보.

김옥임, 남첨일, 이원규. 2009. 『식물비교도감』. 남산당.

김재길. 1984. 『원색천연약물대사전(상・하)』. 남산당.

김창민, 신민교, 안덕균, 이경순. 1997. 『완역중약대사전』 전10권. 도서출판 정담.

김태정, 1996, 『한국의 자원식물 Ⅰ, Ⅱ, Ⅲ, Ⅳ, Ⅴ』, 서울대학교 출판부.

김태정, 신재용. 2003. 『우리 약초로 지키는 생활한방』 1권(2001)・2권(2001)・3권(2003). 도서출판 이유.

김태희, 이경순, 문영희, 박종희, 육창수, 황완균 편집. 1998. 『아세아 본초학』. 계축문화사.

김현삼 외. 1988. 『식물원색도감』. 과학백과사전종합출판사(평양).

도봉섭, 임록재. 1988. 『식물도감』. 과학출판사(평양).

동의학사전 편찬위원회. 2005. 『신동의학사전』. 여강출판사.

동의학연구소 역. 1984. 『동의보감 전5권(허준. 1613)』. 여강출판사.

박수현. 2002. 『양치식물의 용어정리』. 한국양치식물연구회지 3:22-26.

박수현. 2009. 『한국의 귀화식물』. 일조각.

박위근, 김동일, 로룡갑, 윤각병, 계수웅. 1985. 『동의학 용어 해설집』. 과학백과사전

출판사.
박종희. 2004. 『한국약초도감』. 신일상사.
박창희. 2007. 『한방용어사전』. 도서출판 한방서당.
박희운, 박춘근, 성정숙, 김동휘. 2005. 『자연에서 찾는 민간요법 약초』. 작물과학원.
배기환. 2000. 『한국의 약용식물』. 교학사.
서울대학교 천연물과학연구소 문헌정보학연구실. 2003. 『동양의약과학대전』 제1권 (천연약물). 학술편수관.
송주택, 정현배, 김병우, 진희성. 1989. 『한국식물대보감』. 한국자원식물연구소.
식품의약품안전청 자료실. 2006. 인터넷 홈페이지.
식품의학품안전청 『대한약전』 제8개정 편찬위원회. 2005. 『대한약전 -제8개정-』. 신일상사.
신전휘, 신용욱. 2006. 『향약집성방의 향약본초』. 계명대학교 출판부.
신전휘, 신용욱. 2007. 『우리 약초 바르게 알기』. 계명대학교 출판부.
안덕균. 1998. 『원색 한국본초도감』. 교학사.
안완식. 2009. 『우리 땅, 우리 종자 한국토종작물자원도감』. 도서출판 이유.
야외생물연구회. 2003. 『이야기 식물도감』. 현암사.
영림사 편집실. 2007. 『韓醫藥 用語大辭典』. 도서출판 영림사.
우원식. 2005. 개정판 『천연물화학 연구법』. 서울대학교 출판부.
윤평섭. 1989. 『한국원예식물도감』. 지식산업사.
이덕봉. 1974. 『한국동식물도감』 제15권 『유용식물편』. 문교부.
이상태. 2010. 『식물의 역사』. 지오북.
이상태, 김무열, 홍석표, 정영재, 박기룡, 이정희, 이중구, 김상태 역. 2005. 『식물분류학』. 신일상사.
이숭녕. 1986. 『국어대사전』. 삼성문화사.
李揚漢. 1998. 『中國雜草志』. 中國農業出版社.
이영노. 1976. 『한국동식물도감』. 제18권 식물편(계절식물). 문교부.
이영노. 1996. 『원색한국식물도감』. 교학사.
이영노. 2006. 『새로운한국식물도감 Ⅰ, Ⅱ』. 교학사.
이우철. 2005. 『한국 식물명의 유래』. 일조각.
이유미, 서민환, 이원규. 2003. 『우리풀백과사전』. 현암사.
이유성, 이상태. 1991. 『현대식물분류학』. 우성문화사.
이정석, 이계한, 오찬진. 2010. 『한국수목대백과도감』. 학술정보센터.
이정희, 이혜정, 김은정, 유혜선, 권지연, 이유미, 조동광. 2010. 『알기 쉽게 정리한 식물용어』. 국립수목원.
이창복. 1969. 『우리나라의 식물자원』. 서울대 논문집 20:89-229.
이창복. 1979. 『대한식물도감』. 향문사.

이창복. 1982.『Endemic Plants and Their Distribution in Korea』. 한국학술원보고서 11.
이창복. 2003.『원색 대한식물도감 상·하권』. 향문사.
이창복, 김윤식, 김정석, 이정석. 1985.『신고식물분류학』. 향문사.
임록재 외. 1979.『조선식물지』. 과학출판사(평양).
임록재 외. 2000.『조선식물지』 증보판. 과학기술출판사(평양).
임록재. 1999.『조선약용식물지』. 평양농업출판사.
전국한의과대학 공동교재편찬위원회 편저. 2007.『본초학』. 영림사.
전통의학연구소. 1994.『본초약재도감』. 성보사.
정보섭, 신민교. 1990.『향약대사전』. 영림사.
정태현. 1965.『한국동식물도감』 제5권「식물편(목초본류)」. 문교부.
조재영. 1974.『신고재배학원론』. 향문사.
朱有昌, 吳德成, 李景富. 1989.『東北藥用植物』. 黑龍江科學技術出版社.
竹松哲夫, 一前宣正. 1987.『世界の 雜草 I, 合瓣花類』. 全國農村教育協會.
竹松哲夫, 一前宣正. 1993.『世界の 雜草 II, 離瓣花類』. 全國農村教育協會.
竹松哲夫, 一前宣正. 1997.『世界の 雜草 III, 單子葉類』. 全國農村教育協會.
中華人民共和國衛生部藥典委員會. 1995.『中華人民共和國藥典中藥彩色圖集』. 三聯書店.
채재천, 박순직, 김석현, 강병화. 2006.『삼고재배학원론』. 향문사.
村上孝夫, 許田倉園. 2001.『中國有用植物圖鑑』. 東京廣川書店.
하헌용. 2005.『韓藥漢文』. 正文閣.
하헌용. 2007.『本草學異名辭典』. 문두사.
한국생약학교수협의회 편저. 2002.『본초학』. 아카데미서적.
한국약용식물학연구회. 2001.『종합약용식물학』. 학창사.
한국약학대학협의회 약전분과회. 2003.『대한약전 제8개정 해설서』. 신일상사.
한국원예학회. 2003.『원예학 용어 및 작물명집』. 한국원예학회.
한국잡초학회. 2001.『잡초학 용어집』. 한국잡초학회.
한농. 1993.『원색도감 한국의 논잡초』. 한농.
한의과대학 본초학 편집위원회 편저. 2007.『본초학』. 영림사.
한종률, 소균(번역). 1982.『중의명사술어사전』(중의연구원, 광동주의학원 편). 연변인민출판사.
한진건, 장굉문, 왕용, 풍지원. 1982.『한조식물명칭사전』. 료녕인민출판사.
Bensky, D. and A. Gamble. 1992. Chinese Herbal Medicine-MATERIA MEDICA. Eastland Press.
Bown, Deni. 1995. Encyclopedia of HERBS. -& Their Uses-. Dorling Kindersley.
Fleischhauer, Steffen Guido. 2006. Enzyklopaedie der essbaren Wildpflanzen-1500 Pflanzen Mitteleuropas Mit 400 Farbfotos. AT Verlag.
Kothe, Hans W. 2002. 1000 Kraeuter-Heilpflanzen von A-Z Wirkstoffe und Anwendung. Naumann & Goebel Verlaggesellschaft mbH.

Lee, S. Y., Q u e k, P., Cho, GT., Hong, LT., Gorothy, C., Park, YJ., Batugal, PA., and VR. Rao. 2006. Catalogue for Ex-Situ Collections to Facilitate Conservation and Effective Utilization of Medicinal Plants in 12 Asian Countries(아시아 약용식물). IPGRI(국제식물유전자원연구소) · RDA(농촌진흥청). 발간등록번호: 11-1390564-000059-01.

Nakai, T. 1952. A Synoptical Sketch of Korean Flora. Bull. Nat. Sci. Mus. Tokyo. 31:1-52.

Treben, Maria. 1980. Gesundheit aus der Apotheke Gottes -Ratschlaege und Erfahrungen mit Heilkraeutern. Weltbild.

강병화(姜炳華, Kang, Byeung-Hoa)

고려대학교 생명환경과학대학 환경생태공학부 명예교수
강의과목: <야생식물학>, <자원식물학>, <재배학>, <야생화와 자원식물>

1947. 2. 26.	경상북도 상주시 모동면 이동리 출생
1965. 3~1973. 2.	고려대학교 농과대학 농학과 농학사
1967. 8~1970. 11.	대한민국 공군사병 만기전역
1973. 3~1975. 2.	고려대학교 대학원 농학과 농학석사
1975. 3~1979. 3.	농촌진흥청 작물시험장 수도재배과 연구요원
1979. 4~1979. 9.	독일 Goethe-Institut Freiburg(독일어 수업)
1979. 10~1983. 11.	독일 Hohenheim대학교 농학박사
1985. 3~2012. 2.	고려대학교 생명과학대학 환경생태공학부 교수
1996. 4~1998. 3.	고려대학교 자연자원대학 학장
1998. 5~2002. 10.	한국잡초학회 '외래 및 문제잡초' 연구회장
1999. 11~2004. 8.	한국과학재단 야생초본식물자원종자은행 운영책임자
2009. 10~2011. 9.	고려대학교 환경생태연구소 소장
2010. 1~2012. 2.	고려대학교 야생자원식물종자은행 운영책임자
2012. 3~현재	고려대학교 생명과학대학 환경생태공학부 명예교수
2012. 3~현재	사단법인 야생자원식물소재연구회 이사장

1997. 5.	제7회 과학기술우수논문상 수상(한국환경농학회 추천)
2000. 5.	제10회 과학기술우수논문상 수상(한국잡초학회 추천)
2000. 12.	제10회 화농상 수상(서울대학교 화농연학재단)
2008. 5.	석탑강의상 수상(고려대학교)
2012. 2.	근정포장 제91425호(대한민국)

『생물생산학』(공저), 1986
『잡초방제학 실험』(공저), 1988
『원색도감 한국의 밭잡초』(공저), 1993
『원색도감 한국의 논잡초』(공저), 1993
『자원식물학개론』(공저), 1993
『한국자원식물명총람』(공저), 1997
『짚, 풀 공예』(공저), 1998
『종자생산과 관리』(공저), 1999
『우리나라 자원식물』, 2003
『자원식물 생태도감』, 2005
『삼고재배학원론』(공저), 2006
『한국생약자원생태도감』 전3권, 2008
『자원식물학-야생식물과 재배식물-』(공저), 2009
『우리나라 자원식물』, 2012
『식물학·재배학·동양의학·식품학 용어 해설』(공저), 2012
『본초명과 기원소재』(공저), 2012
『한국과 세계의 자원식물명』 전2권 (공저), 2012

사단법인 야생자원식물소재연구회 정관

[2012년 2월 29일]

제1조 (명칭) 이 법인의 명칭은 '사단법인 야생자원식물 소재연구회(이하 "연구회")'라 한다.

제2조 (목적) 이 법인은 유용야생자원식물을 탐사 및 수집하고 그 결과를 연구자 및 일반인에 널리 알려 식물자원의 중요성을 일깨우며, 관련 연구기관 및 행정당국에 유용한 야생자원식물의 소재를 제공함으로써 식물 주권 확보 및 자원화를 통해 국익에 이바지하며, 나아가 국가 생물종 다양성 확보를 그 목적으로 한다.

제3조 (사무소의 소재지) 이 법인의 주사무소는 서울특별시 성북구 안암로 145번지 고려대학교 CJ 식품안전관 211호에 두고 업무의 필요에 따라 분 사무소를 둘 수 있다.

제4조 (사업) 이 법인은 제2조의 목적을 달성하기 위하여 다음의 목적사업을 수행한다.

① 자생지 현장 탐사 및 수집 사업

② 야생자원식물의 유용성 연구 및 개발

③ 유용야생자원식물의 대량재배기술 개발 및 증식사업

④ 식물자원에 관련된 지식과 이해를 증진시키는 계몽교육사업

⑤ 기후변화에 따른 야생자원식물, 희귀식물, 특산식물, 특별산림보호종, 멸종위기에 놓여 있는 식물의 현황조사, 원인규명 등

⑥ 야생자원식물 자생지 자연환경에 관련된 정보의 자료화 사업

⑦ 통일 후를 대비한 남·북한 식물명에 대한 비교 분석 사업

⑧ 식물원 및 수목원의 사업 협조

⑨ 국내외 유관기관과의 자료 및 정보교환

⑩ 이 연구회 설립목적과 관련된 사업을 정부 및 기업 등으로부터 위탁받은 학술연구 용역사업

⑪ 기타 이 연구회의 목적 수행에 필요한 사업

* 기후변화(氣候變化) 및 기상이변(氣象異變)과 국토개발(國土開發)로 인(因)하여 산림(山林)과 생활주변(生活周邊)의 자연생태계(自然生態系)는 시나브로 변(變)하고 있으며, 이 변화(變化)를 무시(無視)하거나 은폐(隱閉)한다고 자연(自然)은 기다려주지 않는다.

야생자원식물종자은행의 종자확보

① 조사된 3,626종의 식물 중에서 2,190종은 약으로 쓰이고, 그중에서 1,527종은 식용한다. 용도, 특성, 독성 등을 규명해서 나고야협정에 대비해야 하고, 해외자원보다는 우리 자원을 우선적으로 확보하여야 한다.

② 고려대학교 야생자원식물종자은행은 28년간 3,901일의 조사로 우리나라에서 채종이 가능한 초본류의 약 90% 정도인 1,720종의 7,300점을 확보하고 있고, 종자채취의 노하우를 갖고 있으며, 재배법의 확립에도 경험이 많은 연구원들을 확보하고 있는 국내 최고수준의 야생종자자원 보유기관이다.

③ 발생초종의 정확한 동정이 필요하다. −목본식물은 발생장소와 생육시기에 따라 형태와 특성이 크게 변하지 않으나, 초본식물은 발생장소와 발생시기 및 생육상태에 따라 그 모양과 특성이 다른 경우가 많다.

④ 발생지역과 장소를 확인해야 한다. −기후변화, 이상기상, 국토개발, 산림녹화, 농업과 생활환경의 변화 등으로 식물다양성 특히 초본식물의 종류가 지속적으로 감소하고 있어 유전자원의 확보가 시급하다.

⑤ 발아력이 있는 성숙된 종자를 채종해야 한다. −야생식물은 일반적으로 탈립성이 크고, 발생연도와 시기 및 지역과 장소에 따라 성숙기가 다르기 때문에 정확한 시기에 성숙된 종자를 얻기 위하여 여러 번 조사를 가거나 이식하여 재배한 후 채종하여야 한다.

⑥ 많은 양의 종자를 확보하여야 한다. −같은 연도라도 장소를 달리하고, 같은 장소라도 연도를 달리하여, 되도록 많은 종자를 확보하여 보존해야 한다.

⑦ 대부분의 야생식물종자는 야생상태에서 결실과 채종이 어려워 각각의 식물에 대한 재배법을 확립하여 많은 종자량과 연구소재를 확보하여야 한다.

⑧ 생물다양성의 유지 및 보존을 위하여 가능한 한 많은 초종의 종자를 확보하여야 한다.

⑨ 주변의 모든 식물이 자원이다. 종자확보에는 출입과 채종의 제약이 많기 때문에 자원식물이 사라지기 전에 농촌주변식물은 농촌진흥청에서, 산지식물은 산림청에서, 국립공원식물은 국립공원관리공단에서 수집해야 하며, 모든 자원식물이 어느 곳에서도 다 자라고 있기 때문에 세 기관에서는 모든 자원식물의 종자를 채종할 수 있다. 다만 누가 정확한 초종의 확실한 성숙기를 파악하여 채종하느냐에 문제(問題)가 있다.

* 생물다양성(生物多樣性)의 확보(確保)를 위하여 28년간 3,901일의 야외조사(野外調査)로 약 1,720종에 대한 7,300점의 종자(種子)를 수집(蒐集)하였으나, 그 장소(場所)에 다시 가도 대부분(大部分)은 재채종(再採種)이 불가능(不可能)할 정도로 식물생태계(植物生態系)가 변(變)하고 있다.

약과 먹거리로 쓰이는

우리나라 자원식물

초판인쇄 | 2012년 4월 20일
초판발행 | 2012년 4월 20일

지 은 이 | 강병화
펴 낸 이 | 채종준
펴 낸 곳 | 한국학술정보(주)
주　　소 | 경기도 파주시 문발동 파주출판문화정보산업단지 513-5
전　　화 | 031) 908-3181(대표)
팩　　스 | 031) 908-3189
홈페이지 | http://ebook.kstudy.com
E-mail | 출판사업부 publish@kstudy.com
등　　록 | 제일산-115호(2000. 6. 19)

ISBN 978-89-268-3303-2 91480 (Paper Book)
978-89-268-4046-7 95480 (e-book)